线性系统理论

闫茂德　胡延苏　朱　旭　编著

西安电子科技大学出版社

内容简介

线性系统理论是建立在状态空间法基础上的一种控制理论，是现代控制理论最为基本和比较成熟的一个分支，其不仅描述了系统输入—输出之间的外部关系，还揭示了系统内部的结构特征。本书反映当前技术发展的主流和趋势，以加强基础、突出应用为思路，以培养学生分析和解决问题的工程创新能力为原则，详细介绍了基于状态空间描述的线性系统分析和综合方法，包括状态空间模型的建立及模型转换、系统的运动分析、系统的能控性和能观性、稳定性理论与李雅普诺夫方法、极点配置、二次型最优控制、状态观测器设计、多项式矩阵描述和相关的数学知识等内容。本书还注重与实际工程问题相结合，给出了四个工程应用实例，以提高学生的工程应用和实践能力。在介绍系统分析与控制系统设计方法的同时，适当地给出了利用 MATLAB 软件来进行系统理论分析和综合的仿真验证，便于读者利用 MATLAB 软件来求解控制系统的一些计算和仿真问题。

本书适合作为自动化及其相关专业本科生、控制科学与工程和电气工程等学科研究生的教材，也可供相关工程技术人员学习参考。

图书在版编目(CIP)数据

线性系统理论/闫茂德，胡延苏，朱旭编著. —西安：西安电子科技大学出版社，2018.9
ISBN 978-7-5606-4847-7

Ⅰ. ① 线… Ⅱ. ① 闫… ② 胡… ③ 朱… Ⅲ. ① 线性系统理论 Ⅳ. ① O231

中国版本图书馆 CIP 数据核字(2018)第 025773 号

策　　划　刘玉芳
责任编辑　杨　薇
出版发行　西安电子科技大学出版社(西安市太白南路 2 号)
电　　话　(029)88242885　88201467　　　邮　　编　710071
网　　址　www.xduph.com　　　电子邮箱　xdupfxb001@163.com
经　　销　新华书店
印刷单位　陕西天意印务有限责任公司
版　　次　2018 年 9 月第 1 版　2018 年 9 月第 1 次印刷
开　　本　787 毫米×1092 毫米　1/16　印张　29
字　　数　694 千字
印　　数　1～2000 册
定　　价　72.00 元
ISBN 978-7-5606-4847-7/O

XDUP 5149001-1

如有印装问题可调换

前　言

实际系统都是为完成预定任务而由一些物理部件组成的集合体，可以具有完全不同的属性。在系统分析和设计中，常常把实际系统抽象为一个一般意义下的系统模型。由于研究目的不同，一个实际系统可以有不同的系统模型，一旦获得系统模型，就要建立起系统模型的数学方程描述。控制理论的主要研究对象是动态系统，这类系统通常也称为动力学系统。在经典控制理论中，系统的数学方程描述建立在系统高阶微分方程或传递函数的基础之上，仅能描述系统输入-输出之间的外部特性，不能揭示系统内部各物理量的运动规律。线性系统理论引入状态空间的概念，系统的状态空间描述由状态方程和输出方程组成，不仅描述了系统输入-输出之间的外部关系，还揭示了系统内部的结构特征，是一种完全的描述。

线性系统理论主要研究线性系统状态空间描述的建立及模型转换、状态的运动规律，揭示系统中固有的结构特性，建立系统的结构、参数和性能之间的定性和定量关系，以及为满足工程指标要求而采取的各类控制器设计方法，以改善闭环系统的性能。通常，研究系统运动规律的问题称为分析问题，研究改变运动规律的可能性和方法称为综合问题。

线性系统的分析问题还可以进一步分为“定量分析”和“定性分析”。定量分析关心的问题是系统对某一输入信号的实际响应和性能，从数学角度来看，就是求解作为系统数学模型的微分方程组或差分方程组；定性分析着重研究对系统性能和控制具有重要意义的基本结构特性，如稳定性、能控性和能观性等。线性系统的综合问题是线性系统分析的一个反命题，如果所得到的系统响应不能令人满意，就要对闭环系统加以改善或优化，这需要在闭环系统中引入控制器来完成，其目的就是使系统的性能达到期望的指标或实现最优化。

由于许多实际系统在一定条件下可用线性系统模型加以描述，所以线性系统理论在控制理论领域得到优先研究和发展，并成为最为基本、应用最广和比较成熟的一个分支。线性系统理论所研究的概念、原理、方法和结论为最优控制、最优估计、系统辨识、自适应控制、鲁棒控制和非线性控制等许多学科分支提供了预备知识。因此，线性系统理论是自动化及其相关专业本科生、控制科学与工程和电气工程等学科研究生的一门基础理论课程。

全书共8章。第1章介绍了控制理论的产生及发展背景、经典控制理论与线性系统理论的比较、控制系统设计的基本步骤和本书的结构体系。第2章详细阐述了线性系统的状态空间描述、建立状态空间表达式的几种常用方法、状态空间模型的线性变换，以及系统传递函数矩阵和非线性系统局部线性化后的状态空间描述。第 3 章讨论了线性连续系统和离散时间系统状态方程的求解方法，以及线性连续时间系统的离散化。第 4 章着重讲述了线性系统的能控性和能观性及其对偶关系、系统的能控标准型和能观标准型、线性系统的结构分解和最小实现。第 5 章介绍了系统稳定性的基本概念、李雅普诺夫方法及其应用。第 6 章讲述了线性反馈控制系统的基本结构及其特性、闭环极点配置、系统镇定问题、解耦控制、状态观测器，以及利用状态观测器实现状态反馈的系统等。第 7 章介绍了多项式矩阵互质性，线性时不变系统的多项式矩阵描述法及相应的传递函数矩阵的矩阵分式描述方法。第 8 章针对线性系统理论的分析和设计方法，将它与实际工程问题相结合，给出了四个工程应用实例，以提高学生的工程应用和实践能力。为了培养学生对控制系统的分析和设计能力，在第 2～8 章都安排了内容讲述利用 MATLAB 软件来进行线性系统的理论分析、综合和应用。

本书是作者在总结十余年教学经验的基础上，参考已出版的同类优秀教材编写而成的。本书由长安大学闫茂德教授、胡延苏副教授、朱旭副教授和房建武博士共同编写。其中，闫茂德编写第 1 章、第 2 章和第 8 章；胡延苏编写第 5 章和第 6 章；朱旭编写第 3 章、第 4 章和附录；房建武编写第 7 章。全书由闫茂德教授统一整理定稿。

由于作者水平有限，书中难免有不当之处，敬请广大读者批评指正。

编　者

于古城西安　长安大学

2018 年 3 月

目 录

第1章 绪 论

20世纪50年代以后，随着空间技术的推动和计算机技术的飞速发展，经典控制理论的局限性日趋凸显，它既不能完全满足实际需要，也不能解决控制理论本身提出的一些新问题，许许多多的控制理论和电网络理论专家纷纷投身于线性系统理论的研究。美国学者卡尔曼(R. E. Kalman)系统地将状态空间描述法引入到控制理论，提出了系统能控性和能观性这两个基本概念，并提出相应的判别准则。1963年，他又和吉尔伯特(E. G. Gilbert)一起得出揭示线性系统结构分解的重要成果，这是经典控制理论向现代控制理论转变和发展的开创性工作。1965年以后，线性系统理论又有了新发展，出现了线性系统几何理论、线性系统代数理论和线性系统多变量频域方法等研究多变量系统的新理论和新方法，这标志着线性系统理论进入了一个崭新的发展阶段，以线性系统为对象的计算方法和计算机辅助设计问题也得到普遍重视。

1.1 控制理论的产生与发展回顾

控制理论的研究内容是如何按照被控对象和环境的特性，通过能动地采集和运用信息施加控制作用而使系统在变化或不确定的条件下保持预定的功能。控制理论是在人类认识和改造世界的实践活动中发展起来的，它不但要认识事物运动的规律，而且要用之改造客观世界。

控制理论的形成和发展来源于技术发展，出发点是要解决生产实践的问题。人类发明具有"自动化"功能的装置，可以追溯到公元前14世纪至公元前11世纪的中国、埃及和巴比伦出现的自动计时漏壶。公元235年，我国发明的指南车是根据开环控制方式自动指示方向的一个控制系统。公元1086年左右，我国苏颂等人发明了按照闭环控制方式工作的具有"天衡"自动调节机构和报时机构的水运仪象台。工业革命时期，英国科学家瓦特(J. Watt)于1788年运用反馈控制原理设计了蒸汽机用的离心式飞锤调速器。后来，英国学者麦克斯韦(J. C. Maxwell)于1868年发表了《论调速器》的论文，对离心式飞锤调速器的稳定性进行了分析，指出控制系统的品质可用微分方程来描述，系统稳定性可用特征方程根的位置和形式来研究。以上这些工作是人们依靠对技术问题的直觉理解，形成了控制理论的雏形。1875年劳斯(E. J. Routh)和1895年赫尔维茨(A. Hurwitz)先后提出了根据代数方程系数判别系统稳定性的准则；1892年，俄国李雅普诺夫(A. M. Lyapunov)在其博士论文《论运动稳定性的一般问题》中创立了运动稳定性理论，提出了一种用类能量函数的正定性及其导数的负定性来判别系统稳定性的准则，建立了从概念到方法的关于稳定性理论的完整体系，为后来稳定性的研究奠定了理论基础。1948年美国著名科学家维纳(N. Wiener)出版了专著《控制论——关于在动物和机器中控制和通信的科学》，系统地论述了控制理论的一般原理和方法，推广了反馈的概念，为控制理论作为一门独立学科的发展奠定了基础。

控制理论和社会生产及科学技术的发展密切相关，在近代得到极为迅速的发展。它不仅已经成功地运用并渗透到各个学科领域中，例如工农业生产、国防军事、人口控制论、经济控制论、生态控制论、社会控制论等诸多领域，而且也逐步发展成为一门内涵极为丰富的新兴学科。自动控制系统是一个动态系统，通常从系统描述、系统分析与综合两个方面对控制系统进行研究，其研究和发展历程一般划分为三个阶段。

1. 经典控制理论阶段

经典控制理论形成于20世纪30—50年代，主要是解决单输入-单输出系统的分析与设计问题，研究对象主要是线性定常系统。经典控制理论以拉普拉斯变换为数学工具，采用以传递函数、频率特性、根轨迹等为基础的分析与设计方法。1932年，奈奎斯特(H. Nyquist)提出了根据稳态正弦输入信号的开环响应确定闭环系统稳定性的判据，解决了振荡和稳定性问题，同时把频域法的概念引入了自动控制理论，推动了自动控制领域的发展。1940年，伯德(H. Bode)进一步提出了频域响应对数坐标系描述方法，更加适合工程应用。1948年，伊万思(W. R. Evans)提出并完善了根据开环特性表征系统动态特性关系的根轨迹法。20世纪40年代末和50年代初，频率响应法和根轨迹法被推广用于采样控制系统和简单非线性控制系统的研究，除了局部线性化方法以外，主要采用相平面分析和谐波平衡法(即描述函数法)进行分析研究。

经典控制理论在武器系统和工业控制中得到了成功应用，较好地解决了单输入-单输出反馈系统的控制问题，适应了当时对自动化的需求，而且至今仍大量地应用在一些相对简单的控制系统分析与设计中。但是，经典控制理论也存在着明显的不足之处，具体如下：

(1) 它描述系统的数学模型是由高阶线性常微分方程演变而来的传递函数，所以仅适合于单输入-单输出(SISO)的线性定常系统。

(2) 它仅从输入和输出的信息出发来描述系统，忽略了系统内部特性的运行及变量的变化。

(3) 在系统综合中所采用的工程性方法，对设计者的经验有一定的依赖性；设计和综合采用试探法，不能一次得出最优结果。

严格地讲，几乎所有的实际被控对象或过程都具有非线性，且绝大多数是多输入-多输出(MIMO)的系统。由于经典控制理论的局限性，其在处理这些问题上显现出了不足，为了解决复杂的控制系统问题，现代控制理论逐步形成。

2. 现代控制理论阶段

从20世纪50年代开始，在实践问题的推动下，特别是航空航天技术和计算机技术的迅速发展，以及许多新研究工具的引入，控制理论又进入一个多样化和蓬勃发展的时期，并取得了许多重大成果。1960年，卡尔曼(R. E. Kalman)发表了《控制系统的一般理论》的论文，引入了状态空间描述法，并提出了系统能控性、能观性和新的滤波理论等概念，标志着控制理论进入了一个崭新的历史阶段，即建立了现代控制理论的新体系。现代控制理论的研究对象不再局限于单输入-单输出线性定常系统，而是扩展为多输入-多输出、非线性、时变系统。除了传统的输入-输出外部描述，更多地将系统的分析与综合建立在系统内部状态特征信息之上，还涉及线性系统理论、系统辨识与建模、最优控制、状态估计与滤波、自适应控制、鲁棒控制、大系统或复杂系统和控制系统CAD等理论和方法。同时，它与社会经济、环境生态、组织管理等决策活动，与生物医学、信号处理、软计算等邻近学科相交叉又形成了许多新的研究分支。其中，线性系统理论是最为基本和比较成熟的一个分支，它以线性代数和微积分为主要数学工具，以状态空间法分析与设计控制系统。在状态空间法的基础上，1969年，卡尔曼(R. E. Kalman)创建了模论方法(模是环上的“向量空间”)，而后与富尔曼(P. A. Feuermann)、卡门(E. W. Kamen)等人合作，把域上的线性系统理论推广为环上的线性系统理论，并把动态系统(包括线性系统)的研究从不同角度推向更为一般的代数结构领域，使线性系统的代数理论得到进一步发展和完善；1970年，罗森布罗克(H. H. Rosenbroek)和沃洛维奇(W. A. Wolovich)等人提出了多变量频域控制理论和多项式矩阵方法，大大丰富了线性系统理论的研究领域；1973年，旺纳姆(W. M. Wonham)出版了《线性多变量控制：一种几何方法》，创立和发展了线性系统的几何理论。

线性系统理论对于多输入-多输出、非线性系统、时变系统等一些复杂系统的寻优和控制，以及随机干扰的处理等问题提供了必要的基础理论，从而推动了现代控制理论的重大突破。1956年，庞德里亚金(L. S. Pontryagin)提出了极小原理，而后1957年，贝尔曼(R. Bellman)提出的动态规划法为系统的最优控制提供了基本原理和方法。除此之外，对于复杂的被控对象，寻求最优的控制方案也是经典控制理论的难题，最优控制针对复杂系统和越来越严格的控制指标，提出了一套系统的分析和综合方法，实现了一定意义下的系统优化控制。随后，现代控制理论的研究范围及其分支越来越广泛，主要有最优估计、系统辨识、自适应控制、变结构控制和鲁棒控制等分析与设计方法。现代控制理论的基本特点在于用系统内部状态量代替了经典控制理论输入-输出的外部信息描述，将系统分析与设计建立在严格的理论基础上，但它的致命弱点是系统分析和控制规律的确定都严格地建立在系统精确数学模型基础之上，缺乏灵活性和应变能力，适用于解决相对简单的控制问题。今天，随着被控对象的复杂性、不确定性和大规模，以及环境的复杂性、控制任务的多目标和时变性等，传统基于数学模型的控制理论的局限性日益明显，控制理论正朝着智能控制方向发展。

3. 智能控制理论阶段

20世纪60年代以来，智能控制理论作为一种新的控制方法，针对复杂被控对象的数学模型难以精确建立的情况，设计了一种具有学习、抽象、推理和决策等能力的控制器，使之能根据环境信息的变化做出适应性反应。智能控制是自动控制发展的最新阶段，主要针对经典控制理论和现代控制理论难以解决的系统控制问题，以人工智能为基础，在自组织、自学习控制的基础上，提高控制系统的自学习能力，逐渐形成以人为控制器、人机结合为控制器的控制系统和无人参与的自主控制系统等多个层次的智能控制方法。但是，智能控制作为一门新兴的、尚不成熟的理论和技术，还未形成系统化的理论体系，只是由一些相对独立的理论、方法和技术所构成，其中专家控制、模糊逻辑控制、人工神经网络控制、遗传算法是比较重要的几个分支。1965年，费根鲍姆(Fegenbaum)研制了第一个专家系统DENDRAL，开创了专家系统的研究，扎德(L. A. Zadeh)创立了模糊数学与集合论，为解决复杂系统的控制提供了新的数学工具。1974年英国的丹尼(E. H. Mamdani)根据模糊控制语句组成模糊控制器，并将它应用于锅炉和蒸汽机的控制。1966年，门德尔

(J. M. Mendel)首先主张将人工智能用于飞船控制系统的设计，并提出了“人工智能控制”的概念。1968 年，傅京孙(K. S. Fu)和桑托斯(E. S. Saridis)等人从控制论角度总结了人工智能与自适应、自组织、自学习控制的关系，提出了用模糊神经元概念研究复杂大系统的行为，提出了智能控制是人工智能与控制理论的交叉二元论，并创立了人机交互式分级递阶智能控制的系统结构。1977 年，桑托斯在此基础上引入运筹学，提出了三元论的智能控制概念。智能控制一经出现就表现出了强大的生命力，从 20 世纪 80 年代以来，智能控制从理论、方法、技术直至应用等方面都得到了广泛的研究，逐步形成了一些理论和方法，并被许多人认为可能是继经典控制理论和现代控制理论之后，控制理论发展的又一个里程碑。

进入 21 世纪，随着社会经济和科学技术的迅猛发展，控制理论与许多其他学科相互交叉、渗透融合的趋势进一步加强，控制理论的应用范围在不断扩大，控制理论在认识事物运动的客观规律和改造世界中将得到进一步的发展和完善。

1.2 线性系统理论的基本内容

线性系统理论是现代控制理论中最为基本和比较成熟的一个分支，逐步形成一套以状态空间法为主要工具研究多变量线性系统的理论。线性系统理论是建立在系统数学模型之上的分析与设计方法，与经典控制理论不同，线性系统理论采用的数学模型是状态空间描述(状态空间表达式)，包括状态方程和输出方程。状态空间描述不仅描述了系统的输入-输出关系，而且描述了系统内部一些状态变量随时间变化的关系，以及线性系统在输入作用下状态运动过程的规律和改变这些规律的可能性与措施，建立和揭示了系统的结构性质、动态行为和性能特性之间的关系。

线性系统理论详细介绍了基于状态空间描述的线性系统分析与设计方法，包括系统的状态空间描述、模型建立及转换、系统运动分析、能控性和能观性、稳定性理论与李雅普诺夫方法、状态反馈、状态观测器、二次型最优控制设计等内容。线性系统理论也可以归纳为线性系统的定量分析、定性分析和线性系统综合理论。定量分析关心的问题是系统对某一输入信号的实际响应和性能，从数学角度来看，就是求解作为系统数学模型的微分方程组或差分方程组；定性分析着重研究对系统性能具有重要意义的基本结构特性，如稳定性、能控性和能观性等；线性系统的综合理论则是研究如何使系统性能达到期望的指标或实现某种意义上的最优化，以及如何建立用于确定控制器的计算方法和解决控制器的工程实现。需要指出的是，状态空间理论、线性系统几何理论、线性系统代数理论和线性系统多变量频域方法构成了线性系统分析和综合的基本理论，但如何使其在实际控制工程中真正发挥优越作用，进一步研究其鲁棒性和其他综合方法的计算机辅助设计成为线性系统理论实用化的重要研究内容。

经典控制理论与线性系统理论是在自动化科学与技术发展历史中形成的两种不同的对控制系统的分析和综合方法。两者的差异主要表现在研究对象、研究方法、研究工具、分析方法和设计方法等几个方面。

(1) 线性系统理论的研究对象一般是多变量线性系统，而经典控制理论主要以单输入-单输出系统为研究对象。因此，线性系统理论具有大得多的适用范围。

(2) 线性系统理论除输入变量和输出变量外，还着重考虑描述系统内部状态的状态变量，而经典控制理论只考虑系统的外部性能(输入与输出的关系)。因此，线性系统理论所考虑的问题更为全面和深刻。

(3) 线性系统理论在分析与设计方法方面以时域方法为主，也兼顾频域方法。而经典控制理论主要采用频域方法。因此，线性系统理论能充分利用时域和频域这两种方法，而时域方法对动态描述要更为直观。

(4) 线性系统理论使用更多的数学工具，除经典控制理论中使用的拉普拉斯变换外，还大量使用线性代数、矩阵理论和微分方程，对某些问题还使用泛函分析、群论、环论和复变函数等较高深的数学工具。因此，线性系统理论能探讨更一般和更复杂的系统问题，是研究 MIMO 线性、非线性、时变与非时变系统建模、分析和设计中共同规律的科学技术。

1.3　设计一个控制系统的几个基本步骤

简单地说，设计一个自动控制系统有下列五个基本步骤。

(1) 模型建立。为被控对象建立数学模型是控制工程中最重要的工作。建立系统模型的过程又称模型化，是系统分析与设计的基础。建立能够完整描述一个实际系统的模型，需要包含所有细节以及大量非线性、时变以及不确定环节等。所以在建模过程中，往往会对实际系统进行简化，减少模型建立的复杂度，选出实际系统中的典型环节进行近似建模。模型建立分成两个步骤，一是选择合适的模型结构，有的实际系统可以用现有典型环节或几种典型环节的组合来模拟；二是在模型结构确定的基础上，确定模型的参数，使得所建立的模型尽可能准确地描述实际系统。

(2) 系统分析。对被控对象模型进行系统分析也是自动控制理论一个重要的任务。系统分析可以从定性(Quality)和定量(Quantity)出发，对系统的稳定性、能控性、能观性，以及时域指标、频域指标做一系列的分析。通过分析加深对系统的认识，掌握系统从输入到输出的静态、动态特性，以及各个时刻不同状态的特性，尽可能全面地对现有系统做出多项控制指标的衡量，为设计合适的控制器打下基础。系统分析工作直接影响到整个自动控制系统的运行品质。

(3) 控制系统综合。在被控对象建模和系统分析的基础上，设计合适的控制器，使得系统满足性能要求。例如被控对象的零极点位置，可以通过控制系统的综合进行调节，使得整个闭环控制系统的零极点分布在较为理想的位置。控制系统的综合可以在控制器的结构基础上，设计合适的控制器参数来实现系统运行最优。

(4) 系统实施。实施所设计的控制器也是控制理论一个重要的步骤。绝大多数控制器环节是可以用程序或者一些电子器件实现的，而对于一些物理上难以实现的理想控制器环节，则需要加入一些校正环节来近似实现。

(5) 调整与验证。在整个控制系统搭建好以后，在建模和系统实施过程中，都不同程度地用了近似方法，所得到的控制效果与理想的控制效果是有一定差距的。即使近似程度很高，系统运行以后也可能存在一些没有考虑的问题，需要进一步修正和调节。所以调整与验证也是设计一个控制系统的重要步骤，在经过反复调整验证后，所设计的控制系统才有可能最终达到实际所需的控制效果。

1.4 MATLAB 仿真平台

MATLAB(Matrix Laboratory，矩阵实验室)是美国 MathWorks 公司出品的商业数学软件，提供用于算法开发、数据可视化、数据分析以及数值计算的高级计算语言和交互式环境，主要包括 MATLAB 和 Simulink 两大部分。它将数值分析、矩阵计算、科学数据可视化以及非线性动态系统的建模和仿真等诸多强大功能集成在一个易于使用的可视化环境中，为科学研究、工程设计以及必须进行有效数值计算的众多科学领域提供了一种全面的解决方案，并在很大程度上摆脱了传统非交互式程序设计语言(如 C、Fortran)的编辑模式，代表了当今国际科学计算软件的先进水平。

MATLAB 可以进行矩阵运算、绘制函数和数据、实现算法、创建用户界面、连接其他编程语言等，主要应用于工程计算、控制设计、信号处理与通信、图像处理、信号检测、金融建模设计与分析等领域。线性系统理论课程主要介绍状态空间描述、运动分析、能控性、能观性、稳定性、反馈控制系统的综合、状态反馈和状态观测等。为了强化学生对控制理论和方法的理解，在 MATLAB 中针对自动控制领域设置了两个建模与仿真的工具箱组件：控制系统工具箱(Control Systems Toolbox，CST)和仿真环境(Simulink)工具箱，采用这两个工具箱就可以对系统进行状态空间建模、稳定性分析、能控能观性分析和极点配置等。MATLAB 是自动控制教学与研究的重要工具，学生除了要熟练掌握 MATLAB 的常用函数外，还要广泛阅读相关的课外书籍，拓展知识面，将 MATLAB 用活用精，为将来的控制系统设计与研究打下良好的基础。

MATLAB 之所以得到快速发展和应用，在于它具有一系列重要的特征，如：内嵌多种常用的数学数值计算公式，对数据、数组、矩阵具有强大的计算功能；同时，作为一种描述性语言，便于初学者上手，编程效率高。MATLAB 还有强大的帮助文件和演示程序，可以方便地查找和查看 MATLAB 里所有函数的功能、用法以及源代码，还可以查询函数的路径及子目录的函数集合，从而以最快的速度给出任何帮助信息。MATLAB 的图形处理显示功能和友好的用户界面也是其一重要的特点和优势，其绘图功能适用于线性、对数、极坐标等不同的坐标系。它还提供了具有各种高级功能的图形函数，可实现二维及三维图形的绘制、平面或空间图形的填充、图形的缩放和图形界面设计。此外，MATLAB 还可以方便地调用其他语言(如 Basic、Fortran、C 语言等)。总之，MATLAB 简单易学且功能强大，不要求使用者具有很高水平的数学及程序语言知识，也不需要使用者详细了解具体算法及编程技巧。这些优点使 MATLAB 成为当今科学计算、工程设计、辅助教学的有力工具。

Simulink 是 MATLAB 提供的交互式仿真工具，用于在 MATLAB 环境下对动态系统的建模、分析和仿真，适用于线性、非线性、连续、离散等多种系统。它提供了非常友好的图形用户界面(Graphical User Interface，GUI)，只需用鼠标拖动方式就能快速地建立起系统的框图模型，就像在纸上绘图一样简单。Simulink 的仿真过程是交互的，可以很容易地随时修改图形和参数，并立即看到仿真结果。它能充分利用 MATLAB 丰富的资源，并与 MATLAB、C 语言程序、Fortran 语言程序，甚至硬件之间实现数据交换。它不但可以对系统进行仿真研究，还可以对系统进行模型分析和控制器设计等。

1.5 本书的内容和特点

线性系统理论主要研究线性系统状态空间描述的建立及模型转换、状态运动规律，揭示系统中固有的结构特性，建立系统结构、参数和性能之间的定性和定量关系，以及为满足工程指标要求而采取的各类控制器设计方法，以改善闭环控制系统的性能。本书结合自动化及其相关专业本科生、控制科学与工程和电气工程等学科研究生的知识结构和今后科学研究、工程设计的需要，详细介绍了基于状态空间描述的线性系统分析和综合方法，包括状态空间模型的建立及模型转换、系统运动分析、系统能控性和能观性、稳定性理论与李雅普诺夫方法、极点配置、二次型最优控制、状态观测器设计等，本书还注重与实际工程问题相结合，给出了四个工程应用实例，以提高学生的工程应用和实践能力。读者可以根据自身的特点和需求，对本书内容进行适当选择。

为避免使线性系统理论的概念、方法仅仅停留在数学表达式上，本书在编写过程中进行了理论讲解、仿真验证和工程应用方面的努力，试图形成如下特色：

(1) 按照"理论讲透、重在应用"的原则，在不破坏理论严谨性和系统性的前提下，不刻意追求定理证明中数学上的严密性，而是注重理论知识和方法验证的融合，避免繁琐的数学推导，力求使内容严谨、实用和简练。

(2) 以学生为本，加强能力培养，注重理论完整性和工程实用性相结合，培养学生的工程意识。以四个工程应用实例指导学生运用理论知识和方法解决实际问题，力求使学生由浅入深、抓住重点，对线性系统理论有较全面和深入的理解，提高学生的工程应用和实践能力。

(3) 结构清晰，强调控制理论的基本概念、基本原理和基本方法。全书结构贯穿一条主线，即线性系统的状态空间描述(数学模型)→系统运动分析(定量分析)→能控性、能观性和稳定性(定性分析)→状态反馈和观测器设计(系统综合与设计)→系统分析与综合(四个工程应用实例)，便于学生从整体上掌握线性系统理论的基本思路和方法。

(4) 在阐述线性系统理论的基本知识和方法时，注意与经典控制理论基本方法的联系与比较。

(5) 突出实用性和实践性，在保证理论知识体系完整的前提下，培养学生现代化的分析和设计能力，在每一章都融入了 MATLAB 在知识掌握和方法验证方面的应用。

(6) 每章均有丰富的例题、习题和上机实验题，便于学生对所学知识和方法有更为深入的理解，有利于学生自学能力、计算机应用能力和科研能力的提高。

习 题

1-1 自动控制理论发展分为哪三个阶段？现代控制理论的主要研究对象是什么？

1-2 经典控制理论的研究对象是什么？它存在哪些局限性？

1-3 线性系统理论具有哪些特点？它是否也存在局限性？

1-4 设计一个自动控制系统都包括哪些基本步骤？

1-5 自动控制理论的发展方向是什么？

1-6 MATLAB 和 Simulink 在控制理论课程中的作用是什么？

第2章　线性系统的状态空间描述

随着现代工业的发展，工程系统正朝着更加复杂的方向发展，一个复杂系统可能有多个输入和多个输出，且除了输入输出变量以外，还有许多相互独立的中间变量。经典控制理论建立在系统高阶微分方程或传递函数的基础之上，仅能描述系统输入-输出之间的外部特性，不能揭示系统内部各物理量的运动规律。因此，用此类方法描述的系统是不完整的。

现代控制理论引入状态空间的概念，状态空间描述由状态方程和输出方程组成。状态方程用以反映系统内部状态变量和输入之间的因果关系；输出方程用以表征状态变量及输入-输出之间的转换关系。因此，系统的状态空间描述不仅描述了系统输入-输出之间的外部关系，还揭示了系统内部的结构特征，是一种完全的描述。

经典控制理论主要适用于单输入-单输出的线性定常系统，而状态空间法不仅于此，可对多输入-多输出系统、非线性系统及时变系统等进行分析与设计。同时，状态空间法还可方便地使用向量、矩阵等数学工具，极大地简化了系统的数学表达式，进而借助计算机来进行各种大量而乏味的分析与计算。从这个观点来看，状态空间法对于系统分析与设计是最适宜的。

本章首先讨论线性系统状态空间描述的基本概念及状态空间模型的建立，进而讨论线性定常系统和其他数学模型之间的转换、状态空间模型的线性变换、系统的传递函数矩阵、线性离散系统状态空间模型和非线性系统局部线性化后的状态空间描述等问题，最后介绍 MATLAB 在线性系统数学描述中的应用。

2.1　线性系统的输入-输出描述

系统是相互制约的各个部分有机结合且具有一定功能的整体。从输入-输出关系看，自然界存在两类系统：静态系统和动态系统。系统的数学描述通常有两种基本类型：一种是系统的外部描述，即输入-输出描述；一种为系统的内部描述，即状态空间描述。本小节主要介绍系统的输入-输出描述。

2.1.1　线性系统的概念

静态系统：对于任意时刻 t，系统的输出唯一地取决于系统的输入。即任意时刻系统的输出仅与同一时刻的输入保持确定的关系，而与以前时刻的输入无关，故静态系统一般也称为无记忆系统。静态系统的输入-输出关系为代数方程。

动态系统：对于任意时刻 t，系统的输出不仅与 t 时刻的输入有关，而且与 t 时刻以前的累积输入有关(这种累积在 $t_0(t<t_0)$ 时刻以 t_0 时刻的初值体现出来)，故动态系统一般也称为有记忆系统。动态系统的输入-输出关系为微分方程。

输入和输出：由外部施加到系统上的全部激励称为输入，能从外部测量到的来自系统的信息称为输出。

时不变性(定常性)：一个松弛系统当且仅当对于任何输入 $\boldsymbol{u}$ 和任何实数 Q_a，均有

$$L(Q_a\boldsymbol{u})=Q_aL(\boldsymbol{u})$$

则该系统称为时不变的或定常的，否则称为时变的。式中 Q_a 为位移算子。

松弛性：若系统的输出 $\boldsymbol{y}[t_0, \infty)$ 由输入 $\boldsymbol{u}[t_0, \infty)$ 唯一确定，则称系统在 t_0 时刻是松弛的。

因果性：若系统在 t 时刻的输出仅取决于在 t 时刻的输入和 t 时刻之前的输入，而与 t 时刻之后的输入无关，则称系统具有因果性或因果关系(causal)。

叠加性：当有多个输入同时作用于系统时，这个系统产生的输出等于每个输入单独作用于系统所产生的输出之和，则称系统具有叠加性。

齐次性：当所有输入同时增大 K 倍或缩小为 $1/K$ 时，相应的系统输出也同样增大 K 倍或缩小为 $1/K(K>0)$。

如果一个系统满足叠加性和齐次性，那么这个系统就称为线性系统。上述表述可写为

$$L(\boldsymbol{u}_1+\boldsymbol{u}_2)=L(\boldsymbol{u}_1)+L(\boldsymbol{u}_2) \tag{2.1}$$

$$L(Q_a\boldsymbol{u})=Q_aL(\boldsymbol{u}) \tag{2.2}$$

或者

$$L(Q_{a1}\boldsymbol{u}_1+Q_{a2}\boldsymbol{u}_2)=Q_{a1}L(\boldsymbol{u}_1)+Q_{a2}L(\boldsymbol{u}_2) \tag{2.3}$$

其中，L 为线性映射。满足式(2.1)称系统具有叠加性；满足式(2.2)称系统具有齐次性；满足式(2.3)称系统同时具有叠加性和齐次性。

注意：不能简单地把输入和输出之间有线性关系的系统称为线性系统，满足线性关系的系统不一定是线性系统。

【例 2-1】 若 $\boldsymbol{y}(t)$ 和 $\boldsymbol{u}(t)$ 之间存在线性关系 $\boldsymbol{y}(t)=a\boldsymbol{u}(t)+b$，但该系统却不是一个线性系统。因为当输入分别为 $\boldsymbol{u}_1(t)$ 和 $\boldsymbol{u}_2(t)$ 时，相应的输出为

$$\boldsymbol{y}_1(t)=a\boldsymbol{u}_1(t)+b, \quad \boldsymbol{y}_2(t)=a\boldsymbol{u}_2(t)+b$$

然而，当输入为 $\boldsymbol{u}_1(t)+\boldsymbol{u}_2(t)$ 时，其输出为

$$\boldsymbol{y}_3(t)=a[\boldsymbol{u}_1(t)+\boldsymbol{u}_2(t)]+b$$

显然 $\boldsymbol{y}_1(t)+\boldsymbol{y}_2(t)\neq\boldsymbol{y}_3(t)$，不满足叠加性和齐次性，故该系统不是一个线性系统。

对于线性系统而言，叠加性是其本质特性。当 Q_a 为有理数时，齐次性可由叠加性导出；相反，一般情况下具有齐次性的系统未必具有叠加性。另外，对于线性系统所提出的叠加性和齐次性这两个要求是独立的，因为有些非线性系统尽管满足叠加性，但不一定满足齐次性。

线性系统又分为时变系统和时不变(定常)系统两类。系统的参数随时间而变化的系统称为时变系统，这种系统常用带时变系数的线性微分方程或差分方程来描述；系统的参数不随时间而变化的系统称为时不变系统，这种系统用常系数的线性微分方程或差分方程来描述。

2.1.2　系统输入-输出描述及其局限性

一个动态系统可用图 2-1 表示。图中方块以外的部分为系统环境，环境对系统的作用为系统输入，系统对环境的作用为系统输出，二者分别用向量 $\boldsymbol{u}=[u_1, u_2, \cdots, u_r]^{\mathrm{T}}$ 和

$\boldsymbol{y}=[y_1, y_2, \cdots, y_m]^{\mathrm{T}}$ 表示，它们均为系统的外部变量。描述系统内部每个时刻所处状况的变量为系统内部变量，以向量 $\boldsymbol{x}=[x_1, x_2, \cdots, x_n]^{\mathrm{T}}$ 表示。系统的数学描述是反映系统变量间因果关系和变换关系的一种数学模型。

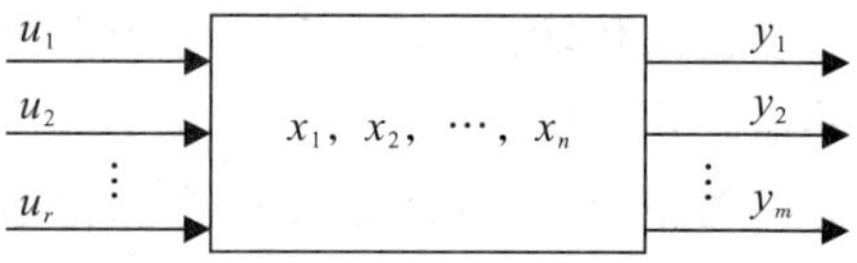

图 2-1 动态系统的方框图表示

外部描述： 即输入-输出描述，这种描述把系统当成一个“黑箱”，其系统的输出取为外部输入的直接响应，回避了表征系统内部的动态过程，不考虑系统的内部结构和内部信息。外部描述直接反映了输出变量和输入变量之间的动态因果关系。

在经典控制理论建立系统输入-输出描述时，假设系统的内部特性是完全未知的，即将系统看作一个“黑箱”，如图 2-2 所示。若系统只有 1 个输入和 1 个输出($r=1$, $m=1$)，则称系统为单输入-单输出系统，用符号 SISO 表示；当系统的输入量和输出量均多于 1 个时，则称系统为多输入-多输出系统，用符号 MIMO 表示。

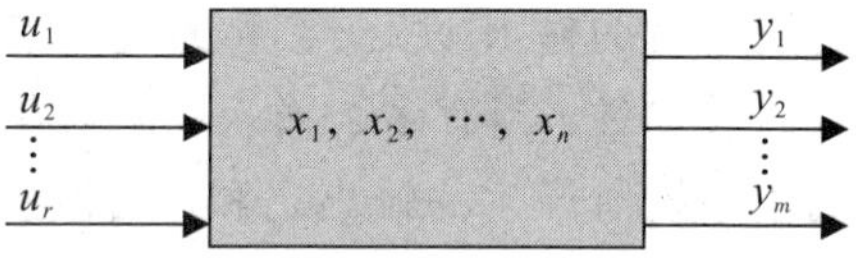

图 2-2 系统输入-输出描述的方框图表示

内部描述： 这种描述通常由两个数学方程组成。一个是反映系统内部变量 $\boldsymbol{x}=[x_1, x_2, \cdots, x_n]^{\mathrm{T}}$ 和输入变量 $\boldsymbol{u}=[u_1, u_2, \cdots, u_r]^{\mathrm{T}}$ 间因果关系的数学表达式，常具有微分方程或差分方程的形式，称为状态方程。另一个是表征系统内部变量 $\boldsymbol{x}=[x_1, x_2, \cdots, x_n]^{\mathrm{T}}$ 及输入变量 $\boldsymbol{u}=[u_1, u_2, \cdots, u_r]^{\mathrm{T}}$ 和输出变量 $\boldsymbol{y}=[y_1, y_2, \cdots, y_m]^{\mathrm{T}}$ 间转换关系的数学式，具有代数方程的形式，称为输出方程。

输入-输出描述仅表示在初始条件为零的情况下，系统的输入量和输出量之间的某种数学关系。对于非零初始条件，这种描述不能应用。更为重要的是，输入-输出描述不能揭示系统的全部内部行为，即不能对系统进行全面描述。内部描述是基于系统内部结构分析的一类数学模型，可以完整地描述一个系统，是一种更为完善的系统描述方法。仅当在系统具有一定属性的条件下，两种描述才具有等价关系。

【例 2-2】 比较图 2-3 所示两个系统的异同。

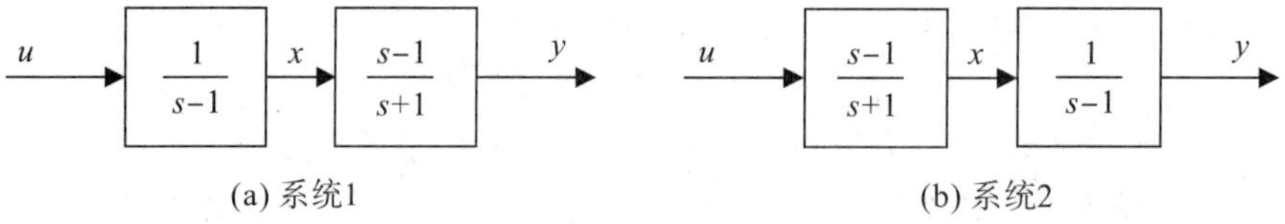

图 2-3 输入-输出描述的系统框图

从系统的输入-输出描述看，图 2-3 所示的两个系统具有相同的外部特性，即它们的传递函数都为

$$W(s)=\frac{1}{s-1}\cdot\frac{s-1}{s+1}=\frac{s-1}{s+1}\cdot\frac{1}{s-1}=\frac{1}{s+1}$$

因此，从输入-输出的角度来看，系统是稳定的。但对于图 2-3(a)来讲，由第 3 章的知识可知，当初始条件不为零时，系统内部变量 x 的运动方程为

$$x(t)=\mathrm{e}^{(t-t_0)}x_0+\int_{t_0}^{t}\mathrm{e}^{(t-\tau)}u(\tau)\mathrm{d}\tau$$

式中，x_0 为 $x(t)$ 在 $t=t_0$ 时的初值，系统内部变量 $x(t)$ 的运动过程中具有 $\mathrm{e}^{(t-t_0)}$ 增长项。

经过一段时间后，这个系统将达到饱和或失效，因此系统不能令人满意地工作。若系统内部结构未知，上述现象在其系统的传递函数中不可能被表现出来，因此系统的输入-输出描述不足以完全刻画出一个系统的运动行为。

从输入-输出关系看，图 2-3(b)所示的系统与图 2-3(a)所示的系统具有相同的传递函数，但这两个系统具有完全不同的内部结构。在第 4 章的系统能控性和能观性分析中将可以看到，两个系统不是等价的，一个是能观不能控的，另一个是能控不能观的，这表明系统的内部特性比起由传递函数表达的外部特性要复杂得多。输入-输出描述没有包含系统的全部信息，不能完整地描述一个系统，为此必须探求更为完善的系统描述方法，那就是在线性系统时域理论中普遍采用的状态空间描述。

2.2　线性系统的状态空间表达式

在系统的输入-输出描述中，必须假设其初始条件为零。若初始条件不为零，则 $\boldsymbol{y}=L(\boldsymbol{u})$ 的线性映射关系不再成立。如果要唯一地确定系统的输出，除已知输入外，还要知道系统的一组初始条件。例如，根据牛顿定律可给出质点的运动方程

$$m\frac{\mathrm{d}^2x}{\mathrm{d}t^2}=F \tag{2.4}$$

为确定出系统在外力 F 作用下，质点的位移 x 的运动规律，仅知道 F 是不够的，还必须知道初始时刻 t_0 质点的位置 x_0 和速度 $\dot{x}_0$，位置 x_0 和速度 $\dot{x}_0$ 代表 t_0 时刻以前质点运动过程中对 t_0 时刻质点运动状态的影响结果。至于位置 x_0 和速度 $\dot{x}_0$ 是如何获得的，这对于确定 t_0 时刻之后质点的运动规律是无关紧要的，重要的是 F 为已知时，位置 x_0 和速度 $\dot{x}_0$ 完全刻画了质点在 t_0 以后任意时刻的运动状态。运动状态是状态空间描述的一个重要概念。

控制系统的状态空间描述是 20 世纪 60 年代初，将力学中的相空间法引入到控制系统的研究中而形成的描述系统的方法，它是时域中最详细的描述方法。状态空间描述建立在状态、状态空间等概念的基础上，本小节首先给出了状态、状态变量、状态向量、状态空间、状态轨迹的概念，进而论述了线性系统的状态空间表达式、矢量结构图和模拟结构图等内容。

2.2.1　状态与状态空间的概念

状态：能够唯一地确定系统时间域行为的一组独立(数目最少的)变量，只要给定 t_0 时刻的这组变量和 $t\geqslant t_0$ 的输入，则系统在 $t\geqslant t_0$ 的任意时刻的行为随之完全确定。

必须指出，系统在 $t\geqslant t_0$ 的任意时刻的状态是由 t_0 时刻的系统状态(初始状态)和 $t\geqslant t_0$ 的输入唯一地确定的。

状态变量：构成系统状态的变量，能够完全描述系统行为的最小变量组的每一个变量，且它们之间相互独立。一般记为 $x_1(t)$，$x_2(t)$，…，$x_n(t)$，$t\geqslant t_0$，其中 t_0 为初始时刻，n 为正整数。独立变量的个数就是系统微分方程的阶次 n。

所谓完全描述，是指若给定这个最小变量组在 t_0 时刻的系统状态(初始状态)和 $t\geqslant t_0$ 时刻系统的输入函数，那么系统在 $t\geqslant t_0$ 任何时刻的运行状态都可以完全确定，且与 t_0 时刻以前的状态和输入无关。

所谓变量数目最小，从数学角度看，是指这组状态变量是系统所有内部变量中线性无关的一个极大变量组，即 $x_1(t)$，$x_2(t)$，…，$x_n(t)$以外的系统内部变量均与其线性相关；从物理角度看，是指减少其中任意一个变量就会减少确定系统运动行为的信息量从而不能完全表征系统的运动状态，而增加一个变量对完全表征系统的运动状态又是多余的。

【例 2-3】 设系统微分方程为

$$\begin{aligned}&y^{(n)}(t)+a_{n-1}y^{(n-1)}(t)+\cdots+a_1\dot{y}(t)+a_0y(t)\\&=b_mu^{(m)}(t)+b_{m-1}u^{(m-1)}(t)+\cdots+b_1\dot{u}(t)+b_0u(t)\end{aligned}$$

式中，$y^{(i)}=\dfrac{\mathrm{d}^iy}{\mathrm{d}t^i}$；$y$ 为系统输出；u 为系统输入。试分析系统的阶数和状态变量。

解 系统的阶数为 n，即系统的阶数为系统输出 y 关于时间 t 的导数的最高阶次，用来描述系统的状态变量的个数。

一个用 n 阶微分方程描述的系统，当 n 个初始条件 $x(t_0)$，$\dot{x}(t_0)$，…，$x^{(n-1)}(t_0)$及 $t\geqslant t_0$ 的系统输入 $u(t)$给定时，可以唯一地确定微分方程的解 $x(t)$，故变量 $x(t)$，$\dot{x}(t)$，…，$x^{(n-1)}(t)$是一组状态变量。

对系统状态变量的说明如下：

(1) 状态变量不是所有变量的总和，而是能够完全描述系统行为的最小变量组。状态变量之间是线性无关的。对于一个 n 阶系统而言，其有 n 个变量。当状态变量的个数小于 n 时，便不能完全确定系统状态；当状态变量的个数大于 n 时，则必有不独立的变量，对于确定系统状态是多余的。

(2) 状态变量的选取不是唯一的，可以有多组状态变量，只要它们是能够完全描述系统行为的最少一组变量即可。选择不同的状态变量只是以不同形式描述系统，由于不同状态变量组之间存在着确定的关系，对应的系统描述随之存在确定关系，而系统的特性则是不变的。

(3) 系统状态变量在系统分析中是一个辅助变量，它可以是具有物理意义的量，也可以是没有物理意义的量。应优先考虑将在物理上可测量的量作为状态变量，如电路系统中的电感电流和电容电压；机械系统中的转角、位移和速度等。这些可测量的状态变量可用于实现反馈控制，以改善系统控制性能。

(4) 状态变量有时是不可测量的。在实际系统中，有些状态变量是不能被传感器测量的或者测量存在较大的误差。例如，对于角度随动系统，角度、角速度和角加速度可由传感器进行测量，但如果系统中有一个状态变量为角度的 4 阶导数，那就没有相应的传感器进行测量。并且，角加速度传感器的测量易受干扰的影响，存在较大的测量误差。

(5) 状态变量是对时间域而言的，不能选取时间域以外的变量作为状态变量，如频率域的变量等。

(6) 输入量不允许选作状态变量，输出量可选作状态变量。

状态向量：设系统的状态变量为 $x_1(t)$，$x_2(t)$，…，$x_n(t)$，那么把它们作为分量所构成的向量 $\boldsymbol{x}(t)$，就称为状态向量，有时也称为状态矢量，记作：

$$\boldsymbol{x}(t)=\begin{bmatrix}x_1(t)\\x_2(t)\\\vdots\\x_n(t)\end{bmatrix}$$

状态空间：以状态变量 $x_1(t)$，$x_2(t)$，…，$x_n(t)$为坐标轴构成的一个 n 维欧氏空间，称为状态空间。状态空间的概念由向量空间引出。在向量空间中，维数就是构成向量空间基底的变量个数。相似地，在状态空间中，维数也就是系统状态变量的个数。

状态轨迹：状态空间中的每一个点，对应于系统的某一种特定状态。反过来，系统在任何时刻的状态，都可以用状态空间的一个点来表示。如果给定了初始时刻 t_0 的状态 $\boldsymbol{x}(t_0)$和 $t\geqslant t_0$ 时刻的输入函数，随着时间的推移，$\boldsymbol{x}(t)$将在空间中描绘出一条轨迹，称为状态轨迹。

【例 2-4】 RLC 电路网络如图 2-4 所示，试确定系统的状态变量。

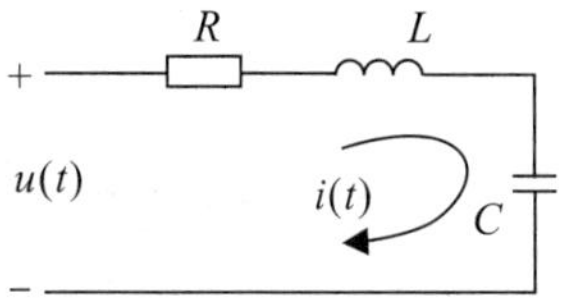

图 2-4　RLC 电路

解　图 2-4 电路中，电源电压 $u(t)$为输入，电容两端电压 $u_C(t)$为输出，根据基尔霍夫电路定律可建立如下的微分方程：

$$\begin{cases}u(t)=Ri(t)+L\dfrac{\mathrm{d}i(t)}{\mathrm{d}t}+u_C(t)\\i(t)=C\dfrac{\mathrm{d}u_C(t)}{\mathrm{d}t}\end{cases}$$

根据状态变量的定义，要唯一地确定 t 时刻电路的运动状态，除了输入电压 $u(t)$之外，还需知道电流 $i(t)$和电容两端的电压 $u_C(t)$，电流 $i(t)$和电压 $u_C(t)$是系统的一个完全描述。

下面讨论电流 $i(t)$和电压 $u_C(t)$是否是描述系统运动状态的最小变量组：若仅选择电流 $i(t)$描述系统，则不能得知 $u_C(t)$的运动状态；反之仅选择 $u_C(t)$，则不能得知 $i(t)$的运动状态。故两种缺一不可。若选择电流 $i(t)$、电容两端的电压 $u_C(t)$及电容两端的电荷量 $q_C(t)$作为系统的状态变量，由于 $q_C(t)=Cu_C(t)$，$q_C(t)$和 $u_C(t)$线性相关，则增加的变量 $q_C(t)$是多余的。

故可选择 $i(t)$、$u_C(t)$为状态变量，系统的状态空间是 2 维的。

同理，分析可知也可选择 $i(t)$、$q_C(t)$作为状态变量，系统的状态空间是 2 维的。

由上可知，系统状态变量的选取不是唯一的，对同一个系统可选取不同组的状态变量，但无论状态变量如何选取，系统状态变量的个数是唯一的，即系统状态空间的维数是唯一的，就是系统中独立储能元件的个数。

2.2.2　状态空间表达式的一般形式

针对例 2-4 所示 RLC 电路的状态空间表达式，选取电流 $i(t)$和电容两端的电压 $u_C(t)$作为系统的状态变量，电容两端的电压 $u_C(t)$作为系统的输出变量。

根据电路原理，得

$$\begin{cases}u(t)=Ri(t)+L\dfrac{\mathrm{d}i(t)}{\mathrm{d}t}+u_C(t)\\i(t)=C\dfrac{\mathrm{d}u_C(t)}{\mathrm{d}t}\end{cases}$$

整理得

$$\begin{cases}\dfrac{\mathrm{d}u_C(t)}{\mathrm{d}t}=\dfrac{1}{C}i(t)\\[2mm]\dfrac{\mathrm{d}i(t)}{\mathrm{d}t}=-\dfrac{u_C(t)}{L}-\dfrac{R}{L}i(t)+\dfrac{1}{L}u(t)\end{cases}$$

设状态变量的选择为 $x_1=u_C(t)$，$x_2=i(t)$，整理可得

$$\begin{cases}\dot{x}_1=\dfrac{1}{C}x_2\\[2mm]\dot{x}_2=-\dfrac{1}{L}x_1-\dfrac{R}{L}x_2+\dfrac{1}{L}u\end{cases}$$

则系统的状态方程为

$$\begin{bmatrix}\dot{x}_1\\ \dot{x}_2\end{bmatrix}=\begin{bmatrix}0 & \dfrac{1}{C}\\ -\dfrac{1}{L} & -\dfrac{R}{L}\end{bmatrix}\begin{bmatrix}x_1\\ x_2\end{bmatrix}+\begin{bmatrix}0\\ \dfrac{1}{L}\end{bmatrix}u$$

系统的输出方程为

$$y(t)=x_1=[1\quad 0]\begin{bmatrix}x_1\\ x_2\end{bmatrix}$$

系统的状态空间表达式为

$$\begin{cases}\dot{\boldsymbol{x}}(t)=\boldsymbol{A}\boldsymbol{x}(t)+\boldsymbol{B}\boldsymbol{u}(t)\\ \boldsymbol{y}(t)=\boldsymbol{C}\boldsymbol{x}(t)\end{cases}$$

其中，$\boldsymbol{x}(t)=\begin{bmatrix}x_1(t)\\ x_2(t)\end{bmatrix}$，$\boldsymbol{A}=\begin{bmatrix}0 & \dfrac{1}{C}\\ -\dfrac{1}{L} & -\dfrac{R}{L}\end{bmatrix}$，$\boldsymbol{B}=\begin{bmatrix}0\\ \dfrac{1}{L}\end{bmatrix}$，$\boldsymbol{C}=[1\quad 0]$。

现在将例 2-4 的分析结果推广到一般情况，如图 2-5 所示。

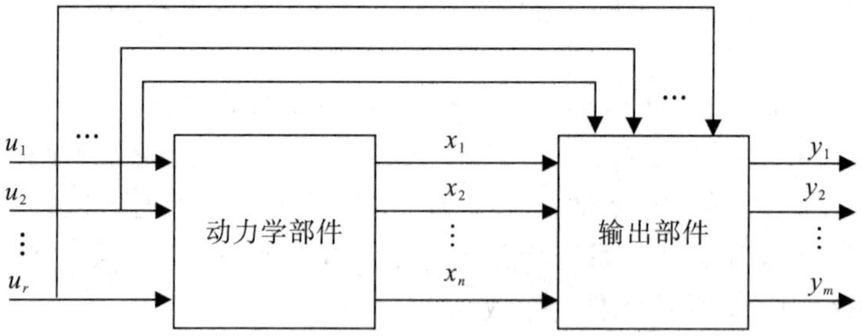

图 2-5 动态系统的结构示意图

对于线性定常系统，状态空间表达式中的各元素均是常数，与时间无关，即 $\boldsymbol{A}(t)$、$\boldsymbol{B}(t)$、$\boldsymbol{C}(t)$、$\boldsymbol{D}(t)$为常数矩阵，此时状态空间表达式可写为

$$\begin{cases}\dot{\boldsymbol{x}}(t)=\boldsymbol{A}\boldsymbol{x}(t)+\boldsymbol{B}\boldsymbol{u}(t)\\ \boldsymbol{y}(t)=\boldsymbol{C}\boldsymbol{x}(t)+\boldsymbol{D}\boldsymbol{u}(t)\end{cases}\tag{2.5}$$

式中，$\boldsymbol{A}\in\mathbf{R}^{n\times n}$ 是系统状态矩阵；$\boldsymbol{B}\in\mathbf{R}^{n\times r}$ 为控制输入矩阵；$\boldsymbol{C}\in\mathbf{R}^{m\times n}$ 为系统输出矩阵；$\boldsymbol{D}\in\mathbf{R}^{m\times r}$ 为输入输出关联矩阵。其具体表达式如下：

$$A=\begin{bmatrix}a_{11} & a_{12} & \cdots & a_{1n}\\ a_{21} & a_{22} & \cdots & a_{2n}\\ \vdots & \vdots & & \vdots\\ a_{n1} & a_{n2} & \cdots & a_{nn}\end{bmatrix},\quad B=\begin{bmatrix}b_{11} & b_{12} & \cdots & b_{1r}\\ b_{21} & b_{22} & \cdots & b_{2r}\\ \vdots & \vdots & & \vdots\\ b_{n1} & b_{n2} & \cdots & b_{nr}\end{bmatrix}$$

$$C=\begin{bmatrix}c_{11} & c_{12} & \cdots & c_{1n}\\ c_{21} & c_{22} & \cdots & c_{2n}\\ \vdots & \vdots & & \vdots\\ c_{m1} & c_{m2} & \cdots & c_{mn}\end{bmatrix},\quad D=\begin{bmatrix}d_{11} & d_{12} & \cdots & d_{1r}\\ d_{21} & d_{22} & \cdots & d_{2r}\\ \vdots & \vdots & & \vdots\\ d_{m1} & d_{m2} & \cdots & d_{mr}\end{bmatrix}$$

由于方程(2.5)是多输入-多输出线性定常系统，故为多变量线性定常系统；如果是单输入-单输出系统，则称为单变量线性定常系统，输入变量 $\boldsymbol{u}(t)$ 和输出变量 $\boldsymbol{y}(t)$ 均是一维的，其状态空间表达式可简化为

$$\begin{cases}\dot{\boldsymbol{x}}(t)=\boldsymbol{A}\boldsymbol{x}(t)+\boldsymbol{b}u(t)\\ y(t)=\boldsymbol{C}\boldsymbol{x}(t)+du(t)\end{cases}\tag{2.6}$$

若式(2.5)中的矩阵 $\boldsymbol{A}$、$\boldsymbol{B}$、$\boldsymbol{C}$ 和 $\boldsymbol{D}$ 的诸元素是时间 t 的函数，考虑到系统的时变性，状态方程和输出方程可写为

$$\begin{cases}\dot{x}_1(t)=a_{11}(t)x_1+a_{12}(t)x_2+\cdots+a_{1n}(t)x_n+b_{11}(t)u_1+b_{12}(t)u_2+\cdots+b_{1r}(t)u_r\\ \dot{x}_2(t)=a_{21}(t)x_1+a_{22}(t)x_2+\cdots+a_{2n}(t)x_n+b_{21}(t)u_1+b_{22}(t)u_2+\cdots+b_{2r}(t)u_r\\ \qquad\vdots\\ \dot{x}_n(t)=a_{n1}(t)x_1+a_{n2}(t)x_2+\cdots+a_{nn}(t)x_n+b_{n1}(t)u_1+b_{n2}(t)u_2+\cdots+b_{nr}(t)u_r\end{cases}$$

$$\begin{cases}y_1(t)=c_{11}(t)x_1+c_{12}(t)x_2+\cdots+c_{1n}(t)x_n+d_{11}(t)u_1+d_{12}(t)u_2+\cdots+d_{1r}(t)u_r\\ y_2(t)=c_{21}(t)x_1+c_{22}(t)x_2+\cdots+c_{2n}(t)x_n+d_{21}(t)u_1+d_{22}(t)u_2+\cdots+d_{2r}(t)u_r\\ \qquad\vdots\\ y_m(t)=c_{m1}(t)x_1+c_{m2}(t)x_2+\cdots+c_{mn}(t)x_n+d_{m1}(t)u_1+d_{m2}(t)u_2+\cdots+d_{mr}(t)u_r\end{cases}$$

用矩阵形式表示为

$$\begin{cases}\dot{\boldsymbol{x}}(t)=\boldsymbol{A}(t)\boldsymbol{x}(t)+\boldsymbol{B}(t)\boldsymbol{u}(t)\\ \boldsymbol{y}(t)=\boldsymbol{C}(t)\boldsymbol{x}(t)+\boldsymbol{D}(t)\boldsymbol{u}(t)\end{cases}\tag{2.7}$$

式中，$\boldsymbol{A}(t)\in\mathbf{R}^{n\times n}$ 是系统状态矩阵；$\boldsymbol{B}(t)\in\mathbf{R}^{n\times r}$ 为控制输入矩阵；$\boldsymbol{C}(t)\in\mathbf{R}^{m\times n}$ 为系统输出矩阵；$\boldsymbol{D}(t)\in\mathbf{R}^{m\times r}$ 为输入输出关联矩阵。其具体表达式如下：

$$\boldsymbol{A}(t)=\begin{bmatrix}a_{11}(t) & a_{12}(t) & \cdots & a_{1n}(t)\\ a_{21}(t) & a_{22}(t) & \cdots & a_{2n}(t)\\ \vdots & \vdots & \vdots & \vdots\\ a_{n1}(t) & a_{n2}(t) & \cdots & a_{nn}(t)\end{bmatrix};\quad \boldsymbol{B}(t)=\begin{bmatrix}b_{11}(t) & b_{12}(t) & \cdots & b_{1r}(t)\\ b_{21}(t) & b_{22}(t) & \cdots & b_{2r}(t)\\ \vdots & \vdots & \vdots & \vdots\\ b_{n1}(t) & b_{n2}(t) & \cdots & b_{nr}(t)\end{bmatrix}$$

$$\boldsymbol{C}(t)=\begin{bmatrix}c_{11}(t) & c_{12}(t) & \cdots & c_{1n}(t)\\ c_{21}(t) & c_{22}(t) & \cdots & c_{2n}(t)\\ \vdots & \vdots & \vdots & \vdots\\ c_{m1}(t) & c_{m2}(t) & \cdots & c_{mn}(t)\end{bmatrix};\quad \boldsymbol{D}(t)=\begin{bmatrix}d_{11}(t) & d_{12}(t) & \cdots & d_{1r}(t)\\ d_{21}(t) & d_{22}(t) & \cdots & d_{2r}(t)\\ \vdots & \vdots & \vdots & \vdots\\ d_{m1}(t) & d_{m2}(t) & \cdots & d_{mr}(t)\end{bmatrix}$$

2.2.3 状态空间描述的矢量结构图

类似于经典控制理论，对于线性系统的状态空间表达式（状态方程和输出方程）可以用矢量结构图来表示，它形象地表明了系统输入和输出的因果关系，状态与输入、输出的组合关系，以及系统动态性能的全部信息。图 2-6(a)为式(2.5)所描述的线性定常系统的矢量结构图，图 2-6(b)为式(2.7)所描述的线性时变系统的矢量结构图。

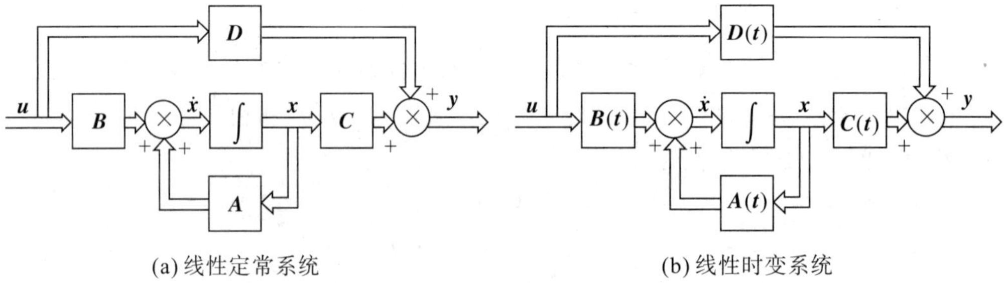

图 2-6　线性系统的矢量结构图

除了用图 2-6 所示的矢量结构图表示外，还常用信号流图表示，如图 2-7 所示。比较矢量结构图和信号流图的表示法，可以毫无困难地从一种图形表示转换为另一种图形表示。因为矢量结构图所表示的系统结构，其信号的传递和变换关系形象而直观，便于应用，所以系统分析和设计常用矢量结构图表示法。

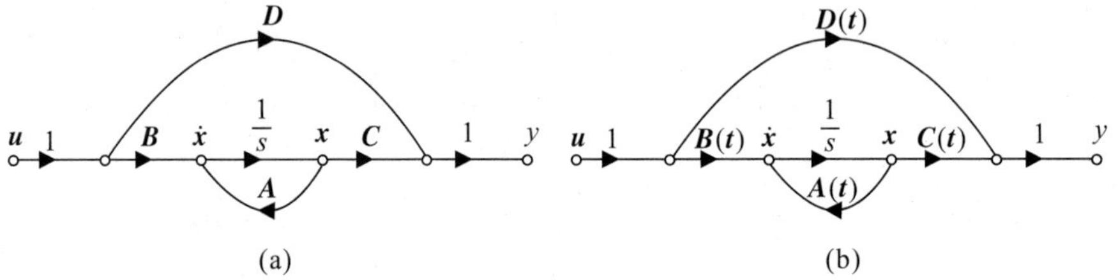

图 2-7　线性系统的信号流图

严格地说，一切实际的物理系统都是非线性系统。描述非线性系统输入量、状态变量和输出量之间关系的状态方程和输出方程为

$$\begin{cases}\dot{\boldsymbol{x}}(t)=\boldsymbol{f}[\boldsymbol{x}(t),\ \boldsymbol{u}(t),\ t]\\ \boldsymbol{y}(t)=\boldsymbol{g}[\boldsymbol{x}(t),\ \boldsymbol{u}(t),\ t]\end{cases}\tag{2.8}$$

式中，$\boldsymbol{x}(t)\in\mathbf{R}^n$ 为系统状态向量；$\boldsymbol{u}(t)\in\mathbf{R}^r$ 为控制输入向量；$\boldsymbol{y}(t)\in\mathbf{R}^m$ 为系统输出向量；$\boldsymbol{f}(\cdot)\in\mathbf{R}^n$ 为向量函数；$\boldsymbol{g}(\cdot)\in\mathbf{R}^m$ 为向量函数。这种系统的状态变量和输入量之间的关系由非线性矩阵微分方程描述，输出量和状态变量之间的关系由非线性矩阵代数方程描述。式(2.8)所描述的系统称为非线性时变系统；如果非线性系统方程中不显含时间 t，则称为非线性定常系统，其状态方程和输出方程为

$$\begin{cases}\dot{\boldsymbol{x}}(t)=\boldsymbol{f}(\boldsymbol{x},\ \boldsymbol{u})\\ \boldsymbol{y}(t)=\boldsymbol{g}(\boldsymbol{x},\ \boldsymbol{u})\end{cases}\tag{2.9}$$

2.2.4　状态空间描述的模拟结构图

为了便于状态空间的分析，我们引入了模拟结构图来反映系统各状态变量之间的传递关系，不仅仅使得系统的结构一目了然，同时也使得状态空间表达式的建立更加方便。

模拟结构图类似于一个代表系统的模拟计算的图，使用的基本元件为积分器、比例器、加法器以及在非线性系统中使用的辅助元件，例如乘法器和除法器。绘制模拟图的详细步骤如下：

(1) 画出积分器，积分器的数目等于状态变量数；

(2) 积分器的输出对应某个状态变量；

(3) 根据状态方程和输出方程，画出相应的加法器和比例器；

(4) 用信号线将这些元件连接起来。

【例 2-5】 根据一阶微分方程画出系统模拟结构图。

$$\dot{x}=ax+bu$$

解 模拟结构图如图 2-8 所示。

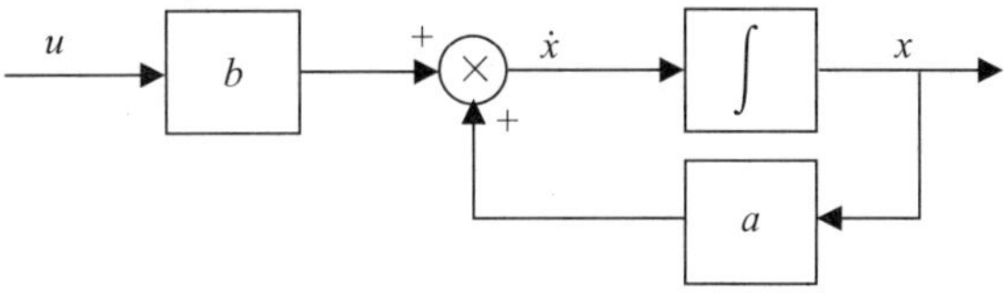

图 2-8　系统模拟结构图

【例 2-6】 根据三阶微分方程作出其模拟结构图。

$$\dddot{x}+a_2\ddot{x}+a_1\dot{x}+a_0x=bu$$

解 移项可得

$$\dddot{x}=-a_2\ddot{x}-a_1\dot{x}-a_0x+bu$$

其模拟结构图如图 2-9 所示。

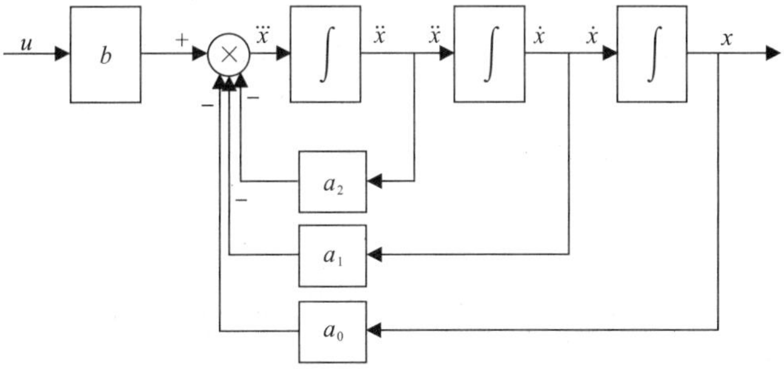

图 2-9　系统模拟结构图

【例 2-7】 已知如下状态空间表达式，作出模拟结构图。

$$\begin{cases}\dot{x}_1=-\dfrac{R}{L}x_1-\dfrac{1}{L}x_2+\dfrac{1}{L}u\\ \dot{x}_2=\dfrac{1}{C}x_1\\ y(t)=x_2\end{cases}$$

解 系统模拟结构图如图 2-10 所示。

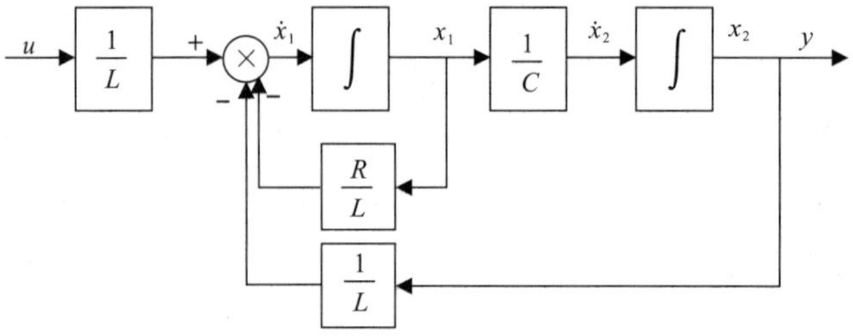

图 2-10 系统模拟结构图

【例 2-8】 已知如下状态空间表达式，作出模拟结构图。

$$\begin{cases}\dot{x}_1=a_{11}x_1+a_{12}x_2+b_{11}u_1+b_{12}u_2\\ \dot{x}_2=a_{21}x_1+a_{22}x_2+b_{21}u_1+b_{22}u_2\\ y_1=c_{11}x_1+c_{12}x_2\\ y_2=c_{21}x_1+c_{22}x_2\end{cases}$$

解 此时系统为二输入-二输出系统，其模拟结构图如图 2-11 所示。

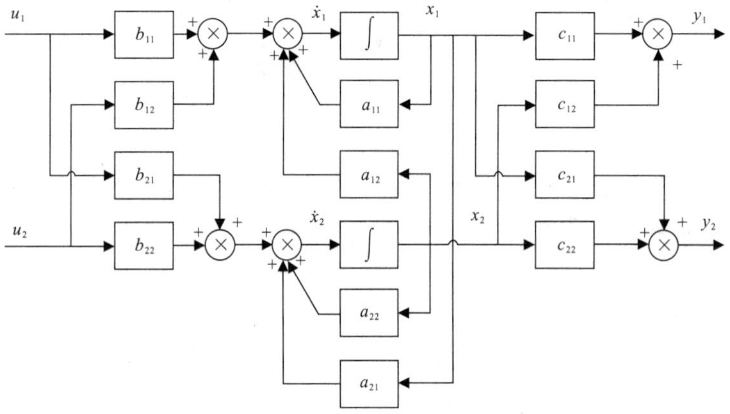

图 2-11 二输入-二输出系统的模拟结构图

从图 2-11 可以看出，一个具有二输入-二输出的二阶系统，其结构图已经相当复杂，若系统再复杂一点，其信息传递关系会更加繁琐。所以，多输入-多输出系统的结构图多以图 2.6 所示的系统矢量结构图形式表示。

2.3 线性系统状态空间表达式的建立

用状态空间法分析系统首当其冲要解决的问题就是建立关于给定系统的状态空间表达式，一般有如下三个途径可以获得其表达式：一是由系统框图建立状态空间表达式；二是由系统的物理或化学机理出发建立状态空间表达式；三是通过系统运动过程的高阶微分方程或者传递函数获取状态空间表达式。

2.3.1 由系统框图建立状态空间表达式

该方法首先将系统框图的各个环节按照 2.2.4 所述变换为相应的模拟结构图，然后将每一个积分器的输出选做一个状态变量，最后由模拟结构图直接写出系统的状态方程和输出方程。典型环节的模拟结构图如下所示。

（1）积分环节 $\frac{K}{s}$：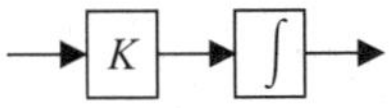

（2）惯性环节 $\frac{K}{Ts+1}$：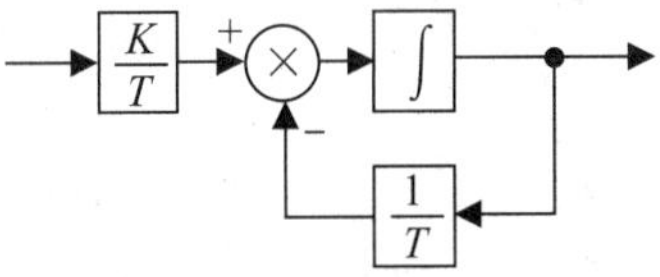

（3）含有极点的形式 $\frac{K}{s+a}$：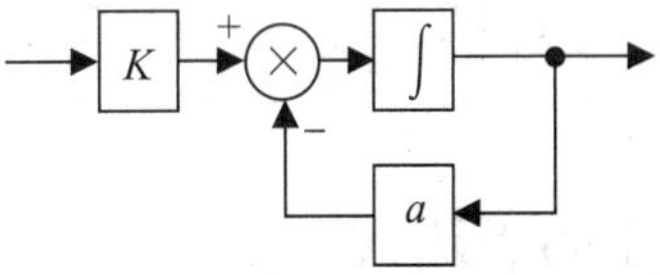

（4）含有零点的形式 $\frac{s+z}{s+p}$：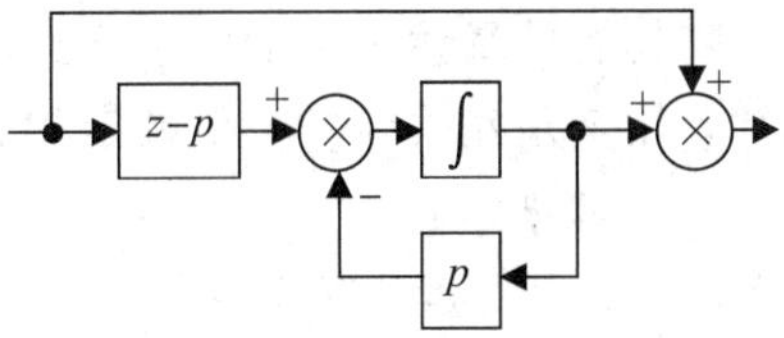

【例 2-9】 已知系统结构图如图 2-12 所示，试作出模拟结构图，并写出状态空间表达式。

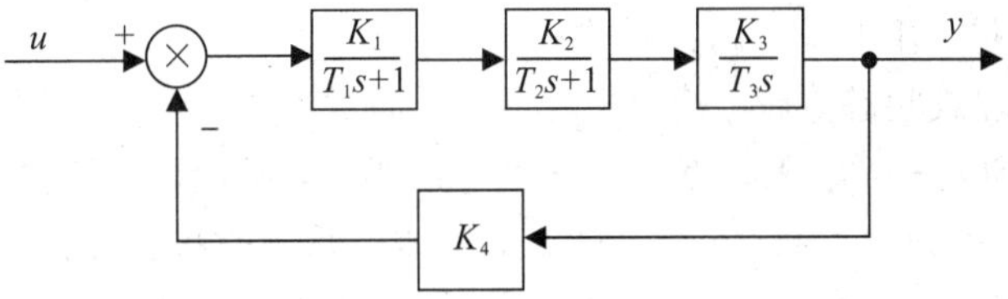

图 2-12　系统结构图

解　系统模拟结构图如图 2-13 所示。

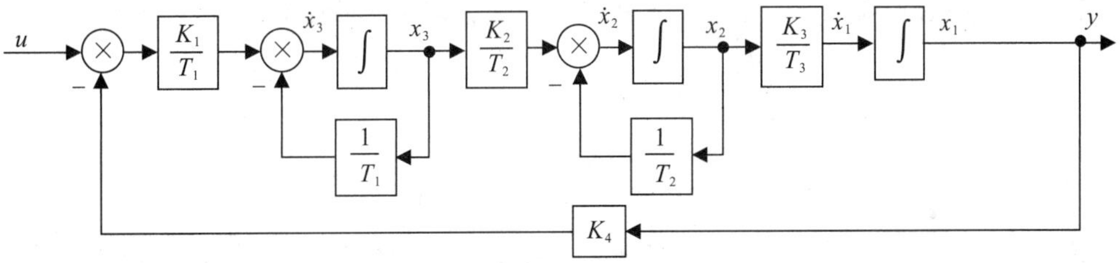

图 2-13　系统模拟结构图

状态方程为

$$
\begin{cases}
\dot{x}_1 = \dfrac{K_3}{T_3}x_2 \\
\dot{x}_2 = -\dfrac{1}{T_2}x_2 + \dfrac{K_2}{T_2}x_3 \\
\dot{x}_3 = -\dfrac{1}{T_1}x_3 - \dfrac{K_1K_4}{T_1}x_1 + \dfrac{K_1}{T_1}u
\end{cases}
$$

输出方程为

$$y=x_1$$

则其向量-矩阵方程形式的状态空间表达式为

$$\begin{cases}\dot{\boldsymbol{x}}(t)=\boldsymbol{A}\boldsymbol{x}+\boldsymbol{B}u\\ \boldsymbol{y}(t)=\boldsymbol{C}\boldsymbol{x}\end{cases}$$

式中：$\boldsymbol{A}=\begin{bmatrix}0 & \dfrac{K_3}{T_3} & 0\\ 0 & -\dfrac{1}{T_2} & \dfrac{K_2}{T_2}\\ -\dfrac{K_1K_4}{T_1} & 0 & -\dfrac{1}{T_1}\end{bmatrix}$；$\boldsymbol{B}=\begin{bmatrix}0\\0\\ \dfrac{K_1}{T_1}\end{bmatrix}$；$\boldsymbol{C}=[1\quad 0\quad 0]$。

2.3.2 由机理法建立状态空间表达式

一般常见的控制系统，按其能量属性，可分为电气、机械、机电、气动液压、热力等系统。根据其物理或化学规律，如基尔霍夫定律、牛顿定律、能量守恒定律等，建立系统的状态方程和输出方程。其一般步骤如下：

(1) 确定系统的输入变量、输出变量和状态变量；

(2) 根据变量遵循的物理、化学定律，列出描述系统动态特性或运动规律的微分方程；

(3) 消去中间变量，得出状态变量的一阶导数与各状态变量、输入变量的关系式及输出变量与各状态变量、输入变量的关系式；

(4) 将方程整理成状态方程、输出方程的标准形式。

【例 2-10】 质量-弹簧-阻尼系统如图 2-14 所示，质量块 M 受外力 $u(t)$ 的作用，质量块的位移为 y，k 为弹性系数，b 为阻尼器。试建立系统的状态方程。

解 根据牛顿运动学定律，该系统的行为可以用微分方程来描述为

$$M\frac{\mathrm{d}^2y(t)}{\mathrm{d}t^2}+b\frac{\mathrm{d}y}{\mathrm{d}t}+ky(t)=u(t)$$

令 $x_1(t)=y(t)$，$x_2(t)=\dfrac{\mathrm{d}y(t)}{\mathrm{d}t}$，上式可以变换为两个一阶微分方程的形式，即

$$\begin{cases}\dfrac{\mathrm{d}x_1}{\mathrm{d}t}=x_2\\ \dfrac{\mathrm{d}x_2}{\mathrm{d}t}=\dfrac{-b}{M}x_2-\dfrac{k}{M}x_1+\dfrac{1}{M}u\end{cases}$$

其矩阵形式可表示为

$$\begin{bmatrix}\dot{x}_1\\ \dot{x}_2\end{bmatrix}=\begin{bmatrix}0 & 1\\ \dfrac{-k}{M} & \dfrac{-b}{M}\end{bmatrix}\begin{bmatrix}x_1\\ x_2\end{bmatrix}+\begin{bmatrix}0\\ \dfrac{1}{M}\end{bmatrix}u$$

与状态方程式(2.5)比较可得

$$\boldsymbol{x}=[x_1\quad x_2]^{\mathrm{T}},\quad \boldsymbol{A}=\begin{bmatrix}0 & 1\\ \dfrac{-k}{M} & \dfrac{-b}{M}\end{bmatrix},\quad \boldsymbol{b}=\begin{bmatrix}0\\ \dfrac{1}{M}\end{bmatrix}$$

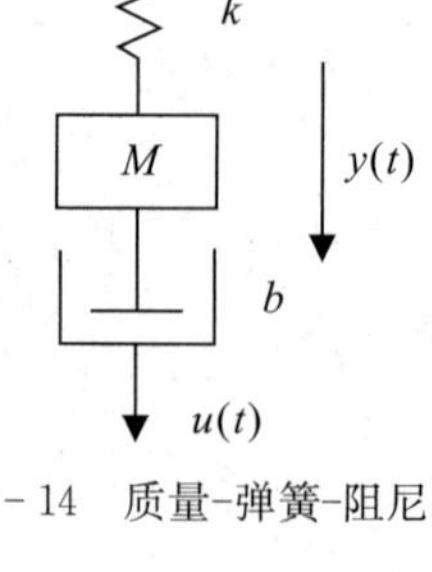

图 2-14 质量-弹簧-阻尼系统

【例 2-11】 如图 2-15 所示的电路网络，输入为电流源 i，指定电容上的电压 u_{C_1}、u_{C_2} 为输出，求此网络的状态空间表达式。

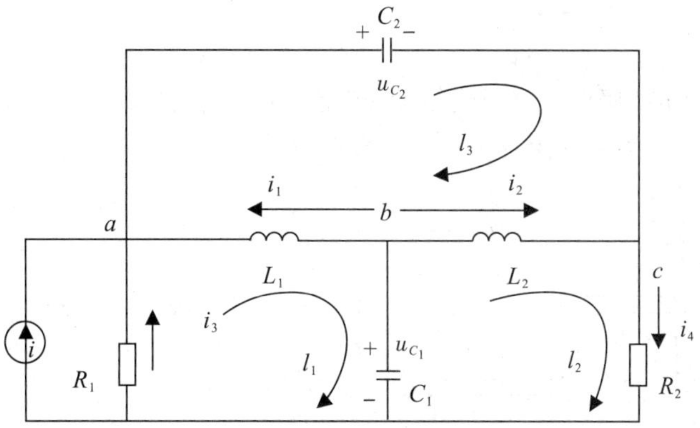

图 2-15　RLC 电路网

解　分析系统的工作原理，并选取独立变量为

$$x_1=u_{C_1},\quad x_2=u_{C_2},\quad x_3=i_1,\quad x_4=i_2$$

根据基尔霍夫电流定律写出节点 a、b、c 的电流方程，为

$$\begin{cases} i+i_3+x_3-C_2\dot{x}_2=0 \\ C_1\dot{x}_1+x_3+x_4=0 \\ C_2\dot{x}_2+x_4-i_4=0 \end{cases}$$

按基尔霍夫电压定律写出回路电压方程，为

$$\begin{cases} -L_1\dot{x}_3+x_1+R_1i_3=0 \\ -x_1+L_2\dot{x}_4+R_2i_4=0 \\ L_2\dot{x}_4-L_1\dot{x}_3-x_2=0 \end{cases}$$

消去非独立变量，得

$$\begin{cases} \dot{x}_1=-\dfrac{1}{C_1}x_3-\dfrac{1}{C_1}x_4 \\ R_1C_2\dot{x}_2-L_1\dot{x}_3=-x_1+R_1x_3+R_1i \\ R_2C_2\dot{x}_2+L_2\dot{x}_4=x_1-R_2x_4 \\ -L_1\dot{x}_3+L_2\dot{x}_4=x_2 \end{cases}$$

解出状态变量的一阶导数，写出状态空间表达式为

$$\begin{bmatrix}\dot{x}_1\\ \dot{x}_2\\ \dot{x}_3\\ \dot{x}_4\end{bmatrix}=\begin{bmatrix} 0 & 0 & -\dfrac{1}{C_1} & -\dfrac{1}{C_1} \\ 0 & -\dfrac{1}{C_2(R_1+R_2)} & \dfrac{R_1}{C_2(R_1+R_2)} & -\dfrac{R_2}{C_2(R_1+R_2)} \\ \dfrac{1}{L_1} & -\dfrac{R_1}{L_1(R_1+R_2)} & -\dfrac{R_1R_2}{L_1(R_1+R_2)} & -\dfrac{R_1R_2}{L_1(R_1+R_2)} \\ \dfrac{1}{L_2} & -\dfrac{R_2}{L_2(R_1+R_2)} & -\dfrac{R_1R_2}{L_2(R_1+R_2)} & -\dfrac{R_1R_2}{L_2(R_1+R_2)} \end{bmatrix}\begin{bmatrix}x_1\\ x_2\\ x_3\\ x_4\end{bmatrix}+\begin{bmatrix} 0 \\ \dfrac{R_1}{C_2(R_1+R_2)} \\ -\dfrac{R_1R_2}{L_1(R_1+R_2)} \\ -\dfrac{R_1R_2}{L_2(R_1+R_2)} \end{bmatrix}i$$

$$\begin{bmatrix}y_1\\y_2\end{bmatrix}=\begin{bmatrix}u_{C_1}\\u_{C_2}\end{bmatrix}=\begin{bmatrix}1&0&0&0\\0&1&0&0\end{bmatrix}\begin{bmatrix}x_1\\x_2\\x_3\\x_4\end{bmatrix}$$

【例 2-12】 写出如图 2-16 所示的机械旋转运动模型的状态空间表达式。其中 K 为扭转轴的刚性系数，B 为黏性阻尼系数，T 为施加于扭转轴上的力矩，设转动惯量为 J。

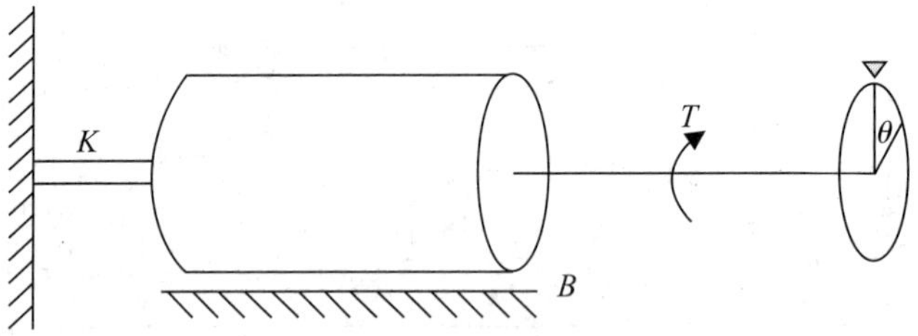

图 2-16 机械转动模型

解 选择扭矩轴的转动角度 θ 及其角速度 ω 为状态变量，并令

$$x_1=\theta,\quad x_2=\dot{\theta},\quad u=T$$

于是有

$$\begin{cases}\dot{x}_1=\dot{\theta}=x_2\\\dot{x}_2=\ddot{\theta}\end{cases}$$

根据牛顿定律，有

$$\ddot{\theta}=-\frac{K}{J}\theta-\frac{B}{J}\dot{\theta}+\frac{1}{J}T$$

从而有

$$\begin{cases}\dot{x}_1=x_2\\\dot{x}_2=-\dfrac{K}{J}x_1-\dfrac{B}{J}x_2+\dfrac{1}{J}u\end{cases}$$

指定 x_1 为输出，即

$$y=x_1$$

写出状态空间表达式为

$$\begin{cases}\begin{bmatrix}\dot{x}_1\\\dot{x}_2\end{bmatrix}=\begin{bmatrix}0&1\\-\dfrac{K}{J}&-\dfrac{B}{J}\end{bmatrix}\begin{bmatrix}x_1\\x_2\end{bmatrix}+\begin{bmatrix}0\\\dfrac{1}{J}\end{bmatrix}u\\y=\begin{bmatrix}1&0\end{bmatrix}\begin{bmatrix}x_1\\x_2\end{bmatrix}\end{cases}$$

由上述例子可以看出，采用状态空间法描述系统动力学行为的方法和经典控制理论中的传递函数不同，它把输入与输出之间的信息传递分成两段来描述。第一段是输入引起系统内部状态的变化；第二段是系统内部变化引起系统输出的变化。前者由状态方程描述，后者由输出方程描述。由于这种方法可以描述系统内部，反映出系统的一切动力学特性，所以称之为全面描述；而输入-输出描述不能表征系统的内部结构特性，因此通常它是一类不完全的描述。在以后的分析中将看到，只有在满足一定条件下，两种描述才是等

价的。

在例 2-10 中，若选取状态变量 $x_1(t)=\mathbf{y}(t)+\dot{y}(t)$，$x_2(t)=\mathbf{y}(t)-\dot{y}(t)$，则状态空间表达式可另写为

$$\begin{cases}\begin{bmatrix}\dot{x}_1\\ \dot{x}_2\end{bmatrix}=\begin{bmatrix}\dfrac{1}{2}-\dfrac{1}{2M}(b+k) & -\dfrac{1}{2}+\dfrac{1}{2M}(b-k)\\ \dfrac{1}{2}+\dfrac{1}{2M}(b+k) & -\dfrac{1}{2}+\dfrac{1}{2M}(k-b)\end{bmatrix}\begin{bmatrix}x_1\\ x_2\end{bmatrix}+\begin{bmatrix}\dfrac{1}{M}\\ -\dfrac{1}{M}\end{bmatrix}u\\ y=\begin{bmatrix}\dfrac{1}{2} & \dfrac{1}{2}\end{bmatrix}\begin{bmatrix}x_1\\ x_2\end{bmatrix}\end{cases}$$

由此可见，对于同一个系统，由于状态变量选取的不同，状态空间表达式也是不同的，即状态空间表达式不是唯一的。但由于状态是系统的最小变量组，状态变量的个数等于系统的阶数。

2.3.3 由传递函数或微分方程建立状态空间表达式

经典控制理论中，线性定常系统常采用常微分方程和传递函数来描述系统输入和输出之间的关系。而如何从系统的输入、输出关系建立起系统状态空间表达式，是现代控制理论研究的一个基本问题，又称为实现问题。它要求将高阶微分方程或传递函数转换为状态空间表达式时，既要保持原系统的输入、输出关系不变，又能揭示系统的内部关系。实现问题的复杂性在于，根据输入输出关系求得的状态空间表达式并不唯一，因为会有无数个不同的内部结构均能得到相同的输入、输出关系。

与微分方程一样，传递函数也是经典控制理论中描述系统的一种常用数学模型。从传递函数建立系统状态空间表达式的方法之一是把传递函数转换为微分方程，然后用 2.3.2 节介绍的方法求解状态空间表达式；另一种方法便是将传递函数进行分解，直接获取状态空间表达式，即本节介绍的内容。

一般单变量线性定常系统，它的运动方程是一个 n 阶线性常系数微分方程，即

$$y^{(n)}+a_{n-1}y^{(n-1)}+\cdots+a_1\dot{y}+a_0y=b_mu^{(m)}+b_{m-1}u^{(m-1)}+\cdots+b_1\dot{u}+b_0u$$

相应的传递函数为

$$W_0(s)=\frac{Y(s)}{U(s)}=\frac{b_ms^m+b_{m-1}s^{m-1}+\cdots+b_1s+b_0}{s^n+a_{n-1}s^{n-1}+\cdots+a_1s+a_0},\ m\leqslant n$$

并非任意的微分方程或传递函数都能求得实现，其存在的条件是 $m\leqslant n$。当 $m<n$ 时，$W(s)$称为严格有理真分式。当 $m=n$ 时，有

$$W_0(s)=b_m+\frac{(b_{m-1}-a_{n-1}b_m)s^{n-1}+(b_{m-2}-a_{n-2}b_m)s^{n-2}+\cdots+(b_0-a_0b_m)}{s^n+a_{n-1}s^{n-1}+\cdots+a_1s+a_0}=W(s)+d$$

其中，$b_m=d$ 为常数，反映了系统输入和输出之间的直接传递部分。只有当传递函数的分子阶次等于分母阶次时，才会有输入输出关联矩阵 d，一般情况下 $d=0$。

1. 传递函数中不含零点

当输入函数中不含导数项时，系统微分方程形式为

$$y^{(n)}+a_{n-1}y^{(n-1)}+\cdots+a_1\dot{y}+a_0y=b_0u \tag{2.10}$$

对应的传递函数为

$$W(s)=\frac{b_0}{s^n+a_{n-1}s^{n-1}+\cdots+a_1 s+a_0}$$

根据微分方程理论，若已知 $y(0)$，$\dot{y}(0)$，…，$y^{(n-1)}(0)$及 $t\geqslant 0$ 时的输入 $u(t)$，则系统在 $t\geqslant 0$ 时的行为就可唯一确定。因此，可选取 $x_1=y/b_0$，$x_2=\dot{y}/b_0$，…，$x_n=y^{(n-1)}/b_0$ 作为状态变量，系统对应的模拟结构图如图 2-17 所示。

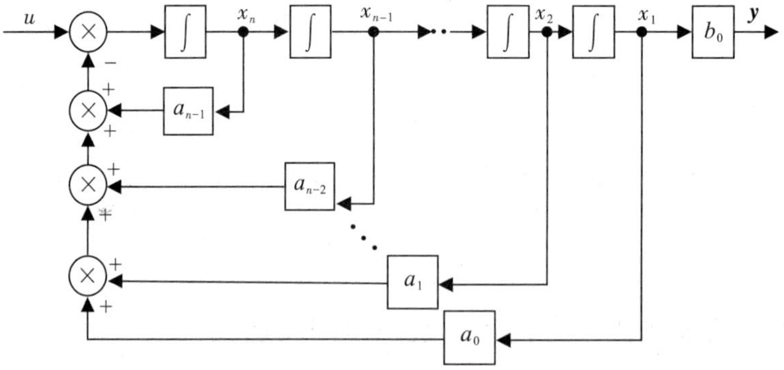

图 2-17　系统模拟结构图

即可写出系统的状态空间表达式为

$$\begin{cases}\dot{x}_1=x_2\\ \dot{x}_2=x_3\\ \quad\vdots\\ \dot{x}_{n-1}=x_n\\ \dot{x}_n=-a_0x_1-a_1x_2-\cdots-a_{n-2}x_{n-1}-a_{n-1}x_n+u\\ y=b_0x_1\end{cases}$$

则其向量-矩阵方程形式的状态空间表达式为

$$\begin{cases}\dot{\boldsymbol{x}}(t)=\boldsymbol{A}\boldsymbol{x}+\boldsymbol{B}u\\ y(t)=\boldsymbol{C}\boldsymbol{x}\end{cases}\tag{2.11}$$

式中：

$$\boldsymbol{A}=\begin{bmatrix}0&1&0&\cdots&0\\0&0&1&\cdots&0\\\vdots&\vdots&\vdots&\cdots&\vdots\\0&0&0&\cdots&1\\-a_0&-a_1&-a_2&\cdots&-a_{n-1}\end{bmatrix},\ \boldsymbol{B}=\begin{bmatrix}0\\0\\\vdots\\0\\1\end{bmatrix},\ \boldsymbol{C}=[b_0\quad 0\quad 0\quad\cdots\quad 0]$$

【例 2-13】 已知系统微分方程为

$$\dddot{y}+2\ddot{y}+4\dot{y}+6y=2u$$

试写出系统的状态空间表达式。

解　输入量不含导数项，选取状态变量为

$$x_1=\frac{y}{2},\ x_2=\frac{\dot{y}}{2},\ x_3=\frac{\ddot{y}}{2}$$

故有

$$\begin{cases} \dot{x}_1 = x_2 \\ \dot{x}_2 = x_3 \\ \dot{x}_3 = -6x_1 - 4x_2 - 2x_3 + u \\ y = 2x_1 \end{cases}$$

则其向量-矩阵方程形式的状态空间表达式为

$$\begin{cases} \dot{\boldsymbol{x}}(t) = \boldsymbol{A}\boldsymbol{x} + \boldsymbol{B}u \\ y(t) = \boldsymbol{C}\boldsymbol{x} \end{cases}$$

式中：$\boldsymbol{A} = \begin{bmatrix} 0 & 1 & 0 \\ 0 & 0 & 1 \\ -6 & -4 & -2 \end{bmatrix}$；$\boldsymbol{B} = \begin{bmatrix} 0 \\ 0 \\ 1 \end{bmatrix}$；$\boldsymbol{C} = [2 \quad 0 \quad 0]$。

2. 传递函数中包含零点

当传递函数中包含零点时，系统微分方程的形式为

$$y^{(n)} + a_{n-1}y^{(n-1)} + \cdots + a_1\dot{y} + a_0 y = b_m u^{(m)} + b_{m-1}u^{(m-1)} + \cdots + b_1\dot{u} + b_0 u \tag{2.12}$$

这种情况下，不能选用 y，$\dot{y}$，…，$y^{(n-1)}$ 作为状态变量，因为此时方程中包含有输入信号 u 的导数项，它可能导致系统在状态空间中的运动出现无穷大的跳变，方程解的存在性和唯一性被破坏。因此，通常选用输出 y 和输入 u 以及它们的各阶导数组成状态变量，以保证状态方程中不含 u 的导数项。一般常用以下两种方法。

1）*方法 1*

系统微分方程为

$$y^{(n)} + a_{n-1}y^{(n-1)} + \cdots + a_1\dot{y} + a_0 y = b_m u^{(m)} + b_{m-1}u^{(m-1)} + \cdots + b_1\dot{u} + b_0 u \tag{2.13}$$

可写出系统的传递函数为

$$W_0(s) = \frac{b_m s^m + b_{m-1}s^{m-1} + \cdots + b_1 s + b_0}{s^n + a_{n-1}s^{n-1} + \cdots + a_1 s + a_0}$$

当 $m=n$ 时，将上式写成严格有理真分式的形式：

$$W_0(s) = \frac{Y(s)}{U(s)} = b_n + \frac{(b_{n-1} - a_{n-1}b_n)s^{n-1} + \cdots + (b_1 - a_1 b_n)s + (b_0 - a_0 b_n)}{s^n + a_{n-1}s^{n-1} + \cdots + a_1 s + a_0}$$

令

$$Y_1(s) = \frac{1}{s^n + a_{n-1}s^{n-1} + \cdots + a_1 s + a_0}U(s)$$

则

$$Y(s) = b_n U(s) + Y_1(s)[(b_{n-1} - a_{n-1}b_n)s^{n-1} + \cdots + (b_1 - a_1 b_n)s + (b_0 - a_0 b_n)]$$

求拉普拉斯反变换，有

$$y = b_n u + (b_{n-1} - a_{n-1}b_n)y_1^{(n-1)} + \cdots + (b_1 - a_1 b_n)\dot{y}_1 + (b_0 - a_0 b_n)y_1$$

由此可得系统模拟结构图，如图 2－18 所示。

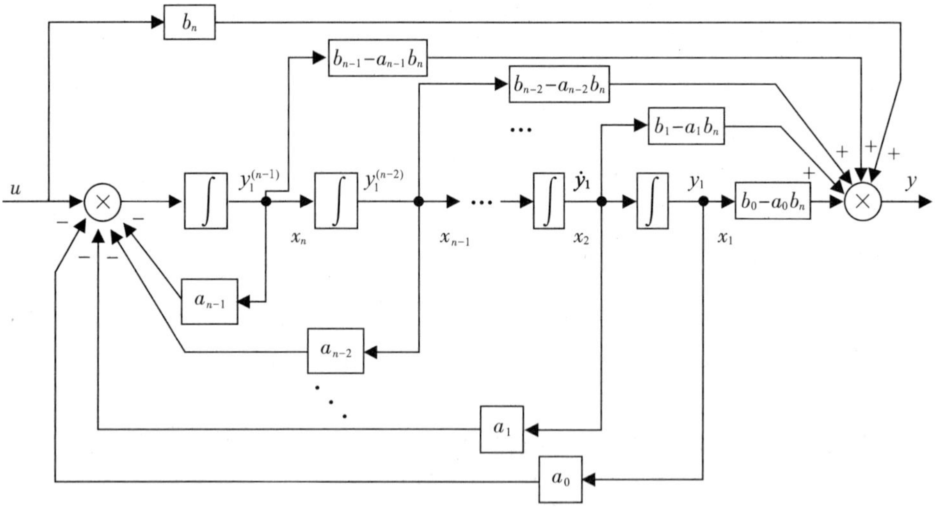

图 2-18　系统模拟结构图

每个积分器的输出为一状态变量，可得系统的状态空间表达式为

$$\begin{cases}\dot{x}_1=x_2\\ \dot{x}_2=x_3\\ \quad\vdots\\ \dot{x}_{n-1}=x_n\\ \dot{x}_n=u-a_{n-1}x_n-\cdots-a_1x_2-a_0x_1\\ y=b_nu+(b_{n-1}-a_{n-1}b_n)x_n+\cdots+(b_1-a_1b_n)x_2+(b_0-a_0b_n)x_1\end{cases}\tag{2.14}$$

写出系统的矩阵-向量形式的状态空间表达式为

$$\begin{cases}\dot{\boldsymbol{x}}(t)=\boldsymbol{A}\boldsymbol{x}+\boldsymbol{B}u\\ y(t)=\boldsymbol{C}\boldsymbol{x}+Du\end{cases}\tag{2.15}$$

式中：

$$\boldsymbol{A}=\begin{bmatrix}0&1&0&\cdots&0\\0&0&1&\cdots&0\\\vdots&\vdots&\vdots&\cdots&\vdots\\0&0&0&\cdots&1\\-a_0&-a_1&-a_2&\cdots&-a_{n-1}\end{bmatrix},\quad \boldsymbol{B}=\begin{bmatrix}0\\0\\\vdots\\0\\1\end{bmatrix}$$

$$\boldsymbol{C}=[b_0-a_0b_n\quad b_1-a_1b_n\quad\cdots\quad b_{n-2}-a_{n-2}b_n\quad b_{n-1}-a_{n-1}b_n],\quad D=b_n$$

若输入量导数的阶数小于系统的阶数 n，描述系统的微分方程为

$$y^{(n)}+a_{n-1}y^{(n-1)}+\cdots+a_1\dot{y}+a_0y=b_{n-1}u^{(n-1)}+\cdots+b_1\dot{u}+b_0u$$

即 $b_n=0$，此时系统对应的状态空间表达式为

$$\begin{cases}\dot{\boldsymbol{x}}(t)=\boldsymbol{A}\boldsymbol{x}+\boldsymbol{B}u\\ y(t)=\boldsymbol{C}\boldsymbol{x}\end{cases}\tag{2.16}$$

式中：

$$A=\begin{bmatrix}0 & 1 & 0 & \cdots & 0\\ 0 & 0 & 1 & \cdots & 0\\ \vdots & \vdots & \vdots & \cdots & \vdots\\ 0 & 0 & 0 & \cdots & 1\\ -a_0 & -a_1 & -a_2 & \cdots & -a_{n-1}\end{bmatrix},\quad B=\begin{bmatrix}0\\0\\ \vdots\\0\\1\end{bmatrix}$$

$$C=[b_0 \quad b_1 \quad \cdots \quad b_{n-2} \quad b_{n-1}]$$

【例 2-14】 试求解下列微分方程所示系统的状态空间表达式。

$$\dddot{y}+6\ddot{y}+11\dot{y}+6y=\dddot{u}+8\ddot{u}+17\dot{u}+8u$$

解　已知微分方程中各项系数分别为

$$a_0=6,\ a_1=11,\ a_2=6$$

$$b_0=8,\ b_1=17,\ b_2=8,\ b_3=1$$

则

$$b_0-a_0b_3=2$$

$$b_1-a_1b_3=6$$

$$b_2-a_2b_3=2$$

根据式(2.16)得到状态空间表达式为

$$\begin{cases}\begin{bmatrix}\dot{x}_1\\ \dot{x}_2\\ \dot{x}_3\end{bmatrix}=\begin{bmatrix}0 & 1 & 0\\ 0 & 0 & 1\\ -6 & -11 & -6\end{bmatrix}\begin{bmatrix}x_1\\ x_2\\ x_3\end{bmatrix}+\begin{bmatrix}0\\0\\1\end{bmatrix}u\\ y=[2 \quad 6 \quad 2]\begin{bmatrix}x_1\\ x_2\\ x_3\end{bmatrix}+u\end{cases}$$

2）方法 2

以式(2.13)所示的系统微分方程为例，系统的模拟结构图也可以表示为图 2-19。与图 2-18 相比，从输入、输出关系看，二者是等效的。

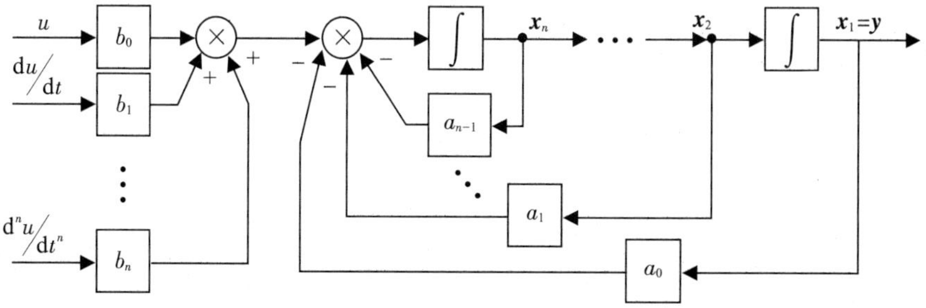

图 2-19　系统模拟结构图

从图 2-19 可以看出，输入函数的各阶导数$\frac{du}{dt}$，$\frac{d^2u}{dt^2}$，…，$\frac{d^nu}{dt^n}$作适当的等效移动，可以用图 2-20 表示，只要 β_0，β_1，…，β_n 的系数选择合适，从系统的输入、输出看，二者是完全等效的。

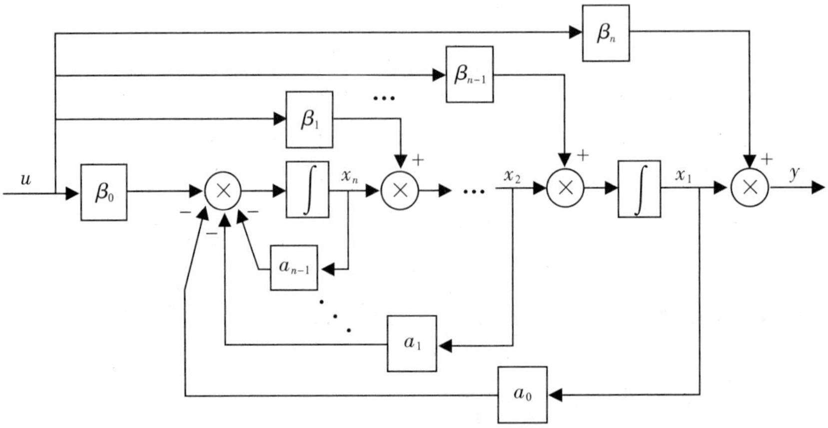

图 2-20　系统模拟结构图

将图 2-20 的每个积分器的输出选做状态变量，可得

$$\begin{cases}\dot{x}_1=x_2+\beta_{n-1}u\\ \dot{x}_2=x_3+\beta_{n-2}u\\ \quad\vdots\\ \dot{x}_n=-a_0x_1-a_1x_2-\cdots-a_{n-1}x_n+\beta_0u\\ y=x_1+\beta_nu\end{cases}\tag{2.17}$$

式中，β_0，β_1，…，β_{n-1}，β_n 为 $n+1$ 个待定系数。写出系统的矩阵-向量形式的状态空间表达式为

$$\begin{cases}\dot{\boldsymbol{x}}(t)=\boldsymbol{Ax}+\boldsymbol{B}u\\ y(t)=\boldsymbol{Cx}+Du\end{cases}$$

其中

$$\boldsymbol{A}=\begin{bmatrix}0&1&0&\cdots&0\\0&0&1&\cdots&0\\\vdots&\vdots&\vdots&\cdots&\vdots\\0&0&0&\cdots&1\\-a_0&-a_1&-a_2&\cdots&-a_{n-1}\end{bmatrix},\ \boldsymbol{B}=\begin{bmatrix}\beta_{n-1}\\\beta_{n-2}\\\vdots\\\beta_1\\\beta_0\end{bmatrix},\ \boldsymbol{C}=[1\quad 0\quad 0\quad\cdots\quad 0],\ D=\beta_n$$

$$\begin{cases}\beta_n=b_n\\ \beta_{n-1}=b_{n-1}-a_{n-1}\beta_n\\ \beta_{n-2}=b_{n-2}-a_{n-2}\beta_n-a_{n-1}\beta_{n-1}\\ \quad\vdots\\ \beta_0=b_0-a_0\beta_n-a_1\beta_{n-1}-\cdots-a_{n-1}\beta_1\end{cases}\tag{2.18}$$

表达式也可记为

$$\begin{bmatrix}1&&&&\\a_{n-1}&1&&&\\a_{n-2}&a_{n-1}&1&&\\\vdots&\vdots&\ddots&\ddots&\\a_0&a_1&\cdots&a_{n-1}&1\end{bmatrix}\begin{bmatrix}\beta_n\\\beta_{n-1}\\\beta_{n-2}\\\vdots\\\beta_0\end{bmatrix}=\begin{bmatrix}b_n\\b_{n-1}\\b_{n-2}\\\vdots\\b_0\end{bmatrix}$$

【例 2-15】 已知系统微分方程为

$$\dddot{y}+6\ddot{y}+11\dot{y}+6y=\dddot{u}+8\ddot{u}+17\dot{u}+8u$$

试写出系统的状态空间表达式。

解　已知微分方程中各项系数分别为

$$a_0=6,\ a_1=11,\ a_2=6$$
$$b_0=8,\ b_1=17,\ b_2=8,\ b_3=1$$

可得系数为

$$\begin{cases}\beta_3=b_3=1\\ \beta_2=b_2-a_2\beta_3=2\\ \beta_1=b_1-a_1\beta_3-a_2\beta_2=-6\\ \beta_0=b_0-a_0\beta_3-a_1\beta_2-a_2\beta_1=16\end{cases}$$

根据式(2.17)得到状态空间表达式为

$$\begin{cases}\begin{bmatrix}\dot{x}_1\\ \dot{x}_2\\ \dot{x}_3\end{bmatrix}=\begin{bmatrix}0 & 1 & 0\\ 0 & 0 & 1\\ -6 & -11 & -6\end{bmatrix}\begin{bmatrix}x_1\\ x_2\\ x_3\end{bmatrix}+\begin{bmatrix}2\\ -6\\ 16\end{bmatrix}u\\ y=\begin{bmatrix}1 & 0 & 0\end{bmatrix}\begin{bmatrix}x_1\\ x_2\\ x_3\end{bmatrix}+u\end{cases}$$

2.4　线性系统的传递函数矩阵

2.4.1　传递函数矩阵的状态参数矩阵表示

上一节介绍了如何由传递函数求状态空间表达式的问题，即系统的实现问题。这一节，主要介绍如何根据线性系统的状态空间表达式来确定系统传递函数的问题，即系统实现的逆问题。

已知线性定常系统的状态空间表达式为

$$\begin{cases}\dot{\boldsymbol{x}}=\boldsymbol{A}\boldsymbol{x}+\boldsymbol{B}\boldsymbol{u}\\ \boldsymbol{y}=\boldsymbol{C}\boldsymbol{x}+\boldsymbol{D}\boldsymbol{u}\end{cases}\tag{2.19}$$

式中：$\boldsymbol{x}\in\mathbf{R}^n$ 为系统状态向量；$\boldsymbol{u}\in\mathbf{R}^r$ 为系统输入向量；$\boldsymbol{y}\in\mathbf{R}^m$ 为系统输出向量；$\boldsymbol{A}\in\mathbf{R}^{n\times n}$ 为系统矩阵；$\boldsymbol{B}\in\mathbf{R}^{n\times r}$ 为控制输入矩阵；$\boldsymbol{C}\in\mathbf{R}^{m\times n}$ 为系统输出矩阵；$\boldsymbol{D}\in\mathbf{R}^{m\times r}$ 为系统输入输出关联矩阵。

对式(2.19)取拉普拉斯变换，有：

$$\begin{cases}s\boldsymbol{X}(s)-s\boldsymbol{X}(0)=\boldsymbol{A}\boldsymbol{X}(s)+\boldsymbol{B}\boldsymbol{U}(s)\\ \boldsymbol{Y}(s)=\boldsymbol{C}\boldsymbol{X}(s)+\boldsymbol{D}\boldsymbol{U}(s)\end{cases}\tag{2.20}$$

式(2.20)中的 $\boldsymbol{X}(s)$，$\boldsymbol{Y}(s)$，$\boldsymbol{U}(s)$分别对应 $\boldsymbol{x}$，$\boldsymbol{y}$，$\boldsymbol{u}$ 的拉普拉斯变换。

由式(2.20)可得

$$\begin{cases}\boldsymbol{X}(s)=(s\boldsymbol{I}-\boldsymbol{A})^{-1}s\boldsymbol{X}(0)+(s\boldsymbol{I}-\boldsymbol{A})^{-1}\boldsymbol{B}\boldsymbol{U}(s)\\ \boldsymbol{Y}(s)=\boldsymbol{C}(s\boldsymbol{I}-\boldsymbol{A})^{-1}s\boldsymbol{X}(0)+\boldsymbol{C}(s\boldsymbol{I}-\boldsymbol{A})^{-1}\boldsymbol{B}\boldsymbol{U}(s)+\boldsymbol{D}\boldsymbol{U}(s)\end{cases}\tag{2.21}$$

式(2.21)和式(2.19)包含了同样多的信息，因此它对于系统的行为描述也是完整的。需要说明的是，在上述各等式中，均假设$(s\boldsymbol{I}-\boldsymbol{A})^{-1}$存在，即$(s\boldsymbol{I}-\boldsymbol{A})$是非奇异的。

$(s\boldsymbol{I}-\boldsymbol{A})$称为系统的特征矩阵。相应地，$\det(s\boldsymbol{I}-\boldsymbol{A})$称为系统的特征多项式。当系统是 n 维时，记为

$$\Delta(s)=\det(s\boldsymbol{I}-\boldsymbol{A})=s^n+a_{n-1}s^{n-1}+\cdots+a_1s+a_0\tag{2.22}$$

$\Delta(s)=\det(s\boldsymbol{I}-\boldsymbol{A})=0$ 称为系统的特征方程，其根称为系统的特征根(或特征值)。特征值是决定系统在零输入情况下运动特性的一个重要参数。另外，系统特征多项式的一个重要性质是

$$\Delta(\boldsymbol{A})=\boldsymbol{A}^n+a_{n-1}\boldsymbol{A}^{n-1}+\cdots+a_1\boldsymbol{A}+a_0=\boldsymbol{0}\tag{2.23}$$

式(2.23)称为凯莱-哈密顿定理，在以后的分析中经常用到这个定理。

式(2.21)表明，初始状态向量 $\boldsymbol{X}(0)$至状态向量的传递关系由$(s\boldsymbol{I}-\boldsymbol{A})^{-1}$确定；输入向量至状态向量的传递关系由$(s\boldsymbol{I}-\boldsymbol{A})^{-1}\boldsymbol{B}$ 确定；初始状态向量 $\boldsymbol{X}(0)$至输出向量的传递关系由 $\boldsymbol{C}(s\boldsymbol{I}-\boldsymbol{A})^{-1}$确定；输入向量至输出向量的传递关系由$[\boldsymbol{C}(s\boldsymbol{I}-\boldsymbol{A})^{-1}\boldsymbol{B}+\boldsymbol{D}]$确定，其中 $\boldsymbol{D}$ 是输入向量对输出向量有前馈传递的部分。

设初始状态 $\boldsymbol{X}(0)=\boldsymbol{0}$，可从式(2.21)得到

$$\boldsymbol{X}(s)=(s\boldsymbol{I}-\boldsymbol{A})^{-1}\boldsymbol{B}\boldsymbol{U}(s)$$

故

$$\boldsymbol{Y}(s)=\boldsymbol{C}\boldsymbol{X}(s)+\boldsymbol{D}\boldsymbol{U}(s)=[\boldsymbol{C}(s\boldsymbol{I}-\boldsymbol{A})^{-1}\boldsymbol{B}+\boldsymbol{D}]\boldsymbol{U}(s)=\boldsymbol{W}_0(s)\boldsymbol{U}(s)$$

即

$$\boldsymbol{W}_0(s)=\frac{\boldsymbol{Y}(s)}{\boldsymbol{U}(s)}=\boldsymbol{C}(s\boldsymbol{I}-\boldsymbol{A})^{-1}\boldsymbol{B}+\boldsymbol{D}\tag{2.24}$$

式中，$\boldsymbol{W}_0(s)\in\mathbf{R}^{m\times r}$称为系统的传递函数阵，它反映了输入向量 $\boldsymbol{U}(s)$和输出向量 $\boldsymbol{Y}(s)$之间的传递关系，即

$$\boldsymbol{W}_0(s)=\begin{bmatrix}\boldsymbol{W}_{11}(s) & \boldsymbol{W}_{12}(s) & \cdots & \boldsymbol{W}_{1r}(s)\\ \boldsymbol{W}_{21}(s) & \boldsymbol{W}_{22}(s) & \cdots & \boldsymbol{W}_{2r}(s)\\ \vdots & \vdots & \ddots & \vdots\\ \boldsymbol{W}_{m1}(s) & \boldsymbol{W}_{m2}(s) & \cdots & \boldsymbol{W}_{mr}(s)\end{bmatrix}$$

式(2.24)还可以表示为

$$\boldsymbol{W}_0(s)=\frac{1}{|s\boldsymbol{I}-\boldsymbol{A}|}[\boldsymbol{C}\mathrm{adj}(s\boldsymbol{I}-\boldsymbol{A})\boldsymbol{B}+\boldsymbol{D}|s\boldsymbol{I}-\boldsymbol{A}|]$$

可以看出，$\boldsymbol{W}_0(s)$的分母是系统矩阵 $\boldsymbol{A}$ 的特征多项式，$\boldsymbol{W}_0(s)$的分子是一个多项式矩阵。

特别的，对于单输入-单输出系统，$W_0(s)$为一标量，它就是系统的传递函数，可表示为

$$\begin{aligned}W_0(s)&=\boldsymbol{C}(s\boldsymbol{I}-\boldsymbol{A})^{-1}b+d=\boldsymbol{C}\frac{\mathrm{adj}(s\boldsymbol{I}-\boldsymbol{A})}{|s\boldsymbol{I}-\boldsymbol{A}|}b+d\\ &=\frac{1}{|s\boldsymbol{I}-\boldsymbol{A}|}[\boldsymbol{C}\mathrm{adj}(s\boldsymbol{I}-\boldsymbol{A})b+d|s\boldsymbol{I}-\boldsymbol{A}|]\end{aligned}\tag{2.25}$$

而经典控制理论中的传递函数为

$$W_0(s)=\frac{b_m s^m+b_{m-1}s^{m-1}+\cdots+b_1 s+b_0}{s^n+a_{n-1}s^{n-1}+\cdots+a_1 s+a_0}$$

与之相比较，可以看出：

(1) 系统矩阵 **A** 的特征多项式等于传递函数的分母多项式；

(2) 传递函数的极点就是系统矩阵 **A** 的特征值。

注意：由于系统状态变量的选择不唯一，故建立的系统状态空间表达式不唯一。但同一系统的传递函数阵是唯一的，这就是传递函数阵的不变性，我们将在 2.6.1 节线性系统的数学模型转换中给出证明。

【例 2-16】 已知系统的状态空间表达式如下：

$$\begin{cases}\dot{\boldsymbol{x}}=\begin{bmatrix}0 & 1 & 0\\ 0 & 0 & 1\\ 2 & 3 & 0\end{bmatrix}\boldsymbol{x}+\begin{bmatrix}0\\ 0\\ 1\end{bmatrix}u\\ y=\begin{bmatrix}1 & 0 & 0\end{bmatrix}\boldsymbol{x}\end{cases}$$

求系统的传递函数阵。

解

$$s\boldsymbol{I}-\boldsymbol{A}=\begin{bmatrix}s & -1 & 0\\ 0 & s & -1\\ -2 & -3 & s\end{bmatrix}$$

$$(s\boldsymbol{I}-\boldsymbol{A})^{-1}=\frac{\operatorname{adj}(s\boldsymbol{I}-\boldsymbol{A})}{|s\boldsymbol{I}-\boldsymbol{A}|}=\frac{1}{(s+1)^2(s-2)}\begin{bmatrix}s^2-3 & s & 1\\ 2 & s^2 & s\\ 2s & 3s+2 & s^2\end{bmatrix}$$

故系统传递函数阵为

$$\begin{aligned}\boldsymbol{W}(s)&=\boldsymbol{C}(s\boldsymbol{I}-\boldsymbol{A})^{-1}\boldsymbol{B}\\ &=\frac{1}{(s+1)^2(s-2)}\begin{bmatrix}1 & 0 & 0\end{bmatrix}\begin{bmatrix}s^2-3 & s & 1\\ 2 & s^2 & s\\ 2s & 3s+2 & s^2\end{bmatrix}\begin{bmatrix}0\\ 0\\ 1\end{bmatrix}\\ &=\frac{1}{s^3-3s-2}\end{aligned}$$

【例 2-17】 已知系统的状态空间表达式如下：

$$\begin{cases}\dot{\boldsymbol{x}}=\begin{bmatrix}0 & 1\\ -2 & -3\end{bmatrix}\boldsymbol{x}+\begin{bmatrix}1 & 0\\ 1 & 1\end{bmatrix}\boldsymbol{u}\\ \boldsymbol{y}=\begin{bmatrix}1 & 0\\ 1 & 1\\ 0 & 2\end{bmatrix}\boldsymbol{x}+\begin{bmatrix}0 & 0\\ 1 & 0\\ 0 & 1\end{bmatrix}\boldsymbol{u}\end{cases}$$

求系统的传递函数阵。

解

$$(s\boldsymbol{I}-\boldsymbol{A})^{-1}=\begin{bmatrix}s & -1\\ 2 & s+3\end{bmatrix}^{-1}=\frac{1}{(s+1)(s+2)}\begin{bmatrix}s+3 & 1\\ -2 & s\end{bmatrix}$$

系统传递函数阵为

$$\boldsymbol{W}_0(s)=\boldsymbol{C}(s\boldsymbol{I}-\boldsymbol{A})^{-1}\boldsymbol{B}+\boldsymbol{D}$$

$$=\frac{\begin{bmatrix}1&0\\1&1\\0&2\end{bmatrix}\begin{bmatrix}s+3&1\\-2&s\end{bmatrix}\begin{bmatrix}1&0\\1&1\end{bmatrix}+\begin{bmatrix}0&0\\1&0\\0&1\end{bmatrix}}{(s+1)(s+2)}$$

$$=\frac{1}{(s+1)(s+2)}\begin{bmatrix}s+4&1\\s^2+5s+4&s+1\\2s-4&s^2+5s+2\end{bmatrix}$$

显然，这种表示形式和单输入-单输出系统的传递函数形式相类似，其差别仅在于分子多项式的系数不再是标量，而是矩阵。

2.4.2 传递函数矩阵的实用计算方法

当系统阶次较高时，对于$(s\boldsymbol{I}-\boldsymbol{A})^{-1}$的计算并非易事。因此，由式(2.24)直接计算系统的传递函数矩阵$\boldsymbol{W}_0(s)$是很不容易的。下面介绍一种利用矩阵多项式$\{\boldsymbol{A},\boldsymbol{B},\boldsymbol{C},\boldsymbol{D}\}$来计算$\boldsymbol{W}_0(s)$的实用算法，它特别适于计算机来进行计算。

定理 2.1 给定状态空间描述的系数矩阵$\{\boldsymbol{A},\boldsymbol{B},\boldsymbol{C},\boldsymbol{D}\}$，求出系统的特征多项式

$$\Delta(s)=\det(s\boldsymbol{I}-\boldsymbol{A})=s^n+a_{n-1}s^{(n-1)}+\cdots+a_1s+a_0 \tag{2.26}$$

和

$$\begin{cases}\boldsymbol{E}_{n-1}=\boldsymbol{CB}\\ \boldsymbol{E}_{n-2}=\boldsymbol{CAB}+a_{n-1}\boldsymbol{CB}\\ \quad\vdots\\ \boldsymbol{E}_1=\boldsymbol{CA}^{n-2}\boldsymbol{B}+a_{n-1}\boldsymbol{CA}^{n-3}\boldsymbol{B}+\cdots+a_2\boldsymbol{CB}\\ \boldsymbol{E}_0=\boldsymbol{CA}^{n-1}\boldsymbol{B}+a_{n-1}\boldsymbol{CA}^{n-2}\boldsymbol{B}+\cdots+a_1\boldsymbol{CB}\end{cases} \tag{2.27}$$

则相应的传递函数矩阵的计算公式为

$$\boldsymbol{W}_0(s)=\frac{1}{\Delta(s)}[\boldsymbol{E}_{n-1}s^{n-1}+\boldsymbol{E}_{n-2}s^{n-2}+\cdots+\boldsymbol{E}_1s+\boldsymbol{E}_0]+\boldsymbol{D} \tag{2.28}$$

证明 首先计算$(s\boldsymbol{I}-\boldsymbol{A})^{-1}$：

由矩阵逆的基本关系式，可得

$$(s\boldsymbol{I}-\boldsymbol{A})^{-1}=\frac{\mathrm{adj}(s\boldsymbol{I}-\boldsymbol{A})}{\det(s\boldsymbol{I}-\boldsymbol{A})}=\frac{\boldsymbol{R}(s)}{\Delta(s)}$$

$$=\frac{1}{\Delta(s)}[\boldsymbol{R}_{n-1}s^{n-1}+\boldsymbol{R}_{n-2}s^{n-2}+\cdots+\boldsymbol{R}_1s+\boldsymbol{R}_0] \tag{2.29}$$

式中，$\boldsymbol{R}(s)\triangleq\mathrm{adj}(s\boldsymbol{I}-\boldsymbol{A})$是一个$s$的多项式矩阵，且其内部的次数均小于$n$，$\boldsymbol{R}_i(i=0, 1, 2, \cdots, n-1)$为$n\times n$的常值矩阵；$\Delta(s)$为系统特征多项式。

将式(2.29)等号两边同乘以$\Delta(s)(s\boldsymbol{I}-\boldsymbol{A})$，可得

$$\Delta(s)\boldsymbol{I}=[\boldsymbol{R}_{n-1}s^{n-1}+\boldsymbol{R}_{n-2}s^{n-2}+\cdots+\boldsymbol{R}_1s+\boldsymbol{R}_0](s\boldsymbol{I}-\boldsymbol{A}) \tag{2.30}$$

将式(2.26)代入式(2.30)可得

$$\boldsymbol{I}s^{n}+a_{n-1}\boldsymbol{I}s^{n-1}+\cdots+a_{1}\boldsymbol{I}s+a_{0}\boldsymbol{I}=\boldsymbol{R}_{n-1}s^{n}+(\boldsymbol{R}_{n-2}-\boldsymbol{R}_{n-1}\boldsymbol{A})s^{n-1}+\cdots+(\boldsymbol{R}_{0}-\boldsymbol{R}_{1}\boldsymbol{A})s-\boldsymbol{R}_{0}\boldsymbol{A} \tag{2.31}$$

式(2.31)等号两边的 $s^{i}(i=1, 2, \cdots, n)$的系数矩阵必须相等，所以有

$$\begin{cases}\boldsymbol{R}_{n-1}=\boldsymbol{I}\\ \boldsymbol{R}_{n-2}=\boldsymbol{R}_{n-1}\boldsymbol{A}+a_{n-1}\boldsymbol{I}\\ \quad\vdots\\ \boldsymbol{R}_{1}=\boldsymbol{R}_{2}\boldsymbol{A}+a_{2}\boldsymbol{I}\\ \boldsymbol{R}_{0}=\boldsymbol{R}_{1}\boldsymbol{A}+a_{1}\boldsymbol{I}\end{cases} \tag{2.32}$$

依次将式(2.32)中的上一个方程代入下一个方程，可得

$$\begin{cases}\boldsymbol{R}_{n-1}=\boldsymbol{I}\\ \boldsymbol{R}_{n-2}=\boldsymbol{A}+a_{n-1}\boldsymbol{I}\\ \boldsymbol{R}_{n-3}=\boldsymbol{R}_{n-2}\boldsymbol{A}+a_{n-2}\boldsymbol{I}=(\boldsymbol{A}+a_{n-1}\boldsymbol{I})\boldsymbol{A}+a_{n-2}\boldsymbol{I}=\boldsymbol{A}^{2}+a_{n-1}\boldsymbol{A}+a_{n-2}\boldsymbol{I}\\ \quad\vdots\\ \boldsymbol{R}_{1}=\boldsymbol{A}^{n-2}+a_{n-1}\boldsymbol{A}^{n-3}+\cdots+a_{2}\boldsymbol{I}\\ \boldsymbol{R}_{0}=\boldsymbol{A}^{n-1}+a_{n-1}\boldsymbol{A}^{n-2}+\cdots+a_{1}\boldsymbol{I}\end{cases} \tag{2.33}$$

因此，利用式(2.24)、式(2.29)和式(2.33)，可得

$$\begin{aligned}\boldsymbol{W}_{0}(s)&=\boldsymbol{C}(s\boldsymbol{I}-\boldsymbol{A})^{-1}\boldsymbol{B}+\boldsymbol{D}\\ &=\frac{1}{\Delta(s)}[\boldsymbol{C}\boldsymbol{R}_{n-1}\boldsymbol{B}s^{n-1}+\boldsymbol{C}\boldsymbol{R}_{n-2}\boldsymbol{B}s^{n-2}+\cdots+\boldsymbol{C}\boldsymbol{R}_{1}\boldsymbol{B}s+\boldsymbol{C}\boldsymbol{R}_{0}\boldsymbol{B}]+\boldsymbol{D}\\ &=\frac{1}{\Delta(s)}[\boldsymbol{C}\boldsymbol{B}s^{n-1}+\boldsymbol{C}(\boldsymbol{A}+a_{n-1}\boldsymbol{I})\boldsymbol{B}s^{n-2}+\cdots+\boldsymbol{C}(\boldsymbol{A}^{n-2}+a_{n-1}\boldsymbol{A}^{n-3}+\cdots+a_{2}\boldsymbol{I})\boldsymbol{B}s\\ &\quad+\boldsymbol{C}(\boldsymbol{A}^{n-1}+a_{n-1}\boldsymbol{A}^{n-2}+\cdots+a_{1}\boldsymbol{I})\boldsymbol{B}]+\boldsymbol{D}\\ &=\frac{1}{\Delta(s)}[\boldsymbol{C}\boldsymbol{B}s^{n-1}+(\boldsymbol{C}\boldsymbol{A}\boldsymbol{B}+a_{n-1}\boldsymbol{C}\boldsymbol{B})s^{n-2}+\cdots+(\boldsymbol{C}\boldsymbol{A}^{n-2}\boldsymbol{B}+a_{n-1}\boldsymbol{C}\boldsymbol{A}^{n-3}\boldsymbol{B}+\cdots\\ &\quad+a_{2}\boldsymbol{C}\boldsymbol{B})s+(\boldsymbol{C}\boldsymbol{A}^{n-1}\boldsymbol{B}+a_{n-1}\boldsymbol{C}\boldsymbol{A}^{n-2}\boldsymbol{B}+\cdots+a_{1}\boldsymbol{C}\boldsymbol{B})]+\boldsymbol{D}\\ &=\frac{1}{\Delta(s)}[\boldsymbol{E}_{n-1}s^{n-1}+\boldsymbol{E}_{n-2}s^{n-2}+\cdots+\boldsymbol{E}_{1}s+\boldsymbol{E}_{0}]+\boldsymbol{D}\end{aligned}$$

证毕。

可以看出，在运用实用算式(2.28)计算$\boldsymbol{W}_{0}(s)$时，除了计算特征多项式较为复杂外，涉及的运算只限于矩阵的乘和加，计算复杂程度明显降低。

由上面的讨论可知，在由定理 2.1 计算传递函数矩阵时，假定矩阵 $\boldsymbol{A}$ 的特征多项式(2.26)中的系数 a_0，a_1，…，a_{n-1}已经被计算出来，但当系统阶次较高时，人工计算矩阵 $\boldsymbol{A}$ 的特征多项式往往是很困难的，下面不加证明地给出计算特征多项式的算法。

定理 2.2　给定状态空间描述的系统矩阵 $\boldsymbol{A}\in\mathbf{R}^{n\times n}$，其特征多项式可表示为

$$\Delta(s)=\det(s\boldsymbol{I}-\boldsymbol{A})=s^{n}+a_{n-1}s^{(n-1)}+\cdots+a_{1}s+a_{0} \tag{2.34}$$

则其系数 $a_i(i=0, 1, \cdots, n-1)$的计算方法可按如下顺序递推计算得出：

$$\begin{cases} \boldsymbol{R}_{n-1}=\boldsymbol{I} & a_{n-1}=-\dfrac{\operatorname{tr}\boldsymbol{R}_{n-1}\boldsymbol{A}}{1} \\ \boldsymbol{R}_{n-2}=\boldsymbol{R}_{n-1}\boldsymbol{A}+a_{n-1}\boldsymbol{I} & a_{n-2}=-\dfrac{\operatorname{tr}\boldsymbol{R}_{n-2}\boldsymbol{A}}{2} \\ \quad\vdots & \\ \boldsymbol{R}_1=\boldsymbol{R}_2\boldsymbol{A}+a_2\boldsymbol{I} & a_1=-\dfrac{\operatorname{tr}\boldsymbol{R}_1\boldsymbol{A}}{n-1} \\ \boldsymbol{R}_0=\boldsymbol{R}_1\boldsymbol{A}+a_1\boldsymbol{I} & a_0=-\dfrac{\operatorname{tr}\boldsymbol{R}_0\boldsymbol{A}}{n} \end{cases} \tag{2.35}$$

即

$$\begin{cases} \boldsymbol{R}_{n-1}=\boldsymbol{I} \\ \boldsymbol{R}_i=\boldsymbol{R}_{i+1}\boldsymbol{A}+a_{i+1}\boldsymbol{I} & i=0,1,\cdots,n-2 \end{cases}$$
$$a_i=\frac{-1}{n-i}\operatorname{tr}\boldsymbol{R}_i\boldsymbol{A} \qquad i=0,1,\cdots,n-1 \tag{2.36}$$

其中，式(2.36)中 $\operatorname{tr}\boldsymbol{R}_i\boldsymbol{A}$ 表示矩阵 $\boldsymbol{R}_i\boldsymbol{A}$ 的迹，其值为矩阵 $\boldsymbol{R}_i\boldsymbol{A}$ 的对角线各元素之和。

证明过程略。

【例 2-18】 给定一个线性定常系统的状态空间描述为

$$\begin{cases} \begin{bmatrix}\dot{x}_1\\ \dot{x}_2\\ \dot{x}_3\end{bmatrix}=\begin{bmatrix}2&0&0\\0&2&0\\0&3&1\end{bmatrix}\begin{bmatrix}x_1\\x_2\\x_3\end{bmatrix}+\begin{bmatrix}1&2\\1&0\\3&1\end{bmatrix}\boldsymbol{u} \\ y=\begin{bmatrix}1&1&2\end{bmatrix}\begin{bmatrix}x_1\\x_2\\x_3\end{bmatrix} \end{cases}$$

求系统的传递函数矩阵 $\boldsymbol{W}_0(s)$。

解 (1) 计算系统的特征多项式：

$$\Delta(s)=\det(s\boldsymbol{I}-\boldsymbol{A})=(s-2)^2(s-1)=s^3-5s^2+8s-4$$

(2) 计算系统矩阵：

$$\boldsymbol{E}_2=\boldsymbol{CB}=\begin{bmatrix}1&1&2\end{bmatrix}\begin{bmatrix}1&2\\1&0\\3&1\end{bmatrix}=\begin{bmatrix}8&4\end{bmatrix}$$

$$\begin{aligned}\boldsymbol{E}_1&=\boldsymbol{CAB}+a_2\boldsymbol{CB}\\&=\begin{bmatrix}1&1&2\end{bmatrix}\begin{bmatrix}2&0&0\\0&2&0\\0&3&1\end{bmatrix}\begin{bmatrix}1&2\\1&0\\3&1\end{bmatrix}+(-5)\begin{bmatrix}8&4\end{bmatrix}\\&=\begin{bmatrix}-24&-14\end{bmatrix}\end{aligned}$$

$$\begin{aligned}\boldsymbol{E}_0&=\boldsymbol{CA}^2\boldsymbol{B}+a_2\boldsymbol{CAB}+a_1\boldsymbol{CB}\\&=\begin{bmatrix}1&1&2\end{bmatrix}\begin{bmatrix}2&0&0\\0&2&0\\0&3&1\end{bmatrix}\begin{bmatrix}2&4\\2&0\\6&1\end{bmatrix}+\begin{bmatrix}-80&-30\end{bmatrix}+\begin{bmatrix}64&32\end{bmatrix}\\&=\begin{bmatrix}16&12\end{bmatrix}\end{aligned}$$

(3) 计算传递函数矩阵：

$$W_0(s)=\frac{1}{\Delta(s)}[\boldsymbol{E}_2s^2+\boldsymbol{E}_1s+\boldsymbol{E}_0]=\begin{bmatrix}\dfrac{8s^2-24s+16}{s^3-5s^2+8s-4} & \dfrac{4s^2-14s+12}{s^3-5s^2+8s-4}\end{bmatrix}$$

【例 2-19】 设矩阵 $\boldsymbol{A}=\begin{bmatrix}1&1&2\\0&1&3\\0&0&2\end{bmatrix}$，试计算 $(s\boldsymbol{I}-\boldsymbol{A})^{-1}$。

解 利用式(2.29)来计算 $(s\boldsymbol{I}-\boldsymbol{A})^{-1}$。此例中矩阵 $\boldsymbol{A}$ 的特征多项式为

$$\Delta(s)=\det(s\boldsymbol{I}-\boldsymbol{A})=\det\begin{bmatrix}s-1&-1&-2\\0&s-1&-3\\0&0&s-2\end{bmatrix}$$

$$=(s-1)^2(s-2)=s^3-4s^2+5s-2$$

由此可得：$a_2=-4$，$a_1=5$，$a_0=-2$。对于 $\boldsymbol{R}(s)=\boldsymbol{R}_2s^2+\boldsymbol{R}_1s+\boldsymbol{R}_0$ 可利用式(2.32)来计算，有

$$\boldsymbol{R}_2=\boldsymbol{I}$$

$$\boldsymbol{R}_1=\boldsymbol{R}_2\boldsymbol{A}+a_2\boldsymbol{I}=\begin{bmatrix}1&1&2\\0&1&3\\0&0&2\end{bmatrix}+(-4)\begin{bmatrix}1&0&0\\0&1&0\\0&0&1\end{bmatrix}=\begin{bmatrix}-3&1&2\\0&-3&3\\0&0&-2\end{bmatrix}$$

$$\boldsymbol{R}_0=\boldsymbol{R}_1\boldsymbol{A}+a_1\boldsymbol{I}=\begin{bmatrix}-3&1&2\\0&-3&3\\0&0&-2\end{bmatrix}\begin{bmatrix}1&1&2\\0&1&3\\0&0&2\end{bmatrix}+\begin{bmatrix}5&0&0\\0&5&0\\0&0&5\end{bmatrix}=\begin{bmatrix}2&-2&1\\0&2&-3\\0&0&1\end{bmatrix}$$

利用 $(s\boldsymbol{I}-\boldsymbol{A})^{-1}=\dfrac{\text{adj}(s\boldsymbol{I}-\boldsymbol{A})}{\det(s\boldsymbol{I}-\boldsymbol{A})}=\dfrac{\boldsymbol{R}(s)}{\Delta(s)}=\dfrac{1}{\Delta(s)}[\boldsymbol{R}_{n-1}s^{n-1}+\boldsymbol{R}_{n-2}s^{n-2}+\cdots+\boldsymbol{R}_1s+\boldsymbol{R}_0]$ 计算 $(s\boldsymbol{I}-\boldsymbol{A})^{-1}$，可得

$$(s\boldsymbol{I}-\boldsymbol{A})^{-1}=\frac{\boldsymbol{R}(s)}{\Delta(s)}=\frac{1}{(s-1)^2(s-2)}\begin{bmatrix}s^2-3s+2&s-2&2s+1\\0&s^2-3s+2&3s-3\\0&0&s^2-2s+1\end{bmatrix}$$

$$=\begin{bmatrix}\dfrac{s^2-3s+2}{(s-1)^2(s-2)}&\dfrac{1}{(s-1)^2}&\dfrac{2s+1}{(s-1)^2(s-2)}\\0&\dfrac{s^2-3s+2}{(s-1)^2(s-2)}&\dfrac{3}{(s-1)(s-2)}\\0&&\dfrac{s^2-2s+1}{(s-1)^2(s-2)}\end{bmatrix}$$

2.5 组合系统的数学描述

实际的控制系统，一般是由多个子系统以串联、并联或反馈的方式组合而成的组合系统。本节主要讨论在已知各子系统的传递函数阵或者状态空间表达式时，如何求解整个组合系统的传递函数阵或者状态空间表达式问题。

设子系统 $\Sigma_1(\boldsymbol{A}_1, \boldsymbol{B}_1, \boldsymbol{C}_1, \boldsymbol{D}_1)$ 为

$$\begin{cases}\dot{\boldsymbol{x}}_1=\boldsymbol{A}_1\boldsymbol{x}_1+\boldsymbol{B}_1\boldsymbol{u}_1\\ \boldsymbol{y}_1=\boldsymbol{C}_1\boldsymbol{x}_1+\boldsymbol{D}_1\boldsymbol{u}_1\end{cases}\tag{2.37}$$

其传递函数阵为

$$\boldsymbol{W}_1(s)=\boldsymbol{C}_1(s\boldsymbol{I}-\boldsymbol{A}_1)^{-1}\boldsymbol{B}_1+\boldsymbol{D}_1\tag{2.38}$$

子系统 $\Sigma_2(\boldsymbol{A}_2,\boldsymbol{B}_2,\boldsymbol{C}_2,\boldsymbol{D}_2)$：

$$\begin{cases}\dot{\boldsymbol{x}}_2=\boldsymbol{A}_2\boldsymbol{x}_2+\boldsymbol{B}_2\boldsymbol{u}_2\\ \boldsymbol{y}_2=\boldsymbol{C}_2\boldsymbol{x}_2+\boldsymbol{D}_2\boldsymbol{u}_2\end{cases}\tag{2.39}$$

其传递函数阵为

$$\boldsymbol{W}_2(s)=\boldsymbol{C}_2(s\boldsymbol{I}-\boldsymbol{A}_2)^{-1}\boldsymbol{B}_2+\boldsymbol{D}_2\tag{2.40}$$

1. 并联连接

设子系统 Σ_1、Σ_2 输入和输出维数相同，子系统并联后的结构如图 2-21 所示。

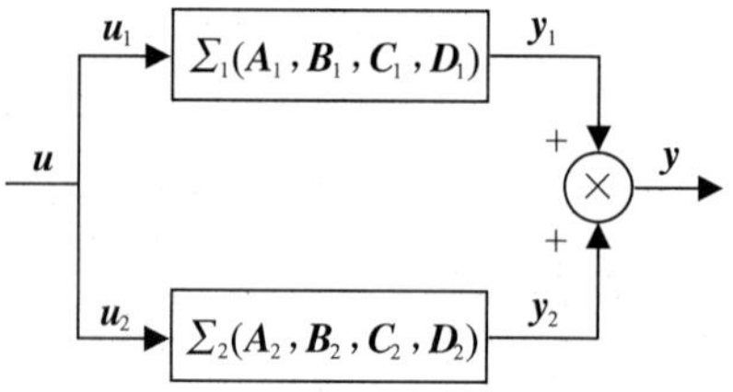

图 2-21 子系统并联

由图 2-21 可知：

$$\boldsymbol{u}=\boldsymbol{u}_1=\boldsymbol{u}_2$$

$$\boldsymbol{y}=\boldsymbol{y}_1+\boldsymbol{y}_2$$

则并联后系统的状态空间表达式为

$$\begin{cases}\begin{bmatrix}\dot{\boldsymbol{x}}_1\\ \dot{\boldsymbol{x}}_2\end{bmatrix}=\begin{bmatrix}\boldsymbol{A}_1 & \boldsymbol{0}\\ \boldsymbol{0} & \boldsymbol{A}_2\end{bmatrix}\begin{bmatrix}\boldsymbol{x}_1\\ \boldsymbol{x}_2\end{bmatrix}+\begin{bmatrix}\boldsymbol{B}_1\\ \boldsymbol{B}_2\end{bmatrix}\boldsymbol{u}\\ \boldsymbol{y}=\begin{bmatrix}\boldsymbol{C}_1 & \boldsymbol{C}_2\end{bmatrix}\begin{bmatrix}\boldsymbol{x}_1\\ \boldsymbol{x}_2\end{bmatrix}+(\boldsymbol{D}_1+\boldsymbol{D}_2)\boldsymbol{u}\end{cases}\tag{2.41}$$

并联后系统的传递函数阵为

$$\begin{aligned}\boldsymbol{W}_0(s)&=\boldsymbol{C}(s\boldsymbol{I}-\boldsymbol{A})^{-1}\boldsymbol{B}+\boldsymbol{D}\\ &=\begin{bmatrix}\boldsymbol{C}_1 & \boldsymbol{C}_2\end{bmatrix}\begin{bmatrix}s\boldsymbol{I}-\boldsymbol{A}_1 & \boldsymbol{0}\\ \boldsymbol{0} & s\boldsymbol{I}-\boldsymbol{A}_2\end{bmatrix}^{-1}\begin{bmatrix}\boldsymbol{B}_1\\ \boldsymbol{B}_2\end{bmatrix}+(\boldsymbol{D}_1+\boldsymbol{D}_2)\\ &=\boldsymbol{C}_1(s\boldsymbol{I}-\boldsymbol{A}_1)^{-1}\boldsymbol{B}_1+\boldsymbol{D}_1+\boldsymbol{C}_2(s\boldsymbol{I}-\boldsymbol{A}_2)^{-1}\boldsymbol{B}_2+\boldsymbol{D}_2\\ &=\boldsymbol{W}_1(s)+\boldsymbol{W}_2(s)\end{aligned}\tag{2.42}$$

2. 串联连接

如图 2-22 所示，子系统 Σ_1 和 Σ_2 串联，此时子系统 Σ_1 的输出为子系统 Σ_2 的输入，而 Σ_2 的输出为串联后系统的输出，即

$$\begin{cases}\boldsymbol{u}=\boldsymbol{u}_1\\ \boldsymbol{y}_1=\boldsymbol{u}_2\\ \boldsymbol{y}=\boldsymbol{y}_2\end{cases}$$

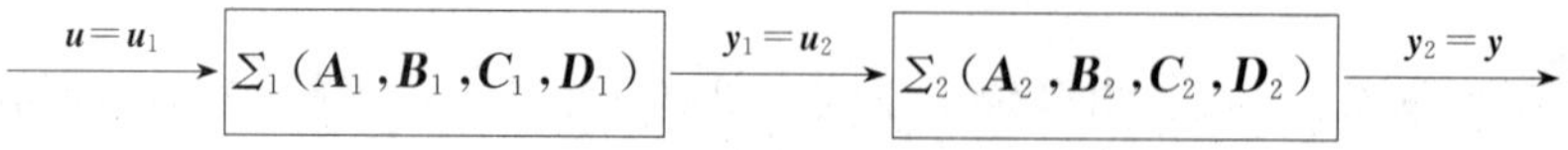

图 2-22 子系统串联

则串联后系统的状态空间表达式为

$$\begin{cases}\dot{x}_1=A_1x_1+B_1u_1\\ \dot{x}_2=A_2x_2+B_2(C_1x_1+D_1u_1)\\ y=C_2x_2+D_2u_2=C_2x_2+D_2(C_1x_1+D_1u_1)=D_2C_1x_1+C_2x_2+D_2D_1u_1\end{cases}$$

则串联后系统的状态空间表达式为

$$\begin{cases}\begin{bmatrix}\dot{x}_1\\ \dot{x}_2\end{bmatrix}=\begin{bmatrix}A_1 & 0\\ B_2C_1 & A_2\end{bmatrix}\begin{bmatrix}x_1\\ x_2\end{bmatrix}+\begin{bmatrix}B_1\\ B_2D_1\end{bmatrix}u\\ y=\begin{bmatrix}D_2C_1 & C_2\end{bmatrix}\begin{bmatrix}x_1\\ x_2\end{bmatrix}+D_2D_1u\end{cases} \tag{2.43}$$

又有

$$Y(s)=Y_2(s)=W_2(s)U_2(s)=W_2(s)Y_1(s)=W_2(s)W_1(s)U_1(s)=W_0(s)U(s)$$

则串联后的传递函数阵为

$$W_0(s)=W_2(s)W_1(s) \tag{2.44}$$

注意： 两个子系统串联系统的传递函数阵为子系统传递函数阵的乘积，但相乘顺序不能颠倒。

3. 反馈连接

具有输出反馈的系统如图 2－23 所示。

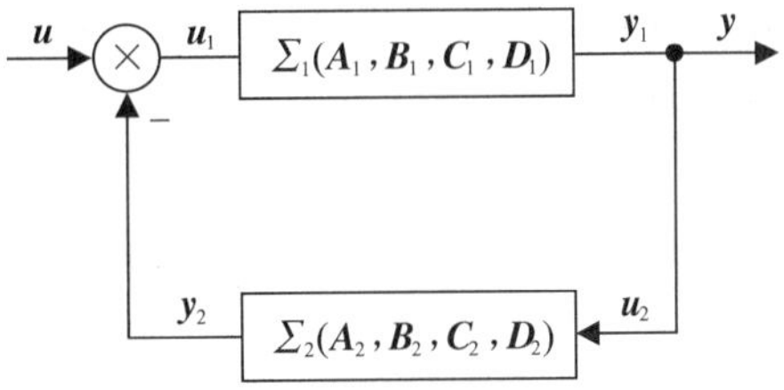

图 2－23　子系统反馈

由图 2－23 可知：

$$u_1=u-y_2$$
$$y=u_2=y_1$$

若令 $D_1=D_2=0$，则反馈连接闭环系统的状态空间表达式为

$$\begin{cases}\dot{x}_1=A_1x_1+B_1u_1=A_1x_1+B_1u-B_1C_2x_2\\ \dot{x}_2=A_2x_2+B_2u_2=A_2x_2+B_2C_1x_1\\ y=C_1x_1\end{cases}$$

则反馈连接后的系统状态空间表达式为

$$\begin{cases}\begin{bmatrix}\dot{x}_1\\ \dot{x}_2\end{bmatrix}=\begin{bmatrix}A_1 & -B_1C_2\\ B_2C_1 & A_2\end{bmatrix}\begin{bmatrix}x_1\\ x_2\end{bmatrix}+\begin{bmatrix}B_1\\ 0\end{bmatrix}u\\ y=\begin{bmatrix}C_1 & 0\end{bmatrix}\begin{bmatrix}x_1\\ x_2\end{bmatrix}\end{cases} \tag{2.45}$$

又有

$$Y(s)=W_1(s)U_1(s) \tag{2.46}$$

$$U_1(s)=U(s)-W_2(s)Y(s) \tag{2.47}$$

将式(2.47)代入式(2.46)有

$$Y(s)=W_1(s)U(s)-W_1(s)W_2(s)Y(s)\Rightarrow[I+W_1(s)W_2(s)]Y(s)=W_1(s)U(s)$$
$$\Rightarrow Y(s)=[I+W_1(s)W_2(s)]^{-1}W_1(s)U(s)$$

则反馈连接后的闭环系统传递函数阵为

$$W(s)=[I+W_1(s)W_2(s)]^{-1}W_1(s) \tag{2.48}$$

若将式(2.46)代入式(2.47)有

$$\boldsymbol{U}_1(s)=\boldsymbol{U}(s)-\boldsymbol{W}_2(s)\boldsymbol{W}_1(s)\boldsymbol{U}_1(s)\Rightarrow\boldsymbol{U}_1(s)=[\boldsymbol{I}+\boldsymbol{W}_2(s)\boldsymbol{W}_1(s)]^{-1}\boldsymbol{U}(s) \tag{2.49}$$

将式(2.49)代入式(2.46)有

$$\boldsymbol{Y}(s)=\boldsymbol{W}_1(s)[\boldsymbol{I}+\boldsymbol{W}_2(s)\boldsymbol{W}_1(s)]^{-1}\boldsymbol{U}(s)$$

则反馈连接后的闭环系统传递函数阵为

$$\boldsymbol{W}(s)=\boldsymbol{W}_1(s)[\boldsymbol{I}+\boldsymbol{W}_2(s)\boldsymbol{W}_1(s)]^{-1} \tag{2.50}$$

2.6 状态空间的线性变换

前面已经讨论过，状态变量选取的非唯一性，决定了状态空间表达式的非唯一。那么，这些描述同一系统的不同的状态空间表达式之间有什么关系呢？它们之间是否可以相互转换呢？本节将主要讨论这些问题。

2.6.1 状态向量的线性变换

对于给定的线性定常系统，选取不同的状态变量，便会有不同的状态空间表达式。所以任意选取的两个状态向量 $\boldsymbol{x}$ 和 $\bar{\boldsymbol{x}}$ 之间实际上存在线性非奇异变换(又称坐标变换)关系，即

$$\boldsymbol{x}=\boldsymbol{P}\bar{\boldsymbol{x}} \quad 或 \quad \bar{\boldsymbol{x}}=\boldsymbol{P}^{-1}\boldsymbol{x} \tag{2.51}$$

式中：$\boldsymbol{P}\in\mathbf{R}^{n\times n}$为线性非奇异变换矩阵，$\boldsymbol{P}^{-1}$为 $\boldsymbol{P}$ 的逆矩阵。记为

$$\boldsymbol{P}=\begin{bmatrix} p_{11} & p_{12} & \cdots & p_{1n} \\ p_{21} & p_{22} & \cdots & p_{2n} \\ \vdots & \vdots & & \vdots \\ p_{n1} & p_{n2} & \cdots & p_{nn} \end{bmatrix}$$

于是有以下线性方程：

$$\begin{cases} x_1=p_{11}\bar{x}_1+p_{12}\bar{x}_2+\cdots+p_{1n}\bar{x}_n \\ x_2=p_{21}\bar{x}_1+p_{22}\bar{x}_2+\cdots+p_{2n}\bar{x}_n \\ \qquad\vdots \\ x_n=p_{n1}\bar{x}_1+p_{n2}\bar{x}_2+\cdots+p_{nn}\bar{x}_n \end{cases}$$

$\bar{x}_1$，$\bar{x}_2$，…，$\bar{x}_n$ 的线性组合就是 x_1，x_2，…，x_n，并且这种组合具有唯一的对应关系。由此可见，尽管状态变量的选择不同，但状态变量 $\boldsymbol{x}$ 和 $\bar{\boldsymbol{x}}$ 均能完全描述同一系统的行为。

状态变量 $\boldsymbol{x}$ 和$\bar{\boldsymbol{x}}$的变换，称为状态的线性变换或者等价变换，其实质是状态空间的基底变换，也是一种坐标变换，即状态变量在 $\boldsymbol{x}$ 的标准基下的坐标为$[x_1, x_2, \cdots, x_n]^{\mathrm{T}}$，而在另一组基底 $\boldsymbol{P}=[\boldsymbol{p}_1, \boldsymbol{p}_2, \cdots, \boldsymbol{p}_n]^{\mathrm{T}}$ 下的坐标为$[\bar{x}_1, \bar{x}_2, \cdots, \bar{x}_n]^{\mathrm{T}}$。

状态向量线性变换后，其状态空间表达式也发生变换。设线性定常系统的状态空间表达式为

$$\begin{cases} \dot{\boldsymbol{x}}=\boldsymbol{A}\boldsymbol{x}+\boldsymbol{B}\boldsymbol{u} \\ \boldsymbol{y}=\boldsymbol{C}\boldsymbol{x}+\boldsymbol{D}\boldsymbol{u} \end{cases} \tag{2.52}$$

状态向量的线性变换为

$$\boldsymbol{x}=\boldsymbol{P}\bar{\boldsymbol{x}} \quad 或 \quad \bar{\boldsymbol{x}}=\boldsymbol{P}^{-1}\boldsymbol{x} \tag{2.53}$$

式中：$\boldsymbol{P}\in\mathbf{R}^{n\times n}$ 为线性非奇异变换矩阵，代入式(2.52)有

$$\begin{cases}\dot{\bar{\boldsymbol{x}}}=\boldsymbol{P}^{-1}\boldsymbol{A}\boldsymbol{P}\bar{\boldsymbol{x}}+\boldsymbol{P}^{-1}\boldsymbol{B}\boldsymbol{u}=\bar{\boldsymbol{A}}\bar{\boldsymbol{x}}+\bar{\boldsymbol{B}}\boldsymbol{u}\\ \boldsymbol{y}=\boldsymbol{C}\boldsymbol{P}\bar{\boldsymbol{x}}+\boldsymbol{D}\boldsymbol{u}=\bar{\boldsymbol{C}}\bar{\boldsymbol{x}}+\bar{\boldsymbol{D}}\boldsymbol{u}\end{cases} \tag{2.54}$$

其中，$\bar{\boldsymbol{A}}=\boldsymbol{P}^{-1}\boldsymbol{A}\boldsymbol{P}$，$\bar{\boldsymbol{B}}=\boldsymbol{P}^{-1}\boldsymbol{B}$，$\bar{\boldsymbol{C}}=\boldsymbol{C}\boldsymbol{P}$ 和$\bar{\boldsymbol{D}}=\boldsymbol{D}$。

式(2.54)是以 $\bar{\boldsymbol{x}}$ 为状态变量的状态空间表达式，与式(2.52)描述的是同一系统，具有相同的维数，称它们是状态空间表达式的线性变换。由于线性变换矩阵 $\boldsymbol{P}$ 是非奇异的，因此，状态空间表达式中的系统矩阵 $\boldsymbol{A}$ 与$\bar{\boldsymbol{A}}$是相似矩阵，具有相同的基本特性：行列式相同、秩相同、特征多项式相同、特征值相同等。

在 2.4.1 节，我们给出结论，状态空间表达式的线性变换并不改变系统的传递函数阵，即传递函数阵的不变性，在此给出证明过程。

证明　对式(2.54)所示的系统，传递函数阵为

$$\begin{aligned}\bar{\boldsymbol{W}}_0(s)&=\bar{\boldsymbol{C}}(s\boldsymbol{I}-\bar{\boldsymbol{A}})^{-1}\bar{\boldsymbol{B}}+\bar{\boldsymbol{D}}=\boldsymbol{C}\boldsymbol{P}(s\boldsymbol{I}-\boldsymbol{P}^{-1}\boldsymbol{A}\boldsymbol{P})^{-1}\boldsymbol{P}^{-1}\boldsymbol{B}+\boldsymbol{D}\\&=\boldsymbol{C}\boldsymbol{P}(\boldsymbol{P}^{-1}s\boldsymbol{P}-\boldsymbol{P}^{-1}\boldsymbol{A}\boldsymbol{P})^{-1}\boldsymbol{P}^{-1}\boldsymbol{B}+\boldsymbol{D}=\boldsymbol{C}\boldsymbol{P}\boldsymbol{P}^{-1}(s\boldsymbol{I}-\boldsymbol{A})^{-1}\boldsymbol{P}\boldsymbol{P}^{-1}\boldsymbol{B}+\boldsymbol{D}\\&=\boldsymbol{C}(s\boldsymbol{I}-\boldsymbol{A})^{-1}\boldsymbol{B}+\boldsymbol{D}=\boldsymbol{W}_0(s)\end{aligned}$$

可见，对于同一系统，虽然状态空间表达式的形式不唯一，但传递函数阵唯一。

2.6.2　系统特征值与特征向量

1. 系统特征值与特征向量的定义

设线性定常系统为

$$\begin{cases}\dot{\boldsymbol{x}}=\boldsymbol{A}\boldsymbol{x}+\boldsymbol{B}\boldsymbol{u}\\ \boldsymbol{y}=\boldsymbol{C}\boldsymbol{x}+\boldsymbol{D}\boldsymbol{u}\end{cases} \tag{2.55}$$

则

$$|\lambda\boldsymbol{I}-\boldsymbol{A}|=\det(\lambda\boldsymbol{I}-\boldsymbol{A})=\lambda^n+a_{n-1}\lambda^{n-1}+\cdots+a_1\lambda^n+a_0 \tag{2.56}$$

称为系统的特征多项式，令其等于零，即得到系统的特征方程为

$$|\lambda\boldsymbol{I}-\boldsymbol{A}|=\lambda^n+a_{n-1}\lambda^{n-1}+\cdots+a_1\lambda^n+a_0=0 \tag{2.57}$$

式中，$\boldsymbol{A}\in\mathbf{R}^{n\times n}$ 为系统矩阵，特征方程的根 $\lambda_i(i=1,\ 2,\ \cdots,\ n)$称为系统的特征值。

设 $\lambda_i(i=1,\ 2,\ \cdots,\ n)$为系统的一个特征值，若存在一个 $\boldsymbol{n}$ 维非零向量$\boldsymbol{p}_i$，满足：

$$\boldsymbol{A}\boldsymbol{p}_i=\lambda_i\boldsymbol{p}_i\text{或}\ (\boldsymbol{A}-\lambda_i\boldsymbol{I})\boldsymbol{p}_i=\boldsymbol{0} \tag{2.58}$$

则称向量 $\boldsymbol{p}_i$ 为系统对应于特征值λ_i 的特征向量。

【例 2-20】　求以下系统矩阵的特征值与特征向量。

$$\boldsymbol{A}=\begin{bmatrix}0 & 1\\ -2 & -3\end{bmatrix}$$

解　系统特征方程为

$$|\lambda\boldsymbol{I}-\boldsymbol{A}|=\begin{bmatrix}\lambda & -1\\ 2 & \lambda+3\end{bmatrix}=\lambda^2+3\lambda+2=(\lambda+1)(\lambda+2)=0$$

系统特征值为 $\lambda_1=-1$，$\lambda_2=-2$，设其相对应的特征向量为 $\boldsymbol{p}_1$，$\boldsymbol{p}_2$：

$$\boldsymbol{p}_1=\begin{bmatrix}p_{11}\\p_{21}\end{bmatrix},\ \boldsymbol{p}_2=\begin{bmatrix}p_{12}\\p_{22}\end{bmatrix}$$

由$(\boldsymbol{A}-\lambda_i\boldsymbol{I})\boldsymbol{p}_i=\boldsymbol{0}$得

$$\begin{bmatrix}1 & 1\\-2 & -2\end{bmatrix}\begin{bmatrix}p_{11}\\p_{21}\end{bmatrix}=\boldsymbol{0}$$

$$\begin{bmatrix}2 & 1\\-2 & -1\end{bmatrix}\begin{bmatrix}p_{12}\\p_{22}\end{bmatrix}=\boldsymbol{0}$$

则有

$$p_{11}=-p_{21},\quad 2p_{12}=-p_{22}$$

取 $p_{11}=1$，$p_{12}=1$，则有 $p_{21}=-1$，$p_{22}=-2$。

系统对应特征值 $\lambda_1=-1$ 的特征向量为

$$\boldsymbol{p}_1=\begin{bmatrix}p_{11}\\p_{21}\end{bmatrix}=\begin{bmatrix}1\\-1\end{bmatrix}$$

则系统对应特征值 $\lambda_2=-2$ 的特征向量为

$$\boldsymbol{p}_2=\begin{bmatrix}p_{12}\\p_{22}\end{bmatrix}=\begin{bmatrix}1\\-2\end{bmatrix}$$

2. 系统特征值的不变性

系统经线性非奇异变换后，其特征多项式不变，特征值不变。

证明 对于线性定常系统：

$$\begin{cases}\dot{\boldsymbol{x}}=\boldsymbol{A}\boldsymbol{x}+\boldsymbol{B}\boldsymbol{u}\\\boldsymbol{y}=\boldsymbol{C}\boldsymbol{x}+\boldsymbol{D}\boldsymbol{u}\end{cases}$$

系统线性变换为

$$\boldsymbol{x}=\boldsymbol{P}\bar{\boldsymbol{x}}$$

式中，$\boldsymbol{P}\in\mathbf{R}^{n\times n}$为线性非奇异变换矩阵。

线性变换后系统的特征多项式为

$$\begin{aligned}|\lambda\boldsymbol{I}-\bar{\boldsymbol{A}}|&=|\lambda\boldsymbol{I}-\boldsymbol{P}^{-1}\boldsymbol{A}\boldsymbol{P}|=|\boldsymbol{P}^{-1}\lambda\boldsymbol{P}-\boldsymbol{P}^{-1}\boldsymbol{A}\boldsymbol{P}|\\&=|\boldsymbol{P}^{-1}(\lambda\boldsymbol{I}-\boldsymbol{A})\boldsymbol{P}|=|\boldsymbol{P}^{-1}|\,|\lambda\boldsymbol{I}-\boldsymbol{A}|\,|\boldsymbol{P}|=|\lambda\boldsymbol{I}-\boldsymbol{A}|\end{aligned}$$

上式表明，系统线性非奇异变换前后的特征多项式、特征值保持不变。

2.6.3 通过线性变换将状态空间表达式化为标准型

经过线性非奇异变换，可以得到无穷多种系统的状态空间表达式，但我们常用一些标准型的状态空间表达式来简化系统的分析和设计。这里主要讨论对角标准型和约旦标准型。

1. 将状态空间表达式化为对角标准型

对于线性定常系统：

$$\begin{cases}\dot{\boldsymbol{x}}=\boldsymbol{A}\boldsymbol{x}+\boldsymbol{B}\boldsymbol{u}\\\boldsymbol{y}=\boldsymbol{C}\boldsymbol{x}+\boldsymbol{D}\boldsymbol{u}\end{cases}\tag{2.59}$$

若系统的特征值 λ_1，λ_2，…，λ_n 互异，则必存在非奇异变换矩阵 $\boldsymbol{P}$，经过 $\boldsymbol{x}=\boldsymbol{P}\bar{\boldsymbol{x}}$ 或 $\bar{\boldsymbol{x}}=\boldsymbol{P}^{-1}\boldsymbol{x}$ 的变换，可将系统状态空间表达式变换为对角标准型，即

$$\begin{cases}\dot{\bar{\boldsymbol{x}}}=\boldsymbol{P}^{-1}\boldsymbol{A}\boldsymbol{P}\bar{\boldsymbol{x}}+\boldsymbol{P}^{-1}\boldsymbol{B}\boldsymbol{u}=\bar{\boldsymbol{A}}\bar{\boldsymbol{x}}+\bar{\boldsymbol{B}}\boldsymbol{u}\\ \boldsymbol{y}=\boldsymbol{C}\boldsymbol{P}\bar{\boldsymbol{x}}+\boldsymbol{D}\boldsymbol{u}=\bar{\boldsymbol{C}}\bar{\boldsymbol{x}}+\bar{\boldsymbol{D}}\boldsymbol{u}\end{cases} \tag{2.60}$$

式中，系统矩阵 $\boldsymbol{A}$ 化为对角型矩阵 $\boldsymbol{\Lambda}$，$\boldsymbol{\Lambda}=\bar{\boldsymbol{A}}=\boldsymbol{P}^{-1}\boldsymbol{A}\boldsymbol{P}=\begin{bmatrix}\lambda_1 & 0 & \cdots & 0\\ 0 & \lambda_2 & \cdots & 0\\ \vdots & \vdots & & \vdots\\ 0 & 0 & \cdots & \lambda_n\end{bmatrix}$。

证明　设 $\boldsymbol{p}_i$ 为系统对应于特征值 λ_i 的特征向量，有

$$\boldsymbol{A}\boldsymbol{p}_i=\lambda_i\boldsymbol{p}_i,\quad i=1,2,\cdots,n$$

上述 n 个特征向量方程可构成如下 $n\times n$ 矩阵：

$$\boldsymbol{A}[\boldsymbol{p}_1\quad \boldsymbol{p}_2\quad \cdots\quad \boldsymbol{p}_n]=[\lambda_1\boldsymbol{p}_1\quad \lambda_2\boldsymbol{p}_2\quad \cdots\quad \lambda_n\boldsymbol{p}_n]$$

令线性非奇异变换矩阵 $\boldsymbol{P}=[\boldsymbol{p}_1\quad \boldsymbol{p}_2\quad \cdots\quad \boldsymbol{p}_n]$，则有

$$\boldsymbol{A}\boldsymbol{P}=\boldsymbol{P}\begin{bmatrix}\lambda_1 & 0 & \cdots & 0\\ 0 & \lambda_2 & \cdots & 0\\ \vdots & \vdots & & \vdots\\ 0 & 0 & \cdots & \lambda_n\end{bmatrix}$$

等式两边同左乘 $\boldsymbol{P}^{-1}$，得

$$\boldsymbol{\Lambda}=\boldsymbol{P}^{-1}\boldsymbol{A}\boldsymbol{P}=\begin{bmatrix}\lambda_1 & 0 & \cdots & 0\\ 0 & \lambda_2 & \cdots & 0\\ \vdots & \vdots & & \vdots\\ 0 & 0 & \cdots & \lambda_n\end{bmatrix}$$

【例 2-21】　已知如下的状态空间表达式，求特征向量并求其对角标准型。

$$\begin{cases}\dot{\boldsymbol{x}}=\begin{bmatrix}0 & 1 & -1\\ -6 & -11 & 6\\ -6 & -11 & 5\end{bmatrix}\boldsymbol{x}+\begin{bmatrix}0\\ 0\\ 1\end{bmatrix}u\\ y=[1\quad 0\quad 0]\boldsymbol{x}\end{cases}$$

解　求系统特征值与特征向量，为

$$\lambda_1=-1,\ \lambda_2=-2,\ \lambda_3=-3$$

$$\boldsymbol{p}_1=\begin{bmatrix}1\\ 0\\ 1\end{bmatrix},\quad \boldsymbol{p}_2=\begin{bmatrix}1\\ 2\\ 4\end{bmatrix},\quad \boldsymbol{p}_3=\begin{bmatrix}1\\ 6\\ 9\end{bmatrix}$$

则线性非奇异变换矩阵为

$$\boldsymbol{P}=[\boldsymbol{p}_1\quad \boldsymbol{p}_2\quad \boldsymbol{p}_3]=\begin{bmatrix}1 & 1 & 1\\ 0 & 2 & 6\\ 1 & 4 & 9\end{bmatrix}$$

则可以求得

$$P^{-1}=\begin{bmatrix}3 & \frac{5}{2} & -2\\ -3 & -4 & 3\\ 1 & \frac{3}{2} & -1\end{bmatrix}$$

$$\Lambda=P^{-1}AP=\begin{bmatrix}\lambda_1 & & 0\\ & \lambda_2 & \\ 0 & & \lambda_3\end{bmatrix}=\begin{bmatrix}-1 & & 0\\ & -2 & \\ 0 & & -3\end{bmatrix}$$

$$P^{-1}B=\begin{bmatrix}3 & \frac{5}{2} & -2\\ -3 & -4 & 3\\ 1 & \frac{3}{2} & -1\end{bmatrix}\begin{bmatrix}0\\0\\1\end{bmatrix}=\begin{bmatrix}-2\\3\\-1\end{bmatrix}$$

$$CP=\begin{bmatrix}1 & 0 & 0\end{bmatrix}\begin{bmatrix}1 & 1 & 1\\ 0 & 2 & 6\\ 1 & 4 & 9\end{bmatrix}=\begin{bmatrix}1 & 1 & 1\end{bmatrix}$$

变换后的状态空间表达式为

$$\begin{cases}\begin{bmatrix}\dot{\bar{x}}_1\\ \dot{\bar{x}}_2\\ \dot{\bar{x}}_3\end{bmatrix}=\begin{bmatrix}-1 & 0 & 0\\ 0 & -2 & 0\\ 0 & 0 & -3\end{bmatrix}\begin{bmatrix}\bar{x}_1\\ \bar{x}_2\\ \bar{x}_3\end{bmatrix}+\begin{bmatrix}-2\\3\\-1\end{bmatrix}u\\ y=\begin{bmatrix}1 & 1 & 1\end{bmatrix}\begin{bmatrix}\bar{x}_1\\ \bar{x}_2\\ \bar{x}_3\end{bmatrix}\end{cases}$$

特别地，若系统矩阵 $\boldsymbol{A}$ 为如下形式，其主对角线上方的元素均为 1，最后一行的元素与其特征多项式的系数一一对应，这种形式的矩阵称为友矩阵，即

$$A=\begin{bmatrix}0 & 1 & 0 & \cdots & 0\\ 0 & 0 & 1 & \cdots & 0\\ \vdots & \vdots & \vdots & \cdots & \vdots\\ 0 & 0 & 0 & \cdots & 1\\ -a_0 & -a_1 & -a_2 & \cdots & -a_{n-1}\end{bmatrix}\tag{2.61}$$

且其特征值 λ_1，λ_2，…，λ_n 互异，则 $\boldsymbol{A}$ 转化为对角标准型的变换矩阵 $\boldsymbol{P}$ 为范德蒙(Vandermonde)矩阵，即

$$P=\begin{bmatrix}1 & 1 & \cdots & 1\\ \lambda_1 & \lambda_2 & \cdots & \lambda_n\\ \lambda_1^2 & \lambda_2^2 & \cdots & \lambda_n^2\\ \vdots & \vdots & \ddots & \vdots\\ \lambda_1^{n-1} & \lambda_2^{n-1} & \cdots & \lambda_n^{n-1}\end{bmatrix}\tag{2.62}$$

【例 2-22】 已知如下的状态空间表达式，将其变换为对角标准型。

$$\begin{cases}\dot{\boldsymbol{x}}=\begin{bmatrix}0 & 1 & 0\\ 0 & 0 & 1\\ -6 & -11 & -6\end{bmatrix}\boldsymbol{x}+\begin{bmatrix}0\\0\\1\end{bmatrix}u\\ y=[1\quad 0\quad 0]\boldsymbol{x}\end{cases}$$

解　求系统特征值，有

$$|\lambda \boldsymbol{I}-\boldsymbol{A}|=\begin{bmatrix}\lambda & -1 & 0\\ 0 & \lambda & -1\\ 6 & 11 & \lambda+6\end{bmatrix}=(\lambda+1)(\lambda+2)(\lambda+3)=0$$

特征值为 $\lambda_1=-1$，$\lambda_2=-2$，$\lambda_3=-3$。

系统矩阵 $\boldsymbol{A}$ 为友矩阵，且其特征值互异，则其变换矩阵为范德蒙矩阵，即

$$\boldsymbol{P}=\begin{bmatrix}1 & 1 & 1\\ \lambda_1 & \lambda_2 & \lambda_3\\ \lambda_1^2 & \lambda_2^2 & \lambda_3^2\end{bmatrix}=\begin{bmatrix}1 & 1 & 1\\ -1 & -2 & -3\\ 1 & 4 & 9\end{bmatrix}$$

$$\boldsymbol{P}^{-1}=\begin{bmatrix}3 & \frac{5}{2} & \frac{1}{2}\\ -3 & -4 & -1\\ 1 & \frac{3}{2} & \frac{1}{2}\end{bmatrix}$$

$$\boldsymbol{\Lambda}=\boldsymbol{P}^{-1}\boldsymbol{A}\boldsymbol{P}=\begin{bmatrix}\lambda_1 & & 0\\ & \lambda_2 & \\ 0 & & \lambda_3\end{bmatrix}=\begin{bmatrix}-1 & & 0\\ & -2 & \\ 0 & & -3\end{bmatrix}$$

$$\boldsymbol{P}^{-1}\boldsymbol{B}=\begin{bmatrix}3 & \frac{5}{2} & \frac{1}{2}\\ -3 & -4 & -1\\ 1 & \frac{3}{2} & \frac{1}{2}\end{bmatrix}\begin{bmatrix}0\\0\\1\end{bmatrix}=\begin{bmatrix}\frac{1}{2}\\ -1\\ \frac{1}{2}\end{bmatrix}$$

$$\boldsymbol{C}\boldsymbol{P}=[1\quad 0\quad 0]\begin{bmatrix}1 & 1 & 1\\ -1 & -2 & -3\\ 1 & 4 & 9\end{bmatrix}=[1\quad 1\quad 1]$$

变换后的状态空间表达式为

$$\begin{cases}\begin{bmatrix}\dot{\bar{x}}_1\\ \dot{\bar{x}}_2\\ \dot{\bar{x}}_3\end{bmatrix}=\begin{bmatrix}-1 & 0 & 0\\ 0 & -2 & 0\\ 0 & 0 & -3\end{bmatrix}\begin{bmatrix}\bar{x}_1\\ \bar{x}_2\\ \bar{x}_3\end{bmatrix}+\begin{bmatrix}\frac{1}{2}\\ -1\\ \frac{1}{2}\end{bmatrix}u\\ y=[1\quad 1\quad 1]\begin{bmatrix}\bar{x}_1\\ \bar{x}_2\\ \bar{x}_3\end{bmatrix}\end{cases}$$

2. 将状态空间表达式化为约旦标准型

当系统矩阵 $\boldsymbol{A}\in\mathbf{R}^{n\times n}$ 有重特征值时，若 $\boldsymbol{A}$ 仍然有 n 个独立的特征向量，则可将 $\boldsymbol{A}$ 化为

对角型矩阵 $\boldsymbol{A}$；若 $\boldsymbol{A}$ 的独立特征向量个数小于 n，则可将 $\boldsymbol{A}$ 化为约旦型矩阵 $\boldsymbol{J}$。约旦型矩阵 $\boldsymbol{J}$ 是主对角线上为约旦块的准对角型矩阵，即

$$\boldsymbol{J}=\boldsymbol{P}^{-1}\boldsymbol{A}\boldsymbol{P}=\begin{bmatrix} \boldsymbol{J}_1 & & & 0 \\ & \boldsymbol{J}_2 & & \\ & & \ddots & \\ 0 & & & \boldsymbol{J}_l \end{bmatrix} \tag{2.63}$$

式中，$\boldsymbol{J}_i\in\mathbf{R}^{m\times m}$，$i=1, 2, \cdots, l$，主对角线上的元素是 m 重特征值 λ_i，主对角线上方的次对角线上元素均为 1，其余元素均为 0，称为 m 阶约旦块，即

$$\boldsymbol{J}_i=\begin{bmatrix} \lambda_i & 1 & \cdots & 0 \\ 0 & \lambda_i & \ddots & \vdots \\ \vdots & \vdots & \ddots & 1 \\ 0 & 0 & \cdots & \lambda_i \end{bmatrix}_{m\times m}, \quad (i=1, 2, \cdots, l) \tag{2.64}$$

下面讨论一种特殊情况。设 n 阶系统矩阵 $\boldsymbol{A}$ 具有 m 重特征值 λ_1，其余 $n-m$ 个特征值 $\lambda_{m+1}, \lambda_{m+2}, \cdots, \lambda_n$ 互异，且 $\boldsymbol{A}$ 对应于 m 重特征值 λ_1 的独立特征向量只有一个，则 $\boldsymbol{A}$ 经线性变换后可化为

$$\boldsymbol{J}=\boldsymbol{P}^{-1}\boldsymbol{A}\boldsymbol{P}=\left[\begin{array}{cccc:ccc} \lambda_1 & 1 & \cdots & 0 & 0 & \cdots & 0 \\ 0 & \lambda_1 & 1 & \vdots & 0 & \cdots & 0 \\ \vdots & \vdots & \ddots & 1 & \vdots & \ddots & \vdots \\ 0 & 0 & \cdots & \lambda_1 & 0 & \cdots & 0 \\ \hdashline 0 & 0 & \cdots & 0 & \lambda_{m+1} & \cdots & 0 \\ \vdots & \vdots & \ddots & \vdots & \vdots & \ddots & \vdots \\ 0 & 0 & \cdots & 0 & 0 & \cdots & \lambda_n \end{array}\right] \tag{2.65}$$

式(2.65)为矩阵 $\boldsymbol{A}$ 的约旦标准型，它由 $n-m+1$ 个约旦块组成，即每个独立的特征向量对应一个约旦块。

下面求解将 $\boldsymbol{A}$ 化为约旦标准型的变换矩阵 $\boldsymbol{P}$。

解 由式(2.65)得

$$\boldsymbol{A}\boldsymbol{P}=\boldsymbol{P}\boldsymbol{J}$$

令 $\boldsymbol{P}=[\boldsymbol{p}_1 \quad \boldsymbol{p}_2 \quad \cdots \quad \boldsymbol{p}_n]$，则有

$$[\boldsymbol{A}\boldsymbol{p}_1 \quad \boldsymbol{A}\boldsymbol{p}_2 \quad \cdots \quad \boldsymbol{A}\boldsymbol{p}_n]=[\boldsymbol{p}_1 \quad \boldsymbol{p}_2 \quad \cdots \quad \boldsymbol{p}_n]\left[\begin{array}{cccc:ccc} \lambda_1 & 1 & \cdots & 0 & 0 & \cdots & 0 \\ 0 & \lambda_1 & 1 & 0 & 0 & \cdots & 0 \\ \vdots & \vdots & \ddots & 1 & \vdots & \ddots & \vdots \\ 0 & 0 & \cdots & \lambda_1 & 0 & \cdots & 0 \\ \hdashline 0 & 0 & \cdots & 0 & \lambda_{m+1} & \cdots & 0 \\ \vdots & \vdots & \ddots & \vdots & \vdots & \ddots & \vdots \\ 0 & 0 & \cdots & 0 & 0 & \cdots & \lambda_n \end{array}\right]$$

$$=[\lambda_1\boldsymbol{p}_1 \quad \boldsymbol{p}_1+\lambda_1\boldsymbol{p}_2 \quad \cdots \quad \boldsymbol{p}_{m-1}+\lambda_1\boldsymbol{p}_m \quad \lambda_{m+1}\boldsymbol{p}_{m+1} \quad \cdots \quad \lambda_n\boldsymbol{p}_n]$$

等式两边对应的向量相等，则

$$\begin{cases} A p_1 = \lambda_1 p_1 \\ A p_2 = p_1 + \lambda_1 p_2 \\ \quad\vdots \\ A p_m = p_{m-1} + \lambda_1 p_m \\ A p_{m+1} = \lambda_{m+1} p_{m+1} \\ \quad\vdots \\ A p_n = \lambda_n p_n \end{cases}$$

整理有

$$\begin{cases} (\lambda_1 I - A) p_1 = 0 \\ (\lambda_1 I - A) p_2 = -p_1 \\ \quad\vdots \\ (\lambda_1 I - A) p_m = -p_{m-1} \\ (\lambda_{m+1} I - A) p_{m+1} = 0 \\ \quad\vdots \\ (\lambda_n I - A) p_n = 0 \end{cases}$$

可见，p_1，p_{m+1}，p_{m+2}，…，p_n 为对应于特征值 λ_1，λ_{m+1}，λ_{m+2}，…，λ_n 的独立特征向量；p_2，…，p_m 是由重特征值 λ_1 构成的非独立特征向量，也称为广义特征向量。

【例 2-23】 已知如下的状态空间表达式，将其变换为约旦标准型。

$$\begin{cases} \dot{x} = \begin{bmatrix} 0 & 1 & 0 \\ 0 & 0 & 1 \\ 2 & 3 & 0 \end{bmatrix} x + \begin{bmatrix} 0 \\ 0 \\ 1 \end{bmatrix} u \\ y = \begin{bmatrix} 1 & 0 & 0 \end{bmatrix} x \end{cases}$$

解　求系统特征值，即

$$|\lambda I - A| = \begin{bmatrix} \lambda & -1 & 0 \\ 0 & \lambda & -1 \\ -2 & -3 & \lambda \end{bmatrix} = \lambda^3 - 3\lambda - 2 = (\lambda+1)^2(\lambda-2) = 0$$

特征值为 $\lambda_{1,2} = -1$，$\lambda_3 = 2$。

对应于 $\lambda_1 = -1$ 的特征向量为

$$(\lambda_1 I - A) p_1 = \begin{bmatrix} -1 & -1 & 0 \\ 0 & -1 & -1 \\ -2 & -3 & -1 \end{bmatrix} \begin{bmatrix} p_{11} \\ p_{21} \\ p_{31} \end{bmatrix} = \mathbf{0}$$

满足上列方程的独立特征向量个数为 1，$p_1 = \begin{bmatrix} 1 \\ -1 \\ 1 \end{bmatrix}$。

再求重特征根 $\lambda_2 = -1$ 的一个广义特征向量，为

$$(\lambda_1 I - A) p_2 = -p_1$$

$$\begin{bmatrix} -1 & -1 & 0 \\ 0 & -1 & -1 \\ -2 & -3 & -1 \end{bmatrix} \begin{bmatrix} p_{12} \\ p_{22} \\ p_{32} \end{bmatrix} = -\begin{bmatrix} 1 \\ -1 \\ 1 \end{bmatrix}$$

解之，得

$$\boldsymbol{p}_2=\begin{bmatrix}1\\0\\-1\end{bmatrix}$$

最后求对应于 $\lambda_3=2$ 的特征向量，为

$$(\lambda_3\boldsymbol{I}-\boldsymbol{A})\boldsymbol{p}_3=\begin{bmatrix}2&-1&0\\0&2&-1\\-2&-3&2\end{bmatrix}\begin{bmatrix}p_{13}\\p_{23}\\p_{33}\end{bmatrix}=\boldsymbol{0},\quad \boldsymbol{p}_3=\begin{bmatrix}1\\2\\4\end{bmatrix}$$

则可构造线性非奇异变换矩阵 $\boldsymbol{P}$，即

$$\boldsymbol{P}=[\boldsymbol{p}_1\quad\boldsymbol{p}_2\quad\boldsymbol{p}_3]=\begin{bmatrix}1&1&1\\-1&0&2\\1&-1&4\end{bmatrix},\quad \boldsymbol{P}^{-1}=\frac{1}{9}\begin{bmatrix}2&-5&2\\6&3&-3\\1&2&1\end{bmatrix}$$

变换后的状态空间表达式为

$$\begin{cases}\dot{\bar{\boldsymbol{x}}}=\bar{\boldsymbol{A}}\bar{\boldsymbol{x}}+\bar{\boldsymbol{B}}\boldsymbol{u}\\ \boldsymbol{y}=\bar{\boldsymbol{C}}\bar{\boldsymbol{x}}\end{cases}$$

$$\bar{\boldsymbol{A}}=\boldsymbol{P}^{-1}\boldsymbol{A}\boldsymbol{P}=\begin{bmatrix}-1&1&0\\0&-1&0\\0&0&2\end{bmatrix},\quad \bar{\boldsymbol{B}}=\boldsymbol{P}^{-1}\boldsymbol{B}=\begin{bmatrix}\frac{2}{9}\\-\frac{1}{3}\\\frac{1}{9}\end{bmatrix},\quad \bar{\boldsymbol{C}}=\boldsymbol{C}\boldsymbol{P}=[1\quad 1\quad 1]$$

若系统矩阵 $\boldsymbol{A}$ 为友矩阵，即

$$\boldsymbol{A}=\begin{bmatrix}0&1&0&\cdots&0\\0&0&1&\cdots&0\\\vdots&\vdots&\vdots&\cdots&\vdots\\0&0&0&\ddots&1\\-a_0&-a_1&-a_2&\cdots&-a_{n-1}\end{bmatrix}\tag{2.66}$$

$\boldsymbol{A}$ 具有 m 重特征值 λ_1，其余 $n-m$ 个特征值 λ_{m+1}，λ_{m+2}，…，λ_n 互异，且 $\boldsymbol{A}$ 对应于 m 重特征值 λ_1 的独立特征向量只有一个，则将 $\boldsymbol{A}$ 化为约旦标准型 $\boldsymbol{J}$ 的变换矩阵 $\boldsymbol{P}$ 为：

$$\begin{aligned}\boldsymbol{P}&=[\boldsymbol{p}_1\quad\boldsymbol{p}_2\quad\boldsymbol{p}_3\quad\cdots\quad\boldsymbol{p}_m\quad\boldsymbol{p}_{m+1}\quad\cdots\quad\boldsymbol{p}_n]\\&=\left[\boldsymbol{p}_1\quad\frac{\mathrm{d}\boldsymbol{p}_1}{\mathrm{d}\lambda_1}\quad\frac{1}{2!}\frac{\mathrm{d}^2\boldsymbol{p}_1}{\mathrm{d}\lambda_1^2}\quad\cdots\quad\frac{1}{(m-1)!}\frac{\mathrm{d}^{m-1}\boldsymbol{p}_1}{\mathrm{d}\lambda_1^{m-1}}\quad\boldsymbol{p}_{m+1}\quad\cdots\quad\boldsymbol{p}_n\right]\end{aligned}\tag{2.67}$$

式中，$\boldsymbol{p}_i=\begin{bmatrix}1\\\lambda_i\\\lambda_i^2\\\vdots\\\lambda_i^{n-1}\end{bmatrix}$，$i=1$，$m+1$，…，$n$。

【例 2-24】 已知如下的状态空间表达式，将其变换为约旦标准型。

$$\begin{cases}\dot{\boldsymbol{x}}=\begin{bmatrix}0 & 1 & 0\\0 & 0 & 1\\-1 & -3 & -3\end{bmatrix}\boldsymbol{x}+\begin{bmatrix}0\\0\\1\end{bmatrix}u\\y=\begin{bmatrix}1 & 0 & 0\end{bmatrix}\boldsymbol{x}\end{cases}$$

解　求系统特征值，即

$$|\lambda\boldsymbol{I}-\boldsymbol{A}|=\begin{bmatrix}\lambda & -1 & 0\\0 & \lambda & -1\\1 & 3 & \lambda+3\end{bmatrix}=(\lambda+1)^3=0$$

特征值为 $\lambda_{1,2,3}=-1$。

因为系统矩阵 $\boldsymbol{A}$ 为友矩阵，则化为约旦标准型 $\boldsymbol{J}$ 的变换矩阵 $\boldsymbol{P}$ 为

$$\boldsymbol{P}=[\boldsymbol{p}_1\quad\boldsymbol{p}_2\quad\boldsymbol{p}_3]=\left[\boldsymbol{p}_1\quad\frac{\mathrm{d}\boldsymbol{p}_1}{\mathrm{d}\lambda_1}\quad\frac{1}{2!}\frac{\mathrm{d}^2\boldsymbol{p}_1}{\mathrm{d}\lambda_1^2}\right]$$

$$\boldsymbol{p}_1=\begin{bmatrix}1\\\lambda_1\\\lambda_1^2\end{bmatrix}=\begin{bmatrix}1\\-1\\1\end{bmatrix}$$

$$\boldsymbol{p}_2=\frac{\mathrm{d}\boldsymbol{p}_1}{\mathrm{d}\lambda_1}=\begin{bmatrix}0\\1\\2\lambda_1\end{bmatrix}=\begin{bmatrix}0\\1\\-2\end{bmatrix}$$

$$\boldsymbol{p}_3=\frac{1}{2!}\frac{\mathrm{d}^2\boldsymbol{p}_1}{\mathrm{d}\lambda_1^2}=\begin{bmatrix}0\\0\\1\end{bmatrix}$$

$$\boldsymbol{P}=[\boldsymbol{p}_1\quad\boldsymbol{p}_2\quad\boldsymbol{p}_3]=\begin{bmatrix}1 & 0 & 0\\-1 & 1 & 0\\1 & -2 & 1\end{bmatrix},\quad\boldsymbol{P}^{-1}=\begin{bmatrix}1 & 0 & 0\\1 & 1 & 0\\1 & 2 & 1\end{bmatrix}$$

变换后的状态空间表达式为

$$\begin{cases}\dot{\bar{\boldsymbol{x}}}=\bar{\boldsymbol{A}}\bar{\boldsymbol{x}}+\bar{\boldsymbol{B}}u\\y=\bar{\boldsymbol{C}}\bar{\boldsymbol{x}}\end{cases}$$

$$\bar{\boldsymbol{A}}=\boldsymbol{P}^{-1}\boldsymbol{A}\boldsymbol{P}=\begin{bmatrix}-1 & 1 & 0\\0 & -1 & 1\\0 & 0 & -1\end{bmatrix},\quad\bar{\boldsymbol{B}}=\boldsymbol{P}^{-1}\boldsymbol{B}=\begin{bmatrix}0\\0\\1\end{bmatrix},\quad\bar{\boldsymbol{C}}=\boldsymbol{C}\boldsymbol{P}=[1\quad 0\quad 0]$$

2.6.4　传递函数的并联型实现

传递函数的并联型实现其基本思想是把一个 n 阶传递函数分解为若干个一阶传递函数的和，分别对各个一阶传递函数建模，然后把它们并联起来得到系统的模拟结构图，最后由系统的模拟结构图写出状态空间表达式，此时的状态空间表达式即为标准型，该方法称为并联型实现。传递函数的并联型实现可分以下两种情况进行讨论。

1）传递函数 $W(s)$ 极点互异时

设 n 阶严格真有理分式传递函数 $W(s)$ 为

$$W(s)=\frac{Y(s)}{U(s)}=\frac{b_m s^m+b_{m-1}s^{m-1}+\cdots+b_1 s+b_0}{s^n+a_{n-1}s^{n-1}+\cdots+a_1 s+a_0}=\frac{M(s)}{D(s)} \tag{2.68}$$

特征多项式 $D(s)$可以分解为

$$D(s)=(s-\lambda_1)(s-\lambda_2)\cdots(s-\lambda_n)$$

式中，λ_1，λ_2，…，λ_n 为互异的极点。根据部分分式法，$W(s)$可展开为

$$W(s)=\frac{Y(s)}{U(s)}=\frac{c_1}{s-\lambda_1}+\frac{c_2}{s-\lambda_2}+\cdots+\frac{c_n}{s-\lambda_n}$$

式中，c_1，c_2，…，c_n 为待定系数，由留数法求得

$$c_i=\lim_{s\to\lambda_i}(s-\lambda_i)W(s),\ i=1,\ 2,\ \cdots,\ n$$

则输出 $Y(s)$有

$$Y(s)=\frac{c_1}{s-\lambda_1}U(s)+\frac{c_2}{s-\lambda_2}U(s)+\cdots+\frac{c_n}{s-\lambda_n}U(s)$$

选择状态变量的拉普拉斯变换为

$$X_i(s)=\frac{1}{s-\lambda_i}U(s)$$

进行拉普拉斯反变换，得到系统状态方程为

$$\begin{cases}\dot{x}_1=\lambda_1 x_1+u\\ \dot{x}_2=\lambda_2 x_2+u\\ \quad\vdots\\ \dot{x}_n=\lambda_n x_n+u\end{cases}$$

又因为

$$Y(s)=c_1X_1(s)+c_2X_2(s)+\cdots+c_nX_n(s)$$

进行拉普拉斯反变换，有

$$y=c_1x_1+c_2x_2+\cdots+c_nx_n$$

写成向量-矩阵形式的状态空间表达式，为

$$\begin{cases}\begin{bmatrix}\dot{x}_1\\ \dot{x}_2\\ \vdots\\ \dot{x}_n\end{bmatrix}=\begin{bmatrix}\lambda_1 & 0 & \cdots & 0\\ 0 & \lambda_2 & \cdots & 0\\ \vdots & \vdots & \ddots & \vdots\\ 0 & 0 & \cdots & \lambda_n\end{bmatrix}\begin{bmatrix}x_1\\ x_2\\ \vdots\\ x_n\end{bmatrix}+\begin{bmatrix}1\\ 1\\ \vdots\\ 1\end{bmatrix}u\\ y=\begin{bmatrix}c_1 & c_2 & \cdots & c_n\end{bmatrix}\begin{bmatrix}x_1\\ x_2\\ \vdots\\ x_n\end{bmatrix}\end{cases} \tag{2.69}$$

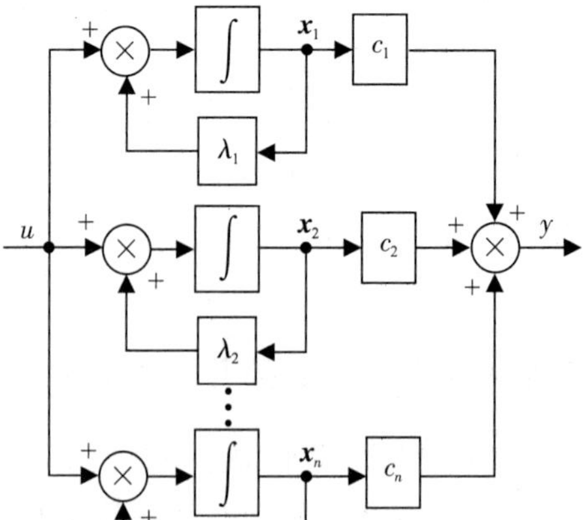

图 2-24 并联型实现的模拟结构图

式中，系统矩阵为对角矩阵，对角线上各元素为系统的特征值。其相对应的系统模拟结构图如图2-24所示，容易看到，此时模拟结构图采用的是积分器并联的结构形式。

【例 2-25】 已知系统传递函数为

$$W(s)=\frac{1}{s^3+6s^2+11s+6}$$

试用并联型实现求系统的状态空间表达式。

解　求系统极点，有

$$D(s)=s^3+6s^2+11s+6=(s+1)(s+2)(s+3)=0$$

$$\lambda_1=-1,\ \lambda_2=-2,\ \lambda_3=-3$$

将传递函数分解为部分分式，即

$$W(s)=\frac{c_1}{s+1}+\frac{c_2}{s+2}+\frac{c_3}{s+3}$$

式中：

$$c_1=\lim_{s\to -1}(s+1)W(s)=\frac{1}{2}$$

$$c_2=\lim_{s\to -2}(s+2)W(s)=-1$$

$$c_3=\lim_{s\to -3}(s+3)W(s)=\frac{1}{2}$$

根据式(2.69)，得系统状态空间表达式为

$$\begin{cases}\begin{bmatrix}\dot{x}_1\\\dot{x}_2\\\dot{x}_3\end{bmatrix}=\begin{bmatrix}-1&0&0\\0&-2&0\\0&0&-3\end{bmatrix}\begin{bmatrix}x_1\\x_2\\x_3\end{bmatrix}+\begin{bmatrix}1\\1\\1\end{bmatrix}u\\ y=\begin{bmatrix}\frac{1}{2}&-1&\frac{1}{2}\end{bmatrix}\begin{bmatrix}x_1\\x_2\\x_3\end{bmatrix}\end{cases}$$

2) 传递函数 $W(s)$ 有重极点时

设 n 阶严格真有理分式传递函数 $W(s)$ 有重极点，假设 λ_1 为 r 重极点，λ_{r+1}，…，λ_n 为单实极点，则传递函数 $W(s)$ 的部分分式展开式为

$$W(s)=\frac{Y(s)}{U(s)}=\frac{c_{11}}{(s-\lambda_1)^r}+\frac{c_{12}}{(s-\lambda_1)^{r-1}}+\cdots+\frac{c_{1r}}{s-\lambda_1}+\frac{c_{r+1}}{s-\lambda_{r+1}}+\cdots+\frac{c_n}{s-\lambda_n} \tag{2.70}$$

对于 r 重极点，部分分式的系数 $c_{1j}(j=1, 2, \cdots, r)$ 按下式计算：

$$c_{1j}=\lim_{s\to\lambda_1}\frac{1}{(j-1)!}\frac{\mathrm{d}^{(j-1)}}{\mathrm{d}s^{(j-1)}}[(s-\lambda_1)^r W(s)] \tag{2.71}$$

对于剩余的 $n-r$ 个单实极点，部分分式的系数 $c_i(i=r+1, r+2, \cdots, n)$ 按下式计算：

$$c_i=\lim_{s\to\lambda_i}(s-\lambda_i)W(s) \tag{2.72}$$

选择系统状态变量的拉普拉斯变换，即

$$\begin{cases} X_1(s)=\dfrac{1}{(s-\lambda_1)^r}\boldsymbol{U}(s) \\ X_2(s)=\dfrac{1}{(s-\lambda_1)^{r-1}}\boldsymbol{U}(s) \\ \quad\vdots \\ X_r(s)=\dfrac{1}{s-\lambda_1}\boldsymbol{U}(s) \\ X_{r+1}(s)=\dfrac{1}{s-\lambda_{r+1}}\boldsymbol{U}(s) \\ \quad\vdots \\ X_n(s)=\dfrac{1}{s-\lambda_n}\boldsymbol{U}(s) \end{cases} \tag{2.73}$$

整理，得

$$\begin{cases} X_1(s)=\dfrac{1}{s-\lambda_1}X_2(s) \\ X_2(s)=\dfrac{1}{s-\lambda_1}X_3(s) \\ \quad\vdots \\ X_{r-1}(s)=\dfrac{1}{s-\lambda_1}X_r(s) \\ X_r(s)=\dfrac{1}{s-\lambda_1}\boldsymbol{U}(s) \\ X_{r+1}(s)=\dfrac{1}{s-\lambda_{r+1}}\boldsymbol{U}(s) \\ \quad\vdots \\ X_n(s)=\dfrac{1}{s-\lambda_n}\boldsymbol{U}(s) \end{cases} \tag{2.74}$$

进行拉普拉斯反变换，可得系统状态方程为

$$\begin{cases} \dot{x}_1=\lambda_1 x_1+x_2 \\ \dot{x}_2=\lambda_1 x_2+x_3 \\ \quad\vdots \\ \dot{x}_{r-1}=\lambda_1 x_{r-1}+x_r \\ \dot{x}_r=\lambda_1 x_r+u \\ \dot{x}_{r+1}=\lambda_{r+1} x_{r+1}+u \\ \quad\vdots \\ \dot{x}_n=\lambda_n x_n+u \end{cases} \tag{2.75}$$

又因为输出方程为

$$Y(s)=c_{11}X_1(s)+c_{12}X_2(s)+\cdots+c_{1r}X_r(s)+c_{r+1}X_{r+1}(s)+\cdots+c_nX_n(s) \tag{2.76}$$

对式(2.76)进行拉普拉斯反变换，有

$$y=c_{11}x_1+c_{12}x_2+\cdots+c_{1r}x_r+c_{r+1}x_{r+1}+\cdots+c_nx_n \tag{2.77}$$

故可得系统的状态空间表达式为

$$\left\{\begin{aligned}
&\begin{bmatrix}\dot{x}_1\\ \dot{x}_2\\ \vdots\\ \dot{x}_{r-1}\\ \dot{x}_r\\ \hdashline \dot{x}_{r+1}\\ \vdots\\ \dot{x}_n\end{bmatrix}=\left[\begin{array}{ccccc:ccc}\lambda_1 & 1 & \cdots & 0 & & 0 & \cdots & 0\\ 0 & \lambda_1 & 1 & 0 & & 0 & \cdots & 0\\ \vdots & \vdots & & \vdots & & \vdots & & \vdots\\ 0 & 0 & \cdots & 1 & & 0 & \cdots & 0\\ 0 & 0 & \cdots & \lambda_1 & & 0 & \cdots & 0\\ \hdashline 0 & 0 & \cdots & 0 & & \lambda_{r+1} & \cdots & 0\\ \vdots & \vdots & & \vdots & & \vdots & & \vdots\\ 0 & 0 & \cdots & 0 & & 0 & \cdots & \lambda_n\end{array}\right]\begin{bmatrix}x_1\\ x_2\\ \vdots\\ x_{r-1}\\ x_r\\ \hdashline x_{r+1}\\ \vdots\\ x_n\end{bmatrix}+\begin{bmatrix}0\\ 0\\ \vdots\\ 0\\ 1\\ \hdashline 1\\ \vdots\\ 1\end{bmatrix}u\\
&y=\left[\begin{array}{ccccc:ccc}c_{11} & c_{12} & \cdots & c_{1,r-1} & c_{1r} & c_{r+1} & \cdots & c_n\end{array}\right]\begin{bmatrix}x_1\\ x_2\\ \vdots\\ x_{r-1}\\ x_r\\ \hdashline x_{r+1}\\ \vdots\\ x_n\end{bmatrix}
\end{aligned}\right. \tag{2.78}$$

式中，系统矩阵 $\boldsymbol{A}$ 为约旦矩阵，称为约旦标准型($\boldsymbol{A}$ 中用虚线标识出一个对应于 r 重特征根的一个 r 阶约旦块)。式(2.78)对应的模拟结构图如图 2-25 所示。

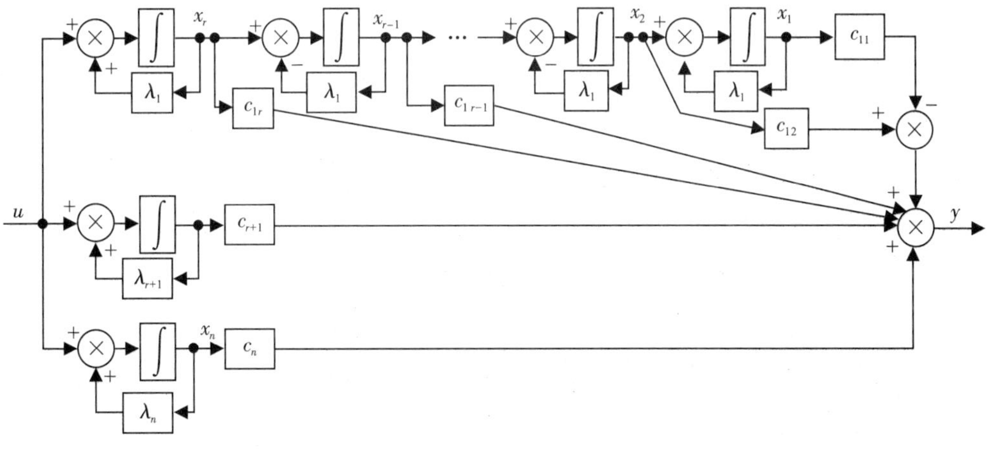

图 2-25　并联型实现的模拟结构图

以上结果也可推广至一般情况。设 n 阶严格有理真分式传递函数 $W(s)$ 中，λ_1，λ_2，…，λ_k 为单实极点，λ_{k+1}，λ_{k+2}，…，λ_{k+m} 分别为 l_1，l_2，…，l_m 重极点，且有 $l_1+l_2+\cdots+l_m=n-k$，则对应的约旦标准型的状态空间表达式为

$$
\left\{
\begin{aligned}
&\begin{bmatrix} \dot{x}_1 \\ \vdots \\ \dot{x}_k \\ \hdashline \dot{x}_{k+1} \\ \vdots \\ \dot{x}_{k+l_1} \\ \hdashline \vdots \\ \hdashline \dot{x}_{n-l_m+1} \\ \vdots \\ \dot{x}_n \end{bmatrix}
=
\begin{bmatrix}
\begin{matrix} \lambda_1 & & 0 \\ & \ddots & \\ 0 & & \lambda_1 \end{matrix} & & & \\
& \begin{matrix} \lambda_{k+1} & 1 & & 0 \\ & \ddots & \ddots & \\ & & \lambda_{k+1} & 1 \\ 0 & & & \lambda_{k+1} \end{matrix} & & \\
& & \ddots & \\
& & & \begin{matrix} \lambda_{k+m} & 1 & & 0 \\ & \ddots & \ddots & \\ & & \lambda_{k+m} & 1 \\ 0 & & & \lambda_{k+m} \end{matrix}
\end{bmatrix}
\begin{bmatrix} x_1 \\ \vdots \\ x_k \\ \hdashline x_{k+1} \\ \vdots \\ x_{k+l_1} \\ \hdashline \vdots \\ \hdashline x_{n-l_m+1} \\ \vdots \\ x_n \end{bmatrix}
+
\begin{bmatrix} 1 \\ \vdots \\ 1 \\ \hdashline 0 \\ \vdots \\ 0 \\ 1 \\ \hdashline \vdots \\ \hdashline 0 \\ \vdots \\ 0 \\ 1 \end{bmatrix} u \\
&y = \begin{bmatrix} c_1 & \cdots & c_k & \vdots & c_{k+1,1} & c_{k+1,2} & \cdots & c_{k+1,l_1} & \vdots & \cdots & \vdots & c_{k+m,1} & c_{k+m,2} & \cdots & c_{k+m,l_m} \end{bmatrix}
\begin{bmatrix} x_1 \\ \vdots \\ x_k \\ \hdashline x_{k+1} \\ \vdots \\ x_{k+l_1} \\ \hdashline \vdots \\ \hdashline x_{n-l_m+1} \\ \vdots \\ x_n \end{bmatrix}
\end{aligned}
\right.
\tag{2.79}
$$

【例 2-26】 已知系统的传递函数如下：

$$W(s)=\frac{2s^2+5s+1}{s^3-6s^2+12s-8}$$

试用并联型实现求系统的状态空间表达式。

解 系统特征方程为

$$\Delta(s)=s^3-6s^2+12s-8=(s-2)^3=0$$

则

$$W(s)=\frac{c_{11}}{(s-2)^3}+\frac{c_{12}}{(s-2)^2}+\frac{c_{13}}{(s-2)}$$

由留数定理得

$$c_{11}=\lim_{s\to 2}(s-2)^3W(s)=\lim_{s\to 2}(2s^2+5s+1)=19$$

$$c_{12}=\lim_{s\to 2}\frac{\mathrm{d}}{\mathrm{d}s}[(s-2)^3W(s)]=\lim_{s\to 2}(4s+5)=13$$

$$c_{13}=\frac{1}{2!}\lim_{s\to 2}\frac{\mathrm{d}^2}{\mathrm{d}s^2}[(s-2)^3W(s)]=\lim_{s\to 2}\frac{4}{2}=2$$

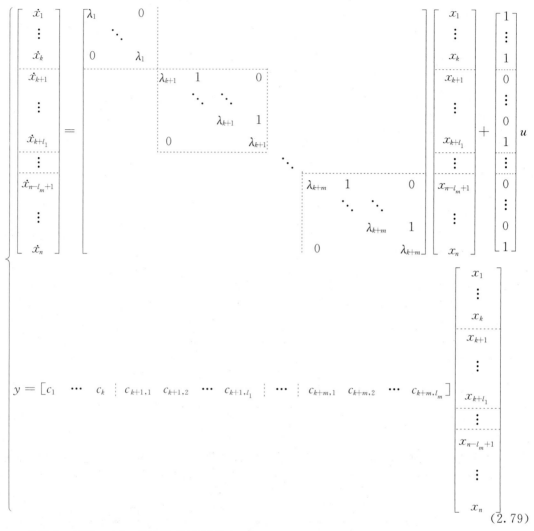

根据式(2-79)得

$$\begin{cases}\begin{bmatrix}\dot{x}_1\\ \dot{x}_2\\ \dot{x}_3\end{bmatrix}=\begin{bmatrix}2 & 1 & 0\\ 0 & 2 & 1\\ 0 & 0 & 2\end{bmatrix}\begin{bmatrix}x_1\\ x_2\\ x_3\end{bmatrix}+\begin{bmatrix}0\\ 0\\ 1\end{bmatrix}u\\ y=\begin{bmatrix}19 & 13 & 2\end{bmatrix}\begin{bmatrix}x_1\\ x_2\\ x_3\end{bmatrix}\end{cases}$$

2.7　离散系统的状态空间描述

离散时间系统是系统的输入、输出和状态变量只在某些离散时刻取值的系统，与其相关的外部描述有差分方程和脉冲传递函数。连续时间系统的状态空间方法完全适用于离散时间系统。如在离散系统中，可从差分方程或脉冲传递函数获取离散状态空间表达式，也可以根据离散系统的状态空间表达式求解系统的脉冲传递函数阵。

2.7.1　离散系统的状态空间表达式

线性离散系统的状态空间表达式，形式与连续系统类似，其状态空间表达式可写为

$$\begin{cases}\boldsymbol{x}(k+1)=\boldsymbol{G}(k)\boldsymbol{x}(k)+\boldsymbol{H}(k)\boldsymbol{u}(k)\\ \boldsymbol{y}(k)=\boldsymbol{C}(k)\boldsymbol{x}(k)+\boldsymbol{D}(k)\boldsymbol{u}(k)\end{cases}\tag{2.80}$$

式中：$\boldsymbol{x}(k)\in\mathbf{R}^n$ 为系统的状态向量；$\boldsymbol{u}(k)\in\mathbf{R}^r$ 为系统的输入向量；$\boldsymbol{y}(k)\in\mathbf{R}^m$ 为系统的输出向量；$\boldsymbol{G}(k)\in\mathbf{R}^{n\times n}$为系统矩阵；$\boldsymbol{H}(k)\in\mathbf{R}^{n\times r}$为控制输入矩阵；$\boldsymbol{C}(k)\in\mathbf{R}^{m\times n}$为系统输出矩阵；$\boldsymbol{D}(k)\in\mathbf{R}^{m\times r}$为系统输入输出关联矩阵。

注意：以上各向量和矩阵均是由 $t=kT$，$k=0$，1，2，…时刻所决定的，T 为采样周期。一般使用 $x(kT)$的缩略形式 $x(k)$。

与连续系统类似，线性离散系统状态空间表达式的方框图如图 2-26 所示。图中 z^{-1} 代表单位延迟，类似于连续系统中的积分器。

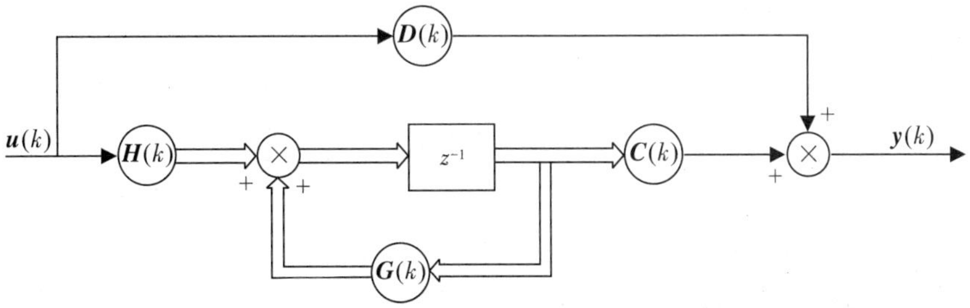

图 2-26　线性离散系统状态空间表达式的方框图

对于线性定常离散系统，$\boldsymbol{G}(k)$、$\boldsymbol{H}(k)$、$\boldsymbol{C}(k)$、$\boldsymbol{D}(k)$均为常数矩阵，此时状态空间表达式可写为

$$\begin{cases}\boldsymbol{x}(k+1)=\boldsymbol{G}\boldsymbol{x}(k)+\boldsymbol{H}\boldsymbol{u}(k)\\ \boldsymbol{y}(k)=\boldsymbol{C}\boldsymbol{x}(k)+\boldsymbol{D}\boldsymbol{u}(k)\end{cases}\tag{2.81}$$

2.7.2 由差分方程建立状态空间表达式

由差分方程建立状态空间表达式，与连续系统中由微分方程建立状态空间表达式极为类似，也可分为两种情况讨论。

1. 差分方程不含输入函数的高阶差分

当差分方程不含输入函数的高阶差分，此时差分方程具有如下形式

$$y(k+n)+a_{n-1}y(k+n-1)+\cdots+a_1y(k+1)+a_0y(k)=b_0u(k) \tag{2.82}$$

系统脉冲传递函数为

$$W(z)=\frac{b_0}{z^n+a_{n-1}z^{n-1}+\cdots+a_1z+a_0}$$

选取状态变量，即

$$\begin{cases} x_1(k)=y(k) \\ x_2(k)=y(k+1) \\ \qquad\vdots \\ x_n(k)=y(k+n-1) \end{cases}$$

则高阶差分方程可化为一阶差分方程组，为

$$\begin{cases} x_1(k+1)=x_2(k) \\ x_2(k+1)=x_3(k) \\ \qquad\vdots \\ x_{n-1}(k+1)=x_n(k) \\ x_n(k+1)=-a_nx_1(k)-a_{n-1}x_2(k)-\cdots-a_1x_n(k)+b_0u(k) \\ y(k)=x_1(k) \end{cases}$$

写出向量-矩阵的形式，为

$$\begin{cases} \boldsymbol{x}(k+1)=\boldsymbol{G}\boldsymbol{x}(k)+\boldsymbol{H}u(k) \\ y(k)=\boldsymbol{C}\boldsymbol{x}(k) \end{cases} \tag{2.83}$$

式中：

$$\boldsymbol{G}=\begin{bmatrix} 0 & 1 & 0 & \cdots & 0 \\ 0 & 0 & 1 & \cdots & 0 \\ \vdots & \vdots & \vdots & \cdots & \vdots \\ 0 & 0 & 0 & \cdots & 1 \\ -a_0 & -a_1 & -a_2 & \cdots & -a_{n-1} \end{bmatrix},\ \boldsymbol{H}=\begin{bmatrix} 0 \\ 0 \\ \vdots \\ 0 \\ b_0 \end{bmatrix},\ \boldsymbol{C}=[1\quad 0\quad 0\quad \cdots\quad 0]$$

2. 差分方程含有输入函数的高阶差分

当差分方程含有输入函数的高阶差分，此时差分方程具有如下形式

$$\begin{aligned} &y(k+n)+a_{n-1}y(k+n-1)+\cdots+a_1y(k+1)+a_0y(k) \\ &=b_nu(k+n)+b_{n-1}u(k+n-1)+\cdots+b_1u(k+1)+b_0u(k) \end{aligned} \tag{2.84}$$

相应地，系统脉冲传递函数为

$$W_0(z)=\frac{b_nz^n+b_{n-1}z^{n-1}+\cdots+b_1z+b_0}{z^n+a_{n-1}z^{n-1}+\cdots+a_1z+a_0}$$

与连续系统类似，选取状态变量，即

$$\begin{cases} x_1(k)=y(k)-\beta_n u(k) \\ x_2(k)=y(k+1)-\beta_n u(k+1)-\beta_{n-1}u(k) \\ x_3(k)=y(k+2)-\beta_n u(k+2)-\beta_{n-1}u(k+1)-\beta_{n-2}u(k) \\ \quad\vdots \\ x_n(k)=y(k+n-1)-\beta_n u(k+n-1)-\beta_{n-1}u(k+n-2)-\cdots-\beta_0 u(k) \end{cases}$$

式中，β_0，β_1，…，β_{n-1}由下式确定

$$\begin{cases} \beta_n = b_n \\ \beta_{n-1} = b_{n-1} - a_{n-1}\beta_n \\ \beta_{n-2} = b_{n-2} - a_{n-2}\beta_n - a_{n-1}\beta_{n-1} \\ \quad\vdots \\ \beta_0 = b_0 - a_0\beta_n - a_1\beta_{n-1} - \cdots - a_{n-1}\beta_1 = b_0 - \sum_{i=0}^{n-1}\alpha_i\beta_{n-i} \end{cases} \tag{2.85}$$

则系统状态方程和输出方程为

$$\begin{cases} x_1(k+1)=x_2(k)+\beta_{n-1}u(k) \\ x_2(k+1)=x_3(k)+\beta_{n-2}u(k) \\ \quad\vdots \\ x_{n-1}(k+1)=x_n(k)+\beta_1 u(k) \\ x_n(k+1)=-a_0x_1(k)-a_1x_2(k)-\cdots-a_{n-1}x_n(k)+\beta_0 u(k) \\ y=x_1(k)+\beta_n u(k) \end{cases} \tag{2.86}$$

写成向量-矩阵的形式，为

$$\begin{cases} \boldsymbol{x}(k+1)=\boldsymbol{G}\boldsymbol{x}(k)+\boldsymbol{H}\boldsymbol{u}(k) \\ y(k)=\boldsymbol{C}\boldsymbol{x}(k)+Du(k) \end{cases} \tag{2.87}$$

式中：

$$\boldsymbol{G}=\begin{bmatrix} 0 & 1 & 0 & \cdots & 0 \\ 0 & 0 & 1 & \cdots & 0 \\ \vdots & \vdots & \vdots & \cdots & \vdots \\ 0 & 0 & 0 & \cdots & 1 \\ -a_0 & -a_1 & -a_2 & \cdots & -a_{n-1} \end{bmatrix},\ \boldsymbol{H}=\begin{bmatrix} \beta_{n-1} \\ \beta_{n-2} \\ \vdots \\ \beta_1 \\ \beta_0 \end{bmatrix},\ \boldsymbol{C}=[1\quad 0\quad 0\quad \cdots\quad 0],\ D=\beta_n$$

【例 2-27】 已知离散系统的差分方程为

$$y(k+3)+2y(k+2)+3y(k+1)+y(k)=2u(k+1)+u(k)$$

试求系统的状态空间表达式。

解　差分方程的系数为

$$a_0=1,\ a_1=3,\ a_2=2$$

$$b_0=1,\ b_1=2,\ b_2=0,\ b_3=0$$

由式(2.85)可求得相应的系数，为

$$\begin{cases}\beta_3=b_3=0\\ \beta_2=b_2-a_2\beta_3=0\\ \beta_1=b_1-a_1\beta_3-a_2\beta_2=2\\ \beta_0=b_0-a_0\beta_3-a_1\beta_2-a_2\beta_1=-3\end{cases}$$

根据式(2.86)，可得离散系统的状态空间表达式为

$$\begin{cases}\begin{bmatrix}x_1(k+1)\\x_2(k+1)\\x_3(k+1)\end{bmatrix}=\begin{bmatrix}0&1&0\\0&0&1\\-1&-3&-2\end{bmatrix}\begin{bmatrix}x_1(k)\\x_2(k)\\x_3(k)\end{bmatrix}+\begin{bmatrix}0\\2\\-3\end{bmatrix}u(k)\\ y(k)=\begin{bmatrix}1&0&0\end{bmatrix}\begin{bmatrix}x_1(k)\\x_2(k)\\x_3(k)\end{bmatrix}\end{cases}$$

2.7.3 由离散系统状态空间表达式求脉冲传递函数阵

设线性定常离散系统状态空间为

$$\begin{cases}\boldsymbol{x}(k+1)=\boldsymbol{G}\boldsymbol{x}(k)+\boldsymbol{H}\boldsymbol{u}(k)\\ \boldsymbol{y}(k)=\boldsymbol{C}\boldsymbol{x}(k)+\boldsymbol{D}\boldsymbol{u}(k)\end{cases}\tag{2.88}$$

对式(2.88)求 Z 变换，即

$$\begin{cases}z\boldsymbol{X}(z)-z\boldsymbol{X}(0)=\boldsymbol{G}\boldsymbol{X}(z)+\boldsymbol{H}\boldsymbol{U}(z)\\ \boldsymbol{Y}(z)=\boldsymbol{C}\boldsymbol{X}(z)+\boldsymbol{D}\boldsymbol{U}(z)\end{cases}$$

根据脉冲传递函数的定义，$\boldsymbol{X}(0)=\boldsymbol{0}$，则有

$$\boldsymbol{X}(z)=(z\boldsymbol{I}-\boldsymbol{G})^{-1}\boldsymbol{H}\boldsymbol{U}(z)$$

$$\boldsymbol{Y}(z)=[\boldsymbol{C}(z\boldsymbol{I}-\boldsymbol{G})^{-1}\boldsymbol{H}+\boldsymbol{D}]\boldsymbol{U}(z)$$

则离散系统的脉冲传递函数阵为

$$\boldsymbol{W}_0(z)=\frac{\boldsymbol{Y}(z)}{\boldsymbol{U}(z)}=\boldsymbol{C}(z\boldsymbol{I}-\boldsymbol{G})^{-1}\boldsymbol{H}+\boldsymbol{D}\tag{2.89}$$

类似于连续系统，对于单输入-单输出系统，$W_0(z)$为一标量，即为脉冲传递函数；对于多输入-多输出系统，$\boldsymbol{W}_0(z)$为脉冲传递函数阵，$\boldsymbol{W}_0(z)$阵中的每一个元素均为对应于不同输入-输出之间的脉冲传递函数。

2.8 非线性系统局部线性化后的状态空间描述

非线性系统的动态特征可用如下的一阶微分方程组描述：

$$\dot{x}_i=f_i(x_1, x_2, \cdots x_n; u_1, u_2, \cdots u_r; t), \quad i=1, 2, \cdots, n$$

$$y_j=g_j(x_1, x_2, \cdots x_n; u_1, u_2, \cdots u_r; t), \quad j=1, 2, \cdots, m$$

其矢量矩阵形式为

$$\begin{aligned}\dot{\boldsymbol{x}}&=\boldsymbol{f}(\boldsymbol{x}, \boldsymbol{u}, t)\\ \boldsymbol{y}&=\boldsymbol{g}(\boldsymbol{x}, \boldsymbol{u}, t)\end{aligned}\tag{2.90}$$

式中，$\boldsymbol{x}\in\mathbf{R}^n$ 为系统状态向量；$\boldsymbol{u}\in\mathbf{R}^r$ 为系统控制输入；$\boldsymbol{f}\in\mathbf{R}^n$ 是非线性矢量函数；$\boldsymbol{g}\in\mathbf{R}^m$ 是非线性矢量函数。

状态向量的某一个值与状态空间的某个点相对应，状态 n 的数目被称为系统阶数。状态方程的解 $\boldsymbol{x}(t)$ 通常相当于一条曲线在状态空间中关于时间 t 从 0 直到无限的变化情况。一般来说，这条曲线被看做是状态轨迹或系统轨迹。

线性系统是非线性系统的一类特例，线性系统可以分为时变系统和时不变系统，划分的依据是系统矩阵 $\boldsymbol{A}$ 是否随时间的变化而变化。上述两种线性系统也叫做非自治系统和自治系统。

如果 $\boldsymbol{f}$ 不依赖时间的变化而变化，则称非线性系统是自治的，即系统的状态方程为

$$\begin{aligned}\dot{\boldsymbol{x}}&=\boldsymbol{f}(\boldsymbol{x},\ \boldsymbol{u})\\ \boldsymbol{y}&=\boldsymbol{g}(\boldsymbol{x},\ \boldsymbol{u})\end{aligned}\tag{2.91}$$

否则，系统就是非自治的。很显然，线性时不变系统(LTI)是自治的，而线性时变系统(LTV)是非自治的。

更严格地讲，现实中所有的物理系统都是非自治的，因为其动态特性都是随时间变化而变化的。自治系统概念是一个比较理想化的概念，就像线性系统的概念一样。实际上，系统特性常常随时间而发生缓慢的变化，因此我们常常在实际误差允许的范围内忽略它们的时变性。

设 $\boldsymbol{x}_0$、$\boldsymbol{u}_0$ 和 $\boldsymbol{y}_0$ 是自治非线性方程组的一组解，即

$$\begin{aligned}\dot{\boldsymbol{x}}_0&=\boldsymbol{f}(\boldsymbol{x}_0,\ \boldsymbol{u}_0)\\ \boldsymbol{y}_0&=\boldsymbol{g}(\boldsymbol{x}_0,\ \boldsymbol{u}_0)\end{aligned}\tag{2.92}$$

将上述非线性方程在 $\boldsymbol{x}_0$ 和 $\boldsymbol{u}_0$ 附近进行泰勒级数展开，有

$$\begin{aligned}\dot{\boldsymbol{x}}&=\boldsymbol{f}(\boldsymbol{x},\ \boldsymbol{u})=\boldsymbol{f}(\boldsymbol{x}_0,\ \boldsymbol{u}_0)+\left.\frac{\partial \boldsymbol{f}}{\partial \boldsymbol{x}^{\mathrm{T}}}\right|_{\boldsymbol{x}_0,\ \boldsymbol{u}_0}(\boldsymbol{x}-\boldsymbol{x}_0)+\left.\frac{\partial \boldsymbol{f}}{\partial \boldsymbol{u}^{\mathrm{T}}}\right|_{\boldsymbol{x}_0,\ \boldsymbol{u}_0}(\boldsymbol{u}-\boldsymbol{u}_0)+\boldsymbol{\alpha}(\Delta \boldsymbol{x},\ \Delta \boldsymbol{u})\\ \boldsymbol{y}&=\boldsymbol{g}(\boldsymbol{x},\ \boldsymbol{u})=\boldsymbol{g}(\boldsymbol{x}_0,\ \boldsymbol{u}_0)+\left.\frac{\partial \boldsymbol{g}}{\partial \boldsymbol{x}^{\mathrm{T}}}\right|_{\boldsymbol{x}_0,\ \boldsymbol{u}_0}(\boldsymbol{x}-\boldsymbol{x}_0)+\left.\frac{\partial \boldsymbol{g}}{\partial \boldsymbol{u}^{\mathrm{T}}}\right|_{\boldsymbol{x}_0,\ \boldsymbol{u}_0}(\boldsymbol{u}-\boldsymbol{u}_0)+\boldsymbol{\beta}(\Delta \boldsymbol{x},\ \Delta \boldsymbol{u})\end{aligned}\tag{2.93}$$

式中，$\boldsymbol{\alpha}(\Delta \boldsymbol{x},\ \Delta \boldsymbol{u})$、$\boldsymbol{\beta}(\Delta \boldsymbol{x},\ \Delta \boldsymbol{u})$ 分别是关于 $\boldsymbol{x}$、$\boldsymbol{u}$ 的高次项。

$$\frac{\partial \boldsymbol{f}}{\partial \boldsymbol{x}^{\mathrm{T}}}=\begin{bmatrix}\dfrac{\partial f_1}{\partial x_1} & \dfrac{\partial f_1}{\partial x_2} & \cdots & \dfrac{\partial f_1}{\partial x_n}\\ \dfrac{\partial f_2}{\partial x_1} & \dfrac{\partial f_2}{\partial x_2} & \cdots & \dfrac{\partial f_2}{\partial x_n}\\ \vdots & \vdots & \ddots & \vdots\\ \dfrac{\partial f_n}{\partial x_1} & \dfrac{\partial f_n}{\partial x_2} & \cdots & \dfrac{\partial f_n}{\partial x_n}\end{bmatrix};\quad \frac{\partial \boldsymbol{f}}{\partial \boldsymbol{u}^{\mathrm{T}}}=\begin{bmatrix}\dfrac{\partial f_1}{\partial u_1} & \dfrac{\partial f_1}{\partial u_2} & \cdots & \dfrac{\partial f_1}{\partial u_r}\\ \dfrac{\partial f_2}{\partial u_1} & \dfrac{\partial f_2}{\partial u_2} & \cdots & \dfrac{\partial f_2}{\partial u_r}\\ \vdots & \vdots & \ddots & \vdots\\ \dfrac{\partial f_n}{\partial u_1} & \dfrac{\partial f_n}{\partial u_2} & \cdots & \dfrac{\partial f_n}{\partial u_r}\end{bmatrix}$$

$$\frac{\partial \boldsymbol{g}}{\partial \boldsymbol{x}^{\mathrm{T}}}=\begin{bmatrix}\dfrac{\partial g_1}{\partial x_1} & \dfrac{\partial g_1}{\partial x_2} & \cdots & \dfrac{\partial g_1}{\partial x_n}\\ \dfrac{\partial g_2}{\partial x_1} & \dfrac{\partial g_2}{\partial x_2} & \cdots & \dfrac{\partial g_2}{\partial x_n}\\ \vdots & \vdots & \ddots & \vdots\\ \dfrac{\partial g_m}{\partial x_1} & \dfrac{\partial g_m}{\partial x_2} & \cdots & \dfrac{\partial g_m}{\partial x_n}\end{bmatrix};\quad \frac{\partial \boldsymbol{g}}{\partial \boldsymbol{u}^{\mathrm{T}}}=\begin{bmatrix}\dfrac{\partial g_1}{\partial u_1} & \dfrac{\partial g_1}{\partial u_2} & \cdots & \dfrac{\partial g_1}{\partial u_r}\\ \dfrac{\partial g_2}{\partial u_1} & \dfrac{\partial g_2}{\partial u_2} & \cdots & \dfrac{\partial g_2}{\partial u_r}\\ \vdots & \vdots & \ddots & \vdots\\ \dfrac{\partial g_m}{\partial u_1} & \dfrac{\partial g_m}{\partial u_2} & \cdots & \dfrac{\partial g_m}{\partial u_r}\end{bmatrix}$$

忽略 $\boldsymbol{\alpha}(\Delta \boldsymbol{x},\ \Delta \boldsymbol{u})$、$\boldsymbol{\beta}(\Delta \boldsymbol{x},\ \Delta \boldsymbol{u})$ 和高次项，则式(2.91)的线性化表达式为

$$\Delta\dot{\boldsymbol{x}}=\dot{\boldsymbol{x}}-\dot{\boldsymbol{x}}_0=\frac{\partial \boldsymbol{f}}{\partial \boldsymbol{x}^{\mathrm{T}}}\bigg|_{\boldsymbol{x}_0,\,\boldsymbol{u}_0}(\boldsymbol{x}-\boldsymbol{x}_0)+\frac{\partial \boldsymbol{f}}{\partial \boldsymbol{u}^{\mathrm{T}}}\bigg|_{\boldsymbol{x}_0,\,\boldsymbol{u}_0}(\boldsymbol{u}-\boldsymbol{u}_0)$$
$$\Delta\boldsymbol{y}=\boldsymbol{y}-\boldsymbol{y}_0=\frac{\partial \boldsymbol{g}}{\partial \boldsymbol{x}^{\mathrm{T}}}\bigg|_{\boldsymbol{x}_0,\,\boldsymbol{u}_0}(\boldsymbol{x}-\boldsymbol{x}_0)+\frac{\partial \boldsymbol{g}}{\partial \boldsymbol{u}^{\mathrm{T}}}\bigg|_{\boldsymbol{x}_0,\,\boldsymbol{u}_0}(\boldsymbol{u}-\boldsymbol{u}_0) \tag{2.94}$$

设 $\boldsymbol{A}$ 表示 $\boldsymbol{f}$ 关于 $\boldsymbol{x}$ 在 $\boldsymbol{x}=\boldsymbol{x}_0$、$\boldsymbol{u}=\boldsymbol{u}_0$ 时的雅可比矩阵，$\boldsymbol{B}$ 表示 $\boldsymbol{f}$ 关于 $\boldsymbol{u}$ 在该点处的雅可比矩阵，$\boldsymbol{C}$ 表示 $\boldsymbol{g}$ 关于 $\boldsymbol{x}$ 在该点处的雅可比矩阵，$\boldsymbol{D}$ 表示 $\boldsymbol{g}$ 关于 $\boldsymbol{u}$ 在该点处的雅可比矩阵，则

$$\frac{\partial \boldsymbol{f}}{\partial \boldsymbol{x}^{\mathrm{T}}}\bigg|_{\boldsymbol{x}_0,\,\boldsymbol{u}_0}=\boldsymbol{A},\quad \frac{\partial \boldsymbol{f}}{\partial \boldsymbol{u}^{\mathrm{T}}}\bigg|_{\boldsymbol{x}_0,\,\boldsymbol{u}_0}=\boldsymbol{B},\quad \frac{\partial \boldsymbol{g}}{\partial \boldsymbol{x}^{\mathrm{T}}}\bigg|_{\boldsymbol{x}_0,\,\boldsymbol{u}_0}=\boldsymbol{C},\quad \frac{\partial \boldsymbol{g}}{\partial \boldsymbol{u}^{\mathrm{T}}}\bigg|_{\boldsymbol{x}_0,\,\boldsymbol{u}_0}=\boldsymbol{D}$$

系统变为

$$\Delta\dot{\boldsymbol{x}}=\boldsymbol{A}\Delta\boldsymbol{x}+\boldsymbol{B}\Delta\boldsymbol{u}$$
$$\Delta\boldsymbol{y}=\boldsymbol{C}\Delta\boldsymbol{x}+\boldsymbol{D}\Delta\boldsymbol{u}$$

这是对原有的非线性系统在 $\boldsymbol{x}=\boldsymbol{x}_0$，$\boldsymbol{u}=\boldsymbol{u}_0$ 的线性化(线性逼近)。

【例 2-28】 已知非线性系统，求其在 $\boldsymbol{x}_0=\boldsymbol{0}$ 处的局部线性化状态空间表达式。

$$\begin{cases}\dot{x}_1=x_2\\ \dot{x}_2=x_1+x_2+x_2^3+2u\\ y=x_1+x_2^2\end{cases}$$

解 由状态方程和输出方程可得

$$f_1(x_1,\ x_2,\ u)=x_2$$
$$f_2(x_1,\ x_2,\ u)=x_1+x_2+x_2^3+2u$$
$$g(x_1,\ x_2,\ u)=x_1+x_2^2$$
$$\frac{\partial f_1}{\partial x_1}\bigg|_{\boldsymbol{x}_0,\,\boldsymbol{u}_0}=0,\quad \frac{\partial f_1}{\partial x_2}\bigg|_{\boldsymbol{x}_0,\,\boldsymbol{u}_0}=1,$$
$$\frac{\partial f_2}{\partial x_1}\bigg|_{\boldsymbol{x}_0,\,\boldsymbol{u}_0}=1,\quad \frac{\partial f_2}{\partial x_2}\bigg|_{\boldsymbol{x}_0,\,\boldsymbol{u}_0}=(1+3x_2^2)\big|_{\boldsymbol{x}_0,\,\boldsymbol{u}_0}=1$$
$$\frac{\partial g}{\partial x_1}\bigg|_{\boldsymbol{x}_0,\,\boldsymbol{u}_0}=1,\ \frac{\partial g}{\partial x_2}\bigg|_{\boldsymbol{x}_0,\,\boldsymbol{u}_0}=2x_2\big|_{\boldsymbol{x}_0,\,\boldsymbol{u}_0}=0$$
$$\boldsymbol{A}=\frac{\partial \boldsymbol{f}}{\partial \boldsymbol{x}^{\mathrm{T}}}\bigg|_{\boldsymbol{x}_0,\,\boldsymbol{u}_0}=\begin{bmatrix}0 & 1\\ 1 & 1\end{bmatrix},\quad \boldsymbol{B}=\frac{\partial \boldsymbol{f}}{\partial \boldsymbol{u}^{\mathrm{T}}}\bigg|_{\boldsymbol{x}_0,\,\boldsymbol{u}_0}=\begin{bmatrix}0\\ 2\end{bmatrix}$$
$$\boldsymbol{C}=\frac{\partial \boldsymbol{g}}{\partial \boldsymbol{x}^{\mathrm{T}}}\bigg|_{\boldsymbol{x}_0,\,\boldsymbol{u}_0}=[1\quad 0],\quad \boldsymbol{D}=\frac{\partial \boldsymbol{g}}{\partial \boldsymbol{u}^{\mathrm{T}}}\bigg|_{\boldsymbol{x}_0,\,\boldsymbol{u}_0}=0$$

故非线性系统局部线性化后的状态空间表达式为

$$\dot{\boldsymbol{x}}=\begin{bmatrix}0 & 1\\ 1 & 1\end{bmatrix}\boldsymbol{x}+\begin{bmatrix}0\\ 2\end{bmatrix}u,\quad y=[1\quad 0]\boldsymbol{x}$$

2.9 MATLAB 在系统数学模型中的应用

MATLAB 是美国 MathWorks 公司出品的商业数学软件，提供用于算法开发、数据可视化、数据分析以及数值计算的高级技术计算语言和交互式环境，主要包括 MATLAB 和 Simulink 两大部分。通过使用 MATLAB 可以更方便地对控制系统进行学习探讨和研究。

本节主要介绍 MATLAB 在线性定常系统数学模型的建立和分析中的应用。

2.9.1 线性系统的数学模型

1. tf( )函数

功能：建立系统的传递函数模型。

调用格式：

sys=tf(num, den)

设单输入-单输出连续系统的传递函数为

$$W(s)=\frac{b_m s^m+b_{m-1}s^{m-1}+\cdots+b_1 s+b_0}{s^n+a_{n-1}s^{n-1}+\cdots+a_1 s+a_0}$$

在 MATLAB 中，可用传递函数分子、分母多项式按 s 的降幂系数排列行向量，调用 tf(num, den)函数建立系统的传递函数模型为

num=[b_m, b_{m-1}, …, b_1, b_0];

den=[1, a_{n-1}, a_{n-2}, …, a_1, a_0];

sys=tf(num, den)

类似地，对于单输入-单输出离散系统的脉冲传递函数为

$$W(z)=\frac{b_m z^m+b_{m-1}z^{m-1}+\cdots+b_1 z+b_0}{z^n+a_{n-1}z^{n-1}+\cdots+a_1 z+a_0}$$

在 MATLAB 中，同样也可调用 tf(num, den)函数建立系统的脉冲传递函数模型为

num=[b_m, b_{m-1}, …, b_1, b_0]

den=[1, a_{n-1}, a_{n-2}, …, a_1, a_0]

sys=tf(num, den, T_s)

式中，T_s 为系统采样周期，如果不指明具体的采样周期，可取 $T_s=-1$ 或 $T_s=[\,]$。

对于多输入-多输出系统，传递函数矩阵$\boldsymbol{W}_0(s)$也可以调用 ***tf***()函数表示，设$\boldsymbol{W}_0(s)$为

$$\boldsymbol{W}_0(s)=\begin{bmatrix} w_{11}(s) & w_{12}(s) & \cdots & w_{1r}(s) \\ w_{21}(s) & w_{22}(s) & \cdots & w_{2r}(s) \\ \vdots & \vdots & \ddots & \vdots \\ w_{m1}(s) & w_{m2}(s) & \cdots & w_{mr}(s) \end{bmatrix}$$

式中，$w_{ij}(s)$表示第 j 个输入对第 i 个输出的传递关系，$w_{ij}(s)=n_{ij}(s)/d_{ij}(s)$，($i=1, 2, \cdots, m$；$j=1, 2, \cdots, r$)，$n_{ij}(s)$和 $d_{ij}(s)$分别为它的分子多项式与分母多项式。

在 MATLAB 中，传递函数矩阵的分子多项式表示格式为

num={[num_{11}][num_{12}]…[num_{1r}]

[num_{21}][num_{22}]…[num_{2r}]

⋮

[num_{m1}][num_{m2}]…[num_{mr}]}

其中，[num_{ij}]是传递函数 $w_{ij}(s)$的分子多项式的行向量表示形式。传递函数的分母多项式用同样的格式表示，调用 tf(num, den)函数就可得出传递函数矩阵。

【例 2-29】 已知系统的传递函数为

$$W(s)=\frac{s^2+3s+1}{s^3+2s^2+4s+6}$$

试用 MATLAB 描述其系统模型。

解　MATLAB 仿真代码如下：

```
num=[1 3 1];          %W(s)的分子多项式
den=[1 2 4 6];        %W(s)的分母多项式
W=tf(num, den)        %建立传递函数模型
```

运行结果如下：

```
Transfer function:
    s^2 + 3 s + 1
-----------------
s^3 + 2 s^2 + 4 s + 6
```

【例 2-30】 已知系统的脉冲传递函数为

$$W(z)=\frac{z^2+2z+1}{z^2+5z+6}$$

试用 MATLAB 描述其系统模型。

解　MATLAB 仿真代码如下：

```
num=[1 2 1];              %W(z)的分子多项式
den=[1 5 6];              %W(z)的分母多项式
W=tf(num, den, -1)        %建立传递函数模型
```

运行结果如下：

```
Transfer function:
z^2 + 2 z + 1
---------------
z^2 + 5 z + 6
```

【例 2-31】 已知系统的传递函数矩阵为

$$W(s)=\begin{bmatrix}\dfrac{s^2+2s+1}{s^2+5s+6} & \dfrac{s+5}{s+2}\\ \dfrac{2s+3}{s^3+6s^2+11s+6} & \dfrac{6}{2s+7}\end{bmatrix}$$

试用 MATLAB 描述其系统模型。

解　MATLAB 仿真代码如下：

```
num={[1 2 1] [1 5] [2 3] [6]};                  %W(s)的分子多项式
den={[1 5 6] [1 2] [1 6 11 6] [2 7]};           %W(s)的分母多项式
W=tf(num, den)                                  %建立传递函数矩阵模型
```

运行结果如下：

```
Transfer function from input 1 to output
          s^2 + 2 s + 1
#1:    ------------------
          s^2 + 5 s + 6


            2 s + 3
```

```
#2:  ---------------------------
          s^3+6s^2 + 11 s + 6
Transfer function from input 2 to output
        s + 5
#1:  ----------
        s + 2
         6
#2:  -----------
        2 s + 7
```

2. zpk( )函数

功能：建立系统的零极点形式的传递函数模型 ZPK。

调用格式：

sys=zpk($\boldsymbol{z}$, $\boldsymbol{p}$, k)

设系统的传递函数表示为零极点的形式为

$$W(s)=k\frac{(s-z_1)(s-z_2)\cdots(s-z_m)}{(s-p_1)(s-p_2)\cdots(s-p_n)}$$

则

$$\boldsymbol{z}=[z_1, z_2, \cdots, z_m],\quad \boldsymbol{p}=[p_1, p_2, \cdots, p_n],\quad k=k$$

【例 2-32】 已知系统的零极点传递函数形式为

$$W(s)=\frac{7(s-3)}{(s-1)(s+2)(s+4)}$$

试用 MATLAB 描述其系统模型。

解　MATLAB 仿真代码如下：

```
z=[3];              %W(s)的零点
p=[1, -2, -4];      %W(s)的极点
k=7;
sys=zpk(z, p, k)
```

运行结果如下：

```
Zero/pole/gain:
      7 (s-3)
---------------------
(s-1) (s+2) (s+4)
```

3. ss( )函数

功能：建立系统的状态空间模型 ss。

调用格式：

sys=ss($\boldsymbol{A}$, $\boldsymbol{B}$, $\boldsymbol{C}$, $\boldsymbol{D}$), sys=ss($\boldsymbol{G}$, $\boldsymbol{H}$, $\boldsymbol{C}$, $\boldsymbol{D}$, T)

对于线性定常连续系统：

$$\begin{cases}\dot{\boldsymbol{x}}(t)=\boldsymbol{A}\boldsymbol{x}(t)+\boldsymbol{B}\boldsymbol{u}(t)\\ \boldsymbol{y}(t)=\boldsymbol{C}\boldsymbol{x}(t)+\boldsymbol{D}\boldsymbol{u}(t)\end{cases}$$

在 MATLAB 中，可调用 ss()函数建立连续系统的状态空间模型，其中：

$A=[a_{11}, a_{12}, \cdots, a_{1n}; a_{21}, a_{22}, \cdots, a_{2n}; \cdots; a_{n1}, a_{n2}, \cdots, a_{nn}];$

$B=[b_{11}, b_{12}, \cdots, b_{1r}; b_{21}, b_{22}, \cdots, b_{2r}; \cdots; b_{n1}, b_{n2}, \cdots, b_{nr}];$

$C=[c_{11}, c_{12}, \cdots, c_{1n}; c_{21}, c_{22}, \cdots, c_{2n}; \cdots; c_{m1}, c_{m2}, \cdots, c_{mn}];$

$D=[d_{11}, d_{12}, \cdots, d_{1r}; d_{21}, d_{22}, \cdots, d_{2r}; \cdots; d_{m1}, d_{m2}, \cdots, d_{mr}];$

同理，对于线性定常离散系统，有

$$\begin{cases} \boldsymbol{x}(k+1)=\boldsymbol{G}\boldsymbol{x}(k)+\boldsymbol{H}\boldsymbol{u}(k) \\ \boldsymbol{y}(k)=\boldsymbol{C}\boldsymbol{x}(k)+\boldsymbol{D}\boldsymbol{u}(k) \end{cases}$$

在建立系数矩阵 **G**、**H**、**C**、**D** 后，同样可以调用 ss()函数建立系统的状态空间模型，即

sys＝ss(**G**, **H**, **C**, **D**, *T*)

式中，T 为系统采样周期。

【例 2-33】 已知系统的状态空间表达式为

$$\begin{cases} \dot{\boldsymbol{x}}=\begin{bmatrix} 0 & 1 \\ -2 & -3 \end{bmatrix}\boldsymbol{x}+\begin{bmatrix} 1 & 0 \\ 1 & 1 \end{bmatrix}\boldsymbol{u} \\ \boldsymbol{y}=\begin{bmatrix} 1 & 0 \\ 1 & 1 \\ 0 & 2 \end{bmatrix}\boldsymbol{x}+\begin{bmatrix} 0 & 0 \\ 1 & 0 \\ 0 & 1 \end{bmatrix}\boldsymbol{u} \end{cases}$$

试用 MATLAB 描述其系统模型。

解 MATLAB 仿真代码如下：

```
A=[0 1; -2 -3];
B=[1 0; 1 1];
C=[1 0; 1 1; 0 2];
D=[0 0; 1 0; 0 1];
sys=ss(A, B, C, D)
```

运行结果如下：

```
a=
        x1   x2
   x1    0    1
   x2   -2   -3


b=
        u1  u2
   x1    1   0
   x2    1   1


c=
        x1  x2
   y1    1   0
   y2    1   1
   y3    0   2
```

```
d=
        u1  u2
    y1   0   0
    y2   1   0
    y3   0   1
```

2.9.2　组合系统的数学模型描述

1. series( )函数

功能：分别实现两个子系统 W_1 和 W_2 的串联。

调用格式：

sys=series(sys_1, sys_2)

其中，sys、sys_1 和 sys_2 可以是状态空间模型，也可以是传递函数模型。

2. parallel( )函数

功能：分别实现两个子系统 W_1 和 W_2 的并联。

调用格式：

sys=parallel(sys_1, sys_2)

其中，sys、sys_1 和 sys_2 可以是状态空间模型，也可以是传递函数模型。

3. feedback( )函数

功能：分别实现两个子系统 W_1 和 W_2 的反馈连接。

调用格式：

sys=feedback(sys_1, sys_2, sign)

式中，sys、sys_1 和 sys_2 可以是状态空间模型，也可是传递函数模型；sign 表示反馈极性，正反馈取 1，负反馈取－1 或默认。

当 sys、sys_1 和 sys_2 是状态空间模型时，调用格式为

$[\boldsymbol{A}, \boldsymbol{B}, \boldsymbol{C}, \boldsymbol{D}]=\text{series}(\boldsymbol{A}_1, \boldsymbol{B}_1, \boldsymbol{C}_1, \boldsymbol{D}_1, \boldsymbol{A}_2, \boldsymbol{B}_2, \boldsymbol{C}_2, \boldsymbol{D}_2)$

$[\boldsymbol{A}, \boldsymbol{B}, \boldsymbol{C}, \boldsymbol{D}]=\text{parallel}(\boldsymbol{A}_1, \boldsymbol{B}_1, \boldsymbol{C}_1, \boldsymbol{D}_1, \boldsymbol{A}_2, \boldsymbol{B}_2, \boldsymbol{C}_2, \boldsymbol{D}_2)$

$[\boldsymbol{A}, \boldsymbol{B}, \boldsymbol{C}, \boldsymbol{D}]=\text{feedback}(\boldsymbol{A}_1, \boldsymbol{B}_1, \boldsymbol{C}_1, \boldsymbol{D}_1, \boldsymbol{A}_2, \boldsymbol{B}_2, \boldsymbol{C}_2, \boldsymbol{D}_2, \text{sign})$

当 sys、sys_1 和 sys_2 是传递函数模型时，调用格式为

[num, den]=series(num_1, den_1, num_2, den_2)

[num, den]=parallel(num_1, den_1, num_2, den_2)

[num, den]=feedback(num_1, den_1, num_2, den_2, sign)

【例 2-34】　已知两个系统的传递函数分别为

$$W_1(s)=\frac{3s+1}{s^2+3s+2}, \quad W_2(s)=\frac{s+4}{s+2}$$

试用 MATLAB 求出它们并联组合系统的传递函数。

解　MATLAB 仿真代码如下：

```
num_1=[3 1];
den_1=[1 3 2];
num_2=[1 4];
```

```
den_2=[1 2];
[num, den]= parallel(num_1, den_1, num_2, den_2)
```

运行结果如下：

```
num=
      1    10    21    10
den=
      1     5     8     4
```

【例 2-35】 已知两个系统 $\Sigma_1(\boldsymbol{A}_1, \boldsymbol{B}_1, \boldsymbol{C}_1, \boldsymbol{D}_1)$ 和 $\Sigma_2(\boldsymbol{A}_2, \boldsymbol{B}_2, \boldsymbol{C}_2, \boldsymbol{D}_2)$ 状态空间模型分别为

$$\begin{cases} \dot{\boldsymbol{x}}_1 = \begin{bmatrix} 0 & 1 & 0 \\ 0 & 0 & 1 \\ -4 & -8 & -5 \end{bmatrix} \boldsymbol{x}_1 + \begin{bmatrix} 0 \\ 0 \\ 1 \end{bmatrix} u_1 \\ y_1 = [1 \quad 0 \quad 0] \boldsymbol{x}_1 \end{cases}$$

和

$$\begin{cases} \dot{\boldsymbol{x}}_2 = \begin{bmatrix} 0 & 1 \\ -2 & -3 \end{bmatrix} \boldsymbol{x}_2 + \begin{bmatrix} 0 \\ 1 \end{bmatrix} u_2 \\ y_2 = [1 \quad 0] \boldsymbol{x}_2 \end{cases}$$

试用 MATLAB 求出 $\Sigma_1(\boldsymbol{A}_1, \boldsymbol{B}_1, \boldsymbol{C}_1, \boldsymbol{D}_1)$ 为前向通道和 $\Sigma_2(\boldsymbol{A}_2, \boldsymbol{B}_2, \boldsymbol{C}_2, \boldsymbol{D}_2)$ 为负反馈通道的组合系统的状态空间模型。

解 MATLAB 仿真代码如下：

```
A_1= [0 1 0; 0 0 1; -4 -8 -5];
B_1= [0; 0; 1];
C_1= [1 0 0];
D_1= 0;
A_2= [0 1; -2 -3];
B_2= [0; 1];
C_2= [1 0];
D_2= 0;
sign= -1;
[A, B, C, D]= feedback(A_1, B_1, C_1, D_1, A_2, B_2, C_2, D_2, sign)
```

运行结果如下：

```
A=
     0     1     0     0     0
     0     0     1     0     0
    -4    -8    -5    -1     0
     0     0     0     0     1
     1     0     0    -2    -3
B=
     0
     0
     1
```

```
    0
    0
C=
    1    0    0    0    0
D=
    0
```

组合系统的状态空间表达式为

$$\begin{cases} \dot{\boldsymbol{x}}=\begin{bmatrix} 0 & 1 & 0 & 0 & 0 \\ 0 & 0 & 1 & 0 & 0 \\ -4 & -8 & -5 & -1 & 0 \\ 0 & 0 & 0 & 0 & 1 \\ 1 & 0 & 0 & -2 & -3 \end{bmatrix}\boldsymbol{x}+\begin{bmatrix} 0 \\ 0 \\ 1 \\ 0 \\ 0 \end{bmatrix}u \\ y=\begin{bmatrix} 1 & 0 & 0 & 0 & 0 \end{bmatrix}\boldsymbol{x} \end{cases}$$

2.9.3　传递函数模型与状态空间模型的相互转换

1. tf2ss( )函数，zp2ss( )函数

功能：分别将多项式形式、零极点形式的传递函数转换为状态空间的形式。

调用格式：

$[\boldsymbol{A}, \boldsymbol{B}, \boldsymbol{C}, \boldsymbol{D}]$=tf2ss(num, den)，$[\boldsymbol{A}, \boldsymbol{B}, \boldsymbol{C}, \boldsymbol{D}]$=zp2ss($\boldsymbol{z}$, $\boldsymbol{p}$, k)

其中，函数中各个参数的定义同 2.9.1 节所述。

注意：

ss()函数不仅可用于建立系统的状态空间模型，而且可以将任意 LTI 系数模型 sys(传递函数模型 TF、零极点模型 ZPK)转换为状态空间模型，其调用格式为

SYS=ss(sys)

【例 2-36】　如例 2-29，已知系统的传递函数为

$$W(s)=\frac{s^2+3s+1}{s^3+2s^2+4s+6}$$

试用 MATLAB 求其状态空间表达式。

解　MATLAB 仿真代码如下：

```
num=[1 3 1];
den=[1 2 4 6];
[A, B, C, D]=tf2ss(num, den)
```

运行结果如下：

```
A=
    -2   -4   -6
     1    0    0
     0    1    0
B=
    1
    0
```

```
    0
C=
    1    3    1
D=
    0
```

2. ss2tf( )函数，ss2zp( )函数

功能：实现从状态空间表达式到传递函数阵的转换。

调用格式：对于单输入-单输出系统，调用格式为

[num, den]=ss2tf($\boldsymbol{A}$, $\boldsymbol{B}$, $\boldsymbol{C}$, $\boldsymbol{D}$)，[z, p, k]=ss2zp($\boldsymbol{A}$, $\boldsymbol{B}$, $\boldsymbol{C}$, $\boldsymbol{D}$)

对于多输入-多输出系统，其调用格式为

[z, p, k]=ss2zp($\boldsymbol{A}$, $\boldsymbol{B}$, $\boldsymbol{C}$, $\boldsymbol{D}$, iu)

式中，iu 用来指定变换所使用的输入量，函数中其余各个参数的定义同 2.9.1 节所述。

【例 2-37】 如例 2-17，已知系统的状态空间表达式如下：

$$\begin{cases}\dot{\boldsymbol{x}}=\begin{bmatrix}0 & 1\\-2 & -3\end{bmatrix}\boldsymbol{x}+\begin{bmatrix}1 & 0\\1 & 1\end{bmatrix}\boldsymbol{u}\\ \boldsymbol{y}=\begin{bmatrix}1 & 0\\1 & 1\\0 & 2\end{bmatrix}\boldsymbol{x}+\begin{bmatrix}0 & 0\\1 & 0\\0 & 1\end{bmatrix}\boldsymbol{u}\end{cases}$$

试用 MATLAB 求系统的传递函数阵。

解 MATLAB 代码如下：

```
A=[0, 1; -2, -3];
B=[1, 0; 1, 1];
C=[1, 0; 1, 1; 0, 2];
D=[0, 0; 1, 0; 0, 1]
[num1, den1]=ss2tf(A, B, C, D, 1)
[num2, den2]=ss2tf(A, B, C, D, 2)
```

运行结果如下：

```
num1=
          0    1.0000    4.0000
     1.0000    5.0000    4.0000
          0    2.0000   -4.0000
den1=
     1    3    2
num2=
          0    0.0000    1.0000
          0    1.0000    1.0000
     1.0000    5.0000    2.0000
den2=
     1    3    2
```

故可得系统的传递函数阵为

$$W(s)=\frac{1}{s^2+3s+2}\begin{bmatrix} s+4 & 1 \\ s^2+5s+4 & s+1 \\ 2s-4 & s^2+5s+2 \end{bmatrix}$$

2.9.4　状态空间的线性变换

1. eig( )函数

功能：直接计算矩阵特征值和特征向量。

调用格式：

λ=eig(**A**)，[**P**，**Λ**]=eig(**A**)

其中，λ 为矩阵 **A** 的所有特征值排列而成的向量；**P** 是由矩阵 **A** 的所有特征向量组成的矩阵；**Λ** 是由矩阵 **A** 的所有特征值为对角元素组成的对角矩阵。

【例 2-38】　试用 MATLAB 求出下面矩阵 **A** 的特征值和特征向量。

$$A=\begin{bmatrix} 2 & -1 & -1 \\ 0 & -1 & 0 \\ 0 & 2 & 1 \end{bmatrix}$$

解　(1) 单独求取特征值，MATLAB 仿真代码如下：

```
A=[2 -1 -1; 0 -1 0; 0 2 1];
Larmda= eig(A)
```

运行结果如下：

```
Larmda=
      2
      1
     -1
```

(2) 同时求取特征值和特征向量，MATLAB 仿真代码如下：

```
A= [2 -1 -1; 0 -1 0; 0 2 1];
[V, Jianj]= eig(A)
```

运行结果如下：

```
V=
    1.0000    0.7071         0
         0         0    0.7071
         0    0.7071   -0.7071
Jianj=
     2     0     0
     0     1     0
     0     0    -1
```

同样可得矩阵的 3 个特征值分别为 2、1 和 −1，它们对应的 3 个特征向量分别为

$$p_1=\begin{bmatrix} 1 \\ 0 \\ 0 \end{bmatrix},\quad p_2=\begin{bmatrix} 0.7071 \\ 0 \\ 0.7071 \end{bmatrix},\quad p_3=\begin{bmatrix} 0 \\ 0.7071 \\ -0.7071 \end{bmatrix}$$

2. jordan( )函数

功能：当矩阵 **A** 具有重特征根时，函数 eig()不具有直接计算广义特征向量的功能，可以借助符号计算工具箱的 jordan()函数计算所有特征向量。

调用格式：

$[\boldsymbol{P}, \boldsymbol{J}]=\text{jordan}(\boldsymbol{A})$

其中，**P** 是由矩阵 **A** 的所有特征向量(包括广义特征向量)组成的矩阵；**J** 是与矩阵 **A** 对应的约旦阵。如果仅求取矩阵 **A** 对应的约旦阵 **J** 时，函数的调用格式可为

$\boldsymbol{J}=\text{jordan}(\boldsymbol{A})$

【例 2-39】 试用 MATLAB 求出下面矩阵 **A** 的特征值和特征向量。

$$\boldsymbol{A}=\begin{bmatrix}0 & 1 & 0\\0 & 0 & 1\\8 & -12 & 6\end{bmatrix}$$

解 同时求取特征值和特征向量，MATLAB 仿真代码如下：

```
A= [0 1 0; 0 0 1; 8 -12 6];
[P, J]= Jordan(A)
```

运行结果如下：

```
P=
    4   -2   1
    8    0   0
   16    8   0
J=
    2    1    0
    0    2    1
    0    0    2
```

可得 **A** 矩阵的 3 个特征值都是 2，它对应的 3 个特征向量(包括 2 个广义特征向量)分别为

$$\boldsymbol{p}_1=\begin{bmatrix}4\\8\\16\end{bmatrix},\quad \boldsymbol{p}_2=\begin{bmatrix}-2\\0\\8\end{bmatrix},\quad \boldsymbol{p}_3=\begin{bmatrix}1\\0\\0\end{bmatrix}$$

3. ss2ss( )函数

功能：实现系统的线性非奇异变换。

调用格式：

$\boldsymbol{GP}=\text{ss2ss}(\boldsymbol{G}, \boldsymbol{P})$，$[\boldsymbol{At}, \boldsymbol{Bt}, \boldsymbol{Ct}, \boldsymbol{Dt}, \boldsymbol{P}]=\text{ss2ss}(\boldsymbol{A}, \boldsymbol{B}, \boldsymbol{C}, \boldsymbol{D}, \boldsymbol{P})$

对于前者，**G**、**GP** 分别为变换前和变换后的系统状态空间模型，**P** 为线性非奇异变换矩阵。对于后者，(**A**, **B**, **C**, **D**)、[**At**, **Bt**, **Ct**, **Dt**]分别为变换前和变换后系统的状态空间模型的系数矩阵，**P** 为线性非奇异变换矩阵。

但是，MATLAB 中没有可将一般状态空间表达式变换为约旦标准型(对角标准型)的函数，只能先调用 jordan()函数求出化为约旦标准型的变换矩阵 **P**，然后再利用 ss2ss()函数将状态空间表达式变换为约旦标准型(对角标准型)。

【例 2-40】 已知状态空间表达式为

$$\begin{cases}\dot{\boldsymbol{x}}=\begin{bmatrix}0 & 1 & 0\\0 & 0 & 1\\8 & -12 & 6\end{bmatrix}\boldsymbol{x}+\begin{bmatrix}5\\1\\5\end{bmatrix}u\\y=\begin{bmatrix}1 & 0 & 1\end{bmatrix}\boldsymbol{x}\end{cases}$$

试用 MATLAB 将其变换为约旦标准型(对角标准型)。

解　MATLAB 仿真代码如下：

```
A= [0 1 0; 0 0 1; 8  -12  6];
B=[5; 1; 5];
C=[1, 0, 1];
D=0;
[P, J]=jordan(A)
[Ap,Bp, Cp, Dp]=ss2ss(A, B, C, D, inv(P))
```

运行结果如下：

```
P=
     4   -2   1
     8    0   0
    16    8   0
J=
     2     1     0
     0     2     1
     0     0     2
Ap=
     2     1     0
     0     2     1
     0     0     2
Bp=
    0.1250
    0.3750
    5.2500
Cp=
    20     6     1
Dp=
     0
```

线性变换后得到的状态空间表达式为

$$\begin{cases}\dot{\boldsymbol{x}}=\begin{bmatrix}2 & 1 & 0\\0 & 2 & 1\\0 & 0 & 2\end{bmatrix}\boldsymbol{x}+\begin{bmatrix}0.1250\\0.3750\\5.2500\end{bmatrix}u\\y=\begin{bmatrix}20 & 6 & 1\end{bmatrix}\boldsymbol{x}\end{cases}$$

此即为约旦标准型。

对于控制系统模型的处理，MATLAB 并不限于上面介绍的函数及方法，有兴趣的读者可以参考有关资料获得更多更方便的方法。

习　题

2-1　图 2-27 所示的机械运动模型中，M_1、M_2 为质量块，k 为弹性系数，B_1、B_2 为阻尼器，试列写出在外力 f 作用下，以质量块 M_1、M_2 的位移 y_1、y_2 为输出的状态空间表达式。

2-2　已知系统的结构如图 2-28 所示，输入和输出分别为 u_1、u_2，自选变量并写出其状态空间表达式。

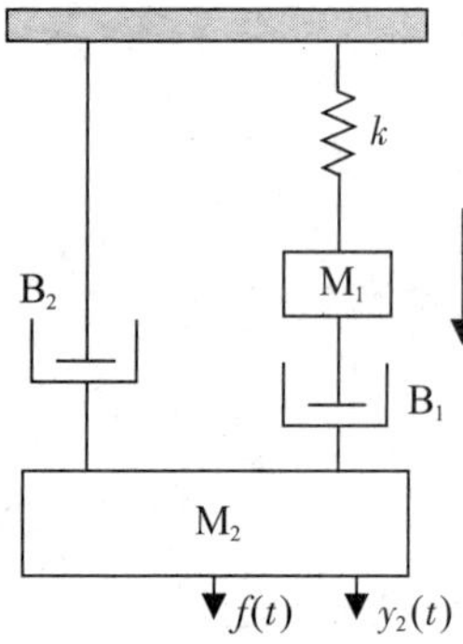

图 2-27　习题 2-1 图

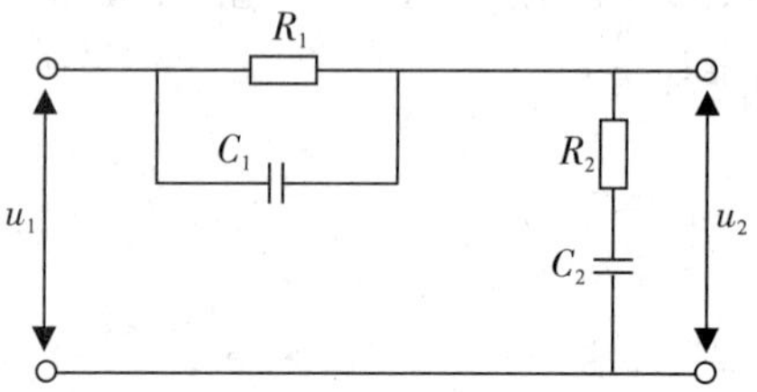

图 2-28　习题 2-2 图

2-3　试求下述系统的模拟结构图，并建立其状态空间表达式。

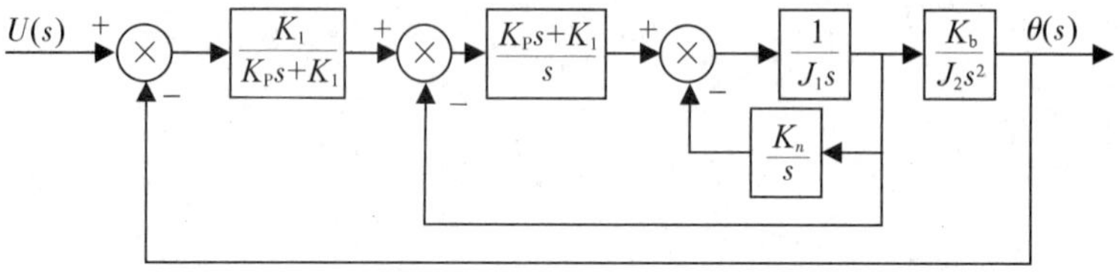

图 2-29　习题 2-3 图

2-4　已知系统微分方程如下，试写出系统的状态空间表达式，并画出模拟结构图。

(1) $\ddot{y}-y=u$

(2) $\ddot{y}+2\dot{y}+4y=\ddot{u}+4\dot{u}+2u$

(3) $\dddot{y}+4\ddot{y}+5\dot{y}+2y=\ddot{u}+5\dot{u}+4u$

(4) $\dddot{y}+3\ddot{y}+3\dot{y}+y=3u$

2-5　已知系统的传递函数如下，试建立其状态空间表达式，并画出模拟结构图。

(1) $W(s)=\dfrac{s^2+4s+3}{s^3+3s^2-10s-24}$

(2) $W(s)=\dfrac{s^3+2s^2+3s+1}{s^3+s^2-8s-12}$

2-6　计算下列状态空间描述的传递函数 $W(s)$。

$$\begin{cases}\dot{\boldsymbol{x}}=\begin{bmatrix}-5 & -1\\ 3 & -1\end{bmatrix}\boldsymbol{x}+\begin{bmatrix}2\\ 5\end{bmatrix}u\\ y=\begin{bmatrix}1 & 2\end{bmatrix}\boldsymbol{x}+4u\end{cases}$$

2-7　已知系统的状态空间表达式为

$$\begin{cases}\dot{\boldsymbol{x}}=\begin{bmatrix}-1 & 1\\ 0 & -1\end{bmatrix}\boldsymbol{x}+\begin{bmatrix}1 & 0\\ 1 & 1\end{bmatrix}\boldsymbol{u}\\ \boldsymbol{y}=\begin{bmatrix}1 & 2\\ -1 & 1\end{bmatrix}\boldsymbol{x}+\begin{bmatrix}1 & 0\\ 0 & 1\end{bmatrix}\boldsymbol{u}\end{cases}$$

试求传递函数矩阵 $\boldsymbol{W}(s)$。

2-8　计算下列状态空间描述的传递函数矩阵 $\boldsymbol{W}(s)$。

(1) $\begin{cases}\dot{\boldsymbol{x}}=\begin{bmatrix}0 & 1 & 0\\ 0 & 0 & 1\\ -1 & -2 & -3\end{bmatrix}\boldsymbol{x}+\begin{bmatrix}1 & 1\\ 0 & 1\\ 1 & 0\end{bmatrix}\boldsymbol{u}\\ y=\begin{bmatrix}1 & 1 & 1\end{bmatrix}\boldsymbol{x}\end{cases}$

(2) $\begin{cases}\dot{\boldsymbol{x}}=\begin{bmatrix}-2 & 1 & 0\\ 0 & -3 & 0\\ 0 & 1 & -4\end{bmatrix}\boldsymbol{x}+\begin{bmatrix}-1 & -1\\ 1 & 4\\ 2 & -3\end{bmatrix}\boldsymbol{u}\\ \boldsymbol{y}=\begin{bmatrix}1 & 1 & 1\\ -2 & -1 & 0\end{bmatrix}\boldsymbol{x}\end{cases}$

2-9　试将下列状态空间描述化为对角线标准型。

(1) $\begin{cases}\dot{\boldsymbol{x}}=\begin{bmatrix}-2 & 1\\ 1 & -2\end{bmatrix}\boldsymbol{x}+\begin{bmatrix}0\\ 1\end{bmatrix}u\\ y=\begin{bmatrix}1 & 0\end{bmatrix}\boldsymbol{x}\end{cases}$　　(2) $\begin{cases}\dot{\boldsymbol{x}}=\begin{bmatrix}1 & 0 & 1\\ 0 & 2 & 0\\ 1 & 0 & 1\end{bmatrix}\boldsymbol{x}+\begin{bmatrix}1 & 0\\ 0 & 1\\ 2 & 2\end{bmatrix}\boldsymbol{u}\\ \boldsymbol{y}=\begin{bmatrix}1 & -1 & 0\\ 0 & 1 & 2\end{bmatrix}\boldsymbol{x}\end{cases}$

2-10　试将下列状态空间描述化为约旦标准型。

(1) $\dot{\boldsymbol{x}}=\begin{bmatrix}0 & 1\\ -4 & -4\end{bmatrix}\boldsymbol{x}+\begin{bmatrix}0\\ 1\end{bmatrix}u$　　(2) $\dot{\boldsymbol{x}}=\begin{bmatrix}0 & 0 & -4\\ 1 & 0 & 0\\ 0 & 1 & 3\end{bmatrix}\boldsymbol{x}+\begin{bmatrix}1 & -1\\ 2 & 1\\ 1 & 1\end{bmatrix}\boldsymbol{u}$

2-11　试将下列状态空间方程化为约旦标准型。

(1) $\dot{\boldsymbol{x}}=\begin{bmatrix}0 & 1 & 0\\ 0 & 0 & 1\\ -1 & -3 & -1\end{bmatrix}\boldsymbol{x}+\begin{bmatrix}1\\ 1\\ 3\end{bmatrix}u$　　(2) $\dot{\boldsymbol{x}}=\begin{bmatrix}0 & 1 & 0\\ 0 & 0 & 1\\ -10 & -13 & -6\end{bmatrix}\boldsymbol{x}+\begin{bmatrix}0\\ 0\\ 3\end{bmatrix}u$

2-12　已知系统的状态空间描述为

$$\begin{cases}\dot{\boldsymbol{x}}=\begin{bmatrix}-2 & 1 & 1\\ 0 & -3 & 0\\ 0 & 1 & -4\end{bmatrix}\boldsymbol{x}+\begin{bmatrix}-1 & -1\\ 1 & 4\\ 2 & -3\end{bmatrix}\boldsymbol{u}\\ y=\begin{bmatrix}1 & 2 & 4\end{bmatrix}\boldsymbol{x}\end{cases}$$

(1) 试用 $\hat{\boldsymbol{x}}=\boldsymbol{P}^{-1}\boldsymbol{x}$ 对已知系统进行线性变换，其中 $\boldsymbol{P}^{-1}=\begin{bmatrix}1 & 0 & 0\\ 0 & 2 & 0\\ 0 & 0 & 1\end{bmatrix}$，并求变换后的状态空间描述。

(2) 试证明变换前后系统特征值的不变性和传递函数矩阵的不变性。

2-13 已知系统传递函数如下，试画出并联方式的结构图，并建立状态空间表达式。

(1) $W_1(s)=\frac{s+2}{(s+1)(s+3)}$ (2) $W_2(s)=\frac{s+3}{s(s+1)(s+2)^2}$

2-14 已知两子系统的传递函数矩阵如下，试求子系统并联时的系统传递函数矩阵。

$$W_1(s)=\begin{bmatrix}\frac{s+1}{s(s+2)} & 0\\ 0 & \frac{s+2}{s+1}\end{bmatrix},\ W_2(s)=\begin{bmatrix}0 & \frac{1}{s(s+3)}\\ \frac{1}{(s+1)(s+2)} & 1\end{bmatrix}$$

2-15 已知两子系统的传递函数矩阵如下，试求子系统串联时的系统传递函数矩阵。

$$W_1(s)=\begin{bmatrix}0 & \frac{1}{s(s+2)}\\ \frac{1}{s+1} & 0\end{bmatrix},\ W_2(s)=\begin{bmatrix}0 & \frac{1}{s+3}\\ \frac{1}{s+1} & 0\end{bmatrix}$$

2-16 设前向传递函数矩阵$W_0(s)$与反馈传递函数矩阵 $H(s)$如下，试求负反馈系统的传递函数矩阵。

$$W_0(s)=\begin{bmatrix}\frac{1}{s+1} & 1\\ 2 & \frac{1}{s+2}\end{bmatrix},\ H(s)=\begin{bmatrix}1 & -1\\ 0 & 1\end{bmatrix}$$

2-17 已知离散系统的差分方程为

$$y(k+3)+3y(k+2)+5y(k+1)+y(k)=u(k+1)+2u(k)$$

试求系统的状态空间表达式。

2-18 已知差分方程为

$$y(k+2)+3y(k+1)+2y(k)=2u(k+1)+3u(k)$$

试写出其离散系统状态空间表达式，并使驱动函数 u 的输入矩阵 b 为如下形式：

(1) $b=\begin{bmatrix}0\\1\end{bmatrix}$ (2) $b=\begin{bmatrix}1\\1\end{bmatrix}$

上机练习题

2-1 系统的微分方程为

$$y^{(3)}(t)+3y^{(2)}(t)+3\dot{y}(t)+y(t)=\dot{u}(t)+2u(t)$$

试用 MATLAB 求其状态空间表达式。

2-2 系统的传递函数为

$$W(s)=\frac{s^2+3s+1}{s^2+2s+1}$$

试用 MATLAB 求其状态空间表达式。

2-3 系统的传递函数为

$$W(s)=\frac{s+1}{s^3+7s^2+14s+5}$$

试用 MATLAB 求其约旦标准型状态空间表达式。

2-4　设子系统 $\Sigma_1(\boldsymbol{A}_1, \boldsymbol{B}_1, \boldsymbol{C}_1)$ 为

$$\begin{cases}\dot{\boldsymbol{x}}=\begin{bmatrix}2 & 4\\4 & 2\end{bmatrix}\boldsymbol{x}+\begin{bmatrix}1 & -1\\-1 & 1\end{bmatrix}\boldsymbol{u}\\ \boldsymbol{y}=\begin{bmatrix}2 & 0\\0 & 2\end{bmatrix}\boldsymbol{x}\end{cases}$$

子系统 $\Sigma_2(\boldsymbol{A}_2, \boldsymbol{B}_2, \boldsymbol{C}_2)$ 为

$$\begin{cases}\dot{\boldsymbol{x}}=\begin{bmatrix}1 & 2\\4 & 3\end{bmatrix}\boldsymbol{x}+\begin{bmatrix}1 & -1\\0 & 1\end{bmatrix}\boldsymbol{u}\\ \boldsymbol{y}=\begin{bmatrix}1 & 0\\0 & 2\end{bmatrix}\boldsymbol{x}\end{cases}$$

试用 MATLAB 求 $\Sigma_1(\boldsymbol{A}_1, \boldsymbol{B}_1, \boldsymbol{C}_1)$ 和 $\Sigma_2(\boldsymbol{A}_2, \boldsymbol{B}_2, \boldsymbol{C}_2)$ 的传递函数，以及并联、串联和负反馈连接的组合系统的状态空间表达式和传递函数。

2-5　系统的状态空间表达式为

$$\begin{cases}\dot{\boldsymbol{x}}=\begin{bmatrix}0 & 1 & 0 & 0\\-1 & -1 & 1 & 1\\1 & 0 & -3 & 0\\-50 & 0 & 0 & -2\end{bmatrix}\boldsymbol{x}+\begin{bmatrix}0\\0\\0\\10\end{bmatrix}u\\ y=\begin{bmatrix}1 & 0 & 0 & 0\end{bmatrix}\boldsymbol{x}\end{cases}$$

试用 MATLAB 求系统的传递函数。

第3章 线性系统的运动分析

在建立起线性系统的状态空间描述或状态空间表达式之后，就可以利用系统数学描述来分析线性系统的运动行为。对系统进行分析的目的，就是要揭示系统的运动规律和基本特性。系统分析一般由定性分析和定量分析两部分组成。在定量分析中，对系统的运动规律进行精确的研究，即定量地确定系统在外部激励作用下所引起的响应，有传递函数和状态空间分析两种方法。传递函数法是经典控制理论的主要分析方法，其通过拉普拉斯变换或 Z 变换将线性系统的微分方程或差分方程转化为容易处理的代数方程，并获得描述系统输入、输出关系的动态数学模型——传递函数，通过分析传递函数的零、极点分布间接确定其动态响应；状态空间分析法是现代控制理论的主要分析方法，其直接将系统的微分方程或差分方程转化为描述系统输入、输出与内部状态关系的动态数学描述——状态空间表达式，运用矩阵方法求解状态方程，直接在时域确定其动态响应。在定性分析中，重点介绍对决定系统行为和特性具有重要意义的几个关键性质，如能控性、能观性和稳定性，其研究将在后面的几章讨论。

本章将采用状态空间法对线性定常系统、线性时变系统、线性离散系统进行定量分析，介绍状态方程的解及其性质，然后给出线性系统运动规律的一般表达式，最后应用MATLAB软件进行数值求解。

3.1 线性系统运动分析的数学实质

针对线性系统的运动分析，可归结为从状态空间描述出发研究由输入作用和初始状态激励所引起的状态变化或输出响应，为分析系统的运动形态和动态性能提供基础。从数学的角度看，运动分析的实质就是求解系统状态方程，以解析形式或数值分析形式，建立系统状态随输入和初始状态的演化规律，特别是状态演化形态对系统结构和参数的依赖关系。

3.1.1 运动分析的数学实质

对连续时间线性系统的运动分析归结为在给定初始状态 $\boldsymbol{x}(t_0)$ 和输入向量 $\boldsymbol{u}$ 下，求解向量微分方程型的状态方程。

对于线性时变系统，其状态方程为

$$\begin{cases}\dot{\boldsymbol{x}}=\boldsymbol{A}(t)\boldsymbol{x}+\boldsymbol{B}(t)\boldsymbol{u} & t\in[t_0 \quad t_f] \\ \boldsymbol{x}(t)\big|_{t=t_0}=\boldsymbol{x}(t_0)\end{cases} \tag{3.1}$$

对于线性定常系统，其状态方程为

$$\begin{cases}\dot{\boldsymbol{x}}=\boldsymbol{A}\boldsymbol{x}+\boldsymbol{B}\boldsymbol{u}, & t\geqslant 0 \\ \boldsymbol{x}(t)\big|_{t=t_0}=\boldsymbol{x}(t_0)\end{cases} \tag{3.2}$$

系统运动分析的目的，就是要从系统的数学模型出发，定量地和精确地确定出系统运动的变化规律。由式(3.1)和式(3.2)可以看出，对于给定的线性系统，其状态运动是由初始状态 $\boldsymbol{x}(t_0)$和外界输入 $\boldsymbol{u}$ 决定的。求系统的状态运动 $\boldsymbol{x}(t)$，从数学的角度看，就是求解在给定的 $\boldsymbol{x}(t_0)$和 $\boldsymbol{u}$ 作用下的向量微分方程式(3.1)或(3.2)。在求得系统的状态运动 $\boldsymbol{x}(t)$后，将 $\boldsymbol{x}(t)$代入到输出方程，即可得到系统的输出 $\boldsymbol{y}(t)$，在此主要研究如何求解 $\boldsymbol{x}(t)$等问题。

尽管系统的状态运动是对初始状态 $\boldsymbol{x}(t_0)$和外界输入 $\boldsymbol{u}(t)$的响应，但系统状态的运动规律主要是由系统的结构和参数决定的，即由($\boldsymbol{A}(t)$，$\boldsymbol{B}(t)$)或($\boldsymbol{A}$，$\boldsymbol{B}$)决定的。在给定$\boldsymbol{x}(t_0)$和输入 $\boldsymbol{u}(t)$作用下，具有不同结构和参数的系统的状态响应是不同的。

3.1.2　状态方程解的存在性和唯一性条件

当所选的状态变量不同时，所得状态方程亦不同，故状态方程不是唯一的。对任意的初始状态，只有当线性系统的状态方程的解存在且唯一时，对系统的分析才有意义。从数学角度看，这就要求状态方程中的系数矩阵和输入作用满足一定的假设条件，它们是保证状态方程的解存在且唯一所必需的。为此，需要对状态方程的系数矩阵和输入引入附加的限制条件，以保证状态方程解的存在性和唯一性。

不失一般性地考察连续时间线性时变系统，其状态方程如式(3.1)所示。由微分方程理论可知，如果系数矩阵($\boldsymbol{A}(t)$，$\boldsymbol{B}(t)$)的所有元素在时间定义区间$[t_0, t_f]$上为时间 t 的连续实函数，输入 $\boldsymbol{u}(t)$的所有元素在时间定义区间$[t_0, t_f]$上为时间 t 的连续实函数，那么状态方程(3.1)的解 $\boldsymbol{x}(t)$存在且唯一。这些条件对于实际物理系统总是能满足的，但这些条件是充分性条件。从数学的观点上看，上述条件可能显得过强，可减弱为如下 3 个条件：

(1) 系统矩阵 $\boldsymbol{A}(t)$的各个元素 $a_{ij}(t)$在时间区间$[t_0, t_f]$上为绝对可积，即有

$$\int_{t_0}^{t_f} |a_{ij}(t)|\,\mathrm{d}t < \infty, \quad i, j = 1, 2, \cdots, n \tag{3.3}$$

(2) 输入矩阵 $\boldsymbol{B}(t)$的各个元素 $b_{ik}(t)$在时间区间$[t_0, t_f]$上为平方可积，即有

$$\int_{t_0}^{t_f} [b_{ik}(t)]^2\,\mathrm{d}t < \infty, \quad i = 1, 2, \cdots, n;\ k = 1, 2, \cdots, r \tag{3.4}$$

(3) 输入 $\boldsymbol{u}(t)$的各个元素 $u_k(t)$在时间区间$[t_0, t_f]$上为平方可积，即有

$$\int_{t_0}^{t_f} [u_k(t)]^2\,\mathrm{d}t < \infty, \quad k = 1, 2, \cdots, r \tag{3.5}$$

在以上 3 个条件中，n 为系统状态 $\boldsymbol{x}$ 的维数；r 为输入 $\boldsymbol{u}$ 的维数。进而利用许瓦尔兹(Schwarz)不等式，可以导出：

$$\sum_{k=1}^{r}\int_{t_0}^{t_f} |b_{ik}(t)u_k(t)|\,\mathrm{d}t \leqslant \sum_{k=1}^{r}\left[\int_{t_0}^{t_f} [b_{ik}(t)]^2\,\mathrm{d}t \sum_{k=1}^{r}\int_{t_0}^{t_f} [u_k(t)]^2\,\mathrm{d}t\right]^{\frac{1}{2}} \tag{3.6}$$

式(3.6)表明，条件(2)和(3)还可以进一步合并为要求 $\boldsymbol{B}(t)\boldsymbol{u}(t)$的各元素在时间区间$[t_0, t_f]$上绝对可积。

对于线性定常系统，系数矩阵 $\boldsymbol{A}$ 和 $\boldsymbol{B}$ 为常数矩阵且各元素为有限值，条件(1)和(2)自然满足，存在性和唯一性条件归结为条件(3)。

在本章随后的讨论中总是假定系统满足上述存在性和唯一性的条件，并在这一前提下分析系统状态运动的演化规律。

3.1.3 系统响应

线性系统的一个基本属性是满足叠加定理。基于叠加定理，可将线性系统在初始状态 $\boldsymbol{x}(t_0)$和输入 $\boldsymbol{u}(t)$共同作用下的系统状态运动 $\boldsymbol{x}(t)$，分解为由初始状态 $\boldsymbol{x}(t_0)$和输入 $\boldsymbol{u}(t)$分别单独作用所产生响应的叠加。系统响应分别指零输入响应、零状态响应和全响应。

1. 零输入响应

线性系统的零输入响应是指只有初始状态作用，即 $\boldsymbol{x}(t_0)\neq\boldsymbol{0}$，而无输入作用，即 $\boldsymbol{u}(t)=0$时系统的状态响应。此时，系统的状态方程为

$$\begin{cases}\dot{\boldsymbol{x}}=\boldsymbol{A}(t)\boldsymbol{x} \quad t\in[t_0 \quad t_f] \\ \boldsymbol{x}(t)\mid t=t_0=\boldsymbol{x}(t_0)\end{cases} \tag{3.7}$$

它的解即为系统的零输入响应，用符号 $\varphi(t;\ t_0,\ \boldsymbol{x}_0,\ \boldsymbol{0})$表示。

在物理上，零输入响应代表系统状态的自由运动，特点是响应形态只由系统矩阵所决定，不受系统外部输入变量的影响。

2. 零状态响应

线性系统的零状态响应是指只有输入作用，即 $\boldsymbol{u}(t)\neq\boldsymbol{0}$，而无初始状态作用，即 $\boldsymbol{x}(t_0)=\boldsymbol{0}$时系统的状态响应。此时，系统的状态方程为

$$\begin{cases}\dot{\boldsymbol{x}}=\boldsymbol{A}(t)\boldsymbol{x}+\boldsymbol{B}(t)\boldsymbol{u} \quad t\in[t_0 \quad t_f] \\ \boldsymbol{x}(t)\mid_{t=t_0}=\boldsymbol{x}(t_0)=\boldsymbol{0}\end{cases} \tag{3.8}$$

它的解即为系统的零状态响应，用符号 $\phi(t;\ t_0,\ \boldsymbol{0},\ \boldsymbol{u})$表示。

在物理上，零状态响应代表系统状态由输入 $\boldsymbol{u}(t)$所激励的强迫运动，特点是响应稳态时具有和输入相同的函数形态。

3. 全响应

线性系统的全响应是指在初始状态 $\boldsymbol{x}(t_0)\neq\boldsymbol{0}$ 和输入 $\boldsymbol{u}(t)\neq\boldsymbol{0}$共同作用下的系统状态响应，用符号 $\phi(t;\ t_0,\ \boldsymbol{x}_0,\ \boldsymbol{u})$表示。

由于系统的全响应是在初始状态 $\boldsymbol{x}(t_0)$和输入 $\boldsymbol{u}(t)$共同作用下的状态响应 $\phi(t;\ t_0,\ \boldsymbol{x}_0,\ \boldsymbol{u})$，因此该响应是零输入响应和零状态响应的叠加，即

$$\phi(t;\ t_0,\ \boldsymbol{x}_0,\ \boldsymbol{u})=\phi(t;\ t_0,\ \boldsymbol{x}_0,\ \boldsymbol{0})+\phi(t;\ t_0,\ \boldsymbol{0},\ \boldsymbol{u}) \tag{3.9}$$

3.2 线性定常系统的运动分析

线性定常系统的运动定量分析是通过求系统状态空间方程的解 $\boldsymbol{x}(t)$和 $\boldsymbol{y}(t)$来分析研究的。由于状态方程是矩阵微分方程，输出方程是矩阵代数方程，因此求解系统状态空间方程的解主要是求状态方程的解。

一般形式的线性定常系统状态方程如式(3.1)所示，为

$$\begin{cases}\dot{\boldsymbol{x}}=\boldsymbol{A}\boldsymbol{x}(t)+\boldsymbol{B}\boldsymbol{u}, \quad t\geqslant t_0 \\ \boldsymbol{x}(t)\mid_{t=t_0}=\boldsymbol{x}(t_0)\end{cases} \tag{3.10}$$

式中：$\boldsymbol{x}\in\mathbf{R}^n$ 为系统状态向量；$\boldsymbol{u}\in\mathbf{R}^r$ 为系统输入向量；$\boldsymbol{A}\in\mathbf{R}^{n\times n}$ 为系统矩阵；$\boldsymbol{B}\in\mathbf{R}^{n\times r}$ 为控

制输入矩阵。$\boldsymbol{x}(t_0)$为 n 维状态向量在初始时刻 $t=t_0$ 的值。此时，该线性定常系统状态方程有唯一解。

3.2.1　线性定常系统齐次状态方程的解

所谓线性定常系统齐次状态方程的解，是指系统的输入为零时，由初始状态引起的自由运动。此时，式(3.10)变为齐次微分方程，即

$$\begin{cases}\dot{\boldsymbol{x}}=\boldsymbol{A}\boldsymbol{x}(t), & t\geqslant t_0\\ \boldsymbol{x}(t)\big|_{t=t_0}=\boldsymbol{x}(t_0)\end{cases} \tag{3.11}$$

式(3.11)的解 $\boldsymbol{x}(t)(t\geqslant t_0)$称为系统自由运动的解或零输入响应。下面对该定常齐次状态方程进行求解。

按照标量微分方程解的计算方法，针对标量微分方程，有

$$\dot{x}=ax,\quad x(0)=x_0$$

第一种求解方法为

$$\frac{\mathrm{d}x}{\mathrm{d}t}=ax\Rightarrow\frac{\mathrm{d}x}{x}=a\mathrm{d}t\Rightarrow\ln x=at$$

$$x=c\mathrm{e}^{at}\Rightarrow x=\mathrm{e}^{at}x_0,\quad x_0=c$$

第二种求解方法为

$$\frac{\mathrm{d}x}{\mathrm{d}t}=ax\Rightarrow sX(s)-x_0=aX(s)\Rightarrow(s-a)X(s)=x_0\Rightarrow X(s)=\frac{x_0}{s-a}$$

$$x=\mathrm{e}^{at}x_0$$

将标量微分方程解 $x=\mathrm{e}^{at}x_0$ 写成幂级数的形式得

$$x(t)=(1+at+\frac{1}{2!}a^2t^2+\cdots+\frac{1}{k!}a^kt^k+\cdots)x_0$$

设式(3.11)的解可表示为式(3.12)所示的向量幂级数，即

$$\boldsymbol{x}(t)=\boldsymbol{b}_0+\boldsymbol{b}_1(t-t_0)+\boldsymbol{b}_2(t-t_0)^2+\cdots+\boldsymbol{b}_k(t-t_0)^k+\cdots \tag{3.12}$$

其中，$\boldsymbol{b}_i(i=0,1,2,\cdots)$均为列向量。

将式(3.12)代入式(3.11)得

$$\begin{aligned}&\boldsymbol{b}_1+2\boldsymbol{b}_2(t-t_0)+\cdots+k\boldsymbol{b}_k(t-t_0)^{k-1}+\cdots\\&=\boldsymbol{A}[\boldsymbol{b}_0+\boldsymbol{b}_1(t-t_0)+\boldsymbol{b}_2(t-t_0)^2+\cdots+\boldsymbol{b}_k(t-t_0)^k+\cdots]\end{aligned} \tag{3.13}$$

若所设解为真实解，则式(3.13)等号两边同幂次项系数应相等，即

$$\begin{cases}\boldsymbol{b}_1=\boldsymbol{A}\boldsymbol{b}_0\\ \boldsymbol{b}_2=\dfrac{1}{2}\boldsymbol{A}\boldsymbol{b}_1=\dfrac{1}{2!}\boldsymbol{A}^2\boldsymbol{b}_0\\ \boldsymbol{b}_3=\dfrac{1}{3}\boldsymbol{A}\boldsymbol{b}_2=\dfrac{1}{3!}\boldsymbol{A}^3\boldsymbol{b}_0\\ \vdots\\ \boldsymbol{b}_k=\dfrac{1}{k!}\boldsymbol{A}^k\boldsymbol{b}_0\end{cases} \tag{3.14}$$

将初始条件 $\boldsymbol{x}(t)\big|_{t=t_0}=\boldsymbol{x}(t_0)$代入式(3.12)，得

$$\boldsymbol{x}(t_0)=\boldsymbol{b}_0 \tag{3.15}$$

将式(3.14)、式(3.15)代入式(3.12)，得

$$\boldsymbol{x}(t)=[\boldsymbol{I}+\boldsymbol{A}(t-t_0)+\frac{1}{2!}\boldsymbol{A}^2(t-t_0)^2+\cdots+\frac{1}{k!}\boldsymbol{A}^k(t-t_0)^k+\cdots]\boldsymbol{x}(t_0) \tag{3.16}$$

我们知道，标量指数函数 $e^{a(t-t_0)}$ 可展开为泰勒级数，即

$$e^{a(t-t_0)}=1+a(t-t_0)+\frac{1}{2!}a^2(t-t_0)^2+\cdots+\frac{1}{k!}a^k(t-t_0)^k+\cdots \tag{3.17}$$

式(3.16)等式右边括号内的展开式是 $n\times n$ 阶矩阵，对照式(3.17)，定义它为矩阵指数函数 $e^{\boldsymbol{A}(t-t_0)}$。即

$$e^{\boldsymbol{A}(t-t_0)}=\boldsymbol{I}+\boldsymbol{A}(t-t_0)+\frac{1}{2!}\boldsymbol{A}^2(t-t_0)^2+\cdots+\frac{1}{k!}\boldsymbol{A}^k(t-t_0)^k+\cdots \tag{3.18}$$

则线性定常系统齐次状态方程式(3.11)的解可用矩阵指数函数 $e^{\boldsymbol{A}(t-t_0)}$ 表示为

$$\boldsymbol{x}(t)=e^{\boldsymbol{A}(t-t_0)}\boldsymbol{x}(t_0),\quad t\geqslant t_0 \tag{3.19a}$$

如果初始时间 $t_0=0$，即初始状态为 $\boldsymbol{x}(0)=\boldsymbol{x}_0$，用 $t=0$ 替代 $t=t_0$，可以得到

$$\boldsymbol{x}(t)=e^{\boldsymbol{A}t}\boldsymbol{x}_0,\quad t\geqslant 0 \tag{3.19b}$$

式(3.19a)表明，线性定常系统在无输入作用，即 $\boldsymbol{u}\equiv\boldsymbol{0}$ 时，任一时刻 t 的状态 $\boldsymbol{x}(t)$ 均是由起始时刻 t_0 的初始状态 $\boldsymbol{x}(t_0)$ 在 $(t-t_0)$ 时间内通过指数函数矩阵 $e^{\boldsymbol{A}(t-t_0)}$ 演化而来的。鉴于此，将指数函数矩阵 $e^{\boldsymbol{A}(t-t_0)}$ 称为状态转移矩阵，并记为

$$e^{\boldsymbol{A}(t-t_0)}=\boldsymbol{\Phi}(t-t_0) \tag{3.20}$$

状态转移矩阵是现代控制理论最重要的概念之一，由此可将齐次状态方程的解表达为统一的形式，即

$$\boldsymbol{x}(t)=\boldsymbol{\Phi}(t-t_0)\boldsymbol{x}(t_0) \tag{3.21}$$

式(3.21)的物理意义是：自由运动的解仅是初始状态的转移，状态转移矩阵包含系统自由运动的全部信息，它唯一地决定了系统中各状态变量的自由运动。利用状态转移矩阵，可以从任意指定的初始时刻状态矢量 $\boldsymbol{x}(t_0)$ 求得任意时刻 t 的状态矢量 $\boldsymbol{x}(t)$。因此，在解矩阵微分方程时，只要知道任意时刻的初始条件，就可以在这段时间段内求解，这是利用状态空间表示动态系统的又一个优点。因为在经典控制理论中，高阶微分方程描述的系统在求解时对初始条件的处理是很麻烦的，一般都假定初始时刻 $t=0$ 时，初始条件为零，即从零初始条件出发，去计算系统的输出响应。

3.2.2 状态转移矩阵的基本性质

1. 性质一

$$\boldsymbol{\Phi}(0)=\boldsymbol{I}$$

证明 由状态转移矩阵的定义可知

$$\boldsymbol{\Phi}(t)=e^{\boldsymbol{A}t}=\boldsymbol{I}+\boldsymbol{A}t+\frac{\boldsymbol{A}^2}{2!}t^2+\cdots+\frac{\boldsymbol{A}^k}{k!}t^k+\cdots$$

令 $t=0$，则

$$\boldsymbol{\Phi}(0)=e^{\boldsymbol{A}0}=\boldsymbol{I}$$

2. 性质二

$$\dot{\boldsymbol{\Phi}}(t)=\boldsymbol{A}\boldsymbol{\Phi}(t)=\boldsymbol{\Phi}(t)\boldsymbol{A}$$

证明

$$\dot{\boldsymbol{\Phi}}(t)=\frac{\mathrm{d}(\mathrm{e}^{\boldsymbol{A}t})}{\mathrm{d}t}=\frac{\mathrm{d}\left(\boldsymbol{I}+\boldsymbol{A}t+\frac{\boldsymbol{A}^2}{2!}t^2+\cdots+\frac{\boldsymbol{A}^k}{k!}t^k+\cdots\right)}{\mathrm{d}t}$$

$$=\boldsymbol{A}+\boldsymbol{A}^2t+\cdots+\frac{\boldsymbol{A}^k}{(k-1)!}t^{k-1}+\frac{\boldsymbol{A}^{k+1}}{k!}t^k+\cdots$$

$$=\boldsymbol{A}\boldsymbol{\Phi}(t)=\boldsymbol{\Phi}(t)\boldsymbol{A}$$

这一性质表明 $\boldsymbol{\Phi}(t)=\mathrm{e}^{\boldsymbol{A}t}$ 满足齐次状态方程 $\dot{\boldsymbol{x}}=\boldsymbol{A}\boldsymbol{x}$，且 $\boldsymbol{A}\boldsymbol{\Phi}(t)$ 与 $\boldsymbol{\Phi}(t)\boldsymbol{A}$ 满足交换律。

注意：对于矩阵 $\boldsymbol{A}\in\mathbf{R}^{n\times n}$，$\boldsymbol{B}\in\mathbf{R}^{n\times n}$，当且仅当 $\boldsymbol{AB}=\boldsymbol{BA}$ 时，有 $\mathrm{e}^{\boldsymbol{A}t}\mathrm{e}^{\boldsymbol{B}t}=\mathrm{e}^{(\boldsymbol{A}+\boldsymbol{B})t}$。当 $\boldsymbol{AB}\neq\boldsymbol{BA}$ 时，$\mathrm{e}^{\boldsymbol{A}t}\mathrm{e}^{\boldsymbol{B}t}\neq\mathrm{e}^{(\boldsymbol{A}+\boldsymbol{B})t}$。这说明，若矩阵 $\boldsymbol{A}$ 和 $\boldsymbol{B}$ 是可交换的，则它们各自的矩阵指数函数之积与其和的矩阵指数函数等价。

证明　根据定义可得

$$\mathrm{e}^{(\boldsymbol{A}+\boldsymbol{B})t}=\boldsymbol{I}+(\boldsymbol{A}+\boldsymbol{B})t+\frac{1}{2!}(\boldsymbol{A}+\boldsymbol{B})^2t^2+\frac{1}{3!}(\boldsymbol{A}+\boldsymbol{B})^3t^3+\cdots$$

$$=\boldsymbol{I}+(\boldsymbol{A}+\boldsymbol{B})t+\frac{1}{2!}(\boldsymbol{A}+\boldsymbol{B})(\boldsymbol{A}+\boldsymbol{B})t^2+\frac{1}{3!}(\boldsymbol{A}+\boldsymbol{B})(\boldsymbol{A}+\boldsymbol{B})(\boldsymbol{A}+\boldsymbol{B})t^3+\cdots$$

$$=\boldsymbol{I}+(\boldsymbol{A}+\boldsymbol{B})t+\frac{1}{2!}(\boldsymbol{A}^2+\boldsymbol{AB}+\boldsymbol{BA}+\boldsymbol{B}^2)t^2$$

$$+\frac{1}{3!}(\boldsymbol{A}^3+\boldsymbol{A}^2\boldsymbol{B}+\boldsymbol{ABA}+\boldsymbol{A}\boldsymbol{B}^2+\boldsymbol{B}\boldsymbol{A}^2+\boldsymbol{BAB}+\boldsymbol{B}^2\boldsymbol{A}+\boldsymbol{B}^3)t^3+\cdots$$

$$\mathrm{e}^{\boldsymbol{A}t}\mathrm{e}^{\boldsymbol{B}t}=\left(\boldsymbol{I}+\boldsymbol{A}t+\frac{1}{2!}\boldsymbol{A}^2t^2+\frac{1}{3!}\boldsymbol{A}^3t^3+\cdots\right)\left(\boldsymbol{I}+\boldsymbol{B}t+\frac{1}{2!}\boldsymbol{B}^2t^2+\frac{1}{3!}\boldsymbol{B}^3t^3+\cdots\right)$$

$$=\boldsymbol{I}+(\boldsymbol{A}+\boldsymbol{B})t+\frac{1}{2!}(\boldsymbol{A}^2+2\boldsymbol{AB}+\boldsymbol{B}^2)t^2+\left(\frac{1}{3!}\boldsymbol{A}^3+\frac{1}{2!}\boldsymbol{A}^2\boldsymbol{B}+\frac{1}{2!}\boldsymbol{A}\boldsymbol{B}^2+\frac{1}{3!}\boldsymbol{B}^3\right)t^3+\cdots$$

两式相减，得

$$\mathrm{e}^{(\boldsymbol{A}+\boldsymbol{B})t}-\mathrm{e}^{\boldsymbol{A}t}\mathrm{e}^{\boldsymbol{B}t}=\frac{1}{2!}(\boldsymbol{BA}-\boldsymbol{AB})t^2+\frac{1}{3!}(\boldsymbol{B}\boldsymbol{A}^2+\boldsymbol{ABA}+\boldsymbol{B}^2\boldsymbol{A}+\boldsymbol{BAB}-2\boldsymbol{A}^2\boldsymbol{B}-2\boldsymbol{A}\boldsymbol{B}^2)t^3+\cdots$$

显然，只有当 $\boldsymbol{AB}=\boldsymbol{BA}$ 时，才有

$$\mathrm{e}^{(\boldsymbol{A}+\boldsymbol{B})t}-\mathrm{e}^{\boldsymbol{A}t}\mathrm{e}^{\boldsymbol{B}t}=\boldsymbol{0}\quad 即\quad \mathrm{e}^{(\boldsymbol{A}+\boldsymbol{B})t}=\mathrm{e}^{\boldsymbol{A}t}\mathrm{e}^{\boldsymbol{B}t}$$

否则

$$\mathrm{e}^{(\boldsymbol{A}+\boldsymbol{B})t}\neq\mathrm{e}^{\boldsymbol{A}t}\mathrm{e}^{\boldsymbol{B}t}$$

3. 性质三

$$\boldsymbol{\Phi}(t)\boldsymbol{\Phi}(\tau)=\boldsymbol{\Phi}(t+\tau)$$

证明　$\boldsymbol{\Phi}(t)\boldsymbol{\Phi}(\tau)=\mathrm{e}^{\boldsymbol{A}t}\mathrm{e}^{\boldsymbol{A}\tau}$

$$=\left(\boldsymbol{I}+\boldsymbol{A}t+\frac{\boldsymbol{A}^2}{2!}t^2+\cdots+\frac{\boldsymbol{A}^k}{k!}t^k+\cdots\right)\times\left(\boldsymbol{I}+\boldsymbol{A}\tau+\frac{\boldsymbol{A}^2}{2!}\tau^2+\cdots+\frac{\boldsymbol{A}^k}{k!}\tau^k+\cdots\right)$$

$$=\sum_{k=0}^{\infty}\boldsymbol{A}^k\left(\sum_{i=0}^{k}\frac{t^i}{i!}\,\frac{\tau^{k-i}}{(k-i)!}\right)$$

由二项式定理，有

$$(t+\tau)^k=\sum_{i=0}^{k}\frac{k!}{i!(k-i)!}t^i\tau^{(k-i)}$$

故

$$\boldsymbol{\Phi}(t)\boldsymbol{\Phi}(\tau)=\mathrm{e}^{\boldsymbol{A}t}\mathrm{e}^{\boldsymbol{A}\tau}=\sum_{k=0}^{\infty}\boldsymbol{A}^k\left(\sum_{i=0}^{k}\frac{t^i}{i!}\frac{\tau^{k-i}}{(k-i)!}\right)=\mathrm{e}^{\boldsymbol{A}(t+\tau)}=\boldsymbol{\Phi}(t+\tau)$$

这一性质表明，状态转移矩阵具有分解性。由此分解性易推知，当 n 为整数时，$\boldsymbol{\Phi}(nt)=[\boldsymbol{\Phi}(t)]^n$。

4. 性质四

$$[\boldsymbol{\Phi}(t)]^{-1}=\boldsymbol{\Phi}(-t)$$

证明 由状态转移矩阵的分解性，有

$$\boldsymbol{\Phi}(t)\boldsymbol{\Phi}(-t)=\boldsymbol{\Phi}(t-t)=\boldsymbol{\Phi}(0)=\mathrm{e}^{\boldsymbol{A}0}=\boldsymbol{I}$$

$$\boldsymbol{\Phi}(-t)\boldsymbol{\Phi}(t)=\boldsymbol{\Phi}(-t+t)=\boldsymbol{\Phi}(0)=\mathrm{e}^{\boldsymbol{A}0}=\boldsymbol{I}$$

又由逆矩阵定义得

$$[\boldsymbol{\Phi}(t)]^{-1}=\boldsymbol{\Phi}(-t)\quad 或\quad [\boldsymbol{\Phi}(-t)]^{-1}=\boldsymbol{\Phi}(t)$$

这一性质表明，状态转移矩阵非奇异，系统状态的转移是双向、可逆的。t 时刻的状态 $\boldsymbol{x}(t)$ 由初始状态 $\boldsymbol{x}(0)$ 在时间 t 内通过状态转移矩阵 $\boldsymbol{\Phi}(t)$ 转移而来，即 $\boldsymbol{x}(t)=\boldsymbol{\Phi}(t)\boldsymbol{x}(0)$；同样，$\boldsymbol{x}(0)$ 也可由 $\boldsymbol{x}(t)$ 通过 $\boldsymbol{\Phi}(t)$ 的逆转移而来，即 $\boldsymbol{x}(0)=\boldsymbol{\Phi}(-t)\boldsymbol{x}(t)$。

5. 性质五

$$\boldsymbol{\Phi}(t_2-t_1)\boldsymbol{\Phi}(t_1-t_0)=\boldsymbol{\Phi}(t_2-t_0)$$

证明 由状态转移矩阵的分解性，得

$$\begin{aligned}\boldsymbol{\Phi}(t_2-t_1)\boldsymbol{\Phi}(t_1-t_0)&=\boldsymbol{\Phi}(t_2)\boldsymbol{\Phi}(-t_1)\boldsymbol{\Phi}(t_1)\boldsymbol{\Phi}(-t_0)\\&=\boldsymbol{\Phi}(t_2)\boldsymbol{I}\boldsymbol{\Phi}(-t_0)=\boldsymbol{\Phi}(t_2-t_0)\end{aligned}$$

这一性质表明，系统状态的转移具有传递性，t_0 至 t_2 的状态转移等于 t_0 至 t_1、t_1 至 t_2 分段转移的累积。其几何意义可用二维状态矢量表示，如图 3-1 所示。

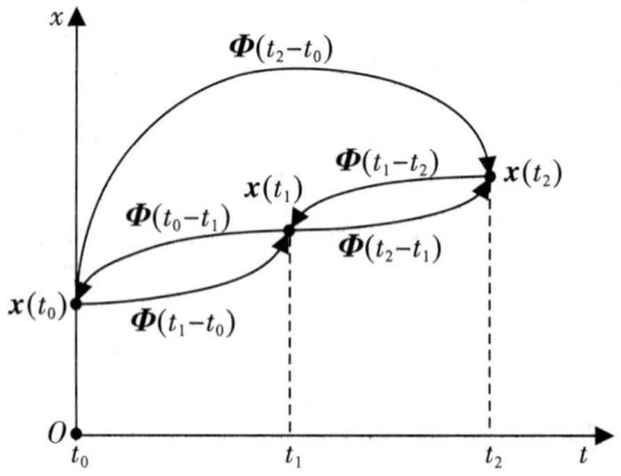

图 3-1 状态转移轨迹图

【例 3-1】 试判断下面矩阵是否满足状态转移矩阵的条件，如果满足，试求与之对应的 $\boldsymbol{A}$ 阵。

$$\boldsymbol{\Phi}(t)=\begin{bmatrix}2\mathrm{e}^{-t}-\mathrm{e}^{-2t} & \mathrm{e}^{-t}-\mathrm{e}^{-2t}\\ -2\mathrm{e}^{-t}+2\mathrm{e}^{-2t} & -\mathrm{e}^{-t}+2\mathrm{e}^{-2t}\end{bmatrix}$$

解 主要通过性质一、性质四判断矩阵是否满足状态转移矩阵的条件。

$$\boldsymbol{\Phi}(0)=\boldsymbol{I}$$

$$\boldsymbol{\Phi}(t)\boldsymbol{\Phi}(-t)=\begin{bmatrix}2\mathrm{e}^{-t}-\mathrm{e}^{-2t} & \mathrm{e}^{-t}-\mathrm{e}^{-2t}\\ -2\mathrm{e}^{-t}+2\mathrm{e}^{-2t} & -\mathrm{e}^{-t}+2\mathrm{e}^{-2t}\end{bmatrix}\begin{bmatrix}2\mathrm{e}^{t}-\mathrm{e}^{2t} & \mathrm{e}^{t}-\mathrm{e}^{2t}\\ -2\mathrm{e}^{t}+2\mathrm{e}^{2t} & -\mathrm{e}^{t}+2\mathrm{e}^{2t}\end{bmatrix}=\boldsymbol{I}$$

故该矩阵满足状态转移矩阵条件。

由线性定常系统状态转移矩阵的运算性质：$\dot{\boldsymbol{\Phi}}(t)\big|_{t=0}=\boldsymbol{A}$，可得

$$\boldsymbol{A}=\begin{bmatrix}-2\mathrm{e}^{-t}+2\mathrm{e}^{-2t} & -\mathrm{e}^{-t}+2\mathrm{e}^{-2t}\\ 2\mathrm{e}^{-t}-4\mathrm{e}^{-2t} & \mathrm{e}^{-t}-4\mathrm{e}^{-2t}\end{bmatrix}\Bigg|_{t=0}=\begin{bmatrix}0 & 1\\ -2 & -3\end{bmatrix}$$

3.2.3　状态转移矩阵的计算方法

1. 级数展开计算法

直接根据状态转移矩阵的定义式计算，即

$$e^{\boldsymbol{A}t}=\boldsymbol{I}+\boldsymbol{A}t+\frac{\boldsymbol{A}^2}{2!}t^2+\cdots+\frac{\boldsymbol{A}^k}{k!}t^k+\cdots=\sum_{k=0}^{\infty}\frac{1}{k!}\boldsymbol{A}^k t^k \tag{3.22}$$

级数展开法具有编程简单、适合于计算机数值求解的优点，但若采用手工计算，因需对无穷级数求和，难以获得解析表达式。

【例 3-2】 已知 $\boldsymbol{A}=\begin{bmatrix}-3 & 1\\ 1 & -3\end{bmatrix}$，试用级数展开法求 $e^{\boldsymbol{A}t}$。

解　根据定义有

$$\boldsymbol{\Phi}(t)=e^{\boldsymbol{A}t}=\begin{bmatrix}1 & 0\\ 0 & 1\end{bmatrix}+\begin{bmatrix}-3 & 1\\ 1 & -3\end{bmatrix}t+\frac{1}{2!}\begin{bmatrix}-3 & 1\\ 1 & -3\end{bmatrix}^2 t^2+\cdots$$

$$\boldsymbol{\Phi}(t)=\begin{bmatrix}1-3t+5t^2+\cdots & t-3t^2+\cdots\\ t-3t^2+\cdots & 1-3t+5t^2+\cdots\end{bmatrix}$$

2. 拉普拉斯反变换计算法

$$e^{\boldsymbol{A}t}=\boldsymbol{\Phi}(t)=L^{-1}[(s\boldsymbol{I}-\boldsymbol{A})^{-1}] \tag{3.23}$$

证明　已知齐次微分方程

$$\dot{\boldsymbol{x}}(t)=\boldsymbol{A}\boldsymbol{x}(t),\ \boldsymbol{x}(0)=\boldsymbol{x}_0$$

两边进行拉普拉斯变换，即

$$s\boldsymbol{X}(s)-\boldsymbol{x}_0=\boldsymbol{A}\boldsymbol{x}(s)\Rightarrow\boldsymbol{X}(s)=(s\boldsymbol{I}-\boldsymbol{A})^{-1}\boldsymbol{x}_0$$

拉普拉斯反变换，得

$$\boldsymbol{x}(t)=L^{-1}[(s\boldsymbol{I}-\boldsymbol{A})^{-1}]\boldsymbol{x}_0$$

对比式(3.19b)，即

$$e^{\boldsymbol{A}t}=L^{-1}[(s\boldsymbol{I}-\boldsymbol{A})^{-1}]$$

事实上

$$(s\boldsymbol{I}-\boldsymbol{A})[L(e^{\boldsymbol{A}t})]=(s\boldsymbol{I}-\boldsymbol{A})\left(\frac{\boldsymbol{I}}{s}+\frac{\boldsymbol{A}}{s^2}+\frac{\boldsymbol{A}^2}{s^3}+\cdots+\frac{\boldsymbol{A}^k}{s^{k+1}}+\cdots\right)=\boldsymbol{I}$$

故$(s\boldsymbol{I}-\boldsymbol{A})$的逆一定存在，即

$$(s\boldsymbol{I}-\boldsymbol{A})^{-1}=\frac{\boldsymbol{I}}{s}+\frac{\boldsymbol{A}}{s^2}+\frac{\boldsymbol{A}^2}{s^3}+\cdots+\frac{\boldsymbol{A}^k}{s^{k+1}}+\cdots$$

则

$$L^{-1}[(s\boldsymbol{I}-\boldsymbol{A})^{-1}]=\boldsymbol{I}+\boldsymbol{A}t+\frac{\boldsymbol{A}^2}{2!}t^2+\cdots+\frac{\boldsymbol{A}^k}{k!}t^k+\cdots=e^{\boldsymbol{A}t}$$

【例 3-3】 已知 $\boldsymbol{A}=\begin{bmatrix}-3 & 1\\ 1 & -3\end{bmatrix}$，试用拉普拉斯反变换法求 $e^{\boldsymbol{A}t}$。

解　用拉普拉斯反变换法求解，即

$$s\boldsymbol{I}-\boldsymbol{A}=\begin{bmatrix}s+3 & -1\\ -1 & s+3\end{bmatrix}$$

$$(s\boldsymbol{I}-\boldsymbol{A})^{-1}=\frac{1}{|s\boldsymbol{I}-\boldsymbol{A}|}\mathrm{adj}(s\boldsymbol{I}-\boldsymbol{A})=\frac{1}{(s+2)(s+4)}\begin{bmatrix}s+3 & 1\\ 1 & s+3\end{bmatrix}$$

$$=\begin{bmatrix}\dfrac{(s+3)}{(s+2)(s+4)} & \dfrac{1}{(s+2)(s+4)}\\ \dfrac{1}{(s+2)(s+4)} & \dfrac{(s+3)}{(s+2)(s+4)}\end{bmatrix}=\frac{1}{2}\begin{bmatrix}\dfrac{1}{s+2}+\dfrac{1}{s+4} & \dfrac{1}{s+2}-\dfrac{1}{s+4}\\ \dfrac{1}{s+2}-\dfrac{1}{s+4} & \dfrac{1}{s+2}+\dfrac{1}{s+4}\end{bmatrix}$$

所以

$$\mathrm{e}^{\boldsymbol{A}t}=L^{-1}[(s\boldsymbol{I}-\boldsymbol{A})^{-1}]=\frac{1}{2}\begin{bmatrix}\mathrm{e}^{-2t}+\mathrm{e}^{-4t} & \mathrm{e}^{-2t}-\mathrm{e}^{-4t}\\ \mathrm{e}^{-2t}-\mathrm{e}^{-4t} & \mathrm{e}^{-2t}+\mathrm{e}^{-4t}\end{bmatrix}$$

$$\boldsymbol{x}(t)=\mathrm{e}^{\boldsymbol{A}t}\boldsymbol{x}(0)=\frac{1}{2}\begin{bmatrix}\mathrm{e}^{-2t}+\mathrm{e}^{-4t} & \mathrm{e}^{-2t}-\mathrm{e}^{-4t}\\ \mathrm{e}^{-2t}-\mathrm{e}^{-4t} & \mathrm{e}^{-2t}+\mathrm{e}^{-4t}\end{bmatrix}\begin{bmatrix}x_1(0)\\ x_2(0)\end{bmatrix}$$

3. 利用特征值标准型及相似变换法求 $\mathrm{e}^{\boldsymbol{A}t}$

1) 若 n 阶方阵 A 的特征值为 λ_1，λ_2，…，λ_n，且互异时

设 $\boldsymbol{P}$ 是使 $\boldsymbol{A}$ 变换为对角矩阵的变换矩阵 $\boldsymbol{P}=[\boldsymbol{p}_1\ \boldsymbol{p}_2\cdots\ \boldsymbol{p}_n]$，即 $\boldsymbol{\Lambda}=\boldsymbol{P}^{-1}\boldsymbol{A}\boldsymbol{P}$。其中列向量 $\boldsymbol{p}_i$ 为对应 λ_i 的特征向量，即 $\boldsymbol{A}\,\boldsymbol{p}_i=\lambda_i\,\boldsymbol{p}_i$，$\boldsymbol{\Lambda}$ 是由 $\boldsymbol{A}$ 的特征值组成的对角矩阵，则有

$$\boldsymbol{A}=\boldsymbol{P}\boldsymbol{\Lambda}\boldsymbol{P}^{-1}=\boldsymbol{P}\begin{bmatrix}\lambda_1 & 0 & \cdots & 0\\ 0 & \lambda_2 & \cdots & 0\\ \vdots & \vdots & \ddots & \vdots\\ 0 & 0 & \cdots & \lambda_n\end{bmatrix}\boldsymbol{P}^{-1} \tag{3.24}$$

$$\mathrm{e}^{\boldsymbol{A}t}=\boldsymbol{P}\mathrm{e}^{\boldsymbol{\Lambda}t}\boldsymbol{P}^{-1}=\boldsymbol{P}\begin{bmatrix}\mathrm{e}^{\lambda_1 t} & 0 & \cdots & 0\\ 0 & \mathrm{e}^{\lambda_2 t} & \cdots & 0\\ \vdots & \vdots & \ddots & \vdots\\ 0 & 0 & \cdots & \mathrm{e}^{\lambda_n t}\end{bmatrix}\boldsymbol{P}^{-1} \tag{3.25}$$

证明　因为 $\mathrm{e}^{\boldsymbol{A}t}=\sum\limits_{k=0}^{\infty}\dfrac{1}{k!}\boldsymbol{A}^k t^k$，故有

$$\boldsymbol{P}^{-1}\mathrm{e}^{\boldsymbol{A}t}\boldsymbol{P}=\boldsymbol{P}^{-1}\left(\sum_{k=0}^{\infty}\frac{1}{k!}\boldsymbol{A}^k t^k\right)\boldsymbol{P}=\sum_{k=0}^{\infty}\frac{1}{k!}\boldsymbol{P}^{-1}\boldsymbol{A}^k\boldsymbol{P}t^k \tag{3.26}$$

又有

$$\boldsymbol{\Lambda}=\boldsymbol{P}^{-1}\boldsymbol{A}\boldsymbol{P}$$

则

$$\boldsymbol{P}^{-1}\boldsymbol{A}^2\boldsymbol{P}=\boldsymbol{P}^{-1}\boldsymbol{A}\boldsymbol{A}\boldsymbol{P}=\boldsymbol{P}^{-1}\boldsymbol{A}(\boldsymbol{P}\boldsymbol{P}^{-1})\boldsymbol{A}\boldsymbol{P}=(\boldsymbol{P}^{-1}\boldsymbol{A}\boldsymbol{P})(\boldsymbol{P}^{-1}\boldsymbol{A}\boldsymbol{P})=\boldsymbol{\Lambda}^2$$

推广得

$$\boldsymbol{P}^{-1}\boldsymbol{A}^k\boldsymbol{P}=\boldsymbol{\Lambda}^k \tag{3.27}$$

代入式(3.26)得

$$\boldsymbol{P}^{-1}\mathrm{e}^{\boldsymbol{A}t}\boldsymbol{P}=\sum_{k=0}^{\infty}\frac{1}{k!}\boldsymbol{P}^{-1}\boldsymbol{A}^k\boldsymbol{P}t^k=\sum_{k=0}^{\infty}\frac{1}{k!}\boldsymbol{\Lambda}^k t^k=\mathrm{e}^{\boldsymbol{\Lambda}t}$$

$$=\begin{bmatrix}1 & 0 & \cdots & 0\\ 0 & 1 & \cdots & 0\\ \vdots & \vdots & & \vdots\\ 0 & 0 & \cdots & 1\end{bmatrix}+\begin{bmatrix}\lambda_1 t & 0 & \cdots & 0\\ 0 & \lambda_2 t & \cdots & 0\\ \vdots & \vdots & & \vdots\\ 0 & 0 & \cdots & \lambda_n t\end{bmatrix}+\cdots+\frac{1}{k!}\begin{bmatrix}\lambda_1^k t^k & 0 & \cdots & 0\\ 0 & \lambda_2^k t^k & \cdots & 0\\ \vdots & \vdots & & \vdots\\ 0 & 0 & \cdots & \lambda_n^k t^k\end{bmatrix}+\cdots$$

$$=\begin{bmatrix}\sum_{k=0}^{\infty}\frac{1}{k!}\lambda_1^k t^k & 0 & \cdots & 0\\ 0 & \sum_{k=0}^{\infty}\frac{1}{k!}\lambda_2^k t^k & \cdots & 0\\ \vdots & \vdots & & \vdots\\ 0 & 0 & \cdots & \sum_{k=0}^{\infty}\frac{1}{k!}\lambda_n^k t^k\end{bmatrix}=\begin{bmatrix}e^{\lambda_1 t} & 0 & \cdots & 0\\ 0 & e^{\lambda_2 t} & \cdots & 0\\ \vdots & \vdots & & \vdots\\ 0 & 0 & \cdots & e^{\lambda_n t}\end{bmatrix}$$

则

$$e^{\boldsymbol{A}t}=\boldsymbol{P}e^{\boldsymbol{\Lambda}t}\boldsymbol{P}^{-1}=\boldsymbol{P}\begin{bmatrix}e^{\lambda_1 t} & 0 & \cdots & 0\\ 0 & e^{\lambda_2 t} & \cdots & 0\\ \vdots & \vdots & & \vdots\\ 0 & 0 & \cdots & e^{\lambda_n t}\end{bmatrix}\boldsymbol{P}^{-1}$$

式(3.25)得证。

【例3-4】 已知 $\boldsymbol{A}=\begin{bmatrix}-3 & 1\\ 1 & -3\end{bmatrix}$，试用特征值标准型及相似变换法求 $e^{\boldsymbol{A}t}$。

解 求 $\boldsymbol{A}$ 的特征值，即

$$|\lambda\boldsymbol{I}-\boldsymbol{A}|=\begin{vmatrix}\lambda+3 & -1\\ -1 & \lambda+3\end{vmatrix}=\lambda^2+6\lambda+8=(\lambda+2)(\lambda+4)=0$$

故有 $\lambda_1=-2$，$\lambda_2=-4$。

特征值 $\lambda_1=-2$，$\lambda_2=-4$ 对应的特征向量为

$$\boldsymbol{p}_1=\begin{bmatrix}1\\ 1\end{bmatrix},\ \boldsymbol{p}_2=\begin{bmatrix}1\\ -1\end{bmatrix}$$

变换矩阵为

$$\boldsymbol{P}=\begin{bmatrix}1 & 1\\ 1 & -1\end{bmatrix},\ \boldsymbol{P}^{-1}=\frac{1}{2}\begin{bmatrix}1 & 1\\ 1 & -1\end{bmatrix}$$

代入式(2.16)，得

$$e^{\boldsymbol{A}t}=\boldsymbol{P}e^{\boldsymbol{\Lambda}t}\boldsymbol{P}^{-1}=\frac{1}{2}\begin{bmatrix}1 & 1\\ 1 & -1\end{bmatrix}\begin{bmatrix}e^{-2t} & 0\\ 0 & e^{-4t}\end{bmatrix}\begin{bmatrix}1 & 1\\ 1 & -1\end{bmatrix}=\frac{1}{2}\begin{bmatrix}e^{-2t}+e^{-4t} & e^{-2t}-e^{-4t}\\ e^{-2t}-e^{-4t} & e^{-2t}+e^{-4t}\end{bmatrix}$$

2）若 n 阶方阵 $\boldsymbol{A}$ 有重特征值时

当 $\boldsymbol{A}$ 有相同的特征值时，存在线性非奇异变换，可以将 $\boldsymbol{A}$ 化为约旦标准形 $\boldsymbol{J}$。设 λ 是 $\boldsymbol{A}$ 的 n 重根，则

$$\boldsymbol{J}=\begin{bmatrix}\lambda & 1 & & 0\\ & \lambda & 1 & \\ & & \ddots & 1\\ 0 & & & \lambda\end{bmatrix}=\boldsymbol{P}^{-1}\boldsymbol{A}\boldsymbol{P}$$

则对应的指数矩阵为

$$e^{Jt}=e^{\lambda t}\begin{bmatrix}1 & t & \frac{1}{2!}t^2 & \cdots & \frac{1}{(n-1)!}t^{n-1}\\ 0 & 1 & t & \cdots & \frac{1}{(n-2)!}t^{n-2}\\ \vdots & \vdots & \vdots & & \vdots\\ 0 & 0 & 0 & \cdots & t\\ 0 & 0 & 0 & \cdots & 1\end{bmatrix} \tag{3.28}$$

$$e^{At}=\boldsymbol{P}e^{Jt}\boldsymbol{P}^{-1}=\boldsymbol{P}e^{\lambda t}\begin{bmatrix}1 & t & \frac{1}{2!}t^2 & \cdots & \frac{1}{(n-1)!}t^{n-1}\\ 0 & 1 & t & \cdots & \frac{1}{(n-2)!}t^{n-2}\\ \vdots & \vdots & \vdots & & \vdots\\ 0 & 0 & 0 & \cdots & t\\ 0 & 0 & 0 & \cdots & 1\end{bmatrix}\boldsymbol{P}^{-1} \tag{3.29}$$

式中 $\boldsymbol{P}$ 为使 $\boldsymbol{A}$ 化为约旦标准形的变换矩阵。通常，$\boldsymbol{A}$ 的特征值既有重根，又有单根，如 λ_1 为三重根，λ_2 为二重根，λ_3 为单根，矩阵 $\boldsymbol{A}$ 化为约旦标准形为

$$\boldsymbol{A}=\boldsymbol{P}\begin{bmatrix}\lambda_1 & 1 & & & & 0\\ & \lambda_1 & 1 & & & \\ & & \lambda_1 & 0 & & \\ & & & \lambda_2 & 1 & \\ & & & & \lambda_2 & 0\\ 0 & & & & & \lambda_3\end{bmatrix}\boldsymbol{P}^{-1}$$

则指数矩阵 e^{At} 的形式为

$$e^{At}=\boldsymbol{P}\begin{bmatrix}e^{\lambda_1 t} & te^{\lambda_1 t} & \frac{1}{2}t^2e^{\lambda_1 t} & 0 & 0 & 0\\ 0 & e^{\lambda_1 t} & te^{\lambda_1 t} & 0 & 0 & 0\\ 0 & 0 & e^{\lambda_1 t} & 0 & 0 & 0\\ 0 & 0 & 0 & e^{\lambda_2 t} & te^{\lambda_2 t} & 0\\ 0 & 0 & 0 & 0 & e^{\lambda_2 t} & 0\\ 0 & 0 & 0 & 0 & 0 & e^{\lambda_3 t}\end{bmatrix}\boldsymbol{P}^{-1}$$

【例 3-5】 已知 $\boldsymbol{A}=\begin{bmatrix}0 & 1 & 0\\ 0 & 0 & 1\\ 2 & 3 & 0\end{bmatrix}$，试用特征值标准型及相似变换法求 e^{At}。

解 求 $\boldsymbol{A}$ 的特征值 λ，即

$$|\lambda\boldsymbol{I}-\boldsymbol{A}|=\begin{vmatrix}\lambda & -1 & 0\\ 0 & \lambda & -1\\ -2 & -3 & \lambda\end{vmatrix}=\lambda^3-3\lambda-2=(\lambda+1)^2(\lambda-2)=0$$

$$\lambda_{1,2}=-1,\ \lambda_3=2$$

由特征值构成一个约旦标准型矩阵 $\boldsymbol{J}$，可由式(2.19)得到 e^{Jt}

$$J=\begin{bmatrix}-1 & 1 & 0\\ 0 & -1 & 0\\ 0 & 0 & 2\end{bmatrix},\quad e^{Jt}=\begin{bmatrix}e^{-t} & te^{-t} & 0\\ 0 & e^{-t} & 0\\ 0 & 0 & e^{2t}\end{bmatrix}$$

可用以下两种方法求解变换矩阵。

方法 1：由于 $\boldsymbol{A}$ 为友矩阵，则变换矩阵为

$$P=\begin{bmatrix}1 & 0 & 1\\ \lambda_1 & 1 & \lambda_3\\ \lambda_1^2 & 2\lambda_1 & \lambda_3^2\end{bmatrix}=\begin{bmatrix}1 & 0 & 1\\ -1 & 1 & 2\\ 1 & -2 & 4\end{bmatrix},\quad P^{-1}=\begin{bmatrix}\frac{8}{9} & -\frac{2}{9} & -\frac{1}{9}\\ \frac{2}{3} & \frac{1}{3} & -\frac{1}{3}\\ \frac{1}{9} & \frac{2}{9} & \frac{1}{9}\end{bmatrix}$$

指数矩阵为

$$e^{At}=P\begin{bmatrix}e^{-t} & te^{-t} & 0\\ 0 & e^{-t} & 0\\ 0 & 0 & e^{2t}\end{bmatrix}P^{-1}$$

$$=\frac{1}{9}\begin{bmatrix}8e^{-t}+6te^{-t}+e^{2t} & -2e^{-t}+3te^{-t}+2e^{2t} & -e^{-t}-3te^{-t}+e^{2t}\\ -2e^{-t}-6te^{-t}+2e^{2t} & 5e^{-t}-3te^{-t}+4e^{2t} & -2e^{-t}+3te^{-t}+2e^{2t}\\ -4e^{-t}+6te^{-t}+4e^{2t} & -8e^{-t}+3te^{-t}+8e^{2t} & 5e^{-t}-3te^{-t}+4e^{2t}\end{bmatrix}$$

方法 2：求相应特征值的特征向量。

对应于 $\lambda_1=-1$ 的特征矢量 $\boldsymbol{p}_1$，设 $\boldsymbol{p}_1=\begin{bmatrix}p_{11}\\ p_{21}\\ p_{31}\end{bmatrix}$，由 $\lambda_1\boldsymbol{p}_1-\boldsymbol{A}\boldsymbol{p}_1=\boldsymbol{0}$ 可得

$$\begin{bmatrix}0 & 1 & 0\\ 0 & 0 & 1\\ 2 & 3 & 0\end{bmatrix}\begin{bmatrix}p_{11}\\ p_{21}\\ p_{31}\end{bmatrix}=-\begin{bmatrix}p_{11}\\ p_{21}\\ p_{31}\end{bmatrix},\quad \boldsymbol{p}_1=\begin{bmatrix}p_{11}\\ p_{21}\\ p_{31}\end{bmatrix}=\begin{bmatrix}1\\ -1\\ 1\end{bmatrix}$$

对应于 $\lambda_2=-1$ 的特征矢量 $\boldsymbol{p}_2$，设 $\boldsymbol{p}_2=\begin{bmatrix}p_{12}\\ p_{22}\\ p_{32}\end{bmatrix}$，由 $\lambda_2\boldsymbol{p}_2-\boldsymbol{A}\boldsymbol{p}_2=-\boldsymbol{p}_1$ 可得

$$-\begin{bmatrix}p_{12}\\ p_{22}\\ p_{32}\end{bmatrix}-\begin{bmatrix}0 & 1 & 0\\ 0 & 0 & 1\\ 2 & 3 & 0\end{bmatrix}\begin{bmatrix}p_{12}\\ p_{22}\\ p_{32}\end{bmatrix}=-\begin{bmatrix}1\\ -1\\ 1\end{bmatrix},\quad \boldsymbol{p}_2=\begin{bmatrix}1\\ 0\\ -1\end{bmatrix}$$

对应于 $\lambda_3=2$ 的特征矢量 $\boldsymbol{p}_3$，设 $\boldsymbol{p}_3=\begin{bmatrix}p_{13}\\ p_{23}\\ p_{33}\end{bmatrix}$，由 $\lambda_3\boldsymbol{p}_3-\boldsymbol{A}\boldsymbol{p}_3=\boldsymbol{0}$ 可得

$$\begin{bmatrix}0 & 1 & 0\\ 0 & 0 & 1\\ 2 & 3 & 0\end{bmatrix}\begin{bmatrix}p_{13}\\ p_{23}\\ p_{33}\end{bmatrix}=2\begin{bmatrix}p_{13}\\ p_{23}\\ p_{33}\end{bmatrix},\quad \boldsymbol{p}_3=\begin{bmatrix}p_{13}\\ p_{23}\\ p_{33}\end{bmatrix}=\begin{bmatrix}1\\ 2\\ 4\end{bmatrix}$$

则可构成变换矩阵 $\boldsymbol{P}$ 并计算得 $\boldsymbol{P}^{-1}$ 为

$$\boldsymbol{P}=[\boldsymbol{p}_1 \quad \boldsymbol{p}_2 \quad \boldsymbol{p}_3]=\begin{bmatrix}1 & 1 & 1\\ -1 & 0 & 2\\ 1 & -1 & 4\end{bmatrix},\quad \boldsymbol{P}^{-1}=\begin{bmatrix}\frac{2}{9} & -\frac{5}{9} & \frac{2}{9}\\ \frac{2}{3} & \frac{1}{3} & -\frac{1}{3}\\ \frac{1}{9} & \frac{2}{9} & \frac{1}{9}\end{bmatrix}$$

指数矩阵为

$$\mathrm{e}^{\boldsymbol{A}t}=\boldsymbol{P}\begin{bmatrix}\mathrm{e}^{-t} & t\mathrm{e}^{-t} & 0\\ 0 & \mathrm{e}^{-t} & 0\\ 0 & 0 & \mathrm{e}^{2t}\end{bmatrix}\boldsymbol{P}^{-1}$$

$$=\frac{1}{9}\begin{bmatrix}8\mathrm{e}^{-t}+6t\mathrm{e}^{-t}+\mathrm{e}^{2t} & -2\mathrm{e}^{-t}+3t\mathrm{e}^{-t}+2\mathrm{e}^{2t} & -\mathrm{e}^{-t}-3t\mathrm{e}^{-t}+\mathrm{e}^{2t}\\ -2\mathrm{e}^{-t}-6t\mathrm{e}^{-t}+2\mathrm{e}^{2t} & 5\mathrm{e}^{-t}-3t\mathrm{e}^{-t}+4\mathrm{e}^{2t} & -2\mathrm{e}^{-t}+3t\mathrm{e}^{-t}+2\mathrm{e}^{2t}\\ -4\mathrm{e}^{-t}+6t\mathrm{e}^{-t}+4\mathrm{e}^{2t} & -8\mathrm{e}^{-t}+3t\mathrm{e}^{-t}+8\mathrm{e}^{2t} & 5\mathrm{e}^{-t}-3t\mathrm{e}^{-t}+4\mathrm{e}^{2t}\end{bmatrix}$$

4. 凯莱-哈密顿(Cayley - Hamilton)定理法计算 $\mathrm{e}^{\boldsymbol{A}t}$

利用凯莱-哈密顿定理，可以将 $\mathrm{e}^{\boldsymbol{A}t}$ 以有限多项式项表示。根据凯莱-哈密顿定理，得

$$\boldsymbol{A}^n=-(a_{n-1}\boldsymbol{A}^{n-1}+\cdots+a_1\boldsymbol{A}+a_0\boldsymbol{I}) \tag{3.30}$$

式(3.30)表明，$\boldsymbol{A}^n$ 是$\boldsymbol{A}^{n-1}$，$\boldsymbol{A}^{n-2}$，…，$\boldsymbol{A}$，$\boldsymbol{I}$ 的线性组合，而

$$\begin{aligned}\boldsymbol{A}^{n+1}&=\boldsymbol{A}^n\cdot\boldsymbol{A}=-(a_{n-1}\boldsymbol{A}^{n-1}+\cdots+a_1\boldsymbol{A}+a_0\boldsymbol{I})\boldsymbol{A}\\ &=(a_{n-1}^2-a_{n-2})\boldsymbol{A}^{n-1}+(a_{n-1}a_{n-2}-a_{n-3})\boldsymbol{A}^{n-2}+\cdots+(a_{n-1}a_1-a_0)\boldsymbol{A}+a_{n-1}a_0\boldsymbol{I}\end{aligned} \tag{3.31}$$

式(3.31)表明，$\boldsymbol{A}^{n+1}$也可以用$\boldsymbol{A}^n$，$\boldsymbol{A}^{n-1}$，…，$\boldsymbol{A}$，$\boldsymbol{I}$ 的线性组合来表示。以此类推，所有高于$(n-1)$次的乘幂项$\boldsymbol{A}^n$，$\boldsymbol{A}^{n+1}$，$\boldsymbol{A}^{n+2}$都可以用$\boldsymbol{A}^{n-1}$，$\boldsymbol{A}^{n-2}$，$\boldsymbol{A}^{n-3}$…，$\boldsymbol{A}$，$\boldsymbol{I}$ 的线性组合来表示，将式(3.30)、式(3.31)代入式(3.22)中，便可以消去 $\mathrm{e}^{\boldsymbol{A}t}$ 中高于$\boldsymbol{A}^{n-1}$的幂次项。结果 $\mathrm{e}^{\boldsymbol{A}t}$ 就化成一个 $\boldsymbol{A}$ 的最高幂次为 $n-1$ 的 n 项幂级数的形式，即

$$\begin{aligned}\boldsymbol{\Phi}(t)&=\mathrm{e}^{\boldsymbol{A}t}=\boldsymbol{I}+\boldsymbol{A}t+\frac{1}{2!}\boldsymbol{A}^2t^2+\cdots+\frac{1}{n!}\boldsymbol{A}^nt^n+\frac{1}{(n+1)!}\boldsymbol{A}^{n+1}t^{n+1}+\cdots\\ &=\alpha_0(t)\boldsymbol{I}+\alpha_1(t)\boldsymbol{A}+\cdots+\alpha_{n-1}(t)\boldsymbol{A}^{n-1}\end{aligned} \tag{3.32}$$

式中，$\alpha_i(t)$，$i=0, 1, \cdots, (n-1)$为待定系数。

$\alpha_i(t)$的计算方法分为如下两种：

(1) 当 $\boldsymbol{A}$ 有互异的特征根时，有

$$\begin{bmatrix}\alpha_0(t)\\ \alpha_1(t)\\ \vdots\\ \alpha_{n-1}(t)\end{bmatrix}=\begin{bmatrix}1 & \lambda_1 & \lambda_1^2 & \cdots & \lambda_1^{n-1}\\ 1 & \lambda_2 & \lambda_2^2 & \cdots & \lambda_2^{n-1}\\ \vdots & \vdots & \vdots & \ddots & \vdots\\ 1 & \lambda_n & \lambda_n^2 & \cdots & \lambda_n^{n-1}\end{bmatrix}^{-1}\begin{bmatrix}\mathrm{e}^{\lambda_1 t}\\ \mathrm{e}^{\lambda_2 t}\\ \vdots\\ \mathrm{e}^{\lambda_n t}\end{bmatrix} \tag{3.33}$$

(2) 当 $\boldsymbol{A}$ 有相同的特征根时，有

$$\begin{bmatrix} \alpha_0(t) \\ \alpha_1(t) \\ \vdots \\ \alpha_{n-3}(t) \\ \alpha_{n-2}(t) \\ \alpha_{n-1}(t) \end{bmatrix} = \begin{bmatrix} 0 & 0 & 0 & \cdots & 0 & 1 \\ 0 & 0 & 0 & \cdots & 1 & (n-1)\lambda_1 \\ \vdots & \vdots & \vdots & \ddots & \vdots & \vdots \\ 0 & 0 & 1 & \ddots & \frac{(n-2)(n-3)}{2!}\lambda_1^{n-4} & \frac{(n-1)(n-2)\lambda_1^{n-3}}{2!} \\ 0 & 1 & 2\lambda_1 & \cdots & (n-2)\lambda_1^{n-3} & (n-1)\lambda_1^{n-2} \\ 1 & \lambda_1 & \lambda_1^2 & \cdots & \lambda_1^{n-2} & \lambda_1^{n-1} \end{bmatrix}^{-1} \begin{bmatrix} \frac{1}{(n-1)!}t^{n-1}e^{\lambda_1 t} \\ \frac{1}{(n-2)!}t^{n-2}e^{\lambda_1 t} \\ \vdots \\ \frac{1}{2!}t^2 e^{\lambda_1 t} \\ te^{\lambda_1 t} \\ e^{\lambda_1 t} \end{bmatrix} \tag{3.34}$$

【例 3-6】 已知 $\boldsymbol{A}=\begin{bmatrix} -3 & 1 \\ 1 & -3 \end{bmatrix}$，试用凯莱-哈密顿定理法计算 $e^{\boldsymbol{A}t}$。

解 由例 3-4 可知 $\lambda_1=-2$，$\lambda_2=-4$。

$$\begin{bmatrix} \alpha_0 \\ \alpha_1 \end{bmatrix} = \begin{bmatrix} 1 & \lambda_1 \\ 1 & \lambda_2 \end{bmatrix}^{-1} \begin{bmatrix} e^{\lambda_1 t} \\ e^{\lambda_2 t} \end{bmatrix} = \begin{bmatrix} 1 & -2 \\ 1 & -4 \end{bmatrix}^{-1} \begin{bmatrix} e^{-2t} \\ e^{-4t} \end{bmatrix} = \begin{bmatrix} 2 & -1 \\ \frac{1}{2} & -\frac{1}{2} \end{bmatrix} \begin{bmatrix} e^{-2t} \\ e^{-4t} \end{bmatrix} = \begin{bmatrix} 2e^{-2t}-e^{-4t} \\ \frac{1}{2}e^{-2t}-\frac{1}{2}e^{-4t} \end{bmatrix}$$

$$\begin{aligned} e^{\boldsymbol{A}t} &= \alpha_0 \boldsymbol{I} + \alpha_1 \boldsymbol{A} = (2e^{-2t}-e^{-4t})\begin{bmatrix} 1 & 0 \\ 0 & 1 \end{bmatrix} + \left(\frac{1}{2}e^{-2t}-\frac{1}{2}e^{-4t}\right)\begin{bmatrix} -3 & 1 \\ 1 & -3 \end{bmatrix} \\ &= \frac{1}{2}\begin{bmatrix} e^{-2t}+e^{-4t} & e^{-2t}-e^{-4t} \\ e^{-2t}-e^{-4t} & e^{-2t}+e^{-4t} \end{bmatrix} \end{aligned}$$

【例 3-7】 已知 $\boldsymbol{A}=\begin{bmatrix} 4 & 1 & -2 \\ 1 & 0 & 2 \\ 1 & -1 & 3 \end{bmatrix}$，试用凯莱-哈密顿定理法计算 $e^{\boldsymbol{A}t}$。

解 矩阵 $\boldsymbol{A}$ 的特征值为

$$|\lambda \boldsymbol{I} - \boldsymbol{A}| = \begin{vmatrix} \lambda-4 & -1 & 2 \\ -1 & \lambda & -2 \\ -1 & 1 & \lambda-3 \end{vmatrix} = (\lambda-3)^2(\lambda-1)=0$$

$$\lambda_{1,2}=3,\ \lambda_3=1$$

$$\begin{bmatrix} \alpha_1 \\ \alpha_2 \\ \alpha_3 \end{bmatrix} = \begin{bmatrix} 0 & 1 & 2\lambda_1 \\ 1 & \lambda_1 & \lambda_1^2 \\ 1 & \lambda_3 & \lambda_3^2 \end{bmatrix}^{-1} \begin{bmatrix} te^{\lambda_1 t} \\ e^{\lambda_1 t} \\ e^{\lambda_3 t} \end{bmatrix} = \begin{bmatrix} 0 & 1 & 6 \\ 1 & 3 & 9 \\ 1 & 1 & 1 \end{bmatrix}^{-1} \begin{bmatrix} te^{3t} \\ e^{3t} \\ e^{t} \end{bmatrix} = \frac{1}{4}\begin{bmatrix} -5e^{3t}+6te^{3t}+9e^{t} \\ 6e^{3t}-8te^{3t}-6e^{t} \\ -e^{3t}+2te^{3t}+e^{t} \end{bmatrix}$$

$$\begin{aligned} e^{\boldsymbol{A}t} &= \alpha_1 \boldsymbol{I} + \alpha_2 \boldsymbol{A} + \alpha_3 \boldsymbol{A}^2 = \alpha_1 \begin{bmatrix} 1 & 0 & 0 \\ 0 & 1 & 0 \\ 0 & 0 & 1 \end{bmatrix} + \alpha_2 \begin{bmatrix} 4 & 1 & -2 \\ 1 & 0 & 2 \\ 1 & -1 & 3 \end{bmatrix} + \alpha_3 \begin{bmatrix} 15 & 6 & -12 \\ 6 & -1 & 4 \\ 6 & -2 & 5 \end{bmatrix} \\ &= \begin{bmatrix} e^{3t}+te^{3t} & te^{3t} & -2e^{3t} \\ te^{3t} & -e^{3t}+te^{3t}+2e^{t} & 2e^{3t}-2te^{3t}-2e^{t} \\ te^{3t} & -e^{3t}+te^{3t}+e^{t} & 2e^{3t}-2te^{3t}-e^{t} \end{bmatrix} \end{aligned}$$

3.2.4 线性定常系统非齐次状态方程的解

线性定常系统在输入信号 $\boldsymbol{u}(t)$ 的作用下引起的受迫运动，可用式(3.35)所示的非齐次状态方程描述，即

$$\begin{cases}\dot{\boldsymbol{x}}(t)=\boldsymbol{A}\boldsymbol{x}(t)+\boldsymbol{B}\boldsymbol{u}(t), & t\geqslant t_0\\ \boldsymbol{x}(t)\big|_{t=t_0}=\boldsymbol{x}(t_0)\end{cases}\tag{3.35}$$

下面对该非齐次状态方程进行求解。

解 非齐次方程 $\dot{\boldsymbol{x}}(t)=\boldsymbol{A}\boldsymbol{x}(t)+\boldsymbol{B}\boldsymbol{u}(t)$ 可改写为

$$\dot{\boldsymbol{x}}(t)-\boldsymbol{A}\boldsymbol{x}(t)=\boldsymbol{B}\boldsymbol{u}(t)\tag{3.36}$$

式(3.36)等式两边同左乘 $\mathrm{e}^{-\boldsymbol{A}t}$，得

$$\mathrm{e}^{-\boldsymbol{A}t}[\dot{\boldsymbol{x}}(t)-\boldsymbol{A}\boldsymbol{x}(t)]=\mathrm{e}^{-\boldsymbol{A}t}\boldsymbol{B}\boldsymbol{u}(t)\tag{3.37}$$

由 3.2.2 节状态转移矩阵的基本性质，可将式(3.37)改写为

$$\frac{\mathrm{d}}{\mathrm{d}t}[\mathrm{e}^{-\boldsymbol{A}t}\boldsymbol{x}(t)]=\mathrm{e}^{-\boldsymbol{A}t}\boldsymbol{B}\boldsymbol{u}(t)\tag{3.38}$$

对式(3.38)在区间 $[t_0, t]$ 上进行积分，得

$$\mathrm{e}^{-\boldsymbol{A}\tau}\boldsymbol{x}(\tau)\big|_{t_0}^{t}=\int_{t_0}^{t}\mathrm{e}^{-\boldsymbol{A}\tau}\boldsymbol{B}\boldsymbol{u}(\tau)\mathrm{d}\tau$$

即

$$\mathrm{e}^{-\boldsymbol{A}t}\boldsymbol{x}(t)-\mathrm{e}^{-\boldsymbol{A}t_0}\boldsymbol{x}(t_0)=\int_{t_0}^{t}\mathrm{e}^{-\boldsymbol{A}\tau}\boldsymbol{B}\boldsymbol{u}(\tau)\mathrm{d}\tau\tag{3.39}$$

等式两边同左乘 $\mathrm{e}^{\boldsymbol{A}t}$，整理得

$$\boldsymbol{x}(t)=\mathrm{e}^{\boldsymbol{A}(t-t_0)}\boldsymbol{x}(t_0)+\int_{t_0}^{t}\mathrm{e}^{\boldsymbol{A}(t-\tau)}\boldsymbol{B}\boldsymbol{u}(\tau)\mathrm{d}\tau\tag{3.40a}$$

即

$$\boldsymbol{x}(t)=\boldsymbol{\Phi}(t-t_0)\boldsymbol{x}(t_0)+\int_{t_0}^{t}\boldsymbol{\Phi}(t-\tau)\boldsymbol{B}\boldsymbol{u}(\tau)\mathrm{d}\tau\tag{3.40b}$$

式(3.40)即为线性定常非齐次状态方程式(3.35)的解。显而易见，其解由两部分组成：等式右边第一项 $\boldsymbol{\Phi}(t-t_0)\boldsymbol{x}(t_0)$ 为由系统初始状态引起的自由运动项，也称为零输入响应；等式右边第二项 $\int_{t_0}^{t}\boldsymbol{\Phi}(t-\tau)\boldsymbol{B}\boldsymbol{u}(\tau)\mathrm{d}\tau$ 为系统在输入信号 $\boldsymbol{u}(t)$ 作用下的受迫运动项，也称为零状态响应。而正是由于受迫运动项的存在，我们才有可能通过选择不同的输入信号来达到期望的状态变化规律。

一般情况下，初始时刻 $t_0=0$，此时对应的系统初始状态为 $\boldsymbol{x}(0)=\boldsymbol{x}_0$，则线性定常非齐次状态方程的解为

$$\boldsymbol{x}(t)=\mathrm{e}^{\boldsymbol{A}t}\boldsymbol{x}(0)+\int_{0}^{t}\mathrm{e}^{\boldsymbol{A}(t-\tau)}\boldsymbol{B}\boldsymbol{u}(\tau)\mathrm{d}\tau\tag{3.41a}$$

或

$$\boldsymbol{x}(t)=\boldsymbol{\Phi}(t)\boldsymbol{x}(0)+\int_{0}^{t}\boldsymbol{\Phi}(t-\tau)\boldsymbol{B}\boldsymbol{u}(\tau)\mathrm{d}\tau\tag{3.41b}$$

为计算方便，在实际应用中，多会选择式(3.40b)或式(3.41b)进行求解。

同时，在初始时刻 $t_0=0$ 的情况下，也可以采用拉普拉斯变换法对非齐次状态方程(3.35)进行求解。

解　$t_0=0$ 时，对式(3.35)两边取拉普拉斯变换，有

$$s\boldsymbol{X}(s)-\boldsymbol{x}_0=\boldsymbol{A}\boldsymbol{X}(s)+\boldsymbol{B}\boldsymbol{U}(s)$$

移项整理得

$$[s\boldsymbol{I}-\boldsymbol{A}]\boldsymbol{X}(s)=\boldsymbol{x}_0+\boldsymbol{B}\boldsymbol{U}(s)$$

等式两边同左乘$[s\boldsymbol{I}-\boldsymbol{A}]^{-1}$，有

$$\boldsymbol{X}(s)=[s\boldsymbol{I}-\boldsymbol{A}]^{-1}\boldsymbol{x}_0+[s\boldsymbol{I}-\boldsymbol{A}]^{-1}\boldsymbol{B}\boldsymbol{U}(s) \tag{3.42}$$

对式(3.42)取拉普拉斯反变换，得

$$\boldsymbol{x}(t)=L^{-1}[(s\boldsymbol{I}-\boldsymbol{A})^{-1}]\boldsymbol{x}(0)+L^{-1}[(s\boldsymbol{I}-\boldsymbol{A})^{-1}\boldsymbol{B}\boldsymbol{U}(s)] \tag{3.43}$$

又因为 $e^{\boldsymbol{A}t}=L^{-1}[(s\boldsymbol{I}-\boldsymbol{A})^{-1}]$，将其代入式(3.43)，其中两个拉普拉斯变换函数的积是一个卷积的拉普拉斯变换，因此有

$$L^{-1}[(s\boldsymbol{I}-\boldsymbol{A})^{-1}\boldsymbol{B}\boldsymbol{U}(s)]=\int_0^t e^{\boldsymbol{A}(t-\tau)}\boldsymbol{B}\boldsymbol{u}(\tau)\mathrm{d}\tau$$

则可得到 $\boldsymbol{x}(t)$的解为

$$\boldsymbol{x}(t)=e^{\boldsymbol{A}t}\boldsymbol{x}(0)+\int_0^t e^{\boldsymbol{A}(t-\tau)}\boldsymbol{B}\boldsymbol{u}(\tau)\mathrm{d}\tau$$

【例 3-8】　求初始状态 $\boldsymbol{x}(0)=\begin{bmatrix}1\\0\end{bmatrix}$时，下述系统在单位脉冲函数、单位阶跃函数、单位斜坡函数作用下的解。

$$\dot{\boldsymbol{x}}=\begin{bmatrix}-3 & 1\\ 1 & -3\end{bmatrix}\boldsymbol{x}+\begin{bmatrix}0\\1\end{bmatrix}\boldsymbol{u}$$

解　(1) 由例 3-6 得系统的状态转移矩阵为

$$e^{\boldsymbol{A}t}=\frac{1}{2}\begin{bmatrix}e^{-2t}+e^{-4t} & e^{-2t}-e^{-4t}\\ e^{-2t}-e^{-4t} & e^{-2t}+e^{-4t}\end{bmatrix}$$

(2) 应用式(3.41)求不同激励信号下系统的解。

① 单位脉冲函数。

单位脉冲函数 $\delta(t)$可表示为

$$\begin{cases}\delta(t)=\begin{cases}0, & t\neq 0\\ \infty, & t=0\end{cases}\\ \int_{0^-}^{0^+}\delta(t)\mathrm{d}t=1\end{cases}$$

则系统状态方程的解为

$$\begin{aligned}\boldsymbol{x}(t)&=\boldsymbol{\Phi}(t)\boldsymbol{x}(0)+\int_0^t\boldsymbol{\Phi}(t-\tau)\boldsymbol{B}\boldsymbol{u}(\tau)\mathrm{d}\tau\\ &=\boldsymbol{\Phi}(t)\boldsymbol{x}(0)+\int_{0^-}^{0^+}\boldsymbol{\Phi}(t-\tau)\boldsymbol{B}\boldsymbol{u}(\tau)\mathrm{d}\tau\\ &=\boldsymbol{\Phi}(t)\boldsymbol{x}(0)+\boldsymbol{\Phi}(t)\boldsymbol{B}\end{aligned}$$

故有

$$\boldsymbol{x}(t)=\boldsymbol{\Phi}(t)\boldsymbol{x}(0)+\boldsymbol{\Phi}(t)\boldsymbol{B}$$
$$=\frac{1}{2}\begin{bmatrix}e^{-2t}+e^{-4t} & e^{-2t}-e^{-4t}\\ e^{-2t}-e^{-4t} & e^{-2t}+e^{-4t}\end{bmatrix}\begin{bmatrix}1\\0\end{bmatrix}+\frac{1}{2}\begin{bmatrix}e^{-2t}+e^{-4t} & e^{-2t}-e^{-4t}\\ e^{-2t}-e^{-4t} & e^{-2t}+e^{-4t}\end{bmatrix}\begin{bmatrix}0\\1\end{bmatrix}$$
$$=\begin{bmatrix}e^{-2t}\\ e^{-2t}\end{bmatrix}$$

② 单位阶跃函数。

单位阶跃函数 $\boldsymbol{u}(t)$ 可表示为

$$\begin{cases}u(t)=\begin{cases}1, & t\geqslant 0\\ 0, & t<0\end{cases}\\ \begin{cases}\int_{-\infty}^{0}u(t)\mathrm{d}t=0\\ \int_{0}^{t}u(t)\mathrm{d}t=\int_{0}^{t}1\ \mathrm{d}t=t\end{cases}\end{cases}$$

则系统状态方程的解为

$$\boldsymbol{x}(t)=\boldsymbol{\Phi}(t)\boldsymbol{x}(0)+\int_{0}^{t}\boldsymbol{\Phi}(t-\tau)\boldsymbol{B}\boldsymbol{u}(\tau)\mathrm{d}\tau$$
$$=\boldsymbol{\Phi}(t)\boldsymbol{x}(0)+\int_{0}^{t}\boldsymbol{\Phi}(t-\tau)\boldsymbol{B}\mathrm{d}\tau$$
$$=\boldsymbol{\Phi}(t)\boldsymbol{x}(0)-\boldsymbol{A}^{-1}[\boldsymbol{I}-\boldsymbol{\Phi}(t)]\boldsymbol{B}$$

故有

$$\boldsymbol{x}(t)=\boldsymbol{\Phi}(t)\boldsymbol{x}(0)-\boldsymbol{A}^{-1}[\boldsymbol{I}-\boldsymbol{\Phi}(t)]\boldsymbol{B}$$
$$=\frac{1}{2}\begin{bmatrix}e^{-2t}+e^{-4t} & e^{-2t}-e^{-4t}\\ e^{-2t}-e^{-4t} & e^{-2t}+e^{-4t}\end{bmatrix}\begin{bmatrix}1\\0\end{bmatrix}-\begin{bmatrix}-3 & 1\\ 1 & -3\end{bmatrix}^{-1}[\boldsymbol{I}-\boldsymbol{\Phi}(t)]\begin{bmatrix}0\\1\end{bmatrix}$$
$$=\frac{1}{2}\begin{bmatrix}e^{-2t}+e^{-4t}\\ e^{-2t}-e^{-4t}\end{bmatrix}-\frac{1}{8}\begin{bmatrix}-3 & -1\\ -1 & -3\end{bmatrix}\begin{bmatrix}1-\frac{1}{2}(e^{-2t}+e^{-4t}) & -\frac{1}{2}(e^{-2t}-e^{-4t})\\ -\frac{1}{2}(e^{-2t}-e^{-4t}) & 1-\frac{1}{2}(e^{-2t}+e^{-4t})\end{bmatrix}\begin{bmatrix}0\\1\end{bmatrix}$$
$$=\frac{1}{2}\begin{bmatrix}e^{-2t}+e^{-4t}\\ e^{-2t}-e^{-4t}\end{bmatrix}-\frac{1}{8}\begin{bmatrix}2e^{-2t}-e^{-4t}-1\\ 2e^{-2t}+e^{-4t}-3\end{bmatrix}$$
$$=\frac{1}{8}\begin{bmatrix}2e^{-2t}+5e^{-4t}+1\\ 2e^{-2t}-5e^{-4t}+3\end{bmatrix}$$

③ 单位斜坡函数。

单位斜坡函数 $u(t)$ 可表示为

$$\begin{cases}u(t)=\begin{cases}t, & t\geqslant 0\\ 0, & t<0\end{cases}\\ \begin{cases}\int_{-\infty}^{0}u(t)\mathrm{d}t=0\\ \int_{0}^{t}u(t)\mathrm{d}t=\int_{0}^{t}t\mathrm{d}t=\frac{1}{2}t^2\end{cases}\end{cases}$$

则系统状态方程的解为

$$\begin{aligned}\boldsymbol{x}(t) &= \boldsymbol{\Phi}(t)\boldsymbol{x}(0)+\int_0^t \boldsymbol{\Phi}(t-\tau)\boldsymbol{B}\boldsymbol{u}(\tau)\mathrm{d}\tau \\ &= \boldsymbol{\Phi}(t)\boldsymbol{x}(0)+\int_0^t \boldsymbol{\Phi}(t-\tau)\boldsymbol{B}\tau\mathrm{d}\tau \\ &= \boldsymbol{\Phi}(t)\boldsymbol{x}(0)+[\boldsymbol{A}^{-2}\boldsymbol{\Phi}(t)-\boldsymbol{A}^{-2}-\boldsymbol{A}^{-1}t]\boldsymbol{B}\end{aligned}$$

故有

$$\boldsymbol{x}(t)=\boldsymbol{\Phi}(t)\boldsymbol{x}(0)+[\boldsymbol{A}^{-2}\boldsymbol{\Phi}(t)-\boldsymbol{A}^{-2}-\boldsymbol{A}^{-1}t]\boldsymbol{B}$$

$$=\frac{1}{2}\begin{bmatrix}\mathrm{e}^{-2t}+\mathrm{e}^{-4t}\\ \mathrm{e}^{-2t}-\mathrm{e}^{-4t}\end{bmatrix}+\left\{\frac{1}{64}\begin{bmatrix}10 & 6\\ 6 & 10\end{bmatrix}\times\frac{1}{2}\begin{bmatrix}\mathrm{e}^{-2t}+\mathrm{e}^{-4t} & \mathrm{e}^{-2t}-\mathrm{e}^{-4t}\\ \mathrm{e}^{-2t}-\mathrm{e}^{-4t} & \mathrm{e}^{-2t}+\mathrm{e}^{-4t}\end{bmatrix}-\frac{1}{64}\begin{bmatrix}10 & 6\\ 6 & 10\end{bmatrix}-\frac{1}{8}\begin{bmatrix}-3 & -1\\ -1 & -3\end{bmatrix}t\right\}\begin{bmatrix}0\\ 1\end{bmatrix}$$

$$=\frac{1}{2}\begin{bmatrix}\mathrm{e}^{-2t}+\mathrm{e}^{-4t}\\ \mathrm{e}^{-2t}-\mathrm{e}^{-4t}\end{bmatrix}+\frac{1}{32}\begin{bmatrix}16\mathrm{e}^{-2t}-4\mathrm{e}^{-4t}+4t-3\\ 16\mathrm{e}^{-2t}+\mathrm{e}^{-4t}+12t-5\end{bmatrix}$$

$$=\frac{1}{32}\begin{bmatrix}32\mathrm{e}^{-2t}+12\mathrm{e}^{-4t}+4t-3\\ 32\mathrm{e}^{-2t}-12\mathrm{e}^{-4t}+12t-5\end{bmatrix}$$

(3) 应用式(3.43)求不同激励信号下系统的解。

① 单位脉冲函数。

$$\begin{aligned}\boldsymbol{x}(t)&=L^{-1}[(s\boldsymbol{I}-\boldsymbol{A})^{-1}]\boldsymbol{x}(0)+L^{-1}[(s\boldsymbol{I}-\boldsymbol{A})^{-1}\boldsymbol{B}\boldsymbol{U}(s)]\\ &=L^{-1}[(s\boldsymbol{I}-\boldsymbol{A})^{-1}]\boldsymbol{x}(0)+L^{-1}[(s\boldsymbol{I}-\boldsymbol{A})^{-1}\boldsymbol{B}]\\ &=\boldsymbol{\Phi}(t)\boldsymbol{x}(0)+\boldsymbol{\Phi}(t)\boldsymbol{B}=\begin{bmatrix}\mathrm{e}^{-2t}\\ \mathrm{e}^{-2t}\end{bmatrix}\end{aligned}$$

② 单位阶跃函数。

$$\begin{aligned}\boldsymbol{x}(t)&=L^{-1}[(s\boldsymbol{I}-\boldsymbol{A})^{-1}]\boldsymbol{x}(0)+L^{-1}[(s\boldsymbol{I}-\boldsymbol{A})^{-1}\boldsymbol{B}\boldsymbol{U}(s)]\\ &=L^{-1}[(s\boldsymbol{I}-\boldsymbol{A})^{-1}]\boldsymbol{x}(0)+L^{-1}[\frac{1}{s}(s\boldsymbol{I}-\boldsymbol{A})^{-1}\boldsymbol{B}]\\ &=\frac{1}{8}\begin{bmatrix}2\mathrm{e}^{-2t}+5\mathrm{e}^{-4t}+1\\ 2\mathrm{e}^{-2t}-5\mathrm{e}^{-4t}+3\end{bmatrix}\end{aligned}$$

③ 单位斜坡函数。

$$\begin{aligned}\boldsymbol{x}(t)&=L^{-1}[(s\boldsymbol{I}-\boldsymbol{A})^{-1}]\boldsymbol{x}(0)+L^{-1}[(s\boldsymbol{I}-\boldsymbol{A})^{-1}\boldsymbol{B}\boldsymbol{U}(s)]\\ &=L^{-1}[(s\boldsymbol{I}-\boldsymbol{A})^{-1}]\boldsymbol{x}(0)+L^{-1}[\frac{1}{s^2}(s\boldsymbol{I}-\boldsymbol{A})^{-1}\boldsymbol{B}]\\ &=\frac{1}{32}\begin{bmatrix}32\mathrm{e}^{-2t}+12\mathrm{e}^{-4t}+4t-3\\ 32\mathrm{e}^{-2t}-12\mathrm{e}^{-4t}+12t-5\end{bmatrix}\end{aligned}$$

如果系统输出方程为

$$\boldsymbol{y}(t)=\boldsymbol{C}\boldsymbol{x}(t)+\boldsymbol{D}\boldsymbol{u}(t) \tag{3.44}$$

将式(3.40a)或(3.41a)代入式(3.44)，得到

$$\boldsymbol{y}(t)=\boldsymbol{C}\mathrm{e}^{\boldsymbol{A}(t-t_0)}\boldsymbol{x}(t_0)+\boldsymbol{C}\int_{t_0}^t \mathrm{e}^{\boldsymbol{A}(t-\tau)}\boldsymbol{B}\boldsymbol{u}(\tau)\mathrm{d}\tau+\boldsymbol{D}\boldsymbol{u}(t) \tag{3.45a}$$

或

$$\boldsymbol{y}(t)=\boldsymbol{C}\mathrm{e}^{\boldsymbol{A}t}\boldsymbol{x}(0)+\boldsymbol{C}\int_0^t \mathrm{e}^{\boldsymbol{A}(t-\tau)}\boldsymbol{B}\boldsymbol{u}(\tau)\mathrm{d}\tau+\boldsymbol{D}\boldsymbol{u}(t) \tag{3.45b}$$

可见，系统输出 $\boldsymbol{y}(t)$ 由三部分组成：第一部分是当输入向量等于零时，由系统初始状态 $\boldsymbol{x}(t_0)$ 引起的自由运动项，故为系统的零输入响应；第二部分是当初始状态 $\boldsymbol{x}(t_0)$ 为零时，系统在输入信号 $\boldsymbol{u}(t)$ 作用下的受迫运动项，称为零状态响应；第三部分是系统的直接传输部分。当系统状态转移矩阵求出后，不同输入向量作用下的系统响应即可求出，进而进行定量分析系统的运动性能以及通过输入向量的选取，来达到期望的输出变化规律。

3.3 线性时变系统的运动分析

严格来说，一切物理系统都是非线性系统，可以通过线性化方法将非线性系统简化为线性系统。但系统中的某些参数是随时间而变化的，如电阻的温度上升会导致电阻阻值变化，则电阻应为时变电阻；火箭燃料的消耗会使其质量 $m(t)$ 发生变化，等等。这说明系统参数都是时间的函数，即系统是时变系统。当参数时变较小，且满足工程允许的精度时，可忽略不计，将时变参数看成常数，将时变系统近似为定常系统。而线性时变系统比线性定常系统更具有普遍性，更接近实际。

一般形式的线性时变系统的状态方程如式(3.46)所示

$$\begin{cases}\dot{\boldsymbol{x}}=\boldsymbol{A}(t)\boldsymbol{x}+\boldsymbol{B}(t)u, & t\in[t_0,\ t_f]\\ \boldsymbol{x}(t)\big|_{t=t_0}=\boldsymbol{x}(t_0)\end{cases} \tag{3.46}$$

可见，线性时变系统的结构参数随时间而变化。因此，和线性定常系统相比，往往不能得到其解的解析形式，而只能通过数值计算近似求解。

3.3.1 线性时变系统齐次状态方程的解

若输入控制信号 $\boldsymbol{u}=\boldsymbol{0}$，则式(3.46)变为线性时变齐次状态方程，即

$$\begin{cases}\dot{\boldsymbol{x}}=\boldsymbol{A}(t)\boldsymbol{x}, & t\in[t_0,\quad t_f]\\ \boldsymbol{x}(t)\big|_{t=t_0}=\boldsymbol{x}(t_0)\end{cases} \tag{3.47}$$

下面对该时变齐次状态方程进行求解。

(1) 当 $\boldsymbol{A}$ 为一阶时，求下述标量时变系统的解。

$$\begin{cases}\dot{\boldsymbol{x}}=a(t)x, & t\in[t_0,\ t_f]\\ \boldsymbol{x}(t)\big|_{t=t_0}=\boldsymbol{x}(t_0)\end{cases} \tag{3.48}$$

采用分离变量法，即

$$\frac{\mathrm{d}x(t)}{x(t)}=a(t)\mathrm{d}t \tag{3.49}$$

对式(3.49)在区间$[t_0,\ t]$进行积分，有

$$\ln x(t)-\ln x(t_0)=\int_{t_0}^t a(\tau)\mathrm{d}\tau$$

即

$$x(t)=\mathrm{e}^{\int_{t_0}^t a(\tau)\mathrm{d}\tau}x(t_0) \tag{3.50a}$$

也可写为

$$x(t) = \exp\left(\int_{t_0}^{t} a(\tau)\mathrm{d}\tau\right)x(t_0) \tag{3.50b}$$

类似于定常系统的齐次状态方程的求解，式(3.50)中的 $\exp(\int_{t_0}^{t} a(\tau)\mathrm{d}\tau)\boldsymbol{x}(t_0)$ 也可以看做是状态转移矩阵，但与定常系统不一样的是，此时的状态转移矩阵并不只是时间 t 的函数，也是初始时刻 t_0 的函数，这就相当于时变系统的状态转移矩阵是一个二元方程，我们用 $\boldsymbol{\Phi}(t, t_0)$来表示，即

$$\boldsymbol{\Phi}(t, t_0) = \exp\left(\int_{t_0}^{t} a(\tau)\mathrm{d}\tau\right) \tag{3.51}$$

于是，式(3.50)可写为

$$\boldsymbol{x}(t)=\boldsymbol{\Phi}(t, t_0)\boldsymbol{x}(t_0) \tag{3.52}$$

(2) 推广至 $\boldsymbol{A}$ 为 n 阶时，求时变齐次状态方程系统(3.47)的解。

仿照标量时变齐次状态方程解的表达式(3.52)，时变齐次状态方程系统(3.47)的解可写为

$$\boldsymbol{x}(t)=\boldsymbol{\Phi}(t, t_0)\boldsymbol{x}(t_0) \tag{3.53}$$

$\boldsymbol{\Phi}(t, t_0)$称为时变齐次状态方程(3.47)的状态转移矩阵。代入式(3.47)得

$$\begin{cases}\dot{\boldsymbol{\Phi}}(t, t_0)\boldsymbol{x}(t_0)=\boldsymbol{A}(t)\boldsymbol{\Phi}(t, t_0)\boldsymbol{x}(t_0)\\ \boldsymbol{\Phi}(t, t_0)\boldsymbol{x}(t_0)\big|_{t=t_0}=\boldsymbol{x}(t_0)\end{cases} \Rightarrow \begin{cases}\dot{\boldsymbol{\Phi}}(t, t_0)=\boldsymbol{A}(t)\boldsymbol{\Phi}(t, t_0)\\ \boldsymbol{\Phi}(t, t_0)=\boldsymbol{I}\end{cases} \tag{3.54}$$

但是，需要注意的是，式(3.51)并不能推广至矢量方程中，即对于时变齐次状态方程式(3.47)，我们不能得到

$$\boldsymbol{\Phi}(t, t_0) = \exp\left(\int_{t_0}^{t} \boldsymbol{A}(\tau)\mathrm{d}\tau\right) \tag{3.55}$$

证明　假设 $\exp\left(\int_{t_0}^{t} \boldsymbol{A}(\tau)\mathrm{d}\tau\right)\boldsymbol{x}(t_0)$ 是时变齐次状态方程(3.47)的解，那么它必须满足

$$\frac{\mathrm{d}}{\mathrm{d}t}\left[\exp\left(\int_{t_0}^{t} \boldsymbol{A}(\tau)\mathrm{d}\tau\right)\right] = \boldsymbol{A}(t)\exp\left(\int_{t_0}^{t} \boldsymbol{A}(\tau)\mathrm{d}\tau\right) \tag{3.56}$$

将 $\exp\left(\int_{t_0}^{t} \boldsymbol{A}(\tau)\mathrm{d}\tau\right)$ 展开成幂级数，为

$$\exp\left[\int_{t_0}^{t} \boldsymbol{A}(\tau)\mathrm{d}\tau\right] = \boldsymbol{I} + \int_{t_0}^{t} \boldsymbol{A}(\tau)\mathrm{d}\tau + \frac{1}{2!}\left(\int_{t_0}^{t} \boldsymbol{A}(\tau)\mathrm{d}\tau\right)^2 + \frac{1}{3!}\left(\int_{t_0}^{t} \boldsymbol{A}(\tau)\mathrm{d}\tau\right)^3 + \cdots \tag{3.57}$$

等式(3.57)两边同时对 t 求导，即

$$\begin{aligned}\frac{\mathrm{d}}{\mathrm{d}t}\exp\left[\int_{t_0}^{t} \boldsymbol{A}(\tau)\mathrm{d}\tau\right] &= \boldsymbol{A}(t) + \frac{1}{2!}\left[\boldsymbol{A}(t)\int_{t_0}^{t} \boldsymbol{A}(\tau)\mathrm{d}\tau + \left(\int_{t_0}^{t} \boldsymbol{A}(\tau)\mathrm{d}\tau\right)\boldsymbol{A}(t)\right]\\ &\quad + \frac{1}{3!}\left[\boldsymbol{A}(t)\left(\int_{t_0}^{t} \boldsymbol{A}(\tau)\mathrm{d}\tau\right)^2 + \int_{t_0}^{t} \boldsymbol{A}(\tau)\mathrm{d}\tau\left(\boldsymbol{A}(t)\int_{t_0}^{t} \boldsymbol{A}(\tau)\mathrm{d}\tau + \int_{t_0}^{t} \boldsymbol{A}(\tau)\mathrm{d}\tau)\boldsymbol{A}(t)\right)\right]\\ &\quad + \cdots\end{aligned} \tag{3.58}$$

等式(3.57)两边同时左乘 $\boldsymbol{A}(t)$，得

$$\boldsymbol{A}(t)\exp\left(\int_{t_0}^{t} \boldsymbol{A}(\tau)\mathrm{d}\tau\right) = \boldsymbol{A}(t) + \boldsymbol{A}(t)\int_{t_0}^{t} \boldsymbol{A}(\tau)\mathrm{d}\tau + \cdots \tag{3.59}$$

将式(3.58)、式(3.59)代入式(3.56)得

$$\boldsymbol{A}(t)+\boldsymbol{A}(t)\int_{t_0}^{t}\boldsymbol{A}(\tau)\mathrm{d}\tau+\frac{1}{2!}\boldsymbol{A}(t)\left(\int_{t_0}^{t}\boldsymbol{A}(\tau)\mathrm{d}\tau\right)^2+\frac{1}{3!}\boldsymbol{A}(t)\left(\int_{t_0}^{t}A(\tau)\mathrm{d}\tau\right)^3+\cdots$$

$$=\boldsymbol{A}(t)+\frac{1}{2!}\left[\boldsymbol{A}(t)\int_{t_0}^{t}\boldsymbol{A}(\tau)\mathrm{d}\tau+\int_{t_0}^{t}\boldsymbol{A}(\tau)\mathrm{d}\tau\boldsymbol{A}(t)\right]$$

$$+\frac{1}{3!}\left[\boldsymbol{A}(t)\left(\int_{t_0}^{t}\boldsymbol{A}(\tau)\mathrm{d}\tau\right)^2+\int_{t_0}^{t}\boldsymbol{A}(\tau)\mathrm{d}\tau\left(\boldsymbol{A}(t)\int_{t_0}^{t}\boldsymbol{A}(\tau)\mathrm{d}\tau+\left(\int_{t_0}^{t}\boldsymbol{A}(\tau)\mathrm{d}\tau\right)\boldsymbol{A}(t)\right)\right]+\cdots$$

由此可见，式(3.56)成立的充要条件为

$$\boldsymbol{A}(t)\int_{t_0}^{t}\boldsymbol{A}(\tau)\mathrm{d}\tau=\int_{t_0}^{t}\boldsymbol{A}(\tau)\mathrm{d}\tau\,\boldsymbol{A}(t) \tag{3.60}$$

即 $\boldsymbol{A}(t)$ 与 $\int_{t_0}^{t}\boldsymbol{A}(\tau)\mathrm{d}\tau$ 满足矩阵乘法交换条件。但是，这个条件非常苛刻，一般情况下并不成立，因此，时变系统的解很难表示为一个封闭形式的解析式，仅可根据精度要求采用数值计算方法近似求解。

推论：若对任意的 t_1 和 t_2，满足 $\boldsymbol{A}(t_1)\boldsymbol{A}(t_2)=\boldsymbol{A}(t_2)\boldsymbol{A}(t_1)$，则矩阵 $\boldsymbol{A}(t)$ 与 $\int_{t_0}^{t}\boldsymbol{A}(\tau)\mathrm{d}\tau$ 满足矩阵乘法交换条件。

证明　假设矩阵 $\boldsymbol{A}(t)$ 与 $\int_{t_0}^{t}\boldsymbol{A}(\tau)\mathrm{d}\tau$ 满足矩阵乘法交换条件，即

$$\boldsymbol{A}(t)\int_{t_0}^{t}\boldsymbol{A}(\tau)\mathrm{d}\tau=\int_{t_0}^{t}\boldsymbol{A}(\tau)\mathrm{d}\tau\,\boldsymbol{A}(t)\Rightarrow\boldsymbol{A}(t)\int_{t_0}^{t}\boldsymbol{A}(\tau)\mathrm{d}\tau-\int_{t_0}^{t}\boldsymbol{A}(\tau)\mathrm{d}\tau\,\boldsymbol{A}(t)=\boldsymbol{0}$$

即

$$\int_{t_0}^{t}[\boldsymbol{A}(t)\boldsymbol{A}(\tau)-\boldsymbol{A}(\tau)\boldsymbol{A}(t)]\mathrm{d}\tau=\boldsymbol{0}$$

显然，此时 $\boldsymbol{A}(t_1)\boldsymbol{A}(t_2)=\boldsymbol{A}(t_2)\boldsymbol{A}(t_1)$。

3.3.2 状态转移矩阵的基本性质

1. 性质一

$$\boldsymbol{\Phi}(t_2,t_0)=\boldsymbol{\Phi}(t_2,t_1)\boldsymbol{\Phi}(t_1,t_0)$$

证明　由时变齐次状态方程系统的解式(3.52)可知

$$\boldsymbol{x}(t_1)=\boldsymbol{\Phi}(t_1,t_0)\boldsymbol{x}(t_0)$$

$$\boldsymbol{x}(t_2)=\boldsymbol{\Phi}(t_2,t_0)\boldsymbol{x}(t_0)$$

若起始时间设为 $t=t_1$，则有

$$\boldsymbol{x}(t_2)=\boldsymbol{\Phi}(t_2,t_1)\boldsymbol{x}(t_1)$$

代入 $\boldsymbol{x}(t_1)$ 得

$$\boldsymbol{x}(t_2)=\boldsymbol{\Phi}(t_2,t_1)\boldsymbol{x}(t_1)=\boldsymbol{\Phi}(t_2,t_1)\boldsymbol{\Phi}(t_1,t_0)\boldsymbol{x}(t_0)$$

即

$$\boldsymbol{\Phi}(t_2,t_0)=\boldsymbol{\Phi}(t_2,t_1)\boldsymbol{\Phi}(t_1,t_0)$$

2. 性质二

$$\boldsymbol{\Phi}(t,t)=\boldsymbol{I}$$

该性质由式(3.54)即可得证。

3. 性质三

$$\boldsymbol{\Phi}^{-1}(t,\ t_0)=\boldsymbol{\Phi}(t_0,\ t)$$

证明　由性质一、性质二可知

$$\boldsymbol{\Phi}(t,\ t_0)\boldsymbol{\Phi}(t_0,\ t)=\boldsymbol{\Phi}(t,\ t)=\boldsymbol{I}$$

故

$$\boldsymbol{\Phi}^{-1}(t,\ t_0)=\boldsymbol{\Phi}(t_0,\ t)$$

3.3.3　状态转移矩阵的计算方法

1. 解析式法

由 3.2.1 节的分析可知，只有当矩阵 $\boldsymbol{A}(t)$ 与 $\int_{t_0}^{t}\boldsymbol{A}(\tau)\mathrm{d}\tau$ 满足矩阵乘法交换条件（或满足 $\boldsymbol{A}(t_1)\boldsymbol{A}(t_2)=\boldsymbol{A}(t_2)\boldsymbol{A}(t_1)$）时，线性时变系统状态转移矩阵可写为解析式的形式，即

$$\boldsymbol{\Phi}(t,\ t_0)=\exp\left(\int_{t_0}^{t}\boldsymbol{A}(\tau)\mathrm{d}\tau\right)$$

2. 无穷级数法

一般情况下，时变系统的系统矩阵 $\boldsymbol{A}(t)$ 不能满足式(3.60)，此时只能采用数值计算近似求解。由式(3.54)可得

$$\dot{\boldsymbol{\Phi}}(t,\ t_0)=\boldsymbol{A}(t)\boldsymbol{\Phi}(t,\ t_0)$$

对等式两边在区间 $[t_0,\ t]$ 取积分，有

$$\boldsymbol{\Phi}(t,\ t_0)=\boldsymbol{I}+\int_{t_0}^{t}\boldsymbol{A}(\tau)\boldsymbol{\Phi}(\tau,\ t_0)\mathrm{d}\tau \tag{3.61}$$

反复应用式(3.61)，得

$$\begin{aligned}
\boldsymbol{\Phi}(t,\ t_0)&=\boldsymbol{I}+\int_{t_0}^{t}\boldsymbol{A}(\tau)\boldsymbol{\Phi}(\tau,\ t_0)\mathrm{d}\tau\\
&=\boldsymbol{I}+\int_{t_0}^{t}\boldsymbol{A}(\tau)\left(\boldsymbol{I}+\int_{t_0}^{\tau}\boldsymbol{A}(\tau_1)\boldsymbol{\Phi}(\tau_1,\ t_0)\mathrm{d}\tau_1\right)\mathrm{d}\tau\\
&=\boldsymbol{I}+\int_{t_0}^{t}\boldsymbol{A}(\tau)\mathrm{d}\tau+\int_{t_0}^{t}\boldsymbol{A}(\tau)\left(\int_{t_0}^{\tau}\boldsymbol{A}(\tau_1)\boldsymbol{\Phi}(\tau_1,\ t_0)\mathrm{d}\tau_1\right)\mathrm{d}\tau\\
&=\boldsymbol{I}+\int_{t_0}^{t}\boldsymbol{A}(\tau)\mathrm{d}\tau+\int_{t_0}^{t}\boldsymbol{A}(\tau)\left(\int_{t_0}^{\tau}\boldsymbol{A}(\tau_1)\left[\boldsymbol{I}+\int_{t_0}^{\tau_1}\boldsymbol{A}(\tau_2)\boldsymbol{\Phi}(\tau_2,\ t_0)\mathrm{d}\tau_2\right]\mathrm{d}\tau_1\right)\mathrm{d}\tau\\
&=\boldsymbol{I}+\int_{t_0}^{t}\boldsymbol{A}(\tau)\mathrm{d}\tau+\int_{t_0}^{t}\boldsymbol{A}(\tau)\left(\int_{t_0}^{\tau}\boldsymbol{A}(\tau_1)\mathrm{d}\tau_1\right)\mathrm{d}\tau\\
&\quad+\int_{t_0}^{t}\boldsymbol{A}(\tau)\left(\left[\int_{t_0}^{\tau_1}\boldsymbol{A}(\tau_2)\boldsymbol{\Phi}(\tau_2,\ t_0)\mathrm{d}\tau_2\right]\mathrm{d}\tau_1\right)\mathrm{d}\tau)\cdots\\
&=\boldsymbol{I}+\int_{t_0}^{t}\boldsymbol{A}(\tau)\mathrm{d}\tau+\int_{t_0}^{t}\boldsymbol{A}(\tau)\left(\int_{t_0}^{\tau}\boldsymbol{A}(\tau_1)\mathrm{d}\tau_1\right)\mathrm{d}\tau\\
&\quad+\int_{t_0}^{t}\boldsymbol{A}(\tau)\left(\int_{t_0}^{\tau}\boldsymbol{A}(\tau_1)\left[\int_{t_0}^{\tau_1}\boldsymbol{A}(\tau_2)\mathrm{d}\tau_2\right]\mathrm{d}\tau_1\right)\mathrm{d}\tau+\cdots
\end{aligned} \tag{3.62}$$

式(3.62)所示的无穷级数称为 Peano－Baker 级数，若 $\boldsymbol{A}(t)$ 的元素在积分区间有界，则该级数收敛，这样便可以求出线性时变系统状态转移矩阵的近似数值解。

3.3.4 线性时变系统非齐次状态方程的解

如式(3.46)所示的线性时变系统的非齐次状态方程，即

$$\begin{cases}\dot{\boldsymbol{x}}=\boldsymbol{A}(t)\boldsymbol{x}+\boldsymbol{B}(t)\boldsymbol{u} & t\in[t_0, t_f] \\ \boldsymbol{x}(t)\big|_{t=t_0}=\boldsymbol{x}(t_0)\end{cases}$$

若状态矩阵 $\boldsymbol{A}(t)$ 和输入矩阵 $\boldsymbol{B}(t)$ 的元素在区间 $[t_0, t_f]$ 内分段连续，则其解为

$$\boldsymbol{x}(t)=\boldsymbol{\Phi}(t, t_0)\boldsymbol{x}(t_0)+\int_{t_0}^{t}\boldsymbol{\Phi}(t, \tau)\boldsymbol{B}(\tau)\boldsymbol{u}(\tau)\mathrm{d}\tau \tag{3.63a}$$

或

$$\boldsymbol{x}(t)=\boldsymbol{\Phi}(t, t_0)\left[\boldsymbol{x}(t_0)+\int_{t_0}^{t}\boldsymbol{\Phi}(t_0, \tau)\boldsymbol{B}(\tau)\boldsymbol{u}(\tau)\mathrm{d}\tau\right] \tag{3.63b}$$

式中，$\boldsymbol{\Phi}(t, \tau)$ 为系统的状态转移矩阵。

证明 由于线性系统满足叠加原理，可以将式(3.63)的解分解为两部分：初始状态 $\boldsymbol{x}(t_0)$ 的转移和输入激励信号的状态 $\boldsymbol{x}_u(t)$ 的转移，即

$$\boldsymbol{x}(t)=\boldsymbol{\Phi}(t, t_0)\boldsymbol{x}(t_0)+\boldsymbol{\Phi}(t, t_0)\boldsymbol{x}_u(t)=\boldsymbol{\Phi}(t, t_0)[\boldsymbol{x}(t_0)+\boldsymbol{x}_u(t)] \tag{3.64}$$

代入式(3.46)得

$$\dot{\boldsymbol{\Phi}}(t, t_0)[\boldsymbol{x}(t_0)+\boldsymbol{x}_u(t)]+\boldsymbol{\Phi}(t, t_0)\dot{\boldsymbol{x}}_u(t)=\boldsymbol{A}(t)\boldsymbol{x}(t)+\boldsymbol{B}(t)\boldsymbol{u}(t)$$

参照时变系统状态转移矩阵的基本性质，有

$$\boldsymbol{A}(t)\boldsymbol{x}(t)+\boldsymbol{\Phi}(t, t_0)\dot{\boldsymbol{x}}_u(t)=\boldsymbol{A}(t)\boldsymbol{x}(t)+\boldsymbol{B}(t)\boldsymbol{u}(t)$$

$$\Rightarrow\dot{\boldsymbol{x}}_u(t)=\boldsymbol{\Phi}^{-1}(t, t_0)\boldsymbol{B}(t)\boldsymbol{u}(t)=\boldsymbol{\Phi}(t_0, t)\boldsymbol{B}(t)\boldsymbol{u}(t)$$

等式两边在区间 $[t_0, t]$ 内积分，得

$$\boldsymbol{x}_u(t)=\int_{t_0}^{t}\boldsymbol{\Phi}(t_0, \tau)\boldsymbol{B}(\tau)\boldsymbol{u}(\tau)\mathrm{d}\tau+\boldsymbol{x}_u(t_0)$$

$$\begin{aligned}\boldsymbol{x}(t)&=\boldsymbol{\Phi}(t, t_0)\left[\boldsymbol{x}(t_0)+\int_{t_0}^{t}\boldsymbol{\Phi}(t_0, \tau)\boldsymbol{B}(\tau)\boldsymbol{u}(\tau)\mathrm{d}\tau+\boldsymbol{x}_u(t_0)\right] \\ &=\boldsymbol{\Phi}(t, t_0)\boldsymbol{x}(t_0)+\int_{t_0}^{t}\boldsymbol{\Phi}(t, \tau)\boldsymbol{B}(\tau)\boldsymbol{u}(\tau)\mathrm{d}\tau+\boldsymbol{\Phi}(t, t_0)\boldsymbol{x}_u(t_0)\end{aligned} \tag{3.65}$$

对于式(3.64)，若令 $t=t_0$，则有

$$\boldsymbol{x}(t_0)=\boldsymbol{\Phi}(t_0, t_0)[\boldsymbol{x}(t_0)+\boldsymbol{x}_u(t_0)]$$

由线性时变系统状态转移矩阵的性质二 $\boldsymbol{\Phi}(t_0, t_0)=\boldsymbol{I}$，得

$$\boldsymbol{x}_u(t_0)=\boldsymbol{0}$$

代入式(3.64)即有

$$\boldsymbol{x}(t)=\boldsymbol{\Phi}(t, t_0)\boldsymbol{x}(t_0)+\int_{t_0}^{t}\boldsymbol{\Phi}(t, \tau)\boldsymbol{B}(\tau)\boldsymbol{u}(\tau)\mathrm{d}\tau$$

可见，式(3.63a)满足状态方程即初始条件，式(3.63a)是状态方程(3.46)的解。由式(3.63a)可知，线性时变系统的状态也是由状态方程的零输入响应和零状态响应之和组成。

如果系统输出方程为

$$\boldsymbol{y}(t)=\boldsymbol{C}(t)\boldsymbol{x}(t)+\boldsymbol{D}(t)\boldsymbol{u}(t) \tag{3.66}$$

将式(3.63a)、(3.63b)代入式(3.66)，得到

$$\boldsymbol{y}(t)=\boldsymbol{C\Phi}(t,\ t_0)\boldsymbol{x}(t_0)+\boldsymbol{C}\int_{t_0}^{t}\boldsymbol{\Phi}(t,\ \tau)\boldsymbol{B}(\tau)\boldsymbol{u}(\tau)\mathrm{d}\tau+\boldsymbol{D}(t)\boldsymbol{u}(t) \tag{3.67a}$$

或

$$\boldsymbol{y}(t)=\boldsymbol{C\Phi}(t,\ t_0)\left[\boldsymbol{x}(t_0)+\int_{t_0}^{t}\boldsymbol{\Phi}(t_0,\ \tau)\boldsymbol{B}(\tau)\boldsymbol{u}(\tau)\mathrm{d}\tau\right]+\boldsymbol{D}(t)\boldsymbol{u}(t) \tag{3.67b}$$

可见，线性时变系统的输出也可以分为零输入响应、零状态响应和直接传输部分。

【例 3 - 9】 已知线性时变系统的状态方程为

$$\dot{\boldsymbol{x}}(t)=\begin{bmatrix}0 & 1\\0 & t\end{bmatrix}\boldsymbol{x}(t)$$

试求其状态转移矩阵。

解 由给定的状态转移矩阵得

$$\boldsymbol{A}(t_1)\boldsymbol{A}(t_2)=\begin{bmatrix}0 & 1\\0 & t_1\end{bmatrix}\begin{bmatrix}0 & 1\\0 & t_2\end{bmatrix}=\begin{bmatrix}0 & t_2\\0 & t_1t_2\end{bmatrix}$$

$$\boldsymbol{A}(t_2)\boldsymbol{A}(t_1)=\begin{bmatrix}0 & 1\\0 & t_2\end{bmatrix}\begin{bmatrix}0 & 1\\0 & t_1\end{bmatrix}=\begin{bmatrix}0 & t_1\\0 & t_1t_2\end{bmatrix}$$

$$\boldsymbol{A}(t_1)\boldsymbol{A}(t_2)\neq\boldsymbol{A}(t_2)\boldsymbol{A}(t_1)$$

$\boldsymbol{A}(t_1)$ 和 $\boldsymbol{A}(t_2)$ 不满足乘法交换律，即 $\boldsymbol{A}(t)$ 和 $\int_{t_0}^{t}\boldsymbol{A}(\tau)\mathrm{d}\tau$ 不可交换。则按式(3.62)计算状态转移矩阵，为

$$\int_{t_0}^{t}\boldsymbol{A}(\tau)\mathrm{d}\tau=\int_{t_0}^{t}\begin{bmatrix}0 & 1\\0 & \tau\end{bmatrix}\mathrm{d}\tau=\begin{bmatrix}0 & t-t_0\\0 & \frac{1}{2}(t^2-t_0^2)\end{bmatrix}$$

$$\begin{aligned}\int_{t_0}^{t}\boldsymbol{A}(\tau_1)\int_{t_0}^{\tau_1}\boldsymbol{A}(\tau_2)\mathrm{d}\tau_2\mathrm{d}\tau_1&=\int_{t_0}^{t}\begin{bmatrix}0 & 1\\0 & \tau_1\end{bmatrix}\begin{bmatrix}0 & \tau_1-t_0\\0 & \frac{1}{2}({\tau_1}^2-t_0^2)\end{bmatrix}\mathrm{d}\tau_1\\&=\int_{t_0}^{t}\begin{bmatrix}0 & \frac{1}{2}({\tau_1}^2-t_0^2)\\0 & \frac{1}{2}({\tau_1}^3-\tau_1t_0^2)\end{bmatrix}\mathrm{d}\tau_1=\begin{bmatrix}0 & \frac{1}{6}(t-t_0)^2(t+2t_0)\\0 & \frac{1}{8}(t^2-t_0^2)^2\end{bmatrix}\end{aligned}$$

$$\begin{aligned}\boldsymbol{\Phi}(t,\ t_0)&=\begin{bmatrix}1 & 0\\0 & 1\end{bmatrix}+\begin{bmatrix}0 & t-t_0\\0 & \frac{1}{2}(t^2-t_0^2)\end{bmatrix}+\begin{bmatrix}0 & \frac{1}{6}(t-t_0)^2(t+2t_0)\\0 & \frac{1}{8}(t^2-t_0^2)^2\end{bmatrix}+\cdots\\&=\begin{bmatrix}1 & (t-t_0)+\frac{1}{6}(t-t_0)^2(t+2t_0)+\cdots\\0 & 1+\frac{1}{2}(t^2-t_0^2)+\frac{1}{8}(t^2-t_0^2)^2+\cdots\end{bmatrix}\end{aligned}$$

【例 3 - 10】 已知线性时变系统的状态方程为

$$\begin{cases}\dot{\boldsymbol{x}}(t)=\begin{bmatrix}1 & 0\\0 & t\end{bmatrix}\boldsymbol{x}(t)+\begin{bmatrix}1\\t\end{bmatrix}\boldsymbol{u}(t)\\ y(t)=\begin{bmatrix}0 & 1\end{bmatrix}\boldsymbol{x}(t)\end{cases}$$

初始时刻为 $t_0=0$，初始状态为 $\boldsymbol{x}(t_0)=\begin{bmatrix}1\\1\end{bmatrix}$，试求其系统的单位阶跃输出响应。

解 由给定的状态转移矩阵得

$$\boldsymbol{A}(t_1)\boldsymbol{A}(t_2)=\begin{bmatrix}1 & 0\\0 & t_1\end{bmatrix}\begin{bmatrix}1 & 0\\0 & t_2\end{bmatrix}=\begin{bmatrix}1 & 0\\0 & t_1t_2\end{bmatrix}$$

$$\boldsymbol{A}(t_2)\boldsymbol{A}(t_1)=\begin{bmatrix}1 & 0\\0 & t_2\end{bmatrix}\begin{bmatrix}1 & 0\\0 & t_1\end{bmatrix}=\begin{bmatrix}1 & 0\\0 & t_1t_2\end{bmatrix}$$

$$\boldsymbol{A}(t_1)\boldsymbol{A}(t_2)=\boldsymbol{A}(t_2)\boldsymbol{A}(t_1)$$

即 $\boldsymbol{A}(t_1)$ 和 $\boldsymbol{A}(t_2)$ 满足乘法交换律，$\boldsymbol{A}(t)$ 和 $\int_{t_0}^{t}\boldsymbol{A}(\tau)\mathrm{d}\tau$ 可交换。则按式(3.55)、式(3.57)计算状态转移矩阵，为

$$\begin{aligned}\boldsymbol{\Phi}(t,0)&=\mathrm{e}^{\int_0^t\boldsymbol{A}(\tau)\mathrm{d}\tau}=\begin{bmatrix}1 & 0\\0 & 1\end{bmatrix}+\int_0^t\begin{bmatrix}1 & 0\\0 & \tau\end{bmatrix}\mathrm{d}\tau+\frac{1}{2!}\left[\int_0^t\begin{bmatrix}1 & 0\\0 & \tau\end{bmatrix}\mathrm{d}\tau\right]^2+\frac{1}{3!}\left[\int_0^t\begin{bmatrix}1 & 0\\0 & \tau\end{bmatrix}\mathrm{d}\tau\right]^3+\cdots\\
&=\begin{bmatrix}1 & 0\\0 & 1\end{bmatrix}+\begin{bmatrix}t & 0\\0 & \frac{1}{2}t^2\end{bmatrix}+\frac{1}{2}\begin{bmatrix}t & 0\\0 & \frac{1}{2}t^2\end{bmatrix}\begin{bmatrix}t & 0\\0 & \frac{1}{2}t^2\end{bmatrix}+\frac{1}{3!}\begin{bmatrix}t & 0\\0 & \frac{1}{2}t^2\end{bmatrix}\begin{bmatrix}t & 0\\0 & \frac{1}{2}t^2\end{bmatrix}\begin{bmatrix}t & 0\\0 & \frac{1}{2}t^2\end{bmatrix}+\cdots\\
&=\begin{bmatrix}1 & 0\\0 & 1\end{bmatrix}+\begin{bmatrix}t & 0\\0 & \frac{1}{2}t^2\end{bmatrix}+\frac{1}{2}\begin{bmatrix}t^2 & 0\\0 & \frac{1}{4}t^4\end{bmatrix}+\frac{1}{3!}\begin{bmatrix}t^3 & 0\\0 & \frac{1}{8}t^6\end{bmatrix}+\cdots\\
&=\begin{bmatrix}1+t+\frac{1}{2}t^2+\frac{1}{3!}t^3+\cdots & 0\\0 & 1+\frac{1}{2}t^2+\frac{1}{8}t^4+\frac{1}{3!}\times\frac{1}{8}t^6+\cdots\end{bmatrix}\\
&=\begin{bmatrix}\mathrm{e}^t & 0\\0 & \mathrm{e}^{\frac{1}{2}t^2}\end{bmatrix}\end{aligned}$$

$$\begin{aligned}\boldsymbol{x}(t)&=\boldsymbol{\Phi}(t,0)\boldsymbol{x}(0)+\int_0^t\boldsymbol{\Phi}(t,\tau)\boldsymbol{B}(\tau)\boldsymbol{u}(\tau)\mathrm{d}\tau\\
&=\begin{bmatrix}\mathrm{e}^t & 0\\0 & \mathrm{e}^{\frac{1}{2}t^2}\end{bmatrix}\begin{bmatrix}1\\1\end{bmatrix}+\int_0^t\begin{bmatrix}\mathrm{e}^{t-\tau} & 0\\0 & \mathrm{e}^{\frac{1}{2}(t^2-\tau^2)}\end{bmatrix}\begin{bmatrix}1\\\tau\end{bmatrix}\boldsymbol{u}(\tau)\mathrm{d}\tau\\
&=\begin{bmatrix}\mathrm{e}^t\\\mathrm{e}^{\frac{1}{2}t^2}\end{bmatrix}+\int_0^t\begin{bmatrix}\mathrm{e}^{t-\tau}\\\tau\mathrm{e}^{\frac{1}{2}(t^2-\tau^2)}\end{bmatrix}\mathrm{d}\tau\\
&=\begin{bmatrix}2\mathrm{e}^t-1\\2\mathrm{e}^{\frac{1}{2}t^2}-1\end{bmatrix}\end{aligned}$$

则系统的输出响应为

$$y=\begin{bmatrix}0 & 1\end{bmatrix}\boldsymbol{x}(t)=2\mathrm{e}^{\frac{1}{2}t^2}-1$$

3.4　线性系统的脉冲响应矩阵

脉冲响应矩阵和传递函数矩阵一样也是线性系统的一个基本特性。不同于传递函数矩阵，脉冲响应矩阵是从时间域角度表征系统的输入-输出关系。本节介绍线性时变系统的脉冲响应矩阵、线性时不变系统的脉冲响应矩阵，在此基础上讨论脉冲响应矩阵与传递函数矩阵间的关系，最后给出利用脉冲响应矩阵计算系统输出的方法。

3.4.1　线性时变系统的脉冲响应矩阵

式(3.67)给出了线性时变系统在初始状态和输入向量作用下的系统输出。若假定 $\boldsymbol{x}(t_0)=\boldsymbol{x}(0)=0$，而系统的输入为单位脉冲函数，即

$$\boldsymbol{u}(t)=\boldsymbol{e}_i\delta(t-\tau)$$

式中：τ 为加入单位脉冲的时刻。而

$$\boldsymbol{e}_i=\begin{bmatrix}0\\ \vdots\\ 0\\ 1\\ 0\\ \vdots\\ 0\end{bmatrix}\cdots\cdots\cdots\cdots i\text{ 的位置}$$

$e_i\delta(t-\tau)$就表示 $t=\tau$ 时刻，仅在第 i 个输入端施加一个单位脉冲。由式(3.67a)可知，系统的输出为

$$\begin{aligned}y_i(t)&=\boldsymbol{C}(t)\int_{t_0}^{t}\boldsymbol{\Phi}(t,\tau)\boldsymbol{B}(\tau)\boldsymbol{e}_i\delta(t-\tau)\mathrm{d}\tau+\boldsymbol{D}(t)\boldsymbol{e}_i\delta(t-\tau)\\&=\boldsymbol{C}(t)\boldsymbol{\Phi}(t,\tau)\boldsymbol{B}(\tau)\boldsymbol{e}_i+\boldsymbol{D}(t)\boldsymbol{e}_i\delta(t-\tau)\\&\triangleq\boldsymbol{h}_i(t,\tau)\end{aligned}\tag{3.68}$$

当 $t\geqslant\tau$ 时，式(3.68)成立；当 $t<\tau$ 时，$y_i(t)=0$。则有

$$\boldsymbol{h}_i(t,\tau)=\begin{cases}\boldsymbol{C}(t)\boldsymbol{\Phi}(t,\tau)\boldsymbol{B}(\tau)\boldsymbol{e}_i+\boldsymbol{D}(t)\boldsymbol{e}_i\delta(t-\tau) & t\geqslant\tau\\ \boldsymbol{0} & t<\tau\end{cases}$$

可见 $\boldsymbol{h}_i$ 为维向量。它表示系统输出 $\boldsymbol{y}(t)$对输入 $\boldsymbol{u}(t)$的第 i 个元素在 τ 时刻加入单位脉冲时的响应。

如果分别求出所有的 $\boldsymbol{h}_i$，$i=1, 2, \cdots, r$，并按次序排列，则

$$\begin{aligned}\boldsymbol{H}(t,\tau)&=[h_1(t,\tau)\quad h_2(t,\tau)\quad\cdots\quad h_r(t,\tau)]\\&=[\boldsymbol{C}(t)\boldsymbol{\Phi}(t,\tau)\boldsymbol{B}(\tau)\boldsymbol{e}_1\quad \boldsymbol{C}(t)\boldsymbol{\Phi}(t,\tau)\boldsymbol{B}(\tau)\boldsymbol{e}_2\quad\cdots\quad \boldsymbol{C}(t)\boldsymbol{\Phi}(t,\tau)\boldsymbol{B}(\tau)\boldsymbol{e}_r]\\&\quad+[\boldsymbol{D}(t)\boldsymbol{e}_1\quad \boldsymbol{D}(t)\boldsymbol{e}_2\quad\cdots\quad \boldsymbol{D}(t)\boldsymbol{e}_r]\delta(t-\tau)\\&=\boldsymbol{C}(t)\boldsymbol{\Phi}(t,\tau)\boldsymbol{B}(\tau)[\boldsymbol{e}_1\quad \boldsymbol{e}_2\quad\cdots\quad \boldsymbol{e}_r]+\boldsymbol{D}(t)[\boldsymbol{e}_1\quad \boldsymbol{e}_2\quad\cdots\quad \boldsymbol{e}_r]\boldsymbol{\delta}(t-\boldsymbol{\tau})\\&=\boldsymbol{C}(t)\boldsymbol{\Phi}(t,\tau)\boldsymbol{B}(\tau)+\boldsymbol{D}(t)\delta(t-\tau)\end{aligned}\tag{3.69}$$

当 $t\geqslant\tau$ 时，式(3.69)成立。当 $t<\tau$ 时，$\boldsymbol{H}(t,\tau)=\boldsymbol{0}$。因此

$$\boldsymbol{H}(t,\ \tau)=\begin{cases}\boldsymbol{C}(t)\boldsymbol{\Phi}(t,\ \tau)\boldsymbol{B}(\tau)+\boldsymbol{D}(t)\delta(t-\tau) & t\geqslant\tau\\ \boldsymbol{0} & t<\tau\end{cases} \tag{3.70}$$

$\boldsymbol{H}(t,\ \tau)$就是线性时变系统的脉冲响应矩阵。

3.4.2 线性定常系统的脉冲响应矩阵

对于线性定常系统来说，$\boldsymbol{A}$、$\boldsymbol{B}$、$\boldsymbol{C}$、$\boldsymbol{D}$ 均为常数矩阵。并且状态转移矩阵 $\boldsymbol{\Phi}(t,\ \tau)=\boldsymbol{\Phi}(t-\tau)=\mathrm{e}^{\boldsymbol{A}(t-\tau)}$。所以由式(3.70)直接得到脉冲响应矩阵，为

$$\boldsymbol{H}(t-\tau)=\begin{cases}\boldsymbol{C}\mathrm{e}^{\boldsymbol{A}(t-\tau)}\boldsymbol{B}+\boldsymbol{D}\delta(t-\tau) & t\geqslant\tau\\ \boldsymbol{0} & t<\tau\end{cases} \tag{3.71}$$

因为线性定常系统的脉冲响应矩阵只与$(t-\tau)$有关，与 τ 本身的大小无关。所以，为了方便起见，假定 $\tau=0$，即单位脉冲出现在 $\tau=0$ 的时刻。这时脉冲响应矩阵为

$$\boldsymbol{H}(t)=\begin{cases}\boldsymbol{C}\mathrm{e}^{\boldsymbol{A}t}\boldsymbol{B}+\boldsymbol{D}\delta(t) & t\geqslant 0\\ \boldsymbol{0} & t<0\end{cases} \tag{3.72}$$

3.4.3 传递函数矩阵与脉冲响应矩阵之间的关系

如果将式(3.72)进行拉普拉斯变换，得

$$\begin{aligned}\boldsymbol{H}(s) &= L[\boldsymbol{H}(t)] = \int_0^\infty \boldsymbol{H}(t)\mathrm{e}^{-st}\,\mathrm{d}t = \int_0^\infty [\boldsymbol{C}\mathrm{e}^{\boldsymbol{A}t}\boldsymbol{B}+\boldsymbol{D}\delta(t)]\mathrm{e}^{-st}\,\mathrm{d}t\\ &= \int_0^\infty \boldsymbol{C}\mathrm{e}^{\boldsymbol{A}t}\boldsymbol{B}\mathrm{e}^{-st}\,\mathrm{d}t+\int_0^\infty \boldsymbol{D}\delta(t)\mathrm{e}^{-st}\,\mathrm{d}t = \boldsymbol{C}\int_0^\infty \mathrm{e}^{\boldsymbol{A}t}\mathrm{e}^{-st}\,\mathrm{d}t\boldsymbol{B}+\boldsymbol{D}\end{aligned} \tag{3.73}$$

而

$$\boldsymbol{A}\int_0^\infty \mathrm{e}^{\boldsymbol{A}t}\mathrm{e}^{-st}\,\mathrm{d}t = \int_0^\infty \boldsymbol{A}\mathrm{e}^{\boldsymbol{A}t}\mathrm{e}^{-st}\,\mathrm{d}t = \mathrm{e}^{-st}\mathrm{e}^{\boldsymbol{A}t}\Big|_0^\infty - \int_0^\infty \mathrm{e}^{\boldsymbol{A}t}\,\mathrm{d}(\mathrm{e}^{-st}) = -\boldsymbol{I}+s\int_0^\infty \mathrm{e}^{\boldsymbol{A}t}\mathrm{e}^{-st}\,\mathrm{d}t \tag{3.74}$$

式(3.74)可改写成

$$[s\boldsymbol{I}-\boldsymbol{A}]\int_0^\infty \mathrm{e}^{\boldsymbol{A}t}\mathrm{e}^{-st}\,\mathrm{d}t = \boldsymbol{I}$$

如果$[s\boldsymbol{I}-\boldsymbol{A}]^{-1}$存在，则

$$\int_0^\infty \mathrm{e}^{\boldsymbol{A}t}\mathrm{e}^{-st}\,\mathrm{d}t = [s\boldsymbol{I}-\boldsymbol{A}]^{-1} \tag{3.75}$$

将式(3.75)代入式(3.74)，得到

$$\boldsymbol{H}(s)=\boldsymbol{C}[s\boldsymbol{I}-\boldsymbol{A}]^{-1}\boldsymbol{B}+\boldsymbol{D}=\boldsymbol{W}_0(s) \tag{3.76}$$

当 $\boldsymbol{D}=\boldsymbol{0}$ 时，有

$$\boldsymbol{H}(s)=\boldsymbol{C}[s\boldsymbol{I}-\boldsymbol{A}]^{-1}\boldsymbol{B}=\boldsymbol{W}(s)$$

可见，线性定常系统在初始松弛情况下脉冲响应矩阵的拉普拉斯变换就是系统传递函数矩阵，而传递函数矩阵 $\boldsymbol{W}(s)$的元素 $w_{ij}(s)$就是系统在初始松弛情况下，系统输入 $\boldsymbol{u}(t)$的第 j 个元素为单位脉冲时，系统输出 $\boldsymbol{y}(t)$的第 i 个元素 y_i 的拉普拉斯变换。这一关系与经典控制理论中脉冲响应和传递函数之间的关系是一致的。正因为如此，脉冲响应矩阵也可以作为系统的一种数学模型并得到重视和应用。

【例 3-11】 线性定常系统方程为

$$\begin{cases}\dot{\boldsymbol{x}}=\begin{bmatrix}0 & 1\\0 & -2\end{bmatrix}\boldsymbol{x}+\begin{bmatrix}0\\1\end{bmatrix}u\\ \boldsymbol{y}=\begin{bmatrix}1 & 0\\0 & 1\end{bmatrix}\boldsymbol{x}\end{cases}$$

求系统的脉冲响应矩阵。

解　采用拉普拉斯变换法求状态转移矩阵，即

$$[s\boldsymbol{I}-\boldsymbol{A}]^{-1}=\begin{bmatrix}s & -1\\0 & s+2\end{bmatrix}^{-1}=\frac{1}{s(s+2)}\begin{bmatrix}s+2 & 1\\0 & s\end{bmatrix}=\begin{bmatrix}\dfrac{1}{s} & \dfrac{1}{s(s+2)}\\0 & \dfrac{1}{s+2}\end{bmatrix}$$

$$\boldsymbol{\Phi}(t)=\mathrm{e}^{\boldsymbol{A}t}=L^{-1}[s\boldsymbol{I}-\boldsymbol{A}]^{-1}=L^{-1}\begin{bmatrix}\dfrac{1}{s} & \dfrac{1}{s(s+2)}\\0 & \dfrac{1}{s+2}\end{bmatrix}=\begin{bmatrix}1 & \dfrac{1}{2}(1-\mathrm{e}^{-2t})\\0 & \mathrm{e}^{-2t}\end{bmatrix}$$

脉冲响应矩阵为

$$\boldsymbol{H}(t)=\boldsymbol{C}\mathrm{e}^{\boldsymbol{A}t}\boldsymbol{B}=\begin{bmatrix}1 & 0\\0 & 1\end{bmatrix}\begin{bmatrix}1 & \dfrac{1}{2}(1-\mathrm{e}^{-2t})\\0 & \mathrm{e}^{-2t}\end{bmatrix}\begin{bmatrix}0\\1\end{bmatrix}=\begin{bmatrix}\dfrac{1}{2}(1-\mathrm{e}^{-2t})\\\mathrm{e}^{-2t}\end{bmatrix}$$

传递函数矩阵 $\boldsymbol{W}(s)$ 为

$$\boldsymbol{W}(s)=L[\boldsymbol{H}(t)]=L\begin{bmatrix}\dfrac{1}{2}(1-\mathrm{e}^{-2t})\\\mathrm{e}^{-2t}\end{bmatrix}=\begin{bmatrix}\dfrac{1}{s(s+2)}\\\dfrac{1}{s+2}\end{bmatrix}$$

按 $\boldsymbol{W}(s)=\boldsymbol{C}[s\boldsymbol{I}-\boldsymbol{A}]^{-1}\boldsymbol{B}$ 公式求得的传递函数矩阵和 $L[\boldsymbol{H}(t)]$ 求得的结果相同。

3.4.4　利用脉冲响应矩阵计算系统的输出

当系统脉冲响应矩阵已知时，可利用脉冲响应矩阵 $\boldsymbol{H}(t)$ 求出系统在其他输入向量作用下的输出 $\boldsymbol{y}(t)$。

如果用脉冲函数来表示任意输入向量 $\boldsymbol{u}(t)$，有

$$\boldsymbol{u}(t)=\int_{t_0}^{t}\boldsymbol{u}(\tau)\delta(t-\tau)\mathrm{d}\tau \tag{3.77}$$

将式(3.77)代入式(3.45)，得到

$$\begin{aligned}\boldsymbol{y}(t)&=\boldsymbol{C}\mathrm{e}^{\boldsymbol{A}(t-t_0)}\boldsymbol{x}(t_0)+\boldsymbol{C}\int_{t_0}^{t}\mathrm{e}^{\boldsymbol{A}(t-\tau)}\boldsymbol{B}\boldsymbol{u}(\tau)\mathrm{d}\tau+\boldsymbol{D}\int_{t_0}^{t}\boldsymbol{u}(\tau)\delta(t-\tau)\mathrm{d}\tau\\&=\boldsymbol{C}\mathrm{e}^{\boldsymbol{A}(t-t_0)}\boldsymbol{x}(t_0)+\int_{t_0}^{t}\boldsymbol{C}\mathrm{e}^{\boldsymbol{A}(t-\tau)}\boldsymbol{B}\boldsymbol{u}(\tau)\mathrm{d}\tau+\int_{t_0}^{t}\boldsymbol{D}\boldsymbol{u}(\tau)\delta(t-\tau)\mathrm{d}\tau\\&=\boldsymbol{C}\mathrm{e}^{\boldsymbol{A}(t-t_0)}\boldsymbol{x}(t_0)+\int_{t_0}^{t}[\boldsymbol{C}\mathrm{e}^{\boldsymbol{A}(t-\tau)}\boldsymbol{B}+\boldsymbol{D}\delta(t-\tau)]\boldsymbol{u}(\tau)\mathrm{d}\tau\\&=\boldsymbol{C}\mathrm{e}^{\boldsymbol{A}(t-t_0)}\boldsymbol{x}(t_0)+\int_{t_0}^{t}\boldsymbol{H}(t-\tau)\boldsymbol{u}(\tau)\mathrm{d}\tau\end{aligned} \tag{3.78}$$

可见，当系统初始状态 $\boldsymbol{x}(t_0)$ 和脉冲响应矩阵 $\boldsymbol{H}(t-\tau)$ 已知时，就可以求得任意输入向量作用下的系统输出。当系统初始状态 $\boldsymbol{x}(t_0)=\boldsymbol{0}$，则有

$$y(t)=\int_{t_0}^{t} H(t-\tau)u(\tau)\mathrm{d}\tau \tag{3.79}$$

3.5 线性离散时间系统的运动分析

与连续系统相似，线性定常离散时间系统状态方程一般可用式(3.80)表示

$$\begin{cases} x(k+1)=Gx(k)+Hu(k) \quad k=0,1,2,3,\cdots \\ x(k)\big|_{k=k_0}=x(k_0) \end{cases} \tag{3.80}$$

同样的，线性时变离散时间系统状态方程一般可用式(3.81)表示

$$\begin{cases} x(k+1)=G(k)x(k)+H(k)u(k) \\ x(k)\big|_{k=0}=x(k_0) \end{cases} \tag{3.81}$$

离散时间系统状态方程有两种解法：迭代法和 Z 变换法。迭代法也称递推法，它对定常系统和时变系统都是适用的；Z 变换法则只能适用于求解定常系统。

3.5.1 迭代法求解线性离散状态方程

(1) 若线性定常离散系统状态方程如式(3.80)所示，其解可以表示为

$$x(k)=G^k x(0)+\sum_{j=0}^{k-1} G^{k-j-1}Hu(j) \tag{3.82a}$$

或

$$x(k)=G^k x(0)+\sum_{j=0}^{k-1} G^{j}Hu(k-j-1) \tag{3.82b}$$

即

$$x(k)=G^k x(0)+G^{k-1}Hu(0)+\cdots+GHu(k-2)+Hu(k-1) \tag{3.82c}$$

证明 利用迭代法解差分方程式(3.80)：

$k=0$，$x(1)=Gx(0)+Hu(0)$

$k=1$，$x(2)=Gx(1)+Hu(1)=G[Gx(0)+Hu(0)]+Hu(1)=G^2x(0)+GHu(0)+Hu(1)$

$k=2$，$x(3)=Gx(2)+Hu(2)=G[G^2x(0)+GHu(0)+Hu(1)]+Hu(2)$

$\qquad =G^3x(0)+G^2Hu(0)+GHu(1)+Hu(2)$

⋮

$k=k-1$，$x(k)=Gx(k-1)+Hu(k-1)$

$\qquad =G^kx(0)+G^{k-1}Hu(0)+\cdots+GHu(k-2)+Hu(k-1)$

写成通式的形式，即得到式(3.82)。

若取初始时刻 $k_0\neq 0$，则式(3.82)也可以写为

$$x(k)=G^{k-k_0}x(k_0)+\sum_{j=k_0}^{k-1} G^{k-j-1}Hu(j) \tag{3.83}$$

分析线性定常离散系统状态方程解的形式，我们可以发现以下三点。

① 线性定常系统离散状态方程的求解公式和连续状态方程的求解公式在形式上是类似的。它也是由两部分响应构成：即由初始状态所引起的自由响应(零输入响应) $G^{k-k_0}x(k_0)$

和由输入信号所引起的受迫响应(零状态响应)$\sum_{j=k_0}^{k-1}\boldsymbol{G}^{k-j-1}\boldsymbol{Hu}(j)$。但不同的是，对于离散系统来说，$kT$ 时刻的受迫响应仅与前$(k-k_0)$个采样时刻的输入 $\boldsymbol{u}(i)$，$i=k_0, k_0+1, \cdots, k-1$ 相关，与该时刻的输入采样值无关。

② 类似于连续系统，式(3.82)或式(3.83)中的$\boldsymbol{G}^k$ 或$\boldsymbol{G}^{k-k_0}$ 也可以看做是线性定常离散系统状态方程的状态转移矩阵，记为 $\boldsymbol{\Phi}(k)$或 $\boldsymbol{\Phi}(k-k_0)$，即

$$\begin{aligned}&\boldsymbol{\Phi}(k)=\boldsymbol{G}^k\\&\boldsymbol{\Phi}(k-k_0)=\boldsymbol{G}^{k-k_0}\end{aligned}\tag{3.84}$$

它与线性定常连续系统状态转移矩阵(矩阵指数)有着相似的运算性质，即

$$\begin{aligned}&\boldsymbol{\Phi}(k+1)=\boldsymbol{G\Phi}(k)\\&\boldsymbol{\Phi}(0)=\boldsymbol{I}\\&\boldsymbol{\Phi}(k-h)=\boldsymbol{\Phi}(k-h_1)\boldsymbol{\Phi}(h_1-h),\ k>h_1\geqslant h\\&\boldsymbol{\Phi}^{-1}(k)=\boldsymbol{\Phi}(-k)\end{aligned}$$

此处仅给出性质本身的表达式，读者可自行证明。

利用状态转移矩阵，线性定常离散系统状态方程的解式(3.82)可以表示为

$$\boldsymbol{x}(k)=\boldsymbol{\Phi}(k)\boldsymbol{x}(0)+\sum_{j=0}^{k-1}\boldsymbol{\Phi}(k-j-1)\boldsymbol{Hu}(j)\tag{3.85a}$$

或

$$\boldsymbol{x}(k)=\boldsymbol{\Phi}(k-k_0)\boldsymbol{x}(k_0)+\sum_{j=k_0}^{k-1}\boldsymbol{\Phi}(k-j-1)\boldsymbol{Hu}(j)\tag{3.85b}$$

③ 离散系统状态转移矩阵 $\boldsymbol{\Phi}(k)=\boldsymbol{G}^k$ 或 $\boldsymbol{\Phi}(k-k_0)=\boldsymbol{G}^{k-k_0}$ 的求解方法也与连续系统相似，可以利用直接迭代法、Z 反变换法、利用特征值标准型及相似变换计算和化为有限项多项式计算 4 种方法进行计算。后面将通过例题加以说明。

(2) 若线性时变常离散系统状态方程如式(2.55)所示，其解可以表示为

$$\begin{aligned}&\boldsymbol{x}(k)=\boldsymbol{\Phi}(k,0)\boldsymbol{x}(0)+\sum_{j=0}^{k-1}\boldsymbol{\Phi}(k,j+1)\boldsymbol{H}(j)\boldsymbol{u}(j)\\&\boldsymbol{\Phi}(k,h)=\prod_{i=h}^{k-1}\boldsymbol{G}(i)=\boldsymbol{G}(k-1)\boldsymbol{G}(k-2)\cdots\boldsymbol{G}(h+1)\boldsymbol{G}(h),\ k>h\\&\boldsymbol{\Phi}(k,k)=\prod_{i=k}^{k-1}\boldsymbol{G}(i)=\boldsymbol{I}\end{aligned}\tag{3.86}$$

其证明方法与定常系统类似，对式(3.81)进行迭代法求解即可得到线性时变常离散系统状态方程的通解式(3.86)，读者可自行证明。

3.5.2　Z 反变换法求解线性定常离散状态方程

Z 反变换法仅适用于线性定常离散时间系统。

若线性定常离散系统状态方程如式(3.80)所示，其解可以表示为

$$\boldsymbol{x}(k)=Z^{-1}[(z\boldsymbol{I}-\boldsymbol{G})^{-1}z\boldsymbol{x}(0)]+Z^{-1}[(z\boldsymbol{I}-\boldsymbol{G})^{-1}\boldsymbol{HU}(z)]\tag{3.87}$$

证明　设 $k=0$，则式(3.80)可写为

$$\begin{cases} \boldsymbol{x}(k+1)=\boldsymbol{G}\boldsymbol{x}(k)+\boldsymbol{H}\boldsymbol{u}(k), \quad k=0,1,2,3,\cdots \\ \boldsymbol{x}(k)\big|_{k=0}=\boldsymbol{x}(0) \end{cases}$$

对等式两边进行 Z 变换，则

$$z\boldsymbol{X}(z)-z\boldsymbol{x}(0)=\boldsymbol{G}\boldsymbol{X}(z)+\boldsymbol{H}\boldsymbol{U}(z)$$

移项得

$$(z\boldsymbol{I}-\boldsymbol{G})\boldsymbol{X}(z)=z\boldsymbol{x}(0)+\boldsymbol{H}\boldsymbol{U}(z)$$

故

$$\boldsymbol{X}(z)=(z\boldsymbol{I}-\boldsymbol{G})^{-1}z\boldsymbol{x}(0)+(z\boldsymbol{I}-\boldsymbol{G})^{-1}\boldsymbol{H}\boldsymbol{U}(z)$$

等式两边进行 Z 反变换，即有

$$\boldsymbol{x}(k)=Z^{-1}[(z\boldsymbol{I}-\boldsymbol{G})^{-1}z\boldsymbol{x}(0)]+Z^{-1}[(z\boldsymbol{I}-\boldsymbol{G})^{-1}\boldsymbol{H}\boldsymbol{U}(z)]$$

对比式(3.82)与式(3.87)，可得

$$\boldsymbol{G}^k\boldsymbol{x}(0)=\boldsymbol{\Phi}(k)\boldsymbol{x}(0)=Z^{-1}[(z\boldsymbol{I}-\boldsymbol{G})^{-1}z\boldsymbol{x}(0)]$$

$$\sum_{j=0}^{k-1}\boldsymbol{G}^{k-j-1}\boldsymbol{H}\boldsymbol{u}(j)=Z^{-1}[(z\boldsymbol{I}-\boldsymbol{G})^{-1}\boldsymbol{H}\boldsymbol{U}(z)]$$

【例 3-12】 已知线性定常离散系统状态方程为

$$\begin{cases} \boldsymbol{x}(k+1)=\begin{bmatrix} 0 & 1 \\ -0.2 & -0.9 \end{bmatrix}\boldsymbol{x}(k)+\begin{bmatrix} 1 \\ 1 \end{bmatrix}\boldsymbol{u}(k) \\ \boldsymbol{x}(k_0)=\boldsymbol{x}(0)=\begin{bmatrix} 1 \\ -1 \end{bmatrix} \end{cases}$$

(1) 分别使用直接迭代法、Z 反变换法、特征值标准型及相似变换计算法、有限项多项式计算法计算状态转移矩阵 $\boldsymbol{\Phi}(k)$；

(2) 当 $u(k)$ 为单位脉冲序列时，求状态方程的解。

解 (1) 求解状态转移矩阵 $\boldsymbol{\Phi}(k)$。

① 直接迭代法。

$$\boldsymbol{\Phi}(k)=\boldsymbol{G}^k=\begin{bmatrix} 0 & 1 \\ -0.2 & -0.9 \end{bmatrix}^k$$

由直接迭代法可求出各个采样时刻的解，但得不到其封闭形式的解析式，即

$$\boldsymbol{\Phi}(1)=\boldsymbol{G}^1=\begin{bmatrix} 0 & 1 \\ -0.2 & -0.9 \end{bmatrix}, \boldsymbol{\Phi}(2)=\boldsymbol{G}^2=\begin{bmatrix} -0.2 & -0.9 \\ 0.18 & 0.61 \end{bmatrix},$$

$$\boldsymbol{\Phi}(3)=\boldsymbol{G}^3=\begin{bmatrix} 0.18 & 0.61 \\ -0.122 & -0.369 \end{bmatrix}, \cdots$$

② Z 反变换法。

$$\boldsymbol{\Phi}(k)=Z^{-1}[(z\boldsymbol{I}-\boldsymbol{G})^{-1}z]$$

$$(z\boldsymbol{I}-\boldsymbol{G})^{-1}=\begin{bmatrix} z & -1 \\ 0.2 & z+0.9 \end{bmatrix}^{-1}=\frac{1}{(z+0.5)(z+0.4)}\begin{bmatrix} z+0.9 & 1 \\ -0.2 & z \end{bmatrix}$$

$$=\begin{bmatrix} \dfrac{5}{z+0.4}-\dfrac{4}{z+0.5} & \dfrac{10}{z+0.4}-\dfrac{10}{z+0.5} \\ \dfrac{-2}{z+0.4}+\dfrac{2}{z+0.5} & \dfrac{-4}{z+0.4}+\dfrac{5}{z+0.5} \end{bmatrix}$$

$$\boldsymbol{\Phi}(k)=Z^{-1}[(z\boldsymbol{I}-\boldsymbol{G})^{-1}z]$$

$$=\begin{bmatrix}5(-0.4)^k-4(-0.5)^k & 10(-0.4)^k-10(-0.5)^k\\ -2(-0.4)^k+2(-0.5)^k & -4(-0.4)^k+5(-0.5)^k\end{bmatrix}$$

③ 特征值标准型及相似变换计算法。

计算矩阵 $\boldsymbol{G}$ 的特征值，即

$$|\lambda\boldsymbol{I}-\boldsymbol{G}|=0,\ \lambda_1=-0.4,\ \lambda_2=-0.5$$

$\boldsymbol{G}$ 为友矩阵，故其变换矩阵为

$$\boldsymbol{P}=\begin{bmatrix}1 & 1\\ \lambda_1 & \lambda_2\end{bmatrix}=\begin{bmatrix}1 & 1\\ -0.4 & -0.5\end{bmatrix},\ \boldsymbol{P}^{-1}=\begin{bmatrix}5 & 10\\ -4 & -10\end{bmatrix}$$

$$\boldsymbol{P}^{-1}\boldsymbol{G}\boldsymbol{P}=\begin{bmatrix}5 & 10\\ -4 & -10\end{bmatrix}\begin{bmatrix}0 & 1\\ -0.2 & -0.9\end{bmatrix}\begin{bmatrix}1 & 1\\ -0.4 & -0.5\end{bmatrix}=\begin{bmatrix}-0.4 & 0\\ 0 & -0.5\end{bmatrix}=\boldsymbol{\Lambda}$$

$$\boldsymbol{\Phi}(k)=\boldsymbol{P}\boldsymbol{\Lambda}^k\boldsymbol{P}^{-1}=\begin{bmatrix}1 & 1\\ -0.4 & -0.5\end{bmatrix}\begin{bmatrix}-0.4 & 0\\ 0 & -0.5\end{bmatrix}^k\begin{bmatrix}5 & 10\\ -4 & -10\end{bmatrix}$$

$$=\begin{bmatrix}1 & 1\\ -0.4 & -0.5\end{bmatrix}\begin{bmatrix}(-0.4)^k & 0\\ 0 & (-0.5)^k\end{bmatrix}\begin{bmatrix}5 & 10\\ -4 & -10\end{bmatrix}$$

$$=\begin{bmatrix}5(-0.4)^k-4(-0.5)^k & 10(-0.4)^k-10(-0.5)^k\\ -2(-0.4)^k+2(-0.5)^k & -4(-0.4)^k+5(-0.5)^k\end{bmatrix}$$

④有限项多项式计算法。

$$\begin{bmatrix}\alpha_0\\ \alpha_1\end{bmatrix}=\begin{bmatrix}1 & \lambda_1\\ 1 & \lambda_2\end{bmatrix}^{-1}\begin{bmatrix}\lambda_1{}^k\\ \lambda_2{}^k\end{bmatrix}=\begin{bmatrix}1 & -0.4\\ 1 & -0.5\end{bmatrix}^{-1}\begin{bmatrix}(-0.4)^k\\ (-0.5)^k\end{bmatrix}$$

$$=\begin{bmatrix}5 & -4\\ 10 & -10\end{bmatrix}\begin{bmatrix}(-0.4)^k\\ (-0.5)^k\end{bmatrix}=\begin{bmatrix}5(-0.4)k-4(-0.5)^k\\ 10(-0.4)^k-10(-0.5)^k\end{bmatrix}$$

故有

$$\boldsymbol{G}^k=\alpha_0(k)\boldsymbol{I}+\alpha_1(k)\boldsymbol{G}$$

$$=(5(-0.4)^k-4(-0.5)^k)\begin{bmatrix}1 & 0\\ 0 & 1\end{bmatrix}+(10(-0.4)^k-10(-0.5)^k)\begin{bmatrix}0 & 1\\ -0.2 & -0.9\end{bmatrix}$$

$$=\begin{bmatrix}5(-0.4)^k-4(-0.5)^k & 10(-0.4)^k-10(-0.5)^k\\ -2(-0.4)^k+2(-0.5)^k & -4(-0.4)^k+5(-0.5)^k\end{bmatrix}$$

(2) 当 $u(k)$ 为脉冲序列时，求状态方程的解。

由于 $u(k)=1(k)$，则有

$$U(z)=\frac{z}{z-1}$$

$$\boldsymbol{X}(z)=(z\boldsymbol{I}-\boldsymbol{G})^{-1}z\boldsymbol{x}(0)+(z\boldsymbol{I}-\boldsymbol{G})^{-1}\boldsymbol{H}U(z)$$

$$=\frac{1}{(z+0.4)(z+0.5)}\begin{bmatrix}z+0.9 & 1\\ -0.2 & z\end{bmatrix}\times\left(\begin{bmatrix}z\\ -z\end{bmatrix}+\begin{bmatrix}\frac{z}{z-1}\\ \frac{z}{z-1}\end{bmatrix}\right)$$

$$=\frac{1}{(z+0.4)(z+0.5)(z-1)}\begin{bmatrix} z^3-0.1z^2+2z \\ -z^3+1.8z^2 \end{bmatrix}=\begin{bmatrix} \dfrac{-\frac{110}{7}z}{z+0.4}+\dfrac{\frac{46}{3}z}{z+0.5}+\dfrac{\frac{29}{21}z}{z-1} \\ \dfrac{\frac{44}{7}z}{z+0.4}+\dfrac{-\frac{23}{3}z}{z+0.5}+\dfrac{\frac{8}{21}z}{z-1} \end{bmatrix}$$

则

$$\boldsymbol{x}(k)=Z^{-1}[\boldsymbol{X}(z)]=\begin{bmatrix} -\frac{110}{7}(-0.4)^k+\frac{46}{3}(-0.5)^k+\frac{29}{21} \\ \frac{44}{7}(-0.4)^k-\frac{23}{3}(-0.5)^k+\frac{8}{21} \end{bmatrix}$$

3.6 线性连续系统状态方程的离散化

离散系统的工作状态可以分为以下两种情况：

(1) 整个系统工作于单一的离散状态。

对于这种系统，其状态变量、输入变量和输出变量全是离散量，如现在的全数字化设备、计算机集成制造系统等。

(2) 系统工作在连续和离散两种状态的混合状态。

在这种系统中，状态变量、输入变量和输出变量既有连续的模拟量，又有离散的数字量，如连续被控对象的采样控制系统就属于这种情况。

对于第二种情况的系统，则是本节重点讨论的对象，其状态方程既有一阶微分方程组，又有一阶差分方程组。为了能对这种系统运用离散系统的分析方法和设计方法，要求整个系统统一用离散状态方程来描述，为此，提出了连续系统离散化的问题。

众所周知，数字计算机只能处理数字信号，其在数值上是整量化的，在时间上是离散化的。因此，在计算机仿真、计算机辅助设计中利用数字计算机分析求解连续系统的状态方程，或者进行计算机控制时，都会遇到离散化问题。

3.6.1 线性定常连续状态方程的离散化

线性定常系统的状态空间表达式为

$$\begin{cases} \dot{\boldsymbol{x}}=\boldsymbol{A}\boldsymbol{x}+\boldsymbol{B}\boldsymbol{u} \\ \boldsymbol{y}=\boldsymbol{C}\boldsymbol{x}+\boldsymbol{D}\boldsymbol{u} \end{cases} \tag{3.88}$$

为了将上述连续系统离散化，需在系统的输入、输出端加入理想采样器，且为了使采样后的输入控制量 $\boldsymbol{u}(kT)$ 还原为原来的连续信号，还需在输入信号采样器后加入保持器，如图 3-2 所示。

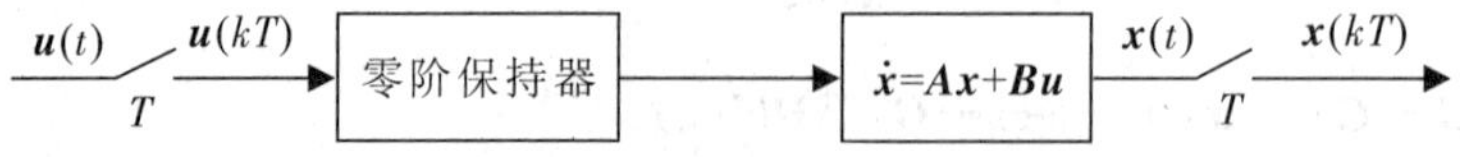

图 3-2 线性连续系统的离散化

若连续系统离散化时满足以下条件：

(1) 离散化按等采样周期 T 采样处理，采样时刻为 $kT(k=0, 1, 2, \cdots)$，采样脉冲为理相采样脉冲；

(2) 保持器为零阶保持器，即输入向量 $\boldsymbol{u}(t)=\boldsymbol{u}(kT)$，$kT\leqslant t\leqslant(k+1)T$。

(3) 采样周期的选择满足香农(shannon)采样定理。

则式(3.88)所示的连续系统离散化之后，得到的离散时间状态空间表达式为

$$\begin{cases}\boldsymbol{x}[(k+1)T]=\boldsymbol{G}(T)\boldsymbol{x}(kT)+\boldsymbol{H}(T)\boldsymbol{u}(kT)\\ \boldsymbol{y}(kT)=\boldsymbol{C}\boldsymbol{x}(kT)+\boldsymbol{D}\boldsymbol{u}(kT)\end{cases} \tag{3.89}$$

式中：

$$\boldsymbol{G}(T)=\mathrm{e}^{\boldsymbol{A}T} \tag{3.90}$$

$$\boldsymbol{H}(T)=\int_0^T \mathrm{e}^{\boldsymbol{A}t}\boldsymbol{B}\,\mathrm{d}t \tag{3.91}$$

$\boldsymbol{C}$ 和 $\boldsymbol{D}$ 则仍与式(3.88)中的一样。

证明 输出方程是状态矢量和控制矢量的某种线性组合，离散化之后，组合关系并不改变，故 $\boldsymbol{C}$ 和 $\boldsymbol{D}$ 不变。

根据式(3.40)，连续定常系统状态方程的解为

$$\boldsymbol{x}(t)=\mathrm{e}^{\boldsymbol{A}(t-t_0)}\boldsymbol{x}(t_0)+\int_{t_0}^{t}\mathrm{e}^{\boldsymbol{A}(t-\tau)}\boldsymbol{B}\boldsymbol{u}(\tau)\mathrm{d}\tau \tag{3.92}$$

这里只考察从 $t_0=kT$ 到 $t=(k+1)T$ 这一段的响应，并考虑到在这一段时间间隔内 $\boldsymbol{u}(t)=\boldsymbol{u}(kT)=$常数，从而有

$$\boldsymbol{x}[(k+1)T]=\mathrm{e}^{\boldsymbol{A}T}\boldsymbol{x}(kT)+\left[\int_{kT}^{(k+1)T}\mathrm{e}^{\boldsymbol{A}[(k+1)T-\tau]}\boldsymbol{B}\mathrm{d}\tau\right]\boldsymbol{u}(kT) \tag{3.93}$$

比较式(3.89)与式(3.93)，可得

$$\boldsymbol{G}(T)=\mathrm{e}^{\boldsymbol{A}T}$$

$$\boldsymbol{H}(T)=\int_{kT}^{(k+1)T}\mathrm{e}^{\boldsymbol{A}[(k+1)T-\tau]}\boldsymbol{B}\mathrm{d}\tau \tag{3.94}$$

在式(3.94)中，令 $t=(k+1)T-\tau$，则 $\mathrm{d}\tau=-\mathrm{d}t$，而积分下限 $\tau=kT$ 时，相应 $t=T$；积分上限 $\tau=(k+1)T$ 相应于 $t=0$。故式(2.68)可以简化为

$$\boldsymbol{H}(T)=\int_0^T \mathrm{e}^{\boldsymbol{A}t}\boldsymbol{B}\,\mathrm{d}t$$

【例3-13】 已知线性定常连续系统状态空间方程为

$$\begin{bmatrix}\dot{x}_1(t)\\ \dot{x}_2(t)\end{bmatrix}=\begin{bmatrix}0 & 1\\ 0 & 1\end{bmatrix}\begin{bmatrix}x_1(t)\\ x_1(t)\end{bmatrix}+\begin{bmatrix}0\\ 1\end{bmatrix}u$$

求其离散化方程。

解 首先求 $\boldsymbol{G}(T)$ 和 $\boldsymbol{H}(T)$。

$$\mathrm{e}^{\boldsymbol{A}t}=L^{-1}[(s\boldsymbol{I}-\boldsymbol{A})^{-1}]=L^{-1}\left[\begin{bmatrix}s & -1\\ 0 & s-1\end{bmatrix}^{-1}\right]=\begin{bmatrix}1 & \mathrm{e}^t-1\\ 0 & \mathrm{e}^t\end{bmatrix}$$

故

$$\boldsymbol{G}(T)=\mathrm{e}^{\boldsymbol{A}t}\big|_{t=T}=\begin{bmatrix}1 & \mathrm{e}^T-1\\ 0 & \mathrm{e}^T\end{bmatrix}$$

$$\boldsymbol{H}(T)=\int_0^T \mathrm{e}^{\boldsymbol{A}t}\boldsymbol{B}\,\mathrm{d}t=\int_0^T\begin{bmatrix}1 & \mathrm{e}^t-1\\ 0 & \mathrm{e}^t\end{bmatrix}\begin{bmatrix}0\\ 1\end{bmatrix}\mathrm{d}t=\begin{bmatrix}\mathrm{e}^T-T-1\\ \mathrm{e}^T-1\end{bmatrix}$$

离散化后的系统状态方程为

$$\begin{bmatrix} x_1[(k+1)T] \\ x_2[(k+1)T] \end{bmatrix} = \begin{bmatrix} 1 & e^T-1 \\ 0 & e^T \end{bmatrix} \begin{bmatrix} x_1(kT) \\ x_2(kT) \end{bmatrix} + \begin{bmatrix} e^T-T-1 \\ e^T-1 \end{bmatrix} u(kT)$$

【例 3 - 14】 已知系统如图 3 - 3 所示。试求：(1)系统离散化的状态空间表达式；(2) 当采样周期 $T=0.1$ s，输入为单位阶跃函数，且初始状态为零时的离散输出 $y(kT)$。

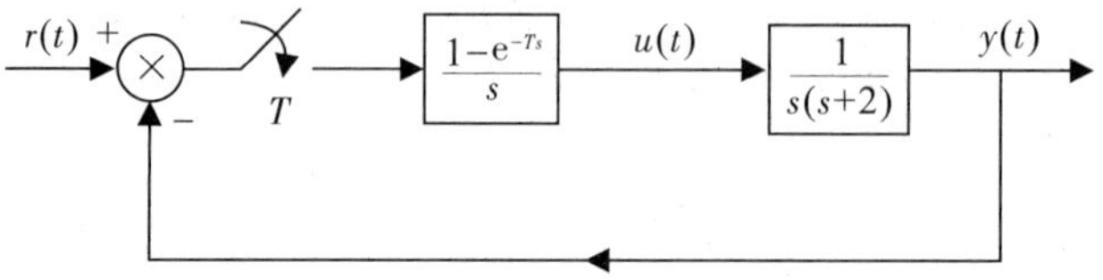

图 3 - 3 系统方框图

解 (1) 将连续被控对象的状态空间表达式离散化。

被控对象的传递函数为

$$G(s) = \frac{1}{s(s+2)}$$

连续被控对象的状态空间表达式可按能控标准型列出，即

$$\begin{cases} \dot{\boldsymbol{x}} = \begin{bmatrix} 0 & 1 \\ 0 & -2 \end{bmatrix} \boldsymbol{x} + \begin{bmatrix} 0 \\ 1 \end{bmatrix} u \\ y = [1 \quad 0] \boldsymbol{x} \end{cases}$$

可求得状态转移矩阵为

$$e^{\boldsymbol{A}t} = \begin{bmatrix} 1 & \frac{1}{2} - \frac{1}{2} e^{-2t} \\ 0 & e^{-2t} \end{bmatrix}$$

由系统方框图可知，连续被控对象的输入是零阶保持器的输出，则

$$\boldsymbol{G}(T) = e^{\boldsymbol{A}T} = \begin{bmatrix} 1 & \frac{1}{2} - \frac{1}{2} e^{-2T} \\ 0 & e^{-2T} \end{bmatrix}$$

$$\boldsymbol{H}(T) = \int_0^T e^{\boldsymbol{A}t} \boldsymbol{B} \, dt = \int_0^T \begin{bmatrix} 1 & \frac{1}{2} - \frac{1}{2} e^{-2t} \\ 0 & e^{-2t} \end{bmatrix} \begin{bmatrix} 0 \\ 1 \end{bmatrix} dt = \begin{bmatrix} \frac{1}{2} T + \frac{1}{4} e^{-2T} - \frac{1}{4} \\ -\frac{1}{2} e^{-2T} + \frac{1}{2} \end{bmatrix}$$

故连续被控对象的离散化状态空间表达式为

$$\begin{cases} \begin{bmatrix} x_1((k+1)T) \\ x_2((k+1)T) \end{bmatrix} = \begin{bmatrix} 1 & \frac{1}{2} - \frac{1}{2} e^{-2T} \\ 0 & e^{-2T} \end{bmatrix} \begin{bmatrix} x_1(kT) \\ x_2(kT) \end{bmatrix} + \begin{bmatrix} \frac{1}{2} T + \frac{1}{4} e^{-2T} - \frac{1}{4} \\ -\frac{1}{2} e^{-2T} + \frac{1}{2} \end{bmatrix} u(kT) \\ y(kT) = [1, \ 0] \begin{bmatrix} x_1(kT) \\ x_2(kT) \end{bmatrix} = x_1(kT) \end{cases}$$

(2) 求闭环系统离散化的状态空间表达式。

由系统方框图可知

$$u(kT) = r(kT) - y(kT)$$

$$y(kT)=x_1(kT)$$

则有

$$u(kT)=r(kT)-x_1(kT)$$

将其带入连续被控对象的离散化状态空间表达式，可得闭环系统离散化的状态空间表达式为

$$\begin{cases}\begin{bmatrix}x_1((k+1)T)\\x_2((k+1)T)\end{bmatrix}=\begin{bmatrix}1 & \dfrac{1}{2}-\dfrac{1}{2}e^{-2T}\\0 & e^{-2T}\end{bmatrix}\begin{bmatrix}x_1(kT)\\x_2(kT)\end{bmatrix}+\begin{bmatrix}\dfrac{1}{2}T+\dfrac{1}{4}e^{-2T}-\dfrac{1}{4}\\-\dfrac{1}{2}e^{-2T}+\dfrac{1}{2}\end{bmatrix}[r(kT)-x_1(kT)]\\\qquad=\begin{bmatrix}-\dfrac{1}{4}e^{-2T}-\dfrac{1}{2}T+\dfrac{5}{4} & \dfrac{1}{2}-\dfrac{1}{2}e^{-2T}\\\dfrac{1}{2}e^{-2T}-\dfrac{1}{2} & e^{-2T}\end{bmatrix}\begin{bmatrix}x_1(kT)\\x_2(kT)\end{bmatrix}+\begin{bmatrix}\dfrac{1}{2}T+\dfrac{1}{4}e^{-2T}-\dfrac{1}{4}\\-\dfrac{1}{2}e^{-2T}+\dfrac{1}{2}\end{bmatrix}r(kT)\\y(kT)=[1,\ 0]\begin{bmatrix}x_1(kT)\\x_2(kT)\end{bmatrix}=x_1(kT)\end{cases}$$

(3) $T=0.1$ s 时，闭环系统离散化的状态空间表达式为

$$\begin{cases}\begin{bmatrix}x_1((k+1)T)\\x_2((k+1)T)\end{bmatrix}=\begin{bmatrix}0.9953 & 0.0906\\-0.0906 & 0.8187\end{bmatrix}\begin{bmatrix}x_1(kT)\\x_2(kT)\end{bmatrix}+\begin{bmatrix}0.0047\\0.0906\end{bmatrix}r(kT)\\y(kT)=[1,\ 0]\begin{bmatrix}x_1(kT)\\x_2(kT)\end{bmatrix}=x_1(kT)\end{cases}$$

由题意，$r(kT)$为单位阶跃序列 $1(k)$，初始状态为零，采用递推法求解状态方程的序列解为

$$\begin{bmatrix}x_1(0.1)\\x_2(0.1)\end{bmatrix}=\begin{bmatrix}0.9953 & 0.0906\\-0.0906 & 0.8187\end{bmatrix}\begin{bmatrix}0\\0\end{bmatrix}+\begin{bmatrix}0.0047\\0.0906\end{bmatrix}=\begin{bmatrix}0.0047\\0.0906\end{bmatrix}$$

$$\begin{bmatrix}x_1(0.2)\\x_2(0.2)\end{bmatrix}=\begin{bmatrix}0.9953 & 0.0906\\-0.0906 & 0.8187\end{bmatrix}\begin{bmatrix}0.0047\\0.0906\end{bmatrix}+\begin{bmatrix}0.0047\\0.0906\end{bmatrix}=\begin{bmatrix}0.0176\\0.1643\end{bmatrix}$$

$$\begin{bmatrix}x_1(0.3)\\x_2(0.3)\end{bmatrix}=\begin{bmatrix}0.9953 & 0.0906\\-0.0906 & 0.8187\end{bmatrix}\begin{bmatrix}0.0176\\0.1643\end{bmatrix}+\begin{bmatrix}0.0047\\0.0906\end{bmatrix}=\begin{bmatrix}0.0371\\0.2236\end{bmatrix}$$

$$\begin{bmatrix}x_1(0.4)\\x_2(0.4)\end{bmatrix}=\begin{bmatrix}0.9953 & 0.0906\\-0.0906 & 0.8187\end{bmatrix}\begin{bmatrix}0.0371\\0.2236\end{bmatrix}+\begin{bmatrix}0.0047\\0.0906\end{bmatrix}=\begin{bmatrix}0.0619\\0.2703\end{bmatrix}\cdots$$

则离散输出 $y(kT)$为

$$y(0)=x_1(0)=0,\ y(0.1)=x_1(0.1)=0.0047,\ y(0.2)=x_1(0.2)=0.0176,$$
$$y(0.3)=x_1(0.3)=0.0371,\ y(0.4)=x_1(0.4)=0.0619,\ \cdots$$

3.6.2　线性时变连续状态方程的离散化

线性时变系统的状态空间表达式为

$$\begin{cases}\dot{\boldsymbol{x}}=\boldsymbol{A}(t)\boldsymbol{x}+\boldsymbol{B}(t)\boldsymbol{u}\\\boldsymbol{y}=\boldsymbol{C}(t)\boldsymbol{x}+\boldsymbol{D}(t)\boldsymbol{u}\end{cases}\tag{3.95}$$

仿照线性定常系统，线性时变连续系统状态方程离散化仍满足以下条件：离散化按等采样周期 T 采样处理，且采样周期的选择满足香农采样定理，同时采用零阶保持器。

则式(3.95)所示的连续系统离散化之后，得到离散时间状态空间表达式为

$$\begin{cases} \boldsymbol{x}[(k+1)T]=\boldsymbol{G}(kT)\boldsymbol{x}(kT)+\boldsymbol{H}(kT)\boldsymbol{u}(kT) \\ \boldsymbol{y}(kT)=\boldsymbol{C}(kT)\boldsymbol{x}(kT)+\boldsymbol{D}(kT)\boldsymbol{u}(kT) \end{cases} \tag{3.96}$$

式中：

$$\boldsymbol{G}(kT)=\boldsymbol{\Phi}[(k+1)T,\ kT] \tag{3.97}$$

$$\boldsymbol{H}(kT)=\int_{kT}^{(k+1)T}\boldsymbol{\Phi}[(k+1)T,\ \tau]\boldsymbol{B}(\tau)\mathrm{d}\tau \tag{3.98}$$

证明 输出方程的离散化可用 $t=kT$ 代入式(3.96)中的连续输出方程直接得出

$$\boldsymbol{y}(kT)=\boldsymbol{C}(kT)\boldsymbol{x}(kT)+\boldsymbol{D}(kT)\boldsymbol{u}(kT)$$

根据式(3.63)，连续时变系统状态方程的解为

$$\boldsymbol{x}(t)=\boldsymbol{\Phi}(t,\ t_0)\boldsymbol{x}(t_0)+\int_{t_0}^{t}\boldsymbol{\Phi}(t,\ \tau)\boldsymbol{B}(\tau)\boldsymbol{u}(\tau)\mathrm{d}\tau \tag{3.99}$$

考察从 $t_0=kT$ 到 $t=(k+1)T$ 这一段的响应，并考虑到在这一段时间间隔内 $u(t)=u(kT)=$常数，从而有

$$\begin{aligned} \boldsymbol{x}((k+1)T) &= \boldsymbol{\Phi}[(k+1)T,\ kT]\boldsymbol{x}(kT)+\int_{kT}^{(k+1)T}\boldsymbol{\Phi}[(k+1)T,\ \tau]\boldsymbol{B}(\tau)\boldsymbol{u}(\tau)\mathrm{d}\tau \\ &= \boldsymbol{\Phi}[(k+1)T,\ kT]\boldsymbol{x}(kT)+\left[\int_{kT}^{(k+1)T}\boldsymbol{\Phi}[(k+1)T,\ \tau]\boldsymbol{B}(\tau)\mathrm{d}\tau\right]\boldsymbol{u}(kT) \\ &= \boldsymbol{G}(kT)\boldsymbol{x}(kT)+\boldsymbol{H}(kT)\boldsymbol{u}(kT) \end{aligned}$$

式中：

$$\boldsymbol{G}(kT)=\boldsymbol{\Phi}[(k+1)T,\ kT]$$

$$\boldsymbol{H}(kT)=\int_{kT}^{(k+1)T}\boldsymbol{\Phi}[(k+1)T,\ \tau]\boldsymbol{B}(\tau)\mathrm{d}\tau$$

3.6.3 近似离散化

采样周期 T 较小、一般当其为系统最小时间常数的1/10左右时，离散化的状态方程可近似表示为

$$\begin{cases} \boldsymbol{x}[(k+1)T]\approx(T\boldsymbol{A}+\boldsymbol{I})\boldsymbol{x}(kT)+T\boldsymbol{B}\boldsymbol{u}(kT) \\ \qquad\qquad\quad =\boldsymbol{G}(kT)\boldsymbol{x}(kT)+\boldsymbol{H}(kT)\boldsymbol{u}(kT) \\ \boldsymbol{y}(kT)=\boldsymbol{C}\boldsymbol{x}(kT)+\boldsymbol{D}\boldsymbol{u}(kT) \end{cases} \tag{3.100}$$

亦即

$$\boldsymbol{G}(kT)=T\boldsymbol{A}(kT)+\boldsymbol{I} \tag{3.101}$$

$$\boldsymbol{H}(kT)=T\boldsymbol{B}(kT) \tag{3.102}$$

证明 用差分近似代替微分，有

$$\dot{\boldsymbol{x}}(t)\big|_{t=kT}=\lim_{T\to 0}\frac{\boldsymbol{x}[(k+1)T]-\boldsymbol{x}(kT)}{(k+1)T-kT}=\lim_{T\to 0}\frac{\boldsymbol{x}[(k+1)T]-\boldsymbol{x}(kT)}{T}$$

假定采样周期很小，可以近似认为

$$\dot{\boldsymbol{x}}(t)\approx\frac{\boldsymbol{x}[(k+1)T]-\boldsymbol{x}(kT)}{T} \tag{3.103}$$

由线性连续系统状态方程得：

$$\frac{\boldsymbol{x}[(k+1)T]-\boldsymbol{x}(kT)}{T}\approx\boldsymbol{A}(kT)\boldsymbol{x}(kT)+\boldsymbol{B}(kT)\boldsymbol{u}(kT)$$

整理即可得

$$G(kT)=TA(kT)+I$$
$$H(kT)=TB(kT)$$

【例 3-15】 取 $\boldsymbol{x}(0)=\begin{bmatrix}0\\0\end{bmatrix}$，$u(t)=1(t)$。对例 3-13 系统采用近似离散化方法，并与例 3-13 中得到的结果做对比。

解 根据式(3.101)、(3.102)，有

$$\boldsymbol{G}(kT)=T\boldsymbol{A}(kT)+\boldsymbol{I}=T\begin{bmatrix}0 & 1\\0 & 1\end{bmatrix}+\boldsymbol{I}=\begin{bmatrix}1 & T\\0 & T+1\end{bmatrix}$$

$$\boldsymbol{H}(kT)=T\boldsymbol{B}(kT)=\begin{bmatrix}0\\T\end{bmatrix}$$

可得近似离散化系统状态方程为

$$\begin{bmatrix}x_1[(k+1)T]\\x_2[(k+1)T]\end{bmatrix}=\begin{bmatrix}1 & T\\0 & T+1\end{bmatrix}\begin{bmatrix}x_1(kT)\\x_2(kT)\end{bmatrix}+\begin{bmatrix}0\\T\end{bmatrix}u(kT)$$

将近似离散化方法得到的系统状态方程与例 3-13 得到的结果在不同采样周期下做一个对比，如表 3-1 所示，可以发现其采样周期越小，近似的离散化状态方程越精确。

表 3.1 采样周期对离散化方法的影响

	$\boldsymbol{G}(kT)$		$\boldsymbol{H}(kT)$	
	精确离散化	近似离散化	精确离散化	近似离散化
T	$\begin{bmatrix}1 & e^T-1\\0 & e^T\end{bmatrix}$	$\begin{bmatrix}1 & T\\0 & T+1\end{bmatrix}$	$\begin{bmatrix}e^T-T-1\\e^T-1\end{bmatrix}$	$\begin{bmatrix}0\\T\end{bmatrix}$
$T=1$	$\begin{bmatrix}1 & 1.7183\\0 & 2.7183\end{bmatrix}$	$\begin{bmatrix}1 & 1\\0 & 2\end{bmatrix}$	$\begin{bmatrix}0.7183\\1.7183\end{bmatrix}$	$\begin{bmatrix}0\\1\end{bmatrix}$
$T=0.1$	$\begin{bmatrix}1 & 0.1052\\0 & 1.1052\end{bmatrix}$	$\begin{bmatrix}1 & 0.1\\0 & 1.1\end{bmatrix}$	$\begin{bmatrix}0.0052\\0.1052\end{bmatrix}$	$\begin{bmatrix}0\\0.1\end{bmatrix}$
$T=0.01$	$\begin{bmatrix}1 & 0.0101\\0 & 1.0101\end{bmatrix}$	$\begin{bmatrix}1 & 0.01\\0 & 1.01\end{bmatrix}$	$\begin{bmatrix}0.0001\\0.0101\end{bmatrix}$	$\begin{bmatrix}0\\0.01\end{bmatrix}$

3.7 MATLAB在线性系统动态分析中的应用

3.7.1 MATLAB求解线性定常系统的状态转移矩阵

1. expm()函数

功能：求解状态转移矩阵 e^{At}。

调用格式：

eAt = expm(A * t)

式中，$\boldsymbol{A}$ 为系统矩阵，t 为定义的符号标量。

2. ilaplace( )函数

功能：对于线性定常系统，求解矩阵的拉普拉斯反变换。

调用格式：

$e\boldsymbol{A}t$ = ilaplace($\mathbf{F}_s$, s, t)

式中，$\mathbf{F}_s$ 为进行拉普拉斯反变换的矩阵，s、t 为定义的符号标量。

调用该函数求解线性定常系统的状态转移矩阵，需首先计算出 $(s\boldsymbol{I}-\boldsymbol{A})^{-1}$，进而对其进行拉普拉斯反变换即可求得状态转移矩阵 $e^{\boldsymbol{A}t}$。

【例 3-16】 对于例 3-2 中的矩阵 $\boldsymbol{A}=\begin{bmatrix}-3 & 1\\ 1 & -3\end{bmatrix}$，应用 MATLAB 求解状态转移矩阵 $e^{\boldsymbol{A}t}$。

解 (1) 方法 1。

利用拉普拉斯反变换法求解，其 MATLAB 仿真程序如下：

```
clear all
syms s t;                    %定义基本符号标量 s 和 t
A=[-3, 1; 1, -3];
Fs=inv(s*eye(2)-A);          %求预解矩阵 Fs=(sI-A)^-1, eye(2)为 2×2 单位矩阵
eAt=ilaplace(Fs, s, t);      %求拉普拉斯反变换
eAt=simplify(eAt)            %化简表达式
```

其运行结果如下：

```
eAt=
[ (exp(-4*t)*(exp(2*t) + 1))/2, (exp(-4*t)*(exp(2*t) -1))/2]
[ (exp(-4*t)*(exp(2*t) -1))/2, (exp(-4*t)*(exp(2*t) + 1))/2]
```

说明：

① inv()为 MATLAB 中符号矩阵的求逆函数；

② MATLAB 中，时域函数 Ft 的拉普拉斯变换函数为 Fs= laplace(Ft, t, s)；相应地，频域函数 Fs 的拉普拉斯反变换函数为 Ft=ilaplace(Fs, s, t)。需注意的是，在调用函数之前，必须正确定义符号变量 s、t 以及符号表达式 Fs、Ft。

③ MATLAB 中，simplify()函数的作用是化简符号计算结果表达式。

(2) 方法 2。

调用 expm()函数，其 MATLAB 程序如下：

```
clear all
syms t;                  %定义基本符号标量 t
A=[-3, 1; 1, -3];
eAt=expm(A*t)
eAt=simplify(eAt)        %化简表达式
```

其运行结果如下：

```
eAt=
[ (exp(-4*t)*(exp(2*t) + 1))/2, (exp(-4*t)*(exp(2*t) -1))/2]
[ (exp(-4*t)*(exp(2*t) -1))/2, (exp(-4*t)*(exp(2*t) + 1))/2]
```

说明：

expm()函数还可以求解 e^{At} 对于某一时刻 t（t 为某一常数）的值。如可求解上例中当 $t=0.2$时 e^{At} 的值，其 MATLAB 仿真程序如下：

```
A=[-3  1; 1  -3];
t=0.2;
eAt=expm(A*t)
```

其运行结果如下：

```
eAt=
    0.5598    0.1105
    0.1105    0.5598
```

3. iztrans( )函数

功能：对于线性定常离散系统，求解矩阵的 Z 反变换。

调用格式：

```
Fk=iztrans(Fz, z, k)
```

式中，Fz 为进行 Z 反变换的矩阵，z、k 为定义的符号标量。

应用 iztrans( ) 函数求解线性定常离散系统的状态转移矩阵时，需首先计算出 $(z\boldsymbol{I}-\boldsymbol{G})^{-1}z$，进而对其进行 Z 反变换即可求得状态转移矩阵 $\boldsymbol{\Phi}(k)$。

【例 3-17】 对于例 2-12 中的矩阵 $\boldsymbol{A}=\begin{bmatrix}0 & 1\\ -0.2 & -0.9\end{bmatrix}$，应用 MATLAB 求解状态转移矩阵 $\boldsymbol{\Phi}(k)$。

解 利用 Z 反变换法求解，其 MATLAB 程序如下：

```
clear all
syms z k                          %定义基本符号标量 z 和 k
G=[0, 1; -0.2, -0.9];
Fz=(inv(z*eye(2)-G))*z;           %求(zI-G)^-1 z
Fk=iztrans(Fz, z, k);             %求 Z 反变换
Fk=simplify(Fk)                   %化简表达式
```

其运算结果与例 2-11 一致：

```
Fk=
[ 5*(-2/5)^k - 4*(-1/2)^k, 10*(-2/5)^k -10*(-1/2)^k]
[ 2*(-1/2)^k -2*(-2/5)^k,    5*(-1/2)^k -4*(-2/5)^k]
```

3.7.2 MATLAB 求解定常系统时间响应

1. dsolve( )函数

功能：求解线性定常齐次状态方程的解。

调用格式：

r=dsolve('eq1, eq2', …'cond1, cond2', …, 'v')

式中，'eq1, eq2', …为输入参数，描述常微分方程，这些常微分方程以'v'作为自变量，如'v'不指定，则默认 t 为自变量。'cond1, cond2', …用以指定方程的边界条件或初始条件，同样以'v'作为自变量，r 为返回的存放符号微分方程解的架构数组。在方程中，常用大写字母 D 表示一次微分，D2、D3 表示二次、三次微分运算。以此类推，符号 D2y 表示 $\mathrm{d}y^2/\mathrm{d}t^2$。

【例 3-18】 应用 MATLAB 求解例 3-8 中，无输入作用时状态方程的解。

$$\begin{cases} \dot{\boldsymbol{x}} = \begin{bmatrix} -3 & 1 \\ 1 & -3 \end{bmatrix}\boldsymbol{x} + \begin{bmatrix} 0 \\ 1 \end{bmatrix}u \\ \boldsymbol{x}(0) = \begin{bmatrix} 1 \\ 0 \end{bmatrix} \end{cases}$$

解 调用 dsolve()函数求解，其 MATLAB 程序如下：

```
clear all
r=dsolve('Dv=-3*v+w, Dw=v-3*w', 'v(0)=1, w(0)=0');  %默认 t 为自变量
x1=r.v                %返回 x1 的求解结果
x2=r.w                %返回 x2 的求解结果
```

其运行结果如下：

```
x1=
exp(-4*t)*(exp(2*t)/2 + 1/2)
x2=
exp(4*t)*(exp(2*t)/2-1/2)
```

2. step( )函数，impulse( )函数，initial ( )函数，lsim( )函数

功能：分别计算单位阶跃响应、单位脉冲响应、零输入响应以及任意输入(包括系统初始状态)响应。

调用格式：

step(***A***, ***B***, ***C***, ***D***, *iu*, *t*, *x*0), impulse(***A***, ***B***, ***C***, ***D***, *iu*, *t*, *x*0),

initial(***A***, ***B***, ***C***, ***D***, *iu*, *t*, *x*0), lsim(***A***, ***B***, ***C***, ***D***, *iu*, *t*, *x*0)

式中：***A***, ***B***, ***C***, ***D*** 为系统状态空间模型矩阵；*iu* 表示从第 *i* 个输入到所有输出的单位阶跃响应数据；*t* 为用户指定时间向量，缺省时 MATLAB 自动设定；*x*0 为系统初始状态，缺省时默认为零。

相应地，对于线性定常离散系统，MATLAB Symbolic Math Toolbox 提供了 dstep()、dimpulse()、dinitial()、dlsim()函数来计算其单位阶跃响应、单位脉冲响应、零输入响应和任意输入响应。

MATLAB 中的时域响应分析函数功能非常强大，此处仅做简单的举例说明，其详情可查阅 MATLAB 帮助文档。

【例 3 - 19】　对于如下状态空间表达式：

$$\begin{cases} \dot{\boldsymbol{x}}=\begin{bmatrix} -3 & 1 \\ 1 & -3 \end{bmatrix}\boldsymbol{x}+\begin{bmatrix} 0 & 1 \\ 1 & 0 \end{bmatrix}\boldsymbol{u} \\ \boldsymbol{y}=\begin{bmatrix} 1 & 0 \\ 0 & 1 \end{bmatrix}\boldsymbol{x} \\ \boldsymbol{x}(0)=\begin{bmatrix} 1 \\ 1 \end{bmatrix} \end{cases}$$

应用 MATLAB 求解：(1) 输入 $u_1(t)=1(t)$、$u_2(t)=1(t)$单独作用下的系统输出响应；(2) 输入 $u_1(t)=1(t)$、$u_2(t)=1(t)$共同作用下系统的输出响应。

解　(1) 调用 step()函数求解，其 MATLAB 程序如下：

```
clear all
A=[-3, 1; 1, -3];
B=[0, 1; 1, 0];
C=[1, 0; 0, 1];
D=[0, 0; 0, 0];
x0=[1; 1];
setp(A, B, C, D, x0)
grid
```

运行结果如图 3 - 4 所示。

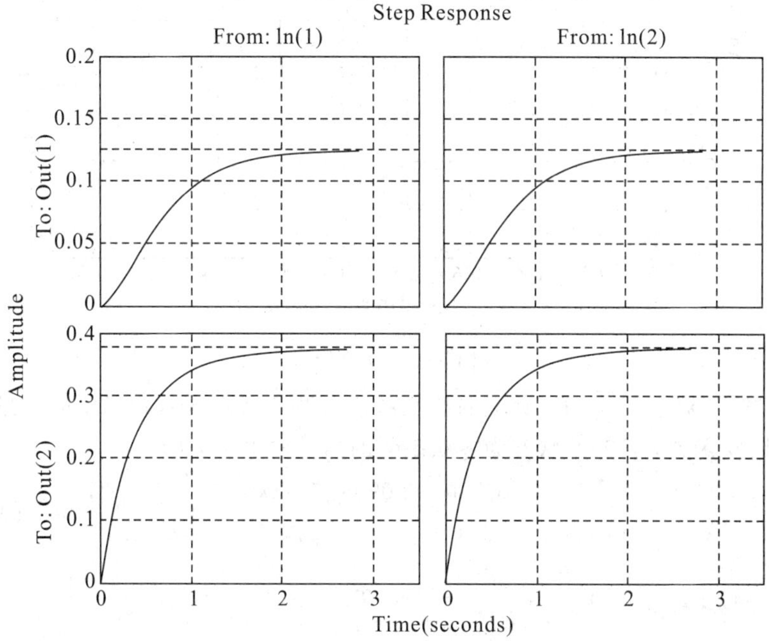

图 3 - 4　仿真结果

(2) 调用 lsim()函数求解，其 MATLAB 仿真程序如下：

```
clear all
A=[-3, 1; 1, -3];
B=[0, 1; 1, 0];
C=[1, 0; 0, 1];
D=[0, 0; 0, 0];
x0=[1; 1];
t=0:0.01:2;              %设置时间向量
LT=length(t);            %求时间向量的长度
u1=ones(1, LT);          %生成单位阶跃信号对应于向量t的离散序列，且与t同维
u2=ones(1, LT);
u=[u1; u2];
lsim(A, B, C, D, u, t, x0)
grid
```

运行结果如图 3-5 所示。

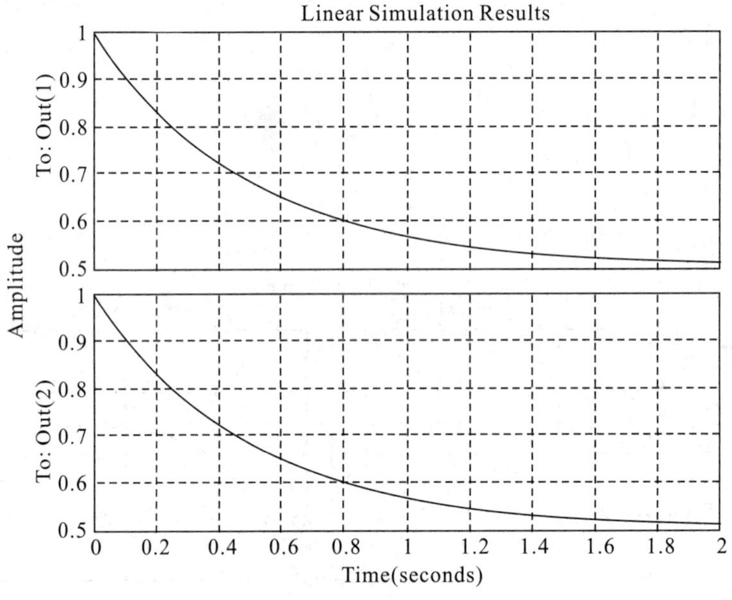

图 3-5 仿真结果

【例 3-20】 对于例 3-14 所示的离散状态方程，试用 MATLAB 求解当 $T=0.1$ s，输入为单位阶跃函数，且初始状态为零状态时的离散输出 $y(kT)$。

$$\begin{cases}\begin{bmatrix}x_1((k+1)T)\\x_2((k+1)T)\end{bmatrix}=\begin{bmatrix}1.0187 & 0.0906\\-0.1 & 1\end{bmatrix}\begin{bmatrix}x_1(kT)\\x_2(kT)\end{bmatrix}+\begin{bmatrix}0.0047\\0.1\end{bmatrix}r(kT)\\ y(kT)=[1,\ 0]\begin{bmatrix}x_1(kT)\\x_2(kT)\end{bmatrix}=x_1(kT)\end{cases}$$

解 MATLAB 仿真程序如下：

```
clear all;
T=0.1;
```

```
G=[1.0187, 0.0906; -0.1, 1];
H=[0.0047; 0.1];
C=[1, 0];
D=0;
[yd, x, n]=dstep(G, H, C, D);
for k=1:n
    plot([k-1, k-1], [0, yd(k)], 'k')
    hold on
end
e=1-yd;
for k=1:n
    for j=1:100
        u(j+(k-1)*100)=e(k);
    end
end
t=(0:0.01:n-0.01)*T;
[yc]=lsim([0, 1; 0, -2], [0; 1], [1, 0], [0], u, t);
plot(t/T, yc, ':k')
axis([0 80 0 1])
hold off
```

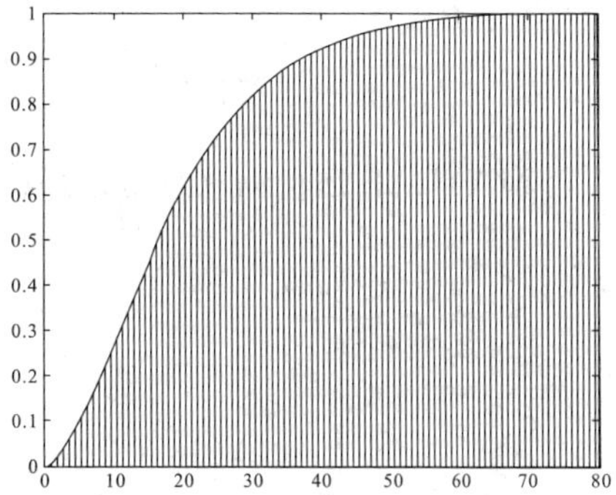

图 3-6　仿真结果

其运行结果如图 3-6 所示。

3.7.3　MATLAB 变换连续状态空间模型为离散状态空间模型

1. c2d()函数

功能：进行线性定常连续系统状态方程的离散化求解。

调用格式：

$$[\boldsymbol{G}, \boldsymbol{H}]=\mathrm{c2d}(\boldsymbol{A}, \boldsymbol{B}, T)$$

式中：$\boldsymbol{A}$、$\boldsymbol{B}$ 为连续系统的系统矩阵和输入矩阵；$\boldsymbol{G}$、$\boldsymbol{H}$ 分别对应离散化后的系统矩阵和输入矩阵；当输入端采用零阶保持器时，T 为采样周期。

【例 3-21】　已知线性定常连续系统状态空间方程为

$$\begin{bmatrix}\dot{x}_1(t)\\ \dot{x}_2(t)\end{bmatrix}=\begin{bmatrix}0 & 1\\ 0 & -2\end{bmatrix}\begin{bmatrix}x_1(t)\\ x_1(t)\end{bmatrix}+\begin{bmatrix}0\\ 1\end{bmatrix}u$$

应用 MATLAB 对连续被控对象进行离散化。

解　针对连续被控对象，设计 MATLAB 程序为：

```
clear all
syms T
A=[0, 1; 0, -2];
B=[0; 1];
[G, H]=c2d(A, B, T)
```

其运行结果如下：

```
G=
```

```
    [ 1,      1/2-exp(-2 * T)/2;
      0,        exp(-2 * T)]
H=
    T/2 + exp(-2 * T)/4 -1/4
      1/2-exp(-2 * T)/2
```

MATLAB 还可以求解指定采样周期的离散化状态方程，若 $T=0.1$ s 时：

```
clear all
A=[0, 1; 0, -2];
B=[0; 1];
T=0.1;
[G, H]=c2d(A, B, T)
```

运行结果如下：

```
G=
    1.0000    0.0906
         0    0.8187
H=
    0.0047
    0.0906
```

2. c2dm( )函数

功能：允许用户可以指定不同的离散变换方式，将连续状态空间模型变换为离散状态空间模型，以提高离散化的精度。

调用格式：

[$\boldsymbol{G}$, $\boldsymbol{H}$]=c2dm($\boldsymbol{A}$, $\boldsymbol{B}$, $\boldsymbol{T}$, 'method')

当'method'='zoh'时，变换时输入端采用零阶保持器；当'method'='foh'时，变换时输入端采用一阶保持器；当'method'='tustin'时，变换时输入端采用双线性逼近导数等。

MATLAB Symbolic Math Toolbox 还提供了 d2c()、d2cm()函数分别对应于 c2d()、c2dm()的逆过程，完成从离散时间系统到连续时间系统的变换。关于这些函数的具体使用，用户可通过 MATLAB 联机帮助查阅，此处不再详述。

习　题

3-1　试用 3 种方法求下列矩阵 $\boldsymbol{A}$ 对应的状态转移矩阵 $e^{\boldsymbol{A}t}$。

(1) $\boldsymbol{A}=\begin{bmatrix}0 & 1\\ -1 & -2\end{bmatrix}$　　(2) $\boldsymbol{A}=\begin{bmatrix}-2 & 0\\ 0 & -3\end{bmatrix}$

(3) $\boldsymbol{A}=\begin{bmatrix}-2 & 0 & 0\\ 0 & -3 & 1\\ 0 & 0 & -3\end{bmatrix}$　　(4) $\boldsymbol{A}=\begin{bmatrix}-1 & 0 & 0\\ 0 & 0 & 1\\ 0 & -4 & 0\end{bmatrix}$

3-2　试判断下列矩阵是否满足状态转移矩阵的条件；如果满足，试求对应的矩阵 $\boldsymbol{A}$。

(1) $\boldsymbol{\Phi}(t)=\begin{bmatrix}1 & 0 & 0\\ 0 & \sin t & \cos t\\ 0 & -\cos t & \sin t\end{bmatrix}\left(\dfrac{\pi}{2}-\theta\right)$　　(2) $\boldsymbol{\Phi}(t)=\begin{bmatrix}1 & \dfrac{1}{2}(1-e^{-2t})\\ 0 & e^{-2t}\end{bmatrix}$

(3) $\boldsymbol{\Phi}(t)=\begin{bmatrix} 2e^{-t}-e^{-2t} & -e^{-t}+e^{-2t} \\ e^{-t}-e^{-2t} & -e^{-t}+2e^{-2t} \end{bmatrix}$　　(4) $\boldsymbol{\Phi}(t)=\begin{bmatrix} \frac{1}{2}(e^{-t}+e^{3t}) & \frac{1}{4}(-e^{-t}+e^{3t}) \\ (-e^{-t}+e^{3t}) & \frac{1}{2}(e^{-t}+e^{3t}) \end{bmatrix}$

3-3　已知系统状态方程和初始条件分别为

$$\dot{\boldsymbol{x}}=\begin{bmatrix} 1 & 0 & 0 \\ 0 & 1 & 0 \\ 0 & 1 & 2 \end{bmatrix}\boldsymbol{x},\ \boldsymbol{x}(0)=\begin{bmatrix} 1 \\ 0 \\ 1 \end{bmatrix}$$

试求：(1) 用拉普拉斯变换法求状态转移矩阵；(2) 齐次状态方程的解。

3-4　已知线性定常系统的状态方程为

$$\dot{\boldsymbol{x}}=\begin{bmatrix} 0 & 1 \\ -2 & -3 \end{bmatrix}\boldsymbol{x}+\begin{bmatrix} 0 \\ 1 \end{bmatrix}u(t)$$

初始状态为$\begin{bmatrix} x_1(0) \\ x_2(0) \end{bmatrix}=\begin{bmatrix} 1 \\ -1 \end{bmatrix}$，试求 $u(t)$为单位阶跃函数时系统状态方程的解。

3-5　已知线性定常系统的状态空间表达式为

$$\begin{cases} \dot{\boldsymbol{x}}=\begin{bmatrix} 0 & 1 \\ -5 & -6 \end{bmatrix}\boldsymbol{x}+\begin{bmatrix} 2 \\ 0 \end{bmatrix}u(t) \\ y(t)=[1\quad 2]\boldsymbol{x} \end{cases}$$

且初始状态 $\boldsymbol{x}(0)=[0\quad 1]^{\mathrm{T}}$，输入量 $u(t)=e^{-t}(t\geqslant 0)$，试求系统的输出响应。

3-6　计算下列线性时变系统的状态转移矩阵 $\boldsymbol{\Phi}(t,\ 0)$。

(1) $\boldsymbol{A}=\begin{bmatrix} t & 0 \\ 0 & 0 \end{bmatrix}$　　(2) $\boldsymbol{A}=\begin{bmatrix} 0 & e^{-t} \\ -e^{-t} & 0 \end{bmatrix}$

3-7　已知线性时变系统的状态方程与初始状态分别为

$$\dot{\boldsymbol{x}}=\begin{bmatrix} 0 & 1 \\ 0 & t \end{bmatrix}\boldsymbol{x},\ \boldsymbol{x}(0)=\begin{bmatrix} 1 \\ -1 \end{bmatrix}$$

试求系统状态方程的解。

3-8　试求下列连续时间系统的离散化状态方程，其中 $T=0.2$ s。

$$\dot{\boldsymbol{x}}=\begin{bmatrix} 0 & 1 \\ -2 & -3 \end{bmatrix}\boldsymbol{x}+\begin{bmatrix} 0 \\ 1 \end{bmatrix}u(t)$$

3-9　连续系统的状态方程为

$$\dot{\boldsymbol{x}}=\begin{bmatrix} 1 & 0 & 0 \\ 0 & 1 & 0 \\ 0 & 1 & 2 \end{bmatrix}\boldsymbol{x}+\begin{bmatrix} 1 \\ 1 \\ 1 \end{bmatrix}u$$

系统的初始状态为 $\boldsymbol{x}(0)=\begin{bmatrix} 1 \\ 1 \\ 1 \end{bmatrix}$，试求当控制序列 $u(kT)=2kT$，$T=1$ s 时离散系统的状态解 $\boldsymbol{x}(kT)$。

3-10　已知系统结构图如图 3-7 所示。

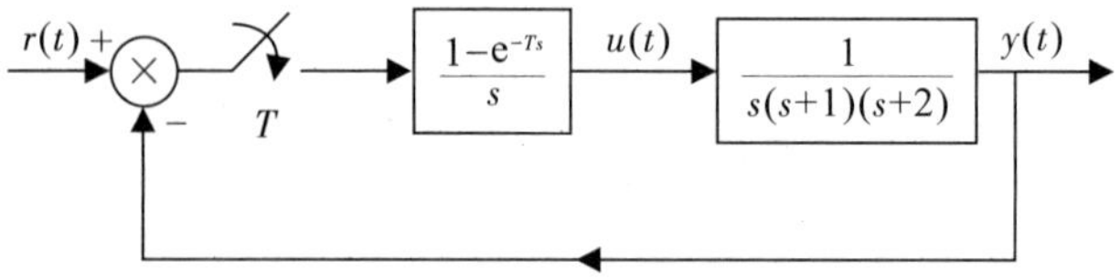

图 3-7 系统方框图

试求：(1) 系统离散化的状态空间表达式；(2) 若采用周期 $T=0.1$ s，输入为单位阶跃函数，且初始状态为 0 时的离散输出 $y(kT)$。

上机练习题

3-1 已知系统状态空间表达式为

$$\begin{cases} \dot{\boldsymbol{x}} = \begin{bmatrix} 0 & 1 & 0 \\ 0 & 0 & 1 \\ 2 & -5 & 4 \end{bmatrix} \boldsymbol{x} + \begin{bmatrix} 1 \\ 0 \\ 0 \end{bmatrix} u(t) \\ y(t) = \begin{bmatrix} 1 & 0 & 0 \end{bmatrix} \boldsymbol{x}(t) \end{cases}$$

试用 MATLAB 求：(1) 系统状态转移矩阵；(2) 系统的零输入响应，并绘制响应曲线；(3) 系统的阶跃响应，并绘制阶跃相应曲线。

3-2 已知系统状态空间表达式为

$$\begin{cases} \dot{\boldsymbol{x}} = \begin{bmatrix} 1 & -2 & 2 \\ -2 & -2 & 4 \\ 2 & 4 & -2 \end{bmatrix} \boldsymbol{x} + \begin{bmatrix} 1 & 0 \\ 0 & 1 \\ 1 & 1 \end{bmatrix} \boldsymbol{u}(t) \\ \boldsymbol{y}(t) = \begin{bmatrix} 1 & 2 & 1 \\ 0 & -1 & 2 \end{bmatrix} \boldsymbol{x}, \quad \boldsymbol{x}(0) = \begin{bmatrix} 1 \\ 2 \\ 3 \end{bmatrix} \end{cases}$$

试用 MATLAB 求：(1) 系统零输入响应；(2) 输入 $u_1(t)=1(t)$、$u_2(t)=1(t)$、$u_3(t)=1(t)$ 单独作用下的系统输出响应；(3) 输入 $u_1(t)=1(t)$、$u_2(t)=1(t)$、$u_3(t)=1(t)$ 共同作用下系统的输出响应。

3-3 已知系统状态空间表达式为

$$\begin{cases} \dot{\boldsymbol{x}}(t) = \begin{bmatrix} 0 & 1 & 0 \\ 0 & 0 & 1 \\ 2 & -5 & 4 \end{bmatrix} \boldsymbol{x}(t) + \begin{bmatrix} 1 \\ 0 \\ 0 \end{bmatrix} u(t) \\ y(t) = \begin{bmatrix} 1 & 0 & 0 \end{bmatrix} \boldsymbol{x}(t) \end{cases}$$

试用 MATLAB 求：(1) 系统离散化后的状态空间表达式；(2) 当采样周期 $T=0.1$ s 时的状态转移矩阵；(3) 当采样周期 $T=0.1$ s，初始状态为零状态时的离散输出 $y(kT)$。

第 4 章 线性系统的能控性和能观性

线性系统的能控性和能观性概念是美国学者卡尔曼(R. E. Kalman)在 1960 年首先提出来的。线性系统的能控性和能观性是揭示动态系统本质的两个重要的基本特性。其后的发展表明，这两个概念对回答被控系统能否进行控制与综合等基本性问题，对于控制和状态估计问题的研究，有着极其重要的意义。

这是由于系统需用状态方程和输出方程两个方程来描述输入-输出关系，状态作为被控量，输出量仅是状态的线性组合，于是就有“能否找到使任意初态转移到任意终态的控制量”的问题，即能控性问题。并非所有状态都受输入量的控制，有时只存在使任意初态转移到确定终态而不是任意终态的控制。还有“能否由测量到的状态分量线性组合起来的输出量来确定出各状态分量”的问题，即能观性问题。并非所有状态分量都可由其线性组合起来的输出测量值来确定。简单来说，系统能控性回答了输入能否控制系统的变化的问题，而能观性解决了状态的变化能否由输出反映出来的问题。

经典控制理论中没有所谓的能控性和能观性的概念，这是因为经典控制理论所讨论的是 SISO 系统输入输出的分析和综合问题，它的输入和输出之间的动态关系可以唯一地由传递函数确定。因此，给定输入则一定会存在唯一的输出与之对应。反之，对期望输出信号总可找到相应的输入信号(即控制量)使系统输出按要求进行控制，不存在能否控制的问题；此外，系统输出一般是可直接测量或能间接测量。否则，就无从对其进行反馈控制和考核系统所达到的性能指标。因此，也不存在输出能否测量(观测)的问题。

本章首先介绍线性连续系统、线性离散系统的能控性、能观性的概念和判据，讨论能控性和能观性的对偶原理；进而研究如何通过线性非奇异变换将能控系统和能观系统的状态空间表达式化为能控标准型和能观标准型，讨论如何对不能控和不能观系统进行结构分解；随后讨论线性连续系统传递函数阵的实现及最小实现问题以及能控性和能观性与传递函数阵的关系；最后介绍 MATLAB 在系统能控性与能观性分析中的应用。

4.1 能控性和能观性的直观讨论

在给出系统的状态空间描述后，系统的运动特性在输入给定的条件下，完全取决于系统的初始状态。而状态变量是系统的一个内部变量，能否通过系统输入和输出这一对外部变量来建立或确定系统的初始状态，这是系统能控性、能观性问题所要研究的内容，也就是研究系统这个“黑箱”的内部状态能否由输入来加以影响和控制，以及能否由输出来加以反映。

如果系统内部所有状态的运动能够由输入来加以影响和控制，就称系统是完全能控的，否则就称系统为不完全能控或者不能控的。同样，如果系统内部所有状态变量的任意运动形式均可由输出完全地反映出来，则称系统是完全能观的，否则就称系统为不完全能观或者不能观的。

首先通过几个例子直观地说明能控性和能观性的物理概念。

【例 4-1】 分析图 4-1 所示的电桥电路。在电桥系统中，电源电压 $u(t)$ 为输入变量，选择电容器两端的电压 $u_C(t)$ 和电感电流 $i_L(t)$ 为两个状态变量 $x_1(t)$、$x_2(t)$，输出 $y(t)=u_C(t)$。

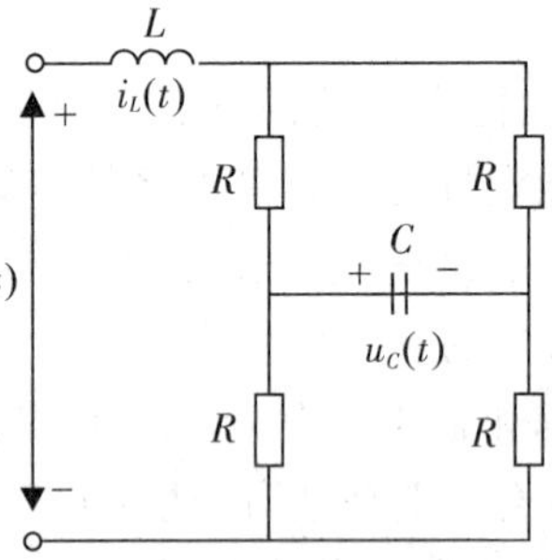

图 4-1 不能控和不能观电桥电路

解 从电桥电路可以直观看出，若有初始状态 $\boldsymbol{x}(t_0)=\boldsymbol{0}$，则不管如何选取输入 $u(t)$，对所有时刻 $t\geqslant t_0$，都恒有 $x_1(t)\equiv 0$，状态 $x_1(t)$ 不受输入 $u(t)$ 影响，即状态变量 $x_1(t)$ 为不能控。

若有输入 $u(t)=0$，则不论电容初始端电压即初始状态 $x_1(t_0)$ 取为多少，对所有时刻 $t\geqslant t_0$，都恒有输出 $y(t)\equiv 0$，因此，初始状态 $x_1(t_0)$ 引起的状态运动不能由输出 $y(t)$ 反映，即状态变量 $x_1(t)$ 为不能观测的。

由此可知，这个电路的状态是既不能控且不能观的。

【例 4-2】 考虑图 4-2 所示的电路。系统的状态变量 $x_1(t)$ 和 $x_2(t)$ 分别为两个电容两端的电压，输入 $u(t)$ 为电源电压。

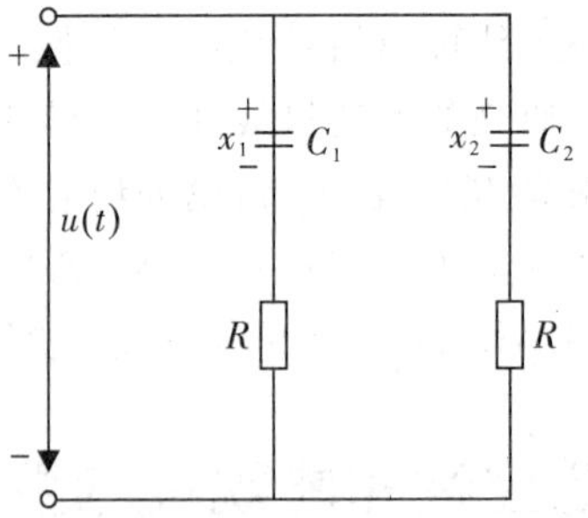

图 4-2 不完全能控电路

解 对该电路，若有初始状态 $x_1(t_0)=x_2(t_0)=0$，则不论如何选取输入 $u(t)$，对所有时刻 $t\geqslant t_0$，都只能使 $x_1(t)=x_2(t)$，而不能使 $x_1(t)\neq x_2(t)$。这意味着，在 $x_1(t)$ 和 $x_2(t)$ 的二维状态空间中，位于 $x_1(t)=x_2(t)$ 直线上的所有状态点均为能控，位于 $x_1(t)=x_2(t)$ 直线外的所有状态点均为不能控。

由此可知，这个电路为状态不完全能控系统，且 $x_1(t)=x_2(t)$ 直线为系统的能控子空间。

【例 4-3】 考虑图 4-3 所示的电路。系统的状态变量 $x_1(t)$ 和 $x_2(t)$ 分别为流过两个电感的电流，输入为电源电压 $u(t)$，输出 $y(t)$ 取电阻 R_2 上的电压。

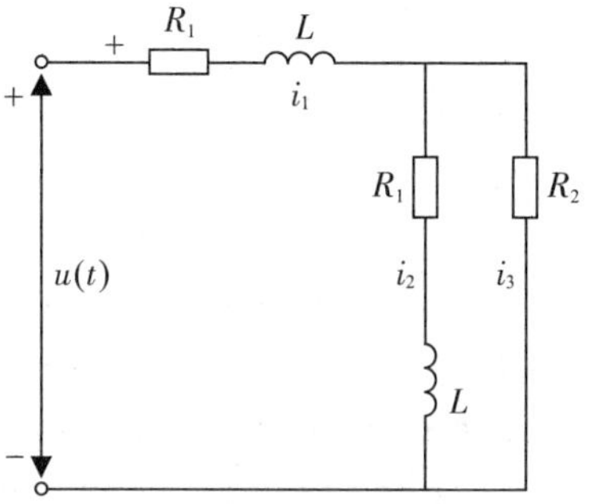

图 4-3　不完全能观电路

解　对该电路，若有输入 $u(t)=0$，则对状态变量初始值相等，即 $x_1(t_0)=x_2(t_0)$ 的情况，不论 $x_1(t_0)$ 和 $x_2(t_0)$ 取值多少，对所有时刻 $t\geqslant t_0$，都恒有 $i_3(t)\equiv 0$ 即 $y(t)\equiv 0$。这意味着，在 $x_1(t)$ 和 $x_2(t)$ 的二维状态空间中，位于 $x_1(t)=x_2(t)$ 直线上的所有状态点均不能由输出 $y(t)$ 反映，即为不能观测；位于 $x_1(t)=x_2(t)$ 直线外的所有状态点均能由输出 $y(t)$ 反映，即为能观测。

由此可知，这个电路为状态不完全能观系统，且 $x_1(t)=x_2(t)$ 直线为系统的不能观子空间。

【例 4-4】　给定系统的状态空间表达式为

$$\begin{cases}\dot{\boldsymbol{x}}=\begin{bmatrix}-5 & 0\\ 0 & -1\end{bmatrix}\boldsymbol{x}+\begin{bmatrix}0\\ 1\end{bmatrix}u\\ y=\begin{bmatrix}3 & 2\end{bmatrix}\boldsymbol{x}\end{cases}$$

试分析该系统状态。

解　将状态方程展开得

$$\begin{cases}\dot{x}_1=-5x_1\\ \dot{x}_2=-x_2+u\end{cases}$$

这就表明系统中状态变量 x_2 与 u 有联系，有可能用 u 去控制 x_2；而状态变量 x_1 与控制量 u 既没有直接联系又没有间接联系，故不可能用 u 去控制 x_1，就是说状态变量 x_1 是不可控的。其模拟结构图如图 4-4 所示。

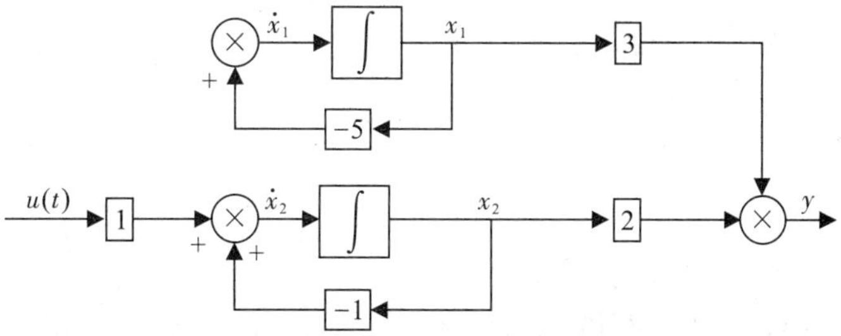

图 4-4　不完全能控系统模拟结构图

【例 4-5】　给定系统的状态空间表达式为

$$\begin{cases}\dot{\boldsymbol{x}}=\begin{bmatrix}4 & 0\\ 0 & -3\end{bmatrix}\boldsymbol{x}+\begin{bmatrix}2\\ 1\end{bmatrix}u\\ y=\begin{bmatrix}0 & -1\end{bmatrix}\boldsymbol{x}\end{cases}$$

试分析该系统状态。

解　将状态方程展开得

$$\begin{cases}\dot{x}_1=4x_1+2u\\ \dot{x}_2=-3x_2+u\\ y=-x_2\end{cases}$$

这表明系统中状态变量 x_1 和 x_2 都可以通过选择输入 u 来实现任意起点到终点的转移，故系统可控。但我们注意到，其输出 y 仅能反映状态变量 x_2，即只有状态变量 x_2 对输出 y 产生了影响，而状态 x_1 对输出 y 不产生任何影响，当然从输出 y 的信息中获取状态 x_1 的信息也是不可能的，因此说状态变量 x_1 是不可观测的。其模拟结构图如图 4-5 所示。

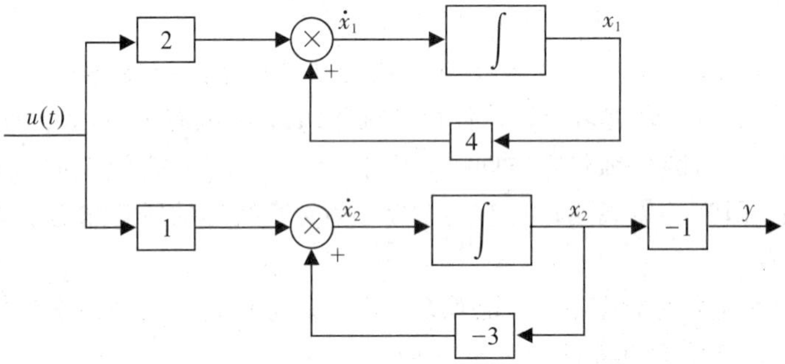

图 4-5　不完全能观系统模拟结构图

4.2　线性连续系统的能控性

4.2.1　能控性定义

线性连续系统的状态方程为

$$\dot{\boldsymbol{x}}(t)=\boldsymbol{A}(t)\boldsymbol{x}(t)+\boldsymbol{B}(t)\boldsymbol{u}(t)\tag{4.1}$$

由式(4.1)及第 3 章的状态方程求解公式可知，状态变化主要取决于系统的初始状态和初始时刻之后的输入，与输出 $\boldsymbol{y}(t)$ 无关。因此研究讨论状态能控性问题，即输入 $\boldsymbol{u}(t)$ 对状态 $\boldsymbol{x}(t)$ 能否控制的问题，只需考虑输入 $\boldsymbol{u}(t)$ 的作用和状态方程的性质，与输出 $\boldsymbol{y}(t)$ 及输出方程无关。

对线性连续系统，有如下能控性定义。

1. 状态能控

对于式(4.1)所示的线性连续系统，如果存在一个无约束的容许输入 $\boldsymbol{u}(t)$，能在有限时间区间 $[t_0, t_f]$ 内 ($t_0<t_f$，$t_0\in T$，$t_f\in T$，其中 T 为时间定义区间)，使系统由某一个初始状态 $\boldsymbol{x}(t_0)$，转移到指定的任一终端状态 $\boldsymbol{x}(t_f)$，则称此状态在 t_0 时刻是能控的。

上述说法可以用图 4-6 来说明。假定状态平面中的 P 点能在输入的作用下被驱动到任一指定状态 P_1，P_2，…，P_n，那么状态平面的 P 点是能控状态。

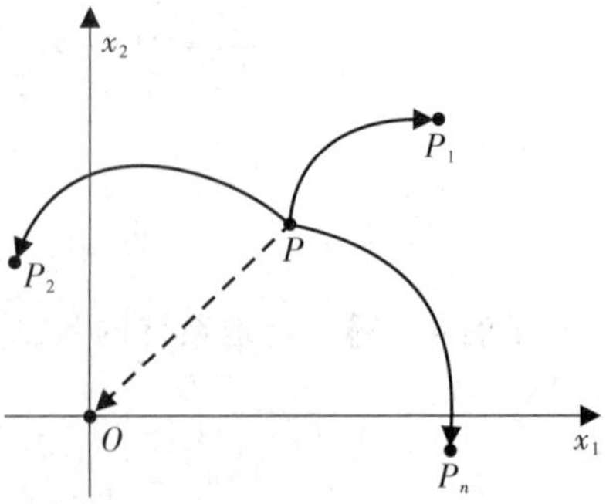

图 4-6　系统能控性示意图

2. 系统能控

若 t_0 时刻状态空间中的所有状态都能控，则称系统在 t_0 时刻是状态完全能控的，简称为系统在 t_0 时刻能控。

若系统在所有时刻的状态是完全能控的，则称系统状态完全能控，简称为系统能控；若存在某个状态 $\boldsymbol{x}(t_0)$ 不满足上述条件，称此系统是状态不完全能控的，简称系统状态不能控。

对于线性时变连续系统而言，其能控性和初始时刻 t_0 的选择有关，故其能控性是针对时间域 T 中的一个取定时刻 t_0 来定义的。而线性定常连续系统，其能控性与初始时刻 t_0 的选取无关，即状态或系统的能控性不从属于 t_0，故线性定常连续系统的系统能控性又可以定义为：对于任意初始时刻 $t_0 \in T$（一般取 $t_0=0$），存在一个有限时刻 $t_f \in \mathrm{T}$ 和一个无约束的容许输入 $\boldsymbol{u}(t)(t_0 \leqslant t \leqslant t_f)$，使得状态空间中的任意非零状态 $\boldsymbol{x}(t_0)$ 转移到 $\boldsymbol{x}(t_f)=\boldsymbol{0}$，则称系统完全能控，简称系统能控。

3. 状态与系统能达

若存在一个无约束控制作用 $\boldsymbol{u}(t)$，在有限时间 $[t_0, t_f]$ 内，能将 $\boldsymbol{x}(t)$ 由零状态转移到任意状态 $\boldsymbol{x}(t_f)$，则称状态 $\boldsymbol{x}(t_f)$ 是 t_0 时刻能达的。

若 $\boldsymbol{x}(t_f)$ 对所有时刻都是能达的，则称状态 $\boldsymbol{x}(t_f)$ 为完全能达或者一致能达；若系统对于状态空间中的每一个状态都是 t_0 时刻能达的，则称系统是 t_0 时刻能达的。

在线性连续定常系统中，能控性和能达性是互逆的，即能控系统一定能达，能达系统一定能控。

4.2.2　线性定常连续系统的能控性判据

线性定常连续系统能控性判别的常用准则主要包括格拉姆矩阵判据、秩判据、PBH 判据、约旦标准型判据等。这些判据，或在理论上具有重要意义，或在应用上十分简便。

设线性定常连续系统的状态方程为

$$\dot{\boldsymbol{x}}=\boldsymbol{A}\boldsymbol{x}+\boldsymbol{B}\boldsymbol{u},\ \boldsymbol{x}(0)=\boldsymbol{x}_0,\ t \geqslant 0 \tag{4.2}$$

记为 $\{\boldsymbol{A}, \boldsymbol{B}\}$，式中：$\boldsymbol{x} \in \mathbf{R}^n$ 为系统状态向量；$\boldsymbol{u} \in \mathbf{R}^r$ 为系统输入向量；$\boldsymbol{A} \in \mathbf{R}^{n \times n}$ 为状态矩阵；$\boldsymbol{B} \in \mathbf{R}^{n \times r}$ 为控制输入矩阵。

下面给出该线性定常系统能控性的常用判据。

1. 格拉姆矩阵判据

定理 4.1　能控性格拉姆矩阵判据　线性定常系统 $\{\boldsymbol{A}, \boldsymbol{B}\}$ 在 $[0, t_f]$，$t_f>0$ 上状态完全能控的充分必要条件是格拉姆(Gram)矩阵，即

$$\boldsymbol{G}_c(0, t_f)=\int_0^{t_f} \mathrm{e}^{-\boldsymbol{A}t}\boldsymbol{B}\boldsymbol{B}^{\mathrm{T}}\mathrm{e}^{-\boldsymbol{A}^{\mathrm{T}}t}\mathrm{d}t \tag{4.3}$$

为非奇异。

或等价的，矩阵 $\mathrm{e}^{-\boldsymbol{A}t}\boldsymbol{B}$ 的 n 个行在 $[0, t_f]$ 上线性无关。其中，$\boldsymbol{G}_c(0, t_f) \in \mathbf{R}^{n \times n}$。

证明　(1) 先证充分性：已知 $\boldsymbol{G}_c(0, t_f)$ 非奇异，欲证系统为完全能控。

采用构造性方法。已知 $\boldsymbol{G}_c(0, t_f)$ 非奇异，则 $\boldsymbol{G}_c^{-1}(0, t_f)$ 存在。由此根据能控性定义，对状态空间中任一非零初始状态 $\boldsymbol{x}_0$，均可构造相应控制输入 $\boldsymbol{u}(t)$ 为

$$\boldsymbol{u}(t)=-\boldsymbol{B}^{\mathrm{T}}\mathrm{e}^{-\boldsymbol{A}^{\mathrm{T}}t}\boldsymbol{G}_{\mathrm{c}}^{-1}(0,\ t_{\mathrm{f}})\boldsymbol{x}_0,\ t\in[0,\ t_{\mathrm{f}}] \tag{4.4}$$

在此输入作用下，t_{f} 时刻的状态 $\boldsymbol{x}(t_{\mathrm{f}})$ 为

$$\begin{aligned}\boldsymbol{x}(t_{\mathrm{f}}) &= \mathrm{e}^{\boldsymbol{A}t_{\mathrm{f}}}\boldsymbol{x}_0+\int_0^{t_{\mathrm{f}}}\mathrm{e}^{\boldsymbol{A}(t_{\mathrm{f}}-t)}\boldsymbol{B}\boldsymbol{u}(t)\mathrm{d}t\\ &= \mathrm{e}^{\boldsymbol{A}t_{\mathrm{f}}}\boldsymbol{x}_0-\int_0^{t_{\mathrm{f}}}\mathrm{e}^{\boldsymbol{A}t_{\mathrm{f}}}\mathrm{e}^{-\boldsymbol{A}t}\boldsymbol{B}\boldsymbol{B}^{\mathrm{T}}\mathrm{e}^{-\boldsymbol{A}^{\mathrm{T}}t}\boldsymbol{G}_{\mathrm{c}}^{-1}(0,\ t_{\mathrm{f}})\boldsymbol{x}_0\mathrm{d}t\\ &= \mathrm{e}^{\boldsymbol{A}t_{\mathrm{f}}}\boldsymbol{x}_0-\left\{\mathrm{e}^{\boldsymbol{A}t_{\mathrm{f}}}\int_0^{t_{\mathrm{f}}}\mathrm{e}^{-\boldsymbol{A}t}\boldsymbol{B}\boldsymbol{B}^{\mathrm{T}}\mathrm{e}^{-\boldsymbol{A}^{\mathrm{T}}t}\mathrm{d}t\right\}\boldsymbol{G}_{\mathrm{c}}^{-1}(0,\ t_{\mathrm{f}})\boldsymbol{x}_0\\ &= \mathrm{e}^{\boldsymbol{A}t_{\mathrm{f}}}\boldsymbol{x}_0-\mathrm{e}^{\boldsymbol{A}t_{\mathrm{f}}}\boldsymbol{G}_{\mathrm{c}}(0,\ t_{\mathrm{f}})\boldsymbol{G}_{\mathrm{c}}^{-1}(0,\ t_{\mathrm{f}})\boldsymbol{x}_0\\ &= \mathrm{e}^{\boldsymbol{A}t_{\mathrm{f}}}\boldsymbol{x}_0-\mathrm{e}^{\boldsymbol{A}t_{\mathrm{f}}}\boldsymbol{x}_0=\boldsymbol{0}\end{aligned} \tag{4.5}$$

这表明，状态空间 $\mathbf{R}^n$ 中所有非零状态均为能控，即系统完全能控。充分性得证。

(2) 再证必要性：已知系统完全能控，欲证 $\boldsymbol{G}_{\mathrm{c}}(0,\ t_{\mathrm{f}})$ 非奇异。

采用反证法。反设 $\boldsymbol{G}_{\mathrm{c}}(0,\ t_{\mathrm{f}})$ 奇异，即反设状态空间 $\mathbf{R}^n$ 中至少存在一个非零状态 $\bar{\boldsymbol{x}}_0$，使得下式成立

$$\bar{\boldsymbol{x}}_0^{\mathrm{T}}\boldsymbol{G}_{\mathrm{c}}(0,\ t_{\mathrm{f}})\bar{\boldsymbol{x}}_0=0 \tag{4.6}$$

由此可以推导出

$$\begin{aligned}0 &= \bar{\boldsymbol{x}}_0^{\mathrm{T}}\boldsymbol{G}_{\mathrm{c}}(0,\ t_{\mathrm{f}})\bar{\boldsymbol{x}}_0=\int_0^{t_{\mathrm{f}}}\bar{\boldsymbol{x}}_0^{\mathrm{T}}\mathrm{e}^{-\boldsymbol{A}t}\boldsymbol{B}\boldsymbol{B}^{\mathrm{T}}\mathrm{e}^{-\boldsymbol{A}^{\mathrm{T}}t}\bar{\boldsymbol{x}}_0\mathrm{d}t\\ &= \int_0^{t_{\mathrm{f}}}(\boldsymbol{B}^{\mathrm{T}}\mathrm{e}^{-\boldsymbol{A}^{\mathrm{T}}t}\bar{\boldsymbol{x}}_0)^{\mathrm{T}}(\boldsymbol{B}^{\mathrm{T}}\mathrm{e}^{-\boldsymbol{A}^{\mathrm{T}}t}\bar{\boldsymbol{x}}_0)\mathrm{d}t\\ &= \int_0^{t_{\mathrm{f}}}\|\boldsymbol{B}^{\mathrm{T}}\mathrm{e}^{-\boldsymbol{A}^{\mathrm{T}}t}\bar{\boldsymbol{x}}_0\|^2\mathrm{d}t\end{aligned} \tag{4.7}$$

其中，$\|\cdot\|$ 表示所示向量的范数，而范数必为非负值。于是，欲让式(4.7)成立，只可能有

$$\boldsymbol{B}^{\mathrm{T}}\mathrm{e}^{-\boldsymbol{A}^{\mathrm{T}}t}\bar{\boldsymbol{x}}_0=0,\ \forall t\in[0,\ t_{\mathrm{f}}] \tag{4.8}$$

另一方面，由系统完全能控可知，对状态空间 $\mathbf{R}^n$ 中所包括上述 $\bar{\boldsymbol{x}}_0$ 在内的所有非零初始状态均可找到相应的输入 $\boldsymbol{u}(t)$，使得式(4.9)成立。

$$\boldsymbol{0}=\boldsymbol{x}(t_{\mathrm{f}})=\mathrm{e}^{\boldsymbol{A}t_{\mathrm{f}}}\bar{\boldsymbol{x}}_0+\int_0^{t_{\mathrm{f}}}\mathrm{e}^{\boldsymbol{A}(t_{\mathrm{f}}-t)}\boldsymbol{B}\boldsymbol{u}(t)\mathrm{d}t \tag{4.9}$$

继而，有

$$\begin{aligned}\mathrm{e}^{\boldsymbol{A}t_{\mathrm{f}}}\bar{\boldsymbol{x}}_0 &= -\int_0^{t_{\mathrm{f}}}\mathrm{e}^{\boldsymbol{A}(t_{\mathrm{f}}-t)}\boldsymbol{B}\boldsymbol{u}(t)\mathrm{d}t\\ \bar{\boldsymbol{x}}_0 &= -\int_0^{t_{\mathrm{f}}}\mathrm{e}^{-\boldsymbol{A}t}\boldsymbol{B}\boldsymbol{u}(t)\mathrm{d}t\end{aligned} \tag{4.10}$$

$$\|\bar{\boldsymbol{x}}_0\|^2=\bar{\boldsymbol{x}}_0^{\mathrm{T}}\bar{\boldsymbol{x}}_0=\left[-\int_0^{t_{\mathrm{f}}}\mathrm{e}^{-\boldsymbol{A}t}\boldsymbol{B}\boldsymbol{u}(t)\mathrm{d}t\right]^{\mathrm{T}}\bar{\boldsymbol{x}}_0=-\int_0^{t_{\mathrm{f}}}\boldsymbol{u}^{\mathrm{T}}(t)[\boldsymbol{B}^{\mathrm{T}}\mathrm{e}^{-\boldsymbol{A}^{\mathrm{T}}t}\bar{\boldsymbol{x}}_0]\mathrm{d}t \tag{4.11}$$

从而，利用式(4.8)，由式(4.11)可进一步得到

$$\|\bar{\boldsymbol{x}}_0\|^2=0,\ \bar{\boldsymbol{x}}_0=\boldsymbol{0} \tag{4.12}$$

式(4.12)表明，这与反设“$\boldsymbol{G}_{\mathrm{c}}(0,\ t_{\mathrm{f}})$ 为奇异，即 $\bar{\boldsymbol{x}}_0\neq\boldsymbol{0}$”相矛盾。所以，反设不成立，即 $\boldsymbol{G}_{\mathrm{c}}(0,\ t_{\mathrm{f}})$ 为非奇异，必要性得证。证明完毕。

该定理应用时会遇到指数矩阵 $\mathrm{e}^{\boldsymbol{A}t}$ 计算和积分计算的问题，当 n 较大时 $\mathrm{e}^{\boldsymbol{A}t}$ 的计算并非

易事，因此这个判据主要用于理论分析和推导其他的能控性判据。

2. 秩判据

定理 4.2　能控性秩判据　线性定常系统$\{\boldsymbol{A},\ \boldsymbol{B}\}$状态完全能控的充分必要条件是能控性判别矩阵，即

$$\boldsymbol{Q}_c=[\boldsymbol{B}\quad \boldsymbol{AB}\quad \boldsymbol{A}^2\boldsymbol{B}\quad \cdots\quad \boldsymbol{A}^{n-1}\boldsymbol{B}] \tag{4.13}$$

的秩为 n，即

$$\operatorname{rank}\boldsymbol{Q}_c=\operatorname{rank}[\boldsymbol{B}\quad \boldsymbol{AB}\quad \boldsymbol{A}^2\boldsymbol{B}\quad \cdots\quad \boldsymbol{A}^{n-1}\boldsymbol{B}]=n \tag{4.14}$$

秩判据直接基于状态矩阵 $\boldsymbol{A}$ 和输入矩阵 $\boldsymbol{B}$，且只涉及矩阵的相乘和求秩运算，因而在具体判别中得到广泛应用。

证明　(1) 先证充分性：已知 $\operatorname{rank}\boldsymbol{Q}_c=n$，欲证系统完全能控。

采用反证法。反设系统不完全能控，则根据格拉姆矩阵判据知，其格拉姆矩阵，即

$$\boldsymbol{G}_c(0,\ t_f)=\int_0^{t_f}\mathrm{e}^{-\boldsymbol{A}t}\boldsymbol{BB}^{\mathrm{T}}\mathrm{e}^{-\boldsymbol{A}^{\mathrm{T}}t}\mathrm{d}t,\ \forall t_f>0 \tag{4.15}$$

为奇异。这意味着，状态空间 $\mathbf{R}^n$ 中至少存在一个非零向量 $\boldsymbol{\alpha}$，使下式成立

$$0=\boldsymbol{\alpha}^{\mathrm{T}}\boldsymbol{G}_c(0,\ t_f)\boldsymbol{\alpha}=\int_0^{t_f}\boldsymbol{\alpha}^{\mathrm{T}}\mathrm{e}^{-\boldsymbol{A}t}\boldsymbol{BB}^{\mathrm{T}}\mathrm{e}^{-\boldsymbol{A}^{\mathrm{T}}t}\boldsymbol{\alpha}\,\mathrm{d}t=\int_0^{t_f}(\boldsymbol{\alpha}^{\mathrm{T}}\mathrm{e}^{-\boldsymbol{A}t}\boldsymbol{B})(\boldsymbol{\alpha}^{\mathrm{T}}\mathrm{e}^{-\boldsymbol{A}t}\boldsymbol{B})^{\mathrm{T}}\mathrm{d}t \tag{4.16}$$

由此可以得出

$$\boldsymbol{\alpha}^{\mathrm{T}}\mathrm{e}^{-\boldsymbol{A}t}\boldsymbol{B}=\boldsymbol{0},\ \forall t\in[0,\ t_f] \tag{4.17}$$

将上式对时间变量 t 求导直至$(n-1)$次，再在导出结果中令 $t=0$，可以得到

$$\boldsymbol{\alpha}^{\mathrm{T}}\boldsymbol{B}=\boldsymbol{0},\ \boldsymbol{\alpha}^{\mathrm{T}}\boldsymbol{AB}=\boldsymbol{0},\ \boldsymbol{\alpha}^{\mathrm{T}}\boldsymbol{A}^2\boldsymbol{B}=\boldsymbol{0},\ \cdots,\ \boldsymbol{\alpha}^{\mathrm{T}}\boldsymbol{A}^{n-1}\boldsymbol{B}=\boldsymbol{0} \tag{4.18}$$

进而，将式(4.18)表示为

$$\boldsymbol{\alpha}^{\mathrm{T}}[\boldsymbol{B}\quad \boldsymbol{AB}\quad \boldsymbol{A}^2\boldsymbol{B}\quad \cdots\quad \boldsymbol{A}^{n-1}\boldsymbol{B}]=\boldsymbol{\alpha}^{\mathrm{T}}\boldsymbol{Q}_c=\boldsymbol{0} \tag{4.19}$$

因为 $\boldsymbol{\alpha}\neq\boldsymbol{0}$，所以式(4.19)意味着$\boldsymbol{Q}_c$ 为行线性相关，即有 $\operatorname{rank}\boldsymbol{Q}_c<n$。但是，这显然和已知 $\operatorname{rank}\boldsymbol{Q}_c=n$ 相矛盾。所以，反设不成立，系统为完全能控。充分性得证。

(2) 再证必要性。已知系统完全能控，欲证 $\operatorname{rank}\boldsymbol{Q}_c=n$。

采用反证法。反设 $\operatorname{rank}\boldsymbol{Q}_c<n$，因此$\boldsymbol{Q}_c$ 为行线性相关，这意味着，状态空间 $\mathbf{R}^n$ 中至少存在一个非零向量 $\boldsymbol{\alpha}$，使得下式成立

$$\boldsymbol{\alpha}^{\mathrm{T}}[\boldsymbol{B}\quad \boldsymbol{AB}\quad \boldsymbol{A}^2\boldsymbol{B}\quad \cdots\quad \boldsymbol{A}^{n-1}\boldsymbol{B}]=\boldsymbol{\alpha}^{\mathrm{T}}\boldsymbol{Q}_c=\boldsymbol{0} \tag{4.20}$$

考虑问题一般性，由上式可导出

$$\boldsymbol{\alpha}^{\mathrm{T}}\boldsymbol{A}^i\boldsymbol{B}=\boldsymbol{0},\ i=0,\ 1,\ 2,\ \cdots,\ n-1 \tag{4.21}$$

再根据凯莱-哈密顿定理知，$\boldsymbol{A}^n$，$\boldsymbol{A}^{n+1}$，$\cdots$ 均可表示为 $\boldsymbol{I}$，$\boldsymbol{A}$，$\boldsymbol{A}^2$，$\cdots$，$\boldsymbol{A}^{n-1}$的线性组合。基于此，可将式(4.21)进一步扩展表示为

$$\boldsymbol{\alpha}^{\mathrm{T}}\boldsymbol{A}^i\boldsymbol{B}=\boldsymbol{0},\ i=0,\ 1,\ 2,\ \cdots \tag{4.22}$$

利用式(4.22)来计算$\boldsymbol{\alpha}^{\mathrm{T}}\mathrm{e}^{-\boldsymbol{A}t}\boldsymbol{B}$，有

$$\begin{aligned}\boldsymbol{\alpha}^{\mathrm{T}}\mathrm{e}^{-\boldsymbol{A}t}\boldsymbol{B}&=\boldsymbol{\alpha}^{\mathrm{T}}\left(\boldsymbol{I}-\boldsymbol{A}t+\frac{1}{2!}\boldsymbol{A}^2t^2-\frac{1}{3!}\boldsymbol{A}^3t^3+\cdots\right)\boldsymbol{B}\\&=\boldsymbol{\alpha}^{\mathrm{T}}\boldsymbol{B}-\boldsymbol{\alpha}^{\mathrm{T}}\boldsymbol{AB}t+\frac{1}{2!}\boldsymbol{\alpha}^{\mathrm{T}}\boldsymbol{A}^2\boldsymbol{B}t^2-\frac{1}{3!}\boldsymbol{\alpha}^{\mathrm{T}}\boldsymbol{A}^3\boldsymbol{B}t^3+\cdots\\&=\boldsymbol{0},\ \forall t\in[0,\ t_f]\end{aligned} \tag{4.23}$$

继而，有

$$\boldsymbol{\alpha}^{\mathrm{T}}\boldsymbol{G}_{\mathrm{c}}(0,\ t_{\mathrm{f}})\boldsymbol{\alpha}=\int_{0}^{t_{\mathrm{f}}}\boldsymbol{\alpha}^{\mathrm{T}}\mathrm{e}^{-\boldsymbol{A}t}\boldsymbol{B}\boldsymbol{B}^{\mathrm{T}}\mathrm{e}^{-\boldsymbol{A}^{\mathrm{T}}t}\boldsymbol{\alpha}\,\mathrm{d}t=\int_{0}^{t_{\mathrm{f}}}(\boldsymbol{\alpha}^{\mathrm{T}}\mathrm{e}^{-\boldsymbol{A}t}\boldsymbol{B})(\boldsymbol{\alpha}^{\mathrm{T}}\mathrm{e}^{-\boldsymbol{A}t}\boldsymbol{B})^{\mathrm{T}}\mathrm{d}t=0 \tag{4.24}$$

因为 $\boldsymbol{\alpha}\neq\mathbf{0}$，由式(4.24)可表明格拉姆矩阵 $\boldsymbol{G}_{\mathrm{c}}(0,\ t_{\mathrm{f}})$为奇异。由格拉姆矩阵判据可知，此时系统是不完全能控的，这与已知矛盾，所以反设不成立。于是有 $\mathrm{rank}\,\boldsymbol{Q}_{\mathrm{c}}=n$，必要性得证。证明完毕。

注意：在多输入系统中$\boldsymbol{Q}_{\mathrm{c}}$ 是 $n\times nr$ 维矩阵，不像单输入系统是方阵，其秩的确定比一般复杂。由于$\boldsymbol{Q}_{\mathrm{c}}\boldsymbol{Q}_{\mathrm{c}}^{\mathrm{T}}$ 是方阵，而且非奇异性等价于$\boldsymbol{Q}_{\mathrm{c}}$ 的非奇异性，所以在计算多输入系统的能控性矩阵$\boldsymbol{Q}_{\mathrm{c}}$ 的秩时，常用

$$\mathrm{rank}\,\boldsymbol{Q}_{\mathrm{c}}=\mathrm{rank}[\boldsymbol{Q}_{\mathrm{c}}\quad \boldsymbol{Q}_{\mathrm{c}}^{\mathrm{T}}] \tag{4.25}$$

【例 4-6】 已知某一系统的状态空间表达式为

$$\dot{\boldsymbol{x}}=\begin{bmatrix}-4 & 3\\ 1 & 0\end{bmatrix}\boldsymbol{x}+\begin{bmatrix}-5\\ 1\end{bmatrix}u$$

试判断其能控性。

解 由题意知

$$\boldsymbol{A}=\begin{bmatrix}-4 & 3\\ 1 & 0\end{bmatrix},\ \boldsymbol{b}=\begin{bmatrix}-5\\ 1\end{bmatrix}$$

$$\boldsymbol{Q}_{\mathrm{c}}=[\boldsymbol{b}\quad \boldsymbol{A}\boldsymbol{b}]=\begin{bmatrix}-5 & 23\\ 1 & -5\end{bmatrix}$$

$$\mathrm{rank}\,\boldsymbol{Q}_{\mathrm{c}}=\mathrm{rank}[\boldsymbol{b}\quad \boldsymbol{A}\boldsymbol{b}]=2=n$$

故系统能控。

【例 4-7】 已知如下系统

$$\dot{\boldsymbol{x}}=\begin{bmatrix}1 & 0 & 0 & 0\\ 2 & -3 & 0 & 0\\ 1 & 0 & -2 & 0\\ 4 & -1 & -2 & -4\end{bmatrix}\boldsymbol{x}+\begin{bmatrix}0\\ 0\\ 1\\ 2\end{bmatrix}u$$

判断该系统的能控性。

解 能控性判别矩阵为

$$\boldsymbol{Q}_{\mathrm{c}}=[\boldsymbol{b}\quad \boldsymbol{A}\boldsymbol{b}\quad \boldsymbol{A}^{2}\boldsymbol{b}\quad \boldsymbol{A}^{3}\boldsymbol{b}]=\begin{bmatrix}0 & 0 & 0 & 0\\ 0 & 0 & 0 & 0\\ 1 & -2 & 4 & -8\\ 2 & -10 & 44 & -184\end{bmatrix}$$

$$\mathrm{rank}\,\boldsymbol{Q}_{\mathrm{c}}=2<n=4$$

故系统不能控。

【例 4-8】 已知某多输入系统的状态方程为

$$\dot{\boldsymbol{x}}=\begin{bmatrix}1 & 2 & 1\\ 0 & 1 & 0\\ 1 & 0 & 3\end{bmatrix}\boldsymbol{x}+\begin{bmatrix}1 & 0\\ 0 & 1\\ 0 & 0\end{bmatrix}\begin{bmatrix}u_1\\ u_2\end{bmatrix}$$

判断该系统的能控性。

解　由题意知

$$B=\begin{bmatrix}1 & 0\\0 & 1\\0 & 0\end{bmatrix}$$

$$AB=\begin{bmatrix}1 & 2 & 1\\0 & 1 & 0\\1 & 0 & 3\end{bmatrix}\times\begin{bmatrix}1 & 0\\0 & 1\\0 & 0\end{bmatrix}=\begin{bmatrix}1 & 2\\0 & 1\\1 & 0\end{bmatrix}$$

$$A^2B=\begin{bmatrix}1 & 2 & 1\\0 & 1 & 0\\1 & 0 & 3\end{bmatrix}\times\begin{bmatrix}1 & 2\\0 & 1\\1 & 0\end{bmatrix}=\begin{bmatrix}2 & 4\\0 & 1\\4 & 2\end{bmatrix}$$

$$Q_c=[B\quad AB\quad A^2B]=\begin{bmatrix}1 & 0 & 1 & 2 & 2 & 4\\0 & 1 & 0 & 1 & 0 & 1\\0 & 0 & 1 & 0 & 4 & 2\end{bmatrix}$$

$$Q_cQ_c^T=\begin{bmatrix}26 & 6 & 17\\6 & 3 & 2\\17 & 2 & 21\end{bmatrix},\qquad |Q_cQ_c^T|\neq 0$$

$\text{rank}\, Q_c=3=n$，所以该系统是能控的。

3. PBH 判据

能控性 PBH 判据包括“PBH 秩判据”和“PBH 特征向量判据”。由波波夫(Popov)和贝尔维奇(Belevitch)提出，并由豪塔斯(Hautus)指出其广泛可应用性。因此，该判据以他们姓氏首字母组合命名为 PBH 判据。

定理 4.3　能控性 PBH 特征向量判据　线性定常系统$\{A, B\}$状态完全能控的充分必要条件是：

状态矩阵 A 不存在与输入矩阵 B 所有列正交的非零左特征向量 α^T，即对状态矩阵 A 的所有特征值 $\lambda_i(i=1, 2, \cdots, n)$，使同时满足下式的左特征向量 $\alpha^T\neq 0$：

$$\alpha^T A=\lambda_i\alpha^T，且\quad \alpha^T B=0 \tag{4.26}$$

或当且仅当状态矩阵 A 的所有非零左特征向量都不与输入矩阵 B 的各列正交时，系统是完全能控的。

证明　(1) 先证必要性。已知系统完全能控，欲证不存在一个 $\alpha^T\neq 0$，使得式(4.26)成立。

采用反证法。反设存在一个 n 维行向量 $\alpha^T\neq 0$ 使式(4.26)成立，则有

$$\alpha^T B=0，\alpha^T AB=\lambda_i\alpha^T B=0，\cdots，\alpha^T A^{n-1}B=0 \tag{4.27}$$

从而，可以得到

$$\alpha^T[B\quad AB\quad A^2B\quad\cdots\quad A^{n-1}B]=\alpha^T Q_c=0 \tag{4.28}$$

这表明，$\text{rank}\, Q_c<n$。根据定理 4.2 秩判据可知，系统不完全能控，与已知系统完全能控相矛盾。反设不成立。必要性得证。

(2) 再证充分性。已知不存在一个 $\alpha^T\neq 0$ 使式(4.26)成立，欲证系统完全能控。

采用反证法。反设系统不完全能控，在系统中至少存在一个 $s=\lambda_i$ 及其一个非零左特

征向量$\boldsymbol{\alpha}^{\mathrm{T}}\in\mathbf{R}^{1\times n}$，使式(4.29)成立。

$$\boldsymbol{\alpha}^{\mathrm{T}}[\lambda_i\boldsymbol{I}-\boldsymbol{A},\ \boldsymbol{B}]=0 \tag{4.29}$$

这表明，对特征值λ_i存在非零左特征向量$\boldsymbol{\alpha}^{\mathrm{T}}\neq\mathbf{0}$，同时满足

$$\boldsymbol{\alpha}^{\mathrm{T}}\boldsymbol{A}=\lambda_i\boldsymbol{\alpha}^{\mathrm{T}},\quad 且\quad \boldsymbol{\alpha}^{\mathrm{T}}\boldsymbol{B}=\mathbf{0} \tag{4.30}$$

显然，这和已知矛盾。反设不成立，充分性得证。证明完毕。

注意：定理4.3主要用于理论分析，特别是线性定常系统的复频域分析。

定理4.4 能控性PBH秩判据 线性定常系统$\{\boldsymbol{A},\ \boldsymbol{B}\}$状态完全能控的充分必要条件为

$$\mathrm{rank}[s\boldsymbol{I}-\boldsymbol{A},\ \boldsymbol{B}]=n,\ \forall s\in\vartheta \tag{4.31}$$

或者

$$\mathrm{rank}[\lambda_i\boldsymbol{I}-\boldsymbol{A},\ \boldsymbol{B}]=n,\ i=1,\ 2,\ \cdots,\ n \tag{4.32}$$

其中，ϑ为复数域，$\lambda_i(i=1,\ 2,\ \cdots,\ n)$为系统特征值。

证明 (1) 先证必要性。对于式(4.31)，如果s不是状态矩阵$\boldsymbol{A}$的特征值，则有$\det(s\boldsymbol{I}-\boldsymbol{A})\neq0$，即$\mathrm{rank}(s\boldsymbol{I}-\boldsymbol{A})=n$，进而$\mathrm{rank}[s\boldsymbol{I}-\boldsymbol{A},\ \boldsymbol{B}]=n$，所以只要证明式(4.32)成立即可。

采用反证法。反设对某个特征值λ_i，有$\mathrm{rank}[\lambda_i\boldsymbol{I}-\boldsymbol{A},\ \boldsymbol{B}]<n$，则意味着$[\lambda_i\boldsymbol{I}-\boldsymbol{A},\ \boldsymbol{B}]$行线性相关。由此，必存在一个非零$n$维向量$\boldsymbol{\alpha}$，使下式成立

$$\boldsymbol{\alpha}^{\mathrm{T}}[\lambda_i\boldsymbol{I}-\boldsymbol{A},\ \boldsymbol{B}]=\mathbf{0} \tag{4.33}$$

考虑问题一般性，由上式可推导出

$$\boldsymbol{\alpha}^{\mathrm{T}}\boldsymbol{A}=\lambda_i\boldsymbol{\alpha}^{\mathrm{T}},\ \boldsymbol{\alpha}^{\mathrm{T}}\boldsymbol{B}=\mathbf{0} \tag{4.34}$$

进而，可以得出

$$\boldsymbol{\alpha}^{\mathrm{T}}\boldsymbol{B}=\mathbf{0},\ \boldsymbol{\alpha}^{\mathrm{T}}\boldsymbol{A}\boldsymbol{B}=\lambda_i\boldsymbol{\alpha}^{\mathrm{T}}\boldsymbol{B}=\mathbf{0},\ \cdots,\ \boldsymbol{\alpha}^{\mathrm{T}}\boldsymbol{A}^{n-1}\boldsymbol{B}=\mathbf{0} \tag{4.35}$$

根据式(4.35)，有

$$\boldsymbol{\alpha}^{\mathrm{T}}[\boldsymbol{B}\quad \boldsymbol{A}\boldsymbol{B}\quad \boldsymbol{A}^2\boldsymbol{B}\quad \cdots\quad \boldsymbol{A}^{n-1}\boldsymbol{B}]=\boldsymbol{\alpha}^{\mathrm{T}}\boldsymbol{Q}_{\mathrm{c}}=\mathbf{0} \tag{4.36}$$

但已知$\boldsymbol{\alpha}^{\mathrm{T}}\neq\mathbf{0}$，欲使上式成立，只可能有

$$\mathrm{rank}\,\boldsymbol{Q}_{\mathrm{c}}<n \tag{4.37}$$

根据秩判据，可知系统不完全能控，这和已知相矛盾，反设不成立，即式(4.32)成立。必要性得证。

(2) 再证充分性。已知式(4.32)成立，欲证系统完全能控。

如果$\mathrm{rank}[\lambda_i\boldsymbol{I}-\boldsymbol{A},\ \boldsymbol{B}]=n$，则意味着矩阵$[\lambda_i\boldsymbol{I}-\boldsymbol{A},\ \boldsymbol{B}]$的$n$个行线性无关。因此，若要求$\boldsymbol{\alpha}^{\mathrm{T}}[\lambda_i\boldsymbol{I}-\boldsymbol{A},\ \boldsymbol{B}]=\mathbf{0}$，只有$\boldsymbol{\alpha}^{\mathrm{T}}=\mathbf{0}$。由定理4.3可知，此系统是完全能控的。证明完毕。

【例4-9】 利用PBH秩判据，判别下列系统的能控性。

$$\dot{\boldsymbol{x}}=\begin{bmatrix}0&1&0&0\\0&0&-1&0\\0&0&0&1\\0&0&5&0\end{bmatrix}\boldsymbol{x}+\begin{bmatrix}0&1\\1&0\\0&1\\-2&0\end{bmatrix}\boldsymbol{u}$$

解 首先写出判别矩阵，为

$$[s\boldsymbol{I}-\boldsymbol{A},\ \boldsymbol{B}]=\begin{bmatrix}s&-1&0&0&0&1\\0&s&1&0&1&0\\0&0&s&-1&0&1\\0&0&-5&s&-2&0\end{bmatrix}$$

求解系统的特征值，有

$$\lambda_1=\lambda_2=0,\ \lambda_3=\sqrt{5},\ \lambda_4=-\sqrt{5}$$

下面，针对各个特征值，检验判别矩阵的秩。

对 $s=\lambda_1=\lambda_2=0$，有

$$\text{rank}[s\boldsymbol{I}-\boldsymbol{A},\ \boldsymbol{B}]=\text{rank}\begin{bmatrix}0 & -1 & 0 & 0 & 0 & 1\\ 0 & 0 & 1 & 0 & 1 & 0\\ 0 & 0 & 0 & -1 & 0 & 1\\ 0 & 0 & -5 & 0 & -2 & 0\end{bmatrix}$$

$$=\text{rank}\begin{bmatrix}-1 & 0 & 0 & 0\\ 0 & 1 & 0 & 1\\ 0 & 0 & -1 & 0\\ 0 & -5 & 0 & -2\end{bmatrix}=4=n$$

对 $s=\lambda_3=\sqrt{5}$，有

$$\text{rank}[s\boldsymbol{I}-\boldsymbol{A},\ \boldsymbol{B}]=\text{rank}\begin{bmatrix}\sqrt{5} & -1 & 0 & 0 & 0 & 1\\ 0 & \sqrt{5} & 1 & 0 & 1 & 0\\ 0 & 0 & \sqrt{5} & -1 & 0 & 1\\ 0 & 0 & -5 & \sqrt{5} & -2 & 0\end{bmatrix}$$

$$=\text{rank}\begin{bmatrix}\sqrt{5} & -1 & 0 & 1\\ 0 & \sqrt{5} & 1 & 0\\ 0 & 0 & 0 & 1\\ 0 & 0 & -2 & 0\end{bmatrix}=4=n$$

对 $s=\lambda_4=-\sqrt{5}$，有

$$\text{rank}[s\boldsymbol{I}-\boldsymbol{A},\ \boldsymbol{B}]=\text{rank}\begin{bmatrix}-\sqrt{5} & -1 & 0 & 0 & 0 & 1\\ 0 & -\sqrt{5} & 1 & 0 & 1 & 0\\ 0 & 0 & -\sqrt{5} & -1 & 0 & 1\\ 0 & 0 & -5 & -\sqrt{5} & -2 & 0\end{bmatrix}$$

$$=\text{rank}\begin{bmatrix}-\sqrt{5} & -1 & 0 & 1\\ 0 & -\sqrt{5} & 1 & 0\\ 0 & 0 & 0 & 1\\ 0 & 0 & -2 & 0\end{bmatrix}=4=n$$

这表明，该系统满足 PBH 秩判据条件，系统完全能控。

4. 约旦标准型判据

定理 4.5　线性系统经线性非奇异变换后不会改变其能控性。

证明　设系统状态方程为

$$\dot{x}=\boldsymbol{A}\boldsymbol{x}+\boldsymbol{B}\boldsymbol{u} \tag{4.38}$$

其能控性判别矩阵为

$$Q_c=[B \quad AB \quad A^2B \quad \cdots \quad A^{n-1}B] \tag{4.39}$$

对式(4.39)做非奇异变换，有

$$x=P\bar{x} \tag{4.40}$$

变换后的系统状态方程为

$$\dot{\bar{x}}=P^{-1}AP\bar{x}+P^{-1}Bu=\bar{A}\bar{x}+\bar{B}u \tag{4.41}$$

其中，$\bar{A}=P^{-1}AP$，$\bar{B}=P^{-1}B$。

式(4.41)的能控性判别矩阵为

$$\begin{aligned}\bar{Q}_c&=[\bar{B} \quad \bar{A}\bar{B} \quad \bar{A}^2\bar{B} \quad \cdots \quad \bar{A}^{n-1}\bar{B}]\\&=[P^{-1}B \quad P^{-1}APP^{-1}B \quad P^{-1}APP^{-1}APP^{-1}B \quad \cdots \quad P^{-1}A^{n-1}B]\\&=P^{-1}[B \quad AB \quad A^2B \quad \cdots \quad A^{n-1}B]=P^{-1}Q_c\end{aligned} \tag{4.42}$$

因为P^{-1}非奇异，则有

$$\operatorname{rank}\bar{Q}_c=\operatorname{rank}(P^{-1}Q_c)=\operatorname{rank}Q_c \tag{4.43}$$

由式(4.43)可知，线性变换前后系统能控性判别矩阵的秩并不发生变化，因此，线性非奇异变换不改变系统的能控性。

已知线性定常系统的状态表达式为

$$\dot{x}=Ax+Bu,\ x(0)=x_0,\ t\geqslant 0$$

该线性定常系统为完全能控的充分必要条件可分为以下两种情况进行讨论。

第1种情况：状态矩阵 A 特征值互异。

定理 4.6 约旦标准型判据 1 若线性定常系统

$$\dot{x}=Ax+Bu \tag{4.44}$$

其状态矩阵 A 的特征值 λ_1，λ_2，…，λ_n 互异，由线性非奇异变换$x=P\bar{x}$可将式(4.44)变换为如下的对角标准型

$$\dot{\bar{x}}=P^{-1}AP\bar{x}+P^{-1}Bu=\bar{A}\bar{x}+\bar{B}u=\begin{bmatrix}\lambda_1 & 0 & \cdots & 0\\0 & \lambda_2 & \cdots & 0\\\vdots & \vdots & \ddots & \vdots\\0 & 0 & \cdots & \lambda_n\end{bmatrix}\bar{x}+\bar{B}u \tag{4.45}$$

则原系统(4.44)状态完全能控的充要性条件为：经线性非奇异变换后得到的对角标准型式(4.45)中，$\bar{B}$ 阵不含元素全为 0 的行。

证明 系统的对角标准型式(4.45)组成 PBH 秩判据判别矩阵为

$$[sI-\bar{A},\ \bar{B}]=\begin{bmatrix}s-\lambda_1 & & & \bar{b}_1\\ & s-\lambda_2 & & \bar{b}_2\\ & & \ddots & \vdots\\ & & s-\lambda_n & \bar{b}_n\end{bmatrix} \tag{4.46}$$

由其组成元素结构可以看出，对 $s=\lambda_i$，$i\in\{1,2,\cdots,n\}$，$\operatorname{rank}[sI-\bar{A},\ \bar{B}]=n$ 成立，当且仅当 $\bar{b}_i\neq 0$，$\forall i\in\{1,2,\cdots,n\}$。证明完毕。

【例 4－10】　判断以下系统的能控性。

(1) $\dot{x}=\begin{bmatrix}-2 & 0\\ 0 & -3\end{bmatrix}x+\begin{bmatrix}2\\ 1\end{bmatrix}u$　　(2) $\dot{x}=\begin{bmatrix}-1 & 0 & 0\\ 0 & 3 & 0\\ 0 & 0 & -3\end{bmatrix}x+\begin{bmatrix}0\\ 1\\ 3\end{bmatrix}u$

(3) $\dot{x}=\begin{bmatrix}-1 & 0 & 0\\ 0 & -2 & 0\\ 0 & 0 & -3\end{bmatrix}x+\begin{bmatrix}0 & 2\\ 5 & 0\\ 8 & 0\end{bmatrix}\boldsymbol{u}$　　(4) $\dot{x}=\begin{bmatrix}-1 & 0 & 0\\ 0 & 3 & 0\\ 0 & 0 & -4\end{bmatrix}x+\begin{bmatrix}0 & 0\\ 5 & 0\\ 6 & 3\end{bmatrix}\boldsymbol{u}$

解　(1) $\boldsymbol{A}$ 为对角阵，含有不同的对角元素，并且 $\boldsymbol{B}$ 阵中不含有全为零的行，所以系统能控。

(2) 系统的状态矩阵 $\boldsymbol{A}$ 为对角阵，含有不同的对角元素，但是 $\boldsymbol{B}$ 阵中的第一行为零，所以系统是不能控的。

(3) 该系统是一个两输入的系统，在 $\boldsymbol{A}$ 阵中含有不同的对角元素，$\boldsymbol{B}$ 阵中的每一行都不全为零，所以该系统是能控的。

(4) 在该两输入系统中，状态矩阵 $\boldsymbol{A}$ 为对角阵，并且含有不同的值，但是 $\boldsymbol{B}$ 阵中的第一行全为零，所以该系统是不能控的。

【例 4－11】　已知系统的状态空间表达式为

$$\dot{x}=\begin{bmatrix}-4 & 5\\ 1 & 0\end{bmatrix}x+\begin{bmatrix}-5\\ 1\end{bmatrix}u$$

试通过线性变换，判断下列系统是否能控。

解　求状态矩阵的特征值，有

$$|\lambda \boldsymbol{I}-\boldsymbol{A}|=\begin{bmatrix}\lambda+4 & -5\\ -1 & \lambda\end{bmatrix}=\lambda^2+4\lambda-5=(\lambda+5)(\lambda-1)=0$$

则 $\lambda_1=-5$，$\lambda_2=1$。

取变换矩阵，即

$$\boldsymbol{P}=[\boldsymbol{p}_1\quad \boldsymbol{p}_2]=\begin{bmatrix}-5 & 1\\ 1 & 1\end{bmatrix}$$

$$\boldsymbol{P}^{-1}=\begin{bmatrix}-\dfrac{1}{6} & \dfrac{1}{6}\\ \dfrac{1}{6} & \dfrac{5}{6}\end{bmatrix},\ \boldsymbol{P}^{-1}\boldsymbol{B}=\begin{bmatrix}-\dfrac{1}{6} & \dfrac{1}{6}\\ \dfrac{1}{6} & \dfrac{5}{6}\end{bmatrix}\begin{bmatrix}-5\\ 1\end{bmatrix}=\begin{bmatrix}1\\ 0\end{bmatrix}$$

$$\dot{\bar{x}}=\boldsymbol{P}^{-1}\boldsymbol{A}\boldsymbol{P}\bar{x}+\boldsymbol{P}^{-1}\boldsymbol{B}\boldsymbol{u}=\begin{bmatrix}-5 & 0\\ 0 & 1\end{bmatrix}\bar{x}+\begin{bmatrix}1\\ 0\end{bmatrix}\boldsymbol{u}$$

由以上结果可得该系统含有不同的特征值，当变为对角标准型后，$\boldsymbol{B}$ 矩阵的第二行为零，所以该系统是不完全能控的。

第 2 种情况：状态矩阵 $\boldsymbol{A}$ 有重特征值。

定理 4.7　约旦标准型判据 2　若式(4.2)所示线性定常系统，其状态矩阵 $\boldsymbol{A}$ 的特征值为 λ_1(m_1 重)，λ_2(m_2 重)，…，λ_l(m_l 重)，其中，$m_1+m_2+\cdots+m_l=n$，$\lambda_i\neq\lambda_j$。

$$\dot{x}=\boldsymbol{A}x+\boldsymbol{B}u \tag{4.47}$$

由线性非奇异变换 $x=P\bar{x}$ 可将式(4.47)变换为如下的约旦标准型

$$\dot{\bar{x}}=P^{-1}AP\bar{x}+P^{-1}Bu=\bar{A}\bar{x}+\bar{B}u \tag{4.48}$$

其中

$$\underset{n\times n}{\bar{A}}=\begin{bmatrix} J_1 & 0 & \cdots & 0 \\ 0 & J_2 & \cdots & 0 \\ \vdots & \vdots & & \vdots \\ 0 & 0 & \cdots & J_l \end{bmatrix},\quad \underset{n\times r}{\bar{B}}=\begin{bmatrix} \bar{B}_1 \\ \bar{B}_2 \\ \vdots \\ \bar{B}_l \end{bmatrix} \tag{4.49}$$

$$\underset{m_i\times m_i}{J_i}=\begin{bmatrix} J_{i1} & 0 & \cdots & 0 \\ 0 & J_{i2} & \cdots & 0 \\ \vdots & \vdots & & \vdots \\ 0 & 0 & \cdots & J_{i\alpha_i} \end{bmatrix},\quad \underset{m_i\times r}{\bar{B}_i}=\begin{bmatrix} \bar{B}_{i1} \\ \bar{B}_{i2} \\ \vdots \\ \bar{B}_{i\alpha_i} \end{bmatrix} \tag{4.50}$$

$$\underset{h_{ik}\times h_{ik}}{J_{ik}}=\begin{bmatrix} \lambda_i & 1 & & \\ & \lambda_i & \ddots & \\ & & \ddots & 1 \\ & & & \lambda_i \end{bmatrix},\quad \underset{h_{ik}\times r}{\bar{B}_{ik}}=\begin{bmatrix} \bar{b}_{1ik} \\ \bar{b}_{2ik} \\ \vdots \\ \bar{b}_{rik} \end{bmatrix} \tag{4.51}$$

其中，$J_i(i=1, 2, \cdots, l)$为对应 m_i 重特征值λ_i 的 m_i 阶约旦标准块，$J_{ik}(k=1, 2, \cdots, \alpha_i)$为对应特征值 λ_i 的约旦块 J_i 中的第 k 个约旦小块。且 $h_{i1}+h_{i2}+\cdots+h_{i\alpha_i}=m_i$，由$\bar{B}_{ik}(k=1, 2, \cdots, \alpha_i)$的最后一行所组成的矩阵为

$$\begin{bmatrix} \bar{b}_{h_{i1}} \\ \bar{b}_{h_{i2}} \\ \vdots \\ \bar{b}_{h_{i\alpha_i}} \end{bmatrix},\quad i=1, 2, \cdots, l \tag{4.52}$$

则线性定常系统$\{A, B\}$状态完全能控的充要性条件为：对应式(4.51)的矩阵均为行线性无关，即

$$\text{rank}\begin{bmatrix} \bar{b}_{h_{i1}} \\ \bar{b}_{h_{i2}} \\ \vdots \\ \bar{b}_{h_{i\alpha_i}} \end{bmatrix}=\alpha_i,\quad \forall i=1, 2, \cdots, l$$

证明可参照第1种情况的证明，在此略。

【例 4-12】 判断以下系统的能控性。

(1) $\dot{x}=\begin{bmatrix} -2 & 1 \\ 0 & -2 \end{bmatrix}x+\begin{bmatrix} 2 \\ 5 \end{bmatrix}u$　　(2) $\dot{x}=\begin{bmatrix} -2 & 1 & 0 \\ 0 & -2 & 0 \\ 0 & 0 & -3 \end{bmatrix}x+\begin{bmatrix} 0 \\ 1 \\ 0 \end{bmatrix}u$

(3) $\dot{x}=\begin{bmatrix}-1 & 1 & 0\\ 0 & -1 & 1\\ 0 & 0 & -1\end{bmatrix}x+\begin{bmatrix}0 & 2\\ 5 & 0\\ 8 & 0\end{bmatrix}u$　　(4) $\dot{x}=\begin{bmatrix}-4 & 1 & 0 & 0\\ 0 & -4 & 0 & 0\\ 0 & 0 & -3 & 1\\ 0 & 0 & 0 & -3\end{bmatrix}x+\begin{bmatrix}0 & 0\\ 0 & 1\\ 2 & 3\\ 0 & 0\end{bmatrix}u$

解　(1) 系统有一个约旦标准块，并且所对应的 $\boldsymbol{B}$ 阵中最后一行的元素不为零，所以该系统是能控的。

(2) 系统有两个约旦标准块，第一个约旦标准块对应的 $\boldsymbol{B}$ 阵中最后一行的元素不为零，第二个约旦标准块对应的 $\boldsymbol{B}$ 阵中最后一行的元素为零，所以该系统是不能控的。

(3) 该系统有三重根，只有一个约旦标准块，且 $\boldsymbol{B}$ 阵中与约旦标准块最后一行对应的元素不全为零，故该系统是可控的。

(4) 系统有两个约旦标准块，第一个约旦标准块对应的 $\boldsymbol{B}$ 阵中最后一行的元素不全为零，第二个约旦标准块对应的 $\boldsymbol{B}$ 阵中最后一行的元素为零，所以该系统是不能控的。

【例 4-13】　判断以下系统的能控性。

$$\dot{x}=\begin{bmatrix}-4 & 1 & & & & & \\ & -4 & & & & & \\ & & -4 & & & & \\ & & & -4 & & & \\ & & & & 3 & 1 & \\ & & & & & 3 & \\ & & & & & & 3\end{bmatrix}x+\begin{bmatrix}0 & 0 & 0\\ 1 & 0 & 0\\ 0 & 1 & 0\\ 0 & 0 & 1\\ 0 & 0 & 0\\ 1 & 0 & 0\\ 0 & 4 & 0\end{bmatrix}u$$

解　对应于 $\lambda_1=-4$ 和 $\lambda_2=3$ 各个约旦小块的最后一行，找出矩阵 $\bar{\boldsymbol{B}}$ 的相应行，组成如下两个矩阵

$$\begin{bmatrix}\bar{b}_{h_{11}}\\ \bar{b}_{h_{12}}\\ \bar{b}_{h_{13}}\end{bmatrix}=\begin{bmatrix}1 & 0 & 0\\ 0 & 1 & 0\\ 0 & 0 & 1\end{bmatrix},\quad \begin{bmatrix}\bar{b}_{h_{21}}\\ \bar{b}_{h_{22}}\end{bmatrix}=\begin{bmatrix}1 & 0 & 0\\ 0 & 4 & 0\end{bmatrix}$$

容易看出，它们均为行满秩。根据约旦标准型判据 2，系统完全能控。

【例 4-14】　试通过线性变换，判断下列系统是否能控。

$$\dot{x}=\begin{bmatrix}0 & 1 & 0\\ 0 & 0 & 1\\ 2 & 3 & 0\end{bmatrix}x+\begin{bmatrix}0\\ 0\\ 1\end{bmatrix}u$$

解　由状态矩阵 $\boldsymbol{A}$ 的特征多项式，即

$$|\lambda\boldsymbol{I}-\boldsymbol{A}|=\begin{bmatrix}\lambda & -1 & 0\\ 0 & \lambda & -1\\ -2 & -3 & \lambda\end{bmatrix}=\lambda^3-3\lambda-2=0$$

可得 $\lambda_{1,2}=-1$，$\lambda_3=2$，则

$$\bar{\boldsymbol{A}}=\begin{bmatrix}-1 & 1 & 0\\ 0 & -1 & 0\\ 0 & 0 & 2\end{bmatrix}$$

由于 $\boldsymbol{A}$ 为友矩阵，则

$$\boldsymbol{P}=\begin{bmatrix}1 & 0 & 1\\ \lambda_1 & 1 & \lambda_3\\ \lambda_1^2 & 2\lambda_1 & \lambda_3^2\end{bmatrix}=\begin{bmatrix}1 & 0 & 1\\ -1 & 1 & 2\\ 1 & -2 & 4\end{bmatrix},\ \boldsymbol{P}^{-1}=\begin{bmatrix}\frac{8}{9} & -\frac{2}{9} & -\frac{1}{9}\\ \frac{2}{3} & \frac{1}{3} & -\frac{1}{3}\\ \frac{1}{9} & \frac{2}{9} & \frac{1}{9}\end{bmatrix}$$

$$\boldsymbol{P}^{-1}\boldsymbol{b}=\frac{1}{9}\begin{bmatrix}8 & -2 & -1\\ 6 & 3 & -3\\ 1 & 2 & 1\end{bmatrix}\begin{bmatrix}0\\ 0\\ 1\end{bmatrix}=\frac{1}{9}\begin{bmatrix}-1\\ -3\\ 1\end{bmatrix}$$

则上述系统化为约旦标准型为

$$\dot{\bar{\boldsymbol{x}}}=\begin{bmatrix}-1 & 1 & 0\\ 0 & -1 & 0\\ 0 & 0 & 2\end{bmatrix}\bar{\boldsymbol{x}}+\frac{1}{9}\begin{bmatrix}-1\\ -3\\ 1\end{bmatrix}u$$

化解后可得该系统有两个约旦块，每一个约旦块对应的 $\boldsymbol{B}$ 阵中的最后一行都不是零，所以该系统是能控的。

4.2.3 能控性指数

现在进一步引入能控性指数的概念。在一些综合问题中，不管时域方法还是复频域方法，都会用到能控性指数概念。

考察如下线性定常系统

$$\dot{\boldsymbol{x}}=\boldsymbol{A}\boldsymbol{x}+\boldsymbol{B}\boldsymbol{u},\ \boldsymbol{x}(0)=\boldsymbol{x}_0,\ t\geqslant 0 \tag{4.53}$$

定义

$$\boldsymbol{U}_k=[\boldsymbol{B}\quad \boldsymbol{A}\boldsymbol{B}\quad \boldsymbol{A}^2\boldsymbol{B}\quad \cdots\quad \boldsymbol{A}^{k-1}\boldsymbol{B}],\ k=1,\ 2,\ \cdots \tag{4.54}$$

$\boldsymbol{U}_k\in\mathbf{R}^{n\times kr}$，它是由 k 个形如 $\boldsymbol{A}^i\boldsymbol{B}(i=0,\ 1,\ 2,\ \cdots,\ k-1)$ 的块列组成的。当 $k=n$ 时，$\boldsymbol{U}_k$ 即为能控性判别矩阵，且

$$\text{rank}\,\boldsymbol{U}_n=\text{rank}\,\boldsymbol{Q}_\text{c}=n \tag{4.55}$$

这表明，当系统完全能控时，$\boldsymbol{U}_n$ 中有 n 个线性无关的列，而$\boldsymbol{U}_n$ 中共有 nr 个列，从$\boldsymbol{U}_n$ 中挑选 n 个线性无关列的方法有多种，其中可采用依次从左向右挑选线性无关列的方法，该方法在以后的分析中有着重要的意义。

为清晰地表达 $\boldsymbol{U}_n$列的结构，令$\boldsymbol{b}_i$ 为矩阵 $\boldsymbol{B}$ 中的第 i 列，则矩阵 $\boldsymbol{B}$ 可表示为

$$\boldsymbol{B}=[\boldsymbol{b}_1\quad \boldsymbol{b}_2\quad \cdots\quad \boldsymbol{b}_r] \tag{4.56}$$

于是，矩阵 $\boldsymbol{U}_k$可写为

$$\boldsymbol{U}_k=[\boldsymbol{b}_1,\boldsymbol{b}_2,\cdots,\boldsymbol{b}_r\quad \boldsymbol{A}\boldsymbol{b}_1,\boldsymbol{A}\boldsymbol{b}_2,\cdots,\boldsymbol{A}\boldsymbol{b}_r\quad \boldsymbol{A}^2\boldsymbol{b}_1,\boldsymbol{A}^2\boldsymbol{b}_2,\cdots,\boldsymbol{A}^2\boldsymbol{b}_r\quad \cdots\quad \boldsymbol{A}^{k-1}\boldsymbol{b}_1,\boldsymbol{A}^{k-1}\boldsymbol{b}_2,\cdots,\boldsymbol{A}^{k-1}\boldsymbol{b}_r] \tag{4.57}$$

为了能够很好地从左向右挑选 n 个线性无关的列，首先给出以下结论。

结论 4.1 对于矩阵 $\boldsymbol{U}_k$，若$\boldsymbol{A}^j\boldsymbol{b}_i(j=0,\ 1,\ 2,\ \cdots,\ k-1;\ i=1,\ 2,\ \cdots,\ r)$与其左边各列相关，则所有列$\boldsymbol{A}^{j_1}\boldsymbol{b}_i(j_1>j)$均相关于各自左边的各列。

证明　为不失一般性，设 $\boldsymbol{B}$ 为列满秩的，即 $\boldsymbol{b}_1$，$\boldsymbol{b}_2$，…，$\boldsymbol{b}_r$ 线性无关。若 $\boldsymbol{A}\boldsymbol{b}_i$ 相关于它的左方各列，则 $\boldsymbol{A}\boldsymbol{b}_i$ 可表示为其左边各列的线性组合，即

$$\boldsymbol{A}\boldsymbol{b}_i=\alpha_1\boldsymbol{b}_1+\cdots+\alpha_r\boldsymbol{b}_r+\alpha_{r+1}\boldsymbol{A}\boldsymbol{b}_1+\cdots+\alpha_{r+i-1}\boldsymbol{A}\boldsymbol{b}_{i-1} \tag{4.58}$$

其中，α_1，α_2，…，α_{r+i-1} 为不全为 0 的常数。利用上式，有

$$\boldsymbol{A}^2\boldsymbol{b}_i=\boldsymbol{A}(\boldsymbol{A}\boldsymbol{b}_i)=\alpha_1\boldsymbol{A}\boldsymbol{b}_1+\cdots+\alpha_r\boldsymbol{A}\boldsymbol{b}_r+\alpha_{r+1}\boldsymbol{A}^2\boldsymbol{b}_1+\cdots+\alpha_{r+i-1}\boldsymbol{A}^2\boldsymbol{b}_{i-1} \tag{4.59}$$

上式表明 $\boldsymbol{A}^2\boldsymbol{b}_i$ 也可以表示为其左边各列的线性组合，即 $\boldsymbol{A}^2\boldsymbol{b}_i$ 相关于其左边各列。重复上述过程即可证明结论 4.1。证明完毕。

对完全能控的线性定常连续系统，定义能控性指数为

$$\mu=\text{使“}\operatorname{rank}\boldsymbol{U}_k=n\text{”成立的最小正整数 }k \tag{4.60}$$

即

$$\operatorname{rank}\boldsymbol{U}_\mu=\operatorname{rank}\boldsymbol{U}_{\mu+1}=n \tag{4.61}$$

注意：直观上，能控性指数 μ 可这样确定，对矩阵 $\boldsymbol{U}_k$ 将 k 依次由 1 增加直到有 rank $\boldsymbol{U}_k=n$，则 k 这个临界值即为 μ。

对能控性指数，有以下一些结论。

结论 4.2　对完全能控单输入线性定常连续系统，状态维数为 n，则系统能控性指数为

$$\mu=n \tag{4.62}$$

结论 4.3　对完全能控多输入线性定常连续系统(4.53)，状态维数为 n，输入维数为 r，设 $\operatorname{rank}\boldsymbol{B}=\bar{r}$，则系统能控性指数满足如下估计

$$\frac{n}{r}\leqslant\mu\leqslant n-\bar{r}+1 \tag{4.63}$$

证明　首先，考虑到 $\boldsymbol{U}_\mu\in\mathbf{R}^{n\times\mu r}$，欲使 rank $\boldsymbol{U}_\mu=n$，前提是 $\boldsymbol{U}_\mu$ 列数必须大于或等于 $\boldsymbol{U}_\mu$ 行数。因此，即可得证式(4.63)左不等式

$$n\leqslant\mu r,\quad 即\quad \frac{n}{r}\leqslant\mu \tag{4.64}$$

进而，由 rank $\boldsymbol{B}=\bar{r}$ 和能控性指数定义可知，$\boldsymbol{A}\boldsymbol{B}\quad\boldsymbol{A}^2\boldsymbol{B}\quad\cdots\quad\boldsymbol{A}^{\mu-1}\boldsymbol{B}$ 中每个矩阵至少包含一个列向量，其与 $\boldsymbol{U}_\mu$ 中位于左侧的所有线性独立列向量为线性无关。因此，即可得证(4.63)右不等式

$$\bar{r}+\mu-1\leqslant n,\quad 即\quad \mu\leqslant n-\bar{r}+1 \tag{4.65}$$

结论 4.4　对完全能控多输入线性定常连续系统(4.53)，状态维数为 n，输入维数为 r，$\operatorname{rank}\boldsymbol{B}=\bar{r}$，$\bar{n}$ 为矩阵 $\mathbf{A}$ 最小多项式的次数，则系统能控性指数满足如下估计

$$\frac{n}{r}\leqslant\mu\leqslant\min(\bar{n},\ n-\bar{r}+1) \tag{4.66}$$

证明　由凯莱-哈密顿定理知 $\mathbf{A}$ 的最小多项式 $f(\mathbf{A})$ 具有以下性质

$$f(\mathbf{A})=\mathbf{A}^{\bar{n}}+\bar{\alpha}_{\bar{n}-1}\mathbf{A}^{\bar{n}-1}+\cdots+\bar{\alpha}_1\mathbf{A}+\bar{\alpha}_0\boldsymbol{I}=\mathbf{0} \tag{4.67}$$

故有

$$\boldsymbol{A}^{\bar{n}}\boldsymbol{B}=-\bar{\alpha}_{\bar{n}-1}\boldsymbol{A}^{\bar{n}-1}\boldsymbol{B}-\cdots-\bar{\alpha}_1\boldsymbol{B}-\bar{\alpha}_0\boldsymbol{B} \tag{4.68}$$

表明 $\boldsymbol{A}^{\bar{n}}\boldsymbol{B}$ 所有列均线性相关于 $\boldsymbol{U}_{\bar{n}+1}$ 中位于其左方的各列向量。同理，对 $\boldsymbol{A}^{\bar{n}+1}\boldsymbol{B}$，…，$\boldsymbol{A}^n\boldsymbol{B}$ 具有同样属性。因此，根据能控性指数定义可知，必成立 $\mu\leqslant\bar{n}$。由此，并利用式(4.63)，即可导出式(4.66)。证明完成。

根据上面的分析，可将定理4.2的秩判据改写为如下结论。

结论 4.5 式(4.2)所示系统状态完全能控的充分必要条件是

$$\operatorname{rank}\boldsymbol{U}_{\bar{n}}=\operatorname{rank}[\boldsymbol{B}\quad \boldsymbol{AB}\quad \boldsymbol{A}^2\boldsymbol{B}\quad \cdots\quad \boldsymbol{A}^{\bar{n}-1}\boldsymbol{B}]=n \tag{4.69}$$

或

$$\operatorname{rank}\boldsymbol{U}_{n-\bar{r}+1}=\operatorname{rank}[\boldsymbol{B}\quad \boldsymbol{AB}\quad \boldsymbol{A}^2\boldsymbol{B}\quad \cdots\quad \boldsymbol{A}^{n-\bar{r}}\boldsymbol{B}]=n \tag{4.70}$$

其中，$\bar{n}$ 为矩阵 $\boldsymbol{A}$ 最小多项式的次数，$\bar{r}$ 为 $\boldsymbol{B}$ 的秩，n 为系统阶次。

结论 4.6 线性系统经线性非奇异变换后不会改变其能控性指数。

证明 设系统状态方程为

$$\dot{\boldsymbol{x}}=\boldsymbol{Ax}+\boldsymbol{Bu} \tag{4.71}$$

对式(4.71)做非奇异变换

$$\boldsymbol{x}=\boldsymbol{P}\bar{\boldsymbol{x}} \tag{4.72}$$

变换后的系统状态方程为

$$\begin{aligned}\dot{\bar{\boldsymbol{x}}}&=\boldsymbol{P}^{-1}\boldsymbol{AP}\bar{\boldsymbol{x}}+\boldsymbol{P}^{-1}\boldsymbol{Bu}=\bar{\boldsymbol{A}}\bar{\boldsymbol{x}}+\bar{\boldsymbol{B}}\boldsymbol{u}\\ \bar{\boldsymbol{A}}&=\boldsymbol{P}^{-1}\boldsymbol{AP},\ \bar{\boldsymbol{B}}=\boldsymbol{P}^{-1}\boldsymbol{B}\end{aligned} \tag{4.73}$$

则

$$\bar{\boldsymbol{U}}_k=[\bar{\boldsymbol{B}}\quad \bar{\boldsymbol{A}}\bar{\boldsymbol{B}}\quad \bar{\boldsymbol{A}}^2\bar{\boldsymbol{B}}\quad \cdots\quad \bar{\boldsymbol{A}}^{k-1}\bar{\boldsymbol{B}}],\quad k=1,2,\cdots \tag{4.74}$$

因而有

$$\bar{\boldsymbol{U}}_k=[\boldsymbol{P}^{-1}\boldsymbol{B}\quad \boldsymbol{P}^{-1}\boldsymbol{AB}\quad \boldsymbol{P}^{-1}\boldsymbol{A}^2\boldsymbol{B}\quad \cdots\quad \boldsymbol{P}^{-1}\boldsymbol{A}^{k-1}\boldsymbol{B}]=\boldsymbol{P}^{-1}\boldsymbol{Q}_k \tag{4.75}$$

又因为 $\boldsymbol{P}$ 非奇异，$\operatorname{rank}\boldsymbol{P}^{-1}=n$，故有：

$$\operatorname{rank}\bar{\boldsymbol{U}}_k=\operatorname{rank}\boldsymbol{U}_k \tag{4.76}$$

当 $k=\mu$ 时，式(4.76)表明系统的能控性指数在线性非奇异变换前后保持不变。证明完毕。

【例 4-15】 判断下列系统是否能控。

$$\dot{\boldsymbol{x}}=\begin{bmatrix}1&1&0\\0&1&0\\0&1&1\end{bmatrix}\boldsymbol{x}+\begin{bmatrix}0&1\\1&0\\0&1\end{bmatrix}\boldsymbol{u}$$

解 在判断其能控性时，一般来说由于 $\boldsymbol{A}$ 的最小多项式的次数 $\bar{n}$ 较难计算，而 $\boldsymbol{B}$ 的秩计算起来相对较为容易，故可采用式(4.70)加以判断。在该系统中

$$\bar{r}=\operatorname{rank}\boldsymbol{B}=2$$

因此

$$\operatorname{rank}U_{n-\bar{r}+1}=\operatorname{rank}[\boldsymbol{B}\quad \boldsymbol{AB}]=\operatorname{rank}\begin{bmatrix}0&1&1&1\\1&0&1&0\\0&1&1&1\end{bmatrix}=2<3=n$$

故系统为不完全能控。

4.2.4 线性时变连续系统的能控性判据

时变系统的状态矩阵 $\boldsymbol{A}(t)$、输入矩阵 $\boldsymbol{B}(t)$ 是时间 t 的函数，所以不能像定常系统那样，由状态矩阵、输入矩阵构成能控性判别矩阵，然后检验其秩来判别系统的能控性。这里介绍格拉姆矩阵判据和秩判据两种线性时变系统的能控性判据。

1. 几点说明

根据能控性定义，有以下几点说明：

(1) 定义的允许控制 $\boldsymbol{u}(t)$，在数学上要求其在$[t_0, t_f]$区间是绝对平方可积的，即

$$\int_{t_0}^{t_f} |\boldsymbol{u}_j|^2 \mathrm{d}t < +\infty, \ j = 1, 2, \cdots, r$$

这个限制条件是为了保证系统状态方程的解存在且唯一。任何一个分段连续的时间函数都是绝对平方可积的，上述对 $\boldsymbol{u}(t)$的要求在工程上是容易保证的。从物理上看，这样的控制作用实际上是无约束的。

(2) 定义中的 t_f 是系统在允许控制作用下，由初始状态 $\boldsymbol{x}(t_0)$转移到目标状态(原点)的时刻。由于时变系统的状态转移与初始时刻 t_0 有关，所以对时变系统来说，t_f 和初始时刻 t_0 的选择有关。

(3) 根据能控性定义，可以导出能控状态和控制作用之间的关系式。

设状态空间中的某一个非零点$\boldsymbol{x}_0$ 是能控状态，那么根据能控状态的定义必有

$$\boldsymbol{x}(t_f) = \boldsymbol{\Phi}(t_f, t_0)\boldsymbol{x}_0 + \int_{t_0}^{t_f} \boldsymbol{\Phi}(t_f, \tau)\boldsymbol{B}(\tau)\boldsymbol{u}(\tau)\mathrm{d}\tau = \boldsymbol{0} \tag{4.77}$$

即

$$\boldsymbol{x}_0 = -\boldsymbol{\Phi}^{-1}(t_f, t_0)\int_{t_0}^{t_f} \boldsymbol{\Phi}(t_f, \tau)\boldsymbol{B}(\tau)\boldsymbol{u}(\tau)\mathrm{d}\tau = -\int_{t_0}^{t_f} \boldsymbol{\Phi}(t_0, \tau)\boldsymbol{B}(\tau)\boldsymbol{u}(\tau)\mathrm{d}\tau \tag{4.78}$$

由上述关系式说明，如果系统在 t_0 时刻是能控的，则对于某个任意指定的非零状态 $\boldsymbol{x}_0$，满足上述关系式的 $\boldsymbol{u}(t)$是存在的。或者说，如果系统在 t_0 时刻是能控的，那么由允许控制 $\boldsymbol{u}(t)$按上述关系式所导出的 $\boldsymbol{x}_0$为状态空间的任意非零有限点。

式(4.78)是一个很重要的关系式，下面一些关于能控性质的推论都是用它推导出来的。

(4) 非奇异变换不改变系统的能控性。

证明　设系统在变换前是能控的，它必满足式(4.78)的关系式，即

$$\boldsymbol{x}_0 = -\int_{t_0}^{t_f} \boldsymbol{\Phi}(t_0, \tau)\boldsymbol{B}(\tau)\boldsymbol{u}(\tau)\mathrm{d}\tau$$

若取变换矩阵为 $\boldsymbol{P}$，对 $\boldsymbol{x}$ 进行线性非奇异变换，有

$$\boldsymbol{x} = \boldsymbol{P}\bar{\boldsymbol{x}}$$

则有

$$\bar{\boldsymbol{A}} = \boldsymbol{P}^{-1}\boldsymbol{A}\boldsymbol{P}, \ \bar{\boldsymbol{B}} = \boldsymbol{P}^{-1}\boldsymbol{B}$$

即

$$\boldsymbol{A} = \boldsymbol{P}\bar{\boldsymbol{A}}\boldsymbol{P}^{-1}, \ \boldsymbol{B} = \boldsymbol{P}\bar{\boldsymbol{B}}$$

将上述关系式代入式(4.78)，有

$$\boldsymbol{P}\bar{\boldsymbol{x}}_0 = -\int_{t_0}^{t_f} \boldsymbol{\Phi}(t_0, \tau)\boldsymbol{P}\bar{\boldsymbol{B}}(\tau)\boldsymbol{u}(\tau)\mathrm{d}\tau$$

$$\bar{\boldsymbol{x}}_0 = -\int_{t_0}^{t_f} \boldsymbol{P}^{-1}\boldsymbol{\Phi}(t_0, \tau)\boldsymbol{P}\bar{\boldsymbol{B}}(\tau)\boldsymbol{u}(\tau)\mathrm{d}\tau$$

$$\bar{\boldsymbol{x}}_0 = -\int_{t_0}^{t_f} \bar{\boldsymbol{\Phi}}(t_0, \tau)\bar{\boldsymbol{B}}(\tau)\boldsymbol{u}(\tau)\mathrm{d}\tau$$

上式的推导说明，如果$\boldsymbol{x}_0$ 是能控状态，那么变换后的 $\bar{\boldsymbol{x}}_0$ 也满足能控状态的关系式，

故$\bar{x}_0$也满足能控状态的关系式，故$\bar{x}_0$也是一个能控状态。从而证明了非奇异变换不改变系统的能控状态。

(5) 如果$\boldsymbol{x}_0$是能控状态，则$\alpha \boldsymbol{x}_0$也是能控状态，α是任意非零实数。

证明 因为$\boldsymbol{x}_0$是能控状态，所以必可构成允许控制$\boldsymbol{u}$，使之满足

$$\boldsymbol{x}_0 = -\int_{t_0}^{t_f} \boldsymbol{\Phi}(t_0, \tau)\boldsymbol{B}(\tau)\boldsymbol{u}(\tau)\mathrm{d}\tau$$

现选$\boldsymbol{u}^* = \alpha\boldsymbol{u}$，因$\alpha$是非零实数，故$\boldsymbol{u}^*$也一定是允许控制的。上式两端同乘以$\alpha$，并将$\boldsymbol{u}^* = \alpha\boldsymbol{u}$代入，即有

$$-\int_{t_0}^{t_f} \boldsymbol{\Phi}(t_0, \tau)\boldsymbol{B}(\tau)\boldsymbol{u}^*(\tau)\mathrm{d}\tau = \alpha \boldsymbol{x}_0$$

从而表明$\alpha\boldsymbol{x}_0$也是能控状态。

(6) 如果$\boldsymbol{x}_{01}$和$\boldsymbol{x}_{02}$是能控状态，则$\boldsymbol{x}_{01}+\boldsymbol{x}_{02}$也必定是能控状态。

证明 因为$\boldsymbol{x}_{01}$和$\boldsymbol{x}_{02}$是能控状态，所以必存在相应的允许控制$\boldsymbol{u}_1$和$\boldsymbol{u}_2$，且$\boldsymbol{u}_1+\boldsymbol{u}_2$也是允许控制，若把$\boldsymbol{u}_1+\boldsymbol{u}_2$代入式(4.78)中，有

$$\begin{aligned}
&-\int_{t_0}^{t_f} \boldsymbol{\Phi}(t_0, \tau)\boldsymbol{B}(\tau)[\boldsymbol{u}_1(\tau)+\boldsymbol{u}_2(\tau)]\mathrm{d}\tau \\
&= -\left[\int_{t_0}^{t_f} \boldsymbol{\Phi}(t_0, \tau)\boldsymbol{B}(\tau)\boldsymbol{u}_1(\tau)\mathrm{d}\tau + \int_{t_0}^{t_f} \boldsymbol{\Phi}(t_0, \tau)\boldsymbol{B}(\tau)\boldsymbol{u}_2(\tau)\mathrm{d}\tau\right] \\
&= \boldsymbol{x}_{01} + \boldsymbol{x}_{02}
\end{aligned}$$

从而表明$\boldsymbol{x}_{01}+\boldsymbol{x}_{02}$满足式(4.78)的关系式，即$\boldsymbol{x}_{01}+\boldsymbol{x}_{02}$亦为能控状态。

(7) 由线性代数关于线性空间的定义可知，系统所有的能控状态构成状态空间中的一个子空间。此子空间称为系统的能控子空间，记为$\boldsymbol{X}_c$。

例如如下系统只有$x_1=x_2$的状态是能控状态

$$\begin{bmatrix}\dot{x}_1\\ \dot{x}_2\end{bmatrix}=\begin{bmatrix}1 & 0\\ 0 & 1\end{bmatrix}\begin{bmatrix}x_1\\ x_2\end{bmatrix}+\begin{bmatrix}1\\ 1\end{bmatrix}u$$

所有能控状态构成的能控子空间$\boldsymbol{X}_c$是二维状态空间的一条45°斜线，如图4-7中斜线所示。显然，若$\boldsymbol{X}_c$是整个状态空间，即$\boldsymbol{X}_c=\mathbf{R}^n$，则该系统是完全能控的。

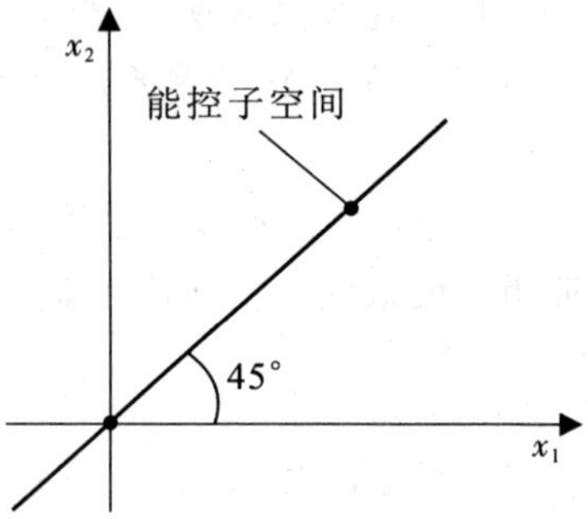

图4-7 系统能控子空间的状态空间表示

2. 格拉姆矩阵判据

定理4.8 能控性格拉姆矩阵判据 线性时变连续系统的状态方程如下

$$\dot{\boldsymbol{x}} = \boldsymbol{A}(t)\boldsymbol{x}+\boldsymbol{B}(t)u \tag{4.79}$$

系统在$[t_0, t_f]$上状态完全能控的充分必要条件是如下的格拉姆矩阵是非奇异的

$$\boldsymbol{G}_c(t_0, t_f) = \int_{t_0}^{t_f} \boldsymbol{\Phi}(t_0, t)\boldsymbol{B}(t)\boldsymbol{B}^{\mathrm{T}}(t)\boldsymbol{\Phi}^{\mathrm{T}}(t_0, t)\mathrm{d}t \tag{4.80}$$

证明 (1) 先证充分性。已知$\boldsymbol{G}_c(t_0, t_f)$是非奇异的，欲证$\boldsymbol{G}_c^{-1}(t_0, t_f)$存在。

选择控制作用$\boldsymbol{u}(t)$如下式：

$$\boldsymbol{u}(t) = -\boldsymbol{B}^{\mathrm{T}}(t)\boldsymbol{\Phi}^{\mathrm{T}}(t_0, t)\boldsymbol{G}_c^{-1}(t_0, t_f)\boldsymbol{x}(t_0) \tag{4.81}$$

考察在它的作用下能否使 $\boldsymbol{x}(t_0)$ 在 $[t_0, t_f]$ 内转移到原点。若能实现，则说明存在式(4.81)的 $\boldsymbol{u}(t)$，而系统完全能控。

已知式(4.79)的解为

$$\boldsymbol{x}(t) = \boldsymbol{\Phi}(t, t_0)\boldsymbol{x}(t_0) + \int_{t_0}^{t} \boldsymbol{\Phi}(t, \tau)\boldsymbol{B}\boldsymbol{u}(\tau)\mathrm{d}\tau \tag{4.82}$$

令 $t=t_f$，将 τ 换成 t，并以式(4.81)的 $\boldsymbol{u}(t)$ 代入上式，得

$$\begin{aligned}
\boldsymbol{x}(t_f) &= \boldsymbol{\Phi}(t_f, t_0)\boldsymbol{x}(t_0) - \int_{t_0}^{t_f} \boldsymbol{\Phi}(t_f, t)\boldsymbol{B}(t)\boldsymbol{B}^{\mathrm{T}}(t)\boldsymbol{\Phi}^{\mathrm{T}}(t_0, t)\boldsymbol{G}_c^{-1}(t_0, t_f)\boldsymbol{x}(t_0)\mathrm{d}t \\
&= \boldsymbol{\Phi}(t_f, t_0)\boldsymbol{x}(t_0) - \boldsymbol{\Phi}(t_f, t_0)\int_{t_0}^{t_f} \boldsymbol{\Phi}(t_0, t)\boldsymbol{B}(t)\boldsymbol{B}^{\mathrm{T}}(t)\boldsymbol{\Phi}^{\mathrm{T}}(t_0, t)\mathrm{d}t\,\boldsymbol{G}_c^{-1}(t_f, t_0)\boldsymbol{x}(t_0) \\
&= \boldsymbol{\Phi}(t_f, t_0)\boldsymbol{x}(t_0) - \boldsymbol{\Phi}(t_f, t_0)\boldsymbol{G}_c(t_0, t_f)\boldsymbol{G}_c^{-1}(t_0, t_f)\boldsymbol{x}(t_0) \\
&= \boldsymbol{\Phi}(t_f, t_0)\boldsymbol{x}(t_0) - \boldsymbol{\Phi}(t_f, t_0)\boldsymbol{x}(t_0) \\
&= \boldsymbol{0}
\end{aligned} \tag{4.83}$$

所以只要 $\boldsymbol{G}_c(t_0, t_f)$ 非奇异，则系统完全能控，充分性得证。

(2) 再证必要性。采用反证法。假设系统完全能控时 $\boldsymbol{G}_c(t_0, t_f)$ 奇异，则存在某非零 $\boldsymbol{x}(t_0)$，使得 $\boldsymbol{x}^{\mathrm{T}}(t_0)\boldsymbol{G}_c(t_0, t_f)\boldsymbol{x}(t_0)=0$。即有

$$\int_{t_0}^{t_f} \boldsymbol{x}^{\mathrm{T}}(t_0)\boldsymbol{\Phi}(t_0, t)\boldsymbol{B}(t)\boldsymbol{B}^{\mathrm{T}}(t)\boldsymbol{\Phi}^{\mathrm{T}}(t_0, t)\boldsymbol{x}(t_0)\mathrm{d}t = 0 \tag{4.84}$$

即

$$\int_{t_0}^{t_f} [\boldsymbol{B}^{\mathrm{T}}(t)\boldsymbol{\Phi}^{\mathrm{T}}(t_0, t)\boldsymbol{x}(t_0)]^{\mathrm{T}}[\boldsymbol{B}^{\mathrm{T}}(t)\boldsymbol{\Phi}^{\mathrm{T}}(t_0, t)\boldsymbol{x}(t_0)]\mathrm{d}t = 0 \tag{4.85}$$

亦即

$$\int_{t_0}^{t_f} \| \boldsymbol{B}^{\mathrm{T}}(t)\boldsymbol{\Phi}^{\mathrm{T}}(t_0, t)\boldsymbol{x}(t_0) \|^2 \mathrm{d}t = 0 \tag{4.86}$$

但 $\boldsymbol{B}^{\mathrm{T}}(t)\boldsymbol{\Phi}^{\mathrm{T}}(t_0, t)$ 对 t 是连续的，故从上式，必有

$$\boldsymbol{B}^{\mathrm{T}}(t)\boldsymbol{\Phi}^{\mathrm{T}}(t_0, t)\boldsymbol{x}(t_0)=0 \tag{4.87}$$

又因已假定系统是能控的，因此上述 $\boldsymbol{x}(t_0)$ 是能控状态，必能满足能控状态关系式(4.78)，即

$$\boldsymbol{x}(t_0) = -\int_{t_0}^{t_f} \boldsymbol{\Phi}(t_0, t)\boldsymbol{B}(t)\boldsymbol{u}(t)\mathrm{d}t \tag{4.88}$$

由于

$$\begin{aligned}
\| \boldsymbol{x}(t_0) \|^2 &= \boldsymbol{x}^{\mathrm{T}}(t_0)\boldsymbol{x}(t_0) = \left[-\int_{t_0}^{t_f} \boldsymbol{\Phi}(t_0, t)\boldsymbol{B}(t)\boldsymbol{u}(t)\mathrm{d}t\right]^{\mathrm{T}}\boldsymbol{x}(t_0) \\
&= -\int_{t_0}^{t_f} \boldsymbol{u}^{\mathrm{T}}(t)\boldsymbol{B}^{\mathrm{T}}(t)\boldsymbol{\Phi}^{\mathrm{T}}(t_0, t)\boldsymbol{x}(t_0)\mathrm{d}t = 0
\end{aligned} \tag{4.89}$$

上式说明 $\boldsymbol{x}(t_0)$ 如果是能控的，它绝非是任意的，而只能是 $\boldsymbol{x}(t_0)=\boldsymbol{0}$，这与 $\boldsymbol{x}(t_0)$ 为非零的假设是矛盾的，此时反设 $\boldsymbol{G}_c(t_0, t_f)$ 奇异不成立，从而必要性得证。

3. 秩判据

$\boldsymbol{G}_c(t_0, t_f)$ 计算量一般很大，现在介绍一种实用性的判别准则，可以仅利用 $\boldsymbol{A}(t)$ 和 $\boldsymbol{B}(t)$ 矩阵的信息直接判断能控性。

定理 4.9 能控性秩判据 设系统状态方程为

$$\dot{\boldsymbol{x}}=\boldsymbol{A}(t)\boldsymbol{x}+\boldsymbol{B}(t)u \tag{4.90}$$

$\boldsymbol{A}(t)$和$\boldsymbol{B}(t)$的所有元素关于时间t分别是$n-2$次和$n-1$次连续可微的，记为

$$\begin{aligned}&\boldsymbol{B}_1(t)=\boldsymbol{B}(t)\\&\boldsymbol{B}_i(t)=-\boldsymbol{A}(t)\boldsymbol{B}_{i-1}(t)+\dot{\boldsymbol{B}}_{i-1}(t),\ i=2,3,\cdots,n\end{aligned} \tag{4.91}$$

令

$$\boldsymbol{Q}_c(t)\equiv[\boldsymbol{B}_1(t),\ \boldsymbol{B}_2(t),\ \cdots,\ \boldsymbol{B}_n(t)] \tag{4.92}$$

如果存在某个时刻$t_f>0$，使得

$$\operatorname{rank}\boldsymbol{Q}_c(t_f)=n \tag{4.93}$$

则系统在$[0,\ t_f]$上是状态完全能控的。

注意： 秩判据仅是一个充分条件，而不是必要条件。即不满足这个条件的系统，也有可能是能控的。

【例 4-16】 判断下列线性时变系统在$t_0=0.5$时的能控性。

$$\dot{\boldsymbol{x}}=\begin{bmatrix}t&1&0\\0&2t&0\\0&0&t^2+t\end{bmatrix}\boldsymbol{x}+\begin{bmatrix}0\\1\\1\end{bmatrix}u,\ T\in[0,\ 3]$$

解 取$t_f=1\in T$，$t_f>t_0$，则

$$\boldsymbol{B}_1(t)=\begin{bmatrix}0\\1\\1\end{bmatrix}$$

$$\boldsymbol{B}_2(t)=[-\boldsymbol{A}(t)\boldsymbol{B}_1(t)+\dot{\boldsymbol{B}}_1(t)]_{t=t_f}=\begin{bmatrix}-1\\-2t\\-t-t^2\end{bmatrix}_{t=t_f}=\begin{bmatrix}-1\\-2\\-2\end{bmatrix}$$

$$\boldsymbol{B}_3(t)=[-\boldsymbol{A}(t)\boldsymbol{B}_2(t)+\dot{\boldsymbol{B}}_2(t)]_{t=t_f}=\begin{bmatrix}3\\2\\1\end{bmatrix}$$

$$\operatorname{rank}\boldsymbol{Q}_c(t_f)=\operatorname{rank}\begin{bmatrix}\boldsymbol{B}_1\\\boldsymbol{B}_2\\\boldsymbol{B}_3\end{bmatrix}^{\mathrm{T}}=\operatorname{rank}\begin{bmatrix}0&-1&3\\1&-2&2\\1&-2&1\end{bmatrix}=3$$

故系统在$t_0=0.5$时刻是能控的。

4.3 线性连续系统的能观性

4.3.1 能观性定义

能观性表征状态可由输出完全反映的能力，故考察能观性应考察系统的状态方程和输出方程。设线性时变系统为

$$\begin{cases}\dot{\boldsymbol{x}}(t)=\boldsymbol{A}(t)\boldsymbol{x}(t)+\boldsymbol{B}(t)\boldsymbol{u}(t)\\\boldsymbol{y}(t)=\boldsymbol{C}(t)\boldsymbol{x}(t)+\boldsymbol{D}(t)\boldsymbol{u}(t)\\\boldsymbol{x}(t_0)=\boldsymbol{x}_0,\quad t_0,\ t\in T\end{cases} \tag{4.94}$$

式中：$\boldsymbol{x}\in\mathbf{R}^n$ 为系统状态向量；$\boldsymbol{u}\in\mathbf{R}^r$ 为系统输入向量；$\boldsymbol{y}\in\mathbf{R}^m$ 为系统输出向量；$\boldsymbol{A}(t)\in\mathbf{R}^{n\times n}$为状态矩阵；$\boldsymbol{B}(t)\in\mathbf{R}^{n\times r}$为控制输入矩阵；$\boldsymbol{C}(t)\in\mathbf{R}^{m\times n}$为系统输出矩阵；$\boldsymbol{D}(t)\in\mathbf{R}^{m\times r}$为系统输入输出关联矩阵。式(4.94)状态方程的解为

$$\boldsymbol{x}(t)=\boldsymbol{\Phi}(t,\ t_0)\boldsymbol{x}(t_0)+\int_{t_0}^{t}\boldsymbol{\Phi}(t,\ \tau)\boldsymbol{B}(\tau)\boldsymbol{u}(\tau)\mathrm{d}\tau \tag{4.95}$$

式中，$\boldsymbol{\Phi}(t,\ t_0)$为系统的状态转移矩阵，则系统的输出响应为

$$\boldsymbol{y}(t)=\boldsymbol{C}(t)\boldsymbol{\Phi}(t,\ t_0)\boldsymbol{x}(t_0)+\boldsymbol{C}(t)\int_{t_0}^{t}\boldsymbol{\Phi}(t,\ \tau)\boldsymbol{B}(\tau)\boldsymbol{u}(\tau)\mathrm{d}\tau+\boldsymbol{D}(t)\boldsymbol{u}(t) \tag{4.96}$$

把由输入 $\boldsymbol{u}(t)$引起的等价状态记为

$$\boldsymbol{\xi}(t)=\int_{t_0}^{t}\boldsymbol{\Phi}(t,\ \tau)\boldsymbol{B}(\tau)\boldsymbol{u}(\tau)\mathrm{d}\tau \tag{4.97}$$

则

$$\boldsymbol{y}(t)=\boldsymbol{C}(t)\boldsymbol{\Phi}(t,\ t_0)\boldsymbol{x}(t_0)+\boldsymbol{C}(t)\xi(t)+\boldsymbol{D}(t)\boldsymbol{u}(t) \tag{4.98}$$

令

$$\bar{\boldsymbol{y}}(t)=\boldsymbol{C}(t)\xi(t)+\boldsymbol{D}(t)\boldsymbol{u}(t) \tag{4.99}$$

则

$$\boldsymbol{y}(t)-\bar{\boldsymbol{y}}(t)=\boldsymbol{C}(t)\boldsymbol{\Phi}(t,\ t_0)\boldsymbol{x}(t_0) \tag{4.100}$$

能观性研究输出 $\boldsymbol{y}(t)$反映状态向量 $\boldsymbol{x}(t)$的能力。在实际应用中，输出 $\boldsymbol{y}(t)$和输入 $\boldsymbol{u}(t)$已知，而初始状态 $\boldsymbol{x}(t_0)$未知。由于$\boldsymbol{u}(t)$已知，则 $\bar{\boldsymbol{y}}(t)$可根据式(4.97)和式(4.99)计算得到，故可认为已知。因此，式(4.100)表明，能观性即是 $\boldsymbol{x}(t_0)$可由 $\boldsymbol{y}(t)-\bar{\boldsymbol{y}}(t)$完全估计的性能。由于 $\boldsymbol{x}(t)$ 可任意取值，为了使叙述简单，可取 $\boldsymbol{u}(t)=\mathbf{0}$，则 $\bar{\boldsymbol{y}}(t)=\mathbf{0}$，$\boldsymbol{x}(t)=\boldsymbol{\Phi}(t,\ t_0)\boldsymbol{x}_0$，$\boldsymbol{y}(t)=\boldsymbol{C}(t)\boldsymbol{x}(t)=\boldsymbol{C}(t)\boldsymbol{\Phi}(t,\ t_0)\boldsymbol{x}_0$。于是在分析系统能观性问题时，仅需从系统的齐次状态方程和输出方程出发，即

$$\begin{cases}\dot{\boldsymbol{x}}(t)=\boldsymbol{A}(t)\boldsymbol{x}(t)\\ \boldsymbol{y}(t)=\boldsymbol{C}(t)\boldsymbol{x}(t)\\ \boldsymbol{x}(t_0)=\boldsymbol{x}_0,\quad t_0,\ t\in T\end{cases} \tag{4.101}$$

记为$\{\boldsymbol{A},\ \boldsymbol{C}\}$。对线性连续系统，有如下能观性定义。

1. 状态能观

对于线性连续系统$\{\boldsymbol{A},\ \boldsymbol{C}\}$，如果给定初始时刻 $t_0\in T$，存在一个有限时刻 $t_f\in T$、$t_f>t_0$，对于所有的 $t\in[t_0,\ t_f]$，系统的输出 $\boldsymbol{y}(t)$能唯一确定一个非零的初始状态向量 $\boldsymbol{x}_0$，则称此非零状态 $\boldsymbol{x}_0$ 在 t_0 时刻是能观的。

2. 系统能观

对于线性连续系统$\{\boldsymbol{A},\ \boldsymbol{C}\}$，如果指定初始时刻 $t_0\in T$，存在一个有限时刻 $t_f\in T$、$t_f>t_0$，对于所有的 $t\in[t_0,\ t_f]$，系统的输出 $\boldsymbol{y}(t)$能唯一确定 t_0 时刻的任意非零的初始状态向量$\boldsymbol{x}_0$，则称系统在 t_0 时刻状态是完全能观的，简称为系统能观。如果系统对于任意 $t_0\in T$ 均是能观的(即系统的能观性与初始时刻的选择无关)，则称系统是一致完全能观的。

但若系统的输出 $\boldsymbol{y}(t)$不能唯一确定 t_0 时刻的任意非零的初始状态向量$\boldsymbol{x}_0$(即至少有一个状态的初值不能被确定)，则称系统在 t_0 时刻状态是不完全能观的，简称系统不能观。

在线性定常系统中，能观性与初始时刻 t_0 的选择无关。

4.3.2 线性定常连续系统的能观性判据

能控性和能观性在概念上是对偶的。基于这一属性两者在特性和判据上也是对偶的。因此，本节关于线性定常连续系统能观性判据的讨论，除了最基本的格拉姆矩阵判据外，对大多数判据和相关结果只给出结论而不详述证明过程。

1. 格拉姆矩阵判据

定理 4.8 能观性格拉姆矩阵判据 线性连续系统$\{\boldsymbol{A}, \boldsymbol{C}\}$在$[0, t_f]$上状态完全能观的充分必要条件是如下格拉姆矩阵为非奇异

$$\boldsymbol{G}_o(0, t_f) = \int_0^{t_f} e^{\boldsymbol{A}^T t} \boldsymbol{C}^T \boldsymbol{C} e^{\boldsymbol{A}t} dt \tag{4.102}$$

或等价的，矩阵$\boldsymbol{C}e^{\boldsymbol{A}t}$的$n$个列在$[0, t_f]$上线性无关。其中，$\boldsymbol{G}_o(0, t_f) \in \mathbf{R}^{n\times n}$。

证明 (1) 先证充分性。已知$\boldsymbol{G}_o(0, t_f)$非奇异，欲证系统为完全能观。

采用构造性方法。已知$\boldsymbol{G}_o(0, t_f)$非奇异，则$\boldsymbol{G}_o(0, t_f)$存在。由此，对区间$[0, t_f]$上任意输出$\boldsymbol{y}(t)$，可以构造

$$\begin{aligned} \boldsymbol{G}_o^{-1}(0, t_f) \int_0^{t_f} e^{\boldsymbol{A}^T t} \boldsymbol{C}^T \boldsymbol{y}(t) dt &= \boldsymbol{G}_o^{-1}(0, t_f) \int_0^{t_f} e^{\boldsymbol{A}^T t} \boldsymbol{C}^T \boldsymbol{C} e^{\boldsymbol{A}t} dt \cdot \boldsymbol{x}_0 \\ &= \boldsymbol{G}_o^{-1}(0, t_f) \boldsymbol{G}_o(0, t_f) \boldsymbol{x}_0 = \boldsymbol{x}_0 \end{aligned} \tag{4.103}$$

这表明，在$\boldsymbol{G}_o(0, t_f)$非奇异条件下，总可根据区间$[0, t_f]$上任意输出$\boldsymbol{y}(t)$构造出任意的非零初始状态$\boldsymbol{x}_0$。根据定义，系统完全能观。充分性得证。

(2) 再证必要性。已知系统完全能控，欲证$\boldsymbol{G}_o(0, t_f)$非奇异。

采用反证法。反设$\boldsymbol{G}_o(0, t_f)$奇异，即反设状态空间$\mathbf{R}^{n\times 1}$中存在一个非零状态$\bar{\boldsymbol{x}}_0$，使得下式成立

$$\begin{aligned} 0 = \bar{\boldsymbol{x}}_0^T \boldsymbol{G}_o(0, t_f) \bar{\boldsymbol{x}}_0 &= \int_0^{t_f} \bar{\boldsymbol{x}}_0^T e^{\boldsymbol{A}^T t} \boldsymbol{C}^T \boldsymbol{C} e^{\boldsymbol{A}t} \bar{\boldsymbol{x}}_0 dt \\ &= \int_0^{t_f} \boldsymbol{y}^T(t) \boldsymbol{y}(t) dt = \int_0^{t_f} \| \boldsymbol{y}(t) \|^2 dt \end{aligned} \tag{4.104}$$

这意味着

$$\boldsymbol{y}(t) = \boldsymbol{C}e^{\boldsymbol{A}t}\bar{\boldsymbol{x}}_0 = \boldsymbol{0}, \quad \forall t \in [0, t_f] \tag{4.105}$$

根据能观性定义可知，非零状态$\bar{\boldsymbol{x}}_0$为状态空间中一个不能观的状态。这和已知系统为状态完全能观相矛盾，所以反设不成立，$\boldsymbol{G}_o(0, t_f)$为非奇异。必要性得证。证明完毕。

对能观性，格拉姆矩阵判据的主要意义，同样不在于具体判别的计算中，而在于理论分析和推导其他的能观性判据。

2. 直接秩判据

定理 4.9 能观性秩判据 线性连续系统$\{\boldsymbol{A}, \boldsymbol{C}\}$状态完全能观的充分必要条件是能观性判别矩阵

$$\boldsymbol{Q}_o = \begin{bmatrix} \boldsymbol{C} \\ \boldsymbol{C}\boldsymbol{A} \\ \vdots \\ \boldsymbol{C}\boldsymbol{A}^{n-1} \end{bmatrix} \tag{4.106}$$

的秩为 n，即

$$\operatorname{rank} \boldsymbol{Q}_{o}=\operatorname{rank}\begin{bmatrix}\boldsymbol{C}\\ \boldsymbol{CA}\\ \vdots\\ \boldsymbol{CA}^{n-1}\end{bmatrix}=n \tag{4.107}$$

注意：与能控性判据类似，在多输出系统中$\boldsymbol{Q}_{o}\in\mathbf{R}^{mn\times n}$，不像单输出系统是方阵，其秩的确定比一般复杂。由于$\boldsymbol{Q}_{o}^{\mathrm{T}}\boldsymbol{Q}_{o}$是方阵，而且非奇异性等价于$\boldsymbol{Q}_{o}$的非奇异性，所以在计算多输入系统的能控性矩阵$\boldsymbol{Q}_{o}$的秩时，常用

$$\operatorname{rank} \boldsymbol{Q}_{o}=\operatorname{rank}[\boldsymbol{Q}_{o}^{\mathrm{T}}\boldsymbol{Q}_{o}]$$

【例 4-17】 试判断下列系统的能观测性。

$$\begin{cases}\dot{\boldsymbol{x}}=\begin{bmatrix}-3 & 1 & 2\\ 0 & -4 & 1\\ 0 & 2 & 1\end{bmatrix}\boldsymbol{x}\\ y=[1\quad 1\quad 4]\boldsymbol{x}\end{cases}$$

解 系统的能观性判别矩阵为

$$\boldsymbol{Q}_{o}=\begin{bmatrix}\boldsymbol{C}\\ \boldsymbol{CA}\\ \boldsymbol{CA}^{2}\end{bmatrix}=\begin{bmatrix}1 & 1 & 4\\ -3 & 5 & 7\\ 9 & -9 & 6\end{bmatrix}$$

$\operatorname{rank} \boldsymbol{Q}_{o}=3=n$，所以系统能观。

【例 4-18】 判断下列系统的能观测性。

$$\begin{cases}\dot{\boldsymbol{x}}=\begin{bmatrix}0 & 1 & 0\\ 0 & 0 & 1\\ -2 & -4 & -3\end{bmatrix}\boldsymbol{x}\\ \boldsymbol{y}=\begin{bmatrix}0 & 1 & -1\\ 1 & 2 & 1\end{bmatrix}\boldsymbol{x}\end{cases}$$

解 系统的能观性判别矩阵为

$$\boldsymbol{Q}_{o}=\begin{bmatrix}\boldsymbol{C}\\ \boldsymbol{CA}\\ \boldsymbol{CA}^{2}\end{bmatrix}=\begin{bmatrix}0 & 1 & -1\\ 1 & 2 & 1\\ 2 & 4 & 4\\ -2 & -3 & -1\\ -8 & -14 & -8\\ 2 & 2 & 0\end{bmatrix}$$

$\operatorname{rank} \boldsymbol{Q}_{o}=\operatorname{rank}[\boldsymbol{Q}_{o}^{\mathrm{T}}\boldsymbol{Q}_{o}]=3=n$，所以系统能观。

3. PBH 判据

定理 4.10　能观性 PBH 特征向量判据　线性连续系统$\{\boldsymbol{A},\boldsymbol{C}\}$状态完全能观的充分必要条件是：状态矩阵 $\boldsymbol{A}$ 不存在与输出矩阵 $\boldsymbol{C}$ 所有行正交的非零右特征向量，即对状态矩阵 $\boldsymbol{A}$ 的所有特征值$\lambda_{i}(i=1, 2, \cdots, n)$，不存在同时满足下式的右特征向量 $\boldsymbol{q}$：

$$\boldsymbol{Aq}=\lambda_{i}\boldsymbol{q}，\quad 且\quad \boldsymbol{Cq}=\boldsymbol{0} \tag{4.108}$$

能观性 PBH 特征向量判据主要用于理论分析，特别是线性定常系统的复频域分析。

定理 4.11　能观性 PBH 秩判据　线性连续系统 $\{\boldsymbol{A}, \boldsymbol{C}\}$ 状态完全能观的充分必要条件是

$$\operatorname{rank}\begin{bmatrix} \boldsymbol{C} \\ s\boldsymbol{I}-\boldsymbol{A} \end{bmatrix}=n, \ \forall s\in\vartheta \tag{4.109}$$

或者

$$\operatorname{rank}\begin{bmatrix} \boldsymbol{C} \\ \lambda_i\boldsymbol{I}-\boldsymbol{A} \end{bmatrix}=n, \ i=1, 2, \cdots, n \tag{4.110}$$

其中，ϑ 为复数域，$\lambda_i(i=1, 2, \cdots, n)$为系统特征值。

【例 4-19】 判断下列系统的能观测性。

$$\begin{cases} \dot{\boldsymbol{x}}=\begin{bmatrix} 0 & 1 & 0 \\ 0 & 0 & 1 \\ 0 & -2 & -3 \end{bmatrix}\boldsymbol{x} \\ y=\begin{bmatrix} 3 & 4 & 1 \end{bmatrix}\boldsymbol{x} \end{cases}$$

解　利用 PBH 能观性秩判据，即

$$|\lambda\boldsymbol{I}-\boldsymbol{A}|=\begin{vmatrix} \lambda & -1 & 0 \\ 0 & \lambda & -1 \\ 0 & 2 & \lambda+3 \end{vmatrix}=\lambda(\lambda+1)(\lambda+2)$$

故系统特征值为 $\lambda_1=0$，$\lambda_2=-1$，$\lambda_3=-2$。

当 $\lambda_1=0$ 时，有

$$\operatorname{rank}\begin{bmatrix} \boldsymbol{C} \\ \lambda_1\boldsymbol{I}-\boldsymbol{A} \end{bmatrix}=\operatorname{rank}\begin{bmatrix} 3 & 4 & 1 \\ 0 & -1 & 0 \\ 0 & 0 & -1 \\ 0 & 2 & 3 \end{bmatrix}=3$$

当 $\lambda_2=-1$ 时，有

$$\operatorname{rank}\begin{bmatrix} \boldsymbol{C} \\ \lambda_2\boldsymbol{I}-\boldsymbol{A} \end{bmatrix}=\operatorname{rank}\begin{bmatrix} 3 & 4 & 1 \\ -1 & -1 & 0 \\ 0 & -1 & -1 \\ 0 & 2 & 2 \end{bmatrix}=2<n=3$$

当 $\lambda_3=-2$ 时，有

$$\operatorname{rank}\begin{bmatrix} \boldsymbol{C} \\ \lambda_3\boldsymbol{I}-\boldsymbol{A} \end{bmatrix}=\operatorname{rank}\begin{bmatrix} 3 & 4 & 1 \\ -2 & -1 & 0 \\ 0 & -2 & -1 \\ 0 & 2 & 1 \end{bmatrix}=3$$

显然，该系统不完全能观，且有一个状态变量不能观。

4. 约旦标准型判据

定理 4.12　线性系统经线性非奇异变换后不会改变其能观性。

证明可参照定理 4.5 的证明，在此略。

线性定常系统

$$\begin{cases}\dot{\boldsymbol{x}}=\boldsymbol{A}\boldsymbol{x},\ \boldsymbol{x}(t_0)=\boldsymbol{x}_0, \quad t_0,\ t\in T \\ \boldsymbol{y}=\boldsymbol{C}\boldsymbol{x}\end{cases} \tag{4.111}$$

为完全能观的充分必要条件可分为两种情况讨论。

第 1 种情况：状态矩阵 $\boldsymbol{A}$ 特征值互异。

定理 4.13　约旦标准型判据 1　若状态矩阵 $\boldsymbol{A}$ 的特征值 $\lambda_1, \lambda_2, \cdots, \lambda_n$ 互异，由线性非奇异变换 $\boldsymbol{x}=\boldsymbol{P}\bar{\boldsymbol{x}}$ 可将式(4.111)变换为如下的对角标准型

$$\begin{cases}\dot{\bar{\boldsymbol{x}}}=\boldsymbol{P}^{-1}\boldsymbol{A}\boldsymbol{P}\bar{\boldsymbol{x}}=\bar{\boldsymbol{A}}\bar{\boldsymbol{x}}=\begin{bmatrix}\lambda_1 & 0 & \cdots & 0 \\ 0 & \lambda_2 & \cdots & 0 \\ \vdots & \vdots & \ddots & \vdots \\ 0 & 0 & \cdots & \lambda_n\end{bmatrix}\bar{\boldsymbol{x}} \\ \boldsymbol{y}=\boldsymbol{C}\boldsymbol{P}\bar{\boldsymbol{x}}=\bar{\boldsymbol{C}}\bar{\boldsymbol{x}}\end{cases} \tag{4.112}$$

则式(4.111)所示系统状态完全能观的充要性条件为：经线性非奇异变换后得到的对角标准型式(4.112)中，$\bar{\boldsymbol{C}}$ 阵不含元素全为 0 的列。

【例 4-20】　判断以下系统的能观性。

(1) $\dot{\boldsymbol{x}}=\begin{bmatrix}-7 & 0 & 0 \\ 0 & -5 & 0 \\ 0 & 0 & -3\end{bmatrix}\boldsymbol{x},\ y=\begin{bmatrix}6 & 4 & 5\end{bmatrix}\boldsymbol{x}$

(2) $\dot{\boldsymbol{x}}=\begin{bmatrix}6 & 0 & 0 \\ 0 & -2 & 0 \\ 0 & 0 & -3\end{bmatrix}\boldsymbol{x},\ y=\begin{bmatrix}3 & 2 & 0\end{bmatrix}\boldsymbol{x}$

(3) $\dot{\boldsymbol{x}}=\begin{bmatrix}-3 & 0 & 0 \\ 0 & -5 & 0 \\ 0 & 0 & 5\end{bmatrix}\boldsymbol{x},\ \boldsymbol{y}=\begin{bmatrix}1 & 2 & 3 \\ 2 & 5 & 8\end{bmatrix}\boldsymbol{x}$

(4) $\dot{\boldsymbol{x}}=\begin{bmatrix}-3 & 0 & 0 \\ 0 & -7 & 0 \\ 0 & 0 & 5\end{bmatrix}\boldsymbol{x},\ \boldsymbol{y}=\begin{bmatrix}1 & 0 & 3 \\ 2 & 0 & 8\end{bmatrix}\boldsymbol{x}$

解　(1) 状态矩阵 $\boldsymbol{A}$ 的三个特征值互异，且 $\boldsymbol{C}$ 阵中不含有全为零的列，系统能观。

(2) 状态矩阵 $\boldsymbol{A}$ 的三个特征值互异，$\boldsymbol{C}$ 阵中含有全为零的列(第三列为零)，系统是不能观的。

(3) 系统是一个多输出的系统，矩阵 $\boldsymbol{A}$ 的三个特征值互异，$\boldsymbol{C}$ 阵中有三列，并且不全为零，系统能观。

(4) 状态矩阵 $\boldsymbol{A}$ 含有三个不同的特征值，矩阵 $\boldsymbol{C}$ 含有全为零的列，系统是不能观的。

【例 4-21】　试通过线性变换，判断下列系统是否能观。

$$\dot{\boldsymbol{x}}=\begin{bmatrix}-4 & 5 \\ 1 & 0\end{bmatrix}\boldsymbol{x}+\begin{bmatrix}1 \\ 1\end{bmatrix}u \qquad y=\begin{bmatrix}1 & 0\end{bmatrix}\boldsymbol{x}$$

解　将其化为约旦标准型，即

$$|\lambda\boldsymbol{I}-\boldsymbol{A}|=\begin{vmatrix}\lambda+4 & -5 \\ -1 & \lambda\end{vmatrix}=\lambda^2+4\lambda-5=(\lambda+5)(\lambda-1)=0$$

$$\lambda_1=-5,\ \lambda_2=1$$

再求变换阵，即

$$\boldsymbol{P}=[\boldsymbol{p}_1\quad \boldsymbol{p}_2]=\begin{bmatrix}-5 & 1\\ 1 & 1\end{bmatrix},\ \boldsymbol{P}^{-1}=\begin{bmatrix}-\dfrac{1}{6} & \dfrac{1}{6}\\ \dfrac{1}{6} & \dfrac{5}{6}\end{bmatrix}$$

故

$$\boldsymbol{P}^{-1}\boldsymbol{B}=\begin{bmatrix}-\dfrac{1}{6} & \dfrac{1}{6}\\ \dfrac{1}{6} & \dfrac{5}{6}\end{bmatrix}\begin{bmatrix}1\\ 1\end{bmatrix}=\begin{bmatrix}0\\ 1\end{bmatrix},\ \boldsymbol{CP}=[1\quad 0]\begin{bmatrix}-5 & 1\\ 1 & 1\end{bmatrix}=[-5\quad 1]$$

得变换后的状态方程为

$$\begin{cases}\dot{\bar{\boldsymbol{x}}}=\boldsymbol{P}^{-1}\boldsymbol{AP}\bar{\boldsymbol{x}}+\boldsymbol{P}^{-1}\boldsymbol{b}u=\begin{bmatrix}-5 & 0\\ 0 & 1\end{bmatrix}\bar{x}+\begin{bmatrix}0\\ 1\end{bmatrix}u\\ y=[-5\quad 1]\bar{\boldsymbol{x}}\end{cases}$$

$\boldsymbol{CP}$ 中没有全为零的列，故系统完全能观。

第 2 种情况：状态矩阵 $\boldsymbol{A}$ 有重特征值。

定理 4.14　约旦标准型判据 2　若状态矩阵 $\boldsymbol{A}$ 有特征值 λ_1(m_1 重，α_1 重)，λ_2(m_2 重，α_2 重)，…，λ_l(m_l 重，α_l 重)，$m_1+m_2+\cdots+m_l=n$，$\lambda_i\neq\lambda_j$。由线性非奇异变换 $\boldsymbol{x}=\boldsymbol{P}\bar{\boldsymbol{x}}$ 可将式(4.111)变换为如下的约旦标准型

$$\begin{cases}\dot{\bar{\boldsymbol{x}}}=\boldsymbol{P}^{-1}\boldsymbol{AP}\bar{\boldsymbol{x}}=\bar{\boldsymbol{A}}\bar{\boldsymbol{x}}\\ \boldsymbol{y}=\boldsymbol{CP}\bar{\boldsymbol{x}}=\bar{\boldsymbol{C}}\bar{\boldsymbol{x}}\end{cases}\tag{4.113}$$

其中

$$\underset{n\times n}{\bar{\boldsymbol{A}}}=\begin{bmatrix}\boldsymbol{J}_1 & 0 & \cdots & 0\\ 0 & \boldsymbol{J}_2 & \cdots & 0\\ \vdots & \vdots & \ddots & \vdots\\ 0 & 0 & \cdots & \boldsymbol{J}_l\end{bmatrix},\ \underset{m\times n}{\bar{\boldsymbol{C}}}=[\bar{\boldsymbol{C}}_1\quad \bar{\boldsymbol{C}}_2\quad \cdots\quad \bar{\boldsymbol{C}}_l]\tag{4.114}$$

$$\underset{m_i\times m_i}{\boldsymbol{J}_i}=\begin{bmatrix}\boldsymbol{J}_{i1} & 0 & \cdots & 0\\ 0 & \boldsymbol{J}_{i2} & \cdots & 0\\ \vdots & \vdots & \ddots & \vdots\\ 0 & 0 & \cdots & \boldsymbol{J}_{i\alpha_i}\end{bmatrix},\ \underset{m\times m_i}{\bar{\boldsymbol{C}}_i}=[\bar{\boldsymbol{C}}_{i1}\quad \bar{\boldsymbol{C}}_{i2}\quad \cdots\quad \bar{\boldsymbol{C}}_{i\alpha_i}]\tag{4.115}$$

$$\underset{h_{ik}\times h_{ik}}{\boldsymbol{J}_{ik}}=\begin{bmatrix}\lambda_i & 1 & & \\ & \lambda_i & \ddots & \\ & & \ddots & 1\\ & & & \lambda_i\end{bmatrix},\ \underset{m\times h_{ik}}{\bar{\boldsymbol{C}}_{ik}}=[\bar{\boldsymbol{c}}_{1ik}\quad \bar{\boldsymbol{c}}_{2ik}\quad \cdots\quad \bar{\boldsymbol{c}}_{hik}]\tag{4.116}$$

其中，$\boldsymbol{J}_i(i=1, 2, \cdots, l)$为对应 m_i 重特征值 λ_i 的 m_i 阶约旦标准块，$\boldsymbol{J}_{ik}(k=1, 2, \cdots, \alpha_i)$为对应特征值 λ_i 的约旦块 $\boldsymbol{J}_i$ 中的第 k 个约旦小块。且 $h_{i1}+h_{i2}+\cdots+h_{i\alpha_i}=m_i$，由 $\bar{\boldsymbol{C}}_{ik}$ $(k=1, 2, \cdots, \alpha_i)$的第 1 列所组成的矩阵为

$$[\bar{\boldsymbol{c}}_{1i1}\quad \bar{\boldsymbol{c}}_{1i2}\quad \cdots\quad \bar{\boldsymbol{c}}_{1i\alpha_i}],\ i=1, 2, \cdots, l\tag{4.117}$$

则式(4.111)所示系统状态完全能观的充要性条件为：对应式(4.117)的矩阵均为列线性无关，即

$$\mathrm{rank}\begin{bmatrix}\bar{\boldsymbol{c}}_{1i1} & \bar{\boldsymbol{c}}_{1i2} & \cdots & \bar{\boldsymbol{c}}_{1i\alpha_i}\end{bmatrix}=\alpha_i,\ \forall i=1, 2, \cdots, l \tag{4.118}$$

【例 4-22】 判断以下系统的能观性。

(1) $\dot{\boldsymbol{x}}=\begin{bmatrix}-4 & 1\\ 0 & -4\end{bmatrix}\boldsymbol{x}$，　$y=\begin{bmatrix}1 & 0\end{bmatrix}\boldsymbol{x}$

(2) $\dot{\boldsymbol{x}}=\begin{bmatrix}-3 & 1\\ 0 & -3\end{bmatrix}\boldsymbol{x}$，　$y=\begin{bmatrix}0 & 5\end{bmatrix}\boldsymbol{x}$

(3) $\dot{\boldsymbol{x}}=\begin{bmatrix}-7 & 1 & 0\\ 0 & -7 & 1\\ 0 & 0 & -7\end{bmatrix}\boldsymbol{x}$，$\boldsymbol{y}=\begin{bmatrix}6 & 4 & 5\\ 0 & 2 & 1\end{bmatrix}\boldsymbol{x}$

(4) $\dot{\boldsymbol{x}}=\begin{bmatrix}2 & 0 & 0 & 0\\ 0 & -3 & 0 & 0\\ 0 & 0 & -4 & 1\\ 0 & 0 & 0 & -4\end{bmatrix}\boldsymbol{x}$，$\boldsymbol{y}=\begin{bmatrix}1 & 4 & 0 & 1\\ 3 & 7 & 0 & 0\end{bmatrix}\boldsymbol{x}$

解　(1) 系统有一个约旦标准块，并且所对应的 $\boldsymbol{C}$ 阵中第一列的元素不为零，所以该系统是能观的。

(2) 系统有一个约旦标准块，约旦标准块对应的 $\boldsymbol{C}$ 阵中第一列的元素全为零，所以该系统是不能观的。

(3) 系统有三重根，只有一个约旦标准块，$\boldsymbol{C}$ 阵中与约旦标准块对应的第一列的元素不为零，故该系统是能观的。

(4) 系统为四阶系统，有重根，共有三个约旦标准块，第一个和第二个约旦标准块对应的 $\boldsymbol{C}$ 阵中第一列的元素不全为零，第三个约旦标准块对应的 $\boldsymbol{C}$ 阵中第一列的元素为零，所以该系统是不能观的。

【例 4-23】 判断以下系统的能观性。

$$\begin{cases}\dot{\boldsymbol{x}}=\begin{bmatrix}-4 & 1 & & & & & \\ & -4 & & & & & \\ & & -4 & & & & \\ & & & -4 & & & \\ & & & & 3 & 1 & \\ & & & & & 3 & \\ & & & & & & 3\end{bmatrix}\boldsymbol{x}\\ \boldsymbol{y}=\begin{bmatrix}1 & 0 & 0 & 0 & 1 & 0 & 0\\ 0 & 0 & 1 & 0 & 0 & 0 & 4\\ 0 & 0 & 0 & 1 & 0 & 0 & 0\end{bmatrix}\boldsymbol{x}\end{cases}$$

解　找出矩阵 $\bar{\boldsymbol{C}}$ 对应于 $\lambda_1=-4$ 和 $\lambda_2=3$ 各个约旦小块的第一列，组成如下两个矩阵

$$[\bar{c}_{111} \quad \bar{c}_{112} \quad \bar{c}_{113}]=\begin{bmatrix}1&0&0\\0&1&0\\0&0&1\end{bmatrix},\ [\bar{c}_{121} \quad \bar{c}_{122}]=\begin{bmatrix}1&0\\0&4\\0&0\end{bmatrix}$$

容易看出，它们均为列满秩。根据定理 4.14，系统完全能观。

【例 4-24】 试通过线性变换，判断下列系统是否能观。

$$\begin{cases}\dot{\boldsymbol{x}}=\begin{bmatrix}0&1&0\\0&0&1\\2&3&0\end{bmatrix}\boldsymbol{x}\\ y=[2 \quad 3 \quad 4]\boldsymbol{x}\end{cases}$$

解 求 $\boldsymbol{A}$ 的特征值，有

$$|\lambda\boldsymbol{I}-\boldsymbol{A}|=\begin{vmatrix}\lambda&-1&0\\0&\lambda&-1\\-2&-3&\lambda\end{vmatrix}=\lambda^3-3\lambda-2=0$$

可得 $\lambda_{1,2}=-1$，$\lambda_3=2$。则

$$\bar{\boldsymbol{A}}=\begin{bmatrix}-1&1&0\\0&-1&0\\0&0&2\end{bmatrix},\ \boldsymbol{P}=\begin{bmatrix}1&0&1\\-1&1&2\\1&-2&4\end{bmatrix}$$

$$\bar{\boldsymbol{C}}=\boldsymbol{CP}=[2 \quad 3 \quad 4]\begin{bmatrix}1&0&1\\-1&1&2\\1&-2&4\end{bmatrix}=[3 \quad -5 \quad 24]$$

化简后可得该系统有两个约旦块，每一个约旦块对应的 $\bar{\boldsymbol{C}}$ 阵中的第一列的元素都不是零，所以该系统是能观的。

4.3.3 能观性指数

现在进一步引入能观性指数的概念。在一些综合问题中，不管时域方法还是复频域方法，都会用到能控性指数概念。

考察如下线性定常系统：

$$\begin{cases}\dot{\boldsymbol{x}}=\boldsymbol{Ax},\ \boldsymbol{x}(t_0)=\boldsymbol{x}_0; \quad t_0,\ t\in T\\ \boldsymbol{y}=\boldsymbol{Cx}\end{cases} \tag{4.119}$$

定义

$$\boldsymbol{V}_k=\begin{bmatrix}\boldsymbol{C}\\\boldsymbol{CA}\\\vdots\\\boldsymbol{CA}^{k-1}\end{bmatrix} \tag{4.120}$$

其中，$\boldsymbol{V}_k\in\mathbf{R}^{km\times n}$，它是由 k 个形如 $\boldsymbol{CA}^i(i=0, 1, 2, \cdots, k-1)$ 的行列组成的。当 $k=n$ 时，$\boldsymbol{V}_k$ 即为能控观性判别矩阵，且

$$\text{rank}\,\boldsymbol{V}_n=\text{rank}\,\boldsymbol{Q}_o=n \tag{4.121}$$

这表明，当系统完全能控时，$\boldsymbol{V}_n$ 中有 n 个线性无关的行，而 $\boldsymbol{V}_n$ 中共有 nm 个行，从 $\boldsymbol{V}_n$ 中挑选 n 个线性无关行的方法有多种，其中可采用依次从上向下挑选线性无关行的方法，

该方法在以后的分析中有着重要的意义。

对完全能观的线性定常连续系统，定义能观性指数为

$$\upsilon=\text{使“}\operatorname{rank}\boldsymbol{V}_k=n\text{”成立的最小正整数} \tag{4.122}$$

即

$$\operatorname{rank}\boldsymbol{V}_\upsilon=\operatorname{rank}\boldsymbol{V}_{\upsilon+1}=n \tag{4.123}$$

注意： 直观上，能观性指数 υ 可这样确定，对矩阵 $\boldsymbol{V}_k$ 将 k 依次由 1 增加直到有 $\operatorname{rank}\boldsymbol{V}_k=n$，则 k 这个临界值即为 υ。

关于能观性指数，有以下一些结论。

结论 4.7　对完全能观单输入线性定常连续系统，状态维数为 n，则系统能观性指数为

$$\upsilon=n \tag{4.124}$$

结论 4.8　对完全能控多输入线性定常连续系统(4.119)，状态维数为 n，输出维数为 m，设 $\operatorname{rank}\boldsymbol{C}=\bar{m}$，则系统能观性指数满足如下估计

$$\frac{n}{m}\leqslant\upsilon\leqslant n-\bar{m}+1 \tag{4.125}$$

结论 4.9　对完全能控多输入线性定常连续系统(4.119)，状态维数为 n，输出维数为 m，设 $\operatorname{rank}\boldsymbol{C}=\bar{m}$，$\bar{n}$ 为矩阵 $\boldsymbol{A}$ 最小多项式的次数，则系统能观性指数满足如下估计

$$\frac{n}{m}\leqslant\upsilon\leqslant\min(\bar{n},\ n-\bar{m}+1) \tag{4.126}$$

结论 4.10　式(4.119)所示系统状态完全能观的充分必要条件是

$$\operatorname{rank}\boldsymbol{V}_{n-\bar{m}+1}=\operatorname{rank}\begin{bmatrix}\boldsymbol{C}\\ \boldsymbol{CA}\\ \vdots\\ \boldsymbol{CA}^{n-\bar{m}}\end{bmatrix}=n \tag{4.127}$$

或

$$\operatorname{rank}\boldsymbol{V}_{\bar{n}}=\operatorname{rank}\begin{bmatrix}\boldsymbol{C}\\ \boldsymbol{CA}\\ \vdots\\ \boldsymbol{CA}^{\bar{n}-1}\end{bmatrix}=n \tag{4.128}$$

结论 4.11　线性系统经线性非奇异变换后不会改变其能观性指数。

以上结论的证明可参考对能控性问题的论述。

4.3.4　线性时变连续系统的能观性判据

与线性时变连续系统的能观性类似，时变系统的状态矩阵 $\boldsymbol{A}(t)$、输入矩阵 $\boldsymbol{B}(t)$、输出矩阵 $\boldsymbol{C}(t)$及关联矩阵 $\boldsymbol{D}(t)$是时间 t 的函数，故也不能像定常系统那样，由状态矩阵、输出矩阵构成能观性判别矩阵，然后检验其秩来判别系统的能观性，而必须由有关时变矩阵构成格拉姆矩阵，并由其非奇异性来作为判别的依据。

1. 几点说明

(1) 时间区间$[t_0,\ t_f]$是识别初始状态 $\boldsymbol{x}(t_0)$所需要的观测时间，对时变系统来说，这个区间的大小和初始时刻 t_0 的选择有关。

(2) 根据不能观的定义，可以写出不能观测状态的数学表达式为

$$\boldsymbol{C}(t)\boldsymbol{\Phi}(t, t_0)\boldsymbol{x}(t_0)\equiv\boldsymbol{0}, \ t\in[t_0, t_f] \tag{4.129}$$

(3) 对系统作线性非奇异变换，不改变其能观性。

(4) 如果 $\boldsymbol{x}(t_0)$是不能观的，α 为任意非零实数，则 $\alpha\boldsymbol{x}(t_0)$也是不能观的。

(5) 如果$\boldsymbol{x}_{01}$和$\boldsymbol{x}_{02}$都是不能观的，则$\boldsymbol{x}_{01}+\boldsymbol{x}_{02}$也是不能观的。

(6) 根据前面分析可以看出，系统的不能观测状态构成状态空间的一个子空间，称为不能观子空间，记为 $\boldsymbol{X}_{\bar{o}}$。只有当系统的不能观子空间 $\boldsymbol{X}_{\bar{o}}$在状态空间中是零空间，系统才是完全能观的。

其中，式(4.129)是线性时变系统一个非常重要的性质，第(2)～(5)点说明均可由此公式推导证明。其证明过程与 4.2.4 节类似，这里不再详加说明。读者可自行证明。

2. 格拉姆矩阵判据

定理 4.15　能观性格拉姆矩阵判据　线性时变连续系统如下

$$\begin{cases}\dot{\boldsymbol{x}}=\boldsymbol{A}(t)\boldsymbol{x}, \ \boldsymbol{x}(t_0)=\boldsymbol{x}_0, \quad t_0, t\in T\\ \boldsymbol{y}=\boldsymbol{C}(t)\boldsymbol{x}\end{cases} \tag{4.130}$$

系统在$[t_0, t_f]$上状态完全能观的充分必要条件是格拉姆矩阵

$$\boldsymbol{G}_o(t_0, t_f)=\int_{t_0}^{t_f}\boldsymbol{\Phi}^{\mathrm{T}}(t, t_0)\boldsymbol{C}^{\mathrm{T}}(t)\boldsymbol{C}(t)\boldsymbol{\Phi}(t, t_0)\mathrm{d}t \tag{4.131}$$

为非奇异的。

证明　(1) 先证充分性。已知 $\boldsymbol{G}_o(t_0, t_f)$为非奇异，欲证系统完全能观。

时变系统状态方程(4.130)的解为

$$\boldsymbol{x}(t)=\boldsymbol{\Phi}(t, t_0)\boldsymbol{x}(t_0)+\int_{t_0}^{t}\boldsymbol{\Phi}(t, \tau)\boldsymbol{B}(\tau)\boldsymbol{u}(\tau)\mathrm{d}\tau \tag{4.132}$$

从而输出为

$$\boldsymbol{y}(t)=\boldsymbol{C}(t)\boldsymbol{\Phi}(t, t_0)\boldsymbol{x}(t_0)+\boldsymbol{C}(t)\int_{t_0}^{t}\boldsymbol{\Phi}(t, \tau)\boldsymbol{B}(\tau)\boldsymbol{u}(\tau)\mathrm{d}\tau \tag{4.133}$$

在确定能观性时，可以不计控制作用 $\boldsymbol{u}(t)$，这时上式简化为

$$\begin{aligned}\boldsymbol{x}(t)&=\boldsymbol{\Phi}(t, t_0)\boldsymbol{x}(t_0)\\ \boldsymbol{y}(t)&=\boldsymbol{C}(t)\boldsymbol{\Phi}(t, t_0)\boldsymbol{x}(t_0)\end{aligned} \tag{4.134}$$

式(4.134)两边同时乘$\boldsymbol{\Phi}^{\mathrm{T}}(t, t_0)\boldsymbol{C}^{\mathrm{T}}(t)$，即

$$\boldsymbol{\Phi}^{\mathrm{T}}(t, t_0)\boldsymbol{C}^{\mathrm{T}}(t)\boldsymbol{y}(t)=\boldsymbol{\Phi}^{\mathrm{T}}(t, t_0)\boldsymbol{C}^{\mathrm{T}}(t)\boldsymbol{C}(t)\boldsymbol{\Phi}(t, t_0)\boldsymbol{x}(t_0) \tag{4.135}$$

两边在$[t_0, t_f]$区间进行积分，得

$$\begin{aligned}\int_{t_0}^{t_f}\boldsymbol{\Phi}^{\mathrm{T}}(t, t_0)\boldsymbol{C}^{\mathrm{T}}(t)\boldsymbol{y}(t)\mathrm{d}t&=\int_{t_0}^{t_f}\boldsymbol{\Phi}^{\mathrm{T}}(t, t_0)\boldsymbol{C}^{\mathrm{T}}(t)\boldsymbol{C}(t)\boldsymbol{\Phi}(t, t_0)\boldsymbol{x}(t_0)\mathrm{d}t\\ &=\boldsymbol{G}_o(t_0, t_f)\boldsymbol{x}(t_0)\end{aligned} \tag{4.136}$$

即 $\boldsymbol{x}(t_0)$可由在时间区间$[t_0, t_f]$上的 $\boldsymbol{y}(t)$唯一地确定。根据能观性定义可知系统完全能观。充分性证明完毕。

(2) 再证必要性。已知系统完全能观，欲证 $\boldsymbol{G}_o(t_0, t_f)$为非奇异。

采用反证法。假设 $\boldsymbol{G}_o(t_0, t_f)$为奇异，即假设在状态空间 $\mathbf{R}^n$ 中至少存在一个非零初始

状态向量$\bar{\boldsymbol{x}}_0$，即$\bar{\boldsymbol{x}}_0 \neq \boldsymbol{0}$ 使得式(4-137)成立

$$\bar{\boldsymbol{x}}_0^{\mathrm{T}} \boldsymbol{G}_{\mathrm{o}}(t_0, t_{\mathrm{f}}) \bar{\boldsymbol{x}}_0 = 0 \tag{4.137}$$

继而，将式(4.131)代入式(4.137)得

$$\begin{aligned} 0 &= \bar{\boldsymbol{x}}_0^{\mathrm{T}} \boldsymbol{G}_{\mathrm{o}}(t_0, t_{\mathrm{f}}) \bar{\boldsymbol{x}}_0 = \int_{t_0}^{t_{\mathrm{f}}} \bar{\boldsymbol{x}}_0^{\mathrm{T}} \boldsymbol{\Phi}^{\mathrm{T}}(t, t_0) \boldsymbol{C}^{\mathrm{T}}(t) \boldsymbol{C}(t) \boldsymbol{\Phi}(t, t_0) \bar{\boldsymbol{x}}_0 \mathrm{d}t \\ &= \int_{t_0}^{t_{\mathrm{f}}} [\boldsymbol{C}(t) \boldsymbol{\Phi}(t, t_0) \bar{\boldsymbol{x}}_0]^{\mathrm{T}} [\boldsymbol{C}(t) \boldsymbol{\Phi}(t, t_0) \bar{\boldsymbol{x}}_0] \mathrm{d}t \\ &= \int_{t_0}^{t_{\mathrm{f}}} \| \boldsymbol{C}(t) \boldsymbol{\Phi}(t, t_0) \bar{\boldsymbol{x}}_0 \|^2 \mathrm{d}t \end{aligned} \tag{4.138}$$

因此，若式(4.138)成立，必有

$$\boldsymbol{C}(t) \boldsymbol{\Phi}(t, t_0) \bar{\boldsymbol{x}}_0 = \boldsymbol{0}, \ \forall t \in [t_0, t_{\mathrm{f}}] \tag{4.139}$$

于是，有

$$\boldsymbol{y}(t) = \boldsymbol{C}(t) \boldsymbol{\Phi}(t, t_0) \bar{\boldsymbol{x}}_0 = \boldsymbol{0}, \ \forall t \in [t_0, t_{\mathrm{f}}] \tag{4.140}$$

这意味着，非零初始状态$\bar{\boldsymbol{x}}_0$ 不能由 $\boldsymbol{y}(t)$唯一确定，系统是不能观的，这和系统能观的已知条件相矛盾。假设不成立，即 $\boldsymbol{G}_{\mathrm{o}}(t_0, t_{\mathrm{f}})$为非奇异，必要性得证。证明完毕。

3. 秩判据

定理 4.16　能观性秩判据　线性时变连续系统如下

$$\begin{cases} \dot{\boldsymbol{x}} = \boldsymbol{A}(t) \boldsymbol{x}, \ \boldsymbol{x}(t_0) = x_0, \ t_0, \ t \in T \\ \boldsymbol{y} = \boldsymbol{C}(t) \boldsymbol{x} \end{cases} \tag{4.141}$$

$\boldsymbol{A}(t)$和 $\boldsymbol{C}(t)$的所有元素对时间 t 分别是$(n-2)$和$(n-1)$次连续可微，记为

$$\boldsymbol{C}_1(t) = \boldsymbol{C}(t),$$

$$\boldsymbol{C}_i(t) = \boldsymbol{C}_{i-1} \boldsymbol{A}(t) + \dot{\boldsymbol{C}}_{i-1}(t), \ i = 2, 3, \cdots, n$$

令

$$\boldsymbol{Q}_{\mathrm{o}}(t) = \begin{bmatrix} \boldsymbol{C}_1(t) \\ \boldsymbol{C}_2(t) \\ \vdots \\ \boldsymbol{C}_n(t) \end{bmatrix}$$

如果在某个时刻 $t_{\mathrm{f}} > 0$，使 $\mathrm{rank}\, \boldsymbol{Q}_{\mathrm{o}}(t_{\mathrm{f}}) = n$，则系统在$[0, t_{\mathrm{f}}]$区间是能观的。

注意：该判据也仅是一个充分条件，而不是必要条件。

【例 4-25】　已知系统的矩阵 $\boldsymbol{A}(t)$和矩阵 $\boldsymbol{C}(t)$如下所示，判断其能观性。

$$\boldsymbol{A}(t) = \begin{bmatrix} t & 1 & 0 \\ 0 & t & 0 \\ 0 & 0 & t^2 \end{bmatrix}, \quad \boldsymbol{C}(t) = [1 \quad 0 \quad 1]$$

解　已知

$$\boldsymbol{C}_1 = \boldsymbol{C} = [1 \quad 0 \quad 1]$$

$$\boldsymbol{C}_2 = \boldsymbol{C}_1 \boldsymbol{A}(t) + \dot{\boldsymbol{C}}_1 = [t \quad 1 \quad t^2]$$

$$\boldsymbol{C}_3 = \boldsymbol{C}_2 \boldsymbol{A}(t) + \dot{\boldsymbol{C}}_2 = [t^2 + 1 \quad 2t \quad t^4 + 2t]$$

$$
\boldsymbol{Q}_{\mathrm{o}}(t)=\begin{bmatrix}\boldsymbol{C}_1(t)\\ \boldsymbol{C}_2(t)\\ \boldsymbol{C}_3(t)\end{bmatrix}=\begin{bmatrix}1 & 0 & 1\\ t & 1 & t^2\\ t^2+1 & 2t & t^4+2t\end{bmatrix}
$$

当 $t>0$ 时，$\mathrm{rank}\,\boldsymbol{Q}_{\mathrm{o}}(t)=3=n$，所以系统在 $t>0$ 时间区间上是状态完全能观的。

4.4 线性离散系统的能控性和能观性

由于线性连续系统只是线性离散系统当采样周期趋于无穷小时的无限近似，所以，离散时间系统的能控性和能观性的定义和判据与线性连续系统极为相似，但也有所区别。本节将具体讨论线性离散系统的能控性、能观性的定义和判据，以及其与采用周期的关系。

4.4.1 线性离散系统能控性定义

设线性时变离散系统的状态方程为

$$
\boldsymbol{x}(k+1)=\boldsymbol{G}(k)\boldsymbol{x}(k)+\boldsymbol{H}(k)\boldsymbol{u}(k),\ k\in T_k \tag{4.142}
$$

式中：$\boldsymbol{x}\in\mathbf{R}^n$ 为系统状态向量；$\boldsymbol{u}\in\mathbf{R}^r$ 为系统输入向量；$\boldsymbol{G}\in\mathbf{R}^{n\times n}$ 为状态矩阵；$\boldsymbol{H}\in\mathbf{R}^{n\times r}$ 为控制输入矩阵；T_k 为离散时间定义区间。

对线性离散系统，我们有如下能控性定义。

1. 系统能控

设系统的初始状态是任意的，其终态为状态空间的原点。对于离散初始时刻 $h\in T_k$ 和任意的非零初始状态 $\boldsymbol{x}(h)=\boldsymbol{x}_0$，如果存在时刻 $l\in T_k$、$l>h$ 和对应的输入 $\boldsymbol{u}(k)$，使得在输入作用下，系统从 h 时刻的状态 $\boldsymbol{x}(h)=\boldsymbol{x}_0$ 出发，能在 l 时刻到达原点，即 $\boldsymbol{x}(l)=\mathbf{0}$，则称系统在时刻 h 是状态完全能控的，简称系统能控。

2. 系统能达

设系统的初始状态是状态空间的原点，即初始离散时刻 $h\in T_k$ 时系统状态为 $\boldsymbol{x}(h)=\mathbf{0}$，如果存在时刻 $l\in T_k$、$l>h$ 和对应的输入 $\boldsymbol{u}(k)$，使得在输入作用下，系统从 h 时刻的状态 $\boldsymbol{x}(h)=\mathbf{0}$ 出发，能在 l 时刻到达任意终端状态，则称系统在时刻 h 是状态完全能达的，简称系统能达。

注意： 之前讨论过，在线性连续定常系统中，能控性和能达性是互逆的，即能控系统一定能达，能达系统一定能控。但在线性定常离散系统中，两者并不等价。4.4.2 节中将展开详细说明。

4.4.2 线性定常离散系统能控性判据

设线性定常离散系统为

$$
\boldsymbol{x}(k+1)=\boldsymbol{G}\boldsymbol{x}(k)+\boldsymbol{H}\boldsymbol{u}(k) \tag{4.143}
$$

式中：$\boldsymbol{x}\in\mathbf{R}^n$ 为系统状态向量；$\boldsymbol{u}\in\mathbf{R}^r$ 为系统输入向量；$\boldsymbol{G}\in\mathbf{R}^{n\times n}$ 为状态矩阵；$\boldsymbol{H}\in\mathbf{R}^{n\times r}$ 为控制输入矩阵；则式(4.143)所示系统状态完全能达的充分必要条件是能控性判别矩阵 $\boldsymbol{Q}_{\mathrm{ck}}=[\boldsymbol{H}\quad \boldsymbol{G}\boldsymbol{H}\quad \boldsymbol{G}^2\boldsymbol{H}\quad \cdots\quad \boldsymbol{G}^{n-1}\boldsymbol{H}]$是满秩的，即

$$
\mathrm{rank}\,\boldsymbol{Q}_{\mathrm{ck}}=\mathrm{rank}[\boldsymbol{H}\quad \boldsymbol{G}\boldsymbol{H}\quad \boldsymbol{G}^2\boldsymbol{H}\quad \cdots\quad \boldsymbol{G}^{n-1}\boldsymbol{H}]=n \tag{4.144}
$$

若 $\boldsymbol{G}$ 为非奇异矩阵，则判据式(4.144)是系统状态完全能控的充分必要条件；若 $\boldsymbol{G}$ 为

奇异矩阵，则判据式(4.144)是系统状态完全能控的充分不必要条件。

证明　线性定常离散系统式(4.143)的解为

$$x(k) = G^k x(0) + \sum_{j=0}^{k-1} G^{k-j-1} Hu(j) \tag{4.145}$$

(1) 假设系统能达，则状态可在输入作用下，在有限时间内由原点状态转移至任意终端状态，若设初始时刻 $t_0=0$，则此时初始状态可表示为 $x(0)=\mathbf{0}$。此时，有

$$\begin{aligned} x(n) &= \sum_{j=0}^{n-1} G^{n-j-1} Hu(j) = G^{n-1} Hu(0) + \cdots + GHu(n-2) + Hu(n-1) \\ &= [H \quad GH \quad \cdots \quad G^{n-1}H] \begin{bmatrix} u(n-1) \\ u(n-2) \\ \vdots \\ u(0) \end{bmatrix} = Q_{ck} \begin{bmatrix} u(n-1) \\ u(n-2) \\ \vdots \\ u(0) \end{bmatrix} \end{aligned} \tag{4.146}$$

因为系统能达，则要求对于任意的 $x(n)$ 都有确定的输入序列与之对应，即方程式(4.146)有解的充要条件是它的系数矩阵 $Q_{ck} = [H \quad GH \quad G^2H \quad \cdots \quad G^{n-1}H]$ 和增广矩阵 $[Q_{ck} \quad x(0)]$ 的秩相同，由于 $x(0)=\mathbf{0}$，则式(4.146)有解的充分必要条件是 Q_{ck} 满秩。即系统能达的充分必要条件为能控性判别矩阵 Q_{ck} 满秩。

(2) 假设系统能控，则意味着对于任意的初始状态 $x(t_0)$，均可在输入控制作用下实现终端状态为 $x(n)=\mathbf{0}$。代入式(4.145)得

$$\begin{aligned} -G^n x(t_0) &= \sum_{j=0}^{n-1} G^{n-j-1} Hu(j) = G^{n-1} Hu(0) + \cdots + GHu(n-2) + Hu(n-1) \\ &= [H \quad GH \quad \cdots \quad G^{n-1}H] \begin{bmatrix} u(n-1) \\ u(n-2) \\ \vdots \\ u(0) \end{bmatrix} = Q_{ck} \begin{bmatrix} u(n-1) \\ u(n-2) \\ \vdots \\ u(0) \end{bmatrix} \end{aligned} \tag{4.147}$$

此时，若 G 为非奇异矩阵，则 G^n 也为非奇异矩阵，使得式(4.147)有解的充分必要条件为 Q_{ck} 满秩。

但是，若 G 为奇异矩阵，则 G^n 也为奇异矩阵，$G^n x(t_0)$ 不是 $x(t_0)$ 的全映射，此时尽管 $x(t_0)$ 可以任意取值，而 $G^n x(t_0)$ 的 n 个分量线性不独立，此时即使 Q_{ck} 不满秩，式(4.147)也可能有解。其中一个极端情况为 $G=\mathbf{0}$，此时对于任意的 $x(t_0)$，均有 $G^n x(t_0)=\mathbf{0}$，即不管 Q_{ck} 是否满秩，均能找到 $u=\mathbf{0}$ 满足能控性定义。所以，当 G 为奇异矩阵，Q_{ck} 满秩是判断能控性的充分条件，而不是必要条件。

注意：

(1) 连续时间系统能达性和能控性等价，而离散时间系统则不完全相同。离散时间系统，如果矩阵 G 非奇异，则系统的能控性和能达性等价；如果 G 奇异，则不能达的系统，也可能能控。所以，能达系统一定能控，能控系统不一定能达。

(2) 如果一个离散时间系统为连续时间线性时不变系统的时间离散化，由于不论 A 是否为非奇异阵，$G=e^{AT}$ 必可逆，即是非奇异的。所以，连续系统离散后得到的系统，其能控

性和能达性等价。

【例 4-26】 系统的状态方程如下，试判定系统的状态能控性。

$$\boldsymbol{x}(k+1)=\begin{bmatrix}3 & 2\\6 & 4\end{bmatrix}\boldsymbol{x}(k)+\begin{bmatrix}1\\2\end{bmatrix}u(k),\quad k=0,1,2,\cdots$$

解 由于 $\det(\boldsymbol{G})=0$，所以 $\boldsymbol{G}$ 是奇异矩阵，且有

$$\operatorname{rank}\boldsymbol{Q}_{\mathrm{ck}}=\operatorname{rank}[\boldsymbol{H}\quad \boldsymbol{GH}]=\operatorname{rank}\begin{bmatrix}1 & 7\\2 & 14\end{bmatrix}=1<2=n$$

则系统不完全能达。由于 $\boldsymbol{G}$ 奇异，系统状态有可能可控。因为

$$\boldsymbol{x}(1)=\begin{bmatrix}3 & 2\\6 & 4\end{bmatrix}\boldsymbol{x}(0)+\begin{bmatrix}1\\2\end{bmatrix}u(0)=\begin{bmatrix}3x_1(0)+2x_2(0)\\6x_1(0)+4x_2(0)\end{bmatrix}+\begin{bmatrix}1\\2\end{bmatrix}u(0)$$

如果取 $u(0)=-[3x_1(0)-2x_2(0)]$，则 $\boldsymbol{x}$ 一步回零：$\boldsymbol{x}(1)=\boldsymbol{0}$，所以，系统状态完全能控。

4.4.3 线性离散系统能观性定义

设线性时变离散系统的状态方程为

$$\begin{cases}\boldsymbol{x}(k+1)=\boldsymbol{G}(k)\boldsymbol{x}(k)+\boldsymbol{H}(k)\boldsymbol{u}(k),\ k\in T_k\\ \boldsymbol{y}(k)=\boldsymbol{C}(k)\boldsymbol{x}(k)+\boldsymbol{D}(k)\boldsymbol{u}(k)\end{cases}\tag{4.148}$$

式中：$\boldsymbol{x}\in\mathbf{R}^n$ 为系统状态向量；$\boldsymbol{u}\in\mathbf{R}^r$ 为系统输入向量；$\boldsymbol{y}\in\mathbf{R}^m$ 系统输出向量；$\boldsymbol{G}\in\mathbf{R}^{n\times n}$ 为状态矩阵；$\boldsymbol{H}\in\mathbf{R}^{n\times r}$ 为控制输入矩阵；$\boldsymbol{C}\in\mathbf{R}^{m\times n}$ 为系统输出矩阵；$\boldsymbol{D}(t)\in\mathbf{R}^{m\times r}$ 为系统输入输出关联矩阵；T_k 为离散时间定义区间。

对线性离散系统，有如下能观性定义。

对于指定的离散初始时刻 $h\in T_k$ 和任意的非零初始状态 $\boldsymbol{x}(h)=\boldsymbol{x}_0$，如果存在时刻 $l\in T_k$、$l>h$，能根据测量到的输出 $\boldsymbol{y}(h)$、$\boldsymbol{y}(h+1)$、…、$\boldsymbol{y}(l)$ 唯一地确定出 $\boldsymbol{x}_0$，则称系统在时刻 h 是状态完全能观测的，简称系统能观。

4.4.4 线性定常离散系统能观性判据

设线性定常离散系统为

$$\begin{cases}\boldsymbol{x}(k+1)=\boldsymbol{Gx}(k)+\boldsymbol{Hu}(k)\\ \boldsymbol{y}(k)=\boldsymbol{Cx}(k)+\boldsymbol{Du}(k)\\ \boldsymbol{x}(0)=\boldsymbol{x}_0,\ k=0,1,2,\cdots\end{cases}\tag{4.149}$$

式中：$\boldsymbol{x}\in\mathbf{R}^n$ 为系统状态向量；$\boldsymbol{u}\in\mathbf{R}^r$ 为系统输入向量；$\boldsymbol{y}\in\mathbf{R}^m$ 系统输出向量；$\boldsymbol{G}\in\mathbf{R}^{n\times n}$ 为状态矩阵；$\boldsymbol{H}\in\mathbf{R}^{n\times r}$ 为控制输入矩阵；$\boldsymbol{C}\in\mathbf{R}^{m\times n}$ 为系统输出矩阵；$\boldsymbol{D}(t)\in\mathbf{R}^{m\times r}$ 为系统输入输出关联矩阵；T_k 为离散时间定义区间。则式(4.149)所示系统状态完全能观的充分必要条件是能观性判别矩阵

$$\boldsymbol{Q}_{\mathrm{ok}}=\begin{bmatrix}\boldsymbol{C}\\ \boldsymbol{CG}\\ \vdots\\ \boldsymbol{CG}^{n-1}\end{bmatrix}\tag{4.150}$$

满秩，即

$$\operatorname{rank} \boldsymbol{Q}_{\mathrm{ok}}=\operatorname{rank}\begin{bmatrix}\boldsymbol{C}\\ \boldsymbol{CG}\\ \vdots\\ \boldsymbol{C}\boldsymbol{G}^{n-1}\end{bmatrix}=n \tag{4.151}$$

证明　与连续系统相似，分析离散系统能观性问题时，仅需从系统的齐次状态方程和输出方程出发，即

$$\begin{cases}\boldsymbol{x}(k+1)=\boldsymbol{G}\boldsymbol{x}(k)\\ \boldsymbol{y}(k)=\boldsymbol{C}\boldsymbol{x}(k)\end{cases} \tag{4.152}$$

状态方程式(4.152)的递推解可写为

$$\begin{aligned}&\boldsymbol{y}(0)=\boldsymbol{C}\boldsymbol{x}_0\\ &\boldsymbol{y}(1)=\boldsymbol{C}\boldsymbol{x}(1)=\boldsymbol{CG}\boldsymbol{x}_0\\ &\qquad\vdots\\ &\boldsymbol{y}(n-1)=\boldsymbol{C}\boldsymbol{x}(n-1)=\boldsymbol{C}\boldsymbol{G}^{n-1}\boldsymbol{x}_0\end{aligned} \tag{4.153}$$

将上述方程写成向量的形式，即

$$\begin{bmatrix}\boldsymbol{y}(0)\\ \boldsymbol{y}(1)\\ \vdots\\ \boldsymbol{y}(n-1)\end{bmatrix}=\begin{bmatrix}\boldsymbol{C}\\ \boldsymbol{CG}\\ \vdots\\ \boldsymbol{C}\boldsymbol{G}^{n-1}\end{bmatrix}\boldsymbol{x}_0 \tag{4.154}$$

由线性代数知识可知，$\boldsymbol{x}_0$ 有唯一解的充分必要条件是其系数矩阵$\boldsymbol{Q}_{\mathrm{ok}}=\begin{bmatrix}\boldsymbol{C}\\ \boldsymbol{CG}\\ \vdots\\ \boldsymbol{C}\boldsymbol{G}^{n-1}\end{bmatrix}$满秩，即

$$\operatorname{rank} \boldsymbol{Q}_{\mathrm{ok}}=\operatorname{rank}\begin{bmatrix}\boldsymbol{C}\\ \boldsymbol{CG}\\ \vdots\\ \boldsymbol{C}\boldsymbol{G}^{n-1}\end{bmatrix}=n \tag{4.155}$$

【例 4－27】　设线性定常系统为

$$\begin{cases}\boldsymbol{x}(k+1)=\begin{bmatrix}2 & 0 & 3\\ 1 & -2 & 0\\ 2 & 1 & 2\end{bmatrix}\boldsymbol{x}(k)\\ \boldsymbol{y}(k)=\begin{bmatrix}1 & 0 & 0\\ 0 & 1 & 0\end{bmatrix}\boldsymbol{x}(k)\end{cases}$$

试判别系统的能观性。

解
$$Q_{ok}=\begin{bmatrix} C \\ CG \\ CG^2 \end{bmatrix}=\begin{bmatrix} 1 & 0 & 0 \\ 0 & 1 & 0 \\ 2 & 0 & 3 \\ 1 & -2 & 0 \\ 10 & 3 & 12 \\ 0 & 4 & 3 \end{bmatrix}$$

由于 $\text{rank}\,\boldsymbol{Q}_{ok}=\text{rank}\,\boldsymbol{Q}_{ok}^{T}\boldsymbol{Q}_{ok}=3=n$，故系统是能观的。

4.5 线性系统能控性和能观性的对偶关系

从前面的讨论中可以看出，系统状态的能控性和能观性，无论从定义还是判据方面来看，在形式和结构上都极为相似。这种相似关系可以汇总成表 4.1。

表 4.1 能控性和能观性的关系

	能控性	能观性
意义	输入 $\xRightarrow{\text{控制}}$ 状态	输出 $\xRightarrow{\text{估计}}$ 状态
代数判据	$\text{rank}\,\boldsymbol{Q}_c=\text{rank}[\boldsymbol{B}\quad \boldsymbol{AB}\quad \cdots\quad \boldsymbol{A}^{n-1}\boldsymbol{B}]=n$	$\text{rank}\,\boldsymbol{Q}_o=\text{rank}\,[\boldsymbol{C}\quad \boldsymbol{CA}\quad \cdots\quad \boldsymbol{CA}^{n-1}]^{T}=n$
模态判据	同一特征值的约旦块对应 $\boldsymbol{B}$ 的分块的最后一行是否相关	同一特征值的约旦块对应 $\boldsymbol{C}$ 的分块的第一列是否相关

这种相似关系绝非偶然的巧合，而是系统内在结构上的必然联系，卡尔曼提出的对偶原理便揭示了这种内在的联系。

4.5.1 对偶系统

对于两个线性定常连续系统 $\Sigma_1(\boldsymbol{A}_1,\boldsymbol{B}_1,\boldsymbol{C}_1)$ 和 $\Sigma_2(\boldsymbol{A}_2,\boldsymbol{B}_2,\boldsymbol{C}_2)$，其状态空间表达式分别如下

$$\Sigma_1(\boldsymbol{A}_1,\boldsymbol{B}_1,\boldsymbol{C}_1):\begin{cases}\dot{\boldsymbol{x}}_1=\boldsymbol{A}_1\boldsymbol{x}_1+\boldsymbol{B}_1\boldsymbol{u}_1 \\ \boldsymbol{y}_1=\boldsymbol{C}_1\boldsymbol{x}_1\end{cases}\tag{4.156}$$

式中：$\boldsymbol{x}_1\in\mathbf{R}^n$ 为状态向量，$\boldsymbol{u}_1\in\mathbf{R}^r$ 为系统输入向量，$\boldsymbol{y}_1\in\mathbf{R}^m$ 为系统输出向量，$\boldsymbol{A}_1\in\mathbf{R}^{n\times n}$ 为状态矩阵；$\boldsymbol{B}_1\in\mathbf{R}^{n\times r}$ 为控制输入矩阵；$\boldsymbol{C}_1\in\mathbf{R}^{m\times n}$ 为系统输出矩阵。

$$\Sigma_2(\boldsymbol{A}_2,\boldsymbol{B}_2,\boldsymbol{C}_2):\begin{cases}\dot{\boldsymbol{x}}_2=\boldsymbol{A}_2\boldsymbol{x}_2+\boldsymbol{B}_2\boldsymbol{u}_2 \\ \boldsymbol{y}_2=\boldsymbol{C}_2\boldsymbol{x}_2\end{cases}\tag{4.157}$$

式中：$\boldsymbol{x}_2\in\mathbf{R}^n$ 为状态向量，$\boldsymbol{u}_2\in\mathbf{R}^m$ 为系统输入向量，$\boldsymbol{y}_2\in\mathbf{R}^r$ 为系统输出向量，$\boldsymbol{A}_2\in\mathbf{R}^{n\times n}$ 为状态矩阵；$\boldsymbol{B}_2\in\mathbf{R}^{n\times m}$ 为控制输入矩阵；$\boldsymbol{C}_2\in\mathbf{R}^{r\times n}$ 为系统输出矩阵。

若满足下述条件

$$\boldsymbol{A}_2=\boldsymbol{A}_1^{T},\ \boldsymbol{B}_2=\boldsymbol{C}_1^{T},\ \boldsymbol{C}_2=\boldsymbol{B}_1^{T}\tag{4.158}$$

则称 $\Sigma_1(\boldsymbol{A}_1,\boldsymbol{B}_1,\boldsymbol{C}_1)$ 和 $\Sigma_2(\boldsymbol{A}_2,\boldsymbol{B}_2,\boldsymbol{C}_2)$ 互为对偶系统。

一般来说，原系统与对偶系统之间具有以下几点属性。

1. 结构图的对偶性

显然，系统 $\Sigma_1(\boldsymbol{A}_1, \boldsymbol{B}_1, \boldsymbol{C}_1)$ 是一个 r 维输入 m 维输出的 n 阶系统，其对偶系统 $\Sigma_2(\boldsymbol{A}_2, \boldsymbol{B}_2, \boldsymbol{C}_2)$ 是一个 m 维输入 r 维输出的 n 阶系统，图 4-8 是对偶系统 $\Sigma_1(\boldsymbol{A}_1, \boldsymbol{B}_1, \boldsymbol{C}_1)$ 和 $\Sigma_2(\boldsymbol{A}_2, \boldsymbol{B}_2, \boldsymbol{C}_2)$ 的结构图。

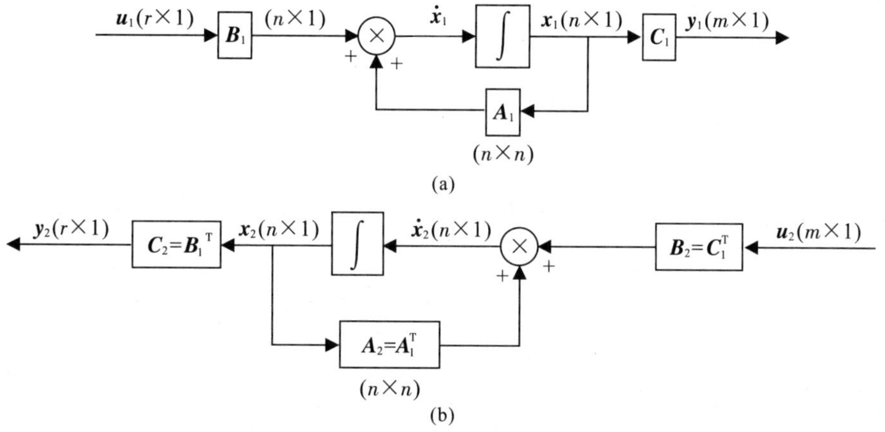

图 4-8　对偶系统的结构框图

从图中可以看出，互为对偶的两系统，输入端与输出端互换，信号传递方向相反，信号引出点和综合点互换，对应矩阵转置。

2. 传递函数矩阵的对偶性

根据对偶系统的关系式可以推导出对偶系统的特征值相同，且传递函数矩阵互为转置。

证明　根据图 4-8(a)，其传递函数矩阵 $\boldsymbol{W}_1(s)$ 为 $m\times r$ 维矩阵，即

$$\boldsymbol{W}_1(s)=\boldsymbol{C}_1(s\boldsymbol{I}-\boldsymbol{A}_1)^{-1}\boldsymbol{B}_1 \tag{4.159}$$

对于图 4-8(b)，其传递函数矩阵 $\boldsymbol{W}_2(s)$ 为 $r\times m$ 矩阵，即

$$\begin{aligned}\boldsymbol{W}_2(s)&=\boldsymbol{C}_2(s\boldsymbol{I}-\boldsymbol{A}_2)^{-1}\boldsymbol{B}_2=\boldsymbol{B}_1^{\mathrm{T}}(s\boldsymbol{I}-\boldsymbol{A}_1^{\mathrm{T}})^{-1}\boldsymbol{C}_1^{\mathrm{T}}\\&=\boldsymbol{B}_1^{\mathrm{T}}[(s\boldsymbol{I}-\boldsymbol{A}_1)^{-1}]^{\mathrm{T}}\boldsymbol{C}_1^{\mathrm{T}}=\boldsymbol{G}_1^{\mathrm{T}}(s)\end{aligned} \tag{4.160}$$

由此还可以得出，互为对偶的系统其特征方程是相同的，即

$$|s\boldsymbol{I}-\boldsymbol{A}_2|=|s\boldsymbol{I}-\boldsymbol{A}_1^{\mathrm{T}}|=|\mathrm{s}\boldsymbol{I}-\boldsymbol{A}_1| \tag{4.161}$$

故对偶系统的特征值相同。

3. 状态转移矩阵的对偶性

记系统 $\Sigma_1(\boldsymbol{A}_1, \boldsymbol{B}_1, \boldsymbol{C}_1)$的状态转移矩阵为$\boldsymbol{\Phi}_1(t, t_0)$，其对偶系统 $\Sigma_2(\boldsymbol{A}_2, \boldsymbol{B}_2, \boldsymbol{C}_2)$状态转移矩阵为$\boldsymbol{\Phi}_2(t, t_0)$。则由状态转移矩阵的性质可知，两者之间存在如下关系

$$\boldsymbol{\Phi}_2(t, t_0)=\boldsymbol{\Phi}_1^{-\mathrm{T}}(t, t_0)=\boldsymbol{\Phi}_1^{\mathrm{T}}(t_0, t) \tag{4.162}$$

证明　根据状态转移矩阵的性质$\boldsymbol{\Phi}^{-1}(t, t_0)=\boldsymbol{\Phi}(t_0, t)$，可得

$$\boldsymbol{\Phi}(t, t_0)\boldsymbol{\Phi}^{-1}(t, t_0)=\boldsymbol{\Phi}(t, t_0)\boldsymbol{\Phi}(t_0, t)=\boldsymbol{I} \tag{4.163}$$

将上式等号两边求导，得

$$\dot{\boldsymbol{\Phi}}(t, t_0)\boldsymbol{\Phi}^{-1}(t, t_0)+\boldsymbol{\Phi}(t, t_0)\dot{\boldsymbol{\Phi}}(t_0, t)=\boldsymbol{0} \tag{4.164}$$

进一步，有

$$\boldsymbol{A}(t)\boldsymbol{\Phi}(t, t_0)\boldsymbol{\Phi}^{-1}(t, t_0)+\boldsymbol{\Phi}(t, t_0)\dot{\boldsymbol{\Phi}}(t_0, t)=\boldsymbol{0}$$

$$\dot{\boldsymbol{\Phi}}(t_0, t) = -\boldsymbol{\Phi}^{-1}(t, t_0)\boldsymbol{A}(t) = -\boldsymbol{\Phi}(t_0, t)\boldsymbol{A}(t) \tag{4.165}$$

对式(4.165)两端求转置，得

$$\dot{\boldsymbol{\Phi}}^{\mathrm{T}}(t_0, t) = -\boldsymbol{A}^{\mathrm{T}}(t)\boldsymbol{\Phi}^{\mathrm{T}}(t_0, t) \tag{4.166}$$

由于$\boldsymbol{\Phi}^{\mathrm{T}}(t_0, t_0)=\boldsymbol{I}$，根据状态转移矩阵的定义，可知式(4.162)成立，即

$$\boldsymbol{\Phi}_2(t, t_0) = \boldsymbol{\Phi}_1^{\mathrm{T}}(t_0, t) \tag{4.167}$$

证毕。

4.5.2 对偶原理

系统 $\Sigma_1(\boldsymbol{A}_1, \boldsymbol{B}_1, \boldsymbol{C}_1)$ 和 $\Sigma_2(\boldsymbol{A}_2, \boldsymbol{B}_2, \boldsymbol{C}_2)$ 是互为对偶的两个线性定常连续系统，则 $\Sigma_1(\boldsymbol{A}_1, \boldsymbol{B}_1, \boldsymbol{C}_1)$ 能控性等价于 $\Sigma_2(\boldsymbol{A}_2, \boldsymbol{B}_2, \boldsymbol{C}_2)$ 的能观性，$\Sigma_1(\boldsymbol{A}_1, \boldsymbol{B}_1, \boldsymbol{C}_1)$ 的能观性等价于 $\Sigma_2(\boldsymbol{A}_2, \boldsymbol{B}_2, \boldsymbol{C}_2)$ 的能控性。或者说，若 $\Sigma_1(\boldsymbol{A}_1, \boldsymbol{B}_1, \boldsymbol{C}_1)$ 是状态完全能控的(完全能观的)，则 $\Sigma_2(\boldsymbol{A}_2, \boldsymbol{B}_2, \boldsymbol{C}_2)$ 是状态完全能观的(完全能控的)。

证明 对于系统 $\Sigma_2(\boldsymbol{A}_2, \boldsymbol{B}_2, \boldsymbol{C}_2)$，其能控性判别矩阵为

$$\boldsymbol{Q}_{c2} = [\boldsymbol{B}_2 \quad \boldsymbol{A}_2\boldsymbol{B}_2 \quad \boldsymbol{A}_2^2\boldsymbol{B}_2 \quad \cdots \quad \boldsymbol{A}_2^{n-1}\boldsymbol{B}_2] \tag{4.168}$$

因为两个系统互为对偶，代入式(4.158)得

$$\boldsymbol{Q}_{c2} = [\boldsymbol{C}_1^{\mathrm{T}} \quad \boldsymbol{A}_1^{\mathrm{T}}\boldsymbol{C}_1^{\mathrm{T}} \quad \cdots \quad (\boldsymbol{A}_1^{\mathrm{T}})^{n-1}\boldsymbol{C}_1^{\mathrm{T}}] = \begin{bmatrix} \boldsymbol{C}_1 \\ \boldsymbol{C}_1\boldsymbol{A}_1 \\ \vdots \\ \boldsymbol{C}_1\boldsymbol{A}_1^{n-1} \end{bmatrix}^{\mathrm{T}} = \boldsymbol{Q}_{o1}^{\mathrm{T}} \tag{4.169}$$

故

$$\operatorname{rank}\boldsymbol{Q}_{c2} = \operatorname{rank}\boldsymbol{Q}_{o1}^{\mathrm{T}} = \operatorname{rank}\boldsymbol{Q}_{o1} \tag{4.170}$$

即 $\Sigma_2(\boldsymbol{A}_2, \boldsymbol{B}_2, \boldsymbol{C}_2)$的能控性判别矩阵的秩等于 $\Sigma_1(\boldsymbol{A}_1, \boldsymbol{B}_1, \boldsymbol{C}_1)$的能观性判别矩阵的秩。因此，$\Sigma_2(\boldsymbol{A}_2, \boldsymbol{B}_2, \boldsymbol{C}_2)$的能控性等同于 $\Sigma_1(\boldsymbol{A}_1, \boldsymbol{B}_1, \boldsymbol{C}_1)$的能观性。

同理可证，$\Sigma_2(\boldsymbol{A}_2, \boldsymbol{B}_2, \boldsymbol{C}_2)$的能观性等同于 $\Sigma_1(\boldsymbol{A}_1, \boldsymbol{B}_1, \boldsymbol{C}_1)$能控性。

注意：对线性定常离散系统而言，是系统的能达性和能观性对偶，而非系统的能控性和能观性对偶。

4.6 能控标准型和能观标准型

我们在第 2 章已经学习到，对于一个给定的动态系统，如果状态变量选择得非唯一，则其状态空间表达式也非唯一。因此，在使用状态空间法对动态系统进行分析时，往往会根据研究问题的需要，采样线性非奇异变换将状态空间表达式变换为某种特定的标准形式。例如，约旦标准型便于状态转移矩阵的计算、能控性和能观性的分析；能控标准型便于状态反馈控制器的设计；能观标准型则便于状态观测器的设计及系统辨识。

状态空间表达式的变换主要是利用线性非奇异变换，因为系统经线性非奇异变换后，系统的特征值、传递函数矩阵、能控性、能观性等重要性质均保持不变。因此，只有状态完全能控的系统才能化为能控标准型，只有状态完全能观的系统才能化为能观标准型。

4.6.1　单输入-单输出系统的能控标准型

对于一般的线性定常系统

$$\begin{cases}\dot{\boldsymbol{x}}=\boldsymbol{A}\boldsymbol{x}+\boldsymbol{B}\boldsymbol{u}\\ \boldsymbol{y}=\boldsymbol{C}\boldsymbol{x}\end{cases}\tag{4.171}$$

如果系统能控，则满足

$$\operatorname{rank}\boldsymbol{Q}_c=\operatorname{rank}[\boldsymbol{B}\quad \boldsymbol{AB}\quad \boldsymbol{A}^2\boldsymbol{B}\quad \cdots\quad \boldsymbol{A}^{n-1}\boldsymbol{B}]=n$$

这说明能控性判别矩阵$\boldsymbol{Q}_c$中至少有 n 个线性无关的 n 维列矢量。因此，便可以从$\boldsymbol{Q}_c$中的 nr 个列矢量中找到一组 n 个线性无关的列向量，它们的线性组合仍然线性无关，进而便可以推导出状态空间表达式的某种能控标准型。

对于单输入单输出系统，在能控性判别矩阵中只有唯一的一组线性无关矢量，因此一旦组合规律确定，其能控标准型的形式是唯一的。

对于多输入系统，在能控性判别矩阵中，从 nr 个列向量中选择出 n 个独立的列向量的取法是不唯一的，因而其能控标准型的形式也是不唯一的。

显然，当且仅当系统是状态完全能控的，才能推导出状态空间表达式的能控标准型。

1. 能控标准Ⅰ型

若线性定常单输入单输出系统

$$\begin{cases}\dot{\boldsymbol{x}}=\boldsymbol{A}\boldsymbol{x}+\boldsymbol{b}u\\ y=\boldsymbol{c}\boldsymbol{x}\end{cases}\tag{4.172}$$

是能控的，则存在线性非奇异变换

$$\boldsymbol{x}=\boldsymbol{P}_{c1}\bar{\boldsymbol{x}}\tag{4.173}$$

$$\boldsymbol{P}_{c1}=[\boldsymbol{A}^{n-1}\boldsymbol{b}\quad \boldsymbol{A}^{n-2}\boldsymbol{b}\quad \cdots\quad \boldsymbol{b}]\begin{bmatrix}1&0&0&\cdots&0\\ a_{n-1}&1&0&\cdots&0\\ \vdots&\vdots&\ddots&\ddots&\vdots\\ a_2&a_3&\cdots&1&0\\ a_1&a_2&\cdots&a_{n-1}&1\end{bmatrix}\tag{4.174}$$

使其状态空间表达式化成

$$\begin{cases}\dot{\bar{\boldsymbol{x}}}=\bar{\boldsymbol{A}}\bar{\boldsymbol{x}}+\bar{\boldsymbol{b}}u\\ y=\bar{\boldsymbol{c}}\bar{\boldsymbol{x}}\end{cases}\tag{4.175}$$

其中

$$\bar{\boldsymbol{A}}=\boldsymbol{P}_{c1}^{-1}\boldsymbol{A}\boldsymbol{P}_{c1}=\begin{bmatrix}0&1&\cdots&0&0\\ 0&0&\cdots&0&0\\ \vdots&\vdots&\ddots&\vdots&\vdots\\ 0&0&\cdots&0&1\\ -a_0&-a_1&\cdots&-a_{n-2}&-a_{n-1}\end{bmatrix}$$

$$\bar{\boldsymbol{b}}=\boldsymbol{P}_{c1}^{-1}\boldsymbol{b}=\begin{bmatrix}0\\0\\\vdots\\0\\1\end{bmatrix}$$

$$\bar{\boldsymbol{c}}=\boldsymbol{c}\boldsymbol{P}_{c1}=[\beta_0 \quad \beta_1 \quad \cdots \quad \beta_{n-1}]$$

称形如式(4.175)的状态空间表达式为能控标准Ⅰ型。其中 $a_i(i=0, 1, \cdots, n-1)$为特征多项式

$$|\lambda\boldsymbol{I}-\boldsymbol{A}|=\lambda^n+a_{n-1}\lambda^{n-1}+\cdots+a_1\lambda_1+a_0$$

的各项系数。

$\beta_i(i=0, 1, \cdots, n-1)$是 $\boldsymbol{c}\boldsymbol{P}_{c1}$ 相乘的结果，即

$$\begin{aligned}&\beta_0=\boldsymbol{c}(\boldsymbol{A}^{n-1}\boldsymbol{b}+a_{n-1}\boldsymbol{A}^{n-2}\boldsymbol{b}+\cdots+a_1\boldsymbol{b})\\&\vdots\\&\beta_{n-2}=\boldsymbol{c}(\boldsymbol{A}\boldsymbol{b}+a_{n-1}\boldsymbol{b})\\&\beta_{n-1}=\boldsymbol{c}\boldsymbol{b}\end{aligned}$$

证明 (1) 证明$\bar{\boldsymbol{A}}$。

因为系统能控，故 $n\times1$ 维矢量 $\boldsymbol{b}$, $\boldsymbol{A}\boldsymbol{b}$, $\cdots$, $\boldsymbol{A}^{n-1}\boldsymbol{b}$ 线性独立。按下列组合方式构成的 n 个新矢量$\boldsymbol{e}_1$，$\boldsymbol{e}_2$，$\cdots$，$\boldsymbol{e}_n$ 也是线性独立的。

$$\begin{cases}\boldsymbol{e}_1=\boldsymbol{A}^{n-1}\boldsymbol{b}+a_{n-1}\boldsymbol{A}^{n-2}\boldsymbol{b}+a_{n-2}\boldsymbol{A}^{n-3}\boldsymbol{b}+\cdots a_1\boldsymbol{b}\\\boldsymbol{e}_2=\boldsymbol{A}^{n-2}\boldsymbol{b}+a_{n-1}\boldsymbol{A}^{n-3}\boldsymbol{b}+\cdots a_2\boldsymbol{b}\\\quad\vdots\\\boldsymbol{e}_{n-1}=\boldsymbol{A}\boldsymbol{b}+a_{n-1}\boldsymbol{b}\\\boldsymbol{e}_n=\boldsymbol{b}\end{cases}\tag{4.176}$$

式中，$a_i(i=0,1,\cdots,n-1)$是特征多项式各项系数。

由$\boldsymbol{e}_1$，$\boldsymbol{e}_2$，$\cdots$，$\boldsymbol{e}_n$ 组成变换矩阵 $\boldsymbol{P}_{c1}$，即

$$\boldsymbol{P}_{c1}=(\boldsymbol{e}_1, \boldsymbol{e}_2, \cdots, \boldsymbol{e}_n)$$

令$\bar{\boldsymbol{A}}=\boldsymbol{P}_{c1}^{-1}\boldsymbol{A}\boldsymbol{P}_{c1}$，有

$$\boldsymbol{P}_{c1}\bar{\boldsymbol{A}}=\boldsymbol{A}\boldsymbol{P}_{c1}=\boldsymbol{A}(\boldsymbol{e}_1, \boldsymbol{e}_2, \cdots, \boldsymbol{e}_n)=(\boldsymbol{A}\boldsymbol{e}_1, \boldsymbol{A}\boldsymbol{e}_2, \cdots, \boldsymbol{A}\boldsymbol{e}_n)\tag{4.177}$$

利用凯莱-哈密顿定理，有

$$\boldsymbol{A}^n=-a_{n-1}\boldsymbol{A}^{n-1}-a_{n-2}\boldsymbol{A}^{n-2}-\cdots-a_1\boldsymbol{A}-a_0\boldsymbol{I}\tag{4.178}$$

把式(4.176)和式(4.178)分别代入式(4.177)，有

$$\begin{aligned}\boldsymbol{A}\boldsymbol{e}_1&=\boldsymbol{A}(\boldsymbol{A}^{n-1}\boldsymbol{b}+a_{n-1}\boldsymbol{A}^{n-2}\boldsymbol{b}+\cdots+a_1\boldsymbol{b})\\&=(\boldsymbol{A}^n\boldsymbol{b}+a_{n-1}\boldsymbol{A}^{n-1}\boldsymbol{b}+\cdots+a_1\boldsymbol{A}\boldsymbol{b}+a_0\boldsymbol{b})-a_0\boldsymbol{b}\\&=-a_0\boldsymbol{b}\\&=-a_0\boldsymbol{e}_n\end{aligned}$$

$$\begin{aligned}\boldsymbol{A}\boldsymbol{e}_2 &= \boldsymbol{A}(\boldsymbol{A}^{n-2}\boldsymbol{b}+a_{n-1}\boldsymbol{A}^{n-3}\boldsymbol{b}+\cdots+a_2\boldsymbol{b})\\ &=(\boldsymbol{A}^{n-1}\boldsymbol{b}+a_{n-1}\boldsymbol{A}^{n-2}\boldsymbol{b}+\cdots+a_2\boldsymbol{A}\boldsymbol{b}+a_1\boldsymbol{b})-a_1\boldsymbol{b}\\ &=\boldsymbol{e}_1-a_1\boldsymbol{e}_n\\ &\quad\vdots\\ \boldsymbol{A}\boldsymbol{e}_{n-1} &= \boldsymbol{A}(\boldsymbol{A}\boldsymbol{b}+a_{n-1}\boldsymbol{b})\\ &=(\boldsymbol{A}^2\boldsymbol{b}+a_{n-1}\boldsymbol{A}\boldsymbol{b}+a_{n-2}\boldsymbol{b})-a_{n-2}\boldsymbol{b}\\ &=\boldsymbol{e}_{n-2}-a_{n-2}\boldsymbol{e}_n\\ \boldsymbol{A}\boldsymbol{e}_n &= \boldsymbol{A}\boldsymbol{b}=(\boldsymbol{A}\boldsymbol{b}+a_{n-1}\boldsymbol{b})-a_{n-1}\boldsymbol{b}\\ &=\boldsymbol{e}_{n-1}-a_{n-1}\boldsymbol{e}_n\end{aligned} \tag{4.179}$$

把上述 $\boldsymbol{A}\boldsymbol{e}_1$，$\boldsymbol{A}\boldsymbol{e}_2$，…，$\boldsymbol{A}\boldsymbol{e}_n$ 代入式(4.177)，有

$$\begin{aligned}\boldsymbol{P}_{c1}\bar{\boldsymbol{A}} &= (\boldsymbol{A}\boldsymbol{e}_1,\ \boldsymbol{A}\boldsymbol{e}_2,\ \cdots,\ \boldsymbol{A}\boldsymbol{e}_n)\\ &=(-a_0\boldsymbol{e}_n,\ (\boldsymbol{e}_1-a_1\boldsymbol{e}_n),\ \cdots,\ (\boldsymbol{e}_{n-1}-a_{n-1}\boldsymbol{e}_n))\\ &=(\boldsymbol{e}_1,\ \boldsymbol{e}_2,\ \cdots,\ \boldsymbol{e}_n)\begin{bmatrix}0 & 1 & 0 & \cdots & 0 & 0\\ 0 & 0 & 1 & \cdots & 0 & 0\\ \vdots & \vdots & \vdots & \cdots & \vdots & \vdots\\ 0 & 0 & 0 & & 0 & 1\\ -a_0 & -a_1 & -a_2 & \cdots & -a_{n-2} & -a_{n-1}\end{bmatrix}\end{aligned} \tag{4.180}$$

从而得证

$$\bar{\boldsymbol{A}}=\begin{bmatrix}0 & 1 & \cdots & 0 & 0\\ 0 & 0 & \cdots & 0 & 0\\ \vdots & \vdots & & \vdots & \vdots\\ 0 & 0 & \cdots & 0 & 1\\ -a_0 & -a_1 & \cdots & -a_{n-2} & -a_{n-1}\end{bmatrix} \tag{4.181}$$

(2) 证明$\bar{\boldsymbol{b}}$。

因为

$$\bar{\boldsymbol{b}}=\boldsymbol{P}_{c1}^{-1}\boldsymbol{b} \tag{4.182}$$

故

$$\boldsymbol{P}_{c1}\bar{\boldsymbol{b}}=\boldsymbol{b} \tag{4.183}$$

把式(4.176)中 $\boldsymbol{b}=\boldsymbol{e}_n$ 代入，有

$$\boldsymbol{P}_{c1}\bar{\boldsymbol{b}}=\boldsymbol{e}_n=[\boldsymbol{e}_1,\ \boldsymbol{e}_2,\ \cdots,\ \boldsymbol{e}_n]\begin{bmatrix}0\\ 0\\ \vdots\\ 1\end{bmatrix} \tag{4.184}$$

从而证得

$$\bar{\boldsymbol{b}}=\begin{bmatrix}0\\ 0\\ \vdots\\ 1\end{bmatrix} \tag{4.185}$$

(3) 证明$\bar{c}$。

$$\bar{c}=\boldsymbol{c}\boldsymbol{P}_{c1}=[\beta_0 \quad \beta_1 \quad \cdots \quad \beta_{n-1}] \tag{4.186}$$

把式(4.176)中$\boldsymbol{e}_1$，$\boldsymbol{e}_2$，…，$\boldsymbol{e}_n$的表达式代入式(4.186)，有

$$\begin{aligned}\bar{c}&=\boldsymbol{c}[(\boldsymbol{A}^{n-1}\boldsymbol{b}+a_{n-1}\boldsymbol{A}^{n-2}\boldsymbol{b}+\cdots+a_1\boldsymbol{b}), \quad \cdots, \quad (\boldsymbol{A}\boldsymbol{b}+a_{n-1}\boldsymbol{b}), \quad \boldsymbol{b} \quad]\\&=[\beta_0 \quad \beta_1 \quad \cdots \quad \beta_{n-1}]\end{aligned} \tag{4.187}$$

其中

$$\begin{aligned}\beta_0 &=\boldsymbol{c}(\boldsymbol{A}^{n-1}\boldsymbol{b}+a_{n-1}\boldsymbol{A}^{n-2}\boldsymbol{b}+\cdots+a_1\boldsymbol{b})\\&\vdots\\\beta_{n-2}&=\boldsymbol{c}(\boldsymbol{A}\boldsymbol{b}+a_{n-1}\boldsymbol{b})\\\beta_{n-1}&=\boldsymbol{c}\boldsymbol{b}\end{aligned} \tag{4.188}$$

或者可写成

$$\bar{c}=\boldsymbol{c}[\boldsymbol{A}^{n-1}\boldsymbol{b}, \quad \boldsymbol{A}^{n-2}\boldsymbol{b}, \quad \cdots, \quad \boldsymbol{b}]\begin{bmatrix}1 & & & 0\\a_{n-1} & \ddots & & \\\vdots & \ddots & \ddots & \\a_1 & \cdots & a_{n-1} & 1\end{bmatrix} \tag{4.189}$$

显然

$$\boldsymbol{P}_{c1}=[\boldsymbol{A}^{n-1}\boldsymbol{b}, \quad \boldsymbol{A}^{n-2}\boldsymbol{b}, \quad \cdots, \quad \boldsymbol{b}]\begin{bmatrix}1 & & & 0\\a_{n-1} & \ddots & & \\\vdots & \ddots & \ddots & \\a_1 & \cdots & a_{n-1} & 1\end{bmatrix} \tag{4.190}$$

通过能控标准Ⅰ型，可以得到系统的传递函数，即

$$\begin{aligned}\boldsymbol{W}(s)&=\bar{c}(s\boldsymbol{I}-\bar{\boldsymbol{A}})^{-1}\bar{\boldsymbol{b}}\\&=\frac{\beta_{n-1}s^{n-1}+\beta_{n-2}s^{n-2}+\cdots+\beta_1 s+\beta_0}{s^n+a_{n-1}s^{n-1}+a_{n-2}s^{n-2}+\cdots+a_1 s+a_0}\end{aligned} \tag{4.191}$$

从式(4.191)可以看出，传递函数分母多项式的各项系数是$\bar{\boldsymbol{A}}$的最后一行元素的负值，分子多项式的各项系数是$\bar{c}$阵的元素。那么根据传递函数的分母多项式和分子多项式的系数，便可以直接写出能控标准Ⅰ型的$\bar{\boldsymbol{A}}$，$\bar{\boldsymbol{b}}$，$\bar{c}$。

【例 4-28】 将下列系统空间表达式变换成能控标准Ⅰ型。

$$\begin{cases}\dot{\boldsymbol{x}}=\begin{bmatrix}1 & 2 & 0\\3 & -1 & 1\\0 & 2 & 0\end{bmatrix}\boldsymbol{x}+\begin{bmatrix}2\\1\\1\end{bmatrix}u\\y=[0 \quad 0 \quad 1]\boldsymbol{x}\end{cases}$$

解 由于能控性矩阵 $\boldsymbol{Q}_c=[\boldsymbol{b} \quad \boldsymbol{A}\boldsymbol{b} \quad \boldsymbol{A}^2\boldsymbol{b}]=\begin{bmatrix}2 & 4 & 16\\1 & 6 & 8\\1 & 2 & 12\end{bmatrix}$满秩，所以系统是能控的。

系统的特征方程$|\lambda\boldsymbol{I}-\boldsymbol{A}|=\lambda^3-9\lambda+2=0$，则 $a_2=0$，$a_1=-9$，$a_0=2$。

① 方法1：定义法。

变换矩阵

$$\boldsymbol{P}_{c1}=[\boldsymbol{A}^2\boldsymbol{b}\quad \boldsymbol{A}\boldsymbol{b}\quad \boldsymbol{b}]\begin{bmatrix}1 & 0 & 0\\ a_2 & 1 & 0\\ a_1 & a_2 & 1\end{bmatrix}=\begin{bmatrix}-2 & 4 & 2\\ -1 & 6 & 1\\ 3 & 2 & 1\end{bmatrix}$$

$$\bar{\boldsymbol{A}}=\boldsymbol{P}_{c1}^{-1}\boldsymbol{A}\boldsymbol{P}_{c1}=\begin{bmatrix}0 & 1 & 0\\ 0 & 0 & 1\\ -2 & 9 & 0\end{bmatrix}$$

$$\bar{\boldsymbol{b}}=\boldsymbol{P}_{c1}^{-1}\boldsymbol{b}=\begin{bmatrix}0\\ 0\\ 1\end{bmatrix},\ \bar{\boldsymbol{c}}=\boldsymbol{c}\boldsymbol{P}_{c1}=[3\quad 2\quad 1]$$

系统状态空间表达式的能控标Ⅰ型为

$$\begin{cases}\dot{\bar{\boldsymbol{x}}}=\begin{bmatrix}0 & 1 & 0\\ 0 & 0 & 1\\ -2 & 9 & 0\end{bmatrix}\bar{\boldsymbol{x}}+\begin{bmatrix}0\\ 0\\ 1\end{bmatrix}u\\ y=[3\quad 2\quad 1]\bar{\boldsymbol{x}}\end{cases}$$

② 方法 2：传递函数法。

系统的传递函数为

$$\boldsymbol{G}(s)=\boldsymbol{c}\,(s\boldsymbol{I}-\boldsymbol{A})^{-1}\boldsymbol{b}=\frac{s^2+2s+3}{s^3-9s+2}$$

$$a_2=0,\ a_1=-9,\ a_0=2,\ \beta_2=1,\ \beta_1=2,\ \beta_0=3$$

系统状态空间表达式的能控标Ⅰ型为

$$\begin{cases}\dot{\bar{\boldsymbol{x}}}=\begin{bmatrix}0 & 1 & 0\\ 0 & 0 & 1\\ -2 & 9 & 0\end{bmatrix}\bar{\boldsymbol{x}}+\begin{bmatrix}0\\ 0\\ 1\end{bmatrix}u\\ y=[3\quad 2\quad 1]\bar{\boldsymbol{x}}\end{cases}$$

2. 能控标准Ⅱ型

若线性定常单输入系统(4.172)是能控的，则存在线性非奇异变换

$$\boldsymbol{x}=\boldsymbol{P}_{c2}\bar{\boldsymbol{x}} \tag{4.192}$$

$$\boldsymbol{P}_{c2}=[\boldsymbol{b}\quad \boldsymbol{A}\boldsymbol{b}\quad \cdots\quad \boldsymbol{A}^{n-1}\boldsymbol{b}] \tag{4.193}$$

使其状态空间表达式化成

$$\begin{cases}\dot{\bar{\boldsymbol{x}}}=\bar{\boldsymbol{A}}\bar{\boldsymbol{x}}+\bar{\boldsymbol{b}}u\\ y=\bar{\boldsymbol{c}}\bar{\boldsymbol{x}}\end{cases} \tag{4.194}$$

其中

$$\bar{\boldsymbol{A}}=\boldsymbol{P}_{c2}^{-1}\boldsymbol{A}\boldsymbol{P}_{c2}=\begin{bmatrix}0 & 0 & \cdots & 0 & -a_0\\ 1 & 0 & \cdots & 0 & -a_1\\ 0 & 1 & \cdots & 0 & -a_2\\ \vdots & \vdots & & \vdots & \vdots\\ 0 & 0 & \cdots & 1 & -a_{n-1}\end{bmatrix} \tag{4.195a}$$

$$\bar{\boldsymbol{b}}=\boldsymbol{P}_{c2}^{-1}\boldsymbol{b}=\begin{bmatrix}1\\0\\0\\\vdots\\0\end{bmatrix} \tag{4.195b}$$

$$\bar{\boldsymbol{c}}=\boldsymbol{c}\boldsymbol{P}_{c2}=[\beta_0 \quad \beta_1 \quad \cdots \quad \beta_{n-1}] \tag{4.195c}$$

称形如式(4.195)的状态空间表达式为能控标准Ⅱ型。其中 $a_i(i=0, 1, \cdots, n-1)$为特征多项式

$$|\lambda\boldsymbol{I}-\boldsymbol{A}|=\lambda^n+a_{n-1}\lambda^{n-1}+\cdots+a_1\lambda_1+a_0$$

的各项系数。

$\beta_i(i=0, 1, \cdots, n-1)$是 $\boldsymbol{c}\boldsymbol{P}_{c2}$相乘的结果，即

$$\begin{aligned}\beta_0&=\boldsymbol{c}\boldsymbol{b}\\ \beta_1&=\boldsymbol{c}\boldsymbol{A}\boldsymbol{b}\\ &\vdots\\ \beta_{n-1}&=\boldsymbol{c}\boldsymbol{A}^{n-1}\boldsymbol{b}\end{aligned}$$

证明 (1) 证明$\bar{\boldsymbol{A}}$。

因为系统能控，能控性判别矩阵$\boldsymbol{Q}_c=[\boldsymbol{b} \quad \boldsymbol{A}\boldsymbol{b} \quad \boldsymbol{A}^2\boldsymbol{b} \quad \cdots \quad \boldsymbol{A}^{n-1}\boldsymbol{b}]$非奇异。令状态变换，即

$$\boldsymbol{x}=\boldsymbol{P}_{c2}\bar{\boldsymbol{x}}, \ \boldsymbol{P}_{c2}=[\boldsymbol{b} \quad \boldsymbol{A}\boldsymbol{b} \quad \cdots \quad \boldsymbol{A}^{n-1}\boldsymbol{b}] \tag{4.196}$$

则变换后的状态方程和输出方程为

$$\begin{cases}\dot{\bar{\boldsymbol{x}}}=\boldsymbol{P}_{c2}^{-1}\boldsymbol{A}\boldsymbol{P}_{c2}\bar{\boldsymbol{x}}+\boldsymbol{P}_{c2}^{-1}\boldsymbol{b}u=\bar{\boldsymbol{A}}\bar{\boldsymbol{x}}+\bar{\boldsymbol{b}}u\\ y=\boldsymbol{c}\boldsymbol{P}_{c2}\bar{\boldsymbol{x}}=\bar{\boldsymbol{c}}\bar{\boldsymbol{x}}\end{cases} \tag{4.197}$$

利用凯莱-哈密顿定理$\boldsymbol{A}^n=-a_{n-1}\boldsymbol{A}^{n-1}-a_{n-2}\boldsymbol{A}^{n-2}-\cdots-a_1\boldsymbol{A}-a_0\boldsymbol{I}$，有

$$\begin{aligned}\boldsymbol{A}\boldsymbol{P}_{c2}&=\boldsymbol{A}[\boldsymbol{b} \quad \boldsymbol{A}\boldsymbol{b} \quad \cdots \quad \boldsymbol{A}^{n-1}\boldsymbol{b}]=[\boldsymbol{A}\boldsymbol{b} \quad \boldsymbol{A}^2\boldsymbol{b} \quad \cdots \quad \boldsymbol{A}^n\boldsymbol{b}]\\ &=[\boldsymbol{A}\boldsymbol{b} \quad \boldsymbol{A}^2\boldsymbol{b} \quad \cdots \quad (-a_{n-1}\boldsymbol{A}^{n-1}-a_{n-2}\boldsymbol{A}^{n-2}-\cdots-a_1\boldsymbol{A}-a_0\boldsymbol{I})\boldsymbol{b}]\end{aligned} \tag{4.198}$$

写成矩阵的形式为

$$\begin{aligned}\boldsymbol{A}\boldsymbol{P}_{c2}&=[\boldsymbol{b} \quad \boldsymbol{A}\boldsymbol{b} \quad \cdots \quad \boldsymbol{A}^{n-1}\boldsymbol{b}]\begin{bmatrix}0&0&\cdots&0&-a_0\\1&0&\cdots&0&-a_1\\0&1&\cdots&0&-a_2\\\vdots&\vdots&\vdots&\vdots&\vdots\\0&0&\cdots&1&-a_{n-1}\end{bmatrix}\\ &=\boldsymbol{P}_{c2}\begin{bmatrix}0&0&\cdots&0&-a_0\\1&0&\cdots&0&-a_1\\0&1&\cdots&0&-a_2\\\vdots&\vdots&\vdots&\vdots&\vdots\\0&0&\cdots&1&-a_{n-1}\end{bmatrix}\end{aligned} \tag{4.199}$$

等号两边同时左乘$\boldsymbol{P}_{c2}^{-1}$，有

$$\bar{A}=P_{c2}^{-1}AP_{c2}=\begin{bmatrix}0 & 0 & \cdots & 0 & -a_0\\ 1 & 0 & \cdots & 0 & -a_1\\ 0 & 1 & \cdots & 0 & -a_2\\ \vdots & \vdots & \vdots & \vdots & \vdots\\ 0 & 0 & \cdots & 1 & -a_{n-1}\end{bmatrix} \tag{4.200}$$

（2）证明$\bar{b}$。

因为

$$\bar{b}=P_{c2}^{-1}b \tag{4.201}$$

故

$$b=P_{c2}\bar{b}=[b \quad Ab \quad \cdots \quad A^{n-1}b]\bar{b} \tag{4.202}$$

显然，欲使上式成立，必有

$$\bar{b}=\begin{bmatrix}1\\0\\0\\\vdots\\0\end{bmatrix} \tag{4.203}$$

（3）证明 $\bar{c}$。

$$\bar{c}=cP_{c2}=[cb \quad cAb \quad \cdots \quad cA^{n-1}b]=[\beta_0 \quad \beta_1 \quad \cdots \quad \beta_{n-1}] \tag{4.204}$$

即

$$\begin{aligned}\beta_0&=cb\\ \beta_1&=cAb\\ &\vdots\\ \beta_{n-1}&=cA^{n-1}b\end{aligned} \tag{4.205}$$

【例 4-29】 试将例 4-28 中的系统空间表达式变换成能控标准Ⅱ型。

解　在例 4-28 中已经求出：$a_2=0$，$a_1=-9$，$a_0=2$，故

$$P_{c2}=[b \quad Ab \quad A^2b]=\begin{bmatrix}2 & 4 & 16\\ 1 & 6 & 8\\ 1 & 2 & 12\end{bmatrix}$$

$$\bar{A}=P_{c2}^{-1}AP_{c2}=\begin{bmatrix}0 & 0 & -2\\ 1 & 0 & 9\\ 0 & 1 & 0\end{bmatrix},\quad \bar{b}=P_{c2}^{-1}b=\begin{bmatrix}1\\0\\0\end{bmatrix}$$

$$\bar{c}=cP_{c2}=[1 \quad 2 \quad 12]$$

系统状态空间表达式的能控标准Ⅱ型为

$$\begin{cases}\dot{\bar{x}}=\begin{bmatrix}0 & 0 & -2\\ 1 & 0 & 9\\ 0 & 1 & 0\end{bmatrix}\bar{x}+\begin{bmatrix}1\\0\\0\end{bmatrix}u\\ y=[1 \quad 2 \quad 12]\bar{x}\end{cases}$$

4.6.2 单输入-单输出系统的能观标准型

同单输入单输出系统的能控标准型类似，若线性定常系统完全能观，其系统的状态空间表达式才能转换成能观标准型。

状态空间表达式的能观标准型也有两种形式，能观标准Ⅰ型和能观标准Ⅱ型，它们分别和能控标准Ⅱ型、能控标准Ⅰ型对偶。

1. 能观标准Ⅰ型

若线性定常单输入单输出系统

$$\begin{cases}\dot{\boldsymbol{x}}=\boldsymbol{A}\boldsymbol{x}+\boldsymbol{b}u\\ y=\boldsymbol{c}\boldsymbol{x}\end{cases}\tag{4.206}$$

是能观的，则存在线性非奇异变换

$$\boldsymbol{x}=\boldsymbol{P}_{o1}\tilde{\boldsymbol{x}}$$

$$\boldsymbol{P}_{o1}^{-1}=\boldsymbol{Q}_o=\begin{bmatrix}\boldsymbol{c}\\ \boldsymbol{c}\boldsymbol{A}\\ \vdots\\ \boldsymbol{c}\boldsymbol{A}^{n-1}\end{bmatrix}\tag{4.207}$$

使其状态空间表达式化成

$$\begin{cases}\dot{\tilde{\boldsymbol{x}}}=\tilde{\boldsymbol{A}}\tilde{\boldsymbol{x}}+\tilde{\boldsymbol{b}}u\\ \boldsymbol{y}=\tilde{\boldsymbol{c}}\tilde{\boldsymbol{x}}\end{cases}\tag{4.208}$$

其中

$$\tilde{\boldsymbol{A}}=\boldsymbol{P}_{o1}^{-1}\boldsymbol{A}\boldsymbol{P}_{o1}=\begin{bmatrix}0 & 1 & \cdots & 0 & 0\\ 0 & 0 & \cdots & 0 & 0\\ \vdots & \vdots & & \vdots & \vdots\\ 0 & 0 & \cdots & 0 & 1\\ -a_0 & -a_1 & \cdots & -a_{n-2} & -a_{n-1}\end{bmatrix}$$

$$\tilde{\boldsymbol{b}}=\boldsymbol{P}_{o1}^{-1}\boldsymbol{b}=\begin{bmatrix}\beta_0\\ \beta_1\\ \vdots\\ \beta_{n-1}\end{bmatrix}$$

$$\tilde{\boldsymbol{c}}=\boldsymbol{c}\boldsymbol{P}_{o1}=[1\quad 0\quad \cdots\quad 0]$$

称形如式(4.208)的状态空间表达式为能观标准Ⅰ型。其中 $a_i(i=0, 1, \cdots, n-1)$为特征多项式

$$|\lambda\boldsymbol{I}-\boldsymbol{A}|=\lambda^n+a_{n-1}\lambda^{n-1}+\cdots+a_1\lambda_1+a_0\tag{4.209}$$

的各项系数。

$\beta_i(i=0, 1, \cdots, n-1)$是$\boldsymbol{P}_{o1}^{-1}\boldsymbol{b}$相乘的结果。

应用对偶原理来说明。

因为式(4.206)所示系统 $\Sigma(\boldsymbol{A}, \boldsymbol{b}, \boldsymbol{c})$能观，则其对偶系统 $\Sigma^*(\boldsymbol{A}^*, \boldsymbol{b}^*, \boldsymbol{c}^*)$能控，即

$$\begin{cases}\boldsymbol{A}^* = \boldsymbol{A}^{\mathrm{T}} \\ \boldsymbol{b}^* = \boldsymbol{c}^{\mathrm{T}} \\ \boldsymbol{c}^* = \boldsymbol{b}^{\mathrm{T}}\end{cases} \tag{4.210}$$

然后写出对偶系统的能控标准Ⅱ型，即 $\Sigma(\boldsymbol{A}, \boldsymbol{b}, \boldsymbol{c})$状态空间表达式的能观标准Ⅰ型。即

$$\begin{cases}\tilde{\boldsymbol{A}} = \boldsymbol{A}^* = \bar{\boldsymbol{A}}^{\mathrm{T}} \\ \tilde{\boldsymbol{b}} = \boldsymbol{b}^* = \bar{\boldsymbol{c}}^{\mathrm{T}} \\ \tilde{\boldsymbol{c}} = \boldsymbol{c}^* = \bar{\boldsymbol{b}}^{\mathrm{T}}\end{cases} \tag{4.211}$$

式中，$\bar{\boldsymbol{A}}^{\mathrm{T}}$，$\bar{\boldsymbol{b}}^{\mathrm{T}}$，$\bar{\boldsymbol{c}}^{\mathrm{T}}$ 为系统 $\Sigma(\boldsymbol{A}, \boldsymbol{b}, \boldsymbol{c})$的能控标准Ⅱ型对应的系数矩阵；$\tilde{\boldsymbol{A}}$，$\tilde{\boldsymbol{b}}$，$\tilde{\boldsymbol{c}}$ 为系统 $\Sigma(\boldsymbol{A}, \boldsymbol{b}, \boldsymbol{c})$的能观标准Ⅰ型对应的系数阵；$\boldsymbol{A}^*$，$\boldsymbol{b}^*$，$\boldsymbol{c}^*$ 为系统 $\Sigma(\boldsymbol{A}, \boldsymbol{b}, \boldsymbol{c})$的对偶系统 $\Sigma^*(\boldsymbol{A}^*, \boldsymbol{b}^*, \boldsymbol{c}^*)$的能控标准Ⅱ型对应的系数阵。

2. 能观标准Ⅱ型

若线性定常单输入单输出系统(4.206)是能观的，则存在线性非奇异变换

$$\boldsymbol{x} = \boldsymbol{P}_{o2}\tilde{\boldsymbol{x}}$$

$$\boldsymbol{P}_{o2}^{-1} = \begin{bmatrix} 1 & a_{n-1} & \cdots & a_2 & a_1 \\ 0 & 1 & \cdots & a_3 & a_2 \\ \vdots & \vdots & \vdots & \vdots & \vdots \\ 0 & 0 & \cdots & 1 & a_{n-1} \\ 0 & 0 & \cdots & 0 & 1 \end{bmatrix} \begin{bmatrix} \boldsymbol{c}\boldsymbol{A}^{n-1} \\ \boldsymbol{c}\boldsymbol{A}^{n-2} \\ \vdots \\ \boldsymbol{c} \end{bmatrix} \tag{4.212}$$

使其状态空间表达式化成

$$\begin{cases}\dot{\tilde{\boldsymbol{x}}} = \tilde{\boldsymbol{A}}\tilde{\boldsymbol{x}} + \tilde{\boldsymbol{b}}u \\ y = \tilde{\boldsymbol{c}}\tilde{\boldsymbol{x}}\end{cases} \tag{4.213}$$

其中

$$\tilde{\boldsymbol{A}} = \boldsymbol{P}_{o2}^{-1}\boldsymbol{A}\boldsymbol{P}_{o2} = \begin{bmatrix} 0 & 0 & \cdots & 0 & -a_0 \\ 1 & 0 & \cdots & 0 & -a_1 \\ 0 & 1 & \cdots & 0 & -a_2 \\ \vdots & \vdots & & \vdots & \vdots \\ 0 & 0 & \cdots & 1 & -a_{n-1} \end{bmatrix}$$

$$\tilde{\boldsymbol{b}} = \boldsymbol{P}_{o2}^{-1}\boldsymbol{b} = \begin{bmatrix} \beta_0 \\ \beta_1 \\ \vdots \\ \beta_{n-1} \end{bmatrix}$$

$$\tilde{\boldsymbol{c}} = \boldsymbol{c}\boldsymbol{P}_{o2} = [0 \quad 0 \quad \cdots \quad 1]$$

称形如式(4.213)的状态空间表达式为能观标准Ⅱ型。其中 $a_i\,(i=0, 1, \cdots, n-1)$为特征多项式

$$|\lambda \boldsymbol{I} - \boldsymbol{A}| = \lambda^n + a_{n-1}\lambda^{n-1} + \cdots + a_1\lambda_1 + a_0 \tag{4.214}$$

的各项系数。

$\beta_i(i=0, 1, \cdots, n-1)$是$\boldsymbol{P}_{o2}^{-1}\boldsymbol{b}$相乘的结果。

其证明过程与能观标准Ⅰ型类似，这里不再重复。

和能控标准Ⅰ型类似，根据能观标准Ⅱ型，也可以得到系统的传递函数，即

$$\boldsymbol{W}(s)=\frac{\beta_{n-1}s^{n-1}+\beta_{n-2}s^{n-2}+\cdots+\beta_1 s+\beta_0}{s^n+a_{n-1}s^{n-1}+a_{n-2}s^{n-2}+\cdots+a_1 s+a_0} \tag{4.215}$$

其中，传递函数分母多项式的各项系数是$\tilde{\boldsymbol{A}}$的最后一列元素的负值，分子多项式的各项系数是$\tilde{\boldsymbol{b}}$阵的元素。

【例 4-30】 将例 4-28 中的状态空间表达式变换成能观标准Ⅰ型、能观标准Ⅱ型。

解 系统的能观性判别矩阵为

$$\boldsymbol{Q}_o=\begin{bmatrix}\boldsymbol{c}\\ \boldsymbol{cA}\\ \boldsymbol{cA}^2\end{bmatrix}=\begin{bmatrix}0 & 0 & 1\\ 0 & 2 & 0\\ 6 & -2 & 2\end{bmatrix}$$

$\text{rank}\,\boldsymbol{Q}_o=3=n$，所以系统能观，可以转换为能观标准型。

根据对偶关系得系统的能控标准Ⅱ型和能观标准Ⅰ型对偶，能控标准Ⅰ型和能观标准Ⅱ型对偶，在例 4-28 和例 4-29 中已经分别求出系统的能控标准Ⅰ型和能控标准Ⅱ型，所以最后可以得到系统的能观标准Ⅰ型为

$$\begin{cases}\dot{\tilde{\boldsymbol{x}}}=\begin{bmatrix}0 & 1 & 0\\ 0 & 0 & 1\\ -2 & 9 & 0\end{bmatrix}\tilde{\boldsymbol{x}}+\begin{bmatrix}1\\ 2\\ 12\end{bmatrix}u\\ y=\begin{bmatrix}1 & 0 & 0\end{bmatrix}\tilde{\boldsymbol{x}}\end{cases}$$

能观标准Ⅱ型为

$$\begin{cases}\dot{\tilde{\boldsymbol{x}}}=\begin{bmatrix}0 & 0 & -2\\ 1 & 0 & 9\\ 0 & 1 & 0\end{bmatrix}\tilde{\boldsymbol{x}}+\begin{bmatrix}3\\ 2\\ 1\end{bmatrix}u\\ y=\begin{bmatrix}0 & 0 & 1\end{bmatrix}\tilde{\boldsymbol{x}}\end{cases}$$

4.6.3 多输入-多输出系统的能控标准型

多输入多输出线性定常系统的能控标准型相比于单输入单输出系统，无论是标准型的形式还是构造方法都要复杂。本节从基本性和实用性出发，讨论应用较多的旺纳姆(Wonham)标准型和龙伯格(Luenberger)标准型。

1. 搜索线性无关列或行的方案

对于多输入多输出系统，无论构造何种标准型，都面临一个共同的问题，就是如何找出能控性判别矩阵中的n个线性无关列或能观性判别矩阵中的n个线性无关行，对此有一个搜索的过程。

设n维多输入多输出线性定常连续系统为

$$\begin{cases}\dot{\boldsymbol{x}}=\boldsymbol{Ax}+\boldsymbol{Bu}\\ \boldsymbol{y}=\boldsymbol{Cx}\end{cases} \tag{4.216}$$

式中：$\boldsymbol{x}\in\mathbf{R}^n$ 为状态向量，$\boldsymbol{u}\in\mathbf{R}^r$ 系统输入向量，$\boldsymbol{y}\in\mathbf{R}^m$ 为系统输出向量；$\boldsymbol{A}\in\mathbf{R}^{n\times n}$ 为状态矩阵，$\boldsymbol{B}\in\mathbf{R}^{n\times r}$ 为控制输入矩阵，$\boldsymbol{C}\in\mathbf{R}^{m\times n}$ 为系统输出矩阵。

其能控性判别矩阵为

$$\boldsymbol{Q}_c=[\boldsymbol{B}\quad \boldsymbol{AB}\quad \boldsymbol{A}^2\boldsymbol{B}\quad \cdots\quad \boldsymbol{A}^{n-1}\boldsymbol{B}] \tag{4.217}$$

其能观性判别矩阵为

$$\boldsymbol{Q}_o=\begin{bmatrix}\boldsymbol{C}\\ \boldsymbol{CA}\\ \vdots\\ \boldsymbol{CA}^{n-1}\end{bmatrix} \tag{4.218}$$

若系统完全能控，则有 rank $\boldsymbol{Q}_c=n$，即$\boldsymbol{Q}_c\in\mathbf{R}^{n\times mr}$ 中有且仅有 n 个线性无关的 n 维列向量；若系统完全能观，则有 rank $\boldsymbol{Q}_o=n$，即$\boldsymbol{Q}_o\in\mathbf{R}^{mn\times n}$ 中有且仅有 n 个线性无关的 n 维行向量。下面，以能控性判别矩阵$\boldsymbol{Q}_c$ 为例说明搜索$\boldsymbol{Q}_c$ 中 n 个线性无关列的思路和步骤，搜索$\boldsymbol{Q}_o$ 中 n 个线性无关行的思路和步骤可按对偶性导出。

为使搜索 $\boldsymbol{Q}_c$ 中 n 个线性无关列向量的过程更为形象和直观，对给定系统(4.216)建立形如图 4－9 和图 4－10 所示的格栅图。格栅图由若干行和若干列组成，格栅上方由左至右依次标为 $\boldsymbol{B}$ 的列$\boldsymbol{b}_1$，$\boldsymbol{b}_2$，$\boldsymbol{b}_3$，…，格栅左方由上至下依次标为 $\boldsymbol{A}$ 的各次幂$\boldsymbol{A}^0$，$\boldsymbol{A}^1$，$\boldsymbol{A}^2$，…，第 j 行和第 i 列所相交的格表示由$\boldsymbol{A}^j$ 和$\boldsymbol{b}_i$ 乘积得到的列向量$\boldsymbol{A}^j\boldsymbol{b}_i$。随对格栅图搜索方向的不同，可区分为“列向搜索”和“行向搜索”两种方案。

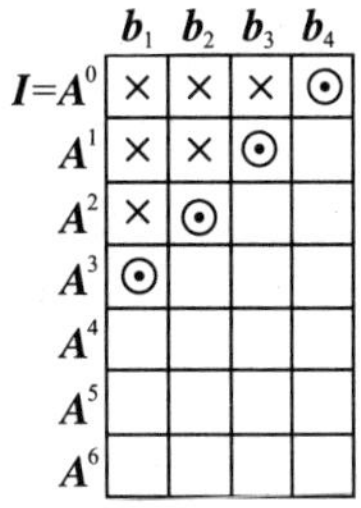

图 4－9　列向搜索方案的格栅图

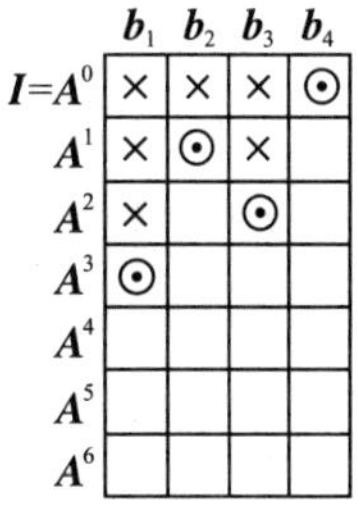

图 4－10　行向搜索方案的格栅图

(1) 搜索 $\boldsymbol{Q}_c$ 中 n 个线性无关列向量的“列向搜索方案”。

列向搜索思路是：从格栅图最左上格，即乘积 $\boldsymbol{A}^0\boldsymbol{b}_1$ 格向下，顺序找出列中所有线性无关列向量。随后，转入到紧右邻列，从乘积 $\boldsymbol{A}^0\boldsymbol{b}_2$ 格向下，顺序找出列中和已找到的所有列向量组线性无关的全部列向量。以此类推，直到找到 n 个线性无关列。

下面给出列向量搜索方案的搜索步骤。

Step1：对格栅图的左列 1，若 $\boldsymbol{b}_1$ 非零，在乘积 $\boldsymbol{A}^0\boldsymbol{b}_1$ 格内划×。转入下一格，若 $\boldsymbol{A}^1\boldsymbol{b}_1$ 和 $\boldsymbol{b}_1$ 线性无关，在其格内划×。再转入下一格，若 $\boldsymbol{A}^2\boldsymbol{b}_1$ 和$\{\boldsymbol{b}_1,\boldsymbol{Ab}_1\}$线性无关，在其格内划×。如此等等，直到首次出现 $\boldsymbol{A}^{\nu_1}\boldsymbol{b}_1$ 和$\{\boldsymbol{b}_1,\boldsymbol{Ab}_1,\cdots,\boldsymbol{A}^{\nu_1-1}\boldsymbol{b}_1\}$线性相关，在其格内划⊙，并停止列 1 的搜索，得到一组线性无关列向量为：$\boldsymbol{b}_1$，$\boldsymbol{Ab}_1$，…，$\boldsymbol{A}^{\nu_1-1}\boldsymbol{b}_1$，长度$=\nu_1$。

Step2：向右转入列 2，若$\boldsymbol{b}_2$ 和$\{\boldsymbol{b}_1,\boldsymbol{Ab}_1,\cdots,\boldsymbol{A}^{\nu_1-1}\boldsymbol{b}_1\}$线性无关，在乘积 $\boldsymbol{A}^0\boldsymbol{b}_2$ 格内划×。转入下一格，若 $\boldsymbol{Ab}_2$ 和$\{\boldsymbol{b}_1,\boldsymbol{Ab}_1,\cdots,\boldsymbol{A}^{\nu_1-1}\boldsymbol{b}_1;\boldsymbol{b}_2\}$线性无关，在其格内划×。如此等等，直到首次出现$\boldsymbol{A}^{\nu_2}\boldsymbol{b}_2$ 和$\{\boldsymbol{b}_1,\boldsymbol{Ab}_1,\cdots,\boldsymbol{A}^{\nu_1-1}\boldsymbol{b}_1;\boldsymbol{b}_2,\boldsymbol{Ab}_2,\cdots,\boldsymbol{A}^{\nu_2-1}\boldsymbol{b}_2\}$线性相关，在其格内划⊙，并停止列 2 的搜索，得到一组线性无关列向量为：$\boldsymbol{b}_2$，$\boldsymbol{Ab}_2$，…，$\boldsymbol{A}^{\nu_2-1}\boldsymbol{b}_2$，长度$=\nu_2$。

……

Step l：向右转入列 l，若 $\boldsymbol{b}_l$ 和$\{\boldsymbol{b}_1, \boldsymbol{A}\boldsymbol{b}_1, \cdots, \boldsymbol{A}^{\nu_1-1}\boldsymbol{b}_1; \cdots; \boldsymbol{b}_{l-1}, \boldsymbol{A}\boldsymbol{b}_{l-1}, \cdots, \boldsymbol{A}^{\nu_{l-1}-1}\boldsymbol{b}_{l-1}\}$线性无关，在乘积 $\boldsymbol{A}^0\boldsymbol{b}_l$ 格内划×。转入下一格，若 $\boldsymbol{A}\boldsymbol{b}_l$ 和$\{\boldsymbol{b}_1, \boldsymbol{A}\boldsymbol{b}_1, \cdots, \boldsymbol{A}^{\nu_1-1}\boldsymbol{b}_1; \cdots; \boldsymbol{b}_{l-1}, \boldsymbol{A}\boldsymbol{b}_{l-1}, \cdots, \boldsymbol{A}^{\nu_{l-1}-1}\boldsymbol{b}_{l-1}; \boldsymbol{b}_l\}$线性无关，在其格内划×。如此等等，直到首次出现$\boldsymbol{A}^{\nu_l}\boldsymbol{b}_l$ 和$\{\boldsymbol{b}_1, \boldsymbol{A}\boldsymbol{b}_1, \cdots, \boldsymbol{A}^{\nu_1-1}\boldsymbol{b}_1; \cdots; \boldsymbol{b}_{l-1}, \boldsymbol{A}\boldsymbol{b}_{l-1}, \cdots, \boldsymbol{A}^{\nu_{l-1}-1}\boldsymbol{b}_{l-1}; \boldsymbol{b}_l, \boldsymbol{A}\boldsymbol{b}_l, \cdots, \boldsymbol{A}^{\nu_l-1}\boldsymbol{b}_l\}$线性相关，在其格内划⊙，并停止列 l 的搜索，得到一组线性无关列向量为：$\boldsymbol{b}_l, \boldsymbol{A}\boldsymbol{b}_l, \cdots, \boldsymbol{A}^{\nu_l-1}\boldsymbol{b}_l$，长度$=\nu_l$。

Step $l+1$：若 $\nu_1+\nu_2+\cdots+\nu_l=n$，停止搜索。并且，上述 l 组列向量即为按列向量搜索方案找到的$\boldsymbol{Q}_c$ 中 n 个线性无关列向量。

对图 4-8 情形，有 $n=6$ 和 $l=3$，搜索结果为：$\nu_1=3$，$\nu_2=2$，$\nu_3=1$。

$\boldsymbol{Q}_c$ 中 6 个线性无关列向量为：$\boldsymbol{b}_1, \boldsymbol{A}\boldsymbol{b}_1, \boldsymbol{A}^2\boldsymbol{b}_1; \boldsymbol{b}_2, \boldsymbol{A}\boldsymbol{b}_2; \boldsymbol{b}_3$。

(2) 搜索$\boldsymbol{Q}_c$ 中 n 个线性无关列向量的"行向搜索方案"。

行向搜索思路是：从格栅图最左上格，即乘积 $\boldsymbol{A}^0\boldsymbol{b}_1$ 格向右，顺序找出行中所有线性无关列向量。随后，转入到紧邻下行，从乘积 $\boldsymbol{A}^1\boldsymbol{b}_1$ 格向右，顺序找出行中和已找到的所有线性无关列向量组为线性无关的全部列向量。以此类推，直到找到 n 个线性无关列向量。

下面给出行向量搜索方案的搜索步骤。

Step1：设 $\text{rank}\boldsymbol{B}=\bar{r}<r$，即 $\boldsymbol{B}$ 中有且仅有 $\bar{r}$ 个线性无关列向量。对格栅图第 1 行，若 $\boldsymbol{b}_1$ 非零，在乘积 $\boldsymbol{A}^0\boldsymbol{b}_1$ 格内划×，由左至右找出 $\bar{r}$ 个线性无关列向量。为不失普遍性，记 $\bar{r}$ 个线性无关列向量为：$\boldsymbol{b}_1, \boldsymbol{b}_2, \cdots, \boldsymbol{b}_{\bar{r}}$，并在对应格内划×。如若不然，可通过交换 $\boldsymbol{B}$ 中列位置来实现这一点。

Step2：转入行 2，从$\boldsymbol{A}^1\boldsymbol{b}_1$ 格到 $\boldsymbol{A}^1\boldsymbol{b}_{\bar{r}}$ 格由左至右进行搜索。对每一格，判断其所属列向量和先前得到的线性无关列向量组是否线性相关，若线性相关则在其格内划⊙，反之在其格内划×。并且，若某个格内已划⊙，则所在列中位于其下方的所有列向量必和先前得到的线性无关列向量组为线性相关，因此对相应列中的搜索无需继续进行。

……

Step u：转入行 u，从$\boldsymbol{A}^u\boldsymbol{b}_1$ 格到$\boldsymbol{A}^u\boldsymbol{b}_{\bar{r}}$ 格由左至右进行搜索。对需要搜索的每一格，判断其所属列向量和先前得到的线性无关列向量组是否线性相关，若线性相关则在其格内划⊙，反之在其格内划×。

Step $u+1$：若至此找 n 个线性无关列向量，则结束搜索。格栅图中划×格对应的列向量组就为按行搜索方案得到的$\boldsymbol{Q}_c$ 中 n 个线性无关列向量。

对于格栅图中的各列划为×格的个数可用 $u_\alpha(\alpha=1, 2, \cdots, \bar{r})$表示，其中 α 表示×格所处在格栅图中的列数位置。

对图 4-9 情形，有 $n=6$ 和 $u=3$，搜索结果为：$u_1=3$，$u_2=1$，$u_3=2$。

$\boldsymbol{Q}_c$ 中 6 个线性无关列向量为：$\boldsymbol{b}_1, \boldsymbol{A}\boldsymbol{b}_1, \boldsymbol{A}^2\boldsymbol{b}_1; \boldsymbol{b}_2; \boldsymbol{b}_3, \boldsymbol{A}\boldsymbol{b}_3$。

2. 旺纳姆能控标准型

设 n 维多输入多输出线性定常连续系统为

$$\begin{cases}\dot{\boldsymbol{x}}=\boldsymbol{A}\boldsymbol{x}+\boldsymbol{B}\boldsymbol{u}\\ \boldsymbol{y}=\boldsymbol{C}\boldsymbol{x}\end{cases} \tag{4.219}$$

式中：$\boldsymbol{A}\in\mathbf{R}^{n\times n}$为状态矩阵；$\boldsymbol{B}\in\mathbf{R}^{n\times r}$为控制输入矩阵；$\boldsymbol{C}\in\mathbf{R}^{m\times n}$为系统输出矩阵。

首先找出系统能控性判别矩阵$\boldsymbol{Q}_c=[\boldsymbol{B}\quad \boldsymbol{A}\boldsymbol{B}\quad \boldsymbol{A}^2\boldsymbol{B}\quad \cdots\quad \boldsymbol{A}^{n-1}\boldsymbol{B}]$中的 n 个线性无关列向量。设输入矩阵 $\boldsymbol{B}$ 可表示为$\boldsymbol{B}=[\boldsymbol{b}_1\quad \boldsymbol{b}_2\quad \cdots\quad \boldsymbol{b}_r]$。采用列向搜索方案，得到 n 个线性

无关列向量为

$$\{\boldsymbol{b}_1, \boldsymbol{A}\boldsymbol{b}_1, \cdots, \boldsymbol{A}^{\nu_1-1}\boldsymbol{b}_1; \boldsymbol{b}_2, \boldsymbol{A}\boldsymbol{b}_2, \cdots, \boldsymbol{A}^{\nu_2-1}\boldsymbol{b}_2; \cdots; \boldsymbol{b}_l, \boldsymbol{A}\boldsymbol{b}_l, \cdots, \boldsymbol{A}^{\nu_l-1}\boldsymbol{b}_l\}$$

其中，$\nu_1+\nu_2+\cdots+\nu_l=n$；$\boldsymbol{A}^{\nu_1}\boldsymbol{b}_1$ 可表示为$\{\boldsymbol{b}_1, \boldsymbol{A}\boldsymbol{b}_1, \cdots, \boldsymbol{A}^{\nu_1-1}\boldsymbol{b}_1\}$的线性组合；$\boldsymbol{A}^{\nu_2}\boldsymbol{b}_2$ 可表示为$\{\boldsymbol{b}_1, \boldsymbol{A}\boldsymbol{b}_1, \cdots, \boldsymbol{A}^{\nu_1-1}\boldsymbol{b}_1; \boldsymbol{b}_2, \boldsymbol{A}\boldsymbol{b}_2, \cdots, \boldsymbol{A}^{\nu_2-1}\boldsymbol{b}_2\}$的线性组合；…；$\boldsymbol{A}^{\nu_l}\boldsymbol{b}_l$ 可表示为$\{\boldsymbol{b}_1, \boldsymbol{A}\boldsymbol{b}_1, \cdots, \boldsymbol{A}^{\nu_1-1}\boldsymbol{b}_1; \cdots; \boldsymbol{b}_{l-1}, \boldsymbol{A}\boldsymbol{b}_{l-1}, \cdots, \boldsymbol{A}^{\nu_{l-1}-1}\boldsymbol{b}_{l-1}; \boldsymbol{b}_l, \boldsymbol{A}\boldsymbol{b}_l, \cdots, \boldsymbol{A}^{\nu_l-1}\boldsymbol{b}_l\}$的线性组合；为了构造变换矩阵，可利用上述所给出的各种线性组合关系，导出其所对应的各组基。

对应第 1 种线性组合，可表示为

$$\boldsymbol{A}_1^{\nu}\boldsymbol{b}_1 = -\sum_{j=0}^{\nu_1-1}\alpha_{1j}\boldsymbol{A}^j\boldsymbol{b}_1 \tag{4.220}$$

基于此，可定义相应的基组为

$$\begin{cases} \boldsymbol{e}_{11} = \boldsymbol{A}^{\nu_1-1}\boldsymbol{b}_1 + \alpha_{1,\nu_1-1}\boldsymbol{A}^{\nu_1-2}\boldsymbol{b}_1 + \cdots + \alpha_{11}\boldsymbol{b}_1 \\ \boldsymbol{e}_{12} = \boldsymbol{A}^{\nu_1-2}\boldsymbol{b}_1 + \alpha_{1,\nu_1-1}\boldsymbol{A}^{\nu_1-3}\boldsymbol{b}_1 + \cdots + \alpha_{12}\boldsymbol{b}_1 \\ \quad\vdots \\ \boldsymbol{e}_{1\nu_1} = \boldsymbol{b}_1 \end{cases} \tag{4.221}$$

对应第 2 种线性组合，可表示为

$$\boldsymbol{A}^{\nu_2}\boldsymbol{b}_2 = -\sum_{j=0}^{\nu_2-1}\alpha_{2j}\boldsymbol{A}^j\boldsymbol{b}_2 + \sum_{i=1}^{1}\sum_{j=1}^{\nu_i}\beta_{2ji}\boldsymbol{e}_{ij} \tag{4.222}$$

其中，已把对$\{\boldsymbol{b}_1, \boldsymbol{A}\boldsymbol{b}_1, \cdots, \boldsymbol{A}^{\nu_1-1}\boldsymbol{b}_1\}$的线性组合关系等价变换为对$\{\boldsymbol{e}_{11}, \boldsymbol{e}_{12}, \cdots, \boldsymbol{e}_{1\nu_1}\}$的线性组合关系。基于此，定义相应的基组为

$$\begin{cases} \boldsymbol{e}_{21} = \boldsymbol{A}^{\nu_2-1}\boldsymbol{b}_2 + \boldsymbol{\alpha}_{2,\nu_2-1}\boldsymbol{A}^{\nu_2-2}\boldsymbol{b}_2 + \cdots + \boldsymbol{\alpha}_{21}\boldsymbol{b}_2 \\ \boldsymbol{e}_{22} = \boldsymbol{A}^{\nu_2-2}\boldsymbol{b}_2 + \alpha_{2,\nu_2-1}\boldsymbol{A}^{\nu_2-3}\boldsymbol{b}_2 + \cdots + \boldsymbol{\alpha}_{22}\boldsymbol{b}_2 \\ \quad\vdots \\ \boldsymbol{e}_{2\nu_2} = \boldsymbol{b}_2 \end{cases} \tag{4.223}$$

对应第 3 种线性组合，可表示为

$$A^{\nu_3}\boldsymbol{b}_3 = -\sum_{j=0}^{\nu_3-1}\alpha_{3j}\boldsymbol{A}^j\boldsymbol{b}_3 + \sum_{i=1}^{2}\sum_{j=1}^{\nu_i}\beta_{3ji}\boldsymbol{e}_{ij} \tag{4.224}$$

其中，已把对$\{\boldsymbol{b}_1, \boldsymbol{A}\boldsymbol{b}_1, \cdots, \boldsymbol{A}^{\nu_1-1}\boldsymbol{b}_1; \boldsymbol{b}_2, \boldsymbol{A}\boldsymbol{b}_2, \cdots, \boldsymbol{A}^{\nu_2-1}\boldsymbol{b}_2\}$的线性组合关系等价变换为对$\{\boldsymbol{e}_{11}, \boldsymbol{e}_{12}, \cdots, \boldsymbol{e}_{1\nu_1}; \boldsymbol{e}_{21}, \boldsymbol{e}_{22}, \cdots, \boldsymbol{e}_{2\nu_2}\}$的线性组合关系。基于此，定义相应的基组为

$$\begin{cases} \boldsymbol{e}_{31} = \boldsymbol{A}^{\nu_3-1}\boldsymbol{b}_3 + \alpha_{3,\nu_3-1}\boldsymbol{A}^{\nu_3-2}\boldsymbol{b}_3 + \cdots + \boldsymbol{\alpha}_{31}\boldsymbol{b}_3 \\ \boldsymbol{e}_{32} = \boldsymbol{A}^{\nu_3-2}\boldsymbol{b}_3 + \alpha_{3,\nu_3-1}\boldsymbol{A}^{\nu_3-3}\boldsymbol{b}_3 + \cdots + \boldsymbol{\alpha}_{32}\boldsymbol{b}_3 \\ \quad\vdots \\ \boldsymbol{e}_{3\nu_3} = \boldsymbol{b}_3 \end{cases} \tag{4.225}$$

$$\vdots$$

对应第 l 种线性组合，可表示为

$$\boldsymbol{A}^{\nu_l}\boldsymbol{b}_l = -\sum_{j=0}^{\nu_l-1}\alpha_{lj}\boldsymbol{A}^j\boldsymbol{b}_l + \sum_{i=1}^{l-1}\sum_{j=1}^{\nu_i}\beta_{lji}\boldsymbol{e}_{ij} \tag{4.226}$$

其中，已把对$\{\boldsymbol{b}_1, \boldsymbol{A}\boldsymbol{b}_1, \cdots, \boldsymbol{A}^{\nu_1-1}\boldsymbol{b}_1; \cdots; \boldsymbol{b}_{l-1}, \boldsymbol{A}\boldsymbol{b}_{l-1}, \cdots, \boldsymbol{A}^{\nu_{l-1}-1}\boldsymbol{b}_{l-1}\}$的线性组合关

系等价变换为对$\{\boldsymbol{e}_{11}, \boldsymbol{e}_{12}, \cdots, \boldsymbol{e}_{1\nu_1}; \cdots; \boldsymbol{e}_{l-1,1}, \boldsymbol{e}_{l-1,2}, \cdots, \boldsymbol{e}_{l-1,\nu_{l-1}}\}$的线性组合关系。基于此，定义相应的基组为

$$\begin{cases} \boldsymbol{e}_{l1} = \boldsymbol{A}^{\nu_l-1}\boldsymbol{b}_l + \alpha_{l,\nu_l-1}\boldsymbol{A}^{\nu_l-2}\boldsymbol{b}_l + \cdots + \alpha_{l1}\boldsymbol{b}_l \\ \boldsymbol{e}_{l2} = \boldsymbol{A}^{\nu_l-2}\boldsymbol{b}_l + \alpha_{l,\nu_l-1}\boldsymbol{A}^{\nu_l-3}\boldsymbol{b}_l + \cdots + \alpha_{l2}\boldsymbol{b}_l \\ \quad \vdots \\ \boldsymbol{e}_{l\nu_l} = \boldsymbol{b}_l \end{cases} \tag{4.227}$$

在所导出的各个基组的基础上，组成的非奇异变换矩阵为

$$\boldsymbol{P} = [\boldsymbol{e}_{11}, \boldsymbol{e}_{12}, \cdots, \boldsymbol{e}_{1\nu_1}; \cdots; \boldsymbol{e}_{l,1}, \boldsymbol{e}_{l,2}, \cdots, \boldsymbol{e}_{l,\nu_l}] \tag{4.228}$$

对于式(4.228)定义的非奇异变换矩阵$\boldsymbol{P}$，可以得到系统的旺纳姆能控标准型。

结论 4.12 对完全能控的多输入多输出线性定常连续系统(4.219)，引入线性非奇异变换$\bar{\boldsymbol{x}} = \boldsymbol{P}^{-1}\boldsymbol{x}$，可导出系统的旺纳姆能控标准型，使其状态空间表达式化成

$$\begin{cases} \dot{\bar{\boldsymbol{x}}} = \bar{\boldsymbol{A}}\bar{\boldsymbol{x}} + \bar{\boldsymbol{B}}\boldsymbol{u} \\ \boldsymbol{y} = \bar{\boldsymbol{C}}\bar{\boldsymbol{x}} \end{cases} \tag{4.229}$$

其中

$$\underset{n\times n}{\bar{\boldsymbol{A}}} = \boldsymbol{P}^{-1}\boldsymbol{A}\boldsymbol{P} = \begin{bmatrix} \bar{\boldsymbol{A}}_{11} & \bar{\boldsymbol{A}}_{12} & \cdots & \bar{\boldsymbol{A}}_{l1} \\ & \bar{\boldsymbol{A}}_{22} & \cdots & \bar{\boldsymbol{A}}_{l2} \\ & & \ddots & \\ & & & \bar{\boldsymbol{A}}_{ll} \end{bmatrix}$$

$$\underset{\nu_i\times\nu_i}{\bar{\boldsymbol{A}}_{ii}} = \begin{bmatrix} 0 & 1 & \cdots & \\ \vdots & & \ddots & \\ 0 & & & 1 \\ -\alpha_{i0} & -\alpha_{i1} & \cdots & -\alpha_{i,\nu_i-1} \end{bmatrix},\ i=1, 2, \cdots, l \tag{4.230}$$

$$\underset{\nu_i\times\nu_j}{\bar{\boldsymbol{A}}_{ij}} = \begin{bmatrix} \beta_{j1i} & 0 & \cdots & 0 \\ \vdots & \vdots & & \vdots \\ \beta_{j\nu_i i} & 0 & \cdots & 0 \end{bmatrix},\ j=i+1, \cdots, l$$

$$\underset{n\times r}{\bar{\boldsymbol{B}}} = \boldsymbol{P}^{-1}\boldsymbol{B} = \left[\begin{array}{ccc|ccc} 0 & & & * & \cdots & * \\ \vdots & & & & & \\ 0 & & & & & \\ 1 & & & \vdots & & \vdots \\ \hline & \ddots & & \vdots & & \vdots \\ \hline & & 0 & & & \\ & & \vdots & & & \\ & & 0 & & & \\ & & 1 & * & \cdots & * \end{array}\right] \begin{matrix} \left.\right\}\upsilon_1 \\ \\ \left.\right\}\upsilon_l \end{matrix}$$
$$\qquad\qquad\underbrace{\qquad\qquad}_{l}\quad\underbrace{\qquad\qquad}_{r-l} \tag{4.231}$$

$$\underset{m\times n}{\bar{\boldsymbol{C}}} = \boldsymbol{C}\boldsymbol{P} \tag{4.232}$$

式(4.231)中，用“ * ”表示的元为可能的非零元。

【例 4 - 31】 已知状态完全能控的线性定常系统为

$$\dot{\boldsymbol{x}}=\begin{bmatrix}-1 & -4 & -2\\ 0 & 6 & -1\\ 1 & 7 & -1\end{bmatrix}\boldsymbol{x}+\begin{bmatrix}2 & 0\\ 0 & 0\\ 1 & 1\end{bmatrix}\boldsymbol{u}$$

求其旺纳姆能控标准型。

解　首先按列向搜索方案找出能控性判别矩阵为

$$\boldsymbol{Q}_c=[\boldsymbol{B}\quad \boldsymbol{AB}\quad \boldsymbol{A}^2\boldsymbol{B}]=\begin{bmatrix}2 & 0 & -4 & -2 & 6 & 8\\ 0 & 0 & -1 & -1 & -7 & -5\\ 1 & 1 & 1 & -1 & -12 & -8\end{bmatrix}$$

其 3 个线性无关列向量为

$$\boldsymbol{b}_1=\begin{bmatrix}2\\ 0\\ 1\end{bmatrix},\ \boldsymbol{A}\boldsymbol{b}_1=\begin{bmatrix}-4\\ -1\\ 1\end{bmatrix},\ \boldsymbol{A}^2\boldsymbol{b}_1=\begin{bmatrix}6\\ -7\\ -12\end{bmatrix}$$

进而，由线性组合表示，即

$$\begin{bmatrix}46\\ -30\\ -31\end{bmatrix}=\boldsymbol{A}^3\boldsymbol{b}_1=-(\alpha_{12}\boldsymbol{A}^2\boldsymbol{b}_1+\alpha_{11}\boldsymbol{A}\boldsymbol{b}_1+\alpha_{10}\boldsymbol{b}_1)=-\alpha_{12}\begin{bmatrix}6\\ -7\\ -12\end{bmatrix}-\alpha_{11}\begin{bmatrix}-4\\ -1\\ 1\end{bmatrix}-\alpha_{10}\begin{bmatrix}2\\ 0\\ 1\end{bmatrix}$$

可导出

$$\begin{bmatrix}6 & -4 & 2\\ -7 & -1 & 0\\ -12 & 1 & 1\end{bmatrix}\begin{bmatrix}\alpha_{12}\\ \alpha_{11}\\ \alpha_{10}\end{bmatrix}=-\begin{bmatrix}46\\ -30\\ -31\end{bmatrix}$$

求解上述向量方程，得到

$$\begin{bmatrix}\alpha_{12}\\ \alpha_{11}\\ \alpha_{10}\end{bmatrix}=-\begin{bmatrix}6 & -4 & 2\\ -7 & -1 & 0\\ -12 & 1 & 1\end{bmatrix}^{-1}\begin{bmatrix}46\\ -30\\ -31\end{bmatrix}=\begin{bmatrix}-4\\ -2\\ -15\end{bmatrix}$$

由此，可以导出

$$\boldsymbol{e}_{11}=\boldsymbol{A}^2\boldsymbol{b}_1+\alpha_{12}\boldsymbol{A}\boldsymbol{b}_1+\alpha_{11}\boldsymbol{b}_1=\begin{bmatrix}18\\ -3\\ -18\end{bmatrix},\ \boldsymbol{e}_{12}=\boldsymbol{A}\boldsymbol{b}_1+\alpha_{12}\boldsymbol{b}_1=\begin{bmatrix}-12\\ -1\\ -3\end{bmatrix},\ \boldsymbol{e}_{13}=\boldsymbol{b}_1=\begin{bmatrix}2\\ 0\\ 1\end{bmatrix}$$

于是，非奇异变换矩阵为

$$\boldsymbol{P}=[\boldsymbol{e}_{11}\quad \boldsymbol{e}_{12}\quad \boldsymbol{e}_{13}]=\begin{bmatrix}18 & -12 & 2\\ -3 & -1 & 0\\ -18 & -3 & 1\end{bmatrix},\ \boldsymbol{P}^{-1}=-\frac{1}{72}\begin{bmatrix}-1 & 6 & 2\\ 3 & 54 & -6\\ -9 & 270 & -54\end{bmatrix}$$

线性变换即可求得

$$\bar{A}=P^{-1}AP=\begin{bmatrix}0 & 1 & 0\\ 0 & 0 & 1\\ 15 & 2 & 4\end{bmatrix},\ \bar{B}=P^{-1}B=\begin{bmatrix}0 & -\frac{1}{36}\\ 0 & \frac{1}{12}\\ 1 & \frac{3}{4}\end{bmatrix}$$

由此可得到系统状态方程的旺纳姆能控标准型为

$$\dot{\bar{x}}=\begin{bmatrix}0 & 1 & 0\\ 0 & 0 & 1\\ 15 & 2 & 4\end{bmatrix}\bar{x}+\begin{bmatrix}0 & -\frac{1}{36}\\ 0 & \frac{1}{12}\\ 1 & \frac{3}{4}\end{bmatrix}u$$

3. 龙伯格能控标准型

龙伯格能控标准型在系统极点配置综合问题中有着广泛的应用。设 n 维多输入多输出线性定常连续系统为

$$\begin{cases}\dot{x}=Ax+Bu\\ y=Cx\end{cases}\tag{4.233}$$

式中：$A\in \mathbf{R}^{n\times n}$ 为状态矩阵；$B\in \mathbf{R}^{n\times r}$ 为控制输入矩阵；$C\in \mathbf{R}^{m\times n}$ 为系统输出矩阵。

首先找出系统能控性判别矩阵 $Q_c=[B\quad AB\quad A^2B\quad \cdots\quad A^{n-1}B]$ 中的 n 个线性无关列向量。设输入矩阵 B 可表示为 $B=[b_1\quad b_2\quad \cdots\quad b_r]$，且 $\text{rank}B=\bar{r}$。采用行向搜索方案，得到 n 个线性无关列向量，并组成非奇异矩阵，为

$$S^{-1}=[b_1,\ Ab_1,\ \cdots,\ A^{u_1-1}b_1;\ b_2,\ Ab_2,\ \cdots,\ A^{u_2-1}b_2;\ \cdots;\ b_{\bar{r}},\ Ab_{\bar{r}},\ \cdots,\ A^{u_{\bar{r}}-1}b_{\bar{r}}]\tag{4.234}$$

其中，$u_1+u_2+\cdots+u_{\bar{r}}=n$。

为了构造变换矩阵，对式(4.234)定义的矩阵 S^{-1} 进行求逆，并将其表示为分块矩阵，即

$$S=(S^{-1})^{-1}=\begin{bmatrix}e_{11}^{\mathrm{T}}\\ \vdots\\ e_{1u_1}^{\mathrm{T}}\\ \vdots\\ e_{\bar{r}1}^{\mathrm{T}}\\ \vdots\\ e_{\bar{r}u_{\bar{r}}}^{\mathrm{T}}\end{bmatrix}\tag{4.235}$$

其中，块矩阵的行数为 $u_i(i=1,\ 2,\ \cdots,\ \bar{r})$。进而，取矩阵 S 的每个块矩阵的末行 $e_{1u_1}^{\mathrm{T}}$，$e_{2u_2}^{\mathrm{T}}$，$\cdots$，$e_{\bar{r}u_{\bar{r}}}^{\mathrm{T}}$ 来构成变换矩阵 P^{-1}，有

$$P^{-1}=\begin{bmatrix} e_{1u_1}^{\mathrm{T}} \\ e_{1u_1}^{\mathrm{T}}A \\ \vdots \\ e_{1u_1}^{\mathrm{T}}A^{u_1-1} \\ \vdots \\ e_{\bar{r}u_{\bar{r}}}^{\mathrm{T}} \\ e_{\bar{r}u_{\bar{r}}}^{\mathrm{T}}A \\ \vdots \\ e_{\bar{r}u_{\bar{r}}}^{\mathrm{T}}A^{u_{\bar{r}}-1} \end{bmatrix} \tag{4.236}$$

对于式(4.236)定义的非奇异变换矩阵P^{-1}，可以得到系统的龙伯格能控标准型。

结论 4.13　对完全能控的多输入多输出线性定常连续系统(4.233)，引入线性非奇异变换$\bar{x}=P^{-1}x$，可导出系统的旺纳姆能控标准型：使其状态空间表达式化成

$$\begin{cases}\dot{\bar{x}}=\bar{A}\bar{x}+\bar{B}u \\ y=\bar{C}\bar{x}\end{cases} \tag{4.237}$$

其中

$$\underset{n\times n}{\bar{A}}=P^{-1}AP=\begin{bmatrix} \bar{A}_{11} & \cdots & \bar{A}_{1\bar{r}} \\ \vdots & & \vdots \\ \bar{A}_{\bar{r}1} & & \bar{A}_{\bar{r}\bar{r}} \end{bmatrix}$$

$$\underset{u_i\times u_i}{\bar{A}_{ii}}=\begin{bmatrix} 0 & 1 & \cdots & \\ \vdots & & \ddots & \\ 0 & & & 1 \\ * & * & \cdots & * \end{bmatrix},\ i=1,\ 2,\ \cdots,\ \bar{r} \tag{4.238}$$

$$\underset{u_i\times u_j}{\bar{A}_{ij}}=\begin{bmatrix} 0 & \cdots & 0 \\ \vdots & & \vdots \\ 0 & \cdots & 0 \\ * & \cdots & * \end{bmatrix},\ j\neq i$$

$$\underset{n\times r}{\bar{B}}=P^{-1}B=\begin{bmatrix} 0 & & & * & \cdots & * \\ \vdots & & & & & \\ 0 & & & & & \\ 1 & * & & \vdots & & \vdots \\ & \ddots & & \vdots & & \vdots \\ & & 0 & & & \\ & & \vdots & & & \\ & & 0 & & & \\ & & 1 & * & \cdots & * \end{bmatrix} \tag{4.239}$$

$$\underset{m\times n}{\bar{C}}=CP \tag{4.240}$$

式中，用“ * ”表示的元为可能的非零元。

【例 4-32】 已知状态完全能控的线性定常系统为

$$\dot{\boldsymbol{x}}=\begin{bmatrix}-1 & -4 & -2\\ 0 & 6 & -1\\ 1 & 7 & -1\end{bmatrix}\boldsymbol{x}+\begin{bmatrix}2 & 0\\ 0 & 0\\ 1 & 1\end{bmatrix}\boldsymbol{u}$$

求其龙伯格能控标准型。

解 首先按行向搜索方案找出能控性判别矩阵，即

$$\boldsymbol{Q}_c=[\boldsymbol{B}\quad \boldsymbol{AB}\quad \boldsymbol{A}^2\boldsymbol{B}]=\begin{bmatrix}2 & 0 & -4 & -2 & 6 & 8\\ 0 & 0 & -1 & -1 & -7 & -5\\ 1 & 1 & 1 & -1 & -12 & -8\end{bmatrix}$$

的 3 个线性无关列向量为

$$\boldsymbol{b}_1=\begin{bmatrix}2\\ 0\\ 1\end{bmatrix},\quad \boldsymbol{b}_2=\begin{bmatrix}0\\ 0\\ 1\end{bmatrix},\quad \boldsymbol{Ab}_1=\begin{bmatrix}-4\\ -1\\ 1\end{bmatrix}$$

其次，组成预备性变换矩阵 $\boldsymbol{S}^{-1}$，并求出其逆矩阵 $\boldsymbol{S}$，即

$$\boldsymbol{S}^{-1}=[\boldsymbol{b}_1\quad \boldsymbol{Ab}_1\quad \boldsymbol{b}_2]=\begin{bmatrix}2 & -4 & 0\\ 0 & -1 & 0\\ 1 & 1 & 1\end{bmatrix},\quad \boldsymbol{S}=\begin{bmatrix}0.5 & -2 & 0\\ 0 & -1 & 0\\ -0.5 & 3 & 1\end{bmatrix}$$

将矩阵 $\boldsymbol{S}$ 分为两个块阵，第 1 个块阵的行数为 2，第 2 个块阵的行数为 1。进而，取出矩阵 $\boldsymbol{S}$ 中的第 2 行$\boldsymbol{e}_{12}^{\mathrm{T}}$和第 3 行$\boldsymbol{e}_{21}^{\mathrm{T}}$，组成变换矩阵$\boldsymbol{P}^{-1}$并求出其逆矩阵 $\boldsymbol{P}$，即

$$\boldsymbol{P}^{-1}=\begin{bmatrix}\boldsymbol{e}_{12}^{\mathrm{T}}\\ \boldsymbol{e}_{12}^{\mathrm{T}}\boldsymbol{A}\\ \boldsymbol{e}_{21}^{\mathrm{T}}\end{bmatrix}=\begin{bmatrix}0 & -1 & 0\\ 0 & -6 & 1\\ -0.5 & 3 & 1\end{bmatrix},\quad \boldsymbol{P}=\begin{bmatrix}-18 & 2 & -2\\ -1 & 0 & 0\\ -6 & 1 & 0\end{bmatrix}$$

从而，利用结论 4.13 给出的变换关系式，即可求得

$$\bar{\boldsymbol{A}}=\boldsymbol{P}^{-1}\boldsymbol{AP}=\begin{bmatrix}0 & 1 & 0\\ -19 & 7 & -2\\ -36 & 0 & -3\end{bmatrix},\quad \bar{\boldsymbol{B}}=\boldsymbol{P}^{-1}\boldsymbol{B}=\begin{bmatrix}0 & 0\\ 1 & 1\\ 0 & 1\end{bmatrix}$$

由此可得到系统状态方程的旺纳姆能控标准型为

$$\dot{\bar{\boldsymbol{x}}}=\begin{bmatrix}0 & 1 & 0\\ -19 & 7 & -2\\ -36 & 0 & -3\end{bmatrix}\bar{\boldsymbol{x}}+\begin{bmatrix}0 & 0\\ 1 & 1\\ 0 & 1\end{bmatrix}\boldsymbol{u}$$

4.6.4 多输入-多输出系统的能观标准型

鉴于能控性和能观性之间的对偶关系，利用对偶原理，可由多输入多输出能控标准型直接导出多输入多输出能观标准型。

1. 旺纳姆能观标准型

结论 4.14 对完全能观的多输入多输出线性定常连续系统(4.219)，利用对偶原理，可导出系统的旺纳姆能观标准型，使其状态空间表达式化成

$$\begin{cases}\dot{\tilde{\boldsymbol{x}}}=\tilde{\boldsymbol{A}}\tilde{\boldsymbol{x}}+\tilde{\boldsymbol{B}}\boldsymbol{u}\\ \boldsymbol{y}=\tilde{\boldsymbol{C}}\tilde{\boldsymbol{x}}\end{cases} \tag{4.241}$$

其中

$$\tilde{\boldsymbol{A}}=\begin{bmatrix}\tilde{\boldsymbol{A}}_{11} & & & \\ \tilde{\boldsymbol{A}}_{21} & \tilde{\boldsymbol{A}}_{22} & & \\ \vdots & \vdots & \ddots & \\ \tilde{\boldsymbol{A}}_{l1} & \tilde{\boldsymbol{A}}_{l2} & \cdots & \tilde{\boldsymbol{A}}_{ll}\end{bmatrix}$$

$$\tilde{\boldsymbol{A}}_{ii}=\begin{bmatrix}0 & \cdots & 0 & -\beta_{i0}\\ 1 & & & -\beta_{i1}\\ & \ddots & & \vdots\\ & & 1 & -\beta_{i,\zeta_i-1}\end{bmatrix},\quad i=1, 2, \cdots, l \tag{4.242}$$

$$\tilde{\boldsymbol{A}}_{ij}=\begin{bmatrix}\rho_{i1j} & \cdots & \rho_{i\zeta_ij}\\ 0 & \cdots & 0\\ \vdots & & \vdots\\ 0 & \cdots & 0\end{bmatrix},\quad j=1, 2, \cdots, i-1$$

$$\tilde{\boldsymbol{C}}=\begin{bmatrix}0 & \cdots & 0 & 1 & & & & & \\ & & & & \ddots & & & & \\ & & & & & 0 & \cdots & 0 & 1\\ * & & & \cdots & & \cdots & & & *\\ \vdots & & & & & & & & \vdots\\ * & & & \cdots & & \cdots & & & *\end{bmatrix} \tag{4.243}$$

$\tilde{\boldsymbol{B}}$ 无特殊形式。式中，用“ * ”表示的元为可能的非零元。

2. 龙伯格能观标准型

结论 4.15 对完全能观的多输入多输出线性定常连续系统(4.233)，其中 $\mathrm{rank}\boldsymbol{C}=\bar{m}$，利用对偶原理，可导出系统的龙伯格能观标准型，使其状态空间表达式化成

$$\begin{cases}\dot{\tilde{\boldsymbol{x}}}=\tilde{\boldsymbol{A}}\tilde{\boldsymbol{x}}+\tilde{\boldsymbol{B}}\boldsymbol{u}\\ \boldsymbol{y}=\tilde{\boldsymbol{C}}\tilde{\boldsymbol{x}}\end{cases} \tag{4.244}$$

其中：

$$\tilde{\boldsymbol{A}}=\begin{bmatrix}\tilde{\boldsymbol{A}}_{11} & \cdots & \tilde{\boldsymbol{A}}_{1\bar{m}}\\ \vdots & & \vdots\\ \tilde{\boldsymbol{A}}_{\bar{m}1} & & \tilde{\boldsymbol{A}}_{\bar{m}\bar{m}}\end{bmatrix} \tag{4.245a}$$

$$\tilde{\boldsymbol{A}}_{ii}=\begin{bmatrix}0 & \cdots & 0 & *\\ 1 & & & *\\ & \ddots & & \vdots\\ & & 1 & *\end{bmatrix},\ i=1, 2, \cdots, \bar{m} \tag{4.245b}$$

$$\widetilde{A}_{ij}=\begin{bmatrix}0 & \cdots & 0 & * \\ \vdots & & \vdots & \vdots \\ 0 & \cdots & 0 & *\end{bmatrix},\ i\neq j \tag{4.245c}$$

$$\widetilde{C}=\begin{bmatrix}0 & \cdots & 0 & 1 & & & & \\ & & & & \ddots & & & \\ & & & & & 0 & \cdots & 0 & 1 \\ * & & \cdots & & & \cdots & & & * \\ \vdots & & & & & & & & \vdots \\ * & & \cdots & & & \cdots & & & *\end{bmatrix} \tag{4.246}$$

$\widetilde{B}$ 无特殊形式。式中，用“$*$”表示的元为可能的非零元。

4.7 线性系统的结构分解

如果一个系统是不完全能控的，则其状态空间中所有的能控状态构成一个能控子空间，其余不能控部分构成一个不能控子空间；相似的，如果一个系统是不完全能观的，则其状态空间中所有的能观状态构成一个能观子空间，其余部分构成一个不能观子空间。但是，在一般形式下，这个子空间不能明显地分解出来。由于线性非奇异变换不改变系统的能控、能观性，因此，可以通过线性非奇异变换来达到这个目的。

将线性系统的状态空间按能控性、能观性进行结构分解是状态空间分析的一个重要内容，为后面将要学习的最小实现问题、状态反馈和系统镇定等提供了理论依据。

4.7.1 按约旦标准型分解

在学习线性系统能控、能观性判据时已经知道，可以通过将状态空间经过线性非奇异变换化为约旦标准型，进而判断其系统的能控、能观性。同理，也可以根据约旦标准型来确定系统不能控、不能观的部分。

【例 4－33】 试判断以下线性定常系统是否能控、能观，若不完全能控、能观，试分别找出不能控、不能观的状态。

$$\begin{cases}\dot{x}=\begin{bmatrix}0 & 1 & 0 \\ 0 & 0 & 1 \\ -6 & -11 & -6\end{bmatrix}x+\begin{bmatrix}0 \\ 1 \\ -3\end{bmatrix}u \\ y=\begin{bmatrix}4 & 5 & 1\end{bmatrix}x\end{cases}$$

解 求解状态矩阵 A 的特征值，有

$$|\lambda I-A|=0\ \Rightarrow\ \lambda_1=-1,\ \lambda_2=-2,\ \lambda_3=-3$$

即

$$\Lambda=P^{-1}AP=\begin{bmatrix}-1 & & \\ & -2 & \\ & & -3\end{bmatrix}$$

因为 A 为友矩阵，其变换矩阵为范德蒙矩阵，故

$$P=\begin{bmatrix}1&1&1\\-1&-2&-3\\1&4&9\end{bmatrix},\quad P^{-1}=\frac{1}{2}\begin{bmatrix}6&5&1\\-6&-8&-2\\2&3&1\end{bmatrix}$$

故

$$P^{-1}B=\begin{bmatrix}1\\-1\\0\end{bmatrix},\quad CP=[0\ \ -2\ \ -2]$$

经线性非奇异变换后的状态空间表达式为约旦标准型，即

$$\begin{cases}\begin{bmatrix}\dot{z}_1\\\dot{z}_2\\\dot{z}_3\end{bmatrix}=\begin{bmatrix}-1&&\\&-2&\\&&-3\end{bmatrix}\begin{bmatrix}z_1\\z_2\\z_3\end{bmatrix}+\begin{bmatrix}1\\-1\\0\end{bmatrix}u\\ y=[0\ \ -2\ \ -2]\begin{bmatrix}\dot{z}_1\\\dot{z}_2\\\dot{z}_3\end{bmatrix}\end{cases}$$

从上列状态空间可以看出，状态变量 z_1、z_2 能控，z_3 不能控；状态变量 z_2、z_3 能观，z_1 不能观。

综上，原系统按约旦标准型结构分解的结果为：能控且能观的状态变量为 z_2，能控不能观的状态变量为 z_1，不能控能观的状态变量为 z_3。系统没有既不能控也不能观的状态变量。

4.7.2　按能控性分解

设状态不完全能控的线性定常系统为

$$\begin{cases}\dot{x}=Ax+Bu\\ y=Cx\end{cases}\tag{4.247}$$

式中：$x\in\mathbf{R}^n$ 为系统状态向量；$u\in\mathbf{R}^r$ 为系统输入向量；$y\in\mathbf{R}^m$ 系统输出向量；$A\in\mathbf{R}^{n\times n}$ 为状态矩阵；$B\in\mathbf{R}^{n\times r}$ 为控制输入矩阵；$C\in\mathbf{R}^{m\times n}$ 为系统输出矩阵。

其能控判别矩阵 Q_c 的秩为

$$\operatorname{rank} Q_c=\operatorname{rank}[B\quad AB\quad A^2B\quad\cdots\quad A^{n-1}B]=n_1<n$$

则系统存在非奇异变换为

$$x=P_c\hat{x}$$

将空间状态表达式变换为

$$\begin{cases}\dot{\hat{x}}=\hat{A}\hat{x}+\hat{B}u\\ y=\hat{C}\hat{x}\end{cases}\tag{4.248}$$

式中

$$\hat{x}=\begin{bmatrix}\hat{x}_c\\ \hat{x}_{\bar{c}}\end{bmatrix}\begin{matrix}\}n_1\\ \}n-n_1\end{matrix}$$

$$\hat{A}=P_c^{-1}AP_c=\begin{bmatrix}\hat{A}_{11}&\hat{A}_{12}\\ \underbrace{\mathbf{0}}_{n_1}&\underbrace{\hat{A}_{22}}_{n-n_1}\end{bmatrix}\begin{matrix}\}n_1\\ \}n-n_1\end{matrix}$$

$$\hat{\boldsymbol{B}}=\boldsymbol{P}_{c}^{-1}\boldsymbol{B}=\begin{bmatrix}\hat{\boldsymbol{B}}_{1}\\ \cdots\\ \boldsymbol{0}\end{bmatrix}\begin{matrix}\}n_1\\ \\ \}n-n_1\end{matrix}$$

$$\hat{\boldsymbol{C}}=\boldsymbol{C}\boldsymbol{P}_{c}=[\underbrace{\hat{\boldsymbol{C}}_{1}}_{n_1}\quad\underbrace{\hat{\boldsymbol{C}}_{2}}_{n-n_1}]$$

其中：$\hat{\boldsymbol{x}}_{c}\in\boldsymbol{R}^{n_1}$为$n_1$维能控状态子向量空间，$\hat{\boldsymbol{x}}_{\bar{c}}\in\mathbf{R}^{n-n_1}$为$n-n_1$维不能控状态子向量空间；$\hat{\boldsymbol{A}}_{11}\in\mathbf{R}^{n_1\times n_1}$、$\hat{\boldsymbol{A}}_{12}\in\mathbf{R}^{n_1\times(n-n_1)}$、$\hat{\boldsymbol{A}}_{22}\in\mathbf{R}^{(n-n_1)\times(n-n_1)}$分别为$n_1\times n_1$、$n_1\times(n-n_1)$、$(n-n_1)\times(n-n_1)$维子矩阵；$\hat{\boldsymbol{B}}_{1}\in\mathbf{R}^{n_1\times r}$为$n_1\times r$维子矩阵；$\hat{\boldsymbol{C}}_{1}\in\mathbf{R}^{m\times n_1}$、$\hat{\boldsymbol{C}}_{2}\in\mathbf{R}^{m\times(n-n_1)}$为$m\times n_1$、$m\times(n-n_1)$维子矩阵。

可以看出系统的状态空间被分成能控和不能控两部分，其中能控的n_1维子系统状态空间表达式为

$$\begin{cases}\dot{\hat{\boldsymbol{x}}}_{c}=\hat{\boldsymbol{A}}_{11}\hat{\boldsymbol{x}}_{c}+\hat{\boldsymbol{A}}_{12}\hat{\boldsymbol{x}}_{\bar{c}}+\hat{\boldsymbol{B}}_{1}\boldsymbol{u}\\ \boldsymbol{y}_{1}=\hat{\boldsymbol{C}}_{1}\hat{\boldsymbol{x}}_{c}\end{cases}\tag{4.249}$$

不能控的$n-n_1$维子系统状态空间表达式为

$$\begin{cases}\dot{\hat{\boldsymbol{x}}}_{\bar{c}}=\hat{\boldsymbol{A}}_{22}\hat{\boldsymbol{x}}_{\bar{c}}\\ \boldsymbol{y}_{2}=\hat{\boldsymbol{C}}_{2}\hat{\boldsymbol{x}}_{\bar{c}}\end{cases}\tag{4.250}$$

系统按上述能控性分解的结构图如图4-11所示。由图可知，不能控子系统到能控子系统存在信息传递；但由能控子系统到不能控子系统没有信息传递，控制$\boldsymbol{u}$只能通过能控子系统传递到输出，不能控子系统与控制$\boldsymbol{u}$毫无联系。

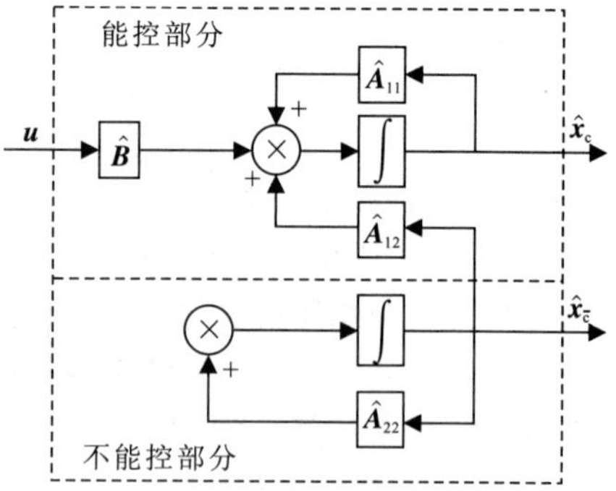

图4-11　系统按能控性分解的结构图

下面讨论非奇异变换矩阵的设计方法。

设非奇异变换矩阵为

$$\boldsymbol{P}_{c}=[\boldsymbol{p}_{1}\quad\boldsymbol{p}_{2}\quad\cdots\quad\boldsymbol{p}_{n_1}\quad\cdots\quad\boldsymbol{p}_{n}]\tag{4.251}$$

其中，前n_1个列矢量$\boldsymbol{p}_{1}$，$\boldsymbol{p}_{2}$，…，$\boldsymbol{p}_{n_1}$是能控矩阵$\boldsymbol{Q}_{c}$中n_1个线性无关的列；$\boldsymbol{p}_{n_1+1}$，…，$\boldsymbol{p}_{n}$是确保变换矩阵$\boldsymbol{P}_{c}$非奇异性的任意列矢量。

注意：选取非奇异变换矩阵$\boldsymbol{P}_{c}$的列向量$\boldsymbol{p}_{1}$，$\boldsymbol{p}_{2}$，…，$\boldsymbol{p}_{n_1}$以及$\boldsymbol{p}_{n_1+1}$，…，$\boldsymbol{p}_{n}$的方法并不唯一，因此系统的能控性分解也不唯一。对于不同的能控性分解，虽然状态空间表达式不同，但能控因子和不能控因子是相同的。

【例4-34】　若系统状态空间表达式为

$$\begin{cases}\dot{\boldsymbol{x}}=\begin{bmatrix}0&0&-1\\1&0&-3\\0&1&-3\end{bmatrix}\boldsymbol{x}+\begin{bmatrix}1\\1\\0\end{bmatrix}u\\ y=[0\quad 1\quad -2]\boldsymbol{x}\end{cases}$$

试判断系统是否能控，若不能控将系统按能控性分解。

解　(1) 判断系统是否能控。

系统能控性判别矩阵秩为

$$\text{rank}\,\boldsymbol{Q}_c=\text{rank}[\boldsymbol{B}\quad \boldsymbol{AB}\quad \boldsymbol{A}^2\boldsymbol{B}]=\text{rank}\begin{bmatrix}1 & 0 & -1\\1 & 1 & -3\\0 & 1 & -2\end{bmatrix}=2<3=n$$

故系统不能控。

(2) 按能控性分解。

构造非奇异变换矩阵$\boldsymbol{P}_c$，取

$$\boldsymbol{p}_1=\begin{bmatrix}1\\1\\0\end{bmatrix},\quad \boldsymbol{p}_2=\begin{bmatrix}0\\1\\1\end{bmatrix}$$

在保证$\boldsymbol{P}_c$非奇异的前提下，任意选取 $\boldsymbol{p}_3=\begin{bmatrix}0\\0\\1\end{bmatrix}$

则

$$\boldsymbol{P}_c=\begin{bmatrix}1 & 0 & 0\\1 & 1 & 0\\0 & 1 & 1\end{bmatrix}$$

故

$$\hat{\boldsymbol{A}}=\boldsymbol{P}_c^{-1}\boldsymbol{A}\boldsymbol{P}_c=\begin{bmatrix}0 & -1 & -1\\1 & -2 & -2\\0 & 0 & -1\end{bmatrix},\quad \hat{\boldsymbol{B}}=\boldsymbol{P}_c^{-1}\boldsymbol{B}=\begin{bmatrix}1\\0\\0\end{bmatrix},\quad \hat{\boldsymbol{C}}=\boldsymbol{C}\boldsymbol{P}_c=[1\ \ -1\ \ -2]$$

则系统按能控性分解后的状态空间表达式为

$$\begin{cases}\dot{\hat{\boldsymbol{x}}}=\begin{bmatrix}0 & -1 & -1\\1 & -2 & -2\\0 & 0 & -1\end{bmatrix}\hat{\boldsymbol{x}}+\begin{bmatrix}1\\0\\0\end{bmatrix}u\\ y=[1\quad -1\quad -2]\hat{\boldsymbol{x}}\end{cases}$$

能控的 2 维子系统状态空间表达式为

$$\begin{cases}\dot{\hat{\boldsymbol{x}}}_c=\begin{bmatrix}0 & -1\\1 & -2\end{bmatrix}\hat{\boldsymbol{x}}_c+\begin{bmatrix}-1\\-2\end{bmatrix}\hat{\boldsymbol{x}}_{\bar{c}}+\begin{bmatrix}1\\0\end{bmatrix}u\\ y_1=[1\quad -1]\hat{\boldsymbol{x}}_c\end{cases}$$

4.7.3　按能观性分解

设状态不完全能观的线性定常系统为

$$\begin{cases}\dot{\boldsymbol{x}}=\boldsymbol{Ax}+\boldsymbol{Bu}\\ \boldsymbol{y}=\boldsymbol{Cx}\end{cases}\tag{4.252}$$

式中：$\boldsymbol{x}\in\mathbf{R}^n$ 为系统状态向量；$\boldsymbol{u}\in\mathbf{R}^r$ 为系统输入向量；$\boldsymbol{y}\in\mathbf{R}^m$ 系统输出向量；$\boldsymbol{A}\in\mathbf{R}^{n\times n}$为状态矩阵；$\boldsymbol{B}\in\mathbf{R}^{n\times r}$为控制输入矩阵；$\boldsymbol{C}\in\mathbf{R}^{m\times n}$为系统输出矩阵。

其能观判别矩阵$\boldsymbol{Q}_o$的秩为

$$\operatorname{rank} \boldsymbol{Q}_o = \operatorname{rank}\begin{bmatrix} \boldsymbol{C} \\ \boldsymbol{CA} \\ \vdots \\ \boldsymbol{CA}^{n-1} \end{bmatrix} = n_1 < n \tag{4.253}$$

则系统存在非奇异变换，即

$$\boldsymbol{x} = \boldsymbol{P}_o \hat{\boldsymbol{x}} \tag{4.254}$$

将空间状态表达式变换为

$$\begin{cases} \dot{\hat{\boldsymbol{x}}} = \hat{\boldsymbol{A}}\hat{\boldsymbol{x}} + \hat{\boldsymbol{B}}\boldsymbol{u} \\ \boldsymbol{y} = \hat{\boldsymbol{C}}\hat{\boldsymbol{x}} \end{cases} \tag{4.255}$$

式中

$$\hat{\boldsymbol{x}} = \begin{bmatrix} \hat{\boldsymbol{x}}_o \\ \hat{\boldsymbol{x}}_{\bar{o}} \end{bmatrix} \begin{matrix} \}n_1 \\ \}n-n_1 \end{matrix}, \quad \hat{\boldsymbol{A}} = \boldsymbol{P}_o^{-1}\boldsymbol{A}\boldsymbol{P}_o = \begin{bmatrix} \hat{\boldsymbol{A}}_{11} & \boldsymbol{0} \\ \underbrace{\hat{\boldsymbol{A}}_{21}}_{n_1} & \underbrace{\hat{\boldsymbol{A}}_{22}}_{n-n_1} \end{bmatrix} \begin{matrix} \}n_1 \\ \}n-n_1 \end{matrix}$$

$$\hat{\boldsymbol{B}} = \boldsymbol{P}_c^{-1}\boldsymbol{B} = \begin{bmatrix} \hat{\boldsymbol{B}}_1 \\ \hat{\boldsymbol{B}}_2 \end{bmatrix} \begin{matrix} \}n_1 \\ \}n-n_1 \end{matrix}, \quad \hat{\boldsymbol{C}} = \boldsymbol{C}\boldsymbol{P}_o = [\underbrace{\hat{\boldsymbol{C}}_1}_{n_1} \; \underbrace{\boldsymbol{0}}_{n-n_1}]$$

其中，$\hat{\boldsymbol{x}}_o \in \mathbf{R}^{n_1}$ 为 n_1 维能观状态子向量空间，$\hat{\boldsymbol{x}}_{\bar{o}} \in \mathbf{R}^{n-n_1}$ 为 $n-n_1$ 维不能观状态子向量空间；$\hat{\boldsymbol{A}}_{11} \in \mathbf{R}^{n_1 \times n_1}$、$\hat{\boldsymbol{A}}_{21} \in \mathbf{R}^{(n-n_1) \times n_1}$、$\hat{\boldsymbol{A}}_{22} \in \mathbf{R}^{(n-n_1) \times (n-n_1)}$ 分别为 $n_1 \times n_1$、$(n-n_1) \times n_1$、$(n-n_1) \times (n-n_1)$维子矩阵；$\hat{\boldsymbol{B}}_1 \in \mathbf{R}^{n_1 \times r}$、$\hat{\boldsymbol{B}}_2 \in \mathbf{R}^{(n-n_1) \times r}$ 为 $n_1 \times r$、$(n-n_1) \times r$ 维子矩阵；$\hat{\boldsymbol{C}}_1 \in \mathbf{R}^{m \times n_1}$ 为 $m \times n_1$ 维子矩阵。

可以看出系统的状态空间被分成能观和不能观两部分，其中能观的 n_1 维子系统状态空间表达式为

$$\begin{cases} \dot{\hat{\boldsymbol{x}}}_o = \hat{\boldsymbol{A}}_{11}\hat{\boldsymbol{x}}_o + \hat{\boldsymbol{B}}_1\boldsymbol{u} \\ \boldsymbol{y}_1 = \boldsymbol{y} = \hat{\boldsymbol{C}}_1 \hat{\boldsymbol{x}}_o \end{cases} \tag{4.256}$$

不能观的 $n-n_1$ 维子系统状态空间表达式为

$$\begin{cases} \dot{\hat{\boldsymbol{x}}}_{\bar{o}} = \hat{\boldsymbol{A}}_{21}\hat{\boldsymbol{x}}_o + \hat{\boldsymbol{A}}_{22}\hat{\boldsymbol{x}}_{\bar{o}} + \hat{\boldsymbol{B}}_2\boldsymbol{u} \\ \boldsymbol{y}_2 = \boldsymbol{0} \end{cases} \tag{4.257}$$

系统按上述能观性分解的结构图如图4-12所示。由图可知，不能观子系统到能观子系统不存在信息传递，且不能观子系统向输出量也无信息传递，因此，不能观子系统是与输出量没有任何联系的孤立部分。

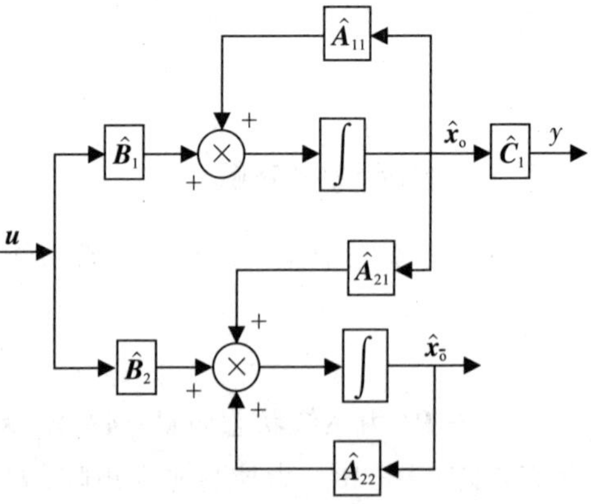

图 4-12　系统按能观性分解的结构图

下面讨论非奇异变换矩阵的设计方法。

非奇异变换矩阵为

$$P_o^{-1}=\begin{bmatrix} p_1^T \\ \vdots \\ p_{n_1}^T \\ p_{n_1+1}^T \\ \vdots \\ p_n^T \end{bmatrix} \tag{4.258}$$

其中，前 n_1 个行矢量 p_1^T，…，$p_{n_1}^T$ 是能观矩阵Q_o 中 n_1 个线性无关的行；$p_{n_1+1}^T$，…，p_n^T 是确保变换矩阵P_o^{-1} 非奇异性的任意行矢量。

注意：选取非奇异变换矩阵P_o^{-1} 的行向量 p_1^T，…，$p_{n_1}^T$ 以及 $p_{n_1+1}^T$，…，p_n^T 的方法并不唯一，因此系统的能观性分解也不唯一。对于不同的能观性分解，虽然状态空间表达式不同，但能观因子和不能观因子是相同的。

【例 4－35】 若系统状态空间表达式为

$$\begin{cases} \dot{x}=\begin{bmatrix} 0 & 0 & -1 \\ 1 & 0 & -3 \\ 0 & 1 & -3 \end{bmatrix}x+\begin{bmatrix} 1 \\ 1 \\ 0 \end{bmatrix}u \\ y=\begin{bmatrix} 0 & 1 & -2 \end{bmatrix}x \end{cases}$$

试判断系统是否能观，若不能观将系统按能观性分解。

解　(1) 判断系统是否能观。

系统能控性判别矩阵为

$$\text{rank}\, Q_o=\text{rank}\begin{bmatrix} C \\ CA \\ CA^2 \end{bmatrix}=\text{rank}\begin{bmatrix} 0 & 1 & -2 \\ 1 & -2 & 3 \\ -2 & 3 & -4 \end{bmatrix}=2<3=n$$

故系统不能观。

(2) 按能观性分解。

构造非奇异变换矩阵P_o^{-1}，取

$$p_1^T=[0 \quad 1 \quad -2],\ p_2^T=[1 \quad -2 \quad 3]$$

在保证P_o^{-1} 非奇异的前提下，任意选取 $p_3^T=[0\ 0\ 1]$，则有

$$P_o^{-1}=\begin{bmatrix} 0 & 1 & -2 \\ 1 & -2 & 3 \\ 0 & 0 & 1 \end{bmatrix},\quad P_o=\begin{bmatrix} 2 & 1 & 1 \\ 1 & 0 & 2 \\ 0 & 0 & 1 \end{bmatrix}$$

$$\hat{A}=P_o^{-1}AP_o=\begin{bmatrix} 0 & 1 & 0 \\ -1 & -2 & 0 \\ 1 & 0 & -1 \end{bmatrix},\quad \hat{B}=P_o^{-1}B=\begin{bmatrix} 1 \\ -1 \\ 0 \end{bmatrix},\ \hat{C}=CP_o=[1\ 0\ 0]$$

则系统按能观性分解后的状态空间表达式为

$$\begin{cases}\dot{\hat{x}}=\begin{bmatrix}0 & 1 & 0\\ -1 & -2 & 0\\ 1 & 0 & -1\end{bmatrix}\hat{x}+\begin{bmatrix}1\\ -1\\ 0\end{bmatrix}u\\ y=\begin{bmatrix}1 & 0 & 0\end{bmatrix}\hat{x}\end{cases}$$

能观的 2 维子系统状态空间表达式为

$$\begin{cases}\dot{\hat{x}}_{\bar{o}}=\begin{bmatrix}0 & 1\\ -1 & -2\end{bmatrix}\hat{x}_{\bar{o}}+\begin{bmatrix}1\\ -1\end{bmatrix}u\\ y_1=\begin{bmatrix}1 & 0\end{bmatrix}\hat{x}_{\bar{o}}\end{cases}$$

4.7.4 按能控能观性分解

如果线性系统是不完全能控的和不完全能观的，若对该系统同时按能控性和能观性进行分解，则可以把系统分解成能控且能观、能控不能观、不能控能观、不能控不能观四部分。

设状态不完全能控、不完全能观的线性定常系统为

$$\begin{cases}\dot{\boldsymbol{x}}=\boldsymbol{A}\boldsymbol{x}+\boldsymbol{B}\boldsymbol{u}\\ \boldsymbol{y}=\boldsymbol{C}\boldsymbol{x}\end{cases} \tag{4.259}$$

式中：$\boldsymbol{x}\in\mathbf{R}^n$ 为系统状态向量；$\boldsymbol{u}\in\mathbf{R}^r$ 为系统输入向量；$\boldsymbol{y}\in\mathbf{R}^m$ 系统输出向量；$\boldsymbol{A}\in\mathbf{R}^{n\times n}$ 为状态矩阵；$\boldsymbol{B}\in\mathbf{R}^{n\times r}$ 为控制输入矩阵；$\boldsymbol{C}\in\mathbf{R}^{m\times n}$ 为系统输出矩阵。

则系统存在非奇异变换，即

$$\boldsymbol{x}=\boldsymbol{P}\hat{\boldsymbol{x}} \tag{4.260}$$

将空间状态表达式变换为

$$\begin{cases}\dot{\hat{\boldsymbol{x}}}=\hat{\boldsymbol{A}}\hat{\boldsymbol{x}}+\hat{\boldsymbol{B}}\boldsymbol{u}\\ \boldsymbol{y}=\hat{\boldsymbol{C}}\hat{\boldsymbol{x}}\end{cases} \tag{4.261}$$

式中

$$\hat{\boldsymbol{x}}=\begin{bmatrix}\hat{\boldsymbol{x}}_{co}\\ \hat{\boldsymbol{x}}_{c\bar{o}}\\ \hat{\boldsymbol{x}}_{\bar{c}o}\\ \hat{\boldsymbol{x}}_{\bar{o}\bar{o}}\end{bmatrix},\quad \hat{\boldsymbol{A}}=\boldsymbol{P}^{-1}\boldsymbol{A}\boldsymbol{P}=\begin{bmatrix}\hat{\boldsymbol{A}}_{11} & \boldsymbol{0} & \hat{\boldsymbol{A}}_{13} & \boldsymbol{0}\\ \hat{\boldsymbol{A}}_{21} & \hat{\boldsymbol{A}}_{22} & \hat{\boldsymbol{A}}_{23} & \hat{\boldsymbol{A}}_{24}\\ \boldsymbol{0} & \boldsymbol{0} & \hat{\boldsymbol{A}}_{33} & \boldsymbol{0}\\ \boldsymbol{0} & \boldsymbol{0} & \hat{\boldsymbol{A}}_{43} & \hat{\boldsymbol{A}}_{44}\end{bmatrix}$$

$$\hat{\boldsymbol{B}}=\boldsymbol{P}^{-1}\boldsymbol{B}=\begin{bmatrix}\hat{\boldsymbol{B}}_1\\ \hat{\boldsymbol{B}}_2\\ \boldsymbol{0}\\ \boldsymbol{0}\end{bmatrix},\quad \hat{\boldsymbol{C}}=\boldsymbol{C}\boldsymbol{P}=\begin{bmatrix}\hat{\boldsymbol{C}}_1 & \boldsymbol{0} & \hat{\boldsymbol{C}}_3 & \boldsymbol{0}\end{bmatrix}$$

$\hat{\boldsymbol{x}}_{co}$、$\hat{\boldsymbol{x}}_{c\bar{o}}$、$\hat{\boldsymbol{x}}_{\bar{c}o}$、$\hat{\boldsymbol{x}}_{\bar{c}\bar{o}}$ 分别表示能控能观子系统的状态向量、能控不能观子系统的状态向量、不能控能观子系统的状态向量、不能控不能观子系统的状态向量。从 $\hat{\boldsymbol{A}}$、$\hat{\boldsymbol{B}}$、$\hat{\boldsymbol{C}}$ 的结构可以看出，系统相应地被分为 4 个部分：能控能观子系统 $\Sigma\hat{\boldsymbol{x}}_{co}$、能控不能观子系统 $\Sigma\hat{\boldsymbol{x}}_{c\bar{o}}$、不能控能观子系统 $\Sigma\hat{\boldsymbol{x}}_{\bar{c}o}$、不能控不能观子系统 $\Sigma\hat{\boldsymbol{x}}_{\bar{c}\bar{o}}$。可写出它们的状态空间表达式为

$$\Sigma\hat{\boldsymbol{x}}_{co}:\begin{cases}\dot{\hat{\boldsymbol{x}}}_{co}=\hat{\boldsymbol{A}}_{11}\hat{\boldsymbol{x}}_{co}+\hat{\boldsymbol{A}}_{13}\hat{\boldsymbol{x}}_{\bar{c}o}+\hat{\boldsymbol{B}}_1\boldsymbol{u}\\ \boldsymbol{y}_{co}=\hat{\boldsymbol{C}}_1\hat{\boldsymbol{x}}_{co}\end{cases}$$

$$\Sigma\hat{\boldsymbol{x}}_{c\bar{o}}:\begin{cases}\dot{\hat{\boldsymbol{x}}}_{c\bar{o}}=\hat{\boldsymbol{A}}_{21}\hat{\boldsymbol{x}}_{co}+\hat{\boldsymbol{A}}_{22}\hat{\boldsymbol{x}}_{c\bar{o}}+\hat{\boldsymbol{A}}_{23}\hat{\boldsymbol{x}}_{\bar{c}o}+\hat{\boldsymbol{A}}_{24}\hat{\boldsymbol{x}}_{\bar{c}\bar{o}}+\hat{\boldsymbol{B}}_2\boldsymbol{u}\\ \boldsymbol{y}_{c\bar{o}}=\boldsymbol{0}\end{cases}$$

$$\Sigma\hat{\boldsymbol{x}}_{\bar{c}o}:\begin{cases}\dot{\hat{\boldsymbol{x}}}_{\bar{c}o}=\hat{\boldsymbol{A}}_{33}\hat{\boldsymbol{x}}_{\bar{c}o}\\ \boldsymbol{y}_{\bar{c}o}=\hat{\boldsymbol{C}}_3\hat{\boldsymbol{x}}_{\bar{c}o}\end{cases}\tag{4.262}$$

$$\Sigma\hat{\boldsymbol{x}}_{\bar{c}\bar{o}}:\begin{cases}\dot{\hat{\boldsymbol{x}}}_{\bar{c}\bar{o}}=\hat{\boldsymbol{A}}_{43}\hat{\boldsymbol{x}}_{\bar{c}o}+\hat{\boldsymbol{A}}_{44}\hat{\boldsymbol{x}}_{\bar{c}\bar{o}}\\ \boldsymbol{y}_{\bar{c}\bar{o}}=\boldsymbol{0}\end{cases}$$

系统按上述能控能观性分解的结构图如图 4-13 所示。由图可见，在系统的输入、输出之间只存在一条唯一的单向信号传递通道，即 $\boldsymbol{u}\to\hat{\boldsymbol{B}}_1\to\Sigma\hat{\boldsymbol{x}}_{co}\to\hat{\boldsymbol{C}}_1\to\boldsymbol{y}$，它是系统的能控能观部分，因此，反映系统输入、输出特性的传递函数阵 $\boldsymbol{W}(s)$ 只能反映系统中能控能观子系统的动力学特性，即整个线性定常系统式(4.259)的传递函数阵 $\boldsymbol{W}(s)$ 与其能控能观子系统 $\Sigma\hat{\boldsymbol{x}}_{co}$ 的传递函数阵相同，即

$$\boldsymbol{W}(s)=\boldsymbol{C}(s\boldsymbol{I}-\boldsymbol{A})^{-1}\boldsymbol{B}=\hat{\boldsymbol{C}}_1(s\boldsymbol{I}-\hat{\boldsymbol{A}}_{11})^{-1}\hat{\boldsymbol{B}}_1\tag{4.263}$$

式(4.263)表明，对于不能控系统、不能观系统、不能控不能观系统，其输入、输出描述即传递函数阵只是对系统结构的一种不完全描述。只有当系统能控能观时，传递函数阵才是系统的完全描述。因而根据给定的传递函数阵求解对应的状态空间表达式时，其解有无穷多个，但是其中维数最小的那个状态空间应为能控能观系统，这就是后面将要讨论到的最小实现问题。

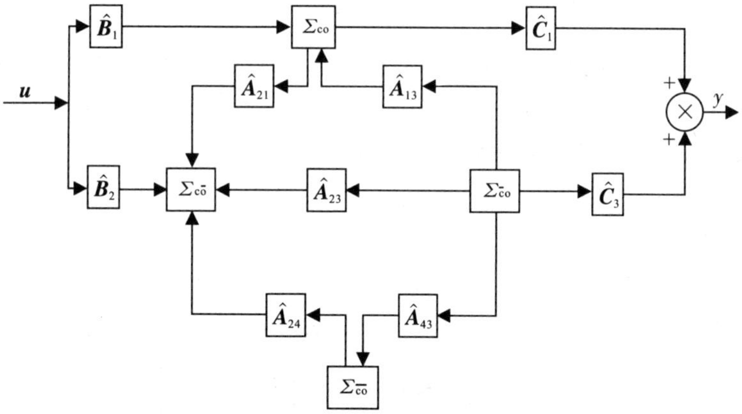

图 4-13　系统的结构分解图

对式(4.263)所示的不完全能控、不完全能观系统进行能控能观性分解可采用逐步分解的步骤，具体如下：

(1) 将系统 $\Sigma(\boldsymbol{A},\boldsymbol{B},\boldsymbol{C})$ 按能控性分解。

取状态变换矩阵为

$$\boldsymbol{x}=\boldsymbol{P}_{c}\begin{bmatrix}\hat{\boldsymbol{x}}_{c}\\\hat{\boldsymbol{x}}_{\bar{c}}\end{bmatrix}\tag{4.264}$$

将系统变换为

$$\begin{cases}\begin{bmatrix}\dot{\hat{\boldsymbol{x}}}_{c}\\\dot{\hat{\boldsymbol{x}}}_{\bar{c}}\end{bmatrix}=\boldsymbol{P}_{c}^{-1}\boldsymbol{A}\boldsymbol{P}_{c}\begin{bmatrix}\hat{\boldsymbol{x}}_{c}\\\hat{\boldsymbol{x}}_{\bar{c}}\end{bmatrix}+\boldsymbol{P}_{c}^{-1}\boldsymbol{B}\boldsymbol{u}=\begin{bmatrix}\boldsymbol{A}_{1}&\boldsymbol{A}_{2}\\\boldsymbol{0}&\boldsymbol{A}_{4}\end{bmatrix}\begin{bmatrix}\hat{\boldsymbol{x}}_{c}\\\hat{\boldsymbol{x}}_{\bar{c}}\end{bmatrix}+\begin{bmatrix}\boldsymbol{B}_{1}\\\boldsymbol{0}\end{bmatrix}\boldsymbol{u}\\\boldsymbol{y}=\boldsymbol{C}\boldsymbol{P}_{c}\begin{bmatrix}\hat{\boldsymbol{x}}_{c}\\\hat{\boldsymbol{x}}_{\bar{c}}\end{bmatrix}=[\boldsymbol{C}_{1}\quad\boldsymbol{C}_{2}]\begin{bmatrix}\hat{\boldsymbol{x}}_{c}\\\hat{\boldsymbol{x}}_{\bar{c}}\end{bmatrix}\end{cases}\tag{4.265}$$

其中，$\hat{\boldsymbol{x}}_{c}$ 为能控状态，$\hat{\boldsymbol{x}}_{\bar{c}}$ 为不能控状态，$\boldsymbol{P}_{c}$ 为按能控性分解构造的变换矩阵。

(2) 将不能控子系统 $\Sigma_{\bar{c}}(\boldsymbol{A}_{4}, \boldsymbol{0}, \boldsymbol{C}_{2})$按能观性分解。

取状态变换为

$$\hat{\boldsymbol{x}}_{\bar{c}}=\boldsymbol{P}_{o2}\begin{bmatrix}\hat{\boldsymbol{x}}_{\bar{c}o}\\\hat{\boldsymbol{x}}_{\bar{c}\bar{o}}\end{bmatrix}\tag{4.266}$$

将其代入不能控子系统 $\Sigma_{\bar{c}}(\boldsymbol{A}_{4}, \boldsymbol{0}, C_{2})$，有

$$\Sigma\,\hat{\boldsymbol{x}}_{\bar{c}}:\begin{cases}\dot{\hat{\boldsymbol{x}}}_{\bar{c}}=\boldsymbol{A}_{4}\,\hat{\boldsymbol{x}}_{\bar{c}}\\\boldsymbol{y}_{2}=\boldsymbol{C}_{2}\,\hat{\boldsymbol{x}}_{\bar{c}}\end{cases}\tag{4.267}$$

将 $\Sigma_{\bar{c}}(\hat{\boldsymbol{A}}_{4}, \boldsymbol{0}, \hat{\boldsymbol{C}}_{2})$ 分解为

$$\begin{cases}\begin{bmatrix}\dot{\hat{\boldsymbol{x}}}_{\bar{c}o}\\\dot{\hat{\boldsymbol{x}}}_{\bar{c}\bar{o}}\end{bmatrix}=\boldsymbol{P}_{o2}^{-1}\boldsymbol{A}_{4}\,\boldsymbol{P}_{o2}\begin{bmatrix}\hat{\boldsymbol{x}}_{\bar{c}o}\\\hat{\boldsymbol{x}}_{\bar{c}\bar{o}}\end{bmatrix}=\begin{bmatrix}\hat{\boldsymbol{A}}_{33}&\boldsymbol{0}\\\hat{\boldsymbol{A}}_{43}&\hat{\boldsymbol{A}}_{44}\end{bmatrix}\begin{bmatrix}\hat{\boldsymbol{x}}_{\bar{c}o}\\\hat{\boldsymbol{x}}_{\bar{c}\bar{o}}\end{bmatrix}\\\boldsymbol{y}_{2}=\boldsymbol{C}_{2}\,\boldsymbol{P}_{o2}=[\hat{\boldsymbol{C}}_{3}\quad\boldsymbol{0}]\begin{bmatrix}\hat{\boldsymbol{x}}_{\bar{c}o}\\\hat{\boldsymbol{x}}_{\bar{c}\bar{o}}\end{bmatrix}\end{cases}\tag{4.268}$$

其中，$\hat{\boldsymbol{x}}_{\bar{c}o}$为不能控但能观的状态，$\hat{\boldsymbol{x}}_{\bar{c}\bar{o}}$为不能控且不能观的状态，$\boldsymbol{P}_{o2}$为按能观性分解构造的变换矩阵。

(3) 将能控子系统 $\Sigma_{c}(\boldsymbol{A}_{1}, \boldsymbol{B}_{1}, \boldsymbol{C}_{1})$按能观性分解。

取状态变换矩阵为

$$\hat{\boldsymbol{x}}_{c}=\boldsymbol{P}_{o1}\begin{bmatrix}\hat{\boldsymbol{x}}_{co}\\\hat{\boldsymbol{x}}_{c\bar{o}}\end{bmatrix}\tag{4.269}$$

将式(4.268)、式(4.269)代入能控子系统 $\Sigma_{c}(\boldsymbol{A}_{1}, \boldsymbol{B}_{1}, \boldsymbol{C}_{1})$，有

$$\begin{cases}\dot{\hat{\boldsymbol{x}}}_{c}=\boldsymbol{A}_{1}\hat{\boldsymbol{x}}_{c}+\boldsymbol{A}_{2}\hat{\boldsymbol{x}}_{\bar{c}}+\boldsymbol{B}_{1}\boldsymbol{u}\\\boldsymbol{y}_{1}=\boldsymbol{C}_{1}\hat{\boldsymbol{x}}_{c}\end{cases}\tag{4.270}$$

整理得

$$\begin{cases}\begin{bmatrix}\dot{\hat{x}}_{co}\\ \dot{\hat{x}}_{c\bar{o}}\end{bmatrix}=P_{o1}^{-1}A_1P_{o1}\begin{bmatrix}\hat{x}_{co}\\ \hat{x}_{c\bar{o}}\end{bmatrix}+P_{o1}^{-1}A_2P_{o2}\begin{bmatrix}\hat{x}_{\bar{c}o}\\ \hat{x}_{\bar{c}\bar{o}}\end{bmatrix}+P_{o1}^{-1}B_1u\\ \qquad=\begin{bmatrix}\hat{A}_{11} & 0\\ \hat{A}_{21} & \hat{A}_{22}\end{bmatrix}\begin{bmatrix}\hat{x}_{co}\\ \hat{x}_{c\bar{o}}\end{bmatrix}+\begin{bmatrix}\hat{A}_{13} & 0\\ \hat{A}_{23} & \hat{A}_{24}\end{bmatrix}\begin{bmatrix}\hat{x}_{\bar{c}o}\\ \hat{x}_{\bar{c}\bar{o}}\end{bmatrix}+\begin{bmatrix}\hat{B}_1\\ \hat{B}_2\end{bmatrix}u\\ y=C_1P_{o1}\begin{bmatrix}\hat{x}_{co}\\ \hat{x}_{c\bar{o}}\end{bmatrix}=[\hat{C}_1\quad 0]\begin{bmatrix}\hat{x}_{co}\\ \hat{x}_{c\bar{o}}\end{bmatrix}\end{cases}\tag{4.271}$$

式中，$\hat{x}_{co}$为能控能观状态，$\hat{x}_{c\bar{o}}$为能控不能观状态，P_{o1}为按能观性分解的变换矩阵。综合上面三次变换，即得出系统按能控能观进行结构分解的表达式为

$$\begin{cases}\begin{bmatrix}\dot{\hat{x}}_{co}\\ \dot{\hat{x}}_{c\bar{o}}\\ \dot{\hat{x}}_{\bar{c}o}\\ \dot{\hat{x}}_{\bar{c}\bar{o}}\end{bmatrix}=\begin{bmatrix}\hat{A}_{11} & 0 & \hat{A}_{13} & 0\\ \hat{A}_{21} & \hat{A}_{22} & \hat{A}_{23} & \hat{A}_{24}\\ 0 & 0 & \hat{A}_{33} & 0\\ 0 & 0 & \hat{A}_{43} & \hat{A}_{44}\end{bmatrix}\begin{bmatrix}\hat{x}_{co}\\ \hat{x}_{c\bar{o}}\\ \hat{x}_{\bar{c}o}\\ \hat{x}_{\bar{c}\bar{o}}\end{bmatrix}+\begin{bmatrix}\hat{B}_1\\ \hat{B}_2\\ 0\\ 0\end{bmatrix}u\\ y=[\hat{C}_1\quad 0\quad \hat{C}_3\quad 0]\begin{bmatrix}\hat{x}_{co}\\ \hat{x}_{c\bar{o}}\\ \hat{x}_{\bar{c}o}\\ \hat{x}_{\bar{c}o}\end{bmatrix}\end{cases}\tag{4.272}$$

【例 4－36】　若系统状态空间表达式为

$$\begin{cases}\dot{x}=\begin{bmatrix}0 & 0 & -1\\ 1 & 0 & -3\\ 0 & 1 & -3\end{bmatrix}x+\begin{bmatrix}1\\ 1\\ 0\end{bmatrix}u\\ y=[0\quad 1\quad -2]x\end{cases}$$

试判断系统是否能控、能观，若不能控、不能观，请将系统按能控、能观性分解。

解　(1) 由例 4－34 和例 4－35 可知，系统能控、能观性判别矩阵秩分别为

$$\text{rank}\,Q_c=\text{rank}[B\quad AB\quad A^2B]=\text{rank}\begin{bmatrix}1 & 0 & -1\\ 1 & 1 & -3\\ 0 & 1 & -2\end{bmatrix}=2<3=n$$

$$\text{rank}\,Q_o=\text{rank}\begin{bmatrix}C\\ CA\\ CA^2\end{bmatrix}=\text{rank}\begin{bmatrix}0 & 1 & -2\\ 1 & -2 & 3\\ -2 & 3 & -4\end{bmatrix}=2<3=n$$

所以该系统是既不能控也不能观的。

(2) 将系统 $\Sigma(A, B, C)$按能控性分解。

由例 4－34，可得系统按能控性分解后的状态空间表达式为

$$\begin{cases}\dot{\hat{\boldsymbol{x}}}=\begin{bmatrix}0 & -1 & -1\\1 & -2 & -2\\0 & 0 & -1\end{bmatrix}\hat{\boldsymbol{x}}+\begin{bmatrix}1\\0\\0\end{bmatrix}u\\y=\begin{bmatrix}1 & -1 & -2\end{bmatrix}\hat{\boldsymbol{x}}\end{cases}$$

能控的 2 维子系统状态空间表达式为

$$\begin{cases}\dot{\hat{\boldsymbol{x}}}_{c}=\begin{bmatrix}0 & -1\\1 & -2\end{bmatrix}\hat{\boldsymbol{x}}_{c}+\begin{bmatrix}-1\\-2\end{bmatrix}\hat{x}_{\bar{c}}+\begin{bmatrix}1\\0\end{bmatrix}u\\y_1=\begin{bmatrix}1 & -1\end{bmatrix}\hat{\boldsymbol{x}}_{c}\end{cases}$$

分析可知，此系统的不能控子系统 $\Sigma_{\bar{c}}$ 是一维的，且容易看出，它是能观的，故无需再进行能观性分解，可直接选取$\hat{\boldsymbol{x}}_{\bar{c}}=\hat{\boldsymbol{x}}_{\bar{c}o}$。

(3) 将能控子系统 Σ_c 按能观性分解。

已知能控的 2 维子系统状态空间表达式为

$$\begin{cases}\dot{\hat{\boldsymbol{x}}}_{c}=\begin{bmatrix}0 & -1\\1 & -2\end{bmatrix}\hat{\boldsymbol{x}}_{c}+\begin{bmatrix}-1\\-2\end{bmatrix}\hat{x}_{\bar{c}}+\begin{bmatrix}1\\0\end{bmatrix}u\\y_1=\begin{bmatrix}1 & -1\end{bmatrix}\hat{\boldsymbol{x}}_{c}\end{cases}$$

构造非奇异变换矩阵为

$$\boldsymbol{P}_{o1}^{-1}=\begin{bmatrix}1 & -1\\0 & 1\end{bmatrix}$$

将线性变换$\hat{\boldsymbol{x}}_{c}=\boldsymbol{P}_{o1}\begin{bmatrix}\hat{\boldsymbol{x}}_{co}\\\hat{\boldsymbol{x}}_{c\bar{o}}\end{bmatrix}$代入能控子系统 Σ_c，得

$$\begin{cases}\begin{bmatrix}\dot{\hat{\boldsymbol{x}}}_{co}\\\dot{\hat{\boldsymbol{x}}}_{c\bar{o}}\end{bmatrix}=\boldsymbol{P}_{o1}^{-1}\begin{bmatrix}0 & -1\\1 & -2\end{bmatrix}\boldsymbol{P}_{o1}\begin{bmatrix}\hat{\boldsymbol{x}}_{co}\\\hat{\boldsymbol{x}}_{c\bar{o}}\end{bmatrix}+\boldsymbol{P}_{o1}^{-1}\begin{bmatrix}-1\\-2\end{bmatrix}\hat{\boldsymbol{x}}_{\bar{c}o}+\boldsymbol{P}_{o1}^{-1}\begin{bmatrix}1\\0\end{bmatrix}u\\\qquad=\begin{bmatrix}-1 & 0\\1 & -1\end{bmatrix}\begin{bmatrix}\hat{\boldsymbol{x}}_{co}\\\hat{\boldsymbol{x}}_{c\bar{o}}\end{bmatrix}+\begin{bmatrix}1\\-2\end{bmatrix}\hat{\boldsymbol{x}}_{\bar{c}o}+\begin{bmatrix}1\\0\end{bmatrix}u\\y=\begin{bmatrix}1 & -1\end{bmatrix}\boldsymbol{P}_{o1}\begin{bmatrix}\hat{\boldsymbol{x}}_{co}\\\hat{\boldsymbol{x}}_{c\bar{o}}\end{bmatrix}=\begin{bmatrix}1 & 0\end{bmatrix}\begin{bmatrix}\hat{\boldsymbol{x}}_{co}\\\hat{\boldsymbol{x}}_{c\bar{o}}\end{bmatrix}\end{cases}$$

(4) 综合以上结果，系统按能控能观性分解后的状态空间表达式为

$$\begin{cases}\begin{bmatrix}\dot{\hat{\boldsymbol{x}}}_{co}\\\dot{\hat{\boldsymbol{x}}}_{c\bar{o}}\\\dot{\hat{\boldsymbol{x}}}_{\bar{c}o}\end{bmatrix}=\begin{bmatrix}-1 & 0 & 1\\1 & -1 & -2\\0 & 0 & -1\end{bmatrix}\begin{bmatrix}\hat{\boldsymbol{x}}_{co}\\\hat{\boldsymbol{x}}_{c\bar{o}}\\\hat{\boldsymbol{x}}_{\bar{c}o}\end{bmatrix}+\begin{bmatrix}1\\0\\0\end{bmatrix}u\\y=\begin{bmatrix}1 & 0 & -2\end{bmatrix}\begin{bmatrix}\hat{\boldsymbol{x}}_{co}\\\hat{\boldsymbol{x}}_{c\bar{o}}\\\hat{\boldsymbol{x}}_{\bar{c}o}\end{bmatrix}\end{cases}$$

4.8　传递函数矩阵的实现问题

我们知道，对于一个线性定常系统，可以用式(4.273)的状态空间方程来描述，即

$$\begin{cases}\dot{\boldsymbol{x}}=\boldsymbol{A}\boldsymbol{x}+\boldsymbol{B}\boldsymbol{u}\\ \boldsymbol{y}=\boldsymbol{C}\boldsymbol{x}+\boldsymbol{D}\boldsymbol{u}\end{cases}\tag{4.273}$$

根据状态空间方程式(4.273)，则可求出相应的传递矩阵为

$$\boldsymbol{W}_0(s)=\boldsymbol{C}(s\boldsymbol{I}-\boldsymbol{A})^{-1}\boldsymbol{B}+\boldsymbol{D}\tag{4.274}$$

这样求出的传递函数阵式(4.274)是唯一的。现在，我们研究它的反问题，即由给定的传递函数阵来求状态空间方程，这就是所谓的实现问题。

这里仅讨论线性定常系统的状态空间实现问题，事实上，对于时变系统也有实现问题，只是它的输入输出描述不再是传递函数。

4.8.1　实现问题的基本概念

对于给定的传递函数阵 $\boldsymbol{W}_0(s)$，若有一状态空间表达式 $\Sigma(\boldsymbol{A},\boldsymbol{B},\boldsymbol{C},\boldsymbol{D})$：$\begin{cases}\dot{\boldsymbol{x}}=\boldsymbol{A}\boldsymbol{x}+\boldsymbol{B}\boldsymbol{u}\\ \boldsymbol{y}=\boldsymbol{C}\boldsymbol{x}+\boldsymbol{D}\boldsymbol{u}\end{cases}$，使下式成立

$$\boldsymbol{W}_0(s)=\boldsymbol{C}(s\boldsymbol{I}-\boldsymbol{A})^{-1}\boldsymbol{B}+\boldsymbol{D}$$

则称该状态空间表达式 $\Sigma(\boldsymbol{A},\boldsymbol{B},\boldsymbol{C},\boldsymbol{D})$是传递函数阵 $\boldsymbol{W}_0(s)$的一个实现。

实现的本质是对采用传递函数阵描述的实际系统，在状态空间中寻找一个与其零状态外部等价的内部假象结构(状态空间描述)。研究实现问题需注意以下几点。

(1) 不是任意的传递函数阵 $\boldsymbol{W}_0(s)$都可以找到其实现，通常它必须满足物理可实现性条件，即：

① 传递函数阵 $\boldsymbol{W}_0(s)$中的每一个元素 $w_{ik}(s)(i=1,2,\cdots,m;k=1,2,\cdots,r)$的分子分母多项式均为实常数；

② $w_{ik}(s)$是 s 的真有理分式函数，即 $w_{ik}(s)$的分子多项式的次数低于或等于分母多项式的次数。当 $w_{ik}(s)$的分子多项式的次数低于分母多项式的次数时，称 $w_{ik}(s)$为严格真有理分式，若 $\boldsymbol{W}_0(s)$中的每一个元素均为严格真有理分式，则其实现具有$\sum(\boldsymbol{A},\boldsymbol{B},\boldsymbol{C})$的形式；当 $\boldsymbol{W}_0(s)$中含有任意一个元素 $w_{ik}(s)$的分子多项式的次数等于分母多项式的次数时，实现就具有$\sum(\boldsymbol{A},\boldsymbol{B},\boldsymbol{C},\boldsymbol{D})$的形式，且有

$$\lim_{s\to\infty}\boldsymbol{W}_0(s)=\boldsymbol{D}\tag{4.275}$$

③ 因此，对于其元素不是严格真有理分式的传递函数阵，应先按照式(4.275)计算出 $\boldsymbol{D}$ 阵，使 $\boldsymbol{W}_0(s)-\boldsymbol{D}$ 为严格的真有理分式函数矩阵，即 $\boldsymbol{C}(s\boldsymbol{I}-\boldsymbol{A})^{-1}\boldsymbol{B}=\boldsymbol{W}_0(s)-\boldsymbol{D}$，然后再寻求形式为 $\Sigma(\boldsymbol{A},\boldsymbol{B},\boldsymbol{C})$ 的实现问题。

(2) 如果 $\boldsymbol{W}_0(s)$是能实现的，则其有无穷多个实现，且不一定具有相同的维数。每一种实现的状态矩阵 $\boldsymbol{A}$ 的阶次，即相应状态空间的维数标志着实现的规模大小及结构的复杂程度，如式(4.263)所示，线性定常系统 $\Sigma(\boldsymbol{A},\boldsymbol{B},\boldsymbol{C})$的能控能观子系统 $\Sigma(\hat{\boldsymbol{A}}_{11},\hat{\boldsymbol{B}}_1,\hat{\boldsymbol{C}}_1)$与 $\Sigma(\boldsymbol{A},\boldsymbol{B},\boldsymbol{C})$有相同的传递函数阵。因此，对于传递函数阵 $\boldsymbol{W}_0(s)$，不仅实现结果不唯一，

且实现维数也不唯一。

4.8.2 系统的标准型实现

1. 单输入-单输出系统的标准型实现

对于单输入-单输出系统，一旦给出系统的传递函数，便可以直接写出其能控标准型和能观标准型。

单输入-单输出系统传递函数的一般形式为

$$W_0(s)=\frac{ds^n+d_{n-1}s^{n-1}+\cdots+d_1s+d_0}{s^n+a_{n-1}s^{n-1}+\cdots+a_1s+a_0} \tag{4.276}$$

此式可以写成

$$W_0(s)=d+\frac{b_{n-1}s^{n-1}+\cdots+b_1s+b_0}{s^n+a_{n-1}s^{n-1}+\cdots+a_1s+a_0} \tag{4.277}$$

式中的 d 表示输入与输出之间的直接耦合系数，其中

$$d=D=\lim_{s\to\infty}W_0(s) \tag{4.278}$$

因此，在这里只讨论严格真分式传递函数，即

$$W(s)=\frac{b_{n-1}s^{n-1}+\cdots+b_1s+b_0}{s^n+a_{n-1}s^{n-1}+\cdots+a_1s+a_0} \tag{4.279}$$

1）能控标准型实现

其能控标准型实现的各系数矩阵为

$$\boldsymbol{A}=\begin{bmatrix} 0 & 1 & 0 & 0 & 0 \\ 0 & & 1 & & 0 \\ \vdots & \vdots & \vdots & \ddots & \vdots \\ 0 & 0 & 0 & 0 & 1 \\ -a_0 & -a_1 & -a_2 & \cdots & -a_{n-1} \end{bmatrix},\quad \boldsymbol{b}=\begin{bmatrix} 0 \\ 0 \\ \vdots \\ 0 \\ 1 \end{bmatrix} \tag{4.280}$$

$$\boldsymbol{c}=[b_0\quad b_1\quad \cdots\quad b_{n-1}]$$

它是传递函数式(4.279)实现。这是很容易证明的。因为

$$\boldsymbol{c}(s\boldsymbol{I}-\boldsymbol{A})^{-1}\boldsymbol{b}=\boldsymbol{c}\frac{\operatorname{adj}(s\boldsymbol{I}-\boldsymbol{A})}{|s\boldsymbol{I}-\boldsymbol{A}|}\boldsymbol{b}=\frac{b_{n-1}s^{n-1}+\cdots+b_1s+b_0}{s^n+a_{n-1}s^{n-1}+\cdots+a_1s+a_0}=W(s)$$

2）能观标准型实现

根据对偶原理，可得能观标准型实现的各系数矩阵为

$$\boldsymbol{A}=\begin{bmatrix} 0 & 0 & \cdots & 0 & -a_0 \\ 1 & 0 & \cdots & & -a_1 \\ 0 & 1 & \cdots & 0 & -a_2 \\ \vdots & \vdots & \ddots & \vdots & \vdots \\ 0 & 0 & \cdots & 1 & -a_{n-1} \end{bmatrix},\quad \boldsymbol{b}=\begin{bmatrix} b_0 \\ b_1 \\ \vdots \\ b_{n-1} \end{bmatrix}$$

$$\boldsymbol{c}=[0\quad 0\quad \cdots\quad 0\quad 1]$$

这个结论的证明也很容易得到，读者可以自行证之。

【例 4-37】 已知系统传递函数为 $W_0(s)=\dfrac{s^3-1}{s^3+5s^2+4s+1}$，试求其能控标准型和能观

标准型。

解　首先将传递函数化为严格真分式传递函数，即

$$W_0(s)=\frac{s^3-1}{s^3+5s^2+4s+1}=\frac{-5s^2-4s-2}{s^3+5s^2+4s+1}+1=W(s)+d$$

对于 $W_0(s)$，根据式(4.280)，写出相应的系数为

$$a_0=1,\ a_1=4,\ a_2=5,\ b_0=-2,\ b_1=-4,\ b_2=-5$$

将上述系数代入标准型实现的状态矩阵中，可得其能控标准型和能观标准型。

(1) 能控标准型实现。

$$\boldsymbol{A}=\begin{bmatrix}0&1&0\\0&0&1\\-1&-4&-5\end{bmatrix},\quad \boldsymbol{b}=\begin{bmatrix}0\\0\\1\end{bmatrix},\quad \boldsymbol{c}=[-2\ \ -4\ \ -5],\quad D=1$$

(2) 能观标准型实现。

$$\boldsymbol{A}=\begin{bmatrix}0&0&-1\\1&0&-4\\0&1&-5\end{bmatrix},\quad \boldsymbol{b}=\begin{bmatrix}-2\\-4\\-5\end{bmatrix},\quad \boldsymbol{c}=[0\ 0\ 1],\quad D=1$$

2. 多输入-多输出系统的标准型实现

对于具有 r 个输入和 m 个输出的多变量系统，可把 $m\times r$ 的传递函数阵 $W(s)$ 写成和单变量系统传递函数相类似的形式，即

$$\boldsymbol{W}(s)=\frac{\boldsymbol{\beta}_{n-1}s^{n-1}+\cdots+\boldsymbol{\beta}_1 s+\boldsymbol{\beta}_0}{s^n+a_{n-1}s^{n-1}+\cdots+a_1 s+a_0} \tag{4.281}$$

式中，$\boldsymbol{\beta}_{n-1}$，…，$\boldsymbol{\beta}_1$，$\boldsymbol{\beta}_0$ 均为 $m\times r$ 维的实常数矩阵，分母多项式为该传递函数的特征多项式。显然，$\boldsymbol{W}(s)$是一个严格真有理分式的矩阵，且当 $m=r=1$ 时，$\boldsymbol{W}(s)$对应的就是单输入单输出系统的传递函数。

1) 能控标准型实现

能控标准型实现的各系数矩阵为

$$\boldsymbol{A}=\begin{bmatrix}\boldsymbol{0}_r&\boldsymbol{I}_r&\boldsymbol{0}_r&\boldsymbol{0}_r&\boldsymbol{0}_r\\\boldsymbol{0}_r&&\boldsymbol{I}_r&&\boldsymbol{0}_r\\\vdots&\vdots&\vdots&\ddots&\vdots\\\boldsymbol{0}_r&\boldsymbol{0}_r&\boldsymbol{0}_r&\boldsymbol{0}_r&\boldsymbol{I}_r\\-a_0\boldsymbol{I}_r&-a_1\boldsymbol{I}_r&-a_2\boldsymbol{I}_r&\cdots&-a_{n-1}\boldsymbol{I}_r\end{bmatrix},\quad \boldsymbol{B}=\begin{bmatrix}\boldsymbol{0}_r\\\boldsymbol{0}_r\\\vdots\\\boldsymbol{0}_r\\\boldsymbol{I}_r\end{bmatrix} \tag{4.282}$$

$$\boldsymbol{C}=[\boldsymbol{\beta}_0\quad\boldsymbol{\beta}_1\quad\cdots\quad\boldsymbol{\beta}_{n-1}]$$

其中，$\boldsymbol{0}_r$ 和$\boldsymbol{I}_r$ 分别为 $r\times r$ 维的零矩阵和单位矩阵。

2) 能观标准型实现

能观标准型实现的各系数矩阵为

$$\boldsymbol{A}=\begin{bmatrix}\boldsymbol{0}_m&\boldsymbol{0}_m&\cdots&\boldsymbol{0}_m&-a_0\boldsymbol{I}_m\\\boldsymbol{I}_m&\boldsymbol{0}_m&\cdots&\boldsymbol{0}_m&-a_1\boldsymbol{I}_m\\\boldsymbol{0}_m&\boldsymbol{I}_m&\cdots&\boldsymbol{0}_m&-a_2\boldsymbol{I}_m\\\vdots&\vdots&\ddots&\vdots&\vdots\\\boldsymbol{0}_m&\boldsymbol{0}_m&\cdots&\boldsymbol{I}_m&-a_{n-1}\boldsymbol{I}_m\end{bmatrix},\quad \boldsymbol{B}=\begin{bmatrix}\boldsymbol{\beta}_0\\\boldsymbol{\beta}_1\\\vdots\\\boldsymbol{\beta}_{n-1}\end{bmatrix}$$

$$\boldsymbol{C}=[\mathbf{0}_m \quad \mathbf{0}_m \quad \cdots \quad \mathbf{0}_m \quad \boldsymbol{I}_m] \tag{4.283}$$

其中，$\mathbf{0}_m$ 和 $\boldsymbol{I}_m$ 分别为 $m\times m$ 维的零矩阵和单位矩阵。

注意：显然，能控标准型实现的维数是 nr 维，能观标准型实现的维数是 nm 维。为了保证实现的维数较小，当 $m\geqslant r$ 时(即输出的维数大于输入的维数时)，应采用能控标准型实现；当 $m\leqslant r$ 时，应采用能观标准型实现。

【例 4-38】 试求如下传递函数阵的能控标准型实现和能观标准型实现。

$$\boldsymbol{W}(s)=\begin{bmatrix} \dfrac{1}{s+1} & \dfrac{1}{s+3} \\ -\dfrac{1}{s+1} & -\dfrac{1}{s+2} \end{bmatrix}$$

解 将 $\boldsymbol{W}(s)$ 写成按 s 降幂排列的标准形式，即

$$\begin{aligned}\boldsymbol{W}(s)&=\begin{bmatrix} \dfrac{1}{s+1} & \dfrac{1}{s+3} \\ -\dfrac{1}{s+1} & -\dfrac{1}{s+2} \end{bmatrix}\\ &=\frac{1}{s^3+6s^2+11s+6}\begin{bmatrix} s^2+5s+6 & s^2+3s+2 \\ -(s^2+5s+6) & -(s^2+4s+3) \end{bmatrix}\\ &=\frac{1}{s^3+6s^2+11s+6}\left\{\begin{bmatrix} 1 & 1 \\ -1 & -1 \end{bmatrix}s^2+\begin{bmatrix} 5 & 3 \\ -5 & -4 \end{bmatrix}s+\begin{bmatrix} 6 & 2 \\ -6 & -3 \end{bmatrix}\right\}\end{aligned}$$

根据式(4.282)，写出相应的系数为

$$a_0=6, \quad a_1=11, \quad a_2=6$$

$$\boldsymbol{\beta}_0=\begin{bmatrix} 6 & 2 \\ -6 & -3 \end{bmatrix}, \quad \boldsymbol{\beta}_1=\begin{bmatrix} 5 & 3 \\ -5 & -4 \end{bmatrix}, \quad \boldsymbol{\beta}_2=\begin{bmatrix} 1 & 1 \\ -1 & -1 \end{bmatrix}$$

能控标准型实现的各系数矩阵为

$$\boldsymbol{A}=\begin{bmatrix} \mathbf{0}_2 & \boldsymbol{I}_2 & \mathbf{0}_2 \\ \mathbf{0}_2 & \mathbf{0}_2 & \boldsymbol{I}_2 \\ -a_0\boldsymbol{I}_2 & -a_1\boldsymbol{I}_2 & -a_2\boldsymbol{I}_2 \end{bmatrix}=\begin{bmatrix} 0 & 0 & 1 & 0 & 0 & 0 \\ 0 & 0 & 0 & 1 & 0 & 0 \\ 0 & 0 & 0 & 0 & 1 & 0 \\ 0 & 0 & 0 & 0 & 0 & 1 \\ -6 & 0 & -11 & 0 & -6 & 0 \\ 0 & -6 & 0 & -11 & 0 & -6 \end{bmatrix}$$

$$\boldsymbol{B}=\begin{bmatrix} \mathbf{0}_2 \\ \mathbf{0}_2 \\ \boldsymbol{I}_2 \end{bmatrix}=\begin{bmatrix} 0 & 0 \\ 0 & 0 \\ 0 & 0 \\ 0 & 0 \\ 1 & 0 \\ 0 & 1 \end{bmatrix}$$

$$\boldsymbol{C}=[\boldsymbol{\beta}_0 \quad \boldsymbol{\beta}_1 \quad \cdots \quad \boldsymbol{\beta}_{n-1}]=\begin{bmatrix} 6 & 2 & 5 & 3 & 1 & 1 \\ -6 & -3 & -5 & -4 & -1 & -1 \end{bmatrix}$$

能观标准型实现的各系数矩阵为

$$\boldsymbol{A}=\begin{bmatrix}\boldsymbol{0}_2 & \boldsymbol{0}_2 & -a_0\boldsymbol{I}_2\\ \boldsymbol{I}_2 & \boldsymbol{0}_2 & -a_1\boldsymbol{I}_2\\ \boldsymbol{0}_2 & \boldsymbol{I}_2 & -a_2\boldsymbol{I}_2\end{bmatrix}=\begin{bmatrix}0&0&0&0&-6&0\\0&0&0&0&0&-6\\1&0&0&0&-11&0\\0&1&0&0&0&-11\\0&0&1&0&-6&0\\0&0&0&1&0&-6\end{bmatrix}$$

$$\boldsymbol{B}=\begin{bmatrix}\boldsymbol{\beta}_0\\ \boldsymbol{\beta}_1\\ \boldsymbol{\beta}_2\end{bmatrix}=\begin{bmatrix}6&2\\-6&-3\\5&3\\-5&-4\\1&1\\-1&-1\end{bmatrix}$$

$$\boldsymbol{C}=[\boldsymbol{0}_2\quad \boldsymbol{0}_2\quad \boldsymbol{I}_2]=\begin{bmatrix}0&0&0&0&1&0\\0&0&0&0&0&1\end{bmatrix}$$

4.8.3　传递函数矩阵的最小实现

尽管每一个传递函数阵，可以有无限多个实现。我们感兴趣的是这些实现中维数最小的实现，即所谓的最小实现，也叫不可约实现、最小维实现、最小阶实现。因为在实用中，最小实现阶数最低，在进行运放模拟和系统仿真时，所用到的元件和积分器最少，从经济性和可靠性等角度来看也是必要的。

最小实现的定义如下：

传递函数 $\boldsymbol{W}(s)$的一个实现为

$$\begin{cases}\dot{\boldsymbol{x}}=\boldsymbol{A}\boldsymbol{x}+\boldsymbol{B}\boldsymbol{u}\\ \boldsymbol{y}=\boldsymbol{C}\boldsymbol{x}\end{cases}\tag{4.284}$$

如果 $\boldsymbol{W}(s)$不存在其他的实现

$$\begin{cases}\dot{\tilde{\boldsymbol{x}}}=\tilde{\boldsymbol{A}}\tilde{\boldsymbol{x}}+\tilde{\boldsymbol{B}}\boldsymbol{u}\\ \boldsymbol{y}=\tilde{\boldsymbol{C}}\tilde{\boldsymbol{x}}\end{cases}\tag{4.285}$$

使 $\tilde{\boldsymbol{x}}$ 的维数小于 $\boldsymbol{x}$ 的维数，则称式(4.284)的实现为最小实现。

注意：最小实现也是不唯一的，但不同的最小实现是代数等价的，即两个不同的最小实现之间是线性非奇异变换关系。

由于传递函数矩阵只能表征系统中能控且能观子系统的动力学行为，故由严格真有理分式构成的传递函数阵的一个实现为最小实现的充分必要条件是：$\Sigma(\boldsymbol{A}, \boldsymbol{B}, \boldsymbol{C})$能控且能观。

根据传递函数矩阵的这个性质，可以方便地确定任何一个具有严格真有理分式的传递函数矩阵 $\boldsymbol{W}(\boldsymbol{s})$的最小实现，其步骤如下：

(1) 先找出 $\boldsymbol{W}(s)$的能控标准型实现或能观标准型实现(当输出的维数大于输入的维数时，采用能控标准型实现；当输出的维数小于输入的维数时，采用能观标准型实现)，再检查其能控性或者能观性，若实现是能控且能观的，即为最小实现。

(2) 否则，对于能控标准型实现(或能观标准型实现)按能观性(或能控性)进行结构分解，找出能控且能观子系统即为最小实现。

【例 4-39】 求下列传递函数阵的最小实现。

$$\boldsymbol{W}(s)=\begin{bmatrix}\dfrac{1}{(s+1)(s+2)} & \dfrac{1}{(s+2)(s+3)}\end{bmatrix}$$

解 $\boldsymbol{W}(s)$是严格的真有理分式，直接将它写成 s 降幂排列的标准格式，即

$$\boldsymbol{W}(s)=\begin{bmatrix}\dfrac{(s+3)}{(s+1)(s+2)(s+3)} & \dfrac{(s+1)}{(s+1)(s+2)(s+3)}\end{bmatrix}$$

$$=\frac{1}{(s+1)(s+2)(s+3)}[(s+3)\quad (s+1)]$$

$$=\frac{1}{s^3+6s^2+11s+6}\{[1\quad 1]s+[3\quad 1]\}$$

对照式(4.283)，有

$$a_0=6,\quad a_1=11,\quad a_2=6$$

$$\boldsymbol{\beta}_0=[3\quad 1],\quad \boldsymbol{\beta}_1=[1\quad 1],\quad \boldsymbol{\beta}_2=[0\quad 0]$$

采用能观标准型实现，即

$$\boldsymbol{A}=\begin{bmatrix}\boldsymbol{0}_m & \boldsymbol{0}_m & -a_0\boldsymbol{I}_m\\ \boldsymbol{I}_m & \boldsymbol{0}_m & -a_1\boldsymbol{I}_m\\ \boldsymbol{0}_m & \boldsymbol{I}_m & -a_2\boldsymbol{I}_m\end{bmatrix}=\begin{bmatrix}0 & 0 & -6\\ 1 & 0 & -11\\ 0 & 1 & -6\end{bmatrix}$$

$$\boldsymbol{B}=\begin{bmatrix}\boldsymbol{\beta}_0\\ \boldsymbol{\beta}_1\\ \boldsymbol{\beta}_2\end{bmatrix}=\begin{bmatrix}3 & 1\\ 1 & 1\\ 0 & 0\end{bmatrix}$$

$$\boldsymbol{C}=[\boldsymbol{0}_m\quad \boldsymbol{0}_m\quad \boldsymbol{I}_m]=[0\quad 0\quad 1]$$

检验所求能观测实现 $\Sigma(\boldsymbol{A},\boldsymbol{B},\boldsymbol{C})$是否能控，有

$$\boldsymbol{Q}_c=[\boldsymbol{B}\quad \boldsymbol{AB}\quad \boldsymbol{A}^2\boldsymbol{B}\quad]=\begin{bmatrix}3 & 1 & 0 & 0 & -6 & -6\\ 1 & 1 & 3 & 1 & -11 & -11\\ 0 & 0 & 1 & 1 & -3 & -5\end{bmatrix}$$

$$\text{rank}\boldsymbol{Q}_c=3=n$$

所以 $\Sigma(\boldsymbol{A},\boldsymbol{B},\boldsymbol{C})$是既能控又能观的，即为最小实现。

【例 4-40】 求下列传递函数的最小实现。

$$\boldsymbol{W}_0(s)=\begin{bmatrix}\dfrac{s+2}{s+1} & \dfrac{1}{s+3}\\ \dfrac{s}{s+1} & \dfrac{s+1}{s+2}\end{bmatrix}$$

解 (1) 将 $\boldsymbol{W}_0(s)$化成严格真有理分式，并写出能控标准型。

$$A=\begin{bmatrix} \mathbf{0}_r & I_r & \mathbf{0}_r \\ \mathbf{0}_r & \mathbf{0}_r & I_r \\ -a_0 I_r & -a_1 I_r & -a_2 I_r \end{bmatrix}=\begin{bmatrix} 0 & 0 & 1 & 0 & 0 & 0 \\ 0 & 0 & 0 & 1 & 0 & 0 \\ 0 & 0 & 0 & 0 & 1 & 0 \\ 0 & 0 & 0 & 0 & 0 & 1 \\ -6 & 0 & -11 & 0 & -6 & 0 \\ 0 & -6 & 0 & -11 & 0 & -6 \end{bmatrix}$$

$$B=\begin{bmatrix} \mathbf{0}_r \\ \mathbf{0}_r \\ I_r \end{bmatrix}=\begin{bmatrix} 0 & 0 & 0 & 0 & 1 & 0 \\ 0 & 0 & 0 & 0 & 0 & 1 \end{bmatrix}^{\mathrm{T}} \qquad D=\begin{bmatrix} 1 & 0 \\ 1 & 1 \end{bmatrix}$$

$$C=[\beta_0 \quad \beta_1 \quad \beta_2]=\begin{bmatrix} 6 & 2 & 5 & 3 & 1 & 1 \\ -6 & -3 & -5 & -4 & -1 & -1 \end{bmatrix}$$

(2) 判别该能控标准型实现的状态是否完全能观。

$$Q_{\mathrm{o}}=\begin{bmatrix} C \\ CA \\ CA^2 \end{bmatrix}=\begin{bmatrix} 6 & 2 & 5 & 3 & 1 & 1 \\ -6 & -3 & -5 & -4 & -1 & -1 \\ -6 & -6 & -5 & -9 & -1 & -3 \\ 6 & 6 & 5 & 8 & 1 & 2 \\ 6 & 18 & 5 & 27 & 1 & 9 \\ -6 & -12 & -5 & -16 & -1 & -4 \end{bmatrix}$$

因为 $\operatorname{rank} Q_{\mathrm{o}}=3<n=6$，所以该能控标准型实现不是最小实现。为此必须按能观性进行结构分解。

(3) 构造变换矩阵P_{o}^{-1}，将系统按能观性进行分解。

$$P_{\mathrm{o}}^{-1}=\begin{bmatrix} 6 & 2 & 5 & 3 & 1 & 1 \\ -6 & -3 & -5 & -4 & -1 & -1 \\ -6 & -6 & -5 & -9 & -1 & -3 \\ 1 & 0 & 0 & 0 & 0 & 0 \\ 0 & 1 & 0 & 0 & 0 & 0 \\ 0 & 0 & 1 & 0 & 0 & 0 \end{bmatrix}$$

所以

$$P_{\mathrm{o}}=\begin{bmatrix} 0 & 0 & 0 & 1 & 0 & 0 \\ 0 & 0 & 0 & 0 & 1 & 0 \\ 0 & 0 & 0 & 0 & 0 & 1 \\ -1 & -1 & 0 & 0 & -1 & 0 \\ \frac{3}{2} & 0 & \frac{1}{2} & -6 & 0 & -5 \\ \frac{5}{2} & 3 & -\frac{1}{2} & 0 & 1 & 0 \end{bmatrix}$$

于是

$$\dot{\hat{x}}=\hat{A}\hat{x}+\hat{B}u=P_o^{-1}AP_o\hat{x}+P_o^{-1}Bu=\begin{bmatrix}\hat{A}_{11} & \mathbf{0}\\ \hat{A}_{21} & \hat{A}_{22}\end{bmatrix}\hat{x}+\begin{bmatrix}\hat{B}_1\\ \mathbf{0}\end{bmatrix}u$$

$$y=\hat{C}\hat{x}+Du=CP_o\hat{x}+Du=\begin{bmatrix}\hat{C}_1 & \mathbf{0}\end{bmatrix}\hat{x}+Du$$

根据上式，可以得出 $\Sigma(\hat{A}_{11},\hat{B}_1,\hat{C}_1)$是状态完全能控且能观的。因此，$W_0(s)$的最小实现为

$$A_m=\hat{A}_{11}=\begin{bmatrix}0 & 0 & 1\\ -\frac{3}{2} & -2 & -\frac{1}{2}\\ -3 & 0 & -4\end{bmatrix},\quad B_m=\hat{B}_1=\begin{bmatrix}1 & 1\\ -1 & -1\\ -1 & -3\end{bmatrix}$$

$$C_m=\hat{C}_1=\begin{bmatrix}1 & 0 & 0\\ 0 & 1 & 0\end{bmatrix},\quad D_m=D=\begin{bmatrix}1 & 0\\ 1 & 1\end{bmatrix}$$

若根据上列 $\Sigma(A_m,B_m,C_m,D_m)$求系统传递函数，则可检验所得结果。

$$C_m(sI-A_m)^{-1}B_m+D_m=\begin{bmatrix}1 & 0 & 0\\ 0 & 1 & 0\end{bmatrix}\begin{bmatrix}s & 0 & -1\\ \frac{3}{2} & s+2 & \frac{1}{2}\\ 3 & 0 & s+4\end{bmatrix}^{-1}\begin{bmatrix}1 & 1\\ -1 & -1\\ -1 & -3\end{bmatrix}+\begin{bmatrix}1 & 0\\ 1 & 1\end{bmatrix}$$

$$=\begin{bmatrix}\frac{s+2}{s+1} & \frac{1}{s+3}\\ \frac{s}{s+1} & \frac{s+1}{s+2}\end{bmatrix}$$

4.8.4 传递函数矩阵与能控性和能观性的关系

由前面的学习可知，系统的传递函数(阵)只能反映其能控能观子系统的特性，只有当系统能控能观时，传递函数(阵)的外部描述方法和状态空间的内部描述法对系统的描述才是等价的。实际上，系统状态的能控性和能观性也可以用其传递函数(阵)来研究。可是对于多输入多输出系统而言，这一问题的讨论比较复杂，为此，本节仅讨论单输入单输出系统的传递函数(阵)与系统能控性和能观性的关系。

对于 n 维单输入单输出线性定常系统 $\Sigma(A,B,C)$

$$\begin{cases}\dot{x}=Ax+Bu\\ y=Cx\end{cases}$$

其状态完全能控且能观的充分必要条件是传递函数

$$W(s)=C(sI-A)^{-1}B$$

的分子分母间没有零极点对消。

证明 (1) 证明必要性。

如果 $\Sigma(A,B,C)$ 不是 $W(s)$ 的最小实现，则必存在另一系统 $\Sigma(\tilde{A},\tilde{B},\tilde{C})$

$$\begin{cases}\dot{\tilde{x}}=\tilde{A}\tilde{x}+\tilde{B}u\\ y=\tilde{C}\tilde{x}\end{cases}$$

有更小的维数，使得

$$\tilde{C}(sI-\tilde{A})^{-1}\tilde{B}=W(s)=C(sI-A)^{-1}B \tag{4.286}$$

由于 $\tilde{A}$ 的阶次比 A 低，于是多项式 $\det(sI-\tilde{A})$ 的阶次也一定比多项式 $\det(sI-A)$ 的阶次低。但是要使得式(4.286)成立，必然是 $C(sI-A)^{-1}B$ 的分子分母间出现了零极点对消的情况，则假设不成立。必要性得证。

(2) 证明充分性。

如果 $C(sI-A)^{-1}B$ 的分子分母不出现零极点对消，$\Sigma(A, B, C)$ 一定是能控且能观的。

假设 $C(sI-A)^{-1}B$ 的分子分母出现零极点对消，那么 $C(sI-A)^{-1}B$ 将退化为一个降阶的传递函数，根据这个降阶的传递函数，必然可以找到一个更小维数的实现。现已知 $C(sI-A)^{-1}B$ 的分子分母不出现零极点对消，于是对应的 $\Sigma(A, B, C)$ 一定是最小实现，即 $\Sigma(A, B, C)$ 是能控且能观的。充分性得证。

利用这个结论，对于单输入单输出线性定常系统 $\Sigma(A, B, C)$，可以根据其传递函数是否出现零极点对消，来判别相应的实现是否能控且能观。但是，若单输入单输出线性定常系统 $\Sigma(A, B, C)$ 的传递函数出现了零极点对消，还不能确定系统是不能控、不能观或者是不能控且不能观的。

【例 4-41】 设系统的传递函数如下，判断系统的能控性和能观性。

$$W(s)=\frac{s+2}{s^2+s-2}$$

解 (1) 因为

$$W(s)=\frac{s+2}{s^2+s-2}=\frac{s+2}{(s+2)(s-1)}=\frac{1}{s-1}$$

存在零极点对消，故系统是不能控或不能观的，或者是既不能控也不能观的。这要视状态变量的选取而定。

(2) 若采用能控标准型实现，即

$$\begin{cases}\dot{x}=\begin{bmatrix}0 & 1\\ 2 & -1\end{bmatrix}x+\begin{bmatrix}0\\ 1\end{bmatrix}u\\ y=\begin{bmatrix}2 & 1\end{bmatrix}x\end{cases}$$

显然，状态完全能控。但能观性判别矩阵的秩为

$$\operatorname{rank} Q_o=\operatorname{rank}\begin{bmatrix}C\\ CA\end{bmatrix}=\operatorname{rank}\begin{bmatrix}2 & 1\\ 2 & 1\end{bmatrix}=1<2=n$$

故系统能控但不能观。

(3) 若采用能观标准型实现，即

$$\begin{cases}\dot{x}=\begin{bmatrix}0 & 2\\ 1 & -1\end{bmatrix}x+\begin{bmatrix}2\\ 1\end{bmatrix}u\\ y=\begin{bmatrix}0 & 1\end{bmatrix}x\end{cases}$$

显然，状态完全能观。但能控性判别矩阵的秩为

$$\operatorname{rank} Q_c=\operatorname{rank}\begin{bmatrix}B & AB\end{bmatrix}=\operatorname{rank}\begin{bmatrix}2 & 2\\ 1 & 1\end{bmatrix}=1<2=n$$

故系统能观但不能控。

(4) 上述传递函数还可以对应如下的状态空间描述，即

$$\begin{cases}\dot{\boldsymbol{x}}=\begin{bmatrix}-2 & 0\\ 0 & 1\end{bmatrix}\boldsymbol{x}+\begin{bmatrix}0\\ 1\end{bmatrix}u\\ y=[0\quad 1]\boldsymbol{x}\end{cases}$$

显然，状态 x_1 既不能控也不能观，因此，系统的状态既不能控也不能观。

4.9 MATLAB 在能控性和能观性分析中的应用

MATLAB 控制工具箱为系统能控性、能观性分析提供了专用函数。

1. ctrb( )函数

功能：根据动态系统 $\Sigma(\boldsymbol{A},\boldsymbol{B},\boldsymbol{C})$生成能控性判别矩阵$\boldsymbol{Q}_c=[\boldsymbol{B}\quad \boldsymbol{AB}\quad \boldsymbol{A}^2\quad \boldsymbol{B}\quad \cdots\quad \boldsymbol{A}^{n-1}\boldsymbol{B}]$。

调用格式：

$\boldsymbol{Q}_c=\mathrm{ctrb}(\boldsymbol{A},\boldsymbol{B})$

2. obsv( )函数

功能：根据动态系统 $\Sigma(\boldsymbol{A},\boldsymbol{B},\boldsymbol{C})$生成能观性判别矩阵$\boldsymbol{Q}_o=\begin{bmatrix}\boldsymbol{C}\\ \boldsymbol{CA}\\ \vdots\\ \boldsymbol{CA}^{n-1}\end{bmatrix}$。

调用格式：

$\boldsymbol{Q}_o=\mathrm{obsv}(\boldsymbol{A},\boldsymbol{C})$

3. gram( )函数

功能：根据动态系统 $\Sigma(\boldsymbol{A},\boldsymbol{B},\boldsymbol{C})$生成格拉姆矩阵 $\boldsymbol{G}_c$。

调用格式：

$\boldsymbol{G}_c=\mathrm{gram}(\mathrm{sys},\ '\mathrm{type}')$

sys 为所研究的状态空间模型，type 表示所求格拉姆矩阵的类型。'c'为能控性矩阵，'o'为能观性矩阵。

4. ctrbf( )函数

功能：将不能控子系统 $\Sigma(\boldsymbol{A},\boldsymbol{B},\boldsymbol{C})$按能控性分解。

调用格式：

$[\hat{\boldsymbol{A}}\ \hat{\boldsymbol{B}}\ \hat{\boldsymbol{C}}\ \boldsymbol{P}\ \boldsymbol{K}]=\mathrm{ctrbf}(\boldsymbol{A},\boldsymbol{B},\boldsymbol{C})$

其中：

$$\hat{\boldsymbol{A}}=\boldsymbol{PAP}^{-1}=\begin{bmatrix}\boldsymbol{A}_{\bar{c}} & \boldsymbol{0}\\ \boldsymbol{A}_{21} & \boldsymbol{A}_c\end{bmatrix},\quad \hat{\boldsymbol{B}}=\boldsymbol{PB}=\begin{bmatrix}\boldsymbol{0}\\ \boldsymbol{B}_c\end{bmatrix},\quad \hat{\boldsymbol{C}}=\boldsymbol{CP}^{-1}=[\boldsymbol{C}_{\bar{c}}\quad \boldsymbol{C}_c]$$

式中，$\boldsymbol{P}$ 为变换矩阵，$\boldsymbol{K}$ 为包含状态能控个数信息的行向量，执行 sum(K) 语句即可得到能控状态数。$\Sigma(\boldsymbol{A}_c,\boldsymbol{B}_c,\boldsymbol{C}_c)$ 为能控子系统，与 $\Sigma(\boldsymbol{A},\boldsymbol{B},\boldsymbol{C})$ 具有相同的传递函数矩阵。

5. obsvf( )函数

功能：将不能观子系统 $\Sigma(\boldsymbol{A},\boldsymbol{B},\boldsymbol{C})$ 按能观性分解。

调用格式：

$$[\hat{\boldsymbol{A}}\ \hat{\boldsymbol{B}}\ \hat{\boldsymbol{C}}\ \boldsymbol{P}\ \boldsymbol{K}]=\mathrm{obsvf}(\boldsymbol{A},\ \boldsymbol{B},\ \boldsymbol{C})$$

其中：

$$\hat{\boldsymbol{A}}=\boldsymbol{PAP}^{-1}=\begin{bmatrix}\boldsymbol{A}_{\bar{o}} & \boldsymbol{A}_{12}\\ \boldsymbol{0} & \boldsymbol{A}_{o}\end{bmatrix},\ \hat{\boldsymbol{B}}=\boldsymbol{PB}=\begin{bmatrix}\boldsymbol{B}_{\bar{o}}\\ \boldsymbol{B}_{o}\end{bmatrix},\ \hat{\boldsymbol{C}}=\boldsymbol{CP}^{-1}=[\boldsymbol{0}\quad \boldsymbol{C}_{o}]$$

式中，$\boldsymbol{P}$ 为变换矩阵，$\boldsymbol{K}$ 为包含状态能观个数信息的行向量，执行 sum(K)语句即可得到能控状态数。

$\Sigma(\boldsymbol{A}_o,\ \boldsymbol{B}_o,\ \boldsymbol{C}_o)$ 为能观子系统，与 $\Sigma(\boldsymbol{A},\ \boldsymbol{B},\ \boldsymbol{C})$ 具有相同的传递函数矩阵。

【例 4－42】 系统的状态空间表达式为

$$\begin{cases}\dot{\boldsymbol{x}}=\begin{bmatrix}4&1&0&0\\0&4&1&0\\0&0&4&1\\0&0&0&4\end{bmatrix}\boldsymbol{x}+\begin{bmatrix}0&0\\1&2\\0&0\\2&1\end{bmatrix}\boldsymbol{u}\\ \boldsymbol{y}=\begin{bmatrix}1&0&2&0\\2&0&4&2\end{bmatrix}\boldsymbol{x}\end{cases}$$

判断系统的能控性与能观性。

解　应用 MATLAB 秩判据求解，MATLAB 程序为：

```
A=[4, 1, 0, 0; 0, 4, 1, 0; 0, 0, 4, 1; 0, 0, 0, 4];
B=[0, 0; 1, 2; 0, 0; 2, 1];
C=[1, 0, 2, 0; 2, 0, 4, 2];
D=[0];
Qc=ctrb(A, B);
Qo=obsv(A, C);
rc=rank(Qc);
ro=rank(Qo);
L=size(A);
if rc==L
    str='系统能控'
else
    str='系统不能控'
end
if ro==L
    str='系统能观'
else
    str='系统不能观'
end
```

运行结果如下：

```
str=
系统能控
str=
系统能观
```

关于控制系统能控性和能观性的处理，MATLAB 并不限于上面介绍的函数及方法，有兴趣的读者可以参考有关资料获得更多更方便的方法。

习　题

4－1　试判断下列系统的能控性。

(1) $\dot{x}=\begin{bmatrix}1 & 1\\0 & -1\end{bmatrix}x+\begin{bmatrix}1\\0\end{bmatrix}u$　　(2) $\dot{x}=\begin{bmatrix}0 & 1 & 0\\0 & 0 & 1\\-3 & -5 & -3\end{bmatrix}x+\begin{bmatrix}1 & 0\\0 & -1\\-1 & 1\end{bmatrix}u$

(3) $\dot{x}=\begin{bmatrix}1 & 0 & 0 & 0\\2 & -3 & 0 & 0\\1 & 0 & -2 & 0\\4 & -1 & -2 & -4\end{bmatrix}x+\begin{bmatrix}0\\0\\1\\2\end{bmatrix}u$　(4) $\dot{x}=\begin{bmatrix}4 & 1 & 0 & 0\\0 & 4 & 0 & 0\\0 & 0 & -3 & 1\\0 & 0 & 0 & -3\end{bmatrix}x+\begin{bmatrix}0 & 0\\1 & 4\\0 & 0\\2 & 1\end{bmatrix}u$

4－2　试判断下列系统的能观性。

(1) $\dot{x}=\begin{bmatrix}0 & 1\\-2 & -3\end{bmatrix}x$，　$y=[1\quad 0]x$　　(2) $\dot{x}=\begin{bmatrix}1 & 2 & -1\\0 & 1 & 0\\1 & -4 & 3\end{bmatrix}x$，　$y=[1\quad -1\quad 1]x$

(3) $\dot{x}=\begin{bmatrix}1 & 3 & 2\\1 & 4 & 6\\2 & 1 & 7\end{bmatrix}x$，　$y=\begin{bmatrix}1 & 0 & 0\\2 & 1 & 0\end{bmatrix}x$　(4) $\dot{x}=\begin{bmatrix}-2 & 1 & 0\\0 & -2 & 0\\0 & 0 & -2\end{bmatrix}x$，　$y=\begin{bmatrix}1 & 0 & 4\\2 & 0 & 8\end{bmatrix}x$

4－3　试确定当 p 与 q 为何值时，系统是不能控的，为何值时系统是不能观测。

$$\begin{cases}\dot{x}=\begin{bmatrix}1 & 12\\1 & 0\end{bmatrix}x+\begin{bmatrix}p\\-1\end{bmatrix}u\\ y=[q\quad 1]x\end{cases}$$

4－4　计算下列线性定常系统的能控性指数和能观性指数。

$$\dot{x}=\begin{bmatrix}0 & 1 & 0\\0 & 0 & 1\\0 & 3 & -1\end{bmatrix}x+\begin{bmatrix}0 & 1\\1 & 0\\0 & 0\end{bmatrix}u,\quad y=\begin{bmatrix}1 & 0 & 1\\0 & 1 & 0\end{bmatrix}x$$

4－5　判断下列线性时变系统是否完全能控。

(1) $\dot{x}=\begin{bmatrix}0 & 1\\0 & t\end{bmatrix}x+\begin{bmatrix}0\\1\end{bmatrix}u$，$t\geqslant 0$

(2) $\dot{x}=\begin{bmatrix}-1 & 0\\0 & -2\end{bmatrix}x+\begin{bmatrix}e^{-t}\\e^{-2t}\end{bmatrix}u$，$t\geqslant 0$

(3) $\dot{x}=\begin{bmatrix}0 & 0\\0 & 1\end{bmatrix}x+\begin{bmatrix}1\\e^{-2t}\end{bmatrix}u$，$t\geqslant 0$

(4) $\dot{x}=\begin{bmatrix}t & 1 & 0\\0 & t & 0\\0 & 0 & t^2\end{bmatrix}x+\begin{bmatrix}0\\1\\1\end{bmatrix}u$，$t\in[0, 2]$

4－6　设连续时间线性定常系统的状态方程为

$$\dot{\boldsymbol{x}}=\begin{bmatrix}0 & 1\\ 0 & 0\end{bmatrix}\boldsymbol{x}+\begin{bmatrix}0\\ 1\end{bmatrix}u$$

(1) 取采样周期 $T_s=0.1\mathrm{s}$，对连续系统进行离散化；

(2) 判断离散化前后系统的能控性；

(3) 设离散化后系统的初始状态为

$$\begin{bmatrix}x_1(0)\\ x_2(0)\end{bmatrix}=\begin{bmatrix}0.5\\ 1\end{bmatrix}$$

欲使系统通过两步控制由初始状态转移到 $\boldsymbol{x}(2)=\boldsymbol{0}$，求系统的控制序列$\{u(0),\ u(1)\}$。

4－7　已知系统的微分方程为

$$\dddot{y}+10\ddot{y}+27\dot{y}+18y=8u$$

试写出其对偶系统的状态空间表达式及其传递函数。

4－8　已知能控系统的状态方程 $\boldsymbol{A}$、$\boldsymbol{b}$ 为

$$\boldsymbol{A}=\begin{bmatrix}3 & 1 & 4\\ 2 & 3 & 2\\ 1 & 4 & 1\end{bmatrix},\quad \boldsymbol{b}=\begin{bmatrix}1\\ 1\\ 1\end{bmatrix}$$

试将其状态方程变换为能控标准型。

4－9　已知系统的状态方程 $\boldsymbol{A}$、$\boldsymbol{b}$、$\boldsymbol{c}$ 为

$$\boldsymbol{A}=\begin{bmatrix}1 & 3\\ -2 & 4\end{bmatrix},\quad \boldsymbol{b}=\begin{bmatrix}2\\ 1\end{bmatrix},\quad \boldsymbol{c}=\begin{bmatrix}-1 & 1\end{bmatrix}$$

试将其状态空间表达式变换为能观标准型。

4－10　给定完全能控线性定常系统为

$$\dot{\boldsymbol{x}}=\begin{bmatrix}1 & 0 & 1\\ 0 & 1 & 0\\ 1 & 1 & 0\end{bmatrix}\boldsymbol{x}+\begin{bmatrix}1 & 0\\ 0 & 1\\ 1 & 0\end{bmatrix}\boldsymbol{u}$$

求出其旺达姆能控标准型和龙伯格能控标准型。

4－11　将下列系统按能控性或能观性进行结构分解。

(1) $\boldsymbol{A}=\begin{bmatrix}1 & 2 & -1\\ 0 & 1 & 0\\ 0 & -4 & 3\end{bmatrix}$，$\boldsymbol{b}=\begin{bmatrix}0\\ 0\\ 1\end{bmatrix}$，$\boldsymbol{c}=\begin{bmatrix}1 & 1 & -1\end{bmatrix}$

(2) $\boldsymbol{A}=\begin{bmatrix}1 & 0 & 0\\ 2 & 2 & 3\\ -2 & 0 & 1\end{bmatrix}$，$\boldsymbol{b}=\begin{bmatrix}1\\ 2\\ 2\end{bmatrix}$，$\boldsymbol{c}=\begin{bmatrix}1 & 1 & 2\end{bmatrix}$

4－12　已知系统的传递函数为

$$W(s)=\frac{s^2+6s+8}{s^3+4s^2+3s+5}$$

试求其能控标准型实现、能观标准型实现和最小实现。

4-13 求下列传递函数阵的最小实现。

(1) $\boldsymbol{W}(s)=\begin{bmatrix}\dfrac{s+3}{(s+1)(s+2)} & \dfrac{s+4}{s+1}\end{bmatrix}$　　(2) $\boldsymbol{W}(s)=\begin{bmatrix}\dfrac{s+3}{(s+1)(s+2)} \\ \dfrac{s+4}{s+1}\end{bmatrix}$

(3) $\boldsymbol{W}(s)=\begin{bmatrix}\dfrac{s+3}{s+1} & \dfrac{1}{s+3} \\ \dfrac{s}{s+1} & \dfrac{s+1}{s+2}\end{bmatrix}$　　(4) $\boldsymbol{W}(s)=\begin{bmatrix}\dfrac{1}{s} & \dfrac{1}{s^2} \\ \dfrac{1}{s^2} & \dfrac{1}{s^3}\end{bmatrix}$

4-14 线性系统的传递函数为

$$\frac{Y(s)}{U(s)}=\frac{s+\alpha}{s^3+6s^2+11s+6}$$

试求：(1) 求取 α 的取值，使系统成为不能控或不能观的；(2) 在上述 α 的取值下，求使系统为能控的状态空间表达式；(3) 在上述 α 的取值下，求使系统为能观测的状态空间表达式。

上 机 练 习 题

4-1 已知系统状态空间表达式为

$$\begin{cases}\dot{\boldsymbol{x}}=\begin{bmatrix}-2 & 2 & -1 \\ 0 & -2 & 0 \\ 1 & -4 & 0\end{bmatrix}\boldsymbol{x}+\begin{bmatrix}0 & 0 \\ 0 & 1 \\ 1 & 0\end{bmatrix}\boldsymbol{u} \\ \boldsymbol{y}=\begin{bmatrix}1 & -1 & 2 \\ -2 & 0 & 1\end{bmatrix}\boldsymbol{x}\end{cases}$$

试用 MATLAB 系统传递函数：

(1) 求系统传递函数；

(2) 判断系统能控性；

(3) 若不能控，对系统进行能控性分解。

4-2 已知系统状态空间表达式为

$$\begin{cases}\dot{\boldsymbol{x}}=\begin{bmatrix}4 & 1 & 0 & 0 \\ 0 & 4 & 0 & 0 \\ 0 & 0 & 4 & 1 \\ 0 & 0 & 0 & 4\end{bmatrix}\boldsymbol{x}+\begin{bmatrix}1 & 0 \\ 0 & 1 \\ 1 & -1 \\ -2 & 0\end{bmatrix}\boldsymbol{u} \\ \boldsymbol{y}=\begin{bmatrix}1 & 1 & 2 & 1 \\ 1 & 2 & 2 & 0\end{bmatrix}\boldsymbol{x}\end{cases}$$

试用 MATLAB 实现：

(1) 求系统传递函数；

(2) 判断系统能观性；

(3) 若不能观，对系统进行能观性分解。

4－3　给定线性定常离散系统的状态空间表达式

$$\begin{cases} \boldsymbol{x}(k+1)=\begin{bmatrix}1 & 2 & 3\\ 1 & 4 & 6\\ 2 & 1 & 7\end{bmatrix}\boldsymbol{x}(k)+\begin{bmatrix}1 & 9\\ 0 & 0\\ 2 & 0\end{bmatrix}\boldsymbol{u}(k) \\ \boldsymbol{y}(k)=\begin{bmatrix}1 & 0 & 0\\ 2 & 1 & 0\end{bmatrix}\boldsymbol{x}(k) \end{cases}$$

尝试能否使用格拉姆矩阵判别系统的能控性和能观性；若能，请判断其能控性能观性；若不能，则应用其他方法进行判断。

4－4　已知系统状态空间表达式为

$$\begin{cases} \dot{\boldsymbol{x}}=\begin{bmatrix}-4 & 1 & 0 & 0 & 0 & 0\\ 0 & -4 & 0 & 0 & 0 & 0\\ 0 & 0 & 3 & 1 & 0 & 0\\ 0 & 0 & 0 & 3 & 0 & 0\\ 0 & 0 & 0 & 0 & -1 & 1\\ 0 & 0 & 0 & 0 & 0 & -1\end{bmatrix}\boldsymbol{x}+\begin{bmatrix}1 & 3\\ 5 & 7\\ 4 & 3\\ 0 & 0\\ 1 & 6\\ 0 & 0\end{bmatrix}\boldsymbol{u} \\ \boldsymbol{y}=\begin{bmatrix}3 & 1 & 0 & 5 & 0 & 0\\ 1 & 4 & 0 & 2 & 0 & 0\end{bmatrix}\boldsymbol{x} \end{cases}$$

试用 MATLAB 对系统进行能控能观性结构分解。

第 5 章　稳定性理论与李雅普诺夫方法

稳定性是自动控制系统正常工作的先决条件。因此，系统稳定性判别及如何改善其稳定性是控制系统分析和综合的首要问题。从实用的观点看，可以认为只有稳定系统才有用，一个不稳定的控制系统不但无法完成预期控制任务，而且还存在一定的潜在危险性。通常，可按两种方式来定义系统运动的稳定性：一种是通过输入-输出关系来表征的外部稳定性，另一种是通过零输入下状态运动的响应来表征内部稳定性。只有在满足一定的条件时，系统的内部稳定性和外部稳定性之间才存在等价关系。

在经典控制理论中，对于传递函数描述的单输入-单输出线性定常系统，应用劳斯-赫尔维茨(Routh-Hurwitz)判据等代数方法判断系统的稳定性，非常方便有效。频域中的奈奎斯特(H. Nyquist)判据则是更为通用的方法，它不仅用于判定系统是否稳定，而且还能指明改善系统稳定性的方向。上述方法都是以分析系统的特征根在复平面上的分布为基础。但对于非线性系统和时变系统，这些稳定性判据就不适用了。早在 1892 年，俄国数学家李雅普诺夫(A. M. Lyapunov)就提出将判定系统稳定性的问题归纳为间接法和直接法两种方法，该方法已成为研究非线性控制系统稳定性最有效且较实用的方法。本章主要讨论系统稳定性与李雅普诺夫方法，重点介绍在稳定性分析中最为重要和应用最广的李雅普诺夫方法，并把其应用领域扩展到包括线性系统和非线性系统、定常系统和时变系统、连续时间系统和离散时间系统等。

5.1　稳定性基本概念

5.1.1　外部稳定性

对于初始状态为零的因果系统，其输入-输出描述可表示为

$$\boldsymbol{y}(t)=\int_{t_0}^{t}\boldsymbol{G}(t,\ \tau)\boldsymbol{u}(\tau)\mathrm{d}\tau \tag{5.1}$$

式(5.1)中，$\boldsymbol{G}(t,\ \tau)$为系统相应的脉冲函数矩阵。在根据系统的输入和输出研究系统稳定性时，针对输入 $\boldsymbol{u}(t)$的不同性质可以引出系统的各种不同的稳定性定义。

外部稳定也称为有界输入-有界输出稳定(简称 BIBO 稳定)，其基于系统的输入、输出描述。因为在零初始条件下定义系统的输入、输出描述才能保证其唯一性，故讨论外部稳定性也以系统零初始条件为前提，其定义具体如下。

定义 5.1　对于零初始条件的因果系统，如果存在一个固定的有限常数 k 及一个标量 α，使得对于任意的 $t\in[t_0,\ \infty)$，当系统的控制输入 $\boldsymbol{u}(t)$满足 $\|\boldsymbol{u}(t)\|\leqslant k$ 时，所产生的输出 $\boldsymbol{y}(t)$满足 $\|\boldsymbol{y}(t)\|\leqslant\alpha k$，则该因果系统是外部稳定的，也就是有界输入-有界输出稳定的，简记为 BIBO 稳定。

定理 5.1　［时变情况］对于零初始条件的线性时变系统，设 $\boldsymbol{G}(t,\ \tau)$ 为其脉冲响应矩阵，该矩阵的维数为 $m\times r$ 维，则系统为 BIBO 稳定的充分必要条件为存在一个有限常数 k，使得对于一切 $t\in[t_0,\ \infty)$，$\boldsymbol{G}(t,\ \tau)$ 的每一个元素 $g_{ij}(t,\ \tau)(i=1,\ 2,\ \cdots,\ m;\ j=1,\ 2,\ \cdots,\ r)$ 满足

$$\int_{t_0}^{t}|g_{ij}(t,\ \tau)|\mathrm{d}\tau\leqslant k<\infty \tag{5.2}$$

证明　为了方便，先证单输入-单输出情况，然后推广到多输入-多输出情况。在单输入-单输出条件下，输入-输出满足关系

$$y(t)=\int_{t_0}^{t}g(t,\ \tau)u(\tau)\mathrm{d}\tau \tag{5.3}$$

先证充分性。已知式(5.2)成立，且对任意控制输入 $u(t)$ 满足 $|u(t)|\leqslant k_1<\infty$，$t\in[t_0,\ \infty)$，要证明输出 $y(t)$ 有界。由式(5.3)可以方便得到

$$|y(t)|=\left|\int_{t_0}^{t}g(t,\ \tau)u(\tau)\mathrm{d}\tau\right|\leqslant\int_{t_0}^{t}|g(t,\ \tau)||u(\tau)|\mathrm{d}\tau\leqslant k_1\int_{t_0}^{t}|g(t,\ \tau)|\mathrm{d}\tau\leqslant kk_1<\infty$$

从而根据定义 5.1 可知，系统是 BIBO 稳定的。

再证必要性(采用反证法)。假设存在某个 $t_1\in[t_0,\ \infty)$ 使得

$$\int_{t_0}^{t_1}|g(t,\ \tau)|\mathrm{d}\tau=\infty \tag{5.4}$$

定义有界控制输入函数 $u(t)$ 为

$$u(t)=\operatorname{sign}g(t_1,\ t)=\begin{cases}+1 & \text{当 } g(t_1,\ t)>0\\ 0 & \text{当 } g(t_1,\ t)=0\\ -1 & \text{当 } g(t_1,\ t)<0\end{cases}$$

在上述控制输入激励下，系统的输出为

$$y(t_1)=\int_{t_0}^{t_1}g(t_1,\ \tau)u(\tau)\mathrm{d}\tau=\int_{t_0}^{t_1}|g(t_1,\ \tau)|\mathrm{d}\tau=\infty$$

这表明系统输出是无界的，同系统是 BIBO 稳定的已知条件矛盾。因此，式(5.4)的假设不成立，即必定有

$$\int_{t_0}^{t_1}|g(t_1,\ \tau)|\mathrm{d}\tau\leqslant k<\infty\qquad\forall t_1\in[t_0,\ \infty)$$

现在将上述定理推广到多输入-多输出的情况。考察系统输出 $\boldsymbol{y}(t)$ 的任一分量 $y_i(t)$。

$$\begin{aligned}|y_i(t)|&=\left|\int_{t_0}^{t}g_{i1}(t,\ \tau)u_1(\tau)\mathrm{d}\tau+\cdots+\int_{t_0}^{t}g_{ir}(t,\ \tau)u_r(\tau)\mathrm{d}\tau\right|\\&\leqslant\left|\int_{t_0}^{t}g_{i1}(t,\ \tau)u_1(\tau)\mathrm{d}\tau\right|+\cdots+\left|\int_{t_0}^{t}g_{ir}(t,\ \tau)u_r(\tau)\mathrm{d}\tau\right|\\&\leqslant\int_{t_0}^{t}|g_{i1}(t,\ \tau)||u_1(\tau)|\mathrm{d}\tau+\cdots+\int_{t_0}^{t}|g_{ir}(t,\ \tau)||u_r(\tau)|\mathrm{d}\tau\\&\qquad i=1,\ 2,\ 3,\ \cdots,\ m\end{aligned}$$

由于有限个有界函数之和仍为有界函数，利用单输入-单输出系统的结果，即可证明定理 5.1 的结论。

BIBO 稳定研究传递函数矩阵 $\boldsymbol{W}(s)$ 的极点是否具有负实部，经典控制理论中研究稳定性广泛采用的方法有劳斯-赫尔维茨判据，即由 $\boldsymbol{W}(s)$ 特征多项式的系数直接判断 BIBO 稳定性。

5.1.2 内部稳定性

内部稳定性揭示系统零输入时内部状态自由运动的稳定性，是基于系统的状态空间描述。因此，内部稳定性是指系统状态运动的稳定性，其实质上等同于李雅普诺夫意义下的渐近稳定。对于线性定常系统，其定义如下：

对于线性定常系统

$$\begin{cases}\dot{\boldsymbol{x}}=\boldsymbol{A}\boldsymbol{x}+\boldsymbol{B}\boldsymbol{u}\\ \boldsymbol{y}=\boldsymbol{C}\boldsymbol{x}\\ \boldsymbol{x}(t)\big|_{t=t_0}=\boldsymbol{x}(t_0)\end{cases}\tag{5.5}$$

如果系统的外部控制输入 $\boldsymbol{u}(t)\equiv\boldsymbol{0}$，对于任意初始状态 $\boldsymbol{x}(t_0)$，由初始状态 $\boldsymbol{x}(t_0)$引起的零输入响应 $\boldsymbol{x}(t)=\boldsymbol{\Phi}(t, t_0)\boldsymbol{x}(t_0)$满足

$$\lim_{t\to\infty}\boldsymbol{\Phi}(t, t_0)\boldsymbol{x}(t_0)=\boldsymbol{0}\tag{5.6}$$

则称系统是内部稳定的，或称为是渐近稳定的。

对于式(5.5)描述的线性定常系统，其渐近稳定的充分必要条件是矩阵 $\boldsymbol{A}$ 的所有特征值均具有负实部，即

$$\mathrm{Re}\{\lambda_i(\boldsymbol{A})\}<0,\quad i=1, 2, \cdots, n\tag{5.7}$$

当系统矩阵 $\boldsymbol{A}$ 给定后，可导出其特征多项式为

$$\Delta(s)=\det(s\boldsymbol{I}-\boldsymbol{A})=s^n+a_{n-1}s^{n-1}+\cdots+a_1s+a_0\tag{5.8}$$

对于式(5.8)，就可以利用劳斯-赫尔维茨判据，直接由系数 $a_i(i=0, 1, \cdots, n-1)$来判断系统的稳定性。

5.1.3 外部稳定性与内部稳定性间的关系

内部稳定性描述了系统状态自由运动的稳定性，这种运动必须满足渐近稳定条件，而外部稳定性是对系统输入量和输出量的约束，这两个稳定性之间的联系必然通过系统的内部状态表现出来。由上述论证可知，一个内部稳定的系统必定是外部稳定的。但这个结论反过来就未必成立。这里仅就线性定常系统加以讨论。

定理 5.2 线性定常系统如果是内部稳定的，则系统一定是 BIBO 稳定的。

证明 对于线性定常系统，其脉冲响应矩阵 $\boldsymbol{G}(t)$为

$$\boldsymbol{G}(t)=\boldsymbol{\Phi}(t)\boldsymbol{B}+\boldsymbol{D}\delta(t)\tag{5.9}$$

其中，$\boldsymbol{\Phi}(t)=\mathrm{e}^{\boldsymbol{A}t}$。当系统满足内部稳定时，由式(5.7)可得

$$\lim_{t\to\infty}\boldsymbol{\Phi}(t)=\lim_{t\to\infty}\mathrm{e}^{\boldsymbol{A}t}=\boldsymbol{0}\tag{5.10}$$

这样，$\boldsymbol{G}(t)$的每一个元素是指数衰减项构成的，故满足

$$\int_0^{\infty}|g_{ij}(t)|\,\mathrm{d}t\leqslant k<\infty$$

这里 k 为有限常数，说明系统是 BIBO 稳定的。

定理 5.3 线性定常系统如果是 BIBO 稳定的，则系统未必是内部稳定的。

证明 根据线性系统的结构分解可知，任意线性定常系统通过线性变换，总可以分解为四个子系统，这就是能控能观子系统、能控不能观子系统、不能控能观子系统和不能控不能观子系统。系统的输入-输出特性仅能反映系统的能控能观部分，系统的其余三个部

分的运动状态并不能反映出来。BIBO 稳定性仅意味着能控能观子系统是渐近稳定的，而其余子系统，如不能控不能观子系统是发散的，在 BIBO 稳定性中并不能表现出来。因此定理的结论成立。

线性定常系统内部稳定性与外部稳定性等价的充要条件是系统完全能控能观。

定理 5.4　线性定常系统如果是完全能控、完全能观的，则内部稳定性与外部稳定性是等价的。或者说，线性定常系统内部稳定性与外部稳定性等价的充要条件是系统完全能控能观。

证明　利用定理 5.2 和定理 5.3 易于推出该结论。定理 5.2 指出，内部稳定性可推出外部稳定性。定理 5.4 指出，外部稳定性在定理 5.4 的条件下即意味着内部稳定性。

【例 5-1】　设系统的状态空间表达式为

$$\begin{cases}\dot{\boldsymbol{x}}=\begin{bmatrix}-1 & 0\\ 0 & 1\end{bmatrix}\boldsymbol{x}+\begin{bmatrix}1\\ 1\end{bmatrix}u\\ y=\begin{bmatrix}1 & 0\end{bmatrix}\boldsymbol{x}\end{cases}$$

试分析系统的内部稳定性与外部稳定性。

解　(1) 由 $\boldsymbol{A}$ 阵的特征方程

$$\det(\lambda\boldsymbol{I}-\boldsymbol{A})=(\lambda+1)(\lambda-1)=0$$

可得特征值 $\lambda_1=-1$，$\lambda_2=1$。故系统是内部不稳定的。

(2) 系统的传递函数为

$$W(s)=\boldsymbol{c}(s\boldsymbol{I}-\boldsymbol{A})^{-1}\boldsymbol{b}=\begin{bmatrix}1 & 0\end{bmatrix}\begin{bmatrix}s+1 & 0\\ 0 & s-1\end{bmatrix}^{-1}\begin{bmatrix}1\\ 1\end{bmatrix}=\frac{s-1}{(s+1)(s-1)}=\frac{1}{s+1}$$

可见传递函数的极点 $s=-1$ 位于 s 的左半平面，故系统外部稳定。这里，具有正实部的特征值 $\lambda_2=1$ 被系统的零点 $s=1$ 对消了，所以在系统的输入输出特性中没有表现出来。只有当系统的传递函数不出现零、极点对消现象，即矩阵 $\boldsymbol{A}$ 的特征值与系统传递函数的极点相同时，内部稳定性和外部稳定性等价。验证了定理 5.4。

5.2　李雅普诺夫稳定性的基本概念

5.2.1　平衡状态

如果 $\boldsymbol{x}(t)$ 一旦处于某个状态 $\boldsymbol{x}_e$，且在未来时间内状态永远停留在 $\boldsymbol{x}_e$，那么状态 $\boldsymbol{x}_e$ 称为系统的一个平衡状态(或平衡点)。

稳定性实质上是系统在平衡状态下受到扰动后，系统自由运动的性质，与外部输入无关。对于系统自由运动，令输入 $\boldsymbol{u}=\boldsymbol{0}$，系统的齐次状态方程为

$$\dot{\boldsymbol{x}}=\boldsymbol{f}(\boldsymbol{x},\ t) \tag{5.11}$$

式中：$\boldsymbol{x}$ 为 n 维状态向量，且含有时间变量 t；$\boldsymbol{f}(\boldsymbol{x},\ t)$ 为线性或非线性、定常或时变的 n 维向量函数，即 $\dot{x}_i=f_i(x_1,\ x_2,\ \cdots,\ x_n,\ t)$，$i=1,\ 2,\ \cdots,\ n$。则式(5.11)的解为

$$\boldsymbol{x}(t)=\boldsymbol{\Phi}(t,\ \boldsymbol{x}_0,\ t_0) \tag{5.12}$$

式中，t_0 为初始时刻，$\boldsymbol{x}(t_0)=\boldsymbol{x}_0$ 为初始状态。

若在式(5.11)所描述的系统中，存在状态点 $\boldsymbol{x}_e$，当系统运动到该点时，系统状态各分量维持平衡，不再随时间变化，即

$$\dot{\boldsymbol{x}}\big|_{\boldsymbol{x}=\boldsymbol{x}_e}=\boldsymbol{0}$$

则该类状态点$\boldsymbol{x}_e$称为系统的平衡状态。即：若系统式(5.11)存在状态向量$\boldsymbol{x}_e$，对所有的时间 t 都满足

$$\boldsymbol{f}(\boldsymbol{x}_e, t)\equiv\boldsymbol{0} \tag{5.13}$$

则称$\boldsymbol{x}_e$为系统的平衡状态。由平衡状态在状态空间中所确定的点，称为平衡点。式(5.13)为式(5.11)所描述的系统的平衡状态方程。

若方程式(5.11)的解 $\boldsymbol{x}(t)=\boldsymbol{\Phi}(t, \boldsymbol{x}_0, t_0)$位于球域 $S(\varepsilon)$内，则有

$$\|\boldsymbol{\Phi}(t, \boldsymbol{x}_0, t_0)-\boldsymbol{x}_e\|\leqslant\varepsilon,\ t\geqslant t_0 \tag{5.14}$$

式(5.14)表明齐次方程式(5.11)由初始状态$\boldsymbol{x}_0$或短暂扰动所引起的自由响应是有界的。

对于一个任意系统，不一定都存在平衡状态，有时即使存在也未必是唯一的，例如对于线性定常系统 $\dot{\boldsymbol{x}}=\boldsymbol{f}(\boldsymbol{x})=\boldsymbol{A}\boldsymbol{x}$，当 $\boldsymbol{A}$ 为非奇异矩阵时，满足 $\boldsymbol{A}\boldsymbol{x}_e\equiv\boldsymbol{0}$ 的解$\boldsymbol{x}_e=\boldsymbol{0}$是系统唯一存在的平衡状态，但当 $\boldsymbol{A}$ 为奇异矩阵时，系统将具有无穷多个平衡状态。

对于非线性系统，通常可能有一个或多个平衡状态，它们是由式(5.13)所确定的常值解，下面给出两个例子。

【例 5-2】 分析非线性系统

$$\begin{cases}\dot{x}_1=-x_1\\ \dot{x}_2=x_1+x_2-x_2^3\end{cases}$$

其有三个平衡状态

$$\boldsymbol{x}_{e1}=\begin{bmatrix}0\\0\end{bmatrix},\ \boldsymbol{x}_{e2}=\begin{bmatrix}0\\-1\end{bmatrix},\ \boldsymbol{x}_{e3}=\begin{bmatrix}0\\1\end{bmatrix}$$

【例 5-3】 考虑图 5-1 所示的实际物理系统——单摆，它的动态特性由下列非线性自治方程描述

$$ML^2\ddot{\theta}+b\dot{\theta}+MgL\sin\theta=0 \tag{5.15}$$

其中，L 为单摆长度，M 为单摆质量，b 为铰链的摩擦系数，g 是重力加速度(常数)。记 $x_1=\theta$，$x_2=\dot{\theta}$，则相应的状态空间方程为

$$\begin{cases}\dot{x}_1=x_2\\ \dot{x}_2=-\dfrac{b}{ML^2}x_2-\dfrac{g}{L}\sin x_1\end{cases} \tag{5.16}$$

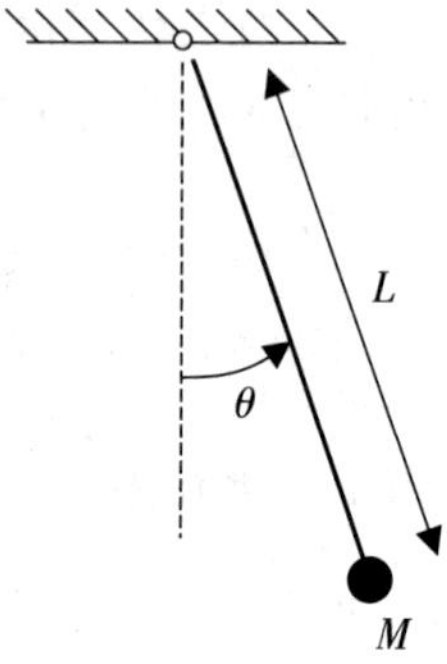

图 5-1 单摆

于是，平衡状态满足

$$x_2=0,\ \sin x_1=0$$

因此，平衡状态为$(2k\pi, 0)$和$((2k+1)\pi, 0)$，$k=0, 1, 2, \cdots$。从物理意义上来讲，这些点分别对应于单摆垂直位置的底端和顶端。

在线性系统的分析和设计中，为了便于分析，我们常将线性系统作变换，使得其平衡状态转换成状态空间原点。对非线性系统，我们也可以针对某个特定的平衡状态作这样的变换，将某个特定的平衡状态$\boldsymbol{x}_e$转换成状态空间原点来分析非线性系统在状态空间原点附近的特性。

由于任意一个已知的平衡状态，都可以通过坐标变换将其移到状态空间原点$\boldsymbol{x}_e=\boldsymbol{0}$处，所以今后将只讨论系统在状态空间原点处的稳定性。

值得注意的是，稳定性问题都是相对于某个平衡状态而言的。线性定常系统由于只有唯一的一个平衡状态，所以才笼统地讲所谓的系统稳定性问题。对于非线性系统，由于可能存在多个平衡状态，而不同平衡状态可能表现出不同的稳定性，因此必须逐个地加以讨论。

5.2.2　李雅普诺夫稳定性的定义

1. 李雅普诺夫(Lyapunov)意义下的稳定

如果式(5.11)描述的系统对于任一给定的实数 $\varepsilon>0$，都存在另一与 ε 有关的实数 $\delta(\varepsilon, t_0)>0$，使得

$$\|\boldsymbol{x}(t_0)-\boldsymbol{x}_e\|\leqslant\delta(\varepsilon, t_0) \tag{5.17}$$

成立，那么一定存在从任意初始状态 $\boldsymbol{x}(t_0)$ 出发的解 $\boldsymbol{x}(t)=\varphi(t, \boldsymbol{x}_0, t_0)$ 满足

$$\|\varphi(t, \boldsymbol{x}_0, t_0)-\boldsymbol{x}_e\|\leqslant\varepsilon,\ t_0\leqslant t<\infty \tag{5.18}$$

则称平衡状态 $\boldsymbol{x}_e$ 是李雅普诺夫意义下稳定的。通常 δ 的取值与 ε 和 t_0 有关。若 δ 的取值和 t_0 无关，则称这种平衡状态 $\boldsymbol{x}_e$ 是一致稳定的。对于定常系统而言，δ 与 t_0 无关，稳定的平衡状态一定为一致稳定。

稳定性(也叫李雅普诺夫意义下的稳定性)在本质上意味着，若系统在足够靠近状态空间原点 $\boldsymbol{x}_e=\boldsymbol{0}$ 处开始运动，则该系统轨线就可以保持在任意地接近原点的一个邻域内。更正式地说，该定义指出，假若想让状态轨线 $\boldsymbol{x}(t)$ 在任意指定半径的球域 $S(\varepsilon)$ 以内，就能够求得一个值 $\delta(\varepsilon, t_0)$，使得在时间 t_0 时在球 $S(\delta)$ 内开始运动的状态将一直维持在球 $S(\varepsilon)$ 内。图 5-2 表示二阶系统稳定的平衡状态 $\boldsymbol{x}_e=\boldsymbol{0}$ 以及从初始条件 $\boldsymbol{x}_0\in S(\delta)$ 出发的轨线 $\boldsymbol{x}\in S(\varepsilon)$。从图可知，相对于每一个 $S(\varepsilon)$，都对应存在 $S(\delta)$，使得当 t 趋于无穷时，从 $S(\delta)$ 出发的状态轨线(系统响应)总是在 $S(\varepsilon)$ 以内，即系统响应的幅值是有界的，则称平衡状态 $\boldsymbol{x}_e=\boldsymbol{0}$ 是李雅普诺夫意义下稳定，简称为稳定。

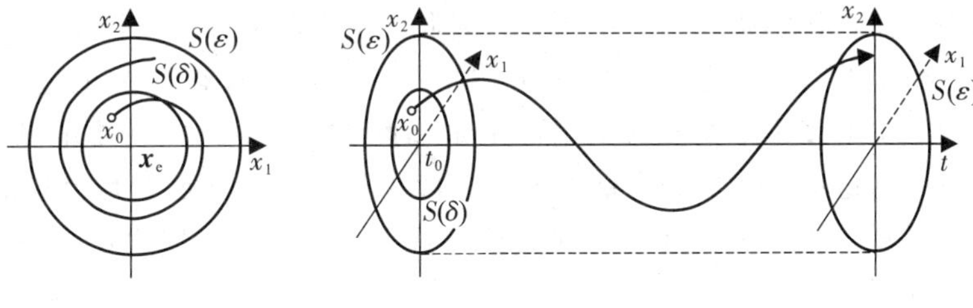

图 5-2　稳定的平衡状态及其状态轨线

2. 渐近稳定

在许多工程应用中，仅有李雅普诺夫意义下稳定是不够的。例如，当一个卫星的姿态在它的标称位置受到扰动时，我们不仅想让卫星的姿态保持在由扰动大小决定的某一个范围之内(即李雅普诺夫稳定性)，而且要求该姿态逐渐地恢复到它原来的值。这类工程要求由渐近稳定性概念来表达。

如果式(5.11)描述的系统对于任一给定的实数 $\varepsilon>0$，都存在另一与 ε 有关的实数 $\delta(\varepsilon, t_0)>0$，使当 $\|\boldsymbol{x}_0-\boldsymbol{x}_e\|\leqslant\delta(\varepsilon, t_0)$ 时，从任意初始状态 $\boldsymbol{x}(t_0)=\boldsymbol{x}_0$ 出发的解都满足

$$\|\varphi(t, \boldsymbol{x}_0, t_0)-\boldsymbol{x}_e\|\leqslant\varepsilon,\ t\geqslant t_0 \tag{5.19}$$

且总有

$$\lim_{t\to\infty}\|\boldsymbol{x}(t)\|=0 \tag{5.20}$$

则称平衡状态$\boldsymbol{x}_e$是渐近稳定的。若δ的取值和t_0无关，则称这种平衡状态$\boldsymbol{x}_e$是一致渐近稳定的。

渐近稳定性意味着平衡状态$\boldsymbol{x}_e=\boldsymbol{0}$不仅是稳定的，而且从靠近$\boldsymbol{x}_e=\boldsymbol{0}$处出发的状态轨线，当$t\to\infty$时将收敛于$\boldsymbol{x}_e=\boldsymbol{0}$。图5-3说明了渐近稳定在二维平面中的几何解释，出发于球$S(\delta)$内的系统轨线收敛于平衡状态$\boldsymbol{x}_e=\boldsymbol{0}$。球域$S(\delta)$被称为平衡状态$\boldsymbol{x}_e$的吸引域或吸引范围。(平衡状态的吸引域是指使得从此区域出发的一切轨线均收敛于平衡状态$\boldsymbol{x}_e=\boldsymbol{0}$的最大的一个区域)。一个李雅普诺夫稳定而又不是渐近稳定的平衡状态称为临界平衡状态。

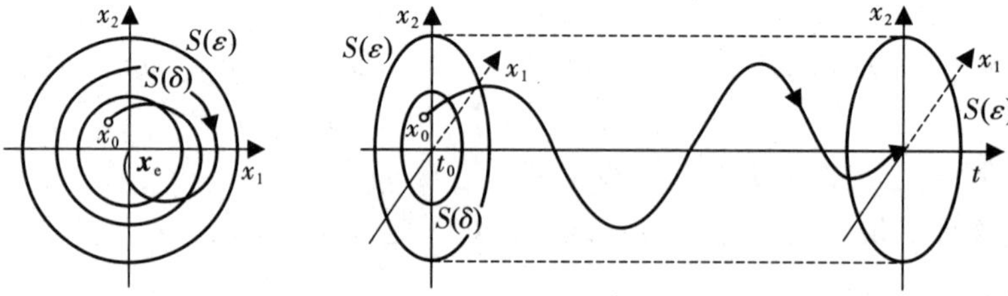

图5-3 渐近稳定的平衡状态及其状态轨线

3. 大范围渐近稳定

若初始条件扩展至整个状态空间，即$\delta\to\infty$，$S(\delta)\to\infty$，且平衡状态$\boldsymbol{x}_e$均渐近稳定时，则称该平衡状态$\boldsymbol{x}_e$为大范围渐近稳定的。若$\boldsymbol{x}_e$大范围渐近稳定，当$t\to\infty$时，由状态空间中任一初始状态$\boldsymbol{x}_0$出发的状态轨迹(即式(5.11)的解)都收敛于$\boldsymbol{x}_e$。显然，大范围渐近稳定的必要条件是在整个状态空间只有唯一的平衡状态。

在实际的工程应用中，确定渐近稳定性的范围十分重要。对于严格线性的系统，如果平衡状态是渐近稳定的，那必定是大范围渐近稳定的，因为线性系统的稳定性只取决于系统的结构和参数，而与初始条件的大小无关。因此，线性系统的稳定性是全局性的。而对于非线性系统，稳定性与初始条件的大小密切相关，使平衡状态$\boldsymbol{x}_e$为渐近稳定的闭球域$S(\delta)$一般是不大的，对多个平衡状态的情况更是如此，故通常只能在小范围内渐近稳定。因此，非线性系统的稳定性一般是局部性的。一般来说，渐近稳定性是个局部的性质，知道渐近稳定性的范围，才能了解这一系统的抗干扰能力，从而可以设法抑制干扰的大小，使它满足系统稳定性的要求。

4. 不稳定

对于式(5.11)描述的系统，如果对于某个实数$\varepsilon>0$和任一实数$\delta>0$，当$\|\boldsymbol{x}_0-\boldsymbol{x}_e\|\leqslant\delta$时，总存在一个初始状态$\boldsymbol{x}(t_0)=\boldsymbol{x}_0$，使得

$$\|\varphi(t, \boldsymbol{x}_0, t_0)-\boldsymbol{x}_e\|>\varepsilon,\ t\geqslant t_0$$

则称该平衡状态$\boldsymbol{x}_e$是不稳定的。

不管δ这个实数多么小，由$S(\delta)$内出发的状态轨线，至少有一条状态轨迹越过$S(\varepsilon)$，则称这种平衡状态$\boldsymbol{x}_e=\boldsymbol{0}$不稳定。

图5-4给出了不稳定的二维空间几何解释：对于某个给定的球域$S(\varepsilon)$，无论球域$S(\delta)$取得多么小，内部总存在一个初始状态$\boldsymbol{x}(t_0)=\boldsymbol{x}_0$，使得从这一状态出发的状态轨线，

至少有一条状态轨迹越过 $S(\varepsilon)$。

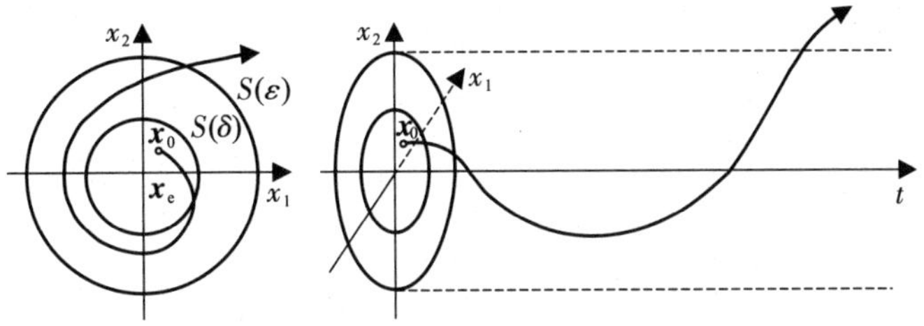

图 5-4　不稳定的平衡状态及其状态轨线

从上述定义可以看出，球域 $S(\delta)$限制着初始状态 $\boldsymbol{x}(t_0)=\boldsymbol{x}_0$ 的取值，球域 $S(\varepsilon)$规定了系统自由响应 $\boldsymbol{x}(t)=\boldsymbol{\varphi}(t, \boldsymbol{x}_0, t_0)$的边界。简单来说，如果 $\boldsymbol{x}(t)=\boldsymbol{\varphi}(t, \boldsymbol{x}_0, t_0)$有界，则称$\boldsymbol{x}_e$ 稳定。如果 $\boldsymbol{x}(t)=\boldsymbol{\varphi}(t, \boldsymbol{x}_0, t_0)$不仅有界，且$\lim\limits_{t\to\infty}\|\boldsymbol{x}(t)\|=0$，收敛于原点，则称$\boldsymbol{x}_e$ 渐近稳定。如果 $\boldsymbol{x}(t)=\boldsymbol{\varphi}(t, \boldsymbol{x}_0, t_0)$无界，则称 $\boldsymbol{x}_e$ 不稳定。在经典控制理论中，只有渐近稳定的系统才称为稳定系统。只在李雅普诺夫意义下稳定，但不是渐近稳定的系统则称为临界稳定系统，这在工程上属于不稳定系统。

5.3　李雅普诺夫间接法

李雅普诺夫间接法又称李雅普诺夫第一法，它的基本思路是通过系统状态方程解的特性来判断系统稳定性的方法，适用于线性定常、线性时变及非线性函数可线性化的情况。经典控制理论中关于线性定常系统稳定性的各种判据，均可看作李雅普诺夫第一法在线性系统中的应用。而对于非线性不很严重的系统，可以通过线性化处理，取其一次近似得到线性化方程，再根据其特征根来判断系统的稳定性。

5.3.1　线性系统的稳定判据

定理 5.5　设线性定常连续系统自由的状态方程为

$$\dot{\boldsymbol{x}}=\boldsymbol{A}\boldsymbol{x} \tag{5.21}$$

则系统在平衡状态$\boldsymbol{x}_e=\boldsymbol{0}$ 渐近稳定的充要条件是系统矩阵 $\boldsymbol{A}$ 的所有特征值均具有负实部。

如前所述，对于由非奇异矩阵 $\boldsymbol{A}$ 描述的线性定常连续系统，因为其只有唯一的平衡状态$\boldsymbol{x}_e=\boldsymbol{0}$，故关于平衡状态$\boldsymbol{x}_e=\boldsymbol{0}$ 的渐近稳定性和系统的渐近稳定性完全一致。同时，当平衡状态$\boldsymbol{x}_e=\boldsymbol{0}$ 渐近稳定时，必定是大范围一致渐近稳定。

5.3.2　非线性系统的稳定判据

设系统的状态方程为

$$\dot{\boldsymbol{x}}=\boldsymbol{f}(\boldsymbol{x}) \tag{5.22}$$

$\boldsymbol{x}_e$ 为其平衡状态，$\boldsymbol{f}(\boldsymbol{x})$为与 $\boldsymbol{x}$ 同维的矢量函数，且对 $\boldsymbol{x}$ 有连续的偏导数。

为讨论系统在平衡状态$\boldsymbol{x}_e$ 处的稳定性，可将非线性矢量函数 $\boldsymbol{f}(\boldsymbol{x})$在$\boldsymbol{x}_e$ 的邻域内展开成泰勒级数，即

$$\dot{\boldsymbol{x}}=\boldsymbol{f}(\boldsymbol{x})\big|_{\boldsymbol{x}=\boldsymbol{x}_e}+\frac{\partial \boldsymbol{f}(\boldsymbol{x})}{\partial \boldsymbol{x}^{\mathrm{T}}}\bigg|_{\boldsymbol{x}=\boldsymbol{x}_e}(\boldsymbol{x}-\boldsymbol{x}_e)+\boldsymbol{R}(\boldsymbol{x}) \tag{5.23}$$

式中，$\boldsymbol{R}(\boldsymbol{x})$为级数展开式中的高阶导数项。而

$$\frac{\partial \boldsymbol{f}(\boldsymbol{x})}{\partial \boldsymbol{x}^{\mathrm{T}}}=\begin{bmatrix} \frac{\partial f_1}{\partial x_1} & \frac{\partial f_1}{\partial x_2} & \cdots & \frac{\partial f_1}{\partial x_n} \\ \frac{\partial f_2}{\partial x_1} & \frac{\partial f_2}{\partial x_2} & \cdots & \frac{\partial f_2}{\partial x_n} \\ \vdots & \vdots & \vdots & \vdots \\ \frac{\partial f_n}{\partial x_1} & \frac{\partial f_n}{\partial x_2} & \cdots & \frac{\partial f_n}{\partial x_n} \end{bmatrix} \tag{5.24}$$

称为雅可比(Jacobian)矩阵。

若令 $\Delta\boldsymbol{x}=\boldsymbol{x}-\boldsymbol{x}_e$，并取式(5.23)的一次近似式，则得原非线性系统(5.22)的线性化方程为

$$\Delta\dot{\boldsymbol{x}}=\boldsymbol{A}\Delta\boldsymbol{x} \tag{5.25}$$

式中

$$\boldsymbol{A}=\frac{\partial \boldsymbol{f}(\boldsymbol{x})}{\partial \boldsymbol{x}^{\mathrm{T}}}\bigg|_{\boldsymbol{x}=\boldsymbol{x}_e} \tag{5.26}$$

在一次近似的基础上，李雅普诺夫给出以下定理。

定理 5.6　李雅普诺夫间接法(线性化)。

(1) 如果式(5.26)中的系数矩阵 $\boldsymbol{A}$ 的所有特征值都具有负实部(或所有特征值严格位于左半复平面内)，则原非线性系统式(5.22)在平衡状态是渐近稳定的，而且系统的稳定性与 $\boldsymbol{R}(\boldsymbol{x})$无关。

(2) 如果系数矩阵 $\boldsymbol{A}$ 的特征值，至少有一个具有正实部，则原非线性系统式(5.22)在平衡状态是不稳定的。

(3) 如果系数矩阵 $\boldsymbol{A}$ 的特征值，至少有一个实部为零(即如果 $\boldsymbol{A}$ 的所有特征值都在左半复平面内，但至少有一个在 $\mathrm{j}\omega$ 轴上)，系统处于临界稳定情况，那么原非线性系统的平衡状态的稳定性不能由矩阵 $\boldsymbol{A}$ 的特征值符号决定，其平衡状态对于非线性系统可能是稳定的、渐近稳定的，或者是不稳定的。原非线性系统的稳定性取决于系统中存在的高阶非线性项 $\boldsymbol{R}(\boldsymbol{x})$。对于这种情况，采用李雅普诺夫第一法不能对非线性系统的稳定性进行分析，可采用李雅普诺夫第二法。

【例 5-4】　考虑系统

$$\begin{cases}\dot{x}_1=x_2^2+x_1\cos x_2\\ \dot{x}_2=x_2+(x_1+1)x_1+x_1\sin x_2\end{cases}$$

试分析系统在平衡状态处的稳定性。

解　系统有一个平衡状态 $\boldsymbol{x}_e=\boldsymbol{0}$。在$\boldsymbol{x}_e=\boldsymbol{0}$ 处将其线性化得

$$\begin{cases}\dot{x}_1\approx 0+x_1\cdot 1=x_1\\ \dot{x}_2\approx x_2+0+x_1+x_1x_2\approx x_2+x_1\end{cases}$$

于是，线性化后的系统可以写为

$$\dot{\boldsymbol{x}}=\begin{bmatrix}1 & 0\\ 1 & 1\end{bmatrix}\boldsymbol{x}$$

即

$$A=\begin{bmatrix}1 & 0\\ 1 & 1\end{bmatrix}$$

其特征值为 $\lambda_1=1$，$\lambda_2=1$，因而该线性近似系统是不稳定的，可见原非线性系统在平衡状态处也是不稳定的。

【例 5－5】 设系统状态方程为

$$\begin{cases}\dot{x}_1=x_1-x_1x_2\\ \dot{x}_2=-x_2+x_1x_2\end{cases}$$

试分析系统在平衡状态处的稳定性。

解 系统有两个平衡状态 $\boldsymbol{x}_{e1}=[0\quad 0]^{\mathrm{T}}$，$\boldsymbol{x}_{e2}=[1\quad 1]^{\mathrm{T}}$。在 $\boldsymbol{x}_{e1}$ 处将其线性化得

$$\begin{cases}\dot{x}_1=x_1\\ \dot{x}_2=-x_2\end{cases}$$

系数矩阵 **A** 为

$$A=\begin{bmatrix}1 & 0\\ 0 & -1\end{bmatrix}$$

其特征值为 $\lambda_1=-1$，$\lambda_2=+1$，可见原非线性系统在 $\boldsymbol{x}_{e1}$ 处是不稳定的。

在 $\boldsymbol{x}_{e2}$ 处线性化，得

$$\begin{cases}\dot{x}_1=-x_2\\ \dot{x}_2=x_1\end{cases}$$

即

$$A=\begin{bmatrix}0 & -1\\ 1 & 0\end{bmatrix}$$

其特征值为 $\pm$j1，实部为零，因而不能由线性化方程得出原系统在 $\boldsymbol{x}_{e2}$ 处的稳定性。这种情况要应用下一节将要讨论的李雅普诺夫第二法进行判定。

5.4　李雅普诺夫直接法

5.4.1　李雅普诺夫直接法的基本思想

李雅普诺夫直接法又称李雅普诺夫第二法。它的基本思路是借助于一个李雅普诺夫函数来直接对系统平衡状态的稳定性做出判断，而不去求解系统的运动方程。它是从能量的观点进行稳定性的分析。如果一个系统被激励后，其存储的能量随着时间的推移逐渐衰减，到达平衡状态时能量将达到最小值，那么，这个平衡状态是渐近稳定的。反之，如果系统不断地从外界吸收能量，储能越来越大，那么这个平衡状态就是不稳定的。如果系统的储能既不增加也不消耗，那么这个平衡状态就是李雅普诺夫意义下稳定的。这样，我们可以通过检查某个标量函数的变化情况而对一个系统的稳定性分析做出结论。

【例 5－6】 考虑图 5－5 所示曲面上的小球 B，受到扰动作用后，偏离平衡状态 A 到达状态 C，获得一定的能量，然后便开始围绕平衡状态 A 来回振荡。如果曲面表面绝对光

滑，运动过程不消耗能量，也不再从外界吸收能量，贮能对时间便没有变化，那么，振荡将等幅地一直维持下去，这就是李雅普诺夫意义下的稳定。如果曲面表面有摩擦，振荡过程将消耗能量，贮能对时间的变化率为负值。那么振荡幅值将越来越小，直至最后小球又回复到平衡状态 A。根据定义，这个平衡状态便是渐近稳定的。由此可见，按照系统运动过程中能量变化趋势的观点来分析系统的稳定性是直观而方便的。

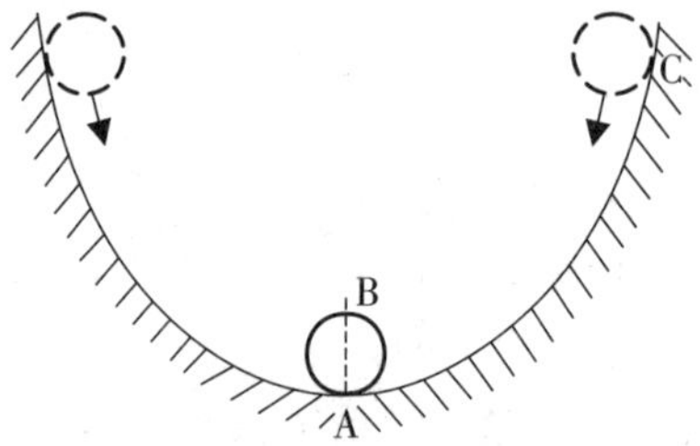

图 5-5　稳定的平衡状态及其状态轨线

【例 5-7】 考虑图 5-6 所示的非线性质量-阻尼器-弹簧系统，它的动态方程是

$$m\ddot{x}+b\dot{x}|\dot{x}|+k_0x+k_1x^3=0 \tag{5.27}$$

其中，$b\dot{x}|\dot{x}|$ 表示非线性消耗或阻尼，$(k_0x+k_1x^3)$ 表示非线性弹力项。假设将质量从弹簧的自然长度处拉开一段较长的距离，然后放开，试考虑其运动是否稳定。

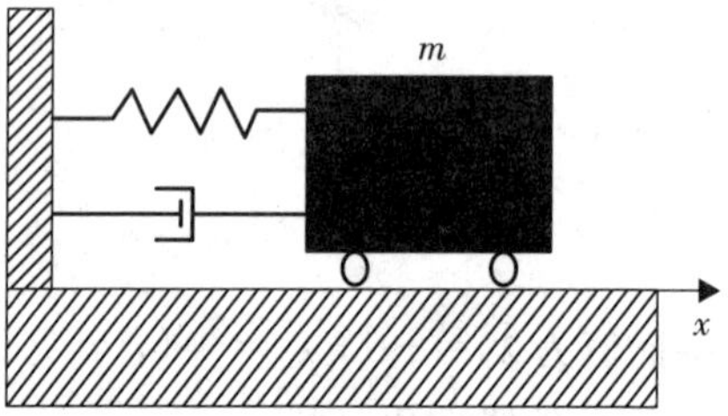

图 5-6　一个非线性质量-阻尼器-弹簧系统

解　这里，用稳定性的定义很难回答这个问题。因为该非线性方程的通解是得不到的，而且，也不能使用线性化方法，因为运动的起始点离开了线性范围。但是，考虑这个系统的能量却能告诉我们许多有关运动模式的信息。整个机械系统的能量是它的动能和势能之和，即

$$V(x)=\frac{1}{2}m\dot{x}^2+\int_0^x(k_0x+k_1x^3)\mathrm{d}x=\frac{1}{2}m\dot{x}^2+\frac{1}{2}k_0x^2+\frac{1}{4}k_1x^4 \tag{5.28}$$

对稳定性概念和机械能量进行比较，可以很容易看出机械系统的能量和前面描述的稳定性概念之间的某些关系：

(1) 机械系统的零能量对应于平衡状态($x=0$，$\dot{x}=0$)；

(2) 渐近稳定性意味着机械系统的能量收敛于 0；

(3) 不稳定与机械系统的能量增长有关。

这些关系指出，一个标量的机械系统能量大小间接地反映了状态向量的大小，且系统的稳定性可以用机械系统能量的变化来表征。

在系统运动过程中，机械系统能量的变化速率很容易通过对式(5.28)求微分并利用式(5.27)获得，即

$$\dot{V}(x)=m\dot{x}\ddot{x}+(k_0x+k_1x^3)\dot{x}=\dot{x}(-b\dot{x}|\dot{x}|)=-b|\dot{x}|^3 \tag{5.29}$$

式(5.29)意味着，机械系统的能量从某个初始值开始，被阻尼器不断消耗直到物体稳定下来，即直到 $\dot{x}=0$ 为止。物理上，容易看到物体最终必然稳定于弹簧的自然长度处，因为除了自然长度之外，任何位置都会受到一个非零弹簧力的作用。

但是，由于系统的复杂性和多样性，往往不能直观地找到一个能量函数来描述系统的能量关系，于是李雅普诺夫定义了一个正定的标量函数 $V(x)$，作为虚构的广义能量函数，然后，根据 $\dot{V}(x)=\mathrm{d}V(x)/\mathrm{d}t$ 的符号特征来判别系统的稳定性。对于一个给定系统，如果

能找到一个正定的标量函数 $V(x)$，而 $\dot{V}(x)$ 是负定的，则这个系统是渐近稳定的。

5.4.2　二次型函数及其定号性

1. 标量函数的符号性质

设 $V(\boldsymbol{x})$ 是由 n 维矢量 $\boldsymbol{x}$ 所定义的标量函数，$\boldsymbol{x}\in\Omega$ 且在 $\boldsymbol{x}=\boldsymbol{0}$ 处，恒有 $V(\boldsymbol{x})=0$。对于所有在域 Ω 中的任何非零矢量 $\boldsymbol{x}$，有如下性质。

(1) 若 $V(\boldsymbol{x})>0$，则称 $V(\boldsymbol{x})$ 是正定的。例如，$V(\boldsymbol{x})=x_1^2+x_2^2$。

(2) 若 $V(\boldsymbol{x})\geqslant 0$，则称 $V(\boldsymbol{x})$ 是半正定的。例如，$V(\boldsymbol{x})=(x_1+x_2)^2$。

(3) 若 $V(\boldsymbol{x})<0$，则称 $V(\boldsymbol{x})$ 是负定的。例如，$V(\boldsymbol{x})=-(x_1^2+2x_2^2)$。

(4) 若 $V(\boldsymbol{x})\leqslant 0$，则称 $V(\boldsymbol{x})$ 是半负定的。例如，$V(\boldsymbol{x})=-(x_1+x_2)^2$。

(5) 若 $V(\boldsymbol{x})>0$ 或 $V(\boldsymbol{x})<0$，则称 $V(\boldsymbol{x})$ 为不定的。例如，$V(\boldsymbol{x})=x_1+x_2$。

2. 二次型标量函数

设 $\boldsymbol{x}=[x_1\quad x_2\quad \cdots\quad x_n]^{\mathrm{T}}\in\mathbf{R}^n$ 为 n 维状态向量，定义二次型标量函数为

$$V(\boldsymbol{x})=\boldsymbol{x}^{\mathrm{T}}\boldsymbol{P}\boldsymbol{x}=[x_1\quad x_2\quad \cdots\quad x_n]\begin{bmatrix}p_{11} & p_{12} & \cdots & p_{1n}\\ p_{21} & p_{22} & \cdots & p_{2n}\\ \vdots & \vdots & \ddots & \vdots\\ p_{n1} & p_{n2} & \cdots & p_{nn}\end{bmatrix}\begin{bmatrix}x_1\\ x_2\\ \vdots\\ x_n\end{bmatrix}\tag{5.30}$$

如果 $p_{ij}=p_{ji}$，则称 $\boldsymbol{P}$ 为实对称矩阵。例如：

$$V(\boldsymbol{x})=x_1^2+2x_1x_2+x_2^2+x_3^2=[x_1\quad x_2\quad x_3]\begin{bmatrix}1 & 1 & 0\\ 1 & 1 & 0\\ 0 & 0 & 1\end{bmatrix}\begin{bmatrix}x_1\\ x_2\\ x_3\end{bmatrix}$$

对二次型函数 $V(\boldsymbol{x})=\boldsymbol{x}^{\mathrm{T}}\boldsymbol{P}\boldsymbol{x}$，若 $\boldsymbol{P}$ 为实对称矩阵，则必存在正交矩阵 $\boldsymbol{T}$，通过变换 $\boldsymbol{x}=\boldsymbol{T}\bar{\boldsymbol{x}}$，使之转化为

$$\begin{aligned}V(\boldsymbol{x})&=\boldsymbol{x}^{\mathrm{T}}\boldsymbol{P}\boldsymbol{x}=\bar{\boldsymbol{x}}^{\mathrm{T}}\boldsymbol{T}^{\mathrm{T}}\boldsymbol{P}\boldsymbol{T}\bar{\boldsymbol{x}}=\bar{\boldsymbol{x}}^{\mathrm{T}}(\boldsymbol{T}^{\mathrm{T}}\boldsymbol{P}\boldsymbol{T})\bar{\boldsymbol{x}}\\ &=\bar{\boldsymbol{x}}^{\mathrm{T}}\bar{\boldsymbol{P}}\bar{\boldsymbol{x}}=\bar{\boldsymbol{x}}^{\mathrm{T}}\begin{bmatrix}\lambda_1 & 0 & \cdots & 0\\ 0 & \lambda_2 & \cdots & 0\\ \vdots & \vdots & \ddots & \vdots\\ 0 & 0 & \cdots & 0\\ 0 & 0 & \cdots & \lambda_n\end{bmatrix}\bar{\boldsymbol{x}}=\sum_{i=1}^{n}\lambda_i\bar{\boldsymbol{x}}_i^2\end{aligned}\tag{5.31}$$

则式(5.31)称为二次型函数的标准型。它只包含变量的平方项，其中，$\lambda_i(i=1, 2, \cdots, n)$ 为对称矩阵 $\boldsymbol{P}$ 的互异特征值，且均为实数。则 $V(\boldsymbol{x})$ 正定的充要条件是对称矩阵 $\boldsymbol{P}$ 的所有特征值 λ_i 均大于零。

希尔维斯特(Sylvester)判据　设实对称矩阵为

$$\boldsymbol{P}=\begin{bmatrix}p_{11} & p_{12} & \cdots & p_{1n}\\ p_{21} & p_{22} & \cdots & p_{2n}\\ \vdots & \vdots & \ddots & \vdots\\ p_{n1} & p_{n2} & \cdots & p_{nn}\end{bmatrix},\quad p_{ij}=p_{ji}\tag{5.32}$$

$\Delta_i(i=1, 2, \cdots, n)$为其各阶主子行列式，即

$$\Delta_1=p_{11}, \Delta_2=\begin{vmatrix} p_{11} & p_{12} \\ p_{21} & p_{22} \end{vmatrix}, \cdots, \Delta_n=|\boldsymbol{P}| \tag{5.33}$$

矩阵$\boldsymbol{P}$(或$V(\boldsymbol{x})$)定号性的充要条件是：

(1) 若$\Delta_i>0(i=1, 2, \cdots, n)$，则$\boldsymbol{P}$(或$V(\boldsymbol{x})$)为正定的。

(2) 若$\Delta_i\begin{cases}>0 & i\text{ 为偶数} \\ <0 & i\text{ 为奇数}\end{cases}$，则$\boldsymbol{P}$(或$V(\boldsymbol{x})$)为负定的。

(3) 若$\Delta_i\begin{cases}\geqslant 0 & i=(1, 2, \cdots, n-1) \\ =0 & i=n\end{cases}$，则$\boldsymbol{P}$(或$V(\boldsymbol{x})$)为半正定的。

(4) 若$\Delta_i\begin{cases}\geqslant 0 & i\text{ 为偶数} \\ \leqslant 0 & i\text{ 为奇数} \\ =0 & i=n\end{cases}$，则$\boldsymbol{P}$(或$V(x)$)为半负定的。

矩阵$\boldsymbol{P}$的符号性质定义为，设$\boldsymbol{P}$为$n\times n$实对称方阵，$V(\boldsymbol{x})=\boldsymbol{x}^{\mathrm{T}}\boldsymbol{P}\boldsymbol{x}$为由$\boldsymbol{P}$所决定的二次型函数。

(1) 若$V(\boldsymbol{x})$正定，则称$\boldsymbol{P}$为正定，记作$\boldsymbol{P}>0$。

(2) 若$V(\boldsymbol{x})$负定，则称$\boldsymbol{P}$为负定，记作$\boldsymbol{P}<0$。

(3) 若$V(\boldsymbol{x})$半正定(非负定)，则称$\boldsymbol{P}$为半正定(非负定)，记作$\boldsymbol{P}\geqslant 0$。

(4) 若$V(\boldsymbol{x})$半负定(非正定)，则称$\boldsymbol{P}$为半负定(非正定)，记作$\boldsymbol{P}\leqslant 0$。

由上可见，矩阵$\boldsymbol{P}$的符号性质与由其所决定的二次型函数$V(\boldsymbol{x})=\boldsymbol{x}^{\mathrm{T}}\boldsymbol{P}\boldsymbol{x}$的符号性质完全一致。因此，要判别$V(\boldsymbol{x})$的符号，只要判别$\boldsymbol{P}$的符号即可。而后者可由希尔维斯特(Sylvester)判据进行判定。

【例 5-8】 已知$V(\boldsymbol{x})=10x_1^2+4x_2^2+x_3^2+2x_1x_2-2x_2x_3-4x_1x_3$，试判断$V(\boldsymbol{x})$是否正定。

解 二次型函数$V(\boldsymbol{x})$可写成矩阵形式，即

$$V(\boldsymbol{x})=\boldsymbol{x}^{\mathrm{T}}\boldsymbol{P}\boldsymbol{x}=[x_1 \quad x_2 \quad x_3]\begin{bmatrix} 10 & 1 & -2 \\ 1 & 4 & -1 \\ -2 & -1 & 1 \end{bmatrix}\begin{bmatrix} x_1 \\ x_2 \\ x_3 \end{bmatrix}$$

各阶主子行列式为

$$\Delta_1=10>0, \Delta_2=\begin{vmatrix} 10 & 1 \\ 1 & 4 \end{vmatrix}=39>0, \Delta_3=\begin{vmatrix} 10 & 1 & -2 \\ 1 & 4 & -1 \\ -2 & -1 & 1 \end{vmatrix}=17>0$$

可见，矩阵$\boldsymbol{P}$的各阶主子行列式均大于零，由希尔维斯特判据可确定该二次型函数$V(\boldsymbol{x})$正定。

5.4.3 李雅普诺夫稳定性定理

定理 5.7 设系统的状态方程为

$$\dot{\boldsymbol{x}}=\boldsymbol{f}(\boldsymbol{x})$$

平衡状态为$\boldsymbol{x}_{\mathrm{e}}=\boldsymbol{0}$，满足$\boldsymbol{f}(\boldsymbol{x}_{\mathrm{e}})=\boldsymbol{0}$。

如果存在一个标量函数$V(\boldsymbol{x})$，它满足以下条件，则系统的平衡状态$\boldsymbol{x}_{\mathrm{e}}=\boldsymbol{0}$是渐近稳定

的，并称 $V(\boldsymbol{x})$ 是系统的一个李雅普诺夫函数。

(1) $V(\boldsymbol{x})$ 对所有 $\boldsymbol{x}$ 都具有连续的一阶偏导数。

(2) $V(\boldsymbol{x})$ 是正定的，即当 $\boldsymbol{x}=\boldsymbol{0}$，$V(\boldsymbol{x})=0$；$\boldsymbol{x}\neq\boldsymbol{0}$，$V(\boldsymbol{x})>0$。

(3) $V(\boldsymbol{x})$ 沿状态轨迹方向计算的时间导数 $\dot{V}(\boldsymbol{x})=\dfrac{\mathrm{d}V(\boldsymbol{x})}{\mathrm{d}t}$ 负定。

进一步，若 $V(\boldsymbol{x})$ 还满足 $\lim\limits_{\|\boldsymbol{x}\|\to\infty}V(\boldsymbol{x})=\infty$，则系统在平衡状态 $\boldsymbol{x}_e=\boldsymbol{0}$ 是大范围渐近稳定的。

【例 5-9】 已知非线性系统的状态方程式为

$$\begin{cases}\dot{x}_1=x_2-x_1(x_1^2+x_2^2)\\ \dot{x}_2=-x_1-x_2(x_1^2+x_2^2)\end{cases}$$

试判断其平衡状态的稳定性。

解　假定取李雅普诺夫函数为

$$V(\boldsymbol{x})=x_1^2+x_2^2$$

显然，$V(\boldsymbol{x})$ 是正定的。

$$\dot{V}(\boldsymbol{x})=\frac{\mathrm{d}V}{\mathrm{d}t}=\frac{\partial V}{\partial x_1}\cdot\frac{\mathrm{d}x_1}{\mathrm{d}t}+\frac{\partial V}{\partial x_2}\cdot\frac{\mathrm{d}x_2}{\mathrm{d}t}=2x_1\dot{x}_1+2x_2\dot{x}_2$$

将系统状态方程代入上式，得

$$\dot{V}(\boldsymbol{x})=-2\,(x_1^2+x_2^2)^2$$

显然，$\boldsymbol{x}=\boldsymbol{0}$，$\dot{V}(\boldsymbol{x})=0$，$\boldsymbol{x}\neq\boldsymbol{0}$，$\dot{V}(\boldsymbol{x})<0$，故 $\dot{V}(\boldsymbol{x})$ 为负定的。根据定理 5.7，该系统在平衡状态($x_1=0$，$x_2=0$)是渐近稳定的。而且，当 $\|\boldsymbol{x}\|\to\infty$ 时，$V(\boldsymbol{x})\to\infty$。根据定理 5.7，该系统在平衡状态 $\boldsymbol{x}_e=\boldsymbol{0}$ 处是大范围渐近稳定的。

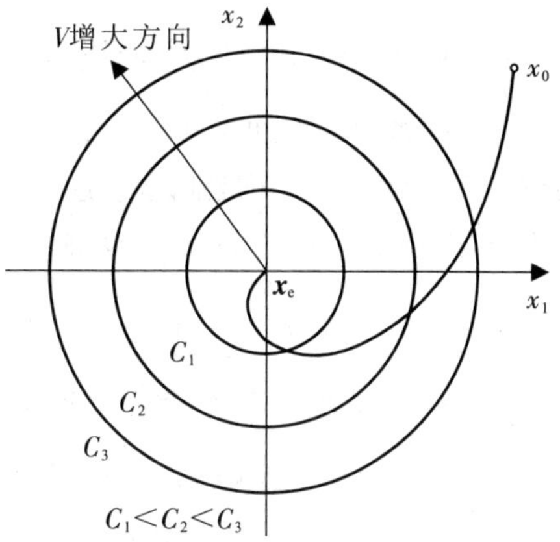

图 5-7　渐近稳定示意图

上述定理的正确性可由图 5-7 得到几何解释。因为 $V(\boldsymbol{x})=x_1^2+x_2^2=C$ 的几何图形是在 x_1x_2 平面上以原点为中心，以 $\sqrt{C}$ 为半径的一簇圆。它表示系统贮存的能量。如果贮能越多，圆的半径越大，表示相应状态矢量到原点之间的距离越远。而 $\dot{V}(\boldsymbol{x})$ 为负定，则表示系统的状态在沿状态轨线从圆的外侧趋向内侧的运动过程中，能量将随时间的推移而逐渐衰减，并最终收敛于原点。由此可见，如果 $V(\boldsymbol{x})$ 表示状态 $\boldsymbol{x}$ 与坐标原点间的距离，那么 $\dot{V}(\boldsymbol{x})$ 就表示状态 $\boldsymbol{x}$ 沿轨线趋向坐标原点的速度。也就是状态从 $\boldsymbol{x}_0$ 向 $\boldsymbol{x}_e$ 趋近的速度。

【例 5-10】 已知系统状态方程

$$\dot{\boldsymbol{x}}=\begin{bmatrix}0 & 1\\ -1 & -1\end{bmatrix}\boldsymbol{x}$$

试分析系统平衡状态的稳定性。

解　原点 $\boldsymbol{x}_e=\boldsymbol{0}$ 是系统唯一的平衡状态。选取李雅普诺夫函数

$$V(\boldsymbol{x})=\frac{1}{2}[(x_1+x_2)^2+2x_1^2+x_2^2]$$

为正定，而

$$\dot{V}(\boldsymbol{x})=(x_1+x_2)(\dot{x}_1+\dot{x}_2)+2x_1\dot{x}_1+x_2\dot{x}_2=-(x_1^2+x_2^2)$$

为负定，且当 $\|\boldsymbol{x}\|\to\infty$ 时，有 $V(\boldsymbol{x})\to\infty$，故系统在平衡状态 $\boldsymbol{x}_e=\boldsymbol{0}$ 处是大范围渐近稳定的。

应用定理 5.7 判断系统稳定性的主要难度在于构造系统的李雅普诺夫函数，其主要依靠经验和技巧，并无一般规律可循。事实上，对相当一部分系统，要构造一个正定的李雅普诺夫函数 $V(\boldsymbol{x})$，使其满足定理 5.7 中所要求的 $\dot{V}(\boldsymbol{x})$ 负定这一条件，非常不易做到。为此，李雅普诺夫给出定理 5.8 的形式，将定理 5.7 中 $\dot{V}(\boldsymbol{x})$ 负定这一条件放宽到要求 $\dot{V}(\boldsymbol{x})$ 半负定，在此基础上再附加限制条件，来判断系统的渐近稳定性。

定理 5.8 设系统的状态方程为

$$\dot{\boldsymbol{x}}=\boldsymbol{f}(\boldsymbol{x})$$

平衡状态为 $\boldsymbol{x}_e=\boldsymbol{0}$，满足 $\boldsymbol{f}(\boldsymbol{x}_e)=\boldsymbol{0}$。

如果存在一个标量函数 $V(\boldsymbol{x})$，它满足以下条件，则平衡状态 $\boldsymbol{x}_e$ 为在李雅普诺夫意义下稳定。

(1) $V(\boldsymbol{x})$ 对所有 x 都具有连续的一阶偏导数。

(2) $V(\boldsymbol{x})$ 是正定的，即当 $\boldsymbol{x}=\boldsymbol{0}$，$V(\boldsymbol{x})=0$；$\boldsymbol{x}\neq\boldsymbol{0}$，$V(\boldsymbol{x})>0$。

(3) $V(\boldsymbol{x})$ 沿状态轨迹方向计算的时间导数 $\dot{V}(\boldsymbol{x})=\mathrm{d}V(\boldsymbol{x})/\mathrm{d}t$ 半负定。

(4) 但若对任意初始状态 $\boldsymbol{x}(t_0)\neq\boldsymbol{0}$ 来说，除去 $\boldsymbol{x}=\boldsymbol{0}$ 外，对 $\boldsymbol{x}\neq\boldsymbol{0}$，$\dot{V}(\boldsymbol{x})$ 不恒为零，则系统的平衡状态 $\boldsymbol{x}_e=\boldsymbol{0}$ 是渐近稳定的，并称 $V(\boldsymbol{x})$ 是系统的一个李雅普诺夫函数。进一步，若 $V(\boldsymbol{x})$ 还满足 $\lim\limits_{\|\boldsymbol{x}\|\to\infty}V(\boldsymbol{x})=\infty$，则系统在平衡状态 $\boldsymbol{x}_e=\boldsymbol{0}$ 是大范围渐近稳定的。

下面对该定理中当 $\dot{V}(\boldsymbol{x})$ 半负定时的附加条件 $\dot{V}(\boldsymbol{x})$ 不恒为零作些说明。由于 $\dot{V}(\boldsymbol{x})$ 为半负定，所以在 $\boldsymbol{x}\neq\boldsymbol{0}$ 时可能会出现 $\dot{V}(\boldsymbol{x})=0$。这时系统可能有以下两种运动情况：

(1) $\dot{V}(\boldsymbol{x})\equiv0$，则 $V(\boldsymbol{x})\equiv C$，即状态运动轨迹将落在某个特定的曲面 $V(\boldsymbol{x})\equiv C$ 上，而不会收敛于 $\boldsymbol{x}_e=\boldsymbol{0}$ 的平衡状态，这可能对应于非线性系统中出现的极限环或线性系统中的临界稳定，系统在原点处的平衡状态为在李雅普诺夫意义下稳定，但非渐近稳定。

(2) $\dot{V}(\boldsymbol{x})$ 不恒等于零，只在某个时间段暂时为零，而其他时刻均为负值，则运动轨迹不会停留在某一定值 $V(\boldsymbol{x})=C$ 上，而是向原点收敛，系统在原点处的平衡状态为渐近稳定。

【例 5-11】 已知系统状态方程

$$\dot{\boldsymbol{x}}=\begin{bmatrix}0 & 1\\ -1 & -1\end{bmatrix}\boldsymbol{x}$$

试分析系统平衡状态的稳定性。

解 原点 $\boldsymbol{x}_e=\boldsymbol{0}$ 是系统唯一的平衡状态。选取李雅普诺夫函数

$$V(\boldsymbol{x})=x_1^2+x_2^2$$

为正定，而

$$\dot{V}(\boldsymbol{x})=2x_1\dot{x}_1+2x_2\dot{x}_2=-2x_2^2$$

当 $x_1=0$，$x_2=0$ 时，$\dot{V}(\boldsymbol{x})=0$；当 $x_1\neq0$，$x_2=0$ 时，$\dot{V}(\boldsymbol{x})=0$，因此 $\dot{V}(\boldsymbol{x})$ 半负定。根据定理 5.8，可知该系统在平衡状态处为李雅普诺夫意义下稳定。为了判断系统是否渐近稳定，还需进一步分析 $x_1\neq0$，$x_2=0$ 时，$\dot{V}(\boldsymbol{x})$ 是否恒为零。

假设 $\dot{V}(\boldsymbol{x})=-2x_2^2$ 恒为零，则必然有 x_2 在 $t>t_0$ 时恒等于零；x_2 恒等于零又要求 $\dot{x}_2$ 等于零。但从状态方程 $\dot{x}_2=-x_1-x_2$ 可知，在 $t>t_0$ 时，若要求 $\dot{x}_2=0$ 和 $x_2=0$，必须满足 $x_1=0$ 的条件。这与初始条件 $x_1\neq0$，$x_2=0$ 相违背。这就表明，$x_1\neq0$，$x_2=0$ 时，$\dot{V}(\boldsymbol{x})$ 不可能恒为零。因此，系统在平衡状态 $\boldsymbol{x}_e=\boldsymbol{0}$ 处是渐近稳定的。

当 $\|\boldsymbol{x}\|\to\infty$ 时，有 $V(\boldsymbol{x})\to\infty$，故系统在平衡状态 $\boldsymbol{x}_e=\boldsymbol{0}$ 处是大范围渐近稳定的。

定理 5.9　设系统的状态方程为

$$\dot{\boldsymbol{x}}=\boldsymbol{f}(\boldsymbol{x})$$

平衡状态为 $\boldsymbol{x}_e=\boldsymbol{0}$，满足 $\boldsymbol{f}(\boldsymbol{x}_e)=\boldsymbol{0}$。

如果存在一个标量函数 $V(\boldsymbol{x})$，它满足以下条件，则系统在平衡状态处不稳定。

(1) $V(\boldsymbol{x})$ 对所有 $\boldsymbol{x}$ 都具有连续的一阶偏导数。

(2) $V(\boldsymbol{x})$ 是正定的，即当 $\boldsymbol{x}=\boldsymbol{0}$，$V(\boldsymbol{x})=0$；$\boldsymbol{x}\neq\boldsymbol{0}$，$V(\boldsymbol{x})>0$。

(3) $V(\boldsymbol{x})$ 沿状态轨迹方向计算的时间导数 $\dot{V}(\boldsymbol{x})=\dfrac{\mathrm{d}V(\boldsymbol{x})}{\mathrm{d}t}$ 正定。

【例 5-12】　设系统的状态方程为

$$\begin{cases}\dot{x}_1=x_2\\ \dot{x}_2=-(1-|x_1|)x_2-x_1\end{cases}$$

试确定平衡状态的稳定性。

解　原点是唯一的平衡状态。初选

$$V(\boldsymbol{x})=x_1^2+x_2^2>0$$

则有

$$\dot{V}(\boldsymbol{x})=-2x_2^2(1-|x_1|)$$

当 $|x_1|=1$ 时，$\dot{V}(\boldsymbol{x})=0$；当 $|x_1|>1$ 时，$\dot{V}(\boldsymbol{x})>0$，可见该系统在单位圆外是不稳定的。但在单位圆 $x_1^2+x_2^2=1$ 内，由于 $|x_1|<1$，$\dot{V}(\boldsymbol{x})$ 是负定的。因此在这个范围内系统平衡状态是渐近稳定的。如图 5-8 所示，这个单位圆称作不稳定的极限环。

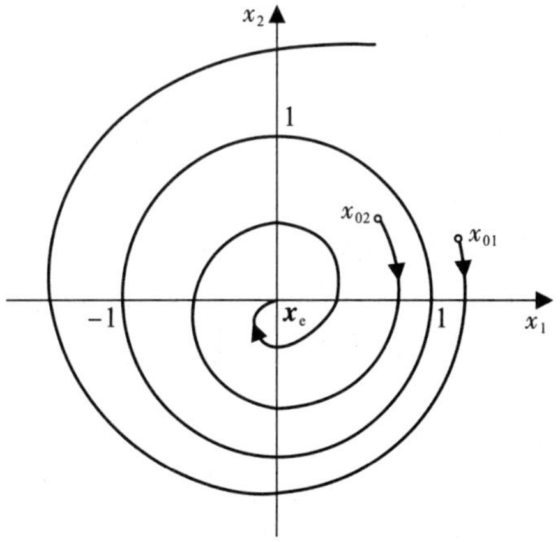

图 5-8　不稳定的极限环

【例 5-13】　设系统的状态方程为

$$\begin{cases}\dot{x}_1=x_1+x_2\\ \dot{x}_2=-x_1+x_2\end{cases}$$

试分析其平衡状态的稳定性。

解 原点 $x_1=0$，$x_2=0$ 是系统唯一的平衡状态。选择李雅普诺夫函数为

$$V(\boldsymbol{x})=x_1^2+x_2^2>0$$

同时有

$$\dot{V}(\boldsymbol{x})=2x_1\dot{x}_1+2x_2\dot{x}_2=2(x_1^2+x_2^2)>0$$

故系统在原点处是不稳定的。

实际上，对于该线性定常系统，根据李雅普诺夫第一法和特征值的符号也可以推断出系统在原点处不稳定。

5.5 连续时间线性系统的李雅普诺夫稳定性判据

5.5.1 线性时不变系统的李雅普诺夫稳定性判据

设线性定常连续系统为

$$\dot{\boldsymbol{x}}=\boldsymbol{A}\boldsymbol{x} \tag{5.34}$$

则平衡状态 $\boldsymbol{x}_e=\boldsymbol{0}$ 处渐近稳定的充分必要条件为：$\boldsymbol{A}$ 的所有特征根均具有负实部。

定理 5.10 矩阵 $\mathbf{A}\in\mathbf{R}^{n\times n}$ 的所有特征根均具有负实部，即 $\sigma(\mathbf{A})\subset\mathbf{C}^-$，等价于存在对称正定矩阵 $\boldsymbol{P}>0$，使得 $\boldsymbol{A}^{\mathrm{T}}\boldsymbol{P}+\boldsymbol{P}\boldsymbol{A}<0$。

证明 （1）先证必要性。设实对称矩阵 $\boldsymbol{Q}>0$，令 $\boldsymbol{P}=\int_0^{+\infty}\mathrm{e}^{\boldsymbol{A}^{\mathrm{T}}t}\boldsymbol{Q}\mathrm{e}^{\boldsymbol{A}t}\,\mathrm{d}t$，显然有 $\boldsymbol{P}>0$，且

$$\begin{aligned}\boldsymbol{A}^{\mathrm{T}}\boldsymbol{P}+\boldsymbol{P}\boldsymbol{A}&=\boldsymbol{A}^{\mathrm{T}}\int_0^{+\infty}\mathrm{e}^{\boldsymbol{A}^{\mathrm{T}}t}\boldsymbol{Q}\mathrm{e}^{\boldsymbol{A}t}\,\mathrm{d}t+\int_0^{+\infty}\mathrm{e}^{\boldsymbol{A}^{\mathrm{T}}t}\boldsymbol{Q}\mathrm{e}^{\boldsymbol{A}t}\boldsymbol{A}\,\mathrm{d}t\\&=\int_0^{+\infty}(\boldsymbol{A}^{\mathrm{T}}\mathrm{e}^{\boldsymbol{A}^{\mathrm{T}}t}\boldsymbol{Q}\mathrm{e}^{\boldsymbol{A}t}+\mathrm{e}^{\boldsymbol{A}^{\mathrm{T}}t}\boldsymbol{Q}\mathrm{e}^{\boldsymbol{A}t}\boldsymbol{A})\,\mathrm{d}t\\&=\int_0^{+\infty}\mathrm{d}(\mathrm{e}^{\boldsymbol{A}^{\mathrm{T}}t}\boldsymbol{Q}\mathrm{e}^{\boldsymbol{A}t})=\mathrm{e}^{\boldsymbol{A}^{\mathrm{T}}t}\boldsymbol{Q}\mathrm{e}^{\boldsymbol{A}t}\Big|_0^{+\infty}\end{aligned}$$

因为 $\sigma(\mathbf{A})\subset\mathbf{C}^-$，则 $\lim\limits_{t\to+\infty}\mathrm{e}^{\boldsymbol{A}t}=\lim\limits_{t\to+\infty}\mathrm{e}^{\boldsymbol{A}^{\mathrm{T}}t}=\boldsymbol{0}$，因此有

$$\boldsymbol{A}^{\mathrm{T}}\boldsymbol{P}+\boldsymbol{P}\boldsymbol{A}=-\boldsymbol{Q}<0$$

（2）再证充分性。因为 $\boldsymbol{A}$ 的特征根可能有复数，不妨在复数域上讨论，在 $\mathbf{C}^n$ 中定义新的内积 $\langle\boldsymbol{x},\boldsymbol{y}\rangle=\boldsymbol{x}^{\mathrm{T}}\boldsymbol{p}\,\bar{\boldsymbol{y}}$。$\forall\lambda\in\sigma(\boldsymbol{A})$，$\boldsymbol{x}\neq\boldsymbol{0}$ 为 $\boldsymbol{A}$ 的对应于 λ 的特征矢量，即 $\boldsymbol{A}\boldsymbol{x}=\lambda\boldsymbol{x}$，则

$$\langle\boldsymbol{A}\boldsymbol{x},\boldsymbol{x}\rangle+\langle\boldsymbol{x},\boldsymbol{A}\boldsymbol{x}\rangle=\boldsymbol{x}^{\mathrm{T}}\boldsymbol{A}^{\mathrm{T}}\boldsymbol{P}\bar{\boldsymbol{x}}+\boldsymbol{x}^{\mathrm{T}}\boldsymbol{P}\overline{\boldsymbol{A}\boldsymbol{x}}=\boldsymbol{x}^{\mathrm{T}}(\boldsymbol{A}^{\mathrm{T}}\boldsymbol{P}+\boldsymbol{P}\boldsymbol{A})\bar{\boldsymbol{x}}=-\boldsymbol{x}^{\mathrm{T}}\boldsymbol{Q}\bar{\boldsymbol{x}}<0$$

又

$$\begin{aligned}\langle\boldsymbol{A}\boldsymbol{x},\boldsymbol{x}\rangle+\langle\boldsymbol{x},\boldsymbol{A}\boldsymbol{x}\rangle&=\langle\lambda\boldsymbol{x},\boldsymbol{x}\rangle+\langle\boldsymbol{x},\lambda\boldsymbol{x}\rangle=\lambda\,\boldsymbol{x}^{\mathrm{T}}\boldsymbol{P}\bar{\boldsymbol{x}}+\boldsymbol{x}^{\mathrm{T}}\boldsymbol{P}\bar{\lambda}\bar{\boldsymbol{x}}\\&=(\lambda+\bar{\lambda})\boldsymbol{x}^{\mathrm{T}}\boldsymbol{P}\bar{\boldsymbol{x}}=2\mathrm{Re}(\lambda)\cdot\boldsymbol{x}^{\mathrm{T}}\boldsymbol{P}\bar{\boldsymbol{x}}\end{aligned}$$

所以 $2\mathrm{Re}(\lambda)\cdot\boldsymbol{x}^{\mathrm{T}}\boldsymbol{P}\bar{\boldsymbol{x}}=-\boldsymbol{x}^{\mathrm{T}}\boldsymbol{Q}\bar{\boldsymbol{x}}<0$，则 $\mathrm{Re}(\lambda)<0$，即 $\lambda\in\mathbf{C}^-$。

证毕。

对于任意给定的正定实对称矩阵 $\boldsymbol{Q}$，若存在正定的实对称矩阵 $\boldsymbol{P}$，满足李雅普诺夫方程：

$$\boldsymbol{A}^{\mathrm{T}}\boldsymbol{P}+\boldsymbol{P}\boldsymbol{A}=-\boldsymbol{Q} \tag{5.35}$$

则选择系统的李雅普诺夫函数为

$$V(\boldsymbol{x})=\boldsymbol{x}^{\mathrm{T}}\boldsymbol{P}\boldsymbol{x} \tag{5.36}$$

此时，李雅普诺夫函数 $V(\boldsymbol{x})$ 是正定的，其时间导数为

$$\dot{V}(\boldsymbol{x})=\boldsymbol{x}^{\mathrm{T}}\boldsymbol{P}\dot{\boldsymbol{x}}+\dot{\boldsymbol{x}}^{\mathrm{T}}\boldsymbol{P}\boldsymbol{x} \tag{5.37}$$

将式(5.34)代入式(5.37)可得

$$\dot{V}(\boldsymbol{x})=\boldsymbol{x}^{\mathrm{T}}\boldsymbol{P}\boldsymbol{A}\boldsymbol{x}+(\boldsymbol{A}\boldsymbol{x})^{\mathrm{T}}\boldsymbol{P}\boldsymbol{x}=\boldsymbol{x}^{\mathrm{T}}(\boldsymbol{P}\boldsymbol{A}+\boldsymbol{A}^{\mathrm{T}}\boldsymbol{P})\boldsymbol{x}$$

欲使系统在平衡状态渐近稳定，则要求 $\dot{V}(x)$ 必须是负定的，则

$$\dot{V}(\boldsymbol{x})=-\boldsymbol{x}^{\mathrm{T}}\boldsymbol{Q}\boldsymbol{x} \tag{5.38}$$

其中，$\boldsymbol{Q}=-(\boldsymbol{P}\boldsymbol{A}+\boldsymbol{A}^{\mathrm{T}}\boldsymbol{P})$ 为正定的。

在应用该判据时，应注意以下几点：

(1) 实际应用时，通常是先选取一个正定矩阵 $\boldsymbol{Q}$ 代入李雅普诺夫方程式(5.35)解出矩阵 $\boldsymbol{P}$，然后按照希尔维斯特判据判断 $\boldsymbol{P}$ 的正定性，进而作出系统渐近稳定的结论。

(2) 为了方便计算，常取 $\boldsymbol{Q}=\boldsymbol{I}$，这时 $\boldsymbol{P}$ 应满足

$$\boldsymbol{A}^{\mathrm{T}}\boldsymbol{P}+\boldsymbol{P}\boldsymbol{A}=-\boldsymbol{I} \tag{5.39}$$

其中，$\boldsymbol{I}$ 为单位矩阵。

(3) 若 $\dot{V}(\boldsymbol{x})$ 沿任一轨迹不恒等于零，那么 $\boldsymbol{Q}$ 可取为半正定的。

(4) 上述判据所确定的条件与矩阵 $\boldsymbol{A}$ 的特征值具有负实部的条件等价，因而判据所给出的条件是充分必要的。因为设 $\boldsymbol{A}=\boldsymbol{\Lambda}$(或通过变换)，若取 $V(\boldsymbol{x})=\|\boldsymbol{x}\|=\boldsymbol{x}^{\mathrm{T}}\boldsymbol{x}$，则 $\boldsymbol{Q}=-(\boldsymbol{A}^{\mathrm{T}}+\boldsymbol{A})=-2\boldsymbol{A}=-2\boldsymbol{\Lambda}$，显然只有当 $\boldsymbol{\Lambda}$ 全为负值时，$\boldsymbol{Q}$ 才是正定的。

【例 5-14】 考察一个二阶线性系统，它的矩阵是

$$\boldsymbol{A}=\begin{bmatrix}0 & 1\\ -2 & -3\end{bmatrix}$$

试分析平衡状态的稳定性。

解 设

$$\boldsymbol{P}=\begin{bmatrix}p_{11} & p_{12}\\ p_{21} & p_{22}\end{bmatrix},\quad \boldsymbol{Q}=\boldsymbol{I}$$

代入式(5.39)得

$$\begin{bmatrix}0 & -2\\ 1 & -3\end{bmatrix}\begin{bmatrix}p_{11} & p_{12}\\ p_{21} & p_{22}\end{bmatrix}+\begin{bmatrix}p_{11} & p_{12}\\ p_{21} & p_{22}\end{bmatrix}\begin{bmatrix}0 & 1\\ -2 & -3\end{bmatrix}=-\begin{bmatrix}1 & 0\\ 0 & 1\end{bmatrix}$$

展开并求解得

$$\boldsymbol{P}=\begin{bmatrix}5/4 & 1/4\\ 1/4 & 1/4\end{bmatrix}$$

根据希尔维斯特判据知

$$\Delta_1=\frac{5}{4}>0,\quad \Delta_2=\begin{vmatrix}\frac{5}{4} & \frac{1}{4}\\ \frac{1}{4} & \frac{1}{4}\end{vmatrix}=\frac{1}{4}>0$$

故矩阵 $\boldsymbol{P}$ 是正定的，因而系统的平衡状态是大范围渐近稳定的。或者由于

$$V(\boldsymbol{x})=\boldsymbol{x}^{\mathrm{T}}\boldsymbol{P}\boldsymbol{x}=\frac{1}{4}(5x_1^2+2x_1x_2+x_2^2)$$

是正定的，而

$$\dot{V}(\boldsymbol{x})=-\boldsymbol{x}^{\mathrm{T}}\boldsymbol{Q}\boldsymbol{x}=-(x_1^2+x_2^2)$$

是负定的，也可得出系统的平衡状态是大范围渐近稳定的。

【例 5-15】 线性定常系统的框图如图 5-9 所示。若要求系统渐近稳定，试确定 K 的取值范围。

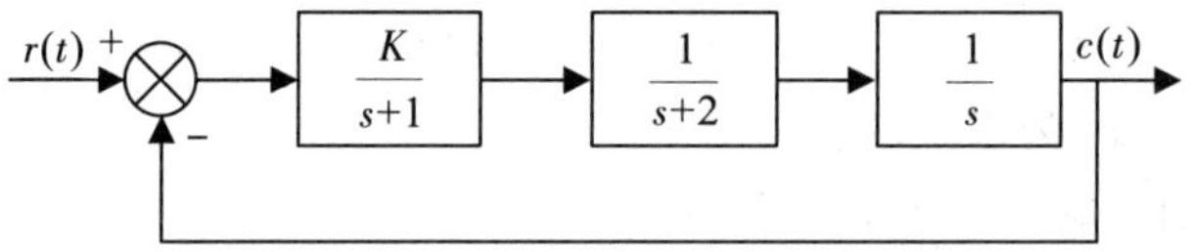

图 5-9 线性定常系统框图

解 系统的状态空间表达式为

$$\dot{\boldsymbol{x}}=\begin{bmatrix}0 & 1 & 0\\0 & -2 & 1\\-K & 0 & -1\end{bmatrix}\boldsymbol{x}+\begin{bmatrix}0\\0\\K\end{bmatrix}r$$

由状态空间表达式可知，$x_1=x_2=x_3=0$ 为系统的平衡状态。为计算方便，取 $\boldsymbol{Q}$ 为半正定，即

$$\boldsymbol{Q}=\begin{bmatrix}0 & 0 & 0\\0 & 0 & 0\\0 & 0 & 1\end{bmatrix}$$

则有 $\dot{V}(\boldsymbol{x})=-\boldsymbol{x}^{\mathrm{T}}\boldsymbol{Q}\boldsymbol{x}=-x_3^2$ 半负定。进一步分析会发现，$\dot{V}(\boldsymbol{x})$ 只在原点处恒为零，在状态空间除原点外的其他状态均为负，所以系统在平衡状态 $x_1=x_2=x_3=0$ 是渐近稳定的。

设

$$\boldsymbol{P}=\begin{bmatrix}p_{11} & p_{12} & p_{13}\\p_{21} & p_{22} & p_{23}\\p_{31} & p_{32} & p_{33}\end{bmatrix}$$

由 $\boldsymbol{A}^{\mathrm{T}}\boldsymbol{P}+\boldsymbol{P}\boldsymbol{A}=-\boldsymbol{Q}$ 可得

$$\boldsymbol{P}=\begin{bmatrix}\dfrac{K^2+12K}{12-2K} & \dfrac{6K}{12-2K} & 0\\[2mm]\dfrac{6K}{12-2K} & \dfrac{3K}{12-2K} & \dfrac{K}{12-2K}\\[2mm]0 & \dfrac{K}{12-2K} & \dfrac{6}{12-2K}\end{bmatrix}$$

为使矩阵 $\boldsymbol{P}$ 为正定，其充要条件是 $12-2K>0$ 和 $K>0$，这表明当 $0<K<6$，系统平衡状态是全局渐近稳定的。

5.5.2 线性时变系统的李雅普诺夫稳定性判据

任何一个线性时不变系统的标准分析方法都不能用于线性时变系统，因此，考虑利用

李雅普诺夫直接法研究线性时变系统的稳定性是一个很有趣的问题。考虑如下线性时变系统

$$\dot{\boldsymbol{x}}=\boldsymbol{A}(t)\boldsymbol{x} \tag{5.40}$$

不能简单地根据 $\boldsymbol{A}(t)$的特征值在任意时刻 $t\geqslant 0$ 具有负实部，则判断系统是稳定的。下面，我们给出线性时变系统的稳定性判据。

定理 5.11　系统(5.40)在平衡状态$\boldsymbol{x}_e=\boldsymbol{0}$ 处大范围渐近稳定的充要条件是，对于任意给定的连续对称正定矩阵 $\boldsymbol{Q}(t)$，必存在一个连续对称正定矩阵 $\boldsymbol{P}(t)$，满足

$$\dot{\boldsymbol{P}}(t)=-\boldsymbol{A}^{\mathrm{T}}(t)\boldsymbol{P}(t)-\boldsymbol{P}(t)\boldsymbol{A}(t)-\boldsymbol{Q}(t) \tag{5.41}$$

则系统的李雅普诺夫函数为

$$V(\boldsymbol{x},t)=\boldsymbol{x}^{\mathrm{T}}(t)\boldsymbol{P}(t)\boldsymbol{x}(t) \tag{5.42}$$

证明　设李雅普诺夫函数为

$$V(\boldsymbol{x},t)=\boldsymbol{x}^{\mathrm{T}}(t)\boldsymbol{P}(t)\boldsymbol{x}(t)$$

式中 $\boldsymbol{P}(t)$为连续的正定对称矩阵。取 $V(\boldsymbol{x},t)$对时间的全导数，得

$$\begin{aligned}\dot{V}(\boldsymbol{x},t)&=\dot{\boldsymbol{x}}^{\mathrm{T}}(t)\boldsymbol{P}(t)\boldsymbol{x}(t)+\boldsymbol{x}^{\mathrm{T}}(t)\frac{\mathrm{d}}{\mathrm{d}t}[\boldsymbol{P}(t)\boldsymbol{x}(t)]\\&=\dot{\boldsymbol{x}}^{\mathrm{T}}(t)\boldsymbol{P}(t)\boldsymbol{x}(t)+\boldsymbol{x}^{\mathrm{T}}(t)\dot{\boldsymbol{P}}(t)\boldsymbol{x}(t)+\boldsymbol{x}^{\mathrm{T}}(t)\boldsymbol{P}(t)\dot{\boldsymbol{x}}(t)\\&=\boldsymbol{x}^{\mathrm{T}}(t)\boldsymbol{A}^{\mathrm{T}}(t)\boldsymbol{P}(t)\boldsymbol{x}(t)+\boldsymbol{x}^{\mathrm{T}}(t)\dot{\boldsymbol{P}}(t)\boldsymbol{x}(t)+\boldsymbol{x}^{\mathrm{T}}(t)\boldsymbol{P}(t)\boldsymbol{A}(t)\boldsymbol{x}(t)\\&=\boldsymbol{x}^{\mathrm{T}}(t)[\boldsymbol{A}^{\mathrm{T}}(t)\boldsymbol{P}(t)+\dot{\boldsymbol{P}}(t)+\boldsymbol{P}(t)\boldsymbol{A}(t)]\boldsymbol{x}(t)\end{aligned}$$

即

$$\dot{V}(\boldsymbol{x},t)=-\boldsymbol{x}^{\mathrm{T}}(t)\boldsymbol{Q}(t)\boldsymbol{x}(t)$$

其中

$$\boldsymbol{Q}(t)=-\boldsymbol{A}^{\mathrm{T}}(t)\boldsymbol{P}(t)-\dot{\boldsymbol{P}}(t)-\boldsymbol{P}(t)\boldsymbol{A}(t)$$

由稳定性判据可知，当 $\boldsymbol{P}(t)$为正定对称矩阵时，若 $\boldsymbol{Q}(t)$也为正定对称阵，则 $\dot{V}(x,t)$是负定的，于是系统的平衡状态是渐近稳定的。

为了确定某些类型的时变系统的稳定性，还有一些比较特殊的结论。如考虑线性时变系统

$$\dot{\boldsymbol{x}}=(\boldsymbol{A}_1+\boldsymbol{A}_2(t))\boldsymbol{x} \tag{5.43}$$

其中矩阵 $\boldsymbol{A}_1$ 是常矩阵，并且是赫尔维茨(Hurwitz)的(即它的所有特征值严格地位于左半复平面)，而时变矩阵$\boldsymbol{A}_2(t)$满足 $t\to\infty$时，$\boldsymbol{A}_2(t)\to\boldsymbol{0}$，且 $\int_0^{\infty}\|\boldsymbol{A}_2(t)\|\mathrm{d}t<\infty$(即积分存在且为有限值)，则系统式(5.43) 是局部指数稳定的。

5.6　离散时间系统的李雅普诺夫稳定性

随着数字计算机的快速发展，离散时间系统在当今的控制科学与工程中日益显示出它的重要性。从前面的章节可以看出，线性离散时间系统与线性连续时间系统之间有许多相似之处，如数学描述、求解方法、响应分解、能控性和能观性等。本节主要讨论线性离散

时间系统的稳定性，线性离散时间系统和线性连续时间系统之间在稳定性上也存在许多相似之处，其本质原因在于两类系统的数学描述之间的相似性。

5.6.1 平衡状态及李雅普诺夫稳定性定理

离散时间时不变系统的状态方程为

$$\boldsymbol{x}(k+1)=\boldsymbol{f}(\boldsymbol{x}(k),\ k),\quad \boldsymbol{x}(0)=\boldsymbol{x}_0,\quad k=0,\ 1,\ 2,\ \cdots \tag{5.44}$$

式中，$\boldsymbol{x}$ 为 n 维状态向量，$\boldsymbol{f}(\boldsymbol{x}(k),\ k)$为线性或非线性、定常或时变的 n 维向量函数，即 $x_i(k)=f_i(x_1,\ x_2,\ \cdots,\ x_n,\ k)$，$i=1,\ 2,\ \cdots,\ n$。则式(5.44)的解为

$$\boldsymbol{x}(k)=\boldsymbol{\Phi}(k,\ 0,\ \boldsymbol{x}_0) \tag{5.45}$$

若在式(5.45)所描述的系统中，存在状态点$\boldsymbol{x}_e$，当系统运动到该点时，系统状态各分量维持平衡，不再随时间变化，即

$$\boldsymbol{x}(k)\big|_{\boldsymbol{x}=\boldsymbol{x}_e}=\boldsymbol{0}$$

则该类状态点$\boldsymbol{x}_e$为系统的平衡状态。即：若系统式(5.44)存在状态向量$\boldsymbol{x}_e$，对所有的时间 t 都满足

$$\boldsymbol{f}(\boldsymbol{x}_e,\ k)\equiv\boldsymbol{0} \tag{5.46}$$

则称$\boldsymbol{x}_e$为系统的平衡状态。式(5.46)为式(5.44)所描述系统平衡状态的方程。

对于一个任意系统，不一定都存在平衡状态，有时即使存在也未必是唯一的，例如对于线性定常系统

$$\boldsymbol{x}(k)=\boldsymbol{f}(\boldsymbol{x}(k))=\boldsymbol{G}\boldsymbol{x}(k)$$

当 $\boldsymbol{G}$ 为非奇异矩阵时，满足 $\boldsymbol{G}\boldsymbol{x}_e\equiv\boldsymbol{0}$ 的解$\boldsymbol{x}_e=\boldsymbol{0}$ 是系统唯一存在的一个平衡状态，但当 $\boldsymbol{G}$ 为奇异矩阵时，则系统将具有无穷多个平衡状态。对于非线性系统，通常可能有一个或多个平衡状态。

定理 5.12 设系统的状态方程为

$$\boldsymbol{x}(k)=\boldsymbol{f}(\boldsymbol{x}(k))$$

平衡状态为$\boldsymbol{x}_e=\boldsymbol{0}$，满足 $\boldsymbol{f}(\boldsymbol{x}_e)=\boldsymbol{0}$。如果存在一个标量函数 $V(\boldsymbol{x}(k))$，它满足以下条件，则系统在平衡状态$\boldsymbol{x}_e=\boldsymbol{0}$ 是大范围渐近稳定的。

(1) $V(\boldsymbol{x}(k))$是正定的，即当 $\boldsymbol{x}=\boldsymbol{0}$，$V(\boldsymbol{x})=0$；$\boldsymbol{x}\neq\boldsymbol{0}$，$V(\boldsymbol{x})>0$。

(2) $\Delta V(\boldsymbol{x}(k))=V(\boldsymbol{x}(k+1))-V(\boldsymbol{x}(k))$，$\Delta V(\boldsymbol{x}(k))$负定。

(3) 若 $V(\boldsymbol{x})$还满足 $\lim\limits_{\|\boldsymbol{x}\|\to\infty}V(\boldsymbol{x}(k))=\infty$。

从定理 5.12 的应用可以发现，定理中 $\Delta V(\boldsymbol{x}(k))$负定的保守性使不少系统判断失败。对此，同样可以通过对此条件的放宽，在此基础上再附加限制条件，来判断系统的渐近稳定性。

定理 5.13 设系统的状态方程为

$$\boldsymbol{x}(k)=\boldsymbol{f}(\boldsymbol{x}(k))$$

平衡状态为$\boldsymbol{x}_e=\boldsymbol{0}$，满足 $\boldsymbol{f}(\boldsymbol{x}_e)=\boldsymbol{0}$。如果存在一个标量函数 $V(\boldsymbol{x}(k))$，它满足以下几点，则系统的平衡状态$\boldsymbol{x}_e=\boldsymbol{0}$ 是渐近稳定的，并称 $V(\boldsymbol{x})$是系统的一个李雅普诺夫函数。

(1) $V(\boldsymbol{x}(k))$是正定的，即当 $\boldsymbol{x}=\boldsymbol{0}$，$V(\boldsymbol{x})=0$；$\boldsymbol{x}\neq\boldsymbol{0}$，$V(\boldsymbol{x})>0$。

(2) $\Delta V(\boldsymbol{x}(k))=V(\boldsymbol{x}(k+1))-V(\boldsymbol{x}(k))$，$\Delta V(\boldsymbol{x}(k))$半负定。

(3) 若对任意初始状态 $\boldsymbol{x}(0)\neq\boldsymbol{0}$ 来说，除去 $\boldsymbol{x}(k)=\boldsymbol{0}$ 外，对 $\boldsymbol{x}(k)\neq\boldsymbol{0}$，$\Delta V(\boldsymbol{x}(k))$ 不恒为零。进一步，若 $V(\boldsymbol{x})$ 还满足 $\lim\limits_{\|\boldsymbol{x}\|\to\infty} V(\boldsymbol{x})=\infty$，则系统在平衡状态 $\boldsymbol{x}_e=\boldsymbol{0}$ 是大范围渐近稳定的。

5.6.2 线性时不变离散时间系统的李雅普诺夫稳定性分析

设线性时不变离散时间系统的状态方程为

$$\boldsymbol{x}(k+1)=\boldsymbol{G}\boldsymbol{x}(k) \tag{5.47}$$

则平衡状态 $\boldsymbol{x}_e=\boldsymbol{0}$ 处渐近稳定的充分必要条件为：$\boldsymbol{G}$ 的所有特征根均在单位开圆盘内。

定理 5.14 矩阵 $\boldsymbol{G}\in\mathbf{R}^{n\times n}$ 的所有特征根均在单位开圆盘内，即 $\sigma(\boldsymbol{G})\subset\boldsymbol{B}(0,1)$。等价于存在对称正定矩阵 $\boldsymbol{P}>0$，使得 $\boldsymbol{G}^{\mathrm{T}}\boldsymbol{P}\boldsymbol{G}-\boldsymbol{P}<0$。

证明 (1) 必要性证明。设对称矩阵 $\boldsymbol{Q}>0$，使 $\boldsymbol{P}$ 满足 $\boldsymbol{G}^{\mathrm{T}}\boldsymbol{P}\boldsymbol{G}-\boldsymbol{P}=-\boldsymbol{Q}$，则有

$$\begin{gathered}
\boldsymbol{G}^{\mathrm{T}}\boldsymbol{P}\boldsymbol{G}-\boldsymbol{P}=-\boldsymbol{Q}\\
(\boldsymbol{G}^{\mathrm{T}})^2\boldsymbol{P}\boldsymbol{G}^2-\boldsymbol{G}^{\mathrm{T}}\boldsymbol{P}\boldsymbol{G}=-\boldsymbol{G}^{\mathrm{T}}\boldsymbol{Q}\boldsymbol{G}\\
(\boldsymbol{G}^{\mathrm{T}})^3\boldsymbol{P}\boldsymbol{G}^3-(\boldsymbol{G}^{\mathrm{T}})^2\boldsymbol{P}\boldsymbol{G}^2=-(\boldsymbol{G}^{\mathrm{T}})^2\boldsymbol{Q}\boldsymbol{G}^2\\
\vdots\\
(\boldsymbol{G}^{\mathrm{T}})^n\boldsymbol{P}\boldsymbol{G}^n-(\boldsymbol{G}^{\mathrm{T}})^{n-1}\boldsymbol{P}\boldsymbol{G}^{n-1}=-(\boldsymbol{G}^{\mathrm{T}})^{n-1}\boldsymbol{Q}\boldsymbol{G}^{n-1}\\
(\boldsymbol{G}^{\mathrm{T}})^{n+1}\boldsymbol{P}\boldsymbol{G}^{n+1}-(\boldsymbol{G}^{\mathrm{T}})^n\boldsymbol{P}\boldsymbol{G}^n=-(\boldsymbol{G}^{\mathrm{T}})^n\boldsymbol{Q}\boldsymbol{G}^n
\end{gathered} \tag{5.48}$$

式(5.48)等号两边相加可得

$$-\sum_{k=0}^{n}(\boldsymbol{G}^{\mathrm{T}})^k\boldsymbol{Q}\boldsymbol{G}^k=(\boldsymbol{G}^{\mathrm{T}})^{n+1}\boldsymbol{P}\boldsymbol{G}^{n+1}-\boldsymbol{P}\quad\text{或}\quad-\sum_{k=0}^{n}(\boldsymbol{G}^k)^{\mathrm{T}}\boldsymbol{Q}\boldsymbol{G}^k=(\boldsymbol{G}^{n+1})^{\mathrm{T}}\boldsymbol{P}\boldsymbol{G}^{n+1}-\boldsymbol{P}$$

因为 $\sigma(\boldsymbol{G})\subset\mathbf{B}(0,1)$，有

$$\lim_{n\to+\infty}(\boldsymbol{G}^{n+1})^{\mathrm{T}}\boldsymbol{P}\boldsymbol{G}^{n+1}=0$$

则有

$$\boldsymbol{P}=\sum_{k=0}^{n}(\boldsymbol{G}^k)^{\mathrm{T}}\boldsymbol{Q}\boldsymbol{G}^k>0$$

(2) 充分性证明。同连续系统的情况一样，在 $\mathbf{C}^n$ 中定义新的内积 $\langle x,\boldsymbol{y}\rangle=\boldsymbol{x}^{\mathrm{T}}\boldsymbol{P}\bar{\boldsymbol{y}}$。$\forall\lambda\in\sigma(\boldsymbol{G})$，$x\neq0$ 为 $\boldsymbol{G}$ 的对应于 λ 的特征矢量，即 $\boldsymbol{G}\boldsymbol{x}=\lambda\boldsymbol{x}$，则

$$\langle\boldsymbol{G}\boldsymbol{x},\boldsymbol{G}\boldsymbol{x}\rangle=\langle\lambda\boldsymbol{x},\lambda\boldsymbol{x}\rangle=\lambda\bar{\lambda}\langle\boldsymbol{x},\boldsymbol{x}\rangle=|\lambda|^2\,\boldsymbol{x}^{\mathrm{T}}\boldsymbol{P}\bar{\boldsymbol{x}}$$

又

$$\langle\boldsymbol{G}\boldsymbol{x},\boldsymbol{G}\boldsymbol{x}\rangle=\boldsymbol{x}^{\mathrm{T}}\,\boldsymbol{G}^{\mathrm{T}}\boldsymbol{P}\bar{\boldsymbol{G}}\bar{\boldsymbol{x}}=\boldsymbol{x}^{\mathrm{T}}\,\boldsymbol{G}^{\mathrm{T}}\boldsymbol{P}\boldsymbol{G}\bar{\boldsymbol{x}}$$

$$\boldsymbol{x}^{\mathrm{T}}\,\boldsymbol{G}^{\mathrm{T}}\boldsymbol{P}\boldsymbol{G}\bar{\boldsymbol{x}}-\boldsymbol{x}^{\mathrm{T}}\boldsymbol{P}\bar{\boldsymbol{x}}=-\boldsymbol{x}^{\mathrm{T}}\boldsymbol{Q}\bar{\boldsymbol{x}}<0,\ \text{即}\ \boldsymbol{x}^{\mathrm{T}}\boldsymbol{G}^{\mathrm{T}}\boldsymbol{P}\boldsymbol{G}\bar{\boldsymbol{x}}<\boldsymbol{x}^{\mathrm{T}}\boldsymbol{P}\bar{\boldsymbol{x}}$$

所以 $|\lambda|^2\,\boldsymbol{x}^{\mathrm{T}}\boldsymbol{P}\bar{\boldsymbol{x}}<\boldsymbol{x}^{\mathrm{T}}\boldsymbol{P}\bar{\boldsymbol{x}}$，从而 $|\lambda|^2<1$，即 $\lambda\in\mathbf{B}(0,1)$。证毕。

对于任意给定的正定实对称矩阵 $\boldsymbol{Q}$，若存在一个正定实对称矩阵 $\boldsymbol{P}$，满足

$$\boldsymbol{G}^{\mathrm{T}}\boldsymbol{P}\boldsymbol{G}-\boldsymbol{P}=-\boldsymbol{Q} \tag{5.49}$$

则系统的李雅普诺夫函数可取为

$$V[\boldsymbol{x}(k)]=\boldsymbol{x}^{\mathrm{T}}(k)\boldsymbol{P}\boldsymbol{x}(k) \tag{5.50}$$

将连续系统中的 $\dot{V}(\boldsymbol{x})$，以 $V[\boldsymbol{x}(k+1)]$ 与 $V[\boldsymbol{x}(k)]$ 之差代之，即

$$\Delta V[\boldsymbol{x}(k)]=V[\boldsymbol{x}(k+1)]-V[\boldsymbol{x}(k)] \tag{5.51}$$

若选取李雅普诺夫函数为

$$V[\boldsymbol{x}(k)]=\boldsymbol{x}^{\mathrm{T}}(k)\boldsymbol{P}\boldsymbol{x}(k)$$

其中，$\boldsymbol{P}$ 为正定实对称矩阵。则

$$\begin{aligned}\Delta V[\boldsymbol{x}(k)]&=V[\boldsymbol{x}(k+1)]-V[\boldsymbol{x}(k)]\\&=\boldsymbol{x}^{\mathrm{T}}(k+1)\boldsymbol{P}\boldsymbol{x}(k+1)-\boldsymbol{x}^{\mathrm{T}}(k)\boldsymbol{P}\boldsymbol{x}(k)\\&=[\boldsymbol{G}\boldsymbol{x}(k)]^{\mathrm{T}}\boldsymbol{P}[\boldsymbol{G}\boldsymbol{x}(k)]-\boldsymbol{x}^{\mathrm{T}}(k)\boldsymbol{P}\boldsymbol{x}(k)\\&=\boldsymbol{x}^{\mathrm{T}}(k)\boldsymbol{G}^{\mathrm{T}}\boldsymbol{P}\boldsymbol{G}\boldsymbol{x}(k)-\boldsymbol{x}^{\mathrm{T}}(k)\boldsymbol{P}\boldsymbol{x}(k)\\&=\boldsymbol{x}^{\mathrm{T}}(k)[\boldsymbol{G}^{\mathrm{T}}\boldsymbol{P}\boldsymbol{G}-\boldsymbol{P}]\boldsymbol{x}(k)\end{aligned}$$

由于 $V[\boldsymbol{x}(k)]$ 选为正定的，根据渐近稳定判据必要求

$$\Delta V[\boldsymbol{x}(k)]=-\boldsymbol{x}^{\mathrm{T}}(k)\boldsymbol{Q}\boldsymbol{x}(k) \tag{5.52}$$

为负定的，因此矩阵

$$\boldsymbol{Q}=-(\boldsymbol{G}^{\mathrm{T}}\boldsymbol{P}\boldsymbol{G}-\boldsymbol{P})$$

必须是正定的。

如果 $\Delta V[\boldsymbol{x}(k)]=-\boldsymbol{x}^{\mathrm{T}}(k)\boldsymbol{Q}\boldsymbol{x}(k)$ 沿任一解的序列不恒为零，那么 $\boldsymbol{Q}$ 亦可取成半正定矩阵。实际上，$\boldsymbol{P}$、$\boldsymbol{Q}$ 矩阵满足上述条件与矩阵 $\boldsymbol{G}$ 的特征根的模小于 1 的条件完全等价。

与线性定常连续系统相类似，在具体应用判据时，可先给定一个正定实对称矩阵 $\boldsymbol{Q}$，然后由

$$\boldsymbol{G}^{\mathrm{T}}\boldsymbol{P}\boldsymbol{G}-\boldsymbol{P}=-\boldsymbol{I} \tag{5.53}$$

判断所确定的实对称矩阵 $\boldsymbol{P}$ 是否正定，从而得出稳定性的结论。

【例 5-16】 设线性离散系统状态方程为

$$\boldsymbol{x}(k+1)=\begin{pmatrix}\lambda_1 & 0\\ 0 & \lambda_2\end{pmatrix}\boldsymbol{x}(k)$$

试确定系统在平衡状态处渐近稳定的条件。

解 由式(5.53)得

$$\begin{bmatrix}\lambda_1 & 0\\ 0 & \lambda_2\end{bmatrix}\begin{bmatrix}p_{11} & p_{12}\\ p_{21} & p_{22}\end{bmatrix}\begin{bmatrix}\lambda_1 & 0\\ 0 & \lambda_2\end{bmatrix}-\begin{bmatrix}p_{11} & p_{12}\\ p_{21} & p_{22}\end{bmatrix}=\begin{bmatrix}-1 & 0\\ 0 & -1\end{bmatrix}$$

展开化简整理得

$$\begin{aligned}p_{11}(1-\lambda_1^2)&=1\\p_{12}(1-\lambda_1\lambda_2)&=0\\p_{22}(1-\lambda_2^2)&=1\end{aligned}$$

可解出

$$\boldsymbol{P}=\begin{bmatrix}\dfrac{1}{1-\lambda_1^2} & 0\\ 0 & \dfrac{1}{1-\lambda_2^2}\end{bmatrix}$$

要使 $\boldsymbol{P}$ 为正定实对称矩阵，必须满足：$|\lambda_1|<1$，$|\lambda_2|<1$。

可见只有当系统的极点落在单位圆内时，系统在平衡状态处才是大范围渐近稳定的，

这个结论与由采样控制系统稳定判据分析的结论是一致的。

5.6.3 线性时变离散时间系统的李雅普诺夫稳定性分析

设线性时变离散系统的状态方程为

$$\boldsymbol{x}(k+1)=\boldsymbol{G}(k+1, k)\boldsymbol{x}(k) \tag{5.54}$$

定理 5.15 系统(5.54)在平衡状态$\boldsymbol{x}_e=\boldsymbol{0}$处大范围渐近稳定的充要条件是，对于任意给定的正实对称矩阵$\boldsymbol{Q}(k)$，必存在一个正定的实对称矩阵$\boldsymbol{P}(k+1)$，使得

$$\boldsymbol{G}^{\mathrm{T}}(k+1, k)\boldsymbol{P}(k+1)\boldsymbol{G}(k+1, k)-\boldsymbol{P}(k)=-\boldsymbol{Q}(k) \tag{5.55}$$

成立。并且

$$V[\boldsymbol{x}(k), k]=\boldsymbol{x}^{\mathrm{T}}(k)\boldsymbol{P}(k)\boldsymbol{x}(k) \tag{5.56}$$

是系统的李雅普诺夫函数。

证明 假设选取李雅普诺夫函数为

$$V[\boldsymbol{x}(k), k]=\boldsymbol{x}^{\mathrm{T}}(k)\boldsymbol{P}(k)\boldsymbol{x}(k)$$

其中，$\boldsymbol{P}(k)$为正定实对称矩阵。

类似地用

$$\Delta V[\boldsymbol{x}(k), k]=V[\boldsymbol{x}(k+1), k+1]-V[\boldsymbol{x}(k), k] \tag{5.57}$$

代替$\dot{V}[\boldsymbol{x}(k), k]$，于是得

$$\begin{aligned}\Delta V[\boldsymbol{x}(k), k]&=V[\boldsymbol{x}(k+1), k+1]-V[\boldsymbol{x}(k), k]\\&=\boldsymbol{x}^{\mathrm{T}}(k+1)\boldsymbol{P}(k+1)\boldsymbol{x}(k+1)-\boldsymbol{x}^{\mathrm{T}}(k)\boldsymbol{P}(k)\boldsymbol{x}(k)\\&=\boldsymbol{x}^{\mathrm{T}}(k)\boldsymbol{G}^{\mathrm{T}}(k+1, k)\boldsymbol{P}(k+1)\boldsymbol{G}(k+1, k)\boldsymbol{x}(k)-\boldsymbol{x}^{\mathrm{T}}(k)\boldsymbol{P}(k)\boldsymbol{x}(k)\\&=\boldsymbol{x}^{\mathrm{T}}(k)[\boldsymbol{G}^{\mathrm{T}}(k+1, k)\boldsymbol{P}(k+1)\boldsymbol{G}(k+1, k)-\boldsymbol{P}(k)]\boldsymbol{x}(k)\end{aligned}$$

由于$V[\boldsymbol{x}(k), k]$已选为正定的，根据渐近稳定的条件

$$\Delta V[\boldsymbol{x}(k), k]=-\boldsymbol{x}^{\mathrm{T}}(k)\boldsymbol{Q}(k)\boldsymbol{x}(k) \tag{5.58}$$

为负定的，即

$$\boldsymbol{Q}(k)=-[\boldsymbol{G}^{\mathrm{T}}(k+1, k)\boldsymbol{P}(k+1)\boldsymbol{G}(k+1, k)-\boldsymbol{P}(k)]$$

必须是正定的。

在具体运用时，与线性连续系统情况相类似，可先给定一个正定的实对称矩阵$\boldsymbol{Q}(k)$，然后验算由

$$\boldsymbol{G}^{\mathrm{T}}(k+1, k)\boldsymbol{P}(k+1)\boldsymbol{G}(k+1, k)-\boldsymbol{P}(k)=-\boldsymbol{Q}(k)$$

所确定的矩阵$\boldsymbol{P}(k)$是否正定。

差分方程式(5.55)的解为

$$\boldsymbol{P}(k+1)=\boldsymbol{G}^{\mathrm{T}}(0, k+1)\boldsymbol{P}(0)\boldsymbol{G}(0, k+1)-\sum_{i=0}^{k}\boldsymbol{G}^{\mathrm{T}}(i, k+1)\boldsymbol{Q}(i)\boldsymbol{G}(i, k+1) \tag{5.59}$$

其中，$\boldsymbol{P}(0)$为初始条件。

当取$\boldsymbol{Q}(i)=\boldsymbol{I}$时，则有

$$\boldsymbol{P}(k+1)=\boldsymbol{G}^{\mathrm{T}}(0, k+1)\boldsymbol{P}(0)\boldsymbol{G}(0, k+1)-\sum_{i=0}^{k}\boldsymbol{G}^{\mathrm{T}}(i, k+1)\boldsymbol{G}(i, k+1) \tag{5.60}$$

5.7 李雅普诺夫直接法在非线性系统中的应用

5.7.1 雅可比(Jacobian)矩阵法

雅可比(Jacobian)矩阵法也称为克拉索夫斯基(Krasovski)法，二者虽表达形式略有不同，但基本思路是一致的。实际上，它们都是寻找李雅普诺夫函数方法的一种推广。

定理 5.16 设 n 维非线性系统为

$$\dot{\boldsymbol{x}}=\boldsymbol{f}(\boldsymbol{x}) \tag{5.61}$$

其中，$\boldsymbol{x}\in\mathbf{R}^n$ 为系统状态向量；$\boldsymbol{f}(\boldsymbol{x})\in\mathbf{R}^n$ 为与 $\boldsymbol{x}$ 同维的矢量函数，且对 $\boldsymbol{x}$ 有连续的偏导数；$\boldsymbol{x}_e$ 为其平衡状态。系统的雅可比矩阵为

$$\boldsymbol{J}(\boldsymbol{x})=\frac{\partial\boldsymbol{f}(\boldsymbol{x})}{\partial\boldsymbol{x}^{\mathrm{T}}}=\begin{bmatrix}\dfrac{\partial f_1}{\partial x_1} & \dfrac{\partial f_1}{\partial x_2} & \cdots & \dfrac{\partial f_1}{\partial x_n}\\ \dfrac{\partial f_2}{\partial x_1} & \dfrac{\partial f_2}{\partial x_2} & \cdots & \dfrac{\partial f_2}{\partial x_n}\\ \vdots & \vdots & \ddots & \vdots\\ \dfrac{\partial f_n}{\partial x_1} & \dfrac{\partial f_n}{\partial x_2} & \cdots & \dfrac{\partial f_n}{\partial x_n}\end{bmatrix} \tag{5.62}$$

则系统在平衡状态处渐近稳定的充分条件是：任意给正定实对称矩阵 $\boldsymbol{P}$，使下列矩阵

$$\boldsymbol{Q}(\boldsymbol{x})=-[\boldsymbol{J}^{\mathrm{T}}(\boldsymbol{x})\boldsymbol{P}+\boldsymbol{P}\boldsymbol{J}(\boldsymbol{x})] \tag{5.63}$$

为正定的，并且

$$V(\boldsymbol{x})=\dot{\boldsymbol{x}}^{\mathrm{T}}\boldsymbol{P}\dot{\boldsymbol{x}}=\boldsymbol{f}^{\mathrm{T}}(\boldsymbol{x})\boldsymbol{P}\boldsymbol{f}(\boldsymbol{x}) \tag{5.64}$$

是系统的一个李雅普诺夫函数。

如果当 $\|\boldsymbol{x}\|\to\infty$ 时，$V(\boldsymbol{x})\to\infty$，那么该平衡状态是大范围渐近稳定的。

证明 取二次型函数

$$V(\boldsymbol{x})=\dot{\boldsymbol{x}}^{\mathrm{T}}\boldsymbol{P}\dot{\boldsymbol{x}}=\boldsymbol{f}^{\mathrm{T}}(\boldsymbol{x})\boldsymbol{P}\boldsymbol{f}(\boldsymbol{x})$$

为李雅普诺夫函数，其中 $\boldsymbol{P}$ 为正定对称矩阵，因而 $V(\boldsymbol{x})$ 正定。

考虑到 $\boldsymbol{f}(\boldsymbol{x})$ 是 $\boldsymbol{x}$ 的显函数，不是时间 t 的显函数，于是有下列关系：

$$\frac{\mathrm{d}\boldsymbol{f}(\boldsymbol{x})}{\mathrm{d}t}=\dot{\boldsymbol{f}}(\boldsymbol{x})=\frac{\partial\boldsymbol{f}(\boldsymbol{x})}{\partial\boldsymbol{x}^{\mathrm{T}}}\frac{\mathrm{d}\boldsymbol{x}}{\mathrm{d}t}=\frac{\partial\boldsymbol{f}(\boldsymbol{x})}{\partial\boldsymbol{x}^{\mathrm{T}}}\dot{\boldsymbol{x}}=\boldsymbol{J}(\boldsymbol{x})\boldsymbol{f}(\boldsymbol{x})$$

将 $V(\boldsymbol{x})$ 沿状态轨迹对 t 求全导数，可得

$$\begin{aligned}\dot{V}(\boldsymbol{x})&=\boldsymbol{f}^{\mathrm{T}}(\boldsymbol{x})\boldsymbol{P}\dot{\boldsymbol{f}}(\boldsymbol{x})+\dot{\boldsymbol{f}}^{\mathrm{T}}(\boldsymbol{x})\boldsymbol{P}\boldsymbol{f}(\boldsymbol{x})\\&=\boldsymbol{f}^{\mathrm{T}}(\boldsymbol{x})\boldsymbol{P}\boldsymbol{J}(\boldsymbol{x})\boldsymbol{f}(\boldsymbol{x})+[\boldsymbol{J}(\boldsymbol{x})\boldsymbol{f}(\boldsymbol{x})]^{\mathrm{T}}\boldsymbol{P}\boldsymbol{f}(\boldsymbol{x})\\&=\boldsymbol{f}^{\mathrm{T}}(\boldsymbol{x})[\boldsymbol{J}^{\mathrm{T}}(\boldsymbol{x})\boldsymbol{P}+\boldsymbol{P}\boldsymbol{J}(\boldsymbol{x})]\boldsymbol{f}(\boldsymbol{x})\end{aligned}$$

或

$$\dot{V}(\boldsymbol{x})=-\boldsymbol{f}^{\mathrm{T}}(\boldsymbol{x})\boldsymbol{Q}(\boldsymbol{x})\boldsymbol{f}(\boldsymbol{x})$$

其中

$$\boldsymbol{Q}(\boldsymbol{x})=-[\boldsymbol{J}^{\mathrm{T}}(\boldsymbol{x})\boldsymbol{P}+\boldsymbol{P}\boldsymbol{J}(\boldsymbol{x})] \tag{5.65}$$

式(5.65)表明，要使系统渐近稳定，$\dot{V}(\boldsymbol{x})$必须是负定的，因此$\boldsymbol{Q}(\boldsymbol{x})$必须是正定的。若当$\|\boldsymbol{x}\|\to\infty$时，$V(\boldsymbol{x})\to\infty$，则系统在原点是大范围渐近稳定的。

若取$\boldsymbol{P}=\boldsymbol{I}$，则

$$\boldsymbol{Q}(\boldsymbol{x})=-[\boldsymbol{J}^{\mathrm{T}}(\boldsymbol{x})+\boldsymbol{J}(\boldsymbol{x})] \tag{5.66}$$

式(5.66)为克拉索夫斯基表达式。这时有

$$V(\boldsymbol{x})=\boldsymbol{f}^{\mathrm{T}}(\boldsymbol{x})\boldsymbol{f}(\boldsymbol{x}) \tag{5.67}$$

$$\dot{V}(\boldsymbol{x})=\boldsymbol{f}^{\mathrm{T}}(\boldsymbol{x})[\boldsymbol{J}^{\mathrm{T}}(\boldsymbol{x})+\boldsymbol{J}(\boldsymbol{x})]\boldsymbol{f}(\boldsymbol{x}) \tag{5.68}$$

上述两种方法是等价的。

【例 5-17】 设系统的状态方程为

$$\begin{cases}\dot{x}_1=-6x_1+2x_2\\ \dot{x}_2=2x_1-6x_2-2x_2^3\end{cases}$$

试用克拉索夫斯基法分析$\boldsymbol{x}_{\mathrm{e}}=\boldsymbol{0}$处的稳定性。

解　计算雅可比矩阵，即

$$\boldsymbol{J}(\boldsymbol{x})=\frac{\partial\boldsymbol{f}(\boldsymbol{x})}{\partial\boldsymbol{x}^{\mathrm{T}}}=\begin{bmatrix}-6 & 2\\ 2 & -6-6x_2^2\end{bmatrix}$$

取$\boldsymbol{P}=\boldsymbol{I}$，得

$$-\boldsymbol{Q}(\boldsymbol{x})=\boldsymbol{J}^{\mathrm{T}}(\boldsymbol{x})+\boldsymbol{J}(\boldsymbol{x})=\begin{bmatrix}-12 & 4\\ 4 & -12-12x_2^2\end{bmatrix}=-\begin{bmatrix}12 & -4\\ -4 & 12+12x_2^2\end{bmatrix}$$

根据希尔维斯特判据，有

$$\Delta_1=12>0,\ \Delta_2=128+144x_2^2>0$$

表明$\boldsymbol{Q}(\boldsymbol{x})$正定。因而平衡状态$\boldsymbol{x}_{\mathrm{e}}=\boldsymbol{0}$是渐近稳定的。相应的李雅普诺夫函数是

$$V(\boldsymbol{x})=\boldsymbol{f}^{\mathrm{T}}(\boldsymbol{x})\boldsymbol{f}(\boldsymbol{x})=(-6x_1+2x_2)^2+(2x_1-6x_2-2x_2^3)^2$$

因为当$\|\boldsymbol{x}\|\to\infty$时，$V(\boldsymbol{x})\to\infty$，所以平衡状态$\boldsymbol{x}_{\mathrm{e}}=\boldsymbol{0}$是大范围渐近稳定的。

5.7.2　变量梯度法

变量梯度法是舒尔茨(Shultz)和基布逊(Gibson)在 1962 年提出的一种较为实用的构造李雅普诺夫函数的方法。

设非线性系统为

$$\dot{\boldsymbol{x}}=\boldsymbol{f}(\boldsymbol{x},t) \tag{5.69}$$

式中：$\boldsymbol{x}\in\mathbf{R}^n$为系统状态向量；$\boldsymbol{f}(\boldsymbol{x},t)$为与$\boldsymbol{x}$同维的矢量函数，它的元素是$x_1$、$x_2$、…、$x_n$，$t$的非线性函数。假设$\boldsymbol{x}_{\mathrm{e}}=\boldsymbol{0}$为其平衡状态。先假设找到了判断其渐近稳定的李雅普诺夫函数为$V(\boldsymbol{x})$，其为状态$\boldsymbol{x}$的显函数，而不是时间t的显函数。则$V(\boldsymbol{x})$的梯度

$$\nabla V(\boldsymbol{x})=\frac{\partial V}{\partial\boldsymbol{x}}=\begin{bmatrix}\dfrac{\partial V}{\partial x_1}\\ \dfrac{\partial V}{\partial x_2}\\ \vdots\\ \dfrac{\partial V}{\partial x_n}\end{bmatrix} \tag{5.70}$$

存在且唯一。则 $V(\boldsymbol{x})$ 对时间的导数为

$$\dot{V}(\boldsymbol{x})=\frac{\partial V}{\partial x_1}\dot{x}_1+\frac{\partial V}{\partial x_2}\dot{x}_2+\cdots+\frac{\partial V}{\partial x_n}\dot{x}_n=\begin{bmatrix}\frac{\partial V}{\partial x_1} & \frac{\partial V}{\partial x_2} & \cdots & \frac{\partial V}{\partial x_n}\end{bmatrix}\begin{bmatrix}\dot{x}_1\\ \dot{x}_2\\ \vdots\\ \dot{x}_n\end{bmatrix}=[\nabla V(\boldsymbol{x})]^{\mathrm{T}}\dot{\boldsymbol{x}} \tag{5.71}$$

舒尔茨和基布逊提出，先把 $V(\boldsymbol{x})$ 的梯度 $\nabla V(\boldsymbol{x})$ 假设为某种形式，例如一个待定系数的 n 维列向量，即

$$\nabla V(\boldsymbol{x})=\begin{bmatrix}\frac{\partial V}{\partial x_1}\\ \frac{\partial V}{\partial x_2}\\ \vdots\\ \frac{\partial V}{\partial x_n}\end{bmatrix}=\begin{bmatrix}a_{11}x_1+a_{12}x_2+\cdots+a_{1n}x_n\\ a_{21}x_1+a_{22}x_2+\cdots+a_{2n}x_n\\ \vdots\\ a_{n1}x_1+a_{n2}x_2+\cdots+a_{nn}x_n\end{bmatrix}=\begin{bmatrix}a_{11} & a_{12} & \cdots & a_{1n}\\ a_{21} & a_{22} & \cdots & a_{2n}\\ \vdots & \vdots & & \vdots\\ a_{n1} & a_{n2} & \cdots & a_{nn}\end{bmatrix}\begin{bmatrix}x_1\\ x_2\\ \vdots\\ x_n\end{bmatrix} \tag{5.72}$$

然后根据 $\dot{V}(\boldsymbol{x})$ 为负定或至少为半负定等约束条件确定待定系数，并由此求出符合李雅普诺夫定理要求的 $V(\boldsymbol{x})$ 和 $\dot{V}(\boldsymbol{x})$。由式(5.71)可知，$V(\boldsymbol{x})$ 可由其梯度 $\nabla V(\boldsymbol{x})$ 做线积分求解，即

$$V(\boldsymbol{x})=\int_0^t \dot{V}(\boldsymbol{x})\mathrm{d}t=\int_0^t [\nabla V(\boldsymbol{x})]^{\mathrm{T}}\dot{\boldsymbol{x}}\mathrm{d}t=\int_0^x [\nabla V(\boldsymbol{x})]^{\mathrm{T}}\mathrm{d}\boldsymbol{x} \tag{5.73}$$

这里的积分上限 $\boldsymbol{x}$ 是整个状态空间中的任意一点。

由场论知识可知，若向量 $\nabla V(\boldsymbol{x})$ 的 n 维旋度 $\mathrm{rot}[\nabla V(\boldsymbol{x})]$ 等于零，则式(5.73)的线积分与积分路径无关。而 $\mathrm{rot}[\nabla V(\boldsymbol{x})]=0$ 的重要条件是向量 $\nabla V(\boldsymbol{x})$ 的雅可比矩阵

$$\frac{\partial[\nabla V(\boldsymbol{x})]}{\partial \boldsymbol{x}^{\mathrm{T}}}=\begin{bmatrix}\frac{\partial(\frac{\partial V}{\partial x_1})}{\partial x_1} & \frac{\partial(\frac{\partial V}{\partial x_1})}{\partial x_2} & \cdots & \frac{\partial(\frac{\partial V}{\partial x_1})}{\partial x_n}\\ \frac{\partial(\frac{\partial V}{\partial x_2})}{\partial x_1} & \frac{\partial(\frac{\partial V}{\partial x_2})}{\partial x_2} & \cdots & \frac{\partial(\frac{\partial V}{\partial x_2})}{\partial x_n}\\ \vdots & \vdots & \ddots & \vdots\\ \frac{\partial(\frac{\partial V}{\partial x_n})}{\partial x_1} & \frac{\partial(\frac{\partial V}{\partial x_n})}{\partial x_2} & \cdots & \frac{\partial(\frac{\partial V}{\partial x_n})}{\partial x_n}\end{bmatrix} \tag{5.74}$$

是对称矩阵，即满足如下 $\frac{n(n-1)}{2}$ 个旋度方程

$$\frac{\partial(\frac{\partial V}{\partial x_i})}{\partial x_j}=\frac{\partial(\frac{\partial V}{\partial x_j})}{\partial x_i}\quad (i,\ j=1,\ 2,\ \cdots,\ n) \tag{5.75}$$

当式(5.75)所示的条件满足时，式(5.73)所示求 $V(\boldsymbol{x})$ 的线积分与积分路径无关，这时可选择一条使线积分计算最简便的路径，即依序沿各坐标轴 $x_i(i=1,\ 2,\ \cdots,\ n)$ 方向逐点分段积分，即

$$V(\boldsymbol{x})=\int_0^{x_1(x_2=x_3=\cdots=x_n=0)}\frac{\partial V}{\partial x_1}\mathrm{d}x_1+\int_0^{x_2(x_1=x_1,\,x_3=x_4=\cdots=x_n=0)}\frac{\partial V}{\partial x_2}\mathrm{d}x_2+\cdots+\int_0^{x_n(x_1=x_1,\,x_2=x_2,\,\cdots,\,x_{n-1}=x_{n-1})}\frac{\partial V}{\partial x_n}\mathrm{d}x_n \tag{5.76}$$

综上所述，按变量梯度法构造李雅普诺夫函数 $V(\boldsymbol{x})$ 的步骤如下：

(1) 将李雅普诺夫函数 $V(\boldsymbol{x})$ 的梯度 $\nabla V(\boldsymbol{x})$ 设为如式(5.72)所示的带待定系数的 n 维列向量的形式，其中 $a_{ij}(i, j=1, 2, \cdots, n)$ 为待定系数，其可为常数，也可为 t 的函数或(和)状态变量的函数。实际应用中，为了简化计算，一般将 a_{nn} 选择为常数或带 t 的函数，其余一些待定系数 a_{ij} 也可以选择为零。

(2) 根据式(5.71)由 $\nabla V(\boldsymbol{x})$ 写出 $\dot{V}(\boldsymbol{x})$。由 $\dot{V}(\boldsymbol{x})$ 是负定的或至少是半负定的约束条件，确定一部分待定系数 a_{ij}。

(3) 由 $\nabla V(\boldsymbol{x})$ 的 n 维旋度等于零的约束条件，即式(5.75)确定其余待定系数 a_{ij}。

(4) 根据第(3)步所得结果可能改变 $\dot{V}(\boldsymbol{x})$，故应按照所得结果重新校核 $\dot{V}(\boldsymbol{x})$ 的符号性质。

(5) 按式(5.76)由 $\nabla V(\boldsymbol{x})$ 的线积分求出 $V(\boldsymbol{x})$，并验证其正定性。

(6) 确定渐近稳定的范围。

应该指出，若采用上述变量梯度法求不出合适的李雅普诺夫函数，并不意味着平衡状态是不稳定的，这时不能得出关于给定非线性系统平衡状态稳定性的任何结论。

另外，由于非线性系统的稳定性具有局部的性质，因此，如果非线性系统的平衡状态是渐近稳定的，则希望找出在平衡状态周围最大邻域内满足稳定条件的李雅普诺夫函数，以确定平衡状态渐近稳定的最大范围。

【例 5-18】 设时变系统状态方程为

$$\dot{\boldsymbol{x}}=\boldsymbol{A}(t)\boldsymbol{x}=\begin{bmatrix}0 & 1\\ -\dfrac{1}{t+1} & -10\end{bmatrix}\boldsymbol{x},\ t\geqslant 0$$

试分析平衡状态 $\boldsymbol{x}_e=\boldsymbol{0}$ 的稳定性。

解　设 $V(\boldsymbol{x})$ 的梯度为

$$\nabla V_1=a_{11}x_1+a_{12}x_2$$
$$\nabla V_2=a_{21}x_1+a_{22}x_2$$

则

$$\begin{aligned}\dot{V}(\boldsymbol{x})&=(\nabla V)^{\mathrm{T}}\dot{\boldsymbol{x}}=\frac{\partial V}{\partial x_1}\dot{x}_1+\frac{\partial V}{\partial x_2}\dot{x}_2\\&=\begin{bmatrix}a_{11}x_1+a_{12}x_2 & a_{21}x_1+a_{22}x_2\end{bmatrix}\begin{bmatrix}x_2\\ -\dfrac{x_1}{t+1}-10x_2\end{bmatrix}\\&=(a_{11}x_1+a_{12}x_2)x_2+(a_{21}x_1+a_{22}x_2)\left(-\frac{1}{t+1}x_1-10x_2\right)\end{aligned}$$

若取 $a_{12}=a_{21}=0$，可满足旋度方程。因为

$$\nabla V=\begin{bmatrix}a_{11}x_1\\ a_{22}x_2\end{bmatrix},\quad \frac{\partial \nabla V_1}{\partial x_2}=0,\quad \frac{\partial \nabla V_2}{\partial x_1}=0$$

于是得

$$\dot{V}(\boldsymbol{x})=a_{11}x_1x_2+a_{22}x_2\left(-\frac{1}{t+1}x_1-10x_2\right)$$

再取 $a_{11}=1$，$a_{22}=t+1$，即得梯度为

$$\nabla V=\begin{bmatrix} x_1 \\ (t+1)x_2 \end{bmatrix}$$

积分得

$$V(\boldsymbol{x})=\int_0^{x_1(x_2=0)}x_1\mathrm{d}x_1+\int_0^{x_2(x_1=x_1)}(t+1)x_2\mathrm{d}x_2=\frac{1}{2}[x_1^2+(t+1)x_2^2]$$

$V(\boldsymbol{x})$是正定的，其导数为

$$\dot{V}(\boldsymbol{x})=\dot{x}_1x_1+\frac{x_2^2}{2}+(t+1)\dot{x}_2x_2=-(10t+10)x_2^2$$

显然 $\dot{V}(\boldsymbol{x})$是半负定的。但当 $\boldsymbol{x}\neq\boldsymbol{0}$ 时，$\dot{V}(\boldsymbol{x})\neq0$，故系统在原点是大范围渐近稳定的。

5.8 李雅普诺夫直接法在系统综合方面的应用

5.8.1 李雅普诺夫直接法的控制律综合

在进行闭环控制系统分析时，隐含地预设了已经为该系统选择了某个控制律。然而，在许多控制问题中，其任务就是要为一给定装置找到某个合适的控制律。下面，简要地讨论如何用李雅普诺夫直接法来设计稳定的闭环控制系统。

采用李雅普诺夫直接法进行控制设计基本上有两种方法，而且这两种方法都具有试凑的特点。第一种方法首先假设控制律的一种形式，然后找到一个李雅普诺夫函数来判断所选控制律能否导致系统稳定。相反，第二种方法则先假设一个候选李雅普诺夫函数，然后找到一个控制律以使得这个候选函数成为真正的李雅普诺夫函数。

【例 5-19】 调节器设计。

考察使系统 $\ddot{x}-\dot{x}^3+x^2=u$ 稳定的问题，即使它达到 $x\equiv0$ 的平衡点。根据例 3.29 的分析，有充分理由选择下面形式的连续控制律 u，即

$$u=u_1(\dot{x})+u_2(x)$$

其中，当 $\dot{x}\neq0$，$\dot{x}(\dot{x}^3+u_1(\dot{x}))<0$；当 $x\neq0$，$x(x^2-u_2(x))>0$。则系统方程变为

$$\ddot{x}-\dot{x}^3-u_1(\dot{x})+x^2-u_2(x)=0$$

选取如下李雅普诺夫函数

$$V=\frac{1}{2}\dot{x}^2+\frac{1}{4}x^4$$

则

$$\dot{V}=\dot{x}\ddot{x}+\dot{x}x^3=\dot{x}(u_1(\dot{x})+\dot{x}^3)+\dot{x}(u_2(x)-x^2+x^3)$$

要使系统渐近稳定，则必须有 $\dot{V}<0$。可通过选取 $u_1(\dot{x})$和 $u_2(x)$，使 $\dot{V}$ 表达式中的第一项小于 0，第二项等于 0 即可。即

$$\begin{cases}u_1(\dot{x})=-(r+1)\dot{x}^3, \ r>0\\ u_2(x)=x^2-x^3\end{cases}$$

由此得

$$\dot{V}=-r\dot{x}^4<0$$

所设计的控制律

$$u=u_1(\dot{x})+u_2(x)=-(r+1)\dot{x}^3+x^2-x^3$$

可以保证系统渐近稳定。

更一般的，不等式 $\dot{x}\neq0$、$\dot{x}(\alpha_1\dot{x}^3-u_1(\dot{x}))>0$ 和 $x\neq0$、$x(\alpha_2x^2-u_2(x))>0$ 也意味着在动力学系统中出现某些不确定性的情况下，能够设计一个全局稳定的控制器。

【例 5-20】 考虑如下非线性系统

$$\ddot{x}+\alpha_1\dot{x}^3+\alpha_2x^2=u$$

其中，常数 α_1 和 α_2 为未知，但是当 $\alpha_1>-2$ 和 $|\alpha_2|<5$ 时，选取连续控制律

$$u=u_1(\dot{x})+u_2(x)$$

选取如下李雅普诺夫函数

$$V=\frac{1}{2}\dot{x}^2+5(\frac{1}{2}x^2+\frac{1}{4}x^4)$$

对李雅普诺夫函数求时间导数得

$$\dot{V}=\dot{x}\ddot{x}+5\dot{x}(x+x^3)=\dot{x}(u_1(\dot{x})-\alpha_1\dot{x}^3)+\dot{x}(u_2(x)-\alpha_2x^2+5x+5x^3)$$

根据 $\dot{V}<0$，得到闭环控制系统全局渐近稳定的控制律为

$$u_1(\dot{x})=-2\dot{x}^3$$
$$u_2(x)=-5(x-x^2+x^3)$$

对于某些类型的非线性系统，以上述两种方法为基础，可以得出控制器的综合方法。

最后，注意到下面这一点是很重要的，就像一个非线性系统可以是全局渐近稳定的，而它的线性近似却仅仅是临界稳定的情形一样，一个非线性系统可以是能控的，而它的线性近似却可以是不能控的。例如，考察系统

$$\ddot{x}+\dot{x}^5=x^2u$$

只要令 $u=-x$ 就可以使这个系统渐近地收敛于 0。然而，它的线性近似在 $x=0$ 和 $u=0$ 处为 $\ddot{x}\approx0$，却是不能控的。

5.8.2　稳定系统的过渡过程及品质估计

前面我们主要关心用李雅普诺夫函数进行稳定性分析和综合。但是，李雅普诺夫函数有时能够进一步提供对稳定系统的瞬态性能估计。特别是李雅普诺夫函数允许我们估计渐近稳定的线性和非线性系统的收敛速率。这里，首先给出一个关于微分不等式的简单引理，然后说明怎样应用李雅普诺夫函数来确定线性或非线性系统的收敛速度。

1. 一个简单的收敛性引理

定理 5.17　如果一个实函数 $\Omega(t)$ 满足不等式

$$\dot{\Omega}(t)+\alpha\Omega(t)\leqslant0 \tag{5.77}$$

式中，α 为一正实数，那么

$$\Omega(t)\leqslant\Omega(0)\mathrm{e}^{-\alpha t}$$

证明 定义一个函数

$$\Xi(t)=\dot{\Omega}(t)+\alpha\Omega(t) \tag{5.78}$$

式(5.77)说明 $\Xi(t)$ 是非正的。一阶方程式(5.78)的解为

$$\Omega(t)=\Omega(0)\mathrm{e}^{-\alpha t}+\int_0^t \mathrm{e}^{-\alpha(t-\tau)}\Xi(\tau)\mathrm{d}\tau \tag{5.79}$$

因为式(5.79)右边第二项是非正的，所以有

$$\Omega(t)\leqslant\Omega(0)\mathrm{e}^{-\alpha t}$$

上述引理说明，如果 $\Omega(t)$ 是一个非负函数，满足式(5.77)就能保证 $\Omega(t)$ 指数收敛到零。应用李雅普诺夫直接法进行稳定性分析时，有时可以把 $\dot{V}$ 处理成如式(5.77)的形式，在这种情况下，就可以推导出 V 的指数收敛性和收敛速度。进而状态的指数收敛速度也可以确定。

2. 估计线性系统的收敛速度

现在让我们在李雅普诺夫分析的基础上来估计一个稳定的线性系统的收敛速度。把矩阵 $\boldsymbol{P}$ 的最大特征值记作 $\lambda_{\max}(\boldsymbol{P})$，$\boldsymbol{Q}$ 的最小特征值记作 $\lambda_{\min}(\boldsymbol{Q})$，它们的比 $\lambda_{\min}(\boldsymbol{Q})/\lambda_{\max}(\boldsymbol{P})$ 记作 γ。$\boldsymbol{P}$ 与 $\boldsymbol{Q}$ 的正定性意味着这些标量都是严格正的。由于

$$\boldsymbol{P}\leqslant\lambda_{\max}(\boldsymbol{P})\boldsymbol{I},\ \lambda_{\min}(\boldsymbol{Q})\boldsymbol{I}\leqslant\boldsymbol{Q}$$

所以有

$$\boldsymbol{x}^{\mathrm{T}}\boldsymbol{Q}\boldsymbol{x}\geqslant\frac{\lambda_{\min}(\boldsymbol{Q})}{\lambda_{\max}(\boldsymbol{P})}\boldsymbol{x}^{\mathrm{T}}[\lambda_{\max}(\boldsymbol{P})\boldsymbol{I}]\boldsymbol{x}\geqslant\gamma V$$

由 $\dot{V}=-\boldsymbol{x}^{\mathrm{T}}\boldsymbol{Q}\boldsymbol{x}$ 得

$$\dot{V}\leqslant-\gamma V$$

根据定理 5.17，有

$$\boldsymbol{x}^{\mathrm{T}}\boldsymbol{P}\boldsymbol{x}\leqslant V(0)\mathrm{e}^{-\gamma t}$$

再联系 $\boldsymbol{x}^{\mathrm{T}}\boldsymbol{P}\boldsymbol{x}\geqslant\lambda_{\min}(\boldsymbol{P})\|\boldsymbol{x}(t)\|^2$ 这一明显事实，表明状态 $\boldsymbol{x}$ 至少以 $\gamma/2$ 的速度收敛于原点。

人们可能很自然地想知道这个收敛速度的估计是怎样随 $\boldsymbol{Q}$ 的选择而变化的，以及它与线性理论中的主导极点的普通概念关系如何。一个有趣的结论是，收敛速度估计在 $\boldsymbol{Q}=\boldsymbol{I}$ 时最大。事实上，令 $\boldsymbol{P}_0$ 为 $\boldsymbol{Q}=\boldsymbol{I}$ 时李雅普诺夫方程的解，则

$$\boldsymbol{A}^{\mathrm{T}}\boldsymbol{P}_0+\boldsymbol{P}_0\boldsymbol{A}=-\boldsymbol{I}$$

而令 $\boldsymbol{P}$ 为对应于 $\boldsymbol{Q}$ 的某个其他选择的解，则

$$\boldsymbol{A}^{\mathrm{T}}\boldsymbol{P}+\boldsymbol{P}\boldsymbol{A}=-\boldsymbol{Q}_1$$

为不失一般性，可以假设 $\lambda_{\min}(\boldsymbol{Q}_1)=1$。因为改变 $\boldsymbol{Q}_1$ 的比例将以同样的系数改变 $\boldsymbol{P}$ 的比例，因而不会影响对应 γ 的值。上述两个方程相减可得

$$\boldsymbol{A}^{\mathrm{T}}(\boldsymbol{P}-\boldsymbol{P}_0)+(\boldsymbol{P}-\boldsymbol{P}_0)\boldsymbol{A}=-(\boldsymbol{Q}_1-\boldsymbol{I})$$

现在既然 $\lambda_{\min}(\boldsymbol{Q}_1)=1=\lambda_{\max}(\boldsymbol{I})$，那么矩阵 $(\boldsymbol{Q}_1-\boldsymbol{I})$ 是半正定的，因而上述方程也就意味着 $(\boldsymbol{P}-\boldsymbol{P}_0)$ 是半正定的。因此，有

$$\lambda_{\max}(\boldsymbol{P}) \geqslant \lambda_{\min}(\boldsymbol{P}_0)$$

因为 $\lambda_{\min}(\boldsymbol{Q}_1)=1=\lambda_{\max}(\boldsymbol{I})$，收敛速度估计为

$$\gamma=\frac{\lambda_{\min}(\boldsymbol{Q})}{\lambda_{\max}(\boldsymbol{P})}$$

对应于 $\boldsymbol{Q}=\boldsymbol{I}$ 的值就大于(或等于)对应于 $\boldsymbol{Q}=\boldsymbol{Q}_1$ 的值。

对应于选择 $\boldsymbol{Q}=\boldsymbol{I}$，$\gamma$ 的“最优”值的意义可以很容易理解。为了简化起见，假定矩阵 $\boldsymbol{A}$ 的所有特征值是实的而且互异的，因此矩阵 $\boldsymbol{A}$ 是可对角化的，即存在一个状态坐标的变换使得在这个状态坐标中 $\boldsymbol{A}$ 是对角矩阵。可以证明，在这个坐标系中，矩阵 $\boldsymbol{P}=-(1/2)\boldsymbol{A}^{-1}$ 满足 $\boldsymbol{Q}=\boldsymbol{I}$ 时的李雅普诺夫方程，因而相应的 $\gamma/2$ 就是线性系统的主导极点的绝对值。而且，可以很容易证明 γ 是与状态坐标的选择无关的。

3. 估计非线性系统的收敛速度

估计非线性系统的收敛速度也涉及对 V 的表达式进行运算以获得 V 的一个明显估计。不同之处在于，对于非线性系统，V 和 $\dot{V}$ 不必是状态的二次函数。

【例 5-21】 考察如下非线性系统

$$\dot{x}_1=x_1(x_1^2+x_2^2-1)-2x_1x_2^2$$
$$\dot{x}_2=2x_1^2x_2+x_2(x_1^2+x_2^2-1)$$

给定待定李雅普诺夫函数 $V=\|\boldsymbol{x}\|^2$，其导数可以写作

$$\dot{V}=2V(V-1)$$

也就是

$$\frac{\mathrm{d}V}{V(1-V)}=-2\mathrm{d}t$$

不难求得这个方程的解为

$$V(\boldsymbol{x})=\frac{\alpha \mathrm{e}^{-2t}}{1+\alpha \mathrm{e}^{-2t}}$$

其中

$$\alpha=\frac{V(0)}{1-V(0)}$$

如果 $\|\boldsymbol{x}(0)\|^2=V(0)<1$，即如果轨线起始于单位圆内，那么 $\alpha>0$，而且有

$$V(t)<\alpha \mathrm{e}^{-2t}$$

这就意味着状态向量的范数 $\|\boldsymbol{x}(t)\|$ 以 1 的速率按指数律收敛于零。

然而，如果轨迹起始于单位圆外，即如果 $V(0)>1$，那么 $\alpha<0$，所以 $V(t)$ 和 $\|\boldsymbol{x}(t)\|$ 在有限时间内趋向无穷大，就说该系统具有有限逃逸时间或“爆炸”。

5.9　MATLAB 在系统稳定性分析中的应用

1. poly( ) 函数，roots( ) 函数

功能：poly() 函数用来求矩阵特征多项式系数，roots() 函数用来求取特征值。

调用格式：

$$\boldsymbol{P}=\text{poly}(\boldsymbol{A}),\ \boldsymbol{V}=\text{roots}(\boldsymbol{P})$$

式中，$\boldsymbol{P}$ 为矩阵 $\boldsymbol{A}$ 的特征多项式系数；$\boldsymbol{V}$ 为根据特征多项式系数 $\boldsymbol{P}$ 计算出的特征值。故可以根据矩阵 $\boldsymbol{A}$ 的特征值判断系统是否稳定。

【例 5-22】 已知线性时不变系统的状态方程为

$$\dot{\boldsymbol{x}}=\begin{bmatrix}-3 & -6 & -2 & -1\\ 1 & 0 & 0 & 0\\ 0 & 1 & 0 & 0\\ 0 & 0 & 1 & 0\end{bmatrix}\boldsymbol{x}$$

试用特征值判据判断系统的稳定性。

解

$$\boldsymbol{A}=\begin{bmatrix}-3 & -6 & -2 & -1\\ 1 & 0 & 0 & 0\\ 0 & 1 & 0 & 0\\ 0 & 0 & 1 & 0\end{bmatrix}$$

函数 poly()用来求矩阵特征多项式系数，roots()用来求取特征值。

MATLAB 程序如下：

```
% ex1_1.m
A=[-3 -6 -2 -1; 1 0 0 0; 0 1 0 0; 0 0 1 0];
P=poly(A), V=roots(P)
```

运行以上程序得：

```
P =
     1.0000    3.0000    6.0000    2.0000    1.0000
V =
     -1.3544+1.7825i
     -1.3544-1.7825i
     -0.1456+0.4223i
     -0.1456-0.4223i
```

特征值的实部都小于 0，故系统稳定。

2. lyap( )函数

功能：函数 lyap()用来求解系统的李雅普诺夫方程。

调用格式：

$$\boldsymbol{P}=\text{lyap}(\boldsymbol{A},\ \boldsymbol{Q})$$

【例 5-23】 已知线性定常系统如图 5-10 所示。试求系统的状态方程。选择正定的实对称矩阵 $\boldsymbol{Q}$ 后计算李雅普诺夫方程的解并利用李雅普诺夫函数确定系统的稳定性。

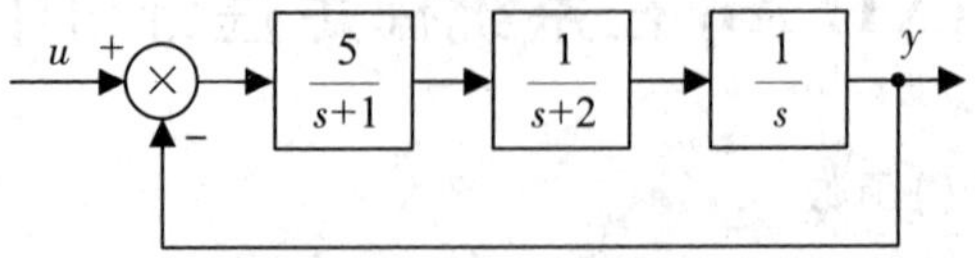

图 5-10 系统方框图

解　讨论系统的稳定性时可令给定输入 $u=0$。根据题目要求，因为需要调用函数 lyap()，故首先将系统转换成状态空间模型。选择半正定矩阵 $\boldsymbol{Q}$ 为

$$\boldsymbol{Q}=\begin{bmatrix}0 & 0 & 0\\0 & 0 & 0\\0 & 0 & 1\end{bmatrix}$$

为了确定系统的稳定性，需验证 $\boldsymbol{P}$ 阵的正定性，这可以对各主子行列式进行校验。综合以上考虑，给出调用函数 lyap()的程序：

```
%ex4_2.m
n1=5; d1=[1 1]; s1=tf(n1, d1);
n2=1; d2=[1 2]; s2=tf(n2, d2);
n3=1; d3=[1 0]; s3=tf(n3, d3);
s123=s1*s2*s3; sb-=feedback(s123, 1);
a=tf2ss(sb.num{1}, sb.den{1});
q=[0 0 0; 0 0 0; 0 0 1];
if det(a)~=0
P = lyap(a, q)
det1 = det(P(1, 1))
det2 = det(P(2, 2))
detp = det(P)
end
```

运行程序后可得：

```
P =
     12.5000     0.0000    -7.5000
      0.0000     7.5000    -0.5000
     -7.5000    -0.5000     4.7000
det1 =
    12.5000
det2 =
    7.5000
detp =
    15.6250
```

即系统的状态方程为

$$\dot{\boldsymbol{x}}=\begin{bmatrix}-3 & -2 & -5\\1 & 0 & 0\\0 & 1 & 0\end{bmatrix}\boldsymbol{x}$$

李雅普诺夫函数为

$$\boldsymbol{P}=\begin{bmatrix}12.5 & 0 & -7.5\\0 & 7.5 & -0.5\\-7.5 & -0.5 & 4.7\end{bmatrix}$$

因为

$$Q=\begin{bmatrix}0&0&0\\0&0&0\\0&0&1\end{bmatrix}$$

是正半定矩阵，由式

$$\dot{V}(\boldsymbol{x}) = -\boldsymbol{x}^{\mathrm{T}}\boldsymbol{Q}\boldsymbol{x} = -x_3^2$$

可知，$\dot{V}(\boldsymbol{x})$是半负定的，最后，对各主子行列式(det1，det2，detp)进行校验说明 **P** 阵确是正定阵，因此本系统在坐标原点的平衡状态是稳定的，而且是大范围渐近稳定的。

【例 5 - 24】 已知线性系统动态方程为

$$\dot{\boldsymbol{x}}=\begin{bmatrix}0&1\\-1&-1\end{bmatrix}\boldsymbol{x}$$

试计算李雅普诺夫方程的解，并利用李雅普诺夫方法确定系统的稳定性。

解 首先选择正定实对称 **Q** 为单位矩阵，即

$$\boldsymbol{Q}=\begin{bmatrix}1&0\\0&1\end{bmatrix}$$

根据题意，给出调用函数 lyap()的程序：

```
%ex4_3.m
a = [0 1; -1 -1]; q=[1 0; 0 1];
if det (a) ~ = 0
    P = lyap(a, q)
    det1 = det(P(1, 1))
    detp = det(P)
end
```

运行程序可得：

```
P =
      1.5000   -0.5000
    -0.5000     1.0000
det1 =
    1.5000
detp =
    1.2500
```

即李雅普诺夫方程的解为

$$\boldsymbol{P}=\begin{bmatrix}1.5&-0.5\\-0.5&1\end{bmatrix}$$

程序已对各主子行列式(det1 ，detp)进行了计算，计算结果说明 **P** 矩阵是正定阵。李雅普诺夫函数为

$$V(\boldsymbol{x}) = \boldsymbol{x}^{\mathrm{T}}\boldsymbol{P}\boldsymbol{x} = [x_1 \quad x_2]\begin{bmatrix}1.5&-0.5\\-0.5&1\end{bmatrix}\begin{bmatrix}x_1\\x_2\end{bmatrix} = \frac{1}{2}(3x_1^2-2x_1x_2+2x_2^2)$$

在状态空间内，$V(\boldsymbol{x})$ 是正定的，而

$$\dot{V}(\boldsymbol{x}) = \boldsymbol{x}^{\mathrm{T}}(\boldsymbol{A}^{\mathrm{T}}\boldsymbol{P}+\boldsymbol{P}\boldsymbol{A})\boldsymbol{x} = \boldsymbol{x}^{\mathrm{T}}(-\boldsymbol{I})\boldsymbol{x} = [x_1 \quad x_2]\begin{bmatrix}-1&0\\0&-1\end{bmatrix}\begin{bmatrix}x_1\\x_2\end{bmatrix} = -(x_1^2+x_2^2)$$

故在状态空间内，$\dot{V}(\boldsymbol{x})$是负定的。另有，当$\|\boldsymbol{x}\|\to\infty$时，有$V(\boldsymbol{x})\to\infty$，因此系统原点处的平衡状态是大范围渐近稳定的。

对于稳定性与李雅普诺夫方法，MATLAB 并不限于上面介绍的函数及方法，有兴趣的读者可以参考有关资料获得更多更方便的方法。

习　题

5-1　什么是系统的 BIBO 稳定性？什么是系统的内部稳定性？两者之间有什么关系？

5-2　设系统的状态空间方程为

$$\begin{cases}\dot{\boldsymbol{x}}=\begin{bmatrix}0 & 6\\ 1 & -1\end{bmatrix}\boldsymbol{x}+\begin{bmatrix}-2\\ 1\end{bmatrix}u\\ y=\begin{bmatrix}0 & 1\end{bmatrix}\boldsymbol{x}\end{cases}$$

试确定系统的 BIBO 稳定性和渐近稳定性。

5-3　设单输入-单输出的线性定常系统为

$$\begin{cases}\dot{\boldsymbol{x}}=\begin{bmatrix}0 & 1 & 0\\ 0 & 0 & 1\\ 250 & 0 & -5\end{bmatrix}\boldsymbol{x}+\begin{bmatrix}0\\ 0\\ 10\end{bmatrix}u\\ y=\begin{bmatrix}-25 & 5 & 0\end{bmatrix}\boldsymbol{x}\end{cases}$$

试判断：(1) 系统是否渐近稳定；(2) 系统是否为 BIBO 稳定。

5-4　沃尔泰拉(Volterra)捕食者-被猎物方程为

$$\begin{cases}\dot{x}_1=a_1x_1+b_1x_1x_2\\ \dot{x}_2=a_2x_2+b_2x_1x_2\end{cases}$$

其中 x_1，x_2 分别表示两种生物的个数，a_1，b_1，a_2，b_2 为非零实数。试说明：(1) 平衡状态(0，0)是系统的一个平衡点；(2) 当 $a_1\neq0$ 和 $a_2\neq0$ 时，平衡状态(0，0)是一个孤立平衡点。

5-5　试求下列非线性微分方程

$$\begin{cases}\dot{x}_1=x_2\\ \dot{x}_2=-\sin x_1-x_2\end{cases}$$

的平衡状态，利用李雅普诺夫第一法确定其平衡状态的稳定性。

5-6　设系统的非线性微分方程为

$$\begin{cases}\dot{x}_1=-x_2+x_1x_2\\ \dot{x}_2=x_1-x_1x_2\end{cases}$$

试求系统的平衡状态，然后在各平衡状态对非线性系统进行线性化，并讨论各平衡状态的稳定性。

5-7　试判断下列二次型函数的定号性。

(1) $V(\boldsymbol{x})=-x_1^2-10x_2^2-4x_3^2+6x_1x_2+2x_2x_3$

(2) $V(\boldsymbol{x})=[x_1 \quad x_2 \quad x_3]\begin{bmatrix}1 & 1 & 1\\1 & 2 & 0\\1 & 0 & 2\end{bmatrix}\begin{bmatrix}x_1\\x_2\\x_3\end{bmatrix}$

(3) $V(\boldsymbol{x})=x_1^2+2x_2^2+8x_3^2+2x_1x_2+2x_2x_3-2x_1x_3$

(4) $V(\boldsymbol{x})=x_1^2+\dfrac{x_2^2}{1+x_2^2}$

5-8　设非线性系统的状态方程为

$$\begin{cases}\dot{x}_1=x_2\\\dot{x}_2=-x_1^5-x_2\end{cases}$$

试用李雅普诺夫第二法确定其平衡状态的稳定性。

5-9　设非线性系统的状态方程为

$$\begin{cases}\dot{x}_1=x_2\\\dot{x}_2=-\dfrac{1}{a+1}x_2(1+x_2)^2-10x_1, \quad a>0\end{cases}$$

试用李雅普诺夫第二法确定其平衡状态的稳定性。

5-10　设非线性系统的状态方程为

$$\begin{cases}\dot{x}_1=x_2\\\dot{x}_2=-(\dfrac{1}{a_1}x_1+\dfrac{a_2}{a_1}x_1^2x_2)\end{cases}$$

试证明在 $a_1>0$，$a_2>0$ 时系统是大范围渐近稳定的。

5-11　设非线性系统的状态方程为

$$\begin{cases}\dot{x}_1=-x_1+x_2+x_1(x_1^2+x_2^2)\\\dot{x}_2=-x_1-x_2+x_2(x_1^2+x_2^2)\end{cases}$$

试用李雅普诺夫第二法确定其平衡状态的稳定性。

5-12　试判断下列线性定常系统的稳定性。

(1) $\dot{\boldsymbol{x}}=\begin{bmatrix}0 & 1\\-2 & -2\end{bmatrix}\boldsymbol{x}$　(2) $\dot{\boldsymbol{x}}=\begin{bmatrix}-1 & 1\\2 & -4\end{bmatrix}\boldsymbol{x}$　(3) $\dot{\boldsymbol{x}}=\begin{bmatrix}1 & 0 & -1\\0 & 1 & 0\\0 & 0 & -2\end{bmatrix}\boldsymbol{x}$

5-13　设线性定常离散时间系统的状态方程为

$$\boldsymbol{x}(k+1)=\begin{bmatrix}0 & 1\\\dfrac{1}{2} & 0\end{bmatrix}\boldsymbol{x}(k)$$

试确定平衡状态 $\boldsymbol{x}_e=\boldsymbol{0}$ 的稳定性。

5-14　设系统状态方程为

$$\dot{\boldsymbol{x}}=\begin{bmatrix}1 & 1\\-1 & 1\end{bmatrix}\boldsymbol{x}$$

试用李雅普诺夫第二法确定系统平衡状态的稳定性。

5-15　设某系统的状态空间表达式为

$$\dot{\boldsymbol{x}}=\begin{bmatrix}K-2 & 0\\0 & -3\end{bmatrix}\boldsymbol{x}+\begin{bmatrix}2\\1\end{bmatrix}u, \quad y=[0 \quad 1]\boldsymbol{x}$$

试用李雅普诺夫第二法求系统平衡状态大范围渐近稳定时 K 的取值范围。

5-16　设离散时间系统的状态方程为

$$\boldsymbol{x}(k+1)=\begin{bmatrix}1 & 4 & 0\\ -3 & -2 & -3\\ 2 & 0 & 0\end{bmatrix}\boldsymbol{x}(k)$$

试用两种方法判断系统的稳定性。

5-17　设离散时间系统的状态方程为

$$\boldsymbol{x}(k+1)=\begin{bmatrix}0 & 1 & 0\\ 0 & 0 & 1\\ 0 & a & 0\end{bmatrix}\boldsymbol{x}(k),\quad a>0$$

试用两种方法求平衡状态 $\boldsymbol{x}_e=\boldsymbol{0}$ 渐近稳定时 a 的取值范围。

5-18　设线性时变系统的状态方程为

$$\dot{\boldsymbol{x}}(t)=\begin{bmatrix}0 & 1\\ -\dfrac{1}{t+1} & -10\end{bmatrix}\boldsymbol{x}(t),\quad t\geqslant 0$$

试确定系统平衡状态的大范围渐近稳定性(提示：$V(\boldsymbol{x},t)=\dfrac{1}{2}[x_1^2+(t+1)x_2^2]$)。

5-19　设非线性自治系统 $\dot{\boldsymbol{x}}=\boldsymbol{f}(\boldsymbol{x})$，$\boldsymbol{f}(\boldsymbol{0})=\boldsymbol{0}$，系统雅可比矩阵为

$$\boldsymbol{F}(\boldsymbol{x})=\frac{\partial \boldsymbol{f}(\boldsymbol{x})}{\partial \boldsymbol{x}^{\mathrm{T}}}=\begin{bmatrix}\dfrac{\partial f_1(\boldsymbol{x})}{\partial x_1} & \dfrac{\partial f_1(\boldsymbol{x})}{\partial x_2} & \cdots & \dfrac{\partial f_1(\boldsymbol{x})}{\partial x_n}\\ \dfrac{\partial f_2(\boldsymbol{x})}{\partial x_1} & \dfrac{\partial f_2(\boldsymbol{x})}{\partial x_2} & \cdots & \dfrac{\partial f_2(\boldsymbol{x})}{\partial x_n}\\ \vdots & \vdots & \ddots & \vdots\\ \dfrac{\partial f_n(\boldsymbol{x})}{\partial x_1} & \dfrac{\partial f_n(\boldsymbol{x})}{\partial x_2} & \cdots & \dfrac{\partial f_n(\boldsymbol{x})}{\partial x_n}\end{bmatrix}$$

证明：当 $\boldsymbol{F}(\boldsymbol{x})+\boldsymbol{F}^{\mathrm{T}}(\boldsymbol{x})$ 为负定时，系统的平衡状态 $\boldsymbol{x}_e=\boldsymbol{0}$ 是大范围渐近稳定的。

5-20　设系统状态方程为

$$\begin{cases}\dot{x}_1=ax_1+x_2\\ \dot{x}_2=x_1-x_2+bx_2^5\end{cases}$$

若要求系统在平衡状态 $\boldsymbol{x}_e=\boldsymbol{0}$ 全局渐近稳定，试用克拉索夫斯基法确定参数 a 和 b 的取值范围。

5-21　试用变量梯度法构造下列系统的李雅普诺夫函数。

(1) $\begin{cases}\dot{x}_1=-x_1+2x_1^2x_2\\ \dot{x}_2=-x_2\end{cases}$　　(2) $\begin{cases}\dot{x}_1=x_2\\ \dot{x}_2=a_1(t)x_1+a_2(t)x_2\end{cases}$

5-22　系统状态方程为

$$\begin{cases}\dot{x}_1=x_2\\ \dot{x}_2=-x_1-b_1x_2+b_2x_2^3\end{cases}$$

式中，$b_1>0$，$b_2>0$。请应用变量梯度法确定平衡状态的稳定性。(提示：应用具有 a_{ij} 作为常数的变量梯度法，可选用 $a_{12}=x_1/x_2$；$a_{21}=x_2/x_1$)

上机练习题

5-1　设线性系统状态方程如下，试用 MATLAB 判断系统平衡状态的稳定性。

(1) $\dot{\boldsymbol{x}}=\begin{bmatrix}1 & 2 & 4\\ 1 & 1 & 1\\ 0 & 2 & 1\end{bmatrix}\boldsymbol{x}$　　(2) $\dot{\boldsymbol{x}}=\begin{bmatrix}0 & 1 & 0 & 0\\ 0 & 0 & 1 & 0\\ 0 & 0 & 0 & 1\\ 0 & -1 & -3 & -3\end{bmatrix}\boldsymbol{x}$

5-2　给定连续系统的状态方程为

$$\dot{\boldsymbol{x}}=\begin{bmatrix}1 & 0 & -1\\ 0 & 1 & 0\\ 0 & 0 & 2\end{bmatrix}\boldsymbol{x}$$

试应用 MATLAB 计算系统的特征值，并分析系统在平衡状态的稳定性。

5-3　给定离散系统的状态方程为

$$\begin{cases}x_1(k+1)=x_1(k)+3x_2(k)\\ x_2(k+1)=-3x_1(k)-2x_2(k)-3x_3(k)\\ x_3(k+1)=x_1(k)\end{cases}$$

试应用 MATLAB 计算离散系统的特征值，并分析系统在平衡状态的稳定性。

5-4　给定连续系统的状态方程为

$$\dot{\boldsymbol{x}}=\begin{bmatrix}1 & 0 & -1\\ 0 & 1 & 0\\ 0 & 0 & 2\end{bmatrix}\boldsymbol{x}$$

试应用 MATLAB 通过求解李雅普诺夫代数方程判断系统在平衡状态的稳定性。

5-5　给定离散系统的状态方程为

$$\begin{cases}x_1(k+1)=x_1(k)+3x_2(k)\\ x_2(k+1)=-3x_1(k)-2x_2(k)-3x_3(k)\\ x_3(k+1)=x_1(k)\end{cases}$$

试应用 MATLAB 通过求解李雅普诺夫代数方程判断系统在平衡状态的稳定性。

第 6 章　线性时不变系统的反馈与观测器设计

控制系统的分析和综合是自动控制理论研究的两大课题。控制系统分析是在建立系统数学模型(状态空间表达式)的基础上，主要讨论系统的运动性质、动态响应、能控性、能观性和稳定性等，以及与系统结构、参数和输入信号之间的关系。控制系统综合的主要任务是设计自动控制系统，寻求改善系统性能的各种控制律，使其运动满足给定的各项性能指标和特征要求。

在经典控制理论中，常采用带有串联校正装置、并联校正装置、反馈校正装置的输出反馈控制方式，系统综合方法为频域响应法和根轨迹法，综合的实质是闭环控制系统极点配置。现代控制理论采用状态空间法描述系统运动，状态变量代表了系统的所有信息，状态变量随时间的变化反映了系统的全部运动行为。状态反馈控制可以实现闭环极点配置，使闭环控制系统稳定且具有良好的动态响应。状态反馈包含系统的全部状态信息，是较输出反馈更全面的反馈，但并非所有被控系统的全部状态变量都可直接测量，这就提出了状态重构问题，即能否通过可测量的输出及输入重新构造在一定指标下与系统真实状态等价的状态估计值。1964 年，龙伯格提出的状态观测器理论有效解决了这一问题。

本章主要讨论以下几个问题：线性反馈控制系统的基本结构及其特性、闭环极点配置、镇定问题、解耦控制、干扰抑制与跟踪控制、线性二次型最优控制、状态观测器、利用状态观测器实现状态反馈的系统等。

6.1　反馈控制的结构及特性

无论是在经典控制理论中，还是在现代控制理论中，反馈都是自动控制系统中一种重要的并被广泛应用的控制方式。由于经典控制理论采用传递函数来描述动态系统的输入输出特性，只能引出输出信号作为反馈量。而现代控制理论使用状态空间表达式描述动态系统的内部特性，除了可以从输出引出反馈信号外，还可以从系统的状态引出信号作为反馈量以实现状态反馈。状态反馈能提供更丰富的状态信息和可供选择的自由度，因而使系统容易获得更为优异的性能。

6.1.1　状态反馈

状态反馈是将系统状态向量乘以相应的反馈矩阵 $\boldsymbol{K}$，然后反馈到输入端与参考输入进行比较后产生控制作用，作为被控系统的控制输入，形成闭环控制系统。图 6 - 1 是一个多输入-多输出线性系统的状态反馈结构图。

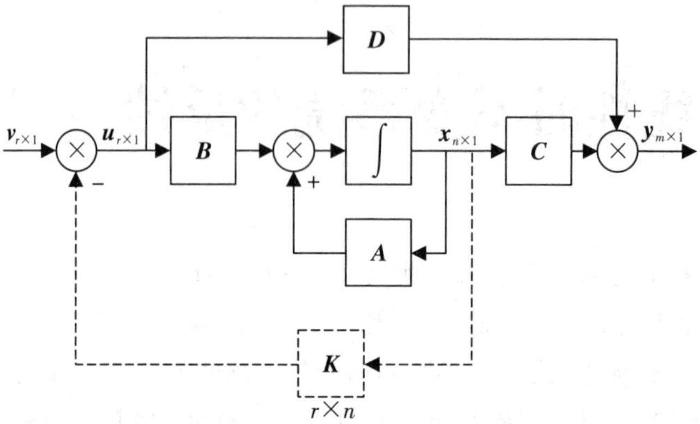

图 6-1 线性系统的状态反馈结构图

图 6-1 中被控系统 $\Sigma_0=(\boldsymbol{A},\boldsymbol{B},\boldsymbol{C},\boldsymbol{D})$ 的状态空间表达式为

$$\begin{cases}\dot{\boldsymbol{x}}=\boldsymbol{A}\boldsymbol{x}+\boldsymbol{B}\boldsymbol{u}\\ \boldsymbol{y}=\boldsymbol{C}\boldsymbol{x}+\boldsymbol{D}\boldsymbol{u}\end{cases}\tag{6.1}$$

式中：$\boldsymbol{x}\in\mathbf{R}^n$ 为系统状态向量；$\boldsymbol{u}\in\mathbf{R}^r$ 为系统输入向量；$\boldsymbol{y}\in\mathbf{R}^m$ 系统输出向量；$\boldsymbol{A}$，$\boldsymbol{B}$，$\boldsymbol{C}$，$\boldsymbol{D}$ 分别为适当维数的常数矩阵。

若 $\boldsymbol{D}=\boldsymbol{0}$，则被控系统为

$$\begin{cases}\dot{\boldsymbol{x}}=\boldsymbol{A}\boldsymbol{x}+\boldsymbol{B}\boldsymbol{u}\\ \boldsymbol{y}=\boldsymbol{C}\boldsymbol{x}\end{cases}\tag{6.2}$$

状态反馈控制律 $\boldsymbol{u}$ 为

$$\boldsymbol{u}=-\boldsymbol{K}\boldsymbol{x}+\boldsymbol{v}\tag{6.3}$$

式中：$\boldsymbol{v}\in\mathbf{R}^r$ 为参考输入向量；$\boldsymbol{K}\in\mathbf{R}^{r\times n}$ 是状态反馈增益阵。

把式(6.3)代入式(6.1)，整理可得状态反馈闭环控制系统的状态空间表达式为

$$\begin{cases}\dot{\boldsymbol{x}}=(\boldsymbol{A}-\boldsymbol{B}\boldsymbol{K})\boldsymbol{x}+\boldsymbol{B}\boldsymbol{v}\\ \boldsymbol{y}=(\boldsymbol{C}-\boldsymbol{D}\boldsymbol{K})\boldsymbol{x}+\boldsymbol{D}\boldsymbol{v}\end{cases}\tag{6.4}$$

若 $\boldsymbol{D}=\boldsymbol{0}$，则

$$\begin{cases}\dot{\boldsymbol{x}}=(\boldsymbol{A}-\boldsymbol{B}\boldsymbol{K})\boldsymbol{x}+\boldsymbol{B}\boldsymbol{v}\\ \boldsymbol{y}=\boldsymbol{C}\boldsymbol{x}\end{cases}\tag{6.5}$$

简记为 $\Sigma_{\mathrm{k}}=[(\boldsymbol{A}-\boldsymbol{B}\boldsymbol{K}),\boldsymbol{B},\boldsymbol{C}]$。

经过状态反馈后，闭环控制系统的传递函数矩阵为

$$\boldsymbol{W}_{\mathrm{k}}(s)=\boldsymbol{C}[s\boldsymbol{I}-(\boldsymbol{A}-\boldsymbol{B}\boldsymbol{K})]^{-1}\boldsymbol{B}\tag{6.6}$$

由此可见，状态反馈阵 $\boldsymbol{K}$ 的引入，没有引入新的状态变量，也不增加系统的维数，但可以通过选择状态反馈矩阵 $\boldsymbol{K}$ 改变系统的特征值，从而使系统获得所要求的性能。

6.1.2 输出反馈

输出反馈就是将系统的输出向量乘以相应的反馈矩阵 $\boldsymbol{H}$，然后反馈到输入端与参考输入进行比较后产生控制作用，作为被控系统的控制输入，形成闭环控制系统。经典控制理论中所讨论的反馈就是这种反馈。图 6-2 是一个多输入-多输出线性系统的输出反馈结构图。

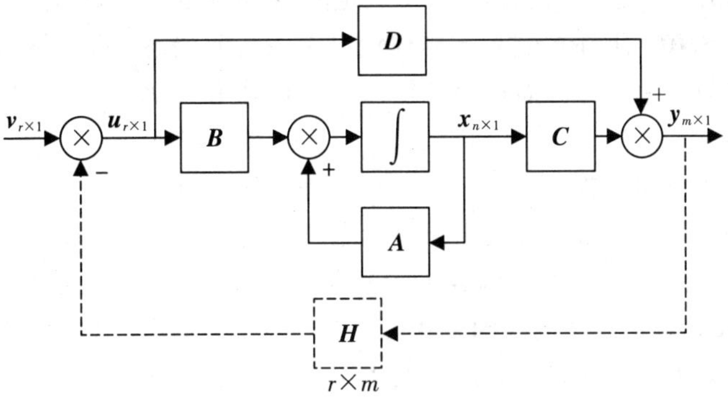

图 6-2　线性系统的输出反馈结构图

图 6-2 中被控系统 $\Sigma_0=(\boldsymbol{A},\boldsymbol{B},\boldsymbol{C},\boldsymbol{D})$ 状态空间表达式为

$$\begin{cases}\dot{\boldsymbol{x}}=\boldsymbol{A}\boldsymbol{x}+\boldsymbol{B}\boldsymbol{u}\\ \boldsymbol{y}=\boldsymbol{C}\boldsymbol{x}+\boldsymbol{D}\boldsymbol{u}\end{cases}\tag{6.7}$$

式中：$\boldsymbol{x}\in\mathbf{R}^n$ 为系统状态向量；$\boldsymbol{u}\in\mathbf{R}^r$ 为系统输入向量；$\boldsymbol{y}\in\mathbf{R}^m$ 系统输出向量；$\boldsymbol{A}$，$\boldsymbol{B}$，$\boldsymbol{C}$，$\boldsymbol{D}$ 分别为适当维数的常数矩阵。

输出线性反馈控制律为

$$\boldsymbol{u}=-\boldsymbol{H}\boldsymbol{y}+\boldsymbol{v}\tag{6.8}$$

式中：$\boldsymbol{v}\in\mathbf{R}^r$ 为参考输入向量，$\boldsymbol{H}\in\mathbf{R}^{r\times m}$ 为输出反馈增益阵。

将式(6.7)的输出方程代入式(6.8)后可得

$$\boldsymbol{u}=-\boldsymbol{H}(\boldsymbol{C}\boldsymbol{x}+\boldsymbol{D}\boldsymbol{u})+\boldsymbol{v}=-\boldsymbol{H}\boldsymbol{C}\boldsymbol{x}-\boldsymbol{H}\boldsymbol{D}\boldsymbol{u}+\boldsymbol{v}$$

整理后可得

$$\boldsymbol{u}=(\boldsymbol{I}+\boldsymbol{H}\boldsymbol{D})^{-1}(-\boldsymbol{H}\boldsymbol{C}\boldsymbol{x}+\boldsymbol{v})\tag{6.9}$$

再将式(6.9)代入式(6.7)，可得输出反馈闭环控制系统的状态空间表达式为

$$\begin{cases}\dot{\boldsymbol{x}}=[\boldsymbol{A}-\boldsymbol{B}(\boldsymbol{I}+\boldsymbol{H}\boldsymbol{D})^{-1}\boldsymbol{H}\boldsymbol{C}]\boldsymbol{x}+\boldsymbol{B}(\boldsymbol{I}+\boldsymbol{H}\boldsymbol{D})^{-1}\boldsymbol{v}\\ \boldsymbol{y}=[\boldsymbol{C}-\boldsymbol{D}(\boldsymbol{I}+\boldsymbol{H}\boldsymbol{D})^{-1}\boldsymbol{H}\boldsymbol{C}]\boldsymbol{x}+\boldsymbol{D}(\boldsymbol{I}+\boldsymbol{H}\boldsymbol{D})^{-1}\boldsymbol{v}\end{cases}\tag{6.10}$$

若 $\boldsymbol{D}=\boldsymbol{0}$，则

$$\begin{cases}\dot{\boldsymbol{x}}=(\boldsymbol{A}-\boldsymbol{B}\boldsymbol{H}\boldsymbol{C})\boldsymbol{x}+\boldsymbol{B}\boldsymbol{v}\\ \boldsymbol{y}=\boldsymbol{C}\boldsymbol{x}\end{cases}\tag{6.11}$$

简记为 $\Sigma_{\mathrm{h}}=[(\boldsymbol{A}-\boldsymbol{B}\boldsymbol{H}\boldsymbol{C}),\boldsymbol{B},\boldsymbol{C}]$。

由式(6.11)可知，通过选择输出反馈增益阵 $\boldsymbol{H}$ 也可改变闭环控制系统的特征值，从而改变系统的控制特性。输出反馈闭环控制系统的传递函数矩阵为

$$\boldsymbol{W}_{\mathrm{h}}(s)=\boldsymbol{C}[s\boldsymbol{I}-(\boldsymbol{A}-\boldsymbol{B}\boldsymbol{H}\boldsymbol{C})]^{-1}\boldsymbol{B}\tag{6.12}$$

被控系统的传递函数矩阵为

$$\boldsymbol{W}(s)=\boldsymbol{C}(s\boldsymbol{I}-\boldsymbol{A})^{-1}\boldsymbol{B}$$

则输出反馈系统的传递函数矩阵和被控系统之间的关系为

$$\boldsymbol{W}_{\mathrm{h}}(s)=\boldsymbol{W}(s)[\boldsymbol{I}+\boldsymbol{H}\boldsymbol{W}(s)]^{-1}\tag{6.13}$$

或

$$\boldsymbol{W}_{\mathrm{h}}(s)=[\boldsymbol{I}+\boldsymbol{W}(s)\boldsymbol{H}]^{-1}\boldsymbol{W}(s)\tag{6.14}$$

由式(6.11)可知，经过输出反馈后，输入矩阵 $\boldsymbol{B}$ 和输出矩阵 $\boldsymbol{C}$ 没有变化，仅仅是系统矩阵 $\boldsymbol{A}$ 变化为 $\boldsymbol{A}-\boldsymbol{BHC}$；闭环控制系统同样没有引入新的状态变量，输出反馈阵 $\boldsymbol{H}$ 的引入并不增加系统的维数，并且可以通过改变输出反馈矩阵 $\boldsymbol{H}$ 来改变系统的特征值，从而使系统获得所要求性能。

虽然状态反馈和输出反馈都可以改变系统状态矩阵，但两者是有区别的。状态变量包含了系统所有的运动信息，而系统输出量是状态反馈的线性组合，即 $m<n$，故输出反馈所包含的信息不是系统的全部信息，因此输出反馈只能看成是一种部分状态反馈。只有当 $m=n$，即 $\boldsymbol{C}=\boldsymbol{I}$、$\boldsymbol{HC}=\boldsymbol{K}$ 时，才能等同于状态反馈。因此，输出反馈的效果一般不及状态反馈，即输出反馈所能达到的效果用状态反馈也可以达到。反之，则不然。但输出反馈在技术实现上的方便性则是其突出优点。

6.1.3 动态补偿器

上述两种反馈控制结构的共同点是不增加新的状态变量，开环系统和闭环控制系统的维数相同；反馈矩阵都是常矩阵，反馈为线性反馈。在复杂情况下，常常需要引入一个动态子系统来改善系统性能，这种动态子系统，称为动态补偿器。图 6-3 是带动态补偿器的闭环控制系统结构图，其中图 6-3(a)为串联连接，图 6-3(b)为反馈连接。

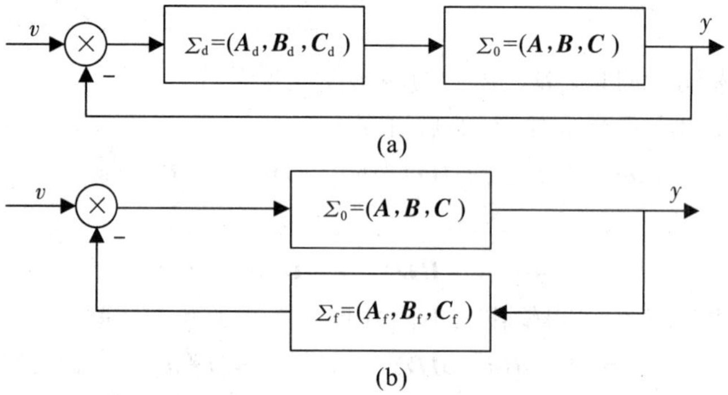

图 6-3 带动态补偿器的闭环控制系统结构

这类系统的典型例子就是用状态观测器实现状态反馈的闭环控制系统，以及用动态补偿器实现输出反馈的闭环控制系统。输出反馈系统的维数等于被控系统与状态观测器(或动态补偿器)二者维数之和。采用反馈连接比采用串联连接容易获得更好的性能。

6.1.4 反馈控制对系统能控性和能观性的影响

引入各种反馈构成闭环后，系统的能控性与能观性是否受到影响，是很重要的问题，它关系到系统能否实现状态控制与状态观测。如果反馈使得系统的能控性遭到破坏，则经过状态反馈后的系统，其有些状态将无法受到控制，反馈将起不到应有的目的。用观测器进行状态反馈时，若系统不能观测，则观测器所重构的状态也就失去了依据。下面就来讨论反馈控制对系统能控性和能观性的影响。

定理 6.1 状态反馈不改变被控系统 $\Sigma_0=(\boldsymbol{A},\boldsymbol{B},\boldsymbol{C})$ 的能控性。但不能保证系统的能观性不变。

证明 原系统 $\Sigma_0=(\boldsymbol{A},\boldsymbol{B},\boldsymbol{C})$ 和引入状态反馈后系统 $\Sigma_k=[(\boldsymbol{A}-\boldsymbol{BK}),\boldsymbol{B},\boldsymbol{C}]$ 的能

控性判别矩阵分别为

$$\boldsymbol{Q}_{\mathrm{c}}=[\boldsymbol{B}\quad \boldsymbol{AB}\quad \boldsymbol{A}^2\boldsymbol{B}\quad \cdots\quad \boldsymbol{A}^{n-1}\boldsymbol{B}] \tag{6.15}$$

$$\boldsymbol{Q}_{\mathrm{ck}}=[\boldsymbol{B}\quad (\boldsymbol{A}-\boldsymbol{BK})\boldsymbol{B}\quad (\boldsymbol{A}-\boldsymbol{BK})^2\boldsymbol{B}\quad \cdots\quad (\boldsymbol{A}-\boldsymbol{BK})^{n-1}\boldsymbol{B}] \tag{6.16}$$

比较式(6.15)与式(6.16)两个矩阵的各对应分块，可以看出：

(1) 第一分块 $\boldsymbol{B}$ 相同。

(2) 第二分块 $(\boldsymbol{A}-\boldsymbol{BK})\boldsymbol{B}=\boldsymbol{AB}-\boldsymbol{B}(\boldsymbol{KB})$，其中 $\boldsymbol{KB}$ 是常数矩阵，因此 $(\boldsymbol{A}-\boldsymbol{BK})\boldsymbol{B}$ 的列向量可表示成 $[\boldsymbol{B}\quad \boldsymbol{AB}]$ 的线性组合。

(3) 第三分块 $(\boldsymbol{A}-\boldsymbol{BK})^2\boldsymbol{B}=\boldsymbol{A}^2\boldsymbol{B}-\boldsymbol{AB}(\boldsymbol{KB})-\boldsymbol{B}(\boldsymbol{KAB})+\boldsymbol{B}(\boldsymbol{KBKB})$ 的列向量可表示成 $[\boldsymbol{B}\quad \boldsymbol{AB}\quad \boldsymbol{A}^2\boldsymbol{B})]$ 的线性组合。

同理，其余各分块类同。因此 $\boldsymbol{Q}_{\mathrm{ck}}$ 可看作是 $\boldsymbol{Q}_{\mathrm{c}}$ 经初等变换得到的，而矩阵做初等变换并不改变矩阵的秩。所以 $\boldsymbol{Q}_{\mathrm{ck}}$ 与 $\boldsymbol{Q}_{\mathrm{c}}$ 的秩相同，定理得证。

状态反馈不能保证系统的能观性，为简单起见，可有如下解释。对于一个 SISO 系统，状态反馈会改变系统的极点，但不会影响系统的零点。那么当出现零极点对消时，就会破坏系统的能观性。

设完全能控系统 $\Sigma_0=(\boldsymbol{A},\boldsymbol{b},\boldsymbol{c},d)$ 为能控标准Ⅰ型，即

$$\begin{cases}\dot{\boldsymbol{x}}=\boldsymbol{Ax}+\boldsymbol{b}u\\ y=\boldsymbol{cx}+du\end{cases} \tag{6.17}$$

其中

$$\boldsymbol{A}=\begin{bmatrix}0 & 1 & \cdots & 0 & 0\\ 0 & 0 & \cdots & 0 & 0\\ \vdots & \vdots & \ddots & \vdots & \vdots\\ 0 & 0 & \cdots & 0 & 1\\ -a_0 & -a_1 & \cdots & -a_{n-2} & -a_{n-1}\end{bmatrix},\quad \boldsymbol{b}=\begin{bmatrix}0\\0\\ \vdots\\0\\1\end{bmatrix}$$

$$\boldsymbol{c}=[b_0\quad b_1\quad \cdots\quad b_{n-1}]$$

则其传递函数可表示为

$$\begin{aligned}\boldsymbol{W}_0(s)&=\boldsymbol{c}[s\boldsymbol{I}-\boldsymbol{A}]^{-1}\boldsymbol{b}+d\\ &=\frac{b_{n-1}s^{n-1}+b_{n-2}s^{n-2}+\cdots+b_1s+b_0}{s^n+a_{n-1}s^{n-1}+\cdots+a_1s+a_0}+d\\ &=\frac{ds^n+(b_{n-1}+da_{n-1})s^{n-1}+\cdots+(b_1+da_1)s+(b_0+da_0)}{s^n+a_{n-1}s^{n-1}+\cdots+a_1s+a_0}\end{aligned} \tag{6.18}$$

引入状态反馈 $\boldsymbol{k}=[k_0,k_1,\cdots,k_{n-1}]$ 后闭环控制系统的传递函数为

$$\begin{aligned}\boldsymbol{W}_{\mathrm{k}}(s)&=(\boldsymbol{c}-d\boldsymbol{k})[s\boldsymbol{I}-(\boldsymbol{A}-\boldsymbol{bk})]^{-1}\boldsymbol{b}+d\\ &=\frac{(b_{n-1}-dk_{n-1})s^{n-1}+(b_{n-2}-dk_{n-2})s^{n-2}+\cdots+(b_1-dk_1)s+(b_0-dk_0)}{s^n+(a_{n-1}+k_{n-1})s^{n-1}+\cdots+(a_1+k_1)s+(a_0+k_0)}+d\\ &=\frac{ds^n+(b_{n-1}+da_{n-1})s^{n-1}+\cdots+(b_1+da_1)s+(b_0+da_0)}{s^n+(a_{n-1}+k_{n-1})s^{n-1}+\cdots+(a_1+k_1)s+(a_0+k_0)}\end{aligned} \tag{6.19}$$

比较式(6.18)和式(6.19)，可以看出，引入状态反馈后传递函数的分子多项式不变，即零点保持不变。可通过改变 $\boldsymbol{k}$，改变系统的极点。这就有可能出现零极点对消情况，以至于破坏系统的能观性。

【例 6-1】 试分析系统引入状态反馈 $\boldsymbol{k}=[3\quad 1]$后的能控性与能观性。

$$\begin{cases}\dot{\boldsymbol{x}}=\begin{bmatrix}1 & 2\\3 & 1\end{bmatrix}\boldsymbol{x}+\begin{bmatrix}0\\1\end{bmatrix}u\\ y=[1\quad 2]\boldsymbol{x}\end{cases}$$

解 由于

$$\boldsymbol{Q}_c=[\boldsymbol{b}\quad \boldsymbol{Ab}]=\begin{bmatrix}0 & 2\\1 & 1\end{bmatrix},\ \mathrm{rank}\,\boldsymbol{Q}_c=2=n$$

$$\boldsymbol{Q}_o=\begin{bmatrix}\boldsymbol{c}\\ \boldsymbol{cA}\end{bmatrix}=\begin{bmatrix}1 & 2\\7 & 4\end{bmatrix},\quad \mathrm{rank}\,\boldsymbol{Q}_o=2=n$$

故原系统能控且能观。

加入 $\boldsymbol{k}=[3\quad 1]$后，得闭环控制系统 $\Sigma_k=[(\boldsymbol{A}-\boldsymbol{bk}),\ \boldsymbol{b},\ \boldsymbol{c}]$的状态空间表达式为

$$\begin{cases}\dot{\boldsymbol{x}}=\begin{bmatrix}1 & 2\\0 & 0\end{bmatrix}\boldsymbol{x}+\begin{bmatrix}0\\1\end{bmatrix}u\\ y=[1\quad 2]\boldsymbol{x}\end{cases}$$

$$\boldsymbol{Q}_{ck}=[\boldsymbol{b}\quad (\boldsymbol{A}-\boldsymbol{bk})\boldsymbol{b}]=\begin{bmatrix}0 & 2\\1 & 0\end{bmatrix},\ \mathrm{rank}\,\boldsymbol{Q}_{ck}=2=n$$

$$\boldsymbol{Q}_{ok}=\begin{bmatrix}\boldsymbol{c}\\ \boldsymbol{c}(\boldsymbol{A}-\boldsymbol{bk})\end{bmatrix}=\begin{bmatrix}1 & 2\\1 & 2\end{bmatrix},\quad \mathrm{rank}\,\boldsymbol{Q}_{ok}=1<n$$

此时，系统 $\Sigma_k=[(\boldsymbol{A}-\boldsymbol{bk}),\ \boldsymbol{b},\ \boldsymbol{c}]$能控不能观。可见引入状态反馈 $\boldsymbol{k}=[3\quad 1]$后，闭环控制系统的能控性保持不变，却破坏了系统的能观性。实际上这反映出状态反馈后闭环控制系统的传递函数出现了零极点对消现象。因为

$$\boldsymbol{W}_0(s)=\boldsymbol{c}[s\boldsymbol{I}-\boldsymbol{A}]^{-1}\boldsymbol{b}=[1\quad 2]\begin{bmatrix}s-1 & -2\\-3 & s-1\end{bmatrix}^{-1}\begin{bmatrix}0\\1\end{bmatrix}=\frac{2s}{s^2-2s-5}$$

$$\boldsymbol{W}_k(s)=\boldsymbol{c}[s\boldsymbol{I}-(\boldsymbol{A}-\boldsymbol{bk})]^{-1}\boldsymbol{b}=[1\quad 2]\begin{bmatrix}s-1 & -2\\0 & s\end{bmatrix}^{-1}\begin{bmatrix}0\\1\end{bmatrix}=\frac{2s}{s(s-1)}=\frac{2}{s-1}$$

可见，闭环控制系统的极点发生了变化，出现了零极点对消的情况，影响了系统的能观性。

定理 6.2 输出反馈不改变被控系统 $\Sigma_0=(\boldsymbol{A},\ \boldsymbol{B},\ \boldsymbol{C})$的能控性和能观性。

证明 关于能控性不变，则

$$\begin{cases}\dot{\boldsymbol{x}}=(\boldsymbol{A}-\boldsymbol{BHC})\boldsymbol{x}+\boldsymbol{Bv}\\ \boldsymbol{y}=\boldsymbol{Cx}\end{cases}\tag{6.20}$$

若把 $\boldsymbol{HC}$ 看成等效的状态反馈 $\boldsymbol{K}$，那么状态反馈能保持被控系统的能控性不变。

开环控制系统和闭环控制系统的能观性判别矩阵分别为

$$\boldsymbol{Q}_o=\begin{bmatrix}\boldsymbol{C}\\ \boldsymbol{CA}\\ \vdots\\ \boldsymbol{CA}^{n-1}\end{bmatrix},\quad \boldsymbol{Q}_{oh}=\begin{bmatrix}\boldsymbol{C}\\ \boldsymbol{C}(\boldsymbol{A}-\boldsymbol{BHC})\\ \vdots\\ \boldsymbol{C}(\boldsymbol{A}-\boldsymbol{BHC})^{n-1}\end{bmatrix}\tag{6.21}$$

仿照定理 6.1 的证明方法，同样可以把$\boldsymbol{Q}_{oh}$看做是$\boldsymbol{Q}_o$经初等变换的结果。而初等变换不改变矩阵的秩，因此系统能观性保持不变。

6.2 多输入能控系统转变为单输入能控系统

对于多输入系统而言，可能需要全部输入共同作用，才能使系统完全能控，也可能只用一部分输入变量联合作用，甚至只用其中一个输入变量就能使系统完全能控。

定理 6.3 如果系统 $\Sigma=(\boldsymbol{A},\boldsymbol{B})$是完全能控的，$\boldsymbol{B}=[\boldsymbol{b}_1\quad \boldsymbol{b}_2\quad \cdots\quad \boldsymbol{b}_r]$的第 i 列$\boldsymbol{b}_i\neq\boldsymbol{0}$，则存在一个状态反馈 $\boldsymbol{u}=-\boldsymbol{Kx}+\boldsymbol{v}$，使得闭环控制系统 $\Sigma_{\rm k}=[(\boldsymbol{A}-\boldsymbol{BK}),\boldsymbol{b}_i]$是能控的。

定理表明，对于多输入系统 $\Sigma=(\boldsymbol{A},\boldsymbol{B})$，只要输入矩阵的某列，例如第 i 列不为零，则存在反馈矩阵 $\boldsymbol{K}$，使得经过状态反馈所构成的闭环控制系统对第 i 个单变量输入可控。也就是说，只需输入变量的第 i 个分量就可使系统完全能控，其他输入分量可以不予理会，从而将原系统变成一个单变量能控系统 $\Sigma_{\rm k}=[(\boldsymbol{A}-\boldsymbol{BK}),\boldsymbol{b}_i]$。

证明 为便于表述，不失一般性，不妨设$\boldsymbol{b}_1\neq\boldsymbol{0}$。于是，需要证明的是，存在反馈矩阵 $\boldsymbol{K}$，使得闭环单输入系统 $\Sigma_{\rm k}=[(\boldsymbol{A}-\boldsymbol{BK}),\boldsymbol{b}_1]$为能控，即只要证明存在一个反馈矩阵 $\boldsymbol{K}$，使得单输入系统的 $n\times n$ 阶的能控性判别矩阵$\boldsymbol{Q}_{\rm ck}$满秩，即

$$\text{rank}\,\boldsymbol{Q}_{\rm ck}=n$$

$$\boldsymbol{Q}_{\rm ck}=[\boldsymbol{b}_1\quad (\boldsymbol{A}-\boldsymbol{BK})\boldsymbol{b}_1\quad (\boldsymbol{A}-\boldsymbol{BK})^2\boldsymbol{b}_1\quad \cdots\quad (\boldsymbol{A}-\boldsymbol{BK})^{n-1}\boldsymbol{b}_1] \tag{6.22}$$

下面来构造符合这一条件的 $\boldsymbol{K}$。因为系统 $\Sigma=(\boldsymbol{A},\boldsymbol{B})$能控，所以其能控性判别矩阵$\boldsymbol{Q}_{\rm c}$必满秩，即

$$\begin{aligned}\text{rank}\,\boldsymbol{Q}_{\rm c}&=\text{rank}[\boldsymbol{B}\quad \boldsymbol{AB}\quad \boldsymbol{A}^2\boldsymbol{B}\quad \cdots\quad \boldsymbol{A}^{n-1}\boldsymbol{B}]\\&=\text{rank}[\boldsymbol{b}_1,\boldsymbol{b}_2,\cdots,\boldsymbol{b}_r\quad \boldsymbol{A}\boldsymbol{b}_1,\boldsymbol{A}\boldsymbol{b}_2,\cdots,\boldsymbol{A}\boldsymbol{b}_r\quad \cdots\quad \boldsymbol{A}^{n-1}\boldsymbol{b}_1,\boldsymbol{A}^{n-1}\boldsymbol{b}_2,\cdots,\boldsymbol{A}^{n-1}\boldsymbol{b}_r]=n\end{aligned}$$

因为$\boldsymbol{Q}_{\rm c}\in\mathbf{R}^{n\times nr}$满秩，故必有 n 个线性无关的列向量。采用 4.6.2 节的列向搜索方案，得到 n 个线性无关列向量为

$$\{\boldsymbol{b}_1,\boldsymbol{A}\boldsymbol{b}_1,\cdots,\boldsymbol{A}^{\nu_1-1}\boldsymbol{b}_1\quad \boldsymbol{b}_2,\boldsymbol{A}\boldsymbol{b}_2,\cdots,\boldsymbol{A}^{\nu_2-1}\boldsymbol{b}_2\quad \cdots\quad \boldsymbol{b}_l,\boldsymbol{A}\boldsymbol{b}_l,\cdots,\boldsymbol{A}^{\nu_l-1}\boldsymbol{b}_l\}$$

其中，$\nu_1+\nu_2+\cdots+\nu_l=n$。将这 n 个向量所构成的矩阵记为

$$\boldsymbol{\Psi}=[\boldsymbol{b}_1,\boldsymbol{A}\boldsymbol{b}_1,\cdots,\boldsymbol{A}^{\nu_1-1}\boldsymbol{b}_1\quad \boldsymbol{b}_2,\boldsymbol{A}\boldsymbol{b}_2,\cdots,\boldsymbol{A}^{\nu_2-1}\boldsymbol{b}_2\quad \cdots\quad \boldsymbol{b}_l,\boldsymbol{A}\boldsymbol{b}_l,\cdots,\boldsymbol{A}^{\nu_l-1}\boldsymbol{b}_l]$$

再定义一个 $r\times n$ 的矩阵为

$$\boldsymbol{S}=[\boldsymbol{0},\boldsymbol{0},\cdots,\underset{\substack{\uparrow\\\text{第 }\nu_1\text{ 列}}}{\boldsymbol{e}_2}\quad \boldsymbol{0},\boldsymbol{0},\cdots,\underset{\substack{\uparrow\\\text{第}(\nu_1+\nu_2)\text{列}}}{\boldsymbol{e}_3}\quad \cdots\quad \boldsymbol{0},\boldsymbol{0},\cdots,\underset{\substack{\uparrow\\\text{第 }n\text{ 列}}}{\boldsymbol{0}}]$$

其中，$\boldsymbol{e}_j(j=2,3,\cdots,l-1)$是 $r\times r$ 阶负单位阵的第 j 列，即

$$\boldsymbol{e}_j=\begin{bmatrix}0\\0\\\vdots\\-1\\\vdots\\0\end{bmatrix}\leftarrow\text{第 }j\text{ 行}$$

先取反馈矩阵 $\boldsymbol{K}=\boldsymbol{S}\boldsymbol{\Psi}^{-1}$，则用这样的反馈矩阵 $\boldsymbol{K}$ 经状态反馈后所构成的闭环控制系

统，只用第一个输入变量就可实现系统的完全能控。下面来证明这一事实，也就是证明用上述方法选取的$\boldsymbol{K}$，可以使得$\Sigma_k=[(\boldsymbol{A}-\boldsymbol{BK}), \boldsymbol{b}_1]$的能控性判别矩阵矩阵$\boldsymbol{Q}_{ck}$满秩，即$\boldsymbol{Q}_{ck}$的各列是线性无关的。

因为$\boldsymbol{K\Psi}=\boldsymbol{S\Psi}^{-1}\boldsymbol{\Psi}=\boldsymbol{S}$，将$\boldsymbol{\Psi}$和$\boldsymbol{S}$的表达式代入该式两端，得

$$\begin{aligned}&\boldsymbol{K}[\boldsymbol{b}_1, \boldsymbol{A}\boldsymbol{b}_1, \cdots, \boldsymbol{A}^{\nu_1-1}\boldsymbol{b}_1 \quad \boldsymbol{b}_2, \boldsymbol{A}\boldsymbol{b}_2, \cdots, \boldsymbol{A}^{\nu_2-1}\boldsymbol{b}_2 \quad \cdots \quad \boldsymbol{b}_l, \boldsymbol{A}\boldsymbol{b}_l, \cdots, \boldsymbol{A}^{\nu_l-1}\boldsymbol{b}_l]\\ &=[\boldsymbol{0}, \boldsymbol{0}, \cdots, \boldsymbol{e}_2 \quad \boldsymbol{0}, \boldsymbol{0}, \cdots, \boldsymbol{e}_3 \quad \cdots \quad \boldsymbol{0}, \boldsymbol{0}, \cdots, \boldsymbol{0}]\end{aligned} \tag{6.23}$$

接下来在式(6.23)的基础上来考察式(6.22)的各列。

由式(6.23)易得$\boldsymbol{K}\boldsymbol{b}_1=\boldsymbol{0}$，故$\boldsymbol{BK}\boldsymbol{b}_1=\boldsymbol{0}$，所以有

$$(\boldsymbol{A}-\boldsymbol{BK})\boldsymbol{b}_1=\boldsymbol{A}\boldsymbol{b}_1-\boldsymbol{BK}\boldsymbol{b}_1=\boldsymbol{A}\boldsymbol{b}_1 \tag{6.24}$$

同理，有

$$(\boldsymbol{A}-\boldsymbol{BK})^2\boldsymbol{b}_1=(\boldsymbol{A}-\boldsymbol{BK})(\boldsymbol{A}-\boldsymbol{BK})\boldsymbol{b}_1=(\boldsymbol{A}-\boldsymbol{BK})\boldsymbol{A}\boldsymbol{b}_1=\boldsymbol{A}^2\boldsymbol{b}_1 \tag{6.25}$$

以此类推，有

$$(\boldsymbol{A}-\boldsymbol{BK})^i\boldsymbol{b}_1=\boldsymbol{A}^i\boldsymbol{b}_1, \ \forall i\leqslant \nu_1-1 \tag{6.26}$$

对于$i=\nu_1$，由于式(6.23)，所以有$\boldsymbol{K}\boldsymbol{A}^{\nu_1-1}\boldsymbol{b}_1=\begin{bmatrix}0\\-1\\0\\0\\0\end{bmatrix}$，考虑到式(6.26)，又有

$$\begin{aligned}(\boldsymbol{A}-\boldsymbol{BK})^{\nu_1}\boldsymbol{b}_1&=(\boldsymbol{A}-\boldsymbol{BK})(\boldsymbol{A}-\boldsymbol{BK})^{\nu_1-1}\boldsymbol{b}_1=(\boldsymbol{A}-\boldsymbol{BK})\boldsymbol{A}^{\nu_1-1}\boldsymbol{b}_1=\boldsymbol{A}^{\nu_1}\boldsymbol{b}_1-\boldsymbol{BK}\boldsymbol{A}^{\nu_1-1}\boldsymbol{b}_1\\ &=\boldsymbol{A}^{\nu_1}\boldsymbol{b}_1-\boldsymbol{B}\begin{bmatrix}0\\-1\\0\\0\\0\end{bmatrix}=\boldsymbol{A}^{\nu_1}\boldsymbol{b}_1+\boldsymbol{b}_2\end{aligned} \tag{6.27}$$

由上述关于$\boldsymbol{\Psi}$的构成方法可知，其列向量的选取是从$\boldsymbol{b}_1$开始，依次选取$\boldsymbol{b}_1, \boldsymbol{A}\boldsymbol{b}_1, \cdots, \boldsymbol{A}^{\nu_1-1}\boldsymbol{b}_1$，直到$\boldsymbol{A}^{\nu_1}\boldsymbol{b}_1$能用$\{\boldsymbol{b}_1, \boldsymbol{A}\boldsymbol{b}_1, \cdots, \boldsymbol{A}^{\nu_1-1}\boldsymbol{b}_1\}$线性表示为止，所以存在$\nu_1$个系数$\eta_{1,\nu_1}$，$\eta_{2,\nu_1}, \cdots, \eta_{\nu_1,\nu_1}$，使得$\boldsymbol{A}^{\nu_1}\boldsymbol{b}_1=\sum_{i=1}^{\nu_1}\eta_{i,\nu_1}\boldsymbol{A}^{i-1}\boldsymbol{b}_1$，故

$$\begin{aligned}(\boldsymbol{A}-\boldsymbol{BK})^{\nu_1}\boldsymbol{b}_1&=\boldsymbol{b}_2+\boldsymbol{A}^{\nu_1}\boldsymbol{b}_1=\boldsymbol{b}_2+\sum_{i=1}^{\nu_1}\eta_{i,\nu_1}\boldsymbol{A}^{i-1}\boldsymbol{b}_1\\ &=[\boldsymbol{b}_1 \quad \boldsymbol{A}\boldsymbol{b}_1 \quad \cdots \quad \boldsymbol{A}^{\nu_1-1}\boldsymbol{b}_1 \quad \boldsymbol{b}_2]\begin{bmatrix}\eta_{1,\nu_1}\\ \eta_{2,\nu_1}\\ \vdots\\ \eta_{\nu_1,\nu_1}\\ 1\end{bmatrix}\end{aligned} \tag{6.28}$$

对于 $i=\nu_1+1$，注意到$\boldsymbol{A}^{\nu_1+1}\boldsymbol{b}_1$ 也与向量组$\{\boldsymbol{b}_1, \boldsymbol{A}\boldsymbol{b}_1, \cdots, \boldsymbol{A}^{\nu_1-1}\boldsymbol{b}_1\}$线性相关，故有 $\boldsymbol{A}^{\nu_1+1}\boldsymbol{b}_1=\sum_{i=1}^{\nu_1}\eta_{i,\nu_1+1}\boldsymbol{A}^{i-1}\boldsymbol{b}_1$。考虑到式(6.26)和式(6.27)，从而

$$
\begin{aligned}
&(\boldsymbol{A}-\boldsymbol{BK})^{\nu_1+1}\boldsymbol{b}_1\\
&=(\boldsymbol{A}-\boldsymbol{BK})(\boldsymbol{A}-\boldsymbol{BK})^{\nu_1}\boldsymbol{b}_1=(\boldsymbol{A}-\boldsymbol{BK})(\boldsymbol{b}_2+\boldsymbol{A}^{\nu_1}\boldsymbol{b}_1)=\boldsymbol{A}\boldsymbol{b}_2+\boldsymbol{A}^{\nu_1+1}\boldsymbol{b}_1-\boldsymbol{BK}\boldsymbol{b}_2-\boldsymbol{BK}\boldsymbol{A}^{\nu_1}\boldsymbol{b}_1\\
&=\boldsymbol{A}\boldsymbol{b}_2+[\boldsymbol{b}_1\quad \boldsymbol{A}\boldsymbol{b}_1\quad\cdots\quad \boldsymbol{A}^{\nu_1-1}\boldsymbol{b}_1]\begin{bmatrix}\eta_{1,\nu_1+1}\\ \eta_{2,\nu_1+1}\\ \vdots\\ \eta_{\nu_1,\nu_1+1}\end{bmatrix}-\boldsymbol{BK}[\boldsymbol{b}_1\quad \boldsymbol{A}\boldsymbol{b}_1\quad\cdots\quad \boldsymbol{A}^{\nu_1-1}\boldsymbol{b}_1]\begin{bmatrix}\eta_{1,\nu_1}\\ \eta_{2,\nu_1}\\ \vdots\\ \eta_{\nu_1,\nu_1}\end{bmatrix}\\
&=\boldsymbol{A}\boldsymbol{b}_2+[\boldsymbol{b}_1\quad \boldsymbol{A}\boldsymbol{b}_1\quad\cdots\quad \boldsymbol{A}^{\nu_1-1}\boldsymbol{b}_1]\begin{bmatrix}\eta_{1,\nu_1+1}\\ \eta_{2,\nu_1+1}\\ \vdots\\ \eta_{\nu_1,\nu_1+1}\end{bmatrix}-[\boldsymbol{0}\quad \boldsymbol{0}\quad\cdots\quad -\boldsymbol{b}_2]\begin{bmatrix}\eta_{1,\nu_1}\\ \eta_{2,\nu_1}\\ \vdots\\ \eta_{\nu_1,\nu_1}\end{bmatrix}\\
&=\boldsymbol{A}\boldsymbol{b}_2+[\boldsymbol{b}_1\quad \boldsymbol{A}\boldsymbol{b}_1\quad\cdots\quad \boldsymbol{A}^{\nu_1-1}\boldsymbol{b}_1\quad \boldsymbol{b}_2]\begin{bmatrix}\eta_{1,\nu_1+1}\\ \eta_{2,\nu_1+1}\\ \vdots\\ \eta_{\nu_1,\nu_1+1}\\ \eta_{\nu_1,\nu_1}\end{bmatrix}=[\boldsymbol{b}_1\quad \boldsymbol{A}\boldsymbol{b}_1\quad\cdots\quad \boldsymbol{A}^{\nu_1-1}\boldsymbol{b}_1\quad \boldsymbol{b}_2\quad \boldsymbol{A}\boldsymbol{b}_2]\begin{bmatrix}\eta_{1,\nu_1+1}\\ \eta_{2,\nu_1+1}\\ \vdots\\ \eta_{\nu_1,\nu_1+1}\\ \eta_{\nu_1,\nu_1+1}\\ 1\end{bmatrix}
\end{aligned}
\tag{6.29}
$$

依次类推，有

$$
(\boldsymbol{A}-\boldsymbol{BK})^{n-1}\boldsymbol{b}_1=[\boldsymbol{b}_1, \boldsymbol{A}\boldsymbol{b}_1, \cdots, \boldsymbol{A}^{\nu_1-1}\boldsymbol{b}_1\quad \boldsymbol{b}_2, \boldsymbol{A}\boldsymbol{b}_2, \cdots, \boldsymbol{A}^{\nu_2-1}\boldsymbol{b}_2\quad\cdots\quad \boldsymbol{b}_l, \boldsymbol{A}\boldsymbol{b}_l, \cdots, \boldsymbol{A}^{\nu_l-1}\boldsymbol{b}_l]\begin{bmatrix}\eta_{1,\nu_l-1}\\ \eta_{2,\nu_l-1}\\ \eta_{3,\nu_l-1}\\ \vdots\\ \eta_{\nu_1,\nu_l-1}\\ \eta_{\nu_1+1,\nu_l-1}\\ \eta_{\nu_1+2,\nu_l-1}\\ \vdots\\ 1\end{bmatrix}
\tag{6.30}
$$

将上面各式组合在一起，得

$$
\begin{aligned}
&[\boldsymbol{b}_1 \quad (\boldsymbol{A}-\boldsymbol{BK})\boldsymbol{b}_1 \quad (\boldsymbol{A}-\boldsymbol{BK})^2\boldsymbol{b}_1 \quad \cdots \quad (\boldsymbol{A}-\boldsymbol{BK})^{n-1}\boldsymbol{b}_1] \\
&=[\boldsymbol{b}_1,\ \boldsymbol{A}\boldsymbol{b}_1\cdots,\ \boldsymbol{A}^{\nu_1-1}\boldsymbol{b}_1 \quad \boldsymbol{b}_2,\ \boldsymbol{A}\boldsymbol{b}_2\cdots,\ \boldsymbol{A}^{\nu_2-1}\boldsymbol{b}_2 \quad \cdots \quad \boldsymbol{b}_l,\ \boldsymbol{A}\boldsymbol{b}_l\cdots,\ \boldsymbol{A}^{\nu_l-1}\boldsymbol{b}_l] \\
&\quad \left[\begin{array}{ccccc|cccc}
1 & & & & & \eta_{1,\nu_1} & \eta_{1,\nu_1+1} & \cdots & \eta_{1,\nu_l-1} \\
 & 1 & & & & \eta_{2,\nu_1} & \eta_{2,\nu_1+1} & \cdots & \eta_{2,\nu_l-1} \\
 & & 1 & & & \eta_{3,\nu_1} & \eta_{3,\nu_1+1} & \cdots & \eta_{3,\nu_l-1} \\
 & & & \ddots & & \vdots & \vdots & \cdots & \vdots \\
 & & & & 1 & \eta_{\nu_1,\nu_1} & \eta_{\nu_1,\nu_1+1} & \cdots & \eta_{\nu_1,\nu_l-1} \\
\hline
 & & & & & 1 & & \cdots & \eta_{\nu_1+1,\nu_l-1} \\
 & & & & & & 1 & \cdots & \eta_{\nu_1+2,\nu_l-1} \\
 & & & & & & & \ddots & \vdots \\
 & & & & & & & & 1
\end{array}\right]
\end{aligned}
\tag{6.31}
$$

由此式可以看出，因为$[\boldsymbol{b}_1,\ \boldsymbol{A}\boldsymbol{b}_1,\ \cdots,\ \boldsymbol{A}^{\nu_1-1}\boldsymbol{b}_1 \quad \boldsymbol{b}_2,\ \boldsymbol{A}\boldsymbol{b}_2,\ \cdots,\ \boldsymbol{A}^{\nu_2-1}\boldsymbol{b}_2 \quad \cdots \quad \boldsymbol{b}_l,\ \boldsymbol{A}\boldsymbol{b}_l,\ \cdots,\ \boldsymbol{A}^{\nu_l-1}\boldsymbol{b}_l]$满秩，它乘以一个上三角仍然满秩，所以有$[\boldsymbol{b}_1 \quad (\boldsymbol{A}-\boldsymbol{BK})\boldsymbol{b}_1 \quad (\boldsymbol{A}-\boldsymbol{BK})^2\boldsymbol{b}_1 \quad \cdots \quad (\boldsymbol{A}-\boldsymbol{BK})^{n-1}\boldsymbol{b}_1]$满秩，因此$\Sigma_k=[(\boldsymbol{A}-\boldsymbol{BK}),\ \boldsymbol{b}_1]$能控。

证明完毕。

利用这一结论，在随后的多输入系统状态反馈极点配置相关结论证明中，可以方便地将多输入能控系统变成单输入能控系统再讨论，从而可利用单输入系统极点配置的相关结论。

6.3 状态反馈极点配置

控制系统的稳定性和各种性能指标在很大程度上取决于系统极点在 s 平面上的分布。在设计系统时，为了保证系统具有期望的特性，常常给定一组期望的极点，或根据时域指标转换一组等价期望极点，然后进行极点配置。所谓极点配置，就是通过选择反馈增益矩阵，将闭环控制系统的极点恰好配置到根平面上所期望的位置，以获得期望的动态特性和性能指标要求。

6.3.1 极点配置的条件

给定一个 n 阶系统 $\Sigma=(\boldsymbol{A},\ \boldsymbol{B},\ \boldsymbol{C})$ 和一组任意指定的 n 个期望闭环控制系统特征值 $\lambda_i^*\ (i=1,\ 2,\ \cdots,\ n)$，若能求得反馈矩阵 $\boldsymbol{K}\in\mathbf{R}^{r\times n}$，使得$(\boldsymbol{A}-\boldsymbol{BK})$具有特征值 $\lambda_i^*\ (i=1,\ 2,\ \cdots,\ n)$，则称为极点任意配置。

下面定理给出了极点可任意配置的充分必要条件，该定理既适用于单输入系统，也适用于多输入系统。

定理 6.4 采用状态反馈对被控系统 $\Sigma=(\boldsymbol{A},\ \boldsymbol{B},\ \boldsymbol{C})$任意配置极点的充分必要条件是系统完全能控。

证明 先证必要性。即已知被控系统通过状态反馈可实现极点的任意配置，欲证被控系统是完全能控的。

采用反证法，假设被控系统可实现极点的任意配置，但被控系统的状态不完全能控，必定存在非奇异线性变换 $\boldsymbol{x}=\boldsymbol{P}_c\bar{\boldsymbol{x}}$，将系统分解为能控和不能控两部分，即

$$\dot{\hat{\boldsymbol{x}}}=\begin{bmatrix}\hat{\boldsymbol{A}}_{11} & \hat{\boldsymbol{A}}_{12}\\ \boldsymbol{0} & \hat{\boldsymbol{A}}_{22}\end{bmatrix}\bar{\boldsymbol{x}}+\begin{bmatrix}\hat{\boldsymbol{B}}_1\\ \boldsymbol{0}\end{bmatrix}\boldsymbol{u} \tag{6.32}$$

引入状态反馈$\hat{\boldsymbol{K}}=[\hat{\boldsymbol{K}}_1 \quad \hat{\boldsymbol{K}}_2]$，有

$$\boldsymbol{u}=\boldsymbol{v}-\hat{\boldsymbol{K}}\hat{\boldsymbol{x}}=\boldsymbol{v}-[\hat{\boldsymbol{K}}_1 \quad \hat{\boldsymbol{K}}_2]\bar{\boldsymbol{x}} \tag{6.33}$$

将式(6.33)代入式(6.32)可得

$$\dot{\hat{\boldsymbol{x}}}=\begin{bmatrix}\hat{\boldsymbol{A}}_{11}-\hat{\boldsymbol{B}}_1\hat{\boldsymbol{K}}_1 & \hat{\boldsymbol{A}}_{12}-\hat{\boldsymbol{B}}_1\hat{\boldsymbol{K}}_2\\ \boldsymbol{0} & \hat{\boldsymbol{A}}_{22}\end{bmatrix}\bar{\boldsymbol{x}}+\begin{bmatrix}\hat{\boldsymbol{B}}_1\\ \boldsymbol{0}\end{bmatrix}\boldsymbol{v} \tag{6.34}$$

相应的特征多项式为

$$\begin{aligned}|s\boldsymbol{I}-(\hat{\boldsymbol{A}}-\hat{\boldsymbol{B}}\hat{\boldsymbol{K}})|&=\begin{vmatrix}s\boldsymbol{I}-(\hat{\boldsymbol{A}}_{11}-\hat{\boldsymbol{B}}_1\hat{\boldsymbol{K}}_1) & -(\hat{\boldsymbol{A}}_{12}-\hat{\boldsymbol{B}}_1\hat{\boldsymbol{K}}_2)\\ \boldsymbol{0} & s\boldsymbol{I}-\hat{\boldsymbol{A}}_{22}\end{vmatrix}\\ &=|s\boldsymbol{I}-(\hat{\boldsymbol{A}}_{11}-\hat{\boldsymbol{B}}_1\hat{\boldsymbol{K}}_1)|\,|s\boldsymbol{I}-\hat{\boldsymbol{A}}_{22}|\end{aligned}$$

由此可见，利用状态反馈只能改变系统能控部分的极点，不能改变系统不能控部分的极点，也就是说，在这种情况下不可能任意配置系统的全部极点。这与假设相矛盾，于是系统是完全能控的。必要性得证。

再证充分性。

先就单输入系统进行讨论。已知被控系统的状态是完全能控的，欲证闭环控制系统必能任意极点配置。

若 Σ_0 完全能控，必存在非奇异变换

$$\boldsymbol{x}=\boldsymbol{P}_{c1}\hat{\boldsymbol{x}}$$

能将被控系统 Σ_0 化成能控标准Ⅰ型，即

$$\begin{cases}\dot{\hat{\boldsymbol{x}}}=\hat{\boldsymbol{A}}\hat{\boldsymbol{x}}+\hat{\boldsymbol{b}}\boldsymbol{u}\\ \boldsymbol{y}=\hat{\boldsymbol{c}}\hat{\boldsymbol{x}}\end{cases} \tag{6.35}$$

其中

$$\hat{\boldsymbol{A}}=\boldsymbol{P}_{c1}^{-1}\boldsymbol{A}\boldsymbol{P}_{c1}=\begin{bmatrix}0 & 1 & \cdots & 0 & 0\\ 0 & 0 & \cdots & 0 & 0\\ \vdots & \vdots & & \vdots & \vdots\\ 0 & 0 & \cdots & 0 & 1\\ -a_0 & -a_1 & \cdots & -a_{n-2} & -a_{n-1}\end{bmatrix}$$

$$\hat{\boldsymbol{b}}=\boldsymbol{P}_{c1}^{-1}\boldsymbol{b}=\begin{bmatrix}0\\0\\ \vdots\\0\\1\end{bmatrix}$$

$$\hat{\boldsymbol{c}}=\boldsymbol{c}\boldsymbol{P}_{c1}=[b_0 \quad b_1 \quad \cdots \quad b_{n-1}]$$

由于线性变换不改变系统的特征值，故被控系统 Σ_0 的传递函数为

$$\boldsymbol{W}_0(s)=\boldsymbol{c}(s\boldsymbol{I}-\boldsymbol{A})^{-1}\boldsymbol{b}=\hat{\boldsymbol{c}}(s\boldsymbol{I}-\hat{\boldsymbol{A}})^{-1}\hat{\boldsymbol{b}}=\frac{b_{n-1}s^{n-1}+b_{n-2}s^{n-2}+\cdots+b_1s+b_0}{s^n+a_{n-1}s^{n-1}+\cdots+a_1s+a_0} \tag{6.36}$$

针对能控标准Ⅰ型式(6.35)，引入状态反馈

$$\boldsymbol{u}=\boldsymbol{v}-\hat{\boldsymbol{k}}\hat{\boldsymbol{x}} \tag{6.37}$$

其中

$$\hat{\boldsymbol{k}}=[\hat{k}_0 \quad \hat{k}_1 \quad \cdots \quad \hat{k}_{n-1}]$$

将式(6.37)代入式(6.35)中，可求得对 $\bar{\boldsymbol{x}}$ 的闭环控制系统状态空间表达式为

$$\begin{cases}\dot{\bar{\boldsymbol{x}}}=(\hat{\boldsymbol{A}}-\bar{\boldsymbol{b}}\bar{\boldsymbol{k}})\bar{\boldsymbol{x}}+\bar{\boldsymbol{b}}\boldsymbol{v}\\ \boldsymbol{y}=\hat{\boldsymbol{c}}\hat{\boldsymbol{x}}\end{cases} \tag{6.38}$$

其中

$$(\hat{\boldsymbol{A}}-\hat{\boldsymbol{b}}\hat{\boldsymbol{k}})=\begin{bmatrix}0 & 1 & 0 & \cdots & 0\\ 0 & 0 & 1 & \cdots & 0\\ \vdots & \vdots & \vdots & & 0\\ 0 & 0 & 0 & \cdots & 1\\ -(a_0+\hat{k}_0) & -(a_1+\hat{k}_1) & -(a_2+\hat{k}_2) & \cdots & -(a_{n-1}+\hat{k}_{n-1})\end{bmatrix} \tag{6.39}$$

$\bar{\boldsymbol{c}}$阵不变表明引入线性状态反馈后，仅能改变闭环控制系统传递函数的极点，不改变传递函数的零点。式(6.38)对应的特征多项式为

$$f(\lambda)=|\lambda\boldsymbol{I}-(\hat{\boldsymbol{A}}-\hat{\boldsymbol{b}}\hat{\boldsymbol{k}})|=\lambda^n+(a_{n-1}+\hat{k}_{n-1})\lambda^{n-1}+\cdots+(a_1+\hat{k}_1)\lambda+(a_0+\hat{k}_0) \tag{6.40}$$

闭环控制系统的传递函数为

$$\boldsymbol{W}_k(s)=\hat{\boldsymbol{c}}[s\boldsymbol{I}-(\hat{\boldsymbol{A}}-\hat{\boldsymbol{b}}\hat{\boldsymbol{k}})]^{-1}\hat{\boldsymbol{b}}=\frac{b_{n-1}s^{n-1}+b_{n-2}s^{n-2}+\cdots+b_1s+b_0}{s^n+(a_{n-1}+\bar{k}_{n-1})s^{n-1}+\cdots+(a_1+\bar{k}_1)s+(a_0+\bar{k}_0)} \tag{6.41}$$

闭环控制系统的期望特征多项式为

$$f^*(\lambda)=\prod_{i=1}^{n}(\lambda-\lambda_i^*)=\lambda^n+a_{n-1}^*\lambda^{n-1}+\cdots+a_1^*\lambda+a_0^* \tag{6.42}$$

其中，$\lambda_i^*(i=1, 2, \cdots, n)$为期望的闭环极点(实数极点或共轭复数极点)。

比较式(6.40)和式(6.42)，由等式两边 λ 同次幂系数对应相等，有

$$\hat{k}_i=a_i^*-a_i \quad (i=0, 1, \cdots, n-1) \tag{6.43}$$

得

$$\hat{\boldsymbol{k}}=[a_0^*-a_0, a_1^*-a_1, \cdots, a_{n-1}^*-a_{n-1}] \tag{6.44}$$

又根据线性变换前后的状态反馈控制律 $\boldsymbol{u}=\boldsymbol{v}-\hat{\boldsymbol{k}}\hat{\boldsymbol{x}}=\boldsymbol{v}-\hat{\boldsymbol{k}}\boldsymbol{P}_{c1}^{-1}\boldsymbol{x}$ 可得

$$\boldsymbol{k}=\hat{\boldsymbol{k}}\boldsymbol{P}_{c1}^{-1} \tag{6.45}$$

由于$\boldsymbol{P}_{c1}^{-1}$存在，所以 $\boldsymbol{k}$ 阵是存在的，表明当被控系统的状态完全能控时，可以实现闭环控制系统极点的任意配置。这也构造性地给出了求取 $\boldsymbol{k}$ 的方法。

对于多输入系统，状态矩阵 $\boldsymbol{A}$ 与输入矩阵 $\boldsymbol{B}$ 的某一列$\boldsymbol{b}_i$ 所构成的单输入系统 $\Sigma=$

$[\boldsymbol{A}, \boldsymbol{b}_i]$可能完全能控，或者按照定理 6.4，必存在一个状态反馈矩阵$\hat{\boldsymbol{K}}$，使得反馈后闭环控制系统的系统矩阵 $\boldsymbol{A}-\boldsymbol{B}\hat{\boldsymbol{K}}$与输入矩阵 $\boldsymbol{B}$ 中某一列所构成的等效单输入系统 $\Sigma_k=[\boldsymbol{A}-\boldsymbol{B}\hat{\boldsymbol{K}}, \boldsymbol{b}_i]$完全能控，即无论哪种情况，均可将其看做单输入完全能控系统，只对第 i 个输入变量进行状态反馈，无需理会其他输入，再按照上述单输入系统的证明结果，必存在反馈向量 $\boldsymbol{k}\in\mathbf{R}^{1\times n}$，使得单输入系统 $\Sigma_k=[\boldsymbol{A}-\boldsymbol{B}\hat{\boldsymbol{K}}, \boldsymbol{b}_i]$再次经过状态反馈后形成的闭环控制系统 $\Sigma_k'=[\boldsymbol{A}-\boldsymbol{B}\hat{\boldsymbol{K}}-\boldsymbol{b}_i\boldsymbol{k}, \boldsymbol{b}_i]$是极点可任意配置的。由此证明多输入系统极点可任意配置。证明完毕。

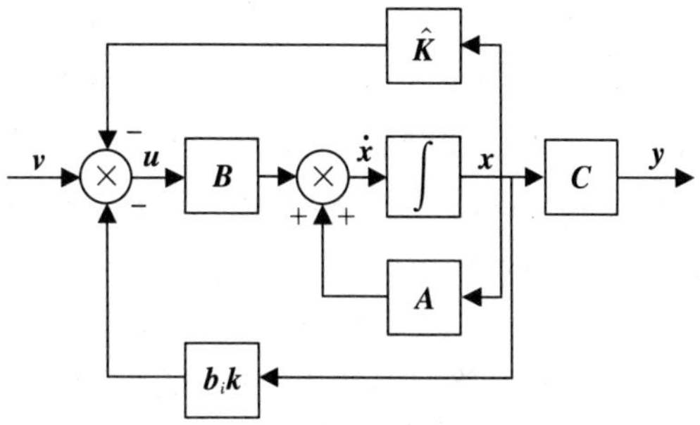

图 6-4　多输入系统状态反馈极点配置结构

多输入系统状态反馈极点配置结构如图 6-4所示。

6.3.2　单输入系统状态反馈的极点配置

单输入系统极点配置反馈矩阵的计算方法可归纳为如下几种。

方法一：适用于低阶系统。

根据

$$f(\lambda)=|\lambda\boldsymbol{I}-(\boldsymbol{A}-\boldsymbol{b}\boldsymbol{k})|=\lambda^n+a_{n-1}(\boldsymbol{k})\lambda^{n-1}+\cdots+a_1(\boldsymbol{k})\lambda+a_0(\boldsymbol{k}) \tag{6.46}$$

和

$$f^*(\lambda)=\prod_{i=1}^{n}(\lambda-\lambda_i^*)=\lambda^n+a_{n-1}^*\lambda^{n-1}+\cdots+a_1^*\lambda+a_0^* \tag{6.47}$$

使两个等式的右边多项式 λ 同次幂系数对应相等，得到 n 个代数方程，即可求出

$$\boldsymbol{k}=[k_0\quad k_1\quad \cdots\quad k_{n-1}] \tag{6.48}$$

方法二：在充分性证明的过程中，已得到

$$\boldsymbol{k}=\hat{\boldsymbol{k}}\boldsymbol{P}_{c1}^{-1} \tag{6.49}$$

其中，$\hat{\boldsymbol{k}}$由式(6.44)确定；$\boldsymbol{P}_{c1}$为将系统 $\Sigma_0=(\boldsymbol{A}, \boldsymbol{b}, \boldsymbol{c})$转换为能控标准Ⅰ型的非奇异变换阵，即

$$\boldsymbol{P}_{c1}=[\boldsymbol{A}^{n-1}\boldsymbol{b}\quad \boldsymbol{A}^{n-2}\boldsymbol{b}\quad \cdots\quad \boldsymbol{b}]\begin{bmatrix}1 & 0 & 0 & \cdots & 0\\ a_{n-1} & 1 & 0 & \cdots & 0\\ \vdots & \vdots & & & \vdots\\ a_2 & a_3 & \cdots & 1 & 0\\ a_1 & a_2 & \cdots & a_{n-1} & 1\end{bmatrix}$$

式中，$a_i(i=0, 1, \cdots, n-1)$为特征多项式$|\lambda\boldsymbol{I}-\boldsymbol{A}|=\lambda^n+a_{n-1}\lambda^{n-1}+\cdots+a_1\lambda+a_0$ 的各项系数。

注意：

(1) 对于状态完全能控的单输入单输出系统，线性状态反馈只能配置系统的极点，不能配置系统的零点。

(2) 当系统不完全能控时，状态反馈阵只能改变系统能控部分的极点，不能影响不能控制部分的极点。

【例 6-2】 已知线性定常系统的状态方程为

$$\begin{cases}\dot{\boldsymbol{x}}=\begin{bmatrix}0 & 1 & 0\\0 & -1 & 1\\0 & -1 & -10\end{bmatrix}\boldsymbol{x}+\begin{bmatrix}0\\0\\1\end{bmatrix}u\\ y=\begin{bmatrix}10 & 0 & 0\end{bmatrix}\boldsymbol{x}\end{cases}$$

试设计状态反馈阵 $\boldsymbol{k}$，使闭环控制系统极点配置为 -5，$-2+2\mathrm{j}$，$-2-2\mathrm{j}$。

解 （1）$\mathrm{rank}\,\boldsymbol{Q}_c=3=n$，原系统完全能控，故可通过状态反馈对系统进行任意的极点配置。

（2）加入状态反馈阵 $\boldsymbol{k}=[k_0 \quad k_1 \quad k_2]$，闭环控制系统的特征根多项式为

$$f(\lambda)=\det[\lambda\boldsymbol{I}-(\boldsymbol{A}-\boldsymbol{bk})]=\lambda^3+(11+k_2)\lambda^2+(11+k_2+k_1)\lambda+k_0$$

（3）根据给定的期望极点，得期望特征多项式为

$$f^*(\lambda)=(\lambda+5)(\lambda+2-2\mathrm{j})(\lambda+2+2\mathrm{j})=\lambda^3+9\lambda^2+28\lambda+40$$

（4）比较 $f(\lambda)$ 与 $f^*(\lambda)$ 各对应阶次项的系数，可解得

$$k_0=40，k_1=19，k_2=-2$$

闭环控制系统的模拟结构图如图 6-5 所示。

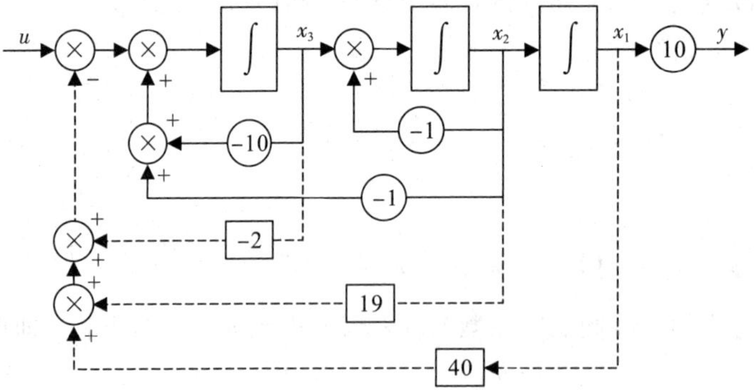

图 6-5 闭环控制系统模拟结构图

应当指出，当系统阶数较低时，根据原系统状态方程直接计算反馈增益阵 $\boldsymbol{k}$ 的代数方程比较简单，无需将它转换成能控标准Ⅰ型。但随着系统阶数的增高，直接计算 $\boldsymbol{k}$ 的方程将愈加复杂。不如将其化成能控标准Ⅰ型，用式(6.44)直接求出在 $\hat{\boldsymbol{x}}$ 下的 $\hat{\boldsymbol{k}}$，然后再按式(6.49)把 $\bar{\boldsymbol{k}}$ 变换为原状态 $\boldsymbol{x}$ 下的 $\boldsymbol{k}$。

【例 6-3】 设系统的传递函数为

$$W(s)=\frac{10}{s(s+1)(s+2)}$$

试设计状态反馈控制器，使闭环控制系统的极点为：-2，$-1\pm\mathrm{j}$。

解 方法一：按串联分解法来选择状态变量，实现起来要方便得多。其结构如图 6-6 所示。

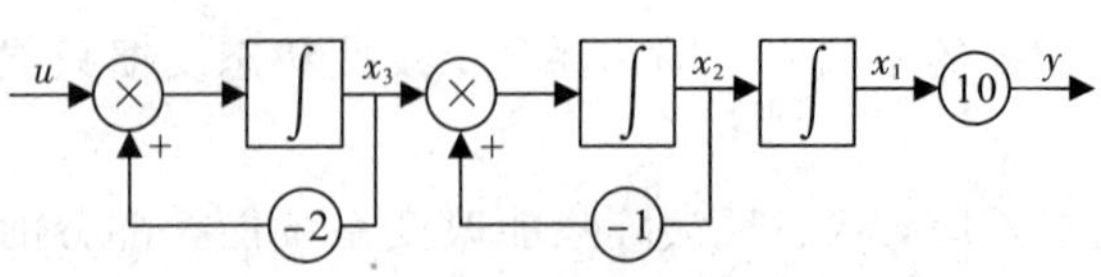

图 6-6 按串联分解的开环模拟结构图

对图 6-6 有

$$\begin{cases}\dot{\boldsymbol{x}}=\begin{bmatrix}0 & 1 & 0\\ 0 & -1 & 1\\ 0 & 0 & -2\end{bmatrix}\boldsymbol{x}+\begin{bmatrix}0\\0\\1\end{bmatrix}u\\ y=\begin{bmatrix}10 & 0 & 0\end{bmatrix}\boldsymbol{x}\end{cases}$$

引入状态反馈阵，即

$$\boldsymbol{k}=\begin{bmatrix}k_0 & k_1 & k_2\end{bmatrix}$$

形成闭环控制系统，闭环控制系统模拟结构图如图 6-7 所示。闭环特征多项式为

$$\begin{aligned}f(\lambda)&=\det[\lambda\boldsymbol{I}-(\boldsymbol{A}-\boldsymbol{bk})]\\&=\lambda^3+(3+k_2)\lambda^2+(2+k_1+k_2)\lambda+k_0\end{aligned}$$

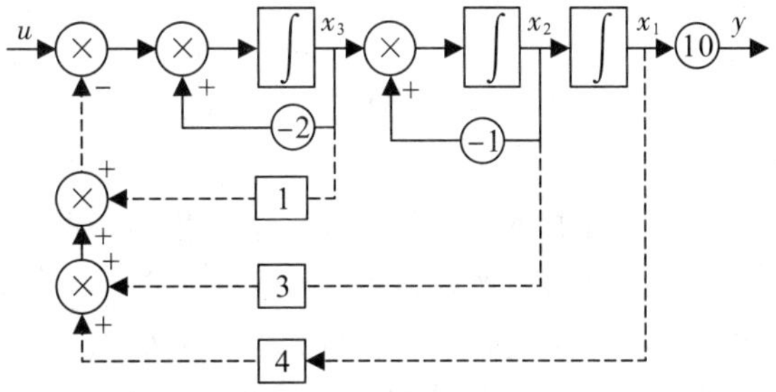

图 6-7　按串联实现的闭环控制系统模拟结构图

根据给定的期望极点，得期望特征多项式为

$$\begin{aligned}f^*(\lambda)&=(\lambda+5)(\lambda+1-\mathrm{j})(\lambda+1+\mathrm{j})\\&=\lambda^3+4\lambda^2+6\lambda+4\end{aligned}$$

将 $f(\lambda)$ 与 $f^*(\lambda)$ 比较，得

$$k_0=4,\quad k_1=3,\quad k_2=1$$

即

$$\boldsymbol{k}=\begin{bmatrix}4 & 3 & 1\end{bmatrix}$$

方法二：

(1) 因为传递函数没有零极点对消现象，所以原系统能控且能观。可直接写出它的能控标准Ⅰ型实现，为

$$\begin{cases}\dot{\boldsymbol{x}}=\begin{bmatrix}0 & 1 & 0\\ 0 & 0 & 1\\ 0 & -2 & -3\end{bmatrix}\boldsymbol{x}+\begin{bmatrix}0\\0\\1\end{bmatrix}u\\ y=\begin{bmatrix}10 & 0 & 0\end{bmatrix}\boldsymbol{x}\end{cases}$$

(2) 加入状态反馈阵 $\hat{\boldsymbol{k}}=\begin{bmatrix}\hat{k}_0 & \hat{k}_1 & \hat{k}_2\end{bmatrix}$。闭环控制系统特征多项式为

$$f(\lambda)=\det[\lambda\boldsymbol{I}-(\hat{\boldsymbol{A}}-\hat{\boldsymbol{b}}\hat{\boldsymbol{k}})]=\lambda^3+(3+\bar{k}_2)\lambda^2+(2+\bar{k}_1)\lambda+\bar{k}_0$$

(3) 根据给定的极点值，得期望特征多项式为

$$f^*(\lambda)=(\lambda+2)(\lambda+1-\mathrm{j})(\lambda+1+\mathrm{j})=\lambda^3+4\lambda^2+6\lambda+4$$

(4) 比较 $f(\lambda)$ 与 $f^*(\lambda)$ 各对应阶次项系数，可解得

$$\hat{k}_0=4,\quad \hat{k}_1=4,\quad \hat{k}_2=1$$

即

$$\hat{\boldsymbol{k}}=\begin{bmatrix}4 & 4 & 1\end{bmatrix}$$

闭环控制系统的模拟结构图如图 6-8 所示，虚线表示状态反馈。

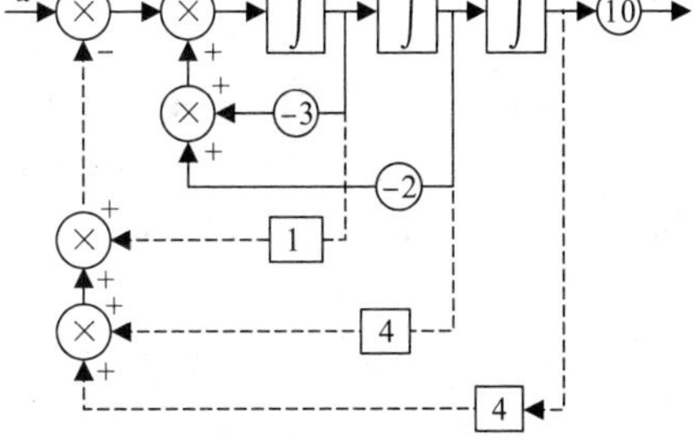

图 6-8　闭环控制系统的模拟结构图

计算 $\boldsymbol{P}_{c1}^{-1}$，可根据系统方程与能控标准型之间的代数等价关系，即

$$\hat{\boldsymbol{A}}\boldsymbol{P}_{c1}^{-1}=\boldsymbol{P}_{c1}^{-1}\boldsymbol{A},\quad \hat{\boldsymbol{b}}=\boldsymbol{P}_{c1}^{-1}\boldsymbol{b},\quad \hat{\boldsymbol{c}}\boldsymbol{P}_{c1}^{-1}=\boldsymbol{c}$$

设$\boldsymbol{P}_{c1}^{-1}=\begin{bmatrix}p_{11} & p_{12} & p_{13}\\ p_{21} & p_{22} & p_{23}\\ p_{31} & p_{32} & p_{33}\end{bmatrix}$，将其代入上式可解得

$$\boldsymbol{P}_{c1}^{-1}=\begin{bmatrix}1 & 0 & 0\\ 0 & 1 & 0\\ 0 & -1 & 1\end{bmatrix}$$

于是

$$\boldsymbol{k}=\hat{\boldsymbol{k}}\boldsymbol{P}_{c1}^{-1}=[4\quad 4\quad 1]\begin{bmatrix}1 & 0 & 0\\ 0 & 1 & 0\\ 0 & -1 & 1\end{bmatrix}=[4\quad 3\quad 1]$$

显然，结果与方法一的计算结果相同。但有几点需要注意：

(1) 选择期望极点，是个确定综合指标的复杂问题。一般注意以下两点：① 对一个 n 维系统，必须指定 n 个实极点或共轭复极点；② 极点位置的确定，要充分考虑它们对于系统性能的主导影响及其与系统零点分布状况的关系。同时还要兼顾系统抗干扰的能力和对参数漂移低敏感性的要求。

(2) 对于单输入系统，只要系统能控必能通过状态反馈实现闭环极点的任意配置，而且不影响原系统零点的分布。但如果故意制造零极点对消，则闭环控制系统是不能观的。

(3) 上述原理同样适用于多输入系统，但具体设计要困难得多。因为将综合指标化为期望极点需要凭借工程处理，而且，将被控系统化为能控标准型亦相当麻烦，而且状态反馈矩阵 $\boldsymbol{k}$ 的解也非唯一。此外，还可能改变系统零点的形态等。

6.3.3 多输入系统状态反馈的极点配置

对于多输入系统，满足同样极点配置的状态反馈矩阵是不唯一的，计算反馈矩阵的方法也有多种。定理 6.4 的充分性证明本身也构造了其中一种计算反馈矩阵的方法。

多输入系统极点配置反馈矩阵 $\boldsymbol{K}\in\mathbf{R}^{r\times n}$的计算方法可归纳如下：

(1) 在 $\boldsymbol{B}$ 的各列向量$\boldsymbol{b}_1$，$\boldsymbol{b}_2$，…，$\boldsymbol{b}_r$ 中，从$\boldsymbol{b}_1$ 开始，依次查询，找出第一个不为零的向量$\boldsymbol{b}_i$；

(2) 令 $k=i$，$j=1$，$h=1$，$l=0$，$\boldsymbol{\psi}_1=\boldsymbol{b}_i$；

(3) 如果 $j<n$，则跳到第(5)步，否则跳到第(4)步；

(4) 若 $l=0$，则取$\overline{\boldsymbol{K}}=\boldsymbol{0}$，跳到第(10)步，否则跳到第(7)步；

(5) 判别$\boldsymbol{A}^h\boldsymbol{b}_k$ 是否与向量组$\boldsymbol{\psi}_1$，$\boldsymbol{\psi}_2$，…，$\boldsymbol{\psi}_j$ 线性相关，若不相关，则 $j+1$，取$\boldsymbol{\psi}_j=\boldsymbol{A}^h\boldsymbol{b}_k$，并令 $h+1$，跳到第(3)步；否则，令 $k+1$，转第(6)步；

(6) 若 $h=0$，跳回第(5)步；否则 $l+1$，并取 $\nu_l=h$，令 $h=0$，跳回第(5)步；

(7) 取 $\boldsymbol{\Psi}=[\boldsymbol{\psi}_1\quad \boldsymbol{\psi}_2\quad \cdots\quad \boldsymbol{\psi}_n]$，并计算$\boldsymbol{\Psi}^{-1}$(注意：经前述运算后，有 $\nu_1+\nu_2+\cdots+\nu_l=n$)；

(8) 定义一个 $r\times n$ 的矩阵为

$$\boldsymbol{S}=[\boldsymbol{0},\boldsymbol{0},\cdots,\underset{\substack{\uparrow\\ \text{第 }\nu_1\text{ 列}}}{\boldsymbol{e}_2}\quad \boldsymbol{0},\boldsymbol{0},\cdots,\underset{\substack{\uparrow\\ \text{第}(\nu_1+\nu_2)\text{列}}}{\boldsymbol{e}_3}\quad \cdots\quad \boldsymbol{0},\boldsymbol{0},\cdots,\underset{\substack{\uparrow\\ \text{第 }n\text{ 列}}}{\boldsymbol{0}}]$$

其中，$\boldsymbol{e}_t(t=2, 3, \cdots, l-1)$是 $r\times r$ 阶负单位阵的第 t 列，即

$$\boldsymbol{e}_t=\begin{bmatrix}0\\0\\\vdots\\-1\\\vdots\\0\end{bmatrix}\leftarrow\text{第 } t \text{ 行}$$

(9) 取$\bar{\boldsymbol{K}}=\boldsymbol{S}\boldsymbol{\Psi}^{-1}$，并计算 $\boldsymbol{A}-\boldsymbol{B}\bar{\boldsymbol{K}}$；

(10) 按照 6.3.2 节中单输入系统极点配置反馈矩阵的算法，对单输入系统 $\Sigma_k=[(\boldsymbol{A}-\boldsymbol{B}\bar{\boldsymbol{K}}), \boldsymbol{b}_i]$求取满足极点配置的$\boldsymbol{k}_i$；

(11) 取 $\boldsymbol{K}=\bar{\boldsymbol{K}}+\boldsymbol{\varphi}\boldsymbol{k}_i$，其中 $\boldsymbol{\varphi}$ 为 r 维列向量，其元素中的第 i 行为 1，其他元素为 0。

【例 6-4】 考虑完全能控系统为

$$\dot{\boldsymbol{x}}=\begin{bmatrix}2&0&0\\-2&0&4\\1&-1&-1\end{bmatrix}\boldsymbol{x}+\begin{bmatrix}0&1\\1&0\\0&0\end{bmatrix}\boldsymbol{u}$$

试设计状态反馈矩阵 $\boldsymbol{K}$，使闭环控制系统的极点配置在-1，$-\frac{1}{2}\pm\frac{\sqrt{3}}{2}\mathrm{j}$。

解　(1) 写出期望闭环控制系统的特征多项式为

$$f^*(\lambda)=(\lambda+1)\left(\lambda+\frac{1}{2}+\frac{\sqrt{3}}{2}\mathrm{j}\right)\left(\lambda+\frac{1}{2}-\frac{\sqrt{3}}{2}\mathrm{j}\right)=\lambda^3+2\lambda^2+2\lambda+1$$

由此，可得$[a_0^*\quad a_1^*\quad a_2^*]=[1\quad 2\quad 2]$。

(2) 构造 $\boldsymbol{\Psi}$，即

$$\boldsymbol{\Psi}=[\boldsymbol{b}_1\quad \boldsymbol{A}\boldsymbol{b}_1\quad \boldsymbol{b}_2]=\begin{bmatrix}0&0&1\\1&0&0\\0&-1&0\end{bmatrix},\quad \boldsymbol{\Psi}^{-1}=\begin{bmatrix}0&1&0\\0&0&-1\\1&0&0\end{bmatrix}$$

可知，$\nu_1=2$，因此，有

$$\boldsymbol{S}=\begin{bmatrix}0&0&0&0\\0&-1&0&0\end{bmatrix}$$

由此得到使系统只用第一个输入变量就可完全能控的状态反馈矩阵$\bar{\boldsymbol{K}}$为

$$\bar{\boldsymbol{K}}=\boldsymbol{S}\boldsymbol{\Psi}^{-1}=\begin{bmatrix}0&0&0\\0&0&1\end{bmatrix}$$

(3) 计算矩阵 $\boldsymbol{A}-\boldsymbol{B}\bar{\boldsymbol{K}}$的特征多项式，即

$$\boldsymbol{A}-\boldsymbol{B}\bar{\boldsymbol{K}}=\begin{bmatrix}2&0&-1\\-2&0&4\\1&-1&-1\end{bmatrix}$$

$$f(\lambda)=\det(\lambda\boldsymbol{I}-\boldsymbol{A}+\boldsymbol{B}\bar{\boldsymbol{K}})=\lambda^3-\lambda^2+3\lambda-6$$

由此得$[a_0\quad a_1\quad a_2]=[-6\quad 3\quad -1]$。

(4) 对应能控标准Ⅰ型的状态反馈极点配置矩阵为

$$\hat{\boldsymbol{k}}=[a_0^*-a_0\quad a_1^*-a_1\quad a_2^*-a_2]=[7\quad -1\quad 3]$$

(5) 求取可将能控系统 $\Sigma_k=[(\boldsymbol{A}-\boldsymbol{B}\bar{\boldsymbol{K}}),\ \boldsymbol{b}_1]$化为能控标准Ⅰ型的非奇异变换矩阵，有

$$\boldsymbol{P}_{c1}^{-1}=\left\{\left[(\boldsymbol{A}-\boldsymbol{B}\bar{\boldsymbol{K}})^2\boldsymbol{b}_1\quad(\boldsymbol{A}-\boldsymbol{B}\bar{\boldsymbol{K}})\boldsymbol{b}_1\quad\boldsymbol{b}_1\right]\begin{bmatrix}1&0&0\\a_2&1&0\\a_1&a_2&1\end{bmatrix}\right\}^{-1}=\begin{bmatrix}1&0&0\\2&0&-1\\3&1&-1\end{bmatrix}$$

(6) 计算符合单输入系统 $\Sigma_k=[(\boldsymbol{A}-\boldsymbol{B}\bar{\boldsymbol{K}}),\ \boldsymbol{b}_1]$极点配置的状态反馈矩阵，即

$$\boldsymbol{k}=\hat{\boldsymbol{k}}\boldsymbol{P}_{c1}^{-1}=[14\quad 3\quad -2]$$

(7) 构成线性状态反馈矩阵为

$$\begin{aligned}\boldsymbol{K}&=\bar{\boldsymbol{K}}+\begin{bmatrix}1\\0\end{bmatrix}\boldsymbol{k}=\begin{bmatrix}0&0&0\\0&0&1\end{bmatrix}+\begin{bmatrix}1\\0\end{bmatrix}[14\quad 3\quad -2]\\&=\begin{bmatrix}14&3&-2\\0&0&1\end{bmatrix}\end{aligned}$$

$$\boldsymbol{u}=\boldsymbol{v}-\boldsymbol{K}\boldsymbol{x}=\boldsymbol{v}-\begin{bmatrix}14&3&-2\\0&0&1\end{bmatrix}\boldsymbol{x}$$

验证

$$\begin{aligned}\boldsymbol{A}-\boldsymbol{B}\boldsymbol{K}&=\begin{bmatrix}2&0&0\\-2&0&4\\1&-1&-1\end{bmatrix}-\begin{bmatrix}0&1\\1&0\\0&0\end{bmatrix}\begin{bmatrix}14&3&-2\\0&0&1\end{bmatrix}\\&=\begin{bmatrix}2&0&-1\\-16&-3&6\\1&-1&-1\end{bmatrix}\end{aligned}$$

$$\begin{aligned}\det(s\boldsymbol{I}-(\boldsymbol{A}-\boldsymbol{B}\boldsymbol{K}))&=\det\left[\begin{bmatrix}s&0&0\\0&s&0\\0&0&s\end{bmatrix}-\begin{bmatrix}2&0&-1\\-16&-3&6\\1&-1&-1\end{bmatrix}\right]\\&=s^3+2s^2+2s+1=(s+1)\left(s+\frac{1}{2}+\mathrm{j}\frac{\sqrt{3}}{2}\right)\left(s+\frac{1}{2}-\mathrm{j}\frac{\sqrt{3}}{2}\right)\end{aligned}$$

说明零极点被配置到了-1和$-\frac{1}{2}\pm\frac{\sqrt{3}}{2}\mathrm{j}$。

对于多输入系统，不同计算方法所获得的反馈矩阵，虽然其闭环控制系统的极点是一样的，但对零点的影响却不同。只要将传递函数分解成部分分式形式就可容易看出，系统极点决定了对应系统运动分量的性质，而系统零点位置则影响系统各响应分量的相对大小。直观地看，如果某零点和极点距离很近，则该极点所对应的系统响应分量部分的幅值就相对较小。极端情况下，如果某零点位置和某极点位置完全重合，则该极点即被对消，对应的系统响应分量便不存在。因此，满足极点配置的不同反馈矩阵，其瞬态性能是有差异的。

6.4 输出反馈极点配置

输出变量是状态变量的线性组合，因此，输出变量不一定反映系统状态的所有信息。然而，输出变量在物理上容易被检测和实现反馈。

给定一个 n 阶系统 $\Sigma=(\boldsymbol{A},\ \boldsymbol{B},\ \boldsymbol{C})$和一组任意指定的 n 个期望闭环控制系统的特征值

λ_i^* ($i=1, 2, \cdots, n$)，若能求得反馈矩阵 $\boldsymbol{H}\in\mathbf{R}^{r\times n}$，使得($\boldsymbol{A}-\boldsymbol{BHC}$)具有特征值 λ_i^* ($i=1, 2, \cdots, n$)，则称为极点任意配置。

定理 6.5　对于线性时不变系统，一般来说，利用无动态补偿网络的输出反馈 $\boldsymbol{u}=-\boldsymbol{Hy}+\boldsymbol{v}=-\boldsymbol{HCx}+\boldsymbol{v}$，不能任意配置系统的全部极点。

证明　比较状态反馈和输出反馈的表达式，可知：

$$\boldsymbol{HC}=\boldsymbol{K} \tag{6.50}$$

虽然在状态反馈中选择适当的 $\boldsymbol{K}$，可使系统极点任意配置，但是从式(6.50)中，处理某些特定的 $\boldsymbol{C}$ 以外，一般而言 $\boldsymbol{H}$ 是无解的，所以选不出适当的 $\boldsymbol{H}$，使系统的极点能够任意配置。证明完毕。

定理 6.6　对完全能控的单输入单输出系统 $\Sigma_0=(\boldsymbol{A}, \boldsymbol{b}, \boldsymbol{c})$，采用输出反馈只能将闭环控制系统的极点配置在根轨迹上，而不能实现闭环控制系统极点的任意配置。

证明　对单输入-单输出反馈系统 $\Sigma_h=((\boldsymbol{A}-\boldsymbol{bhc}), \boldsymbol{b}, \boldsymbol{c})$，闭环传递函数为

$$W_h(s)=\boldsymbol{c}\left[s\boldsymbol{I}-(\boldsymbol{A}-\boldsymbol{bhc})\right]^{-1}\boldsymbol{b}=\frac{W(s)}{1+\boldsymbol{h}W(s)}$$

其中，$W(s)=\boldsymbol{c}(s\boldsymbol{I}-\boldsymbol{A})^{-1}\boldsymbol{b}$ 为被控系统 $\Sigma_0=(\boldsymbol{A}, \boldsymbol{b}, \boldsymbol{c})$的传递函数。

由闭环控制系统的特征方程可得闭环根轨迹方程为

$$\boldsymbol{h}W(s)=-1$$

当 $W(s)$已知时，以 $\boldsymbol{h}$(从 0 到∞)为参变量，可求得闭环控制系统的一组根轨迹。很显然，不管怎样选择 $\boldsymbol{h}$，也不能使根轨迹落在那些不属于根轨迹的期望极点位置上。定理得证。

不能任意配置极点，正是输出线性反馈的弱点。为了克服这个弱点，在经典控制理论中，往往采取引入附加校正网络，通过增加开环零、极点的方法改变根轨迹的走向。从而使其落在指定的期望位置上。

关于多输入-多输出系统的输出反馈，有如下定理(证明略)。

定理 6.7　对于完全能控能观的 n 维线性 MIMO 定常系统 $\Sigma=(\boldsymbol{A}, \boldsymbol{B}, \boldsymbol{C})$，设 $\mathrm{rank}\boldsymbol{B}=\bar{r}$，$\mathrm{rank}\boldsymbol{C}=\bar{m}$，则采用输出反馈 $\boldsymbol{u}=-\boldsymbol{Hy}+\boldsymbol{v}$，可对数目为 $\min\{n, \bar{r}+\bar{m}-1\}$的闭环极点以任意接近的程度进行极点配置。

除了静态输出反馈以外，输出变量还可以经过补偿器进行动态补偿后反馈到输入端，在符合一定条件下，动态输出反馈可以获得和状态反馈相同的结果。

6.5　系统镇定问题

系统镇定是指一个非渐近稳定的系统通过反馈使系统的特征值均具有负实部，实现渐近稳定。一个系统如果能通过状态反馈使其渐近稳定，则称系统是状态反馈能镇定的。同理，也可定义输出反馈镇定的概念。

如果被控系统 $\Sigma_0=(\boldsymbol{A}, \boldsymbol{B}, \boldsymbol{C})$是状态完全能控的，可以采用状态反馈任意配置($\boldsymbol{A}-\boldsymbol{BK}$)的 n 个极点。对于完全能控的不稳定系统，总可以求得线性状态反馈阵 $\boldsymbol{K}$，使闭环控制系统渐近稳定，即($\boldsymbol{A}-\boldsymbol{BK}$)的特征值均具有负实部。这就说明，镇定是系统状态反馈综合的一类特殊情况，它只要求将极点配置到左半平面，而不要求严格地配置到特定的位置上。

假如被控系统 $\Sigma_0=(\boldsymbol{A},\boldsymbol{B},\boldsymbol{C})$ 不是状态完全能控的，那么有多少个特征值可以配置？哪些特征值可以配置呢？系统在什么条件下是可以镇定的？

定理 6.8 对系统 $\Sigma_0=(\boldsymbol{A},\boldsymbol{B},\boldsymbol{C})$，采用状态反馈能镇定的充要条件是 Σ_0 的不能控子系统为渐近稳定的。

证明 设被控系统 $\Sigma_0=(\boldsymbol{A},\boldsymbol{B},\boldsymbol{C})$ 不完全能控，因此通过线性变换将其按能控性分解为

$$\hat{\boldsymbol{A}}=\boldsymbol{P}_c^{-1}\boldsymbol{A}\boldsymbol{P}_c=\begin{bmatrix}\hat{\boldsymbol{A}}_{11} & \hat{\boldsymbol{A}}_{12}\\ \boldsymbol{0} & \hat{\boldsymbol{A}}_{22}\end{bmatrix}$$

$$\hat{\boldsymbol{B}}=\boldsymbol{P}_c^{-1}\boldsymbol{B}=\begin{bmatrix}\hat{\boldsymbol{B}}_1\\ 0\end{bmatrix} \tag{6.51}$$

$$\hat{\boldsymbol{C}}=\boldsymbol{C}\boldsymbol{P}_c=[\hat{\boldsymbol{C}}_1\quad \hat{\boldsymbol{C}}_2]$$

其中，$\hat{\Sigma}_c=(\hat{\boldsymbol{A}}_{11},\hat{\boldsymbol{B}}_1,\hat{\boldsymbol{C}}_1)$ 为能控子系统；$\hat{\Sigma}_{\bar{c}}=(\hat{\boldsymbol{A}}_{22},\boldsymbol{0},\hat{\boldsymbol{C}}_2)$ 为不能控子系统。

由于线性变换不改变系统的特征值，所以有

$$\det[s\boldsymbol{I}-\boldsymbol{A}]=\det[s\boldsymbol{I}-\hat{\boldsymbol{A}}]=\det\begin{bmatrix}s\boldsymbol{I}-\hat{\boldsymbol{A}}_{11} & -\hat{\boldsymbol{A}}_{12}\\ \boldsymbol{0} & s\boldsymbol{I}-\hat{\boldsymbol{A}}_{22}\end{bmatrix}$$

$$=\det[s\boldsymbol{I}-\hat{\boldsymbol{A}}_{11}]\cdot\det[s\boldsymbol{I}-\hat{\boldsymbol{A}}_{22}] \tag{6.52}$$

由于 $\hat{\Sigma}_0=(\hat{\boldsymbol{A}},\hat{\boldsymbol{B}},\hat{\boldsymbol{C}})$ 与 $\Sigma_0=(\boldsymbol{A},\boldsymbol{B},\boldsymbol{C})$ 在能控性和能观性上等价。引入状态反馈阵：

$$\hat{\boldsymbol{K}}=[\hat{\boldsymbol{K}}_1\quad \hat{\boldsymbol{K}}_2] \tag{6.53}$$

得闭环控制系统的状态矩阵为

$$\hat{\boldsymbol{A}}-\hat{\boldsymbol{B}}\hat{\boldsymbol{K}}=\begin{bmatrix}\hat{\boldsymbol{A}}_{11} & \hat{\boldsymbol{A}}_{12}\\ \boldsymbol{0} & \hat{\boldsymbol{A}}_{22}\end{bmatrix}-\begin{bmatrix}\hat{\boldsymbol{B}}_1\\ \boldsymbol{0}\end{bmatrix}[\hat{\boldsymbol{K}}_1\quad \hat{\boldsymbol{K}}_2]$$

$$=\begin{bmatrix}\hat{\boldsymbol{A}}_{11}-\hat{\boldsymbol{B}}_1\hat{\boldsymbol{K}}_1 & \hat{\boldsymbol{A}}_{12}-\hat{\boldsymbol{B}}_1\hat{\boldsymbol{K}}_2\\ \boldsymbol{0} & \hat{\boldsymbol{A}}_{22}\end{bmatrix} \tag{6.54}$$

闭环特征多项式为

$$\det[s\boldsymbol{I}-(\hat{\boldsymbol{A}}-\hat{\boldsymbol{B}}\hat{\boldsymbol{K}})]=\det[s\boldsymbol{I}-(\hat{\boldsymbol{A}}_{11}-\hat{\boldsymbol{B}}_1\hat{\boldsymbol{K}}_1)]\cdot\det[s\boldsymbol{I}-\hat{\boldsymbol{A}}_{22}] \tag{6.55}$$

由式(6.55)可见，只能通过选择 $\hat{\boldsymbol{K}}_1$ 使 $(\hat{\boldsymbol{A}}_{11}-\hat{\boldsymbol{B}}_1\hat{\boldsymbol{K}}_1)$ 特征值均具有负实部，从而使子系统 $\hat{\Sigma}_c=(\hat{\boldsymbol{A}}_{11},\hat{\boldsymbol{B}}_1,\hat{\boldsymbol{C}}_1)$ 为渐近稳定。但 $\hat{\boldsymbol{K}}$ 的选择并不能影响 $\hat{\Sigma}_{\bar{c}}=(\hat{\boldsymbol{A}}_{22},\boldsymbol{0},\hat{\boldsymbol{C}}_2)$ 的特征值分

布。因此，仅当$\hat{A}_{22}$的特征值均具有负实部，即不能控子系统 $\hat{\Sigma}_{\bar{c}}=(\hat{A}_{22},\mathbf{0},\hat{C}_2)$为渐近稳定，此时整个系统 Σ_0 才是状态反馈能镇定的。

定理 6.9　系统 $\Sigma_0=(A, B, C)$通过输出反馈能镇定的充要条件是结构分解中能控且能观子系统是输出反馈能镇定的，其余子系统是渐近稳定的。

证明　对 $\Sigma_0=(A, B, C)$按能控能观性进行分解，有

$$\hat{A}=P^{-1}AP=\begin{bmatrix}\hat{A}_{11} & \mathbf{0} & \hat{A}_{13} & \mathbf{0}\\ \hat{A}_{21} & \hat{A}_{22} & \hat{A}_{23} & \hat{A}_{24}\\ \mathbf{0} & \mathbf{0} & \hat{A}_{33} & \mathbf{0}\\ \mathbf{0} & \mathbf{0} & \hat{A}_{43} & \hat{A}_{44}\end{bmatrix} \tag{6.56}$$

$$\hat{B}=P^{-1}B=\begin{bmatrix}\hat{B}_1\\ \hat{B}_2\\ \mathbf{0}\\ \mathbf{0}\end{bmatrix}$$

$$\hat{C}=CP=\begin{bmatrix}\hat{C}_1 & \mathbf{0} & \hat{C}_3 & \mathbf{0}\end{bmatrix}$$

引入输出反馈阵后，可得闭环控制系统的状态矩阵为

$$\hat{A}-\hat{B}\hat{H}\hat{C}=\begin{bmatrix}\hat{A}_{11} & \mathbf{0} & \hat{A}_{13} & \mathbf{0}\\ \hat{A}_{21} & \hat{A}_{22} & \hat{A}_{23} & \hat{A}_{24}\\ \mathbf{0} & \mathbf{0} & \hat{A}_{33} & \mathbf{0}\\ \mathbf{0} & \mathbf{0} & \hat{A}_{43} & \hat{A}_{44}\end{bmatrix}+\begin{bmatrix}\hat{B}_1\\ \hat{B}_2\\ \mathbf{0}\\ \mathbf{0}\end{bmatrix}\hat{H}\begin{bmatrix}\hat{C}_1 & \mathbf{0} & \hat{C}_3 & \mathbf{0}\end{bmatrix}$$

$$=\begin{bmatrix}\hat{A}_{11}-\hat{B}_1\hat{H}\hat{C}_1 & \mathbf{0} & \hat{A}_{13}-\hat{B}_1\hat{H}\hat{C}_3 & \mathbf{0}\\ \hat{A}_{21}-\hat{B}_2\hat{H}\hat{C}_1 & \hat{A}_{22} & \hat{A}_{23}-\hat{B}_2\hat{H}\hat{C}_3 & \hat{A}_{24}\\ \mathbf{0} & \mathbf{0} & \hat{A}_{33} & \mathbf{0}\\ \mathbf{0} & \mathbf{0} & \hat{A}_{43} & \hat{A}_{44}\end{bmatrix} \tag{6.57}$$

闭环特征多项式为

$$\begin{aligned}&\det[sI-(\hat{A}-\hat{B}\hat{H}\hat{C})]\\ &=\det[sI-(\hat{A}_{11}-\hat{B}_1\hat{H}\hat{C}_1)]\cdot\det[sI-\hat{A}_{22}]\cdot\det[sI-\hat{A}_{33}]\cdot\det[sI-\hat{A}_{44}]\end{aligned} \tag{6.58}$$

式(6.58)表明，当且仅当$(\hat{A}_{11}-\hat{B}_1\hat{H}\hat{C}_1)$、$\hat{A}_{22}$、$\hat{A}_{33}$、$\hat{A}_{44}$的特征值均具有负实部，闭环控制系统才为渐近稳定。定理得证。

应当指出，对于一个能控且能观的系统，既然不能通过输出线性反馈任意配置极点，自然也不能保证这类系统一定具有输出反馈的能镇定性。

【例 6-5】 设系统的状态空间表达式为

$$\begin{cases}\dot{\boldsymbol{x}}=\begin{bmatrix}0 & 1 & 0\\0 & 0 & -1\\-1 & 0 & 0\end{bmatrix}\boldsymbol{x}+\begin{bmatrix}0\\1\\0\end{bmatrix}u\\ \boldsymbol{y}=\begin{bmatrix}1 & 0 & 0\\0 & 0 & 1\end{bmatrix}\boldsymbol{x}\end{cases}$$

试证明不能通过输出反馈使之镇定。

解 经检验该系统能控且能观，但从特征多项式

$$\det[s\boldsymbol{I}-\boldsymbol{A}]=\begin{vmatrix}s & -1 & 0\\0 & s & 1\\1 & 0 & s\end{vmatrix}=s^3-1$$

看出各系数异号且缺项，故系统是不稳定的。

若引入输出反馈阵 $\boldsymbol{H}=[h_0\quad h_1]$，则有

$$\boldsymbol{A}-\boldsymbol{bHc}=\begin{bmatrix}0 & 1 & 0\\0 & 0 & -1\\-1 & 0 & 0\end{bmatrix}-\begin{bmatrix}0\\1\\0\end{bmatrix}[h_0\quad h_1]\begin{bmatrix}1 & 0 & 0\\0 & 0 & 1\end{bmatrix}=\begin{bmatrix}0 & 1 & 0\\-h_0 & 0 & -1-h_1\\-1 & 0 & 0\end{bmatrix}$$

和

$$\det[s\boldsymbol{I}-(\boldsymbol{A}-\boldsymbol{bHc})]=\begin{bmatrix}s & -1 & 0\\h_0 & s & 1+h_1\\1 & 0 & s\end{bmatrix}=s^3+h_0s-(h_1+1)$$

由上式可见，经 $\boldsymbol{H}$ 反馈闭环后的特征式仍缺少 s^2 项，因此无论怎样选择 $\boldsymbol{H}$，也不能使系统获得镇定。这个例子表明，利用输出反馈未必能使能控且能观的系统得到镇定。

6.6 干扰抑制与跟踪控制

6.6.1 问题描述

跟踪控制与干扰抑制是工程实际中存在的一类基本控制问题，其控制目标是保证系统的输出量无静差地跟踪外部给定的参考信号，同时还要抑制外部扰动信号对系统性能的影响。考虑具有外部干扰的线性定常系统为

$$\begin{cases}\dot{\boldsymbol{x}}=\boldsymbol{Ax}+\boldsymbol{Bu}+\boldsymbol{B}_{\omega}\boldsymbol{\omega}\\ \boldsymbol{y}=\boldsymbol{Cx}+\boldsymbol{Du}+\boldsymbol{D}_{\omega}\boldsymbol{\omega}\end{cases}\tag{6.59}$$

式中：$\boldsymbol{x}\in\mathbf{R}^n$ 为系统状态向量；$\boldsymbol{u}\in\mathbf{R}^r$ 为系统输入向量；$\boldsymbol{y}\in\mathbf{R}^m$ 为系统输出向量；$\boldsymbol{\omega}\in\mathbf{R}^m$ 为系统扰动向量；$\boldsymbol{A}$，$\boldsymbol{B}$，$\boldsymbol{C}$，$\boldsymbol{D}$，$\boldsymbol{B}_{\omega}$，$\boldsymbol{D}_{\omega}$ 分别为对应维数的矩阵；$\boldsymbol{B}_{\omega}\boldsymbol{\omega}$ 和 $\boldsymbol{D}_{\omega}\boldsymbol{\omega}$ 分别为由外界加予原系统的干扰和测量输出时产生的测量扰动。

设系统是能控且能观的，令系统输出 $\boldsymbol{y}$ 跟踪给定参考信号$\boldsymbol{y}_d$，跟踪误差为

$$\boldsymbol{e}=\boldsymbol{y}_d-\boldsymbol{y} \tag{6.60}$$

上述问题可以分为以下三种情况：

(1) 若 $\boldsymbol{\omega}=\boldsymbol{0}$，表示寻求控制作用 $\boldsymbol{u}$ 使系统的跟踪误差式(6.60)满足

$$\lim_{t\to\infty}\boldsymbol{e}=\lim_{t\to\infty}[\boldsymbol{y}_d-\boldsymbol{y}]=\boldsymbol{0} \tag{6.61}$$

则称系统输出实现对参考输入的渐近跟踪。

(2) 若 $\boldsymbol{y}_d=\boldsymbol{0}$，表示寻求控制作用 $\boldsymbol{u}$ 使系统的输出量不受外部干扰 $\boldsymbol{\omega}$ 的影响，即

$$\lim_{t\to\infty}\boldsymbol{y}=\boldsymbol{0} \tag{6.62}$$

称之为干扰抑制问题。

(3) 若 $\boldsymbol{\omega}\neq\boldsymbol{0}$ 和$\boldsymbol{y}_d\neq\boldsymbol{0}$ 时，这时要寻求控制作用 $\boldsymbol{u}$ 在外部干扰存在情况下使系统的跟踪误差(6.60)满足

$$\lim_{t\to\infty}\boldsymbol{e}=\lim_{t\to\infty}[\boldsymbol{y}_d-\boldsymbol{y}]=\boldsymbol{0} \tag{6.63}$$

这时，称之为具有干扰抑制的渐近跟踪问题(或抗干扰跟踪问题)。

由于抗干扰跟踪问题包括了渐近跟踪和干扰抑制，更具有一般性。所以，本节主要讨论在控制输入 $\boldsymbol{u}$ 作用下，除了使系统满足渐近跟踪外，还要保证系统稳定且具有满意的动态性能，这也是抗干扰跟踪控制问题的基本要求。另外，还简单介绍了具有输入变换的跟踪控制问题。

6.6.2　内模原理

如图 6-9 所示的反馈系统，$W_0(s)=N_g(s)/D_g(s)$为被控对象的传递函数，$W_c(s)=N_c(s)/D_c(s)$是补偿器(为了改善系统性能而引入的动态环节)的传递函数，$Y_d(s)=N_d(s)/D_d(s)$是系统参考输入的传递函数。

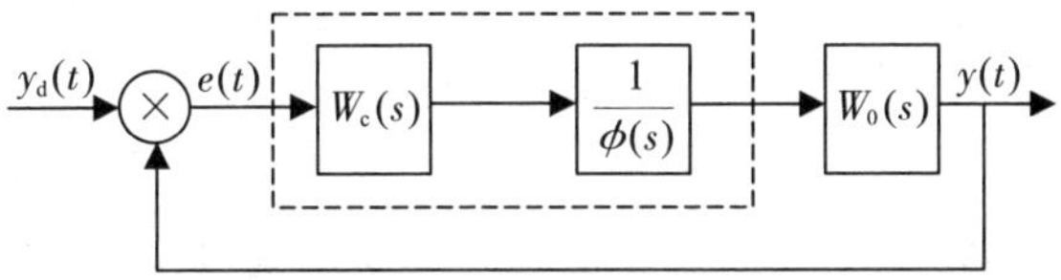

图 6-9　反馈系统结构框图

假定 $D_d(s)$的某些根具有零或正实部，令 $\phi(s)$为 $Y_d(s)$不稳定的极点构成的 s 多项式，于是 $\phi(s)$所有的根均有零或正实部。将 $1/\phi(s)$放入系统中，$N_g(s)$和 $D_g(s)\phi(s)$互质。则误差传递函数 $E(s)$为

$$\begin{aligned}E(s)&=Y_d(s)-Y(s)=\frac{D_c(s)\phi(s)D_g(s)}{D_c(s)\phi(s)D_g(s)+N_c(s)N_g(s)}\cdot\frac{N_d(s)}{D_d(s)}\\&=\frac{D_c(s)D_g(s)N_d(s)}{D_c(s)\phi(s)D_g(s)+N_c(s)N_g(s)}\cdot\frac{\phi(s)}{D_d(s)}\end{aligned} \tag{6.64}$$

系统中的 $1/\phi(s)$称为内模，而 $1/\phi(s)$在系统中的复现，称为内模原理。对于阶跃输入信号，要实现稳态误差为零，系统只要让 $\phi(s)=s$，即前向通道传递函数中有一个积分元件即可。因此，经典控制理论关于无静差的结论只是内模原理的一个特例。

对于渐近跟踪，如图 6-10 所示，由于 $D_d(s)$中的不稳定的零点均被 $\phi(s)$精确地消去，所以只要选择 $D_c(s)$、$N_c(s)$使得 $D_c(s)\phi(s)D_g(s)+N_c(s)N_g(s)=0$ 的根具有负实部，即用 $W_c(s)$镇定系统，就有$\lim\limits_{t\to\infty}e=\lim\limits_{t\to\infty}[y_d-y]=0$，即实现了渐近跟踪。

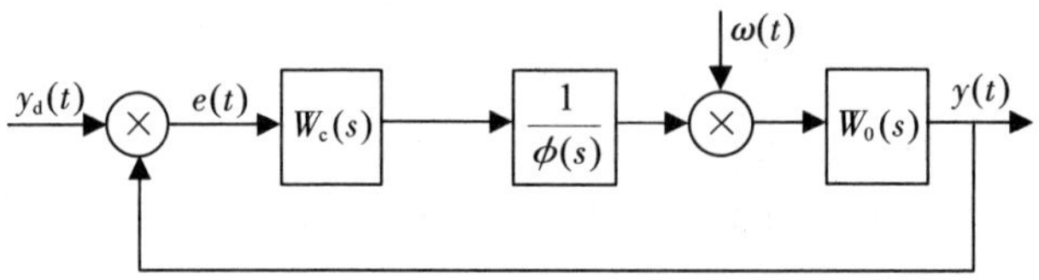

图 6-10　带有干扰的反馈系统结构框图

对于干扰抑制，如图 6-10 所示，若 $\omega(s)=N_\omega(s)/D_\omega(s)$是正则有理函数，并且 $N_\omega(s)$、$D_\omega(s)$互质，假定 $D_\omega(s)=0$ 的某些根具有零或正实部，令 $\phi(s)$是 $\omega(s)$的不稳定极点构成的 s 多项式，则 $\phi(s)$的所有的根均有零或正实部。将内模 $1/\phi(s)$放入系统中，选择 $W_c(s)$使反馈系统成为渐近稳定的系统。由 $\omega(s)$作用引起的系统输出为

$$Y_\omega(s)=-E_\omega(s)=\frac{G(s)}{1+G_c(s)\dfrac{1}{\phi(s)}G(s)}\omega(s)=\frac{D_c(s)\phi(s)N_g(s)}{D_c(s)\phi(s)D_g(s)+N_c(s)N_g(s)}\cdot\frac{N_\omega(s)}{D_\omega(s)}$$

$$=\frac{D_c(s)N_g(s)N_\omega(s)}{D_c(s)\phi(s)D_g(s)+N_c(s)N_g(s)}\cdot\frac{\phi(s)}{D_\omega(s)}\tag{6.65}$$

由于 $D_\omega(s)$所有不稳定零点均由 $\phi(s)$精确消去，故 $Y_\omega(s)$的所有极点均具有负实部。因此，$\lim\limits_{t\to\infty}y_\omega(t)=0$，从而实现了干扰抑制。

对图 6-10 所示的反馈系统，如果 $\omega\neq0$、$y_d\neq0$，通过在系统中引入内模，设计补偿器 $W_c(s)$，可以实现渐近跟踪与干扰抑制。若 $\phi(s)$是 $Y_d(s)$和 $\omega(s)$的不稳定极点之最小公分母，则 $\phi(s)$的所有零点均有零或正实部。将内模 $1/\phi(s)$放入系统中，根据前面的讨论可知，只要选择 $W_c(s)$使反馈系统渐近稳定，则系统可以实现渐近跟踪与干扰抑制。

6.6.3　具有干扰抑制的渐近跟踪控制

为了实现在控制量 $\boldsymbol{u}(t)$的作用下，控制系统稳定且具有满意的动态性能，并且在干扰信号 $\boldsymbol{\omega}$ 存在的情况下，系统输出 $\boldsymbol{y}$ 能渐近跟踪外部给定参考信号 $\boldsymbol{y}_d(t)$，即满足式(6.63)，根据状态反馈控制和内模控制原理，抗扰动跟踪控制系统原理如图 6-11 所示。

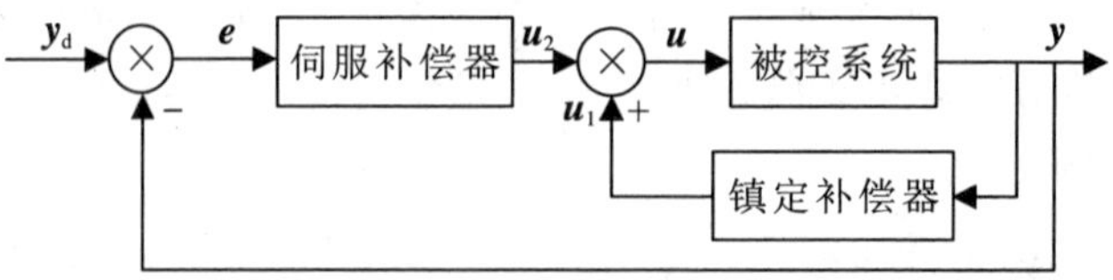

图 6-11　抗干扰跟踪控制系统原理

图 6-11 中，控制作用由两部分组成，其中 $\boldsymbol{u}_1$ 为状态反馈控制作用，其功能是使系统稳定且具有满意的动态性能，它由一个称为镇定补偿器的静态补偿器产生；而 $\boldsymbol{u}_2$ 由伺服补偿器产生，其功能是实现跟踪控制和扰动抑制。

伺服补偿器是一个动态补偿器，它可由下面动态方程描述

$$\begin{cases}\dot{\boldsymbol{x}}_c=\boldsymbol{A}_c\boldsymbol{x}_c+\boldsymbol{B}_c\boldsymbol{e}\\ \boldsymbol{y}_c=\boldsymbol{K}_c\boldsymbol{x}_c\end{cases}\tag{6.66}$$

式中，$\boldsymbol{e}\in\mathbf{R}^m$ 为误差向量，$\boldsymbol{e}=\boldsymbol{y}_d-\boldsymbol{y}$ 是补偿器的输入；$\boldsymbol{y}_c\in\mathbf{R}^r$ 为补偿器的输出向量，就是 r 维的控制输入 $\boldsymbol{u}_2$。

根据内模原理，为了实现无静差控制和扰动抑制，伺服补偿器中必须“植入”外部给定参考信号 $\boldsymbol{y}_d(t)$和外部扰动信号 $\boldsymbol{\omega}(t)$的模型。由于上述信号中稳定的部分当 $t\to\infty$时趋于 $\mathbf{0}$，对系统的稳态不产生影响，所以仅需“植入”$\boldsymbol{y}_d(t)$和 $\boldsymbol{\omega}(t)$模型中的共同不稳定部分。设 $\boldsymbol{y}_d(t)$的特征多项式和 $\omega(t)$的特征多项式中不稳定部分的最小公倍式为 $\phi(s)$，令

$$\phi(s)=s^l+a_{l-1}s^{l-1}+\cdots+a_1s+a_0\tag{6.67}$$

于是，式(6.66)中的系数矩阵可表示为

$$\boldsymbol{A}_c=\begin{bmatrix}\boldsymbol{\Gamma}&&\\&\ddots&\\&&\boldsymbol{\Gamma}\end{bmatrix}\tag{6.68}$$

$$\boldsymbol{B}_c=\begin{bmatrix}\boldsymbol{\beta}&&\\&\ddots&\\&&\boldsymbol{\beta}\end{bmatrix}\tag{6.69}$$

式中，$\boldsymbol{A}_c\in\mathbf{R}^{rl\times rl}$ 为补偿器系统矩阵；$\boldsymbol{B}_c\in\mathbf{R}^{rl\times r}$ 为补偿器误差输入矩阵。其中

$$\boldsymbol{\Gamma}=\begin{bmatrix}0&1&0&\cdots&0\\0&0&1&\cdots&0\\\vdots&\vdots&\vdots&&\vdots\\0&0&0&\cdots&1\\-a_0&-a_1&-a_2&\cdots&-a_{l-1}\end{bmatrix}\in\mathbf{R}^{l\times l}\tag{6.70}$$

$$\boldsymbol{\beta}=\begin{bmatrix}0\\\vdots\\0\\1\end{bmatrix}\in\mathbf{R}^l\tag{6.71}$$

可见，伺服补偿器的动态方程式(6.66)具有能控标准型形式，它是状态完全能控的。

由综合受控系统(6.59)和伺服补偿器的动态方程式(6.66)，可得出具有扰动抑制的渐近跟踪系统的状态方程式为

$$\begin{bmatrix}\dot{\boldsymbol{x}}\\\dot{\boldsymbol{x}}_c\end{bmatrix}=\begin{bmatrix}\boldsymbol{A}&\mathbf{0}\\-\boldsymbol{B}_c\boldsymbol{C}&\boldsymbol{A}_c\end{bmatrix}\begin{bmatrix}\boldsymbol{x}\\\boldsymbol{x}_c\end{bmatrix}+\begin{bmatrix}\boldsymbol{B}\\-\boldsymbol{B}_c\boldsymbol{D}\end{bmatrix}\boldsymbol{u}+\begin{bmatrix}\boldsymbol{B}_\omega\\-\boldsymbol{B}_c\boldsymbol{D}_\omega\end{bmatrix}\boldsymbol{\omega}+\begin{bmatrix}\mathbf{0}\\\boldsymbol{B}_c\end{bmatrix}\boldsymbol{y}_d\tag{6.72}$$

而控制作用 $\boldsymbol{u}(t)$为

$$\boldsymbol{u}(t)=\boldsymbol{u}_1(t)+\boldsymbol{u}_2(t)=[-\boldsymbol{K}\quad\boldsymbol{K}_c]\begin{bmatrix}\boldsymbol{x}\\\boldsymbol{x}_c\end{bmatrix}\tag{6.73}$$

其中，$\boldsymbol{u}_1(t)=-\boldsymbol{K}\boldsymbol{x}$ 为状态反馈控制，$\boldsymbol{u}_2=\boldsymbol{K}_c\boldsymbol{x}_c$ 为伺服补偿控制，它们实际上就是具有干扰抑制的渐近跟踪系统(6.72)的状态反馈控制。具有外部扰动的跟踪控制系统结构框图如图 6-12 所示。

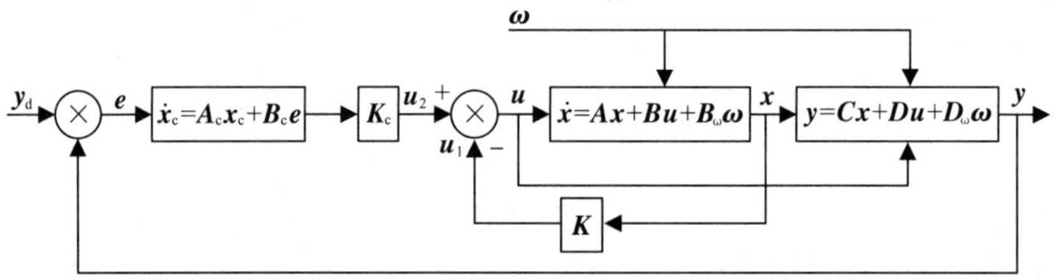

图 6-12 具有外部扰动的跟踪控制系统结构框图

关于干扰抑制的渐近跟踪控制的存在性有如下结论：

对于具体扰动抑制的渐近跟踪系统(6.72)，存在状态反馈控制作用(6.73)，使系统实现抗扰动渐近跟踪的充分条件是：

(1) $\dim\boldsymbol{u}\geqslant\dim\boldsymbol{y}$，其中，$\dim\boldsymbol{u}$、$\dim\boldsymbol{y}$ 分别为受控系统的输入量维数和输出量维数。

(2) 对外部给定参考信号和外部扰动信号共同不稳定部分(6.67)的每个根 $\lambda_i(i=1, 2, \cdots, l)$，都有

$$\operatorname{rank}\begin{bmatrix}\lambda_i\boldsymbol{I}-\boldsymbol{A} & \boldsymbol{B}\\ -\boldsymbol{C} & \boldsymbol{D}\end{bmatrix}=n+q \tag{6.74}$$

该结论的证明分两步进行，首先证明上述两个条件是系统(6.72)为能控的充要条件。由能控性 PBH 判据(见定理 4.11)可知，系统(6.72)能控的充要条件是

$$\operatorname{rank}\begin{bmatrix}s\boldsymbol{I}-\boldsymbol{A} & \boldsymbol{0} & \vdots & \boldsymbol{B}\\ \boldsymbol{B}_c\boldsymbol{C} & s\boldsymbol{I}-\boldsymbol{A}_c & \vdots & -\boldsymbol{B}_c\boldsymbol{D}\end{bmatrix}=n+rl \tag{6.75}$$

而

$$\operatorname{rank}\begin{bmatrix}s\boldsymbol{I}-\boldsymbol{A} & \boldsymbol{0} & \vdots & \boldsymbol{B}\\ \boldsymbol{B}_c\boldsymbol{C} & s\boldsymbol{I}-\boldsymbol{A}_c & \vdots & -\boldsymbol{B}_c\boldsymbol{D}\end{bmatrix}=\operatorname{rank}\begin{bmatrix}s\boldsymbol{I}-\boldsymbol{A} & \boldsymbol{B} & \vdots & \boldsymbol{0}\\ \boldsymbol{B}_c\boldsymbol{C} & -\boldsymbol{B}_c\boldsymbol{D} & \vdots & s\boldsymbol{I}-\boldsymbol{A}_c\end{bmatrix} \tag{6.76}$$

由于系统 $\Sigma_0=(\boldsymbol{A}, \boldsymbol{B}, \boldsymbol{C})$能控，有

$$\operatorname{rank}[s\boldsymbol{I}-\boldsymbol{A} \quad \boldsymbol{B}]=n \tag{6.77}$$

再由伺服补偿器系统矩阵 $\boldsymbol{A}_c$ 的结构，对于 $\phi(s)$的根以外的所有 s，有

$$\operatorname{rank}(s\boldsymbol{I}-\boldsymbol{A}_c)=rl \tag{6.78}$$

所以，对于 $\phi(s)$的根以外的所有 s，式(6.75)成立。进而，对于 $\phi(s)$的根 $\lambda_i(i=1, 2, \cdots, l)$，式(6.75)的判别矩阵可表示为

$$\begin{bmatrix}\lambda_i\boldsymbol{I}-\boldsymbol{A} & \boldsymbol{0} & \boldsymbol{B}\\ \boldsymbol{B}_c\boldsymbol{C} & \lambda_i\boldsymbol{I}-\boldsymbol{A}_c & -\boldsymbol{B}_c\boldsymbol{D}\end{bmatrix}=\begin{bmatrix}\boldsymbol{I}_n & \boldsymbol{0} & \boldsymbol{0}\\ \boldsymbol{0} & -\boldsymbol{B}_c & -(\lambda_i\boldsymbol{I}-\boldsymbol{A}_c)\end{bmatrix}\begin{bmatrix}\lambda_i\boldsymbol{I}-\boldsymbol{A} & \boldsymbol{0} & \boldsymbol{B}\\ -\boldsymbol{C} & \boldsymbol{0} & \boldsymbol{D}\\ \boldsymbol{0} & -\boldsymbol{I}_{rl} & \boldsymbol{0}\end{bmatrix} \tag{6.79}$$

由于伺服补偿器的动态方程式(6.66)能控，有

$$\operatorname{rank}\begin{bmatrix}\boldsymbol{I}_n & \boldsymbol{0} & \boldsymbol{0}\\ \boldsymbol{0} & -\boldsymbol{B}_c & -(\lambda_i\boldsymbol{I}-\boldsymbol{A}_c)\end{bmatrix}=n+rl \tag{6.80}$$

求秩矩阵为$(n+rl)\times(n+r+rl)$维矩阵，而

$$\operatorname{rank}\begin{bmatrix}\lambda_i\boldsymbol{I}-\boldsymbol{A} & \boldsymbol{0} & \boldsymbol{B}\\ -\boldsymbol{C} & \boldsymbol{0} & \boldsymbol{D}\\ \boldsymbol{0} & -\boldsymbol{I}_{rl} & \boldsymbol{0}\end{bmatrix}=\operatorname{rank}\begin{bmatrix}\lambda_i\boldsymbol{I}-\boldsymbol{A} & \boldsymbol{B} & \boldsymbol{0}\\ -\boldsymbol{C} & \boldsymbol{D} & \boldsymbol{0}\\ \boldsymbol{0} & \boldsymbol{0} & -\boldsymbol{I}_{rl}\end{bmatrix} \tag{6.81}$$

由上面条件(1)和(2)，对 $\phi(s)$的根，有

$$\operatorname{rank}\begin{bmatrix}\lambda_i \boldsymbol{I}-\boldsymbol{A} & \boldsymbol{0} & \boldsymbol{B}\\ -\boldsymbol{C} & \boldsymbol{0} & \boldsymbol{D}\\ \boldsymbol{0} & -\boldsymbol{I}_{rl} & \boldsymbol{0}\end{bmatrix}=n+r+rl \tag{6.82}$$

求秩矩阵为$(n+r+rl)\times(n+m+rl)$维矩阵。应用希尔维斯特(Sylvester)不等式，即对于任意的$(\alpha\times\beta)$维矩阵 $\boldsymbol{P}$ 和$(\beta\times k)$维矩阵 $\boldsymbol{Q}$，有不等式

$$\operatorname{rank}\boldsymbol{P}+\operatorname{rank}\boldsymbol{Q}-\beta\leqslant\operatorname{rank}\boldsymbol{PQ}\leqslant\min(\operatorname{rank}\boldsymbol{P},\ \operatorname{rank}\boldsymbol{Q})$$

所以，对于 $\phi(s)$的根 $\lambda_i(i=1, 2, \cdots, l)$，有

$$(n+rl)+(n+r+rl)-(n+r+rl)$$
$$\leqslant\operatorname{rank}\begin{bmatrix}\lambda_i \boldsymbol{I}-\boldsymbol{A} & \boldsymbol{0} & \boldsymbol{B}\\ \boldsymbol{B}_c\boldsymbol{C} & \lambda_i\boldsymbol{I}-\boldsymbol{A}_c & -\boldsymbol{B}_c\boldsymbol{D}\end{bmatrix}\leqslant\min(n+rl,\ n+r+rl)$$

即对于 $\phi(s)$的根 $\lambda_i(i=1, 2, \cdots, l)$，有

$$\operatorname{rank}\begin{bmatrix}\lambda_i \boldsymbol{I}-\boldsymbol{A} & \boldsymbol{0} & \boldsymbol{B}\\ \boldsymbol{B}_c\boldsymbol{C} & \lambda_i\boldsymbol{I}-\boldsymbol{A}_c & -\boldsymbol{B}_c\boldsymbol{D}\end{bmatrix}=n+rl \tag{6.83}$$

可见，对于 $\phi(s)$的根 $\lambda_i(i=1, 2, \cdots, l)$，式(6.75)也成立。所以，对于 s 平面的一切值，式(6.75)均成立。因此，上述两个条件是系统(6.72)为能控的充要条件。

第二步，要证明上述两个条件是使系统(6.72)实现抗扰动渐近跟踪的充分条件。上面已经讨论过，系统能控是状态反馈可镇定的充分条件，因此，上述两个条件是系统(6.72)状态反馈可镇定的充分条件。即系统(6.72)在满足上述两个条件的前提下，必能找到状态反馈控制式(6.73)，使闭环控制系统渐近稳定，从而使$\lim\limits_{t\to\infty}\begin{bmatrix}\dot{\boldsymbol{x}}\\ \dot{\boldsymbol{x}}_c\end{bmatrix}=\boldsymbol{0}$。由式(6.66)及其参数矩阵形式，可以证明这时能保证当 $t\to\infty$时有 $\boldsymbol{e}(t)\to\boldsymbol{0}$，即对于 $\boldsymbol{y}_d$ 和 $\boldsymbol{\omega}$ 都不为 $\boldsymbol{0}$ 时，有

$$\lim_{t\to\infty}\boldsymbol{e}(t)=\lim_{t\to\infty}[\boldsymbol{y}_d(t)-\boldsymbol{y}(t)]=\boldsymbol{0} \tag{6.84}$$

实现了抗扰动渐近跟踪控制。结论得证。

综合上面的讨论过程，得出实现跟踪控制和扰动抑制的计算步骤如下：

(1) 判别是否满足条件 $\dim\boldsymbol{u}\geqslant\dim\boldsymbol{y}$，若满足则进入下一步。

(2) 判别受控系统 $\Sigma_0=(\boldsymbol{A}, \boldsymbol{B}, \boldsymbol{C})$的能控性，若能控则进入下一步。

(3) 取外部给定参考信号 $\boldsymbol{y}_d$ 的特征多项式和外部扰动信号 $\boldsymbol{\omega}(t)$的特征多项式中不稳定部分的最小公倍式，得出

$$\phi(s)=s^l+a_{l-1}s^{l-1}+\cdots+a_1s+a_0$$

并按式(6.68)～式(6.71)确定伺服补偿器模型参数 $\boldsymbol{A}_c$ 和 $\boldsymbol{B}_c$。

(4) 求出 $\varphi(s)$的根 $\lambda_i(i=1, 2, \cdots, l)$，并对每个根进行判别

$$\operatorname{rank}\begin{bmatrix}\lambda_i \boldsymbol{I}-\boldsymbol{A} & \boldsymbol{B}\\ -\boldsymbol{C} & \boldsymbol{D}\end{bmatrix}=n+r$$

若成立则进入下一步。

(5) 写出具有扰动抑制的渐近跟踪系统的状态方程式

$$\begin{bmatrix}\dot{\boldsymbol{x}}\\ \dot{\boldsymbol{x}}_c\end{bmatrix}=\begin{bmatrix}\boldsymbol{A} & \boldsymbol{0}\\ -\boldsymbol{B}_c\boldsymbol{C} & \boldsymbol{A}_c\end{bmatrix}\begin{bmatrix}\boldsymbol{x}\\ \boldsymbol{x}_c\end{bmatrix}+\begin{bmatrix}\boldsymbol{B}\\ -\boldsymbol{B}_c\boldsymbol{D}\end{bmatrix}\boldsymbol{u}+\begin{bmatrix}\boldsymbol{B}_\omega\\ -\boldsymbol{B}_c\boldsymbol{D}_\omega\end{bmatrix}\boldsymbol{\omega}+\begin{bmatrix}\boldsymbol{0}\\ \boldsymbol{B}_c\end{bmatrix}\boldsymbol{y}_d$$

(6) 按要求的动态性能指定$(n+rl)$个期望闭环极点λ_i^* $(i=1, 2, \cdots, n+rl)$。

(7) 由$\boldsymbol{u}=[-\boldsymbol{K} \quad \boldsymbol{K}_c]\begin{bmatrix}\boldsymbol{x}\\ \boldsymbol{x}_c\end{bmatrix}$，根据极点配置算法求出$\boldsymbol{K}=[-\boldsymbol{K} \quad \boldsymbol{K}_c]$；得出镇定补偿器为

$$\begin{cases}\dot{\boldsymbol{x}}_c=\boldsymbol{A}_c\boldsymbol{x}_c+\boldsymbol{B}_c\boldsymbol{e}\\ \boldsymbol{u}_2=\boldsymbol{K}_c\boldsymbol{x}_c\end{cases}$$

【例 6-6】 已知线性定常系统为

$$\begin{cases}\dot{\boldsymbol{x}}=\begin{bmatrix}0 & 1 & 0 & 0\\ 0 & 0 & -1 & 0\\ 0 & 0 & 0 & 1\\ 0 & 0 & 11 & 0\end{bmatrix}\boldsymbol{x}+\begin{bmatrix}0\\ 1\\ 0\\ -1\end{bmatrix}u+\begin{bmatrix}0\\ 4\\ 0\\ 6\end{bmatrix}\omega\\ y=[1 \quad 0 \quad 0 \quad 0]\boldsymbol{x}\end{cases}$$

其中扰动信号ω是单位阶跃函数，试确定使系统对给定的单位阶跃参考信号y_d实现渐近跟踪和对扰动实现抑制的镇定补偿器与伺服补偿器。

解 按题意，被控对象具有装置扰动而不存在测量扰动，且$n=4$，$m=1$，$r=1$。

(1) 有$\dim\boldsymbol{u}=\dim\boldsymbol{y}=1$，满足判别条件$\dim\boldsymbol{u}\geqslant\dim\boldsymbol{y}$。

(2) 容易判断受控系统是能控的。

(3) 由于$y_d(t)$和$\omega(t)$都是单位阶跃函数，其特征多项式都为s且不稳定，所以它们不稳定部分的最小公倍式为$\phi(s)=s$；并按式(6.68)～式(6.71)确定出伺服补偿器的模型为

$$\begin{cases}\dot{\boldsymbol{x}}_c=0x_c+e\\ y_c=k_c\, x_c\end{cases}$$

(4) 对于$\phi(s)=s=0$的根$\lambda=0$，有

$$\operatorname{rank}\begin{bmatrix}\lambda\boldsymbol{I}-\boldsymbol{A} & \boldsymbol{b}\\ -\boldsymbol{c} & d\end{bmatrix}=\operatorname{rank}\begin{bmatrix}-\boldsymbol{A} & \boldsymbol{b}\\ -\boldsymbol{c} & 0\end{bmatrix}=\operatorname{rank}\begin{bmatrix}0 & -1 & 0 & 0 & \vdots & 0\\ 0 & 0 & 1 & 0 & \vdots & 1\\ 0 & 0 & 0 & -1 & \vdots & 0\\ 0 & 0 & -11 & 0 & \vdots & -1\\ \cdots & \cdots & \cdots & \cdots & \cdots & \cdots\\ -1 & 0 & 0 & 0 & \vdots & 0\end{bmatrix}=5=n+r$$

满足判别条件(2)。所以，系统能实现抗扰动渐近跟踪控制。

(5) 写出具有扰动抑制的渐近跟踪系统状态方程式为

$$\begin{bmatrix}\dot{\boldsymbol{x}}\\ \dot{x}_c\end{bmatrix}=\begin{bmatrix}\boldsymbol{A} & \boldsymbol{0}\\ -\boldsymbol{b}_c\boldsymbol{c} & 0\end{bmatrix}\begin{bmatrix}\boldsymbol{x}\\ \boldsymbol{x}_c\end{bmatrix}+\begin{bmatrix}\boldsymbol{b}\\ 0\end{bmatrix}u+\begin{bmatrix}\boldsymbol{b}_\omega\\ 0\end{bmatrix}\omega+\begin{bmatrix}\boldsymbol{0}\\ \boldsymbol{b}_c\end{bmatrix}y_r$$

$$=\begin{bmatrix}0 & 1 & 0 & 0 & \vdots & 0\\ 0 & 0 & -1 & 0 & \vdots & 0\\ 0 & 0 & 0 & 1 & \vdots & 0\\ 0 & 0 & 11 & 0 & \vdots & 0\\ \cdots & \cdots & \cdots & \cdots & \cdots & \cdots\\ -1 & 0 & 0 & 0 & \vdots & 0\end{bmatrix}\begin{bmatrix}\boldsymbol{x}\\ x_c\end{bmatrix}+\begin{bmatrix}0\\ 1\\ 0\\ -1\\ \cdots\\ 0\end{bmatrix}u+\begin{bmatrix}0\\ 4\\ 0\\ 6\\ \cdots\\ 0\end{bmatrix}\omega+\begin{bmatrix}0\\ 0\\ 0\\ 0\\ \cdots\\ 1\end{bmatrix}y_d$$

（6）设 5 个期望闭环极点为

$$\lambda_1^* = -1,\quad \lambda_2^* = -1,\quad \lambda_{3,4}^* = -1 \pm \mathrm{j},\quad \lambda_5^* = -2$$

（7）对应的闭环特征多项式为

$$\phi^*(s) = (s+1)^2(s+1+\mathrm{j})(s+1-\mathrm{j})(s+2) = s^5 + 6s^4 + 15s^3 + 20s^2 + 14s + 4$$

而对具有扰动抑制的渐近跟踪系统的状态反馈控制 $\boldsymbol{u}$ 为

$$\boldsymbol{u} = [-\boldsymbol{k} \quad k_c]\begin{bmatrix}\boldsymbol{x} \\ x_c\end{bmatrix} = [-k_1 \quad -k_2 \quad -k_3 \quad -k_4 \quad \vdots \quad k_c]\begin{bmatrix}\boldsymbol{x} \\ x_c\end{bmatrix}$$

对应的闭环控制系统的系统矩阵为

$$\boldsymbol{A}_{kkc} = \begin{bmatrix}\boldsymbol{A} & \boldsymbol{0} \\ -\boldsymbol{b}_c\boldsymbol{c} & 0\end{bmatrix} + \begin{bmatrix}\boldsymbol{b} \\ 0\end{bmatrix}[-\boldsymbol{k} \quad k_c] = \begin{bmatrix}\boldsymbol{A}-\boldsymbol{bk} & \boldsymbol{b}k_c \\ -\boldsymbol{b}_c c & 0\end{bmatrix}$$

$$= \begin{bmatrix} 0 & 1 & 0 & 0 & \vdots & 0 \\ -k_1 & -k_2 & -k_3-1 & -k_4 & \vdots & k_c \\ 0 & 0 & 0 & 1 & \vdots & 0 \\ k_1 & k_2 & k_3+11 & k_4 & \vdots & -k_c \\ \cdots & \cdots & \cdots & \cdots & \cdots & \cdots \\ -1 & 0 & 0 & 0 & \vdots & 0 \end{bmatrix}$$

对应的特征多项式为

$$\phi(s) = \det(s\boldsymbol{I} - \boldsymbol{A}_{kkc}) = s^5 + (k_2 - k_4)s^4 + (k_1 - k_3 - 11)s^3 + (k_c - 10k_2)s^2 - 10k_1 s - 10k_c$$

由 $\phi^*(s) = \phi(s)$，解得

$$k_1 = -1.4,\ k_2 = -2.04,\ k_3 = -27.4,\ k_4 = -8.04,\ k_c = -0.4$$

可定出镇定补偿器为

$$u_1 = -\boldsymbol{kx} = -[-1.4 \quad -2.04 \quad -27.4 \quad -8.04]\boldsymbol{x}$$

伺服补偿器为

$$\begin{cases} \dot{x}_c = [0]x_c + [1]e = e \\ u_2 = k_c x_c = -0.4x_c \end{cases}$$

可画出本例实现渐近跟踪和扰动抑制的控制系统状态变量图如图 6－13 所示。其中控制作用的意义是明显的：首先，镇定补偿器实际上就是状态反馈控制，它的控制作用 $u_1 = -\boldsymbol{kx}$ 按

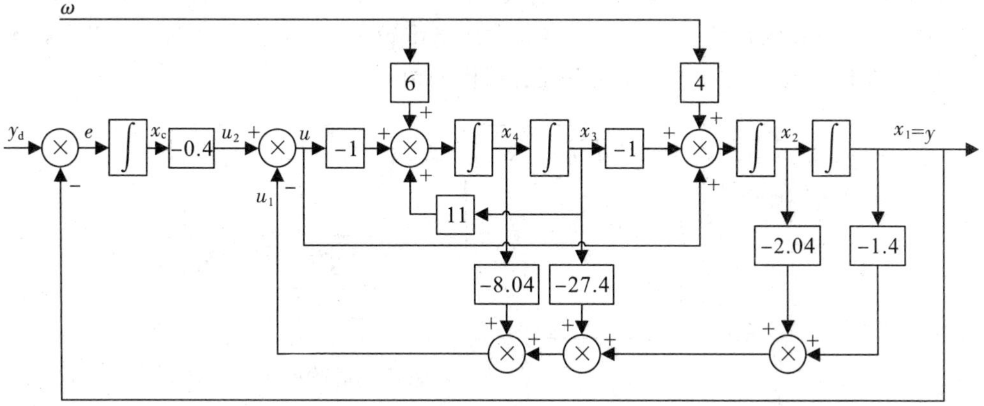

图 6－13　例 6－6 实现渐近跟踪和扰动抑制的控制系统状态变量图

极点配置设计保证了闭环控制系统稳定并具有期望的动态特性；其次，伺服补偿器是一个偏差信号的1阶积分控制器，它的控制作用 $u_2 = k_c\int e\mathrm{d}t$ 能消除外部信号为阶跃信号时的静态误差，这正是在伺服补偿器中“植入”了 $y_d(t)$ 和 $\omega(t)$（本例中它们均为阶跃信号）的共同不稳定部分，即内模控制的结果。

应用内模控制原理设计的控制系统，不仅使具有外部扰动的系统实现了渐近跟踪，而且对除内模以外的受控系统和补偿器的参数摄动具有很强的鲁棒性。当除内模以外的受控系统和补偿器的参数发生变化时，只要能保证闭环控制系统是渐近稳定的，则系统一定是跟踪控制和扰动抑制的。内模控制的这一特性使它在控制工程中得到了广泛的应用。

内模控制对于内模参数的变化不具鲁棒性。这是因为内模控制的实质在于“植入”于伺服补偿器中的 $\phi(s)$ 的根精确地对消了 $\boldsymbol{y}_d(t)$ 和 $\boldsymbol{\omega}(t)$ 的不稳定部分的运动形式，内模参数的任何摄动，都将直接破坏这种对消，从而破坏了渐近跟踪和扰动抑制的机理。但是，对于大多数工程实际问题，由于 $\boldsymbol{y}_d(t)$ 和 $\boldsymbol{\omega}(t)$ 有界，即使内模参数发生了变化，系统仍能以有限的静态误差实现跟踪，达到较好的跟踪控制和扰动抑制的目的。

6.6.4 具有输入变换的稳态精度与跟踪控制

当外部给定参考信号为定值，并仅以消除输出量对外部给定参考信号的稳态误差为目标，即要求系统具有良好的稳定性能时，还可以在一些假设条件下，通过在状态反馈控制的基础上加上输入变换来达到。

考虑线性定常系统

$$\begin{cases}\dot{\boldsymbol{x}}=\boldsymbol{A}\boldsymbol{x}+\boldsymbol{B}\boldsymbol{u}\\ \boldsymbol{y}=\boldsymbol{C}\boldsymbol{x}\end{cases} \tag{6.85}$$

式中：$\boldsymbol{x}\in\mathbf{R}^n$ 为系统状态向量；$\boldsymbol{u}\in\mathbf{R}^r$ 为系统输入向量；$\boldsymbol{y}\in\mathbf{R}^m$ 系统输出向量；$\boldsymbol{A}$，$\boldsymbol{B}$，$\boldsymbol{C}$ 分别为适当维数的常数矩阵。

取被控系统的控制输入为

$$\boldsymbol{u}=-\boldsymbol{K}\boldsymbol{x}+\boldsymbol{F}\boldsymbol{v} \tag{6.86}$$

式中：$\boldsymbol{K}\in\mathbf{R}^{r\times n}$ 为状态反馈矩阵，它将 n 维状态向量 $\boldsymbol{x}$ 负反馈至 r 维输入向量 $\boldsymbol{u}$ 处；$\boldsymbol{v}$ 为定值参考输入向量，在跟踪控制中通常应与输出向量维数相同，即为 m 维；$\boldsymbol{F}\in\mathbf{R}^{r\times m}$ 为输入变换矩阵。具有输入变换的状态反馈系统的结构如图 6-14 所示。

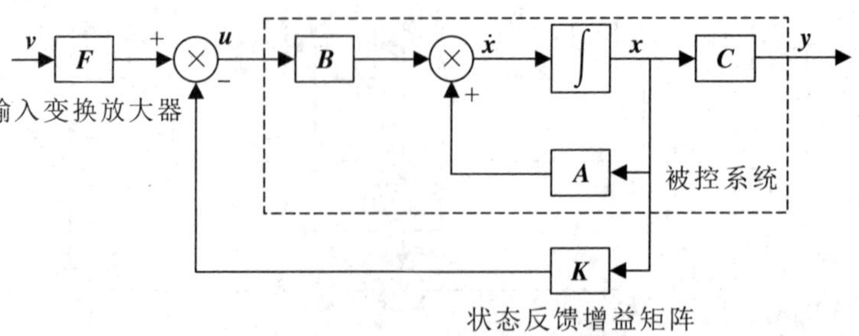

图 6-14 具有输入变换的状态反馈系统结构

从图 6-14 中可见，系统的控制量 $\boldsymbol{u}(t)$ 由两部分组成：第一部分为状态向量的负反馈项，记为 $\boldsymbol{u}_x(t)$，即 $\boldsymbol{u}_x(t)=-\boldsymbol{Kx}$；另一部分由输入量变换得到，记为 $\boldsymbol{u}_v(t)$，即 $\boldsymbol{u}_v(t)=\boldsymbol{Fv}$。

式(6.86)中，状态反馈矩阵 $\boldsymbol{K}$ 由闭环极点配置算法来确定，采用输入变换和状态反馈后的闭环控制系统传递函数为

$$\boldsymbol{W}_{\mathrm{kf}}(s)=\boldsymbol{C}(s\boldsymbol{I}-\boldsymbol{A}+\boldsymbol{BK})^{-1}\boldsymbol{BF} \tag{6.87}$$

对单位阶跃参考输入信号的跟踪误差为

$$\boldsymbol{e}_{\mathrm{pkf}}=\boldsymbol{I}-\boldsymbol{C}(-\boldsymbol{A}+\boldsymbol{BK})^{-1}\boldsymbol{BF} \tag{6.88}$$

可通过设置输入变换放大系数 $\boldsymbol{F}$ 来进行调整。由式(6.88)可推导出选择 $\boldsymbol{F}$ 使系统对阶跃参考输入信号产生零稳态误差的条件为

$$\boldsymbol{F}=[\boldsymbol{C}(-\boldsymbol{A}+\boldsymbol{BK})^{-1}\boldsymbol{B}]^{-1} \tag{6.89}$$

这里又假设了 $m=r$，即矩阵 $\boldsymbol{C}(-\boldsymbol{A}+\boldsymbol{BK})^{-1}\boldsymbol{B}$ 为 $m\times m$ 维方阵，且假设其逆阵存在。

可见，输入变换矩阵 $\boldsymbol{F}$ 不仅与系统的参数矩阵 $\boldsymbol{A}$，$\boldsymbol{B}$，$\boldsymbol{C}$ 有关，还与状态反馈矩阵 $\boldsymbol{K}$ 有关。因此在计算矩阵 $\boldsymbol{F}$ 之前应先确定状态反馈矩阵 $\boldsymbol{K}$。

对于单输入单输出系统，显然有 $m=r=1$，式(6.89)变为

$$\boldsymbol{F}=\frac{1}{\boldsymbol{c}(-\boldsymbol{A}+\boldsymbol{bk})^{-1}\boldsymbol{b}} \tag{6.90}$$

式中：$\boldsymbol{A}\in\mathbf{R}^{n\times n}$ 为系统矩阵；$\boldsymbol{b}\in\mathbf{R}^{r\times 1}$ 为系统输入矩阵；$\boldsymbol{c}\in\mathbf{R}^{1\times n}$ 为系统输出矩阵；$\boldsymbol{k}\in\mathbf{R}^{1\times n}$ 为状态反馈矩阵；输入变换矩阵 $\boldsymbol{F}$ 退化为标量。

以上讨论未考虑系统的外部扰动。但实际系统的外部干扰作用是难免的，致使系统在稳态时不能理想地跟踪参考输入而产生稳态误差。由经典控制理论可知，单输入单输出系统可采用在系统偏差后面串入积分器作为控制器的一部分来抑制与消除稳态误差，将这一思想应用到多输入多输出系统中，可让 $\boldsymbol{m}$ 维误差向量 $\boldsymbol{e}$ 的每一分量后面均串入积分器，构造如图 6-15 所示的状态反馈加积分器校正的输出反馈系统。

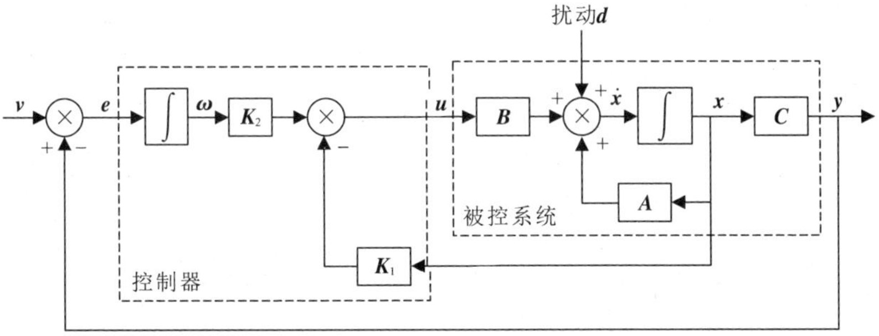

图 6-15　状态反馈加积分器校正的输出反馈系统

图 6-15 中，$\boldsymbol{d}\in\mathbf{R}^n$ 为干扰输入；$\boldsymbol{x}\in\mathbf{R}^n$ 为系统状态向量；$\boldsymbol{u}\in\mathbf{R}^r$ 为系统输入向量；$\boldsymbol{y}\in\mathbf{R}^m$ 为系统输出向量；$\boldsymbol{K}_1$，$\boldsymbol{K}_2$ 分别为 $n\times r$，$r\times m$ 维实数矩阵。将 m 个积分器生成的 $\boldsymbol{\omega}$ 作为附加状态向量，与原被控系统可构成被控系统增广的动态方程

$$\begin{cases}\begin{bmatrix}\dot{\boldsymbol{x}}\\ \dot{\boldsymbol{\omega}}\end{bmatrix}=\begin{bmatrix}\boldsymbol{A} & \boldsymbol{0}\\ -\boldsymbol{C} & \boldsymbol{0}\end{bmatrix}\begin{bmatrix}\boldsymbol{x}\\ \boldsymbol{\omega}\end{bmatrix}+\begin{bmatrix}\boldsymbol{B}\\ \boldsymbol{0}\end{bmatrix}\boldsymbol{u}+\begin{bmatrix}\boldsymbol{d}\\ \boldsymbol{v}\end{bmatrix}\\ \boldsymbol{y}=[\boldsymbol{C}\quad \boldsymbol{0}]\begin{bmatrix}\boldsymbol{x}\\ \boldsymbol{\omega}\end{bmatrix}\end{cases} \tag{6.91}$$

增广系统的状态线性反馈控制律为

$$u=\begin{bmatrix}-K_1 & K_2\end{bmatrix}\begin{bmatrix}x\\ \omega\end{bmatrix}=-K_1x+K_2\omega \tag{6.92}$$

式(6.92)中的第一项$-K_1x$为被控系统的普通状态负反馈，第二项$K_2\omega$是为改善稳态性能而引入的误差的积分信号。应该指出，只有当式(6.91)所描述的$n+m$维增广系统状态完全能控时，才可采用式(6.92)所示的状态反馈来改善系统的动态和稳态性能。容易证明，增广系统能控的充要条件是原被控系统$\Sigma_0=(A, B, C)$能控，且：

$$\text{rank}\begin{bmatrix}A & B\\ C & 0\end{bmatrix}=n+m \tag{6.93}$$

显然，式(6.93)成立的必要条件是系统的控制维数不得少于误差的维数($r\geqslant m$)且$\text{rank}C=m$。

将式(6.92)代入式(6.91)可得由式(6.91)和式(6.92)组成的状态反馈增广系统，其动态方程为

$$\begin{cases}\begin{bmatrix}\dot{x}\\ \dot{\omega}\end{bmatrix}=\begin{bmatrix}A-BK_1 & BK_2\\ -C & 0\end{bmatrix}\begin{bmatrix}x\\ \omega\end{bmatrix}+\begin{bmatrix}d\\ v\end{bmatrix}\\ y=\begin{bmatrix}C & 0\end{bmatrix}\begin{bmatrix}x\\ \omega\end{bmatrix}\end{cases} \tag{6.94}$$

式中，K_1和K_2由期望的闭环极点配置决定，而且只要式(6.91)所示的增广系统能控，就能实现式(6.94)所示闭环控制系统的系统矩阵特征值的任意配置。可以证明，只要K_1和K_2选择使式(6.94)的特征值均具有负实部，则图6-16所示的闭环控制系统可消除阶跃扰动及阶跃参考输入下的稳态误差。

应该指出，当扰动和(或)参考输入为斜坡信号时，需引入重积分器，这时增广系统动态方程随之变化。

【例6-7】 考虑线性定常系统为

$$\begin{cases}\dot{x}=\begin{bmatrix}0 & 1 & 0 & 0\\ 0 & 0 & -1 & 0\\ 0 & 0 & 0 & 1\\ 0 & 0 & 11 & 0\end{bmatrix}x+\begin{bmatrix}0\\ 1\\ 0\\ -1\end{bmatrix}u\\ y=\begin{bmatrix}1 & 0 & 0 & 0\end{bmatrix}x\end{cases}$$

试设计使系统输出对给定的单位阶跃参考信号y_d实现跟踪控制的具有输入变换的状态反馈控制系统。

解 (1) 先按极点配置算法设计状态反馈控制。例6-7中已经判断系统能控，假设期望的闭环极点为$\lambda_1^*=-1$，$\lambda_2^*=-1$，$\lambda_{3、4}^*=-1\pm \mathrm{j}$，则期望的闭环特征多项式为

$$f^*(\lambda)=(\lambda+1)^2(\lambda+1+\mathrm{j})(\lambda+1-\mathrm{j})=\lambda^4+4\lambda^3+7\lambda^2+6\lambda+2$$

而状态反馈控制系统的系统矩阵为

$$A-bk=\begin{bmatrix}0 & 1 & 0 & 0\\ 0 & 0 & -1 & 0\\ 0 & 0 & 0 & 1\\ 0 & 0 & 11 & 0\end{bmatrix}-\begin{bmatrix}0\\ 1\\ 0\\ -1\end{bmatrix}\begin{bmatrix}k_1 & k_2 & k_3 & k_4\end{bmatrix}=\begin{bmatrix}0 & 1 & 0 & 0\\ -k_1 & -k_2 & -1-k_3 & -k_4\\ 0 & 0 & 0 & 1\\ k_1 & k_2 & 11+k_3 & k_4\end{bmatrix}$$

对应的特征多项式为

$$f(\lambda)=\det(\lambda \boldsymbol{I}-\boldsymbol{A}+\boldsymbol{bk})=\lambda^4+(k_2-k_4)\lambda^3+(k_1-k_3-11)\lambda^2-10k_2\lambda-10k_1$$

由 $f^*(\lambda)=f(\lambda)$，解得

$$k_1=-0.2，k_2=-0.6，k_3=-18.2，k_4=-4.6$$

(2) 因为系统为单输入单输出，由式(6.90)可求出输入变换系数为

$$F=\frac{1}{\boldsymbol{c}(\boldsymbol{bk}-\boldsymbol{A})^{-1}\boldsymbol{b}}=-0.2$$

可画出具有输入变换的跟踪控制系统状态变量图如图 6-16 所示。

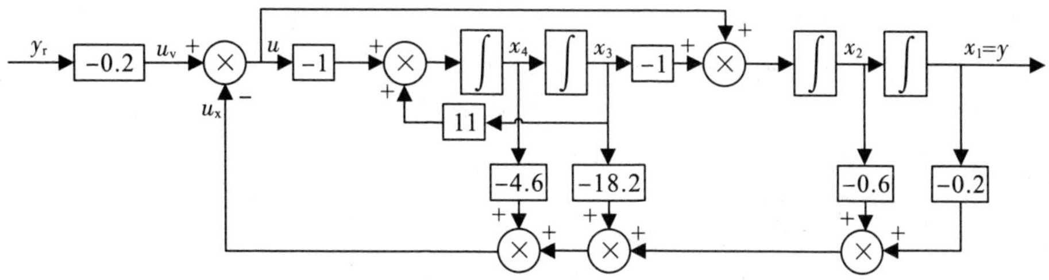

图 6-16　例 6-7 具有输入变换的跟踪控制系统状态变量图

6.7　系统解耦问题

对于多输入多输出系统，解耦就是消除变量耦合的关联作用。在系统综合理论中，有两类解耦问题：一类是输入输出解耦问题，即消除系统的各个输入对系统某个输出的联合作用，实现每一个输出仅受相应的一个输入控制，每一个输入也仅能控制相应的一个输出；另一类是干扰解耦问题，即消除系统干扰对系统输出响应的影响。

设被控系统 $\Sigma_0=(\boldsymbol{A},\boldsymbol{B},\boldsymbol{C})$的状态空间表达式为

$$\begin{cases}\dot{\boldsymbol{x}}=\boldsymbol{Ax}+\boldsymbol{Bu}\\ \boldsymbol{y}=\boldsymbol{Cx}\end{cases}\tag{6.95}$$

式中：$\boldsymbol{x}\in\mathbf{R}^n$ 为状态向量；$\boldsymbol{u}\in\mathbf{R}^r$ 为输入向量；$\boldsymbol{y}\in\mathbf{R}^m$ 为输出向量；$\boldsymbol{A}$，$\boldsymbol{B}$，$\boldsymbol{C}$ 分别为适当维数的常数矩阵。

假设输入向量和输出向量的维数相同，即 $r=m$，则输入与输出之间的传递关系为

$$\begin{bmatrix}y_1(s)\\y_2(s)\\\vdots\\y_m(s)\end{bmatrix}=\begin{bmatrix}w_{11}(s)&w_{12}(s)&\cdots&w_{1m}(s)\\w_{21}(s)&w_{22}(s)&\cdots&w_{2m}(s)\\\vdots&\vdots&&\vdots\\w_{m1}(s)&w_{m2}(s)&\cdots&w_{mm}(s)\end{bmatrix}\begin{bmatrix}u_1(s)\\u_2(s)\\\vdots\\u_m(s)\end{bmatrix}\tag{6.96}$$

将其展开后有

$$y_i(s)=w_{i1}(s)u_1(s)+w_{i2}(s)u_2(s)+\cdots+w_{im}(s)u_m(s)，i=1,2,\cdots,m\tag{6.97}$$

由式(6.97)可见，每一个输出都受着每一个输入的控制，也就是每一个输入都对每一个输出会产生控制作用。将这种输入和输出之间存在相互耦合关系的系统称作耦合系统。

耦合系统要想确定一个输入去调整一个输出，而不影响其他输出，几乎是不可能的，这就给系统的控制带来巨大的困难。因此，需要设法消除这种交叉耦合，以实现分离控

制。即寻求适当的控制规律，使输入输出相互关联的多变量系统实现每一个输出仅受相应的一个输入的控制，每一个输入也仅能控制相应的一个输出，这样的问题就称为解耦控制。

系统达到解耦后，其传递函数矩阵就化为对角矩阵，即

$$\boldsymbol{W}(s)=\boldsymbol{C}(s\boldsymbol{I}-\boldsymbol{A})^{-1}\boldsymbol{B}=\begin{bmatrix} w_{11}(s) & 0 & \cdots & 0 \\ 0 & w_{22}(s) & \cdots & 0 \\ 0 & \vdots & & \vdots \\ 0 & 0 & \cdots & w_{mm}(s) \end{bmatrix} \tag{6.98}$$

式(6.98)是一个对角型的有理多项式矩阵，其所有的行或列都是线性无关的。因此，系统中只有相同序号的输入输出之间才存在传递关系，而非相同序号的输入输出之间是不存在传递关系的。一个多输入-多输出系统实现解耦后，可被看做为一组相互独立的单输入-单输出子系统，从而实现系统的自治控制，如图 6－17 所示。

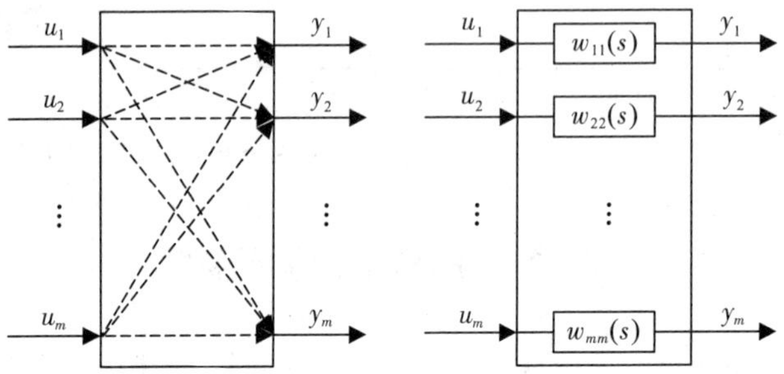

图 6－17 多输入-多输出系统解耦前后的结构示意图

要完全实现解耦，必须回答两个问题：一是确定系统能够被解耦的充要条件，即能解耦的判别问题；二是确定解耦控制律和解耦系统的结构，即解耦系统的综合问题。线性系统解耦的常用方法有：前馈补偿器解耦、串联补偿器解耦和状态反馈解耦。

6.7.1 前馈补偿器解耦

前馈补偿器解耦是一种简单的解耦控制方法，只需在待解耦系统的前面串接一个前馈补偿器，使串联组合系统的传递函数矩阵成为对角型的有理函数矩阵。前馈补偿器解耦的框图如图 6－18 所示。

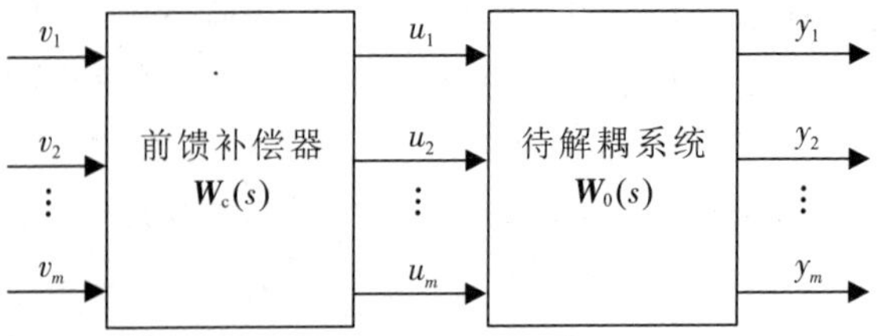

图 6－18 前馈补偿器解耦系统框图

图 6－18 中的$\boldsymbol{W}_0(s)$为待解耦系统的传递函数矩阵，$\boldsymbol{W}_c(s)$为前馈补偿器的传递函数矩阵。前馈补偿后串联组合系统的传递函数矩阵为

$$\boldsymbol{W}(s)=\boldsymbol{W}_0(s)\boldsymbol{W}_c(s)=\begin{bmatrix} w_{11}(s) & & & \\ & w_{22}(s) & & \\ & & \ddots & \\ & & & w_{mm}(s) \end{bmatrix} \tag{6.99}$$

显然，只要$\boldsymbol{W}_0^{-1}(s)$存在，则前馈补偿器的传递函数矩阵为

$$\boldsymbol{W}_c(s)=\boldsymbol{W}_0^{-1}(s)\boldsymbol{W}(s) \tag{6.100}$$

式(6.100)表明，只要待解耦系统$\boldsymbol{W}_0(s)$满秩，则总可以设计一个补偿器，使系统实现解耦。至于解耦后各独立子系统所要求的特性则可由$w_{ii}(s)$给予规定。

6.7.2　串联补偿器解耦

串联补偿器解耦就是采用输出反馈加补偿器的方法使系统实现解耦，其结构如图 6-19所示。

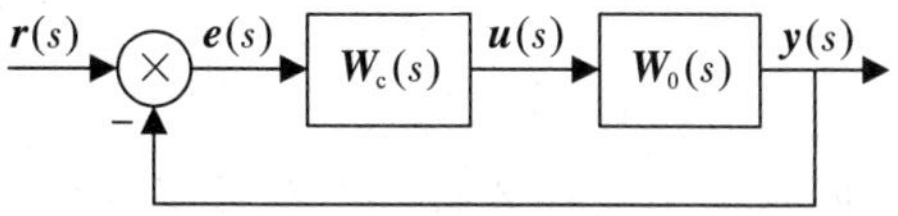

图 6-19　串联补偿解耦控制系统结构框图

图 6-19 中，$\boldsymbol{W}_0(s)$为被控对象的传递函数矩阵，$\boldsymbol{W}_c(s)$是串联解耦器的传递函数矩阵。所谓串联补偿解耦就是寻求合适的串联补偿器$\boldsymbol{W}_c(s)$，使闭环控制系统的传递函数矩阵为对角阵。前向通道的传递函数矩阵为

$$\boldsymbol{W}_f(s)=\boldsymbol{W}_0(s)\boldsymbol{W}_c(s) \tag{6.101}$$

闭环控制系统的传递函数矩阵为

$$\boldsymbol{\Phi}(s)=[\boldsymbol{I}+\boldsymbol{W}_0(s)\boldsymbol{W}_c(s)]^{-1}\boldsymbol{W}_0(s)\boldsymbol{W}_c(s) \tag{6.102}$$

等式两边左乘$[\boldsymbol{I}+\boldsymbol{W}_0(s)\boldsymbol{W}_c(s)]$，得

$$[\boldsymbol{I}+\boldsymbol{W}_0(s)\boldsymbol{W}_c(s)]\boldsymbol{\Phi}(s)=\boldsymbol{W}_0(s)\boldsymbol{W}_c(s)$$

即

$$\boldsymbol{W}_0(s)\boldsymbol{W}_c(s)[\boldsymbol{I}-\boldsymbol{\Phi}(s)]=\boldsymbol{\Phi}(s) \tag{6.103}$$

假设$\boldsymbol{W}_0(s)$和$[\boldsymbol{I}-\boldsymbol{\Phi}(s)]$的逆都存在，则可得出串联补偿器为

$$\boldsymbol{W}_c(s)=\boldsymbol{W}_0^{-1}(s)\boldsymbol{\Phi}(s)[\boldsymbol{I}-\boldsymbol{\Phi}(s)]^{-1} \tag{6.104}$$

由式(6.104)可知，当要求闭环传递函数矩阵 $\boldsymbol{\Phi}(s)$为对角阵(即实现了解耦)时，前向通道的传递函数矩阵 $\boldsymbol{W}_f(s)=\boldsymbol{W}_0(s)\boldsymbol{W}_c(s)$也必须为对角阵。并可由式(6.104)求得串联补偿器的传递函数矩阵。

【例 6-8】　已知受控对象的传递函数矩阵为

$$\boldsymbol{W}_0(s)=\begin{bmatrix} \dfrac{1}{2s+1} & 0 \\ 1 & \dfrac{1}{s+1} \end{bmatrix}$$

试设计一串联补偿器$\boldsymbol{W}_c(s)$，使串联补偿解耦系统的传递函数矩阵为

$$\boldsymbol{\Phi}(s)=\begin{bmatrix}\frac{1}{s+1} & 0\\ 0 & \frac{1}{5s+1}\end{bmatrix}$$

解 由式(6.103)，得

$$\begin{aligned}\boldsymbol{W}_0(s)\boldsymbol{W}_c(s)&=\boldsymbol{\Phi}(s)[\boldsymbol{I}-\boldsymbol{\Phi}(s)]^{-1}\\&=\begin{bmatrix}\frac{1}{s+1} & 0\\ 0 & \frac{1}{5s+1}\end{bmatrix}\begin{bmatrix}\frac{s}{s+1} & 0\\ 0 & \frac{5s}{5s+1}\end{bmatrix}^{-1}=\begin{bmatrix}\frac{1}{s} & 0\\ 0 & \frac{1}{5s}\end{bmatrix}\end{aligned}$$

再由式(6.104)求得

$$\begin{aligned}\boldsymbol{W}_c(s)&=\boldsymbol{W}_0^{-1}(s)\boldsymbol{\Phi}(s)[\boldsymbol{I}-\boldsymbol{\Phi}(s)]^{-1}\\&=\begin{bmatrix}\frac{1}{2s+1} & 0\\ 1 & \frac{1}{s+1}\end{bmatrix}^{-1}\begin{bmatrix}\frac{1}{s} & 0\\ 0 & \frac{1}{5s}\end{bmatrix}=\begin{bmatrix}\frac{2s+1}{s} & 0\\ -\frac{2s^2+3s+1}{s} & \frac{s+1}{5s}\end{bmatrix}\end{aligned}$$

由此可画出如图 6-20 所示的串联补偿解耦系统框图。

串联补偿器解耦增加了系统的维数，而且补偿器的某些传递函数的元素会出现分子多项式阶次高于分母多项式阶次的现象，带来工程实现困难及增加外部扰动作用等问题。

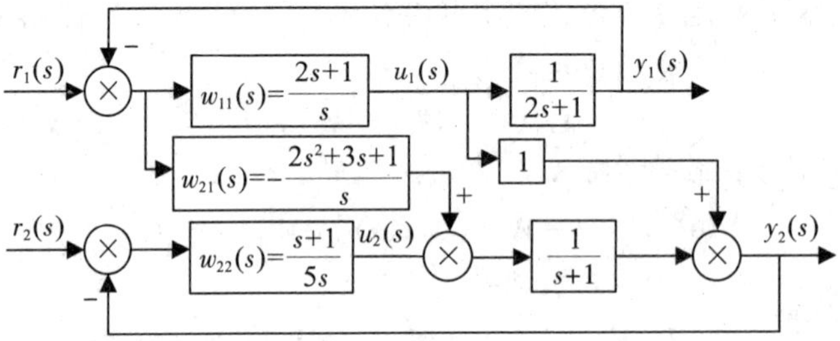

图 6-20 串联补偿解耦系统框图

6.7.3 状态反馈解耦

对于输入向量和输出向量的维数相同的多输入多输出耦合系统，采用输入变换与状态反馈相结合的方式，可以实现闭环输入输出之间的解耦控制。

对于多输入多输出耦合系统 $\Sigma_0=(\boldsymbol{A},\boldsymbol{B},\boldsymbol{C})$，采用控制律为

$$\boldsymbol{u}=-\boldsymbol{K}\boldsymbol{x}+\boldsymbol{F}\boldsymbol{v} \tag{6.105}$$

其中，$\boldsymbol{K}\in\mathbf{R}^{m\times n}$ 为实常数反馈阵；$\boldsymbol{F}\in\mathbf{R}^{m\times m}$ 为实常数非奇异变换阵；$\boldsymbol{v}\in\mathbf{R}^m$ 为输入向量。

其结构框图如图 6-21 所示，虚线框内表示待解耦的系统。图 6-21 中闭环控制系统的状态空间表达式及传递函数矩阵为

$$\begin{cases}\dot{\boldsymbol{x}}=(\boldsymbol{A}-\boldsymbol{B}\boldsymbol{K})\boldsymbol{x}+\boldsymbol{B}\boldsymbol{F}\boldsymbol{v}\\ \boldsymbol{y}=\boldsymbol{C}\boldsymbol{x}\end{cases} \tag{6.106}$$

$$\boldsymbol{W}_{fk}(s)=\boldsymbol{C}[s\boldsymbol{I}-(\boldsymbol{A}-\boldsymbol{B}\boldsymbol{K})]^{-1}\boldsymbol{B}\boldsymbol{F} \tag{6.107}$$

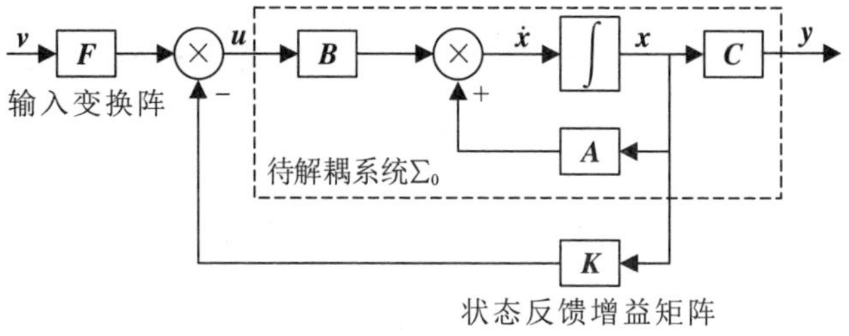

图 6-21　状态反馈解耦系统的结构框图

设计目标就是寻求 $\boldsymbol{K}$ 阵和 $\boldsymbol{F}$ 阵，使$\boldsymbol{W}_{fk}(s)$转变为形如式(6.99)的对角型矩阵，就可实现系统的解耦控制。问题是如何求解 $\boldsymbol{K}$ 阵和 $\boldsymbol{F}$ 阵，以及什么条件下通过状态反馈可实现解耦。

1. 传递函数矩阵的几个特征量

定义 6.1　对于待解耦系统 $\Sigma_0=(\boldsymbol{A}, \boldsymbol{B}, \boldsymbol{C})$的状态空间表达式，$d_i$ 定义为 0 到$(m-1)$之间满足不等式

$$\boldsymbol{c}_i\boldsymbol{A}^l\boldsymbol{B}\neq\boldsymbol{0}\quad(l=1, 2, \cdots, m-1)\tag{6.108}$$

成立的最小整数。式中，$\boldsymbol{c}_i$ 为 $\Sigma_0=(\boldsymbol{A}, \boldsymbol{B}, \boldsymbol{C})$输出矩阵 $\boldsymbol{C}$ 的第 i 行向量，d_i 的下标 i 表示行数。

定义 6.2　已知待解耦系统 $\Sigma_0=(\boldsymbol{A}, \boldsymbol{B}, \boldsymbol{C})$的状态空间表达式，其传递函数矩阵为$\boldsymbol{W}(s)=\boldsymbol{C}(s\boldsymbol{I}-\boldsymbol{A})^{-1}\boldsymbol{B}$，$\boldsymbol{W}_i(s)$为$\boldsymbol{W}(s)$的第 i 行传递函数向量，即

$$\boldsymbol{W}_i(s)=[w_{i1}(s)\quad w_{i2}(s)\quad\cdots\quad w_{im}(s)]\tag{6.109}$$

设 σ_{ij} 为 $w_{ij}(s)$的分母多项式次数和分子多项式次数之差，d_i 定义为

$$d_i=\min\{\sigma_{i1}\quad\sigma_{i2}\quad\cdots\quad\sigma_{im}\}-1,\quad i=1, 2, \cdots, m\tag{6.110}$$

可以证明这两种定义具有一致性。

【例 6-9】　已知系统的状态空间表达式为

$$\begin{cases}\dot{\boldsymbol{x}}=\begin{bmatrix}0&1&0&0\\3&0&0&2\\0&0&0&1\\0&-2&0&0\end{bmatrix}\boldsymbol{x}+\begin{bmatrix}0&0\\1&0\\0&0\\0&1\end{bmatrix}\boldsymbol{u}\\ \boldsymbol{y}=\begin{bmatrix}1&0&0&0\\0&0&1&0\end{bmatrix}\boldsymbol{x}\end{cases}$$

试计算 d_i。

解　先计算 d_1。将$\boldsymbol{c}_1$，$\boldsymbol{A}$，$\boldsymbol{B}$ 代入式(6.108)得

$$\boldsymbol{c}_1\boldsymbol{A}^0\boldsymbol{B}=[0, 0]$$

$$\boldsymbol{c}_1\boldsymbol{A}^1\boldsymbol{B}=[1, 0]$$

使 $\boldsymbol{c}_1\boldsymbol{A}^l\boldsymbol{B}\neq0$ 的最小整数 l 是 1，则 $d_1=1$。

再计算 d_2。将$\boldsymbol{c}_2$，$\boldsymbol{A}$，$\boldsymbol{B}$ 代入式(6.108)得

$$\boldsymbol{c}_2\boldsymbol{A}^0\boldsymbol{B}=[0, 0]$$

$$\boldsymbol{c}_2\boldsymbol{A}^1\boldsymbol{B}=[0, 1]$$

使 $\boldsymbol{c}_2\boldsymbol{A}^l\boldsymbol{B}\neq\boldsymbol{0}$ 的最小整数 l 是 1，则 $d_2=1$。

定义 6.3 对于待解耦系统 $\Sigma_0=(\boldsymbol{A},\boldsymbol{B},\boldsymbol{C})$ 的状态空间表达式，定义矩阵 $\boldsymbol{E}$ 为

$$\boldsymbol{E}=\begin{bmatrix}\boldsymbol{c}_1\boldsymbol{A}^{d_1}\boldsymbol{B}\\ \boldsymbol{c}_2\boldsymbol{A}^{d_2}\boldsymbol{B}\\ \vdots\\ \boldsymbol{c}_m\boldsymbol{A}^{d_m}\boldsymbol{B}\end{bmatrix}\tag{6.111}$$

定义 6.4 对于待解耦系统 $\Sigma_0=(\boldsymbol{A},\boldsymbol{B},\boldsymbol{C})$ 的状态空间表达式，其传递函数矩阵 $\boldsymbol{W}(s)=\boldsymbol{C}(s\boldsymbol{I}-\boldsymbol{A})^{-1}\boldsymbol{B}$，定义矩阵 $\boldsymbol{E}$ 为

$$\boldsymbol{E}_i=\lim_{s\to\infty}s^{d_i+1}\boldsymbol{W}_i(s),\quad i=1,2,\cdots,m\tag{6.112}$$

同样，也可以证明定义 6.3 和定义 6.4 具有一致性。

2. 可解耦性判据

定理 6.10 对于待解耦系统 $\Sigma_0=(\boldsymbol{A},\boldsymbol{B},\boldsymbol{C})$，采用状态反馈能解耦的充要条件是矩阵 $\boldsymbol{E}$ 为非奇异的，即

$$\det\boldsymbol{E}=\det\begin{bmatrix}\boldsymbol{c}_1\boldsymbol{A}^{d_1}\boldsymbol{B}\\ \boldsymbol{c}_2\boldsymbol{A}^{d_2}\boldsymbol{B}\\ \vdots\\ \boldsymbol{c}_m\boldsymbol{A}^{d_m}\boldsymbol{B}\end{bmatrix}\neq 0\tag{6.113}$$

【例 6-10】 试计算例 6-8 的矩阵 $\boldsymbol{E}$，并判断系统的可解耦性。

解

$$\boldsymbol{E}=\begin{bmatrix}\boldsymbol{c}_1\ \boldsymbol{A}^{d_1}\boldsymbol{B}\\ \boldsymbol{c}_2\ \boldsymbol{A}^{d_2}\boldsymbol{B}\end{bmatrix}=\begin{bmatrix}\boldsymbol{c}_1\boldsymbol{A}\boldsymbol{B}\\ \boldsymbol{c}_2\boldsymbol{A}\boldsymbol{B}\end{bmatrix}=\begin{bmatrix}1&0\\0&1\end{bmatrix}$$

由于 $\boldsymbol{E}=\begin{bmatrix}1&0\\0&1\end{bmatrix}$ 是非奇异的，因此该系统可以采用状态反馈实现解耦控制。

3. 积分型解耦

定理 6.11 若待解耦系统 $\Sigma_0=(\boldsymbol{A},\boldsymbol{B},\boldsymbol{C})$ 满足状态反馈能解耦的条件，则闭环控制系统 $\Sigma_{\mathrm{KF}}(\boldsymbol{A}-\boldsymbol{B}\boldsymbol{K},\boldsymbol{B}\boldsymbol{F},\boldsymbol{C})$ 是一个积分型解耦系统。状态反馈阵 $\boldsymbol{K}$ 和输入变换阵 $\boldsymbol{F}$ 分别为

$$\boldsymbol{K}=\boldsymbol{E}^{-1}\boldsymbol{L},\quad \boldsymbol{F}=\boldsymbol{E}^{-1}\tag{6.114}$$

其中，$\boldsymbol{L}\in\mathbf{R}^{m\times n}$，$\boldsymbol{L}=\begin{bmatrix}\boldsymbol{c}_1\ \boldsymbol{A}^{d_1+1}\\ \boldsymbol{c}_2\ \boldsymbol{A}^{d_2+1}\\ \vdots\\ \boldsymbol{c}_m\ \boldsymbol{A}^{d_m+1}\end{bmatrix}$。则闭环控制系统的传递函数矩阵为

$$\boldsymbol{W}(s)=\boldsymbol{C}[s\boldsymbol{I}-(\boldsymbol{A}-\boldsymbol{B}\boldsymbol{K})]^{-1}\boldsymbol{B}\boldsymbol{F}=\begin{bmatrix}\frac{1}{s^{d_1+1}}&0&\cdots&0\\ 0&\frac{1}{s^{d_2+1}}&\cdots&0\\ \vdots&\vdots&\ddots&\vdots\\ 0&0&\cdots&\frac{1}{s^{d_m+1}}\end{bmatrix}\tag{6.115}$$

式(6.115)表明，采用式(6.105)的输入变换与状态反馈相结合的控制律，可以实现系

统的解耦。积分型解耦将系统转化为 m 个多重积分器 $s^{-(d_i+1)}$ 形式相互独立的子系统。应该指出，由于积分解耦系统的所有极点均为零，所以它是不稳定系统(临界稳定)，无法在实际中使用。因此，在积分解耦的基础上，对每一个子系统按照单输入单输出系统的极点配置方法，用状态反馈把位于原点的极点配置到期望的位置上。这样，不但使系统实现了解耦，且能够满足系统的性能指标要求。

【例 6-11】 试计算例 6-9 的解耦系统。

解 根据式(6.114)计算可得

$$\boldsymbol{K}=\boldsymbol{E}^{-1}\boldsymbol{L}=\begin{bmatrix}1&0\\0&1\end{bmatrix}\begin{bmatrix}3&0&0&2\\0&-2&0&0\end{bmatrix}=\begin{bmatrix}3&0&0&2\\0&-2&0&0\end{bmatrix}$$

$$\boldsymbol{F}=\boldsymbol{E}^{-1}=\begin{bmatrix}1&0\\0&1\end{bmatrix}$$

则

$$\dot{\boldsymbol{x}}=(\boldsymbol{A}-\boldsymbol{B}\boldsymbol{E}^{-1}\boldsymbol{L})\boldsymbol{x}+\boldsymbol{B}\boldsymbol{E}^{-1}\boldsymbol{v}=\begin{bmatrix}0&1&0&0\\0&0&0&0\\0&0&0&1\\0&0&0&0\end{bmatrix}\boldsymbol{x}+\begin{bmatrix}0&0\\1&0\\0&0\\0&1\end{bmatrix}\boldsymbol{v}$$

$$\boldsymbol{y}=\boldsymbol{C}\boldsymbol{x}=\begin{bmatrix}1&0&0&0\\0&0&1&0\end{bmatrix}\boldsymbol{x}$$

闭环控制系统的传递函数矩阵为

$$\boldsymbol{W}_{\mathrm{fk}}(s)=\begin{bmatrix}\dfrac{1}{s^{d_1+1}}&0\\0&\dfrac{1}{s^{d_2+1}}\end{bmatrix}=\begin{bmatrix}\dfrac{1}{s^2}&0\\0&\dfrac{1}{s^2}\end{bmatrix}$$

闭环控制系统的输入变换和状态反馈解耦结构图如图 6-22 所示。

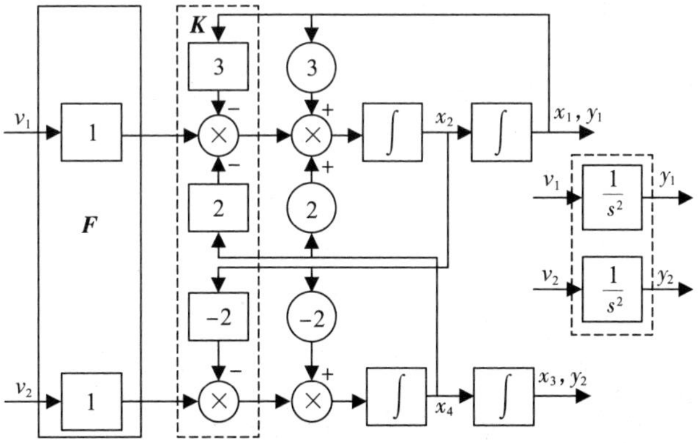

图 6-22　解耦系统示意图

从图 6-22 可以看出，状态反馈阵中，每个元素的作用在于抵消状态变量间的交联耦合，从而实现每一个输入仅对其相对应的一个输出的自治控制。

4. 解耦系统的极点配置

对于满足可解耦条件的多输入多输出系统，应用输入变换 $\boldsymbol{F}=\boldsymbol{E}^{-1}$ 和状态反馈 $\boldsymbol{K}=\boldsymbol{E}^{-1}\boldsymbol{L}$，

可实现系统的积分解耦。在此基础上，下面根据系统的性能指标要求配置各子系统的极点。

系统积分解耦后状态空间表达式为

$$\begin{cases}\dot{\boldsymbol{x}}=\bar{\boldsymbol{A}}\boldsymbol{x}+\bar{\boldsymbol{B}}\boldsymbol{v}\\ \boldsymbol{y}=\bar{\boldsymbol{C}}\boldsymbol{x}\end{cases} \tag{6.116}$$

其中，$\bar{\boldsymbol{A}}=\boldsymbol{A}-\boldsymbol{B}\boldsymbol{E}^{-1}\boldsymbol{L}$，$\bar{\boldsymbol{B}}=\boldsymbol{B}\boldsymbol{E}^{-1}$，$\bar{\boldsymbol{C}}=\boldsymbol{C}$。

当$\Sigma(\boldsymbol{A},\boldsymbol{B},\boldsymbol{C})$是完全能控的，$\Sigma(\bar{\boldsymbol{A}},\bar{\boldsymbol{B}},\bar{\boldsymbol{C}})$仍保持完全能控性，但要判别解耦系统的能观性。当$\Sigma(\bar{\boldsymbol{A}},\bar{\boldsymbol{B}},\bar{\boldsymbol{C}})$为完全能观时，一定可以通过线性非奇异变换将$\Sigma(\bar{\boldsymbol{A}},\bar{\boldsymbol{B}},\bar{\boldsymbol{C}})$化为解耦标准型，即

$$\tilde{\boldsymbol{A}}=\boldsymbol{P}^{-1}\bar{\boldsymbol{A}}\boldsymbol{P}=\begin{bmatrix}\tilde{\boldsymbol{A}}_1 & \boldsymbol{0} & \cdots & \boldsymbol{0}\\ \boldsymbol{0} & \tilde{\boldsymbol{A}}_2 & \cdots & \boldsymbol{0}\\ \vdots & \vdots & \ddots & \vdots\\ \boldsymbol{0} & \boldsymbol{0} & \cdots & \tilde{\boldsymbol{A}}_m\end{bmatrix},$$

$$\tilde{\boldsymbol{B}}=\boldsymbol{P}^{-1}\bar{\boldsymbol{B}}=\begin{bmatrix}\tilde{\boldsymbol{B}}_1 & 0 & \cdots & 0\\ 0 & \tilde{\boldsymbol{B}}_2 & \cdots & 0\\ \vdots & \vdots & \ddots & \vdots\\ 0 & 0 & \cdots & \tilde{\boldsymbol{B}}_m\end{bmatrix},$$

$$\tilde{\boldsymbol{C}}=\bar{\boldsymbol{C}}\boldsymbol{P}=\begin{bmatrix}\tilde{\boldsymbol{C}}_1 & \boldsymbol{0} & \cdots & \boldsymbol{0}\\ \boldsymbol{0} & \tilde{\boldsymbol{C}}_2 & \cdots & \boldsymbol{0}\\ \vdots & \vdots & \ddots & \vdots\\ \boldsymbol{0} & \boldsymbol{0} & \cdots & \tilde{\boldsymbol{C}}_m\end{bmatrix}$$

其中，

$$\tilde{\boldsymbol{A}}_i=\begin{bmatrix}0 & 1 & 0 & \cdots & 0\\ 0 & 0 & 1 & \cdots & 0\\ \vdots & \vdots & \vdots & \ddots & \vdots\\ 0 & 0 & 0 & \cdots & 1\\ 0 & 0 & 0 & \cdots & 0\end{bmatrix}_{m_i\times m_i},\quad \tilde{\boldsymbol{B}}_i=\begin{bmatrix}0\\ \vdots\\ 0\\ 1\end{bmatrix}_{m_i\times 1},\quad \tilde{\boldsymbol{C}}_i=[1\quad 0\quad \cdots\quad 0]_{1\times m_i}$$

$$m_i=d_i+1,\ i=1,\ 2,\ \cdots,\ m;\ \sum_{i=1}^{m}m_i=n$$

线性变换阵$\boldsymbol{P}$用下列公式计算：

$$\boldsymbol{P}^{-1}=(\tilde{\boldsymbol{Q}}_o\tilde{\boldsymbol{Q}}_o^{\mathrm{T}})^{-1}\tilde{\boldsymbol{Q}}_o^{\mathrm{T}}\bar{\boldsymbol{Q}}_o$$

其中，

$$\bar{\boldsymbol{Q}}_o=\begin{bmatrix}\bar{\boldsymbol{C}}\\ \bar{\boldsymbol{C}}\bar{\boldsymbol{A}}\\ \vdots\\ \bar{\boldsymbol{C}}\bar{\boldsymbol{A}}^{n-1}\end{bmatrix},\quad \tilde{\boldsymbol{Q}}_o=\begin{bmatrix}\tilde{\boldsymbol{C}}\\ \tilde{\boldsymbol{C}}\tilde{\boldsymbol{A}}\\ \vdots\\ \tilde{\boldsymbol{C}}\tilde{\boldsymbol{A}}^{n-1}\end{bmatrix}$$

选择状态反馈矩阵为

$$\widetilde{\boldsymbol{K}}=\begin{bmatrix}\widetilde{\boldsymbol{K}}_1 & & & \\ & \widetilde{\boldsymbol{K}}_2 & & \\ & & \ddots & \\ & & & \widetilde{\boldsymbol{K}}_m\end{bmatrix} \tag{6.117}$$

其中，$\widetilde{\boldsymbol{K}}_i=\begin{bmatrix}\widetilde{k}_{i0} & \widetilde{k}_{i1} & \cdots & \widetilde{k}_{id_i}\end{bmatrix}$，$i=1, 2, \cdots, m$，$\widetilde{\boldsymbol{K}}_i$ 为对应于每一个独立的单输入-单输出系统的状态反馈阵。

闭环控制系统的传递函数矩阵为

$$\widetilde{\boldsymbol{C}}[\lambda\boldsymbol{I}-(\widetilde{\boldsymbol{A}}-\widetilde{\boldsymbol{B}}\widetilde{\boldsymbol{K}})]^{-1}\widetilde{\boldsymbol{B}}=\begin{bmatrix}\widetilde{\boldsymbol{C}}_1[\lambda\boldsymbol{I}-(\widetilde{\boldsymbol{A}}_1-\widetilde{\boldsymbol{B}}_1\widetilde{\boldsymbol{K}}_1)]^{-1}\widetilde{\boldsymbol{B}}_1 & & \boldsymbol{0} \\ & \ddots & \\ \boldsymbol{0} & & \widetilde{\boldsymbol{C}}_m[\lambda\boldsymbol{I}-(\widetilde{\boldsymbol{A}}_m-\widetilde{\boldsymbol{B}}_m\widetilde{\boldsymbol{K}}_m)]^{-1}\widetilde{\boldsymbol{B}}_m\end{bmatrix}$$

$$\widetilde{\boldsymbol{A}}_i-\widetilde{\boldsymbol{B}}_i\widetilde{\boldsymbol{K}}_i=\begin{bmatrix}0 & 1 & 0 & \cdots & 0 \\ 0 & 0 & 1 & \cdots & 0 \\ \vdots & \vdots & \vdots & & \vdots \\ 0 & 0 & 0 & \cdots & 1 \\ -\widetilde{k}_{i0} & -\widetilde{k}_{i1} & -\widetilde{k}_{i2} & \cdots & -\widetilde{k}_{id_i}\end{bmatrix}_{m_i\times m_i}, \quad i=1, 2, \cdots, m$$

则

$$f_{\widetilde{K}_i}(\lambda)=|\lambda\boldsymbol{I}-(\widetilde{\boldsymbol{A}}_i-\widetilde{\boldsymbol{B}}_i\widetilde{\boldsymbol{K}}_i)|=\lambda^{d_i+1}+\widetilde{k}_{id_i}\lambda^{d_i}+\cdots+\widetilde{k}_{i1}\lambda+\widetilde{k}_{i0} \tag{6.118}$$

当依据性能指标确定了每个子系统的期望极点后，各子系统期望的特征多项式为

$$f_i^*(\lambda)=\prod_{j=1}^{d_i+1}(\lambda-\lambda_{ij}^*)=\lambda^{d_i+1}+a_{n-1}^*\lambda^{d_i}+\cdots+a_1^*\lambda+a_0^* \tag{6.119}$$

比较式(6.118)和式(6.119)，由等式两边 λ 同次幂系数对应相等，可求出$\widetilde{\boldsymbol{K}}_i$ 和$\widetilde{\boldsymbol{K}}$。

对待解耦系统 $\Sigma(\boldsymbol{A}, \boldsymbol{B}, \boldsymbol{C})$，满足动态解耦和期望极点配置的输入变换 $\boldsymbol{F}$ 阵和状态反馈阵 $\boldsymbol{K}$ 分别为

$$\boldsymbol{K}=\boldsymbol{E}^{-1}\boldsymbol{L}+\boldsymbol{E}^{-1}\widetilde{\boldsymbol{K}}\boldsymbol{P}^{-1}, \quad \boldsymbol{F}=\boldsymbol{E}^{-1} \tag{6.120}$$

当 $\Sigma(\bar{\boldsymbol{A}}, \bar{\boldsymbol{B}}, \bar{\boldsymbol{C}})$为不完全能观测时，先进行能观性结构分解，将能控能观测子系统转换为解耦标准型，再进行极点配置。

【例 6-12】 试对例 6-11 的积分型解耦系统设计附加状态反馈，使闭环解耦系统的极点配置为-1，-1，-1，-1。

解 (1) 考虑例 6-11 所得的积分型解耦系统。

$$\bar{\boldsymbol{A}}=\boldsymbol{A}-\boldsymbol{B}\boldsymbol{E}^{-1}\boldsymbol{L}=\begin{bmatrix}0 & 1 & 0 & 0 \\ 0 & 0 & 0 & 0 \\ 0 & 0 & 0 & 1 \\ 0 & 0 & 0 & 0\end{bmatrix}=\begin{bmatrix}\bar{\boldsymbol{A}}_1 & \boldsymbol{0} \\ \boldsymbol{0} & \bar{\boldsymbol{A}}_2\end{bmatrix}, \quad \bar{\boldsymbol{B}}=\boldsymbol{B}\boldsymbol{E}^{-1}=\begin{bmatrix}0 & 0 \\ 1 & 0 \\ 0 & 0 \\ 0 & 1\end{bmatrix}=\begin{bmatrix}\bar{\boldsymbol{B}}_1 & \boldsymbol{0} \\ \boldsymbol{0} & \bar{\boldsymbol{B}}_2\end{bmatrix}$$

$$\bar{\boldsymbol{C}}=\boldsymbol{C}=\begin{bmatrix}1 & 0 & 0 & 0 \\ 0 & 0 & 1 & 0\end{bmatrix}=\begin{bmatrix}\bar{\boldsymbol{C}}_1 & \boldsymbol{0} \\ \boldsymbol{0} & \bar{\boldsymbol{C}}_2\end{bmatrix}$$

(2) 判断 $\Sigma(\bar{\boldsymbol{A}}, \bar{\boldsymbol{B}}, \bar{\boldsymbol{C}})$的能观性。

$$\operatorname{rank}\begin{bmatrix}\bar{\boldsymbol{C}}\\ \bar{\boldsymbol{C}}\bar{\boldsymbol{A}}\\ \bar{\boldsymbol{C}}\bar{\boldsymbol{A}}^2\\ \bar{\boldsymbol{C}}\bar{\boldsymbol{A}}^3\end{bmatrix}=\operatorname{rank}\begin{bmatrix}1&0&0&0\\0&0&1&0\\0&1&0&0\\0&0&0&1\\ *&*&*&*\end{bmatrix}=4$$

用 * 代表没必要再计算的其余行，由上式可知，$\Sigma(\bar{\boldsymbol{A}}, \bar{\boldsymbol{B}}, \bar{\boldsymbol{C}})$是完全能观测的。且 $\Sigma(\bar{\boldsymbol{A}}, \bar{\boldsymbol{B}},\bar{\boldsymbol{C}})$已经是解耦标准型，即$\tilde{\boldsymbol{A}}=\bar{\boldsymbol{A}}$，$\tilde{\boldsymbol{B}}=\bar{\boldsymbol{B}}$，$\tilde{\boldsymbol{C}}=\bar{\boldsymbol{C}}$。进而有

$$\boldsymbol{P}^{-1}=\begin{bmatrix}1&0&0&0\\0&1&0&0\\0&0&1&0\\0&0&0&1\end{bmatrix}$$

(3) 确定状态反馈阵$\tilde{\boldsymbol{K}}$。

解耦后两个单输入单输出系统均为 2 阶系统，选择包括两个分块的对角阵$\tilde{\boldsymbol{K}}$为

$$\tilde{\boldsymbol{K}}=\begin{bmatrix}\tilde{\boldsymbol{K}}_1&\boldsymbol{0}\\ \boldsymbol{0}&\tilde{\boldsymbol{K}}_2\end{bmatrix}$$

其中，$\tilde{\boldsymbol{K}}_1=\begin{bmatrix}\tilde{k}_{11}&\tilde{k}_{12}\end{bmatrix}$，$\tilde{\boldsymbol{K}}_2=\begin{bmatrix}\tilde{k}_{21}&\tilde{k}_{22}\end{bmatrix}$。

将期望的极点分为两组，为

$$\lambda_{11}^*=-1,\ \lambda_{12}^*=-1\quad 和\quad \lambda_{21}^*=-1,\ \lambda_{22}^*=-1$$

两个子系统期望的特征多项式为

$$f_1^*(\lambda)=\prod_{j=1}^{2}(\lambda-\lambda_{ij}^*)=\lambda^2+2\lambda+1\quad 和\quad f_2^*(\lambda)=\prod_{j=1}^{2}(\lambda-\lambda_{ij}^*)=\lambda^2+2\lambda+1$$

引入附加状态反馈$\tilde{\boldsymbol{K}}$后，系统矩阵为

$$\tilde{\boldsymbol{A}}-\tilde{\boldsymbol{B}}\tilde{\boldsymbol{K}}=\begin{bmatrix}0&1&0&0\\-\tilde{k}_{11}&-\tilde{k}_{12}&0&0\\0&0&0&1\\0&0&-\tilde{k}_{21}&-\tilde{k}_{22}\end{bmatrix}$$

按照设计状态反馈矩阵的计算方法可求得

$$\tilde{k}_{11}=1,\ \tilde{k}_{12}=2,\ \tilde{k}_{21}=1,\ \tilde{k}_{22}=2$$

(4) 计算原系统 $\Sigma(\boldsymbol{A}, \boldsymbol{B}, \boldsymbol{C})$的状态反馈阵 $\boldsymbol{K}$ 和输入变换阵 $\boldsymbol{F}$。

$$\boldsymbol{K}=\boldsymbol{E}^{-1}\boldsymbol{L}+\boldsymbol{E}^{-1}\tilde{\boldsymbol{K}}\boldsymbol{P}^{-1}$$

$$=\begin{bmatrix}1&0\\0&1\end{bmatrix}\begin{bmatrix}3&0&0&2\\0&-2&0&0\end{bmatrix}+\begin{bmatrix}1&0\\0&1\end{bmatrix}\begin{bmatrix}-1&-2&0&0\\0&0&-1&-2\end{bmatrix}\begin{bmatrix}1&0&0&0\\0&1&0&0\\0&0&1&0\\0&0&0&1\end{bmatrix}$$

$$=\begin{bmatrix}3&0&0&2\\0&-2&0&0\end{bmatrix}+\begin{bmatrix}1&2&0&0\\0&0&1&2\end{bmatrix}=\begin{bmatrix}4&2&0&2\\0&-2&1&2\end{bmatrix}$$

$$F=E^{-1}=\begin{bmatrix}1&0\\0&1\end{bmatrix}$$

解耦系统的传递函数矩阵为

$$W_{KF}(s)=C[sI-(A+BK)]^{-1}BF=\begin{bmatrix}\dfrac{1}{s^2+2s+1}&0\\0&\dfrac{1}{s^2+2s+1}\end{bmatrix}$$

(5) 解耦系统的模拟结构图如图 6－23 所示。

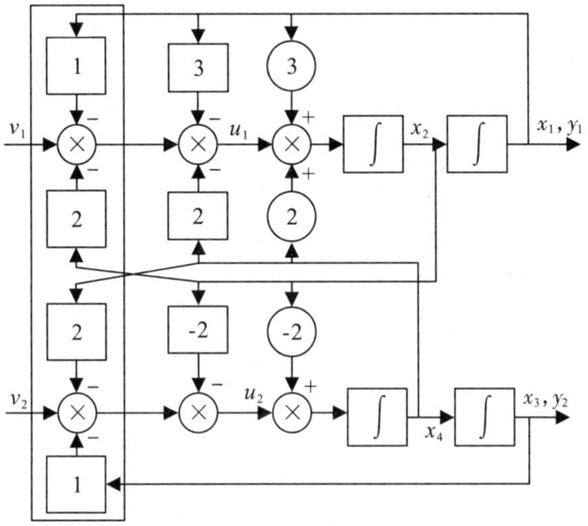

图 6－23　解耦系统模拟结构示意图

5. 输入变换与状态反馈相结合的解耦控制的步骤

综上所述，采用输入变换与状态反馈相结合的解耦控制设计步骤分为以下三步：

(1) 检验系统是否满足系统可解耦性判据式(6.113)。

(2) 根据式(6.114)计算状态反馈矩阵 $\boldsymbol{K}$ 和输入变换矩阵 $\boldsymbol{F}$，将系统转换成积分型解耦形式。

(3) 按照式(6.117)对各独立子系统采用附加状态反馈，将其极点配置到期望位置。

如果在积分型解耦系统中存在不能控和不能观的状态，则在采用附加状态反馈时，必须通过非奇异变换，使之变换成能解耦标准型。以上讨论的仅是积分型解耦系统能控的情况。另外，输入变换与状态反馈相结合的解耦仅是串联补偿解耦退化为零阶矩阵的一种特殊情况。

6.8　线性二次型最优控制

对于线性系统而言，若取状态变量和控制变量的二次型函数的积分作为性能指标函数，则这种动态系统的反馈控制称为线性系统二次型性能指标的最优控制问题，简称为线性二次型问题。由于线性二次型问题的最优解具有统一的解析表达式，所得到的最优控制律通常是一个简单的线性状态反馈控制律。线性二次型问题的性能指标具有明确的物理意义，便于与实际系统的设计相结合，因而在工程实际中得到了广泛应用。

6.8.1 线性二次型问题的性能指标及其涵义

设线性时变系统的状态空间表达式为

$$\begin{cases}\dot{\boldsymbol{x}}(t)=\boldsymbol{A}(t)\boldsymbol{x}(t)+\boldsymbol{B}(t)\boldsymbol{u}(t), \quad \boldsymbol{x}(t_0)=\boldsymbol{x}_0 \\ \boldsymbol{y}(t)=\boldsymbol{C}(t)\boldsymbol{x}(t)\end{cases} \tag{6.121}$$

性能指标为

$$J=\frac{1}{2}\boldsymbol{e}^{\mathrm{T}}(t_{\mathrm{f}})\boldsymbol{S}\boldsymbol{e}(t_{\mathrm{f}})+\frac{1}{2}\int_{t_0}^{t_{\mathrm{f}}}[\boldsymbol{e}^{\mathrm{T}}(t)\boldsymbol{Q}(t)\boldsymbol{e}(t)+\boldsymbol{u}^{\mathrm{T}}(t)\boldsymbol{R}(t)\boldsymbol{u}(t)]\mathrm{d}t \tag{6.122}$$

式中，$\boldsymbol{x}(t)\in\mathbf{R}^n$ 为状态向量，$\boldsymbol{u}(t)\in\mathbf{R}^r$ 为控制向量且不受约束，$\boldsymbol{y}(t)\in\mathbf{R}^m$ 为输出向量，$0<m\leqslant r\leqslant n$；输出向量误差 $\boldsymbol{e}(t)=\boldsymbol{y}_{\mathrm{d}}(t)-\boldsymbol{y}(t)$，$\boldsymbol{y}_{\mathrm{d}}(t)\in\mathbf{R}^m$ 为理想输出向量；$\boldsymbol{A}(t)$、$\boldsymbol{B}(t)$ 和 $\boldsymbol{C}(t)$ 为适当维数的时变矩阵，其各元连续且有界；加权矩阵 $\boldsymbol{S}=\boldsymbol{S}^{\mathrm{T}}\geqslant 0$，$\boldsymbol{Q}=\boldsymbol{Q}^{\mathrm{T}}\geqslant 0$，$\boldsymbol{R}=\boldsymbol{R}^{\mathrm{T}}>0$；$t_0$ 及 t_{f} 固定。要求确定最优控制 $\boldsymbol{u}^*(t)$，使性能指标极小。

在二次型性能指标式(6.122)中，加权矩阵 $\boldsymbol{S}$、$\boldsymbol{Q}(t)$ 和 $\boldsymbol{R}(t)$ 多取为对角阵。二次型性能指标式(6.122)极小的物理意义是：使系统在整个控制过程中的动态跟踪误差、控制能量消耗和控制过程结束时的终端跟踪误差综合最优。

本小节根据 $\boldsymbol{C}(t)$ 矩阵和理想输出 $\boldsymbol{y}_{\mathrm{d}}(t)$ 的不同情况，将二次型最优控制问题分为状态调节器、输出调节器和输出跟踪器三种类型分别进行讨论。

6.8.2 状态调节器

在系统状态空间表达式(6.121)和二次型性能指标式(6.122)中，如果满足 $\boldsymbol{C}(t)=\boldsymbol{I}$，$\boldsymbol{y}_{\mathrm{d}}(t)=\boldsymbol{0}$，则有

$$\boldsymbol{e}(t)=-\boldsymbol{y}(t)=-\boldsymbol{x}(t)$$

从而性能指标式(6.122)演变为

$$J=\frac{1}{2}\boldsymbol{x}^{\mathrm{T}}(t_{\mathrm{f}})\boldsymbol{S}\boldsymbol{x}(t_{\mathrm{f}})+\frac{1}{2}\int_{t_0}^{t_{\mathrm{f}}}[\boldsymbol{x}^{\mathrm{T}}(t)\boldsymbol{Q}(t)\boldsymbol{x}(t)+\boldsymbol{u}^{\mathrm{T}}(t)\boldsymbol{R}(t)\boldsymbol{u}(t)]\mathrm{d}t \tag{6.123}$$

式中，$\boldsymbol{S}\in\mathbf{R}^{n\times n}$ 为半正定常值矩阵；$\boldsymbol{Q}(t)\in\mathbf{R}^{n\times n}$ 为半正定对称矩阵；$\boldsymbol{R}(t)\in\mathbf{R}^{r\times r}$ 为正定对称矩阵；$\boldsymbol{Q}(t)$，$\boldsymbol{R}(t)$ 在 $[t_0, t_{\mathrm{f}}]$ 上均连续有界，终端时刻 t_{f} 固定。

当系统式(6.121)受扰偏离原零平衡状态时，要求产生一控制向量，使系统状态 $\boldsymbol{x}(t)$ 恢复到原平衡状态附近，并使性能指标式(6.123)极小。它称为状态调节器问题。

下面按照终端时刻 t_{f} 有限或无限，将状态调节器问题分为有限时间状态调节器和无限时间状态调节器两种问题。

1) 有限时间状态调节器

如果系统是线性时变的，终端时刻 t_{f} 是有限的，则这样的状态调节器称为有限时间状态调节器，其最优解由如下定理给出。

定理 6.12 设线性时变系统的状态方程如式(6.121)所示。最优控制存在的充分必要条件为

$$\boldsymbol{u}^*(t)=-\boldsymbol{R}^{-1}(t)\boldsymbol{B}^{\mathrm{T}}(t)\boldsymbol{P}(t)\boldsymbol{x}(t) \tag{6.124}$$

最优性能指标为

$$J^*=\frac{1}{2}\boldsymbol{x}^{\mathrm{T}}(t_0)\boldsymbol{P}(t_0)\boldsymbol{x}(t_0) \tag{6.125}$$

式中，$\boldsymbol{P}(t)\in\mathbf{R}^{n\times n}$为对称非负定矩阵，满足下列黎卡提(Riccati)矩阵微分方程

$$-\dot{\boldsymbol{P}}(t)=\boldsymbol{P}(t)\boldsymbol{A}(t)+\boldsymbol{A}^{\mathrm{T}}(t)\boldsymbol{P}(t)-\boldsymbol{P}(t)\boldsymbol{B}(t)\boldsymbol{R}^{-1}(t)\boldsymbol{B}^{\mathrm{T}}(t)\boldsymbol{P}(t)+\boldsymbol{Q}(t) \tag{6.126}$$

其终端边界条件

$$\boldsymbol{P}(t_{\mathrm{f}})=\boldsymbol{S} \tag{6.127}$$

而最优轨线 $\boldsymbol{x}^{*}(t)$，则是下列线性向量微分方程的解：

$$\dot{\boldsymbol{x}}(t)=[\boldsymbol{A}(t)-\boldsymbol{B}(t)\boldsymbol{R}^{-1}(t)\boldsymbol{B}^{\mathrm{T}}(t)\boldsymbol{P}(t)]\boldsymbol{x}(t),\ \boldsymbol{x}(t_0)=\boldsymbol{x}_0 \tag{6.128}$$

证明　(1) 必要性：若 $\boldsymbol{u}^{*}(t)$为最优控制，可证式(6.124)成立。

因 $\boldsymbol{u}^{*}(t)$最优，则必满足极小值原理。构造哈密顿函数为

$$\boldsymbol{H}=\frac{1}{2}\boldsymbol{x}^{\mathrm{T}}(t)\boldsymbol{Q}(t)\boldsymbol{x}(t)+\frac{1}{2}\boldsymbol{u}^{\mathrm{T}}(t)\boldsymbol{R}(t)\boldsymbol{u}(t)+\boldsymbol{\lambda}^{\mathrm{T}}(t)\boldsymbol{A}(t)\boldsymbol{x}(t)+\lambda^{\mathrm{T}}(t)\boldsymbol{B}(t)\boldsymbol{u}(t)$$

由极值条件

$$\frac{\partial \boldsymbol{H}}{\partial \boldsymbol{u}(t)}=\boldsymbol{R}(t)\boldsymbol{u}(t)+\boldsymbol{B}^{\mathrm{T}}(t)\boldsymbol{\lambda}(t)=0,\ \frac{\partial^2 \boldsymbol{H}}{\partial \boldsymbol{u}^2(t)}=\boldsymbol{R}(t)>0$$

故

$$\boldsymbol{u}^{*}(t)=-\boldsymbol{R}^{-1}(t)\boldsymbol{B}^{\mathrm{T}}(t)\boldsymbol{P}(t)\boldsymbol{x}(t) \tag{6.129}$$

可使哈密顿函数极小。

再由正则方程

$$\dot{\boldsymbol{x}}(t)=\frac{\partial \boldsymbol{H}}{\partial \boldsymbol{\lambda}(t)}=\boldsymbol{A}(t)\boldsymbol{x}(t)-\boldsymbol{B}(t)\boldsymbol{R}^{-1}(t)\boldsymbol{B}^{\mathrm{T}}(t)\boldsymbol{P}(t)\boldsymbol{x}(t) \tag{6.130}$$

$$\dot{\boldsymbol{\lambda}}(t)=-\frac{\partial \boldsymbol{H}}{\partial \boldsymbol{x}(t)}=-\boldsymbol{Q}(t)\boldsymbol{x}(t)-\boldsymbol{A}^{\mathrm{T}}(t)\boldsymbol{\lambda}(t) \tag{6.131}$$

因终端 $\boldsymbol{x}(t_{\mathrm{f}})$自由，所以横截条件为

$$\boldsymbol{\lambda}(t_{\mathrm{f}})=\frac{\partial}{\partial \boldsymbol{x}(t_{\mathrm{f}})}\left[\frac{1}{2}\boldsymbol{x}^{\mathrm{T}}(t_{\mathrm{f}})\boldsymbol{S}\boldsymbol{x}(t_{\mathrm{f}})\right]=\boldsymbol{S}\boldsymbol{x}(t_{\mathrm{f}}) \tag{6.132}$$

由于在式(6.132)中，$\boldsymbol{\lambda}(t_{\mathrm{f}})$与 $\boldsymbol{x}(t_{\mathrm{f}})$存在线性关系，且正则方程又是线性的，因此可以假设

$$\boldsymbol{\lambda}(t)=\boldsymbol{P}(t)\boldsymbol{x}(t) \tag{6.133}$$

式中，$\boldsymbol{P}(t)$为待定矩阵。

对式(6.133)求导，得

$$\dot{\boldsymbol{\lambda}}(t)=\dot{\boldsymbol{P}}(t)\boldsymbol{x}(t)+\boldsymbol{P}(t)\dot{\boldsymbol{x}}(t) \tag{6.134}$$

将式(6.130)代入式(6.134)，得

$$\dot{\boldsymbol{\lambda}}(t)=[\dot{\boldsymbol{P}}(t)+\boldsymbol{P}(t)\boldsymbol{A}(t)-\boldsymbol{P}(t)\boldsymbol{B}(t)\boldsymbol{R}^{-1}(t)\boldsymbol{B}^{\mathrm{T}}(t)\boldsymbol{P}(t)]\boldsymbol{x}(t) \tag{6.135}$$

将式(6.133)代入式(6.131)中，则又有

$$\dot{\boldsymbol{\lambda}}(t)=-[\boldsymbol{Q}(t)+\boldsymbol{A}^{\mathrm{T}}(t)\boldsymbol{P}(t)]\boldsymbol{x}(t) \tag{6.136}$$

比较式(6.135)和式(6.136)，即证得黎卡提方程式(6.126)成立。

在式(6.133)中，令 $t=t_{\mathrm{f}}$，有

$$\boldsymbol{\lambda}(t_{\mathrm{f}})=\boldsymbol{P}(t_{\mathrm{f}})\boldsymbol{x}(t_{\mathrm{f}}) \tag{6.137}$$

比较式(6.137)和式(6.132)，可证得黎卡提方程的边界条件式(6.127)成立。

因 $\boldsymbol{P}(t)$可解，将式(6.133)代入式(6.129)，证得 $\boldsymbol{u}^{*}(t)$表达式(6.124)成立。

(2) 充分性：若式(6.124)成立，可证 $\boldsymbol{u}^*(t)$必为最优控制。

根据连续动态规划法，可以方便地证明最优控制的充分条件及最优性能指标式(6.125)成立。其证明过程略，有兴趣读者可参考高等教育出版社的《最优控制——理论、方法与应用》一书。

在式(6.124)中，令反馈增益矩阵为

$$\boldsymbol{K}(t)=\boldsymbol{R}^{-1}(t)\boldsymbol{B}^{\mathrm{T}}(t)\boldsymbol{P}(t) \tag{6.138}$$

将式(6.138)代入式(6.121)，得最优闭环控制系统方程

$$\dot{\boldsymbol{x}}(t)=[\boldsymbol{A}(t)-\boldsymbol{B}(t)\boldsymbol{K}(t)]\boldsymbol{x}(t),\ \boldsymbol{x}(t_0)=\boldsymbol{x}_0 \tag{6.139}$$

式(6.139)的解必为最优轨线 $\boldsymbol{x}^*(t)$，它是从二次型性能指标函数得出的状态反馈形式。因为矩阵 $\boldsymbol{A}(t)$、$\boldsymbol{B}(t)$及 $\boldsymbol{R}(t)$已知，故闭环控制系统的性质与 $\boldsymbol{K}(t)$密切相关，而 $\boldsymbol{K}(t)$的性质又取决于黎卡提方程(6.126)在边界条件(6.127)下的解 $\boldsymbol{P}(t)$。

【例 6-13】 设系统状态方程为

$$\dot{\boldsymbol{x}}(t)=\begin{bmatrix}0 & 1\\0 & 0\end{bmatrix}\boldsymbol{x}(t)+\begin{bmatrix}0\\1\end{bmatrix}u(t)$$

初始条件为

$$x_1(0)=1,\ x_2(0)=0$$

性能指标为

$$J=\frac{1}{2}\int_0^{t_f}[x_1^2(t)+u^2(t)]\mathrm{d}t$$

式中，t_f 为某一给定值。试求使 J 极小的最优控制 $\boldsymbol{u}^*(t)$。

解 由题意得

$$\boldsymbol{A}=\begin{bmatrix}0 & 1\\0 & 0\end{bmatrix},\ \boldsymbol{B}=\begin{bmatrix}0\\1\end{bmatrix},\ \boldsymbol{F}=0,\ \boldsymbol{Q}=\begin{bmatrix}1 & 0\\0 & 0\end{bmatrix},\ \boldsymbol{R}=1$$

由黎卡提方程

$$-\dot{\boldsymbol{P}}(t)=\boldsymbol{P}(t)\boldsymbol{A}+\boldsymbol{A}^{\mathrm{T}}\boldsymbol{P}(t)-\boldsymbol{P}(t)\boldsymbol{B}\boldsymbol{R}^{-1}\boldsymbol{B}^{\mathrm{T}}\boldsymbol{P}(t)+\boldsymbol{Q},\ \boldsymbol{P}(t_f)=\boldsymbol{S}$$

并令

$$\boldsymbol{P}(t)=\begin{bmatrix}p_{11}(t) & p_{12}(t)\\p_{21}(t) & p_{22}(t)\end{bmatrix}$$

得下列微分方程组及相应的边界条件

$$\begin{cases}\dot{p}_{11}(t)=-1+p_{12}^2(t), & p_{11}(t)=0\\ \dot{p}_{12}(t)=-p_{11}(t)+p_{12}(t)p_{22}(t), & p_{12}(t)=0\\ \dot{p}_{22}(t)=-2p_{12}(t)+p_{22}^2(t), & p_{22}(t)=0\end{cases}$$

利用计算机逆时间方向求解上述微分方程组，可以得到 $\boldsymbol{P}(t)$，$t\in[0,\ t_1]$。

最优控制为

$$\boldsymbol{u}^*(t)=-\boldsymbol{R}^{-1}\boldsymbol{B}^{\mathrm{T}}\boldsymbol{P}\boldsymbol{x}(t)=-p_{12}(t)x_1(t)-p_{22}(t)x_2(t)$$

式中，$p_{12}(t)$和 $p_{22}(t)$是随时间变化的曲线，如图 6-24 所示，由于反馈系数 $p_{12}(t)$和 $p_{22}(t)$都是时变的，在设计系统时，需离线算出 $p_{12}(t)$和 $p_{22}(t)$的值，并存储于计算机内，以便实现控制时调用。

最优控制系统的结构图如图 6－25 所示。

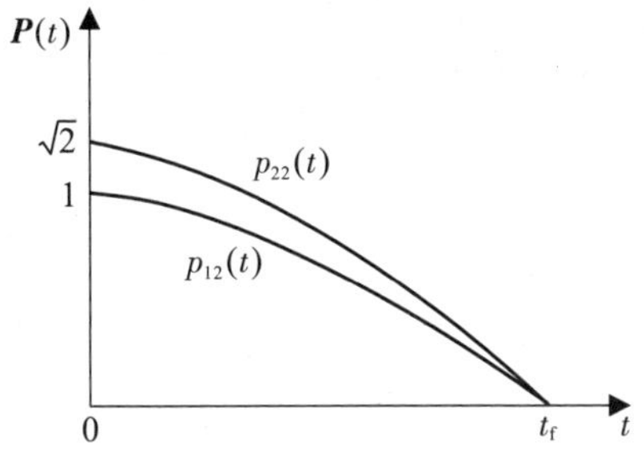

图 6－24　黎卡提方程曲线

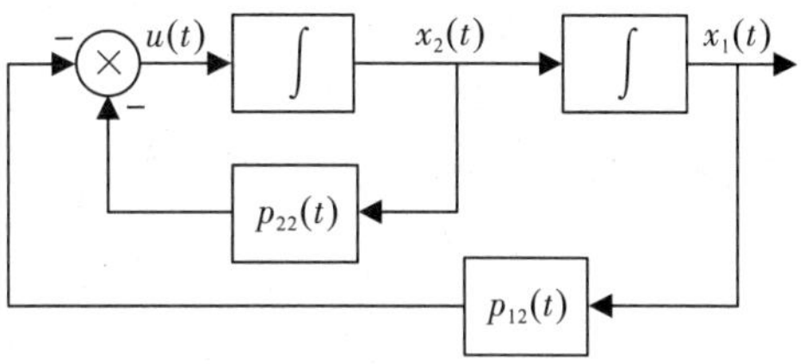

图 6－25　最优控制系统结构图

2）无限时间状态调节器

如果终端时刻 $t_f \to \infty$，系统及性能指标中的各矩阵均为常值矩阵，则这样的状态调节器称为无限时间状态调节器。若系统受扰偏离原平衡状态后，希望系统能最优地恢复到原平衡状态且不产生稳态误差，则必须采用无限时间状态调节器。

定理 6.13　设完全能控制的线性定常系统的状态方程如式(6.121)所示，二次型性能指标为

$$J = \frac{1}{2}\int_0^{\infty} [\boldsymbol{x}^{\mathrm{T}}(t)\boldsymbol{Q}\boldsymbol{x}(t) + \boldsymbol{u}^{\mathrm{T}}(t)\boldsymbol{R}\boldsymbol{u}(t)]\mathrm{d}t \tag{6.140}$$

式中，$\boldsymbol{Q}\in \mathbf{R}^{n\times n}$为正半定常值矩阵，且$(\boldsymbol{A}, \boldsymbol{Q}^{1/2})$能观测；$\boldsymbol{Q}\in \mathbf{R}^{r\times r}$是正定对称常值矩阵。

使性能指标式(6.140)极小的最优控制 $\boldsymbol{u}^*(t)$存在，且唯一地由下式确定

$$\boldsymbol{u}^*(t) = -\boldsymbol{R}^{-1}(t)\boldsymbol{B}^{\mathrm{T}}(t)\boldsymbol{P}(t)\boldsymbol{x}(t)$$

其中，$\boldsymbol{P} = \lim\limits_{t\to\infty}\boldsymbol{P}(t)$＝常数矩阵，是以下代数黎卡提方程的解

$$\boldsymbol{PA} + \boldsymbol{A}^{\mathrm{T}}\boldsymbol{P} - \boldsymbol{PBR}^{-1}\boldsymbol{B}^{\mathrm{T}}\boldsymbol{P} + \boldsymbol{Q} = \boldsymbol{0} \tag{6.141}$$

此时最优性能指标为

$$J^* = \frac{1}{2}\boldsymbol{x}^{\mathrm{T}}(0)\boldsymbol{P}\boldsymbol{x}(0)$$

最优轨线 $\boldsymbol{x}^*(t)$是下列状态方程的解为

$$\dot{\boldsymbol{x}}(t) = (\boldsymbol{A} - \boldsymbol{BR}^{-1}\boldsymbol{B}^{\mathrm{T}}\boldsymbol{P})\boldsymbol{x}(t) \tag{6.142}$$

关于定理 6.13 的结论，利用 $\boldsymbol{P}$ 为常数矩阵，将时间有限时得到的黎卡提方程取极限，便可得到增益矩阵 $\boldsymbol{P}$ 以及相关的结果。而卡尔曼证明了在 $\boldsymbol{F}=\boldsymbol{0}$，系统能控时，有 $\lim\limits_{t_f\to\infty}\boldsymbol{P}(t) = \boldsymbol{P}$＝常数矩阵。

关于以上定理的证明可参考有关书籍。这里仅对以上定理的结论，作如下几点说明。

（1）式(6.142)所示最优闭环控制系统的最优闭环控制矩阵$(\boldsymbol{A} - \boldsymbol{BR}^{-1}\boldsymbol{B}^{\mathrm{T}}\boldsymbol{P})$必定具有负实部的特征值，而不管被控对象 $\boldsymbol{A}$ 是否稳定。这一点可利用反证法，假设闭环控制系统有一个或几个非负的实部，则必有一个或几个状态变量将不趋于零，因而性能指标函数将趋于无穷而得到证明。

（2）对不能控系统，有限时间的最优控制仍然存在，因为控制作用的区间$[t_0, t_f]$是有限的，在此有限域内，不能控的状态变量引起的性能指标函数的变化是有限的。但对于

$t_f \to \infty$，为使性能指标函数在无限积分区间为有限量，则对系统提出了状态完全能控的要求。

(3) 对于无限时间状态调节器，通常在性能指标中不考虑终端指标，取权阵 $\boldsymbol{S}=\boldsymbol{0}$。

(4) 对于增益矩阵 $\boldsymbol{P}(t)$的求取，根据代数黎卡提方程式(6.141)，可选择 $\boldsymbol{P}(t_f)=\boldsymbol{0}$ 为初始条件，时间上逆向。这种逆向过程，在 $t_f \to \infty$时，$\boldsymbol{P}(t)$趋于稳定值。

【例 6-14】 设系统状态方程和初始条件为

$$\dot{\boldsymbol{x}}=\begin{bmatrix}0 & 0\\ 1 & 0\end{bmatrix}\boldsymbol{x}+\begin{bmatrix}1\\ 0\end{bmatrix}u,$$

$$x_1(0)=0,\ x_2(0)=1$$

性能指标为

$$J=\int_0^{\infty}\left[x_2^2(t)+\frac{1}{4}u^2(t)\right]\mathrm{d}t$$

试求最优控制 $u^*(t)$和最优性能指标 J^*。

解 本例为无限时间定常态调节器问题，因

$$J=\frac{1}{2}\int_0^{\infty}\left[2x_2^2(t)+\frac{1}{2}u^2(t)\right]\mathrm{d}t=\frac{1}{2}\int_0^{\infty}\left\{\left[[x_1,\ x_2]\begin{bmatrix}0 & 0\\ 0 & 2\end{bmatrix}\begin{bmatrix}x_1\\ x_2\end{bmatrix}+\frac{1}{2}u^2(t)\right]\right\}\mathrm{d}t$$

故由题意得

$$\boldsymbol{A}=\begin{bmatrix}0 & 0\\ 1 & 0\end{bmatrix},\ \boldsymbol{B}=\begin{bmatrix}1\\ 0\end{bmatrix},\ \boldsymbol{Q}=\begin{bmatrix}0 & 0\\ 0 & 2\end{bmatrix},\ \boldsymbol{R}=\frac{1}{2}$$

$(\boldsymbol{A},\ \boldsymbol{Q}^{1/2})$能观测。因为

$$\mathrm{rank}[\boldsymbol{B}\quad \boldsymbol{AB}]=\mathrm{rank}\begin{bmatrix}1 & 0\\ 0 & 1\end{bmatrix}=2$$

系统完全能控，故无限时间状态调节器的最优控制 $u^*(t)$存在。

令 $\boldsymbol{P}=\begin{bmatrix}p_{11} & p_{12}\\ p_{21} & p_{22}\end{bmatrix}$，由黎卡提方程

$$\boldsymbol{PA}+\boldsymbol{A}^{\mathrm{T}}\boldsymbol{P}-\boldsymbol{PBR}^{-1}\boldsymbol{B}^{\mathrm{T}}\boldsymbol{P}+\boldsymbol{Q}=\boldsymbol{0}$$

得代数方程组

$$\begin{cases}2p_{12}-2p_{11}^2=0\\ p_{22}-2p_{11}p_{12}=0\\ -2p_{12}^2+2=0\end{cases}$$

联立求解，得

$$\boldsymbol{P}=\begin{bmatrix}1 & 1\\ 1 & 2\end{bmatrix}>0$$

于是可得最优控制 $u^*(t)$和最优性能指标 J^*分别为

$$u^*(t)=-\boldsymbol{R}^{-1}\boldsymbol{B}^{\mathrm{T}}\boldsymbol{Px}(t)=-2x_1(t)-2x_2(t)$$

$$J^*[\boldsymbol{x}(t)]=\frac{1}{2}\boldsymbol{x}^{\mathrm{T}}(0)\boldsymbol{Px}(0)=1$$

闭环控制系统的状态方程为

$$\dot{\boldsymbol{x}}(t)=(\boldsymbol{A}-\boldsymbol{BR}^{-1}\boldsymbol{B}^{\mathrm{T}}\boldsymbol{P})\boldsymbol{x}(t)=\begin{bmatrix}-2 & -2\\ 1 & 0\end{bmatrix}\boldsymbol{x}(t)=\bar{\boldsymbol{A}}\boldsymbol{x}(t)$$

其特征方程为

$$\det(\lambda \boldsymbol{I}-\bar{\boldsymbol{A}})=\det\begin{bmatrix}\lambda+2 & 2\\ -1 & \lambda\end{bmatrix}=\lambda^2+2\lambda+2=0$$

特征值为 $\lambda_{1,2}=-1\pm \mathrm{j}$，故闭环控制系统渐近稳定。

6.8.3　输出调节器

在线性时变系统中，如果理想输出向量 $\boldsymbol{y}_{\mathrm{d}}(t)=\boldsymbol{0}$，则有 $\boldsymbol{e}(t)=-\boldsymbol{y}(t)$。从而性能指标式(6.122)演变为

$$J=\frac{1}{2}\boldsymbol{y}^{\mathrm{T}}(t_{\mathrm{f}})\boldsymbol{S}\boldsymbol{y}(t_{\mathrm{f}})+\frac{1}{2}\int_{t_0}^{t_{\mathrm{f}}}[\boldsymbol{y}^{\mathrm{T}}(t)\boldsymbol{Q}(t)\boldsymbol{y}(t)+\boldsymbol{u}^{\mathrm{T}}(t)\boldsymbol{R}(t)\boldsymbol{u}(t)]\mathrm{d}t \tag{6.143}$$

式中，$\boldsymbol{S}\in\mathbf{R}^{n\times n}$ 为半正定常值矩阵；$\boldsymbol{Q}(t)\in\mathbf{R}^{m\times m}$ 为半正定对称矩阵；$\boldsymbol{R}(t)\in\mathbf{R}^{r\times r}$ 为正定对称矩阵；$\boldsymbol{Q}(t)$、$\boldsymbol{R}(t)$ 在 $[t_0, t_{\mathrm{f}}]$ 上均连续有界，终端时刻 t_{f} 固定。

线性二次型输出调节的最优控制问题为：当系统式(6.121)受扰偏离原输出平衡状态时，要求产生一控制向量，使系统输出 $\boldsymbol{y}(t)$ 保持在原平衡状态附近，并使性能指标式(6.143)极小，因而称为输出调节器问题。由于输出调节器问题可以转化成等效的状态调节器问题，那么所有状态调节器成立的结论都可以推广到输出调节器问题。

1) 有限时间输出调节器

如果系统是线性时变的，终端时刻 t_{f} 是有限的，则这样的输出调节器称为有限时间输出调节器，其最优解由如下定理给出。

定理 6.14　设线性时变系统的状态空间表达式如式(6.121)所示，则性能指标(6.143)极小的唯一的最优控制为

$$\boldsymbol{u}^*(t)=-\boldsymbol{R}^{-1}(t)\boldsymbol{B}^{\mathrm{T}}(t)\boldsymbol{P}(t)\boldsymbol{x}(t)$$

最优性能指标为

$$J^*=\frac{1}{2}\boldsymbol{x}^{\mathrm{T}}(t_0)\boldsymbol{P}(t_0)\boldsymbol{x}(t_0)$$

式中，$\boldsymbol{P}(t)\in\boldsymbol{R}^{n\times n}$ 为对称非负定矩阵，满足下列黎卡提矩阵微分方程

$$-\dot{\boldsymbol{P}}(t)=\boldsymbol{P}(t)\boldsymbol{A}(t)+\boldsymbol{A}^{\mathrm{T}}(t)\boldsymbol{P}(t)-\boldsymbol{P}(t)\boldsymbol{B}(t)\boldsymbol{R}^{-1}(t)\boldsymbol{B}^{\mathrm{T}}(t)\boldsymbol{P}(t)+\boldsymbol{C}^{\mathrm{T}}(t)\boldsymbol{Q}(t)\boldsymbol{C}(t)$$

其终端边界条件为

$$\boldsymbol{P}(t_{\mathrm{f}})=\boldsymbol{C}^{\mathrm{T}}(t_{\mathrm{f}})\boldsymbol{S}\boldsymbol{C}(t_{\mathrm{f}})$$

而最优轨线 $\boldsymbol{x}^*(t)$ 满足下列线性向量微分方程

$$\dot{\boldsymbol{x}}(t)=[\boldsymbol{A}(t)-\boldsymbol{B}(t)\boldsymbol{R}^{-1}(t)\boldsymbol{B}^{\mathrm{T}}(t)\boldsymbol{P}]\boldsymbol{x}(t),\ \boldsymbol{x}(t_0)=\boldsymbol{x}_0$$

证明　将输出方程 $\boldsymbol{y}(t)=\boldsymbol{C}(t)\boldsymbol{x}(t)$ 代入性能指标式(6.143)，可得

$$J=\frac{1}{2}\boldsymbol{x}^{\mathrm{T}}(t_{\mathrm{f}})\boldsymbol{S}_1\boldsymbol{x}(t_{\mathrm{f}})+\frac{1}{2}\int_{t_0}^{t_{\mathrm{f}}}[\boldsymbol{x}^{\mathrm{T}}(t)\boldsymbol{Q}_1(t)\boldsymbol{x}(t)+\boldsymbol{u}^{\mathrm{T}}(t)\boldsymbol{R}(t)\boldsymbol{u}(t)]\mathrm{d}t$$

其中，$\boldsymbol{S}_1=\boldsymbol{C}^{\mathrm{T}}(t_{\mathrm{f}})\boldsymbol{S}\boldsymbol{C}(t_{\mathrm{f}})$，$\boldsymbol{Q}_1(t)=\boldsymbol{C}^{\mathrm{T}}(t)\boldsymbol{Q}(t)\boldsymbol{C}(t)$。

因为

$$\boldsymbol{S}=\boldsymbol{S}^{\mathrm{T}}\geqslant\boldsymbol{0},\ \boldsymbol{Q}(t)=\boldsymbol{Q}^{\mathrm{T}}(t)\geqslant\boldsymbol{0}$$

故有二次型函数 $\boldsymbol{S}_1=\boldsymbol{S}_1^{\mathrm{T}}\geqslant\boldsymbol{0}$，$\boldsymbol{Q}_1(t)=\boldsymbol{Q}_1^{\mathrm{T}}(t)\geqslant\boldsymbol{0}$，而 $\boldsymbol{R}(t)=\boldsymbol{R}^{\mathrm{T}}(t)>\boldsymbol{0}$ 不变，于是由有限时间状态调节器中的定理 6.12 知，本定理的全部结论成立。

对于上述分析，可得如下结论：

(1) 比较定理 6.12 与定理 6.14 可见，有限时间输出调节器的最优解与有限时间状态调节器的最优解，具有相同的最优控制与最优性能指标表达式，仅在黎卡提方程及其边界条件的形式上有微小的差别。

(2) 最优输出调节器的最优控制函数，并不是输出量 $\boldsymbol{y}(t)$的线性函数，而仍然是状态向量 $\boldsymbol{x}(t)$的线性函数，表明构成最优控制系统，需要全部状态信息反馈。

2) 无限时间输出调节器

如果终端时刻 $t_f\to\infty$，系统及性能指标中的各矩阵为常值矩阵时，则可以得到定常的状态反馈控制律，这样的最优输出调节器称为无限时间输出调节器。

定理 6.15 设完全能控和完全能观测的线性定常系统的状态空间表达式如式(6.121)所示，性能指标为

$$J=\frac{1}{2}\int_0^{\infty}[\boldsymbol{y}^{\mathrm{T}}(t)\boldsymbol{Q}\boldsymbol{y}(t)+\boldsymbol{u}^{\mathrm{T}}(t)\boldsymbol{R}\boldsymbol{u}(t)]\mathrm{d}t \tag{6.144}$$

式中，$\boldsymbol{Q}(t)\in\mathbf{R}^{m\times m}$为正半定对称常值矩阵；$\boldsymbol{R}(t)\in\mathbf{R}^{r\times r}$为正定对称常值矩阵。则存在使性能指标式(6.144)极小的唯一最优控制为

$$\boldsymbol{u}^*(t)=-\boldsymbol{R}^{-1}\boldsymbol{B}^{\mathrm{T}}\boldsymbol{P}\boldsymbol{x}(t)$$

最优性能指标为

$$J^*=\frac{1}{2}\boldsymbol{x}^{\mathrm{T}}(0)\boldsymbol{P}\boldsymbol{x}(0) \tag{6.145}$$

式中，$\boldsymbol{P}(t)\in\mathbf{R}^{n\times n}$是对称正定常值矩阵，满足下列黎卡提矩阵代数方程

$$\boldsymbol{PA}+\boldsymbol{A}^{\mathrm{T}}\boldsymbol{P}-\boldsymbol{PBR}^{-1}\boldsymbol{B}^{\mathrm{T}}\boldsymbol{P}+\boldsymbol{C}^{\mathrm{T}}\boldsymbol{QC}=\boldsymbol{0}$$

最优轨线 $\boldsymbol{x}^*(t)$满足下列线性向量微分方程

$$\dot{\boldsymbol{x}}(t)=(\boldsymbol{A}-\boldsymbol{BR}^{-1}\boldsymbol{B}^{\mathrm{T}}\boldsymbol{P})\boldsymbol{x}(t),\ \boldsymbol{x}(0)=\boldsymbol{x}_0$$

证明 将输出方程 $\boldsymbol{y}(t)=\boldsymbol{Cx}(t)$代入性能指标式(6.144)，可得

$$J=\frac{1}{2}\int_0^{\infty}[\boldsymbol{x}^{\mathrm{T}}(t)\boldsymbol{Q}_1\boldsymbol{x}(t)+\boldsymbol{u}^{\mathrm{T}}(t)\boldsymbol{R}\boldsymbol{u}(t)]\mathrm{d}t$$

式中，$\boldsymbol{Q}_1=\boldsymbol{C}^{\mathrm{T}}\boldsymbol{QC}$。

因 $\boldsymbol{Q}=\boldsymbol{Q}^{\mathrm{T}}\geqslant 0$，必有 $\boldsymbol{Q}_1=\boldsymbol{Q}_1^{\mathrm{T}}\geqslant 0$，而 $\boldsymbol{R}=\boldsymbol{R}^{\mathrm{T}}>\boldsymbol{0}$ 仍然成立，于是由无限时间状态调节器的定理 6.13 知，本定理的全部结论成立。

【例 6-15】 设系统状态空间表达式为

$$\dot{\boldsymbol{x}}(t)=\begin{bmatrix}0 & 1\\0 & 0\end{bmatrix}\boldsymbol{x}(t)+\begin{bmatrix}0\\1\end{bmatrix}u(t)$$

$$y(t)=x_1(t)$$

性能指标为

$$J=\frac{1}{4}\int_0^{\infty}[y(t)+u^2(t)]\mathrm{d}t$$

试构造输出调节器，使性能指标为极小。

解 由题意知

$$\boldsymbol{A}=\begin{bmatrix}0 & 1\\0 & 0\end{bmatrix},\ \boldsymbol{B}=\begin{bmatrix}0\\1\end{bmatrix},\ \boldsymbol{C}=[0\quad 1],\ \boldsymbol{Q}=1,\ \boldsymbol{R}=1$$

因为

$$\mathrm{rank}[\boldsymbol{B}\quad \boldsymbol{AB}]=\mathrm{rank}\begin{bmatrix}0 & 1\\1 & 0\end{bmatrix}=2,\quad \mathrm{rank}\begin{bmatrix}\boldsymbol{C}\\ \boldsymbol{CA}\end{bmatrix}=\mathrm{rank}\begin{bmatrix}1 & 0\\0 & 1\end{bmatrix}=2$$

系统完全能控且能观测，故无限时间定常输出调节器的最优控制 $\boldsymbol{u}^*(t)$存在。

令 $\boldsymbol{P}=\begin{bmatrix}p_{11} & p_{12}\\p_{21} & p_{22}\end{bmatrix}$，由黎卡提方程

$$\boldsymbol{PA}+\boldsymbol{A}^{\mathrm{T}}\boldsymbol{P}-\boldsymbol{PBR}^{-1}\boldsymbol{B}^{\mathrm{T}}\boldsymbol{P}+\boldsymbol{C}^{\mathrm{T}}\boldsymbol{QC}=\boldsymbol{0}$$

得

$$\boldsymbol{P}=\begin{bmatrix}\sqrt{2} & 1\\1 & \sqrt{2}\end{bmatrix}>0$$

最优控制 $\boldsymbol{u}^*(t)$为

$$\boldsymbol{u}^*(t)=-\boldsymbol{R}^{-1}\boldsymbol{B}^{\mathrm{T}}\boldsymbol{Px}(t)=-x_1(t)-\sqrt{2}x_2(t)=-y(t)-\sqrt{2}\dot{y}(t)$$

闭环控制系统的状态方程为

$$\dot{\boldsymbol{x}}(t)=(\boldsymbol{A}-\boldsymbol{BR}^{-1}\boldsymbol{B}^{\mathrm{T}}\boldsymbol{P})\boldsymbol{x}(t)=\begin{bmatrix}0 & 1\\-1 & -\sqrt{2}\end{bmatrix}\boldsymbol{x}(t)=\bar{\boldsymbol{A}}\boldsymbol{x}(t)$$

得闭环控制系统特征值为 $\lambda_{1,2}=-\frac{\sqrt{2}}{2}\pm \mathrm{j}\sqrt{2}$，故闭环控制系统渐近稳定。

6.8.4　输出跟踪器

对线性时变系统，当 $\boldsymbol{C}(t)\neq\boldsymbol{I}$，$\boldsymbol{y}_{\mathrm{d}}(t)\neq\boldsymbol{0}$时线性二次型最优控制问题归结为：当理想输出向量 $\boldsymbol{y}_{\mathrm{d}}(t)$作用于系统时，要求系统产生一控制向量，使系统实际输出 $\boldsymbol{y}(t)$始终跟踪 $\boldsymbol{y}_{\mathrm{d}}(t)$的变化，并使性能指标式(6.122)极小。这一类线性二次型最优控制问题称为输出跟踪器问题。

1）有限时间输出跟踪器

如果系统是线性时变的，终端时刻 t_{f} 是有限的，则称为有限时间输出跟踪器。

定理 6.16　设线性时变系统的状态空间表达式如式(6.121)所示，性能指标为

$$J=\frac{1}{2}\boldsymbol{e}^{\mathrm{T}}(t_{\mathrm{f}})\boldsymbol{Se}(t_{\mathrm{f}})+\frac{1}{2}\int_{t_0}^{t_{\mathrm{f}}}[\boldsymbol{e}^{\mathrm{T}}(t)\boldsymbol{Q}(t)\boldsymbol{e}(t)+\boldsymbol{u}^{\mathrm{T}}(t)\boldsymbol{R}(t)\boldsymbol{u}(t)]\mathrm{d}t \tag{6.146}$$

式中，$\boldsymbol{S}\in\mathbf{R}^{m\times m}$是半正定常值矩阵；$\boldsymbol{Q}(t)\in\mathbf{R}^{m\times m}$是半正定对称矩阵；$\boldsymbol{R}(t)\in\mathbf{R}^{r\times r}$是正定对称矩阵。$\boldsymbol{Q}(t)$、$\boldsymbol{R}(t)$各元在$[t_0,t_{\mathrm{f}}]$上连续有界，$t_{\mathrm{f}}$ 固定。使性能指标式(6.146)为极小的最优解如下：

(1) 最优控制。

$$\boldsymbol{u}^*(t)=-\boldsymbol{R}^{-1}(t)\boldsymbol{B}^{\mathrm{T}}(t)[\boldsymbol{P}(t)\boldsymbol{x}(t)-\boldsymbol{\xi}(t)]$$

式中，$\boldsymbol{P}(t)\in\mathbf{R}^{n\times n}$是非负定实对称矩阵，满足如下黎卡提矩阵微分方程

$$-\dot{\boldsymbol{P}}(t)=\boldsymbol{P}(t)\boldsymbol{A}(t)+\boldsymbol{A}^{\mathrm{T}}(t)\boldsymbol{P}(t)-\boldsymbol{P}(t)\boldsymbol{B}(t)\boldsymbol{R}^{-1}(t)\boldsymbol{B}^{\mathrm{T}}(t)\boldsymbol{P}(t)+\boldsymbol{C}^{\mathrm{T}}(t)\boldsymbol{Q}(t)\boldsymbol{C}(t)$$

及终端边界条件

$$\boldsymbol{P}(t_{\mathrm{f}})=\boldsymbol{C}^{\mathrm{T}}(t_{\mathrm{f}})\boldsymbol{SC}(t_{\mathrm{f}})$$

式中，$\boldsymbol{\xi}(t)$是 n 维伴随向量，满足如下向量微分方程

$$-\dot{\boldsymbol{\xi}}(t)=[\boldsymbol{A}(t)-\boldsymbol{B}(t)\boldsymbol{R}^{-1}(t)\boldsymbol{B}^{\mathrm{T}}(t)\boldsymbol{P}(t)]^{\mathrm{T}}\boldsymbol{\xi}(t)+\boldsymbol{C}^{\mathrm{T}}(t)\boldsymbol{Q}(t)\boldsymbol{y}_{\mathrm{d}}(t) \tag{6.147}$$

及终端边界条件

$$\boldsymbol{\xi}(t_{\mathrm{f}})=\boldsymbol{C}^{\mathrm{T}}(t_{\mathrm{f}})\boldsymbol{S}\boldsymbol{y}_{\mathrm{d}}(t_{\mathrm{f}})$$

（2）最优性能指标。

$$J^{*}=\frac{1}{2}\boldsymbol{x}^{\mathrm{T}}(t_0)\boldsymbol{P}\boldsymbol{x}(t_0)-\boldsymbol{\xi}^{\mathrm{T}}(t_0)\boldsymbol{x}(t_0)+\varphi(t_0)$$

其中，函数 $\varphi(t)$满足下列微分方程

$$\dot{\varphi}(t)=-\frac{1}{2}\boldsymbol{y}_{\mathrm{d}}^{\mathrm{T}}(t)\boldsymbol{Q}(t)\boldsymbol{y}_{\mathrm{d}}(t)\varphi(t)-\boldsymbol{\xi}^{\mathrm{T}}(t)\boldsymbol{B}(t)\boldsymbol{R}^{-1}(t)\boldsymbol{B}^{\mathrm{T}}(t)\boldsymbol{\xi}(t)$$

及边界条件

$$\varphi(t_{\mathrm{f}})=\boldsymbol{y}_{\mathrm{d}}^{\mathrm{T}}(t_{\mathrm{f}})\boldsymbol{S}\boldsymbol{y}_{\mathrm{d}}(t_{\mathrm{f}})$$

（3）最优轨线。

最优跟踪闭环控制系统方程

$$\dot{\boldsymbol{x}}(t)=[\boldsymbol{A}(t)-\boldsymbol{B}(t)\boldsymbol{R}^{-1}(t)\boldsymbol{B}^{\mathrm{T}}(t)\boldsymbol{P}(t)]\boldsymbol{x}(t)+\boldsymbol{B}(t)\boldsymbol{R}^{-1}(t)\boldsymbol{B}^{\mathrm{T}}(t)\boldsymbol{\xi}(t)$$

在初始条件 $\boldsymbol{x}(t_0)=\boldsymbol{x}_0$ 下的解，为最优曲线 $\boldsymbol{x}^{*}(t)$。

对上述定理的结论，做如下几点说明：

（1）定理 6.14 和定理 6.16 中的黎卡提方程和边界条件完全相同，表明最优输出跟踪器与最优输出调节器具有相同的反馈结构，而与理想输出 $\boldsymbol{y}_{\mathrm{d}}(t)$无关。

（2）定理 6.14 和定理 6.16 中的最优输出跟踪器闭环控制系统和最优输出调节器闭环控制系统的特征值完全相等，二者的区别仅在于跟踪器中多了一个与伴随向量 $\boldsymbol{\xi}(t)$有关的输入项，形成了跟踪器中的前馈控制项。

（3）由定理 6.16 中伴随方程式(6.147)可见，求解伴随向量 $\boldsymbol{\xi}(t)$需要理想输出 $\boldsymbol{y}_{\mathrm{d}}(t)$的全部信息，从而使输出跟踪器最优控制 $\boldsymbol{u}^{*}(t)$的现在值与理想输出 $\boldsymbol{y}_{\mathrm{d}}(t)$的将来值有关。在许多工程实际问题中，这往往是做不到的。为了便于设计输出跟踪器，往往假定理性输出 $\boldsymbol{y}_{\mathrm{d}}(t)$一般为典型外作用函数，例如单位阶跃、单位斜坡或单位加速度函数等。

2）无限时间输出跟踪器

如果终端时刻 $t_{\mathrm{f}}\to\infty$，系统及性能指标中的各矩阵均为常值矩阵，这样的输出跟踪器称为无限时间输出跟踪器。

对于这类问题，目前还没有严格的一般性求解方法。当理想输出值为常值向量时，有如下工程上可以应用的近似结果。

定理 6.17 设完全能控和完全能观测的线性定常系统的状态空间表达式如式(6.121)所示，性能指标为

$$J=\frac{1}{2}\int_0^{\infty}[\boldsymbol{e}^{\mathrm{T}}(t)\boldsymbol{Q}\boldsymbol{e}(t)+\boldsymbol{u}^{\mathrm{T}}(t)\boldsymbol{R}\boldsymbol{u}(t)]\mathrm{d}t \tag{6.148}$$

式中，$\boldsymbol{Q}(t)\in\mathbf{R}^{m\times m}$是半正定的对称常值矩阵；$\boldsymbol{R}(t)\in\mathbf{R}^{r\times r}$为正定对称常值矩阵。

使性能指标式(6.148)极小的近似最优控制为

$$\boldsymbol{u}^{*}(t)=-\boldsymbol{R}^{-1}\boldsymbol{B}^{\mathrm{T}}\boldsymbol{P}\boldsymbol{x}(t)+\boldsymbol{R}^{-1}\boldsymbol{B}^{\mathrm{T}}\boldsymbol{\xi}$$

其中，$\boldsymbol{P}\in\mathbf{R}^{n\times n}$为对称正定常值矩阵，满足下列黎卡提矩阵代数方程

$$\boldsymbol{P}\boldsymbol{A}+\boldsymbol{A}^{\mathrm{T}}\boldsymbol{P}-\boldsymbol{P}\boldsymbol{B}\boldsymbol{R}^{-1}\boldsymbol{B}^{\mathrm{T}}\boldsymbol{P}+\boldsymbol{C}^{\mathrm{T}}\boldsymbol{Q}\boldsymbol{C}=\boldsymbol{0}$$

常值伴随向量为

$$\boldsymbol{\xi}=[\boldsymbol{P}\boldsymbol{B}\boldsymbol{R}^{-1}\boldsymbol{B}^{\mathrm{T}}-\boldsymbol{A}^{\mathrm{T}}]^{-1}\boldsymbol{C}^{\mathrm{T}}\boldsymbol{Q}\boldsymbol{y}_{\mathrm{d}}$$

闭环控制系统方程

$$\dot{\boldsymbol{x}}(t)=(\boldsymbol{A}-\boldsymbol{B}\boldsymbol{R}^{-1}\boldsymbol{B}^{\mathrm{T}}\boldsymbol{P})\boldsymbol{x}(t)+\boldsymbol{B}\boldsymbol{R}^{-1}\boldsymbol{B}^{\mathrm{T}}\boldsymbol{\xi}$$

及初始状态 $\boldsymbol{x}(0)=\boldsymbol{x}_0$ 的解，为近似最优曲线 $\boldsymbol{x}^*(t)$。

【例 6-16】 轮船操纵系统从激励信号 $u(t)$到实际航向 $y(t)$的传递函数为 $4/s^2$，理想输出为 $y_{\mathrm{d}}(t)=1(t)$。试设计最优激励信号 $u^*(t)$，使性能指标

$$J=\int_0^{\infty}\{[y_{\mathrm{d}}(t)-y(t)]^2+u^2(t)\}\mathrm{d}t$$

极小。

解　(1) 系统的传递函数为

$$G(s)=\frac{Y(s)}{U(s)}=\frac{4}{s^2}$$

建立状态空间模型，可得

$$\dot{x}_1(t)=x_2(t)$$

$$\dot{x}_2(t)=4u(t),\ y(t)=x_1(t)$$

则

$$\boldsymbol{A}=\begin{bmatrix}0&1\\0&0\end{bmatrix},\ \boldsymbol{B}=\begin{bmatrix}0\\4\end{bmatrix},\ \boldsymbol{C}=[1\quad 0]$$

(2) 检验系统的能控性和能观测性。

因为

$$\mathrm{rank}[\boldsymbol{B}\quad \boldsymbol{A}\boldsymbol{B}]=\mathrm{rank}\begin{bmatrix}0&4\\4&0\end{bmatrix}=2,\quad \mathrm{rank}\begin{bmatrix}\boldsymbol{C}\\\boldsymbol{C}\boldsymbol{A}\end{bmatrix}=\mathrm{rank}\begin{bmatrix}1&0\\0&1\end{bmatrix}=2$$

系统完全能控、能观测，故无限时间输出跟踪器的最优控制 $u^*(t)$存在。

(3) 解黎卡提方程。

令 $\boldsymbol{P}=\begin{bmatrix}p_{11}&p_{12}\\p_{21}&p_{22}\end{bmatrix}$，由黎卡提方程

$$\boldsymbol{P}\boldsymbol{A}+\boldsymbol{A}^{\mathrm{T}}\boldsymbol{P}-\boldsymbol{P}\boldsymbol{B}\boldsymbol{R}^{-1}\boldsymbol{B}^{\mathrm{T}}\boldsymbol{P}+\boldsymbol{C}^{\mathrm{T}}\boldsymbol{Q}\boldsymbol{C}=\boldsymbol{0}$$

得代数方程组

$$\begin{cases}-8p_{12}^2+2=0\\p_{11}-8p_{12}p_{22}=0\\2p_{12}-8p_{22}^2=0\end{cases}$$

联立求解，得

$$\boldsymbol{P}=\begin{bmatrix}\sqrt{2}&\frac{1}{2}\\\frac{1}{2}&\frac{\sqrt{2}}{4}\end{bmatrix}>0$$

(4) 求常值伴随向量。

$$\boldsymbol{\xi}=[\boldsymbol{P}\boldsymbol{B}\boldsymbol{R}^{-1}\boldsymbol{B}^{\mathrm{T}}-\boldsymbol{A}^{\mathrm{T}}]^{-1}\boldsymbol{C}^{\mathrm{T}}\boldsymbol{Q}\boldsymbol{y}_{\mathrm{d}}=\begin{bmatrix}\sqrt{2}\\\frac{1}{2}\end{bmatrix}$$

(5) 确定最优控制 $\boldsymbol{u}^*(t)$。

$$\begin{aligned}\boldsymbol{u}^*(t)&=-\boldsymbol{R}^{-1}\boldsymbol{B}^{\mathrm{T}}\boldsymbol{P}\boldsymbol{x}(t)+\boldsymbol{R}^{-1}\boldsymbol{B}^{\mathrm{T}}\boldsymbol{\xi}\\&=-x_1(t)-\frac{\sqrt{2}}{2}x_2(t)+1=-y(t)-\frac{\sqrt{2}}{2}\dot{y}(t)+1\end{aligned}$$

(6) 检验闭环控制系统的稳定性。

闭环控制系统的状态空间方程为

$$\dot{\boldsymbol{x}}(t)=(\boldsymbol{A}-\boldsymbol{B}\boldsymbol{R}^{-1}\boldsymbol{B}^{\mathrm{T}}\boldsymbol{P})\boldsymbol{x}(t)+\boldsymbol{B}\boldsymbol{R}^{-1}\boldsymbol{B}^{\mathrm{T}}\boldsymbol{\xi}$$

系统矩阵为

$$\bar{\boldsymbol{A}}=(\boldsymbol{A}-\boldsymbol{B}\boldsymbol{R}^{-1}\boldsymbol{B}^{\mathrm{T}}\boldsymbol{P})=\begin{bmatrix}0 & 1\\-4 & -2\sqrt{2}\end{bmatrix}$$

根据特征方程

$$\det(\lambda\boldsymbol{I}-\bar{\boldsymbol{A}})=\lambda^2+2\sqrt{2}\lambda+4=0$$

得特征值为 $\lambda_{1,2}=-\sqrt{2}\pm \mathrm{j}\sqrt{2}$，故闭环控制系统渐近稳定。

另外，有 $\boldsymbol{C}^{\mathrm{T}}\boldsymbol{Q}\boldsymbol{C}$ 半正定，且 $(\boldsymbol{A},\ \boldsymbol{Q}^{1/2})$，即 $(\boldsymbol{A},\ \boldsymbol{C})$ 能观测，故保证闭环控制系统渐近稳定。

6.9 状态观测器

状态反馈是改善系统性能的重要方法，在系统综合中充分显示出其优越性。无论是系统的极点配置、镇定、解耦、无静差跟踪或最优控制等，都有赖于引入适当的状态反馈才能得以实现。然而，或由于不易直接测量甚至根本无法检测、或由于测量设备在经济性或使用性上的限制，工程实际中获得系统的全部状态变量难以实现，从而使得状态反馈的物理实现遇到困难。解决这一困难的途径就是状态观测或者状态重构。龙伯格(Luenberger)提出的状态观测器理论解决了确定性条件下系统的状态重构问题，从而使状态反馈成为一种可实现的控制律。

6.9.1 状态观测器定义

定义 6.5 设线性定常系统 $\Sigma_0=(\boldsymbol{A},\ \boldsymbol{B},\ \boldsymbol{C})$ 的状态向量 $\boldsymbol{x}$ 不能直接检测。如果动态系统 $\hat{\Sigma}$ 以 Σ_0 的输入 $\boldsymbol{u}$ 和输出 $\boldsymbol{y}$ 作为其输入量，能产生一组输出量 $\hat{\boldsymbol{x}}$ 渐近于 x，即 $\lim\limits_{t\to\infty}|\boldsymbol{x}-\hat{\boldsymbol{x}}|=0$，则称 $\hat{\Sigma}$ 为 Σ_0 的一个状态观测器。

定理 6.18 若线性定常系统 $\Sigma_0=(\boldsymbol{A},\ \boldsymbol{B},\ \boldsymbol{C})$ 完全能观，则其状态向量 $\boldsymbol{x}$ 可由输入 $\boldsymbol{u}$ 和输出 $\boldsymbol{y}$ 进行重构。

证明 线性定常系统 $\Sigma_0=(\boldsymbol{A},\ \boldsymbol{B},\ \boldsymbol{C})$ 的状态空间表达式为

$$\begin{cases}\dot{\boldsymbol{x}}=\boldsymbol{A}\boldsymbol{x}+\boldsymbol{B}\boldsymbol{u}\\\boldsymbol{y}=\boldsymbol{C}\boldsymbol{x}\end{cases}\tag{6.149}$$

将式(6.149)的输出方程对 t 逐次求导，代入状态方程并整理可得

$$\begin{cases} y=Cx \\ \dot{y}=C\dot{x}=CAx+CBu \\ \ddot{y}=CA\dot{x}+CB\dot{u}=CA^2x+CABu+CB\dot{u} \\ \vdots \\ y^{(n-1)}=CA^{(n-1)}x+CBu^{(n-2)}+CABu^{(n-3)}+\cdots+CA^{(n-2)}Bu \end{cases}$$

将各式等号左边减去右边的控制输入项并用向量 z 表示，则有

$$z=\begin{bmatrix} z_1 \\ z_2 \\ \vdots \\ z_n \end{bmatrix}=\begin{bmatrix} y \\ \dot{y}-CBu \\ \vdots \\ y^{(n-1)}-CBu^{(n-2)}-\cdots-CA^{(n-2)}Bu \end{bmatrix}=\begin{bmatrix} C \\ CA \\ \vdots \\ CA^{n-1} \end{bmatrix}x=Q_c x \tag{6.150}$$

若系统完全能观，$\text{rank}\, Q_c=n$，式(6.150)有唯一解，为

$$x=(Q_c^T Q_c)^{-1}Q_c^T z \tag{6.151}$$

因此，只有当系统是完全能观测时，状态向量 x 才能由原系统的输入 u 和输出 y 以及它们各阶导数的线性组合构造出来。定理得证。

根据式(6.151)变换后可得到状态向量 x，其结构如图 6－26 所示。向量 z 采用纯微分求取 u 和 y 的各阶导数，进而组合可得状态向量 x。但这些微分器将大大加剧测量噪声对于状态估计值的影响，所以实际的观测器不采用这种方法构造。

为避免使用微分器，状态观测器的重构就是利用可直接测量的 u、y 以及 A、B、C，构造一个结构与原系统结构相同的系统，确定状态向量 x 的估计值 $\hat{x}$。

一个很直观的方法是构造一个结构和参数与原系统完全相同的系统，如图 6－27 所示。

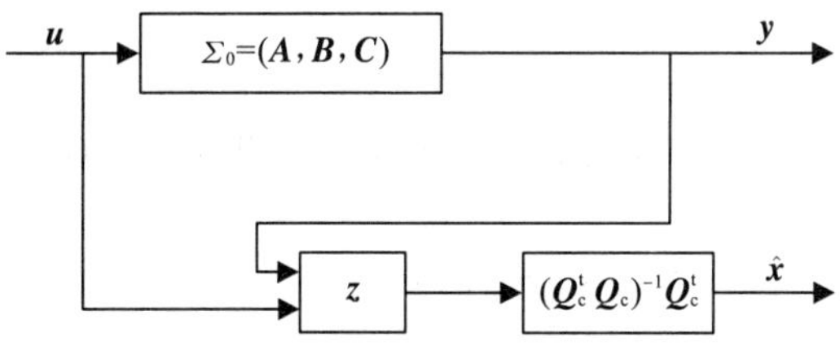

图 6－26　利用 u 和 y 重构状态向量 x

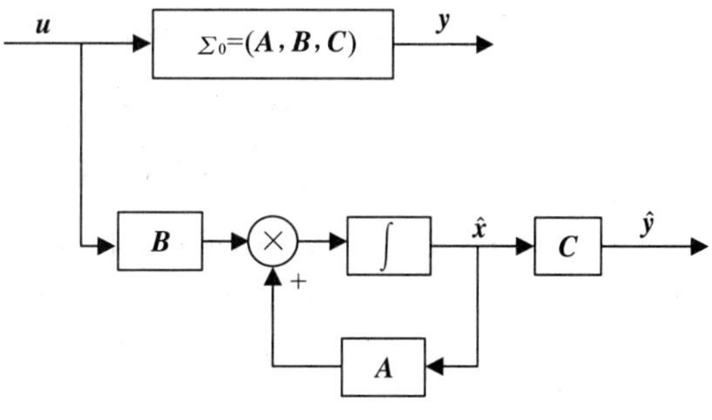

图 6－27　开环观测器的结构图

图 6－27 中估计系统的状态空间表达式为

$$\begin{cases} \dot{\hat{x}}=A\hat{x}+Bu \\ \hat{y}=C\hat{x} \end{cases} \tag{6.152}$$

式(6.152)称为开环观测器，可以直接估计状态向量 x 的观测值 $\hat{x}$。比较式(6.149)和式(6.152)可得

$$\dot{x}-\dot{\hat{x}}=A(x-\hat{x})$$

其解为

$$\boldsymbol{x}-\hat{\boldsymbol{x}}=\mathrm{e}^{\boldsymbol{A}t}[\boldsymbol{x}(0)-\hat{\boldsymbol{x}}(0)]$$

开环观测器只有当状态观测器的初始状态与系统初始状态完全相同时，观测器的输出 $\hat{\boldsymbol{x}}$ 才严格等于系统的实际状态 $\boldsymbol{x}$。否则，二者相差可能很大。但要严格保持系统的初态与观测器初态完全一致，在工程实际上是不可能的。此外，干扰和系统参数变化的不一致性也将加大它们之间的差别，所以这种开环观测器是没有实用意义的。

如果利用输出信息对状态误差进行校正，便可构成渐近稳定的状态观测器，其原理结构如图 6-28 所示。它与开环观测器的差别在于增加了反馈校正通道。当观测器的状态 $\hat{\boldsymbol{x}}$ 与系统实际状态 $\boldsymbol{x}$ 不相等时，反映到它们的输出 $\hat{\boldsymbol{y}}$ 与 $\boldsymbol{y}$ 也不相等，于是产生误差信号 $\boldsymbol{y}-\hat{\boldsymbol{y}}=\boldsymbol{y}-\boldsymbol{C}\hat{\boldsymbol{x}}$，经反馈矩阵$\boldsymbol{G}_{n\times m}$反馈送到观测器每个积分器的输入端，参与调整观测器的状态 $\hat{\boldsymbol{x}}$，使其以一定的精度和速度趋近于系统的真实状态 $\boldsymbol{x}$。

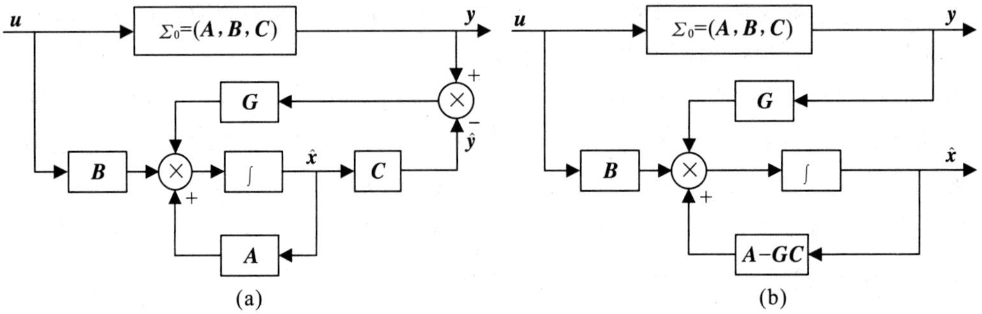

图 6-28　渐近稳定的状态观测器结构图

根据图 6-28 可得状态观测器的状态空间表达式为

$$\begin{aligned}\dot{\hat{\boldsymbol{x}}}&=\boldsymbol{A}\hat{\boldsymbol{x}}+\boldsymbol{B}\boldsymbol{u}+\boldsymbol{G}(\boldsymbol{y}-\hat{\boldsymbol{y}})=\boldsymbol{A}\hat{\boldsymbol{x}}+\boldsymbol{B}\boldsymbol{u}+\boldsymbol{G}\boldsymbol{y}-\boldsymbol{G}\boldsymbol{C}\hat{\boldsymbol{x}}\\&=(\boldsymbol{A}-\boldsymbol{G}\boldsymbol{C})\hat{\boldsymbol{x}}+\boldsymbol{G}\boldsymbol{y}+\boldsymbol{B}\boldsymbol{u}\end{aligned}\tag{6.153}$$

其中，$\hat{\boldsymbol{x}}$ 为状态观测器的状态向量，是状态 $\boldsymbol{x}$ 的估计值；$\hat{\boldsymbol{y}}$ 为状态观测器的输出矢量；$\boldsymbol{G}$ 为状态观测器的输出误差反馈矩阵。

由式(6.153)可知，状态观测器是将原系统的控制作用 $\boldsymbol{u}$ 和输出 $\boldsymbol{y}$ 作为输入，它的一个输出就是状态估计值 $\hat{\boldsymbol{x}}$。

6.9.2　状态观测器存在条件

定理 6.19　对线性定常系统 $\Sigma_0=(\boldsymbol{A},\boldsymbol{B},\boldsymbol{C})$，状态观测器存在的充要条件是 Σ_0 的不能观子系统为渐近稳定。

证明　(1) 假设系统 $\Sigma_0=(\boldsymbol{A},\boldsymbol{B},\boldsymbol{C})$不完全能观，按能观性分解。这里不妨设 Σ_0 已具有能观性分解形式，即

$$\boldsymbol{x}=\begin{bmatrix}\boldsymbol{x}_o\\\boldsymbol{x}_{\bar{o}}\end{bmatrix},\ \boldsymbol{A}=\begin{bmatrix}\boldsymbol{A}_{11}&\boldsymbol{0}\\\boldsymbol{A}_{21}&\boldsymbol{A}_{22}\end{bmatrix},\ \boldsymbol{B}=\begin{bmatrix}\boldsymbol{B}_1\\\boldsymbol{B}_2\end{bmatrix},\ \boldsymbol{C}=[\boldsymbol{C}_1\quad\boldsymbol{0}]$$

式中，$\Sigma_1=(\boldsymbol{A}_{11},\boldsymbol{B}_1,\boldsymbol{C}_1)$为能观子系统；$\Sigma_2=(\boldsymbol{A}_{22},\boldsymbol{B}_2,\boldsymbol{0})$为不能观子系统。

(2) 构造状态观测器。设 $\hat{\boldsymbol{x}}=[\hat{\boldsymbol{x}}_o,\hat{\boldsymbol{x}}_{\bar{o}}]^T$ 为状态 $\boldsymbol{x}$ 的估计值，$\boldsymbol{G}=[\boldsymbol{G}_1,\boldsymbol{G}_2]^T$ 为调节 $\hat{\boldsymbol{x}}$ 渐近于 $\boldsymbol{x}$ 速度的反馈增益矩阵。于是得观测器方程为

$$\dot{\hat{\boldsymbol{x}}}=\boldsymbol{A}\hat{\boldsymbol{x}}+\boldsymbol{B}\boldsymbol{u}+\boldsymbol{G}(\boldsymbol{y}-\hat{\boldsymbol{y}}) \tag{6.154}$$

或

$$\dot{\hat{\boldsymbol{x}}}=(\boldsymbol{A}-\boldsymbol{G}\boldsymbol{C})\hat{\boldsymbol{x}}+\boldsymbol{G}\boldsymbol{y}+\boldsymbol{B}\boldsymbol{u} \tag{6.155}$$

定义误差矢量为 $\tilde{\boldsymbol{x}}=\boldsymbol{x}-\hat{\boldsymbol{x}}$，可导出状态误差方程，即

$$\begin{aligned}\dot{\tilde{\boldsymbol{x}}}=\dot{\boldsymbol{x}}-\dot{\hat{\boldsymbol{x}}}&=\begin{bmatrix}\dot{\boldsymbol{x}}_o-\dot{\hat{\boldsymbol{x}}}_o\\ \dot{\boldsymbol{x}}_{\bar{o}}-\dot{\hat{\boldsymbol{x}}}_{\bar{o}}\end{bmatrix}\\
&=\begin{bmatrix}\boldsymbol{A}_{11}\boldsymbol{x}_o+\boldsymbol{B}_1\boldsymbol{u}\\ \boldsymbol{A}_{21}\boldsymbol{x}_o+\boldsymbol{A}_{22}\boldsymbol{x}_{\bar{o}}+\boldsymbol{B}_2\boldsymbol{u}\end{bmatrix}-\begin{bmatrix}(\boldsymbol{A}_{11}-\boldsymbol{G}_1\boldsymbol{C}_1)\hat{\boldsymbol{x}}_o+\boldsymbol{B}_1\boldsymbol{u}+\boldsymbol{G}_1\boldsymbol{C}_1\boldsymbol{x}_o\\ (\boldsymbol{A}_{21}-\boldsymbol{G}_2\boldsymbol{C}_1)\hat{\boldsymbol{x}}_o+\boldsymbol{A}_{22}\hat{\boldsymbol{x}}_{\bar{o}}+\boldsymbol{B}_2\boldsymbol{u}+\boldsymbol{G}_2\boldsymbol{C}_1\boldsymbol{x}_o\end{bmatrix}\\
&=\begin{bmatrix}(\boldsymbol{A}_{11}-\boldsymbol{G}_1\boldsymbol{C}_1)(\boldsymbol{x}_o-\hat{\boldsymbol{x}}_o)\\ (\boldsymbol{A}_{21}-\boldsymbol{G}_2\boldsymbol{C}_1)(\boldsymbol{x}_o-\hat{\boldsymbol{x}}_o)+\boldsymbol{A}_{22}(\boldsymbol{x}_{\bar{o}}-\hat{\boldsymbol{x}}_{\bar{o}})\end{bmatrix}\end{aligned} \tag{6.156}$$

(3) 确定使 $\hat{\boldsymbol{x}}$ 渐近于 $\boldsymbol{x}$ 的条件。

由式(6.156)可得

$$\begin{cases}\dot{\boldsymbol{x}}_o-\dot{\hat{\boldsymbol{x}}}_o=(\boldsymbol{A}_{11}-\boldsymbol{G}_1\boldsymbol{C}_1)(\boldsymbol{x}_o-\hat{\boldsymbol{x}}_o)\\ \boldsymbol{x}_o-\hat{\boldsymbol{x}}_o=\mathrm{e}^{(\boldsymbol{A}_{11}-\boldsymbol{G}_1\boldsymbol{C}_1)t}[\boldsymbol{x}_o(0)-\hat{\boldsymbol{x}}_o(0)]\end{cases}$$

通过选择合适的$\boldsymbol{G}_1$，可使$(\boldsymbol{A}_{11}-\boldsymbol{G}_1\boldsymbol{C}_1)$的特征值均具有负实部，因而有

$$\lim_{t\to\infty}|\boldsymbol{x}_o-\hat{\boldsymbol{x}}_o|=0 \tag{6.157}$$

同理可得

$$\begin{cases}\dot{\boldsymbol{x}}_{\bar{o}}-\dot{\hat{\boldsymbol{x}}}_{\bar{o}}=(\boldsymbol{A}_{21}-\boldsymbol{G}_2\boldsymbol{C}_1)(\boldsymbol{x}_o-\hat{\boldsymbol{x}}_o)+\boldsymbol{A}_{22}(\boldsymbol{x}_{\bar{o}}-\hat{\boldsymbol{x}}_{\bar{o}})\\ \boldsymbol{x}_{\bar{o}}-\hat{\boldsymbol{x}}_{\bar{o}}=\mathrm{e}^{\boldsymbol{A}_{22}t}[\boldsymbol{x}_{\bar{o}}(0)-\hat{\boldsymbol{x}}_{\bar{o}}(0)]+\int_0^t\mathrm{e}^{\boldsymbol{A}_{22}(t-\tau)}(\boldsymbol{A}_{21}-\boldsymbol{G}_1\boldsymbol{C}_1)\mathrm{e}^{(\boldsymbol{A}_{11}-\boldsymbol{G}_1\boldsymbol{C}_1)\tau}[\boldsymbol{x}_o(0)-\hat{\boldsymbol{x}}_o(0)]\mathrm{d}\tau\end{cases}$$

因此仅当$\lim\limits_{t\to\infty}\mathrm{e}^{\boldsymbol{A}_{22}t}=\boldsymbol{0}$ 成立时，有

$$\lim_{t\to\infty}|\boldsymbol{x}_{\bar{o}}-\hat{\boldsymbol{x}}_{\bar{o}}|=0$$

而$\lim\limits_{t\to\infty}\mathrm{e}^{\boldsymbol{A}_{22}t}=\boldsymbol{0}$ 与$\boldsymbol{A}_{22}$的特征值均具有负实部等价。只有当受控系统的不能观子系统渐近稳定时，才能使$\lim\limits_{t\to\infty}|\boldsymbol{x}-\hat{\boldsymbol{x}}|=0$。定理得证。

6.9.3 全维观测器设计

为讨论状态估计值 $\hat{\boldsymbol{x}}$ 趋近于状态真值 x 的收敛速度，引入状态误差向量 $\tilde{\boldsymbol{x}}$，$\tilde{\boldsymbol{x}}$ 为

$$\tilde{\boldsymbol{x}}=\boldsymbol{x}-\hat{\boldsymbol{x}}$$

可得状态误差的动态方程为

$$\dot{\tilde{x}}=\dot{x}-\dot{\hat{x}}=Ax+Bu-(A-GC)\hat{x}-Gy-Bu$$
$$=Ax-(A-GC)\hat{x}-GCx$$
$$=(A-GC)(x-\hat{x}) \tag{6.158}$$

即

$$\dot{\tilde{x}}=(A-GC)\tilde{x} \tag{6.159}$$

式(6.159)的解为

$$\tilde{x}=e^{(A-GC)t}\tilde{x}(0) \quad t\geqslant 0 \tag{6.160}$$

由式(6.160)可以看出，只要选择状态观测器的系数矩阵$(A-GC)$的特征值均具有负实部，观测器就是稳定的。若$\tilde{x}(0)=\mathbf{0}$，则在$t\geqslant 0$的所有时间内，$\tilde{x}\equiv\mathbf{0}$，即状态估计值$\tilde{x}$与状态真值$x$严格相等。若$\tilde{x}(0)\neq\mathbf{0}$，二者初值不相等，但$(A-GC)$的特征值均具有负实部，$\tilde{x}$将渐近衰减到零，即过渡过程结束后状态估值$\hat{x}$和状态真值相等。这就要求通过$G$阵的选择使得$(A-GC)$阵的特征值(观测器的闭环极点)实现任意配置。

定理 6.20 若线性定常系统$\Sigma_0=(A, B, C)$，其全维状态观测器

$$\dot{\hat{x}}=(A-GC)\hat{x}+Gy+Bu \tag{6.161}$$

可任意配置极点的充分必要条件是系统$\Sigma_0=(A, B, C)$完全能观。

证明 利用对偶原理，系统$\Sigma_0=(A, B, C)$完全能观等价于$\Sigma_0'=(A^T, C^T, B^T)$完全能控。根据极点配置原理，取反馈矩阵$G^T$进行状态反馈，使$(A^T-C^T G^T)=(A-GC)^T$的极点可任意配置的充要条件是$\Sigma_0'=(A^T, C^T, B^T)$完全能控。而矩阵$(A-GC)$与其转置矩阵$(A-GC)^T$具有相同的特征值。所以，$(A-GC)$的极点可任意配置的充要条件是$\Sigma_0=(A, B, C)$完全能观。证明完毕。

应当指出，观测器极点任意配置的条件是原系统的状态必须是完全能观测的。当系统不完全能观，但其不能观子系统是渐近稳定的，则仍可构造状态观测器。但此时，$\tilde{x}$趋近于x的速度将不能由G任意选择，而要受到不能观子系统极点位置的限制。

根据前面的分析，构造状态观测器的原则有以下四点：

(1) 观测器$\hat{\Sigma}_G(A-GC, B, C)$应以$\Sigma_0=(A, B, C)$的输入$u$和输出$y$为其输入量。

(2) 为满足$\lim\limits_{t\to\infty}|x-\hat{x}|=0$，$\Sigma_0=(A, B, C)$必须是状态完全能观的，或者其不能观子系统是渐近稳定的。

(3) $\hat{\Sigma}_G(A-GC, B, C)$的输出$\hat{x}$应以足够快的速度渐近收敛于$x$，即$\hat{\Sigma}$应有足够宽的频带。

(4) $\hat{\Sigma}_G(A-GC, B, C)$在结构上应尽量简单。即应具有尽可能低的维数，以便于物理实现。

全维观测器的设计计算方法一般有两种。

方法一：根据根据观测器的特征多项式

$$f_G(\lambda)=|\lambda I-(A-GC)|$$

和期望的特征多项式

$$f_G^*(\lambda)=\prod_{i=1}^{n}(\lambda-\lambda_i^*)=\lambda^n+a_{n-1}^*\lambda^{n-1}+\cdots+a_1^*\lambda+a_0^*$$

使两个等式的右边多项式 λ 同次幂系数对应相等，得到 n 个代数方程，即可求得

$$\boldsymbol{G}=[g_1 \quad g_2 \quad \cdots \quad g_n]^{\mathrm{T}}$$

方法二：先对被观测系统进行线性非奇异变换 $\boldsymbol{z}=\boldsymbol{Px}$，再从形式上列出类似于式(6.155)的观测器方程，为

$$\dot{\boldsymbol{z}}=\boldsymbol{Fz}+\boldsymbol{Ly}+\boldsymbol{Hu} \tag{6.162}$$

其中，$\boldsymbol{F}\in\mathbf{R}^{n\times n}$，$\boldsymbol{L}\in\mathbf{R}^{n\times m}$，$\boldsymbol{H}\in\mathbf{R}^{n\times r}$ 为待定常数矩阵。对 $\boldsymbol{z}$ 进行估计，然后取反变换，即

$$\hat{\boldsymbol{x}}=\boldsymbol{P}^{-1}\boldsymbol{z} \tag{6.163}$$

得到 $\boldsymbol{x}$ 的估计值 $\hat{\boldsymbol{x}}$。

定理 6.21　线性定常系统 $\Sigma_0=(\boldsymbol{A},\boldsymbol{B},\boldsymbol{C})$，要使式(6.162)中的 $\boldsymbol{z}$ 为 $\boldsymbol{Px}$ 的估计，并由式(6.163)获得状态 $\boldsymbol{x}$ 的估计值 $\hat{\boldsymbol{x}}$，其充要条件是：

(1) $\boldsymbol{PA}-\boldsymbol{FP}=\boldsymbol{LC}$，$\boldsymbol{P}$ 为非奇异；

(2) $\boldsymbol{H}=\boldsymbol{PB}$；

(3) $\boldsymbol{F}$ 的全部特征值具有负实部。

证明　假设 $\boldsymbol{z}$ 为 $\boldsymbol{Px}$ 的估计，设估计误差为 $\tilde{\boldsymbol{x}}=\boldsymbol{z}-\boldsymbol{Px}$，于是，由式(6.162)和式(6.163)，有

$$\begin{aligned}\dot{\tilde{\boldsymbol{x}}}&=\dot{\boldsymbol{z}}-\boldsymbol{P}\dot{\boldsymbol{x}}=(\boldsymbol{Fz}+\boldsymbol{Ly}+\boldsymbol{Hu})-\boldsymbol{P}(\boldsymbol{Ax}+\boldsymbol{Bu})\\&=\boldsymbol{Fz}-\boldsymbol{FPx}+\boldsymbol{FPx}+\boldsymbol{LCx}+\boldsymbol{Hu}-\boldsymbol{PAx}-\boldsymbol{PBu}\\&=\boldsymbol{F}\tilde{\boldsymbol{x}}+(\boldsymbol{FP}+\boldsymbol{LC}-\boldsymbol{PA})\boldsymbol{x}+(\boldsymbol{H}-\boldsymbol{PB})\boldsymbol{u}\end{aligned} \tag{6.164}$$

若定理 6.21 中的三个条件均满足，则式(6.164)的后两项为零，从而式(6.164)成为零输入的齐次方程，于是对于任意的 $\boldsymbol{x}(0)$，$\boldsymbol{z}(0)$，$\boldsymbol{u}(t)$，都有

$$\lim_{t\to\infty}\tilde{\boldsymbol{x}}=\lim_{t\to\infty}\mathrm{e}^{\boldsymbol{F}t}\tilde{\boldsymbol{x}}(0)=\boldsymbol{0} \tag{6.165}$$

即 $\boldsymbol{z}\to\boldsymbol{Px}$。又因为 $\boldsymbol{P}$ 非奇异，所以有

$$\hat{\boldsymbol{x}}=\boldsymbol{P}^{-1}\boldsymbol{z}\to\boldsymbol{P}^{-1}\boldsymbol{Px}=\boldsymbol{x} \tag{6.166}$$

即 $\hat{\boldsymbol{x}}=\boldsymbol{P}^{-1}\boldsymbol{z}$ 是 $\boldsymbol{x}$ 的渐近估计值。所以，由式(6.162)和式(6.163)所表示的系统是被观测系统 $\Sigma_0=(\boldsymbol{A},\boldsymbol{B},\boldsymbol{C})$的全维状态观测器。充分性得证。

再证必要性。如果定理 6.21 的条件(3)不满足，则由式(6.162)和式(6.163)所表示的系统不是渐近稳定的。于是，随着时间的推移，有

$$\lim_{t\to\infty}\tilde{\boldsymbol{x}}=\lim_{t\to\infty}\mathrm{e}^{\boldsymbol{F}t}\tilde{\boldsymbol{x}}(0)\neq\boldsymbol{0}$$

如果定理 6.21 的条件(2)不满足，即 $\boldsymbol{H}\neq\boldsymbol{PB}$，则式(6.164)右边的第 3 项相当于观测器的输入项，于是，能找到一个 $\boldsymbol{u}(t)$，使得$\lim\limits_{t\to\infty}\tilde{\boldsymbol{x}}\neq\boldsymbol{0}$。

如果定理 6.21 的条件(1)不满足，即 $\boldsymbol{PA}-\boldsymbol{FP}\neq\boldsymbol{LC}$，则($\boldsymbol{A}$，$\boldsymbol{B}$)完全能控，则式(6.164)右边的第 2 项成为输入项，于是能找到一个 $\boldsymbol{u}(t)$，进而产生一个 $\boldsymbol{x}(t)$。同样，由式(6.164)可知，能使$\lim\limits_{t\to\infty}\tilde{\boldsymbol{x}}\neq\boldsymbol{0}$。换言之，只有定理 6.21 的 3 个条件全部满足，才能使得 $\boldsymbol{x}$ 与 $\hat{\boldsymbol{x}}$ 渐近等价。必要性得证。

【例 6-17】　已知被控系统的状态空间表达式为

$$\begin{cases}\dot{x}=\begin{bmatrix}-2 & 1\\0 & -1\end{bmatrix}x+\begin{bmatrix}0\\1\end{bmatrix}u\\ y=\begin{bmatrix}1 & 0\end{bmatrix}x\end{cases}$$

设状态变量 x_2 不可测，试设计全维状态观测器，使观测器极点为 -3，-3。

解 （1）能观性判别。因为

$$\text{rank}\,\boldsymbol{Q}_c=\text{rank}\begin{bmatrix}1 & 0\\-2 & 1\end{bmatrix}=2$$

故系统完全能观。

（2）求状态观测器。令 $\boldsymbol{G}=\begin{bmatrix}g_0\\g_1\end{bmatrix}$，得闭环特性多项式为

$$\boldsymbol{A}-\boldsymbol{G}\boldsymbol{c}=\begin{bmatrix}-2 & 1\\0 & -1\end{bmatrix}-\begin{bmatrix}g_0\\g_1\end{bmatrix}\begin{bmatrix}1 & 0\end{bmatrix}=\begin{bmatrix}-2-g_0 & 1\\-g_1 & -1\end{bmatrix}$$

$$\det[\lambda\boldsymbol{I}-(\boldsymbol{A}-\boldsymbol{G}\boldsymbol{c})]=\det\begin{bmatrix}\lambda+2+g_0 & -1\\g_1 & \lambda+1\end{bmatrix}=\lambda^2+(g_0+3)\lambda+g_0+g_1+2$$

（3）求期望特征多项式。

$$f_G^*(\lambda)=(\lambda+3)(\lambda+3)=\lambda^2+6\lambda+9$$

（4）比较系数，得

$$\boldsymbol{G}=\begin{bmatrix}3\\4\end{bmatrix}$$

$$\dot{\hat{x}}=(\boldsymbol{A}-\boldsymbol{G}\boldsymbol{c})\hat{x}+\boldsymbol{G}y+\boldsymbol{b}u=\begin{bmatrix}-5 & 1\\-4 & -1\end{bmatrix}\hat{x}+\begin{bmatrix}3\\4\end{bmatrix}y+\begin{bmatrix}0\\1\end{bmatrix}u$$

或者

$$\dot{\hat{x}}=\boldsymbol{A}\hat{x}+\boldsymbol{G}(y-\hat{y})+\boldsymbol{b}u=\begin{bmatrix}-2 & 1\\0 & -1\end{bmatrix}\hat{x}+\begin{bmatrix}3\\4\end{bmatrix}(y-\hat{y})+\begin{bmatrix}0\\1\end{bmatrix}u$$

系统的状态观测器如图 6-29 所示。

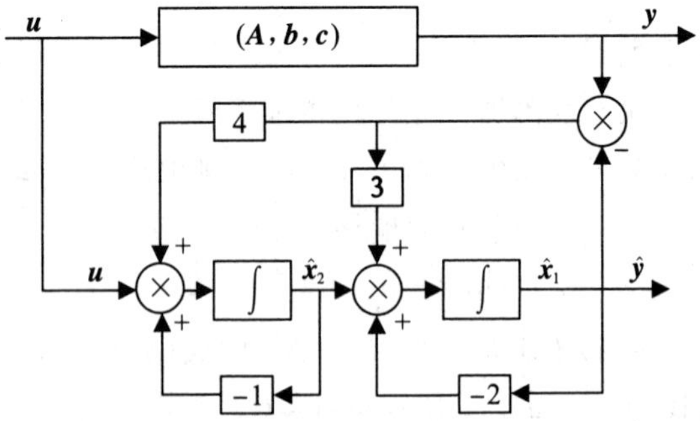

图 6-29　系统的状态观测器

6.9.4 降维状态观测器设计

事实上，系统的输出向量 $\boldsymbol{y}$ 总是能够直接测量的。因此可以利用系统的输出矢量 $\boldsymbol{y}$ 来直接产生部分状态变量，从而降低观测器的维数。可以证明，若系统能观，设 $\text{rank}\boldsymbol{C}=m$，

则它的 m 个状态分量可由 $\boldsymbol{y}$ 直接获得，那么，其余的 $(n-m)$ 个状态分量只需用 $(n-m)$ 维的降维观测器进行重构即可。降维观测器的设计方法很多，下面介绍其一般的设计方法。

降维观测器的设计分为两步。

第一步，通过线性变换把状态按能测性分解为 $\bar{\boldsymbol{x}}_1$ 和 $\bar{\boldsymbol{x}}_2$，其中 $(n-m)$ 维 $\bar{\boldsymbol{x}}_1$ 需要重构，而 m 维 $\bar{\boldsymbol{x}}_2$ 可由 $\boldsymbol{y}$ 直接获得。

第二步，对 $\bar{\boldsymbol{x}}_1$ 构造 $(n-m)$ 维观测器。

首先，设系统 $\Sigma_0=(\boldsymbol{A},\boldsymbol{B},\boldsymbol{C})$ 为

$$\begin{cases}\dot{\boldsymbol{x}}=\boldsymbol{A}\boldsymbol{x}+\boldsymbol{B}\boldsymbol{u}\\ \boldsymbol{y}=\boldsymbol{C}\boldsymbol{x}\end{cases}\tag{6.167}$$

系统能观，且 $\text{rank}\boldsymbol{C}=m$，则必存在线性变换 $\boldsymbol{x}=\boldsymbol{P}\bar{\boldsymbol{x}}$ 使

$$\bar{\boldsymbol{A}}=\boldsymbol{P}^{-1}\boldsymbol{A}\boldsymbol{P}=\begin{bmatrix}\bar{\boldsymbol{A}}_{11} & \bar{\boldsymbol{A}}_{12}\\ \bar{\boldsymbol{A}}_{21} & \bar{\boldsymbol{A}}_{22}\end{bmatrix}\begin{matrix}\}n-m\\ \}m\end{matrix}$$

$$\bar{\boldsymbol{B}}=\boldsymbol{P}^{-1}\boldsymbol{B}=\begin{bmatrix}\bar{\boldsymbol{B}}_1\\ \bar{\boldsymbol{B}}_2\end{bmatrix}\begin{matrix}\}n-m\\ \}m\end{matrix}$$

$$\bar{\boldsymbol{C}}=\boldsymbol{C}\boldsymbol{P}=[\boldsymbol{0}\quad \boldsymbol{I}]\}m\tag{6.168}$$

选择转换阵 $\boldsymbol{P}$

$$\boldsymbol{P}^{-1}=\begin{bmatrix}\boldsymbol{C}_0\\ \boldsymbol{C}\end{bmatrix},\quad \boldsymbol{P}=\begin{bmatrix}\boldsymbol{C}_0\\ \boldsymbol{C}\end{bmatrix}^{-1}\tag{6.169}$$

其中，$\boldsymbol{C}_0$ 是保证 $\boldsymbol{P}$ 为非奇异的任意 $(n-m)\times n$ 维矩阵。

容易证明

$$\boldsymbol{C}\boldsymbol{P}=\boldsymbol{C}\begin{bmatrix}\boldsymbol{C}_0\\ \boldsymbol{C}\end{bmatrix}^{-1}=[\boldsymbol{0}\quad \boldsymbol{I}]\tag{6.170}$$

两边同时右乘 $\begin{bmatrix}\boldsymbol{C}_0\\ \boldsymbol{C}\end{bmatrix}$，则有

$$\boldsymbol{C}\begin{bmatrix}\boldsymbol{C}_0\\ \boldsymbol{C}\end{bmatrix}^{-1}\begin{bmatrix}\boldsymbol{C}_0\\ \boldsymbol{C}\end{bmatrix}=[\boldsymbol{0}\quad \boldsymbol{I}]\begin{bmatrix}\boldsymbol{C}_0\\ \boldsymbol{C}\end{bmatrix}\tag{6.171}$$

故

$$\boldsymbol{C}=\boldsymbol{C}$$

变换之后的状态空间表达式为

$$\begin{cases}\begin{bmatrix}\dot{\bar{\boldsymbol{x}}}_1\\ \dot{\bar{\boldsymbol{x}}}_2\end{bmatrix}=\begin{bmatrix}\bar{\boldsymbol{A}}_{11} & \bar{\boldsymbol{A}}_{12}\\ \bar{\boldsymbol{A}}_{21} & \bar{\boldsymbol{A}}_{22}\end{bmatrix}\begin{bmatrix}\bar{\boldsymbol{x}}_1\\ \bar{\boldsymbol{x}}_2\end{bmatrix}+\begin{bmatrix}\bar{\boldsymbol{B}}_1\\ \bar{\boldsymbol{B}}_2\end{bmatrix}\boldsymbol{u}\\ \bar{\boldsymbol{y}}=[\boldsymbol{0}\quad \boldsymbol{I}]\begin{bmatrix}\bar{\boldsymbol{x}}_1\\ \bar{\boldsymbol{x}}_2\end{bmatrix}=\bar{\boldsymbol{x}}_2\end{cases}\tag{6.172}$$

由式(6.172)可见，在 $\bar{\boldsymbol{x}}$ 坐标系中，后 m 个状态分量 $\bar{\boldsymbol{x}}_2$ 可由输出 $\bar{\boldsymbol{y}}$ 直接检测取得。前

$(n-m)$个状态分量$\bar{x}_1$ 则通过构造$(n-m)$维状态观测器进行估计。经变换分解后的系统结构如图 6-30 所示。

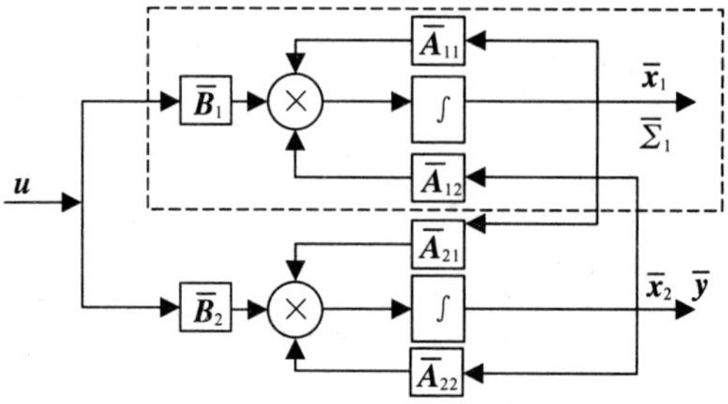

图 6-30 将系统按能观性分解后的系统结构图

现在设计降维观测器。由式(6.172)得

$$\dot{\bar{x}}_1=\bar{A}_{11}\bar{x}_1+\bar{A}_{12}\bar{x}_2+\bar{B}_1u=\bar{A}_{11}\bar{x}_1+M \tag{6.173}$$

取 $z=\bar{A}_{21}\bar{x}_1$，因为 u 已知，$\bar{y}$ 可直接测出，所以可把

$$\begin{aligned}M&=\bar{A}_{12}\bar{x}_2+\bar{B}_1u=\bar{A}_{12}\bar{y}+\bar{B}_1u\\ z&=\dot{\bar{x}}_2-\bar{A}_{22}\bar{x}_2-\bar{B}_2u\end{aligned} \tag{6.174}$$

作为待观测子系统已知的输入量和输出量处理。

此时，待观测子系统的状态空间表达式可写为

$$\begin{cases}\dot{\bar{x}}_1=\bar{A}_{11}\bar{x}_1+M\\ z=\bar{A}_{21}\bar{x}_1\end{cases} \tag{6.175}$$

参照式(6.161)便得观测器方程为

$$\dot{\hat{\bar{x}}}_1=(\bar{A}_{11}-\bar{G}\bar{A}_{21})\hat{\bar{x}}_1+M+\bar{G}z \tag{6.176}$$

类似地，通过选择$(n-m)\times m$ 维矩阵 $\bar{G}$，可将矩阵$(\bar{A}_{11}-\bar{G}\bar{A}_{21})$的特征值配置在期望的位置上。

将式(6.174)代入式(6.176)，整理得

$$\dot{\hat{\bar{x}}}_1=(\bar{A}_{11}-\bar{G}\bar{A}_{21})\hat{\bar{x}}_1+(\bar{A}_{12}-\bar{G}\bar{A}_{22})\bar{y}+(\bar{B}_1-\bar{G}\bar{B}_2)u+\bar{G}\dot{\bar{y}} \tag{6.177}$$

方程中出现$\dot{\bar{y}}$，增加了实现上的困难。为消去$\dot{\bar{y}}$，引入变量$\hat{\bar{w}}$

$$\hat{\bar{w}}=\hat{\bar{x}}_1-\bar{G}\bar{y} \tag{6.178}$$

于是观测器方程变为

$$\begin{aligned}\dot{\hat{\bar{w}}}&=(\bar{A}_{11}-\bar{G}\bar{A}_{21})\hat{\bar{x}}_1+(\bar{A}_{12}-\bar{G}\bar{A}_{22})\bar{y}+(\bar{B}_1-\bar{G}\bar{B}_2)u\\ \hat{\bar{x}}_1&=\hat{\bar{w}}+\bar{G}\bar{y}\end{aligned} \tag{6.179a}$$

或者将$\hat{\bar{x}}_1$ 代入式(6.179a)的第一个式子，得

$$\dot{\hat{\bar{\boldsymbol{w}}}} = (\bar{\boldsymbol{A}}_{11} - \bar{\boldsymbol{G}}\bar{\boldsymbol{A}}_{21})\hat{\bar{\boldsymbol{w}}} + [(\bar{\boldsymbol{A}}_{11} - \bar{\boldsymbol{G}}\bar{\boldsymbol{A}}_{21})\bar{\boldsymbol{G}} + (\bar{\boldsymbol{A}}_{12} - \bar{\boldsymbol{G}}\bar{\boldsymbol{A}}_{22})]\bar{\boldsymbol{y}} + (\bar{\boldsymbol{B}}_1 - \bar{\boldsymbol{G}}\bar{\boldsymbol{B}}_2)\boldsymbol{u}$$

$$\hat{\bar{\boldsymbol{x}}}_1 = \hat{\bar{\boldsymbol{w}}} + \bar{\boldsymbol{G}}\bar{\boldsymbol{y}} \tag{6.179b}$$

整个状态向量 $\bar{\boldsymbol{x}}$ 的估计值为

$$\hat{\bar{\boldsymbol{x}}} = \begin{bmatrix} \hat{\bar{\boldsymbol{x}}}_1 \\ \bar{\boldsymbol{x}}_2 \end{bmatrix} = \begin{bmatrix} \hat{\bar{\boldsymbol{w}}} + \bar{\boldsymbol{G}}\bar{\boldsymbol{y}} \\ \bar{\boldsymbol{y}} \end{bmatrix} = \begin{bmatrix} \boldsymbol{I} \\ \boldsymbol{0} \end{bmatrix}\hat{\bar{\boldsymbol{w}}} + \begin{bmatrix} \bar{\boldsymbol{G}} \\ \boldsymbol{I} \end{bmatrix}\bar{\boldsymbol{y}} \tag{6.180}$$

再变换到 $\hat{\boldsymbol{x}}$ 状态下，则有

$$\hat{\boldsymbol{x}} = \boldsymbol{P}\hat{\bar{\boldsymbol{x}}} \tag{6.181}$$

根据式(6.179a)、式(6.180)和式(6.181)可得整个观测器结构如图 6-31 所示。

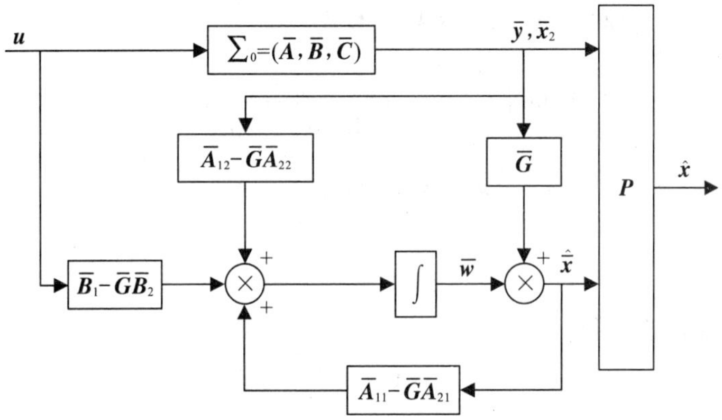

图 6-31　降维观测器结构图

将式(6.173)减去式(6.179)，求得状态估计值误差方程为

$$\dot{\tilde{\bar{\boldsymbol{x}}}}_1 = (\bar{\boldsymbol{A}}_{11} - \bar{\boldsymbol{G}}\bar{\boldsymbol{A}}_{21})(\bar{\boldsymbol{x}}_1 - \hat{\bar{\boldsymbol{x}}}_1) = (\bar{\boldsymbol{A}}_{11} - \bar{\boldsymbol{G}}\bar{\boldsymbol{A}}_{21})\tilde{\bar{\boldsymbol{x}}}_1 \tag{6.182}$$

式中 $\tilde{\bar{\boldsymbol{x}}}_1 = \bar{\boldsymbol{x}}_1 - \hat{\bar{\boldsymbol{x}}}_1$ 为状态估计误差。

【例 6-18】 设系统的状态空间表达式为

$$\begin{cases} \dot{\boldsymbol{x}} = \begin{bmatrix} 4 & 4 & 4 \\ -11 & -12 & -12 \\ 13 & 14 & 13 \end{bmatrix}\boldsymbol{x} + \begin{bmatrix} 1 \\ -1 \\ 0 \end{bmatrix}u \\ y = [1 \quad 1 \quad 1]\boldsymbol{x} \end{cases}$$

试求降维观测器，并使它的极点位于 -3，-4 处。

解　因 rank$\boldsymbol{C}=m=1$，$n=3$，$n-m=2$，所以只要设计一个二维观测器即可。

(1) 按能观性进行结构分解。

$$\boldsymbol{P}^{-1} = \begin{bmatrix} \boldsymbol{C}_0 \\ \boldsymbol{C} \end{bmatrix} = \begin{bmatrix} 1 & 0 & 0 \\ 0 & 1 & 0 \\ 1 & 1 & 1 \end{bmatrix}, \quad \boldsymbol{P} = \begin{bmatrix} 1 & 0 & 0 \\ 0 & 1 & 0 \\ -1 & -1 & 1 \end{bmatrix}$$

故有

$$\bar{\boldsymbol{A}}=\boldsymbol{P}^{-1}\boldsymbol{A}\boldsymbol{P}=\begin{bmatrix}0&0&4\\1&0&-12\\1&1&5\end{bmatrix},\quad \bar{\boldsymbol{B}}=\boldsymbol{P}^{-1}\boldsymbol{B}=\begin{bmatrix}1\\-1\\0\end{bmatrix}$$

$$\bar{\boldsymbol{C}}=\boldsymbol{C}\boldsymbol{P}=[0\quad 0\quad 1]$$

将$\bar{\boldsymbol{A}}$和$\bar{\boldsymbol{B}}$分块，得

$$\bar{\boldsymbol{A}}_{11}=\begin{bmatrix}0&0\\1&0\end{bmatrix},\quad \bar{\boldsymbol{A}}_{12}=\begin{bmatrix}4\\-12\end{bmatrix},\quad \bar{\boldsymbol{A}}_{21}=[1\quad 1]$$

$$\bar{\boldsymbol{A}}_{22}=[5],\quad \boldsymbol{B}_1=\begin{bmatrix}1\\-1\end{bmatrix},\quad \boldsymbol{B}_2=[0]$$

(2) 求观测矩阵 $\bar{\boldsymbol{G}}$。令 $\bar{\boldsymbol{G}}=[\bar{g}_0\quad \bar{g}_1]^{\mathrm{T}}$，降维观测器的特征多项式为

$$\begin{aligned}f_{\mathrm{G}}(\lambda)&=\det[\lambda\boldsymbol{I}-(\bar{\boldsymbol{A}}_{11}-\bar{\boldsymbol{G}}\bar{\boldsymbol{A}}_{21})]\\&=\det\left[\begin{pmatrix}\lambda&0\\0&\lambda\end{pmatrix}-\begin{pmatrix}0&0\\1&0\end{pmatrix}+\begin{pmatrix}\bar{g}_0\\\bar{g}_1\end{pmatrix}(1\quad 1)\right]\\&=\lambda^2+(\bar{g}_0+\bar{g}_1)\lambda+\bar{g}_0\end{aligned}$$

期望特征多项式为

$$f_{\mathrm{G}}^*(\lambda)=(\lambda+3)(\lambda+4)=\lambda^2+7\lambda+12$$

比较以上两式的 λ 同次幂得

$$\bar{g}_0=12,\ \bar{g}_1=-5$$

$$\bar{\boldsymbol{G}}=[\bar{g}_0\quad \bar{g}_1]^{\mathrm{T}}=[12\quad -5]^{\mathrm{T}}$$

(3) 求降维观测器方程。根据式(6.179a)，可得降维观测器的状态方程为

$$\begin{cases}\dot{\hat{\bar{\boldsymbol{w}}}}=\begin{bmatrix}-12&-12\\6&5\end{bmatrix}\hat{\bar{\boldsymbol{x}}}+\begin{bmatrix}-56\\13\end{bmatrix}\bar{y}+\begin{bmatrix}1\\-1\end{bmatrix}u\\ \hat{\bar{\boldsymbol{x}}}_1=\hat{\bar{\boldsymbol{w}}}+\begin{bmatrix}12\\-5\end{bmatrix}\bar{y}\end{cases}$$

或由式(6.179b)得

$$\begin{cases}\dot{\hat{\bar{\boldsymbol{w}}}}=\begin{bmatrix}-12&-12\\6&5\end{bmatrix}\hat{\bar{\boldsymbol{w}}}+\begin{bmatrix}-140\\60\end{bmatrix}\bar{y}+\begin{bmatrix}1\\-1\end{bmatrix}u\\ \hat{\bar{\boldsymbol{x}}}=\hat{\bar{\boldsymbol{w}}}+\begin{bmatrix}12\\-5\end{bmatrix}\bar{y}\end{cases}$$

观测器方程为

$$\hat{\bar{\boldsymbol{x}}}=\begin{bmatrix}\hat{\bar{\boldsymbol{x}}}\\\bar{x}_2\end{bmatrix}=\begin{bmatrix}\hat{\bar{\boldsymbol{w}}}+\bar{\boldsymbol{G}}\bar{y}\\\bar{y}\end{bmatrix}=\begin{bmatrix}1&0\\0&1\\0&0\end{bmatrix}\begin{bmatrix}\hat{\bar{w}}_1\\\hat{\bar{w}}_2\end{bmatrix}+\begin{bmatrix}12\\-5\\1\end{bmatrix}\bar{y}=\begin{bmatrix}\hat{\bar{w}}_1+12\bar{y}\\\hat{\bar{w}}_2-5\bar{y}\\\bar{y}\end{bmatrix}$$

(4) 为得到原系统的状态估计，还要作如下变换：

$$\hat{\boldsymbol{x}}=\boldsymbol{P}\hat{\bar{\boldsymbol{x}}}=\begin{bmatrix}1&0&0\\0&1&0\\-1&-1&1\end{bmatrix}\begin{bmatrix}\hat{\bar{w}}_1+12\bar{y}\\ \hat{\bar{w}}_2-5\bar{y}\\ \bar{y}\end{bmatrix}=\begin{bmatrix}\hat{\bar{w}}_1+12\bar{y}\\ \hat{\bar{w}}_2-5\bar{y}\\ -\hat{\bar{w}}_1-\hat{\bar{w}}_2-6\bar{y}\end{bmatrix}$$

(5) 降维观测器的模拟结构图如图 6-32 所示。

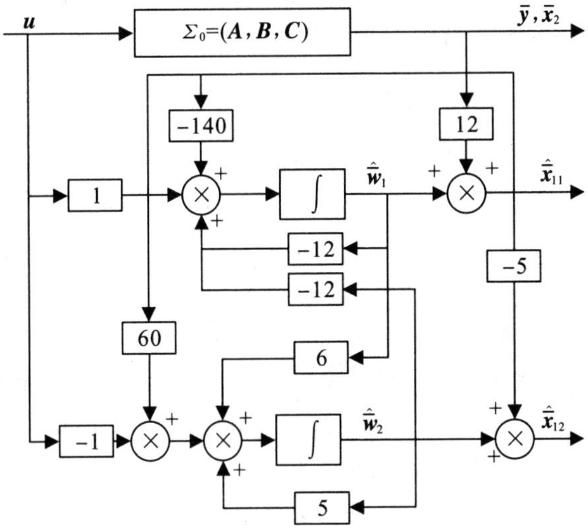

图 6-32　降维观测器的模拟结构图

对应定理 6.21 给出的全维状态观测器的第 2 种设计方法，降维观测器也有类似的算法，可由以下定理给出。

定理 6.22　对于完全能观的线性定常系统 $\Sigma_0=(\boldsymbol{A},\ \boldsymbol{B},\ \boldsymbol{C})$，其中 $\text{rank}\boldsymbol{C}=m$，构造 $(n-m)$ 维线性定常系统

$$\dot{\boldsymbol{z}}=\boldsymbol{Fz}+\boldsymbol{Ly}+\boldsymbol{Hu} \tag{6.183}$$

其中，$\boldsymbol{F}\in\mathbf{R}^{(n-m)\times(n-m)}$、$\boldsymbol{L}\in\mathbf{R}^{(n-m)\times m}$、$\boldsymbol{H}\in\mathbf{R}^{(n-m)\times r}$ 为待定常数矩阵。式(6.183)可作为系统 $\Sigma_0=(\boldsymbol{A},\ \boldsymbol{B},\ \boldsymbol{C})$ 的降维观测器的充要条件是，存在一个 $(n-m)\times n$ 的满秩矩阵 $\boldsymbol{P}$，使得 $\boldsymbol{T}=\begin{bmatrix}\boldsymbol{C}\\ \boldsymbol{P}\end{bmatrix}$ 为非奇异，且满足：

(1) $\boldsymbol{PA}-\boldsymbol{FP}=\boldsymbol{LC}$，$\boldsymbol{P}$ 为非奇异；

(2) $\boldsymbol{H}=\boldsymbol{PB}$；

(3) $\boldsymbol{F}$ 的全部特征值具有负实部。

由此可得被观测系统的估计值为

$$\hat{\boldsymbol{x}}=\boldsymbol{T}^{-1}\begin{bmatrix}\boldsymbol{y}\\ \boldsymbol{z}\end{bmatrix} \tag{6.184}$$

证明　如果存在一个 $(n-m)\times n$ 的满秩矩阵 $\boldsymbol{P}$，使得 $\boldsymbol{T}$ 为非奇异，则式(6.184)等价于 $\begin{bmatrix}\boldsymbol{y}\\ \boldsymbol{z}\end{bmatrix}=\boldsymbol{Tx}=\begin{bmatrix}\boldsymbol{C}\\ \boldsymbol{P}\end{bmatrix}\boldsymbol{x}$（或写为 $\boldsymbol{z}=\boldsymbol{Px}$；$\boldsymbol{y}=\boldsymbol{Cx}$）。

类似于全维观测器第 2 种实现方法的证明过程，可证得条件(1)～(3)是 $\boldsymbol{z}\rightarrow\boldsymbol{Px}$ 的充要

条件。而 $\boldsymbol{z}\to\boldsymbol{P}\boldsymbol{x}$ 意味着 $\boldsymbol{z}=\boldsymbol{P}\hat{\boldsymbol{x}}$，再由 $\lim\limits_{t\to\infty}\boldsymbol{y}=\lim\limits_{t\to\infty}\boldsymbol{C}\boldsymbol{x}=\lim\limits_{t\to\infty}\boldsymbol{C}\hat{\boldsymbol{x}}$，得稳态时 $\boldsymbol{y}=\boldsymbol{C}\hat{\boldsymbol{x}}$。

将 $\boldsymbol{z}=\boldsymbol{P}\hat{\boldsymbol{x}}$ 和 $\boldsymbol{y}=\boldsymbol{C}\hat{\boldsymbol{x}}$ 结合，得 $\begin{bmatrix}\boldsymbol{y}\\ \boldsymbol{z}\end{bmatrix}=\boldsymbol{T}\boldsymbol{x}=\begin{bmatrix}\boldsymbol{C}\\ \boldsymbol{P}\end{bmatrix}\hat{\boldsymbol{x}}$，又因为 $\boldsymbol{T}=\begin{bmatrix}\boldsymbol{C}\\ \boldsymbol{P}\end{bmatrix}$ 满秩，所以

$$\hat{\boldsymbol{x}}=\boldsymbol{T}^{-1}\begin{bmatrix}\boldsymbol{y}\\ \boldsymbol{z}\end{bmatrix}=\begin{bmatrix}\boldsymbol{C}\\ \boldsymbol{P}\end{bmatrix}^{-1}\begin{bmatrix}\boldsymbol{y}\\ \boldsymbol{z}\end{bmatrix}$$

证明完毕。

定理 6.22 给出的降维观测器所满足的条件，同时也是计算状态观测器各个矩阵系数的方法。设计观测器时，根据性能要求，确定 $\boldsymbol{F}$，取 $\boldsymbol{P}$ 矩阵，使得 $\boldsymbol{T}=\begin{bmatrix}\boldsymbol{C}\\ \boldsymbol{P}\end{bmatrix}$ 非奇异。再由定理 6.22 中的条件(1)和条件(2)求出 $\boldsymbol{L}$、$\boldsymbol{H}$，即可由式(6.183)和式(6.184)构成 $(n-m)$ 维状态观测器。

6.9.5 Kx -函数观测器

设 n 阶线性定常系统的输出矩阵 $\mathrm{rank}\boldsymbol{C}=m$，那么要重构 n 个状态变量至少需要 $(n-m)$ 维的状态观测器。但在一些应用中，并不需要重构所有状态变量，而只需要状态的某些函数，如取状态的线性函数 $\boldsymbol{K}\boldsymbol{x}$。这时，观测器的维数可进一步降低。

考虑完全能控、能观系统 $\Sigma_0=(\boldsymbol{A},\ \boldsymbol{B},\ \boldsymbol{C})$ 为

$$\begin{cases}\dot{\boldsymbol{x}}=\boldsymbol{A}\boldsymbol{x}+\boldsymbol{B}\boldsymbol{u}\\ \boldsymbol{y}=\boldsymbol{C}\boldsymbol{x}\end{cases}\tag{6.185}$$

式中，$\boldsymbol{x}\in\mathbf{R}^n$ 为状态向量，$\boldsymbol{u}\in\mathbf{R}^r$ 系统输入向量，$\boldsymbol{y}\in\mathbf{R}^m$ 为系统输出向量；$\boldsymbol{A}\in\mathbf{R}^{n\times n}$ 为状态矩阵，$\boldsymbol{B}\in\mathbf{R}^{n\times r}$ 为控制输入矩阵，$\boldsymbol{C}\in\mathbf{R}^{m\times n}$ 为系统输出矩阵。其中 $\mathrm{rank}\boldsymbol{C}=m$，设观测器维数为 q，那么 $\boldsymbol{K}\boldsymbol{x}$ -函数观测器也是一个连续线性定常系统，状态空间描述为

$$\begin{cases}\dot{\boldsymbol{x}}=\boldsymbol{F}\boldsymbol{z}+\boldsymbol{L}\boldsymbol{y}+\boldsymbol{H}\boldsymbol{u}\\ \boldsymbol{w}=\boldsymbol{G}\boldsymbol{z}+\boldsymbol{N}\boldsymbol{y}\end{cases}\tag{6.186}$$

其中，$\boldsymbol{F}\in\mathbf{R}^{q\times q}$、$\boldsymbol{L}\in\mathbf{R}^{q\times m}$、$\boldsymbol{H}\in\mathbf{R}^{q\times r}$、$\boldsymbol{G}\in\mathbf{R}^{r\times q}$、$\boldsymbol{N}\in\mathbf{R}^{r\times m}$ 为待定常数矩阵。$\boldsymbol{K}\boldsymbol{x}$ -函数观测器的目标为

$$\lim_{t\to\infty}\boldsymbol{w}(t)=\lim_{t\to\infty}\boldsymbol{K}\boldsymbol{x}(t)\tag{6.187}$$

定理 6.23 对于完全能控、能观的线性定常系统 $\Sigma_0=(\boldsymbol{A},\ \boldsymbol{B},\ \boldsymbol{C})$，线性定常系统式(6.186)可成为 $\boldsymbol{K}\boldsymbol{x}$ -函数观测器即式(6.187)成立的充分必要条件是：

(1) $\boldsymbol{P}\boldsymbol{A}-\boldsymbol{F}\boldsymbol{P}=\boldsymbol{L}\boldsymbol{C}$，$\boldsymbol{P}$ 为 $q\times n$ 的实满秩常数阵；

(2) $\boldsymbol{H}=\boldsymbol{P}\boldsymbol{B}$；

(3) $\boldsymbol{F}$ 的全部特征值具有负实部；

(4) $\boldsymbol{G}\boldsymbol{P}+\boldsymbol{N}\boldsymbol{C}=\boldsymbol{K}$

证明 先证充分性。由定理 6.22 的证明过程可知，当定理的前 3 个条件成立时，则有

$$\lim_{t\to\infty}\boldsymbol{z}=\boldsymbol{P}\boldsymbol{x}\tag{6.188}$$

对式(6.186)的两边求极限，并将式(6.188)和 $\boldsymbol{y}$ 的表达式 $\boldsymbol{y}=\boldsymbol{C}\boldsymbol{x}$ 代入，有

$$\lim_{t\to\infty}\boldsymbol{w}=\lim_{t\to\infty}(\boldsymbol{G}\boldsymbol{z}+\boldsymbol{N}\boldsymbol{y})=\lim_{t\to\infty}(\boldsymbol{G}\boldsymbol{P}\boldsymbol{x}+\boldsymbol{N}\boldsymbol{C}\boldsymbol{x})=\lim_{t\to\infty}(\boldsymbol{G}\boldsymbol{P}+\boldsymbol{N}\boldsymbol{C})\boldsymbol{x}\tag{6.189}$$

将定理的第 4 个条件 $\boldsymbol{G}\boldsymbol{P}+\boldsymbol{N}\boldsymbol{C}=\boldsymbol{K}$ 代入上式，得

$$\lim_{t\to\infty}\boldsymbol{w}=\lim_{t\to\infty}(\boldsymbol{GP}+\boldsymbol{NC})\boldsymbol{x}=\lim_{t\to\infty}\boldsymbol{Kx} \tag{6.190}$$

充分性得证。

再证必要性。设对任意的 $\boldsymbol{u}$，$\boldsymbol{x}(0)$，$\boldsymbol{z}(0)$，均有 $\lim_{t\to\infty}\boldsymbol{w}=\lim_{t\to\infty}\boldsymbol{Kx}$，则有

$$\begin{aligned}
&\lim_{t\to\infty}(\boldsymbol{Kx}-\boldsymbol{w})=\boldsymbol{0}\\
&\lim_{t\to\infty}(\boldsymbol{K\dot{x}}-\boldsymbol{\dot{w}})=\boldsymbol{0}\\
&\qquad\vdots\\
&\lim_{t\to\infty}(\boldsymbol{K}\boldsymbol{x}^{(q-1)}-\boldsymbol{w}^{(q-1)})=\boldsymbol{0}
\end{aligned} \tag{6.191}$$

将式(6.186)的 $\boldsymbol{w}$ 和 $\boldsymbol{z}$ 的表达式代入上述各式，得

$$\begin{aligned}
\boldsymbol{Kx}-\boldsymbol{w}&=\boldsymbol{Kx}-\boldsymbol{Gz}-\boldsymbol{NCx}=(\boldsymbol{K}-\boldsymbol{NC})\boldsymbol{x}-\boldsymbol{Gz}=\boldsymbol{N}_0\boldsymbol{x}-\boldsymbol{Gz}\\
\boldsymbol{K\dot{x}}-\boldsymbol{\dot{w}}&=(\boldsymbol{K}-\boldsymbol{NC})(\boldsymbol{Ax}+\boldsymbol{Bu})-\boldsymbol{G}(\boldsymbol{Fz}+\boldsymbol{Ly}+\boldsymbol{Hu})\\
&=((\boldsymbol{K}-\boldsymbol{NC})\boldsymbol{A}-\boldsymbol{GLC})\boldsymbol{x}-\boldsymbol{GFz}+((\boldsymbol{K}-\boldsymbol{NC})\boldsymbol{B}-\boldsymbol{GH})\boldsymbol{u}\\
&=\boldsymbol{N}_1\boldsymbol{x}-\boldsymbol{GFz}+\boldsymbol{G}_1\boldsymbol{u}
\end{aligned} \tag{6.192}$$

$$\begin{aligned}
&\boldsymbol{K\ddot{x}}-\boldsymbol{\ddot{w}}=\boldsymbol{N}_2\boldsymbol{x}-\boldsymbol{G}\boldsymbol{F}^2\boldsymbol{z}+\boldsymbol{G}_2\boldsymbol{u}+\boldsymbol{G}_1\boldsymbol{\dot{u}}\\
&\quad\vdots\\
&\boldsymbol{K}\boldsymbol{x}^{(q)}-\boldsymbol{w}^{(q)}=\boldsymbol{N}_q\boldsymbol{x}-\boldsymbol{G}\boldsymbol{F}^q\boldsymbol{z}+\sum_{j=1}^{q}\boldsymbol{G}_j\boldsymbol{u}^{(q-j)}
\end{aligned}$$

于是，有

$$\begin{aligned}
&\lim_{t\to\infty}(\boldsymbol{N}_0\boldsymbol{x}-\boldsymbol{Gz})=\boldsymbol{0}\\
&\lim_{t\to\infty}(\boldsymbol{N}_1\boldsymbol{x}-\boldsymbol{GFz}+\boldsymbol{G}_1\boldsymbol{u})=\boldsymbol{0}\\
&\lim_{t\to\infty}(\boldsymbol{N}_2\boldsymbol{x}-\boldsymbol{G}\boldsymbol{F}^2\boldsymbol{z}+\boldsymbol{G}_2\boldsymbol{u}+\boldsymbol{G}_1\boldsymbol{\dot{u}})=\boldsymbol{0}\\
&\quad\vdots\\
&\lim_{t\to\infty}(N_{q-1}\boldsymbol{x}-\boldsymbol{G}\boldsymbol{F}^{q-1}\boldsymbol{z}+\sum_{j=1}^{q}\boldsymbol{G}_j\boldsymbol{u}^{(q-j)})=\boldsymbol{0}
\end{aligned} \tag{6.193}$$

由于控制函数的任意性，所以以上诸式对于 $\boldsymbol{u}=\boldsymbol{\dot{u}}=\cdots=\boldsymbol{u}^{(q-1)}=\boldsymbol{0}$ 也必然成立，由此得

$$\begin{aligned}
&\lim_{t\to\infty}(\boldsymbol{N}_0\boldsymbol{x}-\boldsymbol{Gz})=\boldsymbol{0}\\
&\lim_{t\to\infty}(\boldsymbol{N}_1\boldsymbol{x}-\boldsymbol{GFz})=\boldsymbol{0}\\
&\lim_{t\to\infty}(\boldsymbol{N}_2\boldsymbol{x}-\boldsymbol{G}\boldsymbol{F}^2\boldsymbol{z})=\boldsymbol{0}\\
&\quad\vdots\\
&\lim_{t\to\infty}(\boldsymbol{N}_{q-1}\boldsymbol{x}-\boldsymbol{G}\boldsymbol{F}^{q-1}\boldsymbol{z})=\boldsymbol{0}
\end{aligned} \tag{6.194}$$

记

$$\boldsymbol{R}=\begin{bmatrix}\boldsymbol{N}_0\\ \boldsymbol{N}_1\\ \vdots\\ \boldsymbol{N}_{q-1}\end{bmatrix},\ \boldsymbol{Q}=\begin{bmatrix}\boldsymbol{G}\\ \boldsymbol{GF}\\ \vdots\\ \boldsymbol{G}\boldsymbol{F}^{q-1}\end{bmatrix} \tag{6.195}$$

则有

$$\lim_{t\to\infty}(\boldsymbol{Rx}-\boldsymbol{Qz})=\boldsymbol{0} \tag{6.196}$$

又因为$(\boldsymbol{F},\boldsymbol{G})$能观测，$\boldsymbol{Q}$列满秩，所以$\boldsymbol{Q}$的广义矩逆$\boldsymbol{Q}^{+}$存在，令$\boldsymbol{P}=\boldsymbol{Q}^{+}\boldsymbol{R}$，则

$$\lim_{t\to\infty}(\boldsymbol{Kx}-\boldsymbol{Qz})=\lim_{t\to\infty}\boldsymbol{Q}\boldsymbol{Q}^{+}(\boldsymbol{Kx}-\boldsymbol{Qz})=\lim_{t\to\infty}\boldsymbol{Q}(\boldsymbol{Q}^{+}\boldsymbol{Rx}-\boldsymbol{Q}^{+}\boldsymbol{Qz})=\lim_{t\to\infty}\boldsymbol{Q}(\boldsymbol{Px}-\boldsymbol{z})=\boldsymbol{0} \tag{6.197}$$

所以有$\lim\limits_{t\to\infty}(\boldsymbol{Px}-\boldsymbol{z})=\boldsymbol{0}$。

再由定理6.22的证明可知，定理6.22中的条件(1)～(3)不仅是上式成立的充分条件，也是必要条件。于是，条件(1)～(3)的必要性得证。最后，由于

$$\begin{aligned}\lim_{t\to\infty}(\boldsymbol{Kx}-\boldsymbol{w})&=\lim_{t\to\infty}(\boldsymbol{Kx}-(\boldsymbol{Gz}+\boldsymbol{Ny}))=\lim_{t\to\infty}(\boldsymbol{Kx}-(\boldsymbol{GPx}+\boldsymbol{NCx}))\\&=\lim_{t\to\infty}(\boldsymbol{K}-(\boldsymbol{GP}+\boldsymbol{NC}))\boldsymbol{x}=(\boldsymbol{K}-(\boldsymbol{GP}+\boldsymbol{NC}))\lim_{t\to\infty}\boldsymbol{x}=\boldsymbol{0}\end{aligned} \tag{6.198}$$

又因为$\boldsymbol{x}$的任意性，即如果要使上式对任意$\boldsymbol{x}$都必须成立，则必有

$$\boldsymbol{K}-(\boldsymbol{GP}+\boldsymbol{NC})=\boldsymbol{0} \tag{6.199}$$

于是，定理中的条件(4)的必要性得证。

函数观测器维数的讨论相对复杂些，当$\boldsymbol{K}$是$1\times n$的矩阵时，如果系统的能观性指数为υ，则观测器的维数可取$\upsilon-1$。当$\mathrm{rank}\boldsymbol{C}=m$较大时，$\upsilon-1$往往比$m-1$小很多，即函数观测器比降维观测器的维数小得多。读者可自行参阅相关文献。

本节讨论的是状态观测器设计的基本思想和方法，这些思想方法对于设计实际的状态观测器有理论指导意义。但是也要看到，这里所介绍的状态观测器设计思想基本上未考虑系统噪声，适用于噪声不大的实际应用。当实际系统噪声比较大时，就要采取滤波措施，比如，采用卡尔曼滤波器等来进行状态估计。读者可参阅随机系统理论方面的参考资料。

6.10 带状态观测器的状态反馈系统

状态观测器解决了被控系统的状态重构问题，使部分或全部状态向量不可直接量测系统的状态反馈的工程实现成为可能。那就是当状态向量不便或不能直接量测时，可通过状态观测器获取状态估计值。利用状态估计值进行反馈所构成的闭环控制系统和直接状态反馈闭环控制系统之间究竟有何异同，正是本节主要讨论的问题。

6.10.1 闭环控制系统的结构与状态空间表达式

图6-33是一个带有全维状态观测器的状态反馈系统，能控且能观被控系统的状态空间表达式为

$$\begin{cases}\dot{\boldsymbol{x}}=\boldsymbol{Ax}+\boldsymbol{Bu}\\\boldsymbol{y}=\boldsymbol{Cx}\end{cases} \tag{6.200}$$

状态观测器为

$$\begin{cases}\dot{\hat{\boldsymbol{x}}}=(\boldsymbol{A}-\boldsymbol{GC})\hat{\boldsymbol{x}}+\boldsymbol{Gy}+\boldsymbol{Bu}\\\hat{\boldsymbol{y}}=\boldsymbol{C}\hat{\boldsymbol{x}}\end{cases} \tag{6.201}$$

反馈控制律为

$$\boldsymbol{u}=-\boldsymbol{K}\hat{\boldsymbol{x}}+\boldsymbol{v} \tag{6.202}$$

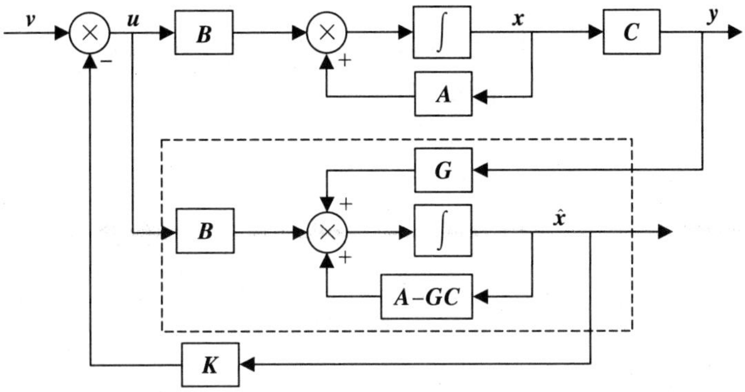

图 6-33 带状态观测器的状态反馈系统

将式(6.202)代入式(6.200)和式(6.201)整理或直接由结构图得整个闭环控制系统的状态空间表达式为

$$\begin{cases} \dot{\boldsymbol{x}}=\boldsymbol{A}\boldsymbol{x}-\boldsymbol{B}\boldsymbol{K}\hat{\boldsymbol{x}}+\boldsymbol{B}\boldsymbol{v} \\ \dot{\hat{\boldsymbol{x}}}=\boldsymbol{G}\boldsymbol{C}\boldsymbol{x}+(\boldsymbol{A}-\boldsymbol{G}\boldsymbol{C}-\boldsymbol{B}\boldsymbol{K})\hat{\boldsymbol{x}}+\boldsymbol{B}\boldsymbol{v} \\ \boldsymbol{y}=\boldsymbol{C}\boldsymbol{x} \end{cases} \tag{6.203}$$

写成矩阵形式为

$$\begin{bmatrix} \dot{\boldsymbol{x}} \\ \dot{\hat{\boldsymbol{x}}} \end{bmatrix}=\begin{bmatrix} \boldsymbol{A} & -\boldsymbol{B}\boldsymbol{K} \\ \boldsymbol{G}\boldsymbol{C} & \boldsymbol{A}-\boldsymbol{G}\boldsymbol{C}-\boldsymbol{B}\boldsymbol{K} \end{bmatrix}\begin{bmatrix} \boldsymbol{x} \\ \hat{\boldsymbol{x}} \end{bmatrix}+\begin{bmatrix} \boldsymbol{B} \\ \boldsymbol{B} \end{bmatrix}\boldsymbol{v}=\bar{\boldsymbol{A}}\begin{bmatrix} \boldsymbol{x} \\ \hat{\boldsymbol{x}} \end{bmatrix}+\bar{\boldsymbol{B}}\boldsymbol{v}$$

$$\boldsymbol{y}=[\boldsymbol{C} \quad \boldsymbol{0}]\begin{bmatrix} \boldsymbol{x} \\ \hat{\boldsymbol{x}} \end{bmatrix}=\bar{\boldsymbol{C}}\begin{bmatrix} \boldsymbol{x} \\ \hat{\boldsymbol{x}} \end{bmatrix} \tag{6.204}$$

这是一个 $2n$ 维的闭环控制系统。

6.10.2 闭环控制系统的基本特性

1. 闭环极点设计的分离性

闭环控制系统的极点包括直接反馈系统 $\Sigma_K=(\boldsymbol{A}-\boldsymbol{B}\boldsymbol{K}, \boldsymbol{B}, \boldsymbol{C})$ 的极点和观测器 $\Sigma_G(\boldsymbol{A}-\boldsymbol{G}\boldsymbol{C}, \boldsymbol{B}, \boldsymbol{C})$ 的极点两部分。但二者独立，相互分离。

假设状态估计误差为 $\tilde{\boldsymbol{x}}=\boldsymbol{x}-\hat{\boldsymbol{x}}$，引入等效转换

$$\begin{bmatrix} \boldsymbol{x} \\ \tilde{\boldsymbol{x}} \end{bmatrix}=\begin{bmatrix} \boldsymbol{I} & \boldsymbol{0} \\ \boldsymbol{I} & -\boldsymbol{I} \end{bmatrix}\begin{bmatrix} \boldsymbol{x} \\ \hat{\boldsymbol{x}} \end{bmatrix}=\begin{bmatrix} \boldsymbol{x} \\ \boldsymbol{x}-\hat{\boldsymbol{x}} \end{bmatrix} \tag{6.205}$$

令变换矩阵为

$$\begin{cases} \boldsymbol{P}=\begin{bmatrix} \boldsymbol{I} & \boldsymbol{0} \\ \boldsymbol{I} & -\boldsymbol{I} \end{bmatrix} \\ \boldsymbol{P}^{-1}=\begin{bmatrix} \boldsymbol{I} & \boldsymbol{0} \\ \boldsymbol{I} & -\boldsymbol{I} \end{bmatrix}^{-1}=\begin{bmatrix} \boldsymbol{I} & \boldsymbol{0} \\ \boldsymbol{I} & -\boldsymbol{I} \end{bmatrix}=\boldsymbol{P} \end{cases} \tag{6.206}$$

经线性变换后的系统 $(\bar{\bar{\boldsymbol{A}}}, \bar{\bar{\boldsymbol{B}}}, \bar{\bar{\boldsymbol{C}}})$ 为

$$\begin{cases}\bar{\bar{A}}=P^{-1}\bar{A}P=\begin{bmatrix}I & 0\\ I & -I\end{bmatrix}\begin{bmatrix}A & -BK\\ GC & A-GC-BK\end{bmatrix}\begin{bmatrix}I & 0\\ I & -I\end{bmatrix}\\ \quad=\begin{bmatrix}A-BK & BK\\ 0 & A-GC\end{bmatrix}\\ \bar{\bar{B}}=P^{-1}\bar{B}=\begin{bmatrix}I & 0\\ I & -I\end{bmatrix}\begin{bmatrix}B\\ B\end{bmatrix}=\begin{bmatrix}B\\ 0\end{bmatrix}\\ \bar{\bar{C}}=\bar{C}P=[C\quad 0]\begin{bmatrix}I & 0\\ I & -I\end{bmatrix}=[C\quad 0]\end{cases} \tag{6.207}$$

或者展开成

$$\begin{cases}\dot{x}=(A-BK)x+BK\tilde{x}+Bv\\ \dot{\tilde{x}}=(A-GC)\tilde{x}\\ y=Cx\end{cases} \tag{6.208}$$

其等效结构如图 6-34 所示。

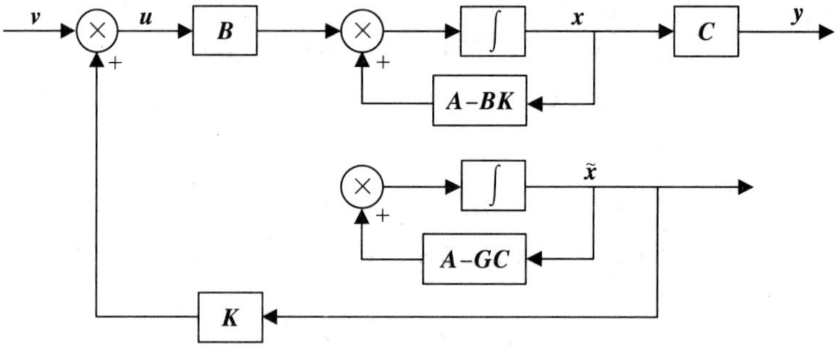

图 6-34 带观测器的状态反馈系统的等效结构图

由于线性变换不改变系统的极点，因此，有

$$\begin{aligned}\det[sI-\bar{\bar{A}}]&=\det\begin{bmatrix}sI-(A-BK) & -BK\\ 0 & sI-(A-GC)\end{bmatrix}\\ &=\det[sI-(A-BK)]\cdot\det[sI-(A-GC)]\end{aligned} \tag{6.209}$$

式(6.209)表明，由观测器构成状态反馈的闭环控制系统，其特征多项式等于($A-BK$)矩阵与($A-GC$)的特征多项式的乘积。也就是闭环控制系统的极点等于直接状态反馈($A-BK$)的极点和状态观测器($A-GC$)的极点之和，而且两者相互独立。因此，只要系统能控能观，则系统的状态反馈矩阵 K 和观测器反馈矩阵 G 可分别进行设计。这个性质称为闭环极点设计的分离性。

2. 传递函数矩阵的不变性

传递函数矩阵的不变性表示用观测器构成的状态反馈系统和状态直接反馈系统具有相同的传递函数矩阵。

根据分块矩阵的性质可知，对于一个分块矩阵

$$Q=\begin{bmatrix}R & S\\ 0 & T\end{bmatrix} \tag{6.210}$$

若分块 R 和 T 均可逆，则下式成立

$$Q^{-1}=\begin{bmatrix}\boldsymbol{R} & \boldsymbol{S}\\ \boldsymbol{0} & \boldsymbol{T}\end{bmatrix}^{-1}=\begin{bmatrix}\boldsymbol{R}^{-1} & -\boldsymbol{R}^{-1}\boldsymbol{S}\boldsymbol{T}^{-1}\\ \boldsymbol{0} & \boldsymbol{T}^{-1}\end{bmatrix} \tag{6.211}$$

利用上式计算$[s\boldsymbol{I}-\bar{\bar{\boldsymbol{A}}}]^{-1}$，可方便求得$(\bar{\bar{\boldsymbol{A}}},\ \bar{\bar{\boldsymbol{B}}},\ \bar{\bar{\boldsymbol{C}}})$的传递函数矩阵，即

$$\begin{aligned}\boldsymbol{W}(s)&=\bar{\bar{\boldsymbol{C}}}[s\boldsymbol{I}-\bar{\bar{\boldsymbol{A}}}]^{-1}\bar{\bar{\boldsymbol{B}}}\\ &=[\boldsymbol{C}\quad \boldsymbol{0}]\begin{bmatrix}s\boldsymbol{I}-(\boldsymbol{A}-\boldsymbol{BK}) & -\boldsymbol{BK}\\ \boldsymbol{0} & s\boldsymbol{I}-(\boldsymbol{A}-\boldsymbol{GC})\end{bmatrix}^{-1}\begin{bmatrix}\boldsymbol{B}\\ \boldsymbol{0}\end{bmatrix}\\ &=\boldsymbol{C}[s\boldsymbol{I}-(\boldsymbol{A}-\boldsymbol{BK})]^{-1}\boldsymbol{B}\end{aligned} \tag{6.212}$$

式(6.212)表明，带观测器状态反馈闭环控制系统的传递函数阵等于直接状态反馈闭环控制系统的传递函数阵。实际上，由于观测器的极点已全部被闭环控制系统的零点相消了，因此这类闭环控制系统是不完全能控的。由于不能控状态是估计误差 $\tilde{\boldsymbol{x}}$，所以这种不完全能控性并不影响系统正常工作。

3. 观测器反馈与直接状态反馈的等效性

由式(6.208)看出，通过选择 $\boldsymbol{G}$ 可使$(\boldsymbol{A}-\boldsymbol{GC})$特征值均具有负实部，所以必有

$$\lim_{t\to\infty}\tilde{\boldsymbol{x}}=\lim_{t\to\infty}|\boldsymbol{x}-\hat{\boldsymbol{x}}|=\boldsymbol{0}$$

因此当 $t\to\infty$时，必有

$$\begin{cases}\dot{\boldsymbol{x}}=(\boldsymbol{A}-\boldsymbol{BK})\boldsymbol{x}+\boldsymbol{Bv}\\ \boldsymbol{y}=\boldsymbol{Cx}\end{cases} \tag{6.213}$$

成立。这就表明，带观测器的状态反馈系统只有当 $t\to\infty$，进入稳态时，才会与直接状态反馈系统完全等价。但是，可通过选择 $\boldsymbol{G}$ 来加速 $\tilde{\boldsymbol{x}}\to\boldsymbol{0}$，即 $\hat{\boldsymbol{x}}$ 渐近于 $\boldsymbol{x}$ 的速度。

6.10.3　带观测器的状态反馈系统与带补偿器的输出反馈系统的等价性

在工程实际中，往往更关心系统输入和输出之间的控制特性，即传递特性。可以证明，仅就传递特性而言，带观测器的状态反馈系统完全等效于同时带有串联补偿器和反馈补偿器的输出反馈系统。或者说用补偿器可以构成完全等效于观测器反馈的系统。

设带观测器的状态反馈系统如图 6-35 所示。

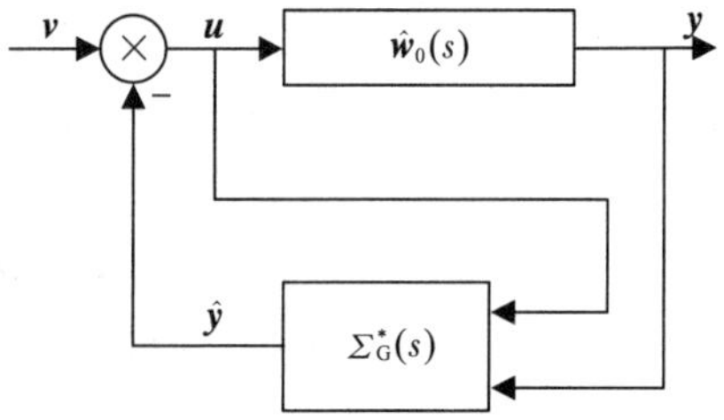

图 6-35　带观测器的状态反馈系统

图 6-35 中$\hat{\boldsymbol{W}}_0(s)$为受控系统 Σ_0 的传递函数阵；Σ_G^* 为带反馈矩阵 $\boldsymbol{K}$ 的观测器系统。系统 Σ_G^* 的状态空间表达式为

$$\begin{cases}\dot{\hat{\boldsymbol{x}}}=(\boldsymbol{A}-\boldsymbol{GC})\hat{\boldsymbol{x}}+\boldsymbol{Gy}+\boldsymbol{Bu}\\ \hat{\boldsymbol{y}}=\boldsymbol{K}\hat{\boldsymbol{x}}\end{cases} \tag{6.214}$$

式中，$\boldsymbol{A}$、$\boldsymbol{B}$、$\boldsymbol{C}$ 为被控系统 Σ_0 传递函数矩阵；$(\boldsymbol{A}-\boldsymbol{GC})$为状态观测器的系数矩阵，其特征值均具有负实部，但与 $\boldsymbol{A}$ 的特征值不相等；$\boldsymbol{K}$ 为状态反馈矩阵。

将式(6.214)取拉氏变换，可导出的传递特性，即

$$
\begin{aligned}
\hat{\boldsymbol{Y}}(s)&=\boldsymbol{K}\left[s\boldsymbol{I}-(\boldsymbol{A}-\boldsymbol{GC})\right]^{-1}\left[\boldsymbol{GY}(s)+\boldsymbol{BU}(s)\right]\\
&=\boldsymbol{K}\left[s\boldsymbol{I}-(\boldsymbol{A}-\boldsymbol{GC})\right]^{-1}\boldsymbol{GY}(s)+\boldsymbol{K}\left[s\boldsymbol{I}-(\boldsymbol{A}-\boldsymbol{GC})\right]^{-1}\boldsymbol{BU}(s)\\
&=\boldsymbol{W}_{G1}^{*}\boldsymbol{U}(s)+\boldsymbol{W}_{G2}(s)\boldsymbol{Y}(s)
\end{aligned}\tag{6.215}
$$

式中

$$
\begin{aligned}
\boldsymbol{W}_{G1}^{*}&=\boldsymbol{K}\left[s\boldsymbol{I}-(\boldsymbol{A}-\boldsymbol{GC})\right]^{-1}\boldsymbol{B}\\
\boldsymbol{W}_{G2}&=\boldsymbol{K}\left[s\boldsymbol{I}-(\boldsymbol{A}-\boldsymbol{GC})\right]^{-1}\boldsymbol{G}
\end{aligned}\tag{6.216}
$$

式(6.216)表明，从传递特性的角度看，观测器等效于两个子系统的并联。一个子系统以 $\boldsymbol{u}$ 为输入，以$\boldsymbol{W}_{G1}^{*}(s)$为传递函数阵；另一子系统以 $\boldsymbol{y}$ 为输入，以$\boldsymbol{W}_{G2}(s)$为传递函数阵。由这两个子系统构成的闭环结构如图 6-36(a)所示。将其变换又可等效于图 6-36(b)、图 6-36(c)，并且有下式成立

$$
\boldsymbol{W}_{G1}(s)=\left[\boldsymbol{I}+\boldsymbol{W}_{G1}^{*}(s)\right]^{-1}\tag{6.217}
$$

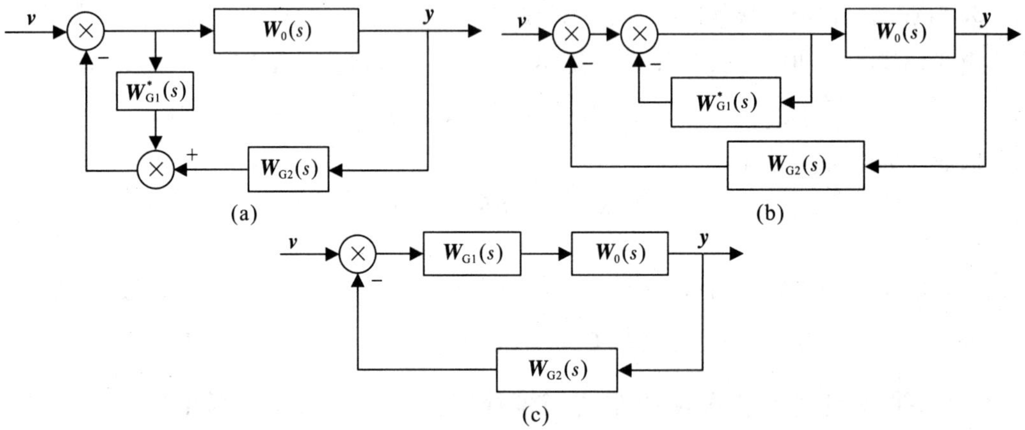

图 6-36 带观测器状态反馈系统传递特性的等效变换

现在证明$\boldsymbol{W}_{G1}(s)$是物理可实现的。由于

$$
\begin{aligned}
&\left[\boldsymbol{I}+\boldsymbol{W}_{G1}^{*}(s)\right]\{\boldsymbol{I}-\boldsymbol{K}[s\boldsymbol{I}-(\boldsymbol{A}-\boldsymbol{GC})+\boldsymbol{BK}]^{-1}\boldsymbol{B}\}\\
&=\boldsymbol{I}+\boldsymbol{K}[s\boldsymbol{I}-(\boldsymbol{A}-\boldsymbol{GC})]^{-1}\boldsymbol{B}-\boldsymbol{K}[s\boldsymbol{I}-(\boldsymbol{A}-\boldsymbol{GC})+\boldsymbol{BK}]^{-1}\boldsymbol{B}\\
&\quad-\boldsymbol{K}[s\boldsymbol{I}-(\boldsymbol{A}-\boldsymbol{GC})]^{-1}\boldsymbol{BK}[s\boldsymbol{I}-(\boldsymbol{A}-\boldsymbol{GC})+\boldsymbol{BK}]^{-1}\boldsymbol{B}
\end{aligned}\tag{6.218}
$$

及

$$
\boldsymbol{I}+[s\boldsymbol{I}-(\boldsymbol{A}-\boldsymbol{GC})]^{-1}\boldsymbol{BK}=[s\boldsymbol{I}-(\boldsymbol{A}-\boldsymbol{GC})]^{-1}[s\boldsymbol{I}-(\boldsymbol{A}-\boldsymbol{GC})+\boldsymbol{BK}]\tag{6.219}
$$

可得

$$
[s\boldsymbol{I}-(\boldsymbol{A}-\boldsymbol{GC})]^{-1}\boldsymbol{BK}=-\boldsymbol{I}+[s\boldsymbol{I}-(\boldsymbol{A}-\boldsymbol{GC})]^{-1}[s\boldsymbol{I}-(\boldsymbol{A}-\boldsymbol{GC})+\boldsymbol{BK}]\tag{6.220}
$$

将式(6.220)代入式(6.218)可得

$$
\left[\boldsymbol{I}+\boldsymbol{W}_{G1}^{*}(s)\right]\{\boldsymbol{I}-\boldsymbol{K}[s\boldsymbol{I}-(\boldsymbol{A}-\boldsymbol{GC})+\boldsymbol{BK}]^{-1}\boldsymbol{B}\}=\boldsymbol{I}\tag{6.221}
$$

于是，有

$$
\boldsymbol{W}_{G1}(s)=\left[\boldsymbol{I}+\boldsymbol{W}_{G1}^{*}(s)\right]^{-1}=\boldsymbol{I}-\boldsymbol{K}[s\boldsymbol{I}-(\boldsymbol{A}-\boldsymbol{GC})+\boldsymbol{BK}]^{-1}\boldsymbol{B}\tag{6.222}
$$

式(6.222)表明$\boldsymbol{W}_{G1}(s)$是物理上可实现的。因而证明了，一个带观测器的状态反馈系统在传递特性意义下，完全等效于一个带串联补偿器和反馈补偿器的输出反馈系统。

两个补偿器的状态空间表达式根据式(6.216)和式(6.222)可得

$$\begin{cases}\dot{z}_{(2)}=(A-GC)z_{(2)}+Gu_{(2)}\\ W_{(2)}=Kz_{(2)}\end{cases}\tag{6.223}$$

和

$$\begin{cases}\dot{z}_{(1)}=(A-GC-BK)z_{(1)}+Bu_{(1)}\\ W_{(1)}=-Kz_{(1)}+u_{(1)}\end{cases}\tag{6.224}$$

两个补偿器和 Σ=(**A**，**B**，**C**)构成的闭环控制系统如图 6-37 所示。

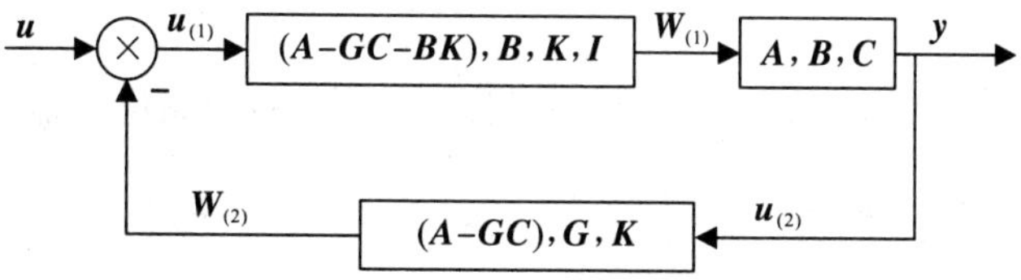

图 6-37 由补偿器构成的闭环控制系统结构图

闭环控制系统的状态空间表达式为

$$\begin{cases}\dot{x}=Ax+Bw_{(1)}=Ax-BKz_{(1)}+Bu_{(1)}\\ \dot{z}_{(2)}=(A-GC)z_{(2)}+Gu_{(2)}\\ \dot{z}_{(1)}=(A-GC-BK)z_{(1)}+Bu_{(1)}\\ u_{(2)}=y=Cx\\ u_{(1)}=u+w_{(2)}=u-Kz_{(2)}\\ y=Cx\end{cases}\tag{6.225}$$

或写成矩阵形式

$$\begin{cases}\begin{bmatrix}\dot{z}_{(2)}\\ \dot{x}\\ \dot{z}_{(1)}\end{bmatrix}=\begin{bmatrix}(A-GC) & GC & 0\\ -BK & A & -BK\\ -BK & 0 & (A-GC-BK)\end{bmatrix}\begin{bmatrix}z_{(2)}\\ x\\ z_{(1)}\end{bmatrix}+\begin{bmatrix}0\\ B\\ B\end{bmatrix}u\\ y=\begin{bmatrix}0 & C & 0\end{bmatrix}\begin{bmatrix}z_{(2)}\\ x\\ z_{(1)}\end{bmatrix}\end{cases}\tag{6.226}$$

令

$$P=\begin{bmatrix}I & 0 & 0\\ 0 & I & 0\\ -I & I & -I\end{bmatrix},\quad P^{-1}=P\tag{6.227}$$

做线性变换，得

$$\begin{cases}\begin{bmatrix}\dot{\tilde{z}}_{(2)}\\ \dot{x}\\ \dot{\tilde{z}}_{(1)}\end{bmatrix}=\begin{bmatrix}(A-GC) & GC & 0\\ 0 & (A-BK) & BK\\ 0 & 0 & (A-GC)\end{bmatrix}\begin{bmatrix}\tilde{z}_{(2)}\\ x\\ \tilde{z}_{(1)}\end{bmatrix}+\begin{bmatrix}0\\ B\\ 0\end{bmatrix}u\\ y=\begin{bmatrix}0 & C & 0\end{bmatrix}\begin{bmatrix}\tilde{z}_{(2)}\\ x\\ \tilde{z}_{(1)}\end{bmatrix}\end{cases}\tag{6.228}$$

它的传递函数阵为

$$W_z(s)=C[sI-(A-BK)]^{-1}B=W_K(s) \tag{6.229}$$

可见，从传递特性上看，补偿器和观测器完全等效。

【例 6-19】 设被控系统的传递函数为$W_0(s)=\dfrac{1}{s(s+6)}$，用状态反馈将闭环控制系统的极点配置到$-4\pm j6$。并设计实现上述反馈的全维和降维观测器(期望极点为-10，-10)。

解 (1) 由传递函数可知，系统能控能观，因而存在状态反馈及状态观测器。根据分离特性可分别进行设计。

(2) 求状态反馈阵 K。为方便观测器设计，可直接写出系统的能观Ⅱ型实现为

$$\dot{x}=\begin{bmatrix}0 & 0\\1 & -6\end{bmatrix}x+\begin{bmatrix}1\\0\end{bmatrix}u,\quad y=[0\quad 1]x$$

令 $K=[k_0,\quad k_1]$，得闭环控制系统矩阵为

$$A-bK=\begin{bmatrix}0 & 0\\1 & -6\end{bmatrix}-\begin{bmatrix}1\\0\end{bmatrix}[k_0\quad k_1]=\begin{bmatrix}-k_0 & -k_1\\1 & -6\end{bmatrix}$$

及闭环特征多项式

$$\begin{aligned}f(\lambda)&=\det[\lambda I-(A-bK)]=\det\begin{bmatrix}\lambda+k_0 & k_1\\-1 & \lambda+6\end{bmatrix}\\&=\lambda^2+(6+k_0)\lambda+(6k_0+k_1)\end{aligned}$$

与期望特征多项式

$$f^*(\lambda)=(\lambda+4-j6)(\lambda+4+j6)=\lambda^2+8\lambda+52$$

比较得

$$K=[2\quad 40]$$

(3) 求全维观测器。令 $G=\begin{bmatrix}g_0\\g_1\end{bmatrix}$，得

$$A-Gc=\begin{bmatrix}0 & 0\\1 & -6\end{bmatrix}-\begin{bmatrix}g_0\\g_1\end{bmatrix}[0\quad 1]=\begin{bmatrix}0 & -g_0\\1 & -6-g_1\end{bmatrix}$$

及

$$\begin{aligned}\det[\lambda I-(A-Gc)]&=\det\begin{bmatrix}\lambda & g_0\\-1 & \lambda+(6+g_1)\end{bmatrix}\\&=\lambda^2+(6+g_1)\lambda+g_0\end{aligned}$$

与期望特征多项式

$$f_G^*(\lambda)=(\lambda+10)(\lambda+10)=\lambda^2+20\lambda+100$$

比较得

$$G=\begin{bmatrix}100\\14\end{bmatrix}$$

全维观测器方程为

$$\dot{\hat{x}}=(A-Gc)\hat{x}+Gy+bu=\begin{bmatrix}0 & -100\\1 & -20\end{bmatrix}\hat{x}+\begin{bmatrix}100\\14\end{bmatrix}y+\begin{bmatrix}1\\0\end{bmatrix}u$$

闭环控制系统模拟结构如图 6-38 所示。

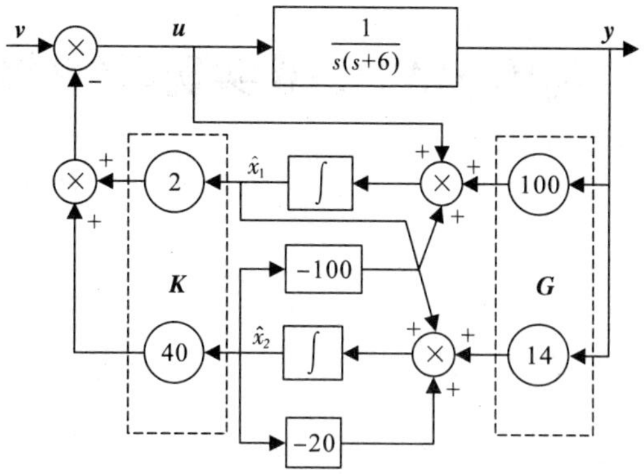

图 6－38　利用全维观测器反馈的闭环控制系统模拟结构图

(4) 求降维观测器。降维观测器方程为

$$\begin{cases}\dot{\hat{\bar{\boldsymbol{w}}}}=(\bar{\boldsymbol{A}}_{11}-\bar{\boldsymbol{G}}\bar{\boldsymbol{A}}_{21})\hat{\bar{\boldsymbol{x}}}+(\bar{\boldsymbol{A}}_{12}-\bar{\boldsymbol{G}}\bar{\boldsymbol{A}}_{22})\bar{\boldsymbol{y}}+(\bar{\boldsymbol{B}}_1-\bar{\boldsymbol{G}}\bar{\boldsymbol{B}}_2)\boldsymbol{u}\\ \hat{\bar{\boldsymbol{x}}}=\hat{\bar{\boldsymbol{w}}}+\bar{\boldsymbol{G}}\bar{\boldsymbol{y}}\end{cases}\tag{6.230}$$

对照本例，有

$$\bar{\boldsymbol{A}}_{11}=a_{11}=0,\ \bar{\boldsymbol{A}}_{12}=a_{12}=0,\ \bar{\boldsymbol{A}}_{21}=a_{21}=1,\ \bar{\boldsymbol{A}}_{22}=a_{22}=-6,$$

$$\bar{\boldsymbol{B}}_1=b_1=1,\ \bar{\boldsymbol{B}}_2=b_2=0,\ \bar{\boldsymbol{G}}=g,\ \bar{\boldsymbol{y}}=y,\ \bar{\boldsymbol{x}}_1=x_1,\ \hat{\bar{\boldsymbol{w}}}=\hat{\bar{w}}$$

代入式(6.230)，得

$$\begin{cases}\dot{\hat{\bar{w}}}=-g\hat{\bar{x}}_1+6gy+u\\ \hat{\bar{x}}_1=\hat{\bar{w}}+gy\end{cases}$$

即

$$\dot{\hat{\bar{w}}}+g\hat{\bar{w}}=(6g-g^2)y+u$$

特征多项式 $f_G(\lambda)=\lambda+g$ 与 $f_G^*(\lambda)=\lambda+10$，比较得 $g=10$。

由于 $\bar{x}_1=x_1$ 和 $\hat{\bar{w}}=\hat{w}$，故降维观测器的方程为

$$\begin{cases}\dot{\hat{w}}=-10\hat{w}+(6\times10-100)y+u=-10\hat{w}-40y+u\\ \hat{\boldsymbol{x}}_1=\hat{w}+10y\end{cases}$$

闭环控制系统模拟结构如图 6－39 所示。

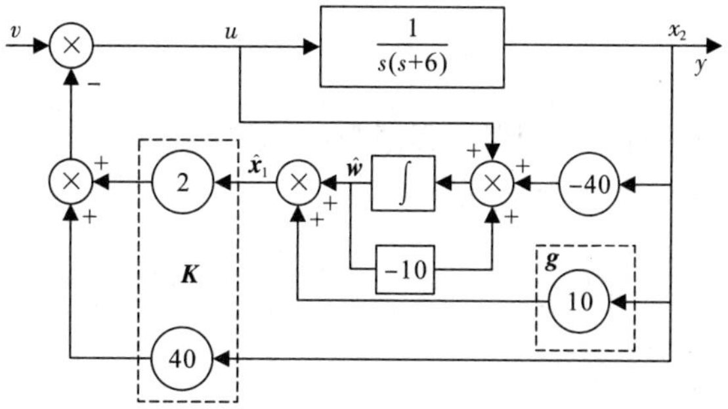

图 6－39　利用降维观测器反馈的闭环控制系统模拟结构图

6.11 利用 MATLAB 实现系统的综合

MATLAB 控制系统工具箱为极点配置、状态观测器、系统解耦等系统综合提供了专用函数。

1. acker( )函数

功能：单输入系统 $\Sigma(\boldsymbol{A}, \boldsymbol{b}, \boldsymbol{c})$的极点配置。

调用格式：

$\boldsymbol{K}$=acker($\boldsymbol{A}$, $\boldsymbol{b}$, $\boldsymbol{P}$)

其中，$\boldsymbol{P}$ 为配置极点，$\boldsymbol{K}$ 为反馈增益矩阵。

2. place( )函数

功能：单输入或多输入系统 $\Sigma(\boldsymbol{A}, \boldsymbol{B}, \boldsymbol{C})$的极点配置。

调用格式：

$\boldsymbol{K}$=place($\boldsymbol{A}$, $\boldsymbol{B}$, $\boldsymbol{P}$)

6.11.1 闭环控制系统极点配置

当系统完全能控时，通过状态反馈可实现闭环控制系统极点的任意配置。关键是求解状态反馈矩阵 $\boldsymbol{K}$，当系统的阶数大于 3，或为多输入多输出系统时，具体设计要困难的多。如果采用 MATLAB 控制系统工具箱的专用函数，具体设计问题就简单多了。

【例 6-20】 已知系统的状态方程为

$$\dot{\boldsymbol{x}}=\begin{bmatrix}-2 & -1 & 1\\ 1 & 0 & 1\\ -1 & 0 & 1\end{bmatrix}\boldsymbol{x}+\begin{bmatrix}1\\ 1\\ 1\end{bmatrix}u$$

试用状态反馈将闭环控制系统的极点配置为-1，-2，-3，求状态反馈矩阵 $\boldsymbol{K}$。

解 (1) MATLAB 仿真程序如下：

```
A=[-2, -1, 1; 1, 0, 1; -1, 0, 1];
b=[1; 1; 1];
Qc=ctrb(A, b); rc=rank(Qc);
f=conv([1, 1], conv([1, 2], [1, 3]));
K=[zeros(1, length(A)-1) 1] * inv(Qc) * polyvalm(f, A)
```

运行结果如下：

```
K =   -1   2   4
```

(2) 用函数 acker()进行极点配置的程序为：

```
A=[-2, -1, 1; 1, 0, 1; -1, 0, 1];
b=[1; 1; 1];
Qc=ctrb(A, b); rc=rank(Qc);
P=[-1, -2, -3];
K=acker(A, b, P)
```

运行结果如下：

```
K =   -1  2  4
```

(3) 用函数 place()进行极点配置的仿真程序如下：

```
A=[-2, -1, 1; 1, 0, 1; -1, 0, 1];
b=[1; 1; 1];
Qc=ctrb(A, b);
rc=rank(Qc);
P=[-1, -2, -3];
K=place(A, b, P)
```

运行结果如下：

```
K = -1.0000  2.0000  4.0000
```

6.11.2　求解线性二次型最优控制

MATLAB 控制系统工具箱中提供了一些线性二次型最优控制的专用函数，可以方便地完成最优控制律的设计。

1. lqr()和 lqr2()函数

功能：连续时间系统线性二次型状态调节器设计。

调用格式：

$$[\boldsymbol{K}, \boldsymbol{P}, e]=\mathrm{lqr}(\boldsymbol{A}, \boldsymbol{B}, \boldsymbol{Q}, \boldsymbol{R}, \boldsymbol{N}), [\boldsymbol{K}, \boldsymbol{P}]=\mathrm{lqr2}(\boldsymbol{A}, \boldsymbol{B}, \boldsymbol{Q}, \boldsymbol{R})$$

其中，$\boldsymbol{A}$ 为系统状态矩阵；$\boldsymbol{B}$ 为系统输入矩阵；$\boldsymbol{Q}$ 为给定的半正定实对称矩阵；$\boldsymbol{R}$ 为给定的正定实对称矩阵；$\boldsymbol{N}$ 代表更一般化性能指标中交叉乘积项的加权矩阵，缺省时 $\boldsymbol{N}=\boldsymbol{0}$；输出参量 $\boldsymbol{K}$ 为最优反馈增益矩阵；$\boldsymbol{P}$ 为对应 Riccati 方程的唯一正定解；$\boldsymbol{e}$ 为闭环状态方程参数矩阵$(\boldsymbol{A}-\boldsymbol{BK})$的特征值。

函数 lqr()和 lqr2()用来计算连续时间系统最优反馈增益矩阵 $\boldsymbol{K}$，使系统 $\dot{\boldsymbol{x}}=\boldsymbol{Ax}+\boldsymbol{Bu}$ 采用反馈控制律 $\boldsymbol{u}=-\boldsymbol{Kx}$，使得性能指标

$$J=\int_0^{\infty}(\boldsymbol{x}^{\mathrm{T}}\boldsymbol{Qx}+\boldsymbol{u}^{\mathrm{T}}\boldsymbol{Ru}+2\boldsymbol{x}^{\mathrm{T}}\boldsymbol{Nu})\mathrm{d}t$$

达到极小。同时返回代数 Riccati 方程 $\boldsymbol{A}^{\mathrm{T}}\boldsymbol{P}+\boldsymbol{PA}-(\boldsymbol{PB}+\boldsymbol{N})\boldsymbol{R}^{-1}(\boldsymbol{B}^{\mathrm{T}}\boldsymbol{P}+\boldsymbol{N}^{\mathrm{T}})+\boldsymbol{Q}=0$ 的解 $\boldsymbol{P}$ 和闭环控制系统的特征值 $\boldsymbol{e}=\mathrm{eig}(\boldsymbol{A}-\boldsymbol{BK})$，以及最优反馈增益 $\boldsymbol{K}=\boldsymbol{R}^{-1}(\boldsymbol{B}^{\mathrm{T}}\boldsymbol{P}+\boldsymbol{N}^{\mathrm{T}})$。

2. lqry()函数

功能：连续时间系统线性二次型输出调节器设计。

调用格式：

$$[\boldsymbol{K}, \boldsymbol{P}, e]=\mathrm{lqry}(\mathrm{sys}, \boldsymbol{Q}, \boldsymbol{R}, \boldsymbol{N})$$

其中，sys 为系统的传递函数。

函数 lqry()用来计算连续时间系统的输出反馈增益矩阵 $\boldsymbol{K}$，用输出反馈代替状态反馈，即 $\boldsymbol{u}=-\boldsymbol{Ky}$，使得性能指标

$$J=\int_0^{\infty}(\boldsymbol{y}^{\mathrm{T}}\boldsymbol{Qy}+\boldsymbol{u}^{\mathrm{T}}\boldsymbol{Ru}+2\boldsymbol{y}^{\mathrm{T}}\boldsymbol{Nu})\mathrm{d}t$$

达到极小。这种二次型输出反馈控制称为次优控制。此函数也可以用来计算相应的离散时间系统最优反馈增益矩阵 $\boldsymbol{K}$，缺省时 $\boldsymbol{N}=\boldsymbol{0}$。

3. dlqr( )函数

功能：离散时间系统线性二次型状态/输出调节器设计。

调用格式：

$[\boldsymbol{K}, \boldsymbol{P}, \boldsymbol{e}] = \text{dlqr}(\boldsymbol{G}, \boldsymbol{H}, \boldsymbol{Q}, \boldsymbol{R}, \boldsymbol{N})$

函数 **dlqr**()用来计算离散时间系统最优反馈增益矩阵 $\boldsymbol{K}$，使系统 $\boldsymbol{x}(k+1)=\boldsymbol{G}\boldsymbol{x}(k)+\boldsymbol{H}\boldsymbol{u}[k]$采用反馈控制律 $\boldsymbol{u}(n)=-\boldsymbol{K}\boldsymbol{x}(n)$，使得性能指标

$$J = \sum_{n=1}^{\infty}(\boldsymbol{x}^{\mathrm{T}}(n)\boldsymbol{Q}\boldsymbol{x}(n) + \boldsymbol{u}^{\mathrm{T}}(n)\boldsymbol{R}\boldsymbol{u}(n) + 2\boldsymbol{x}^{\mathrm{T}}(n)\boldsymbol{N}\boldsymbol{x}(n))$$

达到极小。同时返回离散代数 Riccati 方程

$$\boldsymbol{G}^{\mathrm{T}}\boldsymbol{P}\boldsymbol{G}-\boldsymbol{P}-(\boldsymbol{G}^{\mathrm{T}}\boldsymbol{P}\boldsymbol{H}+\boldsymbol{N})(\boldsymbol{H}^{\mathrm{T}}\boldsymbol{P}\boldsymbol{H}+\boldsymbol{R})^{-1}(\boldsymbol{H}^{\mathrm{T}}\boldsymbol{P}\boldsymbol{G}+\boldsymbol{N}^{\mathrm{T}})+\boldsymbol{Q}=0$$

的解 $\boldsymbol{P}$，闭环控制系统的特征值 $\boldsymbol{e}=\text{eig}(\boldsymbol{G}-\boldsymbol{H}\boldsymbol{K})$和最优反馈增益

$$\boldsymbol{K}=(\boldsymbol{H}^{\mathrm{T}}\boldsymbol{P}\boldsymbol{H}+\boldsymbol{R})^{-1}(\boldsymbol{H}^{\mathrm{T}}\boldsymbol{P}\boldsymbol{G}+\boldsymbol{N}^{\mathrm{T}})$$

函数 **dlqr**()也可用于离散时间系统的输出反馈调节器设计，用输出反馈代替状态反馈，即 $\boldsymbol{u}(n)=-\boldsymbol{K}\boldsymbol{y}(n)$，使得性能指标

$$J = \sum_{n=1}^{\infty}[\boldsymbol{y}^{\mathrm{T}}(n)\boldsymbol{Q}\boldsymbol{y}(n) + \boldsymbol{u}^{\mathrm{T}}(n)\boldsymbol{R}\boldsymbol{u}(n) + 2\boldsymbol{y}^{\mathrm{T}}(n)\boldsymbol{N}\boldsymbol{y}(n)]$$

达到极小。

4. lqrd( )函数

功能：连续系统基于连续代价函数的离散 LQR 调节器设计。

调用格式：

$[\boldsymbol{K}, \boldsymbol{P}, \boldsymbol{e}] = \text{lqrd}(\boldsymbol{A}, \boldsymbol{B}, \boldsymbol{Q}, \boldsymbol{R}, \boldsymbol{N}, \boldsymbol{T}_{\mathrm{s}})$

其中，$\boldsymbol{A}$ 为系统状态矩阵；$\boldsymbol{B}$ 为系统输入矩阵；$\boldsymbol{T}_{\mathrm{s}}$ 是离散观测器的抽样时间。

函数 **lqrd**()用于计算连续时间系统的离散最优反馈增益矩阵 $\boldsymbol{K}$，使系统采用反馈控制律 $\boldsymbol{u}(n)=-\boldsymbol{K}\boldsymbol{x}(n)$，使得性能指标

$$J = \int_0^{\infty}(\boldsymbol{x}^{\mathrm{T}}\boldsymbol{Q}\boldsymbol{x} + \boldsymbol{u}^{\mathrm{T}}\boldsymbol{R}\boldsymbol{u} + 2\boldsymbol{x}^{\mathrm{T}}\boldsymbol{N}\boldsymbol{u})\mathrm{d}t$$

达到极小。返回值是离散代数 Riccati 方程的解、离散闭环控制系统的特征值 $\boldsymbol{S}$ 及离散闭环控制系统的特征值 $\boldsymbol{e}=\text{eig}(\boldsymbol{A}-\boldsymbol{B}\boldsymbol{K})$，缺省时 $\mathbf{N}=\mathbf{0}$。

【例 6-21】 已知线性系统的状态空间表达式为

$$\dot{\boldsymbol{x}}=\begin{bmatrix}0 & 1 & 0\\ 0 & 0 & 1\\ -3 & -5 & -5\end{bmatrix}\boldsymbol{x}+\begin{bmatrix}0\\0\\1\end{bmatrix}u,\quad y=[1\quad 0\quad 0]\boldsymbol{x}$$

系统的二次型性能指标为

$$J = \int_0^{\infty}(\boldsymbol{x}^{\mathrm{T}}\boldsymbol{Q}\boldsymbol{x} + \boldsymbol{u}^{\mathrm{T}}\boldsymbol{R}\boldsymbol{u})\mathrm{d}t$$

式中，$\boldsymbol{Q}=\begin{bmatrix}100 & 0 & 0\\ 0 & 1 & 0\\ 0 & 0 & 1\end{bmatrix}$，$R=[1]$。求最优状态反馈控制律 $\boldsymbol{u}^*(t)$，使得性能指标达到最小值。

解 根据题意，首先要求出最优状态反馈矩阵 $\boldsymbol{K}$，可调用 lqr 函数来求解。然后可得

到最优控制律为 $\boldsymbol{u}^*(t)=-\boldsymbol{K}\boldsymbol{x}(t)$。MATLAB 程序如下：

```
A=[0 1 0; 0 0 1; -3 -5 -5];
B=[0; 0; 1]; C=[1 0 0]; D=[0];
Q=[100 0 0; 0 1 0; 0 0 1];
R=[1];
K=lqr(A, B, Q, R)
K1=K(1);
Ac=A-B*K; Bc=B*K1; Cc=C; Dc=D;
e=eig(Ac);
step(Ac, Bc, Cc, Dc)
t=0: 0.01: 10
[y, X, t]=step(Ac, Bc, Cc, Dc, 1, t);
x1=X(:, 1);
plot(t, x1, 'k'), grid
xlabel('t(s)'), ylabel('$y=x_1$')
```

运行程序后可得到最优状态反馈增益矩阵 $\boldsymbol{K}$ 如下：

```
K=
    7.4403   6.1975   1.1964
```

闭环控制系统特征值 $\boldsymbol{e}$ 如下：

```
e =
    -1.0589 + 1.1994i
    -1.0589-1.1994i
    -4.0785
```

闭环控制系统单位阶跃响应曲线如图 6-40 所示。

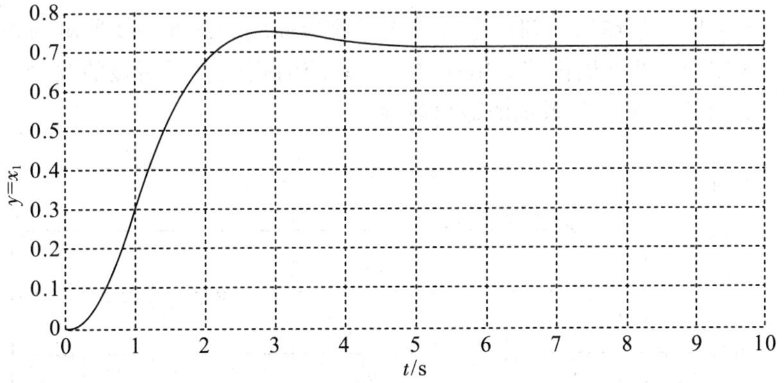

图 6-40　状态反馈后闭环控制系统的单位阶跃响应曲线

【例 6-22】 已知线性系统的状态空间表达式为

$$\dot{\boldsymbol{x}}=\begin{bmatrix}0&1&0\\0&0&0\\0&-2&-3\end{bmatrix}\boldsymbol{x}+\begin{bmatrix}0\\0\\1\end{bmatrix}u,\quad y=[1\quad 0\quad 0]\boldsymbol{x}$$

求采用输出反馈控制律，即 $\boldsymbol{u}(t)=-\boldsymbol{K}\boldsymbol{y}(t)$，使性能指标

$$J=\int_0^{\infty}(\boldsymbol{y}^{\mathrm{T}}\boldsymbol{Q}\boldsymbol{y}+\boldsymbol{u}^{\mathrm{T}}\boldsymbol{R}\boldsymbol{u})\mathrm{d}t$$

为最小的最优控制的输出反馈矩阵 $\boldsymbol{K}$。其中 $\boldsymbol{Q}=100$，$\boldsymbol{R}=1$。

解 MATLAB 程序如下：

```
A=[0 1 0; 0 0 1; 0 -2 -3];
B=[0; 0; 1; ];
C=[1 0 0]; D=0;
Q=diag([100]); R=1;
[K, P, e]=lqry(A, B, C, D, Q, R)
t=0: 0.1: 10;
figure(1);
step(A-B*K, B, C, D, 1, t)
figure(2);
step(A, B, C, D, 1, t)
```

执行后的结果如下：

```
K =
    10.0000   8.2459   2.0489
P =
    102.4592   50.4894   10.0000
    50.4894   35.7311   8.2459
    10.0000   8.2459   2.0489
e =
    -2.5800
    -1.2345+1.5336i
    -1.2345-1.5336i
```

比较图 6-41 所示的输出反馈后系统的阶跃响应曲线和图 6-42 所示的输出反馈前原系统的阶跃响应曲线，可见最优控制施加之后该系统的响应有了明显的改善。通过调节 $\boldsymbol{Q}$ 和 $\boldsymbol{R}$ 加权矩阵还可进一步改善系统的输出响应。

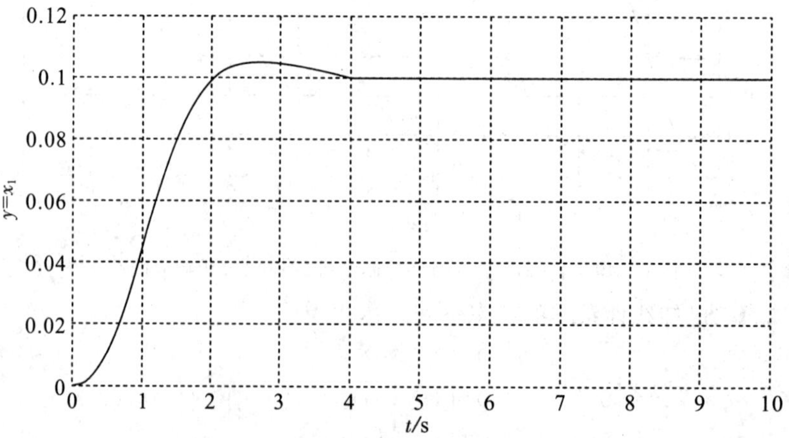

图 6-41 输出反馈后闭环控制系统的阶跃响应曲线

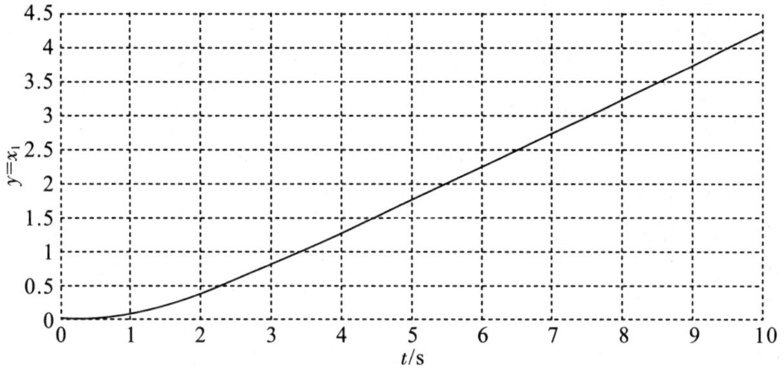

图 6-42　原系统输出的阶跃响应曲线

6.11.3　全维状态观测器设计

极点配置要求系统的状态向量必须全部可测量，当状态向量全部或部分不可直接测量时，则应设计状态观测器进行状态重构。

对于被控系统 $\Sigma(\boldsymbol{A}, \boldsymbol{B}, \boldsymbol{C})$，其状态空间表达式为

$$\begin{cases}\dot{\boldsymbol{x}}=\boldsymbol{A}\boldsymbol{x}+\boldsymbol{B}\boldsymbol{u}\\ \boldsymbol{y}=\boldsymbol{C}\boldsymbol{x}\end{cases}$$

若系统完全能观测，则可构造状态观测器。在 MATLAB 控制系统工具箱中，利用对偶原理，可使设计问题大为简化。首先构造被控系统 $\Sigma(\boldsymbol{A}, \boldsymbol{B}, \boldsymbol{C})$的对偶系统为

$$\begin{cases}\dot{\boldsymbol{z}}=\boldsymbol{A}^{\mathrm{T}}\boldsymbol{z}+\boldsymbol{C}^{\mathrm{T}}\boldsymbol{u}\\ \boldsymbol{y}=\boldsymbol{B}^{\mathrm{T}}\boldsymbol{z}\end{cases}$$

然后，对偶系统按极点配置求状态反馈矩阵 $\boldsymbol{K}$，即

$$\boldsymbol{K}=\mathrm{acker}(\boldsymbol{A}^{\mathrm{T}}, \boldsymbol{C}^{\mathrm{T}}, \boldsymbol{P})$$

或

$$\boldsymbol{K}=\mathrm{place}(\boldsymbol{A}^{\mathrm{T}}, \boldsymbol{C}^{\mathrm{T}}, \boldsymbol{P})$$

原系统的状态观测器的反馈矩阵 $\boldsymbol{G}$ 就是其对偶系统的状态反馈矩阵 $\boldsymbol{K}$ 的转置，即

$$\boldsymbol{G}=\boldsymbol{K}^{\mathrm{T}}$$

其中，$\boldsymbol{P}$ 为状态观测器的给定期望极点；$\boldsymbol{G}$ 为状态观测器的反馈矩阵。

【例 6-23】　设系统的状态空间表达式为

$$\begin{cases}\dot{\boldsymbol{x}}=\begin{bmatrix}0 & 0 & -2\\ 1 & 0 & 9\\ 0 & 1 & 0\end{bmatrix}\boldsymbol{x}+\begin{bmatrix}3\\ 2\\ 1\end{bmatrix}u\\ y=\begin{bmatrix}0 & 0 & 1\end{bmatrix}\boldsymbol{x}\end{cases}$$

试设计全维状态观测器，使状态观器的闭环极点为-3，-4，-5。

解　MATLAB 仿真程序如下：

```
A=[0 0 2; 1 0 9; 0 1 0];
B=[3; 2; 1]; C=[0 0 1];
n=3
```

```
Qo=obsv(A, C);
ro=rank(Qo);
if (ro==n)
    disp('系统是可观测的')
    P=[-3  -4  -5];   %状态观测器的设计
    A1=A'; B1=C';
    K=acker(A1, B1, P);
    G=K'
    AGC=A-G*C
elseif (ro~=n)
    disp('系统是不可观测的，不能进行观测器的设计')
end
```

运行结果如下：

```
n=
    3
```

系统是可观测的

```
G =
    62
    56
    12
AGC =
    0  0  -60
    1  0  -47
    0  1  -12
```

被控系统的全维状态观测器为

$$\dot{\hat{x}}=\begin{bmatrix}0 & 0 & -60\\1 & 0 & -47\\0 & 1 & -12\end{bmatrix}\hat{x}+\begin{bmatrix}3\\2\\1\end{bmatrix}u+\begin{bmatrix}62\\56\\12\end{bmatrix}y$$

6.11.4 降维状态观测器设计

已知线性时不变系统为

$$\begin{cases}\dot{\boldsymbol{x}}=\boldsymbol{A}\boldsymbol{x}+\boldsymbol{B}\boldsymbol{u}\\ \boldsymbol{y}=\boldsymbol{C}\boldsymbol{x}\end{cases}$$

若系统完全能观测，则可将状态向量 $\boldsymbol{x}$ 分为可量测和不可量测两部分，通过特定线性非奇异变换可导出相应的系统方程为分块矩阵形式，即

$$\begin{cases}\begin{bmatrix}\dot{\bar{\boldsymbol{x}}}_1\\ \dot{\bar{\boldsymbol{x}}}_2\end{bmatrix}=\begin{bmatrix}\bar{\boldsymbol{A}}_{11} & \bar{\boldsymbol{A}}_{12}\\ \bar{\boldsymbol{A}}_{21} & \bar{\boldsymbol{A}}_{22}\end{bmatrix}\begin{bmatrix}\bar{\boldsymbol{x}}_1\\ \bar{\boldsymbol{x}}_2\end{bmatrix}+\begin{bmatrix}\bar{\boldsymbol{B}}_1\\ \bar{\boldsymbol{B}}_2\end{bmatrix}\boldsymbol{u}\\ \bar{\boldsymbol{y}}=[\boldsymbol{0}\quad \boldsymbol{I}]\begin{bmatrix}\bar{\boldsymbol{x}}_1\\ \bar{\boldsymbol{x}}_2\end{bmatrix}=\bar{\boldsymbol{x}}_2\end{cases}\tag{6.231}$$

由式(6.228)可以看出，m 维状态 $\bar{\boldsymbol{x}}_2$ 能够直接由输出量 $\bar{\boldsymbol{y}}$ 获得，不必再通过观测器进行重构；$(n-m)$ 维状态变量 $\bar{\boldsymbol{x}}_1$ 由观测器进行重构。由式(6.228)可得关于 $\bar{\boldsymbol{x}}_1$ 的状态方程为

$$\begin{cases}\dot{\bar{\boldsymbol{x}}}_1=\bar{\boldsymbol{A}}_{11}\bar{\boldsymbol{x}}_1+\bar{\boldsymbol{A}}_{12}\bar{\boldsymbol{x}}_2+\bar{\boldsymbol{B}}_1u=\bar{\boldsymbol{A}}_{11}\bar{\boldsymbol{x}}_1+\boldsymbol{M}\\ \dot{\bar{\boldsymbol{y}}}-\bar{\boldsymbol{A}}_{22}\bar{\boldsymbol{y}}-\bar{\boldsymbol{B}}_2u=\bar{\boldsymbol{A}}_{21}\bar{\boldsymbol{x}}_2\end{cases}\tag{6.232}$$

将它与全维状态观测方程进行对比，可得到两者之间的对应关系，如表 6.1 所示。

表 6.1　全维观测器与降维观测器对比

全维观测器	降维观测器	全维观测器	降维观测器
$\boldsymbol{x}$	$\bar{\boldsymbol{x}}_1$	$\boldsymbol{y}$	$\dot{\bar{\boldsymbol{y}}}-\bar{\boldsymbol{A}}_{22}\bar{\boldsymbol{y}}-\bar{\boldsymbol{B}}_2u$
$\boldsymbol{A}$	$\bar{\boldsymbol{A}}_{11}$	$\boldsymbol{C}$	$\bar{\boldsymbol{A}}_{21}$
$\boldsymbol{Bu}$	$\bar{\boldsymbol{A}}_{12}\boldsymbol{y}+\bar{\boldsymbol{B}}_1\boldsymbol{u}$	$\boldsymbol{G}_{n\times 1}$	$\boldsymbol{G}_{(n-m)\times 1}$

降维观测器的方程为

$$\begin{cases}\dot{\hat{\bar{\boldsymbol{w}}}}=(\bar{\boldsymbol{A}}_{11}-\bar{\boldsymbol{G}}\bar{\boldsymbol{A}}_{21})\hat{\bar{\boldsymbol{x}}}_1+(\bar{\boldsymbol{A}}_{12}-\bar{\boldsymbol{G}}\bar{\boldsymbol{A}}_{22})\bar{\boldsymbol{y}}+(\bar{\boldsymbol{B}}_1-\bar{\boldsymbol{G}}\bar{\boldsymbol{B}}_2)u\\ \hat{\bar{\boldsymbol{x}}}_1=\hat{\bar{\boldsymbol{w}}}+\bar{\boldsymbol{G}}\bar{\boldsymbol{y}}\end{cases}\tag{6.233}$$

或

$$\begin{cases}\dot{\hat{\bar{\boldsymbol{w}}}}=(\bar{\boldsymbol{A}}_{11}-\bar{\boldsymbol{G}}\bar{\boldsymbol{A}}_{21})\hat{\bar{\boldsymbol{w}}}+[(\bar{\boldsymbol{A}}_{11}-\bar{\boldsymbol{G}}\bar{\boldsymbol{A}}_{21})\bar{\boldsymbol{G}}+(\bar{\boldsymbol{A}}_{12}-\bar{\boldsymbol{G}}\bar{\boldsymbol{A}}_{22})]\bar{\boldsymbol{y}}+(\bar{\boldsymbol{B}}_1-\bar{\boldsymbol{G}}\bar{\boldsymbol{B}}_2)\boldsymbol{u}\\ \hat{\bar{\boldsymbol{x}}}=\hat{\bar{\boldsymbol{w}}}+\bar{\boldsymbol{G}}\bar{\boldsymbol{y}}\end{cases}\tag{6.234}$$

然后，使用 MATLAB 的函数 place()或 acker()，根据全维状态观测器的设计方法求解反馈阵 $\bar{\boldsymbol{G}}$。

【例 6-24】 设系统的状态空间表达式为

$$\dot{\boldsymbol{x}}=\begin{bmatrix}0&1&0\\0&0&1\\-6&-11&-6\end{bmatrix}\boldsymbol{x}+\begin{bmatrix}0\\0\\1\end{bmatrix}u,\quad y=[1\quad 0\quad 0]\boldsymbol{x}$$

试设计一个降维状态观测器，使得观测器的期望极点为−2，−3。

解　由于 x_1 可量测，因此只需设计 x_2 和 x_3 的状态观测器，故根据原系统可得不可量测部分的状态空间表达式为

$$\begin{cases}\dot{\bar{\boldsymbol{x}}}_1=\bar{\boldsymbol{A}}_{11}\bar{\boldsymbol{x}}_1+\bar{\boldsymbol{A}}_{12}\bar{\boldsymbol{x}}_2+\bar{\boldsymbol{B}}_1\boldsymbol{u}=\bar{\boldsymbol{A}}_{11}\bar{\boldsymbol{x}}_1+\boldsymbol{M}\\ \dot{\bar{\boldsymbol{y}}}-\bar{\boldsymbol{A}}_{22}\bar{\boldsymbol{y}}-\bar{\boldsymbol{B}}_2\boldsymbol{u}=\bar{\boldsymbol{A}}_{21}\bar{\boldsymbol{x}}_2\end{cases}$$

其中，$\bar{\boldsymbol{A}}_{11}=\begin{bmatrix}0&1\\-11&-6\end{bmatrix}$，$\bar{\boldsymbol{A}}_{12}=\begin{bmatrix}0\\-6\end{bmatrix}$，$\bar{\boldsymbol{A}}_{21}=[1\quad 0]$，$\bar{\boldsymbol{A}}_{22}=[0]$，$\bar{\boldsymbol{B}}_1=\begin{bmatrix}0\\1\end{bmatrix}$，$\bar{\boldsymbol{B}}_2=[0]$。

MATLAB 仿真程序如下：

```
A=[0 1 0; 0 0 1; -6 -11 -6];
B=[0; 0; 1]; C=[1 0 0];
T_inv=[0 1 0; 0 0 1; 1 0 0];
```

```
T=inv(T_inv);
A_bar=T_inv * A * T;
B_bar= T_inv * B;
C_bar=C * T;
A11_bar =[A_bar(1: 2, 1: 2)];
A12_bar =[A_bar(1: 2, 3)];
A21_bar =[A_bar(3, 1: 2)];
A22_bar =[A_bar(3, 3)];
B1_bar =B(1: 2, 1); B2_bar =B(3, 1);
A1= A11_bar; C1=A21_bar;
AX=(A11_bar)'; BX=(C1)';
P=[-2  -3];
K=acker(AX, BX, P);
G=K'
AGAZ=(A11_bar-G * A21_bar)
AGAY=(A11_bar-G * A21_bar) * G+A12_bar-G * A22_bar
BGBU=B1_bar - G * B2_bar
```

运行结果为：

```
G=
    -1
    1
AGAZ =
      1    1
    -12   -6
AGAY =
    0
    0
BGBU =
    0
    1
```

即降维状态观测器为

$$\begin{cases}\dot{\hat{\boldsymbol{w}}}=\begin{bmatrix}1 & 1\\ -12 & -6\end{bmatrix}\hat{\boldsymbol{w}}+\begin{bmatrix}0\\ 1\end{bmatrix}u+\begin{bmatrix}0\\ 0\end{bmatrix}\bar{y}\\ \hat{\boldsymbol{x}}=\hat{\boldsymbol{w}}+\begin{bmatrix}-1\\ 1\end{bmatrix}y\end{cases}$$

6.11.5 带状态观测器的状态反馈极点配置

状态观测器解决了受控系统的状态重构问题，为那些状态变量不能直接测量的系统实现状态反馈创造了条件。带状态观测器的状态反馈系统由三部分组成，即被控系统、观测器和状态反馈。

设能控能观测的被控系统为

$$\begin{cases}\dot{\boldsymbol{x}}=\boldsymbol{A}\boldsymbol{x}+\boldsymbol{B}\boldsymbol{u}\\ \boldsymbol{y}=\boldsymbol{C}\boldsymbol{x}\end{cases}\tag{6.235}$$

状态反馈控制律为

$$\boldsymbol{u}=\boldsymbol{v}-\boldsymbol{K}\hat{\boldsymbol{x}}\tag{6.236}$$

状态观测器方程为

$$\dot{\hat{\boldsymbol{x}}}=(\boldsymbol{A}-\boldsymbol{G}\boldsymbol{C})\hat{\boldsymbol{x}}+\boldsymbol{B}\boldsymbol{u}+\boldsymbol{G}\boldsymbol{y}\tag{6.237}$$

由式(6.235)、式(6.236)和式(6.237)可得闭环控制系统的状态空间表达式为

$$\begin{cases}\dot{\boldsymbol{x}}=\boldsymbol{A}\boldsymbol{x}-\boldsymbol{B}\boldsymbol{K}\hat{\boldsymbol{x}}+\boldsymbol{B}\boldsymbol{v}\\ \dot{\hat{\boldsymbol{x}}}=\boldsymbol{G}\boldsymbol{C}\boldsymbol{x}+(\boldsymbol{A}-\boldsymbol{G}\boldsymbol{C}-\boldsymbol{B}\boldsymbol{K})\hat{\boldsymbol{x}}+\boldsymbol{B}\boldsymbol{v}\\ \boldsymbol{y}=\boldsymbol{C}\boldsymbol{x}\end{cases}\tag{6.238}$$

根据分离原理，系统的状态反馈阵 $\boldsymbol{K}$ 和观测器反馈阵 $\boldsymbol{G}$ 可分别设计。

【例 6-25】 已知开环系统为

$$\begin{cases}\dot{\boldsymbol{x}}=\begin{bmatrix}0 & 1\\ 20.6 & 0\end{bmatrix}\boldsymbol{x}+\begin{bmatrix}0\\ 1\end{bmatrix}u\\ y=[1\quad 0]\boldsymbol{x}\end{cases}$$

设计状态反馈使闭环极点为$-1.8\pm j2.4$，设计状态观测器使其闭环极点为-8，-8。

解　状态反馈和状态观测器的设计分开进行，状态观测器的设计借助于对偶原理。在设计之前，应先判别系统的能控性和能观性，MATLAB 仿真程序如下：

```
A = [0 1; 20.6 0]; b=[0; 1]; C=[1 0];
% Check Controllability and Observability
disp('The rank of Controllability Matrix')
rc = rank(ctrb(A, b))
disp('The rank of Observability Matrix')
ro = rank(obsv(A, C))
% Design Regulator
P = [-1.8+2.4*j -.8-2.4*j];
K = acker(A, b, P)
% Design State Observer
A1 = A'; b1 = C'; C1 = b';
P1 = [-8  -8];
K1 = acker(A1, b1, P1);
G = K1'
```

运行结果如下：

```
The rank of Controllability Matrix
rc =
     2
    The rank of Observability Matrix
ro =
     2
K =
```

```
        29.6000   3.6000
    G =
        16.0000
        84.6000
```

对于线性时不变系统的综合，MATLAB并不限于上面介绍的函数及方法，有兴趣的读者可以参考有关资料获得更多更方便的方法。

习　题

6-1　已知系统为

$$\begin{cases}\dot{\boldsymbol{x}}=\begin{bmatrix}0 & 1\\0 & -1\end{bmatrix}\boldsymbol{x}+\begin{bmatrix}0\\1\end{bmatrix}u\\ y=\begin{bmatrix}2 & 1\end{bmatrix}\boldsymbol{x}\end{cases}$$

引入状态反馈矩阵$\boldsymbol{K}=[2\quad 2]$，试分析引入状态反馈后系统的能控性和能观性。

6-2　已知系统为

$$\begin{cases}\dot{\boldsymbol{x}}=\begin{bmatrix}0 & 2\\-2 & 0\end{bmatrix}\boldsymbol{x}+\begin{bmatrix}1\\0\end{bmatrix}u\\ y=\begin{bmatrix}0 & 1\end{bmatrix}\boldsymbol{x}\end{cases}$$

由状态反馈实现闭环极点配置，使得闭环极点为$\lambda_{1,2}=-3\pm \mathrm{j}2$，试确定状态反馈矩阵$\boldsymbol{K}$，并画出闭环控制系统的模拟结构图。

6-3　已知系统状态方程为

$$\dot{\boldsymbol{x}}=\begin{bmatrix}1 & -1 & 1\\0 & 1 & 1\\1 & 0 & 1\end{bmatrix}\boldsymbol{x}+\begin{bmatrix}0\\0\\1\end{bmatrix}u$$

试求：(1) 能否用状态反馈任意配置闭环极点；

(2) 确定状态反馈矩阵$\boldsymbol{K}$，使得闭环控制系统极点为-5，$-1\pm \mathrm{j}$。

6-4　设系统的传递函数为

$$\frac{(s-1)(s+2)}{(s+1)(s-2)(s+3)}$$

试问能否利用状态反馈将其传递函数变成

$$\frac{(s-1)}{(s+2)(s+3)}$$

6-5　已知系统为

$$\begin{cases}\dot{\boldsymbol{x}}=\begin{bmatrix}0 & 0 & -1\\1 & 0 & -3\\0 & 1 & -3\end{bmatrix}x+\begin{bmatrix}1\\1\\0\end{bmatrix}u\\ y=\begin{bmatrix}0 & 1 & -2\end{bmatrix}x\end{cases}$$

试求：(1) 系统是否稳定；(2) 系统能否镇定，若能，试设计状态反馈使之镇定。

6-6　试设计前馈补偿器，使系统

$$W(s)=\begin{bmatrix}\dfrac{1}{s+1} & \dfrac{1}{s+2}\\ \dfrac{1}{s(s+1)} & \dfrac{1}{s}\end{bmatrix}$$

解耦，且解耦后的极点为-1，-1，-2，-2。

6-7　已知系统为

$$\begin{cases}\dot{\boldsymbol{x}}=\begin{bmatrix}-1 & 0 & 0\\ 0 & -2 & -3\\ 1 & 0 & 0\end{bmatrix}\boldsymbol{x}+\begin{bmatrix}1 & 0\\ 0 & 1\\ 0 & -1\end{bmatrix}\boldsymbol{u}\\ \boldsymbol{y}=\begin{bmatrix}1 & 0 & 0\\ 0 & 1 & 1\end{bmatrix}\boldsymbol{x}\end{cases}$$

试求：(1) 系统能否使用状态反馈解耦；(2) 若可以，试设计状态反馈阵，使系统闭环极点为-1，-2，-3。

6-8　已知系统的状态方程为

$$\dot{\boldsymbol{x}}=\begin{bmatrix}0 & 1\\ 0 & 0\end{bmatrix}\boldsymbol{x}(t)+\begin{bmatrix}0\\ 1\end{bmatrix}u(t)$$

试确定最优控制 $u^*(t)$，使性能指标

$$J=\int_0^{\infty}\frac{1}{2}[x_1^2(t)+u^2(t)]\mathrm{d}t$$

达到极小。

6-9　已知系统的状态方程及控制律为

$$\dot{\boldsymbol{x}}=\begin{bmatrix}0 & 1\\ 0 & 0\end{bmatrix}\boldsymbol{x}+\begin{bmatrix}0\\ 1\end{bmatrix}u$$

$$u=-\boldsymbol{K}\boldsymbol{x}=-k_1x_1-k_2x_2$$

试确定 k_1，k_2，使性能指标

$$J=\int_0^{\infty}\frac{1}{2}[\boldsymbol{x}^{\mathrm{T}}\boldsymbol{x}+\boldsymbol{u}^2]\mathrm{d}t$$

达到极小。

6-10　已知系统为

$$\begin{cases}\dot{\boldsymbol{x}}=\begin{bmatrix}0 & 1\\ 0 & 0\end{bmatrix}\boldsymbol{x}+\begin{bmatrix}0\\ 1\end{bmatrix}u\\ y=[1\quad 0]\boldsymbol{x}\end{cases}$$

试设计一状态观测器，使观测器极点为$-r$，$-2r(r>0)$。

6-11　已知系统为

$$\begin{cases}\dot{\boldsymbol{x}}=\begin{bmatrix}-1 & 0 & 1\\ 1 & -2 & 0\\ 0 & 0 & -3\end{bmatrix}\boldsymbol{x}+\begin{bmatrix}0\\ 1\\ 1\end{bmatrix}u\\ y=[1\quad 1\quad 1]\boldsymbol{x}\end{cases}$$

试求：(1) 全维观测器，观测器极点为-5，-5，-5；

(2) 降维观测器，观测器极点为-5，-5；

(3) 画出系统模拟结构图。

6-12 已知系统为

$$\begin{cases}\dot{\boldsymbol{x}}=\begin{bmatrix}-4 & 2\\ 2 & -4\end{bmatrix}\boldsymbol{x}+\begin{bmatrix}12\\ 0\end{bmatrix}u\\ y=\begin{bmatrix}0 & 2\end{bmatrix}\boldsymbol{x}\end{cases}$$

由于系统状态不能直接测量，试由状态观测器实现状态反馈。给定观测器极点为 $\lambda_{1,2}=-5$，使得系统的闭环极点为 $\lambda_{1,2}=-1.2\pm j2$，确定观测器反馈矩阵和状态反馈矩阵。

6-13 已知受控系统的传递函数为

$$\frac{1}{s(s+3)}$$

(1) 通过状态反馈将闭环控制系统极点配置为-4，-5；

(2) 设计实现上述反馈的全维观测器，要求将其极点配置在-10，-10。

6-14 设系统的状态空间表达式为

$$\begin{cases}\dot{\boldsymbol{x}}=\begin{bmatrix}1 & 2 & 0\\ 3 & -1 & 1\\ 0 & 2 & 0\end{bmatrix}\boldsymbol{x}+\begin{bmatrix}0\\ 0\\ 1\end{bmatrix}u\\ y=\begin{bmatrix}-1 & 1 & 1\end{bmatrix}\boldsymbol{x}\end{cases}$$

试求：(1) 能否通过状态反馈把系统的闭环极点配置在-10 和 $-1\pm j\sqrt{3}$ 处？若可能，试求出实现上述极点配置的反馈增益阵。

(2) 当系统状态不可直接测量时，能否通过状态观测器来获取状态变量？若可能，试设计极点位于-4 及 $-3\pm j$ 处的全维状态观测器。

(3) 系统的最小维状态观测器是几维系统？试设计所有极点均在-4 处的降维观测器。

上机练习题

6-1 用 MATLAB 求解习题 6-2、6-3、6-5、6-9。

6-2 已知系统状态方程为

$$\dot{\boldsymbol{x}}=\begin{bmatrix}2 & 1 & 0 & 0\\ 0 & 2 & 0 & 0\\ 0 & 0 & -1 & 0\\ 0 & 0 & 0 & -1\end{bmatrix}\boldsymbol{x}+\begin{bmatrix}0\\ 1\\ 1\\ 1\end{bmatrix}u$$

试用 MATLAB 求解状态反馈阵，使系统闭环极点为-2，-2，-2，-1。

6-3 试用 MATLAB 判断以下系统状态反馈能否镇定。

(1) $\dot{\boldsymbol{x}}=\begin{bmatrix}-1 & -2 & -2\\ 0 & -1 & 1\\ 1 & 0 & -1\end{bmatrix}\boldsymbol{x}+\begin{bmatrix}2\\ 0\\ 1\end{bmatrix}u$ (2) $\dot{\boldsymbol{x}}=\begin{bmatrix}-2 & 1 & 0 & 0 & 0\\ 0 & -2 & 1 & 0 & 0\\ 0 & 0 & -2 & 0 & 0\\ 0 & 0 & 0 & -5 & 1\\ 0 & 0 & 0 & 0 & -5\end{bmatrix}\boldsymbol{x}+\begin{bmatrix}4\\ 5\\ 0\\ 7\\ 0\end{bmatrix}u$

6-4　已知系统为

$$\begin{cases}\dot{\boldsymbol{x}}=\begin{bmatrix}-1 & 0 & 0 & 0\\ 2 & -3 & 0 & 0\\ 0 & 0 & 2 & 0\\ 4 & -1 & 2 & -4\end{bmatrix}\boldsymbol{x}+\begin{bmatrix}0\\0\\1\\2\end{bmatrix}u\\ y=\begin{bmatrix}3 & 0 & 1 & 0\end{bmatrix}\boldsymbol{x}\end{cases}$$

试用 MATLAB 求：

(1) 系统的极点，判断系统是否稳定；

(2) 判断系统的能控性和能观性，若不能，请按照能控性和能观性进行结构分解；

(3) 判断系统能否通过状态反馈镇定；

(4) 设计状态反馈阵，使得闭环控制系统极点为 -5，-1，$-2\pm 2\mathrm{j}$；

(5) 设计状态观测器，使得观测器极点为 -3，-4，$-1\pm\mathrm{j}$。

6-5　考虑如下系统

$$\begin{cases}\dot{\boldsymbol{x}}=\begin{bmatrix}-0.2 & 0.5 & 0 & 0 & 0\\ 0 & -0.5 & 1.6 & 0 & 0\\ 0 & 0 & -14.3 & 85.8 & 0\\ 0 & 0 & 0 & -33.3 & 100\\ 0 & 0 & 0 & 0 & -10\end{bmatrix}\boldsymbol{x}+\begin{bmatrix}0\\0\\0\\0\\30\end{bmatrix}u\\ y=\begin{bmatrix}1 & 0 & 0 & 0 & 0\end{bmatrix}\boldsymbol{x}\end{cases}$$

选择 $\boldsymbol{Q}=\mathrm{diag}\{\rho, 0, 0, 0\}$，$R=1$。若令 $\rho=1$，试用 MATLAB 求解线性二次最优控制器问题的解。

第7章 线性时不变系统的多项式矩阵描述

本书前六章介绍了状态空间法的基本内容。相对于输入-输出描述法而言，状态空间法是一种内部描述法，不但揭示了系统的外部特性和行为，而且揭示了系统的内部特性和行为，适用于单变量线性定常系统、单变量线性时变系统、多变量系统和非线性系统等。状态空间法除了上述优势外，还具有设计自由度大、设计目标明确、采用状态反馈会降低闭环系统对系统参数变化的灵敏度，适合最优设计等优点。但是面对极为复杂的线性系统，建立系统状态空间方程十分困难。除此之外，状态变量并不总具备可测量性。基于此，就在状态空间法诞生不久，一批系统理论学者也在努力将经典线性系统理论中的单变量系统推广到多变量系统，探求频域传递函数矩阵与状态空间法并行的有益结果，创建了多项式矩阵理论描述系统的多项式矩阵描述法(Polynomial Matrix Description，PMD)和传递函数矩阵的矩阵分式描述法(Matrix-Fraction Description，MFD)。正因为如此，从本章开始将以线性定常多变量系统为研究对象阐述这方面理论，并适当地与状态空间理论相联系。

7.1 多项式及其互质性

7.1.1 多项式

C 表示复数域，**R** 为实数域，则多项式可描述为

$$M(s)=m_n s^n+m_{n-1}s^{n-1}+\cdots+m_1 s+m_0,\ s\in\mathbf{C};\ m_i\in\mathbf{R},\ i=0,1,2,\cdots,n \tag{7.1}$$

若 $m_n\neq 0$，$M(s)$为 n 次多项式，以 $\deg M(s)=n$ 表示 $M(s)$的最高幂次数。若 s 的最高次幂系数 $m_n=1$，则称为首一多项式。今后没有特别指明，均表示首一多项式。对于式(7.1)的多项式，其首一多项式为

$$M(s)=s^n+m_{n-1}s^{n-1}+\cdots+m_1 s+m_0,\ s\in\mathbf{C};\ m_i\in\mathbf{R},\ i=0,1,2,\cdots,n-1 \tag{7.2}$$

多项式具有如下性质，设 $M(s)$、$N(s)$为两个复数域多项式，$M(s)\neq 0$，$N(s)\neq 0$，则：

(1) $M(s)N(s)\neq 0$；

(2) $\deg[M(s)N(s)]=\deg M(s)+\deg N(s)$；

(3) 当且仅当 $\deg M(s)=\deg N(s)=0$，$\deg[M(s)N(s)]=0$；

(4) 若 $M(s)+N(s)\neq 0$，$\deg[M(s)+N(s)]\leqslant\max[\deg M(s),\deg N(s)]$；

(5) 若 $M(s)$、$N(s)$均为首一多项式，$M(s)N(s)$必为首一多项式。

7.1.2 最大公因式和互质多项式

1. 最大公因式

若 $N(s)=\Theta(s)M(s)$，且 $M(s)\neq 0$，则称 $N(s)$可被 $M(s)$整除，$M(s)$称为 $N(s)$的一个

因式。若存在 $\Theta(s)$，可整除 $M(s)$ 和 $N(s)$，则称 $\Theta(s)$ 为 $M(s)$ 和 $N(s)$ 的公因式。若 $\Theta(s)$ 是 $M(s)$ 和 $N(s)$ 的公因式，而且可被 $M(s)$ 和 $N(s)$ 的每一个公因式整除，则称 $\Theta(s)$ 是 $M(s)$ 和 $N(s)$ 的最大公因式。

2. 互质多项式

若 $M(s)$ 和 $N(s)$ 的最大公因式是非零常数，则称 $M(s)$ 和 $N(s)$ 为互质多项式，简称 $M(s)$ 和 $N(s)$ 互质。

注意： 当且仅当最大公因式为首一多项式时，$M(s)$ 和 $N(s)$ 的最大公因式具有唯一性。

3. 多项式互质性判别

设有两个多项式 $M(s)$ 和 $N(s)$，$M(s)\neq 0$，当且仅当满足下面条件之一，$M(s)$ 和 $N(s)$ 是互质多项式。

(1) $M(s)$ 和 $N(s)$ 满足

$$(M(s),\ N(s))=1,\ \forall s\in \mathbf{C} \tag{7.3}$$

(2) 存在两个多项式 $X(s)$ 和 $Y(s)$ 使得

$$X(s)M(s)+Y(s)N(s)=1 \tag{7.4}$$

(3) 不存在多项式 $A(s)$ 和 $B(s)$ 使得

$$\frac{N(s)}{M(s)}=\frac{B(s)}{A(s)} \tag{7.5}$$

且

$$\deg A(s)<\deg M(s)$$

证明 (1) 如果 $M(s)$ 和 $N(s)$ 互质，则在整个复数域 $\mathbf{C}$ 中没有任何 s 会使 $M(s)$ 和 $N(s)$ 同时为零。反言之，若 $\exists s_0\in\mathbf{C}$，使得 $M(s_0)=0$ 和 $N(s_0)=0$，则 $(s-s_0)$ 必是 $M(s)$ 和 $N(s)$ 的公因式，$M(s)$ 和 $N(s)$ 并非互质，所以式(7.3)成立。

(2) 由 Euclid 除法定理可得。

(3) 如果 $M(s)$ 和 $N(s)$ 不互质，设 $\alpha(s)$ 是它们的公因式，$M(s)=A(s)\alpha(s)$，$N(s)=B(s)\alpha(s)$，$\deg A(s)<\deg M(s)$，且式(7.5)成立。若 $M(s)$ 和 $N(s)$ 互质，则由条件(2)可知

$$X(s)M(s)+Y(s)N(s)=1$$

假设式(7.5)成立，则将 $N(s)=B(s)M(s)/A(s)$ 代入上式有

$$[X(s)A(s)+Y(s)B(s)]M(s)=A(s)$$

$$\deg A(s)\geqslant \deg M(s)$$

与条件(3)中 $\deg A(s)<\deg M(s)$ 相矛盾。得证。

7.2　多项式矩阵及其性质

7.2.1　多项式矩阵

1. 多项式矩阵定义

一个以多项式为元素的矩阵称为多项式矩阵，一个 $m\times r$ 维的多项式矩阵为

$$\boldsymbol{Q}(s)=\begin{bmatrix} q_{11}(s) & q_{12}(s) & \cdots & q_{1r}(s) \\ q_{21}(s) & q_{22}(s) & \cdots & q_{2r}(s) \\ \vdots & \vdots & \ddots & \vdots \\ q_{m1}(s) & q_{m2}(s) & \cdots & q_{mr}(s) \end{bmatrix} \tag{7.6}$$

【例 7-1】 一个 2×2 多项式矩阵为

$$\boldsymbol{Q}(s)=\begin{bmatrix} (s+3)(s+2) & s+1 \\ s & 1 \end{bmatrix}$$

多项式矩阵属性的几点说明：

(1) 多项式矩阵是实数矩阵的扩展，实际上，实数矩阵就是元素均为零次多项式的一类特殊多项式矩阵。

(2) 多项式矩阵的运算可以直接采用实数矩阵的运算规则，如矩阵和、矩阵乘、矩阵逆等。

(3) 多项式矩阵跟实数矩阵一样，都需要为方阵时才可取行列式，且具有相同运算法则。多项式矩阵的行列式根据实数矩阵行列式运算法则，可求得单一多项式的结果。

【例 7-2】 针对例 7-1 中的多项式矩阵，其行列式为

$$\det\boldsymbol{Q}(s)=\det\begin{bmatrix} (s+3)(s+2) & s+1 \\ s & 1 \end{bmatrix}=(s+3)(s+2)-s(s+1)=4s+6$$

2. 奇异与非奇异

奇异性与非奇异性是方多项式矩阵的一个最为基本的属性。多项式矩阵的奇异性与非奇异性在含义上等同于实数矩阵。如果 $\boldsymbol{Q}(s)$ 行列式为零，即 $\det\boldsymbol{Q}(s)\equiv 0$，称行数和列数相等的方多项式矩阵 $\boldsymbol{Q}(s)$ 为奇异；如果 $\boldsymbol{Q}(s)$ 行列式为非零，即 $\det\boldsymbol{Q}(s)\neq 0$，称行数和列数相等的方多项式矩阵 $\boldsymbol{Q}(s)$ 为非奇异。

【例 7-3】 给定两个 2×2 多项式矩阵为

$$\boldsymbol{Q}_1(s)=\begin{bmatrix} s+1 & s+3 \\ s^2+3s+2 & s^2+5s+4 \end{bmatrix}$$

$$\boldsymbol{Q}_2(s)=\begin{bmatrix} s+1 & s+3 \\ s^2+3s+2 & s^2+5s+6 \end{bmatrix}$$

判断其奇异性与非奇异性。

解 它们的行列式分别为

$$\begin{aligned}\det\boldsymbol{Q}_1(s)&=\det\begin{bmatrix} s+1 & s+3 \\ s^2+3s+2 & s^2+5s+4 \end{bmatrix}=(s+1)(s^2+5s+4)-(s+3)(s^2+3s+2)\\ &=-2s-2\end{aligned}$$

$$\begin{aligned}\det\boldsymbol{Q}_2(s)&=\det\begin{bmatrix} s+1 & s+3 \\ s^2+3s+2 & s^2+5s+6 \end{bmatrix}=(s+1)(s^2+5s+6)-(s+3)(s^2+3s+2)\\ &=0\end{aligned}$$

从多项式矩阵的奇异与非奇异性定义可知，$\boldsymbol{Q}_1(s)$ 为非奇异，$\boldsymbol{Q}_2(s)$ 为奇异。

3. 方多项式矩阵的逆

方多项式矩阵有逆的充分必要条件是 $\boldsymbol{Q}(s)$ 非奇异。当且仅当 $\boldsymbol{Q}(s)$ 非奇异时，存在同

维方有理分式矩阵 $\boldsymbol{R}(s)$，使得

$$\boldsymbol{R}(s)\boldsymbol{Q}(s)=\boldsymbol{Q}(s)\boldsymbol{R}(s)=\boldsymbol{I},\ \forall s\in\mathbf{C}$$

且有

$$\boldsymbol{Q}^{-1}(s)=\boldsymbol{R}(s)$$

对于非奇异 $\boldsymbol{Q}(s)$，计算 $\boldsymbol{Q}^{-1}(s)$ 的关系式为

$$\boldsymbol{Q}^{-1}(s)=\frac{\mathrm{adj}\boldsymbol{Q}(s)}{\det\boldsymbol{Q}(s)}=\frac{\text{多项式矩阵}}{\text{多项式}}$$

其中，多项式矩阵 $\mathrm{adj}\boldsymbol{Q}(s)$ 为 $\boldsymbol{Q}(s)$ 的伴随矩阵，计算规则同实数矩阵。

4. 单模矩阵

单模矩阵是一类重要的多项式矩阵，在多项式矩阵理论和基于多项式矩阵方法的线性系统复频域理论中，单模矩阵有着广泛的应用。

给定一个多项式矩阵 $\boldsymbol{Q}(s)$，当且仅当其为方阵，且行列式 $\det\boldsymbol{Q}(s)=c$ 为独立于 s 的非零常数时，$\boldsymbol{Q}(s)$ 为一单模矩阵。

(1) 单模矩阵的基本性质：一个方多项式矩阵 $\boldsymbol{Q}(s)$ 为单模矩阵，当且仅当其逆 $\boldsymbol{Q}^{-1}(s)$ 也为多项式矩阵。

证明　先证必要性。已知 $\boldsymbol{Q}(s)$ 为单模矩阵，欲证 $\boldsymbol{Q}^{-1}(s)$ 为多项式矩阵。对此，由单模矩阵 $\boldsymbol{Q}(s)$ 的定义，可知 $\det\boldsymbol{Q}(s)=c\neq0$。基于此，有

$$\boldsymbol{Q}^{-1}(s)=\frac{\mathrm{adj}\boldsymbol{Q}(s)}{\det\boldsymbol{Q}(s)}=\frac{1}{c}\mathrm{adj}\boldsymbol{Q}(s) \tag{7.7}$$

其中，伴随矩阵 $\mathrm{adj}\boldsymbol{Q}(s)$ 为多项式矩阵。这表明，$\boldsymbol{Q}^{-1}(s)$ 为多项式矩阵。必要性得证。

再证充分性。已知 $\boldsymbol{Q}^{-1}(s)$ 为多项式矩阵，欲证 $\boldsymbol{Q}(s)$ 为单模矩阵。对此，由 $\boldsymbol{Q}^{-1}(s)$ 和 $\boldsymbol{Q}(s)$ 均为多项式矩阵知，行列式 $\det\boldsymbol{Q}^{-1}(s)=p(s)$ 和 $\det\boldsymbol{Q}(s)=q(s)$ 均为多项式。而由 $\boldsymbol{Q}(s)\boldsymbol{Q}^{-1}(s)=\boldsymbol{I}$，又可导出

$$\det\boldsymbol{Q}(s)\det\boldsymbol{Q}^{-1}(s)=q(s)p(s)=1 \tag{7.8}$$

显然，仅当 $p(s)$ 和 $q(s)$ 均为独立于 s 的非零常数时，式(7.8)成立。这表明，$\det\boldsymbol{Q}(s)=q\neq0$，即 $\boldsymbol{Q}(s)$ 为单模矩阵。充分性得证。

证毕。

(2) 单模矩阵的非奇异属性：单模矩阵具有非奇异多项式矩阵的基本属性，但反命题不成立。

(3) 单模矩阵的乘积阵属性：任意两个同维单模矩阵的乘积阵也为单模矩阵。

(4) 单模矩阵的逆矩阵属性：单模矩阵 $\boldsymbol{Q}(s)$ 的逆 $\boldsymbol{Q}^{-1}(s)$ 也为单模矩阵。

(5) 奇异、非奇异和单模的关系：方多项式矩阵的奇异、非奇异和单模性存在如下对应关系：

$$\boldsymbol{Q}(s)\text{奇异}\Leftrightarrow\text{不存在一个 } s\in\mathbf{C}\text{，使 }\det\boldsymbol{Q}(s)\neq0\text{ 成立}$$

$$\boldsymbol{Q}(s)\text{非奇异}\Leftrightarrow\text{对几乎所有 } s\in\mathbf{C}\text{，}\det\boldsymbol{Q}(s)\neq0$$

$$\boldsymbol{Q}(s)\text{单模}\quad\Leftrightarrow\text{对所有 } s\in\mathbf{C}\text{，}\det\boldsymbol{Q}(s)\neq0$$

7.2.2 公因式和最大公因式

1. 公因式

公因式和最大公因式是对多项式矩阵关系的基本表征。最大公因式是讨论多项式矩阵互质性的基础。对于线性时不变系统复频域理论，最大公因式及其衍生的互质性概念具有基本意义和重要作用。

由于矩阵的乘积运算一般不遵循交换律，多项式矩阵的公因式和互质性概念较之多项式的公因式和互质性要复杂一些。若存在三个阶次适当的多项式矩阵满足关系式 $\boldsymbol{Q}(s)=\boldsymbol{M}(s)\boldsymbol{N}(s)$，则称 $\boldsymbol{M}(s)$是 $\boldsymbol{Q}(s)$的左因式，类似地称 $\boldsymbol{N}(s)$是 $\boldsymbol{Q}(s)$的右因式。

若存在两个多项式矩阵 $\boldsymbol{N}_{右}(s)$和 $\boldsymbol{M}_{右}(s)$，假设它们的列数同为 r，另有一个 r 阶多项式方阵 $\boldsymbol{R}_{右}(s)$使得

$$\boldsymbol{N}_{右}(s)=\bar{\boldsymbol{N}}_{右}(s)\boldsymbol{R}_{右}(s),\ \boldsymbol{M}_{右}(s)=\bar{\boldsymbol{M}}_{右}(s)\boldsymbol{R}_{右}(s) \tag{7.9a}$$

则称 $\boldsymbol{R}_{右}(s)$是 $\boldsymbol{N}_{右}(s)$和 $\boldsymbol{M}_{右}(s)$的右公因式。

若存在两个多项式矩阵 $\boldsymbol{N}_{左}(s)$和 $\boldsymbol{M}_{左}(s)$，假设它们的行数同为 m，另有一个 m 阶多项式方阵 $\boldsymbol{R}_{左}(s)$使得

$$\boldsymbol{N}_{左}(s)=\boldsymbol{R}_{左}(s)\bar{\boldsymbol{N}}_{左}(s),\ \boldsymbol{M}_{左}(s)=\boldsymbol{R}_{左}(s)\bar{\boldsymbol{M}}_{左}(s) \tag{7.9b}$$

则称 $\boldsymbol{R}_{左}(s)$是 $\boldsymbol{N}_{左}(s)$和 $\boldsymbol{M}_{左}(s)$的左公因式。

注意：从上面的描述可以看出，不论是右公因式还是左公因式都具有不唯一性。

2. 最大公因式

最大公因式同样可分为最大右公因式和最大左公因式。

1) 最大右公因式

称 $r\times r$ 多项式矩阵 $\boldsymbol{R}_{右}(s)$为列数相同的两个多项式矩阵 $\boldsymbol{M}_{右}(s)\in\mathbf{R}^{r\times r}$ 和 $\boldsymbol{N}_{右}(s)\in\mathbf{R}^{m\times r}$的一个最大右公因式，如果

(1) $\boldsymbol{R}_{右}(s)$是$\{\boldsymbol{M}_{右}(s), \boldsymbol{N}_{右}(s)\}$的一个右公因式；

(2) $\{\boldsymbol{M}_{右}(s), \boldsymbol{N}_{右}(s)\}$的任一其他右公因式如 $\tilde{\boldsymbol{R}}_{右}(s)$均为 $\boldsymbol{R}_{右}(s)$的右乘因子，即存在一个 $r\times r$ 多项式矩阵 $\boldsymbol{Q}_{右}(s)$使 $\boldsymbol{R}_{右}(s)=\boldsymbol{Q}_{右}(s)\tilde{\boldsymbol{R}}_{右}(s)$成立。

2) 最大左公因式

称 $m\times m$ 多项式矩阵 $\boldsymbol{R}_{左}(s)$为行数相同的两个多项式矩阵 $\boldsymbol{M}_{左}(s)\in\mathbf{R}^{m\times m}$ 和 $\boldsymbol{N}_{左}(s)\in\mathbf{R}^{m\times r}$的一个最大左公因式，如果

(1) $\boldsymbol{R}_{左}(s)$是$\{\boldsymbol{M}_{左}(s), \boldsymbol{N}_{左}(s)\}$的一个左公因式；

(2) $\{\boldsymbol{M}_{左}(s), \boldsymbol{N}_{左}(s)\}$的任一其他左公因式如 $\tilde{\boldsymbol{R}}_{左}(s)$均为 $\boldsymbol{R}_{左}(s)$的左乘因子，即存在一个 $m\times m$ 多项式矩阵 $\boldsymbol{Q}_{左}(s)$使 $\boldsymbol{R}_{左}(s)=\tilde{\boldsymbol{R}}_{左}(s)\boldsymbol{Q}_{左}(s)$成立。

注意：同样，无论是最大右公因式还是最大左公因式都具有不唯一性。

3. 最大公因式的构造定理

本部分给出构造最大公因式的基本理论。随后的讨论中将可看到，在推证多项式矩阵的一些重要结果中，最大公因式的构造定理有着广泛的应用。

结论 7-1　列数相同的两个多项式矩阵 $\boldsymbol{M}_{右}(s)\in\mathbf{R}^{r\times r}(s)$，$\boldsymbol{N}_{右}(s)\in\mathbf{R}^{m\times r}(s)$，如果可找到$(r+m)\times(r+m)$的一个单模矩阵$\boldsymbol{U}(s)$，使下式成立：

$$\boldsymbol{U}(s)\begin{bmatrix}\boldsymbol{M}_{右}(s)\\ \boldsymbol{N}_{右}(s)\end{bmatrix}=\begin{bmatrix}\boldsymbol{U}_{11}(s) & \boldsymbol{U}_{12}(s)\\ \boldsymbol{U}_{21}(s) & \boldsymbol{U}_{22}(s)\end{bmatrix}\begin{bmatrix}\boldsymbol{M}_{右}(s)\\ \boldsymbol{N}_{右}(s)\end{bmatrix}=\begin{bmatrix}\boldsymbol{R}_{右}(s)\\ \boldsymbol{0}\end{bmatrix}\tag{7.10}$$

则导出的 $r\times r$ 多项式矩阵$\boldsymbol{R}_{右}(s)$就为$\{\boldsymbol{M}_{右}(s),\ \boldsymbol{N}_{右}(s)\}$的一个最大右公因式。其中，分块矩阵$\boldsymbol{U}_{11}(s)$为 $r\times r$ 阵，$\boldsymbol{U}_{12}(s)$为 $r\times m$ 阵，$\boldsymbol{U}_{21}(s)$为 $m\times r$ 阵，$\boldsymbol{U}_{22}(s)$为 $m\times m$ 阵。

证明　分两步进行证明。

(1) 证明$\boldsymbol{R}_{右}(s)$为$\{\boldsymbol{M}_{右}(s),\ \boldsymbol{N}_{右}(s)\}$的右公因式。对此，将单模阵$\boldsymbol{U}(s)$的逆$\boldsymbol{V}(s)$表示为

$$\boldsymbol{V}(s)=\boldsymbol{U}^{-1}(s)=\begin{bmatrix}\boldsymbol{V}_{11}(s) & \boldsymbol{V}_{12}(s)\\ \boldsymbol{V}_{21}(s) & \boldsymbol{V}_{22}(s)\end{bmatrix}\tag{7.11}$$

其中，分块多项式矩阵$\boldsymbol{V}_{11}(s)$为 $r\times r$ 阵，$\boldsymbol{V}_{12}(s)$为 $r\times m$ 阵，$\boldsymbol{V}_{21}(s)$为 $m\times r$ 阵，$\boldsymbol{V}_{22}(s)$为 $m\times m$ 阵。基于此，并利用式(7.10)，可以导出

$$\begin{bmatrix}\boldsymbol{M}_{右}(s)\\ \boldsymbol{N}_{右}(s)\end{bmatrix}=\begin{bmatrix}\boldsymbol{V}_{11}(s) & \boldsymbol{V}_{12}(s)\\ \boldsymbol{V}_{21}(s) & \boldsymbol{V}_{22}(s)\end{bmatrix}\begin{bmatrix}\boldsymbol{R}_{右}(s)\\ \boldsymbol{0}\end{bmatrix}=\begin{bmatrix}\boldsymbol{V}_{11}(s)\boldsymbol{R}_{右}(s)\\ \boldsymbol{V}_{21}(s)\boldsymbol{R}_{右}(s)\end{bmatrix}\tag{7.12}$$

这表明，存在多项式矩阵对$\{\boldsymbol{V}_{11}(s)\quad \boldsymbol{V}_{21}(s)\}$，使下式成立：

$$\boldsymbol{M}_{右}(s)=\boldsymbol{V}_{11}(s)\boldsymbol{R}_{右}(s),\ \boldsymbol{N}_{右}(s)=\boldsymbol{V}_{21}(s)\boldsymbol{R}_{右}(s)\tag{7.13}$$

据右公因式定义，可得$\boldsymbol{R}_{右}(s)$为$\{\boldsymbol{M}_{右}(s),\ \boldsymbol{N}_{右}(s)\}$的右公因式。

(2) 证明$\{\boldsymbol{M}_{右}(s),\ \boldsymbol{N}_{右}(s)\}$的任一其他右公因式如$\tilde{\boldsymbol{R}}_{右}(s)$均为$\boldsymbol{R}_{右}(s)$的右乘因子。由$\tilde{\boldsymbol{R}}_{右}(s)$为$\{\boldsymbol{M}_{右}(s),\ \boldsymbol{N}_{右}(s)\}$的右公因式，可以导出

$$\boldsymbol{M}_{右}(s)=\tilde{\boldsymbol{M}}_{右}(s)\tilde{\boldsymbol{R}}_{右}(s),\ \boldsymbol{N}_{右}(s)=\tilde{\boldsymbol{N}}_{右}(s)\tilde{\boldsymbol{R}}_{右}(s)\tag{7.14}$$

再由式(7.10)，可以得到

$$\boldsymbol{R}_{右}(s)=\boldsymbol{U}_{11}(s)\boldsymbol{M}_{右}(s)+\boldsymbol{U}_{12}(s)\boldsymbol{N}_{右}(s)\tag{7.15}$$

将式(7.14)代入式(7.15)，有

$$\boldsymbol{R}_{右}(s)=[\boldsymbol{U}_{11}(s)\tilde{\boldsymbol{M}}_{右}(s)+\boldsymbol{U}_{12}(s)\tilde{\boldsymbol{N}}_{右}(s)]\tilde{\boldsymbol{R}}_{右}(s)=\boldsymbol{Q}_{右}(s)\tilde{\boldsymbol{R}}_{右}(s)\tag{7.16}$$

由各组成部分均为多项式矩阵知，$\boldsymbol{Q}_{右}(s)$为多项式矩阵。从而，$\tilde{\boldsymbol{R}}_{右}(s)$为$\boldsymbol{R}_{右}(s)$的右乘因子。

综上，并根据最大右公因式的定义，可得式(7.10)导出的$\boldsymbol{R}_{右}(s)$为$\{\boldsymbol{M}_{右}(s),\ \boldsymbol{N}_{右}(s)\}$的一个最大右公因式。证明完成。

结论 7-2　对行数相同的两个多项式矩阵$\boldsymbol{M}_{左}(s)\in\mathbf{R}^{m\times m}$，$\boldsymbol{N}_{左}(s)\in\mathbf{R}^{m\times r}$，如果可找到$(m+r)\times(m+r)$的一个单模阵$\bar{\boldsymbol{U}}(s)$，使下式成立：

$$[\boldsymbol{M}_{左}(s)\quad \boldsymbol{N}_{左}(s)]\bar{\boldsymbol{U}}(s)=[\boldsymbol{M}_{左}(s)\quad \boldsymbol{N}_{左}(s)]\begin{bmatrix}\bar{\boldsymbol{U}}_{11}(s) & \bar{\boldsymbol{U}}_{12}(s)\\ \bar{\boldsymbol{U}}_{21}(s) & \bar{\boldsymbol{U}}_{22}(s)\end{bmatrix}=[\boldsymbol{R}_{左}(s)\quad \boldsymbol{0}]\tag{7.17}$$

则导出的 $m\times m$ 多项式矩阵$\boldsymbol{R}_{左}(s)$就为$\{\boldsymbol{M}_{左}(s),\ \boldsymbol{N}_{左}(s)\}$的一个最大左公因式。其中，分块矩阵$\bar{\boldsymbol{U}}_{11}(s)$为 $m\times m$ 阵，$\bar{\boldsymbol{U}}_{12}(s)$为 $m\times r$ 阵，$\bar{\boldsymbol{U}}_{21}(s)$为 $r\times m$ 阵，$\bar{\boldsymbol{U}}_{22}(s)$为 $r\times r$ 阵。

证明　基于对偶性，即可由结论 7.1 导出本结论。具体推证过程略去。

【例 7-4】　给定列数相同的两个多项式矩阵分别为

$$\boldsymbol{M}_{右}(s)=\begin{bmatrix} s & 3s+1 \\ -1 & s^2+s-2 \end{bmatrix},\ \boldsymbol{N}_{右}(s)=\begin{bmatrix} -1 & s^2+2s-1 \end{bmatrix}$$

考虑到，构造关系式(7.10)等式左边中左乘单模矩阵$\boldsymbol{U}(s)$，等价地代表对所示矩阵作相应的一系列初等变换。基于此，对给定$\{\boldsymbol{M}_{右}(s), \boldsymbol{N}_{右}(s)\}$，其最大右公因式$\boldsymbol{R}_{右}(s)$和单模变换阵$\boldsymbol{U}(s)$可按如下方式定出：

$$\begin{bmatrix} \boldsymbol{M}_{右}(s) \\ \boldsymbol{N}_{右}(s) \end{bmatrix}=\begin{bmatrix} s & 3s+1 \\ -1 & s^2+s-2 \\ -1 & s^2+2s-1 \end{bmatrix}\xrightarrow[\boldsymbol{E}_a]{\text{交换行 1 和行 2}}\begin{bmatrix} -1 & s^2+s-2 \\ s & 3s+1 \\ -1 & s^2+2s-1 \end{bmatrix}$$

$$\xrightarrow[(-1)\times\text{行 1 加到行 3},\ (\boldsymbol{E}_c)]{s\times\text{行 1 加到行 2},(\boldsymbol{E}_b)\ \ (-1)\times\text{行 1},(\boldsymbol{E}_d)}\begin{bmatrix} 1 & -s^2-s+2 \\ 0 & s^3+s^2+s+1 \\ 0 & s+1 \end{bmatrix}\xrightarrow[(\boldsymbol{E}_e)]{\text{交换行 2 和行 3}}$$

$$\begin{bmatrix} 1 & -s^2-s+2 \\ 0 & s+1 \\ 0 & s^3+s^2+s+1 \end{bmatrix}\xrightarrow[(\boldsymbol{E}_f)]{-(s^2+1)\times\text{行 2 加到行 3}}\begin{bmatrix} 1 & -s^2-s+2 \\ 0 & s+1 \\ 0 & 0 \end{bmatrix}$$

从而，可以得到最大公因式$\boldsymbol{R}_{右}(s)$为

$$\boldsymbol{R}_{右}(s)=\begin{bmatrix} 1 & -s^2-s+2 \\ 0 & s+1 \end{bmatrix}$$

相应的单模变换阵$\boldsymbol{U}(s)$为

$$\begin{aligned}\boldsymbol{U}(s)&=\boldsymbol{E}_f\boldsymbol{E}_e\boldsymbol{E}_d\boldsymbol{E}_c\boldsymbol{E}_b\boldsymbol{E}_a\\ &=\begin{bmatrix} 1 & 0 & 0 \\ 0 & 1 & 0 \\ 0 & -(s^2+1) & 1 \end{bmatrix}\begin{bmatrix} 1 & 0 & 0 \\ 0 & 0 & 1 \\ 0 & 1 & 0 \end{bmatrix}\begin{bmatrix} -1 & 0 & 0 \\ 0 & 1 & 0 \\ 0 & 0 & 1 \end{bmatrix}\begin{bmatrix} 1 & 0 & 0 \\ 0 & 1 & 0 \\ -1 & 0 & 1 \end{bmatrix}\begin{bmatrix} 1 & 0 & 0 \\ s & 1 & 0 \\ 0 & 0 & 1 \end{bmatrix}\begin{bmatrix} 0 & 1 & 0 \\ 1 & 0 & 0 \\ 0 & 0 & 1 \end{bmatrix}\\ &=\begin{bmatrix} 0 & -1 & 0 \\ 0 & -1 & 1 \\ 1 & s^2+s+1 & -(s^2+1) \end{bmatrix}\end{aligned}$$

7.2.3 互质性

互质性可以分为右互质性和左互质性，两个多项式矩阵的互质性可基于其最大公因式概念定义。

1. 右互质和左互质

右互质：两个列数相同的多项式矩阵$\boldsymbol{N}_{右}(s)$和$\boldsymbol{M}_{右}(s)$的最大右公因式为单模矩阵，则$\boldsymbol{N}_{右}(s)$和$\boldsymbol{M}_{右}(s)$右互质。

左互质：两个行数相同的多项式矩阵$\boldsymbol{N}_{左}(s)$和$\boldsymbol{M}_{左}(s)$的最大左公因式为单模矩阵，则$\boldsymbol{N}_{左}(s)$和$\boldsymbol{M}_{左}(s)$左互质。

注意：在线性时不变系统的复频域理论中，从系统结构特性角度，左互质性概念对应了系统的能控性，而右互质性概念对应了系统的能观性。

2. 互质性判据

对于互质性的判别，此处将介绍三种判据，分别是贝佐特(Bezout)等式判据、秩判据

及行列式次数判据。

1）贝佐特(Bezout)等式判据

右互质：设 $\boldsymbol{N}_{右}(s)$ 和 $\boldsymbol{M}_{右}(s)$ 分别是 $m\times r$ 和 $r\times r$ 阶多项式矩阵，并且 $\boldsymbol{M}_{右}(s)$ 非奇异，则若存在阶次为 $r\times r$ 和 $r\times m$ 的两个多项式矩阵 $\boldsymbol{X}(s)$ 和 $\boldsymbol{Y}(s)$，使得下面贝佐特(Bezout)等式成立

$$\boldsymbol{X}(s)\boldsymbol{M}_{右}(s)+\boldsymbol{Y}(s)\boldsymbol{N}_{右}(s)=\boldsymbol{I}_r \tag{7.18}$$

表明 $\boldsymbol{N}_{右}(s)$ 和 $\boldsymbol{M}_{右}(s)$ 右互质。式中，$\boldsymbol{I}_r$ 为 $r\times r$ 的单位阵。

证明　先证必要性。已知 $\boldsymbol{M}_{右}(s)$ 和 $\boldsymbol{N}_{右}(s)$ 为右互质，欲证贝佐特等式(7.18)成立。为此，据最大右公因式构造定理关系式(7.10)，可以导出

$$\boldsymbol{R}_{右}(s)=\boldsymbol{U}_{11}(s)\boldsymbol{M}_{右}(s)+\boldsymbol{U}_{12}(s)\boldsymbol{N}_{右}(s) \tag{7.19}$$

其中，$\boldsymbol{U}_{11}(s)$ 和 $\boldsymbol{U}_{12}(s)$ 分别为 $r\times r$ 和 $r\times m$ 多项式矩阵。而 $\boldsymbol{M}_{右}(s)$ 和 $\boldsymbol{N}_{右}(s)$ 为右互质，按定义知 $\boldsymbol{R}_{右}(s)$ 为单模阵，从而 $\boldsymbol{R}_{右}^{-1}(s)$ 存在且也为多项式矩阵。进而，将式(7.19)左乘 $\boldsymbol{R}_{右}^{-1}(s)$，得到

$$\boldsymbol{R}_{右}^{-1}(s)\boldsymbol{U}_{11}(s)\boldsymbol{M}_{右}(s)+\boldsymbol{R}_{右}^{-1}(s)\boldsymbol{U}_{12}(s)\boldsymbol{N}_{右}(s)=\boldsymbol{I} \tag{7.20}$$

上式中，令 $\boldsymbol{X}(s)=\boldsymbol{R}_{右}^{-1}(s)\boldsymbol{U}_{11}(s)$ 和 $\boldsymbol{Y}(s)=\boldsymbol{R}_{右}^{-1}(s)\boldsymbol{U}_{12}(s)$，就导出贝佐特等式(7.18)。必要性得证。

再证充分性。已知贝佐特等式(7.18)成立，欲证 $\boldsymbol{M}_{右}(s)$ 和 $\boldsymbol{N}_{右}(s)$ 为右互质。为此，令多项式矩阵 $\boldsymbol{R}_{右}(s)$ 为 $\boldsymbol{M}_{右}(s)$ 和 $\boldsymbol{N}_{右}(s)$ 的一个最大右公因式，则据最大公因式定义知，存在多项式矩阵 $\bar{\boldsymbol{M}}_{右}(s)$ 和 $\bar{\boldsymbol{N}}_{右}(s)$ 使下式成立：

$$\boldsymbol{M}_{右}(s)=\bar{\boldsymbol{M}}_{右}(s)\boldsymbol{R}_{右}(s),\ \boldsymbol{N}_{右}(s)=\bar{\boldsymbol{N}}_{右}(s)\boldsymbol{R}_{右}(s) \tag{7.21}$$

将式(7.21)代入贝佐特等式(7.18)，可以得到

$$[\boldsymbol{X}(s)\bar{\boldsymbol{M}}_{右}(s)+\boldsymbol{Y}(s)\bar{\boldsymbol{N}}_{右}(s)]\boldsymbol{R}_{右}(s)=\boldsymbol{I} \tag{7.22}$$

这表明，$\boldsymbol{R}_{右}^{-1}(s)$ 存在，且

$$\boldsymbol{R}_{右}^{-1}(s)=\boldsymbol{X}(s)\bar{\boldsymbol{M}}_{右}(s)+\boldsymbol{Y}(s)\bar{\boldsymbol{N}}_{右}(s) \tag{7.23}$$

也为多项式矩阵。基于此可知，$\boldsymbol{R}_{右}(s)$ 为单模阵，据定义知 $\boldsymbol{M}_{右}(s)$ 和 $\boldsymbol{N}_{右}(s)$ 为右互质。充分性得证，证明完成。

左互质：设 $\boldsymbol{N}_{左}(s)$ 和 $\boldsymbol{M}_{左}(s)$ 分别是 $m\times r$ 和 $m\times m$ 阶多项式矩阵，并且 $\boldsymbol{M}_{左}(s)$ 非奇异，则若存在阶次为 $m\times m$ 和 $r\times m$ 的两个多项式矩阵 $\bar{\boldsymbol{X}}(s)$ 和 $\bar{\boldsymbol{Y}}(s)$，使得下面贝佐特(Bezout)等式成立

$$\boldsymbol{M}_{左}(s)\bar{\boldsymbol{X}}(s)+\boldsymbol{N}_{左}(s)\bar{\boldsymbol{Y}}(s)=\boldsymbol{I}_m \tag{7.24}$$

表明 $\boldsymbol{N}_{左}(s)$ 和 $\boldsymbol{M}_{左}(s)$ 左互质。式中，$\boldsymbol{I}_m$ 为 $m\times m$ 的单位阵。

证明　可利用对偶性证明，具体推导过程略。

注意： 在线性时不变系统复频域的分析与综合中，贝佐特(Bezout)等式判定互质性的意义在于推证和证明的使用，而不在于具体判别的应用。

2）秩判据

右互质：设 $\boldsymbol{N}_{右}(s)$ 和 $\boldsymbol{M}_{右}(s)$ 分别是 $m\times r$ 和 $r\times r$ 阶多项式矩阵，并且 $\boldsymbol{M}_{右}(s)$ 非奇异，若

$$\operatorname{rank}\begin{bmatrix}\boldsymbol{M}_{右}(s)\\ \boldsymbol{N}_{右}(s)\end{bmatrix}=r,\ \forall s\in\mathbf{C} \tag{7.25}$$

表明 $\boldsymbol{N}_{右}(s)$ 和 $\boldsymbol{M}_{右}(s)$ 右互质。

证明 由最大右公因式构造定理，有

$$\boldsymbol{U}(s)=\begin{bmatrix}\boldsymbol{M}_{右}(s)\\ \boldsymbol{N}_{右}(s)\end{bmatrix}=\begin{bmatrix}\boldsymbol{R}_{右}(s)\\ \boldsymbol{0}\end{bmatrix} \tag{7.26}$$

其中，最大右公因式 $\boldsymbol{R}_{右}(s)$ 为 $r\times r$ 多项式矩阵，$\boldsymbol{U}(s)$ 为 $(r+m)\times(r+m)$ 单模阵。基于此可得

$$\text{rank}\boldsymbol{R}_{右}(s)=\text{rank}\begin{bmatrix}\boldsymbol{R}_{右}(s)\\ \boldsymbol{0}\end{bmatrix}=\text{rank}\boldsymbol{U}(s)\begin{bmatrix}\boldsymbol{M}_{右}(s)\\ \boldsymbol{N}_{右}(s)\end{bmatrix}=\text{rank}\begin{bmatrix}\boldsymbol{M}_{右}(s)\\ \boldsymbol{N}_{右}(s)\end{bmatrix} \tag{7.27}$$

由上式并利用右互质定义，可以导出

$$\boldsymbol{M}_{右}(s)\text{和 }\boldsymbol{N}_{右}(s)\text{右互质} \quad \Leftrightarrow \quad \begin{cases}\boldsymbol{R}_{右}(s)\text{为单模阵}\\ \text{rank}\boldsymbol{R}_{右}(s)=r, \quad \forall s\in\mathbf{C}\\ \text{rank}\begin{bmatrix}\boldsymbol{M}_{右}(s)\\ \boldsymbol{N}_{右}(s)\end{bmatrix}=r, \quad \forall s\in\mathbf{C}\end{cases} \tag{7.28}$$

结论得证。证明完成。

左互质：设 $\boldsymbol{N}_{左}(s)$ 和 $\boldsymbol{M}_{左}(s)$ 分别是 $m\times r$ 和 $m\times m$ 阶多项式矩阵，并且 $\boldsymbol{M}_{左}(s)$ 非奇异，若

$$\text{rank}[\boldsymbol{M}_{左}(s),\ \boldsymbol{N}_{左}(s)]=m,\ \forall s\in\mathbf{C} \tag{7.29}$$

表明 $\boldsymbol{N}_{左}(s)$ 和 $\boldsymbol{M}_{左}(s)$ 左互质。

证明 可利用对偶性证明，具体推导过程略。

注意：互质性的秩判据由于计算简单方便，常被用于具体判别应用中。

【例 7-5】 判定下面多项式矩阵 $\boldsymbol{N}_{右}(s)$ 和 $\boldsymbol{M}_{右}(s)$ 是否右互质。

$$\boldsymbol{N}_{右}(s)=[s\quad 1] \qquad \boldsymbol{M}_{右}(s)=\begin{bmatrix}s+1 & 0\\ (s-1)(s+2) & s-1\end{bmatrix}$$

解 现采用秩判据判断右互质性。为此，构成判别矩阵为

$$\begin{bmatrix}\boldsymbol{M}_{右}(s)\\ \boldsymbol{N}_{右}(s)\end{bmatrix}=\begin{bmatrix}s+1 & 0\\ (s-1)(s+2) & s-1\\ s & 1\end{bmatrix}$$

进而，分别定出使判别矩阵中各个 2×2 多项式矩阵降秩的 s 值：

对 $\begin{bmatrix}s+1 & 0\\ (s-1)(s+2) & s-1\end{bmatrix}$，降秩的 s 值为 $s=1$，$s=-1$；

对 $\begin{bmatrix}(s-1)(s+2) & s-1\\ s & 1\end{bmatrix}$，降秩的 s 值为 $s=1$；

对 $\begin{bmatrix}s+1 & 0\\ s & 1\end{bmatrix}$，降秩的 s 值为 $s=-1$。

这表明，不存在一个 s 值使这 3 个 2×2 多项式矩阵同时降秩。基于此可知，给定 $\boldsymbol{M}_{右}(s)$ 和 $\boldsymbol{N}_{右}(s)$ 满足秩判据条件：

$$\text{rank}\begin{bmatrix}\boldsymbol{M}_{右}(s)\\ \boldsymbol{N}_{右}(s)\end{bmatrix}=r=2, \quad \forall s\in\mathbf{C}$$

因此，$\boldsymbol{M}_{右}(s)$ 和 $\boldsymbol{N}_{右}(s)$ 为右互质。

3）行列式次数判据

右互质：设 $\boldsymbol{N}_{右}(s)$和 $\boldsymbol{M}_{右}(s)$分别是 $m\times r$ 和 $r\times r$ 阶多项式矩阵，并且 $\boldsymbol{M}_{右}(s)$非奇异，则若存在阶次为 $m\times m$ 和 $m\times r$ 的两个多项式矩阵 $\boldsymbol{X}(s)$和 $\boldsymbol{Y}(s)$，使下列式子同时成立

$$-\boldsymbol{Y}(s)\boldsymbol{M}_{右}(s)+\boldsymbol{X}(s)\boldsymbol{N}_{右}(s)=[-\boldsymbol{Y}(s),\ \boldsymbol{X}(s)]\begin{bmatrix}\boldsymbol{M}_{右}(s)\\ \boldsymbol{N}_{右}(s)\end{bmatrix}=\boldsymbol{0} \tag{7.30a}$$

$$\deg\ \det\boldsymbol{X}(s)=\deg\ \det\boldsymbol{M}_{右}(s) \tag{7.30b}$$

则 $\boldsymbol{N}_{右}(s)$和 $\boldsymbol{M}_{右}(s)$右互质。

证明　为清晰起见，分为四步进行证明。

(1) 推证关系式(7.30a)。对此，由最大右公因式构造定理关系式

$$\boldsymbol{U}(s)\begin{bmatrix}\boldsymbol{M}_{右}(s)\\ \boldsymbol{N}_{右}(s)\end{bmatrix}=\begin{bmatrix}\boldsymbol{U}_{11}(s) & \boldsymbol{U}_{12}(s)\\ \boldsymbol{U}_{21}(s) & \boldsymbol{U}_{22}(s)\end{bmatrix}\begin{bmatrix}\boldsymbol{M}_{右}(s)\\ \boldsymbol{N}_{右}(s)\end{bmatrix}=\begin{bmatrix}\boldsymbol{R}_{右}(s)\\ \boldsymbol{0}\end{bmatrix} \tag{7.31}$$

可以导出

$$\boldsymbol{U}_{21}(s)\boldsymbol{M}_{右}(s)+\boldsymbol{U}_{22}(s)\boldsymbol{N}_{右}(s)=\boldsymbol{0} \tag{7.32}$$

取 $m\times r$ 多项式矩阵 $\boldsymbol{Y}(s)=-\boldsymbol{U}_{21}(s)$，$m\times m$ 多项式矩阵 $\boldsymbol{X}(s)=\boldsymbol{U}_{22}(s)$，即可导出关系式(7.30a)。命题得证。

(2) 推证 deg。$\det\boldsymbol{A}(s)=\deg\ \det\boldsymbol{V}_{11}(s)$。为此，令 $\boldsymbol{U}^{-1}(s)=\boldsymbol{V}(s)$，由式(7.31)可得

$$\begin{bmatrix}\boldsymbol{M}_{右}(s)\\ \boldsymbol{N}_{右}(s)\end{bmatrix}=\begin{bmatrix}\boldsymbol{V}_{11}(s) & \boldsymbol{V}_{12}(s)\\ \boldsymbol{V}_{21}(s) & \boldsymbol{V}_{22}(s)\end{bmatrix}\begin{bmatrix}\boldsymbol{R}_{右}(s)\\ \boldsymbol{0}\end{bmatrix} \tag{7.33}$$

基于此，可以导出

$$\boldsymbol{M}_{右}(s)=\boldsymbol{V}_{11}(s)\boldsymbol{R}_{右}(s) \tag{7.34}$$

进而 $\boldsymbol{M}_{右}(s)$非奇异意味着 $\boldsymbol{R}_{右}(s)$非奇异，基于此并由上式知 $\boldsymbol{V}_{11}(s)$为非奇异，即逆 $\boldsymbol{V}_{11}^{-1}(s)$存在。

由此，可构造如下恒等式

$$\begin{bmatrix}\boldsymbol{I} & \boldsymbol{0}\\ -\boldsymbol{V}_{21}(s)\boldsymbol{V}_{11}^{-1}(s) & \boldsymbol{I}\end{bmatrix}\begin{bmatrix}\boldsymbol{V}_{11}(s) & \boldsymbol{V}_{12}(s)\\ \boldsymbol{V}_{21}(s) & \boldsymbol{V}_{22}(s)\end{bmatrix}=\begin{bmatrix}\boldsymbol{V}_{11}(s) & \boldsymbol{V}_{12}(s)\\ \boldsymbol{0} & \boldsymbol{\Delta}\end{bmatrix} \tag{7.35}$$

其中

$$\boldsymbol{\Delta}=\boldsymbol{V}_{22}(s)-\boldsymbol{V}_{21}(s)\boldsymbol{V}_{11}^{-1}(s)\boldsymbol{V}_{12}(s) \tag{7.36}$$

再对式(7.35)取行列式，同时考虑到 $\boldsymbol{V}(s)$为单模阵，有

$$\det\boldsymbol{V}(s)=\det\boldsymbol{V}_{11}(s)\det\boldsymbol{\Delta}\neq 0,\quad \forall s\in\mathbf{C} \tag{7.37}$$

基于此，并由 $\boldsymbol{V}_{11}(s)$非奇异，可知 $\boldsymbol{\Delta}$ 非奇异，即 $\boldsymbol{\Delta}^{-1}$存在。于是，对式(7.35)求逆，可得

$$\begin{bmatrix}\boldsymbol{V}_{11}(s) & \boldsymbol{V}_{12}(s)\\ \boldsymbol{V}_{21}(s) & \boldsymbol{V}_{22}(s)\end{bmatrix}^{-1}\begin{bmatrix}\boldsymbol{I} & \boldsymbol{0}\\ -\boldsymbol{V}_{21}(s)\boldsymbol{V}_{11}^{-1}(s) & \boldsymbol{I}\end{bmatrix}^{-1}=\begin{bmatrix}\boldsymbol{V}_{11}^{-1}(s) & -\boldsymbol{V}_{11}^{-1}(s)\boldsymbol{V}_{12}(s)\boldsymbol{\Delta}^{-1}\\ \boldsymbol{0} & \boldsymbol{\Delta}^{-1}\end{bmatrix} \tag{7.38}$$

由此，可进而导出

$$\begin{aligned}\begin{bmatrix}\boldsymbol{U}_{11}(s) & \boldsymbol{U}_{12}(s)\\ \boldsymbol{U}_{21}(s) & \boldsymbol{U}_{22}(s)\end{bmatrix}&=\boldsymbol{V}^{-1}(s)\\ &=\begin{bmatrix}\boldsymbol{V}_{11}^{-1}(s) & -\boldsymbol{V}_{11}^{-1}(s)\boldsymbol{V}_{12}(s)\boldsymbol{\Delta}^{-1}\\ \boldsymbol{0} & \boldsymbol{\Delta}^{-1}\end{bmatrix}\begin{bmatrix}\boldsymbol{I} & \boldsymbol{0}\\ -\boldsymbol{V}_{21}(s)\boldsymbol{V}_{11}^{-1}(s) & \boldsymbol{I}\end{bmatrix}\\ &=\begin{bmatrix}* & *\\ * & \boldsymbol{\Delta}^{-1}\end{bmatrix}\end{aligned} \tag{7.39}$$

其中，* 表示不必确知的块多项式矩阵。从而，由上式可以得到

$$\boldsymbol{U}_{22}(s)=\boldsymbol{\Delta}^{-1} \quad \text{或} \quad \boldsymbol{U}_{22}(s)\boldsymbol{\Delta}=\boldsymbol{I} \tag{7.40}$$

再对式(7.40)中后一个关系式取行列式，有

$$\det\boldsymbol{\Delta}=\frac{1}{\det\boldsymbol{U}_{22}(s)} \tag{7.41}$$

把式(7.41)代入式(7.37)，还可导出

$$\det\boldsymbol{V}(s)=\frac{\deg\boldsymbol{V}_{11}(s)}{\det\boldsymbol{U}_{22}(s)} \tag{7.42}$$

已知 $\boldsymbol{U}_{22}(s)=\boldsymbol{X}(s)$，由 $\boldsymbol{V}(s)$ 为单模阵有 $\deg\det\boldsymbol{V}(s)=0$，故由式(7.42)可以证得命题：

$$\deg\det\boldsymbol{X}(s)=\deg\det\boldsymbol{V}_{11}(s) \tag{7.43}$$

(3) 证明结论的必要性。已知 $\boldsymbol{M}_{右}(s)$ 和 $\boldsymbol{N}_{右}(s)$ 右互质，欲证式(7.30b)成立。对此，由 $\boldsymbol{M}_{右}(s)$ 和 $\boldsymbol{N}_{右}(s)$ 右互质，可知最大右公因式 $\boldsymbol{R}_{右}(s)$ 为单模阵，因而 $\deg\det\boldsymbol{R}_{右}(s)=0$。基于此，并考虑到可由式(7.34)导出 $\det\boldsymbol{M}_{右}(s)=\det\boldsymbol{V}_{11}(s)\det\boldsymbol{R}_{右}(s)$，得到

$$\deg\det\boldsymbol{M}_{右}(s)=\deg\det\boldsymbol{V}_{11}(s)+\deg\det\boldsymbol{R}_{右}(s)=\deg\det\boldsymbol{V}_{11}(s) \tag{7.44}$$

于是，由式(7.44)并利用式(7.43)即得式(7.30b)。必要性得证。

(4) 证明结论的充分性。已知式(7.30b)成立，欲证 $\boldsymbol{M}_{右}(s)$ 和 $\boldsymbol{N}_{右}(s)$ 右互质。对此，由已知 $\deg\det\boldsymbol{X}(s)=\deg\det\boldsymbol{M}_{右}(s)$，并考虑到式(7.43)和(7.44)中证得

$$\deg\det\boldsymbol{V}_{11}(s)=\deg\det\boldsymbol{X}(s)$$

和

$$\deg\det\boldsymbol{M}_{右}(s)=\deg\det\boldsymbol{V}_{11}(s)+\deg\det\boldsymbol{R}_{右}(s)$$

即可导出

$$\begin{aligned}\deg\det\boldsymbol{R}_{右}(s)&=\deg\det\boldsymbol{M}_{右}(s)-\deg\det\boldsymbol{V}_{11}(s)\\&=\deg\det\boldsymbol{M}_{右}(s)-\deg\det\boldsymbol{X}(s)=0\end{aligned} \tag{7.45}$$

这表明最大右公因式 $\boldsymbol{R}_{右}(s)$ 为单模阵，即 $\boldsymbol{M}_{右}(s)$ 和 $\boldsymbol{N}_{右}(s)$ 为右互质。充分性得证，证明完成。

左互质：设 $\boldsymbol{N}_{左}(s)$ 和 $\boldsymbol{M}_{左}(s)$ 分别是 $m\times r$ 和 $m\times m$ 阶多项式矩阵，并且 $\boldsymbol{M}_{左}(s)$ 非奇异，则若存在阶次为 $r\times r$ 和 $m\times r$ 的两个多项式矩阵 $\bar{\boldsymbol{X}}(s)$ 和 $\bar{\boldsymbol{Y}}(s)$，使下列式子同时成立

$$-\boldsymbol{M}_{左}(s)\bar{\boldsymbol{Y}}(s)+\boldsymbol{N}_{左}(s)\bar{\boldsymbol{X}}(s)=[\boldsymbol{M}_{左}(s),\ \boldsymbol{N}_{左}(s)]\begin{bmatrix}-\bar{\boldsymbol{Y}}(s)\\ \bar{\boldsymbol{X}}(s)\end{bmatrix}=\boldsymbol{0}$$

$$\deg\det\bar{\boldsymbol{X}}(s)=\deg\det\boldsymbol{M}_{左}(s) \tag{7.46}$$

则 $\boldsymbol{N}_{左}(s)$ 和 $\boldsymbol{M}_{左}(s)$ 左互质。

证明 利用对偶性可证明，具体推导过程略。

注意： 线性时不变系统复频域中，更为常用的是行列式判据的反向形式，即对应于式(7.47)和式(7.48)。非右互质的判定条件为：存在阶次为 $m\times m$ 和 $m\times r$ 的两个多项式矩阵 $\boldsymbol{X}(s)$ 和 $\boldsymbol{Y}(s)$，使下列式子同时成立

$$-\boldsymbol{Y}(s)\boldsymbol{M}_{右}(s)+\boldsymbol{X}(s)\boldsymbol{N}_{右}(s)=[-\boldsymbol{Y}(s),\ \boldsymbol{X}(s)]\begin{bmatrix}\boldsymbol{M}_{右}(s)\\ \boldsymbol{N}_{右}(s)\end{bmatrix}=\boldsymbol{0}$$

$$\deg\det\boldsymbol{X}(s)<\deg\det\boldsymbol{M}_{右}(s) \tag{7.47}$$

非左互质的判定条件为：若存在阶次为 $r\times r$ 和 $m\times r$ 的两个多项式矩阵 $\bar{\boldsymbol{X}}(s)$ 和 $\bar{\boldsymbol{Y}}(s)$，

使下列式子同时成立

$$-\boldsymbol{M}_{左}(s)\bar{\boldsymbol{Y}}(s)+\boldsymbol{N}_{左}(s)\bar{\boldsymbol{X}}(s)=[\boldsymbol{M}_{左}(s),\ \boldsymbol{N}_{左}(s)]\begin{bmatrix}-\bar{\boldsymbol{Y}}(s)\\ \bar{\boldsymbol{X}}(s)\end{bmatrix}=\boldsymbol{0}$$

$$\deg\det\bar{\boldsymbol{X}}(s)<\deg\det\boldsymbol{M}_{左}(s) \tag{7.48}$$

7.2.4　既约性

既约性是多项式矩阵的基本属性之一。既约性实际上反映了多项式矩阵在次数上的不可简约性。既约性分为列既约性和行既约性，其在多项式矩阵传递函数实现中有重要的作用。

1. 列既约性和行既约性

方阵的既约性：给定 $r\times r$ 方非奇异多项式矩阵 $\boldsymbol{M}(s)$，记 $\delta_{ci}\boldsymbol{M}(s)$ 和 $\delta_{ri}\boldsymbol{M}(s)$ 为列次数和行次数($i=1, 2, \cdots, r$)，并称 δ_{ci} 为列次，δ_{ri} 为行次。当且仅当

$$\deg\det\boldsymbol{M}(s)=\sum_{i=1}^{r}\delta_{ci}\boldsymbol{M}(s) \tag{7.49}$$

$\boldsymbol{M}(s)$为列既约。

当且仅当

$$\deg\det\boldsymbol{M}(s)=\sum_{i=1}^{r}\delta_{ri}\boldsymbol{M}(s) \tag{7.50}$$

$\boldsymbol{M}(s)$为行既约。

注意：非奇异多项式矩阵的列既约和行既约一般为不相关。但若非奇异多项式矩阵为对角阵，则列既约必意味着行既约。

【例 7-6】　给定 2×2 多项式矩阵 $\boldsymbol{M}(s)$为

$$\boldsymbol{M}(s)=\begin{bmatrix}3s^2+2s & 2s+4\\ s^2+s-3 & 7s\end{bmatrix}$$

试确定其既约性。

解　由 $\boldsymbol{M}(s)$容易定出

$$k_{c1}=2,\ k_{c2}=1;\ k_{r1}=2,\ k_{r2}=2$$

$$\deg\det\boldsymbol{M}(s)=3$$

因而，有

$$\sum_{i=1}^{2}k_{ci}=3=\deg\det\boldsymbol{M}(s)=3$$

$$\sum_{i=1}^{2}k_{ri}=4>\deg\det\boldsymbol{M}(s)=3$$

据定义知，$\boldsymbol{M}(s)$为列既约但非行既约。

2. 既约性判据

基于既约性的定义，下面给出判别多项式矩阵既约性的一些常用判据。

1) 列次/行次系数矩阵判据

方多项式矩阵情形：给定 $r\times r$ 方非奇异多项式矩阵 $\boldsymbol{M}(s)$，令 $\boldsymbol{M}_{hc}$ 和 $\boldsymbol{M}_{hr}$ 为列次系数矩

阵和行次系数矩阵，k_{ci}和k_{ri}为列次数和行次数($i=1, 2, \cdots, r$)。则

$$\boldsymbol{M}(s)\text{列既约} \Leftrightarrow \text{行次系数矩阵 } \boldsymbol{M}_{hr}\text{非奇异} \tag{7.51}$$

$$\boldsymbol{M}(s)\text{行既约} \Leftrightarrow \text{列次系数矩阵 } \boldsymbol{M}_{hc}\text{非奇异} \tag{7.52}$$

证明 此处仅证明式(7.51)，式(7.52)的证明过程与此类似。为证明式(7.51)，此处引入列次表达式概念。对一个$r\times r$方多项式矩阵$\boldsymbol{M}(s)$，令其列次数为$\delta_{ci}\boldsymbol{M}(s)=k_{ci}$，$i=1, 2, \cdots, r$，定义

$$\underset{r\times r}{\boldsymbol{S}_c(s)}=\begin{bmatrix} s^{k_{c1}} & & \\ & \ddots & \\ & & s^{k_{cr}} \end{bmatrix}$$

则可将$\boldsymbol{M}(s)$表示为列次表达式：$\boldsymbol{M}(s)=\boldsymbol{M}_{hc}\boldsymbol{S}_c(s)+\boldsymbol{M}_{cL}(s)$。$\boldsymbol{M}_{cL}(s)$为$\boldsymbol{M}(s)$的低次多项式矩阵。基于方多项式矩阵$\boldsymbol{M}(s)$的列次表达式，有

$$\det\boldsymbol{M}(s) = (\det\boldsymbol{M}_{hc})s^{\sum k_{ci}} + \text{次数低于}\sum k_{ci}\text{ 多项式}$$

基于此，即可证得

$$\begin{aligned}\boldsymbol{M}(s)\text{ 列既约} &\Leftrightarrow \deg\det\boldsymbol{M}(s) = \sum_{i=1}^{r} k_{ci} \\ &\Leftrightarrow \det\boldsymbol{M}_{hc} \neq 0 \Leftrightarrow M_{hc}\text{ 非奇异}\end{aligned} \tag{7.53}$$

结论 7-3 给定$m\times r$非方满秩多项式矩阵$\boldsymbol{M}(s)$，令$\boldsymbol{M}_{hc}$和$\boldsymbol{M}_{hr}$为列次系数矩阵和行次系数矩阵，k_{cj}和k_{ri}为列次数和行次数，其中$j=1, 2, \cdots, r$，$i=1, 2, \cdots, m$。则

$$\boldsymbol{M}(s)\text{列既约} \Leftrightarrow m\geqslant r\text{ 且 }\operatorname{rank}\boldsymbol{M}_{hc}=r \tag{7.54}$$

$$\boldsymbol{M}(s)\text{行既约} \Leftrightarrow r\geqslant m\text{ 且 }\operatorname{rank}\boldsymbol{M}_{hr}=m \tag{7.55}$$

证明 此处仅证明式(7.54)，式(7.55)的证明与此类似。为此，据$\boldsymbol{M}(s)$列次表达式，有

$$\boldsymbol{M}(s)=\boldsymbol{M}_{hc}\boldsymbol{S}_c(s)+\boldsymbol{M}_{cL}(s) \tag{7.56}$$

基于此，即可证得

$$m\times r\text{ 的 }\boldsymbol{M}(s)\text{列既约}\begin{cases}\Leftrightarrow m\geqslant r\text{ 且 }\boldsymbol{M}(s)\text{至少包含一个 }r\times r\text{“行列式次数}=\boldsymbol{M}(s)\text{列次数和”列既约矩阵} \\ \Leftrightarrow m\geqslant r\text{ 且 }\boldsymbol{M}_{hc}\text{至少包含一个 }r\times r\text{ 非奇异阵} \\ \Leftrightarrow m\geqslant r\text{ 且 }\operatorname{rank}\boldsymbol{M}_{hc}=r\end{cases} \tag{7.57}$$

【例 7-7】 给定 2×2 多项式矩阵$\boldsymbol{M}(s)$为

$$\boldsymbol{M}(s)=\begin{bmatrix} 3s^2+2s & 2s+4 \\ s^2+s-3 & 7s \end{bmatrix}$$

试用列次/行次矩阵判据判定既约性。

解 由$\boldsymbol{M}(s)$矩阵容易定出

$$\boldsymbol{M}_{hc}=\begin{bmatrix} 3 & 2 \\ 1 & 7 \end{bmatrix},\quad \boldsymbol{M}_{hr}=\begin{bmatrix} 3 & 0 \\ 1 & 0 \end{bmatrix}$$

从而，由$\boldsymbol{M}_{hc}$为非奇异和$\boldsymbol{M}_{hr}$为奇异知，$\boldsymbol{M}(s)$为列既约但非行既约。

2) 多项式向量判据

给定$r\times r$方非奇异多项式矩阵$\boldsymbol{M}(s)$，令k_{ci}和k_{ri}为列次数和行次数($i=1, 2, \cdots, r$)，

则 $\boldsymbol{M}(s)$的既约性判据分别如下。

(1) $\boldsymbol{M}(s)$列既约：当且仅当对所有 $r\times 1$ 多项式向量 $\boldsymbol{p}(s)\neq\boldsymbol{0}$，使如下构成的 $r\times 1$ 多项式向量

$$\boldsymbol{q}(s)=\boldsymbol{M}(s)\boldsymbol{p}(s) \tag{7.58}$$

满足关系式

$$\deg\boldsymbol{q}(s)=\max_{p_i(s)\neq 0}[\deg p_i(s)+k_{ci}] \tag{7.59}$$

其中，$p_i(s)$为 $\boldsymbol{p}(s)$的第 i 个元多项式。

(2) $\boldsymbol{M}(s)$行既约：当且仅当对所有 $1\times r$ 多项式向量 $\boldsymbol{f}(s)\neq\boldsymbol{0}$，使如下构成的 $1\times r$ 多项式向量

$$\boldsymbol{h}(s)=\boldsymbol{f}(s)\boldsymbol{M}(s) \tag{7.60}$$

满足关系式

$$\deg\boldsymbol{h}(s)=\max_{f_j(s)\neq 0}[\deg f_j(s)+k_{rj}] \tag{7.61}$$

其中，$f_j(s)$为 $\boldsymbol{f}(s)$的第 j 个元多项式。

证明　只需证明列既约，行既约可基于对偶性导出。为此，引入如下一组表示式：

$$d=\max_{i:\ p_i(s)\neq 0}[\deg p_i(s)+k_{ci}] \tag{7.62}$$

$$\boldsymbol{q}(s)=\boldsymbol{q}_d s^d+\cdots+\boldsymbol{q}_1 s+\boldsymbol{q}_0 \tag{7.63}$$

$$\boldsymbol{M}(s)=\boldsymbol{M}_{hc}\boldsymbol{S}_c(s)+\boldsymbol{M}_{cL}(s) \tag{7.64}$$

$$p_i(s)=\alpha_i s^{d-k_{ci}}+\text{低次项} \tag{7.65}$$

$$\boldsymbol{\alpha}=\begin{bmatrix}\alpha_1\\ \vdots\\ \alpha_r\end{bmatrix},\ \alpha_1,\ \cdots,\ \alpha_r\ \text{不全为零} \tag{7.66}$$

基于此，并利用式(7.58)，可以导出

$$\boldsymbol{q}_d=\boldsymbol{M}_{hc}\boldsymbol{\alpha} \tag{7.67}$$

先证必要性。已知 $\boldsymbol{M}(s)$列既约，欲证式(7.59)成立。对此，由列次系数矩阵判据知，$\boldsymbol{M}(s)$列既约意味着 $\boldsymbol{M}_{hc}$非奇异。基于此，并由式(7.67)，可以得到

$$\boldsymbol{q}_d\begin{cases}\neq\boldsymbol{0}, & \forall\,\boldsymbol{\alpha}\neq\boldsymbol{0}\\ =\boldsymbol{0}, & \forall\,\boldsymbol{\alpha}=\boldsymbol{0}\end{cases} \tag{7.68}$$

而任一 $r\times 1$ 多项式向量 $\boldsymbol{p}(s)\neq\boldsymbol{0}$，必有 $\boldsymbol{\alpha}\neq\boldsymbol{0}$。基于此，并由式(7.68)，证得 $\boldsymbol{q}_d\neq\boldsymbol{0}$，即式(7.59)成立。必要性得证。

再证充分性。已知式(7.59)成立，欲证 $\boldsymbol{M}(s)$列既约。对此，式(7.59)成立意味着对任一 $r\times 1$ 多项式向量 $\boldsymbol{p}(s)\neq\boldsymbol{0}$，即 $\boldsymbol{\alpha}\neq\boldsymbol{0}$，必有 $\boldsymbol{q}_d\neq\boldsymbol{0}$。基于此，并由式(7.67)，证得 $\boldsymbol{M}_{hc}$非奇异，即 $\boldsymbol{M}(s)$列既约。充分性得证。证明完成。

7.3　Smith 形、矩阵束和 Kronecker 形

本节将要介绍多项式矩阵的规范形——Smith 形。此外还要介绍另一种特殊的多项式矩阵以及与其相联系的规范形，这就是矩阵束和 Kronecker 形矩阵束。

7.3.1 Smith 形

史密斯(Smith)形是多项式矩阵的一种规范形式，任一多项式矩阵都可以通过初等变换转化成史密斯规范形。它是研究传递函数零极点的基础。

设 $\boldsymbol{A}(s)$为 $m\times r$ 阶多项式矩阵，$\rho\boldsymbol{A}(s)=p$，$0\leqslant p\leqslant\min(m, r)$，总可以通过一系列初等行和列变换，将其变为下式形式，即 Smith 形。

$$\boldsymbol{\Lambda}(s)=\boldsymbol{U}(s)\boldsymbol{A}(s)\boldsymbol{V}(s)=\left[\begin{array}{cccc|c}\lambda_1(s) & & & & \\ & \lambda_2(s) & & & \\ & & \ddots & & \boldsymbol{0} \\ & & & \lambda_p(s) & \\ \hline & & \boldsymbol{0} & & \boldsymbol{0}\end{array}\right]_{m\times r} \tag{7.69}$$

式中，$\lambda_i(s)$为非零的首一多项式($i=1, 2, \cdots, p$)，而且 $\lambda_i(s)$可以被 $\lambda_{i+1}(s)$整除($i=1, 2, \cdots, p-1$)，$\lambda_1(s)$，$\lambda_2(s)$，$\cdots$，$\lambda_p(s)$为 $\boldsymbol{A}(s)$的不变多项式。

1. Smith 规范形构造

给定一个多项式矩阵 $\boldsymbol{A}(s)$，通过初等变换将其转换为 $\boldsymbol{\Lambda}(s)$。

第一步：如果 $\boldsymbol{A}(s)\equiv\boldsymbol{0}$，则 $\boldsymbol{\Lambda}(s)=\boldsymbol{0}$，否则进入下一步。

第二步：通过行交换和列交换将次数最低的元素移到(1, 1)位置上，将所得到的矩阵记为 $\boldsymbol{E}(s)=(e_{ij}(s))$。

第三步：计算 $e_{i1}(s)$和 $e_{1j}(s)$被 $e_{ij}(s)$除的商和余式。

$$e_{i1}(s)=q_{i1}(s)e_{i1}(s)+r_{i1}(s),\ i=2, 3, \cdots, m$$
$$e_{1j}(s)=q_{1j}(s)e_{1j}(s)+r_{1j}(s),\ j=2, 3, \cdots, r$$

若余式 $r_{i1}(s)$和 $r_{1j}(s)$全部为零，转入第四步，否则找出次数最低的余式。如果是$r_{k1}(s)$，则计算 $e_{kj}(s)-q_{k1}(s)e_{1j}(s)$，$j=1, 2, 3, \cdots, r$。

如果是 $r_{1k}(s)$，则计算 $e_{ik}(s)-q_{1k}(s)e_{i1}(s)$，$i=1, 2, 3, \cdots, m$，然后返回第二步。因为 $r_{k1}(s)$和 $r_{1k}(s)$一定是比 $e_{11}(s)$更低次的多项式，经过有限次循环后，所有余式均为零。于是 $\boldsymbol{E}(s)$具有如下形式

$$\left[\begin{array}{c|ccc}e_{11}(s) & & \boldsymbol{0} & \\ \hline & e_{22}(s) & \cdots & e_{2r}(s) \\ \boldsymbol{0} & \vdots & & \vdots \\ & e_{m2}(s) & \cdots & e_{mr}(s)\end{array}\right],\quad \text{s. t.}\begin{cases}\deg e_{11}(s)\leqslant\deg e_{ij}(s) \\ i=2, \cdots, m \\ j=2, \cdots, r\end{cases} \tag{7.70}$$

第四步：若 $e_{ij}(s)$均可被 $e_{11}(s)$整除则进入第五步。若其中 $e_{ij}(s)$不能被 $e_{11}(s)$整除，则可将第 k 行加到第一行再转入第三步。与前面一样经过有限次第二步、第三步、第四步的循环，$e_{11}(s)$必可整除所有的 $e_{ij}(s)$，进入第五步。

第五步：以式(7.70)右下方子矩阵为新的 $\boldsymbol{E}(s)$，重复第一步至第四步，经过有限次循环必将得到更低阶次的 $\boldsymbol{E}(s)$。由于 $\rho\boldsymbol{A}(s)=p$，$0\leqslant p\leqslant\min(m, r)$和初等变换不改变矩阵的秩，$\boldsymbol{E}(s)$必将具有式(7.69)形式，记为 $\boldsymbol{\Lambda}(s)$。

【例 7-8】 试求下面多项式矩阵的 Smith 规范形。

$$\boldsymbol{A}(s)=\begin{bmatrix} s^2+9s+8 & 4 & s+3 \\ 0 & s+3 & s+2 \end{bmatrix}$$

解
$$\boldsymbol{A}(s)=\begin{bmatrix} s^2+9s+8 & 4 & s+3 \\ 0 & s+3 & s+2 \end{bmatrix}$$

$$\text{第一列与第二列交换}\rightarrow\begin{bmatrix} 4 & s^2+9s+8 & s+3 \\ s+3 & 0 & s+2 \end{bmatrix}$$

$$\text{第二行}-\frac{s+3}{4}\times\text{第一行}\rightarrow\begin{bmatrix} 4 & s^2+9s+8 & s+3 \\ 0 & -\frac{1}{4}(s+3)(s^2+9s+8) & -\frac{(s+1)^2}{4} \end{bmatrix}$$

$$\left.\begin{array}{l}\text{第二列}-\frac{s^2+9s+8}{4}\times\text{第一列} \\ \text{第三列}-\frac{s+3}{4}\times\text{第一列}\end{array}\right\}\rightarrow\begin{bmatrix} 4 & 0 & 0 \\ 0 & -\frac{(s+3)(s^2+9s+8)}{4} & -\frac{(s+1)^2}{4} \end{bmatrix}$$

$$\text{第二列与第三列交换}\rightarrow\begin{bmatrix} 4 & 0 & 0 \\ 0 & -\frac{(s+1)^2}{4} & -\frac{(s+3)(s^2+9s+8)}{4} \end{bmatrix}$$

$$\text{第三列}-(s+10)\times\text{第二列}\rightarrow\begin{bmatrix} 4 & 0 & 0 \\ 0 & -\frac{(s+1)^2}{4} & -\frac{14(s+1)}{4} \end{bmatrix}$$

$$\left.\begin{array}{l}\text{第二列与第三列交换} \\ 4\times\text{第二行}\end{array}\right\}\rightarrow\begin{bmatrix} 4 & 0 & 0 \\ 0 & -14(s+1) & -(s+1)^2 \end{bmatrix}$$

$$\text{第三列}-\frac{s+1}{14}\times\text{第二列}\rightarrow\begin{bmatrix} 4 & 0 & 0 \\ 0 & -14(s+1) & 0 \end{bmatrix}$$

$$\left.\begin{array}{l}\frac{1}{4}\times\text{第一行} \\ \left(-\frac{1}{14}\right)\times\text{第二行}\end{array}\right\}\rightarrow\begin{bmatrix} 1 & 0 & 0 \\ 0 & s+1 & 0 \end{bmatrix}=\boldsymbol{\Lambda}(s)$$

2. Smith 形的基本特性

(1) Smith 形唯一性：设 $\boldsymbol{A}(s)$为 $m\times r$ 阶多项式矩阵，$\text{rank}\boldsymbol{A}(s)=p$，$0\leqslant p\leqslant\min(m, r)$，其 Smith 形唯一。由于 $\boldsymbol{A}(s)$给定后，其最大公因式随之确定，同时其不变式 $\lambda_i(s)$也随之确定，所以 $\boldsymbol{A}(s)$的 Smith 形具有唯一性。虽然 Smith 规范形具有唯一性，但是计算 Smith 规范形过程中的初等变换却不唯一，顺序可以变化。

(2) Smith 意义等价性：设有两个相异多项式矩阵 $\boldsymbol{A}(s)$和 $\boldsymbol{B}(s)$，若其对应的 Smith 规范形相同，则 $\boldsymbol{A}(s)$和 $\boldsymbol{B}(s)$为 Smith 意义等价，记为

$$\boldsymbol{A}(s)\overset{s}{=}\boldsymbol{B}(s) \tag{7.71}$$

式中，$\overset{s}{=}$为严格等价运算符。其内涵是它们具有相等的秩和相同的不变因式及其他相同特性，即具有自反性、对称性和传递性。

$$\text{自反性：}\boldsymbol{A}(s)\overset{s}{=}\boldsymbol{A}(s)$$

$$对称性：\boldsymbol{A}(s)\overset{s}{=}\boldsymbol{B}(s)\rightarrow\boldsymbol{B}(s)\overset{s}{=}\boldsymbol{A}(s)$$

$$传递性：\boldsymbol{A}(s)\overset{s}{=}\boldsymbol{B}(s),\ \boldsymbol{B}(s)\overset{s}{=}\boldsymbol{C}(s)\rightarrow\boldsymbol{A}(s)\overset{s}{=}\boldsymbol{C}(s)$$

(3) 基于 Smith 形的互质性判据：设 $\boldsymbol{N}_{右}(s)$和 $\boldsymbol{M}_{右}(s)$分别是 $m\times r$ 和 $r\times r$ 阶多项式矩阵，其右互质的充分必要条件是

$$\begin{bmatrix}\boldsymbol{M}_{右}(s)\\ \boldsymbol{N}_{右}(s)\end{bmatrix}的\text{ Smith }形为\begin{bmatrix}\boldsymbol{I}_r\\ \boldsymbol{0}\end{bmatrix} \tag{7.72}$$

对偶的，设 $\boldsymbol{N}_{左}(s)$和 $\boldsymbol{M}_{左}(s)$分别是 $m\times r$ 和 $r\times r$ 阶多项式矩阵，其左互质的充分必要条件是

$$[\boldsymbol{M}_{左}(s)\ \ \boldsymbol{N}_{左}(s)]的\text{ Smith }形为[\boldsymbol{I}_m\ \ \ \boldsymbol{0}] \tag{7.73}$$

证明 若 $\boldsymbol{M}_{右}(s)$和 $\boldsymbol{N}_{右}(s)$右互质，必有单模矩阵 $\boldsymbol{U}(s)$，使得

$$\boldsymbol{U}(s)\begin{bmatrix}\boldsymbol{M}_{右}(s)\\ \boldsymbol{N}_{右}(s)\end{bmatrix}=\begin{bmatrix}\boldsymbol{R}_{右}(s)\\ \boldsymbol{0}\end{bmatrix}=\begin{bmatrix}\boldsymbol{I}_r\\ \boldsymbol{0}\end{bmatrix}\boldsymbol{R}_{右}(s) \tag{7.74}$$

且 $\boldsymbol{R}_{右}(s)$为单模矩阵。故有

$$\boldsymbol{U}(s)\begin{bmatrix}\boldsymbol{M}_{右}(s)\\ \boldsymbol{N}_{右}(s)\end{bmatrix}\boldsymbol{R}_{右}^{-1}(s)=\begin{bmatrix}\boldsymbol{I}_r\\ \boldsymbol{0}\end{bmatrix} \tag{7.75}$$

这就证明了必要性。反之，若有单模矩阵 $\boldsymbol{U}(s)$和 $\boldsymbol{V}(s)$使得

$$\boldsymbol{U}(s)\begin{bmatrix}\boldsymbol{M}_{右}(s)\\ \boldsymbol{N}_{右}(s)\end{bmatrix}\boldsymbol{V}(s)=\begin{bmatrix}\boldsymbol{I}_r\\ \boldsymbol{0}\end{bmatrix}$$

则单模矩阵 $\boldsymbol{V}^{-1}(s)$使得式(7.76)成立，这意味着 $\boldsymbol{M}_{右}(s)$和 $\boldsymbol{N}_{右}(s)$最大右公因式 $\boldsymbol{R}_{右}(s)$为单模矩阵：

$$\boldsymbol{U}(s)\begin{bmatrix}\boldsymbol{M}_{右}(s)\\ \boldsymbol{N}_{右}(s)\end{bmatrix}=\begin{bmatrix}\boldsymbol{V}^{-1}(s)\\ \boldsymbol{0}\end{bmatrix}=\begin{bmatrix}\boldsymbol{R}_{右}(s)\\ \boldsymbol{0}\end{bmatrix} \tag{7.76}$$

充分性得证。

(4) 相似等价性：给定同维两个方常矩阵 $\boldsymbol{A}$ 和 $\boldsymbol{B}$，$(s\boldsymbol{I}-\boldsymbol{A})\overset{s}{=}(s\boldsymbol{I}-\boldsymbol{B})$的充要条件为 $\boldsymbol{A}$ 和 $\boldsymbol{B}$ 相似。

7.3.2 矩阵束和 Kronecker 形矩阵束

1. 矩阵束

矩阵束是一类多项式矩阵，其在系统理论中占有重要地位。比如本书第 3 章中介绍的线性时不变系统的能控性和能观性的 PBH 判别方法就是验证矩阵束的秩。

定义：设 $\boldsymbol{E}$ 和 $\boldsymbol{A}$ 为 $m\times n$ 的两个常数矩阵，则

$$矩阵束\overset{\Delta}{=}s\boldsymbol{E}-\boldsymbol{A},\ s\in\mathbf{C} \tag{7.77}$$

实质：特征矩阵$(s\boldsymbol{I}-\boldsymbol{A})$为矩阵束的特殊情况。当 $s\boldsymbol{E}-\boldsymbol{A}$ 为方阵且 $\det(s\boldsymbol{E}-\boldsymbol{A})\neq0$，称其为正则矩阵束，否则就称作奇异的矩阵束，即$(s\boldsymbol{E}-\boldsymbol{A})$不是方阵或$(s\boldsymbol{E}-\boldsymbol{A})$虽是方阵但 $\det(s\boldsymbol{E}-\boldsymbol{A})=0$。因此$(s\boldsymbol{E}-\boldsymbol{A})$的特征结构要丰富许多。

提出背景：在控制理论中，矩阵束$(s\boldsymbol{E}-\boldsymbol{A})$的提出是基于广义线性系统分析的需要。广义线性时不变系统状态空间方程为 $\boldsymbol{E}\dot{\boldsymbol{x}}=\boldsymbol{A}\boldsymbol{x}+\boldsymbol{B}\boldsymbol{u}$，广义线性系统特征结构由矩阵束

$(s\boldsymbol{E}-\boldsymbol{A})$决定。

严格等价性：如果存在 $m\times m$ 和 $n\times n$ 的两个非奇异矩阵 $\boldsymbol{U}$ 和 $\boldsymbol{V}$，使得

$$s\boldsymbol{E}-\boldsymbol{A}=\boldsymbol{U}(s\boldsymbol{E}-\widetilde{\boldsymbol{A}})\boldsymbol{V},\ s\in\mathbf{C} \tag{7.78}$$

则称 $s\boldsymbol{E}-\boldsymbol{A}$ 和 $s\boldsymbol{E}-\widetilde{\boldsymbol{A}}$严格等价，意味着两个系统具有相同的结构。

2. Kronecker 形矩阵束

对于任一 $m\times n$ 的矩阵束$(s\boldsymbol{E}-\boldsymbol{A})$，都可通过 $m\times m$ 和 $n\times n$ 的两个非奇异矩阵 $\boldsymbol{U}$ 和 $\boldsymbol{V}$ 变换成 Kronecker 形矩阵束，即

$$\boldsymbol{K}(s)=\boldsymbol{U}(s\boldsymbol{E}-\boldsymbol{A})\boldsymbol{V}=\begin{bmatrix}\boldsymbol{L}_{\mu_1} & & & & & & & \\ & \ddots & & & & & & \\ & & \boldsymbol{L}_{\mu_\alpha} & & & & & \\ & & & \boldsymbol{L}_{\upsilon_1} & & & & \\ & & & & \ddots & & & \\ & & & & & \boldsymbol{L}_{\upsilon_\beta} & & \\ & & & & & & s\boldsymbol{J}-\boldsymbol{I} & \\ & & & & & & & s\boldsymbol{I}-\boldsymbol{F}\end{bmatrix} \tag{7.79}$$

其中，$\{\boldsymbol{F},\boldsymbol{J},\{\boldsymbol{L}_{\mu_i}\},\{\boldsymbol{L}_{\upsilon_j}\}\}$为唯一，且有

（1）$\boldsymbol{F}$ 为约旦型：

$$\boldsymbol{F}=\left[\begin{array}{cccc:cc} a & 1 & & & & \\ & a & 1 & & & \\ & & a & 1 & & \\ & & & a & & \\ \hdashline & & & & b & 1 \\ & & & & & b\end{array}\right]$$

（2）$\boldsymbol{J}$ 为零特征值约旦型：

$$\boldsymbol{J}=\left[\begin{array}{ccc:cc} 0 & 1 & & & \\ & 0 & 1 & & \\ & & 0 & & \\ \hdashline & & & 0 & 1 \\ & & & & 0\end{array}\right]$$

（3）$\boldsymbol{L}_{\mu_i}$ 为 $\mu_i\times(\mu_i+1)$矩阵，具有形式：

$$\boldsymbol{L}_{\mu_i}=\begin{bmatrix} s & -1 & & \\ & \ddots & \ddots & \\ & & s & -1\end{bmatrix}$$

（4）$\boldsymbol{L}_{\upsilon_j}$ 为$(\upsilon_j+1)\times\upsilon_j$ 矩阵，具有形式：

$$\boldsymbol{L}_{\upsilon_j}=\begin{bmatrix} s & & \\ -1 & & \\ & \ddots & \\ & \ddots & s \\ & & -1\end{bmatrix}$$

上述公式中，a 和 b 均为常数，未标出元均为零。

在矩阵束的 Kronecker 形中$\{\boldsymbol{L}_{\mu_i}\}$表示$(s\boldsymbol{E}-\boldsymbol{A})$的奇异性，$\{\mu_i,\ i=1,\ 2,\ \cdots,\ \alpha\}$称为 Kronecker 形的右指数集，$\{\upsilon_j,\ j=1,\ 2,\ \cdots,\ \beta\}$称为 Kronecker 形的左指数集。

Kronecker **形与矩阵束对应关系**：如果矩阵束是正则的，则

$$\boldsymbol{U}(s\boldsymbol{E}-\boldsymbol{A})\boldsymbol{V}=\mathrm{diag}[s\boldsymbol{J}-\boldsymbol{I}\quad s\boldsymbol{I}-\boldsymbol{F}] \tag{7.80}$$

$(s\boldsymbol{J}-\boldsymbol{I})$表示常数矩阵 $\boldsymbol{E}$ 的奇异性，也表示$(s\boldsymbol{E}-\boldsymbol{A})$在 $s=\infty$处的奇异性。

证明 令 $\lambda=s^{-1}$，基于此可将$(s\boldsymbol{J}-\boldsymbol{I})$表示为

$$s\boldsymbol{J}-\boldsymbol{I}=-s(s^{-1}\boldsymbol{I}-\boldsymbol{J})=-s(\lambda\boldsymbol{I}-\boldsymbol{J}) \tag{7.81}$$

再由 $\boldsymbol{J}$ 为零特征值约当型，可知 $\boldsymbol{J}$ 的特征值 $\lambda_k(\boldsymbol{J})=0$，对应有 $s_k(\boldsymbol{J})=\infty$。从而，$(s\boldsymbol{J}-\boldsymbol{I})$反映矩阵束$(s\boldsymbol{E}-\boldsymbol{A})$在 $s=\infty$处的特征结构。证明完成。

Kronecker **形矩阵束广义唯一性**：如果两个矩阵束严格等价，则具有相同的 Kronecker 形。

证明 设任意两个 $m\times n$ 矩阵束$(s\boldsymbol{E}-\boldsymbol{A})$和$(s\boldsymbol{E}-\bar{\boldsymbol{A}})$为严格等价，即下式成立：

$$(s\boldsymbol{E}-\boldsymbol{A})=\tilde{\boldsymbol{U}}(s\boldsymbol{E}-\bar{\boldsymbol{A}})\tilde{\boldsymbol{V}} \tag{7.82}$$

其中，$\tilde{\boldsymbol{U}}$ 和 $\tilde{\boldsymbol{V}}$ 为 $m\times m$ 和 $n\times n$ 非奇异常阵。将$(s\boldsymbol{E}-\boldsymbol{A})$的 Kronecker 形表示为 $\boldsymbol{K}(s)$，即有

$$\boldsymbol{U}(s\boldsymbol{E}-\boldsymbol{A})\boldsymbol{V}=\boldsymbol{K}(s) \tag{7.83}$$

于是，由式(7.83)和式(7.82)可以导出

$$\boldsymbol{K}(s)=\boldsymbol{U}(s\boldsymbol{E}-\boldsymbol{A})\boldsymbol{V}=\boldsymbol{U}\tilde{\boldsymbol{U}}(s\boldsymbol{E}-\bar{\boldsymbol{A}})\tilde{\boldsymbol{V}}\boldsymbol{V}=\bar{\boldsymbol{U}}(s\boldsymbol{E}-\bar{\boldsymbol{A}})\bar{\boldsymbol{V}} \tag{7.84}$$

其中，$\bar{\boldsymbol{U}}=\boldsymbol{U}\tilde{\boldsymbol{U}}$ 和 $\bar{\boldsymbol{V}}=\tilde{\boldsymbol{V}}\boldsymbol{V}$ 为非奇异常阵。从而，证得$(s\boldsymbol{E}-\boldsymbol{A})$和$(s\boldsymbol{E}-\bar{\boldsymbol{A}})$具有相同的 Kronecker形。证明完毕。

7.4 多项式矩阵分式描述(MFD)

矩阵分式描述(Matrix-Fraction Description，MFD)实际上是把有理分式矩阵形式的传递函数 $\boldsymbol{W}(s)$表示成两个多项式矩阵之比，是标量有理分式形式的传递函数的一种自然推广。

现在考察两个多项式矩阵 $\boldsymbol{N}(s)$和 $\boldsymbol{M}(s)$。如果 $\boldsymbol{M}(s)$是非奇异方阵，那么一般来讲，$\boldsymbol{N}(s)\boldsymbol{M}^{-1}(s)$为有理矩阵。反之，给定一个 $m\times r$ 阶有理矩阵 $\boldsymbol{W}(s)$，总能将它因式分解为

$$\boldsymbol{W}(s)=\boldsymbol{N}_{右}(s)\boldsymbol{M}_{右}^{-1}(s) \tag{7.85}$$

或

$$\boldsymbol{W}(s)=\boldsymbol{M}_{左}^{-1}(s)\boldsymbol{N}_{左}(s) \tag{7.86}$$

其中，$r\times r$ 阶方阵 $\boldsymbol{M}_{右}(s)$称为右分母矩阵，$m\times r$ 阶矩阵$\boldsymbol{N}_{右}(s)$称为右分子矩阵，相应地，$m\times m$ 阶方阵 $\boldsymbol{M}_{左}(s)$和 $m\times r$ 阶矩阵$\boldsymbol{N}_{左}(s)$分别称为左分母矩阵和左分子矩阵。它们都是多项式矩阵，式(7.85)和式(7.86)称作有理矩阵 $\boldsymbol{W}(s)$的右矩阵分式描述和左矩阵分式描述，也分别称为右 MFD 描述和左 MFD 描述。例如：

$$\begin{bmatrix} \frac{n_{11}}{d_{11}} & \frac{n_{12}}{d_{12}} & \frac{n_{13}}{d_{13}} \\ \frac{n_{21}}{d_{21}} & \frac{n_{22}}{d_{22}} & \frac{n_{23}}{d_{23}} \end{bmatrix} = \begin{bmatrix} \frac{\bar{n}_{11}}{d_{c1}} & \frac{\bar{n}_{12}}{d_{c2}} & \frac{\bar{n}_{13}}{d_{c3}} \\ \frac{\bar{n}_{21}}{d_{c1}} & \frac{\bar{n}_{22}}{d_{c2}} & \frac{\bar{n}_{23}}{d_{c3}} \end{bmatrix} = \begin{bmatrix} \bar{n}_{11} & \bar{n}_{12} & \bar{n}_{13} \\ \bar{n}_{21} & \bar{n}_{22} & \bar{n}_{23} \end{bmatrix} \begin{bmatrix} d_{c1} & 0 & 0 \\ 0 & d_{c2} & 0 \\ 0 & 0 & d_{c3} \end{bmatrix}^{-1}$$

$$= \begin{bmatrix} \frac{n_{11}}{d_{r1}} & \frac{n_{12}}{d_{r1}} & \frac{n_{13}}{d_{r1}} \\ \frac{n_{21}}{d_{r2}} & \frac{n_{22}}{d_{r2}} & \frac{n_{23}}{d_{r2}} \end{bmatrix} = \begin{bmatrix} d_{r1} & 0 \\ 0 & d_{r2} \end{bmatrix}^{-1} \begin{bmatrix} n_{11} & n_{12} & n_{13} \\ n_{21} & n_{22} & n_{23} \end{bmatrix} \tag{7.87}$$

其中，d_{ci}是$\boldsymbol{W}(s)$中第i列元素的最小公分母，d_{ri}是$\boldsymbol{W}(s)$中的第i行元素的最小公分母。对于 MFD 的基本特性分析，主要有表征其结构特性的真性(严真性)以及不可简约性。

【例 7-9】 给定一个 2×3 的传递函数矩阵$\boldsymbol{W}(s)$为

$$\boldsymbol{W}(s) = \begin{bmatrix} \frac{s+1}{(s+2)(s+3)^2} & \frac{s+1}{s+3} & \frac{s}{s+2} \\ -\frac{s+1}{s+3} & \frac{s+3}{s+4} & \frac{s}{s+1} \end{bmatrix}$$

试构造其左 MFD 和右 MFD。

解 首先，构造$\boldsymbol{W}(s)$的右 MFD。为此，定出$\boldsymbol{W}(s)$各列的最小公分母分别为

$$d_{c1}(s) = (s+2)(s+3)^2,\ d_{c2}(s) = (s+3)(s+4),\ d_{c3}(s) = (s+2)(s+1)$$

基于此，将$\boldsymbol{W}(s)$表示为

$$\boldsymbol{W}(s) = \begin{bmatrix} \frac{(s+1)}{(s+2)(s+3)^2} & \frac{(s+1)(s+4)}{(s+3)(s+4)} & \frac{s(s+1)}{(s+2)(s+1)} \\ \frac{-(s+1)(s+2)(s+3)}{(s+2)(s+3)^2} & \frac{(s+3)^2}{(s+3)(s+4)} & \frac{s(s+2)}{(s+2)(s+1)} \end{bmatrix}$$

于是，就可导出，给定$\boldsymbol{W}(s)$的一个右 MFD 为

$$\boldsymbol{W}(s) = \boldsymbol{N}_{右}(s)\boldsymbol{M}_{右}^{-1}(s) = \begin{bmatrix} (s+1) & (s+1)(s+4) & s(s+1) \\ -(s+1)(s+2)(s+3) & (s+3)^2 & s(s+2) \end{bmatrix}$$

$$\times \begin{bmatrix} (s+2)(s+3)^2 & & \\ & (s+3)(s+4) & \\ & & (s+2)(s+1) \end{bmatrix}$$

进而，构造$\boldsymbol{W}(s)$的左 MFD。为此，定出$\boldsymbol{W}(s)$各行的最小公分母分别为

$$m_{r1}(s) = (s+2)(s+3)^2,\ m_{r2}(s) = (s+3)(s+4)(s+1)$$

基于此，$\boldsymbol{W}(s)$可表示为

$$\boldsymbol{W}(s) = \begin{bmatrix} \frac{(s+1)}{(s+2)(s+3)^2} & \frac{(s+1)(s+2)(s+3)}{(s+2)(s+3)^2} & \frac{s(s+3)^2}{(s+2)(s+3)^2} \\ \frac{-(s+1)(s+4)(s+1)}{(s+3)(s+4)(s+1)} & \frac{(s+3)^2(s+1)}{(s+3)(s+4)(s+1)} & \frac{s(s+3)(s+4)}{(s+3)(s+4)(s+1)} \end{bmatrix}$$

从而，就可导出，给定$\boldsymbol{W}(s)$的一个左 MFD 为

$$\boldsymbol{W}(s) = \boldsymbol{M}_{左}^{-1}(s)\boldsymbol{N}_{左}(s)$$

$$= \begin{bmatrix} (s+2)(s+3)^2 & \\ & (s+3)(s+4)(s+1) \end{bmatrix}^{-1}$$

$$\times\begin{bmatrix} (s+1) & (s+1)(s+2)(s+3) & s(s+3)^2 \\ -(s+1)(s+4)(s+1) & (s+3)^2(s+1) & s(s+3)(s+4) \end{bmatrix}$$

7.4.1 MFD的真性(严真性)

所谓严格真有理矩阵 $\boldsymbol{W}(s)$，即 $\boldsymbol{W}(\infty)=\boldsymbol{0}$。应用 $\boldsymbol{W}(s)$ 的元素很容易指明 $\boldsymbol{W}(s)$ 是否为严格真有理矩阵或真有理矩阵，只要观察每一个 $w_{ij}(s)$ 是否有 $\deg n_{ij}(s)<\deg m_{ij}(s)$。

1. 列次和行次

对于一个给定的多项式列向量或行向量，规定向量中所有元素的 s 的最高次幂指数为向量的次数。将多项式矩阵 $\boldsymbol{F}(s)$ 第 i 列或行的次数分别记为 $\delta_{ci}\boldsymbol{M}(s)$ 或 $\delta_{ri}\boldsymbol{M}(s)$，并称 δ_{ci} 为列次，δ_{ri} 为行次。

【例 7-10】 试求如下多项式矩阵 $\boldsymbol{F}(s)$ 的向量次数。

$$\boldsymbol{F}(s)=\begin{bmatrix} s+1 & s^2+2s+1 & s \\ s-1 & s^3 & 0 \end{bmatrix}$$

解 $\boldsymbol{F}(s)$ 的列次数为 $\delta_{c1}\boldsymbol{M}(s)=1$，$\delta_{c2}\boldsymbol{M}(s)=3$，$\delta_{c3}\boldsymbol{M}(s)=1$。

$\boldsymbol{F}(s)$ 的行次数为 $\delta_{r1}\boldsymbol{M}(s)=2$，$\delta_{r2}\boldsymbol{M}(s)=3$。

2. 真(严格真)有理矩阵特性

设 $\boldsymbol{W}(s)$ 为 $m\times r$ 阶真(严格真)有理矩阵，$\boldsymbol{W}(s)=\boldsymbol{N}_{右}(s)\boldsymbol{M}_{右}^{-1}(s)=\boldsymbol{M}_{左}^{-1}(s)\boldsymbol{N}_{左}(s)$，则

$$\delta_{cj}\boldsymbol{N}_{右}(s)\leqslant\delta_{cj}\boldsymbol{M}_{右}(s)\ [\delta_{cj}\boldsymbol{N}_{右}(s)<\delta_{cj}\boldsymbol{M}_{右}(s)],\ j=1,\ 2,\ \cdots,\ r \tag{7.88}$$

或

$$\delta_{ri}\boldsymbol{N}_{左}(s)\leqslant\delta_{ri}\boldsymbol{M}_{左}(s)\ [\delta_{ri}\boldsymbol{N}_{左}(s)<\delta_{ri}\boldsymbol{M}_{左}(s)],\ i=1,\ 2,\ \cdots,\ m \tag{7.89}$$

注意：逆命题不成立。

证明 仅证明真性，对严真性的证明与此类似。

先证必要性。已知 $\boldsymbol{N}_{右}(s)\boldsymbol{M}_{右}^{-1}(s)$ 为真，欲证式(7.88)。对此，将 $\boldsymbol{W}(s)$ 表示为 $\boldsymbol{N}_{右}(s)\boldsymbol{M}_{右}^{-1}(s)=\boldsymbol{W}(s)$，基于此可以导出 $\boldsymbol{N}_{右}(s)=\boldsymbol{W}(s)\boldsymbol{M}_{右}(s)$。再将 $\boldsymbol{N}_{右}(s)$ 的元表示为 $n_{ij}(s)$，$\boldsymbol{M}_{右}(s)$ 的元表示为 $m_{ij}(s)$，$\boldsymbol{W}(s)$ 的元表示为 $w_{ij}(s)$，则有

$$n_{ij}(s)=[w_{i1}(s)\ \ \cdots\ \ w_{ir}(s)]\begin{bmatrix} m_{1j}(s) \\ \vdots \\ m_{rj}(s) \end{bmatrix}=\sum_{k=1}^{r}w_{ik}(s)m_{kj}(s) \tag{7.90}$$

其中，$i=1、2、\cdots、m$，$j=1、2、\cdots、r$。进而，由 $\boldsymbol{N}_{右}(s)\boldsymbol{M}_{右}^{-1}(s)=\boldsymbol{W}(s)$ 为真知，上式中 $w_{ik}(s)$ 的分子次数必小于或等于分母次数。据此，由上式可知，$n_{ij}(s)$ 次数必小于或等于 $\{m_{kj}(s),\ k=1,\ 2,\ \cdots,\ r\}$ 的最高次数，即有

$$\deg n_{ij}(s)\leqslant\max\{\deg m_{kj}(s),\ k=1,\ 2,\ \cdots,\ r\} \tag{7.91}$$

等价地，可以导出

$$\delta_{cj}\boldsymbol{N}_{右}(s)\leqslant\delta_{cj}\boldsymbol{M}_{右}(s),\quad j=1,\ 2,\ \cdots,\ r \tag{7.92}$$

从而，证得式(7.88)。必要性得证。

再证充分性。已知式(7.88)，欲证 $\boldsymbol{N}_{右}(s)\boldsymbol{M}_{右}^{-1}(s)$ 为真。对此，利用列次表达式，将 $\boldsymbol{M}_{右}(s)$ 和 $\boldsymbol{N}_{右}(s)$ 分别表示为

$$\boldsymbol{M}_{右}(s)=[\boldsymbol{M}_{hc}(s)+\boldsymbol{M}_{cL}(s)\boldsymbol{S}_{c}^{-1}(s)]\boldsymbol{S}_{c}(s) \tag{7.93}$$

$$N_{右}(s)=[N_{hc}(s)+N_{cL}(s)S_c^{-1}(s)]S_c(s) \tag{7.94}$$

基于此，可以导出

$$\begin{aligned}W(s)&=N_{右}(s)M_{右}^{-1}(s)\\&=[N_{hc}(s)+N_{cL}(s)S_c^{-1}(s)][M_{hc}(s)+M_{cL}(s)S_c^{-1}(s)]^{-1}\end{aligned} \tag{7.95}$$

再注意到 $\delta_{cj}M_{cL}(s)<\delta_{cj}S_c(s)$，而由式(7.87)知 $\delta_{cj}N_{cL}(s)<\delta_{cj}S_c(s)$，由此可以得到

$$\lim_{s\to\infty}N_{cL}(s)S_c^{-1}(s)=\mathbf{0},\quad \lim_{s\to\infty}M_{cL}(s)S_c^{-1}(s)=\mathbf{0} \tag{7.96}$$

基于此，并考虑到 $M_{右}(s)$列既约，即 $M_{hc}^{-1}(s)$存在，由式(7.95)进而可得到

$$\lim_{s\to\infty}W(s)=N_{hc}M_{hc}^{-1} \tag{7.97}$$

再由已知 $\delta_{cj}N_{右}(s)\leqslant\delta_{cj}M_{右}(s)$可得 N_{hc}为非零常阵。由此，并利用式(7.97)，就可导出

$$\lim_{s\to\infty}W(s)=N_{hc}M_{hc}^{-1}=\text{非零常阵} \tag{7.98}$$

据定义知，$N_{右}(s)M_{右}^{-1}(s)$为真。充分性得证。证明完成。

【例 7-11】 给定 1×2 右 MFD 的 $N_{右}(s)M_{右}^{-1}(s)$为

$$N_{右}(s)=[1\quad 2],\quad M_{右}(s)=\begin{bmatrix}s^2 & s-1\\ s+1 & 1\end{bmatrix}$$

试判断 MFD 的真性(严真性)。

解　不难看出，$M_{右}(s)$为非列既约。所以，尽管满足结论中的式(7.89)

$$0=\delta_{c1}N_{右}(s)<\delta_{c1}M_{右}(s)=2$$
$$0=\delta_{c2}N_{右}(s)<\delta_{c2}M_{右}(s)=1$$

但是，事实上

$$\begin{aligned}N_{右}(s)M_{右}^{-1}(s)&=[1\quad 2]\begin{bmatrix}s^2 & s-1\\ s+1 & 1\end{bmatrix}^{-1}=[1\quad 2]\begin{bmatrix}1 & -(s-1)\\ -(s+1) & s^2\end{bmatrix}\\&=[-2s-1\quad 2s^2-s+1]\end{aligned}$$

这表明，给定的 $N_{右}(s)M_{右}^{-1}(s)$为非真。

MFD 的真性(严真性)的实质： 直观上，MFD 真性(严真性)体现了其所代表系统的物理可实现性。当且仅当系统为真或严真，系统满足因果性并可用现实物理元件构成。

7.4.2　MFD 的不可简约性

设 $m\times r$ 阶传递函数矩阵 $W(s)$，$N_{右}(s)M_{右}^{-1}(s)$和 $M_{左}^{-1}(s)N_{左}(s)$为其右 MFD 和左 MFD，其中，$N_{右}(s)$和 $M_{右}(s)$分别是 $m\times r$ 和 $r\times r$ 阶多项式矩阵，$N_{左}(s)$和 $M_{左}(s)$分别为 $m\times r$ 和 $m\times m$ 阶多项式矩阵，则当且仅当$N_{右}(s)$和 $M_{右}(s)$右互质，称$N_{右}(s)M_{右}^{-1}(s)$为 $W(s)$的一个不可简约右 MFD。当且仅当$N_{左}(s)$和 $M_{左}(s)$左互质，称 $M_{左}^{-1}(s)N_{左}(s)$为$W(s)$的一个不可简约左 MFD。

【例 7-12】 给定 1×2 右 MFD 的$N_{右}(s)M_{右}^{-1}(s)$为

$$N_{右}(s)=[1\quad -1],\ M_{右}(s)=\begin{bmatrix}2s+1 & 1\\ s+1 & s^2\end{bmatrix}$$

试判断 MFD 不可简约性。

解　容易判断

$$\text{rank}\begin{bmatrix} 2s+1 & 1 \\ s+1 & s^2 \\ 1 & -1 \end{bmatrix}=2,\ \forall s \in \mathbf{C}$$

根据互质性判据知$\boldsymbol{N}_{右}(s)$和$\boldsymbol{M}_{右}(s)$为右互质，从而根据定义知，给定$\boldsymbol{N}_{右}(s)\boldsymbol{M}_{右}^{-1}(s)$为不可简约 MFD。

1. 不唯一性

对 $m\times r$ 传递函数矩阵 $\boldsymbol{W}(s)$，其右不可简约 MFD 和左不可简约 MFD 均为不唯一。

2. 两个不可简约 MFD 的关系

设 $\boldsymbol{N}_{右1}(s)\boldsymbol{M}_{右1}^{-1}(s)$和 $\boldsymbol{N}_{右2}(s)\boldsymbol{M}_{右2}^{-1}(s)$为 $m\times r$ 传递函数矩阵 $\boldsymbol{W}(s)$的任意两个右不可简约 MFD，则必存在 $r\times r$ 单模阵 $\boldsymbol{U}(s)$，使下式成立：

$$\boldsymbol{M}_{右1}(s)=\boldsymbol{M}_{右2}(s)\boldsymbol{U}(s),\quad \boldsymbol{N}_{右1}(s)=\boldsymbol{N}_{右2}(s)\boldsymbol{U}(s) \tag{7.99}$$

证明 为使证明思路更为清晰，分成三步进行证明。

(1) 构造满足式(7.99)的矩阵 $\boldsymbol{U}(s)$。对此，由已知的

$$\boldsymbol{N}_{右1}(s)\boldsymbol{M}_{右1}^{-1}(s)=\boldsymbol{N}_{右2}(s)\boldsymbol{M}_{右2}^{-1}(s) \tag{7.100}$$

可以导出

$$\boldsymbol{N}_{右1}(s)=\boldsymbol{N}_{右2}(s)\boldsymbol{M}_{右2}^{-1}(s)\boldsymbol{M}_{右1}(s) \tag{7.101}$$

基于此，当取

$$\boldsymbol{U}(s)=\boldsymbol{M}_{右2}^{-1}(s)\boldsymbol{M}_{右1}(s) \tag{7.102}$$

即可导出

$$\boldsymbol{N}_{右1}(s)=\boldsymbol{N}_{右2}(s)\boldsymbol{M}_{右2}^{-1}(s)\boldsymbol{M}_{右1}(s)=\boldsymbol{N}_{右2}(s)\boldsymbol{U}(s) \tag{7.103}$$

$$\boldsymbol{M}_{右1}(s)=\boldsymbol{M}_{右2}(s)\boldsymbol{M}_{右2}^{-1}(s)\boldsymbol{M}_{右1}(s)=\boldsymbol{M}_{右2}(s)\boldsymbol{U}(s) \tag{7.104}$$

这表明，式(7.102)给出的$\boldsymbol{U}(s)$满足式(7.99)，且由 $\boldsymbol{M}_{右1}(s)$和 $\boldsymbol{M}_{右2}(s)$非奇异知，$\boldsymbol{U}(s)$为非奇异。

(2) 证明$\boldsymbol{U}(s)$为多项式矩阵。对此，由$\{\boldsymbol{M}_{右2}(s),\ \boldsymbol{N}_{右2}(s)\}$右互质，并利用右互质性质的贝佐特等式判据，可知存在 $r\times r$ 和 $r\times m$ 多项式矩阵 $\tilde{\boldsymbol{X}}(s)$和 $\tilde{\boldsymbol{Y}}(s)$，使下式成立

$$\tilde{\boldsymbol{X}}(s)\boldsymbol{M}_{右2}(s)+\tilde{\boldsymbol{Y}}(s)\boldsymbol{N}_{右2}(s)=\boldsymbol{I} \tag{7.105}$$

注意到 $\boldsymbol{M}_{右2}(s)=\boldsymbol{M}_{右1}(s)\boldsymbol{U}^{-1}(s)$和 $\boldsymbol{N}_{右2}(s)=\boldsymbol{N}_{右1}(s)\boldsymbol{U}^{-1}(s)$，还可以将上式改写为

$$\tilde{\boldsymbol{X}}(s)\boldsymbol{M}_{右1}(s)\boldsymbol{U}^{-1}(s)+\tilde{\boldsymbol{Y}}(s)\boldsymbol{N}_{右1}(s)\boldsymbol{U}^{-1}(s)=\boldsymbol{I} \tag{7.106}$$

再将式(7.106)右乘 $\boldsymbol{U}(s)$，可以得到

$$\boldsymbol{U}(s)=\tilde{\boldsymbol{X}}(s)\boldsymbol{M}_{右1}(s)+\tilde{\boldsymbol{Y}}(s)\boldsymbol{N}_{右1}(s) \tag{7.107}$$

式(7.107)中，等式右边各个矩阵均为多项式矩阵，它们的乘和加运算不改变多项式矩阵属性，从而证得 $\boldsymbol{U}(s)$为多项式矩阵。

(3) 证明$\boldsymbol{U}(s)$为单模阵。对此，由$\{\boldsymbol{M}_{右1}(s),\ \boldsymbol{N}_{右1}(s)\}$右互质，并利用右互质性质的贝佐特等式判据，可知存在 $r\times r$ 和 $r\times m$ 多项式矩阵 $\boldsymbol{X}(s)$和 $\boldsymbol{Y}(s)$，使下式成立

$$\boldsymbol{X}(s)\boldsymbol{M}_{右1}(s)+\boldsymbol{Y}(s)\boldsymbol{N}_{右1}(s)=\boldsymbol{I} \tag{7.108}$$

将 $\boldsymbol{M}_{右1}(s)=\boldsymbol{M}_{右2}(s)\boldsymbol{U}(s)$和 $\boldsymbol{N}_{右1}(s)=\boldsymbol{N}_{右2}(s)\boldsymbol{U}(s)$代入式(7.107)，又可导出

$$\boldsymbol{X}(s)\boldsymbol{M}_{右2}(s)\boldsymbol{U}(s)+\boldsymbol{Y}(s)\boldsymbol{N}_{右2}(s)\boldsymbol{U}(s)=\boldsymbol{I} \tag{7.109}$$

再将式(7.109)右乘 $\boldsymbol{U}^{-1}(s)$，可以得到

$$U^{-1}(s)=X(s)M_{右2}(s)+Y(s)N_{右2}(s) \tag{7.110}$$

这表明，$U^{-1}(s)$也为多项式矩阵，据单模阵属性知$U(s)$为单模阵。证明完成。

3. 不可简约 MFD 的广义唯一性

传递函数矩阵$W(s)$的右不可简约 MFD 满足广义唯一性，即若定出一个右不可简约 MFD，则所有右不可简约 MFD 可以基于此定出。具体地说，若 MFD$N(s)_右$ $M_右^{-1}(s)$为$m\times r$的$W(s)$的右不可简约 MFD，$U(s)$为任一$r\times r$单模阵，且取

$$\bar{M}_右(s)=M_右(s)U(s),\quad \bar{N}_右(s)=N_右(s)U(s) \tag{7.111}$$

则$\bar{N}_右(s)\bar{M}_右^{-1}(s)$也为$W(s)$的右不可简约 MFD。

证明　由式(7.111)，可以导出

$$\bar{N}_右(s)\bar{M}_右^{-1}(s)=N_右(s)U(s)U^{-1}(s)M_右^{-1}(s)=N_右(s)M_右^{-1}(s)=W(s) \tag{7.112}$$

这表明，$\bar{N}_右(s)\bar{M}_右^{-1}(s)$也为$W(s)$的一个右 MFD。进而，利用单模变换特性，又可以得到

$$\begin{aligned}\operatorname{rank}\begin{bmatrix}\bar{M}_右(s)\\ \bar{N}_右(s)\end{bmatrix}&=\operatorname{rank}\begin{bmatrix}M_右(s)U(s)\\ N_右(s)U(s)\end{bmatrix}=\operatorname{rank}\begin{bmatrix}M_右(s)\\ N_右(s)\end{bmatrix}U(s)\\&=\operatorname{rank}\begin{bmatrix}N_右(s)\\ M_右(s)\end{bmatrix},\quad \forall s\in\mathbf{C}\end{aligned} \tag{7.113}$$

据右互质性秩判据知，$\bar{N}_右(s)\bar{M}_右^{-1}(s)$也为$W(s)$的一个右不可简约 MFD。证明完成。

4. 右不可简约 MFD 的同一性

对$r\times m$传递函数矩阵$W(s)$的所有右不可简约 MFD，即

$$W(s)=N_{右i}(s)M_{右i}^{-1}(s),\quad i=1,2,\cdots \tag{7.114}$$

必有：(1) $N_{右i}(s)$具有相同的史密斯形($i=1,2,\cdots$)；(2) $M_{右i}(s)$具有相同的不变多项式($i=1,2,\cdots$)。

证明　(1) 证具有相同的史密斯形。对此，据两个不可简约 MFD 之间的关系，有$N_{右j}(s)=N_{右1}(s)U_{右j}(s)$，$U_j(s)$为单模阵，$j=2,3,\cdots$。再令$\Lambda(s)=\bar{U}(s)N_{右1}(s)\bar{V}(s)$为$N_{右1}(s)$的史密斯形，可以导出

$$\begin{aligned}\Lambda(s)&=\bar{U}(s)N_{右1}(s)\bar{V}(s)=\bar{U}(s)N_{右j}(s)U_j^{-1}(s)\bar{V}(s)\\&=\tilde{U}_j(s)N_{右j}(s)\tilde{V}_j(s),\quad j=2,3,\cdots\end{aligned} \tag{7.115}$$

其中，$\tilde{U}_j(s)=\bar{U}(s)$和$\tilde{V}_j(s)=U_j^{-1}(s)\bar{V}(s)$均为单模阵。这表明，$N_{右i}(s)$具有相同的史密斯形$\Lambda(s)$，$i=1,2,3,\cdots$。

(2) 证具有相同的不变多项式。对此，据两个不可简约 MFD 之间的关系，有$M_{右j}(s)=M_{右1}(s)U_j(s)$，$U_j(s)$为单模阵，$j=2,3,\cdots$。注意到$\det U_j(s)=c_j$(常数)，可以导出

$$\det M_{右j}(s)=\det M_{右1}(s)\det U_j(s)=c_j\det M_{右1}(s) \tag{7.116}$$

从而，有下式成立

$$M_{右1}(s)\propto\det M_{右2}(s)\propto\cdots\propto\det M_{右j}(s)\propto\cdots \tag{7.117}$$

即$M_{右i}(s)$具有相同的不变多项式($i=1,2,\cdots$)。证明完成。

不可简约 MFD 的实质：不可简约性是对 MFD 结构最简性的一种表达。内涵上，当且仅当其分母矩阵和分子矩阵的最大公因式为单模矩阵，MFD 为不可简约。直观上，MFD 不可简约性反映 MFD 的最小阶属性，MFD 的阶次定义为其分母矩阵行列式的次数。

7.4.3 基于 MFD 的状态空间实现

本节主要讨论"右 MFD$\boldsymbol{N}_{右}(s)\boldsymbol{M}_{右}^{-1}(s)$，$\boldsymbol{M}_{右}(s)$行既约"和"左 MFD$\boldsymbol{M}_{左}^{-1}(s)\boldsymbol{N}_{左}(s)$，$\boldsymbol{M}_{左}(s)$列既约"构造对应的"能控性形实现"和"能观测性形实现"。

1. 右 MFD 的能控性形实现

考虑 $m\times r$ 严格真右 MFD$\bar{\boldsymbol{N}}_{右}(s)\boldsymbol{M}_{右}^{-1}(s)$，$\bar{\boldsymbol{N}}_{右}(s)$和 $\boldsymbol{M}_{右}(s)$为 $m\times r$ 和 $r\times r$ 多项式矩阵，$\boldsymbol{M}_{右}(s)$行既约。类同于前，对真 $\bar{\boldsymbol{N}}_{右}(s)\boldsymbol{M}_{右}^{-1}(s)$导出其严真右 MFD，有

$$\bar{\boldsymbol{N}}_{右}(s)\boldsymbol{M}_{右}^{-1}(s)=\boldsymbol{E}_{右}+\boldsymbol{N}_{右}(s)\boldsymbol{M}_{右}^{-1}(s) \tag{7.118}$$

其中，$\boldsymbol{N}_{右}(s)\boldsymbol{M}_{右}^{-1}(s)$为严格真右 MFD，$\boldsymbol{E}_{右}$ 为 $m\times r$ 常阵。下面的问题就是，对"$m\times r$ 严格真右 MFD$\boldsymbol{N}_{右}(s)\boldsymbol{M}_{右}^{-1}(s)$，$\boldsymbol{M}_{右}(s)$行既约"构造能控性形实现。现简要给出有关的主要结果和结论。

1）能控性形实现的定义

对 $m\times r$ 严格真右 MFD$\boldsymbol{N}_{右}(s)\boldsymbol{M}_{右}^{-1}(s)$，$\boldsymbol{M}_{右}(s)$行既约，行次数表示为 $\delta_{ri}\boldsymbol{M}_{右}(s)=k_{ri}$，$i=1, 2, \cdots, r$，则称一个状态空间描述

$$\begin{cases}\dot{\boldsymbol{x}}=\boldsymbol{A}_c\boldsymbol{x}+\boldsymbol{B}_c\boldsymbol{u}\\ \boldsymbol{y}=\boldsymbol{C}_c\boldsymbol{x}\end{cases} \tag{7.119}$$

为其能控性形实现，其中

$$\dim \boldsymbol{A}_c=\sum_{i=1}^{r}k_{ri}=n \tag{7.120}$$

如果满足：

（1）$\boldsymbol{C}_c(s\boldsymbol{I}-\boldsymbol{A}_c)^{-1}\boldsymbol{B}_c=\boldsymbol{N}_{右}(s)\boldsymbol{M}_{右}^{-1}(s)$；

（2）定义 $\boldsymbol{B}_c=[\boldsymbol{b}_1, \boldsymbol{b}_2, \cdots, \boldsymbol{b}_r]$，有

$$[\boldsymbol{b}_1\quad \boldsymbol{A}_c\boldsymbol{b}_1\quad \cdots\quad \boldsymbol{A}_c^{k_{r1}-1}\boldsymbol{b}_1 \vdots \cdots \vdots \boldsymbol{b}_r\quad \boldsymbol{A}_c\boldsymbol{b}_r\quad \cdots\quad \boldsymbol{A}_c^{k_{rr}-1}\boldsymbol{b}_r]=\boldsymbol{I}_n \tag{7.121}$$

2）能控性形实现的构造思路

对 $m\times r$ 严真右 MFD$\boldsymbol{N}_{右}(s)\boldsymbol{M}_{右}^{-1}(s)$，$\boldsymbol{M}_{右}(s)$行既约，定义

$$\boldsymbol{N}_{右}(s)\boldsymbol{M}_{右}^{-1}(s)=\boldsymbol{N}_{右}(s)[\boldsymbol{M}_{右}^{-1}(s)\boldsymbol{I}_r] \tag{7.122}$$

则能控性形实现($\boldsymbol{A}_c$，$\boldsymbol{B}_c$，$\boldsymbol{C}_c$)可分为两步构造：第一步，对"$\boldsymbol{M}_{右}^{-1}(s)\boldsymbol{I}_r$，$\boldsymbol{M}_{右}(s)$行既约"构造观测器形实现($\boldsymbol{A}_{oo}$，$\boldsymbol{B}_{oo}$，$\boldsymbol{C}_{oo}$)；第二步，基于($\boldsymbol{A}_{oo}$，$\boldsymbol{B}_{oo}$，$\boldsymbol{C}_{oo}$)和式(7.122)构造能控性形实现($\boldsymbol{A}_c$，$\boldsymbol{B}_c$，$\boldsymbol{C}_c$)。

3）$\boldsymbol{M}_{右}^{-1}(s)\boldsymbol{I}_r$ 的观测器形实现

对 $r\times r$ 严真左 $\boldsymbol{M}_{右}^{-1}(s)\boldsymbol{I}_r$，$\boldsymbol{M}_{右}(s)$行既约，行次数 $\delta_{ri}\boldsymbol{M}_{右}(s)=k_{ri}$，$i=1, 2, \cdots, r$。引入行次表达式

$$\begin{cases}\boldsymbol{M}_{右}(s)=\boldsymbol{S}_r(s)\boldsymbol{M}_{hr}+\psi_r(s)\boldsymbol{M}_{Lr}\\ \boldsymbol{I}_r=\boldsymbol{\psi}_r(s)\bar{\boldsymbol{N}}_{Lr}\end{cases} \tag{7.123}$$

其中

$$\boldsymbol{S}_r(s)=\begin{bmatrix}s^{k_{r1}} & & \\ & \ddots & \\ & & s^{k_{rr}}\end{bmatrix} \tag{7.124}$$

$$\boldsymbol{\psi}_{\mathrm{r}}(s)=\begin{bmatrix} \begin{matrix} s^{k_{\mathrm{r1}}-1} & \cdots & s & 1\end{matrix} & & \\ & \ddots & \\ & & \begin{matrix} s^{k_{\mathrm{r}r}-1} & \cdots & s & 1\end{matrix}\end{bmatrix} \tag{7.125}$$

$$\boldsymbol{M}_{\mathrm{hr}}\text{为}\boldsymbol{M}_{\text{右}}(s)\text{的行次系数阵，且}\det\boldsymbol{M}_{\mathrm{hr}}\neq 0 \tag{7.126}$$

$$\boldsymbol{M}_{\mathrm{Lr}}\text{为}\boldsymbol{M}_{\text{右}}(s)\text{的低次系数阵} \tag{7.127}$$

$$\bar{\boldsymbol{N}}_{\mathrm{Lr}}=\begin{bmatrix} \left.\begin{matrix}0\\ \vdots\\ 0\\ 1\end{matrix}\right\} k_{\mathrm{r1}} & & \\ & \ddots & \\ & & \left.\begin{matrix}0\\ \vdots\\ 0\\ 1\end{matrix}\right\} k_{\mathrm{r}r}\end{bmatrix}\quad \text{为} \boldsymbol{I}_r \text{的低次系数阵} \tag{7.128}$$

$$\sum_{i=1}^{r} k_{\mathrm{r}i}=n \tag{7.129}$$

则据上节中观测器形实现相关结论，可以导出构造观测器形实现($\boldsymbol{A}_{oo}$，$\boldsymbol{B}_{oo}$，$\boldsymbol{C}_{oo}$)的关系式为

$$\boldsymbol{A}_{oo}=\boldsymbol{A}_o^{\circ}-\boldsymbol{M}_{\mathrm{Lr}}\boldsymbol{M}_{\mathrm{hr}}^{-1}\boldsymbol{C}_o^{\circ},\quad \boldsymbol{B}_{oo}=\bar{\boldsymbol{N}}_{\mathrm{Lr}},\quad \boldsymbol{C}_{oo}=\boldsymbol{M}_{\mathrm{hr}}^{-1}\boldsymbol{C}_o^{\circ} \tag{7.130}$$

其中，($\boldsymbol{A}_o^{\circ}$，$\boldsymbol{B}_o^{\circ}$，$\boldsymbol{C}_o^{\circ}$)为$\boldsymbol{S}_{\mathrm{r}}^{-1}(s)\psi_{\mathrm{r}}(s)$的实现，即核实现。

对 $r\times r$ 严真左 MFD$\boldsymbol{M}_{\text{右}}^{-1}(s)\boldsymbol{I}_r$，$\boldsymbol{M}_{\text{右}}(s)$行既约，依据上节中观测器形实现的相关结论，可以导出观测器形实现($\boldsymbol{A}_{oo}$，$\boldsymbol{B}_{oo}$，$\boldsymbol{C}_{oo}$)具有如下形式

$$\boldsymbol{A}_{oo}=\left[\begin{array}{cccc|cccc|c|cccc}
*_1^{(11)} & 1 & & & *_1^{(12)} & 0 & \cdots & 0 & & & & & \\
 & 0 & \ddots & & & & & \vdots & & & & & \\
\vdots & & & & \vdots & \vdots & & & \cdots & & & & \\
 & & \ddots & 1 & & & & \vdots & & & & & \\
*_{k_{\mathrm{r1}}}^{(11)} & & & 0 & *_{k_{\mathrm{r1}}}^{(12)} & 0 & \cdots & 0 & & & & & \\
\hline
*_1^{(21)} & 0 & \cdots & 0 & & & & & & & & & \\
 & & & \vdots & & & & & & & & & \\
\vdots & \vdots & & & & & \ddots & & & & & & \vdots \\
 & & & \vdots & & & & & & & & & \\
*_{k_{\mathrm{r2}}}^{(21)} & 0 & \cdots & 0 & & & & & & & & & \\
\hline
 & & & & & & & & & *_1^{(rr)} & 1 & & \\
 & & & & & & & & & & 0 & \ddots & \\
 & \vdots & & & & & & & & \vdots & & & \\
 & & & & & & & & & & & \ddots & 1 \\
 & & & & & & & & & *_{k_{\mathrm{r}r}}^{(rr)} & & & 0
\end{array}\right]
\begin{matrix}\left.\right\}k_{\mathrm{r1}}\\ \vdots \\ \left.\right\}k_{\mathrm{r}r}\end{matrix}$$

$$\underbrace{\qquad\qquad}_{k_{\mathrm{r1}}}\qquad\qquad\qquad\qquad\underbrace{\qquad\qquad}_{k_{\mathrm{r}r}}$$

$$
B_{oo}=\begin{bmatrix} \left.\begin{matrix}0\\ \vdots\\ 0\\ 1\end{matrix}\right\} k_{r1} & & \\ & \ddots & \\ & & \left.\begin{matrix}0\\ \vdots\\ 0\\ 1\end{matrix}\right\} k_{rr}\end{bmatrix}\quad C_{oo}=\begin{bmatrix} * & 0 & \cdots & 0 & & * & 0 & \cdots & 0\\ \vdots & \vdots & & \vdots & \cdots & \vdots & \vdots & & \vdots\\ * & 0 & \cdots & 0 & & * & 0 & \cdots & 0\end{bmatrix} \tag{7.131}
$$

其中，$*$ 表示可能的非零元。

注意： 为了下面讨论需要，在 A_{oo} 的 $*$ 元中引入上下标以显示所在位置，上标表示所在块阵的块行和块列序号，下标表示块阵内行序号。例如，$*_k^{(ij)}$ 表示位于第 i 块行和第 j 块列的块阵的第 k 行 $*$ 元。

实现的对应关系：对"$r\times r$ 严真左 MFD$M_{右}^{-1}(s)I_r$，$M_{右}(s)$行既约"和观测器形实现(A_{oo}，B_{oo}，C_{oo})，据上节中观测器形实现的相关结论，可以导出两者具有对应关系

$$A_{oo}\text{的第 } i \text{ 个 } * \text{ 列}=-M_{Lr}M_{hr}^{-1}\text{的第 } i \text{ 列} \tag{7.132}$$

$$C_{oo}\text{的第 } i \text{ 个 } * \text{ 列}=M_{hr}^{-1}\text{的第 } i \text{ 列} \tag{7.133}$$

其中，$i=1, 2, \cdots, r$。

(A_{oo}，B_{oo}，C_{oo})属性：对"$r\times r$ 严真左 MFD$M_{右}^{-1}(s)I_r$，$M_{右}(s)$行既约"和观测器形实现(A_{oo}，B_{oo}，C_{oo})，B_{oo}表示为 $B_{oo}=[\bar{b}_1, \bar{b}_2, \cdots, \bar{b}_r]$，则有

$$[\bar{b}_1 \quad A_{oo}\bar{b}_1 \quad \cdots \quad A_{oo}^{k_{r1}-1}\bar{b}_1 \quad \cdots \quad \bar{b}_r \quad A_{oo}\bar{b}_r \quad \cdots \quad A_{oo}^{k_{rr}-1}\bar{b}_r]=\tilde{I}_n \tag{7.134}$$

其中，变形单位阵 $\tilde{I}_n$ 为

$$
\tilde{I}_n=\begin{bmatrix} \underbrace{\begin{matrix} & & 1\\ & \unicode{x22F0} & \\ 1 & & \end{matrix}}_{k_{r1}} & & \\ & \ddots & \\ & & \underbrace{\begin{matrix} & & 1\\ & \unicode{x22F0} & \\ 1 & & \end{matrix}}_{k_{rr}} \end{bmatrix}\begin{matrix}\}k_{r1}\\ \vdots\\ \}k_{rr}\end{matrix} \tag{7.135}
$$

且有

$$\tilde{I}_n^{-1}=\tilde{I}_n \tag{7.136}$$

通过将式(7.130)的 A_{oo}和 B_{oo}代入式(7.134)的等式左边即可证得本结论。具体推证过程略去。

4) $N_{右}(s)M_{右}^{-1}(s)$的能控性形实现

对真 $m\times r$ 右 MFD$\bar{N}_{右}(s)M_{右}^{-1}(s)$，将其严真右 MFD 表示为 $N_{右}(s)M_{右}^{-1}(s)$，$M_{右}(s)$行既约，则构造 $N_{右}(s)M_{右}^{-1}(s)$的能控性形实现(A_c，B_c，C_c)的关系式为

$$A_c = \tilde{I}_n A_{oo} \tilde{I}_n, \quad B_c = \tilde{I}_n B_{oo}, \quad C_c = [N(s) C_{oo} \tilde{I}_n]_{s \to A_c} \tag{7.137}$$

其中，(A_{oo}, B_{oo}, C_{oo})为由式(7.130)给出的“$r\times r$ 严真 $M_{右}^{-1}(s)I_r$，$M_{右}(s)$行既约”的观测器形实现，$\tilde{I}_n$ 为由式(7.135)给出的变形单位阵。而 $m\times r$ 真 $N_{右}(s)M_{右}^{-1}(s)$的能控性形实现则为$(A_c, B_c, C_c, E_{右})$。

证明　分为两步进行证明。

(1) 证明 $A_c = \tilde{I}_n A_{oo} \tilde{I}_n$ 和 $B_c = \tilde{I}_n B_{oo}$。对此，由(A_c, B_c, C_c)定义的关系式(7.120)和(A_{oo}, B_{oo}, C_{oo})的属性关系式(7.134)，并利用变形单位阵 $\tilde{I}_n$ 的关系式(7.135)，可以导出

$$\begin{aligned}
&[\bar{b}_1 \quad A_c \bar{b}_1 \quad \cdots \quad A_c^{k_{r1}-1} \bar{b}_1 \quad \cdots \quad \bar{b}_r \quad A_c \bar{b}_r \quad \cdots \quad A_c^{k_{rr}-1} \bar{b}_r] \\
&= I_{n_{右}} = \tilde{I}_n \tilde{I}_n \\
&= \tilde{I}_{n_{右}} [\bar{b}_1 \quad A_{oo} \bar{b}_1 \quad \cdots \quad A_{oo}^{k_{r1}-1} \bar{b}_1 \quad \cdots \quad \bar{b}_r \quad A_{oo} \bar{b}_r \quad \cdots \quad A_{oo}^{k_{rr}-1} \bar{b}_r] \\
&= [\tilde{I}_n \bar{b}_1 \quad \tilde{I}_n A_{oo} \tilde{I}_n \tilde{I}_n \bar{b}_1 \quad \cdots \quad \tilde{I}_n A_{oo}^{k_{r1}-1} \tilde{I}_n \tilde{I}_n \bar{b}_1 \mid \cdots \mid \tilde{I}_n \bar{b}_r \quad \tilde{I}_n A_{oo} \tilde{I}_n \tilde{I}_n \bar{b}_r \quad \cdots \quad \tilde{I}_n A_{oo}^{k_{rr}-1} \tilde{I}_n \tilde{I}_n \bar{b}_r]
\end{aligned}$$

于是，比较上式中最左和最右表达式的对应项，即可证得

$$A_c = \tilde{I}_n A_{oo} \tilde{I}_n \tag{7.138}$$

$$b_i = \tilde{I}_n \bar{b}_i, \quad i = 1, 2, \cdots, r$$

即

$$B_c = \tilde{I}_n B_{oo} \tag{7.139}$$

(2) 证明 $C_c = [N(s) C_{oo} \tilde{I}_n]_{s \to A_c}$。对此，根据

$$N_{右}(s) M_{右}^{-1}(s) = N_{右}(s) [M_{右}^{-1}(s) I_r] \tag{7.140}$$

$$(A_{oo}, B_{oo}, C_{oo}) = M_{右}^{-1}(s) I_r \text{ 的观测器形实现} \tag{7.141}$$

并利用变形单位阵 $\tilde{I}_n$ 的关系式(7.136)及 $A_c = \tilde{I}_n A_{oo} \tilde{I}_n$ 和 $B_c = \tilde{I}_n B_{oo}$，可以导出

$$\begin{aligned}
C_c (sI - A_c)^{-1} B_c &= N_{右}(s) M_{右}^{-1}(s) = N_{右}(s) M_{右}^{-1}(s) I_r \\
&= N_{右}(s) C_{oo} (sI - A_{oo})^{-1} B_{oo} \\
&= N_{右}(s) C_{oo} \tilde{I}_n \tilde{I}_n (sI - A_{oo})^{-1} \tilde{I}_n \tilde{I}_n B_o \\
&= N_{右}(s) C_{oo} \tilde{I}_n (sI - A_c)^{-1} B_c \\
&= \tilde{N}_{右}(s) (sI - A_c)^{-1} B_c
\end{aligned} \tag{7.142}$$

其中，$\tilde{N}_{右}(s) \triangleq N_{右}(s) C_{oo} \tilde{I}_n$。再考虑到 $\tilde{N}_{右}(s)(sI - A_c)^{-1}$一般为非严真，利用特殊情形矩阵除法相关结果，有

$$\tilde{N}_{右}(s) = Q(s)(sI - A_c) + \tilde{N}_{右}(A_c) \tag{7.143}$$

将式(7.143)代入式(7.142)，可以得到

$$N_{右}(s) M_{右}^{-1}(s) = \tilde{N}(A_c)(sI - A_c)^{-1} B_c + Q(s) B_c \tag{7.144}$$

进而由给定知，式(7.144)左边的 $N_{右}(s)M_{右}^{-1}(s)$为严格真，故欲等式成立，只可能有

$$Q(s) B_c = 0 \tag{7.145}$$

于是，将式(7.145)代入式(7.144)，并利用关系式(7.142)，可以导出

$$C_c (sI - A_c)^{-1} B_c = N_{右}(s) M_{右}^{-1}(s) = \tilde{N}_{右}(A_c)(sI - A_c)^{-1} B_c \tag{7.146}$$

基于此，并考虑到 $\tilde{N}_{右}(s) \triangleq N_{右}(s) C_{oo} \tilde{I}_n$，就可证得

$$C_c = \tilde{N}(A_c) = [N_{右}(s) C_{oo} \tilde{I}_n]_{s \to A_c} \tag{7.147}$$

注意：利用式(7.147)确定 $\boldsymbol{C}_{\mathrm{c}}$ 的正确做法应当是，先将多项式矩阵 $\widetilde{\boldsymbol{N}}_{右}(s) \triangleq \boldsymbol{N}_{右}(s)\boldsymbol{C}_{\mathrm{oo}}\widetilde{\boldsymbol{I}}_n$ 表示为矩阵系数多项式，再取 $s \to \boldsymbol{A}_{\mathrm{c}}$。例如

$$\widetilde{\boldsymbol{N}}_{右}(s)=\widetilde{\boldsymbol{N}}_{右h}s^h+\cdots+\widetilde{\boldsymbol{N}}_{右1}s+\widetilde{\boldsymbol{N}}_{右0} \tag{7.148}$$

则

$$\boldsymbol{C}_{\mathrm{c}}=\widetilde{\boldsymbol{N}}_{右}(\boldsymbol{A}_{\mathrm{c}})=\widetilde{\boldsymbol{N}}_{右h}\boldsymbol{A}_{\mathrm{c}}^h+\cdots+\widetilde{\boldsymbol{N}}_{右1}\boldsymbol{A}_{\mathrm{c}}+\widetilde{\boldsymbol{N}}_{右0}\boldsymbol{I} \tag{7.149}$$

能控性形实现的形式：对 $m\times r$ 严真右 MFD$\boldsymbol{N}_{右}(s)\boldsymbol{M}_{右}^{-1}(s)$，$\boldsymbol{M}_{右}(s)$行既约，由式(7.131)给出的观测器形实现($\boldsymbol{A}_{\mathrm{oo}}$，$\boldsymbol{B}_{\mathrm{oo}}$，$\boldsymbol{C}_{\mathrm{oo}}$)形式所决定，其能控性形实现($\boldsymbol{A}_{\mathrm{c}}$，$\boldsymbol{B}_{\mathrm{c}}$，$\boldsymbol{C}_{\mathrm{c}}$)具有形式

$$
\boldsymbol{A}_{\mathrm{c}}=\left[\begin{array}{cccc|cccc|c|cccc}
0 & & & *_{k_{r1}}^{(11)} & 0 & \cdots & 0 & *_{k_{r2}}^{(12)} & & & & & \\
1 & \ddots & & \vdots & & & & & & & & & \\
 & & & & \vdots & & \vdots & \vdots & \cdots & & & & \\
 & \ddots & 0 & \vdots & & & & & & & & & \\
 & & 1 & *_{1}^{(11)} & 0 & \cdots & 0 & *_{1}^{(12)} & & & & & \\
\hline
0 & \cdots & 0 & *_{k_{r2}}^{(21)} & & & & & & & & & \\
\vdots & & \vdots & \vdots & & & & & & & & & \vdots \\
 & & & & & & \ddots & & & & & & \\
0 & \cdots & 0 & *_{1}^{(21)} & & & & & & & & & \\
\hline
 & & & & & & & & & 0 & & & *_{k_{r1}}^{(rr)} \\
 & & \vdots & & & & & & & 1 & \ddots & & \\
 & & & & & & & & & & & & \vdots \\
 & & & & & & & & & & \ddots & 0 & \\
 & & & & & & \cdots & & & & & 1 & *_{1}^{(rr)}
\end{array}\right]
\begin{matrix}\left.\vphantom{\begin{matrix}1\\1\\1\\1\\1\end{matrix}}\right\}k_{r1}\\ \vdots \\ \left.\vphantom{\begin{matrix}1\\1\\1\\1\\1\end{matrix}}\right\}k_{rr}\end{matrix}
$$

$$\underbrace{\qquad\qquad\qquad}_{k_{r1}}\qquad\cdots\qquad\underbrace{\qquad\qquad\qquad}_{k_{rr}}$$

$$
\boldsymbol{B}_{\mathrm{c}}=\left[\begin{array}{ccc}
\begin{array}{c|}1\\0\\\vdots\\0\\\hline\end{array} & & \\
 & \ddots & \\
 & & \begin{array}{|c}\hline 1\\0\\\vdots\\0\end{array}
\end{array}\right]
\begin{matrix}\left.\vphantom{\begin{matrix}1\\1\\1\\1\end{matrix}}\right\}k_{r1}\\ \vdots \\ \left.\vphantom{\begin{matrix}1\\1\\1\\1\end{matrix}}\right\}k_{rr}\end{matrix}，\quad \boldsymbol{C}_{\mathrm{c}}=\text{无特殊形式} \tag{7.150}
$$

证明　注意到，对维数和块数相容的分块矩阵 $\boldsymbol{H}$ 和变形单位阵 $\widetilde{\boldsymbol{I}}_n$，两者的左乘和右乘对应于如下初等运算

$$\widetilde{\boldsymbol{I}}_n\boldsymbol{H}=(\boldsymbol{H})_{\text{块阵内行作倒序交换}} \tag{7.151}$$

$$H\tilde{I}_n=(H)_{\text{块阵内列作倒序交换}} \tag{7.152}$$

基于此，由能控性形实现关系式(7.137)，可以得到

$$A_c=\tilde{I}_nA_{oo}\tilde{I}_n=\{(A_{oo})_{\text{块阵内行作倒序交换}}\}_{\text{块阵内列作倒序交换}} \tag{7.153}$$

$$B_c=\tilde{I}_nB_{oo}=(B_{oo})_{\text{块阵内行作倒序交换}} \tag{7.154}$$

从而，基于式(7.153)和式(7.154)的运算即可导出式(7.150)。证明完成。

对应关系：对 $m\times r$ 严真右 MFD$N_{右}(s)M_{右}^{-1}(s)$，$M_{右}(s)$行既约，引入 $M_{右}(s)$行次表达式为

$$M_{右}(s)=S_r(s)M_{hr}+\psi_r(s)M_{Lr} \tag{7.155}$$

再将 $n\times r$ 矩阵 $M_{Lr}M_{hr}^{-1}$ 表示为 $r\times r$ 分块阵，每个块阵维数为 $k_{ri}\times 1$，$i=1, 2, \cdots, r$，即有

$$M_{Lr}M_{hr}^{-1}=\begin{bmatrix}\begin{bmatrix}\beta_1^{(11)}\\ \vdots\\ \beta_{k_{r1}}^{(11)}\end{bmatrix} & \cdots & \begin{bmatrix}\beta_1^{(1r)}\\ \vdots\\ \beta_{k_{r1}}^{(1r)}\end{bmatrix}\\ \vdots & \vdots & \vdots\\ \begin{bmatrix}\beta_1^{(r1)}\\ \vdots\\ \beta_{k_{rr}}^{(r1)}\end{bmatrix} & \cdots & \begin{bmatrix}\beta_1^{(rr)}\\ \vdots\\ \beta_{k_{rr}}^{(rr)}\end{bmatrix}\end{bmatrix} \tag{7.156}$$

那么，基于观测器形实现(A_{oo}，B_{oo}，C_{oo})的关系式(7.130)和能控性形实现 A_c 中的 * 列和 $M_{Lr}M_{hr}^{-1}$ 的块阵之间具有对应关系

$$\begin{bmatrix} *_{k_{ri}}^{(ij)}\\ \vdots\\ *_1^{(ij)}\end{bmatrix}=-\begin{bmatrix} & & 1\\ & \iddots & \\ 1 & & \end{bmatrix}\begin{bmatrix}\beta_1^{(ij)}\\ \vdots\\ \beta_{k_{ri}}^{(ij)}\end{bmatrix}=\begin{bmatrix}-\beta_{k_{ri}}^{(ij)}\\ \vdots\\ -\beta_1^{(ij)}\end{bmatrix} \tag{7.157}$$

其中，$i, j=1, 2, \cdots, r$。

证明　基于式(7.130)和式(7.137)，通过推导可以导出式(7.157)。具体推导过程略。

注意：结论中给出的对应关系，为根据 $M_{右}(s)$的行次系数矩阵直接确定能控性形实现 A_c提供了简便的途径。

【例 7-13】　定出给定 2×2 右 MFD$N_{右}(s)M_{右}^{-1}(s)$的能控性形实现，其中

$$N_{右}(s)=\begin{bmatrix}s & 0\\ -s & s^2\end{bmatrix},\quad M_{右}(s)=\begin{bmatrix}0 & -(s^3+4s^2+5s+2)\\ (s+2)(s+1) & s+2\end{bmatrix}$$

解　容易判断，$M_{右}(s)$为行既约，$N_{右}(s)M_{右}^{-1}(s)$为严真。首先，定出 $M_{右}(s)$的行次数为

$$k_{r1}=\delta_{r1}M_{右}(s)=3,\quad k_{r2}=\delta_{r2}M_{右}(s)=2$$

及 $M_{右}(s)$行次表达式的系数矩阵

$$M_{hr}=\begin{bmatrix}0 & -1\\ 1 & 0\end{bmatrix},\quad M_{Lr}=\begin{bmatrix}0 & -4\\ 0 & -5\\ 0 & -2\\ 3 & 1\\ 2 & 2\end{bmatrix}$$

进而计算得到

$$\boldsymbol{M}_{\mathrm{hr}}^{-1}=\begin{bmatrix}0 & 1\\ -1 & 0\end{bmatrix},\quad \boldsymbol{M}_{\mathrm{Lr}}\boldsymbol{M}_{\mathrm{hr}}^{-1}=\left[\begin{array}{c:c}4 & 0\\ 5 & 0\\ 2 & 0\\ \hdashline -1 & 3\\ -2 & 2\end{array}\right]$$

再利用对应关系式(7.157)，可以定出

$$\begin{bmatrix}*_3^{(11)}\\ *_2^{(11)}\\ *_1^{(11)}\end{bmatrix}=\begin{bmatrix}-\beta_3^{(11)}\\ -\beta_2^{(11)}\\ -\beta_1^{(11)}\end{bmatrix}=\begin{bmatrix}-2\\ -5\\ -4\end{bmatrix},\quad \begin{bmatrix}*_3^{(12)}\\ *_2^{(12)}\\ *_1^{(12)}\end{bmatrix}=\begin{bmatrix}-\beta_3^{(12)}\\ -\beta_2^{(12)}\\ -\beta_1^{(12)}\end{bmatrix}=\begin{bmatrix}0\\ 0\\ 0\end{bmatrix}$$

$$\begin{bmatrix}*_2^{(21)}\\ *_1^{(21)}\end{bmatrix}=\begin{bmatrix}-\beta_2^{(21)}\\ -\beta_1^{(21)}\end{bmatrix}=\begin{bmatrix}2\\ 1\end{bmatrix},\quad \begin{bmatrix}*_2^{(22)}\\ *_1^{(22)}\end{bmatrix}=\begin{bmatrix}-\beta_2^{(22)}\\ -\beta_1^{(22)}\end{bmatrix}=\begin{bmatrix}-2\\ -3\end{bmatrix}$$

于是，基于此并考虑到 $\boldsymbol{B}_{\mathrm{c}}$ 具有固定形式，就可得到

$$\boldsymbol{A}_{\mathrm{c}}=\left[\begin{array}{ccc:cc}0 & 0 & -2 & 0 & 0\\ 1 & 0 & -5 & 0 & 0\\ 0 & 1 & -4 & 0 & 0\\ \hdashline 0 & 0 & 2 & 0 & -2\\ 0 & 0 & 1 & 1 & -3\end{array}\right],\quad \boldsymbol{B}_{\mathrm{c}}=\left[\begin{array}{c:c}1 & 0\\ 0 & 0\\ 0 & 0\\ \hdashline 0 & 1\\ 0 & 0\end{array}\right]$$

转而，首先定出

$$\boldsymbol{C}_{\mathrm{oo}}=\boldsymbol{M}_{\mathrm{hr}}^{-1}\boldsymbol{C}_{\mathrm{o}}^{\mathrm{o}}=\begin{bmatrix}0 & 1\\ -1 & 0\end{bmatrix}\begin{bmatrix}1 & 0 & 0 & 0 & 0\\ 0 & 0 & 0 & 1 & 0\end{bmatrix}$$

$$=\left[\begin{array}{ccc:cc}0 & 0 & 0 & 1 & 0\\ -1 & 0 & 0 & 0 & 0\end{array}\right]$$

进而，计算得到

$$\boldsymbol{C}_{\mathrm{oo}}\widetilde{\boldsymbol{I}}_n=\left[\begin{array}{ccc:cc}0 & 0 & 0 & 0 & 1\\ 0 & 0 & -1 & 0 & 0\end{array}\right]$$

$$\boldsymbol{N}_{右}(s)\boldsymbol{C}_{\mathrm{oo}}\widetilde{\boldsymbol{I}}_n=\begin{bmatrix}s & 0\\ -s & s^2\end{bmatrix}\left[\begin{array}{ccc:cc}0 & 0 & 0 & 0 & 1\\ 0 & 0 & -1 & 0 & 0\end{array}\right]$$

$$=\begin{bmatrix}0 & 0 & 0 & 0 & s\\ 0 & 0 & -s^2 & 0 & -s\end{bmatrix}$$

$$=\begin{bmatrix}0 & 0 & 0 & 0 & 0\\ 0 & 0 & -1 & 0 & 0\end{bmatrix}s^2+\begin{bmatrix}0 & 0 & 0 & 0 & 1\\ 0 & 0 & 0 & 0 & -1\end{bmatrix}s$$

从而，就可得到

$$\boldsymbol{C}_{\mathrm{c}}=[\boldsymbol{N}_{右}(s)\boldsymbol{C}_{\mathrm{oo}}\widetilde{\boldsymbol{I}}_n]_{s\to\boldsymbol{A}_{\mathrm{c}}}$$

$$=\begin{bmatrix}0 & 0 & 0 & 0 & 0\\ 0 & 0 & -1 & 0 & 0\end{bmatrix}\boldsymbol{A}_{\mathrm{c}}^2+\begin{bmatrix}0 & 0 & 0 & 0 & 1\\ 0 & 0 & 0 & 0 & -1\end{bmatrix}\boldsymbol{A}_{\mathrm{c}}$$

$$=\begin{bmatrix}0 & 0 & 1 & 1 & -3\\ -1 & 4 & -12 & -1 & 3\end{bmatrix}$$

2. 左 MFD 的能观测性形实现

考虑真 $m\times r$ 左 MFD$\boldsymbol{M}_{左}^{-1}(s)\bar{\boldsymbol{N}}_{左}(s)$，$\bar{\boldsymbol{N}}_{左}(s)$和 $\boldsymbol{M}_{左}(s)$为 $m\times r$ 和 $m\times m$ 多项式矩阵，$\boldsymbol{M}_{左}(s)$列既约。类同于前，对真 $\boldsymbol{M}_{左}^{-1}(s)\bar{\boldsymbol{N}}_{左}(s)$导出其严真左 MFD，有

$$\boldsymbol{M}_{左}^{-1}(s)\bar{\boldsymbol{N}}_{左}(s)=\boldsymbol{E}_{左}+\boldsymbol{M}_{左}^{-1}(s)\boldsymbol{N}_{左}(s) \tag{7.158}$$

其中，$\boldsymbol{M}_{左}^{-1}(s)\boldsymbol{N}_{左}(s)$为严真左 MFD，为 $m\times r$ 常阵。

下面，对"$m\times r$ 严真左 MFD$\boldsymbol{M}_{左}^{-1}(s)\bar{\boldsymbol{N}}_{左}(s)$，$\boldsymbol{M}_{左}(s)$列既约"构造能观性形实现。考虑到左 MFD 能观性形实现和右 MFD 能控性形实现为对偶，所以基于能控性形实现($\boldsymbol{A}_c$，$\boldsymbol{B}_c$，$\boldsymbol{C}_c$)并利用对偶关系可以直接给出能观性形实现($\boldsymbol{A}_o$，$\boldsymbol{B}_o$，$\boldsymbol{C}_o$)的相应结果和结论。

1）能观测性形实现的定义

对 $m\times r$ 严真左 MFD$\boldsymbol{M}_{左}^{-1}(s)\bar{\boldsymbol{N}}_{左}(s)$，$\boldsymbol{M}_{左}(s)$列既约，将列次数表示为 $\delta_{cj}\boldsymbol{M}_{左}(s)=k_{cj}$，$j=1, 2, \cdots, m$，则称一个状态空间描述

$$\begin{cases}\dot{\boldsymbol{x}}=\boldsymbol{A}_o\boldsymbol{x}+\boldsymbol{B}_o\boldsymbol{u}\\ \boldsymbol{y}=\boldsymbol{C}_o\boldsymbol{x}\end{cases} \tag{7.159}$$

为其能观测性形实现，其中

$$\dim\boldsymbol{A}_o=\sum_{j=1}^{m}k_{cj}=n_{左} \tag{7.160}$$

如果满足：

（1）$\boldsymbol{C}_o(s\boldsymbol{I}-\boldsymbol{A}_o)^{-1}\boldsymbol{B}_o=\boldsymbol{M}_{左}^{-1}(s)\boldsymbol{N}_{左}(s)$

（2）定义 $\boldsymbol{C}_o=[\boldsymbol{c}_1^{\mathrm{T}}, \boldsymbol{c}_2^{\mathrm{T}}, \cdots, \boldsymbol{c}_m^{\mathrm{T}}]^{\mathrm{T}}$，有

$$\begin{bmatrix}\boldsymbol{c}_1\\ \boldsymbol{c}_1\boldsymbol{A}_o\\ \vdots\\ \boldsymbol{c}_1\boldsymbol{A}_o^{k_{c1}-1}\\ \hdashline \vdots\\ \hdashline \boldsymbol{c}_m\\ \boldsymbol{c}_m\boldsymbol{A}_o\\ \vdots\\ \boldsymbol{c}_m\boldsymbol{A}_o^{k_{cm}-1}\end{bmatrix}=\boldsymbol{I}_{n_{左}} \tag{7.161}$$

2）$\boldsymbol{I}_m\boldsymbol{M}_{左}^{-1}(s)$的控制器形实现

（1）控制器形实现($\boldsymbol{A}_{cc}$，$\boldsymbol{B}_{cc}$，$\boldsymbol{C}_{cc}$)：将 $m\times r$ 严真左 MFD$\boldsymbol{M}_{左}^{-1}(s)\boldsymbol{N}_{左}(s)$表示为

$$\boldsymbol{M}_{左}^{-1}(s)\boldsymbol{N}_{左}(s)=\boldsymbol{I}_m\boldsymbol{M}_{左}^{-1}(s)\boldsymbol{N}_{左}(s) \tag{7.162}$$

并对 $m\times m$ 严真右 MFD$\boldsymbol{I}_m\boldsymbol{M}_{左}^{-1}(s)$，$\boldsymbol{M}_{左}(s)$列既约，列次数 $\delta_{cj}\boldsymbol{M}_{左}(s)=k_{cj}$，$j=1, 2, \cdots, m$，引入列次表达式

$$\begin{cases}\boldsymbol{M}_{左}(s)=\boldsymbol{M}_{hc}(s)\boldsymbol{S}_c(s)+\boldsymbol{M}_{Lc}(s)\boldsymbol{\Psi}_c(s)\\ \boldsymbol{I}_m=\bar{\boldsymbol{N}}_{Lc}(s)\boldsymbol{\Psi}_c(s)\end{cases} \tag{7.163}$$

其中

$$\boldsymbol{S}_c(s)=\begin{bmatrix} s^{k_{c1}} & & \\ & \ddots & \\ & & s^{k_{cm}} \end{bmatrix} \tag{7.164}$$

$$\boldsymbol{\Psi}_c(s)=\begin{bmatrix} \begin{matrix} s^{k_{c1}-1} \\ \vdots \\ s \\ 1 \end{matrix} & & \\ & \ddots & \\ & & \begin{matrix} s^{k_{cm}-1} \\ \vdots \\ s \\ 1 \end{matrix} \end{bmatrix} \begin{matrix} \}k_{c1} \\ \vdots \\ \}k_{cm} \end{matrix} \tag{7.165}$$

$\boldsymbol{M}_{hc}$为$\boldsymbol{M}_{左}(s)$的高次系数阵，且$\det\boldsymbol{M}_{hc}\neq 0$ (7.166)

$\boldsymbol{M}_{Lc}$为$\boldsymbol{M}_{左}(s)$的低次系数阵 (7.167)

$$\bar{\boldsymbol{N}}_{Lc}(s)=\begin{bmatrix} \underbrace{\begin{matrix} 0 & \cdots & 0 & 1 \end{matrix}}_{k_{c1}} & & \\ & \ddots & \\ & & \underbrace{\begin{matrix} 0 & \cdots & 0 & 1 \end{matrix}}_{k_{cm}} \end{bmatrix} \text{为 } \boldsymbol{I}_m \text{ 的低次系数阵} \tag{7.168}$$

$$\sum_{j=1}^{m} k_{cj} = n_{左} \tag{7.169}$$

则据上节中控制器形实现相关结论，可以导出构造$\boldsymbol{I}_m\boldsymbol{M}_{左}^{-1}(s)$的控制器形实现($\boldsymbol{A}_{cc}$, $\boldsymbol{B}_{cc}$, $\boldsymbol{C}_{cc}$)的关系式为

$$\boldsymbol{A}_{cc}=\boldsymbol{A}_c^{\circ}-\boldsymbol{B}_c^{\circ}\boldsymbol{M}_{hc}^{-1}\boldsymbol{M}_{Lc},\quad \boldsymbol{B}_{cc}=\boldsymbol{B}_c^{\circ}\boldsymbol{M}_{hc}^{-1},\ \boldsymbol{C}_{cc}=\bar{\boldsymbol{N}}_{Lc} \tag{7.170}$$

其中，($\boldsymbol{A}_c^{\circ}$, $\boldsymbol{B}_c^{\circ}$, $\boldsymbol{C}_c^{\circ}$)为$\boldsymbol{\psi}_c(s)\boldsymbol{S}_c^{-1}(s)$的实现，即核实现。

(2) ($\boldsymbol{A}_{cc}$, $\boldsymbol{B}_{cc}$, $\boldsymbol{C}_{cc}$)的形式：对$m\times m$严真右MFD$\boldsymbol{I}_m\boldsymbol{M}_{左}^{-1}(s)$，$\boldsymbol{M}_{左}(s)$列既约，据上节中控制器形实现相关结论，可以导出其控制器形实现($\boldsymbol{A}_{cc}$, $\boldsymbol{B}_{cc}$, $\boldsymbol{C}_{cc}$)具有形式：

$$\boldsymbol{A}_{cc}=\begin{bmatrix} \begin{matrix} \theta_1^{(11)} & \cdots & \cdots & \theta_{k_{c1}}^{(11)} \\ 1 & 0 & & \\ & \ddots & \ddots & \\ & & 1 & 0 \end{matrix} & \begin{matrix} \theta_1^{(12)} & \cdots & \cdots & \theta_{k_{c2}}^{(12)} \\ 0 & \cdots & \cdots & 0 \\ \vdots & & & \vdots \\ 0 & \cdots & \cdots & 0 \end{matrix} & \cdots \\ \begin{matrix} \theta_1^{(21)} & \cdots & \cdots & \theta_{k_{c1}}^{(21)} \\ 0 & \cdots & \cdots & 0 \\ \vdots & & & \vdots \\ 0 & \cdots & \cdots & 0 \end{matrix} & \ddots & \\ \vdots & & \begin{matrix} \theta_1^{(mm)} & \cdots & \cdots & \theta_{k_{cr}}^{(mm)} \\ 1 & 0 & & \\ & \ddots & \ddots & \\ & & 1 & 0 \end{matrix} \end{bmatrix} \begin{matrix} \}k_{c1} \\ \vdots \\ \}k_{cm} \end{matrix}$$

$$\underbrace{\qquad\qquad}_{k_{c1}} \quad \cdots \quad \underbrace{\qquad\qquad}_{k_{cm}}$$

$$
\boldsymbol{B}_{cc}=\begin{bmatrix} \theta & \cdots & \theta \\ 0 & \cdots & 0 \\ \vdots & & \vdots \\ 0 & & 0 \\ \hdashline & \vdots & \\ \hdashline \theta & \cdots & \theta \\ 0 & \cdots & 0 \\ \vdots & & \vdots \\ 0 & \cdots & 0 \end{bmatrix}\begin{matrix} \left.\vphantom{\begin{matrix}\theta\\0\\\vdots\\0\end{matrix}}\right\}k_{c1} \\ \vdots \\ \left.\vphantom{\begin{matrix}\theta\\0\\\vdots\\0\end{matrix}}\right\}k_{cm} \end{matrix} \quad \boldsymbol{C}_{cc}=\begin{bmatrix} \underbrace{\boxed{0 \ \cdots \ 0 \ 1}}_{k_{c1}} & \ddots & \\ & \cdots & \underbrace{\boxed{0 \ \cdots \ 0 \ 1}}_{k_{cm}} \end{bmatrix}
$$

(7.171)

其中，θ 表示可能的非零元。

注意：为了下面讨论需要，在 $\boldsymbol{A}_{cc}$ 的 θ 元中引入上下标以显示所在位置，上标表示块阵的块行和块列序号，下标表示块内的列序号。例如，$\theta_k^{(ji)}$ 表示位于第 j 块行和第 i 块列的块阵的第 k 列 θ 元。

(3) 对应关系：对"$m\times m$ 严真右 MFD$\boldsymbol{I}_m\boldsymbol{M}_{左}^{-1}(s)$，$\boldsymbol{M}_{左}(s)$列既约"和控制器形实现($\boldsymbol{A}_{cc}$，$\boldsymbol{B}_{cc}$，$\boldsymbol{C}_{cc}$)，据上节中控制器形实现相关结论，可以导出两者间的对应关系为

$$\boldsymbol{A}_c \text{ 的第 } i \text{ 个 } \theta \text{ 行}=-\boldsymbol{M}_{hc}^{-1}\boldsymbol{M}_{Lc} \text{的第 } i \text{ 行} \tag{7.172}$$

$$\boldsymbol{B}_c \text{ 的第 } i \text{ 和 } \theta \text{ 行}=\boldsymbol{M}_{hc}^{-1} \text{的第 } i \text{ 行} \tag{7.173}$$

其中，$i=1, 2, \cdots, m$。

(4) ($\boldsymbol{A}_{cc}$，$\boldsymbol{B}_{cc}$，$\boldsymbol{C}_{cc}$)属性：对"$m\times m$ 严真右 MFD$\boldsymbol{I}_m\boldsymbol{M}_{左}^{-1}(s)$，$\boldsymbol{M}_{左}(s)$列既约"和控制器形实现($\boldsymbol{A}_{cc}$，$\boldsymbol{B}_{cc}$，$\boldsymbol{C}_{cc}$)，定义

$$\boldsymbol{C}_{cc}=\begin{bmatrix} \tilde{\boldsymbol{c}}_1 \\ \tilde{\boldsymbol{c}}_2 \\ \vdots \\ \tilde{\boldsymbol{c}}_m \end{bmatrix} \tag{7.174}$$

则有

$$\begin{bmatrix} \tilde{\boldsymbol{c}}_1 \\ \tilde{\boldsymbol{c}}_1\boldsymbol{A}_c \\ \vdots \\ \tilde{\boldsymbol{c}}_1\boldsymbol{A}_c^{k_{c1}-1} \\ \hdashline \vdots \\ \hdashline \tilde{\boldsymbol{c}}_m \\ \tilde{\boldsymbol{c}}_m\boldsymbol{A}_c \\ \vdots \\ \tilde{\boldsymbol{c}}_m\boldsymbol{A}_c^{k_{cm}-1} \end{bmatrix}=\tilde{\boldsymbol{I}}_{n_{左}} \tag{7.175}$$

其中，变形单位阵 $\tilde{\boldsymbol{I}}_{n_{左}}$ 为

$$\widetilde{\boldsymbol{I}}_{n_{左}}=\begin{bmatrix} \underbrace{\begin{matrix} & & 1 \\ & \iddots & \\ 1 & & \end{matrix}}_{k_{c1}} & & \\ & \ddots & \\ & & \underbrace{\begin{matrix} & & 1 \\ & \iddots & \\ 1 & & \end{matrix}}_{k_{cm}} \end{bmatrix}\begin{matrix} \}k_{c1} \\ \vdots \\ \}k_{cm} \end{matrix} \tag{7.176}$$

且有

$$\widetilde{\boldsymbol{I}}_{n_{左}}^{-1}=\widetilde{\boldsymbol{I}}_{n_{左}} \tag{7.177}$$

3) $\boldsymbol{M}_{左}^{-1}(s)\boldsymbol{N}_{左}(s)$的能观测性实现

对真 $m\times r$ 左 MFD$\boldsymbol{M}_{左}^{-1}(s)\bar{\boldsymbol{N}}_{左}(s)$，其严真左 MFD 为 $\boldsymbol{M}_{左}^{-1}(s)\boldsymbol{N}_{左}(s)$，$\boldsymbol{M}_{左}(s)$列既约，则构造 $\boldsymbol{M}_{左}^{-1}(s)\boldsymbol{N}_{左}(s)$的能观测性实现($\boldsymbol{A}_{o}$，$\boldsymbol{B}_{o}$，$\boldsymbol{C}_{o}$)的关系式为

$$\boldsymbol{A}_{o}=\widetilde{\boldsymbol{I}}_{n_{左}}\boldsymbol{A}_{cc}\widetilde{\boldsymbol{I}}_{n_{左}},\quad \boldsymbol{B}_{o}=[\widetilde{\boldsymbol{I}}_{n_{左}}\boldsymbol{B}_{cc}\boldsymbol{N}_{左}(s)]_{s\to\boldsymbol{A}_{o}},\quad \boldsymbol{C}_{o}=\boldsymbol{C}_{cc}\widetilde{\boldsymbol{I}}_{n_{左}} \tag{7.178}$$

其中，($\boldsymbol{A}_{cc}$，$\boldsymbol{B}_{cc}$，$\boldsymbol{C}_{cc}$)为由式(7.171)给出的“$m\times m$ 严真 $\boldsymbol{I}_{m}\boldsymbol{M}_{左}^{-1}(s)$，$\boldsymbol{M}_{左}(s)$列既约”的控制器形实现，$\widetilde{\boldsymbol{I}}_{n_{左}}$ 为由式(7.177)形式给出的变形单位阵。而真 $\boldsymbol{M}_{左}^{-1}(s)\bar{\boldsymbol{N}}_{左}(s)$的能观测性形实现为($\boldsymbol{A}_{o}$，$\boldsymbol{B}_{o}$，$\boldsymbol{C}_{o}$，$\boldsymbol{E}_{左}$)。

(1) 能观测性形实现的形式：对 $m\times r$ 严真左 MFD$\boldsymbol{M}_{左}^{-1}(s)\bar{\boldsymbol{N}}_{左}(s)$，$\boldsymbol{M}_{左}(s)$列既约，由基于式(7.171)给出的控制器形实现($\boldsymbol{A}_{cc}$，$\boldsymbol{B}_{cc}$，$\boldsymbol{C}_{cc}$)和式(7.178)决定，可导出能观测性实现($\boldsymbol{A}_{o}$，$\boldsymbol{B}_{o}$，$\boldsymbol{C}_{o}$)具有形式：

$$\boldsymbol{A}_{o}=\begin{bmatrix} \underbrace{\begin{matrix} 0 & 1 & & \\ & \ddots & \ddots & \\ & & 0 & 1 \\ \theta_{k_{c1}}^{(11)} & \cdots & \cdots & \theta_{1}^{(11)} \\ 0 & \cdots & \cdots & 0 \\ \vdots & & & \vdots \\ 0 & \cdots & \cdots & 0 \\ \theta_{k_{c1}}^{(21)} & \cdots & \cdots & \theta_{1}^{(21)} \\ & \vdots & & \end{matrix}}_{k_{c1}} & \begin{matrix} 0 & \cdots & 0 \\ \vdots & & \vdots \\ 0 & \cdots & 0 \\ \theta_{k_{c2}}^{(12)} & \cdots & \theta_{1}^{(12)} \\ & & \\ & & \\ & \ddots & \\ & & \end{matrix} & \cdots \\ & & \underbrace{\begin{matrix} 0 & 1 & & \\ & \ddots & \ddots & \\ & & 0 & 1 \\ \theta_{k_{cm}}^{(mm)} & \cdots & \cdots & \theta_{1}^{(mm)} \end{matrix}}_{k_{cm}} \end{bmatrix}\begin{matrix} \}k_{c1} \\ \vdots \\ \}k_{cm} \end{matrix}$$

$$\boldsymbol{C}_{o}=\begin{bmatrix} \underbrace{\begin{matrix} 0 & \cdots & 0 & 1 \end{matrix}}_{k_{c1}} & & \\ & \cdots & \underbrace{\begin{matrix} 0 & \cdots & 0 & 1 \end{matrix}}_{k_{cm}} \end{bmatrix}\quad \boldsymbol{B}_{o}=\text{无特殊形式} \tag{7.179}$$

(2) 对应关系：对 $m\times r$ 严真左 MFD$\boldsymbol{M}_{左}^{-1}(s)\bar{\boldsymbol{N}}_{左}(s)$，$\boldsymbol{M}_{左}(s)$列既约，引入 $\boldsymbol{M}_{左}(s)$的列次表达式为

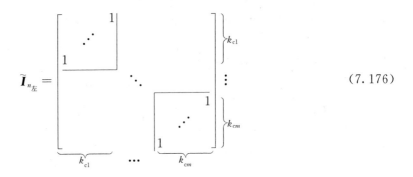

$$\boldsymbol{M}_{\text{左}}(s)=\boldsymbol{M}_{\text{hc}}(s)\boldsymbol{S}_{\text{c}}(s)+\boldsymbol{M}_{\text{Lc}}(s)\boldsymbol{\Psi}_{\text{c}}(s) \tag{7.180}$$

将 $m\times n_{\text{左}}$ 矩阵 $\boldsymbol{M}_{\text{hc}}^{-1}\boldsymbol{M}_{\text{Lc}}$ 表示为 $m\times m$ 分块阵，每个块阵维数为 $1\times k_{cj}$，$j=1, 2, \cdots, m$，即有

$$\boldsymbol{M}_{\text{hc}}^{-1}\boldsymbol{M}_{\text{Lc}}=\left[\begin{array}{ccc} \begin{array}{cc}\eta_1^{(11)} & \eta_{k_{c1}}^{(11)}\end{array} & \cdots & \begin{array}{cc}\eta_1^{(1m)} & \eta_{k_{cm}}^{(1m)}\end{array} \\ \vdots & & \vdots \\ \begin{array}{cc}\eta_1^{(m1)} & \eta_{k_{c1}}^{(m1)}\end{array} & \cdots & \begin{array}{cc}\eta_1^{(mm)} & \eta_{k_{cm}}^{(mm)}\end{array} \end{array}\right] \tag{7.181}$$

那么，基于控制器形实现($\boldsymbol{A}_{\text{cc}}$，$\boldsymbol{B}_{\text{cc}}$，$\boldsymbol{C}_{\text{cc}}$)的关系式(7.170)和能观测性形实现 $\boldsymbol{A}_{\text{o}}$ 的关系式(7.178)，可以导出 $\boldsymbol{A}_{\text{o}}$ 中的 θ 行和 $\boldsymbol{M}_{\text{hc}}^{-1}\boldsymbol{M}_{\text{Lc}}$ 的块阵之间具有对应关系：

$$\begin{aligned}\left[\theta_{k_{ci}}^{(ji)} \quad \cdots \quad \theta_1^{(ji)}\right]&=-\left[\eta_1^{(ji)} \quad \cdots \quad \eta_{k_{ci}}^{(ji)}\right]\begin{bmatrix} & & 1 \\ & \iddots & \\ 1 & & \end{bmatrix} \\ &=\left[-\eta_{k_{ci}}^{(ji)} \quad \cdots \quad -\eta_1^{(ji)}\right]\end{aligned} \tag{7.182}$$

其中，$i, j=1, 2, \cdots, m$。

(3) 对偶性：设($\boldsymbol{A}_{\text{o}}$，$\boldsymbol{B}_{\text{o}}$，$\boldsymbol{C}_{\text{o}}$)为“严真左 MFD$\boldsymbol{M}_{\text{左}}^{-1}(s)\bar{\boldsymbol{N}}_{\text{左}}(s)$，$\boldsymbol{M}_{\text{左}}(s)$列既约”的能观测性形实现，($\boldsymbol{A}_{\text{c}}$，$\boldsymbol{B}_{\text{c}}$，$\boldsymbol{C}_{\text{c}}$)为“严真右 MFD$\boldsymbol{M}_{\text{右}}^{-1}(s)\bar{\boldsymbol{N}}_{\text{右}}(s)$，$\boldsymbol{M}_{\text{右}}(s)$行既约”的能控性形实现，则($\boldsymbol{A}_{\text{o}}$，$\boldsymbol{B}_{\text{o}}$，$\boldsymbol{C}_{\text{o}}$)和($\boldsymbol{A}_{\text{c}}$，$\boldsymbol{B}_{\text{c}}$，$\boldsymbol{C}_{\text{c}}$)形式上为对偶，即

$$\boldsymbol{A}_{\text{o}}=\boldsymbol{A}_{\text{c}}^{\text{T}}, \quad \boldsymbol{C}_{\text{o}}=\boldsymbol{B}_{\text{c}}^{\text{T}} \tag{7.183}$$

7.5　系统的多项式矩阵描述(PMD)和传递函数矩阵性质

在介绍了多项式矩阵分式描述之后，本节将要介绍另外一种复频域系统描述方法：多项式矩阵描述。其由英国学者 Rosenbrock 等人于 20 世纪 60 年代中期提出。多项式矩阵描述产生的初衷是为了保留描述系统的变量像输入-输出描述那样具有明确的物理概念，又能像状态空间描述那样深刻地指出系统的内部特性和外部特性。本节内容主要包含由多项式矩阵求取系统传递函数矩阵、右矩阵分式形有理传递函数矩阵的控制器形实现、左矩阵分式形有理传递函数矩阵的观测器形实现、传输零点和解耦零点、严格等价系统等。

7.5.1　多项式矩阵描述(PMD)

为引出多项式矩阵的形式，讨论图 7-1 所示的一个简单电路，取两个回路电流 i_1 和 i_2 为广义的状态变量，u 为输入变量，y 为输出变量。

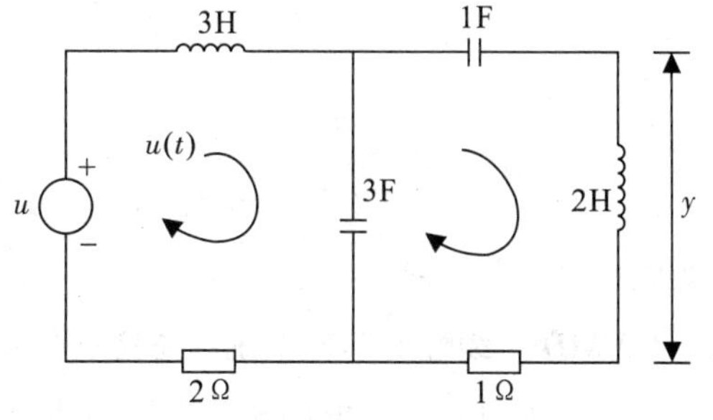

图 7-1　一个简单电路

根据基尔霍夫定律，有两个回路的微分方程和电路的输出方程。并且，通过对变量和运算关系引入拉氏变换，可把微分方程和输出方程变换为

$$\begin{cases} \left(3s+2+\dfrac{1}{3s}\right)i_1(s)-\dfrac{1}{3s}i_2(s)=u(s) \\ -\dfrac{1}{3s}i_1(s)+\left(2s+1+\dfrac{1}{3s}+\dfrac{1}{s}\right)i_2(s)=0 \end{cases}$$

$$Y(s)=2si_2(s) \tag{7.184}$$

将式(7.184)表示为向量方程形式，有

$$\begin{bmatrix} 9s^2+6s+1 & -1 \\ -1 & 6s^2+3s+4 \end{bmatrix}\begin{bmatrix} i_1(s) \\ i_2(s) \end{bmatrix}=\begin{bmatrix} 3s \\ 0 \end{bmatrix}U(s)$$

$$Y(s)=[0 \quad 2s]\begin{bmatrix} i_1(s) \\ i_2(s) \end{bmatrix}+[0]U(s) \tag{7.185}$$

式(7.185)就是描述给定电路的广义状态方程和输出方程，且系数矩阵均为多项式矩阵，相应地称为给定电路的一个多项式矩阵描述即PMD。

先将以上形式进行一般化推广，设多输入-多输出线性时不变系统为

$$输入\ \boldsymbol{u}=\begin{bmatrix} u_1 \\ \vdots \\ u_r \end{bmatrix}，\quad 广义状态\ \boldsymbol{\xi}=\begin{bmatrix} i_1 \\ \vdots \\ i_q \end{bmatrix}，\quad 输出\ \boldsymbol{y}=\begin{bmatrix} y_1 \\ \vdots \\ y_m \end{bmatrix} \tag{7186}$$

那么，基于图7-1电路的PMD的推广，可以导出系统的多项式矩阵描述为

$$\begin{cases} \boldsymbol{P}(s)\boldsymbol{\xi}(s)=\boldsymbol{Q}(s)\boldsymbol{U}(s) \\ \boldsymbol{Y}(s)=\boldsymbol{T}(s)\boldsymbol{\xi}(s)+\boldsymbol{H}(s)\boldsymbol{U}(s) \end{cases} \tag{7.187}$$

$\boldsymbol{P}(s)$为$q\times q$多项式矩阵，$\boldsymbol{Q}(s)$、$\boldsymbol{T}(s)$和$\boldsymbol{H}(s)$分别为$q\times r$、$m\times q$和$m\times r$多项式矩阵。将式(7.187)稍加整理可得到

$$\begin{bmatrix} \boldsymbol{P}(s) & -\boldsymbol{Q}(s) \\ \boldsymbol{T}(s) & \boldsymbol{H}(s) \end{bmatrix}\begin{bmatrix} \boldsymbol{\xi}(s) \\ \boldsymbol{U}(s) \end{bmatrix}=\begin{bmatrix} \boldsymbol{0} \\ \boldsymbol{Y}(s) \end{bmatrix} \tag{7.188}$$

Rosenbrock称式(7.188)中的系数矩阵为系统矩阵，为了避免和状态空间描述式中的系统矩阵**A**混淆，本书将其称为R-系数矩阵，记为$\boldsymbol{S}_{\mathrm{R}}(s)$，即

$$\boldsymbol{S}_{\mathrm{R}}(s)=\begin{bmatrix} \boldsymbol{P}(s) & -\boldsymbol{Q}(s) \\ \boldsymbol{T}(s) & \boldsymbol{H}(s) \end{bmatrix} \tag{7.189}$$

系统的唯一解性决定了$\boldsymbol{P}(s)$非奇异，因此，对于松弛系统由式(7.187)可解出

$$\boldsymbol{\xi}(s)=\boldsymbol{P}^{-1}(s)\boldsymbol{Q}(s)\boldsymbol{U}(s)$$

$$\begin{aligned} \boldsymbol{Y}(s) &\triangleq [\boldsymbol{T}(s)\boldsymbol{P}^{-1}(s)\boldsymbol{Q}(s)+\boldsymbol{H}(s)]\boldsymbol{U}(s) \\ &\triangleq \boldsymbol{W}(s)\boldsymbol{U}(s) \end{aligned} \tag{7.190}$$

其中

$$\boldsymbol{W}(s)\triangleq \boldsymbol{T}(s)\boldsymbol{P}^{-1}(s)\boldsymbol{Q}(s)+\boldsymbol{H}(s) \tag{7.191}$$

正是线性多变量系统的传递函数矩阵。

1. PMD与线性时不变系统状态空间的关系

给定线性时不变系统的状态空间描述为

$$\begin{cases} \dot{\boldsymbol{x}}=\boldsymbol{A}\boldsymbol{x}+\boldsymbol{B}\boldsymbol{u} \\ \boldsymbol{y}=\boldsymbol{C}\boldsymbol{x}+\boldsymbol{D}(p)\boldsymbol{u} \end{cases} \tag{7.192}$$

其中，$\boldsymbol{D}(p)$为多项式矩阵，$p=\mathrm{d}/\mathrm{d}t$ 为微分因子，$\boldsymbol{x}(0)\equiv\boldsymbol{0}$，且 $\boldsymbol{D}(p)$的存在反映系统的非真性。那么状态空间描述式(7.192)的等价 PMD 为

$$\begin{cases}(s\boldsymbol{I}-\boldsymbol{A})\boldsymbol{\xi}(s)=\boldsymbol{B}\boldsymbol{U}(s)\\ \boldsymbol{Y}(s)=\boldsymbol{C}\boldsymbol{\xi}(s)+\boldsymbol{D}(s)\boldsymbol{U}(s)\end{cases}\tag{7.193}$$

其中，$\boldsymbol{\xi}(s)=\boldsymbol{X}(s)$为 $q\times1$ 广义状态，PMD 的各个系数矩阵为

$$\begin{gathered}\boldsymbol{P}(s)=(s\boldsymbol{I}-\boldsymbol{A}),\quad \boldsymbol{Q}(s)=\boldsymbol{B}\\ \boldsymbol{T}(s)=\boldsymbol{C},\quad \boldsymbol{H}(s)=\boldsymbol{D}(s)\end{gathered}\tag{7.194}$$

证明　将式(7.192)取拉普拉斯变换，再令 $\boldsymbol{\xi}(s)=\boldsymbol{X}(s)$，即可导出式(7.193)和式(7.194)。证明完成。

2. 基于矩阵分式(MFD)的多项式矩阵描述(PMD)

基于矩阵分式(MFD)描述的状态空间实现与 PMD 的状态空间实现之间存在紧密关系。给定 $m\times r$ 线性时不变系统的右 MFD $\boldsymbol{N}_{右}(s)\boldsymbol{M}_{右}^{-1}(s)+\boldsymbol{D}(s)$和左 MFD$\boldsymbol{M}_{左}^{-1}(s)\boldsymbol{N}_{左}(s)+\boldsymbol{D}(s)$，其中，$\boldsymbol{N}_{右}(s)\boldsymbol{M}_{右}^{-1}(s)$和 $\boldsymbol{M}_{左}^{-1}(s)\boldsymbol{N}_{左}(s)$为严真有理 MFD，$\boldsymbol{D}(s)$为多项式矩阵，那么等价于$\boldsymbol{N}_{右}(s)\boldsymbol{M}_{右}^{-1}(s)+\boldsymbol{D}(s)$的 PMD 为

$$\begin{cases}\boldsymbol{M}_{右}(s)\boldsymbol{\xi}(s)=\boldsymbol{I}\boldsymbol{U}(s)\\ \boldsymbol{Y}(s)=\boldsymbol{N}_{右}(s)\boldsymbol{\xi}(s)+\boldsymbol{D}(s)\boldsymbol{U}(s)\end{cases}\tag{7.195}$$

其中，$\boldsymbol{\xi}(s)=\boldsymbol{M}_{右}^{-1}(s)\boldsymbol{I}\boldsymbol{U}(s)$为 $r\times1$ 广义状态，PMD 的各个系数矩阵为

$$\begin{gathered}\boldsymbol{P}(s)=\boldsymbol{M}_{右}(s),\quad \boldsymbol{Q}(s)=\boldsymbol{I}\\ \boldsymbol{T}(s)=\boldsymbol{N}_{右}(s),\quad \boldsymbol{H}(s)=\boldsymbol{D}(s)\end{gathered}\tag{7.196}$$

等价于 $\boldsymbol{M}_{左}^{-1}(s)\boldsymbol{N}_{左}(s)+\boldsymbol{D}(s)$的 PMD 为

$$\begin{cases}\boldsymbol{M}_{左}(s)\boldsymbol{\xi}(s)=\boldsymbol{N}_{左}(s)\boldsymbol{U}(s)\\ \boldsymbol{Y}(s)=\boldsymbol{I}\boldsymbol{\xi}(s)+\boldsymbol{D}(s)\boldsymbol{U}(s)\end{cases}\tag{7.197}$$

其中，$\boldsymbol{\xi}(s)=\boldsymbol{M}_{左}^{-1}(s)\boldsymbol{N}_{左}(s)\boldsymbol{U}(s)$为 $m\times1$ 广义状态，PMD 的各个系数矩阵为

$$\begin{gathered}\boldsymbol{P}(s)=\boldsymbol{M}_{左}(s),\quad \boldsymbol{Q}(s)=\boldsymbol{N}_{左}(s)\\ \boldsymbol{T}(s)=\boldsymbol{I},\quad \boldsymbol{H}(s)=\boldsymbol{D}(s)\end{gathered}\tag{7.198}$$

证明　对$\boldsymbol{N}_{右}(s)\boldsymbol{M}_{右}^{-1}(s)+\boldsymbol{D}(s)$，可以导出

$$\boldsymbol{Y}(s)=[\boldsymbol{N}_{右}(s)\boldsymbol{M}_{右}^{-1}(s)+\boldsymbol{D}(s)]\boldsymbol{U}(s)=\boldsymbol{N}_{右}(s)\boldsymbol{M}_{右}^{-1}(s)\boldsymbol{I}\boldsymbol{U}(s)+\boldsymbol{D}(s)\boldsymbol{U}(s)\tag{7.199}$$

将式(7.199)与 PMD 的传递函数矩阵表达式(7.190)相比，就可导出系数矩阵关系式(7.198)。基于此，并令 $\boldsymbol{\xi}(s)=\boldsymbol{M}_{右}^{-1}(s)\boldsymbol{I}\boldsymbol{U}(s)$，可得式(7.195)。类似地，可以证明式(7.197)。

上述结论可知，PMD 是线性时不变系统的最为一般的描述，系统的其他描述可认为是 PMD 的特殊情形。

7.5.2　基于 PMD 的状态空间实现

在这一节首先介绍系统的 PMD 的状态空间实现，然后进一步深入研究系统的解耦零点和严格系统等价等概念。所谓的 PMD 的状态空间实现就是针对给定的 PMD，即

$$\begin{gathered}\boldsymbol{P}(s)\boldsymbol{\xi}(s)=\boldsymbol{Q}(s)\boldsymbol{U}(s)\\ \boldsymbol{Y}(s)=\boldsymbol{T}(s)\boldsymbol{\xi}(s)+\boldsymbol{H}(s)\boldsymbol{U}(s)\end{gathered}\tag{7.200}$$

设法找到一种状态空间描述

$$(s\boldsymbol{I}-\boldsymbol{A})\boldsymbol{X}(s)=\boldsymbol{B}\boldsymbol{U}(s)$$
$$\boldsymbol{Y}(s)=\boldsymbol{C}\boldsymbol{X}(s)+\boldsymbol{D}(s)\boldsymbol{U}(s) \tag{7.201}$$

使得两者具有相同的传递函数矩阵，即

$$\boldsymbol{W}(s)=\boldsymbol{T}(s)\boldsymbol{P}^{-1}(s)\boldsymbol{Q}(s)+\boldsymbol{H}(s)=\boldsymbol{C}(s\boldsymbol{I}-\boldsymbol{A})^{-1}\boldsymbol{B}+\boldsymbol{D}(s) \tag{7.202}$$

则称状态空间描述$\{\boldsymbol{A}, \boldsymbol{B}, \boldsymbol{C}, \boldsymbol{D}(s)\}$是给定的PMD$\{\boldsymbol{P}(s), \boldsymbol{Q}(s), \boldsymbol{T}(s), \boldsymbol{H}(s)\}$的一个实现。和有理矩阵的状态空间实现一样，PMD的实现也是不唯一的，其中dim$\boldsymbol{A}$最小的实现称为给定的PMD的最小实现。

1. PMD状态空间实现

给定PMD$\{\boldsymbol{P}(s), \boldsymbol{Q}(s), \boldsymbol{T}(s), \boldsymbol{H}(s)\}$，下面给出构造其能控形能观测形实现的方法。

1）对实现内核类形的选取

PMD的实现是基于MFD的能控形能观测形实现而建立的。实现的内核选取的含义是指PMD的传递函数矩阵$\boldsymbol{W}(s)$中包含的一个MFD的实现。考虑到对PMD有$\boldsymbol{W}(s)=\boldsymbol{T}(s)\boldsymbol{P}^{-1}(s)\boldsymbol{Q}(s)+\boldsymbol{H}(s)$，基于此，$\boldsymbol{W}(s)$的内核MFD的选取有如下四种类形：

(1) 内核MFD为“$\boldsymbol{T}(s)\boldsymbol{P}^{-1}(s)$，$\boldsymbol{P}(s)$为列既约”，实现对应为“控制器形实现”；

(2) 内核MFD为“$\boldsymbol{T}(s)\boldsymbol{P}^{-1}(s)$，$\boldsymbol{P}(s)$为行既约”，实现对应为“能控性形实现”；

(3) 内核MFD为“$\boldsymbol{P}^{-1}(s)\boldsymbol{Q}(s)$，$\boldsymbol{P}(s)$为行既约”，实现对应为“观测器形实现”；

(4) 内核MFD为“$\boldsymbol{P}^{-1}(s)\boldsymbol{Q}(s)$，$\boldsymbol{P}(s)$为列既约”，实现对应为“能观测性形实现”；

在此，仅讨论内核MFD为“$\boldsymbol{P}^{-1}(s)\boldsymbol{Q}(s)$，$\boldsymbol{P}(s)$为行既约”的情形，给出以“观测器形实现”为实现内核的构造PMD的实现$\{\boldsymbol{A}, \boldsymbol{B}, \boldsymbol{C}, \boldsymbol{D}(p)\}$的方法。

2）化$\boldsymbol{P}(s)$为行既约

对于内核MFD $\boldsymbol{P}^{-1}(s)\boldsymbol{Q}(s)$，由实现内核为“观测器形实现”要求$\boldsymbol{P}(s)$行既约。若$\boldsymbol{P}(s)$行既约，无需引入转换，令

$$\boldsymbol{P}_r(s)=\boldsymbol{P}(s),\quad \boldsymbol{Q}_r(s)=\boldsymbol{Q}(s) \tag{7.203}$$

若$\boldsymbol{P}(s)$非行既约，引入一个$q\times q$的单模矩阵$\boldsymbol{F}(s)$使$\boldsymbol{F}(s)\boldsymbol{P}(s)$行既约，并表示为

$$\boldsymbol{P}_r(s)=\boldsymbol{F}(s)\boldsymbol{P}(s),\ \boldsymbol{Q}_r(s)=\boldsymbol{F}(s)\boldsymbol{Q}(s) \tag{7.204}$$

考虑到

$$\boldsymbol{P}_r^{-1}(s)\boldsymbol{Q}_r(s)=[\boldsymbol{F}(s)\boldsymbol{P}(s)]^{-1}\boldsymbol{F}(s)\boldsymbol{Q}(s)=\boldsymbol{P}^{-1}(s)\boldsymbol{Q}(s) \tag{7.205}$$
$$\deg\det\boldsymbol{P}_r(s)=\deg\det\boldsymbol{P}(s) \tag{7.206}$$

可以判定$\boldsymbol{P}_r^{-1}(s)\boldsymbol{Q}_r(s)$和$\boldsymbol{P}^{-1}(s)\boldsymbol{Q}(s)$具有等同实现。

3）由$\boldsymbol{P}_r^{-1}(s)\boldsymbol{Q}_r(s)$导出严真$\boldsymbol{P}_r^{-1}(s)\bar{\boldsymbol{Q}}_r(s)$

$\boldsymbol{P}_r^{-1}(s)\boldsymbol{Q}_r(s)$一般情况下不一定为严真，可引入矩阵左除法导出其严真形式，即将式(7.205)利用$\boldsymbol{P}_r^{-1}(s)$和$\bar{\boldsymbol{Q}}_r(s)$外加一个余子多项式表达，即

$$\boldsymbol{P}_r^{-1}(s)\boldsymbol{Q}_r(s)=\boldsymbol{P}_r^{-1}(s)\bar{\boldsymbol{Q}}_r(s)+\boldsymbol{R}(s) \tag{7.207}$$

其中，$\boldsymbol{P}_r^{-1}(s)\bar{\boldsymbol{Q}}_r(s)$为严真MFD，$\boldsymbol{R}(s)$为多项式矩阵。

4）对$\boldsymbol{P}_r^{-1}(s)\bar{\boldsymbol{Q}}_r(s)$构造观测器形实现$\{\boldsymbol{A}_{oo}, \boldsymbol{B}_{oo}, \boldsymbol{C}_{oo}\}$

对“$q\times r$严真MFD $\boldsymbol{P}_r^{-1}(s)\bar{\boldsymbol{Q}}_r(s)$，$\boldsymbol{P}(s)$为行既约”，采用7.4.3中的MFD实现，可以定出观测器形实现$\{\boldsymbol{A}_{oo}, \boldsymbol{B}_{oo}, \boldsymbol{C}_{oo}\}$，且有：

(1) $\boldsymbol{A}_{oo}$为 $n\times n$ 阵，$\boldsymbol{B}_{oo}$为 $n\times r$ 阵，$\boldsymbol{C}_{oo}$为 $q\times n$ 阵；

(2) $\boldsymbol{C}_{oo}(s\boldsymbol{I}-\boldsymbol{A}_{oo})^{-1}\boldsymbol{B}_{oo}=\boldsymbol{P}_r^{-1}(s)\bar{\boldsymbol{Q}}_r(s)$；

(3) $\{\boldsymbol{A}_{oo}, \boldsymbol{B}_{oo}\}$完全能观测；

(4) $q=\deg\det\boldsymbol{P}(s)$。

5) 由$\{\boldsymbol{A}_{oo}, \boldsymbol{B}_{oo}, \boldsymbol{C}_{oo}\}$导出 PMD 的实现$\{\boldsymbol{A}, \boldsymbol{B}, \boldsymbol{C}, \boldsymbol{D}(s)\}$

首先，直接取定

$$\boldsymbol{A}=\boldsymbol{A}_{oo}, \boldsymbol{B}=\boldsymbol{B}_{oo} \tag{7.208}$$

进而，推导 $\boldsymbol{C}$ 和 $\boldsymbol{D}(s)$。对此，综上所述，有

$$\{\boldsymbol{P}(s), \boldsymbol{Q}(s), \boldsymbol{T}(s), \boldsymbol{H}(s)\}$$

$$\boldsymbol{P}_r^{-1}(s)\boldsymbol{Q}_r(s)=\boldsymbol{P}^{-1}(s)\boldsymbol{Q}(s)$$

$$\boldsymbol{P}_r^{-1}(s)\boldsymbol{Q}_r(s)=\boldsymbol{P}_r^{-1}(s)\bar{\boldsymbol{Q}}_r(s)+\boldsymbol{R}(s)$$

$$\boldsymbol{C}_{oo}(s\boldsymbol{I}-\boldsymbol{A}_{oo})^{-1}\boldsymbol{B}_{oo}=\boldsymbol{P}_r^{-1}(s)\bar{\boldsymbol{Q}}_r(s)$$

基于此，可以得到

$$\begin{aligned}\boldsymbol{W}(s)&=\boldsymbol{T}(s)\boldsymbol{P}^{-1}(s)\boldsymbol{Q}(s)+\boldsymbol{H}(s)\\&=\boldsymbol{T}(s)\boldsymbol{P}_r^{-1}(s)\bar{\boldsymbol{Q}}_r(s)+\boldsymbol{H}(s)\\&=\boldsymbol{T}(s)[\boldsymbol{P}_r^{-1}(s)\bar{\boldsymbol{Q}}_r(s)+\boldsymbol{R}(s)]+\boldsymbol{H}(s)\\&=\boldsymbol{T}(s)\boldsymbol{P}_r^{-1}(s)\bar{\boldsymbol{Q}}_r(s)+[\boldsymbol{T}(s)\boldsymbol{R}(s)+\boldsymbol{H}(s)]\\&=\boldsymbol{T}(s)\boldsymbol{C}_{oo}(s\boldsymbol{I}-\boldsymbol{A}_{oo})^{-1}\boldsymbol{B}_{oo}+[\boldsymbol{T}(s)\boldsymbol{R}(s)+\boldsymbol{H}(s)]\\&=\boldsymbol{T}(s)\boldsymbol{C}_{oo}(s\boldsymbol{I}-\boldsymbol{A})^{-1}\boldsymbol{B}+[\boldsymbol{T}(s)\boldsymbol{R}(s)+\boldsymbol{H}(s)]\end{aligned} \tag{7.209}$$

上式中，$\boldsymbol{C}_{oo}(s\boldsymbol{I}-\boldsymbol{A}_{oo})^{-1}$一般为非严真，为此引入矩阵右除法，可以导出

$$\boldsymbol{T}(s)\boldsymbol{C}_{oo}=\boldsymbol{X}(s)(s\boldsymbol{I}-\boldsymbol{A})+[\boldsymbol{T}(s)\boldsymbol{C}_{oo}]_{s\to\boldsymbol{A}} \tag{7.210}$$

于是，就有

$$\boldsymbol{C}=[\boldsymbol{T}(s)\boldsymbol{C}_{oo}]_{s\to\boldsymbol{A}} \tag{7.211}$$

再将式(7.210)代入式(7.209)，并利用式(7.211)，有

$$\boldsymbol{T}(s)\boldsymbol{P}^{-1}(s)\boldsymbol{Q}(s)+\boldsymbol{H}(s)=\boldsymbol{C}(s\boldsymbol{I}-\boldsymbol{A})^{-1}\boldsymbol{B}+[\boldsymbol{X}(s)\boldsymbol{B}+\boldsymbol{T}(s)\boldsymbol{R}(s)+\boldsymbol{H}(s)] \tag{7.212}$$

其中，对照式(7.211)和式(7.202)，得出

$$\boldsymbol{D}(s)=[\boldsymbol{X}(s)\boldsymbol{B}+\boldsymbol{T}(s)\boldsymbol{R}(s)+\boldsymbol{H}(s)] \tag{7.213}$$

所以，从以上过程得出，PMD 的实现为

$$\boldsymbol{A}=\boldsymbol{A}_{oo}$$

$$\boldsymbol{B}=\boldsymbol{B}_{oo}$$

$$\boldsymbol{C}=[\boldsymbol{T}(s)\boldsymbol{C}_{oo}]_{s\to\boldsymbol{A}}$$

$$\boldsymbol{D}(s)=[\boldsymbol{X}(s)\boldsymbol{B}+\boldsymbol{T}(s)\boldsymbol{R}(s)+\boldsymbol{H}(s)]$$

2. 多项式矩阵描述的互质性和状态空间描述的能控性和能观性

对于线性时不变系统，能控性和能观测性是其在时间域内的基本结构特性，左互质性和右互质性是其在复频域内的基本结构特性。此处将介绍互质性和能控能观测性之间的关系。

1) *左互质性和能控性*

对于线性时不变系统的 PMD 及其状态空间实现，有$(\boldsymbol{P}(s), \boldsymbol{Q}(s))$左互质$\Leftrightarrow(\boldsymbol{A}, \boldsymbol{B})$完

全能控。

证明 为不失一般性，设$(\boldsymbol{A}, \boldsymbol{B}, \boldsymbol{C}, \boldsymbol{D}(p))$为$(\boldsymbol{P}(s), \boldsymbol{Q}(s), \boldsymbol{T}(s), \boldsymbol{H}(s))$的基于观测器形实现为内核的一个实现。并且，为清晰起见，分三步进行证明。

(1) 推导一个关系式。为此，对$(\boldsymbol{P}(s), \boldsymbol{Q}(s), \boldsymbol{T}(s), \boldsymbol{H}(s))$，引入一个$q\times q$单模阵$\boldsymbol{F}(s)$，使$\boldsymbol{P}_{\mathrm{r}}(s)=\boldsymbol{F}(s)\boldsymbol{P}(s)$，$\boldsymbol{Q}_{\mathrm{r}}(s)=\boldsymbol{F}(s)\boldsymbol{Q}(s)$，$\boldsymbol{P}_{\mathrm{r}}(s)$行既约，且有$\boldsymbol{P}^{-1}(s)\boldsymbol{Q}(s)=\boldsymbol{P}_{\mathrm{r}}^{-1}(s)\boldsymbol{Q}_{\mathrm{r}}(s)$。再将$\boldsymbol{P}_{\mathrm{r}}^{-1}(s)\bar{\boldsymbol{Q}}_{\mathrm{r}}(s)$表示为$\boldsymbol{P}_{\mathrm{r}}^{-1}(s)\boldsymbol{Q}_{\mathrm{r}}(s)$的严真部分，$(\boldsymbol{A}, \boldsymbol{B}, \boldsymbol{C}_{\mathrm{oo}})$为严真，$\boldsymbol{P}_{\mathrm{r}}^{-1}(s)\bar{\boldsymbol{Q}}_{\mathrm{r}}(s)$的维数为

$$n=\deg\det\boldsymbol{P}_{\mathrm{r}}(s)=\deg\det\boldsymbol{P}(s) \tag{7.214}$$

的观测器形实现。进而，将$\bar{\boldsymbol{Q}}_{\mathrm{r}}(s)$表示为

$$\bar{\boldsymbol{Q}}_{\mathrm{r}}(s)=\boldsymbol{\psi}_{\mathrm{L}}(s)\bar{\boldsymbol{Q}}_{\mathrm{rL}} \tag{7.215}$$

$$\boldsymbol{\psi}_{\mathrm{L}}(s)=\begin{bmatrix} \begin{bmatrix} s^{k_{\mathrm{r}1}-1} & \cdots & s & 1 \end{bmatrix} & & \\ & \ddots & \\ & & \begin{bmatrix} s^{k_{\mathrm{r}q}-1} & \cdots & s & 1 \end{bmatrix} \end{bmatrix} \tag{7.216}$$

$$k_{\mathrm{r}i}=\delta_{\mathrm{r}i}\boldsymbol{P}_{\mathrm{r}}(s), \quad \sum_{i=1}^{q}k_{\mathrm{r}i}=n \tag{7.217}$$

并考虑到对观测器形实现有$\boldsymbol{B}=\bar{\boldsymbol{Q}}_{\mathrm{rL}}$，可以得到

$$\boldsymbol{C}_{\mathrm{oo}}(s\boldsymbol{I}-\boldsymbol{A})^{-1}\bar{\boldsymbol{Q}}_{\mathrm{rL}}=\boldsymbol{C}_{\mathrm{oo}}(s\boldsymbol{I}-\boldsymbol{A})^{-1}\boldsymbol{B}=\boldsymbol{P}_{\mathrm{r}}^{-1}(s)\bar{\boldsymbol{Q}}_{\mathrm{r}}(s)=\boldsymbol{P}_{\mathrm{r}}^{-1}(s)\boldsymbol{\psi}_{\mathrm{L}}(s)\bar{\boldsymbol{Q}}_{\mathrm{rL}} \tag{7.218}$$

再因$\bar{\boldsymbol{Q}}_{\mathrm{rL}}$的任意性，由上式又可导出$\boldsymbol{C}_{\mathrm{oo}}(s\boldsymbol{I}-\boldsymbol{A})^{-1}=\boldsymbol{P}_{\mathrm{r}}^{-1}(s)\boldsymbol{\psi}_{\mathrm{L}}(s)$，即有

$$\boldsymbol{P}_{\mathrm{r}}(s)\boldsymbol{C}_{\mathrm{oo}}=\boldsymbol{\psi}_{\mathrm{L}}(s)(s\boldsymbol{I}-\boldsymbol{A}) \tag{7.219}$$

而由上节构造 PMD 的实现中导出的关系式(7.207)、式 (7.210)、式 (7.211)和式(7.213)，可以进而构成关系式

$$\bar{\boldsymbol{Q}}_{\mathrm{r}}(s)=\boldsymbol{Q}_{\mathrm{r}}(s)-\boldsymbol{P}_{\mathrm{r}}(s)\boldsymbol{R}(s)=\boldsymbol{\psi}_{\mathrm{L}}(s)\boldsymbol{B} \tag{7.220}$$

$$\boldsymbol{T}(s)\boldsymbol{C}_{\mathrm{oo}}=\boldsymbol{X}(s)(s\boldsymbol{I}-\boldsymbol{A})+\boldsymbol{C} \tag{7.221}$$

$$\boldsymbol{D}(s)=\boldsymbol{X}(s)\boldsymbol{B}+\boldsymbol{T}(s)\boldsymbol{R}(s)+\boldsymbol{H}(s) \tag{7.222}$$

于是，组合式(7.219)～(7.222)的结果，可以得到分块矩阵关系式为

$$\begin{bmatrix} \boldsymbol{P}_{\mathrm{r}}(s) & \boldsymbol{Q}_{\mathrm{r}}(s) \\ -\boldsymbol{T}(s) & \boldsymbol{H}(s) \end{bmatrix}\begin{bmatrix} \boldsymbol{C}_{\mathrm{oo}} & -\boldsymbol{R}(s) \\ \boldsymbol{0} & \boldsymbol{I}_r \end{bmatrix}=\begin{bmatrix} \boldsymbol{\psi}_{\mathrm{L}}(s) & \boldsymbol{0} \\ -\boldsymbol{X}(s) & \boldsymbol{I}_m \end{bmatrix}\begin{bmatrix} s\boldsymbol{I}-\boldsymbol{A} & \boldsymbol{B} \\ -\boldsymbol{C} & \boldsymbol{D}(s) \end{bmatrix} \tag{7.223}$$

其中，组合式(7.216)给出的$\boldsymbol{\psi}_{\mathrm{L}}(s)$中隐含$\boldsymbol{I}_q$可知，对任意$q\times q$的$\boldsymbol{P}_{\mathrm{r}}(s)$，必有

$$\{\boldsymbol{P}_{\mathrm{r}}(s), \boldsymbol{\psi}_{\mathrm{L}}(s)\}\text{左互质} \tag{7.224}$$

而由$(\boldsymbol{A}, \boldsymbol{B}, \boldsymbol{C}_{\mathrm{oo}})$为观测器形实现知$(\boldsymbol{A}, \boldsymbol{C}_{\mathrm{oo}})$完全能观测，并利用能观性 PBH 秩判据，又有

$$\{s\boldsymbol{I}-\boldsymbol{A}, \boldsymbol{C}_{\mathrm{oo}}\}\text{右互质} \tag{7.225}$$

基于此，存在$n\times q$和$n\times n$多项式矩阵$\boldsymbol{U}_{11}(s)$和$\boldsymbol{U}_{12}(s)$，使式(7.226)及式(7.227)成立：

$$\begin{bmatrix} -\boldsymbol{U}_{11}(s) & \boldsymbol{U}_{12}(s) \\ \boldsymbol{P}_{\mathrm{r}}(s) & \boldsymbol{\psi}_{\mathrm{L}}(s) \end{bmatrix}\text{为}(n+q)\times(n+q)\text{单模阵} \tag{7.226}$$

$$\begin{bmatrix} -\boldsymbol{U}_{11}(s) & \boldsymbol{U}_{12}(s) \\ \boldsymbol{P}_{\mathrm{r}}(s) & \boldsymbol{\psi}_{\mathrm{L}}(s) \end{bmatrix}\begin{bmatrix} -\boldsymbol{C}_{\mathrm{oo}} \\ s\boldsymbol{I}-\boldsymbol{A} \end{bmatrix}=\begin{bmatrix} \boldsymbol{I}_n \\ \boldsymbol{0} \end{bmatrix} \tag{7.227}$$

从而，合并式(7.223)和式(7.227)，即得到所要推导的关系式为

$$\begin{bmatrix} -\boldsymbol{U}_{11}(s) & \boldsymbol{U}_{12}(s) & \boldsymbol{0} \\ \boldsymbol{P}_{\mathrm{r}}(s) & \boldsymbol{\psi}_{\mathrm{L}}(s) & \boldsymbol{0} \\ -\boldsymbol{T}(s) & -\boldsymbol{X}(s) & \boldsymbol{I}_m \end{bmatrix} \begin{bmatrix} \boldsymbol{I}_q & \boldsymbol{0} & \boldsymbol{0} \\ \boldsymbol{0} & s\boldsymbol{I}-\boldsymbol{A} & \boldsymbol{B} \\ \boldsymbol{0} & -\boldsymbol{C} & \boldsymbol{D}(s) \end{bmatrix}$$
$$= \begin{bmatrix} \boldsymbol{I}_n & \boldsymbol{0} & \boldsymbol{0} \\ \boldsymbol{0} & \boldsymbol{P}_{\mathrm{r}}(s) & \boldsymbol{Q}_{\mathrm{r}}(s) \\ \boldsymbol{0} & -\boldsymbol{T}(s) & \boldsymbol{H}(s) \end{bmatrix} \begin{bmatrix} -\boldsymbol{U}_{11}(s) & \boldsymbol{U}_{12}(s)(s\boldsymbol{I}-\boldsymbol{A}) & \boldsymbol{U}_{12}(s)\boldsymbol{B} \\ \boldsymbol{I}_q & \boldsymbol{C}_{\mathrm{oo}} & -\boldsymbol{R}(s) \\ \boldsymbol{0} & \boldsymbol{0} & \boldsymbol{I}_r \end{bmatrix} \tag{7.228}$$

其中，由式(7.226)知位于式(7.228)最左边的矩阵为单模阵，而由

$$\begin{bmatrix} -\boldsymbol{U}_{11}(s) & \boldsymbol{U}_{12}(s)(s\boldsymbol{I}-\boldsymbol{A}) \\ \boldsymbol{I}_q & \boldsymbol{C}_{\mathrm{oo}} \end{bmatrix} = \begin{bmatrix} -\boldsymbol{U}_{11}(s) & \boldsymbol{I}_n-\boldsymbol{U}_{11}(s)\boldsymbol{C}_{\mathrm{oo}} \\ \boldsymbol{I}_q & \boldsymbol{C}_{\mathrm{oo}} \end{bmatrix}$$
$$= \begin{bmatrix} \boldsymbol{I}_n & -\boldsymbol{U}_{11}(s) \\ \boldsymbol{0} & \boldsymbol{I}_q \end{bmatrix} \begin{bmatrix} \boldsymbol{0} & \boldsymbol{I}_n \\ \boldsymbol{I}_q & \boldsymbol{C}_{\mathrm{oo}} \end{bmatrix} = \text{单模阵} \tag{7.229}$$

知位于式(7.229)最右边的矩阵也为单模阵。

(2) 推导基本关系式。对此，由 $\boldsymbol{P}_{\mathrm{r}}(s)=\boldsymbol{F}(s)\boldsymbol{P}(s)$ 和 $\boldsymbol{Q}_{\mathrm{r}}(s)=\boldsymbol{F}(s)\boldsymbol{Q}(s)$，$\boldsymbol{F}(s)$ 为单模阵，构造一个单模阵为

$$\begin{bmatrix} \boldsymbol{I}_n & \boldsymbol{0} & \boldsymbol{0} \\ \boldsymbol{0} & \boldsymbol{F}^{-1}(s) & \boldsymbol{0} \\ \boldsymbol{0} & \boldsymbol{0} & \boldsymbol{I}_m \end{bmatrix} \tag{7.230}$$

进而，将其左乘以式(7.223)，就可得到为证明结论所需要的基本关系式，即

$$\begin{bmatrix} -\boldsymbol{U}_{11}(s) & \boldsymbol{U}_{12}(s) & \boldsymbol{0} \\ \boldsymbol{P}(s) & \boldsymbol{F}^{-1}(s)\boldsymbol{\psi}_{\mathrm{L}}(s) & \boldsymbol{0} \\ -\boldsymbol{T}(s) & -\boldsymbol{X}(s) & \boldsymbol{I}_m \end{bmatrix} \begin{bmatrix} \boldsymbol{I}_q & \boldsymbol{0} & \boldsymbol{0} \\ \boldsymbol{0} & s\boldsymbol{I}-\boldsymbol{A} & \boldsymbol{B} \\ \boldsymbol{0} & -\boldsymbol{C} & \boldsymbol{D}(s) \end{bmatrix}$$
$$= \begin{bmatrix} \boldsymbol{I}_n & \boldsymbol{0} & \boldsymbol{0} \\ \boldsymbol{0} & \boldsymbol{P}(s) & \boldsymbol{Q}(s) \\ \boldsymbol{0} & -\boldsymbol{T}(s) & \boldsymbol{H}(s) \end{bmatrix} \begin{bmatrix} -\boldsymbol{U}_{12}(s) & \boldsymbol{U}_{12}(s)(s\boldsymbol{I}-\boldsymbol{A}) & \boldsymbol{U}_{12}(s)\boldsymbol{B} \\ \boldsymbol{I}_q & \boldsymbol{C}_{\mathrm{oo}} & -\boldsymbol{R}(s) \\ \boldsymbol{0} & \boldsymbol{0} & \boldsymbol{I}_r \end{bmatrix} \tag{7.231}$$

其中，位于最左边和最右边的矩阵均为单模阵。

(3) 证明结论。对此，从式(7.231)中取出等式关系，即

$$\begin{bmatrix} -\boldsymbol{U}_{11}(s) & \boldsymbol{U}_{12}(s) \\ \boldsymbol{P}(s) & \boldsymbol{F}^{-1}(s)\boldsymbol{\psi}_{\mathrm{L}}(s) \end{bmatrix} \begin{bmatrix} \boldsymbol{I}_q & \boldsymbol{0} & \boldsymbol{0} \\ \boldsymbol{0} & s\boldsymbol{I}-\boldsymbol{A} & \boldsymbol{B} \end{bmatrix}$$
$$= \begin{bmatrix} \boldsymbol{I}_n & \boldsymbol{0} & \boldsymbol{0} \\ \boldsymbol{0} & \boldsymbol{P}(s) & \boldsymbol{Q}(s) \end{bmatrix} \begin{bmatrix} -\boldsymbol{U}_{12}(s) & \boldsymbol{U}_{12}(s)(s\boldsymbol{I}-\boldsymbol{A}) & \boldsymbol{U}_{12}(s)\boldsymbol{B} \\ \boldsymbol{I}_q & \boldsymbol{C}_{\mathrm{oo}} & -\boldsymbol{R}(s) \\ \boldsymbol{0} & \boldsymbol{0} & \boldsymbol{I}_r \end{bmatrix} \tag{7.232}$$

基于此，并考虑到上式最左边和最右边的矩阵为单模阵，可知

$$\operatorname{rank}\begin{bmatrix} \boldsymbol{I}_q & \boldsymbol{0} & \boldsymbol{0} \\ \boldsymbol{0} & s\boldsymbol{I}-\boldsymbol{A} & \boldsymbol{B} \end{bmatrix} = q+n, \quad \forall s\in\mathbf{C}$$
$$\Leftrightarrow \operatorname{rank}\begin{bmatrix} \boldsymbol{I}_n & \boldsymbol{0} & \boldsymbol{0} \\ \boldsymbol{0} & \boldsymbol{P}(s) & \boldsymbol{Q}(s) \end{bmatrix} = n+q, \quad \forall s\in\mathbf{C} \tag{7.233}$$

等价地，这又意味着

$$\begin{aligned}&\operatorname{rank}[s\boldsymbol{I}-\boldsymbol{A}\quad \boldsymbol{B}]=n,\quad \forall s\in \mathbf{C}\\ \Leftrightarrow&\operatorname{rank}[\boldsymbol{P}(s)\quad \boldsymbol{Q}(s)]=q,\quad \forall s\in \mathbf{C}\end{aligned}\tag{7.234}$$

基于此，并据能控性的 PBH 秩判据和左互质性的秩判据，即证得

$$(\boldsymbol{A},\ \boldsymbol{B})\text{完全能控}\Leftrightarrow(\boldsymbol{P}(s),\ \boldsymbol{Q}(s))\text{左互质}\tag{7.235}$$

2）右互质性与能观测性

对于线性时不变系统的 PMD 及其状态空间实现，有

$$(\boldsymbol{P}(s),\ \boldsymbol{T}(s))\text{右互质}\Leftrightarrow(\boldsymbol{A},\ \boldsymbol{C})\text{完全能观测}$$

3）状态空间描述的互质性

考虑线性时不变系统，其状态空间描述为$\{\boldsymbol{A},\ \boldsymbol{B},\ \boldsymbol{C},\ \boldsymbol{D}(p)\}$，传递函数矩阵$\boldsymbol{W}(s)$的关系式为

$$\boldsymbol{W}(s)=\boldsymbol{T}(s)\boldsymbol{P}^{-1}(s)\boldsymbol{Q}(s)+\boldsymbol{H}(s)=\boldsymbol{C}(s\boldsymbol{I}-\boldsymbol{A})^{-1}\boldsymbol{B}+\boldsymbol{D}(s)\tag{7.236}$$

则由 PMD 左右互质性和状态空间描述能控性能观测性的等价关系，可知

$$(s\boldsymbol{I}-\boldsymbol{A},\ \boldsymbol{B})\text{左互质}\Leftrightarrow(\boldsymbol{A},\ \boldsymbol{B})\text{完全能控}$$

$$(s\boldsymbol{I}-\boldsymbol{A},\ \boldsymbol{C})\text{右互质}\Leftrightarrow(\boldsymbol{A},\ \boldsymbol{C})\text{完全能观测}$$

这正是 PBH 秩判据的结论。

7.6 利用 MATLAB 实现线性时不变系统的多项式仿真

MATLAB 控制系统工具箱为多项式和多项式矩阵描述提供了专用函数。

1. 多项式方程求值

1）polyval()函数

功能：若 x 为一标量数值，则求多项式在该点的值；若 x 为向量或矩阵，则对向量或矩阵的每个元素求多项式的值。

调用格式：

y=polyval(P，x)

其中，P 为多项式中不同次数项系数，x 为变量值。

2）polyvalm()函数

功能：表示矩阵多项式求值。

调用格式：

$\boldsymbol{Y}$=polyvalm($\boldsymbol{P}$，$\boldsymbol{X}$)

其中，$\boldsymbol{P}$ 为多项式矩阵不同次数项系数，$\boldsymbol{X}$ 为自变量且为方阵。

【例 7-14】 计算多项式 $f(x)=3x^2+2x+1$ 在 x 为 5、7、9 时的多项式值。

解 MATLAB 仿真程序如下：

```
p = [3 2 1];
f=polyval(p, [5 7 9])
```

运行结果如下：

```
f=86   162   262
```

【例 7-15】 计算多项式 $f(\boldsymbol{X})=\boldsymbol{X}^4-29\boldsymbol{X}^3+72\boldsymbol{X}^2-29\boldsymbol{X}+1$ 在 $\boldsymbol{X}$ 为帕斯卡矩阵下的多项式值。

解　MATLAB 仿真程序如下：

```
X =pascal(4)
P =[1.0000  -29.0000  72.0000  -29.0000  1.0000];
Y = polyvalm(P, X)
```

运行结果如下：

```
X =
    1  1  1  1
    1  2  3  4
    1  3  6  10
    1  4  10  20
Y=
    1.0e-10 *
    -0.0013  -0.0063  -0.0104  -0.0241
    -0.0048  -0.0217  -0.0358  -0.0795
    -0.0114  -0.0510  -0.0818  -0.1805
    -0.0228  -0.0970  -0.1553  -0.3396
```

2. 多项式方程辨识

1）roots()函数

功能：用来求多项式的根。

调用格式：

X=roots(P)

其中，P 是一个多项式的系数，X 是多项式的根。

2）poly()函数

功能：用来求多项式的系数。

调用格式：

P=poly($\boldsymbol{X}$)

其中，P 为在特征矩阵 $\boldsymbol{X}$ 下的矩阵特征多项式 $\det(\lambda \boldsymbol{I}-\boldsymbol{X})$的系数。

【例 7-16】　计算特征矩阵为 $\boldsymbol{A}=\begin{bmatrix}1 & 2 & 3\\4 & 5 & 6\\7 & 8 & 0\end{bmatrix}$的矩阵特征多项式系数及特征多项式根。

解　MATLAB 仿真程序如下：

```
A = [1 2 3; 4 5 6; 7 8 0];
p = poly(A)
r = roots(p)
```

运行结果如下：

```
p =
    1.0000  -6.0000  -72.0000  -27.0000
r =
    12.1229
    -5.7345
    -0.3884
```

3. 多项式求导与积分

1）polyder()函数

功能：求多项式的一阶导数或两个多项式乘积的一阶导数。

调用格式：

Z=polyder(X)、Z=polyder(X, Y)

或

[Z, P]=polyder(X, Y)

【例 7-17】 求多项式 $p(x)=3x^5-2x^3+x+5$ 的一阶导数，并求其与另一多项式 $q(x)=x^2-10x+15$ 乘积的一阶导数。

解 MATLAB 仿真程序如下：

```
p = [3 0 -2 0 1 5];
m = polyder(p)
q = [1 -10 15];
n = polyder(p, q)
```

运行结果如下：

```
m =
    15   0   -6   0   1
n =
    21   -180   215   80   -87   -10   -35
```

2）polyint()函数

功能：求多项式的积分。

调用格式：

Z=polyint(X)

【例 7-18】 计算多项式 $3x^4-4x^2+10x-25$ 在积分限为[-1, 3]时的积分。

解 MATLAB 仿真程序如下：

```
p = [3 0 -4 10 -25];
q = polyint(p)
```

运行结果如下：

```
q =
    0.6000   0   -1.3333   5.0000   -25.0000   0
```

4. 多项式相除

residue()函数

功能：将两个多项式，如 $A(s)/B(s)$展开成

$$\frac{A(s)}{B(s)}=\frac{r_1}{s-p_1}+\frac{r_2}{s-p_2}+\cdots+\frac{r_n}{s-p_n}+k$$

其中，r 表示余数数组，p 表示极点数组，k 表示常数数组。

调用格式：

[r, p, k]=residue(A, B)

【例 7-19】 计算传递函数为 $F(s)=\dfrac{B(s)}{A(s)}=\dfrac{2s^3+s^2}{s^3+s+1}$的余数数组、极点数组及常数

数组。

解　MATLAB 仿真程序如下：

```
B = [2 1 0 0];
A= [1 0 1 1];
[r, p, k] = residue(B, A)
```

运行结果如下：

```
r =
    0.5354+1.0390i
    0.5354-1.0390i
    -0.0708+0.0000i
p =
    0.3412+1.1615i
    0.3412-1.1615i
    -0.6823+0.0000i
k =
    2
```

结果展开成余数形式为

$$F(s)=\frac{B(s)}{A(s)}=\frac{2s^3+s^2}{s^3+s^2+1}=\frac{0.5354+1.0390i}{s-(0.3412+1.1615i)}+\frac{0.5354-1.0390i}{s-(0.3412-1.1615i)}+\frac{-0.0708}{s+0.6823}+2$$

习　　题

7-1　试判断下列各多项式矩阵是否为单模矩阵。

(1) $\boldsymbol{Q}_1(s)=\begin{bmatrix} s+3 & s+2 \\ s^2+2s-1 & s^2+s \end{bmatrix}$

(2) $\boldsymbol{Q}_2(s)=\begin{bmatrix} s+4 & 1 \\ s^2+2s+1 & s+2 \end{bmatrix}$

(3) $\boldsymbol{Q}_3(s)=\begin{bmatrix} s+1 & 1 & s+1 \\ s^2+2s+1 & s+2 & 3 \\ s+3 & 1 & s+3 \end{bmatrix}$

7-2　试求下面两个多项式矩阵的最大右公因式。

$$\boldsymbol{M}(s)=\begin{bmatrix} s^2+2s & s+3 \\ 2s^2-s & 3s-2 \end{bmatrix},\quad \boldsymbol{N}(s)=[s\ \ 1]$$

7-3　判断下面多项式矩阵对是否右互质。

(1) $\boldsymbol{M}_1(s)=\begin{bmatrix} s+1 & 0 \\ s^2+s-2 & s-1 \end{bmatrix}$，$\boldsymbol{N}_1(s)=[s+2\ \ s+1]$

(2) $\boldsymbol{M}_2(s)=\boldsymbol{M}_1(s)$，$\boldsymbol{N}_2(s)=[s-1\quad s+1]$

(3) $\boldsymbol{M}_3(s)=\boldsymbol{M}_1(s)$，$\boldsymbol{N}_3(s)=[s+1\quad s-1]$

(4) $\boldsymbol{M}_4(s)=\boldsymbol{M}_1(s)$，$\boldsymbol{N}_4(s)=[s\quad s]$

7-4　定出下列多项式矩阵的列次数和行次数及对应的列次数表示式和行次数表

示式。

$$\boldsymbol{M}(s)=\begin{bmatrix}0 & s+3\\ s^3+2s^2+s & s^2+2s+s\\ s^2+2s+1 & 7\end{bmatrix}$$

7－5　判断下列多项式矩阵是否为列既约和是否为行既约。

$$\boldsymbol{M}(s)=\begin{bmatrix}s^3+s^2+1 & 2s+1 & 2s^2+s+1\\ 2s^3+s-1 & 0 & 2s^2+s\\ 1 & s-1 & s^2-s\end{bmatrix}$$

7－6　将如下多项式矩阵化为 Smith 形。

$$\boldsymbol{Q}(s)=\begin{bmatrix}s^2+7s+2 & 0\\ 3 & s^2+s\\ s+1 & s+3\end{bmatrix}$$

7－7　判断下列各矩阵对$\{\boldsymbol{E},\ \boldsymbol{A}\}$组成的矩阵束$(s\boldsymbol{E}-\boldsymbol{A})$是否正则，并导出对应的Kronecker形矩阵束。

(1) $\boldsymbol{E}=\begin{bmatrix}4 & 1\\ 0 & 0\end{bmatrix}$，$\boldsymbol{A}=\begin{bmatrix}4 & 1\\ 4 & 1\end{bmatrix}$

(2) $\boldsymbol{E}=\begin{bmatrix}2 & 0 & 0\\ 0 & 3 & 0\\ 1 & 0 & 0\end{bmatrix}$，$\boldsymbol{A}=\begin{bmatrix}1 & 0 & 2\\ 2 & 1 & 0\\ 3 & 1 & 1\end{bmatrix}$

7－8　下面给出一矩阵束的 Kronecker 形，其中 $\mu_1=0$，$\mu_2=0$，$\mu_3=1$，$\mu_4=2$，$\nu_1=0$，$\nu_2=3$，试写出$\{\boldsymbol{F},\ \boldsymbol{J},\ \{\boldsymbol{L}_{\mu_i}\},\ \{\boldsymbol{L}_{v_j}\}\}$。

$$\left[\begin{array}{c|c|cc|ccc|ccc|c|cc|cc|cc}
0 & 0 & s & -1 & & & & & & & & & & & & & \\ \hline
 & & & & s & -1 & 0 & & & & & & & & & & \\
 & & & & 0 & s & -1 & & & & & & & & & & \\ \hline
 & & & & & & & s & 0 & 0 & & & & & & & \\
 & & & & & & & -1 & s & 0 & & & & & & & \\
 & & & & & & & 0 & -1 & s & & & & & & & \\
 & & & & & & & 0 & 0 & -1 & & & & & & & \\ \hline
 & & & & & & & & & & -1 & & & & & & \\ \hline
 & & & & & & & & & & & -1 & s & & & & \\ \hline
 & & & & & & & & & & & & & s & -2 & & \\ \hline
 & & & & & & & & & & & & & & & s-3 & -1\\
 & & & & & & & & & & & & & & & 0 & s-3
\end{array}\right]$$

7－9　确定下列传递函数矩阵$\boldsymbol{W}(s)$的一个右 MFD 和一个左 MFD。

$$\boldsymbol{W}(s)=\begin{bmatrix}\dfrac{2s+1}{s^2-1} & \dfrac{s}{s^2+5s+4}\\[2ex] \dfrac{1}{s+3} & \dfrac{2s+5}{s^2+7s+12}\end{bmatrix}$$

7－10　判断下列各传递函数矩阵$\boldsymbol{W}(s)$为非真、真或严真。

(1) $\boldsymbol{W}(s)=\begin{bmatrix}\dfrac{s+3}{s^2+2s+1} & 0 & \dfrac{3}{s+2}\end{bmatrix}$

(2) $\boldsymbol{W}(s)=\begin{bmatrix}\dfrac{s+3}{s^2+2s+1} & \dfrac{6}{3s+1}\\ 3 & \dfrac{s^2+2s+1}{s^3+2s^2+s}\end{bmatrix}$

(3) $\boldsymbol{W}(s)=\begin{bmatrix}\dfrac{s^2}{s+1} & 3\\ 0 & \dfrac{s+1}{s(s+2)}\end{bmatrix}$

7-11　判断下列各 MFD 是否为不可简约。

(1) $\begin{bmatrix}s+2 & s+1\end{bmatrix}\begin{bmatrix}s+1 & 0\\ (s-1)(s+2) & s-1\end{bmatrix}^{-1}$

(2) $\begin{bmatrix}s^2 & 0\\ 1 & -s+1\end{bmatrix}^{-1}\begin{bmatrix}s+1 & 0\\ 1 & 1\end{bmatrix}$

7-12　确定下列线性时不变系统 MFD 的一个不可简约 PMD。

$$\begin{bmatrix}s+2 & s+1\end{bmatrix}\begin{bmatrix}s+1 & 0\\ (s+1)(s+2) & s^2-1\end{bmatrix}^{-1}$$

上 机 练 习 题

7-1　试用 MATLAB 求取多项式 $\boldsymbol{f}(x)=7x^2+x+5$ 在 x 为 9、30、50 时的多项式值。

7-2　试用 MATLAB 计算特征矩阵为 $\mathbf{A}=\begin{bmatrix}1 & 2 & 3 & 6\\ 4 & 5 & 6 & 8\\ 7 & 8 & 5 & 15\\ 3 & 5 & 6 & 5\end{bmatrix}$ 的特征多项式的根。

7-3　试用 MATLAB 求取多项式 $p(x)=x^6-6x^4+2x^2$ 和 $q(x)=x^4-5x+3$ 乘积的一阶导数。

7-4　计算多项式 $x^5-70x^3+2x^2-20$ 在积分限为[5，7]时的积分。

7-5　计算传递函数为 $W(s)=\dfrac{B(s)}{A(s)}=\dfrac{s^5+s^3}{s^6+s^4+1}$ 的余数数组、极点数组及常数数组。

第 8 章　线性系统理论的应用实例

线性系统理论研究线性系统的时域理论，给出了线性系统的状态空间概念、方法和基本性质，进而导出系统的状态空间描述。在此基础上，对线性系统进行了定量和定性分析，分别给出了连续时间系统和离散时间系统状态运动的一般表达式，分析了系统的能控性、能观测性和相应的判断准则。针对有关线性系统的时域综合理论，给出了系统反馈控制和观测器设计的方法。线性系统理论如何与实际问题相结合，如何应用它的基本理论和方法解决工程技术中的控制问题，对于初学者来说是一个难题。当然，要很好地解决这个问题，一方面要深入领会线性系统理论的基础知识，另一方面还要通过不断实践，积累工程实际经验。

8.1　线性系统理论实际应用中的一些问题

线性系统理论的实际应用研究通常是从系统的建模、分析和综合三个方面展开的，这体现了工程应用问题的实际需求。

8.1.1　系统数学模型的建立

线性系统理论的系统分析与综合都严格地建立在系统的数学模型基础之上，为系统建立一个合适的数学模型是研究系统最基本和最首要的任务。线性系统理论的状态空间描述为系统模型的建立提供了一个广阔的空间，它能适用于各种系统的数学表达。

1. 系统建模

一个被控系统状态空间描述(或状态空间表达式)主要可以通过以下三个渠道获得：

(1) 由系统的运动机理出发得到系统的状态空间表达式，这是一种最基本的系统数学模型建立方法。由于各个领域的系统都要遵循本领域的运动规律，而这些运动规律大多在领域内得到了较充分的研究和认识，所以一般情况下都能用数学方程式描述出系统的运动。只要按一定规则选取系统输入量、状态量和输出量，就能得出系统的状态空间表达式。

(2) 在系统已知的其他数学模型基础上通过模型转化得到。如果系统的数学模型已经按其他形式建立，系统的状态空间表达式只要通过模型转化就能得到。本书的第 1 章中介绍了由经典控制理论的方框图和运动方程式(高阶微分方程、传递函数、高阶差分方程、脉冲传递函数等)转换成状态空间表达式的方法，提出了几种系统实现的形式。

(3) 当系统较复杂或系统的物理机理不甚明了时，可以通过采用实验研究的方法获得系统的状态空间表达式，这又称为系统辨识。它把系统看作一个“黑匣子”，不去理会系统真正的运动规律，只是由系统的多组输入输出试验数据，建立一个与系统外部运动特性等价或接近的数学表达式代替系统的状态空间表达式。系统辨识是自动控制理论的一个重要分支，读者在进一步的学习和研究中将会接触到。

2. 模型的简化处理

按照上面方法得到的系统数学模型有时是很复杂的，往往还要经过进一步的处理，才能成为适用于系统分析和系统控制律综合的模型。处理的原则有两点：一是要保持系统的本质特性基本不变；二是要使模型尽量简单。简化系统模型是模型处理的目的，因为一个过于复杂的系统模型会使系统分析和设计工作非常困难甚至无法进行，或者得出非常复杂甚至难以实施的控制器。但是，模型简化要在不改变系统本质特性的前提下进行，否则简化了的系统模型不符合原系统的运动规律，就不能作为系统分析与设计的依据。从前面学习的线性系统理论基本知识可知，线性定常系统是所有系统中最简单、最容易分析和设计的系统。所以，模型处理通常从以下几个方面入手：

(1) 非线性特性的线性化处理。线性系统的分析和设计已有一套成熟易行的理论基础，所以尽量地将系统元件、部件等所含有的非线性特性做线性化处理，使系统模型成为线性表达式。第 2 章 2.8 节给出了非线性系统局部线性化的方法、过程和其适用的要点，即线性化适用于非线性特性不强或变量在平衡点附近小范围变化的情况。

(2) 系统模型降阶。当系统模型阶次很高时，即使是线性系统也会带来“维数灾难”，使系统分析和综合的工作量很大，有时甚至难以进行，因此往往需要经过降阶处理得到阶次合适的模型。多高的阶次算是合适的呢？这要视具体系统需要解决的问题及采用的解决方法而定。例如，对于调节系统的分析与综合，阶次为 5～6 时是较适合的；对于鲁棒控制方法，阶次必须低一些。系统模型的降阶处理方法很多，下面给出具体介绍。

3. 系统模型的降阶处理方法

为降低系统的阶次，最简单的方法是在利用系统运动规律时略去一些次要因素，建立起低阶的简化模型。这种方法有时不能满足问题的要求，因为这种简化方法无法考察简化模型对原系统模型的逼近精度。

比较有效的方法是将原系统的 n 维状态变量 $\boldsymbol{x}$ 分为两部分，一部分取自系统中起重要作用的状态变量，记为 $\boldsymbol{x}_1 \in \mathbf{R}^m$，$m \leqslant n$。它应包含：

① 被调量，即系统研究目标所确定的那些状态变量，它们应具有我们所需要的动态变化特性；

② 可测量，即无需太大花费就可进行测量的状态变量，它们可以方便地用来实施反馈控制；

③ 对系统运行至关重要的状态变量，即必须随时进行监控的状态变量，它们的变化将影响系统的运行状况，能导致系统处于不正常运行状态。其余的状态变量则作为另一部分，记作 $\boldsymbol{x}_2 \in \mathbf{R}^{n-m}$ 维。如果将 m 个重要的状态变量视为系统的输出量，则原系统的状态空间表达式为

$$\begin{cases} \dot{\boldsymbol{x}} = \boldsymbol{A}\boldsymbol{x} + \boldsymbol{B}\boldsymbol{u} \\ \boldsymbol{y} = \boldsymbol{C}\boldsymbol{x} = [\boldsymbol{I}_m \quad \boldsymbol{0}]\boldsymbol{x} \end{cases} \tag{8.1}$$

式中，$\boldsymbol{x} = \begin{bmatrix} \boldsymbol{x}_1 \\ \boldsymbol{x}_2 \end{bmatrix}$。而降阶处理后的系统状态空间表达式可表示为

$$\begin{cases}\dot{\bar{x}}_1=\bar{A}\bar{x}_1+\bar{B}u\\ y=\bar{C}\bar{x}_1\end{cases}\tag{8.2}$$

系统的降阶模型式(8.2)为合理的原则是：式(8.2)的状态$\bar{x}_1$的动态特性尽可能高精度，以近似于原系统式(8.1)中x_1的动态特性。

为了使系统降阶模型合理，引入“主导度”的概念。首先通过非奇异变换使系统对角化(设$\lambda_i(i=1, 2, \cdots, n)$均为负实数)，则在新状态空间中有

$$\begin{cases}\dot{\bar{x}}=\begin{bmatrix}\lambda_1 & 0 & \cdots & 0\\ 0 & \lambda_2 & \cdots & 0\\ \vdots & \vdots & \ddots & \vdots\\ 0 & 0 & \cdots & \lambda_n\end{bmatrix}\bar{x}+\begin{bmatrix}\bar{b}_{11} & \bar{b}_{12} & \cdots & \bar{b}_{1r}\\ \bar{b}_{21} & \bar{b}_{22} & \cdots & \bar{b}_{2r}\\ \vdots & \vdots & \ddots & \vdots\\ \bar{b}_{n1} & \bar{b}_{n2} & \cdots & \bar{b}_{nr}\end{bmatrix}u\\ y=\begin{bmatrix}\bar{c}_{11} & \bar{c}_{12} & \cdots & \bar{c}_{1n}\\ \bar{c}_{21} & \bar{c}_{22} & \cdots & \bar{c}_{2n}\\ \vdots & \vdots & \ddots & \vdots\\ \bar{c}_{m1} & \bar{c}_{m2} & \cdots & \bar{c}_{mn}\end{bmatrix}\bar{x}\end{cases}\tag{8.3}$$

对于单输入-单输出系统，当输入量为单位阶跃信号时，输出量的零状态响应可表示为

$$y(t)=\sum_{i=1}^{n}y_i(t)=\sum_{i=1}^{n}\bar{c}_{1i}\bar{x}_i(t)=\sum_{i=1}^{n}\frac{\bar{b}_{i1}\bar{c}_{1i}}{\lambda_i}(e^{\lambda_i t}-1)\tag{8.4}$$

系统输出量包含了n个分量，其中每个分量D_i对应了系统的一个特征值λ_i，它在整体输出量$y(t)$中所起作用的重要程度可由它所对应的系数决定，由此可以定义特征值λ_i的主度为

$$D_i=\left|\frac{\bar{b}_{i1}\bar{c}_{1i}}{\lambda_i}\right|\tag{8.5}$$

它可用来衡量特征值λ_i对系统特性的影响程度，也就是它所对应的状态变量在系统中所起作用的重要程度。

对于多输入多输出系统，设r个输入量均为单位阶跃信号，第k个输出分量的零状态响应可表示为

$$y_k(t)=\sum_{i=1}^{n}y_{ki}(t)=\sum_{i=1}^{n}\bar{c}_{ki}\bar{x}_i(t)=\sum_{i=1}^{n}\sum_{j=1}^{r}\frac{\bar{b}_{ij}\bar{c}_{ki}}{\lambda_i}(e^{\lambda_i t}-1)\quad k=1, 2, \cdots, m\tag{8.6}$$

即第k个输出分量$y_k(t)$由n个分支量$y_{ki}(t)(i=1, 2, \cdots, n)$组成，而每个分支量又由$r$个分支量$\dfrac{\bar{b}_{ij}\bar{c}_{ki}}{\lambda_i}(e^{\lambda_i t}-1)(j=1, 2, \cdots, r)$组成，每个分支量是对一个输入量$u_j(t)$作用的响应。可见，每个分支量$y_{ki}(t)$由$r$个输入量共同作用而产生，但只与一个特征值相联系。而系统的每个特征值λ_i对每个输出分量$y_k(t)(k=1, 2, \cdots, m)$都产生如上的影响。类似于式(8.6)，对于每个分支量可以定义出其对应的子主导度

$$D_{kj}=\left|\frac{\bar{b}_{ij}\bar{c}_{ki}}{\lambda_i}\right|\quad i=1, 2, \cdots, n;\ j=1, 2, \cdots, r;\ k=1, 2, \cdots, m\tag{8.7}$$

系统的一个特征值λ_i对应了$r\times m$个子主导度$D_{jk}^{i}(j=1, 2, \cdots, r; k=1, 2, \cdots, m)$。

为了衡量一个特征值 λ_i 对系统特性的影响程度，进一步定义与特征值 λ_i 相对应的主导度为

$$D^i = \max(D_{kj}^i) = \max_{kj} \left| \frac{\bar{b}_{ij} \bar{c}_{ki}}{\lambda_i} \right| \tag{8.8}$$

根据 n 个特征值对应的主导度的大小，可以从中取出 m 个作为对系统特性影响大的主导特征值，由它们构成系统降阶模型。对于多输入多输出系统，有时为了提高对主导特征值的判断力，除了它所对应的主导度 D^i 外，还附以另一参数 S^i，其定义为

$$S^i = \sum_{k=1}^{m} \sum_{j=1}^{r} D_{kj}^i \tag{8.9}$$

它表示了该特征值所对应的 $m \times r$ 个子主导度的和。实例表明，不同特征值的主导度 D^i 相差不大时，对应的 S^i 会相差很大，可以用来确定这种情况的主导特征值。

上面的讨论只涉及负实数特征值的情况，当系统特征值中存在具有负实部的共轭负数对时，可以仅取实部加以讨论。对于正实数或正实部的共轭负数对，由于对系统特性的影响极大，可直接列为主导特征值。

确定主导特征值以后，可以构造如式(8.2)所示的系统降阶模型。为了保证式(8.2)状态量 $\bar{\boldsymbol{x}}_1$ 的动态特性与原系统式(8.1)中 $\boldsymbol{x}_1$ 的动态特性满足一定的精度，有多种方法用来确定式(8.2)中的系数矩阵 $\bar{\boldsymbol{A}}$、$\bar{\boldsymbol{B}}$、$\bar{\boldsymbol{C}}$，其中模态摄动降阶法、模态最优线性组合降阶法和方程误差最小降阶法等都是实用的有效方法。

8.1.2　系统分析

本书的第 1～4 章介绍了动态系统的特性(主要有稳定性、能控性、能观性等)，以及对它们的分析方法。系统分析是在系统数学模型的基础上通过数学处理以获得对系统特性的认识，包括了系统运动的定量分析和系统结构特性的定性分析。系统分析对系统的研究是必须的，通过系统分析才能了解系统的动态特性，判断所研究的系统是否满足预期的特性要求，也才能判断能否在不满足预期性能要求时进一步地设计控制作用。所以，系统分析工作应贯穿系统研究的始终。现代控制理论的系统分析方法除了本书及一般教科书所介绍的常用方法外，针对不同的系统还有一些专门的方法，可参阅有关专著。值得注意的是基于计算机的数字仿真技术已经成为系统分析的有力工具，如用 MATLAB 或 MATLAB/Simulink 仿真软件对控制系统进行仿真，能方便地对线性、非线性、连续、离散等多种动态系统进行仿真分析，可以在系统分析中加以应用。但要注意的是，仿真环境应尽量符合实际系统，过于理想化的仿真环境会使分析结果与实际有很大的差距，以致得不到对系统特性正确的认识。在条件允许的情况下，还应尽量通过实际物理系统的实验来达到认识系统特性的目的。

8.1.3　系统综合

所谓设计，是指为达到特定目的而构思或创建系统的结构、组成和技术细节的过程。对于控制系统来说，第一步的工作是构思能达到预期控制性能的系统结构配置，即确定包括被控对象、检测装置、执行机构、控制器等的结构框架，明确采用开环控制还是闭环控制，采用状态反馈控制还是输出反馈控制，采用单闭环控制还是多闭环控制等；第二步是

选定合适的执行机构和传感器，保证被控对象工作性能的有效调节及所需检测量的精确测量；第三步就是确定合适的控制器，使系统在控制器的作用下满足预期控制性能的要求。完成以上工作后，还需要通过构建实际系统，调试系统以检验设计工作的正确性，如果通过调试系统确实稳定地达到了期望的性能指标，则设计工作可告一段落，否则就需要重复上面设计步骤的几步或全部，直到系统达到了设计指标的要求。必要的时候，也可以先通过计算机仿真对系统设计工作进行验证，这又等同于基于计算机数字仿真技术的系统分析。

上面的设计过程中，控制器设计是核心的工作，而完成这一工作也需要经过总体构思、理论研究、具体实现等一系列步骤。

第一步是根据被控量的特点、性能指标要求及系统运行的环境等因素，考虑拟采用什么类型的控制器，即选择何种控制理论意义下的控制规律。控制理论中，针对不同的控制对象及运行特点，提出了许多不同的控制策略和技术。从大类看，有以 PID 控制为代表的经典控制，以状态反馈和线性二次型最优控制为代表的现代控制，还有以模糊控制、神经网络控制、专家控制为代表的智能控制等，每一类又包括了许多种类的控制技术。以现代控制理论意义下的控制技术为例，它包括了状态反馈极点配置、输出反馈极点配置、二次型最优控制、自适应控制、预测控制、解耦控制等，不胜枚举。而每一控制技术又可分为不同的控制方式，如预测控制技术包括了模型算法控制(MAC)、动态矩阵控制(DMC)、广义预测控制(GPC)等。往往一个问题可以有多个解，即分别采用几种不同的控制策略都能实现使控制系统达到预期性能指标的目的。可见，选择控制器类型这项工作有赖于对各种控制方法的了解，对所设计系统的深刻理解，以及对控制系统研究、设计的经验积累。

第二步是在选定控制技术类型的基础上应用相关控制理论提供的方法求取针对具体问题的控制规律，也即确定控制器的数学描述。这一步主要是理论研究或理论层面上的设计，被称为系统“综合”。

第三步是将控制器的数学描述转化为具体实现，构成真正意义上的控制器，通常可分为硬件实现和软件实现。硬件实现包括电路设计、结构设计、工艺设计等。软件实现则通过编制对应的计算机程序完成。

综上所述，控制系统的设计是一个较复杂的过程，往往需要经过多次反复的理论研究和实际试验才能很好地完成。其中，控制理论的应用主要体现在控制律的综合上。

本书作为基础性教材，仅仅介绍了线性系统理论最基本的内容和方法，所以，通过下面应用实例的介绍只是提供了一些应用线性系统理论解决实际问题的思路，包括模型建立和简化、系统分析、控制律综合，并不涉及实际物理系统的设计和构建。另外，下面的应用举例还远未达到解决实际工程问题的程度，读者只有进一步通过物理实验和工程化研究才能真正解决工程实际问题。

8.2 Truck-Trailer 倒车控制系统设计实例

1992 年，Ichihashi 等人在研究非线性多变量系统的最优控制时，首次提出了 Truck-Trailer 倒车模型。由于其模型的新颖性和复杂性，目前已经成为控制领域中的一个典型问题，被用来检验各种控制方案的有效性。迄今为止，国际上已有很多不同领域的专家和学者投入了对 Truck-Trailer 倒车问题的研究。

Truck-Trailer 倒车模型如图 8－1 所示，在停车场上有一辆拖车挂车 Truck-Trailer，拖车(有动力部分 Truck)和挂车(无动力部分 Trailer)用枢轴连接。现令 Truck-Trailer 在停车场中匀速倒退，在倒车过程中，只允许后退，不允许前进。其控制目标是 Truck-Trailer系统匀速倒回场地一端的中点处，Truck 和 Trailer 之间的角度差 $x_1(t)\to 0$，Trailer 的倾斜角度 $x_2(t)\to 0$，Trailer 沿水平线运动，后端的垂直位置坐标 $x_3(t)\to 0$，且运动轨迹最短。

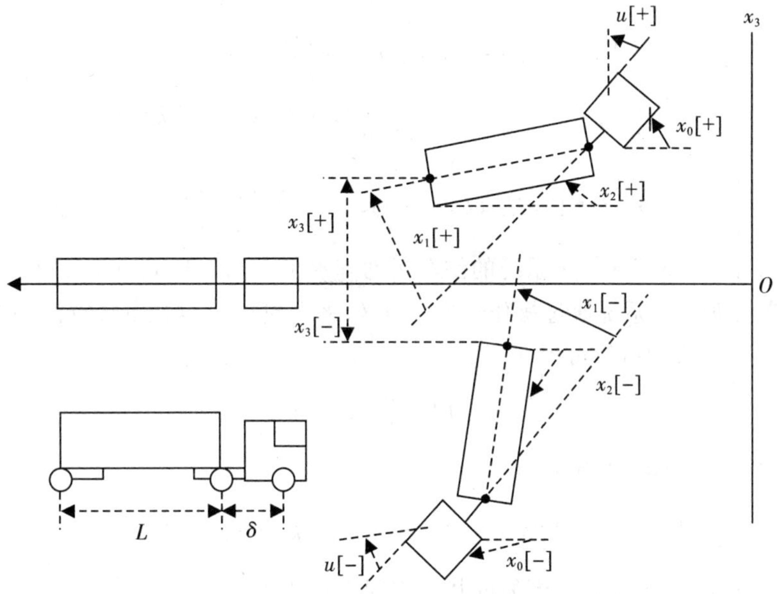

图 8－1　Truck-Trailer 倒车模型

8.2.1　系统的状态空间模型

根据图 8－1，建立 Truck-Trailer 倒车模型的运动学方程为

$$x_0(k+1)=x_0(k)+\frac{vt}{l}\tan[u(k)] \tag{8.10}$$

$$x_1(k)=x_0(k)-x_2(k) \tag{8.11}$$

$$x_2(k+1)=x_2(k)+\frac{vt}{L}\sin[x_1(k)] \tag{8.12}$$

$$x_3(k+1)=x_3(k)+vt\cos[x_1(k)]\sin\left[\frac{x_2(k+1)+x_2(k)}{2}\right] \tag{8.13}$$

$$x_4(k+1)=x_4(k)+vt\cos[x_1(k)]\cos\left[\frac{x_2(k+1)+x_2(k)}{2}\right] \tag{8.14}$$

式中，$x_0(k)$为 Truck 的倾斜角度；$x_1(k)$为 Truck 和 Trailer 之间的角度差；$x_2(k)$为 Trailer 的倾斜角度；$x_3(k)$为 Trailer 后端的垂直位置坐标；$x_4(k)$为 Trailer 后端的水平位置坐标；$u(k)$为转向角；l 为 Truck 的长度；L 为 Trailer 的长度；v 为倒车速度；t 为采样周期。

首先将其运动方程进行化简。一般来说，在 Truck-Trailer 倒车控制系统中，$x_1(k)$、

$u(k)$的值很小，故可做以下化简

$$\tan[u(k)]=u(k)$$

$$\sin[x_1(k)]=x_1(k)$$

$$\cos[x_1(k)]=1$$

则式(8.10)～式(8.14)可化简为

$$x_0(k+1)=x_0(k)+\frac{vt}{l}u(k) \tag{8.15}$$

$$x_1(k)=x_0(k)-x_2(k) \tag{8.16}$$

$$x_2(k+1)=x_2(k)+\frac{vt}{L}x_1(k) \tag{8.17}$$

$$x_3(k+1)=x_3(k)+vt\sin\left[\frac{x_2(k+1)+x_2(k)}{2}\right] \tag{8.18}$$

$$x_4(k+1)=x_4(k)+vt\cos\left[\frac{x_2(k+1)+x_2(k)}{2}\right] \tag{8.19}$$

控制目标是 Truck-Trailer 系统的倒车运动到水平方向，即 $x_3\to 0$，故变量 $x_4(k)$可不予考虑。也就是说，该系统通过操作转向角 $u(k)$来实现对 $x_1(k)$、$x_2(k)$、$x_3(k)$的调整。

由式(8.15)～式(8.17)可得

$$x_1(k+1)=\left(1-\frac{vt}{L}\right)x_1(k)+\frac{vt}{L}u(k) \tag{8.20}$$

由式(8.18)和式(8.19)可得

$$x_3(k+1)=x_3(k)+vt\sin\left[x_2(k)+\frac{vt}{2L}x_1(k)\right] \tag{8.21}$$

则化简后的 Truck-Trailer 倒车模型的状态空间表达式为

$$\begin{cases}x_1(k+1)=\left(1-\dfrac{vt}{L}\right)x_1(k)+\dfrac{vt}{L}u(k)\\ x_2(k+1)=x_2(k)+\dfrac{vt}{L}x_1(k)\\ x_3(k+1)=x_3(k)+vt\sin\left[x_2(k)+\dfrac{vt}{2L}x_1(k)\right]\\ y(k)=x_3(k)\end{cases}$$

我们注意到，式(8.21)中因为含有 $\sin\left[\frac{x_2(k+1)+x_2(k)}{2}\right]$项，故系统是非线性的。因此要进行系统的分析和设计，必须要对非线性部分进行近似线性化。实际上，该线性化问题是一个非常复杂的问题，这里主要讨论线性系统的分析综合，因此本节仅通过两个点进行线性化说明。

我们知道，对于 sin 函数，以下不等式成立

$$0\leqslant\sin(x)\leqslant x,\quad -\pi\leqslant x\leqslant\pi \tag{8.22}$$

故有

$$0\leqslant\sin\left[x_2(k)+\frac{vt}{2L}x_1(k)\right]\leqslant x_2(k)+\frac{vt}{2L}x_1(k)$$

则

$$x_3(k) \leqslant x_3(k) + \sin\left[x_2(k) + \frac{vt}{2L}x_1(k)\right] \leqslant x_3(k) + x_2(k) + \frac{vt}{2L}x_1(k) \tag{8.23}$$

不等式(8.23)左右两边分别对应于 $x_2(k)+\frac{vt}{2L}x_1(k)=0$ 和 $x_2(k)+\frac{vt}{2L}x_1(k)=\pm\pi$ 的情况。

(1) 当 $x_2(k)+\frac{vt}{2L}x_1(k)\cong 0$ 时，系统状态空间表达式可写为

$$\begin{cases} \boldsymbol{x}(k+1) = \begin{bmatrix} 1-\dfrac{vt}{L} & 0 & 0 \\ \dfrac{vt}{L} & 1 & 0 \\ \dfrac{v^2t^2}{2L} & vt & 1 \end{bmatrix} \boldsymbol{x}(k) + \begin{bmatrix} \dfrac{vt}{l} \\ 0 \\ 0 \end{bmatrix} u(k) \\ y(k) = \begin{bmatrix} 0 & 0 & 1 \end{bmatrix} \boldsymbol{x}(k) \end{cases} \tag{8.24}$$

(2) 当 $x_2(k)+\frac{vt}{2L}x_1(k)=\pm\pi$ 时，系统状态空间表达式可写为

$$\begin{cases} \boldsymbol{x}(k+1) = \begin{bmatrix} 1-\dfrac{vt}{L} & 0 & 0 \\ \dfrac{vt}{L} & 1 & 0 \\ 0 & 0 & 1 \end{bmatrix} \boldsymbol{x}(k) + \begin{bmatrix} \dfrac{vt}{l} \\ 0 \\ 0 \end{bmatrix} u(k) \\ y(k) = \begin{bmatrix} 0 & 0 & 1 \end{bmatrix} \boldsymbol{x}(k) \end{cases} \tag{8.25}$$

已知 $l=2.8$ m，$L=5.5$ m，$v=-1.0$ m/s，$t=2.0$ s。代入得：

(1) 当 $x_2(k)+\frac{vt}{2L}x_1(k)\cong 0$ 时，系统状态空间表达式可写为

$$\begin{cases} \boldsymbol{x}(k+1) = \begin{bmatrix} 1.3636 & 0 & 0 \\ -0.3636 & 1 & 0 \\ 0.3636 & -2.0 & 1 \end{bmatrix} \boldsymbol{x}(k) + \begin{bmatrix} -0.7143 \\ 0 \\ 0 \end{bmatrix} u(k) \\ y(k) = \begin{bmatrix} 0 & 0 & 1 \end{bmatrix} \boldsymbol{x}(k) \end{cases} \tag{8.26}$$

(2) 当 $x_2(k)+\frac{vt}{2L}x_1(k)=\pm\pi$ 时，系统状态空间表达式可写为

$$\begin{cases} \boldsymbol{x}(k+1) = \begin{bmatrix} 1.3636 & 0 & 0 \\ -0.3636 & 1 & 0 \\ 0 & 0 & 1 \end{bmatrix} \boldsymbol{x}(k) + \begin{bmatrix} -0.7143 \\ 0 \\ 0 \end{bmatrix} u(k) \\ y(k) = \begin{bmatrix} 0 & 0 & 1 \end{bmatrix} \boldsymbol{x}(k) \end{cases} \tag{8.27}$$

8.2.2　系统结构特性分析

1. 能控性、能观性分析

(1) 当 $x_2(k)+\frac{vt}{2L}x_1(k)\cong 0$ 时。

根据能控性、能观性的秩判据，并将式(8.26)的有关数据带入该判据中，可得到能控性、能观性判别矩阵分别为

$$Q_c=[b \quad Ab \quad A^2b]=\begin{bmatrix}-0.7143 & -0.9740 & -1.3282\\ 0 & 0.2597 & 0.6139\\ 0 & -0.2597 & -1.1333\end{bmatrix}$$

$$Q_o=\begin{bmatrix}c\\ cA\\ cA^2\end{bmatrix}=\begin{bmatrix}0 & 0 & 1\\ 0.3626 & -2.0 & 1\\ 1.5866 & -4.0 & 1\end{bmatrix}$$

故 rank $Q_c=3$，rank $Q_o=3$，所以该系统是能控能观的。

MATLAB 仿真程序如下：

```
l=2.8; L=5.5; v=-1.0; t=2.0;
A=[1 - v*t/L 0 0; v*t/L 1 0; v*v*t*t/2*L v*t 1];
b=[v*t/L; 0; 0];
c=[0 0 1];
d=0;
Qc=ctrb(A, b);
Qo=obsv(A, c);
M=rank(Qc);
N=rank(Qo);
P=size(A);
if M==P
disp('该系统能控')
else
disp('该系统不能控')
end
if N==P
disp('该系统能观')
else
disp('该系统不能观')
end
```

MATLAB 运行结果如下：

```
该系统能控
该系统能观
```

(2) 当 $x_2(k)+\frac{vt}{2L}x_1(k)=\pm\pi$ 时。

MATLAB 仿真程序如下：

```
l=2.8; L=5.5; v=-1.0; t=2.0;
A=[1-v*t/L 0 0; v*t/L 1 0; 0 0 1];
b=[v*t/l; 0; 0];
c=[0 0 1];
d=0;
Qc=ctrb(A, b);
Qo=obsv(A, c);
M=rank(Qc);
```

```
N=rank(Qo);
P=size(A);
if M==P
disp('该系统能控')
else
disp('该系统不能控')
end
if N==P
disp('该系统能观')
else
disp('该系统不能观')
end
```

MATLAB运行结果如下

```
该系统不能控
该系统不能观
```

2. 稳定性分析

(1) 当 $x_2(k)+\frac{vt}{2L}x_1(k)\cong 0$ 时，由系统的状态方程，可以求得系统的特征方程为

$$|\lambda \boldsymbol{I}-\boldsymbol{A}|=(\lambda-1)^2(\lambda-1.3636)=0$$

解得特征值为 $\lambda_1=\lambda_2=1$，$\lambda_3=1.3636$，三个特征值均为正实根，这说明 Truck-Trailer倒车过程是不稳定的。

(2) 当 $x_2(k)+\frac{vt}{2L}x_1(k)=\pm\pi$ 时，由系统的状态方程，可以求得系统的特征方程为

$$|\lambda \boldsymbol{I}-\boldsymbol{A}|=(\lambda-1)^2(\lambda-1.3636)=0$$

解得特征值为 $\lambda_1=\lambda_2=1$，$\lambda_3=1.3636$，三个特征值均为正实根，这说明该 Truck-Trailer 倒车过程不稳定。

8.2.3 状态反馈控制系统设计

由第2小节的分析可知，当 $x_2(k)+\frac{vt}{2L}x_1(k)=\pm\pi$，系统既不能控也不能观，故针对这种情况，无法进行反馈控制系统的设计。因此，此处仅讨论 $x_2(k)+\frac{vt}{2L}x_1(k)\cong 0$ 时的情况。

采用线性状态反馈控制律的极点配置方法。采用线性状态反馈控制律 $u=-\boldsymbol{kx}$ 改善系统的动态和稳态特性。式中 $\boldsymbol{k}=[k_0\quad k_1\quad k_2]$，则闭环控制系统的特征多项式为

$$\begin{aligned}f(\lambda)=\det|\lambda \boldsymbol{I}-(\boldsymbol{A}-\boldsymbol{bk})|=&\lambda^3+(0.7143k_0+3.3636)\lambda^2\\&+(0.2597k_2-0.2597k_1-1.4286k_0+3.7272)\lambda\\&+(4.9347k_2+0.2597k_1+0.7143k_0-1.3636)\end{aligned}$$

设期望闭环极点为一对共轭主导极点和1个非主导实数极点。本例希望在 Truck-Trailer 倒车过程的闭环控制系统响应中，调节时间约为1 s，据经典控制理论中二阶系统性能指标的计算公式，则期望的闭环主导极点对可选为

$$\lambda_{1,2}^* = -4 \pm j4$$

选择 1 个期望的闭环非主导极点离虚轴的距离为主导极点的 5 倍以上，取为 −23，即

$$\lambda_3^* = -23$$

则期望的闭环特征多项式为

$$f^*(\lambda) = \lambda^3 + 31\lambda^2 + 216\lambda + 736$$

联立求解方程得

$$k = [-48.1 \quad -812.4 \quad -1894.4]$$

MATLAB 仿真程序如下：

```
Clear all
Close all
l=2.8; L=5.5; v=-1.0; t=2.0;
A=[1-v*t/L 0 0; v*t/L 1 0; v*v*t*t/(2*L) v*t 1];
b=[v*t/l; 0; 0];
c=[0 0 1];
d=0;
x=[0.5*pi; 0.75*pi; -20];
u=0;
K=[-48.1 -812.4 -1894.4];
ddt=[];
dx1=[];
dx2=[];
dx3=[];
dt=0.001;
for t=0:0.001:10
u=-K*x;
x_dot=A*x+b*u;
x=x+x_dot*dt;
ddt=[ddt  t];
dx1=[dx1 x(1)];
dx2=[dx2 x(2)];
dx3=[dx3 x(3)];
end
subplot(3, 1, 1);
plot(ddt, dx1); grid
xlabel('t(s)'); ylabel('$x_1$');
title('Angle difference between truck and trailer')
subplot(3, 1, 2);
plot(ddt, dx2); grid
xlabel('t(s)'); ylabel('$x_2$');
title('Angle of trailer')
subplot(3, 1, 3);
plot(ddt, dx3); grid
```

```
xlabel('t(s)'); ylabel('$x_3$');
title('Vertical position of rear end of trailer')
```

MATLAB 运行结果如图 8-2 所示。

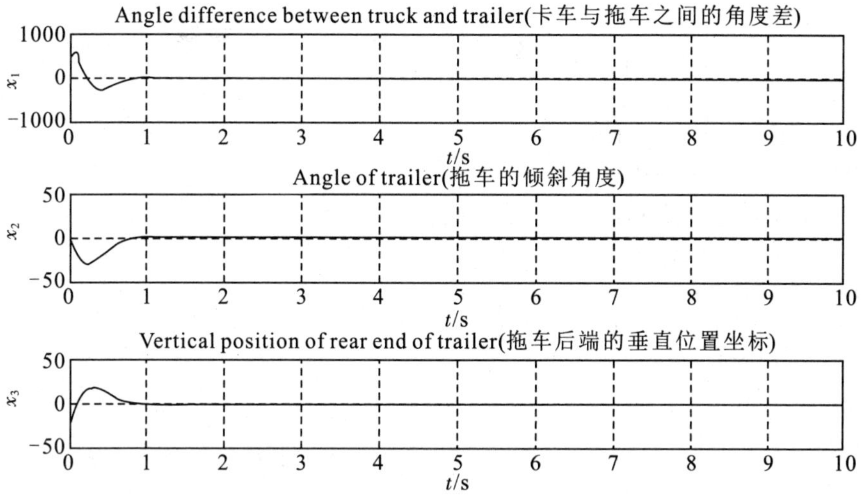

图 8-2　Truck-Trailer 倒车过程全状态反馈下各个变量的响应曲线

图 8-2 即为 Truck-Trailer 倒车过程在全状态反馈控制作用下，从初始状态 $\boldsymbol{x}(k)=[0.5\pi; 0.75\pi; -20]$出发的状态变量响应曲线。由此可见，Truck-Trailer 系统的全状态反馈控制保证了系统稳定，即 $x_1(t)\to 0$，$x_2(t)\to 0$，$x_3(t)\to 0$，且其动态特性(调节时间及超调量)满足期望特性。

8.2.4　带状态观测器的反馈控制系统设计

通过前面的计算，我们可以得到被控系统的 3 个状态均是能观的，即意味着其状态可由一个全维(三维)状态观测器给出观测值。

全维观测器的运动方程为

$$\dot{\hat{\boldsymbol{x}}}=(\boldsymbol{A}-\boldsymbol{Gc})\hat{\boldsymbol{x}}+\boldsymbol{bu}+\boldsymbol{Gy}$$

式中：$\boldsymbol{G}=[g_0 \quad g_1 \quad g_2]^{\mathrm{T}}$。

设置状态观测器的期望闭环极点为-2，$-5+\mathrm{j}$，$-5-\mathrm{j}$，只要适当选择全维状态观测器的系数矩阵($\boldsymbol{A}-\boldsymbol{Gc}$)，即通过 $\boldsymbol{G}$ 阵的选择决定状态向量估计误差衰减的速率。

利用全维状态观测器实现全状态反馈的 Truck-Trailer 倒车过程运动方程为

$$\begin{cases}\begin{bmatrix}\dot{\boldsymbol{x}}\\ \dot{\hat{\boldsymbol{x}}}\end{bmatrix}=\begin{bmatrix}\boldsymbol{A} & -\boldsymbol{bk}\\ \boldsymbol{Gc} & \boldsymbol{A}-\boldsymbol{Gc}-\boldsymbol{bk}\end{bmatrix}\begin{bmatrix}\boldsymbol{x}\\ \hat{\boldsymbol{x}}\end{bmatrix}+\begin{bmatrix}\boldsymbol{b}\\ \boldsymbol{b}\end{bmatrix}\boldsymbol{v}\\ y=[\boldsymbol{c} \quad \boldsymbol{0}]\begin{bmatrix}\boldsymbol{x}\\ \hat{\boldsymbol{x}}\end{bmatrix}\end{cases}$$

MATLAB 仿真程序如下：

```
clear all
```

```
close all
l=2.8; L=5.5; v=-1.0; t=2.0;
A=[1-v*t/L 0 0; v*t/L 1 0; v*v*t*t/(2*L) v*t 1];
b=[v*t/l; 0; 0];
c=[0 0 1];
d=0;
x=[0.5*pi; 0.75*pi; -20];
u=0;
k=[-48.1 -812.4 -1894.4];
P_o=[-20 -3+j -3-j];
g=(acker(A', c', P_o))'
AA=[A -b*k; g*c A-g*c-b*k];
BB=[b; b];
Ex=[0; 0; 0];
CC=[c 0 0 0];
ddt=[];
dx1=[];
dx2=[];
dx3=[];
dx4=[];
dx5=[];
dx6=[];
xx=[x; Ex];
dt=0.001;
for t=0: 0.001: 5
u=-k*[xx(4); xx(5); xx(6)];
xx_dot=AA*xx+BB*u;
xx=xx+xx_dot*dt;
ddt=[ddt t];
dx1=[dx1 xx(1)];
dx2=[dx2 xx(2)];
dx3=[dx3 xx(3)];
dx4=[dx4 xx(4)];
dx5=[dx5 xx(5)];
dx6=[dx6 xx(6)];
end

figure(1)
subplot(3, 1, 1);
plot(ddt, dx1); grid
xlabel('t(s)'); ylabel('$x_1$');
title('Angle difference between truck and trailer')
subplot(3, 1, 2);
```

```
plot(ddt, dx2); grid
xlabel('t(s)'); ylabel('$x_2$');
title('Angle of trailer')
subplot(3, 1, 3);
plot(ddt, dx3); grid
xlabel('t(s)'); ylabel('$x_3$');
title('Vertical position of rear end of trailer')

figure(2)
subplot(3, 1, 1);
plot(ddt, dx4); grid
xlabel('t(s)'); ylabel('$\hat{x}_1$');
title('Estimated angle difference between truck and trailer')
subplot(3, 1, 2);
plot(ddt, dx5); grid
xlabel('t(s)'); ylabel('$\hat{x}_2$');
title('Estimated angle of trailer')
subplot(3, 1, 3);
plot(ddt, dx6); grid
xlabel('t(s)'); ylabel('$\hat{x}_3$');
title('Estimated vertical position of rear end of trailer')

figure(3)
subplot(3, 1, 1);
plot(ddt, dx1 - dx4); grid
xlabel('t(s)');
ylabel('$\tilde{x}_1$');
title('Estimated error of angle difference between truck and trailer')
subplot(3, 1, 2);
plot(ddt, dx2-dx5); grid
xlabel('t(s)');
ylabel('$\tilde{x}_2$');
title('Estimated error of angle of trailer')
subplot(3, 1, 3);
plot(ddt, dx3-dx6); grid
xlabel('t(s)'); ylabel('$\tilde{x}_3$');
title('Estimated error of vertical position of rear end of trailer')
```

由 MATLAB 可求得 $\boldsymbol{G}$ 为

$$g_0=498.1425,\quad g_1=-7.2675,\quad g_2=29.3636$$

由图 8－3 和图 8－4 可知，全维状态观测器的 3 个状态观测值响应曲线与全状态反馈的状态真值响应曲线基本一致。图 8－5 给出了系统状态与全维观测器观测状态之间的误差曲线，它们的误差在 2 秒后趋近于零，全维状态观测器所得的性能满足要求。

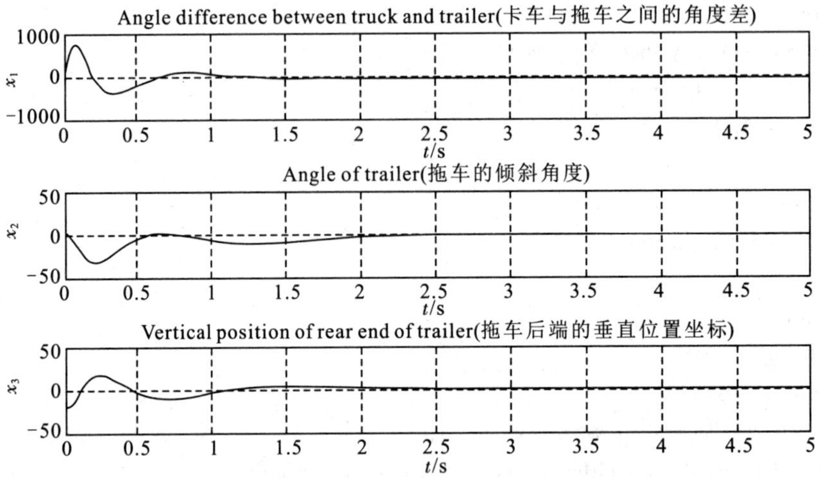

图 8－3　带全维观测器的 Truck-Trailer 倒车过程全状态反馈下的状态响应曲线

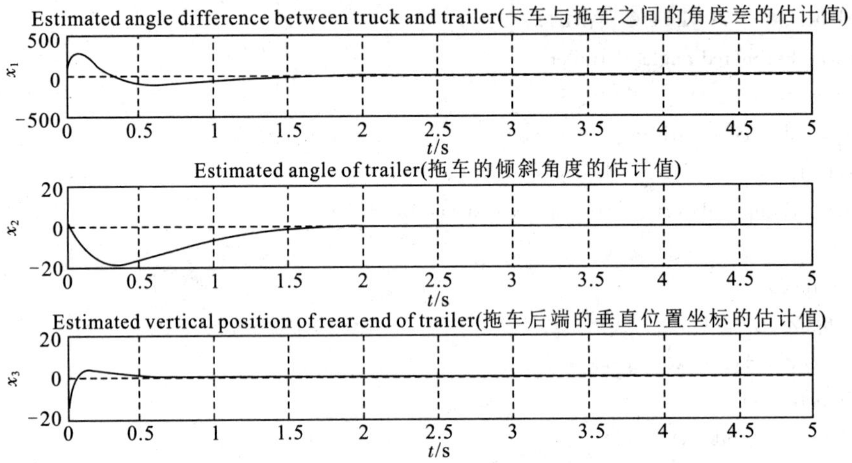

图 8－4　Truck-Trailer 倒车过程全维观测器的状态观测值响应曲线

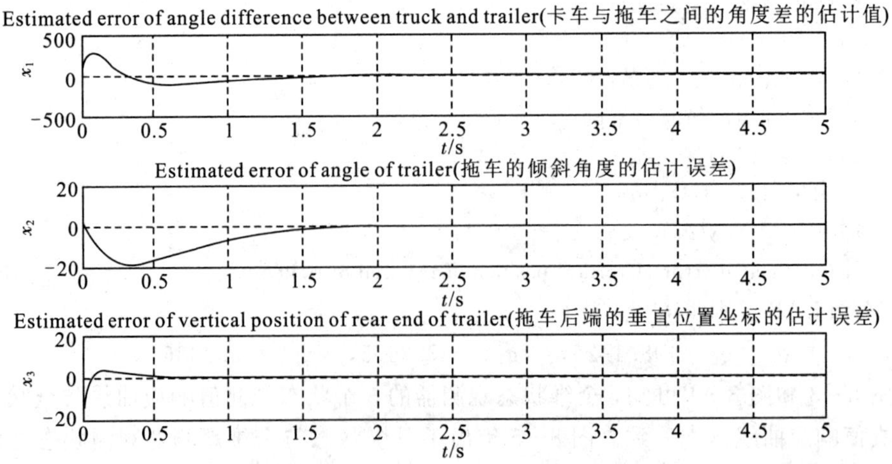

图 8－5　Truck-Trailer 倒车过程状态真值与全维观测器观测状态之间的误差响应曲线

8.3　直流电动机调速控制系统设计实例

调节电枢供电电压是直流电动机调速系统的主要控制方式，随着电力电子技术的发展，晶闸管可控整流器、脉宽调制变换器成为直流电动机调速系统普遍采用的可控直流电源。图 8－6 为晶闸管可控整流器 VT 供电的直流电动机开环调速系统原理图。

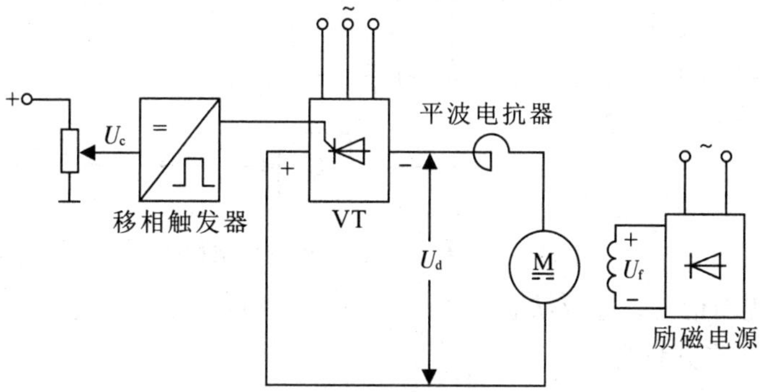

图 8－6　晶闸管-直流电动机开环调速系统原理图

与图 8－6 相对应的晶闸管-直流电动机开环调速系统方块图如图 8－7 所示，其中 u_c 为晶闸管整流器的控制电压，K_s 为晶闸管触发和整流器的放大系数，T_s 为晶闸管整流器的失控时间，u_d 为晶闸管整流器输出理想空载电压；C_e、C_T 分别为直流电动机的电势常数、转矩常数，T_{la}为电动机电枢回路电磁时间常数，R 为电枢回路总电阻，I_d 为电枢回路电流；J_G 为电动机轴上的等效飞轮惯量，T_L 为负载转矩。

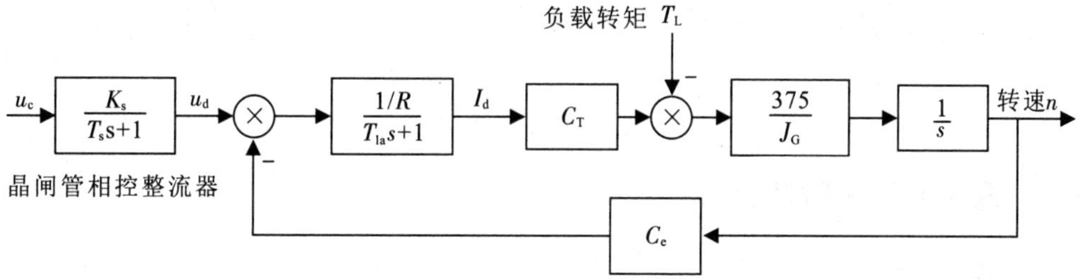

图 8－7　晶闸管-直流电动机开环调速系统方块图

开环调速系统往往不能满足生产机械对静差率和调速范围的要求，为此需要采用反馈控制的闭环调速系统以降低静差率，提高调速范围和抗扰能力。基于典型控制理论设计的转速、电流双闭环直流调速系统已得到广泛应用。下面举例说明基于状态空间综合法的直流调速控制系统设计。

已知参数：(他励)直流电动机的额定电压 $U_N=220$ V，额定电流 $I_N=136$ A，额定转速 $n_N=1460$ r/min，电势常数 $C_e=0.132$ V·min/r，转矩常数 $C_T=1.2606$ N·m/A。允许过载倍数 $\lambda=1.5$。相控整流器放大系数 $K_s=40$，失控时间 $T_s=0.0017$ s。电枢回路总电阻 $R=0.5$ Ω，电磁时间常数 $T_{la}=0.03$ s。电动机轴上的等效飞轮惯量 $J_G=22.5$ N·m^2。

设计指标：超调量 $\sigma\%\leqslant5\%$，调节时间 $t_s\leqslant5$ s，当负载转矩阶跃变化时，系统跟踪阶跃参考输入信号(速度指令)的稳态误差为零。

8.3.1 系统的状态空间模型

画出与图 8-7 对应的模拟结构图(状态变量图)，如图 8-8 所示。

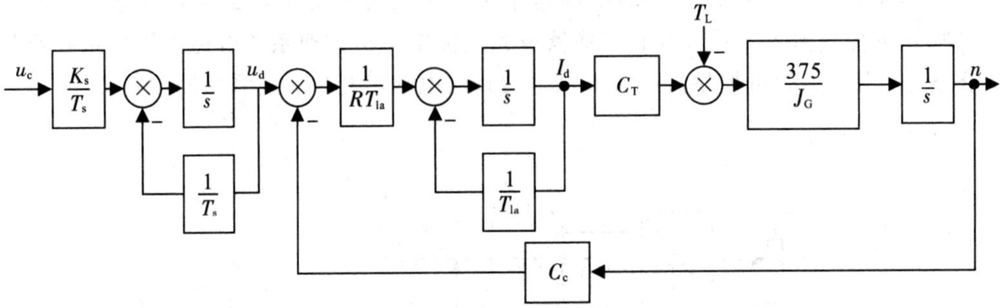

图 8-8 与图 8-7 对应的模拟结构图

将 T_L 视为扰动信号，选取状态变量 $x_1=n$，$x_2=I_d$，$x_3=u_d$，控制输入 $u=u_c$，由图 8-8可得系统的状态方程为

$$\begin{cases}\dot{x}_1=\dfrac{375C_T}{J_G}x_2-\dfrac{375}{J_G}T_L\\ \dot{x}_2=-\dfrac{C_e}{RT_{la}}x_1-\dfrac{1}{T_{la}}x_2+\dfrac{1}{RT_{la}}x_3\\ \dot{x}_3=-\dfrac{1}{T_s}x_3+\dfrac{K_s}{T_s}u\end{cases} \tag{8.28}$$

将已知参数代入式(8.28)并设输出 $y=n=x_1$，得系统的状态空间表达式为

$$\begin{cases}\dot{\boldsymbol{x}}=\begin{bmatrix}0 & 21.01 & 0\\ -8.80 & -33.33 & 66.67\\ 0 & 0 & -588.24\end{bmatrix}\boldsymbol{x}+\begin{bmatrix}0\\ 0\\ 23529.41\end{bmatrix}u+\begin{bmatrix}-16.67\\ 0\\ 0\end{bmatrix}T_L\\ y=[1\quad 0\quad 0]\boldsymbol{x}\end{cases} \tag{8.29}$$

8.3.2 系统的结构特性分析

1. 能控性分析

根据能控性的秩判据，并将式(8.29)的有关数据带入该判据中，可得到能控性判别矩阵为

$$\boldsymbol{Q}_c=[\boldsymbol{b}\quad \boldsymbol{Ab}\quad \boldsymbol{A}^2\boldsymbol{b}]=\begin{bmatrix}0 & 0 & 33000000\\ 0 & 1569000 & -870500000\\ 23529.41 & -13841000 & 8141800000\end{bmatrix}$$

rank $\boldsymbol{Q}_c=3$，所以直流电机调速控制系统是可控的，即存在着一控制作用 u，将非零状态的 $\boldsymbol{x}$ 转移到零状态。

MATLAB 仿真程序如下：

```
A=[0 21.01 0; -8.833.33 66.67; 0 0 -588.24];
b=[0; 0; 23529.41];
Qc=ctrb(A, b);
P=rank(Qc);
```

```
N=size(A);
if N==P
disp('该系统能控')
else
disp('该系统不能控')
end
```

MATLAB 运行结果如下：

该系统能控

2. 能观性分析

将式(8.29)的数据代入系统的能观性秩判据中可以得到能观性判别矩阵Q_o为

$$Q_o=\begin{bmatrix} c \\ cA \\ cA^2 \end{bmatrix}=\begin{bmatrix} 1 & 0 & 0 \\ 0 & 21.01 & 0 \\ -184.9 & 700.3 & 1400.7 \end{bmatrix}$$

rank $Q_o=3$，所以该直流电机调速控制系统是能观测的。

MATLAB 仿真程序如下：

```
A=[0 21.01 0; -8.8 33.33 66.67; 0 0 -588.24];
c=[1 0 0];
Qo=obsv(A, c);
P=rank(Qo);
n=size(A);
if n==P
disp('该系统能观')
else
disp('该系统不能观')
end
```

MATLAB 运行结果如下：

该系统能观

3. 稳定性分析

由系统的状态方程，可以求得系统的特征方程为

$$|\lambda I-A|=(\lambda+7.03)(\lambda+26.30)(\lambda+588.24)=0$$

解得特征值$\lambda_1=-7.03$，$\lambda_2=-26.30$，$\lambda_3=-588.24$。三个特征值均为负根，这说明开环的直流电机调速控制系统是稳定的。

8.3.3 状态反馈跟踪控制系统设计

为满足设计指标，采用第 6 章图 6-15 所示的状态反馈加积分器校正的状态反馈系统。因为 3 维单输出($m=1$)被控系统 $\Sigma_0(\boldsymbol{A}, \boldsymbol{b}, \boldsymbol{c})$能控且能观测，且 rank$\begin{bmatrix} \boldsymbol{A} & \boldsymbol{b} \\ \boldsymbol{c} & 0 \end{bmatrix}=4=3+1$，满足式(6.91)的条件，故增广系统能控，可采用线性状态反馈控制律

$$u=-\boldsymbol{K}_1\boldsymbol{x}+K_2\omega \tag{8.30}$$

将闭环系统极点配置到复平面左半开平面的任意期望位置并可消除干扰及参考输入作用下

的稳态误差，其中，$\boldsymbol{K}_1=[k_{10}\quad k_{11}\quad k_{12}]$，$\boldsymbol{x}=[x_1\quad x_2\quad x_3]^{\mathrm{T}}$，由于引入系统误差积分器校正所附加的状态变量 ω 为

$$e=y_{\mathrm{d}}-y \tag{8.31}$$

式中，y_{d} 为系统参考输入。

将式(8.31)代入第 6 章的式(6.89)，可得如图 8-9 所示的增广系统动态方程为

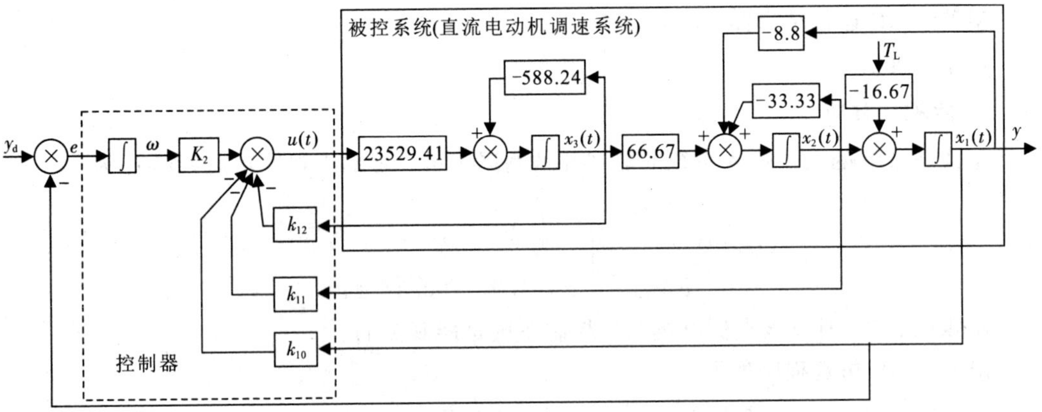

图 8-9　直流电动机调速系统的无静差位置跟踪控制

$$\begin{cases}\begin{bmatrix}\dot{\boldsymbol{x}}\\ \dot{\omega}\end{bmatrix}=\begin{bmatrix}\boldsymbol{A}-\boldsymbol{b}\boldsymbol{K}_1 & \boldsymbol{b}K_2\\ -c & 0\end{bmatrix}\begin{bmatrix}\boldsymbol{x}\\ \omega\end{bmatrix}+\begin{bmatrix}\boldsymbol{0}\\ 1\end{bmatrix}y_{\mathrm{d}}\\ y=[c\quad 0]\begin{bmatrix}\boldsymbol{x}\\ \omega\end{bmatrix}=x_1\end{cases} \tag{8.32}$$

由经典控制理论可知，闭环极点为 $\lambda_{1,2}=-\xi\omega_{\mathrm{n}}\pm j\omega_{\mathrm{n}}\sqrt{1-\xi^2}$ 的欠阻尼二阶线性定常系统的超调量 $\sigma\%$ 及调节时间 t_{s} 分别为

$$\sigma\%=\mathrm{e}^{-\frac{\pi\xi}{\sqrt{1-\xi^2}}}\times 100\% \tag{8.33}$$

$$t_{\mathrm{s}}=\frac{3.5}{\xi\omega_{\mathrm{n}}} \tag{8.34}$$

据式(8.33)及式(8.34)，可确定满足 $\sigma\%\leqslant 5\%$，$t_{\mathrm{s}}\leqslant 5$ s 设计指标的期望闭环主导极点对为

$$\lambda_{1,2}{}^*=-10\pm \mathrm{j}10$$

选择两个期望的闭环非主导极点离虚轴的距离为主导极点 5 倍以上，取 $\lambda_{3,4}^*=-60$。则期望的闭环特征多项式为

$$f^*(\lambda)=\lambda^4+148\lambda^3+504\lambda^2+864\lambda+864 \tag{8.35}$$

根据期望的闭环极点，采用 MATLAB 极点配置函数可求出反馈增益矩阵 $\boldsymbol{K}_1$。

MATLAB 仿真程序如下：

```
A=[0 21.01 0; -8.8-33.33 66.67; 0 0 -588.24];
b=[0; 0; 23529.41];
c=[1 0 0]; %建立增广被控系统的系数矩阵 A, B, C
Az=[A[0; 0; 0]; -c 0];
Bz=[b; 0];
```

```
Cz=[c 0]; %建立增广被控系统的系数矩阵 Az, Bz, Cz
P=[-10+j*10; -10-j*10; -60; -60];    %P 为闭环期望极点向量
Km=acker(Az, Bz, P); %   Km=[K10 K11 K12 -K2]
```

MATLAB 运行结果如下：

$$\boldsymbol{K}=[k_{10}\quad k_{11}\quad k_{12}\ \vdots\ K_2]=[0.0023\quad 0.0016\quad -0.0205\ \vdots\ 0.0218]$$

基于 MATLAB/Simulink 建立状态反馈加积分器校正的闭环控制系统仿真模型如图 8-10所示。其仿真参数设置为：参考输入信号 $y_d=1200\cdot 1(t)$ (r/min)；负载转矩 $T_L=150\cdot 1(t-2)-100\cdot 1(t-4)$，$T_L$ 的单位为 N·m，即起始仿真时负载转矩为 0，2 s 时负载阶跃增加为 150 N·m，4 s 时负载阶跃降低为 50 N·m。图 8-11 给出了闭环控制系统阶跃响应和抗负载干扰的性能仿真结果。

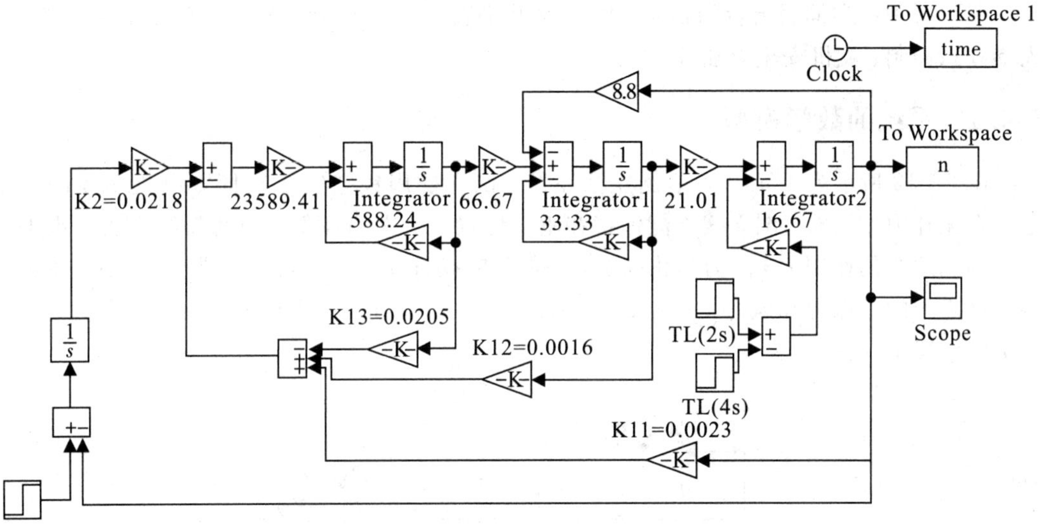

图 8-10　状态反馈加积分器校正的闭环控制系统仿真模型

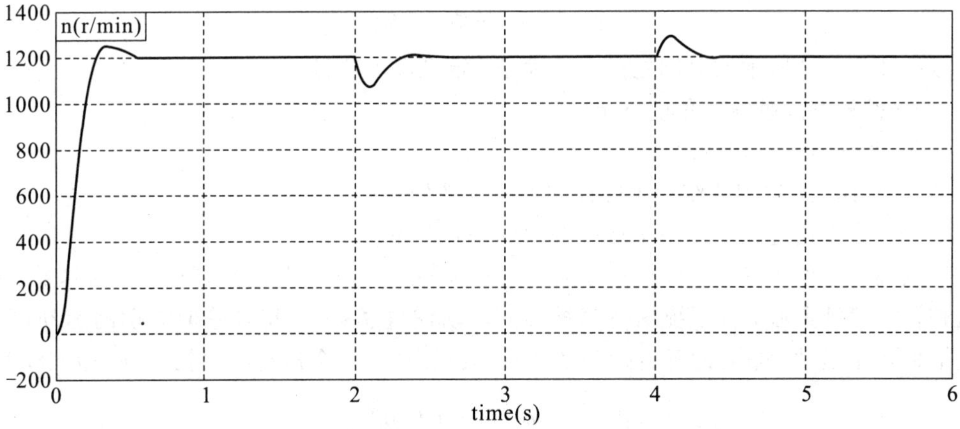

图 8-11　直流电动机闭环调速系统阶跃响应及抗负载仿真特性仿真结果

由图 8-11 可见，采用状态反馈加积分器校正的状态反馈系统达到了要求的动、静态性能指标。应该指出，以上设计尚未考虑专门的限流措施。但直流电动机在启动、制动、堵转时，若无限流措施，将会产生很大的过电流，这不仅不利于电动机换向，而且会损坏电力电子变流装置，因此，闭环调速系统中必须有限流环节。为了系统运行安全可靠，应在上述状态反馈加积分器校正闭环调速系统的基础上，增加自动限制电枢电流的环节，如增加电流截止负反馈等，对这一问题的研究可参阅相关文献。

8.4 单倒立摆控制系统设计实例

单倒立摆是日常生活中许多中心在上、支点在下的控制问题的抽象模型，本身是一种自然不稳定体，在它的控制过程中能有效地反映控制中许多抽象而关键的问题，如系统的非线性、能控性、鲁棒性等问题。单倒立摆的研究具有重要的工程背景，如机器人行走、空间飞行器和各类伺服云台的稳定、海上钻井平台的稳定控制、卫星发射架的稳定控制、火箭姿态控制、飞机安全着陆等。

8.4.1 系统的数学模型

图 8-12 所示为一简单的单倒立摆系统：倒立摆用铰链安装在伺服电机驱动的小车上。在无外力作用时，倒立摆不能保持在垂直位置而会左右倾倒，为此需给小车在水平方向上施加适当的作用力 u。为简化问题，一般忽略摆杆质量、伺服电机惯性、摆轴、轮轴与接触面之间的摩擦力和风力。控制目标为保持倒立摆垂直且使小车可停留在任意给定但可变更的位置上。

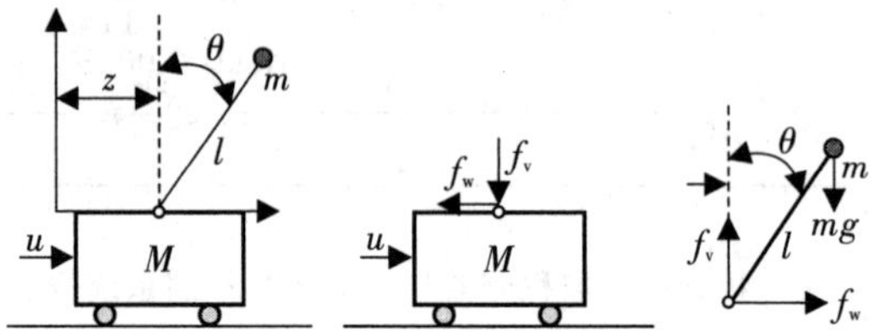

图 8-12 单倒立摆系统

根据图 8-12 所示的单倒立摆系统模型，定义以下变量：

θ——摆杆偏离垂线的角度(rad)；

z——小车水平方向的瞬时位置坐标；

f_w——小车通过铰链作用于摆杆的力的水平分量；

f_v——小车通过铰链作用于摆杆的力的垂直分量。

则摆锤重心的水平、垂直坐标分别为$(z+l\sin\theta)$、$l\cos\theta$。忽略摆杆质量，则其系统的重心近似位于摆锤重心，且系统围绕其重心的转动惯量 $J\approx 0$。此时单倒立摆的运动可分解为重心的水平运动、重心的垂直运动及绕重心的转动这 3 个运动。根据牛顿动力学，可得

$$f_w = m\frac{d^2}{dt^2}(z+l\sin\theta) \tag{8.36}$$

$$f_v - mg = m\frac{d^2}{dt^2}(l\cos\theta) \tag{8.37}$$

$$f_v l\sin\theta - f_w l\cos\theta = J\frac{d^2\theta}{dt^2} \approx 0 \tag{8.38}$$

小车的动力学方程为

$$u-f_{\mathrm{w}}=M\frac{\mathrm{d}^2 z}{\mathrm{d}t^2} \tag{8.39}$$

将式(8.36)带入式(8.39)，得

$$u=m\frac{\mathrm{d}^2}{\mathrm{d}t^2}(z+l\sin\theta)+M\frac{\mathrm{d}^2 z}{\mathrm{d}t^2} \tag{8.40}$$

将式(8.36)、式(8.37)带入式(8.38)有

$$\left[m\frac{\mathrm{d}^2}{\mathrm{d}t^2}(l\cos\theta)+mg\right]l\sin\theta-\left[m\frac{\mathrm{d}^2}{\mathrm{d}t^2}(z+l\sin\theta)\right]l\cos\theta=J\frac{\mathrm{d}^2\theta}{\mathrm{d}t^2}\approx 0 \tag{8.41}$$

式(8.39)和式(8.40)因存在 $\sin\theta$、$\cos\theta$ 项，为非线性方程，需进行近似线性化处理。当 θ 很小时，有 $\sin\theta\approx\theta$，$\cos\theta\approx 1$。则式(8.39)和式(8.40)近似线性化为

$$\begin{cases}(M+m)\ddot{z}+ml\ddot{\theta}=u\\ ml\ddot{z}+ml^2\ddot{\theta}=mgl\theta\end{cases}$$

整理可得

$$\begin{cases}Ml\ddot{\theta}=(M+m)g\theta-u\\ M\ddot{z}=u-mg\theta\end{cases} \tag{8.42}$$

8.4.2　系统的状态空间模型

根据单倒立摆系统的线性化模型式(8.42)，定义状态变量为

$$x_1=z$$
$$x_2=\dot{z}$$
$$x_3=\theta$$
$$x_4=\dot{\theta}$$

则单倒立摆系统的状态空间表达式为

$$\begin{cases}\dot{\boldsymbol{x}}=\begin{bmatrix}0 & 1 & 0 & 0\\ 0 & 0 & \dfrac{-mg}{M} & 0\\ 0 & 0 & 0 & 1\\ 0 & 0 & \dfrac{(M+m)g}{Ml} & 0\end{bmatrix}\boldsymbol{x}+\begin{bmatrix}0\\ \dfrac{1}{M}\\ 0\\ -\dfrac{1}{Ml}\end{bmatrix}u\\ y=\begin{bmatrix}1 & 0 & 0 & 0\end{bmatrix}\boldsymbol{x}\end{cases} \tag{8.43}$$

已知小车质量为 $M=1$ kg，摆杆的质量 $m=0.1$ kg，摆杆的长度 $l=0.5$ m，将数据代入式(8.43)可以得到

$$\begin{cases}\dot{\boldsymbol{x}}=\begin{bmatrix}0 & 1 & 0 & 0\\ 0 & 0 & -1 & 0\\ 0 & 0 & 0 & 1\\ 0 & 0 & 22 & 0\end{bmatrix}\boldsymbol{x}+\begin{bmatrix}0\\ 1\\ 0\\ -2\end{bmatrix}u\\ y=\begin{bmatrix}1 & 0 & 0 & 0\end{bmatrix}\boldsymbol{x}\end{cases} \tag{8.44}$$

8.4.3 系统的结构特性分析

1. 能控性分析

根据能控性的秩判据，将式(8.44)的有关数据带入该判据中，可得到能控性判别矩阵 $\boldsymbol{Q}_c$ 为

$$\boldsymbol{Q}_c=[\boldsymbol{b}\quad \boldsymbol{A}\boldsymbol{b}\quad \boldsymbol{A}^2\boldsymbol{b}\quad \boldsymbol{A}^3\boldsymbol{b}]=\begin{bmatrix}0&1&0&2\\1&0&2&0\\0&-2&0&-44\\-2&0&-44&0\end{bmatrix}$$

rank $\boldsymbol{Q}_c=4$，所以单倒立摆系统是能控的，即存在控制作用 u，能将非零系统状态 $\boldsymbol{x}$ 转移到零状态。

MATLAB 仿真程序如下：

```
m=0.1; M=1; g=10; l=0.5;
A=[0 1 0 0; 0 0 -m*g/M 0; 0 0 0 1; 0 0 (m+M)*g/(M*l) 0];
b=[0; 1/M; 0; -1/(M*l)];
c=[1 0 0 0];
d=0;
Qc=ctrb(A, b);
P=rank(Qc);
N=size(A);
if N==P
disp('该系统能控')
else
disp('该系统不能控')
end
```

MATLAB 运行结果如下：

```
该系统能控
```

2. 能观性分析

将式(8.44)的数据代入系统的能观性秩判据中，可以得到能观性判别矩阵$\boldsymbol{Q}_o$为

$$\boldsymbol{Q}_o=\begin{bmatrix}\boldsymbol{c}\\\boldsymbol{c}\boldsymbol{A}\\\boldsymbol{c}\boldsymbol{A}^2\\\boldsymbol{c}\boldsymbol{A}^3\end{bmatrix}=\begin{bmatrix}1&0&0&0\\0&1&0&0\\0&0&-1&0\\0&0&0&-1\end{bmatrix}$$

rank $\boldsymbol{Q}_o=4$，所以该单倒立摆系统是能观的。

MATLAB 仿真程序如下：

```
m=0.1; M=1; g=10; l=0.5;
A=[0 1 0 0; 0 0 -m*g/M 0; 0 0 0 1; 0 0 (m+M)*g/(M*l) 0];
b=[0; 1/M; 0; -1/(M*l)];
c=[1 0 0 0];
d=0;
```

```
Qo=obsv(A, c);
P=rank(Qo);
N=size(A);
ifN==P
disp('该系统能观')
else
disp('该系统不能观')
End
```

运行结果如下：

该系统能观

3. 稳定性分析

由系统的状态方程，可以求得系统的特征方程为

$$|\lambda \boldsymbol{I}-\boldsymbol{A}|=\lambda^2(\lambda^2-22)=0$$

解得特征值为 $\lambda_1=\lambda_2=0$，$\lambda_3=\sqrt{22}$，$\lambda_4=-\sqrt{22}$，四个特征值中存在一个正根，两个零根，一个负根，这说明单倒立摆系统是不稳定的。

8.4.4 具有干扰抑制的状态反馈跟踪控制系统设计

由上面三个方面对系统模型进行分析，可知被控系统是能控能观的，但是被控系统是不稳定的，需对被控系统进行反馈综合，使四个特征值全部位于根平面 S 左半平面的适当位置，以满足系统的稳定工作、达到良好静态性能的要求，因此我们需要设计两种控制器方案来使系统达到控制的目的，分别为：全状态反馈的设计和全维观测器的设计。

为实现单倒立摆稳定且控制小车位置的任务，采用状态反馈加积分器校正的状态反馈系统，如图 8－13 所示。

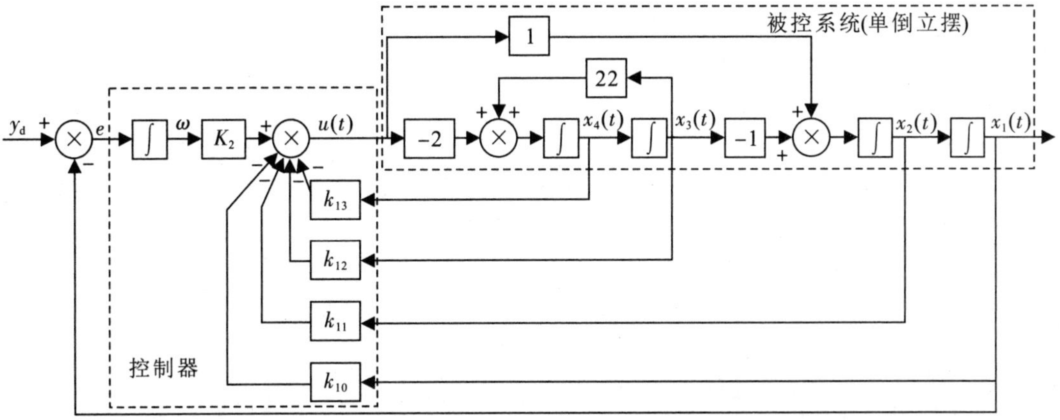

图 8－13　车载倒立摆的无静差位置跟踪系统

因为被控系统 $\Sigma_0=(\boldsymbol{A},\boldsymbol{b},\boldsymbol{c})$ 能控，又控制维数($r=1$)不少于误差的维数($m=1$)且 rank$\boldsymbol{c}=1=m$，故满足式(6.91)，即增广系统状态完全能控，因此，可采用线性状态反馈控制律，即

$$u=-\boldsymbol{K}_1\boldsymbol{x}+K_2\omega$$

式中，$\boldsymbol{K}_1=[k_{10}\quad k_{11}\quad k_{12}\quad k_{13}]$。闭环控制系统对给定参考输入 y_d 为阶跃信号的响应可以通过求解下式获取，即

$$\begin{cases}\begin{bmatrix}\dot{\boldsymbol{x}}\\ \dot{\omega}\end{bmatrix}=\begin{bmatrix}\boldsymbol{A}-\boldsymbol{b}\boldsymbol{K}_1 & \boldsymbol{b}K_2\\ -\boldsymbol{c} & 0\end{bmatrix}\begin{bmatrix}\boldsymbol{x}\\ \omega\end{bmatrix}+\begin{bmatrix}\boldsymbol{0}\\ 1\end{bmatrix}y_d\\ y=[\boldsymbol{c}\quad 0]\begin{bmatrix}\boldsymbol{x}\\ \omega\end{bmatrix}=x_1\end{cases}\tag{8.45}$$

闭环控制系统的特征多项式为

$$f(\lambda)=\det\left|\lambda\boldsymbol{I}-\begin{bmatrix}\boldsymbol{A}-\boldsymbol{b}\boldsymbol{K}_1 & \boldsymbol{b}K_2\\ -\boldsymbol{c} & 0\end{bmatrix}\right|$$

$$=\lambda^5+(k_{11}-2k_{13})\lambda^4+(k_{10}-2k_{12}-22)\lambda^3+(K_2-20k_{11})\lambda^2-20k_{10}\lambda-20K_2\tag{8.46}$$

设期望闭环极点为一对共轭主导极点和 3 个非主导实数极点。应从使所设计的控制系统具有适当的响应速度和阻尼出发选取期望主导极点对，例如，本例希望小车在单位阶跃响应中，调节时间约为 4～5 s，超调量不超过 17%，据经典控制理论中二阶系统单位阶跃响应性能指标计算公式，则期望的闭环主导极点对可选为

$$\lambda_{1,2}^*=-1\pm j\sqrt{3}$$

选择 3 个期望的闭环非主导极点离虚轴的距离为主导极点的 5 倍以上，取为−6，即

$$\lambda_3^*=\lambda_4^*=\lambda_5^*=-6$$

则期望的闭环特征多项式为

$$f^*(\lambda)=\lambda^5+20\lambda^4+148\lambda^3+504\lambda^2+864\lambda+864\tag{8.47}$$

令式(8.46)与式(8.47)的同幂次项系数相等，联立方程求解得

$$\boldsymbol{K}_1=[-43.2\quad -27.36\quad -106.6\quad -23.68],\ K_2=-43.2$$

MATLAB 仿真程序如下：

```
m=0.1; M=1; g=10; l=0.5;
A=[0 1 0 0; 0 0 -m*g/M 0; 0 0 0 1; 0 0 (m+M)*g/(M*l) 0];
b=[0; 1/M; 0; -1/(M*l)];
c=[1 0 0 0];
d=0;
K1=[-43.2 -27.36 -106.6 -23.68];
K2=-43.2;
AA=[A-b*K1 b*K2; -c 0];
BB=[zeros(4, 1); 1];
CC=[c 0];
DD=0;
t=0: 0.01: 10;
[y, X, t]=step(AA, BB, CC, DD, 1, t);
x1=X(:, 1);
x2=X(:, 2);
x3=X(:, 3);
x4=X(:, 4);
w=X(:, 5);
```

```
subplot(2, 2, 1)
plot(t, x1, 'k'), grid
xlabel('t(s)'), ylabel('$x_1$')
subplot(2, 2, 2)
plot(t, x2, 'k'), grid
xlabel('t(s)'), ylabel('$x_2$')
subplot(2, 2, 3)
plot(t, x3, 'k'), grid
xlabel('t(s)'), ylabel('$x_3$')
subplot(2, 2, 4)
plot(t, x4, 'k'), grid
xlabel('t(s)'), ylabel('$x_4$')
```

MATLAB 运行结果如图 8－14 所示。

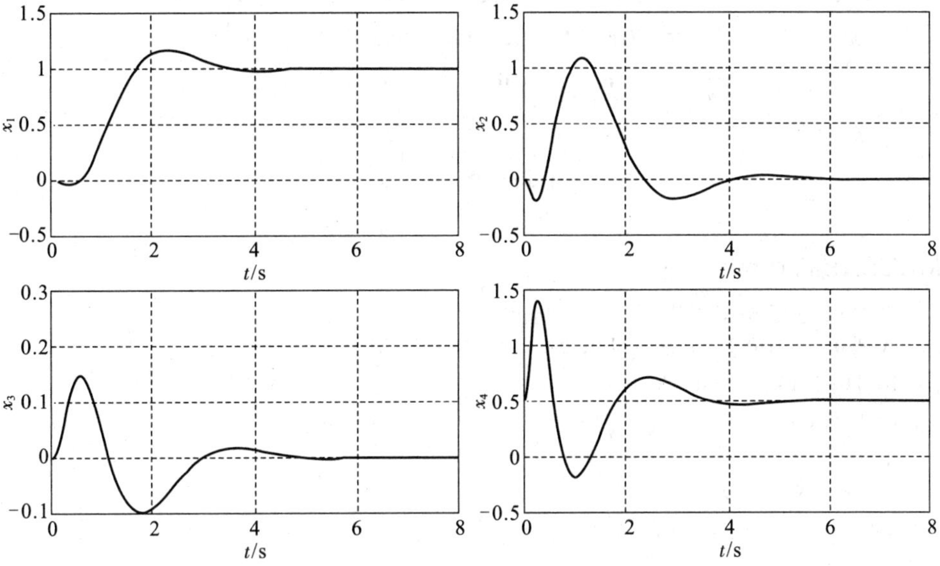

图 8－14　状态反馈控制作用下各状态变量的阶跃响应仿真曲线

$y(t)=x_1(t)$的阶跃响应仿真曲线表明，$x_1(\infty)$趋于给定输入 $y_d=1(t)$，即当给定输入 y_d 为阶跃信号时，小车的位置 $x_1(t)$无稳态误差，而且其动态特性(调节时间及超调量)正如期望，由此可见，小车的位置可以较好地跟踪慢变的输入信号。而 $x_2(\infty)=0$，$x_3(\infty)=0$，$x_4(\infty)=0$，$\omega(\infty)=1$，可见全状态反馈保证了系统稳定。

8.4.5　带状态观测器的干扰抑制状态反馈跟踪控制系统设计

为实现单倒立摆控制系统的全状态反馈，必须获取系统的全部状态，即 z、$\dot{z}$、θ、$\dot{\theta}$ 的信息。因此，需要设置 z、$\dot{z}$、θ、$\dot{\theta}$ 的四个传感器。在实际的工程系统中往往并不是所有的状态信息都能检测到的，或者，虽有些可以检测，但也可能由于检测装置昂贵或安装上的困难造成难于获取信息，从而使状态反馈在实际中难于实现，甚至不能实现。在这种情况下可设计全维状态观测器，解决全维状态反馈的实现问题。

通过前边的计算，可以得到被控系统的4个状态均是可观测的，即意味着其状态可由一个全维（四维）状态观测器给出估计值。

全维观测器的运动方程为

$$\dot{\hat{\boldsymbol{x}}}=(\boldsymbol{A}-\boldsymbol{G}\boldsymbol{c})\hat{\boldsymbol{x}}+\boldsymbol{b}u+\boldsymbol{G}y$$

式中：$\boldsymbol{G}=[g_0 \quad g_1 \quad g_2 \quad g_3]^{\mathrm{T}}$。

全维观测器以 $\boldsymbol{G}$ 配置极点，决定状态向量估计误差衰减的速率。

设置状态观测器的期望闭环极点为－2，－3，－2＋j，－2－j。由于最靠近虚轴的期望闭环极点为－2，这意味着任一状态变量估计值至少以 e^{-2t} 规律衰减。

由 MATLAB 可求得 $\boldsymbol{G}$ 为

$$g_0=9,\quad g_1=53,\quad g_2=-247,\quad g_3=-1196$$

利用全维状态观测器实现全状态反馈的车载倒立摆控制系统运动方程为

$$\begin{bmatrix}\dot{\boldsymbol{x}}\\ \dot{\hat{\boldsymbol{x}}}\\ \dot{\omega}\end{bmatrix}=\begin{bmatrix}\boldsymbol{A} & -\boldsymbol{b}\boldsymbol{K}_1 & \boldsymbol{b}K_2\\ \boldsymbol{G}\boldsymbol{c} & \boldsymbol{A}-\boldsymbol{G}\boldsymbol{c}-\boldsymbol{b}\boldsymbol{K}_1 & \boldsymbol{b}K_2\\ -\boldsymbol{c} & \boldsymbol{0} & 0\end{bmatrix}\begin{bmatrix}\boldsymbol{x}\\ \hat{\boldsymbol{x}}\\ \omega\end{bmatrix}+\begin{bmatrix}\boldsymbol{0}\\ \boldsymbol{0}\\ 1\end{bmatrix}\boldsymbol{v}$$

$$y=[\boldsymbol{c} \quad \boldsymbol{0} \quad 0]\begin{bmatrix}\boldsymbol{x}\\ \hat{\boldsymbol{x}}\\ \omega\end{bmatrix}$$

MATLAB 仿真程序如下：

```
m=0.1; M=1; g=10; l=0.5;
A=[0 1 0 0; 0 0 -m*g/M 0; 0 0 0 1; 0 0 (m+M)*g/(M*l) 0];
b=[0; 1/M; 0; -1/(M*l)];
c=[1 0 0 0];
d=0;
N=size(A); n=N(1);
P_o=[-2, -3, -2+i, -2-i];
G=(acker(A', c', P_o))'
K1=[-43.2 -27.36 -106.6 -23.68];
K2=-43.2;
AA=[A -b*K1 b*K2; g*c A-g*c-b*K1 b*K2; -c 0 0 0 0 0];
BB=[zeros(4, 1); zeros(4, 1); 1];
CC=[c 0 0 0 0 0];
DD=0;
t=0: 0.01: 10;
[y, X, t]=step(AA, BB, CC, DD, 1, t);
x1=X(:, 1);
x2=X(:, 2);
x3=X(:, 3);
x4=X(:, 4);
x5=X(:, 5);
x6=X(:, 6);
```

```
x7=X(:, 7);
x8=X(:, 8);
w=X(:, 9);
e1=X(:, 1)-X(:, 5);
e2=X(:, 2)-X(:, 6);
e3=X(:, 3)-X(:, 7);
e4=X(:, 4)-X(:, 8);

figure(1)
subplot(2, 2, 1)
plot(t, x1, 'k'), grid
xlabel('t(s)'), ylabel('$x_1$')
subplot(2, 2, 2)
plot(t, x2, 'k'), grid
xlabel('t(s)'), ylabel('$x_2$')
subplot(2, 2, 3)
plot(t, x3, 'k'), grid
xlabel('t(s)'), ylabel('$x_3$')
subplot(2, 2, 4)
plot(t, x4, 'k'), grid
xlabel('t(s)'), ylabel('$x_4$')

figure(2)
subplot(2, 2, 1)
plot(t, x5, 'k'), grid
xlabel('t(s)'), ylabel('$\hat{x}_1$')
subplot(2, 2, 2)
plot(t, x6, 'k'), grid
xlabel('t(s)'), ylabel('$\hat{x}_2$')
subplot(2, 2, 3)
plot(t, x3, 'k'), grid
xlabel('t(s)'), ylabel('$\hat{x}_3$')
subplot(2, 2, 4)
plot(t, x4, 'k'), grid
xlabel('t(s)'), ylabel('$\hat{x}_4$')

figure(3)
subplot(2, 2, 1)
plot(t, e1, 'k'), grid
xlabel('t(s)'), ylabel('$\tilde{x}_1$')
subplot(2, 2, 2)
plot(t, e2, 'k'), grid
xlabel('t(s)'), ylabel('$\tilde{x}_2$')
```

```
subplot(2, 2, 3)
plot(t, e3, 'k'), grid
xlabel('t(s)'), ylabel('$\tilde{x}_3$')
subplot(2, 2, 4)
plot(t, e4, 'k'), grid
xlabel('t(s)'), ylabel('$\tilde{x}_4$')
```

MATLAB 运行结果如下：

```
G=
    9
    53
    -247
    -1196
```

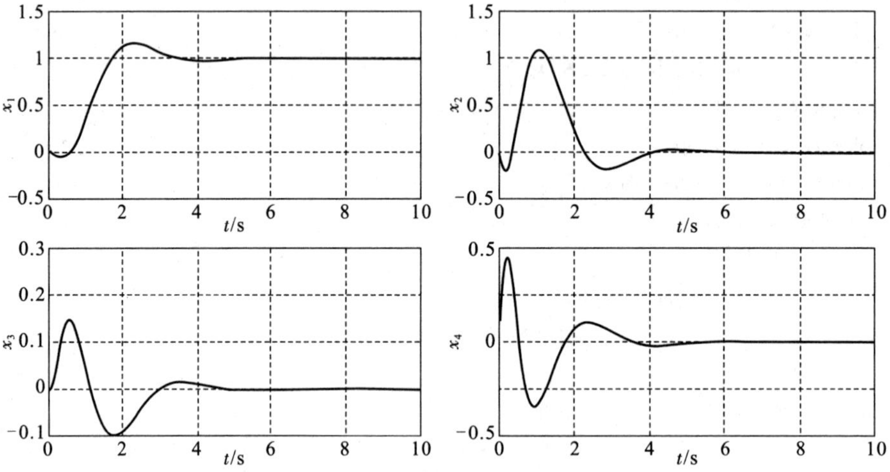

图 8-15 状态反馈下的状态变量的阶跃响应曲线

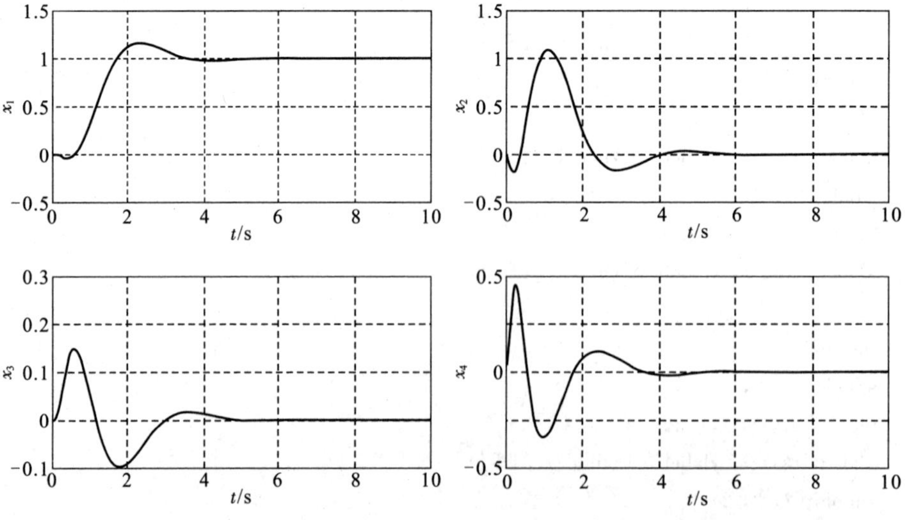

图 8-16 带全维观测器的状态反馈下的状态变量的阶跃响应曲线

由图 8-15 和图 8-16 可见，全维状态观测器观测到的 4 个变量的阶跃响应曲线与全状态反馈时的阶跃响应曲线基本相似，但是二者还是有误差的，只不过误差很小，如图 8-17所示，它们的误差级别都在10^{-10}。全维状态观测器所得的性能基本满足要求(系统能控且稳定)。

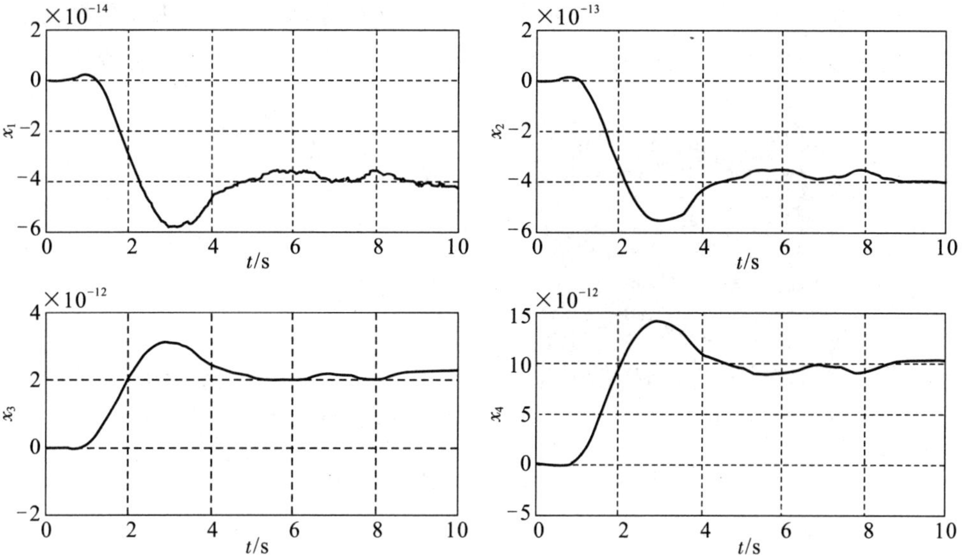

图 8-17　系统状态与全维观测器得到的估计状态之间的误差曲线

8.5　桥式吊车控制系统设计实例

桥式吊车作为大型装卸搬运工具，广泛地应用在码头、车站、仓库及现代化工厂等场合。桥式吊车如图 8-18(a)所示，其运动系统主要由桥架驱动系统、小车驱动系统及重物吊装系统组成。一般情况下，桥式吊车的工作流程可分为三步：首先将重物从地面上吊至一个预先规定的高度，然后通过桥架驱动系统和小车驱动系统行走到某个规定位置的上方，最后将重物下卸在这一规定的位置上。其中重物吊装系统利用绳索等柔性物体吊装重物，使吊装工作轻便易行，但也带来了一个致命的缺点——吊车行走时使重物产生不希望的摆动，重物摆动不仅严重影响吊车对重物的定位下卸精度，还对重物装卸搬运的安全性构成威胁。因此，在吊车搬运重物时避免或尽量减小重物的摆动是提高吊车工作效率的关键。这一问题通过设计有效的控制规律(或者说借助于一定的调节手段)可以得到合理的解决。可见，桥式吊车控制系统的核心问题是减小重物的摆动及保证重物下卸的精准定位，本节主要介绍桥式吊车系统的建模、性能分析，以及桥式吊车运行时的干扰抑制和定位跟踪问题。

8.5.1　系统的数学模型

在分析系统特性和设计系统控制规律以前，首先必须建立系统的数学模型。为使问题简化，首先作如下假设：

(1) 吊车的行走运动仅限于小车一个自由度，即假定桥架不运动，只有小车在桥架上行走。

(2) 小车在行走时吊装重物的绳索长度不变。

基于以上假设，可以画出桥式吊车工作示意图如图 8-18(b)所示。图中，x 坐标为水平方向，即小车运动自由度，z 坐标为垂直方向，即重物运动自由度。重物的摆动是由小车与重物的运动产生的，可以根据动力学有关规律建立小车及重物的运动方程式。

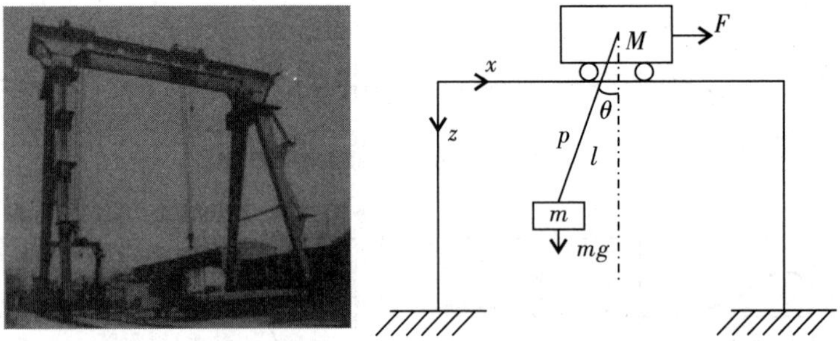

(a) 桥式吊车 (b) 桥式吊车工作示意图

图 8-18 桥式吊车及其工作示意图

(1) 小车的运动方程式。

小车的运动方程式为

$$M\ddot{x}_{M}(t)=F(t)-p\sin\theta \tag{8.48}$$

式中，M 为小车的质量(包括了重物吊装机等)；x_M 为小车的位移；F 是驱动装置所产生的对小车的驱动力；p 为重物通过绳索对小车产生的拉力；θ 为重物的摆动角度(即绳索与垂直方向之间的夹角)。

(2) 重物的水平运动方程式。

重物的水平运动方程式为

$$m\ddot{x}_{m}(t)=p\sin\theta \tag{8.49}$$

式中，m 为重物的质量(包括了吊钩等)；x_m 为重物的水平位移。

(3) 重物的垂直运动方程式

重物的垂直运动方程式为

$$m\ddot{z}_{m}(t)=mg-p\cos\theta \tag{8.50}$$

式中，z_m 为重物的垂直方向位移。

在图 8-18(b)中，由小车在行走时吊装重物的绳索长度不变的假设可得出下面两个关系式

$$x_{m}(t)+l\sin\theta=x_{M}(t) \tag{8.51}$$

和

$$z_{m}(t)=l\cos\theta \tag{8.52}$$

式中，l 为绳索的长度。为了消去式(8.48)～式(8.50)中的中介变量 p(即小车与重物通过绳索产生的相互拉力)，将式(8.48)与式(8.49)相加得到

$$M\ddot{x}_{\mathrm{M}}(t)+m\ddot{x}_{\mathrm{m}}(t)=F(t) \tag{8.53}$$

同时，将式(8.49)和式(8.50)两边分别乘以 $\cos\theta$ 和 $\sin\theta$ 然后相加，得

$$m\ddot{x}_{\mathrm{m}}(t)\cos\theta+m\ddot{z}_{\mathrm{m}}(t)\sin\theta=mg\sin\theta \tag{8.54}$$

显然，式(8.53)和式(8.54)不再含变量 p。进一步，由式(8.51)可得

$$\ddot{x}_{\mathrm{m}}(t)=\ddot{x}_{\mathrm{M}}(t)-l\cos\theta\ddot{\theta}(t)+l\sin\theta\,\dot{\theta}^{2}(t) \tag{8.55}$$

将式(8.55)和式(8.54)代入式(8.53)得

$$(M+m)\ddot{x}_{\mathrm{M}}(t)-ml\cos\theta\ddot{\theta}(t)+ml\sin\theta\dot{\theta}^{2}(t)=F(t) \tag{8.56}$$

同样，由式(8.52)可得

$$\ddot{z}_{\mathrm{m}}(t)=-l\sin\theta\ddot{\theta}(t)-l\cos\theta\dot{\theta}^{2}(t) \tag{8.57}$$

将式(8.57)和式(8.55)代入式(8.54)，得

$$\ddot{x}_{\mathrm{M}}(t)\cos\theta-l\ddot{\theta}(t)-g\sin\theta(t)=0 \tag{8.58}$$

至此，小车和重物的运动由方程式(8.56)和式(8.58)给以描述。若只考虑 $\theta(t)$在平衡点 $\theta_{\mathrm{e}}(t)=0$ 附近运动(由于控制目的之一就是使重物的摆动角度 $\theta(t)$尽量小，所以这一假设是合理的)，则可认为有如下近似式

$$\sin\theta\approx\theta(t),\ \cos\theta\approx1,\ \sin\theta\dot{\theta}^{2}(t)\approx0$$

于是，式(8.56)和式(8.58)又可分别线性化为

$$(M+m)\ddot{x}_{\mathrm{M}}(t)-ml\ddot{\theta}(t)=F(t) \tag{8.59}$$

和

$$\ddot{x}_{\mathrm{M}}(t)-l\ddot{\theta}(t)-g\theta(t)=0 \tag{8.60}$$

解式(8.59)和式(8.60)组成的联立方程，可得到

$$\ddot{x}_{\mathrm{M}}(t)=-\frac{mg}{M}\theta(t)+\frac{1}{M}F(t) \tag{8.61}$$

和

$$\ddot{\theta}(t)=-\frac{(M+m)g}{Ml}\theta(t)+\frac{1}{Ml}F(t) \tag{8.62}$$

(4) 小车驱动装置的方程式。小车由电动机驱动，简化地认为电动机是一个时间常数为 T_{d} 的一阶惯性环节，即它产生的驱动力 $F(t)$与控制电压 $v(t)$之间满足方程式

$$T_{\mathrm{d}}\dot{F}(t)+F(t)=A_{\mathrm{v}}v(t) \tag{8.63}$$

其中，A_{v} 为放大系数。

8.5.2　建立状态空间模型

选择 5 个状态变量分别为 $x_1=x_{\mathrm{M}}$、$x_2=\dot{x}_{\mathrm{M}}$、$x_3=\theta$、$x_4=\dot{\theta}$、$x_5=F$；控制量为 u；两个输出变量分别为 $y_1=x_{\mathrm{M}}$、$y_2=\theta$。则可得出描述小车运动系统的状态空间表达式为

$$\begin{cases}\dot{\boldsymbol{x}}=\begin{bmatrix}0 & 1 & 0 & 0 & 0\\0 & 0 & -\dfrac{mg}{M} & 0 & \dfrac{1}{M}\\0 & 0 & 0 & 1 & 0\\0 & 0 & -\dfrac{(M+m)g}{Ml} & 0 & \dfrac{1}{Ml}\\0 & 0 & 0 & 0 & -\dfrac{1}{T_{\mathrm{d}}}\end{bmatrix}\boldsymbol{x}+\begin{bmatrix}0\\0\\0\\0\\\dfrac{A_v}{T_{\mathrm{d}}}\end{bmatrix}u\\\boldsymbol{y}=\begin{bmatrix}1 & 0 & 0 & 0 & 0\\0 & 0 & 1 & 0 & 0\end{bmatrix}\boldsymbol{x}\end{cases}\tag{8.64}$$

对一个实际的桥式吊车小车运动系统，假定具有如下的具体参数：$M=1000$ kg，$m=4000$ kg，$l=10$ m，$T_{\mathrm{d}}=1$ s，$K=100$ N/V。将它们代入式(8.64)得

$$\begin{cases}\dot{\boldsymbol{x}}=\begin{bmatrix}0 & 1 & 0 & 0 & 0\\0 & 0 & -39.2 & 0 & 10^{-3}\\0 & 0 & 0 & 1 & 0\\0 & 0 & -4.9 & 0 & 10^{-4}\\0 & 0 & 0 & 0 & -1\end{bmatrix}\boldsymbol{x}+\begin{bmatrix}0\\0\\0\\0\\100\end{bmatrix}u\\\boldsymbol{y}=\begin{bmatrix}1 & 0 & 0 & 0 & 0\\0 & 0 & 1 & 0 & 0\end{bmatrix}\boldsymbol{x}\end{cases}\tag{8.65}$$

基于以上讨论，可以把桥式吊车小车运动过程自动控制系统的设计任务表述为，设计一个对小车驱动电机的合适控制 $u(t)$，使小车系统式(8.65)在桥架上(即 x 坐标轴上)从初始位置精确地运动到一个事先规定的位置 $x_{\mathrm{M}}=r$，并保证具有良好的动态特性，特别是重物的摆动角度 $\theta(t)$尽量小，小车运动到规定位置时重物摆角 $\theta(t)$为零。

8.5.3 系统的结构特性分析

1. 能控性分析

根据能控性的秩判据，并将式(8.65)的代入该判据中，可得到能控性判别矩阵$\boldsymbol{Q}_{\mathrm{c}}$ 为

$$\boldsymbol{Q}_{\mathrm{c}}=[\boldsymbol{B}\quad \boldsymbol{AB}\quad \boldsymbol{A}^2\boldsymbol{B}\quad \boldsymbol{A}^3\boldsymbol{B}\quad \boldsymbol{A}^4\boldsymbol{B}]=\begin{bmatrix}0 & 0 & 0.1 & -0.1 & -0.292\\0 & 0.1 & -0.1 & -0.292 & 0.292\\0 & 0 & 0.01 & -0.01 & -0.039\\0 & 0.01 & -0.01 & -0.039 & 0.039\\100 & -100 & 100 & -100 & 100\end{bmatrix}$$

MATLAB 仿真程序如下：

```
A=[0, 1, 0, 0, 0; 0, 0, -39.2, 0, 10^-3; 0, 0, 0, 1, 0; 0, 0, -4.9, 0, 10^-4; 0, 0, 0, 0, -1];
B=[0; 0; 0; 0; 100];
C=[1, 0, 0, 0, 0; 0, 0, 1, 0, 0];
D=0;
Qc=ctrb(A, B);
P=rank(Qc);
```

```
N=size(A);
if N==P
disp('该系统能控')
else
disp('该系统不能控')
end
```

MATLAB 运行结果如下

```
该系统能控
```

rank $\boldsymbol{Q}_c=5$，故桥式吊车系统是能控的，即存在着控制作用 u，将非零的系统状态 $\boldsymbol{x}$ 转移到零状态。

2. 能观性分析

根据能观性的秩判据，将式(8.65)代入系统能观性秩判据中可以得到能观测判别矩阵 $\boldsymbol{Q}_o$ 为

$$\boldsymbol{Q}_o=\begin{bmatrix}\boldsymbol{C}\\ \boldsymbol{CA}\\ \boldsymbol{CA}^2\\ \boldsymbol{CA}^3\\ \boldsymbol{CA}^4\end{bmatrix}=\begin{bmatrix}1 & 0 & 0 & 0 & 0\\ 0 & 0 & 1 & 0 & 0\\ 0 & 1 & 0 & 0 & 0\\ 0 & 0 & 0 & 1 & 0\\ 0 & 0 & -39.2 & 0 & 0.001\\ 0 & 0 & -4.9 & 0 & 0.0001\\ 0 & 0 & 0 & -39.2 & -0.001\\ 0 & 0 & 0 & -4.9 & -0.0001\\ 0 & 0 & 192.08 & 0 & -0.029\\ 0 & 0 & 24.01 & 0 & -0.0004\end{bmatrix}$$

MATLAB 仿真程序如下：

```
A=[0, 1, 0, 0, 0; 0, 0, -39.2, 0, 10^-3; 0, 0, 0, 1, 0; 0, 0, -4.9, 0, 10^-4; 0, 0, 0,
0, -1];
B=[0; 0; 0; 0; 100];
C=[1, 0, 0, 0, 0; 0, 0, 1, 0, 0];
D=0;
Qo=obsv(A, C);
P=rank(Qo);
N=size(A);
ifN==P
disp('该系统能观')
else
disp('该系统不能观')
end
```

运行结果如下：

```
该系统能观
```

rank $\boldsymbol{Q}_o=5$，故该桥式吊车控制系统是能观测的。系统是能控又能观的，表明系统既

可构成状态反馈控制，又可以设计状态观测器。

3. 稳定性分析

由系统的状态方程，可以求得系统的特征方程为

$$|\lambda \boldsymbol{I}-\boldsymbol{A}|=\lambda^2(\lambda+1)(\lambda^2+4.9)=0$$

MATLAB 仿真程序如下：

```
A=[0, 1, 0, 0, 0; 0, 0, -39.2, 0, 10^-3; 0, 0, 0, 1, 0; 0, 0, -4.9, 0, 10^-4; 0, 0, 0, 0, -1];
B=[0; 0; 0; 0; 100];
C=[1, 0, 0, 0, 0; 0, 0, 1, 0, 0];
D=0;
eig(A)
```

运行结果如下：

```
ans=
0
0
0+2.2136i
0-2.2136i
-1.0000
```

解得特征值为 $\lambda_1=\lambda_2=0$，$\lambda_3=-2.2136\text{j}$，$\lambda_4=2.2136\text{j}$，$\lambda_5=-1$。五个特征值中存在一个负根，两个零根，两个共轭复根，其中有 4 个特征值位于虚轴上，开环的吊车系统本身在平衡点是非渐近稳定的。

8.5.4 状态反馈跟踪控制系统设计

这是一个跟踪控制问题，由于这里关心的是小车的位置，所以系统的输出方程修改为输出状态变量 x_1，这时系统的状态空间表达式为

$$\begin{cases}\dot{\boldsymbol{x}}=\begin{bmatrix}0 & 1 & 0 & 0 & 0\\0 & 0 & -39.2 & 0 & 10^{-3}\\0 & 0 & 0 & 1 & 0\\0 & 0 & -4.9 & 0 & 10^{-4}\\0 & 0 & 0 & 0 & -1\end{bmatrix}\boldsymbol{x}+\begin{bmatrix}0\\0\\0\\0\\100\end{bmatrix}u\\ y=\begin{bmatrix}1 & 0 & 0 & 0 & 0\end{bmatrix}\boldsymbol{x}\end{cases} \tag{8.66}$$

状态量维数为 $n=5$，输入量维数为 $m=1$，输出量维数为 $r=1$。

设计具有输入变换的状态反馈跟踪控制系统。首先确定状态反馈控制，通过状态反馈控制将系统极点配置到合适的位置，除了保证系统稳定外，还使系统具有良好的动态特性。取被控系统的控制输入为

$$u=-\boldsymbol{k}\boldsymbol{x}+Ly_{\text{d}} \tag{8.67}$$

式中，$\boldsymbol{k}\in\mathbf{R}^{m\times n}$ 为状态反馈矩阵，$L\in\mathbf{R}$ 为输入变换矩阵。

5 个期望的闭环极点中，取一对基本决定系统动态特性的主导极点，另外 3 个闭环极点安排在这对主导极点左侧较远的地方。

根据二阶系统的分析，对于阶跃输入信号，为获得上升速度快、阻尼特性好且超调量

小的响应，可选取阻尼系数 $\xi\approx0.707$，无阻尼自然频率为 $\omega_n\approx\frac{4}{\xi t_s}$（误差带为 2% 的情况），其中 t_s 为响应进入误差带的调节时间。该系统中，如果希望调节时间 $t_s=25$ s，则有 $\omega_n=0.226$，主导极点决定的特征多项式为

$$s^2+2\xi\omega_n s+\omega_n^2=s^2+0.32s+0.051$$

解特征方程得对应的 2 个主导极点为 $-0.16\pm j0.16$，另外 3 个闭环极点按上面的原则可都确定为 -1。

系统的初始状态为

$$\boldsymbol{x}(0)=\begin{bmatrix}x_M(0)\\ \dot{x}_M(0)\\ \theta(0)\\ \dot{\theta}(0)\\ F(0)\end{bmatrix}=\begin{bmatrix}2\\ 0\\ 0.1\\ 0\\ 0\end{bmatrix}$$

设定输入信号为 $y_d=10$，表明控制系统要求小车从初始值 2 m 运动到终止值 10 m，而且重物摆动有一个 0.1 rad 的初始角度。MATLAB 仿真程序如下：

```
A=[0, 1, 0, 0, 0; 0, 0, -39.2, 0, 10^-3; 0, 0, 0, 1, 0; 0, 0, -4.9, 0, 10^-4; 0, 0, 0, 0, -1];
b=[0; 0; 0; 0; 100];
c=[1, 0, 0, 0, 0];    %桥式吊车系统的数学模型
P=[-0.16+0.16i, -0.16-0.16i, -1, -1, -1];    %期望的闭环系统极点
K=acker(A, b, P)  %状态反馈跟踪控制的极点配置
d=0;
L=1/(c*inv(b*k-A)*b)  %输入变换矩阵的求取
yd=10;   %参考输入信号
x=[2; 0; 0.1; 0; 0];    %初始状态
dt=0.001;   %采样周期
dx1=[];
dx2=[];
dx3=[];
dx4=[];
dx5=[];
ddt=[];
for t=0: 0.001: 50;
u=-k*x+L*yd;
x_dot=A*x+b*u;
x=x+x_dot*0.001;
ddt=[ddt t];
dx1=[dx1 x(1)];
dx2=[dx2 x(2)];
dx3=[dx3 x(3)];
dx4=[dx4 x(4)];
```

```
dx5=[dx5 x(5)];
end
figure(1)
subplot(2, 2, 1)
plot(ddt, dx1, 'k'), grid
xlabel('t(s)'), ylabel('$x_1$')
subplot(2, 2, 2)
plot(ddt, dx2, 'k'), grid
xlabel('t(s)'), ylabel('$x_2$')
subplot(2, 2, 3)
plot(ddt, dx3, 'k'), grid
xlabel('t(s)'), ylabel('$x_3$')
subplot(2, 2, 4)
plot(ddt, dx4, 'k'), grid
xlabel('t(s)'), ylabel('$x_4$')
figure(2)
plot(ddt, dx5, 'k'), grid
xlabel('t(s)'), ylabel('$F$')
```

MATLAB 运行结果如下：

K=0.5224　4.8327　−1420.7　−137.2　0.0232

即状态反馈矩阵为

$$\boldsymbol{k}=[0.5224 \quad 4.8327 \quad -1420.7 \quad -137.2 \quad -0.0232]$$

然后由第 6 章的式(6.87)求出输入变换系数为

$$L=\frac{1}{\boldsymbol{c}(-\boldsymbol{A}+\boldsymbol{bk})^{-1}\boldsymbol{b}}=0.5224$$

仿真结果图 8-19 和图 8-20 表明，对于该桥式吊车小车运动系统，在具有输入变换的状态反馈控制作用下，经过 25 s 左右的时间，确实使小车从 2 m 的起始位置无超调地运

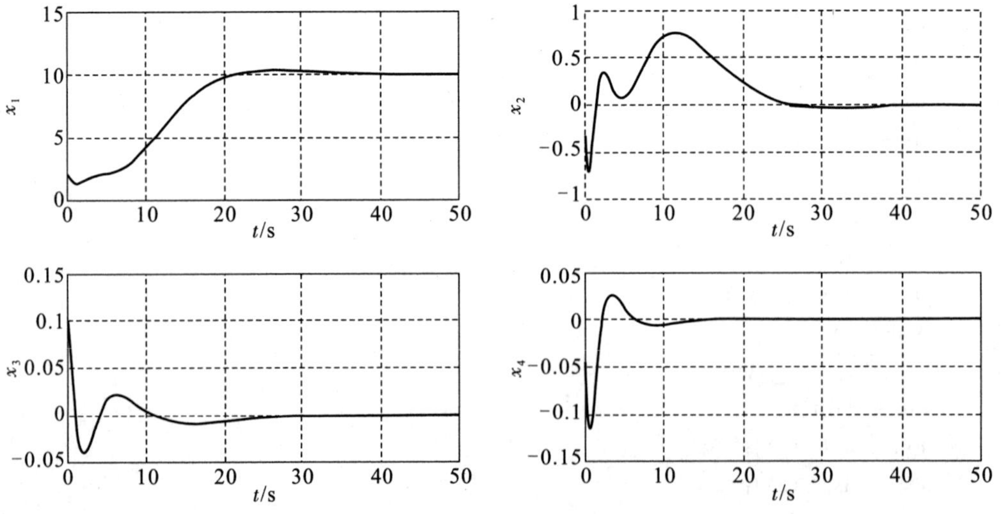

图 8-19　具有输入变换的状态反馈控制系统的状态变化曲线

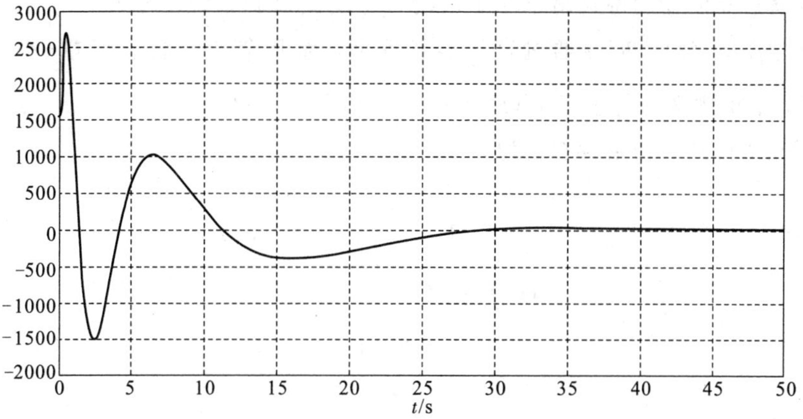

图 8-20　具有输入变换的状态反馈控制系统的驱动力

行到 10 m 的终止位置，而且重物的摆动角度在存在 0.1 rad 的初始角度情况下，被限制在一个很小的范围内(－0.04～0.1 rad 左右)，最后无摆动地停留在一个事先规定(x_M＝10 m)的位置上。得到较为满意的控制结果。

8.5.5　带状态观测器的状态反馈跟踪控制系统设计

上面的控制系统采用了全状态反馈控制，前提是 5 个状态变量都可以直接测量。现假设除了输出量外其他状态变量不能直接测量，则必须设计合适的状态观测器对不能直接测量的状态变量进行间接观测。由式(8.65)，输出量 $y_1(t)=x_1(t)=x_M(t)$、$y_2(t)=x_3(t)=\theta(t)$分别为小车的水平位移和重物的摆动角度，如果认为这两个量可以通过位移传感器和摆角传感器方便测量，那么，必须设计一个 3 维的状态观测器，以间接获得 $x_2(t)=\dot{x}_M(t)$、$x_4(t)=\dot{\theta}(t)$、$x_5(t)=F(t)$的信息。因此，状态观测器的设计依据状态空间表达式(8.65)。

对于被控制系统式(8.65)，有 rank$\boldsymbol{C}$＝2，只需设计维数为 3 的降维状态观测器。根据观测器极点的负实部取为状态反馈系统极点的负实部的 2～3 倍的工程要求，将 3 维降维观测器的期望极点配置在－3、－3±j2。

对被观测系统(8.65)实施非奇异变换 $\boldsymbol{x}=\boldsymbol{P}\bar{\boldsymbol{x}}$，得

$$\dot{\boldsymbol{z}}=(\bar{\boldsymbol{A}}_{11}-\boldsymbol{M}\bar{\boldsymbol{A}}_{21})\boldsymbol{z}+(\bar{\boldsymbol{B}}_1-\boldsymbol{M}\bar{\boldsymbol{B}}_2)\boldsymbol{u}+[\bar{\boldsymbol{A}}_{12}-\boldsymbol{M}\bar{\boldsymbol{A}}_{22}+(\bar{\boldsymbol{A}}_{11}-\boldsymbol{M}\bar{\boldsymbol{A}}_{21})\boldsymbol{M}]\boldsymbol{y}$$

由第 6 章的结论得出新状态空间中状态量 $\bar{\boldsymbol{x}}$ 的重构值为

$$\hat{\bar{\boldsymbol{x}}}=\begin{bmatrix}\hat{\bar{\boldsymbol{x}}}_1\\ \hat{\bar{\boldsymbol{x}}}_2\end{bmatrix}=\begin{bmatrix}\boldsymbol{z}+\boldsymbol{M}\boldsymbol{y}\\ \boldsymbol{y}\end{bmatrix}$$

进一步可得出原状态空间中状态量 $\boldsymbol{x}$ 的重构值为

$$\hat{\boldsymbol{x}}=\begin{bmatrix}\hat{x}_1\\ \hat{x}_2\\ \hat{x}_3\\ \hat{x}_4\\ \hat{x}_5\end{bmatrix}=\boldsymbol{P}\hat{\bar{\boldsymbol{x}}}=\begin{bmatrix}0&0&0&1&0\\1&0&0&0&0\\0&0&0&0&1\\0&1&0&0&0\\0&0&1&0&0\end{bmatrix}\begin{bmatrix}\boldsymbol{z}+\boldsymbol{M}\boldsymbol{y}\\ \boldsymbol{y}\end{bmatrix}$$

带降维状态观测器的桥式吊车小车运动状态反馈控制系统的小车位移 $x_1(t)=x_M(t)$ 和重物摆动角度 $x_3(t)=\theta(t)$ 通过直接测量反馈，而其余 3 个状态变量(小车运动速度 $x_2(t)=\dot{x}_M(t)$、重物摆动角速度 $x_4(t)=\dot{\theta}(t)$、小车水平驱动力 $x_5(t)=F(t)$)，通过降维状态观测器间接得到。初始状态仍为

$$\boldsymbol{x}(0)=\begin{bmatrix} x_M(0) \\ \dot{x}_M(0) \\ \theta(0) \\ \dot{\theta}(0) \\ F(0) \end{bmatrix}=\begin{bmatrix} 2 \\ 0 \\ 0.1 \\ 0 \\ 0 \end{bmatrix}$$

给定输入信号为 $y_d=10$，表明控制系统要求小车从初始值的 2 m 运动到终止值的 10 m，而且重物摆动有一个 0.1 rad 的初始角度。MATLAB 仿真程序如下：

```
A=[0, 1, 0, 0, 0; 0, 0, -39.2, 0, 10^-3; 0, 0, 0, 1, 0; 0, 0, -4.9, 0, 10^-4; 0, 0, 0, 0, -1];
B=[0; 0; 0; 0; 100];
C=[1, 0, 0, 0, 0; 0, 0, 1, 0, 0];
D=[0; 0];    %桥式吊车系统数学模型

n=length(A);
p=size(B, 2);
q=rank(C);
r=n-q;
R=[0, 1, 0, 0, 0; 0, 0, 0, 1, 0; 0, 0, 0, 0, 1];
Q=[R; C];
P=inv(Q); %降维观测器设计的非奇异变换矩阵及其逆矩阵

[A1, B1, C1, D1]=ss2ss(A, B, C, D, Q);
A11=[A1(1: r, 1: r)];
A12=[A1(1: r, r+1: n)];
A21=[A1(r+1: n, 1: r)];
A22=[A1(r+1: n, r+1: n)];
B11=[B1(1: r, 1: p)]
B12=[B1(r+1: n, 1: p)] %降维观测器设计所需的各相应矩阵

Po1=[-3, -3+2i, -3-2i];
Ko=place(A11', A21', Po1);    %降维观测器设计的极点配置
M=Ko'
Po2=[-0.16+0.16i, -0.16-0.16i, -1, -1, -1]; %状态反馈跟踪控制的极点配置
kc=acker(A, B, Po2)
```

```
L=1/(C * inv(B * kc-A) * B)   %输入变换矩阵的求取
yd=10;
x=[2; 0; 0.1; 0; 0];
z=[0; 0; 0];
dt=0.001;
dx1=[];
dx2=[];
dx3=[];
dx4=[];
dx5=[];
dx_hat2=[];
dx_hat4=[];
dx_hat5=[];
ddt=[];
for t=0: 0.001: 50;
    y=C * x;
    x_hat=P * [z+M * y; y]; %原状态空间中状态变量的重构值
    u=-k * x_hat+L(1) * yd;
    z_dot=(A11-M * A21) * z+(B11-M * B12) * u+(A12-M * A22
        +(A11-M * A21) * M) * y; %降维观测器设计
    z=z+z_dot * dt;
    x_dot=A * x+B * u;
    x=x+x_dot * dt;
    ddt=[ddt t];
    dx1=[dx1 x(1)];
    dx2=[dx2 x(2)];
    dx3=[dx3 x(3)];
    dx4=[dx4 x(4)];
    dx5=[dx5 x(5)];
    dx_hat2=[dx_hat2 x_hat(2)];
    dx_hat4=[dx_hat4 x_hat(4)];
    dx_hat5=[dx_hat5 x_hat(5)];
end
figure(1)
subplot(2, 2, 1)
plot(ddt, dx1, 'k'), grid
xlabel('t(s)'), ylabel('$x_1$')
subplot(2, 2, 2)
plot(ddt, dx2, 'k'), grid
xlabel('t(s)'), ylabel('$x_2$')
```

```
subplot(2, 2, 3)
plot(ddt, dx3, 'k'), grid
xlabel('t(s)'), ylabel('$x_3$')
subplot(2, 2, 4)
plot(ddt, dx4, 'k'), grid
xlabel('t(s)'), ylabel('$x_4$')

figure(2)
subplot(2, 2, 1)
plot(ddt, dx_hat2, 'k'), grid
xlabel('t(s)'), ylabel('$\hat{x}_2$')
subplot(2, 2, 2)
plot(ddt, dx_hat2, 'k'), grid
xlabel('t(s)'), ylabel('$\hat{x}_4$')
subplot(2, 2, 3)
plot(ddt, dx5, 'k'), grid
xlabel('t(s)'), ylabel('$F$')
subplot(2, 2, 4)
plot(ddt, dx_hat5, 'k'), grid
xlabel('t(s)'), ylabel('$\hat{F}$')
```

MATLAB运行结果如下：

```
M=
    1.0e+003 *
        0.0050  0.0002
        0.0002  0.0030
        7.9216  0.7732
```

即降维状态观测器的反馈矩阵为

$$\boldsymbol{M}=\begin{bmatrix}4.9801 & 0.1967\\ 0.2006 & 3.0199\\ 7921.6 & 783.97\end{bmatrix}$$

K=0.5224　　4.8327　　−1420.7　　−137.2　　0.0232

即状态反馈矩阵为

$$\boldsymbol{k}=[0.5224 \quad 4.8327 \quad -1420.7 \quad -137.2 \quad -0.0232]$$

图 8-21 表明，对于该桥式吊车小车运动系统，在带有降维状态观测器的状态反馈控制作用下，经过 25 s 左右的时间，确实使小车从 2 m 的起始位置无超调地运行到 10 m 的终止位置，而且重物的摆动角度在存在 0.1 rad 的初始角度情况下，被限制在一个很小的范围内(−0.045～0.1 rad 左右)，最后无摆动地停留在一个事先规定(x_M=10 m)的位置上。得到与直接状态反馈控制基本相同的控制结果。

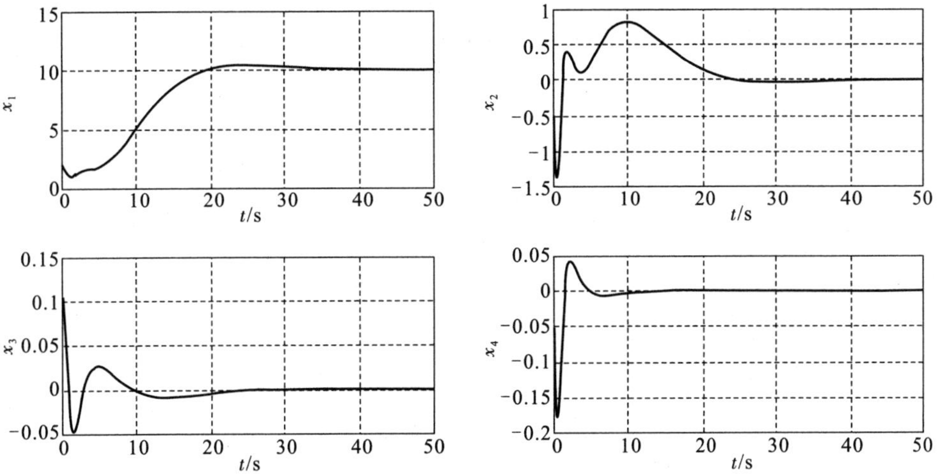

图 8-21　带降维状态观测器的桥式吊车状态反馈跟踪控制系统的动态过程

图 8-22 表示了所观测的 3 个状态变量的观测值 $\hat{x}_2$、$\hat{x}_4$、$\hat{F}$ 和实际值 F，与图 8-20 的实际值 x_2 和 x_4 比较可知，它们基本上能跟踪上实际值的变化。

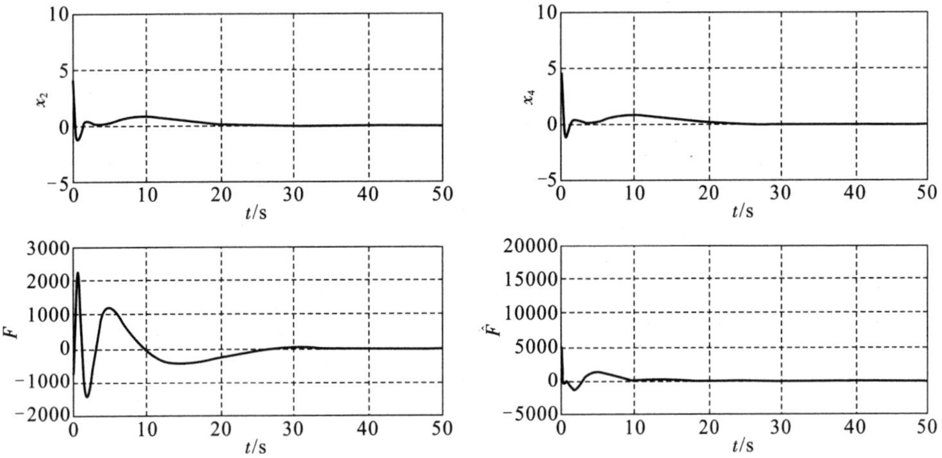

图 8-22　F 的实际值和 3 个状态变量的观测值 $\hat{x}_2$、$\hat{x}_4$、$\hat{F}$

8.5.6　具有干扰抑制的渐近跟踪控制系统设计

如第 6 章第四节所述，这是由镇定补偿器和伺服补偿器相结合的跟踪控制方法。其中，镇定补偿器产生的控制作用 $\boldsymbol{u}_1$ 为状态反馈，使系统稳定且具有满意的动态性能；而伺服补偿器产生的控制作用 $\boldsymbol{u}_2$ 实现输出 y 对给定参考信号 y_d 的跟踪，保证小车高精度地停留在所给定的水平位置上。由于讨论的是跟踪控制问题，所以系统模型采用式(8.66)。下面按要求的步骤进行设计和研究。

(1) 判别条件 $\dim(\boldsymbol{u})\geqslant\dim(\boldsymbol{y})$ 是否满足。本问题中 $n=5$、$m=r=1$，所以有 $\dim(u)=\dim(y)=1$，即满足条件要求。

(2) 判别系统是否能控。系统的能控性、能观性已得到确认。

(3) 本问题不考虑扰动信号 $\boldsymbol{w}$，而 y_d 是阶跃函数，其特征多项式为 s，且为不稳定的，

所以不稳定部分的最小公倍式为 $\varphi(s)=s$；确定出伺服补偿器的模型为

$$\begin{cases} \dot{x}_c = 0x_c + e \\ y_c = k_c x_c \end{cases}$$

即 $A_c=0$、$B_c=1$。

(4) 对 $\varphi(s)$的每个根 λ_i 判别是否满足

$$\text{rank}\begin{bmatrix} \lambda_i \boldsymbol{I}-\boldsymbol{A} & \boldsymbol{b} \\ -\boldsymbol{c} & d \end{bmatrix}=n+r$$

以确定系统是否能实现抗扰动渐近跟踪控制。这里，对于 $\varphi(s)=s=0$ 的根 $\lambda=0$，有

$$\begin{aligned} \text{rank}\begin{bmatrix} \lambda \boldsymbol{I}-\boldsymbol{A} & \boldsymbol{b} \\ -\boldsymbol{c} & d \end{bmatrix} &= \text{rank}\begin{bmatrix} -\boldsymbol{A} & \boldsymbol{b} \\ -\boldsymbol{c} & 0 \end{bmatrix} \\ &= \text{rank}\left[\begin{array}{ccccc:c} 0 & -1 & 0 & 0 & 0 & 0 \\ 0 & 0 & 39.2 & 0 & -10^{-3} & 0 \\ 0 & 0 & 0 & -1 & 0 & 0 \\ 0 & 0 & 4.9 & 0 & -10^{-4} & 0 \\ 0 & 0 & 0 & 0 & 1 & 100 \\ \hdashline -1 & 0 & 0 & 0 & 0 & 0 \end{array}\right] \\ &= 6 = n+r \end{aligned}$$

满足判别条件 2。所以，系统能实现抗扰动渐近跟踪控制。

(5) 渐近跟踪系统状态方程式为

$$\begin{aligned} \begin{bmatrix} \dot{\boldsymbol{x}} \\ \dot{x}_c \end{bmatrix} &= \begin{bmatrix} \boldsymbol{A} & \boldsymbol{0} \\ -B_c \boldsymbol{c} & A_c \end{bmatrix}\begin{bmatrix} \boldsymbol{x} \\ x_c \end{bmatrix}+\begin{bmatrix} \boldsymbol{b} \\ 0 \end{bmatrix}u+\begin{bmatrix} \boldsymbol{0} \\ B_c \end{bmatrix}y_d \\ &= \left[\begin{array}{ccccc:c} 0 & -1 & 0 & 0 & 0 & 0 \\ 0 & 0 & 39.2 & 0 & -10^{-3} & 0 \\ 0 & 0 & 0 & -1 & 0 & 0 \\ 0 & 0 & 4.9 & 0 & -10^{-4} & 0 \\ 0 & 0 & 0 & 0 & 1 & 100 \\ \hdashline -1 & 0 & 0 & 0 & 0 & 0 \end{array}\right]\begin{bmatrix} \boldsymbol{x} \\ x_c \end{bmatrix}+\begin{bmatrix} 0 \\ 0 \\ 0 \\ 0 \\ 100 \\ \hdashline 0 \end{bmatrix}u+\begin{bmatrix} 0 \\ 0 \\ 0 \\ 0 \\ 0 \\ \hdashline 1 \end{bmatrix}y_d \end{aligned}$$

(6) 设 6 个期望闭环极点分别为

$$\lambda_1^*=-1,\ \lambda_{2,3}^*=-2\pm j2,\ \lambda_{4,5}^*=-1\pm j,\ \lambda_6^*=-3$$

(7) 渐近跟踪系统的状态反馈控制 u 为

$$u=[-\boldsymbol{k} \quad k_c]\begin{bmatrix} \boldsymbol{x} \\ x_c \end{bmatrix}=[-k_1 \quad -k_2 \quad -k_3 \quad -k_4 \quad -k_5 \quad \vdots \quad k_c]\begin{bmatrix} \boldsymbol{x} \\ x_c \end{bmatrix}$$

初始状态仍为

$$\boldsymbol{x}(0)=\begin{bmatrix} x_M(0) \\ \dot{x}_M(0) \\ \theta(0) \\ \dot{\theta}(0) \\ F(0) \end{bmatrix}=\begin{bmatrix} 2 \\ 0 \\ 0.1 \\ 0 \\ 0 \end{bmatrix}$$

给定输入信号为 $u=10$，表明控制系统要求小车从初始值的 2 m 运动到终止值的 10 m，而且重物摆动有一个 0.1 rad 的初始角度。MATLAB 仿真程序如下：

```
A=[0, 1, 0, 0, 0, 0; 0, 0, -39.2, 0, 10^-3, 0; 0, 0, 0, 1, 0, 0;
   0, 0, -4.9, 0, 10^-4, 0; 0, 0, 0, 0, -1, 0; -1, 0, 0, 0, 0, 0];
b=[0; 0; 0; 0; 100; 0];
w=[0; 0; 0; 0; 0; 1];
P=[-1, -2+2i, -2-2i, -1+i, -1-i, -];
k=acker(A, b, P)
```

MATLAB 运行结果如下：

```
K=
  1387.76    1194.09    -7377.55    -7930.86    0.09    -489.80
```

因为 acher()函数返回是 $\boldsymbol{u}=-\boldsymbol{kx}$ 的 $\boldsymbol{k}$ 值，可见，镇定补偿器为

$$u_1=-\boldsymbol{kx}=-[1387.76\quad 1194.09\quad -7377.55\quad -7930.86\quad 0.09]\boldsymbol{x}$$

而伺服补偿器对应的 k_c 应为 $k_c=489.80$，即伺服补偿器为

$$\begin{cases}\dot{x}_c=[0]x_c+[1]e=e\\ u_2=k_c x_c=489.80x_c\end{cases}$$

应用 Simulink 对系统的动态过程进行仿真，仿真结构图如 8-23 所示。

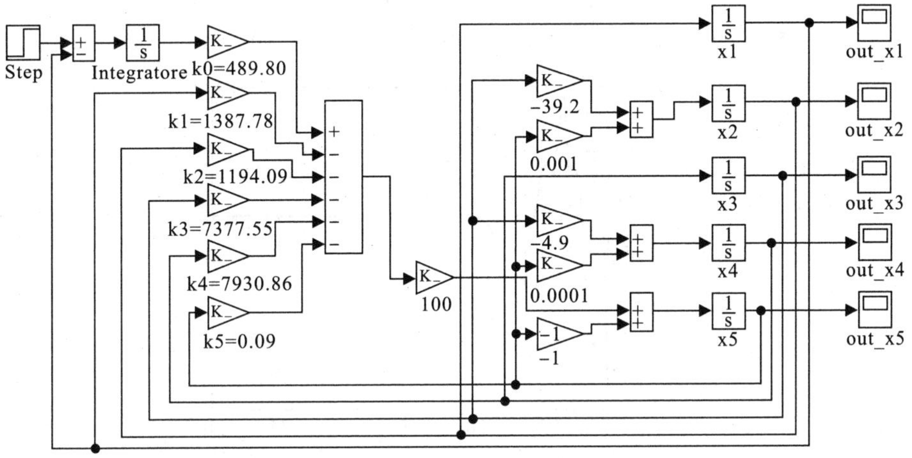

图 8-23 由镇定补偿器和伺服补偿器组成的跟踪控制系统仿真结构图

图 8-23 中，伺服补偿器是一个偏差信号的 1 阶积分控制器，它的控制作用能消除外部信号为阶跃信号时的静态误差。若给定输入信号为 $u=10$，表明控制系统要求小车从初始值的 2 m 运动到终止值的 10 m，而且重物摆动有一个 0.1 rad 的初始角度，则图 8-24 为桥式吊车在镇定补偿器和伺服补偿器组成的跟踪控制作用下系统的 5 个状态变量的动态过程，状态反馈采用状态量直接反馈形式。初始状态仍为

$$\boldsymbol{x}(0)=\begin{bmatrix}x_M(0)\\ \dot{x}_M(0)\\ \theta(0)\\ \dot{\theta}(0)\\ F(0)\end{bmatrix}=\begin{bmatrix}2\\ 0\\ 0.1\\ 0\\ 0\end{bmatrix}$$

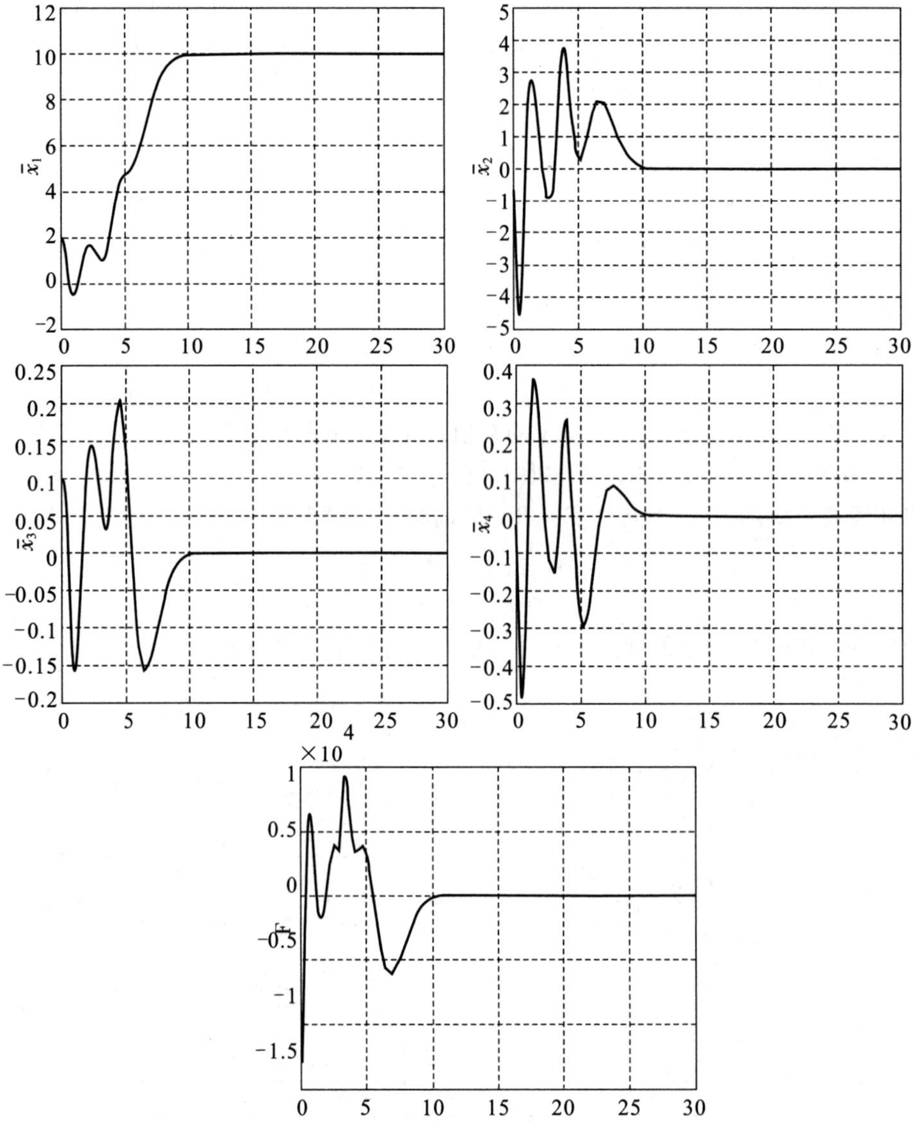

图 8-24　桥式吊车在镇定补偿器和伺服补偿器组成的跟踪控制作用下系统的动态过程

图 8-25 还给出了另一组极点(6 个期望闭环极点分别为 $\lambda_{1,2}^*=-0.4\pm j0.4$，$\lambda_3^*=\lambda_4^*=-0.5$，$\lambda_5^*=-0.3$，$\lambda_6^*=-1$)情况下各状态变量的动态过程，这时可求得镇定补偿器为

$$u_1=-\boldsymbol{K}\boldsymbol{x}=-[2.65\quad 11.66\quad -1261.43\quad -205.58\quad 0.02]\boldsymbol{x}$$

伺服补偿器对应的 $k_c=0.24$，输入信号及初始状态与上面完全相同。

比较图 8-24 和图 8-25 可知，虽然两者都能达到重物无摆动的情况下保证小车高精度地停留在所给定的水平位置上的要求，而且没有超调。但是它们的动态特性存在以下几点差别：

(1) 情况 1 的动态响应过程只需 7 s 左右时间，而情况 2 的动态响应过程需要 20 s 以上的时间，从工作效率出发，情况 1 是有利的。

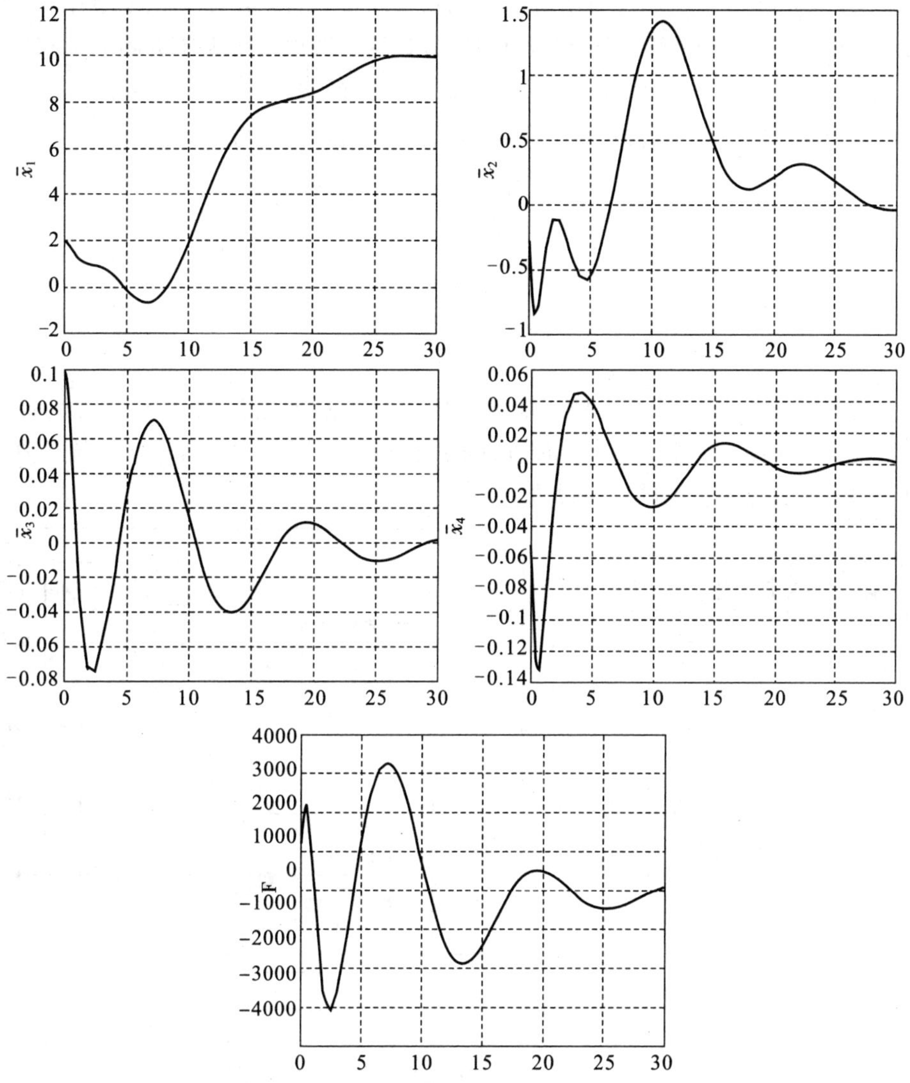

图 8-25 具有另一组闭环极点的渐近跟踪控制系统动态过程

(2) 情况 1 中，重物摆动角度的变化范围较大(−0.075～0.3 rad 左右)，表明重物摆动较激烈，而情况 2 的重物摆动角度小(−0.075～0.1 rad 左右)。从减少重物摆动的角度看，情况 2 是有利的。

(3) 情况 1 所需的对小车的水平驱动力较大(最大时达到 1.2×10^4 N)，而情况 2 所需的最大水平驱动力小(3×10^4 N 左右)。从配置驱动电动机功率大小的角度看，情况 2 是有利的。

显然，要想加快桥式吊车对重物的装卸搬运速度，势必要增大驱动设备的功率，并在搬运过程中产生较大的重物摆动。所以，在设计桥式吊车控制系统时，要综合考虑搬运速度、重物摆动程度及驱动设备的功率等因素。

上面的跟踪控制系统采用全状态直接反馈控制。考虑另一种方法，与 8.5.5 小节类似，即反馈所需的状态变量中两个状态变量(小车的水平位移 x_1 和重物的摆动角度 x_3)由直接测量获得，其余 3 个状态变量通过状态观测器间接获得。由于第四小节中，降维观测器的极点安排在 -3、$-3\pm j2$，符合工程设计要求(这里考虑系统期望的闭环极点为 $\lambda_{1,2}^{*}=-0.4\pm j0.4$，$\lambda_{3}^{*}=\lambda_{4}^{*}=-0.5$，$\lambda_{5}^{*}=-0.3$，$\lambda_{6}^{*}=-1$ 的情况)。所以，可将上面讨论的渐近跟踪控制与 8.5.5 小节设计的降维观测器结合，初始状态仍为

$$\boldsymbol{x}(0)=\begin{bmatrix} x_{M}(0) \\ \dot{x}_{M}(0) \\ \theta(0) \\ \dot{\theta}(0) \\ F(0) \end{bmatrix}=\begin{bmatrix} 2 \\ 0 \\ 0.1 \\ 0 \\ 0 \end{bmatrix}$$

给定输入信号为 $u=10$，表明控制系统要求小车从初始值的 2 m 运动到终止值的 10 m，而且重物摆动有一个 0.1 rad 的初始角度。得到如图 8-26 所示的系统仿真结构图和如图 8-27 所示控制系统的动态过程。

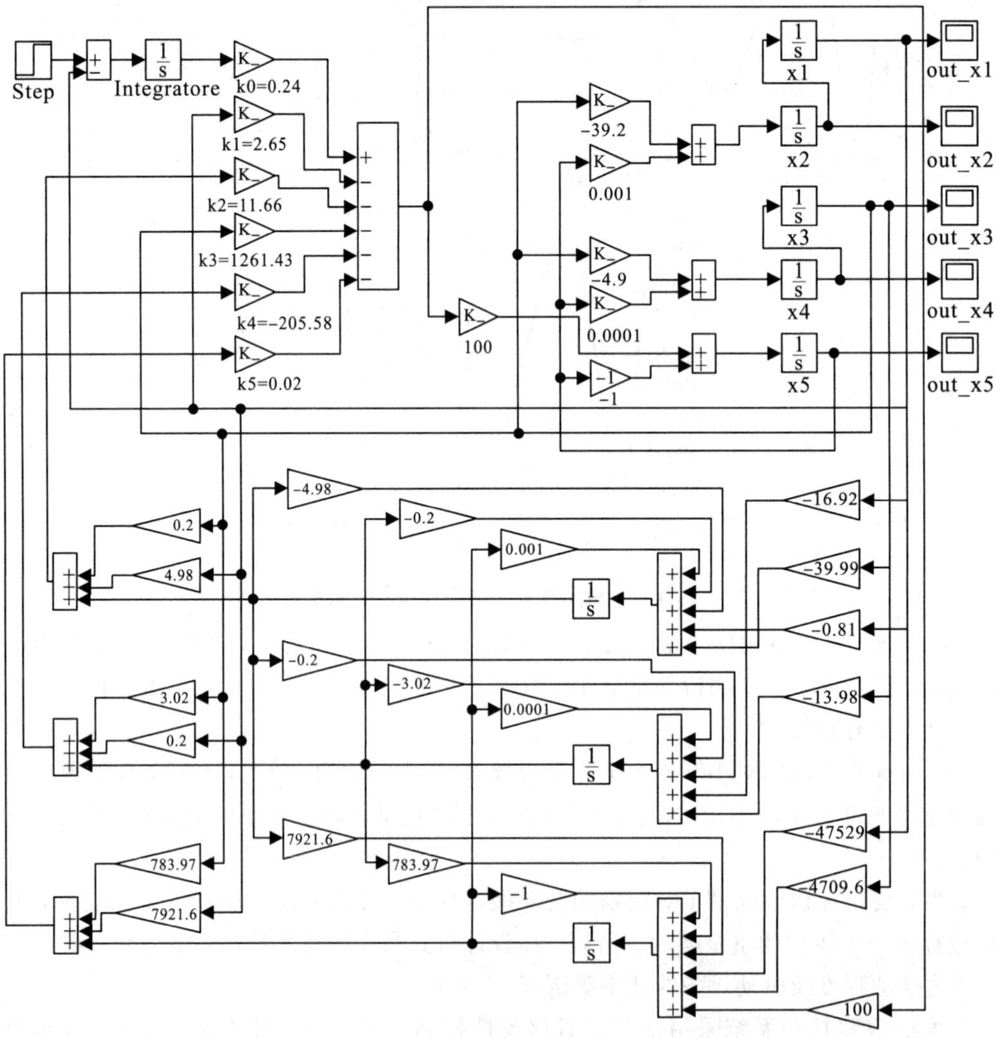

图 8-26　带降维状态观测器的渐近跟踪控制系统仿真结构图

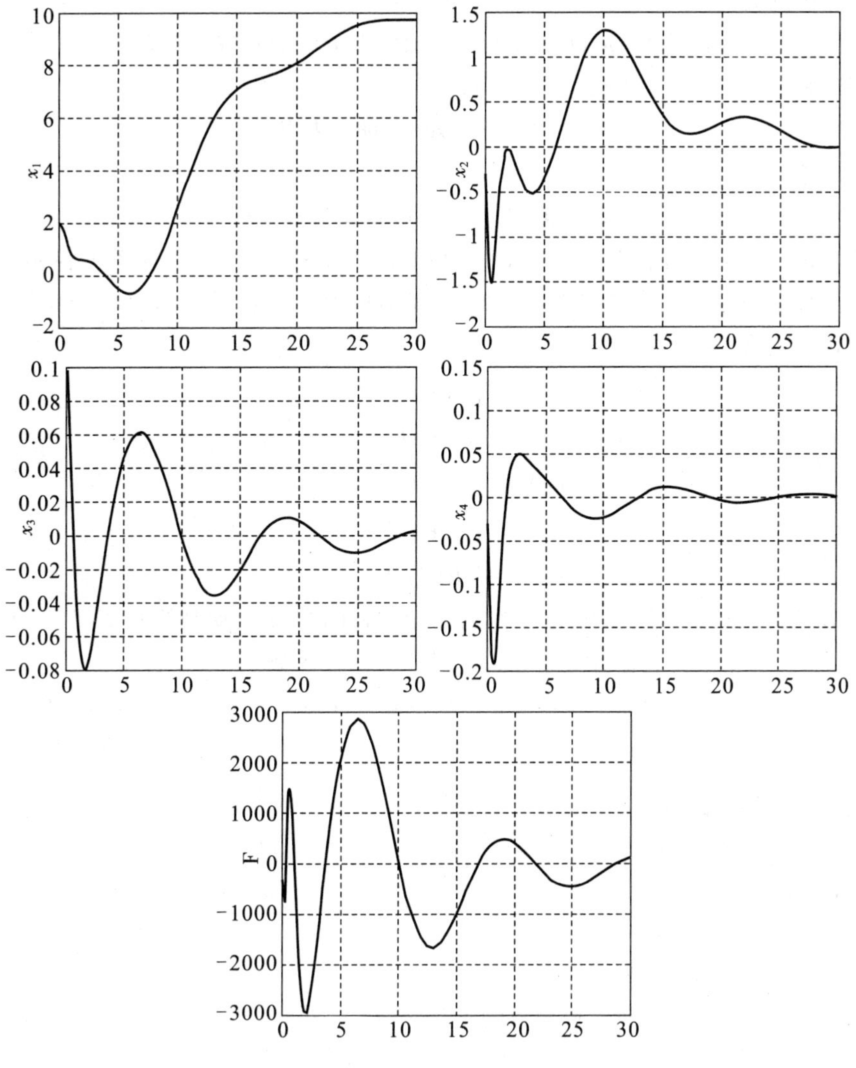

图 8-27　带降维状态观测器的渐近跟踪控制系统的动态过程

仿真结果表明，带有降维状态观测器的渐近跟踪控制系统，经过一定的时间，确实使小车从 2 m 的起始位置无超调地运行到 10 m 的终止位置，而且在重物的摆动角度存在 0.1 rad 的初始角度情况下，被限制在一个很小的范围内（$-0.075\sim0.1$ rad 左右），最后无摆动地停留在一个事先规定的位置上（$y_d=10$ m）。得到与不带降维状态观测器的渐近跟踪控制系统基本相同的控制效果。

8.5.7　最优输出跟踪控制器设计

还可以从线性二次型最优控制的角度来讨论桥式吊车的跟踪控制问题，即为最优输出跟踪器问题。对于桥式吊车系统(8.66)，考虑性能指标函数为

$$J(\boldsymbol{u}(t))=\frac{1}{2}\int_0^{\infty}[\boldsymbol{e}^{\mathrm{T}}(t)\boldsymbol{Q}\boldsymbol{e}(t)+\boldsymbol{u}^{\mathrm{T}}(t)\boldsymbol{R}\boldsymbol{u}(t)]\mathrm{d}t$$

其中，$\boldsymbol{e}(t)=\boldsymbol{y}_d(t)-\boldsymbol{y}(t)$ 为实际输出量 $\boldsymbol{y}(t)$ 对给定输出量 $\boldsymbol{y}_d(t)$ 的跟踪偏差，可得出输出跟

踪器的最优控制为

$$\boldsymbol{u}^*(t)=\boldsymbol{u}_1(t)+\boldsymbol{u}_2(t)=-\boldsymbol{R}^{-1}\boldsymbol{b}^{\mathrm{T}}\boldsymbol{P}\boldsymbol{x}^*(t)+\boldsymbol{R}^{-1}\boldsymbol{b}^{\mathrm{T}}\boldsymbol{\xi}$$

其中，$\boldsymbol{P}$ 矩阵满足矩阵黎卡提代数方程，即

$$\boldsymbol{A}^{\mathrm{T}}\boldsymbol{P}+\boldsymbol{P}\boldsymbol{A}+\boldsymbol{c}^{\mathrm{T}}\boldsymbol{Q}\boldsymbol{c}-\boldsymbol{P}\boldsymbol{b}\boldsymbol{R}^{-1}\boldsymbol{b}^{\mathrm{T}}\boldsymbol{P}=\boldsymbol{0}$$

而待定向量 $\boldsymbol{\xi}$ 为

$$\boldsymbol{\xi}=(\boldsymbol{P}\boldsymbol{b}\boldsymbol{R}^{-1}\boldsymbol{b}^{\mathrm{T}}-\boldsymbol{A}^{\mathrm{T}})^{-1}\boldsymbol{c}^{\mathrm{T}}\boldsymbol{Q}\boldsymbol{y}_{\mathrm{d}}(t)$$

可见，输出跟踪器的最优控制量 $\boldsymbol{u}^*(t)$由状态反馈控制和 $\boldsymbol{y}_{\mathrm{d}}(t)$驱动的控制作用组成。性能指标函数中的权矩阵为了突出跟踪偏差 $\boldsymbol{e}(t)$的响应性能分别取为 $Q=3000$，$R=1$。

初始状态仍为

$$\boldsymbol{x}(0)=\begin{bmatrix} x_{\mathrm{M}}(0) \\ \dot{x}_{\mathrm{M}}(0) \\ \theta(0) \\ \dot{\theta}(0) \\ F(0) \end{bmatrix}=\begin{bmatrix} 2 \\ 0 \\ 0.1 \\ 0 \\ 0 \end{bmatrix}$$

给定信号为 $y_{\mathrm{d}}(t)=10$，即要求小车从初始位置的 2 m 运动到终止值得 10 m，而且重物摆动有一个 0.1 rad 的初始角度。MATLAB 仿真程序如下：

```
A=[0, 1, 0, 0, 0; 0, 0, -39.2, 0, 10^-3; 0, 0, 0, 1, 0; 0, 0, -4.9, 0, 10^-4; 0, 0, 0,
   0, -1];
B=[0; 0; 0; 0; 100];
C=[1, 0, 0, 0, 0];
D=[0];
Q=[3000];
R=1;
[K, P, l]=lqry(A, B, C, D, Q, R)
Ky=inv(R) * B' * inv(P * B * inv(R) * B'-A') * C' * Q
yd=10;
x=[2; 0; 0.1; 0; 0];
dt=0.001;
dx1=[];
dx2=[];
dx3=[];
dx4=[];
dx5=[];
ddt=[];
for t=0: 0.001: 50;
    u=-K * x+Ky * yd;
    x_dot=A * x+B * u;
    x=x+x_dot * 0.001;
    ddt=[ddt t];
    dx1=[dx1 x(1)];
```

```
        dx2=[dx2 x(2)];
        dx3=[dx3 x(3)];
        dx4=[dx4 x(4)];
        dx5=[dx5 x(5)];
    end
    figure(1)
    subplot(2, 2, 1)
    plot(ddt, dx1, 'k'), grid
    xlabel('t(s)'), ylabel('$x_1$')
    subplot(2, 2, 2)
    plot(ddt, dx2, 'k'), grid
    xlabel('t(s)'), ylabel('$x_2$')
    subplot(2, 2, 3)
    plot(ddt, dx3, 'k'), grid
    xlabel('t(s)'), ylabel('$x_3$')
    subplot(2, 2, 4)
    plot(ddt, dx4, 'k'), grid
    xlabel('t(s)'), ylabel('$x_4$')
```

MATLAB 运行结果如下：

```
K=  54.7723      94.8135      -616.6346    -577.7200    0.0190
P=  5193.15      4494.80      -31643.03    -29065.66    0.5477
    4494.80      8270.99      -25710.00    -60694.01    0.9481
    -31643.03    -25710.00    432337.16    166880.20    -6.1663
    -29065.66    -60694.01    166880.20    501081.66    -5.7772
    0.5477       0.9481       -6.1663      -5.7772      0.0002
l=  -0.3968+2.2772i
    -0.3968-2.2772i
    -1.4919
    -0.3071+0.7610i
    -0.3071-0.7610i
Ky= 54.7723
```

即得最优控制为

$$
\begin{aligned}
\boldsymbol{u}^*(0) &= \boldsymbol{u}_1(0)+\boldsymbol{u}_2(0)\\
&= -[54.77\quad 94.81\quad -616.63\quad -577.72\quad 0.019]\boldsymbol{x}(0)+54.77\boldsymbol{y}_{\mathrm{d}}(0)
\end{aligned}
$$

而闭环系统的极点为$-0.3968\pm \mathrm{j}2.2772$，$-1.4919$，$-0.3071\pm \mathrm{j}0.7610$。

从仿真结果图 8-28 可知，按线性二次型最优输出跟踪控制设计桥式吊车的跟踪控制也能满足任务要求，即在较短的时间内($t<15$ s)重物无摆动地($\theta=0$)停留在一个事先规定($x_{\mathrm{M}}=10$ m)的位置上。但从系统的动态过程看，小车位移存在超调，重物摆动角度的变化范围较大($-0.25\sim0.3$ rad 左右)，小车的最大水平驱动力要求也较大(1.2×10^4 N 左右)。这是因为仅仅强调小车位移的跟踪能力造成的。当然，也可以通过状态观测器得到一些状态变量的观测值，然后构成带状态观测器的最优输出跟踪控制系统。

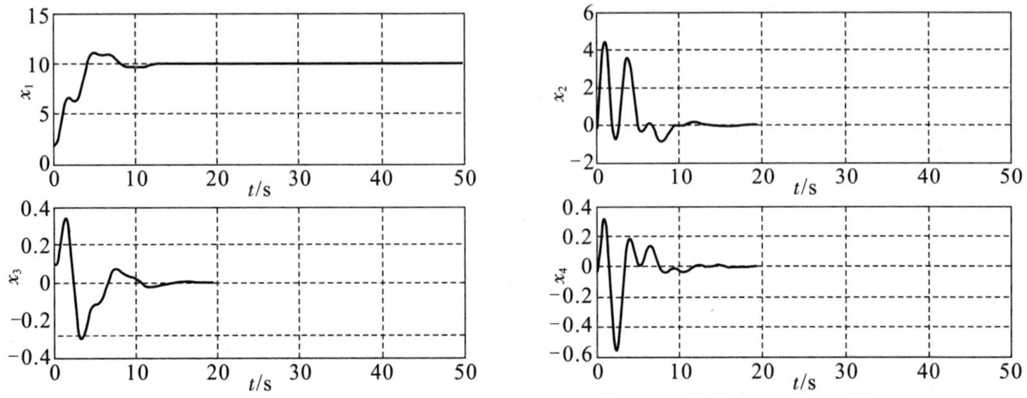

图 8-28　最优输出跟踪控制系统的动态过程

8.5.8　模型的进一步简化

由桥式吊车的系统模型式(8.64)或式(8.65)可看出，小车驱动装置与小车运动系统(包括重物)是串联的，驱动装置是一阶惯性环节，其动力学特性很容易分析。因此，如果把系统研究的重点放在小车运动(包括重物)上，并将对小车的驱动力 $F(t)$ 视为系统的控制量，即 $u(t)=F(t)$，则可得出系统的状态空间表达式为

$$\begin{cases}\dot{\boldsymbol{x}}=\begin{bmatrix}0 & 1 & 0 & 0\\0 & 0 & -mg/M & 0\\0 & 0 & 0 & 1\\0 & 0 & -(M+m)g/Ml & 0\end{bmatrix}\boldsymbol{x}+\begin{bmatrix}0\\1/M\\0\\1/Ml\end{bmatrix}u\\ \boldsymbol{y}=\begin{bmatrix}1 & 0 & 0 & 0\\0 & 0 & 1 & 0\end{bmatrix}\boldsymbol{x}\end{cases} \tag{8.68}$$

将实际桥式吊车系统的各具体参数代入式(8.67)，得

$$\begin{cases}\dot{\boldsymbol{x}}=\begin{bmatrix}0 & 1 & 0 & 0\\0 & 0 & -39.2 & 0\\0 & 0 & 0 & 1\\0 & 0 & -4.9 & 0\end{bmatrix}\boldsymbol{x}+\begin{bmatrix}0\\0.001\\0\\0.0001\end{bmatrix}u\\ \boldsymbol{y}=\begin{bmatrix}1 & 0 & 0 & 0\\0 & 0 & 1 & 0\end{bmatrix}\boldsymbol{x}\end{cases} \tag{8.69}$$

这样，就将桥式吊车系统的 5 阶模型降为 4 阶，使系统的分析和综合更简单。有关简化系统的分析与综合留给读者进行。

习　题

8-1　为什么要对系统模型进行简化处理？一般从哪些方面入手进行模型的简化？

8-2　主导度在系统模型降阶处理中的作用是什么？为什么正实部的特征值必须列为主导特征值？

8－3　在车载倒立摆系统中，为什么带状态观测器的状态反馈控制系统的动态过程比直接状态反馈控制要差？

8－4　晶闸管-直流电动机开环调速系统方块图如图 8－29 所示，其中 u_c 为晶闸管整流器的控制电压；K_s 为晶闸管触发和整流器的放大系数；T_s 为晶闸管整流器的失控时间；u_d 为晶闸管整流器理想输出空载电压；C_e、C_T 分别为直流电动机的电势常数、转矩常数；T_{la} 为电动机电枢回路电磁时间常数；R 为电枢回路总电阻；I_d 为电枢回路电流；J_G 为电动机轴上的等效飞轮惯量；T_L 为负载转矩。

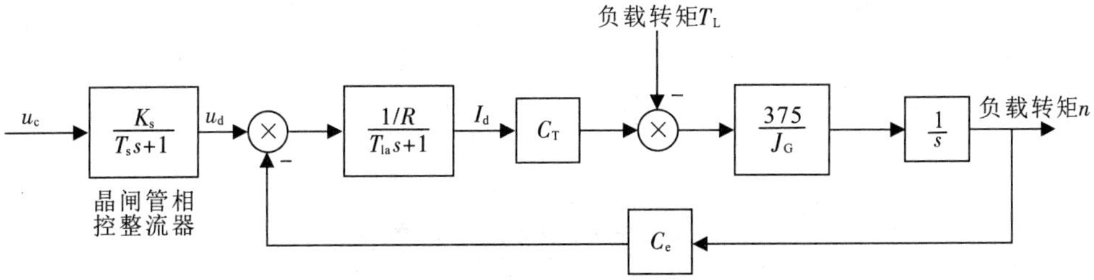

图 8－29　晶闸管-直流电动机开环调速系统方块图

开环调速系统往往不能满足生产机械对静差率和调速范围的要求，为此需要采用反馈控制的闭环调速系统以降低静差率，提高调速范围和抗干扰能力。试用状态空间法完成直流调速控制系统的设计。设计指标：超调量 $\sigma\%\leqslant 5\%$，调节时间 $t_s\leqslant 0.5$ s，当负载转矩阶跃变化时，系统跟踪阶跃参考输入信号(速度指令)的稳态误差为 0。

上机练习题

8－1　针对降阶的桥式吊车系统模型式(8.68)，试用 MATLAB 分析系统的稳定性、能控性和能观性。

8－2　针对降阶的桥式吊车系统模型式(8.68)，分别设计合适的小车水平运动跟踪控制系统、带状态观测器的跟踪控制系统，试用 MATLAB 进行仿真分析，并比较降阶的桥式吊车系统模型与原系统模型的区别。

8－3　针对习题 8－4，已知参数：(他励)直流电动机的额定电压 $U_N=220$ V，额定电流 $I_N=136$ A，额定转速 $n_N=1460$ r/min，电势常数 $C_e=0.132$ V・min/r，转矩常数 $C_T=1.2606$ N・m/A，允许过载倍数 $\lambda=1.5$。相控整流器放大系数 $K_s=40$，失控时间 $T_s=0.0017$ s。电枢回路总电阻 $R=0.5\ \Omega$，电磁时间常数 $T_{la}=0.03$ s，电动机轴上的等效飞轮惯量 $J_G=22.5$ N・m^2。试应用 MATLAB 进行仿真分析，验证控制器设计的正确性和有效性。

附录　数 学 知 识

线性系统理论从它的诞生之日起，就和数学有着紧密的联系。为了透彻理解和深入掌握线性系统理论的基础知识，研究和吸收线性系统理论的最新成果，使教学任务顺利完成和其他读者的自学方便，附录给出了一些与线性系统理论相关的数学知识，包括集合、线性空间、线性变换、范数、内积、特征向量、约旦标准型和矩阵函数等基本内容，供读者回顾和参考。

A.1　集合与线性空间

集合　集合(简称集)是数学中一个基本概念。集合是指具有某种特定性质的具体或抽象对象汇总成的集体。如果 A 是一个集合，x 是集合 A 的元素，则称 x 属于 A，记作 $x\in A$；若 y 不是集合 A 的元素，则称 y 不属于 A，记作 $y\notin A$。运用 $\forall x\in A$ 表示集合 A 中任一元素或所有元素；$\exists x\in A$ 表示集合 A 中存在元素 x。

集合可以用列举法表示，例如，$A=\{-1, 1\}$；也可以用描述法表示，例如为了说明集合 R 是绝对值小于 2 或等于 2 的实数集，也可用式(A.1)表示，即

$$R=\{r: |r|\leqslant 2\} \tag{A.1}$$

其中，r 是集合 R 的元素。一般地我们把含有有限个元素的集合叫做有限集，含无限个元素的集合叫做无限集。不包含任何元素的集合称为空集，通常记为 Ω。

如果两个集合中的元素一一对应相等或相同，就说这两个集合相等。例如，$A=\{-2, 2\}$和 $B=\{x: x^2-4=0\}$相等，记作 $A=B$。如果集合 A 的元素都属于集合 B，称 A 是 B 的子集或者说 A 包含于 B，记作 $A\subset B$；也可以说 B 包含 A，记作 $B\supset A$。由此可见，$A=B$ 的充要条件是 $A\subset B$，且 $B\subset A$。若 $A\subset B$，集合 B 中却有元素不属于 A，则称 A 为 B 的真子集。例如集合 B 是半径为 R 的圆，集合 A 仅是圆的周边，则 A 是 B 的真子集。规定空集是任何集合的子集，任何一个非空集 $A\neq\Omega$ 至少有两个子集：A，Ω。

集合有四种基本运算：并、交、差和积。集合 A 和集合 B 的并记作 $A\cup B$，表示 A 与 B 所有的元素组成的集合，即

$$A\cup B=\{x: x\in A \text{ 或 } x\in B\} \tag{A.2}$$

集合 A 和集合 B 的交记作 $A\cap B$，表示 A 与 B 共有的元素组成的集合，即

$$A\cap B=\{x: x\in A \text{ 且 } x\in B\} \tag{A.3}$$

集合 A 和集合 B 的差记作 $B-A$，表示属于集合 B 但不属于集合 A 的元素组成的集合，即

$$B-A=\{x: x\in B \text{ 但 } x\notin A\} \tag{A.4}$$

集合 A 和集合 B 的叉积记作 $A\times B$，表示属于集合 A 的元素 a 与属于集合 B 的元素 b 按照先 a 后 b 的顺序构成有序对(a, b)所构成的集合，即

$$A\times B=\{(a,\ b):\ a\in A,\ b\in B\} \tag{A.5}$$

注意，集合积 $A\times B$ 和 $B\times A$ 具有相同数目的元素，但一般来说两者并不相等，式(A.5)定义的集合积又称为笛卡尔积。

与集合有紧密联系的概念有群、环和域。

群 设 F 是一非空集。如果在 F 中存在某种运算 $*$，使得 $\forall a,\ b\in F$，$\exists c=a*b\in F$，且满足下列条件：

(1) 结合律，即 $\forall a_1,\ a_2,\ a_3\in F$，总有 $(a_1*a_2)*a_3=a_1*(a_2*a_3)$。

(2) F 中有单位元素 e，即 $\forall a\in F$，总有 $e*a=a*e=a$。

(3) F 中有逆元素，即 $\forall a\in F$ 且 $a\neq 0$，总有元素 $\bar{a}$，使得 $\bar{a}*a=a*\bar{a}=e$。

如果集 F 及其运算 $*$ 只满足结合律，称 F 为半群。若群 F 中元素还满足交换律，即 $\forall a,\ b\in F$，有 $a*b=b*a$，则称群 F 为可交换群。

如果群运算 $*$ 为加法，相应的群称为加法群；若群运算 $*$ 为乘法，相应的群就叫做乘法群。加法群中单位元素 e 为 0，称为零元素，a 的逆元素 $\bar{a}=-a$，又称为 a 的负元素。乘法群中单位元素 e 为 1，a 的逆元素 $\bar{a}=1/a=a^{-1}$。

环 设非空集 F 中规定了加法运算"+"和乘法运算"×"，即 $\forall a,\ b\in F$，$\exists\alpha=a+b\in F$ 和 $\exists\beta=a\times b\in F$，且满足下列条件：

(1) 对加法而言，F 是可交换群。

(2) 对乘法而言，F 是半群。

(3) 加法和乘法联合运算时，乘法对于加法满足分配律，即

$$a_1\times(a_2+a_3)=a_1\times a_2+a_1\times a_3,\qquad \forall a_1,\ a_2,\ a_3\in F$$

若环 F 还满足乘法交换律，又称为可交换环。

域 若 F 不仅是可交换环，而且对乘法而言又是可交换群，则 F 称为域。显然，域 F 具有单位元素 $e=1$ 和逆元素 $\bar{a}=1/a=a^{-1}$。

【例 A-1】 设有一集合 $A=\{0,\ 1\}$。当我们用通常意义下的加法和乘法运算时，它不能称为域。因为 $1+1=2$ 不在集合 A 内。然而，当我们规定 $0+0=1+1=0$，$1+0=1$，$0\times 1=0\times 0=0$，$1\times 1=1$ 后，可以证明伴随这种规定下的加法运算和乘法运算，集合 A 满足域的各种运算，集合 A 称为二元域。

【例 A-2】 设有如下形式的 2×2 矩阵集合

$$\begin{bmatrix} X & -Y \\ Y & X \end{bmatrix}$$

式中，X 和 Y 是任意实数，在通常意义下的加法和乘法运算下，它构成一个域。这个域的加法单位元素和乘法单位元素分别是 $\begin{bmatrix} 0 & 0 \\ 0 & 0 \end{bmatrix}$ 和 $\begin{bmatrix} 1 & 0 \\ 0 & 1 \end{bmatrix}$。

注意，并不是所有的 2×2 矩阵集合都能构成域。

从例 **A**-1 和例 **A**-2 可见，组成域的元素可以是多种多样的，关键在于对这些元素能规定出合适的两种运算。我们所熟知的域有：实数域 $\mathbf{R}$、复数域 $\mathbf{C}$ 和实系数有理函数域 $\mathbf{R}(s)$，加法运算和乘法运算均按通常意义规定。注意，正实数集合不构成域，因为它没有加法逆；复数 s 的实系数多项式形成的集合也不构成域，因为它没有乘法逆。但它们均是可交换环。

有了集合和域的明确定义，便可讨论线性空间或向量空间的概念。

线性空间(或向量空间) 设向量集 X 是一个非空集合，它的元素用$\boldsymbol{x}_1$，$\boldsymbol{x}_2$，$\boldsymbol{x}_3$ 等表示，并称之为向量；F 是一个数域，它的元素用 α，β 等表示。如果 X 满足下列条件，则称 X 为域 F 上的线性空间(或向量空间)，记为(X, F)。

(1) 在 X 中定义一个加法运算，即当$\boldsymbol{x}_1$，$\boldsymbol{x}_2\in X$ 时，有唯一的和$\boldsymbol{x}_1+\boldsymbol{x}_2\in X$，且加法运算满足下列性质：

① 交换律$\boldsymbol{x}_1+\boldsymbol{x}_2=\boldsymbol{x}_2+\boldsymbol{x}_1$；

② 结合律$\boldsymbol{x}_1+(\boldsymbol{x}_2+\boldsymbol{x}_3)=(\boldsymbol{x}_1+\boldsymbol{x}_2)+\boldsymbol{x}_3$；

③ 存在零元素 $\boldsymbol{0}$，使$\boldsymbol{x}_1+\boldsymbol{0}=\boldsymbol{x}_1$；

④ 存在负元素，即对任一向量 $\boldsymbol{x}_1\in X$，存在向量 $\boldsymbol{x}_2\in X$，使$\boldsymbol{x}_1+\boldsymbol{x}_2=\boldsymbol{0}$，则称 $\boldsymbol{x}_2$ 为 $\boldsymbol{x}_1$ 的负元素，记为$-\boldsymbol{x}_1$，于是有$\boldsymbol{x}_1+(-\boldsymbol{x}_1)=\boldsymbol{0}$。

(2) 在 X 中定义数乘(数与向量的乘法)运算，即当 $\boldsymbol{x}_1\in X$，$\alpha\in F$ 时，有唯一的 $\alpha\boldsymbol{x}_1\in X$，且数乘运算满足下列性质：

① 数因子分配律 $\alpha(\boldsymbol{x}_1+\boldsymbol{x}_2)=\alpha\boldsymbol{x}_1+\alpha\boldsymbol{x}_2$；

② 分配律$(\alpha+\beta)\boldsymbol{x}_1=\alpha\boldsymbol{x}_1+\beta\boldsymbol{x}_1$；

③ 结合律 $\alpha(\beta\boldsymbol{x}_1)=(\alpha\beta)\boldsymbol{x}_1$；

④ $1\boldsymbol{x}_1=\boldsymbol{x}_1$。

需要指出的是，不管 X 的元素如何，当 F 为实数域 $\mathbf{R}$ 时，称 X 为**实线性空间**；当 F 为复数域 $\mathbf{C}$ 时，就称 X 为**复线性空间**。

A.2 基和基底变换

每一个几何平面都可以用两条互相垂直且具有相同尺度的轴表示，借助于这样的两条轴就可以指明平面中的每个点或每个向量。将这一概念推广到一般的线性空间，在线性空间中，坐标系被称为基，基向量并不一定彼此垂直，也可能有不同的尺度。在引出基概念之前，首先介绍向量的线性相关与线性无关的定义。

线性相关与线性无关 如果$\boldsymbol{x}_1$，$\boldsymbol{x}_2$，…，$\boldsymbol{x}_n$ 为向量空间(X, F)中的一组向量，且在域 F 中存在一组数 α_1，α_2，…，α_n，使得

$$\boldsymbol{x}=\alpha_1\boldsymbol{x}_1+\alpha_2\boldsymbol{x}_2+\cdots+\alpha_n\boldsymbol{x}_n \tag{A.6}$$

则称 $\boldsymbol{x}$ 为向量组$\boldsymbol{x}_1$，$\boldsymbol{x}_2$，…，$\boldsymbol{x}_n$ 的**线性组合**，有时也称 $\boldsymbol{x}$ 可由 $\boldsymbol{x}_1$，$\boldsymbol{x}_2$，…，$\boldsymbol{x}_n$ **线性表示**。如果式(A.6)中 α_1，α_2，…，α_n 不全为零，且使

$$\alpha_1\boldsymbol{x}_1+\alpha_2\boldsymbol{x}_2+\cdots+\alpha_n\boldsymbol{x}_n=\boldsymbol{0} \tag{A.7}$$

则称向量组 $\boldsymbol{x}_1$，$\boldsymbol{x}_2$，…，$\boldsymbol{x}_n$ **线性相关**，否则称其为**线性无关**(即式(A.7)仅当 α_1，α_2，…，α_n 全为零时才成立，称 $\boldsymbol{x}_1$，$\boldsymbol{x}_2$，…，$\boldsymbol{x}_n$ 线性无关)。

由线性相关与线性无关的定义可见，线性相关不仅取决于向量集 X，也依赖于 F。例如，按下面定义的向量集$\{\boldsymbol{x}_1, \boldsymbol{x}_2\}$在实系数有理函数域中是线性相关的。

$$\boldsymbol{x}_1\overset{\text{def}}{=}\begin{bmatrix}\dfrac{1}{s+1}\\[2ex]\dfrac{1}{s+2}\end{bmatrix},\quad \boldsymbol{x}_2\overset{\text{def}}{=}\begin{bmatrix}\dfrac{s+2}{(s+1)(s+3)}\\[2ex]\dfrac{1}{s+3}\end{bmatrix}$$

例如，选择 $\alpha_1=-1$，　$\alpha_2=\dfrac{s+3}{s+2}$可使 $\alpha_1\boldsymbol{x}_1+\alpha_2\boldsymbol{x}_2=\boldsymbol{0}$。然而，在实数域中，它们线性无关。由定义可看出，如果向量组 $\boldsymbol{x}_1, \boldsymbol{x}_2, \cdots, \boldsymbol{x}_n$ 线性相关，至少有一个向量可用其他向量的线性组合表示，不过未必每一个向量都可用其他向量的线性组合表示。

基与维数　设$\{\boldsymbol{x}_1, \boldsymbol{x}_2, \cdots, \boldsymbol{x}_n\}$是向量空间$(X, F)$中的任意一组向量，如果它满足：

(1) $\boldsymbol{x}_1, \boldsymbol{x}_2, \cdots, \boldsymbol{x}_n$ 线性无关；

(2) X 中任一向量 $\boldsymbol{x}$ 都是 $\boldsymbol{x}_1, \boldsymbol{x}_2, \cdots, \boldsymbol{x}_n$ 的线性组合。

则称 $\boldsymbol{x}_1, \boldsymbol{x}_2, \cdots, \boldsymbol{x}_n$ 为 X 的一组**基**或**基底**，称 $\boldsymbol{x}_i(i=1, 2, \cdots, n)$为**基向量**，并称 n 为向量空间(X, F)的**维数**，记为 $\dim X$。基常用符号 $\boldsymbol{E}=(\boldsymbol{e}_1, \boldsymbol{e}_2, \cdots, \boldsymbol{e}_n)$表示。

需要指出的是，n 维向量空间 X 中任意一组 n 个线性无关向量均有资格作为基。一旦$(\boldsymbol{e}_1, \boldsymbol{e}_2, \cdots, \boldsymbol{e}_n)$选定后，就说 X 由基 $\boldsymbol{E}=(\boldsymbol{e}_1, \boldsymbol{e}_2, \cdots, \boldsymbol{e}_n)$张成，即

$$X=\mathrm{span}(\boldsymbol{e}_1, \boldsymbol{e}_2, \cdots, \boldsymbol{e}_n) \tag{A.8}$$

需要明确的是，一个线性空间的基不是唯一的。例如，n 维向量组

$$\begin{cases}\boldsymbol{e}_1=(1, 0, \cdots, 0)\\ \boldsymbol{e}_2=(0, 1, \cdots, 0)\\ \quad\vdots\\ \boldsymbol{e}_n=(0, 0, \cdots, 1)\end{cases} \quad 和 \quad \begin{cases}\bar{\boldsymbol{e}}_1=(1, 1, \cdots, 1)\\ \bar{\boldsymbol{e}}_2=(0, 1, \cdots, 1)\\ \quad\vdots\\ \bar{\boldsymbol{e}}_n=(0, 0, \cdots, 1)\end{cases} \tag{A.9}$$

都是 n 维实向量空间 $\mathbf{R}^n$ 的基。这是因为

$$\begin{vmatrix}1 & 0 & \cdots & 0\\ 0 & 1 & \cdots & 0\\ \vdots & \vdots & \ddots & \vdots\\ 0 & 0 & \cdots & 1\end{vmatrix}\neq 0 \quad 且 \quad \begin{vmatrix}1 & 1 & \cdots & 1\\ 0 & 1 & \cdots & 1\\ \vdots & \vdots & \ddots & \vdots\\ 0 & 0 & \cdots & 1\end{vmatrix}\neq 0$$

从而它们各自都线性无关，而且对任一向量 $\boldsymbol{x}=(\alpha_1, \alpha_2, \cdots, \alpha_n)\in\mathbf{R}^n$，分别有

$$\boldsymbol{x}=\alpha_1\boldsymbol{e}_1+\alpha_2\boldsymbol{e}_2+\cdots+\alpha_n\boldsymbol{e}_n, \quad \boldsymbol{x}=\alpha_1\bar{\boldsymbol{e}}_1+(\alpha_2-\alpha_1)\bar{\boldsymbol{e}}_2+\cdots+(\alpha_n-\alpha_{n-1})\bar{\boldsymbol{e}}_n$$

由基的定义知上面论断成立。

坐标　n 维向量空间 X 的一个基 $\boldsymbol{x}_1, \boldsymbol{x}_2, \cdots, \boldsymbol{x}_n$ 为 X 的一个**坐标系**。设向量 $\boldsymbol{x}\in X$，它在该基下的线性表达式为

$$\boldsymbol{x}=\alpha_1\boldsymbol{x}_1+\alpha_2\boldsymbol{x}_2+\cdots+\alpha_n\boldsymbol{x}_n \tag{A.10}$$

则称 $\alpha_1, \alpha_2, \cdots, \alpha_n$ 为 $\boldsymbol{x}$ 在该坐标系中的**坐标**或**分量**，记为

$$(\alpha_1, \alpha_2, \cdots, \alpha_n)^{\mathrm{T}} \tag{A.11}$$

必须指出的是，在不同坐标系(或基)中，同一向量的坐标一般是不同的。例如，$\mathbf{R}^n$ 的任一向量$(\alpha_1, \alpha_2, \cdots, \alpha_n)$在式(A.10)的第一基中的坐标是$(\alpha_1, \alpha_2, \cdots, \alpha_n)^{\mathrm{T}}$，但是在第二基中的坐标却是$(\alpha_1, \alpha_2-\alpha_1, \cdots, \alpha_n-\alpha_{n-1})^{\mathrm{T}}$。进而有下面的定理。

【定理 A-1】　设 $\boldsymbol{x}_1, \boldsymbol{x}_2, \cdots, \boldsymbol{x}_n$ 是(X, F)的一组基，$\boldsymbol{x}\in X$，则 $\boldsymbol{x}$ 可唯一地表示成 $\boldsymbol{x}_1, \boldsymbol{x}_2, \cdots, \boldsymbol{x}_n$ 的线性组合。

证　设 $\boldsymbol{x}$ 可由 $\boldsymbol{x}_1, \boldsymbol{x}_2, \cdots, \boldsymbol{x}_n$ 的线性组合表示为

$$\boldsymbol{x}=\alpha_1\boldsymbol{x}_1+\alpha_2\boldsymbol{x}_2+\cdots+\alpha_n\boldsymbol{x}_n \tag{A.12}$$

$$\boldsymbol{x}=\alpha'_1\boldsymbol{x}_1+\alpha'_2\boldsymbol{x}_2+\cdots+\alpha'_n\boldsymbol{x}_n \tag{A.13}$$

式(A.13)和(A.12)相减得

$$(\alpha'_1-\alpha_1)\boldsymbol{x}_1+(\alpha'_2-\alpha_2)\boldsymbol{x}_2+\cdots+(\alpha'_n-\alpha_n)\boldsymbol{x}_n=\boldsymbol{0}$$

由于 $\boldsymbol{x}_1, \boldsymbol{x}_2, \cdots, \boldsymbol{x}_n$ 是 X 的基，从而线性无关，故有

$$\alpha'_i=\alpha_i,\ (i=1,2,\cdots,n)$$

证毕。

基变换与坐标变换 在(X, F)中，任意 n 个线性无关的向量都可以取作它的基或坐标系。但对不同的基或坐标系，同一个向量的坐标一般是不同的。现在讨论当基改变时，向量的坐标如何变化。首先介绍，由(X, F)的一组基改变为另一组基时，过渡矩阵的概念。

倘若 n 维向量空间 X 有两个基 $\boldsymbol{E}=(\boldsymbol{e}_1, \boldsymbol{e}_2, \cdots, \boldsymbol{e}_n)$ 和 $\overline{\boldsymbol{E}}=(\bar{\boldsymbol{e}}_1, \bar{\boldsymbol{e}}_2, \cdots, \bar{\boldsymbol{e}}_n)$，则由基的定义可得

$$\begin{cases}\bar{\boldsymbol{e}}_1=p_{11}\boldsymbol{e}_1+p_{21}\boldsymbol{e}_2+\cdots+p_{n1}\boldsymbol{e}_n,\\ \bar{\boldsymbol{e}}_2=p_{12}\boldsymbol{e}_1+p_{22}\boldsymbol{e}_2+\cdots+p_{n2}\boldsymbol{e}_n,\\ \vdots\\ \bar{\boldsymbol{e}}_n=p_{1n}\boldsymbol{e}_1+p_{2n}\boldsymbol{e}_2+\cdots+p_{nn}\boldsymbol{e}_n\end{cases}\tag{A.14}$$

写成矩阵乘法形式为

$$(\bar{\boldsymbol{e}}_1, \bar{\boldsymbol{e}}_2, \cdots, \bar{\boldsymbol{e}}_n)=\boldsymbol{P}(\boldsymbol{e}_1, \boldsymbol{e}_2, \cdots, \boldsymbol{e}_n)\tag{A.15}$$

其中，矩阵 $\boldsymbol{P}$ 为

$$\boldsymbol{P}=\begin{bmatrix}p_{11} & p_{21} & \cdots & p_{n1}\\ p_{12} & p_{22} & \cdots & p_{n2}\\ \vdots & \vdots & \ddots & \vdots\\ p_{1n} & p_{2n} & \cdots & p_{nn}\end{bmatrix}$$

称 $\boldsymbol{P}$ 为由基 $\boldsymbol{E}$ 改变为基 $\overline{\boldsymbol{E}}$ 的**过渡矩阵**，而式(A.15)为**基变换公式**。

可以证明，过渡矩阵是可逆矩阵。

现在讨论向量的坐标变换问题。为此，设 $\boldsymbol{x}\in X$ 在上面两基下的坐标依次是 $\boldsymbol{\alpha}=(\alpha_1, \alpha_2, \cdots, \alpha_n)^{\mathrm{T}}$ 和 $\bar{\alpha}=(\bar{\alpha}_1, \bar{\alpha}_2, \cdots, \bar{\alpha}_n)^{\mathrm{T}}$，即有

$$\boldsymbol{x}=\alpha_1\boldsymbol{e}_1+\alpha_2\boldsymbol{e}_2+\cdots+\alpha_n\boldsymbol{e}_n=\bar{\alpha}_1\bar{\boldsymbol{e}}_1+\bar{\alpha}_2\bar{\boldsymbol{e}}_2+\cdots+\bar{\alpha}_n\bar{\boldsymbol{e}}_n$$

采用矩阵乘法形式，并使用基变换公式，便有

$$\boldsymbol{x}=(\boldsymbol{e}_1, \boldsymbol{e}_2, \cdots, \boldsymbol{e}_n)\boldsymbol{\alpha}=(\bar{\boldsymbol{e}}_1, \bar{\boldsymbol{e}}_2, \cdots, \bar{\boldsymbol{e}}_n)\bar{\boldsymbol{\alpha}}=P(\boldsymbol{e}_1, \boldsymbol{e}_2, \cdots, \boldsymbol{e}_n)\bar{\boldsymbol{\alpha}}$$

由于基向量是线性无关的，因此有

$$\boldsymbol{\alpha}=\boldsymbol{P}\bar{\boldsymbol{\alpha}}\tag{A.16}$$

或者

$$\bar{\boldsymbol{\alpha}}=\boldsymbol{P}^{-1}\boldsymbol{\alpha}\tag{A.17}$$

式(A.16)和式(A.17)给出了基变换下向量坐标的变换公式。

【例 A－3】 在 $\mathbf{R}^n$ 中，已知向量 $\boldsymbol{x}$ 在基 $\boldsymbol{e}_1, \boldsymbol{e}_2, \cdots, \boldsymbol{e}_n$ 下的坐标为 $\alpha_1, \alpha_2, \cdots, \alpha_n$，求当该基改变为式(A.15)中的基 $\bar{\boldsymbol{e}}_1, \bar{\boldsymbol{e}}_2, \cdots, \bar{\boldsymbol{e}}_n$ 时，向量在新基下的坐标 $\bar{\alpha}_1, \bar{\alpha}_2, \cdots, \bar{\alpha}_n$。

解 由式(A.15)，有

$$(\bar{\boldsymbol{e}}_1, \bar{\boldsymbol{e}}_2, \cdots, \bar{\boldsymbol{e}}_n)=\begin{bmatrix}1 & 0 & \cdots & 0\\ 1 & 1 & \cdots & 0\\ \vdots & \vdots & \ddots & \vdots\\ 1 & 1 & \cdots & 1\end{bmatrix}(\boldsymbol{e}_1, \boldsymbol{e}_2, \cdots, \boldsymbol{e}_n)$$

于是过渡矩阵为

$$P=\begin{bmatrix}1 & 0 & \cdots & 0\\1 & 1 & \cdots & 0\\\vdots & \vdots & \ddots & \vdots\\1 & 1 & \cdots & 1\end{bmatrix}$$

不难求得

$$P^{-1}=\begin{bmatrix}1 & 0 & 0 & \cdots & 0 & 0\\-1 & 1 & 0 & \cdots & 0 & 0\\0 & -1 & 1 & \cdots & 0 & 0\\\vdots & \vdots & \vdots & \ddots & \vdots & \vdots\\0 & 0 & 0 & \cdots & -1 & 1\end{bmatrix}$$

由式(A. 15)可得 $\boldsymbol{x}$ 在基 $\bar{\boldsymbol{e}}_1$，$\bar{\boldsymbol{e}}_2$，…，$\bar{\boldsymbol{e}}_n$ 下的坐标为

$$\begin{bmatrix}\bar{\boldsymbol{e}}_1\\\bar{\boldsymbol{e}}_2\\\vdots\\\bar{\boldsymbol{e}}_n\end{bmatrix}=\begin{bmatrix}1 & 0 & 0 & \cdots & 0 & 0\\-1 & 1 & 0 & \cdots & 0 & 0\\0 & -1 & 1 & \cdots & 0 & 0\\\vdots & \vdots & \vdots & \ddots & \vdots & \vdots\\0 & 0 & 0 & \cdots & -1 & 1\end{bmatrix}$$

也就是

$$\begin{cases}\bar{\boldsymbol{e}}_1=\boldsymbol{e}_1\\\bar{\boldsymbol{e}}_i=\boldsymbol{e}_i-\boldsymbol{e}_{i-1},\ i=2,\ 3,\ \cdots,\ n\end{cases}$$

这与前面所得结果完全一致。

通常使用最多的基是式(A. 18)表示的自然基或标准基，即

$$\boldsymbol{e}_1=\begin{bmatrix}1\\0\\0\\0\\\vdots\\0\end{bmatrix},\ \boldsymbol{e}_2=\begin{bmatrix}0\\1\\0\\0\\\vdots\\0\end{bmatrix},\ \cdots,\ \boldsymbol{e}_i=\begin{bmatrix}0\\\vdots\\0\\1\\\vdots\\0\end{bmatrix},\ \cdots,\ \boldsymbol{e}_n=\begin{bmatrix}0\\0\\0\\0\\\vdots\\1\end{bmatrix}\tag{A. 18}$$

向量 $\boldsymbol{x}$ 在自然基下便是其坐标组成的列，即

$$\boldsymbol{x}=(\boldsymbol{e}_1,\ \boldsymbol{e}_2,\ \cdots,\ \boldsymbol{e}_n)\boldsymbol{\alpha}=\begin{bmatrix}\alpha_1\\\alpha_2\\\vdots\\\alpha_n\end{bmatrix}\tag{A. 19}$$

A. 3　向量范数

实数可以比大小，向量和矩阵等没有大小可言，但事实上经常遇到需要比较它们“大小”的情况。例如，某问题的解是向量，有几种方法都可求得它的近似解。究竟哪一个解更好一些，这就要比较误差向量的“大小”。因此需要用一个实数作为某种指标来刻画向量

和矩阵在某一方面的性质，也就是它们的“大小”，这样就提出了范数的概念。范数(Norm)是数学中的一种基本概念，在泛函分析中，范数是一种定义在赋范线性空间中的函数，满足相应条件后的函数都可以被称为范数。正如在二维或三维欧氏空间可以用某点到原点的长度表示相应向量的大小或长短一样，亦可以用向量的范数表示 n 维乃至无限维空间中向量的大小和长短。

向量范数 设 X 是复数域上的一个线性空间，$\boldsymbol{x}$ 为复数域上向量空间 X 的任意向量。按照某一对应规则在 X 上定义 $\boldsymbol{x}$ 的一个实值函数，记作 $\|\boldsymbol{x}\|$。如果该函数 $\|\boldsymbol{x}\|$ 满足如下条件：

(1) 非负性，即 $\|\boldsymbol{x}\|\geqslant 0$，$\forall \boldsymbol{x}\in X$，$\|\boldsymbol{x}\|=\boldsymbol{0}$，当且仅当 $\boldsymbol{x}=\boldsymbol{0}$；

(2) 齐次性，即 $\|k\boldsymbol{x}\|=|k|\,\|\boldsymbol{x}\|$，$\forall \boldsymbol{x}\in X$ 和 $\forall k\in F$；

(3) 三角不等式，即 $\|\boldsymbol{x}+\boldsymbol{y}\|\leqslant\|\boldsymbol{x}\|+\|\boldsymbol{y}\|$，$\forall \boldsymbol{x}$、$\boldsymbol{y}\in X$。

则称实函数 $\|\boldsymbol{x}\|$ 为向量 $\boldsymbol{x}$ 的范数，亦记为一个度量(metric)。

根据上述定义，复向量 $\boldsymbol{x}$ 的范数实际上是定义在 X 上的一个非负实函数。满足上述条件的函数有很多，它们均可作为向量范数。

设 n 维复向量为 $\boldsymbol{x}=[x_1\quad x_2\quad \cdots\quad x_n]^{\mathrm{T}}$，几种常用的向量范数定义如下：

(1) 第一种范数定义为向量 $\boldsymbol{x}$ 的各个分量的模之和，称为 L_1 范数，记作 $\|\boldsymbol{x}\|_1$，其在数据压缩中具有重要作用，即

$$\|\boldsymbol{x}\|_1=\sum_{i=1}^{n}|x_i| \tag{A.20}$$

容易看出它满足向量范数的条件(1)、(2)。至于条件(3)，由于

$$\begin{aligned}\|\boldsymbol{x}+\boldsymbol{y}\|_1&=\sum_{i=1}^{n}|x_i+y_i|\leqslant\sum_{i=1}^{n}(|x_i|+|y_i|)\\&=\sum_{i=1}^{n}|x_i|+\sum_{i=1}^{n}|y_i|=\|\boldsymbol{x}\|_1+\|\boldsymbol{y}\|_1\end{aligned}$$

所以也可以满足。这样，$\|\boldsymbol{x}\|_1$ 就可以是一种范数。

(2) 第二种范数定义为向量 $\boldsymbol{x}$ 的长度，即其各分量的模的平方和的平方根，称为 L_2 范数(欧几里得范数)，记作 $\|\boldsymbol{x}\|_2$，即

$$\|\boldsymbol{x}\|_2=|\boldsymbol{x}|=\left[\sum_{i=1}^{n}|x_i|^2\right]^{\frac{1}{2}} \tag{A.21}$$

根据向量长度的定义，它自然满足向量范数的条件(1)和(2)。由于 $|\boldsymbol{x}+\boldsymbol{y}|\leqslant|\boldsymbol{x}|+|\boldsymbol{y}|$，所以也满足条件(3)，因而 $\|\boldsymbol{x}\|_2$ 也是一种范数。

(3) 第三种范数定义为 $\boldsymbol{x}$ 的各分量的模的最大值，称为 L_∞ 范数，也叫无穷范数，记作 $\|\boldsymbol{x}\|_\infty$，即

$$\|\boldsymbol{x}\|_\infty=\max_{1\leqslant i\leqslant n}|x_i| \tag{A.22}$$

显然，它满足向量范数的条件(1)和(2)。至于条件(3)，由于

$$\begin{aligned}\|\boldsymbol{x}+\boldsymbol{y}\|_\infty&=\max_{1\leqslant i\leqslant n}|x_i+y_i|\leqslant\max_{1\leqslant i\leqslant n}|x_i|+\max_{1\leqslant i\leqslant n}|y_i|\\&=\|\boldsymbol{x}\|_\infty+\|\boldsymbol{y}\|_\infty\end{aligned}$$

所以也可以满足。

我们注意到，上面所举的三种范数可以统一表示为

$$\| \boldsymbol{x} \|_p = \left[\sum_{i=1}^{n} | \boldsymbol{x}_i |^p \right]^{\frac{1}{p}} \tag{A.23}$$

在上式中取任意的实数 $p \geqslant 1$，都可以满足向量范数的条件(1)、(2)和(3)的一种范数，称为 L_p 范数。

在实际工程中，更多的情况是讨论 n 维实空间 $\mathbf{R}^n$。对于 $\mathbf{R}^n$，上述各项定义仍然有效，只不过 $\boldsymbol{x}^* = \boldsymbol{x}^{\mathrm{T}}$。在 $\mathbf{R}^n$ 中，这些范数的几何意义更加明显。例如，对于 3 维空间 $\mathbf{R}^3$ 来讲，L_2 范数实际上是 3 维向量的长度；L_∞ 范数就等于绝对值最大的坐标分量的绝对值。

【例 A-4】 已知向量 $\boldsymbol{u} = \begin{bmatrix} 5 \\ 0 \end{bmatrix}$，$\boldsymbol{v} = \begin{bmatrix} 4 \\ 4 \end{bmatrix}$，$\boldsymbol{w} = \begin{bmatrix} 1 \\ 6 \end{bmatrix}$，$\boldsymbol{z} = \begin{bmatrix} 3+4i \\ 12-5i \end{bmatrix}$，试求其 L_1 范数、L_2 范数和 L_∞ 范数。

解 L_1 范数：$\| \boldsymbol{u} \|_1 = 5$，$\| \boldsymbol{v} \|_1 = 8$，$\| \boldsymbol{w} \|_1 = 7$，$\| \boldsymbol{z} \|_1 = 18$；

L_2 范数：$\| \boldsymbol{u} \|_2 = 5$，$\| \boldsymbol{v} \|_2 = 5.66$，$\| \boldsymbol{w} \|_2 = 6.08$，$\| \boldsymbol{z} \|_2 = 13.93$；

L_∞ 范数：$\| \boldsymbol{u} \|_\infty = 5$，$\| \boldsymbol{v} \|_\infty = 4$，$\| \boldsymbol{w} \|_\infty = 6$，$\| \boldsymbol{z} \|_\infty = 13$。

A.4 矩阵范数

矩阵范数的定义要比向量范数的定义复杂，因为矩阵常常与向量在一起运算，它们的范数也就常常一同进入运算，这样就有两者之间的配组问题。定义矩阵范数时应当顾及向量范数的定义，才能使运算的结果有意义，这种配组的要求称为矩阵范数与向量范数的相容性条件。与某一种向量范数相容的矩阵范数，就称为从属于这种向量范数的矩阵范数。

矩阵范数 设 $\boldsymbol{A}$ 为复数域上矩阵空间 $\boldsymbol{C}^{m \times n}$ 的任意矩阵。按照某一对应规则在 $\boldsymbol{C}^{m \times n}$ 上定义 $\boldsymbol{A}$ 的一个实值函数，记作 $\| \boldsymbol{A} \|$。如果该函数 $\| \boldsymbol{A} \|$ 满足如下条件：

(1) 非负性，即 $\| \boldsymbol{A} \| \geqslant 0$，$\forall \boldsymbol{A} \in \mathbf{C}^{m \times n}$，$\| \boldsymbol{A} \| = 0$，当且仅当 $\boldsymbol{A}$ 为零矩阵；

(2) 齐次性，即 $\| k\boldsymbol{A} \| \leqslant |k| \, \| \boldsymbol{A} \|$，$\forall k \in \mathbf{C}$；

(3) 三角不等式，即 $\| \boldsymbol{A} + \boldsymbol{B} \| \leqslant \| \boldsymbol{A} \| + \| \boldsymbol{B} \|$，$\forall \boldsymbol{A}、\boldsymbol{B} \in \mathbf{C}^{m \times n}$；

(4) 相容性，即当矩阵乘积 $\boldsymbol{AB}$ 有意义时，有

$$\| \boldsymbol{AB} \| \leqslant \| \boldsymbol{A} \| \, \| \boldsymbol{B} \|$$

则称实函数 $\| \boldsymbol{A} \|$ 为矩阵 $\boldsymbol{A}$ 的范数。

比较向量范数和矩阵范数的定义可知，向量范数和矩阵范数所满足的条件(1)～(3)完全相同。因此，若把 $m \times n$ 维矩阵 $\boldsymbol{A}$ 看作 n 个 m 维的列向量串接而成的 $m \times n$ 维的向量，则前述的任何一种向量范数的定义都可作为 $m \times n$ 维矩阵范数的定义。但是，必须验证是否满足与矩阵相乘运算相关的相容性条件(4)。而在向量空间中，并不需要考虑乘法运算。

对于 $m \times n$ 维复矩阵 $\boldsymbol{A} = (a_{ij}) \in \mathbf{C}^{m \times n}$，根据向量 $\boldsymbol{x}$ 的范数定义很容易导出相应的矩阵 $\boldsymbol{A}$ 的诱导范数。下面给出几种矩阵范数。

(1) 从属于向量范数 $\| \boldsymbol{x} \|_1$ 的矩阵范数记作 $\| \boldsymbol{A} \|_1$，它的定义为：把 $\boldsymbol{A}$ 按列分块，记 $\boldsymbol{A}$ 的第 j 列为 $\boldsymbol{a}_j$，则

$$\| \boldsymbol{A} \|_1 = \sup_{\| x \|_1 = 1} \| \boldsymbol{Ax} \|_1 = \max_{1 \leqslant j \leqslant n} \| \boldsymbol{a}_j \|_1 = \max_{1 \leqslant j \leqslant n} \left(\sum_{i=1}^{m} |a_{ij}| \right) \tag{A.24}$$

式中，sup 是 supremum 的缩写，意思是“最小上界”或“上确界”。

(2) 从属于向量范数 $\|\boldsymbol{x}\|_\infty$ 的矩阵范数记作 $\|\boldsymbol{A}\|_\infty$，它的定义为：把 $\boldsymbol{A}$ 按行分块，记 $\boldsymbol{A}$ 的第 $\boldsymbol{i}$ 行为 $\boldsymbol{a}_i$，则

$$\|\boldsymbol{A}\|_\infty = \sup_{\|x\|_\infty=1} \|\boldsymbol{Ax}\|_\infty = \max_{1\leqslant i\leqslant m} \|\boldsymbol{a}_i\|_\infty = \max_{1\leqslant i\leqslant m}\left(\sum_{j=1}^{n}|a_{ij}|\right) \tag{A. 25}$$

(3) 从属于向量范数 $\|\boldsymbol{x}\|_2$ 的矩阵范数记作 $\|\boldsymbol{A}\|_2$，它的定义是

$$\|\boldsymbol{A}\|_2 = \sup_{\|x\|_2=1} \|\boldsymbol{Ax}\|_2 = (\lambda_{\max}(\boldsymbol{A}^*\boldsymbol{A}))^{\frac{1}{2}} = \lambda_{\max}(\boldsymbol{A}) \tag{A. 26}$$

$\|\boldsymbol{A}\|_1$ 和 $\|\boldsymbol{A}\|_\infty$ 分别又称为矩阵 $\boldsymbol{A}$ 的列范数和行范数，$\|\boldsymbol{A}\|_2$ 也称为谱范数。$\|\boldsymbol{A}\|_2$ 是最重要的范数之一。

矩阵的范数具有以下性质：

$$\|\boldsymbol{A}+\boldsymbol{B}\| \leqslant \|\boldsymbol{A}\| + \|\boldsymbol{B}\| \tag{A. 27a}$$

$$\|\boldsymbol{AB}\| \leqslant \|\boldsymbol{A}\| \cdot \|\boldsymbol{B}\| \tag{A. 27b}$$

随之又可导出对于任意向量 $\boldsymbol{x}$，有

$$\|(\boldsymbol{A}+\boldsymbol{B})\boldsymbol{x}\| \leqslant (\|\boldsymbol{A}\| + \|\boldsymbol{B}\|) \cdot \|\boldsymbol{x}\|$$

$$\|\boldsymbol{ABx}\| \leqslant \|\boldsymbol{A}\| \cdot \|\boldsymbol{B}\| \cdot \|\boldsymbol{x}\|$$

A. 5 向量内积和格拉姆矩阵

一般的向量空间是通常的三维几何空间概念的推广。然而，几何空间中向量的长度、夹角等与度量有关的性质，在一般的向量空间中没有得到反映，而这些度量性质在理论与实际中都是有重要意义的。所以，我们自然希望将这些度量性质也推广到一般的向量空间中来。

在解析几何中，两个向量 $\boldsymbol{x}$ 与 $\boldsymbol{y}$ 的内积与向量点积相同，规定为一个实数，即

$$\boldsymbol{x}\cdot\boldsymbol{y} = |\boldsymbol{x}||\boldsymbol{y}|\cos\theta \tag{A. 28}$$

其中，$|\boldsymbol{x}|$、$|\boldsymbol{y}|$ 分别表示 $\boldsymbol{x}$、$\boldsymbol{y}$ 的长度，θ 表示 $\boldsymbol{x}$ 与 $\boldsymbol{y}$ 的夹角。在直角坐标系中，当 $\boldsymbol{x}=[x_1 \quad x_2]^{\mathrm{T}}$，$\boldsymbol{y}=[y_1 \quad y_2]^{\mathrm{T}}$ 时，内积的直角计算公式为

$$\boldsymbol{x}\cdot\boldsymbol{y} = x_1y_1 + x_2y_2 \tag{A. 29}$$

利用数量积的直角坐标计算公式，便可以用向量的内积把向量的长度、夹角等度量概念表示出来。因为两向量内积的直角坐标计算公式中只涉及向量的分量，所以我们可以按内积的直角坐标计算公式来推广向量的内积，并反过来利用内积定义 n 维向量的长度和夹角。

内积 向量空间 (X, F) 中任意两个向量 $\boldsymbol{x}_1=[x_{11} \quad x_{21} \quad \cdots \quad x_{n1}]^{\mathrm{T}}$ 和 $\boldsymbol{x}_2=[x_{12} \quad x_{22} \quad \cdots \quad x_{n2}]^{\mathrm{T}}$ 的内积(inner product)是一个实数，记作 $\langle\boldsymbol{x}_1, \boldsymbol{x}_2\rangle$。

内积是两个向量之间的一种运算，其结果是一个实数，也可以用矩阵记号表示内积运算，当 $\boldsymbol{x}_1$ 与 $\boldsymbol{x}_2$ 为行(列)向量时，有

$$\langle\boldsymbol{x}_1, \boldsymbol{x}_2\rangle = \boldsymbol{x}_1^{\mathrm{T}}\boldsymbol{x}_2, \quad \langle\boldsymbol{x}_2, \boldsymbol{x}_1\rangle = \boldsymbol{x}_2^{\mathrm{T}}\boldsymbol{x}_1 \tag{A. 30}$$

由定义不难验证内积应满足下列四条性质：

(1) $\langle\boldsymbol{x}_1, \boldsymbol{x}_2\rangle = \langle\boldsymbol{x}_2, \boldsymbol{x}_1\rangle$，$\forall\, \boldsymbol{x}_1$、$\boldsymbol{x}_2 \in X$；

(2) $\langle\boldsymbol{x}_1+\boldsymbol{x}_2, \boldsymbol{x}_3\rangle = \langle\boldsymbol{x}_1, \boldsymbol{x}_3\rangle + \langle\boldsymbol{x}_2, \boldsymbol{x}_3\rangle$，$\forall\, \boldsymbol{x}_1$、$\boldsymbol{x}_2$，$\boldsymbol{x}_3 \in X$；

(3) $\langle \alpha\boldsymbol{x}_1, \boldsymbol{x}_2\rangle=\alpha\langle \boldsymbol{x}_2, \boldsymbol{x}_1\rangle$，$\forall \boldsymbol{x}_1$、$\boldsymbol{x}_2\in X$，$\alpha\in\mathbf{C}$；

(4) $\langle \boldsymbol{x}_1, \boldsymbol{x}_2\rangle\geqslant 0$，当且仅当 $\boldsymbol{x}_1=\mathbf{0}$ 时等式成立，$\forall \boldsymbol{x}_1\in X$。

显然，范数 $\|\boldsymbol{x}\|_2$ 和内积 $\langle \boldsymbol{x}, \boldsymbol{x}\rangle$ 有关系 $\|\boldsymbol{x}\|_2=\langle \boldsymbol{x}, \boldsymbol{x}\rangle^{\frac{1}{2}}$。

假定集合 X 是所有定义在区间 $[a, b]$ 内的连续实函数组成的集合，并令内积为实数，则可定义两个函数 $f(t)$、$g(t)\in X$ 的内积为

$$\langle f, g\rangle=\int_a^b f(t)g(t)\mathrm{d}t \tag{A.31}$$

实际上这可以看作是 $(\mathbf{R}, \mathbf{R})$ 中向量内积的无限维推广。说明如下：假定 $f(t)$ 和 $g(t)$ 分别有 n 个取样点 $f(t_1)$，$f(t_2)$，…，$f(t_n)$ 和 $g(t_1)$，$g(t_2)$，…，$g(t_n)$，它们的内积是

$$\langle [f(t_1)f(t_2)\cdots f(t_n)]^{\mathrm{T}},\quad [g(t_1)g(t_2)\cdots g(t_n)]^{\mathrm{T}}\rangle=\sum_{i=1}^{n}f(t_i)g(t_i) \tag{A.32}$$

当 $n\to\infty$，式(A.31)类似积分。特别是，如果将每个取样点乘以 $\sqrt{\Delta t_i}=\sqrt{t_{i+1}-t_i}$，则

$$\begin{aligned}\lim_{t\to\infty}\langle [\cdots f(t_i)\sqrt{\Delta t_i}\cdots]^{\mathrm{T}},\quad [\cdots g(t_i)\sqrt{\Delta t_i}\cdots]^{\mathrm{T}}\rangle &= \lim_{t\to\infty}\sum_{i=1}^{n}f(t_i)g(t_i)\Delta t_i\\ &=\int_a^b f(t)g(t)\mathrm{d}t\end{aligned} \tag{A.33}$$

式中，$t_1=a$，$\lim\limits_{n\to\infty}t_n=b$。

【定理 A-2】 施瓦兹(Schwatrz)不等式，即，设 $\boldsymbol{x}_1$，$\boldsymbol{x}_2\in\mathbf{R}^n$，则

$$\langle \boldsymbol{x}_1, \boldsymbol{x}_2\rangle^2\leqslant\langle \boldsymbol{x}_1, \boldsymbol{x}_1\rangle\langle \boldsymbol{x}_2, \boldsymbol{x}_2\rangle \tag{A.34}$$

证明 当 $\boldsymbol{x}_1$ 或 $\boldsymbol{x}_2=\mathbf{0}$ 时，不等式显然成立；

当 $\boldsymbol{x}_1\neq\mathbf{0}$，$\boldsymbol{x}_2\neq\mathbf{0}$，$\forall\alpha\in\mathbf{C}$，有不等式

$0\leqslant\langle \boldsymbol{x}_1+\alpha\boldsymbol{x}_2,\quad \boldsymbol{x}_1+\alpha\boldsymbol{x}_2\rangle=\langle \boldsymbol{x}_1, \boldsymbol{x}_1\rangle+2\alpha\langle \boldsymbol{x}_1, \boldsymbol{x}_2\rangle+\alpha^2\langle \boldsymbol{x}_2, \boldsymbol{x}_2\rangle$

成立。上式右端关于 α 的二次三项式不取负值，而 $\langle \boldsymbol{x}_1, \boldsymbol{x}_1\rangle>0$，于是它的判别式不大于 0，即

$$4\langle \boldsymbol{x}_1, \boldsymbol{x}_2\rangle^2-4\langle \boldsymbol{x}_1, \boldsymbol{x}_1\rangle\langle \boldsymbol{x}_2, \boldsymbol{x}_2\rangle\leqslant 0$$

即

$$\langle \boldsymbol{x}_1, \boldsymbol{x}_2\rangle^2\leqslant\langle \boldsymbol{x}_1, \boldsymbol{x}_1\rangle\langle \boldsymbol{x}_2, \boldsymbol{x}_2\rangle$$

施瓦兹不等式中等号成立的充要条件是向量 $\boldsymbol{x}_1$ 与 $\boldsymbol{x}_2$ 线性相关。事实上，若 $\boldsymbol{x}_1$ 与 $\boldsymbol{x}_2$ 线性相关，不妨设 $\boldsymbol{x}_2=\boldsymbol{k}\boldsymbol{x}_1$，于是有

$$\langle \boldsymbol{x}_1, \boldsymbol{x}_2\rangle^2=\langle \boldsymbol{x}_1, \boldsymbol{k}\boldsymbol{x}_1\rangle^2=\boldsymbol{k}^2\langle \boldsymbol{x}_1, \boldsymbol{x}_1\rangle^2=\langle \boldsymbol{x}_1, \boldsymbol{x}_1\rangle\langle \boldsymbol{k}\boldsymbol{x}_1, \boldsymbol{k}\boldsymbol{x}_1\rangle=\langle \boldsymbol{x}_1, \boldsymbol{x}_1\rangle\langle \boldsymbol{x}_2, \boldsymbol{x}_2\rangle$$

此外，将施瓦兹不等式写成分量形式，有

$$\left(\sum_{i=1}^{n}x_{i1}x_{i2}\right)^2\leqslant\left(\sum_{i=1}^{n}x_{i1}^2\right)\left(\sum_{i=1}^{n}x_{i2}^2\right) \tag{A.35}$$

前面提到范数 $\|\boldsymbol{x}\|_2$ 和内积 $\langle \boldsymbol{x}, \boldsymbol{x}\rangle$ 有关系 $\|\boldsymbol{x}\|_2=\langle \boldsymbol{x}, \boldsymbol{x}\rangle^{\frac{1}{2}}$，则施瓦兹不等式可写成

$$|\langle \boldsymbol{x}_1, \boldsymbol{x}_2\rangle|\leqslant\|\boldsymbol{x}_1\|_2\cdot\|\boldsymbol{x}_2\|_2 \tag{A.36}$$

接下来证明在二维实空间 $(\mathbf{R}, \mathbf{R})$ 中，向量内积与数学分析中向量点积相同。从几何意义上看，如图 A.1 展示出 $(\mathbf{R}, \mathbf{R})$ 中两个向量 $\boldsymbol{x}$ 和 $\boldsymbol{y}$，在自然基下 $\boldsymbol{x}=[x_1, x_2]^{\mathrm{T}}$，$\boldsymbol{y}=[y_1, y_2]^{\mathrm{T}}$。根据内积和范数的定义可知

$$\langle \boldsymbol{x}, \boldsymbol{y}\rangle=x_1y_1+x_2y_2$$

$$\|\boldsymbol{x}\| = \sqrt{x_1^2 + x_2^2}$$

$$\|\boldsymbol{y}\| = \sqrt{y_1^2 + y_2^2}$$

向量 $\boldsymbol{x}$ 和 $\boldsymbol{y}$ 的点积 $\boldsymbol{x} \cdot \boldsymbol{y} = \|\boldsymbol{x}\| \ \|\boldsymbol{y}\| \cos\theta$。

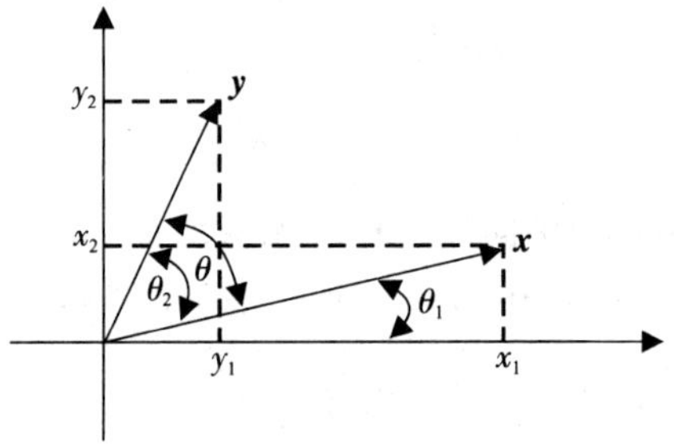

图 A.1　二维向量 $\boldsymbol{x}$，$\boldsymbol{y}$ 在平面上的几何表示

由图 A.1 可得，$x_1 = \|\boldsymbol{x}\| \cos\theta_1$，$x_2 = \|\boldsymbol{x}\| \sin\theta_1$，$y_1 = \|\boldsymbol{y}\| \cos\theta_2$，$y_2 = \|\boldsymbol{y}\| \sin\theta_2$，从而有

$$\begin{aligned} \boldsymbol{x} \cdot \boldsymbol{y} &= \|\boldsymbol{x}\| \cdot \|\boldsymbol{y}\| \cos(\theta_2 - \theta_1) \\ &= \|\boldsymbol{x}\| \cos\theta_1 \cdot \|\boldsymbol{y}\| \cos\theta_2 + \|\boldsymbol{x}\| \sin\theta_1 \cdot \|\boldsymbol{y}\| \sin\theta_2 \\ &= \langle \boldsymbol{x}, \boldsymbol{y} \rangle \end{aligned} \tag{A.37}$$

从而在证明中，内积和点积具有相同的几何意义，而且有

$$\cos\theta = \frac{\langle \boldsymbol{x}, \boldsymbol{y} \rangle}{\|\boldsymbol{x}\| \cdot \|\boldsymbol{y}\|} \tag{A.38}$$

即 $\langle \boldsymbol{x}, \boldsymbol{y} \rangle$ 和 $\|\boldsymbol{x}\|$、$\|\boldsymbol{y}\|$ 一起可表示向量 $\boldsymbol{x}$、$\boldsymbol{y}$ 之间夹角 θ。当 $\langle \boldsymbol{x}, \boldsymbol{y} \rangle > 0$，$0° \leqslant |\theta| < 90°$，而当 $\langle \boldsymbol{x}, \boldsymbol{y} \rangle < 0$，$90° < |\theta| < 180°$。特别地，当 $\boldsymbol{x}$、$\boldsymbol{y}$ 均为非零向量，$\langle \boldsymbol{x}, \boldsymbol{y} \rangle = 0$，$|\theta| = 90°$，即向量 $\boldsymbol{x}$ 和 $\boldsymbol{y}$ 正交，记为 $\boldsymbol{x} \perp \boldsymbol{y}$。需要指出的是，零向量与向量空间中的每一个非零向量正交。将上式的这些几何意义推广到 n 维实空间中，从而具有更一般的意义。

将向量正交概念推广便得到空间正交的概念。若 S 和 Y 都是 X 的子空间，对所有 $\boldsymbol{x} \in S$ 和所有 $\boldsymbol{y} \in Y$，有 $\langle \boldsymbol{x}, \boldsymbol{y} \rangle \equiv 0$，则认为 S 和 Y 正交，记为 $S \perp Y$，Y 有时也写成 $S^{\perp}$，即 $Y = S^{\perp}$。这时，记 $X = S \oplus Y = S \oplus S^{\perp}$。注意只有零向量为 S 和 $S^{\perp}$ 共有，符号 $\oplus$ 称为直和。

有了 n 维向量正交的概念就很容易理解规范化正交基和正交投影。若其中一组向量互相正交，且每个向量的范数均为 1(由单位向量组成)，即

$$\langle \boldsymbol{e}_i, \boldsymbol{e}_j \rangle = \begin{cases} 1, & i = j \\ 0, & i \neq j \end{cases}, \quad i、j = 1, 2, \cdots, n \tag{A.39}$$

则称这组向量为规范化正交基。自然基便是其中的一种。向量 $\boldsymbol{x}$ 在向量 $\boldsymbol{y}$ 上的正交投影规定为

$$\boldsymbol{p}_y \boldsymbol{x} = \frac{\langle \boldsymbol{y}, \boldsymbol{x} \rangle}{\|\boldsymbol{y}\|^2} \boldsymbol{y} \tag{A.40}$$

向量 $\boldsymbol{x}$ 与向量 $\boldsymbol{p}_y \boldsymbol{x}$ 之差 $(\boldsymbol{x} - \boldsymbol{p}_y \boldsymbol{x})$ 与向量 $\boldsymbol{y}$ 正交。图 A.2 说明了它们之间的关系，$\alpha = \arccos \dfrac{\langle \boldsymbol{x}, \boldsymbol{y} \rangle}{\|\boldsymbol{x}\| \cdot \|\boldsymbol{y}\|}$ 是向量 $\boldsymbol{x}$ 与向量 $\boldsymbol{y}$ 之间的广义夹角。

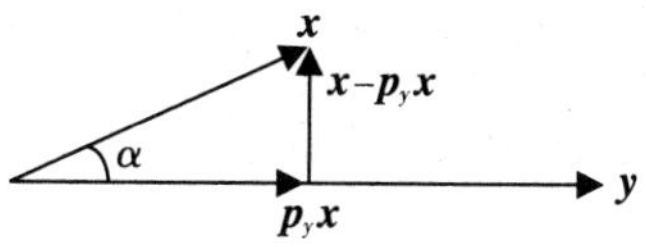

图 A. 2 $\boldsymbol{x}$、$\boldsymbol{y}$ 与 $\boldsymbol{p}_y\boldsymbol{x}$ 之间的几何关系

利用内积可构造格拉姆(Gram)矩阵，从而判断一组向量 $\boldsymbol{x}_1$，$\boldsymbol{x}_2$，…，$\boldsymbol{x}_n$ 的线性无关性。格拉姆矩阵为

$$\boldsymbol{G} \overset{\text{def}}{=} \begin{bmatrix} \langle \boldsymbol{x}_1, \boldsymbol{x}_1 \rangle & \langle \boldsymbol{x}_1, \boldsymbol{x}_2 \rangle & \cdots & \langle \boldsymbol{x}_1, \boldsymbol{x}_n \rangle \\ \langle \boldsymbol{x}_2, \boldsymbol{x}_1 \rangle & \langle \boldsymbol{x}_2, \boldsymbol{x}_2 \rangle & \cdots & \langle \boldsymbol{x}_2, \boldsymbol{x}_n \rangle \\ \vdots & \vdots & \ddots & \vdots \\ \langle \boldsymbol{x}_n, \boldsymbol{x}_1 \rangle & \langle \boldsymbol{x}_n, \boldsymbol{x}_2 \rangle & \cdots & \langle \boldsymbol{x}_n, \boldsymbol{x}_n \rangle \end{bmatrix} \tag{A.41}$$

格拉姆矩阵具有如下性质：

(1) 格拉姆矩阵是埃尔米特(Hermite)矩阵，即 $\boldsymbol{G}=\boldsymbol{G}^*$，当所有向量均为实向量时，格拉姆矩阵是对称矩阵，即 $\boldsymbol{G}=\boldsymbol{G}^{\mathrm{T}}$。

(2) 格拉姆矩阵 $\boldsymbol{G}$ 是非负定的。

(3) 当且仅当所有向量彼此线性无关时，$\boldsymbol{G}$ 是正定的，因而也是非奇异的。

(4) 当且仅当所有向量彼此正交时，$\boldsymbol{G}$ 是对角矩阵。

(5) 当且仅当每个向量的范数均为 1，彼此又相互正交时，$\boldsymbol{G}=\boldsymbol{I}_n$。

A.6 线性变换及其矩阵表达式

线性空间是某类客观事物从量的方面的一个抽象，而线性变换则研究线性空间中元素之间的最基本联系。本节将介绍线性变换的基本概念，并讨论它与矩阵之间的联系。

设有向量空间(X, F)，L 是 X 到自身的一个映射，使对任意向量 $\boldsymbol{x}\in X$，X 中都有唯一的向量 $\boldsymbol{y}$ 与之对应，则称 L 是 X 的一个**变换**或**算子**，记为 $L\boldsymbol{x}=\boldsymbol{y}$，称 $\boldsymbol{y}$ 为 $\boldsymbol{x}$ 在 L 下的**象**，而 $\boldsymbol{x}$ 是 $\boldsymbol{y}$ 的**原象**。

一个将(X, F)映射到(Y, F)上的函数 L，当且仅当满足式(A. 41)时称为线性变换或线性算子，记 L：$X\to Y$ 或 $Y=L(X)$。

$$L(\alpha_1 \boldsymbol{x}_1+\alpha_2 \boldsymbol{x}_2)=\alpha_1 L(\boldsymbol{x}_1)+\alpha_2 L(\boldsymbol{x}_2),\ \forall \alpha_1, \alpha_2\in F,\ \forall \boldsymbol{x}_1, \boldsymbol{x}_2\in X \tag{A.42}$$

注意，向量 $L(\boldsymbol{x}_1)$和 $L(\boldsymbol{x}_2)$是 Y 中元素，要求 Y 与 X 同以 F 为域是为了保证 $\alpha_1 L(\boldsymbol{x}_1)$和 $\alpha_2 L(\boldsymbol{x}_2)$有定义。

【定理 A-3】 把二维实平面$(\mathbf{R}, \mathbf{R})$的所有向量均绕原点顺(或逆)时针方向旋转 θ 角的变换，就是一个线性变换，这时象(η_1, η_2)与原象$(\varepsilon_1, \varepsilon_2)$之间的关系是

$$\begin{bmatrix} \eta_1 \\ \eta_2 \end{bmatrix}=\begin{bmatrix} \cos\theta & \sin\theta \\ -\sin\theta & \cos\theta \end{bmatrix}\begin{bmatrix} \varepsilon_1 \\ \varepsilon_2 \end{bmatrix}$$

【定理 A-4】 设 $f(\cdot)$是在区间$[a, b]$上可积的实函数，I 表示这类函数组成的集合。设 $\varphi(t, \tau)$为 t 和 τ 的实连续函数，t、$\tau\in[a, b]$。用 C 表示所有在区间$[a, b]$上连续函数组成的集合，则

$$g(t)=\int_a^b \varphi(t,\tau)f(\tau)\mathrm{d}\tau \in C,\quad t\in[a,b] \tag{A.43}$$

式(A.43)说明一个由 $\varphi(t,\tau)$ 决定的积分运算将 $f(t)\in I$ 映射成 $g(t)\in C$。这种映射称为积分变换或积分算子。

定义在区间 $[a,b]$ 上的所有实连续函数集合 $C(a,b)$ 构成 $\mathbf{R}$ 上的一个线性空间。在 $C(a,b)$ 上定义变换 J，即

$$J(f(t))=\int_a^t f(u)\mathrm{d}u,\ f(t)\in C$$

若

$$J(kf(t)+lg(t))=k\int_a^t f(u)\mathrm{d}u+l\int_a^t g(u)\mathrm{d}u=kJ(f(t))+lJ(g(t))$$

则 J 是 $C(a,b)$ 的一个线性变换。

【定理 A-5】 在线性空间 P 中，设 D 为所有在区间 $[a,b]$ 上可微的实函数 $f(\cdot)$ 组成的集合，则

$$\frac{\mathrm{d}}{\mathrm{d}t}f(t)=g(t),\quad f(t)\in P \tag{A.44}$$

为在区间 $[a,b]$ 上可积的实函数，即 $g(t)\in I$。因此，式(A.44)说明微分运算将 $f(t)\in D$ 映射为 $g(t)\in I$，这种映射称为微分变换或微分算子。

事实上，对任意的 $f(t)$、$g(t)\in P$ 及 k、$l\in\mathbf{R}$，有

$$\frac{\mathrm{d}}{\mathrm{d}t}(kf(t)+lg(t))=k\frac{\mathrm{d}}{\mathrm{d}t}f(t)+l\frac{\mathrm{d}}{\mathrm{d}t}g(t)$$

定理 A-4 和定理 A-5 表明，作为数学分析的两个运算——积分和微分，从变换(或算子)的角度来看都是线性变换(或线性算子)。可见线性变换在理论与应用中的重要性。

设 (X,F) 和 (Y,F) 分别是同一个域 F 上的 n 维和 m 维向量空间。令 $\boldsymbol{x}_1,\boldsymbol{x}_2,\cdots,\boldsymbol{x}_n$ 是 X 中的一组线性无关向量，它们可称为 X 空间的基。设 $\boldsymbol{x}$ 是 X 中任一向量，$\boldsymbol{x}=\alpha_1\boldsymbol{x}_1+\alpha_2\boldsymbol{x}_2+\cdots+\alpha_n\boldsymbol{x}_n$。线性变换 L：$(X,F)\rightarrow(Y,F)$ 将 $\boldsymbol{x}$ 映射成 $L(x)=\alpha_1L(\boldsymbol{x}_1)+\alpha_2L(\boldsymbol{x}_2)+\cdots+\alpha_nL(\boldsymbol{x}_n)=\alpha_1\boldsymbol{y}_1+\alpha_2\boldsymbol{y}_n+\cdots+\alpha_n\boldsymbol{y}_n$。这表明对任意的 $\boldsymbol{x}\in X$，唯一地由 $\boldsymbol{y}_j=L(\boldsymbol{x}_j)$ 确定 $(j=1,2,\cdots,n)$。假定 $\boldsymbol{y}_j$ 相对于 Y 的基 $(\boldsymbol{u}_1,\boldsymbol{u}_2,\cdots,\boldsymbol{u}_n)$ 的坐标是 $(\alpha_{1j},\alpha_{2j},\cdots,\alpha_{mj})^{\mathrm{T}}=\boldsymbol{\alpha}_j$，即

$$\boldsymbol{y}_j=(\boldsymbol{u}_1,\boldsymbol{u}_2,\cdots,\boldsymbol{u}_n)\boldsymbol{\alpha}_j,\ j=1,2,\cdots,n \tag{A.45}$$

其中，系数 α_{ij} 取自 F，$i=1、2、\cdots、m$，$j=1、2、\cdots、n$。

$$\begin{aligned}L(\boldsymbol{x}_1,\boldsymbol{x}_2,\cdots,\boldsymbol{x}_n)&=(\boldsymbol{y}_1,\boldsymbol{y}_2,\cdots,\boldsymbol{y}_n)\\&=(\boldsymbol{u}_1,\boldsymbol{u}_2,\cdots,\boldsymbol{u}_n)(\boldsymbol{\alpha}_1,\boldsymbol{\alpha}_2,\cdots,\boldsymbol{\alpha}_n)\\&=(\boldsymbol{u}_1,\boldsymbol{u}_2,\cdots,\boldsymbol{u}_n)\boldsymbol{A}\end{aligned} \tag{A.46}$$

其中

$$\boldsymbol{A}=\begin{bmatrix}\alpha_{11} & \alpha_{12} & \cdots & \alpha_{1n}\\ \alpha_{21} & \alpha_{22} & \cdots & \alpha_{2n}\\ \vdots & \vdots & \ddots & \vdots\\ \alpha_{m1} & \alpha_{m2} & \cdots & \alpha_{mn}\end{bmatrix} \tag{A.47}$$

$\boldsymbol{A}$ 的第 j 列是 $\boldsymbol{y}_j=L(\boldsymbol{x}_j)$ 相对于 Y 的基的坐标。如果向量 $\boldsymbol{x}$ 和 $\boldsymbol{y}=L(\boldsymbol{x})$ 在各自基下坐

标分别是 $\boldsymbol{\alpha}=(\alpha_1, \alpha_2, \cdots, \alpha_n)^{\mathrm{T}}$ 和 $\boldsymbol{\beta}=(\beta_1, \beta_2, \cdots, \beta_m)^{\mathrm{T}}$，线性变换 $\boldsymbol{y}=L(\boldsymbol{x})$ 可写成

$$(\boldsymbol{u}_1, \boldsymbol{u}_2, \cdots, \boldsymbol{u}_m)\boldsymbol{\beta}=L[(\boldsymbol{x}_1, \boldsymbol{x}_2, \cdots, \boldsymbol{x}_n)\boldsymbol{\alpha}]=L[\boldsymbol{x}_1, \boldsymbol{x}_2, \cdots, \boldsymbol{x}_n]\boldsymbol{\alpha} \tag{A.48}$$

将式(A.45)代入得

$$(\boldsymbol{u}_1, \boldsymbol{u}_2, \cdots, \boldsymbol{u}_m)\boldsymbol{\beta}=(\boldsymbol{u}_1, \boldsymbol{u}_2, \cdots, \boldsymbol{u}_m)\boldsymbol{A}\boldsymbol{\alpha} \tag{A.49}$$

向量坐标的唯一性说明

$$\boldsymbol{\beta}=\boldsymbol{A}\boldsymbol{\alpha} \tag{A.50}$$

因此可以判定，一旦(X, F)和(Y, F)基选定后，线性变换 L：$(X, F)\to(Y, F)$就可用系数(或元素)取自 F 的矩阵表示。需要明确的是，上式给出的是向量 $\boldsymbol{x}$ 和 $\boldsymbol{y}$ 的坐标 $\boldsymbol{\alpha}$ 和 $\boldsymbol{\beta}$ 之间的关系式而不是它们本身的关系式，而且矩阵 $\boldsymbol{A}$ 与所选取的基有关，在不同的基下同一线性变换有不同的矩阵表达式。

设 n 维空间(X, F)有两组不同的基 $\boldsymbol{E}=(\boldsymbol{e}_1, \boldsymbol{e}_2, \cdots, \boldsymbol{e}_n)$和$\bar{\boldsymbol{E}}=(\bar{\boldsymbol{e}}_1, \bar{\boldsymbol{e}}_2, \cdots, \bar{\boldsymbol{e}}_n)$，$m$ 维空间(Y, F)也有两组基 $\boldsymbol{\varepsilon}=(\varepsilon_1, \varepsilon_2, \cdots, \varepsilon_m)$和 $\bar{\boldsymbol{\varepsilon}}=(\bar{\varepsilon}_1, \bar{\varepsilon}_2, \cdots, \bar{\varepsilon}_m)$。$\forall \boldsymbol{x}\in X$ 和 $L(\boldsymbol{x})\in Y$ 在各自基下的表达式如下

$$\boldsymbol{x}=\boldsymbol{E}\boldsymbol{\alpha}=\bar{\boldsymbol{E}}\bar{\boldsymbol{\alpha}}, \ \boldsymbol{y}=\boldsymbol{\varepsilon}\boldsymbol{\beta}=\bar{\boldsymbol{\varepsilon}}\,\bar{\boldsymbol{\beta}} \tag{A.51}$$

由基底变换可知

$$\bar{\boldsymbol{\alpha}}=\boldsymbol{P}\boldsymbol{\alpha}, \ \boldsymbol{\alpha}=\boldsymbol{P}^{-1}\bar{\boldsymbol{\alpha}}, \ \bar{\boldsymbol{\beta}}=\boldsymbol{Q}\boldsymbol{\beta}, \ \boldsymbol{\beta}=\boldsymbol{Q}^{-1}\bar{\boldsymbol{\beta}} \tag{A.52}$$

若用基 $\boldsymbol{E}$ 和 $\boldsymbol{\varepsilon}$ 表示线性变换的表达式为

$$\boldsymbol{\beta}=\boldsymbol{A}\boldsymbol{\alpha} \tag{A.53}$$

若用基$\bar{\boldsymbol{E}}$和 $\bar{\boldsymbol{\varepsilon}}$ 表示同一线性变换的表达式为

$$\bar{\boldsymbol{\beta}}=\boldsymbol{Q}\boldsymbol{A}\boldsymbol{P}^{-1}\bar{\boldsymbol{\alpha}}=\bar{\boldsymbol{A}}\bar{\boldsymbol{\alpha}} \tag{A.54}$$

$$\bar{\boldsymbol{A}}=\boldsymbol{Q}\boldsymbol{A}\boldsymbol{P}^{-1} \tag{A.55}$$

$$\boldsymbol{A}=\boldsymbol{Q}^{-1}\bar{\boldsymbol{A}}\boldsymbol{P} \tag{A.56}$$

在实际中一种十分有用的线性变换是将线性空间映射到自身的线性变换，即 L：$(X, F)\to(X, F)$。在这种情况下，变换前后两个空间的基总选得相同。一旦 X 的基 $\boldsymbol{E}$ 已选定，表达这种线性变换的矩阵 $\boldsymbol{A}$ 也就确定了。倘若选用不同的基$\bar{\boldsymbol{E}}$，则同一个线性变换在不同基下的表达矩阵也就不同。

【定理 A-6】 设线性变换 L：$(X, F)\to(X, F)$，L 在基 $\boldsymbol{E}=(\boldsymbol{e}_1, \boldsymbol{e}_2, \cdots, \boldsymbol{e}_n)$和$\bar{\boldsymbol{E}}=(\bar{\boldsymbol{e}}_1, \bar{\boldsymbol{e}}_2, \cdots, \bar{\boldsymbol{e}}_n)$下的表达矩阵依次是 $\boldsymbol{A}$ 和$\bar{\boldsymbol{A}}$，并且有

$$(\bar{\boldsymbol{e}}_1, \bar{\boldsymbol{e}}_2, \cdots, \bar{\boldsymbol{e}}_n)=(\boldsymbol{e}_1, \boldsymbol{e}_2, \cdots, \boldsymbol{e}_n)\boldsymbol{P} \tag{A.57}$$

则

$$\bar{\boldsymbol{A}}=\boldsymbol{P}^{-1}\boldsymbol{A}\boldsymbol{P} \tag{A.58}$$

证明

$$L(\boldsymbol{e}_1, \boldsymbol{e}_2, \cdots, \boldsymbol{e}_n)=(\boldsymbol{e}_1, \boldsymbol{e}_2, \cdots, \boldsymbol{e}_n)\boldsymbol{A}$$

$$L(\bar{\boldsymbol{e}}_1, \bar{\boldsymbol{e}}_2, \cdots, \bar{\boldsymbol{e}}_n)=(\bar{\boldsymbol{e}}_1, \bar{\boldsymbol{e}}_2, \cdots, \bar{\boldsymbol{e}}_n)\bar{\boldsymbol{A}}$$

由于

$$L(\bar{\boldsymbol{e}}_1, \bar{\boldsymbol{e}}_2, \cdots, \bar{\boldsymbol{e}}_n)=L(\boldsymbol{e}_1, \boldsymbol{e}_2, \cdots, \boldsymbol{e}_n)\boldsymbol{P}=(\boldsymbol{e}_1, \boldsymbol{e}_2, \cdots, \boldsymbol{e}_n)\boldsymbol{A}\boldsymbol{P}=(\bar{\boldsymbol{e}}_1, \bar{\boldsymbol{e}}_2, \cdots, \bar{\boldsymbol{e}}_n)\boldsymbol{P}^{-1}\boldsymbol{A}\boldsymbol{P}$$

所以

$$\bar{\boldsymbol{A}}=\boldsymbol{P}^{-1}\boldsymbol{A}\boldsymbol{P} \tag{A.59a}$$

$$\boldsymbol{A}=\boldsymbol{P}\bar{\boldsymbol{A}}\boldsymbol{P}^{-1} \tag{A.59b}$$

显然，$\boldsymbol{A}$ 和$\bar{\boldsymbol{A}}$是相似矩阵，所以同一线性变换在不同基下的所有矩阵表达式皆相似。图 A.3 对式(A.59)作了形象的说明。

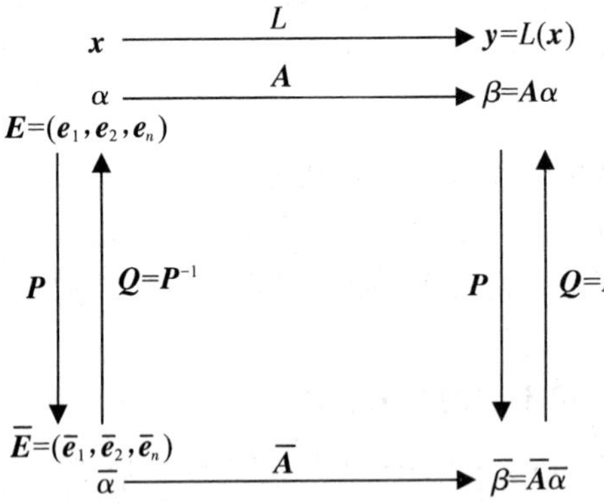

图 A.3　同一算子 L 在不同基下表达式之间的关系

线性变换 L：$(X, F)\to(Y, F)$是按指定的线性规律将 X 中的向量 $\boldsymbol{x}$ 映射为 Y 中的向量 $\boldsymbol{y}$。当两个线性变换具有式(A.60)表示的关系，称 L_1 和 L_2 相等，即

$$L_1(\boldsymbol{x})=L_2(\boldsymbol{x})\in Y,\ \forall\,\boldsymbol{x}\in X \tag{A.60}$$

除此之外，线性变换还具有和、差、标量积与积四种运算关系。式(A.60)给出了它们的定义式：

$$\begin{cases}(L_1\pm L_2)(\boldsymbol{x})=L_1(\boldsymbol{x})\pm L_2(\boldsymbol{x}),\ \forall\,\boldsymbol{x}\in X\\ (\alpha L)(\boldsymbol{x})=\alpha L(\boldsymbol{x}),\ \forall\,\alpha\in F,\ \forall\,\boldsymbol{x}\in X\\ L(T(\boldsymbol{v}))=LT(\boldsymbol{v}),\ T:(V, F)\to(X, F)\end{cases} \tag{A.61}$$

线性变换 L：$(\mathbf{R}, \mathbf{R})\to(\mathbf{R}, \mathbf{R})$是最简单的一种，可将它表示为 $\boldsymbol{y}=K\boldsymbol{x}$，$K\in\mathbf{R}$。$|K|$可以用来衡量线性变换的大小，它表示对自变量 $\boldsymbol{x}$ 放大或缩小的倍数。对这一概念进行推广，当 X 和 Y 为有限维或无限维向量空间时，如何用线性变换的范数 $\|L\|$ 衡量线性变换的大小。线性变换范数是由有界线性变换引申出来的。

A.7　特征值、特征向量和约旦标准型

特征值、特征向量和广义特征向量是线性变换的重要内容之一。设矩阵 $\boldsymbol{A}$ 表示一个将$(\mathbf{C}^n, \mathbf{C})$映射到自身的线性变换，$\lambda\in\mathbf{C}$，若$\exists\,\boldsymbol{x}\in\mathbf{C}^n$，使得

$$\boldsymbol{A}\boldsymbol{x}=\lambda\boldsymbol{x} \tag{A.62}$$

或

$$(\lambda\boldsymbol{I}-\boldsymbol{A})\boldsymbol{x}=\boldsymbol{0} \tag{A.63}$$

则称 λ 为 $\boldsymbol{A}$ 的特征值，$\boldsymbol{x}$ 为特征值 λ 对应的特征向量，要使式(A.63)有非平凡解(即 $\boldsymbol{x}\neq\boldsymbol{0}$)，必须有

$$\det(\lambda\boldsymbol{I}-\boldsymbol{A})=0 \tag{A.64}$$

式(A.64)称为矩阵 $\boldsymbol{A}$ 的特征方程，而 $\det(\lambda\boldsymbol{I}-\boldsymbol{A})$是 λ 的 n 阶多项式，称为特征多项

式，记为$\Delta(\lambda)$。特征方程的n个根$\lambda_i(i=1, 2, \cdots, n)$便是矩阵$\boldsymbol{A}$的$n$个特征值，它们形成的集合$\{\lambda_1, \lambda_2, \cdots, \lambda_n\}$叫做矩阵$\boldsymbol{A}$的谱，记作$\sigma(\boldsymbol{A})$。由特征方程计算出来的特征值有相异的，也有相重的。重根的数目称作代数重数。

若矩阵$\boldsymbol{A}$具有n个相异的特征值，由$\boldsymbol{A}\boldsymbol{p}_i=\lambda_i\boldsymbol{p}_i$求得相应的$n$个特征向量$\boldsymbol{p}_i(i=1, 2, \cdots, n)$，构成了非奇异矩阵$\boldsymbol{P}=[\boldsymbol{p}_1 \quad \boldsymbol{p}_2 \quad \cdots \quad \boldsymbol{p}_n]$。用$\boldsymbol{P}$和$\boldsymbol{P}^{-1}$可将$\boldsymbol{A}$变换为对角阵diag$(\lambda_1 \quad \lambda_2 \quad \cdots \quad \lambda_n)$，其中$\lambda_i$的排序与矩阵$\boldsymbol{P}$中特征向量$\boldsymbol{p}_i$的排序一致。

若矩阵$\boldsymbol{A}$具有相重的特征值，即有$q(q<n)$个代数重数分别为$\mu_i(\mu_i \geqslant 1)$的相异特征值$\lambda_i(i=1, 2, \cdots, q)$且$\sum_{i=1}^{q}\mu_i=n$，则特征值$\lambda_i$对应的线性无关的特征向量数$\xi_i \leqslant \mu_i$。式(A.63)要求$\boldsymbol{x} \in N(\lambda\boldsymbol{I}-\boldsymbol{A})$，所以$\xi_i=\upsilon(\lambda_i\boldsymbol{I}-\boldsymbol{A})$。当$\xi_i \leqslant \mu_i$时，为了将矩阵$\boldsymbol{A}$相似变换为约旦标准型，还需要引入和利用广义特征向量。特征值λ_i的k阶广义特征向量$\boldsymbol{x}$定义为

$$\begin{aligned}(\lambda_i\boldsymbol{I}-\boldsymbol{A})^k\boldsymbol{x}&=\boldsymbol{0}\\(\lambda_i\boldsymbol{I}-\boldsymbol{A})^{k-1}\boldsymbol{x}&\neq\boldsymbol{0}\end{aligned} \tag{A.65}$$

假设$\boldsymbol{p}_{ik}$是特征值λ_i的k阶广义特征向量。按照式(A.64)可求得另外$(k-1)$个向量$\boldsymbol{p}_{i(k-1)}, \boldsymbol{p}_{i(k-2)}, \cdots, \boldsymbol{p}_{i2}, \boldsymbol{p}_{i1}$，连同$\boldsymbol{p}_{ik}$一起构成一组$k$个彼此线性无关的向量。它们可按式(A.66)逐一计算出来，即

$$\begin{aligned}\boldsymbol{A}\boldsymbol{p}_{i1}&=\lambda_i\boldsymbol{p}_{i1}\\\boldsymbol{A}\boldsymbol{p}_{i2}&=\lambda_i\boldsymbol{p}_{i2}+\boldsymbol{p}_{i1}\\&\vdots\\\boldsymbol{A}\boldsymbol{p}_{i(k-1)}&=\lambda_i\boldsymbol{p}_{i(k-1)}+\boldsymbol{p}_{i(k-2)}\\\boldsymbol{A}\boldsymbol{p}_{ik}&=\lambda_i\boldsymbol{p}_{ik}+\boldsymbol{p}_{i(k-1)}\end{aligned} \tag{A.66}$$

k个彼此线性无关的向量$\boldsymbol{p}_{ik}, \boldsymbol{p}_{i(k-1)}, \cdots, \boldsymbol{p}_{i2}, \boldsymbol{p}_{i1}$被称作长度为$k$的约旦链。针对$\xi_i$个特征向量中的每一个，可按式(A.66)计算出一条约旦链。ξ_i条约旦链有μ_i个线性无关的特征向量(包括广义特征向量)。对于具有$q(q<n)$个相异特征值的方阵$\boldsymbol{A}$而言，可以得到n个线性无关的特征向量(包括广义特征向量)。用它们组成的非奇异变换阵$\boldsymbol{P}$和$\boldsymbol{P}^{-1}$，可将$\boldsymbol{A}$相似变换为约旦标准型。

【例 A-5】 将方阵$\boldsymbol{A}_1$、$\boldsymbol{A}_2$和$\boldsymbol{A}_3$变换成对角或约旦标准型。

$$\boldsymbol{A}_1=\begin{bmatrix}0 & 1 & -1\\-6 & -11 & 6\\-6 & -11 & 5\end{bmatrix}, \quad \boldsymbol{A}_2=\begin{bmatrix}1 & -3 & 3\\3 & -5 & 2\\6 & -6 & 4\end{bmatrix}, \quad \boldsymbol{A}_3=\begin{bmatrix}-3 & 1 & -1\\-7 & 5 & -1\\-6 & 6 & -2\end{bmatrix}$$

解 (1) 由$\det(\lambda\boldsymbol{I}-\boldsymbol{A}_1)=(\lambda+1)(\lambda+2)(\lambda+3)=0$得系统特征值与特征向量分别为

$$\lambda_1=-1, \quad \mu_1=1, \quad \lambda_2=-2, \mu_2=1, \quad \lambda_3=-3, \quad \mu_3=1$$

由$\boldsymbol{A}_1\boldsymbol{p}_i=\lambda_i\boldsymbol{p}_i$可得

$$\boldsymbol{p}_1=\begin{bmatrix}1\\0\\1\end{bmatrix}, \quad \boldsymbol{p}_2=\begin{bmatrix}1\\2\\4\end{bmatrix}, \quad \boldsymbol{p}_3=\begin{bmatrix}1\\6\\9\end{bmatrix}$$

则线性非奇异变换矩阵为

$$\boldsymbol{P}=[\boldsymbol{p}_1 \quad \boldsymbol{p}_2 \quad \boldsymbol{p}_3]=\begin{bmatrix}1 & 1 & 1\\0 & 2 & 6\\1 & 4 & 9\end{bmatrix}$$

则可以求得

$$\boldsymbol{P}^{-1}=\begin{bmatrix}3 & \frac{5}{2} & -2\\-3 & -4 & 3\\1 & \frac{3}{2} & -1\end{bmatrix}$$

$$\boldsymbol{\Lambda}=\boldsymbol{P}^{-1}\boldsymbol{A}\boldsymbol{P}=\begin{bmatrix}\lambda_1 & & 0\\ & \lambda_2 & \\0 & & \lambda_3\end{bmatrix}=\begin{bmatrix}-1 & & 0\\ & -2 & \\0 & & -3\end{bmatrix}$$

(2) 由 $\det(\lambda\boldsymbol{I}-\boldsymbol{A}_2)=(\lambda+2)^2(\lambda-4)=0$ 得系统特征值与特征向量分别为

$$\lambda_1=-2,\quad \mu_1=2,\quad \lambda_2=4,\quad \mu_2=1,\quad \xi_2=1$$

$$\rho[\boldsymbol{A}_2-(-2)\boldsymbol{I}]=1,\quad \upsilon[\boldsymbol{A}_2-(-2)\boldsymbol{I}]=2,\quad \xi_1=2$$

由 $\boldsymbol{A}_2\,\boldsymbol{p}_1=(-2)\boldsymbol{p}_1$ 计算出

$$\boldsymbol{p}_1=[1 \quad 1 \quad 0]^{\mathrm{T}},\ \boldsymbol{p}_2=[1 \quad 0 \quad -1]^{\mathrm{T}}$$

由 $\boldsymbol{A}_2\,\boldsymbol{p}_3=4\,\boldsymbol{p}_3$ 可得

$$\boldsymbol{p}_3=[1 \quad 1 \quad 2]^{\mathrm{T}}$$

则线性非奇异变换矩阵为

$$\boldsymbol{P}=[\boldsymbol{p}_1 \quad \boldsymbol{p}_2 \quad \boldsymbol{p}_3]=\begin{bmatrix}1 & 1 & 1\\1 & 0 & 1\\0 & -1 & 2\end{bmatrix}$$

则可以求得

$$\boldsymbol{P}^{-1}=\begin{bmatrix}-\frac{1}{2} & \frac{3}{2} & -\frac{1}{2}\\1 & -1 & 0\\\frac{1}{2} & -\frac{1}{2} & \frac{1}{2}\end{bmatrix}$$

$$\boldsymbol{\Lambda}=\boldsymbol{P}^{-1}\boldsymbol{A}_2\boldsymbol{P}=\begin{bmatrix}-2 & 0 & 0\\0 & -2 & 0\\0 & 0 & 4\end{bmatrix}$$

(3) 由 $\det(\lambda\boldsymbol{I}-\boldsymbol{A}_3)=(\lambda+2)^2(\lambda-4)=0$ 可得系统特征值与特征向量分别为

$$\lambda_1=-2,\quad \mu_1=2,\quad \lambda_2=4,\quad \mu_2=1,\quad \xi_2=1$$

$$\rho[\boldsymbol{A}_3-(-2)\boldsymbol{I}]=2,\quad \upsilon[\boldsymbol{A}_2-(-2)\boldsymbol{I}]=1,\quad \xi_1=1$$

由 $\boldsymbol{A}_3\,\boldsymbol{p}_1=(-2)\boldsymbol{p}_1$ 计算出

$$\boldsymbol{p}_1=[1 \quad 1 \quad 0]^{\mathrm{T}}$$

由 $\boldsymbol{A}_3\boldsymbol{p}_{12}=-2\boldsymbol{p}_{12}+\boldsymbol{p}_1$，计算出

$$\boldsymbol{p}_{12}=[1 \quad 1 \quad -1]^{\mathrm{T}}$$

由 $\boldsymbol{A}_3\,\boldsymbol{p}_2=4\,\boldsymbol{p}_2$ 可得

$$\boldsymbol{p}_2=[0\quad 1\quad 1]^{\mathrm{T}}$$

则线性非奇异变换矩阵为

$$\boldsymbol{P}=[\boldsymbol{p}_1\quad \boldsymbol{p}_{12}\quad \boldsymbol{p}_2]=\begin{bmatrix}1 & 1 & 0\\ 1 & 1 & 1\\ 0 & -1 & 1\end{bmatrix}$$

则可以求得

$$\boldsymbol{J}=\boldsymbol{P}^{-1}\boldsymbol{A}_3\boldsymbol{P}=\begin{bmatrix}-2 & 1 & 0\\ 0 & -2 & 0\\ 0 & 0 & 4\end{bmatrix}$$

前面阐述的将方阵 **A** 相似变换为对角或约旦标准型的方法是一种标准方法，但广义特征值的计算往往是费时又麻烦的。下面介绍几个比较实用的定理。

【定理 A-7】 设 n 阶方阵 **A** 有特征值 λ_1，λ_2，…，λ_n 和一组线性无关的特征向量 $\boldsymbol{p}_1$，$\boldsymbol{p}_2$，…，$\boldsymbol{p}_n$，则用特征向量构成的非奇异矩阵 $\boldsymbol{P}=[\boldsymbol{p}_1\quad \boldsymbol{p}_2\quad \cdots\quad \boldsymbol{p}_n]$可将 **A** 相似变换为对角阵 $\boldsymbol{\Lambda}$，即

$$\boldsymbol{\Lambda}=\boldsymbol{P}^{-1}\boldsymbol{A}\boldsymbol{P}=\mathrm{diag}(\lambda_1\quad \lambda_2\quad \cdots\quad \lambda_n) \tag{A.67}$$

注意：该定理并不要求具有 n 个相异的特征值。

【定理 A-8】 设 n 阶方阵 **A** 有 q 个相异的特征值 λ_i，$i=1, 2, \cdots, q$，相应的重数为 μ_i，$\sum_{i=1}^{q}\mu_i=n$，则必存在一个非奇异矩阵 **P** 可将 **A** 相似变换为约旦标准型 **J**，即

$$\boldsymbol{J}=\boldsymbol{P}^{-1}\boldsymbol{A}\boldsymbol{P}=\mathrm{diag}(\boldsymbol{J}_1\quad \boldsymbol{J}_2\quad \cdots\quad \boldsymbol{J}_q) \tag{A.68a}$$

式中，对角分块方阵$\boldsymbol{J}_i$ 是伴随λ_i 的μ_i 阶方阵，$\boldsymbol{J}_i=\mathrm{diag}(J_{i1}\quad J_{i2}\quad \cdots\quad J_{i\xi_i})$，其形式如式(A.68b)所示。

$$\boldsymbol{J}_i=\begin{bmatrix}\begin{matrix}\lambda_i & 1 & & & \\ & \lambda_i & 1 & & \\ & & \lambda_i & \ddots & \\ & & & \ddots & 1\\ & & & & \lambda_i\end{matrix} & & & & & \\ \eta_i\times\eta_i & \ddots & & & & \\ & & \begin{matrix}\lambda_i & 1\\ & \lambda_i\end{matrix} & & & \\ & & & \lambda_i & & \\ & & & & \ddots & \\ & & & & & \lambda_i\end{bmatrix}_{\mu_i\times\mu_i} \tag{A.68b}$$

$\boldsymbol{J}_i$ 共有 ξ_i(λ_i 的几何重数)块子阵 $\boldsymbol{J}_{i1}$，$\boldsymbol{J}_{i2}$，…，$\boldsymbol{J}_{i\xi_i}$。每块的规模由相应的 λ_i 的约旦链长度决定，其中 $\boldsymbol{J}_{i1}$ 为最大的子块，阶次为 η_i(λ_i 的指数)。

A.8 矩阵函数和函数矩阵

矩阵函数和矩阵值函数是矩阵理论的重要内容，它们在力学、控制理论和信号处理等

学科中有着重要的应用。本小节介绍函数、矩阵函数和矩阵值函数的概念，讨论它们的有关性质及矩阵值函数的微分与积分。

1. 函数

函数是发生在集合之间的一种对应关系。假设有两个非空集合 X 和 Y，如果对集合 X 中每个元素 x 至多只对应 Y 中唯一的元素 y，则这种对应规律为函数，记为 $f: X \to Y$。函数赖以定义的 X 的子集叫做函数的定义域，Y 中对应定义域的子集叫做函数的值域。值域中 y 称作定义域中 x 的像，记为 $y=f(x)$。

函数(笛卡尔积定义)：设 d_f 是 $X \times Y$ 的一个子集，若对于 X 中的每个元素 x，d_f 中至多只有一个元素 (x, y) 与之对应，则称这种对应关系 $y=f(\boldsymbol{x})$ 是由 X 到 Y 的函数。即

$$d_f=\{(x, y): y=f(x), \forall x \in X\} \subset X \times Y$$

例如图 A.4 中曲线 $f(x)$ 是一个函数，$y=\sin x$。它的定义域是 x 轴的子集 $(0, 3\pi)$，值域是 y 轴的子集 $(-1, 1)$。

但是，图 A.5 中曲线 g 不是一个函数，因为对于 x 轴中某些 x，有两个或三个 y 值与之对应。函数有时也被称为映射、变换和算子。

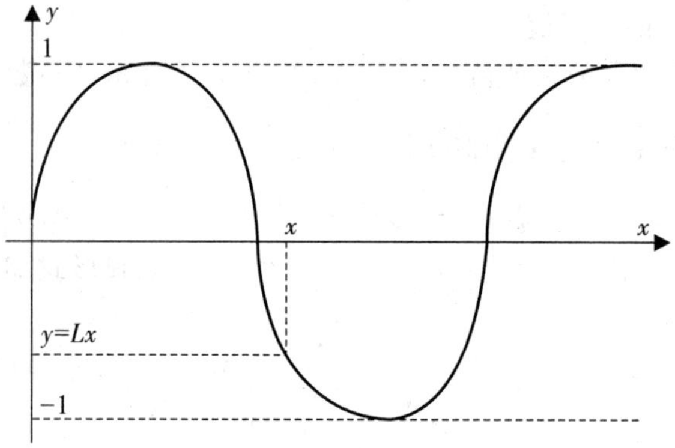

图 A.4　曲线 f 表示一个函数

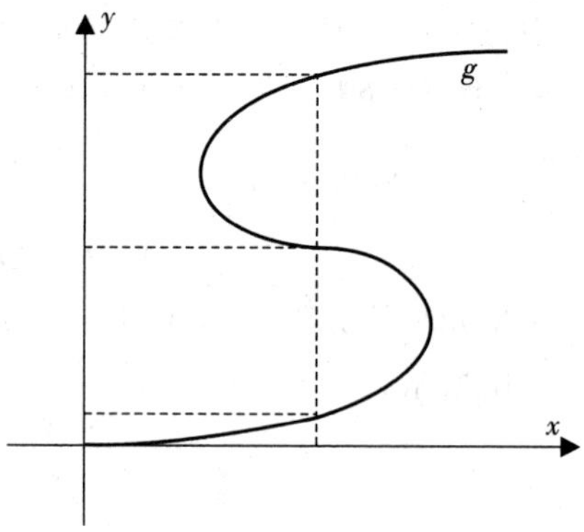

图 A.5　曲线 g 并不表示一个函数

如果函数 $f: X \to Y$ 中，X 是 n 个子集 $X_i (i=1, 2, \cdots, n)$ 的笛卡尔积，它还可以写成

$$f: X_1 \times X_2 \times \cdots \times X_n \to Y \tag{A.69}$$

若 $x_1, x_2, \cdots, x_n$ 分别为 $X_1 \times X_2 \times \cdots \times X_n$ 的元素，则函数 f 使 X 中每个有序数组 $(x_1, x_2, \cdots, x_n)$ 与 Y 中某个唯一的元素 y 发生了如下关系

$$y=f(x_1, x_2, \cdots, x_n) \tag{A.70}$$

故 $f: X_1 \times X_2 \times \cdots \times X_n \to Y$ 是一个由 $X_1 \times X_2 \times \cdots \times X_n$ 到 Y 的多变量函数。例如，函数 $z=f(x, y)$，若 x、y 和 z 皆为实数，即均为实数集合 $\mathbf{R}$ 中的元素，则可写成

$$f: \mathbf{R} \times \mathbf{R} \to \mathbf{R} \quad 或 \quad f: \mathbf{R}^2 \to \mathbf{R} \tag{A.71}$$

2. 矩阵函数

矩阵函数概念与通常的函数概念类似，不同点在于矩阵函数是以矩阵为变量且取值为矩阵的一类函数。

【定义 A-1】　设幂级数 $\sum_{k=0}^{+\infty} a_k z^k$ 的收敛半径为 r，且当 $|z| \leqslant r$ 时，幂级数收敛于函数

$f(z)$，即 $f(z)=\sum_{k=0}^{+\infty}a_k z^k$， $|z|<r$。如果 $\boldsymbol{A}\in\mathbf{C}^{n\times n}$ 满足 $\rho(\boldsymbol{A})<r$，则称收敛的矩阵幂级数 $\sum_{k=0}^{+\infty}\boldsymbol{a}_k\boldsymbol{A}^k$ 的和为矩阵函数，记为 $f(\boldsymbol{A})$，即

$$f(\boldsymbol{A})=\sum_{k=0}^{+\infty}\boldsymbol{a}_k\boldsymbol{A}^k \tag{A.72}$$

可以得到在形式上和数学分析中的一些与函数类似的矩阵函数。例如，对于如下函数的幂级数展开式

$$\mathrm{e}^z=\sum_{k=0}^{+\infty}\frac{z^k}{k!},\quad r=+\infty$$

$$\sin z=\sum_{k=0}^{+\infty}\frac{(-1)^k}{(2k+1)!}z^{2k+1},\quad r=+\infty$$

$$\cos z=\sum_{k=0}^{+\infty}\frac{(-1)^k}{(2k)!}z^{2k},\quad r=+\infty$$

相应地有矩阵函数

$$\mathrm{e}^{\boldsymbol{A}}=\sum_{k=0}^{+\infty}\frac{1}{k!}\boldsymbol{A}^k,\quad \forall\boldsymbol{A}\in\mathbf{C}^{n\times n}$$

$$\sin\boldsymbol{A}=\sum_{k=0}^{+\infty}\frac{(-1)^k}{(2k+1)!}\boldsymbol{A}^{2k+1},\quad \forall\boldsymbol{A}\in\mathbf{C}^{n\times n}$$

$$\cos\boldsymbol{A}=\sum_{k=0}^{+\infty}\frac{(-1)^k}{(2k)!}\boldsymbol{A}^{2k},\quad \forall\boldsymbol{A}\in\mathbf{C}^{n\times n}$$

称 $\mathrm{e}^{\boldsymbol{A}}$ 为矩阵指数函数，$\sin\boldsymbol{A}$ 为矩阵正弦函数，$\cos\boldsymbol{A}$ 为矩阵余弦函数。

3. 函数矩阵的微分与积分

【定义 A-2】 以变量 t 的函数为元素的矩阵 $\boldsymbol{A}(t)=(a_{ij}(t))_{m\times n}$ 称为函数矩阵。其中，$a_{ij}(t)(i=1, 2, \cdots, m; j=1, 2, \cdots, n)$ 都是变量 t 的函数。若 $t\in[a, b]$，则称矩阵 $\boldsymbol{A}(t)$ 是定义在区间 $[a, b]$ 上的；又若每个 $a_{ij}(t)$ 在区间 $[a, b]$ 上连续、可微和可积，则称 $\boldsymbol{A}(t)$ 在区间 $[a, b]$ 上是连续、可微和可积的。当 $\boldsymbol{A}(t)$ 可微时，规定其导数为

$$\frac{\mathrm{d}}{\mathrm{d}t}\boldsymbol{A}(t)=\left(\frac{\mathrm{d}}{\mathrm{d}t}a_{ij}(t)\right)_{m\times n}$$

而当 $\boldsymbol{A}(t)$ 在区间 $[a, b]$ 上可积时，规定 $\boldsymbol{A}(t)$ 在区间 $[a, b]$ 上的积分为

$$\int_a^b\boldsymbol{A}(t)\mathrm{d}t=\left(\int_a^b a_{ij}(t)\mathrm{d}t\right)_{m\times n}$$

【定理 A-9】 设 $\boldsymbol{A}(t)$ 和 $\boldsymbol{B}(t)$ 是适当阶的可微矩阵，则

(1) $\frac{\mathrm{d}}{\mathrm{d}t}(\boldsymbol{A}(t)+\boldsymbol{B}(t))=\frac{\mathrm{d}}{\mathrm{d}t}\boldsymbol{A}(t)+\frac{\mathrm{d}}{\mathrm{d}t}\boldsymbol{B}(t)$；

(2) 当 $\lambda(t)$ 为可微函数时，有 $\frac{\mathrm{d}}{\mathrm{d}t}(\lambda(t)\boldsymbol{A}(t))=\left(\frac{\mathrm{d}}{\mathrm{d}t}\lambda(t)\right)\boldsymbol{A}(t)+\lambda(t)\frac{\mathrm{d}}{\mathrm{d}t}\boldsymbol{A}(t)$；

(3) $\frac{\mathrm{d}}{\mathrm{d}t}(\boldsymbol{A}(t)\boldsymbol{B}(t))=\left(\frac{\mathrm{d}}{\mathrm{d}t}\boldsymbol{A}(t)\right)\boldsymbol{B}(t)+\boldsymbol{A}(t)\frac{\mathrm{d}}{\mathrm{d}t}\boldsymbol{B}(t)$；

(4) 当 $u=f(t)$ 关于 t 可微时，有 $\frac{\mathrm{d}}{\mathrm{d}t}\boldsymbol{A}(u)=\frac{\mathrm{d}}{\mathrm{d}t}f(t)\frac{\mathrm{d}}{\mathrm{d}u}\boldsymbol{A}(u)$；

(5) 当 $\boldsymbol{A}^{-1}(t)$是可微矩阵时，有$\dfrac{\mathrm{d}}{\mathrm{d}t}\boldsymbol{A}^{-1}(t)=-\boldsymbol{A}^{-1}(t)\left(\dfrac{\mathrm{d}}{\mathrm{d}t}\boldsymbol{A}(t)\right)\boldsymbol{A}^{-1}(t)$；

证明 只证(3)和(5)。设 $\boldsymbol{A}(t)=(a_{ij}(t))_{m\times n}$，$\boldsymbol{B}(t)=(b_{ij}(t))_{n\times p}$，则

$$\begin{aligned}\frac{\mathrm{d}}{\mathrm{d}t}(\boldsymbol{A}(t)\boldsymbol{B}(t))&=\frac{\mathrm{d}}{\mathrm{d}t}\left(\sum_{k=1}^{n}a_{ik}(t)b_{kj}(t)\right)_{m\times p}\\&=\left(\sum_{k=1}^{n}\left(\frac{\mathrm{d}}{\mathrm{d}t}a_{ik}(t)\right)b_{kj}(t)+\sum_{k=1}^{n}a_{ik}(t)\frac{\mathrm{d}}{\mathrm{d}t}b_{kj}(t)\right)_{m\times p}\\&=\left(\frac{\mathrm{d}}{\mathrm{d}t}\boldsymbol{A}(t)\right)\boldsymbol{B}(t)+\boldsymbol{A}(t)\frac{\mathrm{d}}{\mathrm{d}t}\boldsymbol{B}(t)\end{aligned}$$

由于 $\boldsymbol{A}(t)\boldsymbol{A}^{-1}(t)=\boldsymbol{I}$，两边对 t 求导，得

$$\left(\frac{\mathrm{d}}{\mathrm{d}t}\boldsymbol{A}(t)\right)\boldsymbol{A}^{-1}(t)+\boldsymbol{A}(t)\left(\frac{\mathrm{d}}{\mathrm{d}t}\boldsymbol{A}^{-1}(t)\right)=\boldsymbol{0}$$

从而

$$\frac{\mathrm{d}}{\mathrm{d}t}\boldsymbol{A}^{-1}(t)=-\boldsymbol{A}^{-1}(t)\left(\frac{\mathrm{d}}{\mathrm{d}t}\boldsymbol{A}(t)\right)\boldsymbol{A}^{-1}(t)$$

【定理 A－10】 设 $\boldsymbol{A}(t)$和 $\boldsymbol{B}(t)$是区间$[a, b]$上适当阶的可积矩阵，$\boldsymbol{A}$、$\boldsymbol{B}$ 是适当阶的常数矩阵，$\lambda\in\mathbf{C}$，则

(1) $\displaystyle\int_a^b(\boldsymbol{A}(t)+\boldsymbol{B}(t))\mathrm{d}t=\int_a^b\boldsymbol{A}(t)\mathrm{d}t+\int_a^b\boldsymbol{B}(t)\mathrm{d}t$；

(2) $\displaystyle\int_a^b\lambda\boldsymbol{A}(t)\mathrm{d}t=\lambda\int_a^b\boldsymbol{A}(t)\mathrm{d}t$；

(3) $\displaystyle\int_a^b\boldsymbol{A}(t)\boldsymbol{B}\mathrm{d}t=\left(\int_a^b\boldsymbol{A}(t)\mathrm{d}t\right)\boldsymbol{B}$，$\displaystyle\int_a^b\boldsymbol{A}\boldsymbol{B}(t)\mathrm{d}t=\boldsymbol{A}\int_a^b\boldsymbol{B}(t)\mathrm{d}t$；

(4) 当 $\boldsymbol{A}(t)$ 在$[a, b]$上连续可微时，有$\displaystyle\int_a^b\frac{\mathrm{d}}{\mathrm{d}t}\boldsymbol{A}(t)\mathrm{d}t=\boldsymbol{A}(b)-\boldsymbol{A}(a)$；

以上介绍了函数矩阵的微积分概念及一些运算法则。由于$\dfrac{\mathrm{d}}{\mathrm{d}t}\boldsymbol{A}(t)$仍是函数矩阵，如果它仍是可导矩阵，即可定义其二阶导数。不难给出函数矩阵的高阶导数$\dfrac{\mathrm{d}^k}{\mathrm{d}t^k}\boldsymbol{A}(t)=\dfrac{\mathrm{d}}{\mathrm{d}t}\left(\dfrac{\mathrm{d}^{k-1}}{\mathrm{d}t^{k-1}}\boldsymbol{A}(t)\right)$。

【定义 A－3】 设矩阵 $\boldsymbol{F}(\boldsymbol{X})=(f_{ij}(\boldsymbol{X}))_{s\times t}$的元素 $f_{ij}(\boldsymbol{X})(i=1, 2, \cdots, s; j=1, 2, \cdots, t)$都是矩阵变量 $\boldsymbol{X}=(x_{ij})_{m\times n}$的函数，则称 $\boldsymbol{F}(\boldsymbol{X})$为矩阵值函数，规定 $\boldsymbol{F}(\boldsymbol{X})$对矩阵变量 $\boldsymbol{X}$ 的导数$\dfrac{\mathrm{d}\boldsymbol{F}}{\mathrm{d}\boldsymbol{X}}$为

$$\frac{\mathrm{d}\boldsymbol{F}}{\mathrm{d}\boldsymbol{X}}=\begin{bmatrix}\dfrac{\partial\boldsymbol{F}}{\partial x_{11}} & \cdots & \dfrac{\partial\boldsymbol{F}}{\partial x_{1n}}\\ \vdots & & \\ \dfrac{\partial\boldsymbol{F}}{\partial x_{m1}} & \cdots & \dfrac{\partial\boldsymbol{F}}{\partial x_{mn}}\end{bmatrix}$$

其中

$$\frac{\mathrm{d}\boldsymbol{F}}{\mathrm{d}x_{ij}}=\begin{bmatrix}\dfrac{\partial f_{11}}{\partial x_{ij}} & \cdots & \dfrac{\partial f_{1t}}{\partial x_{ij}}\\ \vdots & & \vdots\\ \dfrac{\partial f_{s1}}{\partial x_{ij}} & \cdots & \dfrac{\partial f_{st}}{\partial x_{ij}}\end{bmatrix}$$

即其结果为$(ms)\times(nt)$矩阵。

作为特殊情形，这一定义包括了向量值函数对于向量变量的导数、向量值函数对于矩阵变量的导数和矩阵值函数对于向量变量的导数等。

【例 A-6】 设 $\boldsymbol{x}=[x_1, x_2, \cdots, x_n]^{\mathrm{T}}$，求$\dfrac{\mathrm{d}\boldsymbol{x}^{\mathrm{T}}}{\mathrm{d}\boldsymbol{x}}$和$\dfrac{\mathrm{d}\boldsymbol{x}}{\mathrm{d}\boldsymbol{x}^{\mathrm{T}}}$。

解 由定义，得

$$\frac{\mathrm{d}\boldsymbol{x}^{\mathrm{T}}}{\mathrm{d}\boldsymbol{x}}=\begin{bmatrix}\dfrac{\partial \boldsymbol{x}^{\mathrm{T}}}{\partial x_1}\\ \dfrac{\partial \boldsymbol{x}^{\mathrm{T}}}{\partial x_2}\\ \vdots\\ \dfrac{\partial \boldsymbol{x}^{\mathrm{T}}}{\partial x_n}\end{bmatrix}=\begin{bmatrix}1 & 0 & \cdots & 0\\ 0 & 1 & \cdots & 0\\ \vdots & \vdots & \ddots & \vdots\\ 0 & 0 & \cdots & 1\end{bmatrix}=\boldsymbol{I}_n$$

同理可得

$$\frac{\mathrm{d}\boldsymbol{x}}{\mathrm{d}\boldsymbol{x}^{\mathrm{T}}}=\left[\frac{\partial \boldsymbol{x}}{\partial x_1},\quad \frac{\partial \boldsymbol{x}}{\partial x_2},\quad \cdots,\quad \frac{\partial \boldsymbol{x}}{\partial x_n}\right]=\begin{bmatrix}1 & 0 & \cdots & 0\\ 0 & 1 & \cdots & 0\\ \vdots & \vdots & \ddots & \vdots\\ 0 & 0 & \cdots & 1\end{bmatrix}=\boldsymbol{I}_n$$

参考文献

[1] 郑大钟.线性系统理论.2版.北京：清华大学出版社，2002.
[2] 仝茂达.线性系统理论和设计.2版.合肥：中国科学技术大学出版社，1998.
[3] 陈晓平，和卫星，傅海军.线性系统理论.北京：机械工业出版社，2010.
[4] 姜长生，吴庆宪，江驹，等.线性系统理论与设计(中英文版).北京：科学出版社，2008.
[5] 肖建，张友刚.线性系统理论.成都：西南交通大学出版社，2011.
[6] 闫茂德，高昂，胡延苏.现代控制理论.北京：机械工业出版社，2016.
[7] 刘豹，唐万生.现代控制理论.3版.北京：机械工业出版社，2006.
[8] 王孝武.现代控制理论.3版.北京：机械工业出版社，2013.
[9] 谢克明，李国勇.现代控制理论.北京：清华大学出版社，2007.
[10] 赵光宙.现代控制理论.北京：机械工业出版社，2009.
[11] 张嗣瀛，高立群.现代控制理论.北京：清华大学出版社，2006.
[12] C.-T. Chen. Linear System Theory and Design. 3rd ed. New York Oxford：Oxford University Press，1999.
[13] (美)J. J. Dazzo，(美) R. H. Houpis. Linear Control System Analysis and Design：Fourth Edition. 英文影印版.北京：清华大学出版社，2000.
[14] (美) R. C. Dorf，(美)R. H. Bishop. Modern Control System：11th ed. 英文影印版.北京：电子工业出版社，2009.
[15] 黄家英.自动控制原理.2版.北京：高等教育出版社，2010.
[16] 王宏华，王时胜.现代控制理论.2版.北京：电子工业出版社，2013.
[17] 齐晓慧，胡建群，董海瑞，等.现代控制理论及应用.北京：国防工业出版社，2006.
[18] 解学书.最优控制理论与应用.北京：清华大学出版社，1986.
[19] 魏克新，王云亮，陈志敏，等. MATLAB 语言与自动控制系统设计.2版.北京：机械工业出版社，2004.
[20] 张志涌.精通 Matlab6.5 版教程.北京：北京航空航天大学出版社，2003.
[21] 薛定宇.控制系统计算机辅助设计：MATLAB 语言与应用.2版.北京：清华大学出版社，2006.
[22] 胡寿松.自动控制原理习题集.2版.北京：科学出版社，2003.
[23] 龚乐年.现代控制理论解题分析与指导.南京：东南大学出版社，2005.
[24] 郑勇，徐继宁，胡敦利，等.自动控制原理实验教程.北京：国防工业出版社，2010.
[25] 汪宁，郭西进. MATLAB 与控制理论实验教程.北京：机械工业出版社，2011.
[26] 胡跃明.非线性控制系统理论与应用.2版.北京：国防工业出版社，2005.
[27] 贺昱曜，闫茂德.非线性控制理论及应用.西安：西安电子科技大学出版社，2007.
[28] 吴受章.最优控制理论与应用.北京：机械工业出版社有限公司，2008.
[29] 陈军斌，杨悦.最优化控制.北京：中国石化出版社有限公司，2011.
[30] 王青，陈宇，张颖昕，等.最优控制:理论、方法与应用.北京：高等教育出版社，2011.